2024年石油石化消防安全与应急救援技术交流会论文集

中国应急管理学会石油石化安全与应急工作委员会
公共安全科学技术学会石油与化工安全专业工作委员会
中国职业安全健康协会防火防爆专业委员会
中国石油集团安全环保技术研究院有限公司
组织编写

中国石化出版社
·北京·

图书在版编目(CIP)数据

2024年石油石化消防安全与应急救援技术交流会论文集/中国应急管理学会石油石化安全与应急工作委员会等组织编写. —北京：中国石化出版社，2024.4
ISBN 978-7-5114-7460-5

Ⅰ.①2… Ⅱ.①中… Ⅲ.①石油企业-消防-安全技术-文集②石油化工企业-消防-安全技术-文集
Ⅳ.①TE687-53

中国国家版本馆CIP数据核字(2024)第049688号

中国石化出版社出版发行
地址：北京市东城区安定门外大街58号
邮编：100011 电话：(010)57512500
发行部电话：(010)57512575
http://www.sinopec-press.com
E-mail：press@sinopec.com
北京科信印刷有限公司印刷
全国各地新华书店经销
*
787毫米×1092毫米 16开本 45印张 1146千字
2024年4月第1版 2024年4月第1次印刷
定价：390.00元

编　委　会

前　言

《“十四五”国家消防工作规划》部署了“十四五”时期消防改革发展的重点任务。国务院安委会办公室发布《关于进一步加强国家安全生产应急救援队伍建设的指导意见》及国务院安委会办公室、应急管理部、国务院国资委联合印发《关于进一步加强国有大型危化企业专职消防队伍建设的意见》，旨在推动国有大型危化企业加强专职消防队伍建设，提升企业本质安全水平和自防自救能力，为企业安全生产保驾护航。

为深入贯彻落实党的二十大精神和习近平总书记关于防范化解重大风险重要论述，更好统筹发展和安全，防范化解重大安全风险，提高石油石化企业火灾防控和综合应急救援能力，探索应急救援体系建设新模式，提升消防安全治理能力现代化，促进行业高质量发展，中国应急管理学会石油石化安全与应急工作委员会、公共安全科学技术学会石油与化工安全专业工作委员会和中国职业安全健康协会防火防爆专业委员会，联合中国石油大学(北京)及中国石油、中国石化、中国海油、国家管网、国家能源等央企消防安全主管部门，共同举办“2024年石油石化消防安全与应急救援技术交流会”。本次会议由中国石油集团安全环保技术研究院有限公司、中国石油天然气股份有限公司江西销售公司、中石化安全工程研究院有限公司、中国石化出版社有限公司、中海油能源发展股份有限公司、油气生产安全与应急技术应急管理部重点实验室、北京中联油科信息技术有限公司和油气互联(北京)科技有限公司等单位共同承办。在此，对各主办单位和承办单位给予的指导和支持表示衷心感谢。

本次论文征集得到行业内各企事业单位的积极响应和精心组织，共征集论文293篇。经论文专家组评审，其中126篇优秀论文收录在会议论文集。这些研究成果及案例主题明确，内容丰富，观点鲜明，为石油石化消防安全与应急救援学术和实践领域提供更多的参考价值，为推动建设与高质量发展相适应的平安石油石化建设提供更为坚实的基础，为提升消防安全治理能力现代化和应急救援水平贡献石油智慧和力量。

限于时间和水平，本书编审中的不妥之处，敬请读者批评指正！

目　录

从一起案例谈石油化工装置火灾应急处置措施 …… 张兆亮(1)

浅谈液化天然气接收站港口事故应急处置 …… 秦泽祥　潘达矿(6)

城镇燃气领域安全应急能力评估与实践 …… 金树利　方志伟　柳光泽(14)

石化企业高压氢气泄漏火灾爆炸事故应急处置技术探究 …… 李　斌　徐厚才(18)

浅析远程应急指挥调度系统在消防抢险救援中的应用 …… 庞鑫磊　夏庆祖(24)

数智技术对消防应急救援的影响 …… 张清波(29)

重大事故情景构建技术在大型原油商业储备库中的应用 …… 李　琦(34)

企业专职消防应急救援队伍基层指挥员综合应急救援能力提升策略与方法探讨 …… 宋　晨　米银录　马旭生(41)

专职应急救援队伍运行机制与管理创新 …… 郑敬亮(46)

炼化装置应急管理问题研究 …… 祁树承(52)

圆筒形浮式生产储油装置救逃生系统设计 …… 矫亚涛　窦培举　李　达　等(61)

油气泄漏预警技术矿场应用及展望 …… 骆洪梅　牟思文(71)

消防视角下原油码头应急机制的建设与实践 …… 魏康强　李同伟　吕　鹏　等(75)

危险化学品泄漏封堵技术研究进展 …… 邓　晓(83)

应急救援队伍健康心理建构 …… 张祥允(87)

新消防规范对油田消防安全工作的影响研究 …… 魏　宏　黄德卫(93)

高含硫天然气场站消防安全管理分析 …… 陈学锋　黄　宇　谭卫军　等(98)

石化企业应急管理平台的设计与应用 …… 赵志宏　张　震(103)

浅谈如何改进和加强专职队伍安全员建设 …… 葛继涛　付　军(108)

企业专职消防队伍力量不足下的灭火救援策略探讨 …… 杨志强　于福滇(112)

油罐火灾灭火力量部署研究 …… 刘越天(117)

炼化装置泄漏火灾应急技术与装备研究 …… 张有松(126)

炼化企业基层安全监督岗位对策思考 …… 齐　玮(132)

快速“一分钟应急”处置程序卡的创新管理与实践 …… 陈　勇(136)

井喷失控着火抢险技术进展 …… 胡旭光　王　超　罗　林　等(140)

基于海上油气生产环境的生产安全事故应急预案规范化编制分析 …… 杨明伟(146)

海上无人驻守平台水消防系统几个问题思考 …… 宫景雯(154)

关于龙吸水在油气站场储罐区火灾扑救场景中的供水保障应用分析 …… 矫冠瑛　刘籽驿　冯克沧　等(159)

大型油罐 0 区可燃气体浓度超标治理应用研究 …………………… 王　辉　林书璜(164)
创新管理机制加强化工园区联合救援队伍建设 ……………………………… 郭迎卫(172)
储气库风险识别及火灾处置 ………………… 吴　钰　齐安炜　罗先强(178)
成品油销售企业应急网格化管理应用研究 ……… 许钧瑞　吴　勤　熊　力(184)
基于跨河段管道泄漏事故场景的应急处置分析 ……………………………… 李新松(189)
安全生产周期规律警示思考 ………………………………… 秦晓玲　朱宏燕(194)
消防无人机的应用分析及展望 ……………………………… 张满胜　刘婷婷(200)
克拉玛依石化公司 MTBE 装置甲醇储罐破裂损伤仿真分析
……………………………………………………… 教　震　王姗姗　董跃辉　等(205)
危化品(油气)火灾爆炸事故情景构建研究……… 薛吉利　王来山　张建强(210)
浅谈危化品企业专职消防队伍建设 ………………… 余思源　赵　来　俞波涛(216)
从炼化企业火灾危险性谈消防管理认识 ……………………………………… 贾　昆(223)
浅谈中国海油海上溢油处置能力建设现状及面临的挑战
……………………………………………………… 李　杨　吴　亮　尹建国　等(228)
浅谈如何进一步做好消防装备管理工作 ……………………………………… 王侃雨(232)
海上钻井平台火灾风险预防与灭火技术探讨 ……… 张　兵　乔俊福　孟令斌(236)
人工智能引领下的石油化工企业消防应急救援探究 ……………………… 郑小军(245)
石油化工企业专职消防队如何做好现场监护工作 ………………………… 李　智(249)
石化企业专职消防队存在的问题与研究 ……………………………………… 李　迪(253)
专职应急消防队伍标准化建设探讨 …………………………………………… 胡皓然(258)
油气生产水上应急救援队伍建设研究 ………… 鲁大成　杨　俊　崔姝羿　等(266)
危险化学品事故中消防救援人员的安全管控与保障 ……………………… 陈　兵(273)
浅谈硫黄回收装置安全风险与应急救援处置方法 ……… 方志伟　刘鑫辉　闻吉鸿(277)
石油石化企业储能场所氢气逸散防火监测技术 ……… 王　鑫　唐伟亮　唐　斌　等(283)
消防安全在石油行业的发展现状及趋势分析 ………………… 刘向军　田佳杰(289)
油气田企业应急队伍建设实践及建议 ………… 宋　洋　闫炳芳　莫　菲　等(294)
新型船舶消防技术的发展和应用 ………………… 逯少森　孙鹏菲　齐方利　等(300)
基于 AHP 的海上突发事故船舶应急救援调度分析 ……………………… 荆　波(307)
浅谈输油管道泄漏应急处置对策 ……………………………………………… 王建军(314)
无火花井口安全切割装置研制及应用 ………… 卿　玉　辜良玉　邓靖宇(319)
危化品火灾特点及灭火救援措施 …………………………… 侯心站　赫荣杰(323)
石油化工企业消防安全管理存在的问题及对策探讨
……………………………………………………… 刘宏斌　肖　波　苏新亮　等(326)
油气田智能化应急联动平台的研究与设计 ……… 冯国星　崔成瑞　韩　栋　等(330)
压裂施工安全监控与应急指挥体系的构建 ………………………………… 赵曙光(339)
泸 203H91-1 井溢流事件案例分享 ………………………………………… 李　健(343)

石油企业应急管理与实践分析 …………………………………………………………… 刘烈明(350)
石油石化行业消防安全与应急培训课程设计与实施 ……………………… 董 卓 张 航(355)
基于 ICS 的海上油田智能应急指挥系统建设心得 …………………………………… 张晶晶(362)
关于海上守护船应急救援问题的探讨 ……………………… 齐方利 暴 涛 杨海滨 等(367)
大型卫星通信指挥车综合接入系统及实际应用 ……………………………………… 王 敏(373)
化工企业危化品事故应急救援管理问题及对策分析 ……… 史文选 屈 坡 闫子健(380)
炼化装置异常与应急处置技术 ………………………………… 狄凯莹 胡四辈 乔彦珑(384)
消防安全监督检查及应急救援提升措施 ……………………………………………… 肖 勇(389)
油气场站火灾消防及应急处置技术与装备 ………………… 陈 虎 孙小军 李昱杉(394)
基于 AI 深度学习的石化装置火灾预警应用 ………… 李立三 杜 飞 徐俊生 等(400)
老旧高层办公建筑消防隐患及应对措施 ………………………………… 张少波 李佰隆(405)
消防救援无人机技术与装备应用 ……………………………………………………… 陶 野(408)
基于 PHAST 的呼图壁储气库注采集输管道泄漏爆炸事故模拟分析
……………………………………………………………… 陈 磊 张 哲 张新鹏 等(414)
人工智能技术促进“智慧消防”发展的实践与思考 …………………………………… 李 翅(427)
企业基层应急预案编制与实践 ………………………………………………………… 张 鹏(433)
新时期石油化工专职消防队伍建设问题探索与对策研究 ………………… 王 尧 冯小龙(436)
石油化工企业专职应急救援队伍建设探析 ………………………………… 李新宇 李 雪(440)
推进平安企业建设不断提升专职消防队伍救援能力 ………………………………… 孟 山(445)
人工智能大语言模型在应急抢险救援中的应用 ……… 刘 强 毛勇忠 刘 勇 等(450)
储罐消防冷却水喷淋盘管末端加装排渣引下管 ……… 马 轩 刘 辉 郭 翔 等(456)
原油储罐火灾特点及扑救战术探讨 ………………………… 王 超 曹玉龙 郭 锐(462)
无人机视频分析中对象识别技术的研究 ……………… 刘 强 张继新 黄 玮 等(468)
应急虚拟仿真在消防培训的应用研究 ……………………… 赵 星 黄 玮 李灵圣(474)
化工行业酸性水罐火灾预防与防腐蚀处理研究 …………… 李笑笑 夏明霞 马建辉(484)
发油台液化石油气装卸安全受控管理 ………………… 曹建平 申 伟 李福诚 等(491)
消防安全产业发展现状及趋势分析 ………………………… 魏建涛 孙 坚 刘继宏(495)
油气储罐火灾消防灭火技术与装备探讨 ……………… 刘劲勇 肖 波 苏新亮 等(499)
有机类危化品泄漏单向高效吸附技术研究 ………………… 刘晅亚 任晓燕 孔得朋(504)
环境风作用下液体燃料储罐泄漏火灾特点及应急策略研究
……………………………………………………………… 王继赟 罗 昊 李耀强 等(512)
LNG 低温双金属全容罐固定消防冷却水设计与应用 ……… 郑祥云 刘 杨 刘潇博(519)
GIS 在石油化工消防应急辅助决策中的运用 ………………………………………… 董晓亮(525)
PTF 项目火灾危险性分析与防范对策 ………………… 张 晓 焦 石 马朝钦 等(528)
运用 HAZOP 分析方法评估测试专业消防安全和防范对策 ……………………… 刘双全(533)
自动消防系统在油库中的应用及展望 ………………………………………………… 徐学敏(539)

油库储罐紧急切断阀安装对应急管理影响分析 ……… 赵军军 殷 超 朵银川 等(543)
海上油气平台典型事故事件情景规划研究 …………… 曹 杨 刘 涛 周 伟 等(547)
远程控制消防及抢险机器人在石油工业应急抢险中的展望
…………………………………………………… 郭进凯 刘宝忠 宋自伟 等(553)
应急救援通信保障技术与装备的应用 ……………………………… 黄 义 赫荣杰(558)
石化行业面向应急决策的事故感知理论、应用与方法 ……………………… 黎 恺(565)
机载激光甲烷探测技术的研究进展 ………………… 李 情 陈嘉湧 刘继银 等(573)
大型危化企业专职应急救援队伍能力建设探讨 …………………… 刘 铮 郭 擎(579)
陆上井控应急抢险安全作业面创建新技术与装备 …… 杨博仲 辜良玉 刘 伟 等(585)
威远页岩气采输场站消防安全防护系统的实践应用 ……… 彭吉庆 张璇缘 苏 浩(589)
页岩气压裂现场设备火险防控措施分析 ……………… 梁 鹏 魏传阳 陈克良 等(592)
油气井井喷失控喷量预测技术研究与应用 ………………… 唐 源 王留洋 辜良玉(597)
海上油田开发消防应急智慧化系统技术研究 ………… 吴奇兵 韩鑫宇 李 跃 等(603)
基于主动预警技术在行车监控中的研究与应用 ……… 张辉强 李华波 吴德银 等(609)
油田行业消防安全管理现状与改进策略研究 ………… 孙大鹏 曹冠平 熊 胜 等(614)
浅析海洋石油开发平台火灾监测及应对策略 ……………… 吴梦龙 李 强 赵柏年(621)
探究海上监督检查与消防安全管理模式创新 ……………… 王国祥 李 强 赵 颖(627)
油品储罐清洗检修与应急管理的实践探讨 …………………………………… 杨 勇(640)
科研分析实验室危险化学品管理的难点与对策 …………………………… 朱瑞兰(644)
关于油专消防队伍在边远地区的现状与对策探析 …… 伍 军 梁晓辉 冯 刚 等(649)
围油栏吸油索围控及日常管理 …………………………………………… 何传杰(654)
城市燃气管道泄漏风险定量评估研究 ……………………………… 马 明 宋国强(657)
做实基层站队应急能力对安全管理的作用 ………………… 石海龙 张益臣 崔文军(666)
甬台温成品油山区管道应急抢修模式探索 ………… 尹逊金 徐 驰 陈 强 等(668)
海上作业充电式自动气胀围油栏研究 ……………………………………… 邱志敏(672)
水上井口井控应急处置技术研究 ………………… 苗典远 江民盛 张 帅 等(675)
海外油气田电站扩建项目安全风险管理 ……………… 未小会 王 梦 张映斌(681)
油气储存基地配套消防站浅析 ……………………… 李 波 陈文贤 李 斌 等(687)
油气管道企业基层应急预案编制与实践 ………………… 洪 娜 杨 伟 龚晓凤(692)
企业联合共建消防救援队伍模式分析及实践 ………… 崔智锋 邱宝年 吴开锦 等(696)
强化应急管理工作 促进油田安全生产 ………………… 钟泽仁 沙洪军 彭尉洲(700)
大型储罐重大火灾处置技术研究 ………………… 张建军 郎需庆 牟小冬 等(703)

从一起案例谈石油化工装置火灾应急处置措施

张兆亮

（中国石化济南分公司消防保卫中心）

摘　要： 石油化工企业的生产特点和火灾复杂性，决定了其火灾扑救的困难性，本文结合某炼油厂一起装置火灾成功扑救案例，对石油化工装置火灾的应急处置措施提出进一步的认识，有助于石油化工企业专职消防队伍开展灭火救援工作。

关键词： 火灾扑救；案例；石油化工装置；应急处置

石油化工企业规模庞大，自动化程度高，生产连续化，高温高压、易燃易爆，一旦发生火灾，发展迅猛，容易发生连锁反应，形成立体火灾，给火灾扑救带来极大的困难。某炼油厂生产装置发生火灾，企业启动应急预案，展开自救，经企业专职消防队伍1个多小时紧张扑救，大火被扑灭，因处置得当，未造成大的损失。现结合该案例进行分析，谈石油化工装置火灾的应急处置措施。

1　火灾扑救概况

某炼油厂液化气脱硫醇装置因塔底管线一处放空阀关闭不紧，造成液化气大量泄漏，遇静电火花造成闪爆，继而引发大火。火灾发生后，企业立即启动应急预案，进行工艺处置，紧急停车，企业专职消防队赶赴现场展开火灾扑救，经1h15min的紧张扑救，大火被扑灭，因处置方案得当，冷却保护到位，仅塔上的数个照明灯罩被烤化，塔体、管线外保温铁皮有轻微过火痕迹，未造成其他损失。

2　火灾扑救过程

2.1　第一阶段，紧急出动，有效保护

火灾发生后，企业专职消防队首先在5min内达到现场，立即投入战斗，设置水炮阵地对着火部位实施冷却，有效保护了周边设备没有发生意外。生产调度处启动全厂的应急预案，各应急职能小组相继赶到，成立现场指挥部，询问了解情况，进行火情侦查，确定着火部位，为制定应急处置方案做好准备。

2.2　第二阶段，审时度势，调整部署

指挥部根据现场情况，立即制定出火灾扑救方案，即在保持泄漏部位稳定燃烧的同时，冷却周围塔、设备、容器、管线等，适时进行工艺处置。要做到一是在不具备堵漏

条件的情况下，防止盲目扑灭，造成含 H_2S 的液化气继续泄漏扩散，造成中毒和爆炸的危险，引起事故进一步扩大；二是要保证合理和足够的冷却保护，防止火势蔓延，造成周围设备、管线的进一步损毁。根据指挥部的决策方案，消防队调整部署，设置 5 门移动炮对着起火部位及周边塔、设备形成包围之势，进行全面冷却保护，增加设置一门移动炮和两支水枪防止大火向装置南侧蔓延，危及中间管廊的管线、仪表阀门及机泵电机等电器设备。

2.3　第三阶段，掩护配合、关阀断料

在冷却保护的同时，积极进行工艺处置。关键要切断液化气脱硫塔的进料和馏出阀，彻底隔离着火部位。经确认该塔进料阀在事发前是早已关闭的，而塔顶馏出阀因年久卡涩，无法关闭，只能关闭馏出线上远端的一个阀门；但该阀已经被大火包围，指挥部下定决心由两名战斗员穿着避火服，登塔关阀。在一组水枪手进行射水掩护下，两名消防员冒着火势奋力将下游阀关闭，这样终于彻底将液化气脱硫塔完全隔离，消防人员继续射水冷却，待容器内物料逐渐减少，大火终于被扑灭。

3　经验和不足

3.1　成功扑救火灾得到的经验

3.1.1　企业稳高压消防水系统供水充足

该炼油厂依据《石油化工企业设计防火标准（2018 年版）》，设有三套稳高压消防水系统，按照大型石油化工工艺装置火灾延续供水时间不小于 3h 的规定，其中一套专门供给全厂各个生产装置，这套稳高压消防水系统，包含有两座 5000m^3 的消防水罐，流量为 300L/s（1080m^3/h）的电动消防水泵两台（一备一用），以及柴油机消防水泵一台。此次火灾扑救消防用水按照最大量估算：三个阶段共用时 1h15min，5 门移动炮，3 支水枪，单门移动炮流量为 50L/s，水枪流量 7.5L/s，总用水量约 1200m^3，该炼油厂的稳高压消防水系统完全满足此次火灾扑救的需要。

3.1.2　冷却保护到位，将损失降到最低

企业专职消防队到场 5 台消防车，25 名消防指战员，在到场力量有限的情况下，首先对被大火包围的脱硫塔进行重点保护，保证了主要设备的安全。随着火情发展，按照指挥部的指令，调整了力量部署，加强了全面冷却，不留空白点，特别是冷却塔容器等设备上的附件，如玻璃板液位计、热电偶及仪表电缆线路等，因为此类附件防护薄弱，经不起火势烘烤，这些部件虽小，但一旦烧毁也必将会造成事态扩大。在这次火灾扑救中，因冷却保护全面，处置得当，以上这些部位也没有造成大的损失，因此，注意细小部位的冷却保护也是火场指挥员必须要考虑的因素。

3.1.3　消防和车间配合密切，实施消防灭火和工艺灭火相结合

消防队和车间密切合作，组织实施冷却保护、稀释和工艺处置，为成功扑救火灾奠定了基础。火灾现场总指挥员要根据现场情况，迅速做出判断决策，果断采取关阀断料、降压、导流、蒸汽灭火等措施，这对于扑救石油化工装置火灾将发挥重要作用，甚至是决定性的作用。上述案例中，就是消防员在车间人员的指导下，切断了液化气脱硫塔的进料、馏出线阀门，将着火部位完全隔离后才将火势扑灭的。此时，还要特别对采取工艺灭火措

施的人员进行全力保护，一定要在前进通道和后撤中严密监护，保证安全。

3.1.4 消防车辆装备性能可靠

企业的消防车辆维护保养到位，运转性能良好，油料供应充足，在整个火灾扑救过程中，始终不间断为前方移动炮供水，没有出现丝毫纰漏，保证了灭火作战任务出色完成。

3.1.5 现场组织协调得力

应急预案启动后，公司领导、生产调度、安全环保等各职能组组长单位组织本组成员单位迅速赶到事故现场，按照职责组织本组人员积极开展各项工作，及时向总指挥汇报情况，并根据现场实际情况，向总指挥提出建议，指挥部成员靠前指挥，与消防人员共生死，极大提升了消防指战员的士气和战斗力。

3.2 火灾扑救中的不足

3.2.1 装置内固定消防设施少，高处通道狭窄，给消防扑救带来不便

该装置周边高压消火栓、固定炮设置不足，着火部位脱硫塔南侧框架未安装消防竖管，导致消防员长距离设置多处移动炮阵地，人员少，任务重，体能消耗大。

部分高处平台通道狭窄、竖梯多，消防员携带装备后无法通过。

3.2.2 消防装备有待改进

消防员佩戴空呼器后再穿着避火服时，面罩容易起雾严重影响视线，无法长时间灭火战斗使用；部分移动炮体积大，自重大，运送不便，射程不远。

3.2.3 处置初期消防与车间的衔接、沟通不畅

消防队接警到场后，现场一度混乱，车间技术、设备管理人员忙于在现场参与操作处置，未能及时与消防指挥人员进行沟通汇报，消防队到场后未能第一时间获取处置参考信息。

3.2.4 现场指挥部的位置靠近着火区域，危险性大。

成立应急指挥部后，各职能组领导灭火救援心切，靠近指挥，距离着火部位较近，甚至不足50m，已经明显感受到较强的辐射热，一旦发生二次爆炸，后果不堪设想。

4 加强石油化工装置火灾应急处置的思考和建议

4.1 火灾处置初期消防队与事发单位衔接要顺畅

当石油化工装置发生火灾时，火势发展迅猛，消防队伍在5min内到达火灾现场时，往往面临着火光冲天，秩序混乱的局面，火灾事故单位领导人员和消防指挥员应相互主动接洽，使消防指挥员尽快获取火场有效信息，如着火介质、着火部位，已采取的措施，有无人员受伤、被困等，以利于迅速做出处置决策，指挥队伍展开灭火战斗，这样才能占得先机，赢得主动。

4.2 现场指挥部位置要合理

火灾现场指挥部是现场情报、决策和发布战斗命令的中心，是火灾现场的最高指挥机构。遇有燃烧面积大、参战力量多、灭火时间长等情况复杂的火场，应当设立火灾现场指挥部。现场指挥部要设在接近火场、便于观察、便于指挥、比较安全的地点，并设置明显的标志，靠近指挥的确能够激励消防指战员的斗志，但指挥部要设置合理，务必确保安全。

4.3 以我为主，专业专注，做好消防“六熟悉”

石油化工企业的专职消防队，就是要突出“专”字，对石油化工火灾扑救要专业、专注。对于企业内的重点部位和关键装置，首先要制定针对性强的灭火作战预案，并开展经常性

的桌面推演、实战演练等行动，做到熟练掌握灭火对策和处置程序，然后必须做到企业专职消防队的消防“六熟悉”：一是熟悉掌握装置周边道路情况，便于迅速到达；二是熟悉掌握装置规模、工艺特点、物料介质的理化性质、危害特性以及火灾扑救方法，如聚丙烯装置的三乙基铝，该物质遇空气燃烧，遇水爆炸，扑救这类物质火灾时就严禁用水或泡沫；三是熟悉掌握装置内外消防水源、消防设施，发生火灾时真正能够为我所用；四是熟悉掌握装置内火灾高风险部位，应重点关注对周边设备可能造成的影响；五是熟悉掌握装置内的地形情况，如塔、框架平台等高处的梯子、通道，掌握每一条进攻、撤退路线；六是熟悉掌握该单位志愿消防队伍建设情况。

4.4　以固为主，固移结合，建立完善的固定消防系统

企业应该按照《石油化工企业设计防火标准(2018 年版)》要求和现场实际消防需要，设置完备的固定消防设施，尤其是消防员携带装备无法通过的地方，必须要有固定消防设施进行保护。在火灾扑救中就可以首先利用生产装置内固定灭火系统，如消防喷淋、高压消防水炮，箱式消火栓等，对着火部位进行灭火和冷却，这样既能降低消防员体力消耗，使消防员安全迅速地投入战斗，还能减少消防车载器材的使用和损耗，保障长周期作战的效能。

4.5　保证稳定可靠的消防供水系统，做好基础建设防患于未然

因为此次火灾扑救时间短，动用的消防车辆少，消耗水量少，所以，该炼油厂的稳高压消防水系统能够满足需要，但还没有真正经历大火场的考验。有的石油化工火灾扑救耗时几个小时，甚至数十个小时，例如“7·16”山东日照石大科技液化气火灾爆炸扑救耗时 24h，“4·6”腾龙芳烃爆炸火灾事故救援耗时 56h，对水源供应都是严峻的考验。因此，企业应该做好长周期，打硬仗，打恶仗的作战准备，建立稳定的消防水系统，为完成灭火任务提供可靠保障。

4.6　科学配置，保证消防车辆、装备性能先进、良好

工欲善其事，必先利其器。能否圆满完成灭火救援任务，不仅仅依靠消防指战员的英勇顽强，还必须有精良的消防车辆及其他装备器材。石油化工企业专职消防队伍的装备配置要科学合理，性能先进，这将直接影响到消防队伍的战斗力。目前，采用新材料、新技术研制的防化服、避火服、隔热服，轻便实用，安全可靠，能够很好地保护消防员的生命安全；大吨位、大功率的泡沫消防车、泡沫干粉联用车、高喷消防车及先进实用的遥控自摆泡沫炮、移动水炮、灭火机器人等装备器材已广泛应用于执勤战备中，为灭火救援作战提供强大的战备保障。

4.7　提高现场指挥应变能力，临危不乱，正确决策

对于消防人员，面对石油化工火灾，每一次灭火战斗都是一场生与死的考验。在处置过程中，指挥员要及时掌握战斗进展情况，沉着应对，冷静思考，保持清醒的头脑，树立风险意识，时刻观察火场动态，如果判断火势无法控制，即将殃及人员生命安全时，指挥员要敢于下达撤离命令，有时，撤退也是一种胜利！“7·16”石大科技液化气爆炸火灾扑救中，就是指挥员及时下达撤退命令，避免了二次爆炸对消防救援人员的重大伤害。

4.8　保证消防人员数量和技能，提升消防应急水平

对于石化企业的专职消防队伍，要按照消防站建设标准足额配齐消防战斗员，保证执勤战备力量。消防队伍还应做到：消防车辆装备性能良好，现场消防设施完备好用；消防战斗人员素质过硬，这是火灾扑救的基础，也是专职消防队伍立足之本！必须牢记使命，严格要求，科学训练，做好基层建设、基础工作、基本功训练，努力打造一支忠诚可靠、业务过硬、作风优良的消防应急队伍，做到“练兵千日，用兵一时”，关键时刻，上得去，打得赢。

4.9 加强培训，提高企业全员消防应急处置能力

石油化工装置现场一旦发生火灾，身处一线的操作员工是消防处置的第一力量，如果处置得当，几台灭火器、一根消防蒸汽或一条水枪就能将火势扑灭；如果处置不力，几分钟内小火就会变成大火，消防队赶到也难以控制。因此要狠抓生产一线操作员工的消防安全意识和操作技能，加强防火灭火培训工作，包括熟悉防火、灭火基本常识，掌握各类灭火器材以及固定灭火系统的操作使用方法，努力做到消防“四懂四会”，切实提高生产一线操作员工扑救初期火灾的应急处置能力。

5 结语

总之，对于每一个富有社会责任感的石油化工企业，都应做到生产过程的本质安全，本质环保，落实“预防为主，防消结合”的工作方针，才能更好地预防火灾、消灭火灾。

石油化工火灾应急处置是一项复杂的系统工程，所涉及的专业和内容也非常广泛，以上是笔者在石油化工企业专职消防执勤战备工作学习中的一些浅显的认识，有待进一步在实践中检验。

参 考 文 献

[1] 王瑞亭. 论石油化工设备防火措施. 中国石油与化工标准与质量，2013(17)：244.

[2] 李凌春. 关于石油化工灾害处置之储气罐泄漏处置[J]. 科技资讯，2012(22).

[3] 孙旭辉. 石油化工生产装置火灾扑救基本对策. 工程技术. 2017. 12. 111.

【作者简介】张兆亮，男，中国石化济南分公司消防保卫中心，大学本科，负责本企业专职消防队伍建设、灭火救援等工作。电话：13953151992，邮箱：zzl. jnlh@ sinopec. com。

浅谈液化天然气接收站港口事故应急处置

秦泽祥　潘达矿

[广东大鹏液化天然气有限公司(海油气电)]

摘　要：港口危化品营运企业面临着复杂的安全形势。既要像一般化工厂一样应对人员、设备的安全风险，还要面对港口行业复杂的生产形势。这种交叉学科对从业人员的职业素养提出了更高的要求，也需要港口营运企业有完善的应对措施。近年来，液化天然气接收站在我国蓬勃发展，但相关的港口事故应急处置研究还在起步阶段。本文结合液化天然气的工艺特点和实践经验，浅谈液化天然气接收站港口事故应急处置，为广大油码头、危化品营运企业提供有益的参考经验。

关键词：液化天然气；港口；接收站；应急处置；危化品

近年来我国已成为世界上最大的能源生产国和消费国。液化天然气(LNG)作为一种被广泛认可的清洁化石能源，具有燃烧热量大和环境污染小的优点，液化天然气接收站在我国快速布局。由于其低温特性，接收终端需要建设专用泊位来处理运输船装载的液化天然气，储存在岸上储罐后再通过低温槽车或气化外输的方式将产品输送给客户。

天然气是一种易燃易爆的危险化学品，而液化天然气技术和装备的快速发展，解决了天然气长距离运输的难题。但作为一种高技术门槛的细分货物，这对港口作业企业和监管部门提出了更高的业务要求：装卸码头，储存罐区等区域构成重大危险源，存在发生物料泄漏，溢油、火灾、爆炸等事故的风险。近年来我国出现多起与港口企业危化品相关的典型事故，如2010年大连中石油国际储运有限公司“7·16”特别重大输油管道爆炸火灾事故，2015年天津港“8·12”瑞海公司危化品仓库特大火灾爆炸事故，2020年北海液化天然气有限责任公司“11·2”较大着火事故等。行业内外，教训极为深刻。鉴于业内这一细分方向的空白，有必要结合物料性质，谈谈液化天然气接收站港口事故的应急处置，为油码头、危化品营运的相关行业企业提供参考。

1　液化天然气接收站常见危险源及可能的事故类型

1.1　天然气的理化性质及风险

1.1.1　天然气的理化性质

天然气是无色、无味、无毒、无腐蚀性的气体，通常由甲烷和少量乙烷、丙烷、微量的 N_2、O_2等组成，相对密度0.55(空气密度为1.00)，常温常压下爆炸极限范围为5%～15%。液化天然气是将天然气冷却到-160℃的液体，同质量的液态天然气大约是气体状态体积的1/620，在-162℃条件下的爆炸极限为6%～13%。根据《建筑设计防火规范》(GB 50016—2014)，其火灾危险性为甲类。LNG蒸气云可随风飘散，当温度低于-107℃时，密度比空气重在低空漂移；当温度高于-107℃时，密度比空气轻，会向空中扩散。

1.1.2　液化天然气的风险

1.1.2.1　火灾爆炸

LNG一般常压储存在专用超低温(约-160℃)储罐中，不需要压力来保持液体状态。储罐内壁为低温钢，外罐为混凝土，内外罐中间填充保冷材料，起到绝热和防止泄漏的作用。但应当指出，天然气在常温常压下是一种易燃易爆气体，输送管道泄漏时如果遇到点火源，非常容易引发火灾、爆炸事故。

低温的LNG发生泄漏时，会在储罐或者输送管道裂缝处出现气体云。液体在转变为气体的相变过程中与环境换热密度逐渐降低，在泄漏液体上方形成雾气-气体云并逐渐开始扩散。在可燃范围内的气体云接触火源会被点燃。压力管道内输送的高压天然气，从管道缝隙喷出的高速流体与管道摩擦产生静电火花，达到点火能量后极易引发火灾。同时，由于焦耳-汤姆逊效应，也可能会引起泄漏点附近温度降低，管道结霜的现象。

接收站设置有完备的防泄漏设计和安全监测系统。接收站的所有关键部位均布置有大量气体探测器不间断进行泄漏监测。另外，接收站还设置有闭路电视系统，结合人工巡检确保及时发现事故隐患。当检测到泄漏，溢出或者气体蒸发时，可通过自动/手动的方式触发紧急停车系统。

1.1.2.2　低温液体

LNG在储罐和压力管道内时通常温度会低于-120℃。当发生泄漏，人体直接接触低温液体时，会发生冻伤。所以操作人员在进入潜在危险区域进行排气，充气，放空和抽气操作时，必须佩戴合适的个人防护用品防止低温液体的危害。

1.1.2.3　翻滚和快速相变

液化天然气还有两种特殊的风险，翻滚和快速相变。如某时间段内，储罐内的液体长时间没有外输，不均匀的液体蒸发会使LNG在不同深度上出现温度梯度，宏观表现为罐内液体温度和密度的分层和不均。上下层独立的热交换及热对流会引起液体分层不稳定，从而导致液体各层突然混合形成翻滚，引发分界面处液体强烈蒸发提高罐压，严重时会超压危害设备安全。

当LNG与水接触时，由于LNG的密度小于水，LNG会上浮并蒸发。如果大量LNG进入水中，LNG的快速蒸发会引起快速相变现象。其作用机理是当两种温差很大的液体直接接触时，如果较热液体的热力学温度大于较冷液体沸点的1.1倍，后者温度将迅速上升，其表层温度可能超过自发核化温度。在某些情况下，过热液体将通过复杂的链式反应机制在短时间内蒸发，以爆炸的速率产生蒸气。对应到接收站领域，若LNG船在海面发生泄漏，将产生冷爆现象。

1.1.2.4　窒息

LNG组分中的甲烷、氮气和重烷烃组分不会直接毒害人体，然而当这些气体和空气混合后，会置换掉空气中的氧气，使人窒息。空气中甲烷的致命浓度约为33%(体积比)。如果发生严重泄漏，局部缺氧会造成人员窒息。人员应远离泄漏区域，并确保自己在泄漏区域的上风方向。

1.2　其他一般作业风险

接收站实际仍可看作是常规意义上的化工厂，归口相应层级应急管理部门管理。现场作业人员每天会面对日常操作、维修作业和改扩建过程中的一般作业风险。笔者仅选取常见的几种风险类型进行简述，其余不再赘述。

1.2.1 机械伤害

一般指机械设备运动(静止)、部件、工具、加工件直接与人体接触引起的挤压、碰撞、冲击、剪切、卷入、绞绕、甩出、切割、切断、刺扎等伤害。对应到接收站日常营运中，有可能会在操作运行旋转机械(如各种泵)，不当使用维修工具作业时产生。

1.2.2 高处作业

指在距坠落基准面2m或2m以上有可能坠落的高处进行的作业，按作业高度分为四个区段。接收站的维修作业，特别是搭拆脚手架并在脚手架平台上工作，或者码头边的临边作业，都是常见的工况。高处作业时需按要求使用个人防护设备，配备合适的专职监护人员，必要时要安排守护船等防止意外发生。对于登上LNG船在管汇平台作业的人员，要特别注意站位，防止坠海。

1.2.3 压力容器

LNG接收站的主要功能是接收、储存和将LNG再气化，并通过管网向电厂和城市用户供气，也可通过槽车向用户直接供应LNG。海量的压力容器和压力管道是天然气工厂正常运行的基础，以接收站来说主要是固定式压力容器，用于储存和换热。为避免压力容器安全事故，操作人员需持证上岗、平稳操作；管理人员应做好日常维护和定期检验工作。

1.2.4 高压电气设备伤害

高压电器设备在接收站也有大量应用。目前常见的供电方案是110kV市电进入主变电站降压为35kV，再经过工艺变电站降压为6.3kV后供高/低压泵，海水泵等设备使用。变电站室外的高压电网和室内的变电设施，补偿电容柜等，需要特种作业证书持证上岗。日常维修工作中使用的低压电气设备，也要按照公司有关制度管理，此处不再赘述。

1.3 接收站码头可能发生的典型事故类型

接收站码头是从岸上伸向海面的供LNG船舶停靠、卸货的设施，距水面约10m高。结合本章上述两段的论述，在码头区域可能发生：火灾事故、爆炸事故、中毒和窒息事故、灼伤事故、泄漏事故及其他事故等，可能造成设备设施损坏、人员伤亡及环境损害。如果按事故的严重程度，可分为特别重大、重大、较大和一般四类。

1.4 小结

(1) 该码头接卸的LNG具有易燃、易爆、易蒸发、低温、快速变相、易造成窒息等危害特性。

(2) 码头装卸作业过程中的主要风险是LNG泄漏事故危险、火灾爆炸事故危险和船舶靠离泊事故危害；作业人员还存在发生窒息、冻伤、机械伤害、物体打击、淹溺、触电、高处坠落的风险。

(3) 该码头存在的主要有害环境因素为高温危害。当然，本海域可能出现的台风、潮水等自然现象也应纳入综合考量之中。

值得注意的是，液化天然气泄漏会因泄漏速率、泄漏的地点、泄漏的可控程度、泄漏的地点、液体压力等不同，产生不同的事故后果。

2 公司层面应急管理体系建设

2.1 高效的组织架构建设

危化品港口从业企业需要多方考量，确保在紧急情况下能够有效应对和处理各类突发事件。在评估事件严重性，做出初始响应时，应在信息不充分的情况下遵循“过度响应”原则，迅速调配资源投入应急处置中。

在事故处置的过程中，各级应急组织应保持信息畅通，随时掌握事件发展的动态；若公司应急资源已无法控制事态发展或达到相关级别政府应急响应条件，应扩大应急，请求当地政府相关部门的支持；当相关部门应急力量到达后，组建联合应急指挥机构，所有行动听从联合应急指挥机构命令。

为不涉及公司组织架构等商业机密，以下仅就公司应急体系进行简述，见图 1。

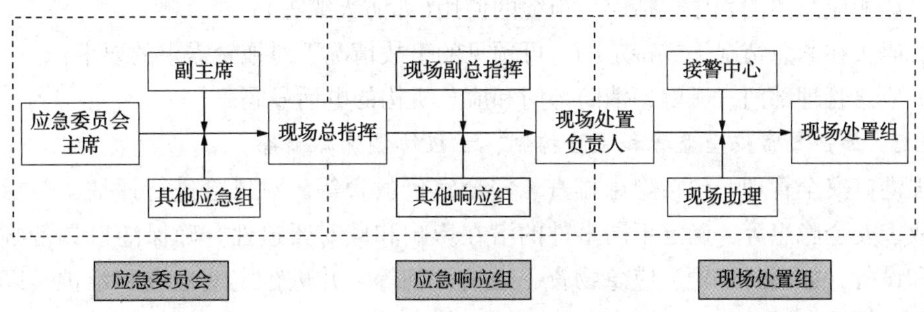

图 1 应急组织机构框图

应急委员会是由委员会主席领导的危机管理团队，其目的是在危机发生时，能快速应对，避免事态扩大蔓延。根据公司可能发生的事故类型以及应急工作需要，应急委员会分设商务组、HSSE 组、技术组、后援组、应急资源组、财务组、通信与信息组、公共关系组及法律顾问，应急响应组的现场总指挥同时也是应急委员会成员。见图 2。

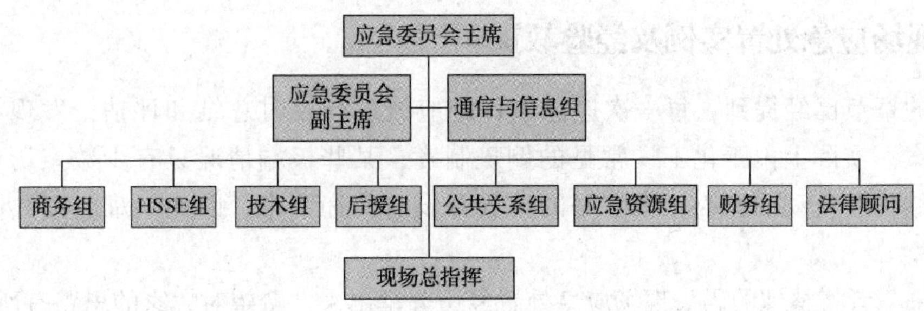

图 2 应急委员会组织架构

应急响应组主要负责现场应急管理，由现场总指挥领导，其主要功能是为现场应急响应提供战略方向、响应及处置策略，并妥善处理与相关方的事宜；根据事故等级，负责与应急委员会及外部单位、政府部门进行交流，为现场处置提供抢险保障。应急响应组包括现场副总指挥、联络与信息小组、HSSE 小组、工艺组、技术小组、抢险抢修小组等，现场处置负责人也作为应急响应组成员，领导现场处置的各支队伍。必要时各个小组从应急委员会对应组中获取资源及技术支持。

2.2 应急资源的事前准备

要做好港口危化品企业的应急管理工作，需要协调政府、企业以及社会化救援力量等多方面的资源，提前进行人、物方面的准备。总的来说有以下要点：

2.2.1 紧抓应急预案的编制、培训和演练

建立全面、科学的应急预案，包括灾害防范、事故响应、紧急救援等各个环节。预案应根据港口的特点和潜在风险，明确各部门职责、行动流程、应急资源配置等。同时，定期举行应急演练和培训，持续改进与提高应急响应能力。

应急程序应包括协调地方应急管理部门制定紧急疏散方案，处置发生在输送区或附近的潜在事故，在及时修订的前提下，还应该包含以下内容：

（1）对消防设备和系统的描述和操作程序，包括展示所有应急设备的位置图；

（2）LNG 泄漏响应程序，包括与当地应急部门的联系协调；

（3）船舶应急离泊程序包括应急拖缆的使用(如防火缆等)；

（4）码头在紧急情况下或特定的、可预见的事故情况下对拖轮需求的要求；

（5）应急管理部门、医院、消防部门和应急机构的电话号码。

2.2.2 加强日常安全监管和风险控制，积极协调资源储备

加强港口安全管理，包括隐患排查、安全宣传教育等。对风险进行评估，包括自然灾害、事故、安全隐患等，确定不同事件的潜在影响和应对紧迫性。确保港口具备必要的应急资源和设备，如消防车辆、应急物资、通信设备等，并进行定期检查和维护，以确保其可靠性和可用性。

2.2.3 建立多方应急协调及信息共享机制

建立起应急响应机制，明确职责和权限，并设立专门的应急管理组织指挥和协调应急工作。在发生突发事件时，迅速启动相应的应急程序，展开紧急处置和救援行动。建立健全的信息共享机制，加强与相关政府部门、其他港口和相关企业之间的沟通和协调，实现整体资源调配和协同行动。

3 现场应急处置实例及经验教训

前边的章节已经提到，每一次应急事件都应该进行及时总结和评估，发现不足之处并优化预案。实际上由于化工厂常见的倒班制度，某些极端情况只有少数亲历者，加之从业人员结构和流动的原因，很多好的经验并没有传递下来，因此很难起到共同提高的作用。

接下来笔者将整理的码头现场应急处置经历分享出来，希望对大家的思路有所启发。

3.1 与某地交通运输局联合盲演

3.1.1 盲演内容

某日上午，某地政府在“四不两直”检查中直奔码头现场，通知岗位人员模拟 LNG 码头泊位正在卸船作业，在卸船过程中卸料臂后段管线某控制阀法兰面突发泄漏，被码头当班作业人员巡查发现的场景。政企联动演练，检验企业应急处置能力。

码头当班作业人员发现泄漏情况后，立即用对讲机报告现场情况，包括泄漏部位、泄

漏量、泄漏等级和船方状态；中控室在使用 CCTV 确认后第一时间将事故信息汇报当班管理人员并模拟通报船方事故信息。紧接着，中控室远程关断阀门隔离能源并启动消防雨淋设施，现场处置组迅速出发到泄漏点上风安全处设立现场指挥部，指挥 HSSE 小组进行人员疏散和气体成分监测；消防小队抵达现场，铺设管道掩护工艺队成员在远端对泄漏管段进行泄压等工艺处置；待无明显泄漏气测结果合格后安排维修组进行紧急维修；中控室通知拖轮注意避开泄漏源的下风方向准备协助 LNG 船舶离港并持续向市交通运输局区管理局、区应急办报送事故信息。

3.1.2　经验总结

在船岸正常卸货时发生泄漏，尽量通过通知船方减速停泵、岸方隔离能源的处置方式降低事故风险。在消防队的水幕掩护下，工艺组佩戴合适的个人防护装备进行工艺处置，并在环境条件合格后安排维修人员介入。此次应急演练不涉及船方，未与海事部门联动。

在处理液化天然气泄漏时，一般采取：

(1) 如警报响起，中控室应先确认警报再采取行动；对警报的确认包括对处于警报状态的多个探测器的确认，从闭路监视器观察泄漏情况、现场有无白色气云或火柱等。

(2) 发生液化天然气泄漏，首先应设法通过关闭相应阀门或适当关停隔离泄漏物。关闭阀门时首先选择远程操作，无法远程操作时，采取保护措施现场操作。在控制泄漏时，应急人员不应无端将自己暴露在气云中，只有得到相应授权的人员配备便携式空气呼吸器或其他可靠空气源，穿戴相应劳保用品后才能进入。进入危险区应采用结伴方式(两人一组，保持能自如沟通的距离)，后备组应处于待命状态，必要时给以帮助。

(3) 水幕可以使气云升温以加速其向上升入大气，监测风向以了解气体出现的区域情况。

(4) 天然气比空气轻，液体变为气体体积膨胀 600 倍，并可置换空气形成一个缺氧的环境威胁生命，须采取防窒息的措施。热成像仪可以应用在 LNG 气云中搜寻失踪的人员、查找 LNG 泄漏点和 LNG 集聚的地方。在气云外使用防爆轴流风机控制气云，可以使人不接触天然气，也可更清楚观察泄漏点。

3.2　接收站失电触发码头 ESD-1 现场处置

3.2.1　事件经过

某日 6 时 31 分，某接收站正全速卸载 LNG 船。2#工艺变电站电容柜补偿电容突然故障失效，导致接收站 B 段失电。B 段设备首先由于失电跳闸，其余设备进而因工艺保护导致全厂生产关停；码头触发 ESD-1 卸料中止。以下是记录到的相关事件：

0631 PMUA 1109A/B Fault(失电导致液压油泵停电)

0646 PI-11014 HYD. PRESS In HPU 14.6MPa(液压油系统失压)

0651 XSS-11011C ESD-1 From Unloading Arm PLC(卸料臂 PLC 触发码头 ESD-1)

触发码头 ESD-1 后，接收站 SIS 系统会自动关闭码头卸料相关的阀门，船停泵；如果触发 ESD-2，除关闭码头卸料相关阀门外，还会紧急脱离系统 ERS 也会快速动作，断开卸料臂与船方的联系。由于当天下游用户提起量极大，接收站优先保障气化外输，较晚才恢复码头卸货。

3.2.2　经验总结

作业人员在发现异常工况时，要密切关注并及时处置；必要时，可以打开卸料阀门旁路阀门防止管线憋压。加强与船方沟通，准备 ESD-1 触发后的复位工作。

前期没有探明 2#变电站情况，就贸然进入对电气设备进行复位。虽然取得了较好的效果，但回想仍不免有些后怕。在没有专业电工监护的情况下进入正在运行的变电站，可能受到浓烟，高压电击等伤害；故障未被排除前，贸然重启也可能对设备造成二次损坏。

3.3 码头卸料臂液压油泄漏现场处置

3.3.1 事件经过

某日约 9 时 55 分，某接收站码头正在进行卸料臂计划性维修工作，需要测试双球阀液压缸动作是否顺畅，锁销能否自动锁紧。在测试气相臂 L-1102 双球阀时，液压缸驱动软管发生爆管，液压油喷射到地面平台。

出现该事件后，操作员与机械技师一同配合紧急将卸料臂固定到一层平台专用支架，同时通知中控室现场情况，协调资源参与现场处置。约 10 时 10 分，停码头液压油系统并进行泄压，能量隔离后维修队紧急更换软管。11 时 15 分重启码头液压油系统并收回卸料臂，系统测试正常。1h 后 LNG 船按计划进港未影响船舶港口作业。

3.3.2 经验总结

良好高效的初期应急处置可以将事故的影响降到最低。虽然只是低概率的工艺安全事件，但其应急处置过程也有可取之处。事件发生后，现场操作员是第一处置人员，实际也是现场处置负责人，在高级别负责人到达前需要根据自己的专业水平，进行初期处置，防止事态扩大。通报中控后，要本着“过度反应”的原则及时协调有关资源，特别是涉海事件比较敏感，可能会造成环境污染的生态灾难。因此要加强与海事局/港务局等政府部门的沟通，力求快速处置。

作为第一处置人员，一般的应急处理原则是：

（1）防止自己和其他人员受伤；如果有人受伤，应寻求医疗急救或与中控室取得联系；

（2）不要慌乱，将事故情况报告给中控室或上级主管；

（3）要求无关人员撤离受事故影响的区域；禁止非应急人员进入事故现场；必要时，撤离到安全地带；

（4）如受过培训，在安全的情况下，将能源隔离，采取适当的应急行动。

4 结语

港口危化品营运企业面临着复杂的安全形势。既要像一般化工厂一样应对人员、设备的安全风险，还要面临港口行业复杂的生产形势。这种交叉学科对从业人员的职业素养提出了更高的要求，人员素质和经验传承就显得十分重要。危化品营运企业管理人员应不断完善应急物资储备与配置，提高安全应急管理预案的针对性、可操作性和有效性；另外，要主动加强同应急管理部门、消防救援机构、住建部门、海事部门等政府部门之间的联系，建立健全联席会议制度或工作沟通协调机制，共同推动安全生产，建设平安港口。

参 考 文 献

[1] 姜丽莉，朱建华，徐连胜. 提升港口消防与事故应急救援处置能力的对策与建议[J]. 水上消防，2021(05)：2-5.

[2] GB/T 19204—2020，液化天然气的一般特性[S].

[3] 初燕群，陈文煜，牛军锋等. 液化天然气接收站应用技术（Ⅰ）[J]. 天然气工业，2007(01)：120-123+162.

[4] 曹巍，陈轩，耿红. 基于风险分类的港口危化品泄漏事故应急设备配备模式[J]. 船海工程，2018，47(02)：44-47.

[5] GB/T 20368—2021，液化天然气(LNG)生产、储存和装运[S].

【作者简介】秦泽祥，男，就职于广东大鹏液化天然气有限公司，大学本科，主要从事液化天然气的储运工作。电话：17512083158，邮箱：qin. zexiang@ gdlng. com。

城镇燃气领域安全应急能力评估与实践

金树利[1]　方志伟[2]　柳光泽[3]

（1. 中国石油集团渤海石油装备制造有限公司；2. 中国石油吉林石化公司；
3. 中国石油大连石化公司）

摘　要：为减少城市燃气爆炸事故的发生，通过对城镇燃气领域开展应急能力评估工作，快速提升应急处置能力，完善城镇燃气领域安全应急管理体系。在应急能力评估的方式上，通过管理评估和现场评估2方面开展，对企业的组织职责评估、风险辨识评估、制度预案评估、现场应急设施设备检查、基层单位应急预案和应急处置卡评估、桌面应急演练和基层双盲应急演练（含应急队伍拉动演练）、企业员工访谈和维抢修队伍管理评估等，发现企业在安全应急管理常见问题和企业典型问题，并针对问题提出改进意见。

关键词：应急能力评估；风险辨识评估；桌面演练；双盲演练

城市燃气与百姓日常生活已经紧密连接在一起；作为城市居民生活重要组成部分，城市燃气安全与应急处置能力是危险化学品安全防范的重要根基；燃气属于高风险危险化学品，各燃气站、燃气储备遍布于城市不同角落，一旦发生安全事故，极易为当地居民安全和日常生活造成极大的伤害；那么城市燃气企业的安全应急能力，是否具备快速处置能力，是否配备完善的应急处置装备，是城市燃气安全应急管理的重要基础；当前，不同企业燃气安全管理不尽相同，应急措施、应急管理、应急能力等水平参差不齐，建设不能形成有效安全屏障，部分企业还不具备突发事故应急处理能力，为燃气安全风险衍生出更多风险隐患；那么如何评定并定义城市燃气企业应急处置能力水平，是当前我们要讨论的重要课题。

1　企业常见问题

在近年评估工作中，常发现一些共性问题，如风险辨识缺少报告，识别不到位，深度不够，未能在装置工艺变化、设备设置改造后形成新的风险辨识更新，部分企业专业技术未能在应急工作中全面体现，如化学品库房存放混杂等现象经常性存在；部分企业预案信息不准确，未能对人员变更、信息变更、装置变更及时完成预案更新；预案建设不全面，部分企业只有单一专项应急预案，缺少联合联动的总体预案，致使预案不能有效发挥作用。同时，另一主要问题就是器材装备固定消防设施存在安全隐患；多数企业的应急消防器材装备均存在年休失修现象，战备装备电量不足、油料不足，消防管线锈蚀严重，消防器材损坏、丢失等问题。同时，各企业在应急培训方面均存在短板，在访谈和桌面推演过程中，多数人员存在履职不清现象，演练现场操作人员器材使用不当，操作不符规范，防护不到位，响应不及时等问题均有发生，这多数体现在人员对本职工作职责不清，部分人员在应急过程中不知道干什么，或履职后缺少管理的延续性，形成履职后无结果的现象。

2　城镇燃气领域安全应急能力评估方法管理与要求

2.1　评估的责任与要求

评估组要建立评估岗位职责；一直以来，城镇燃气泄漏事故、爆炸火灾事故时有发生，这主要体现于管理人员对本职管理责任的缺失；那么，作为专项评估组人员，既要履职尽责完成评估工作，也要对企业的管理不足提出整改意见和整改要求，切实在评估工作中完成对企业安全保障完成更深层次的帮助，在管理上、业务上做到为城市负责，为人民负责，为企业负责；同时，参加评估人员有相关业务资质和业务经验，对城市燃气建设标准要求和相关应急建设、应急知识有全面了解，真正具备全面评估企业安全风险能力，保证评估能力处于较高水平。

2.2　评估的内容与目的

城镇燃气安全评估要覆盖要全面，管理要具体，内容要充分；通常专业评估会将内容划分为2个部分，分别是管理方面和现场方面；在管理方面，企业既要建设好相应的制度，还要在工作中严格执行；在评估管理方面，我们将企业应急管理分为组织职责、风险辨识、制度预案、桌面推演、员工访谈和业务交谈等分项；其主要目的是从管理的角度，评估企业自身在应急管理方面是否制度健全，职责划分是否明确，管理覆盖是否到位；而在现场方面，着重检查管理制度的执行情况以及应急处置的响应能力；要着重评估企业现场应急设施设备，应急救援，应急处置卡，基层现场双盲应急演练，员工现场访谈，维抢修队伍响应等方面，这也是评估的重点，查看队伍应急响应、应急处置、应急连锁等方面是否能够将管理制度和职责化为动能，在规定时间和范围内将风险和损失降到最低。

2.3　评估的要素与重点

评估组在评估过程中要划定重点，主要从“风险辨识能力”“应急体系策划能力”“应急设备设施配备与管理能力”“应急救援队伍专业能力”“应急演练培训组织能力”以及“应急操作实战能力”六个方面进行分项能力评估；首先要考察企业危害因素辨识清单、风险防控方案、应急预案中风险辨识分析情况，是否存在未被识别或管控能力不足重大风险。其次是企业是否策划建设了合规、科学、实用的应急组织系统、应急预案系统、应急程序与措施、应急资源、协同应急救援机制，是否合规配置并有效管理应急设备设施；第三是专业应急救援力量是否具备专业应急能力，应急培训、日常应急演练执行情况，以及执行效果如何，通过重点通过抽查、实战演练和桌面演练考察企业岗位员工应急操作能力、专业应急队伍实操能力、企业协调联动应急处置能力等，以上三项也是评估企业应急能力的重要依据。

3　应急能力评估实施方式与结果

3.1　评估开展组织方式与流程

城镇燃气应急能力评估组要修订专项评估方案，在方案中确定评估组具体成员，并对评估组进行职能划分，细化人员分工；制定日程安排计划，提前了解评估企业概况，判断可能存在的问题以及潜在的天然风险，并进行重点划分；评估期间，针对每一项问题要按照规范要求进行细致把关，每天对当天发现问题进行细致分析，确定问题风险等级，做好整改建议；工作中，可将评估组分成二组，一组为管理评估组，负责企业组织职责评估、风险辨识评估、制度预案评估、桌面应急演练、公司层员工访谈、应急管理交流等工作任务。另一组为现场评估组，负责现场应急设施设备物资检查、基层单位应急预案和应急处置卡评估、基层双盲应急演练(含应急队伍拉动演练)、基层员工访谈和维抢修队伍管理评估等工作任务。

3.2 评估的具体实施与方法

评估组到达被评估企业后，要首先要组织各级人员开展问卷调查，目的是摸底检查企业各级员工对企业安全风险应急措施了解和掌握情况；管理评估组要对企业公司组织职责、风险辨识和制度预案采取查阅资料的方法进行评估，查看组织职责是否有缺漏项，人员履职及职责分配是否合理，人员在职责掌握和履行方面了解是否到位，企业对自身安全风险辨识是否到位，是否对潜在风险足够了解；特别是在生产运行、货物装卸等设备设施、人员操作风险是否存在风险，是否有安全操作规程，都要作为安全评估的重要依据；应急制度预案是否完备，是否适用于各类型应急处置实施，特别是预案中各项信息有效性，处置流程规范性是否符合实际情况，是否存在盲点和死角都是评估审核的重点。

其次，要组织开展桌面演练及现场应急演练；管理评估组通常随机设定应急事件灾害，各级人员要在桌面推演中各自叙述担负的职责，说明个人在应急处置过程中需要完成的各项工作；评估组结合企业管理职责、应急预案检查企业人员履职是否明确，处置是否正确，操作是否精确，以此作为依据完成对人员履职能力评估；同时，评估组还要组织一次“不定时间、不定地点”的双盲演练，在事先无准备的情况下开展一次灾害模拟，现场评估组对现场人员在发出事故警报后的快速反应、快速集结、有效调度、精准处置、全面保障等方面进行评估，检验其是否符合要求标准，是否能够规范、有效、快速完成应急处置任务；同时设定任务可以增加难度，检验队伍临机应变能力和扎实的业务功底。

第三是检查企业应急处置卡、应急装备和后勤保障等各项设备设施是否符合战备要求；评估组要认真查看应急处置卡流程是否正确，处置是否得当，操作是否符合安全作业要求，是否适用于部署目标，特别要针对不同类别的处置检查是否独立有效，确保应急处置卡在关键位置发挥关键作用。同时还要检查应急装备是否符合应急救援需要，数量、种类、部署是都符合实际需求，如堵漏装备，消防装备，材质、质量、有效期是否都能满足应急处置要求，特别是注胶、配件的物资是不是都在保质期，是否存在锈蚀、腐烂等情况；这也要求评估组在实施评估时在巡查时要结合预案剖析应急装备的参数、性能是否能真的满足实际需要，一定要避免有数量没质量，胡乱凑数等问题出现。

4 企业应急建设与建议

4.1 评估结果运用

评估报告是评估组对评估城镇燃气应急能力总结报告，在评估报告中，首先，评估组一般将“风险辨识能力”“应急体系策划能力”“应急设备设施配备与管理能力”“应急救援队伍专业能力”“应急演练培训组织能力”以及“应急操作实战能力”等六方面进行单方面评估，同时，要为每一个单独方面设定评估打分表，设定每一项要设定分值范围，在评估过程中对每一个细节进行综合测评打分，并以累计的形式形成单方面最终得分。

其次，评估组要设定评估等级等级确认机制，等级确认机制为评估“六方面”的单项能力评估，等级一般可分为优级、良级、中级、差级，各级别分数由评估各项分值累计加分总和进行确认；同时，在重大风险隐患中，可以设定一票否决项，例如在消防安全、预案缺失、明显安全遗漏未整改，都可纳入单方面否决项；

第三，评估报告要以叙述的形式对企业应急建设好的方面、问题方面进行全面叙述，对存在的问题和隐患以及整改建议必须要有详细的规范建议，同时对单项要有最终评级。例如我们可以将问题划定为重要性问题、一般性问题、沟通性问题；将重要性问题定义为对企业分项应急能力产生重要影响或合规性方面存在重大遗漏，需要研究制定具体措施改进的重点问题；一般性问题定位于对分项应急能力不构成整体影响，但会减弱具体部位或具体组织应急能力产生不利影响的问题，需要即查即改或持续完善提升的问题；沟通性问题定义为属于对应急能力影响小，有助于企业提高应急管理质量水平细小问题，或与最佳实践存在差距的提升类问题；在报告的最后，评估组要形成最终评估结论，确认企业应急建设是否满足实际需要，六方面单项最终评定以及总体评定；同时，评估组要给予企业工作建议，用于为企业下一步应急安全建设提供建设方向和整改建议。

4.2 日常管理提升

企业要选择专人负责企业应急相关各项工作，熟练掌握应急管理各项流程与规章制度，依照要求完成日常应急管理各项工作；制作并更新应急管理制度，将应急职责落实到人，同时要经常性开展履职演练和桌面演练，要求每个人在熟悉职责的前提下了解应急状态下该做什么，结果是什么；要重视风险辨识工作，当企业应急演练、巡检巡查、装置改造等工作完成后要第一时间更新风险辨识信息，确保风险点始终在控制范围内；要进一步加强现场应急消防设施管理，加强现场施工作业的监督检查力度，制定措施提高基层应急培训和应急队伍训练质量，保障应急设备设施完好可用，保障重点人员应急能力持续提升。

参 考 文 献

[1] 中国城市燃气协会理事长，刘贺明：发挥协会桥梁和纽带作用，促进城镇燃气行业高质量发展[J]. 城乡建设，2023(03)：18-19.

[2] 周魁，杨波，牟乐. 城镇管道燃气企业应急救援能力评价应用研究[J]. 建筑安全，2022，37(11)：69-72.

[3] 赵占飞，王舰，朱明涛. 城镇燃气行业综合型应急管理机制建设分析[J]. 当代化工研究，2022(17)：180-182.

[4] 余春青，董力，王宏刚. 关于城镇燃气隐患排查和应急管理的思考[J]. 城市燃气，2022(04)：33-36.

[5] 邹明铭. 洪水期间的城镇燃气的防控与应急管理[C]//. 中国燃气运营与安全研讨会(第十一届)暨中国土木工程学会燃气分会 2021 年学术年会论文集(下册)., 2021：475-480.

[6] 项锐. 城镇燃气企业应急管理工作分析[J]. 石化技术，2020，27(11)：269-270.

[7] 刘萌，徐松强. 城镇燃气应急体系建设与应急演练探讨[J]. 煤气与热力，2014，34(11)：39-41.

石化企业高压氢气泄漏火灾爆炸事故应急处置技术探究

李 斌 徐厚才

(中国石化镇海炼化分公司)

摘 要：氢气较传统燃料，具有热值更高、无毒、来源广泛等特点，但高压氢气一旦发生泄漏不需要外部点火源也会发生燃烧形成喷射火，甚至会引发氢气云团爆炸，造成重大经济损失和人员伤亡事件。为提高消防救援队伍应急处置能力，本文对高压氢气泄漏自燃发生机制、影响机理、火焰传播特性及氢气云爆炸机理进行深度探究并结合消防救援队伍作战实际，进而形成科学、合理、高效应急处置技术，为高压氢气泄漏着火事件应急处置提供有力依据。

关键词：高压氢气；泄漏；自燃机制；影响机理；应急处置技术

在国家"碳中和"战略目标引导下，氢能作为清洁能源，在化工、炼油、航天、交通等领域得到广泛应用并且需求量正在快速增长，是未来能源体系重要组成部分。然而，氢气密度低、爆炸极限宽、最小点火能低，如 2007 年 1 月 8 日，在美国俄亥俄州一家燃煤火电厂由于氢气爆炸导致 1 人死亡、10 人受伤。国内外学者对高压氢气泄漏自燃、喷射火、氢气云爆炸等方面进行了广泛研究，但针对高压氢气泄漏火灾爆炸事故应急处置技术方面研究较少。高压氢气泄漏火灾爆炸事故处置难度大、火场温度高、影响因素多，尤其是在石化企业中存有大量易燃易爆物品，因此，消防救援队伍指战员只有深刻理解高压氢气泄漏自燃发生机制、影响机理、火焰传播特性及氢气云爆炸机理才可根据火场实际制定科学应急处置预案、开展专项战术训练、强化联勤保障能力，确保高效、安全处置高压氢气泄漏自燃事故，增强队伍防范化解重大风险能力。

1 高压氢气泄漏火灾、爆炸事故特点

1.1 氢气易燃易爆、扩散速度快，火灾危险性大

常温常压下，氢气为无色透明、无臭无味气体，最小点燃能量仅需 0.019mJ，自燃点温度为 560℃，爆炸极限为 4.0%~75.6%，燃烧后火焰呈现淡蓝色，肉眼不易发现，燃烧热值为 143kJ/g，火焰温度高、热辐射大。石化企业中，氢气在生产及运输过程压力往往处于高压状态，往往处于湍流状态，此时泄漏速率是甲烷的 2.83 倍，并且由于其爆燃和高压氢气自燃特性，若在受限空间内发生泄漏，氢气没有及时排出与空气形成预混可燃气，当发生自燃或受到周围点火源影响，则会引发氢气爆炸、爆轰事故，若泄漏发生在开放空间中，由于氢气密度远低于空气，会快速向四周扩散，当自燃发生时，泄漏处会快速形成喷射火，迅速点燃临近设备及管线，从而引发更大火灾、爆炸事故。

1.2 装置、管线分布密集，火场形势复杂多变

随着我国现代化石油和化学工业体系的迅猛发展，为满足化工生产过程的紧密性，有

效降低工艺流程间的运输成本，石化企业正逐渐呈现大型化、集中化的产业集群分布。伴随着氢能广泛应用，各类装置氢气需求量变大，导致供氢装置增多和氢气管网系统分布更加错综复杂，供氢装置和耗氢装置之间联系越来越紧密，不管是蜡油加氢、加氢裂化、渣油加氢等耗氢装置还是煤焦制氢、乙烯装置、重整装置等供氢装置出现生产波动时，均会对氢气管网压力造成波动。

频繁生产波动、动火作业等会增加阀门、法兰泄漏几率，此外，氢气会引发其特有氢脆破坏，均会导致管道、设备钢材开裂，导致高压氢气大量泄漏，引发高压氢气泄漏火灾发生。氢气火焰在白天难以发现，由于装置、管线间分布紧密，若未及时发现，会迅速影响周边邻近储罐、管线，造成油气、油品大量外泄，形成大面积流淌火、喷射火并随着排污管迅速蔓延甚至引发连环爆炸，进而造成大面积燃烧，形成立体火灾。

2 高压氢气泄漏危险性研究

2.1 自燃机制及影响因素

G. R. Astbury 等通过对 81 起氢气泄漏事故进行统计发现，在未见明显火源情况下氢气泄漏发生火灾、爆炸事故占比高达为 86.3%，此类事故通常被认为是由于高压氢气泄漏至大气中自燃后形成喷射火或引发爆炸从而扩大事故态势。但目前对于氢气自燃发生机制有多种理论，如扩散点火、静电点火、瞬时绝热压缩点火、催化点火等理论，但当前研究大多基于 Wolanski 等在 1972 年提出扩散点火理论，即高压氢气泄漏至大气时形成激波会让其后方空气温度升高，同时出现氧化剂-氢气扩散层并不断进行质量交换和热传导，当达到氢气自燃条件时会在泄漏点附近产生湍流扩散火焰。

Kobayashi 等证明氢气供给温度越低，氢气发生泄漏时流量便会越大。Dryer 等利用大量实验发现将不同初始泄放压力下氢气泄放至空气中，氢气与空气混合形成足够体积可燃混合物时间均少于 10^{-4}s。Mogi 等和 Gloub 等通过实验证明了管道长度、初始泄放压力对自燃发生具有促进作用且 Lee 等发现在泄漏压力足够高情况下，氢气在很短管道内仍会发生自燃行为。Kim 等和 Yamashita 等通过实验证明管壁最大静压≥2.3MPa 是自燃发生临界条件。段强领通过实验发现当管道内存在三角形障碍物时，会提高自燃发生的可能性。目前高压氢气泄漏实验危险性较大，实验为小尺度或利用数值模拟软件进行模拟与石化企业真实发生氢气泄漏事故相比影响因素较少，但发现规律对消防救援队伍处置高压氢气泄漏火灾爆炸事故提供了理论基础。

2.2 高压氢气喷射火行为

当高压储氢设备、运氢管线产生裂缝，高压氢气瞬间泄漏若发生自燃或遇外部点火源，则会迅速在泄漏口处形成喷射火，通过热辐射等方式对邻近设备、管线进行加热，从而引发二次灾害。

闫伟阳等通过实验并利用高速摄像机拍摄了在管长 70cm，管径 1cm，初始泄放压力 7.08MPa 场景下，管口处高压氢气自燃形成喷射火过程(图 1)。

初期在管口一定距离处出现马赫盘，其后方形成扁平火焰，管口处火焰逐步消失，在火焰前锋出现第二个马赫盘后，火焰迅速发展最终形成柱状火焰。管外火焰会在管口形成柱状火焰后迅速演变为球形火焰，最后形成稳定射流，之后伴随着罐内压力下降和气体不断减少，喷射火逐步衰退并熄灭。并采取不同阀门控制方式、不同管道长度、不同初始泄放压力进行重复实验，发现手动关闭比自动控制关闭阀门火焰长度和宽度下降时间长，这

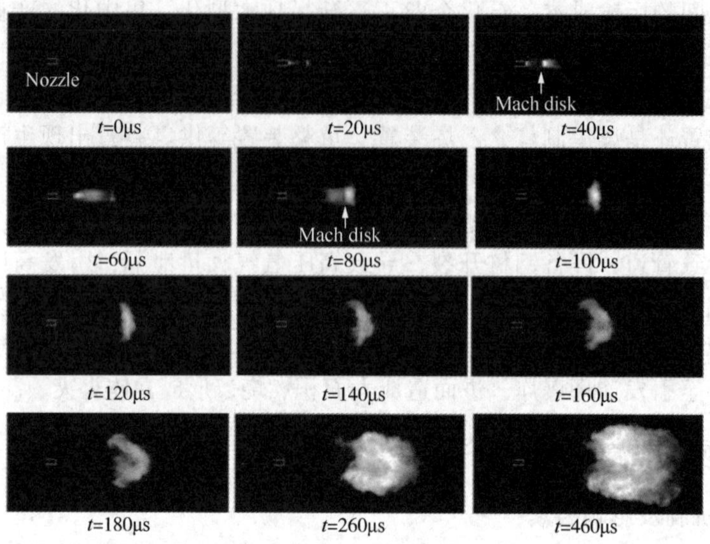

图 1　管内火焰向管外喷射火焰转变的过程图

是由于手动关闭比自动关闭阀门所花费时间较长所造成。

2.3　氢气云爆炸

高压氢气一旦发生泄漏，便会在极短时间内释放大量氢气并形成可燃蒸气云，蒸气云爆炸对于石化企业来说影响巨大，火灾会快速蔓延并出现多个火点，不同物料燃烧，难以扑救。

李静媛等利用 FLACS 软件模拟上海世博加氢站内高压储氢气瓶（容量 100%、容积 0.89m^3、泄漏孔直径为 10mm）泄漏，泄漏时间为 14s，并在此时点燃蒸气云。发现对于建筑物、设备密集处超压情况明显增高，最大可以增至 350kPa，是空旷区域超压的 50 倍，并且当环境风速超过 9m/s 时，站内防爆墙已无法阻挡爆炸超压波传播。蔡明锋等运用 TNT 当量法对某石化企业渣油加氢装置高压氢气泄漏蒸气云爆炸事故伤害后果计算得：死亡半径为 15.3m，财产损失半径为 45.9m。

3　应急处置技术

3.1　侦察检测，搜救警戒

消防救援人员应从上风向进入事故现场，到达现场后在上风向视野开阔处迅速建立现场指挥部，与此同时侦察检测组通过观察周边环境、问询装置操作人员、检测仪器检测等方法对事故现场易燃、有毒、有害气体浓度、风向、受威胁人员所处位置及数量、救援通道、泄漏着火部位、泄漏处压力、泄漏速度、受威胁管线、设备受热情况、内部消防设施完好情况、已采取应急处置措施等重要信息进行采集，以供指挥员对火场进行预测和应急处置方案制定。检测时应特别注意泄漏处附近暗渠、管沟、管井等受限空间内氢气浓度，对可能已存在氢气积聚受限空间，应根据现场情况立即采取注水（泡沫液）、强风吹扫等方式进行处置。

当发现事故现场有人员受伤、被困时，消防救援人员须携带救生器材并做好个体防护迅速进入现场，选择安全救援通道并设置水枪进行掩护，将所有遇险人员移至上风或侧上风方向空气无污染地区并进行登记、标识和现场急救，伤情较重者送医疗急救部门救治，告知医疗急救部门伤势情况和中毒物质名称，便于中毒者要使用特效药物对症治疗。根据事故可能波及范围，划定警戒区，设置出入口并放置指示牌，疏散警戒区内无关人员，对进入事故区域人员、车辆、物资进行检查并逐一登记并根据火情动态调整警戒区范围。在整个应急处置过程中，侦检工作必须贯穿始终，动态监测火场情况，当检测到异常数据时，必须立即向指挥员汇报，以便及时调整处置方案。

3.2 “球形”冷却，均匀降温

各战斗车组，严禁用大量直流水直接向起火部位冲击，避免冷却水打到高温、高压的冷却器表面而产生热胀冷缩现象，造成泄漏口进一步扩大，并且防止引起钢材脆性开裂，甚至发生爆炸，进一步扩大事故范围。石化企业输氢管线中含有 H_2S 气体，进入事故区域人员需佩戴正压式空气呼吸器进行处置防止对人员造成伤害。

高压氢气泄漏点喷射火处射水应采用“球形”冷却，均匀降温方法，即在其上方利用各类消防枪、炮构建一道类似“球形”的水幕，让水流不仅能对泄漏点旁管道、储罐、设备进行冷却，也能减轻泄漏点处所受冲击，达到防止泄漏间隙增大和均匀冷却目的，从而减少喷射火对临近管道、设备等所受热辐射强度。现场指挥员要结合事故现场实际情况，仔细观察高压氢气泄漏处周边环境，然后利用多功能水枪、摇摆炮、高喷车等合理布置作战位置。如当高空管线发生高压氢气泄漏着火，要充分发挥举高喷射消防车高处作战优势，选定合适高度举高喷射车和停车位置后进行举臂作业，车载炮应调整至俯仰角并调节喷雾角至适合角度，同时，利用消防束管或采用水带垂直铺设方法上临近平台架设移动式消防炮对空白点进行补位，确保在高压氢气喷射火上方形成360°无死角“球形”水幕。

3.3 稳定燃烧，保护周边

扑救高压氢气泄漏火灾切忌盲目扑灭火焰，坚持“稳定燃烧，保护周边”作战原则，转移危险区内重要物资和易燃易爆物品，利用各类移动、固定消防水炮和消防水枪冷却保护临近设备、管廊、压缩机等，尤其是受到火势威胁设施，应增强力量确保冷却强度足够，冷却临近设施要均匀射水，不能留有空白点，牢牢把握火场主动权，有效阻止火势发展蔓延。在没有采取堵漏措施情况下，必须保持稳定燃烧；如果意外扑灭泄漏处火焰，也必须立即点燃，可利用点火棒、信号弹、魔术弹等点火工具投放至泄漏点处点燃泄漏氢气。

在进行处置过程中，要根据火场周边环境，火焰燃烧状态预测火焰发展趋势，动态掌握火场，当出现下列情况时，要迅速发布撤退命令，事故区域内所有人员撤离危险区域。

（1）若出现火焰被不慎灭掉，氢气持续泄漏并未及时点燃，浓度处于爆炸极限内。

（2）泄漏处火焰变得耀眼发白，发出尖锐轰鸣声，泄漏管道、储罐剧烈晃动时。

3.4 断料降压，一举歼灭

消除泄漏源，关阀断料，快速泄压是处置石化类火灾重要手段。根据综合评定火场情况，采用紧急排空、氮气置换、关阀断料等快速有效工艺处置手段消除泄漏源、快速泄压。待外部危险源得到有效控制，周边火源已经全部消灭，压力已经降至安全可控范围，堵漏人员、器材到位并有条件能在短时间内对泄漏口进行封堵时，可调集有效灭火力量对泄漏处火焰进行总攻，一举歼灭火灾。

4 结语

（1）石化企业氢气转输设备、管线压力大多处于高压力状态，如以重油制氢、煤焦制氢装置为氢气来源时，氢气管网压力高达 7.2MPa、以乙烯裂解装置为来源时，管网压力可达3.5MPa，均高于发生自燃所需临界条件2.3MPa，故当高压氢气发生泄漏，极有可能由于外部点火源或自燃造成事故发生。

（2）通过文献查阅并结合危化品应急处置经历，基于高压氢气泄漏自燃发生机制、影响机理、火焰传播特性及氢气云爆炸机理，提出侦察检测，搜救警戒、“球形”冷却，均匀降温、稳定燃烧，保护周边、断料降压，一举歼灭的处置高压氢气泄漏火灾、爆炸事故方法，以期为消防救援队伍在处置同类型火灾时提供参考。

（3）石化企业内部消防救援队伍，普遍存在应急救援装备老化、人员流失率高和缺乏“一专多能”人才等问题，应建立专项培训计划并引进专业人才，加快推动队伍应急能力现代化建设。

参考文献

[1] 杜忠明，郑津洋，戴剑锋，施建峰，花争立，李博，张彤枫，侯孟婧. 我国绿氢供应体系建设思考与建议[J]. 中国工程科学，2022，24(06)：64-71.

[2] NEVILLE A. Lessons learned from a hydrogenexplosion[J]. Power(New York)，2009，153(5)：48-50.

[3] 徐建平.“防爆安全技术”讲座 第1讲 防爆基础概要[J]. 自动化仪表，2008(03)：66-70.

[4] 沈晓波，章雪凝，刘海峰. 高压氢气泄漏相关安全问题研究与进展[J]. 化工学报，2021，72(03)：1217-1229.

[5] 任常兴. 大型浮顶储罐区消防系统有效性分析[J]. 消防科学与技术，2014，33(001)：76-79.

[6] 茅俊. 快速应对加氢裂化装置新氢供应不足的操作对策[J]. 炼油技术与工程，2021，51(03)：25-28.

[7] 程玉峰. 高压氢气管道氢脆问题明晰[J]. 油气储运，2023，42(01)：1-8.

[8] ASTBURY G. R.，HAWKSWORTH S. J.. Spontaneous ignition of hydrogen leaks：A review of postulated mechanisms[J]. International journal of hydrogen energy. 2007，32(13)：2178-2185.

[9] 汪志雷，潘旭海，蒋军成. 高压氢气泄漏自燃研究进展[J]. 南京工业大学学报(自然科学版)，2019，41(05)：656-663.

[10] WOLANSKI P，WOJCICKI S. Investigation into the mechanisms of the diffusion ignition of a combustible gas flowing into an oxidizingatmosphere[J]. Proceedings of the Combustion Institute，1972，14：1217-23.

[11] KOBAYASHI H，NARUO Y，MARU Y，et al. Experiment ofcryo-compressed(90-MPa)hydrogen leakage diffusion[J]. International Journal of Hydrogen Energy，2018，43(37)：17928-17937.

[12] DRYER F L，CHAOS M，ZHAO Z，et al. Spontaneous ignition of pressurized releases of hydrogen and natural gas into air[J]. Combustion science and technology，2007，179(4)：663-694.

[13] MOGI T，KIM D，SHIINA H，et al. Self-ignition and explosion during discharge of high-pressurehydrogen [J]. Journal of Loss Prevention in the Process Industries，2008，21(2)：199-204.

[14] MOGI T，WADA Y，OGATA Y，et al. Self-ignition and flame propagation of high-pressure hydrogen jet during sudden discharge from apipe[J]. International Journal of Hydrogen Energy，2009，34(14)：5810-5816.

[15] GOLUB VV，BAKLANOV D I，GOLOVASTOV S V，et al. Mechanisms of high-pressure hydrogen gas self-ignition in tubes[J]. Journal of Loss Prevention in the process industries，2008，21(2)：185-198.

[16] LEE H J，KIM Y R，KIM S H，et al. Experimental investigation on the self-ignition of pressurized hydrogen released by the failure of a rupture disk through tubes[J]. Proceedings of the Combustion Institute，2011，33(2)：2351-2358.

[17] KIM Y R，LEE H J，KIM S，et al. A flow visualization study on self-ignition of high pressure hydrogen gas released into atube[J]. Proceedings of the Combustion institute，2013，34(2)：2057-2064.

[18] YAMASHITA K，SABURI T，WADA Y，et al. Visualization of spontaneous ignition under controlled burst-

pressure[J]. International Journal of Hydrogen Energy, 2017, 42(11): 7755-7760.

[19] 段强领, 曾倩, 李萍等. 管道内障碍物对高压氢泄漏自燃特性的影响研究[J]. 中国安全科学学报, 2020, 30(09): 164-170.

[20] 闫伟阳, 潘旭海, 汪志雷, 华敏, 蒋益明, 王清源, 蒋军成. 高压氢气泄漏自燃形成喷射火的实验研究[J]. 爆炸与冲击, 2019, 39(11): 134-143.

[21] 李静媛, 赵永志, 郑津洋. 加氢站高压氢气泄漏爆炸事故模拟及分析[J]. 浙江大学学报(工学版), 2015, 49(07): 1389-1394.

[22] 蔡明锋, 周浩, 王志刚. 渣油加氢脱硫装置蒸气云爆炸后果研究[J]. 安全、健康和环境, 2012, 12(08): 39-41.

[23] 李季, 宋富美, 柏松. 危险化学品库区应急处置流程与机制研究[J]. 中国安全科学学报, 2020, 30(10): 164-170.

[24] 徐敏. 大型炼化企业氢气系统优化探索[J]. 石油石化绿色低碳, 2019, 4(05): 8-13.

【作者简介】李斌，男，镇海炼化消防支队，本科，从事危险化学品灭火应急救援工作。电话：13567434901，邮箱：libin. zhlh@ sinopec. com。

浅析远程应急指挥调度系统在消防抢险救援中的应用

庞鑫磊[1]　夏庆祖[2]

（1. 中国石油消防应急救援吐哈油田支队；2. 大庆油田质量安全环保部）

摘　要：油田一般地处戈壁荒漠地带，地域辽阔，战线长，风险相对较高，突发事件时有发生。如何利用现有科技、网络、数字通信技术，确保在第一时间收集救援现场的各类资料，调集相关专家组成抢险救援指挥组，实现对突发事件现场的"零距离"处理和指挥。本文通过对油田抢险救援现状的介绍，分析可视化远程调度系统在油田消防应急抢险救援指挥中发挥的重要作用，为今后在消防灭火救援过程中加快信息交流速度、提高决策效率提供一条建设性思路。

关键词：远程应急；消防；抢险救援；应用

1　概述

油田一般都远离城镇，多在戈壁荒漠较为偏僻地区，内部道路纵横交错，条件较差，为沙石简易路面。其生产作业区的产品如石油、轻质油、烃等又具有易燃、易爆、易蒸发、易产生静电、易流动等特点，潜在危险性极高，一旦作业区储罐、装置、管线、油井发生泄漏、井喷，会迅速扩散并波及周边设施、设备，极易形成殉爆并形成大面积流淌火和立体火灾，引起严重的连锁反应，极具破坏性。此类事故应急抢险救援时，往往需要多位应急专家共同"会诊"灾情，群策群力，制定救灾方案，确保事故救援的科学性和有效性。这种新的作战指挥模式也就是我们说的"扁平化指挥"，其特点就是将后方指挥调度中心与前线指挥部合二为一，精简指挥层级，缩短信息传递时间，将各参战力量拧成一股绳，最终提高抢险救援效率。而传统的做法是各级应急组织、部门到达现场后，与事故单位相关人员及油田应急领导共同组成指挥部，各种信息由下向上的顺序汇聚到指挥部，再由指挥部将命令从上向下层层发出，俗称"科层式(金字塔)指挥"，是一种以等级为基础的指挥模式，弊端就是指挥层级过多，流程繁琐，不利于信息及命令的快速传递，易耽误宝贵的作战时间。所以要打赢未来战争，消防指挥模式必须要创新，必须要改变传统的指挥思维方式。可视化远程调度指挥平台的开发及应用，为改变这一传统思维模式提供了有效的技术支持。这个平台完全适用于突发性事件或其他特殊情况的处理和控制。解决了指挥中心"看不到灾情态势发展、见不到应急力量分布、搞不清险情处置进度"等问题，实现了兵力分布的直观可视化、灾情态势的视频动态化、指挥调度的扁平化管理，极大地缩短应急抢险救援反应时间，切实提高企业消防应对突发事件的快速反应能力。

2　油田消防应急抢险作业使用可视化远程指挥系统的必要性

2.1　运筹帷幄，决胜千里

应急救援与组织指挥是一个系统工程，前线指挥部与后方指挥调度中心是整个系统工程中的神经中枢，尤其是后方指挥调度中心可以根据灾情的需要，迅速调集相关石油化工事故处置专家、应急救援专家，以及供水、供电、医疗救护、环境保护、工程抢险等应急联动力量组成专家组，通过与前线指挥部及各前沿参战指挥员的沟通交流和观看多角度、多方位传回的高清影像，迅速了解现场灾情发展，才能及时、准确做出决策，制定出专业的救援方案及作战力量编成方案，协助指导组织开展灭火救援行动。

2.2　统一领导，垂直管理

当油田发生灾害事故时，单凭消防一家的应急力量和资源有时会显得捉襟见肘，相关应急单位又因为职责不明、机制不顺，往往在配合救援中，反应迟缓、使得救援形不成合力，一盘散沙。尤其在大型灾害事故现场，由于救援面积大、参战单位多，人员、车辆、应急设备分散，如果指挥部不能时时掌握现场各救援力量分布，就无法协调各战斗单元之间的配合关系，这将严重影响救援质量和效率。此时就需要多个应急救援部门联动联勤，多兵种汇聚形成整体优势，集中力量打歼灭战。而可视化远程指挥调度系统则恰恰能弥补这种不足，尤其在较大规模、多种力量的协同参战中，可实现现场指挥与救援指挥中心构成一个灵活、多元、一体化的有机整体，由中心协调各方，统一发布命令。

2.3　精准定位，动态管理

油田区域面积较大，尤其跨区域调动部队增援时，抢险救援车驾驶员面对四通八达，纵横交错的路面，往往是一头雾水，很难选择准确的行车路线，从而无法在较短时间内快速赶到灾害现场。指挥调度中心更是无法动态掌握车辆的行驶路线、速度和位置。只能通过无线通信设备(对讲机、车载台)来联系，有时因为通信距离过远或干扰联系不上。抢险救援车辆安装可视化远程指挥调度终端后，指挥中心通过大屏上的GIS电子地图，就可以精准定位车辆，实现对车辆的动态监控，并通过终端传回的影像察看前方道路情况，甚至随时发布语音或文字指令调整车辆运行状态和停靠位置。

2.4　记录音像，搞好战评

《公安消防部队灭火救援战评规定》公消〔2007〕343号第三条灭火救援战评的主要内容有："受理报警、力量调度和出动情况，灾情的发展过程及采取的技术、战术措施情况，组织指挥、协同作战和战斗保障情况，现场纪律、战斗作风和完成任务情况，主要经验教训和改进措施"。传统的消防战评一般都是召开专题会，通过观看图片、影像资料，再由各级指战员口述，最终形成战评资料，此种战评会议既不完整也不严谨，很难客观、翔实反映灾害现场整体情况。可视化远程指挥调度系统有强大的储存空间，可自动储存各个环节的音、视频资料，在战评时可通过回放将不同节点的兵力分布、路线进攻、协调配合、单兵操作等直观显示，也为事后进行案例分析和学习教研，提供有力依据和视频教程。

3　可视化远程调度指挥系统简介及在油田消防扁平化指挥作战中的应用

3.1　简介

可视化远程调度指挥系统(图1)，是一套基于IP网络，集视频指挥调度、视频会议、远程监控、移动视频，信息、数据功能于一体的综合通信平台。前端人员和应急抢险车辆通过单兵手持终端和车载终端(选配照明灯具，应对深夜环境下作业)，依托国内强大的移动4G/5G网络平台，可与后方指挥调度中心迅速建立稳定的双向语音、双向视频、数据交换的高质量实时通信，虽隔千里也可轻松实现看得见，呼得通，联得动。

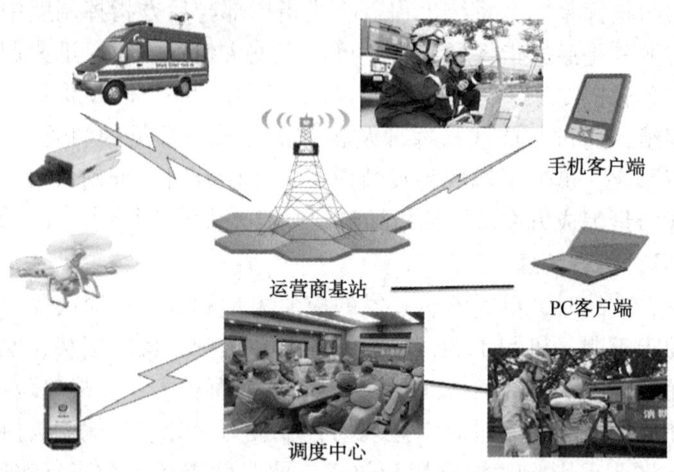

图1　可视化远程调度指挥系统

3.2　运用

3.2.1　建立顺畅的扁平化、专业化远程指挥作战体系

扁平化指挥，简单说就是在灭火救援中，简化上下级之间的隶属关系，减少指挥层级，实现指挥中心对现场的“零距离”指挥，一句话就是横向指挥到面，纵向指挥到点。这种新的指挥模式，解决了过去多个单位、多重指挥、各自为战、信息延误滞后、作战效率低下的问题，可有效发挥联合作战指挥部的根基和核心职能作用，扩大了指挥覆盖面、强化了信息、数据快速传递和交流。在大型灾害现场，当首批消防应急救援力量到达现场后，通过车载终端和手持终端，快速在前后方之间搭建一个通声、像的平台，实现与指挥中心语音、图片、视频等信息的双向交流，指挥中心通过可视化指挥调度这个强大的信息平台，将收集到的各种信息进行筛选、汇总、整理、分析。迅速制定出作战方案，并通过GIS电子地图各种应急车辆、人员的定位分布，直接指挥开展应急救援工作，减少处置中的人为耽搁，使应急救援人员能够抓住转瞬即逝的机会，快速高效地完成救援任务。所以消防应急救援扁平化指挥的有效运用，是提高消防部队灭火救援工作质量和效率的重要保障。

3.2.2　迅速召开远程专家组会议，准确制定处置方案

随着科技的发展和通信工具的进步，消防远程决策、远程指挥将逐渐取代传统的靠前指挥方式，消防指挥人员及各类应急救援专家、技术人员可在足不出户的情况下，在消防指挥调度中心即可全面了解灾害信息及现场的情形，分析灾情，完善相应的救援措施。这种极其方便、可靠的“专家组”指挥方式，有效地解决了在特殊灾害、大型灾害现场，由于指挥员个人专业素质、对灾害的认识、临机决断等方面存在的一些薄弱环节，导致灭火救援行动失败。在油田抢险救援中，由于油田作业区的原料及储存物质等种类繁多，不但具有易燃易爆性，还存在大量毒性、放射性、腐蚀性危险化学品，一旦因为工艺流程、人员因素、设备问题等原因造成误操作或外泄，其潜在的危险就会发展成为灾害性的事故，任何一个点发生火灾都能在很短时间内蔓延开来，迅速燃烧形成区域火海，这种灾害的救援就需要指挥中心根据应急预案，调集行业专家、技术人组成专家组，发挥专业特长，根据

现场态势，分析燃烧物质以及罐区情况，制定最为合理、正确的灭火抢险救援处置方案，并组织协调指挥火灾扑救、疏散物资、关阀断料、供水供电、医疗救助等工作。所以在指挥调度中心集结“专家组”指挥是对传统前线指挥这一弊端方式的改革和进步，可视化远程指挥调度系统的投入使用，为指挥调度中心实现区域全覆盖及科学决策、精准指挥提供有力保障。

3.2.3 实现应急抢险车辆远程指挥、定位、导航及现场管理

一是应急车辆GPS定位及调度。应急抢险车辆的车载终端因内置GPS芯片，在奔赴灾害现场时，开启车载终端后即可迅速获取坐标位置等数据，通过无线网络(4G/5G)，就可以将数据时时传送至可视化远程调度指挥系统平台，指挥中心通过大屏上的GIS电子地图就可以直观看到车辆的运行轨迹(方向、位置、速度)。二是应急车辆导航及管理。当应急车辆行驶至偏远地区驾驶员路况不明时，指挥中心可根据GIS电子地图上车辆所处位置为车辆进行人工导航，引导车辆迅速、准确地到达预定位置。指挥部还可根据现场图传来的资料，绘制出各阶段力量部署图，并通过指挥调度平台传送至前线指挥员的手持终端上，布局车辆作业位置。三是应急车辆监管及告警。调度指挥中心可根据路况及天气情况设定应急车辆行驶速度，系统全程自动监控，当车辆行驶速度超过设置值时，系统自动发起报警，提示驾驶人员注意安全。调度指挥中心还可根据灾情的发展，在GIS电子地图上，标注出危险地带(警戒区、轻危区、重危区)，设置围栏告警，当有应急车辆误入警戒区后，即可触发报警，提醒车辆驶离危险区。

4 对比

消防抢险救援、灭火指挥中引入可视化调度系统与传统调度功能相比较，有着其不可逾越的优势，在此对二种调度指挥模式特点、功能、性能做以对比，对比情况见表1。

表1 传统调度与可视化调度功能对比表

对比项	传统指挥	可视化指挥
调度力量、信息传递	指令下达方式只能通过有、无线方式，无法实现信息的快速传递及反馈	多种调度方式(语音调度、视频调度、GIS调度)，动态监控，且可实现分组管理及信息群发或指定发送
现场及危险区域标定	现场用警戒带部分圈定，由安全员监督车辆、人员进入	GIS地图上圈定危险地带，设置围栏警告，车辆及人员进入时即触发报警
车辆、人员定位	通过通信(有线、无线)了解车辆、人员轨迹及灾害现场大致方位	通过GIS电子地图，直观显示车辆、人员运动轨迹(方位、速度)
火情侦查、灾情掌控	人工侦察，描述现场情况及态势发展，不准确、不全面	现场相关音频、图像、视频等信息时时回传，精准掌握灾情发展

5 结语

油田专职消防队伍作为油田开发建设保驾护航的一支专业化应急抢险救援队伍，近年来随着我国科学技术的进步，尤其是通信技术迅猛发展的大背景下，如何应用新设施、新

技术，更好地为油田的安全生产服务，已成为消防队伍面临的一项紧迫任务。面对天灾人祸、突发事件、重大隐患等诸多问题，消防队伍作为肩负抢险救援先锋队，必须未雨绸缪，在消防抢险救援中将传统的科层式指挥方式转变为扁平化这种新的指挥体系，精减指挥层级，减少传统的“上传下达”时间，在指挥中心实现最快的命令传达，最优的部署安排，突破传统的前后方联动指挥及靠前指挥的局限，通过网络、通信手段，确保“信息采集快，指令下达快”，为消防指挥、应急抢险、灭火救援、火情侦察等提供远距离、高速率的图传信息，提高应急指挥调度的速度和效率。这必将对加强队伍的现代化、正规化建设，提高队伍战斗力，起到推动作用，能更好地为油田的持续发展、长治久安保驾护航。

参 考 文 献

[1] 郭铁男，李世雄，朱立平，等. 中国消防手册第九卷[M]. 上海：上海科学技术出版社，2006.

【作者简介】庞鑫磊，男，现在中国石油消防应急救援吐哈油田支队工作，主要从事消防 119 调度及安全管理等工作。电话：15569504888，邮箱：331003860@ qq. com。

数智技术对消防应急救援的影响

张清波

（中国石油消防应急救援吐哈油田支队）

摘　要：数智技术的高速发展为消防应急救援高质量发展带来了前所未有的机遇，在传统消防救援的基础上，构建基于“大数据”“物联网”的数智消防实战指挥平台，建立数字化预案和消防应用数据库，打造应急救援“智慧大脑”，为应急救援提供可靠的数据支持是未来消防应急救援发展的重要方向。本文就应急救援数智化的要求及推进过程中产生的问题进行原因分析，并提出了加快推进应急救援数智化的几条途径，以期对应急救援数智化的发展与应用有所裨益。

关键词：数智技术；消防；应急救援；影响

应急救援工作是消防队伍的神圣职责，推进应急救援数智化是世界消防发展的大趋势，加快应急救援数智化，提升应急救援过程中科学决策的能力，把高科技和应急救援工作有效融合，提升应急救援科学决策、高效施救、安全处置的能力，用现代化的手段让应急救援获得“智慧”，确保救援过程安全高效、科学准确，避免在应急救援过程中因信息不准确、不全面而造成应急救援失败，甚至造成重大次生灾害或事故的发生，加大对应急救援数智化的研究力度，加快应急救援数智化的进程势在必行。

数智技术，即数字技术和智能技术，既包括了云计算、大数据技术、物联网、区块链、5G 通信等数字技术，也包括以智能机器人、图像和语言识别、自然语言处理、机器学习、神经网络为代表的智能技术。近年来，随着数字技术、大数据、云计算的高速发展，对消防应急救援产生了强烈的助推作用，尤其是在数字语音通信、地理综合信息显示、视频信息联动、移动 APP 应用等方面得到了广泛的应用，取得了可喜成果。但是，数智技术在应急抢险和应急救援方面的应用发展较慢，在实际的应急救援行动中，在相当程度上还没有采用数智化应用，应急救援的模式没有跟上国家提出的由“传统消防”向“现代消防”转变的步伐。

1　应急救援数智化的内容

1.1　应急救援数智化是智慧消防的重要方面

智慧消防由美国标准技术研究院（NIST）提出，将信息物理系统（CPS）应用在消防装备和灭火器材领域。2013 年美国 Math Works 公司创建开发了智能响应系统（SERS），旨在发生灾难时为幸存者和救援人员提供周边地理环境等信息，以实现快速定位和救助。国内智慧消防发展较晚，但发展速度很快，2017 年公安部消防局发布《关于全面推进“智慧消防”建设的指导意见》对我国智慧消防建设起到了重要的作用。

国内智慧消防的研究主要分为火灾防控精细化、应急救援数智化和后勤管理高效化等方面。如：消防设施联网监控，火灾预警和风险评估，火灾自动报警远程监控、电气火灾远程监测、消防水源监测、消防监督管理系统、重点部位可视化系统，大数据应急救援指挥平台的建设，单兵作战监测，数字化预案建设和应急物资、装备、器材、灭火剂、车辆、营房等的数字化管理等，其实质是消防管理和设备设施数智化的一个过程，包括了大量的消防应急救援数字化、智能化的实际实践。

2.2 应急救援数智化及主要内容

应急救援泛指消防队伍参与的应急抢险和火灾扑救工作，根据现行《中华人民共和国消防法》的条文解释，消防部门的职能要向传统的单一模式向多功能化立体方向发展，承担灭火、救护、防化、垮塌、爆炸、交通事故以及空难救援等抢险救援任务。

我国消防队伍应急救援指挥体系为总队、支队、大队、中队四级，应急救援基本单位为战斗班，应急救援处置流程为：接警出动、赶赴火场、火情侦察、火场警戒、战斗展开、火场供水、火灾扑救、疏散与保护物资、火场破拆、火场摄像和战斗结束等环节。

应急救援数智化就是要在应急救援的整个过程中用科技方法，为应急救援提供准确、高效信息，支持应急救援行动顺利完成。根据功能不同，研究范围可概括为三个方面：一是指挥决策科学有据；二是力量调集灵活高效；三是设备装备智能控制。

3 应急救援数智化的要求

3.1 总体要求

我国《消防信息化"十三五"总体规划》文件要求，要综合运用物联网、云计算、大数据、移动互联网等新兴信息技术，加快推进"智慧消防"建设，全面促进信息化与消防业务工作的深度融合，为构建立体化、全覆盖的社会火灾防控体系，打造符合实战要求的现代消防警务勤务机制提供有力支撑，全面提升社会火灾防控能力、部队灭火应急救援能力和队伍管理水平，实现"传统消防"向"现代消防"的转变。

3.2 主要建设任务

3.2.1 建设基于"大数据""一张图"的实战指挥平台

智慧消防系统在应急救援中要实现的总体目标是一张图指挥、一张图调度、一张图分析、一张图决策，主要为灭火指挥提供"智慧"大脑。具体目标是实现"四化"，即：灾情信息实时化，作战对象精准化，力量信息精确化，作战指挥可视化。主要依托消防信息网及指挥调度网边界接入平台和公安 PGIS 地图，通过城市重大事故及地质灾害事故救援两大应急通信系统，组建统一数据标准、统一关键技术、属地组织建设、体现层级差异的实战指挥平台。

3.2.2 建设数字化预案编制和管理应用平台

数字化预案是在多年来运行的消防档案和灭火预案的基础上，通过数据的形式显示作战对象的相关参数，通过物联网、移动互联网和各类传感技术和参战队伍的基础信息进行分析和计算，为应急救援提供较为可靠的决策依据。如：在大型油罐火灾扑救中，通过数字预案提供油罐的周长、高度、储油量，消防车道与储罐的距离，通过现场监测仪器信息确认环境温度、风力等信息，将以上信息与参战消防力量装备设备、人员信息进行综合分析，在力量调度中优选合适的队伍和设备，在指挥决策中推测灭火持续时间和增援力量的联络等。

4 应急救援数智化现状及原因分析

4.1 应急救援数智化的现状

近年来，国内消防设施器材的科发和更新换代突飞猛进，从多年前的小型东风水罐车到现在的“雪豹”巨无霸，从直流水枪到消防机器人、无人机，从 2m 拉梯到 100m 的云梯消防车的出现，可说是发生巨大的变化。但从智慧消防的角度和数智化的要求来看，仍处于初期阶段，队伍应急救援的模式仍停留在较为传统的形式下，应急救援战斗力的来源主要靠人和设备的结合，科技灭火的成分较少。

4.2 数智化发展缓慢的原因分析

4.2.1 作战对象数据采集困难

知己知彼百战不殆，在灾害处置过程中，把应急救援对象的地理位置、水源道路、建筑结构、消防设施、重大危险源等信息以数据的形式传递到现场指挥员的手中，指挥员才能对灾情进行初步判断和发展趋势预判，做出正确的决断和发出准确的指令。现实情况中，仅消防安全重点单位在常态下的建筑结构数据、消防设施器材数据、安全出口通道、重大危险源等信息的采集就是一项艰巨的工作量，以现有消防力量在短期内很难完成，如果考虑动态变化必将采用更科学的方法，才能获得较准确的数据。不能获得灾害对象的重要数据，对灾害的处置将非常危险，最典型的例子就是 2015 年发生在天津市滨海新区天津港的“8 · 12”危化品仓库大爆炸。

4.2.2 应急救援装备设备数智化程度不高，研发不足

国外数智化消防的研究更多的放在应急救援应用方面，如：日本在消防车里安装平板电脑，联网多家救援医院，实现快速救援，消防直升机配置灾情图传系统，为救援提供实时图传信息；美国谷歌公司研发的谷歌眼镜，可以内置加载建筑物地图，帮助消防员快速穿过浓烟火场；瑞典皇家理工学院研制了数字定位消防鞋，其设计系统安装了先进传感器、无线模块和处理器，数据能反映消防员和被困人员的准确信息，对消防员进行远程操控。

国内在消防数智化的研究，更侧重于消防监督管理方面，如：杨成钢在消防管理系统加入压力传感器、水位传感器等监测室内消防给水系统，李园园就火灾精确探测方面，提出根据样本数据训练传感器，结合模糊算法进行火灾预测等。在应用中，全国基本实现了消防设施联网监测系统，投用了建筑消防设备维护保养在线监测系统，优秀的智慧消防管理系统，如电丁丁、小蜜蜂等软件在应用中取得了很好的效果等。但在应急救援数智化方面的研究和应用尚有不足。如大型消防车辆没有灭火剂储量、流量监测和远传功能，需要消防员到车顶进行观察，指挥员对应急救援现场力量的布置、装备器材的使用不能直观掌握，火场通信联络尚在使用简单的无线对讲技术，没能解决占频盲网的问题等。

5 应急救援数智化的实现途径

5.1 应急救援数智化体制实现

5.1.1 搭框架建平台，建立统一标准的数据共享主链

我国应急救援主体力量是国家综合性消防应急救援队伍，应急救援数智化体系的建设和使用应以队伍的实际应急救援实际需求为依据，以应急救援指挥作战从上到下组织指挥体系为层级（总队、支队、大队、中队），建立标准统一、数据共享、分级管理的主链，在链路上留足数据接口，以备其他应急救援力量，如企业专职消防队、政府专职消防队、志

愿消防队等力量后期接入使用。

5.1.2 以数字化预案为主体，建立数字化消防信息库

在数字化预案的基础上，优化数据平台，将火警调试、责任区“六熟悉”和实战指挥平台融合，做到数据信息共享共用。要应急救援信息采集工作和“六熟悉”工作结合，由基层队伍在“六熟悉”过程中核实录入，在数据采集过程中聘请技术人员对重点要害部位进行 3D 建模，VR 情景实现等功能。

5.1.3 在实战指挥平台中分组分级预设本责任区数字预案信息

在不同指挥层级在现行无线语音通信基础上，研发更先进和信息传递技术，尤其在灾害一线指挥和灾情侦察、进行内攻、强攻作战时战斗员信息推送和反馈方面，确保信息的及时准确，在意外险情下向一线战斗员发送避险信息等。

5.2 应急救援数智化应用范围

应急救援数智化的应用范围应贯穿应急救援的整个过程，从接警出动到灭火行动结束通盘考虑，无缝对接。

5.2.1 接警出动

建立数字化接警平台，实现统一接警、统一调度，根据灾害信息优选派最合理战斗力量，自动调派最佳车辆装备组合，对车辆运行进行 GPS 跟踪定位，和公用交通网络边界接入，为消防车辆选择最佳路线，及时解决和避开车辆拥堵路段，重大灾害和公共交通指挥联动，为救援车辆开辟绿色通道。

5.2.2 火情侦察

数字化预案介入，通过预案信息初步了解灾害目标信息，结合参战队伍设备装备信息优选侦察力量，通过单兵作战监测设备和无线通信装备，对火灾侦察情况进行在线观察和远端协助。

5.2.3 应急救援

通过现场无线图传设备和在线视频观察及时调整力量部署，通过无人机高空观测和灾害发展趋势预判为参战人员传递灾害现场信息，各参战部队的车辆、装备运行情况，灭火剂、燃料、空气呼吸器使用余量，周边环境有毒有害物质实时监测情况等信息在指挥平台的警示和发布。

5.2.4 应急救援行动结束

应急救援行动结束应以科学的论证和数据做支持，不仅要通过观察表面情况，还要使用探测手段取得切实可靠的数据，严防次生灾害和火灾复燃等情况出现，如：对应急救援结束后要检查是否有隐藏明火，用仪器检测是否有高温物质，可燃气体、有毒有害物质含量等，数据及时传递到指挥员手中进行汇总分析，确认无险情时应急救援行动才能结束。

5.3 应急救援数智化应用突破方向

5.3.1 硬件设施方面

加强传感器，联络器等硬件设施的应用研发，不仅要应用蓝牙技术、无线网络传输技术、(RFID)、红外感应器、全球定位系统、激光扫描器等，更要研究开发灾害特殊情况下，如高温、大深度、黑暗等环境中信息技术的高速准确传输，还要注重研制如何在现用消防车辆设备情况下实现数智化的办法，提高消防装备设备数智化的进度。

5.3.2 软件平台方面

主要依托无线互联网络、大数据、云计算、物联网等技术支持，在智能数据实现中使

用到了 GIS 地图信息系统、人工智能技术、虚拟现实技术等高科技手段。研发以实战指挥平台为基础的综合应用平台，统一数据标准，优化数据结构，设计易于操作，容易上手，反应灵敏的数据平台。

5 结语

推进应急救援数智化是世界各国消防工作发展的大趋势，也是提升应急救援队伍应急救援战斗力的重要途径，大数据、云计算、物联网高速信息通信技术的大发展已为应急救援数智化奠定了良好的基础，应用先进的科学技术，结合应急救援实战需求，研究和开发适合需求，贴近实战的消防产品，加快应急救援数智化的进程，是消防科研工作者、消防指战员和消防产品制造厂商等消防人员共同的目标。

参 考 文 献

[1] 刘筱璐，王文青. 美国智慧消防发展现状概述. 科技通报第 5 期，第 33 卷.

[2] 尤琦，沈阳. 城市消防设施联网监测系统的建设与应用. 消防技术与产品信息，2017(4)，58-61.

[3] 杨成钢. 基于物联网的消防管理系统的设计与实现[D]. 长春：吉林大学，2015.

【作者简介】张清波，男，2012 年 1 月毕业于中国石油大学(北京)学院安全工程系，现在中国石油消防应急救援吐哈油田支队工作，多年来一直从事消防安全监督管理，主要研究方向为石油化工行业消防安全技术。电话：0995-8374479，邮箱：36068882@qq.com。

重大事故情景构建技术在大型原油商业储备库中的应用

李　琦

（东营港有限责任公司）

摘　要： 重大事故情景构建是应急管理领域重要研究方向之一，通过筛选建立重大事故情景清单，利用历史案例资料分析、计算机模拟仿真计算、专家经验与推理等情景模拟手段，分析事故演化过程、事故后果、应急任务和应急能力差距，以指导应急准备规划、应急预案管理和应急培训演练等应急管理工作。本文对某原油存储企业的 $10 \times 10^4 m^3$ 原油储罐开展重大事故情景构建，分析了原油储罐在雷击下发生闪爆、火灾和沸溢的情景演化过程，并依据“情景-任务-能力”的思路开展企业应急能力差距分析，提升企业的应急准备能力。

关键词： 储罐；情景构建；火灾爆炸；演化过程；应急能力

石油是国家的重要战略资源，与国家经济发展和人民群众生产生活密切相关。近年来随着石油化工行业的快速发展，如果石油在开采、运输、存储和加工过程中发生意外泄漏，遇到点火源，就可能会发生火灾、爆炸、环境污染等事故，严重威胁人民群众的生命健康和财产安全。

重大事故情景构建可以利用事故情景有效地串联起应急预案、应急准备和应急演练等应急管理工作，所有应急管理工作基于事故情景开展，形成闭环的应急管理。这有助于危险化学品企业更加从容地应对重大事故，减少对人员的伤害和经济损失。因此，危险化学品企业有必要针对公司的重大风险开展重大事故情景构建，依据“情景-任务-能力”的工作思路，分析事故演化过程中的应急任务和应急能力差距，从而指导企业完善应急准备工作。本文以某企业 $10 \times 10^4 m^3$ 原油储罐为例，浅谈重大事故情景构建工作的应用。

1　典型情景构建

根据《安全生产事故情景构建导则》，重大事故情景构建工作主要包括情景概要、背景信息、演化过程、事故后果、应急任务五类要素。

1.1　情景概况

某企业 $10 \times 10^4 m^3$ 原油储罐正在进行充装作业，浮盘密封圈一次密封老化开裂，使一次密封、二次密封间的充满油气。由于突然天气变化，雷电交加，直击雷击中储罐的密封圈。一次密封、二次密封间的混合油气到达爆炸极限，雷击引发闪爆，随后引起火灾。爆炸造成泡沫挡板被损坏，无法进行灭火，火势进一步扩大，形成环状密封圈火灾。

由于原油储罐浮舱由于焊缝渗漏，舱内油气聚集，浓度达到爆炸极限，遇火源发生爆炸，浮盘倾斜落底，发生全面积池火。

消防灭火过程中，原油储罐发生沸溢喷溅，喷溅的油火导致同罐组其他原油储罐密封圈损坏，大量油气泄漏，随后被沸溢的油火点燃，闪爆后持续燃烧。

1.2 背景信息

某公司的商业储备油库总库容为 $500\times10^4m^3$，储存介质为原油，油库包含 12 组 $40\times10^4m^3$ 原油罐组(每个罐组由 4 座 $10\times10^4m^3$ 原油罐组成)、1 组 $20\times10^4m^3$ 原油罐组(由 2 座 $10\times10^4m^3$ 原油罐组成)、2 座原油泵棚、计量及收球区，见图 1。

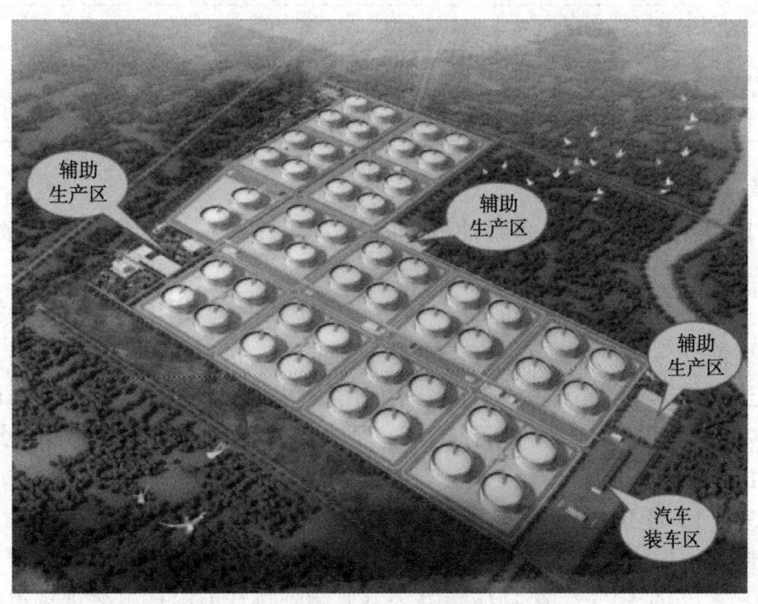

图 1 储罐概貌

油库与西南侧东星村约 4.8km；罐组距离港疏港高速 220m、兴港路 506m、疏港铁路 410m；距离神仙沟 177m。

1.2 危险辨识

该油库的储存介质为原油，介质参数见表 1，其闪点小于 40℃，根据《石油库设计规范》(GB 50074—2014)，原油的火灾危险性为甲$_B$类。原油会蒸发形成一定量的原油气，如果气体与空气混合达到可燃极限范围，遇到点火源就可能发生爆炸事故，危害周边设备设施和人员的安全。

表 1 原油物性参数

序号	危险介质	来源	20℃标准密度/(kg/m^3)	水分/%	凝点/℃	运动黏度/(mm^2/s)	蒸气压/kPa	硫含量/(mg/m^3)
1	原油	管道	880	0.03	24	20(40℃)	—	—

1.3 假设条件

情景假设条件见表 2。

表2 情景假设条件

假设遵循原则	
1	“底线思维”，关键防控措施失效，模拟最坏的情况
2	假设条件合理、可信，适当采取定量计算和定性分析
具体假设条件	
1	事故发生时，原油储罐液位均在80%的满罐状态
2	浮盘密封圈一次密封老化开裂，使一次密封、二次密封间的充满油气
3	原油储罐浮舱由于焊缝渗漏，舱内油气聚集
4	密封圈火灾未被扑灭，浮盘倾覆造成全液面火灾
5	着火储罐燃烧一定时间后，发生沸溢喷溅，导致同罐组其他储罐被点燃
6	气象条件为：雷雨天，气温30℃，风向为南风，风速约4.7m/s

1.4 情景开发

针对油库某$10\times10^4m^3$原油储罐油气泄漏火灾、爆炸及多米诺效应的演化过程进行设计。

事故场景一：某企业油库原油储罐一次密封由于长时间使用老化发生泄漏，一次、二次密封层间聚集油气。15时40分，直击雷击中原油储罐的密封圈，一次密封、二次密封间的混合油气到达爆炸极限，雷击引发闪爆，随后引起火灾。15时45分，消防队员登上着火原油罐罐顶后发现，闪爆导致泡沫挡板损坏，且火势有增大趋势，无法利用罐顶泡沫进行灭火，随后撤出。

事故场景二：17时10分，浮舱由于焊缝渗漏，舱内油气积聚，浓度上升，遇火发生爆炸，导致浮盘倾斜，形成全面积火灾。

事故情景三：17时50分，公司应急办公室监测到抖音上出现事故现场火灾的照片、视频及不实报道，立即联系上级公司，由上级公司联系政府通过权威媒体发布事故现场救援情况，正确引导舆论，避免民众出现恐慌、焦虑情绪。

事故情景四：21时40分，着火原油储罐高温下发生沸溢，沸溢喷溅的油火造成撤离过程中的7名消防队员烧伤；飞溅原油致使地面出现流淌火，覆盖整个防火堤。

事故情景五：22时10分，着火原油储罐罐顶沸溢喷溅油火飞溅至相邻储罐，导致邻近储罐浮盘密封损坏，随后也发生燃爆，储罐发生沿密封圈环形火灾。

事故情景六：次日0时30分，现场应急指挥部对应急抢险力量进行重新部署，开始抢险灭火总攻，利用大量高举消防车辆对罐顶喷射消防泡沫。

04时30分，所有着火储罐火灾相继被扑灭；相关人员在现场实施可燃气体监测、看火等工作，防止泄漏油气重新起火。

09时00分，上级公司和地方政府召开新闻发布会，通告事故处置情况。

2 事故后果模拟计算

利用事故后果模拟计算软件对情景演化过程中事故影响范围进行计算，验证关键情景节点发生的可能性和合理性，并适当地调整情景发展节点，使得情景发展更合理可信。

2.1 原油储罐火灾计算

本次情景构建拟采用DNV的PHAST软件对储罐火灾事故后果进行模拟，计算结果见

图 1、图 2。

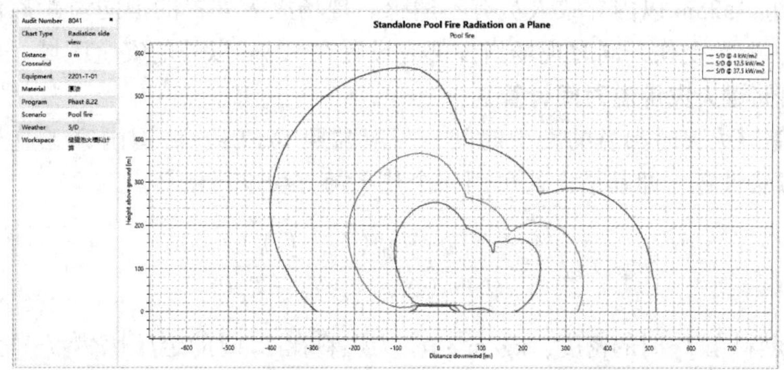

图 1　着火原油罐罐顶全面积池火热辐射侧视图

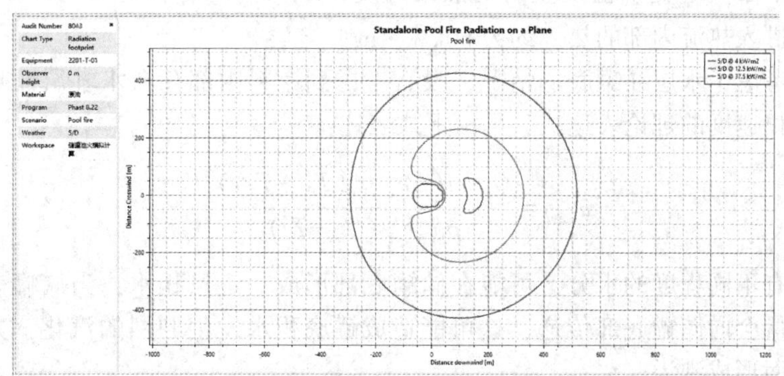

图 2　着火原油罐罐顶全面积池火热辐射在地面的俯视图

从计算结果可看出，热辐射强度 37. 5kW/m^2影响范围为 175m，热辐射强度 12. 5kW/m^2影响范围为 335m，4kW/m^2影响范围为 525m。

不同火灾热辐射强度对人和设备的影响情况见表 3。

表 3　不同辐射通量造成的危害等级

热辐射通量/(kW/m^2)	对设备的损坏	对人的伤害
37. 5	操作设备损坏	1%死亡(10s)； 100%死亡(1min)
25	在无火焰、长时间的辐射下木材燃烧的最小能量	重大烧伤(10s)； 100%死亡(1min)
12. 5	有火焰时，木材燃烧，塑料熔化的最小能量	轻度烧伤(10s)； 1%烧伤(1min)
6. 3	—	在 8s 内裸露皮肤有痛感；无热辐射屏蔽设施时，操作人员穿上防护服可停留 1min
4. 7	—	暴露 16s，裸露皮肤有痛感；无热辐射屏蔽设施时，操作人员穿上防护服可停留几分钟
1. 58	—	长期暴露无不适感

从上述计算结果可以看出，175m 范围内可能导致人员死亡，335m 范围内可能导致人员受轻伤或重伤，525m 以内导致人员有不适感。现场灭火处置的消防员距离储罐较近，需要穿戴隔热服，避免受伤；同时现场指挥部应设置在 525m 以外的安全区域。

2.2 原油储罐火灾沸溢时间计算

预测原油储罐火灾时沸溢的发生时间，一般参照 INERIS（法国国家工业与环境风险研究院）的推荐方法计算，即其最大值可用一个热平衡方程进行估算。

$$t_{boilover}=\frac{\rho_1 c_p h_{HC}(T_{hw}-T_a)}{Q_f-m(\Delta h_v+c_p(T_{0av}-T_a))}$$

其中 ρ_1 为燃料在 T_a 时的密度，kg/m^3；c_p 为燃料在 T_a 时的定压比热容，kJ · kg^{-1} · K^{-1}；h_{HC} 为储罐着火前的燃料高度，m；m 为燃烧速率，kg · m^{-2} · s^{-1}；Δh_v 为在 T_{0av} 时的蒸发热。T_a 为环境温度，K；T_{hw} 是沸溢发生时的热波温度，K；T_{0av} 为燃料的平均沸溢温度，K；Q_f 为从燃料表面进入热流内部的热，约为 60kW · m^2。

该公式只考虑了水层在罐底的情况，没有考虑到燃料内部存在水乳层而导致沸溢的情形。热波的增长速度的理论表达式，可由下式表述：

$$u_{wave}=\frac{Q_f-m(\Delta h_v+c_p(T_{0av}-T_a))}{\rho_1 c_p h_{HC}(T_{hw}-T_a)}$$

原油中含有不同程度的水分，可能在储罐底部形成一定量积水，当储罐表面发生火灾时，产生的热量会向储罐底部传递，这可能造成罐底积水发生剧烈的汽化，并急剧冲向液面，在罐顶表面形成沸溢。

原油储罐 A 高度为 21.8m，按照充装系数为 0.8 计算，则 100%初始液位时高度为 17m，初始液位为 50%时高度为 8m。按照最恶劣原则评估，假设原油储罐 TA 外浮顶罐液位工况分别如下：

（1）17m（100%液位）；

（2）8m（50%液位）；

（3）4m（25%液位）。

以原油储罐液位为 8m（50%液位）为例，则热波到水层的距离约 8m，沸溢时间约为 4~8h。因此，100000m^3 原油储罐在 50%液位发生火灾、爆炸的沸溢时间，可以假定为全表面火灾后的第 4 个小时。各个液位发生沸溢的大致时间见表 4。

表 4 沸溢发生时间统计

假设的原油储罐液位	液位高度/m	沸溢发生时间/h
100%	17	8~16
75%	12	6~12
50%	8	4~8
25%	4	2~4
10%	1.6	0.8~1.6

本次情景构建储罐液位为 80%，可能发生的沸溢时间为火灾后 6~12h，现场消防救援过程中应参考计算时间，同时结合沸溢前的征兆，及时进行撤离，保证人员安全。

3 应急差距分析

3.1 应急任务梳理

根据本次设计的事故情景，结合企业的桌面推演，梳理各个演化阶段应急任务，分析各个应急任务所需要的应急资源，通过差距分析提升企业的应急能力，本次各个情景演化阶段应急任务和差距分析梳理见表5。

表5 应急任务梳理及差距分析要点

演化阶段	可能后果	主要应急任务	差距分析
雷电预警	雷击储罐	预警通知	预警系统及预警后处置
		预警处置	
储罐遭雷击发生火灾、爆炸	火灾和爆炸造成人员伤亡和设施损坏	火焰探测和闭路电视监控	可燃气体泄漏探测、火灾探测能力； 消防冷却和泡沫灭火能力；
		消防冷却和火灾扑救	
		储罐工艺隔离	
全面积池火	火灾热辐射造成人员伤亡，以及设施损坏	消防冷却水喷淋降温	周边企业应急联动分析； 消防废水处置能力分析。
		周边人员预警和撤离	
		周边消防力量集结	
原油储罐沸溢、喷溅油火	造成人员伤亡	消防冷却水喷淋降温	应急人员紧急撤离
		周边人员预警和撤离	
	多米诺事故升级	多设施消防扑救	巨灾情况下的消防水供应能力
		消防废水和废液围控收集	
		应急扩大(升级)	
环境污染等次生灾害控制	消防废水进入雨水管网，可能导致环境污染事故	废水废液收集和围控	废水收集能力和废水转移能力
		土壤和大气污染应急	

3.2 应急差距分析结果

通过应急所需资源与现有资源对比分析得出如下差距：

(1) 针对本次重大事故处置，消防水不满足巨灾情况下的消防扑救要求，泡沫水泵不能满足泡沫用水需求。企业周边附近有一条河流，需要调研周边是否有套或以上远程供水系统(每套1440m^3/h)，以满足一个罐组内多个储罐起火时的消防水需求。

(2) 这种巨灾事故情景，多个消防单位参与救援，一旦储罐发生沸溢，严重威胁消防人员人身安全时，需要紧急撤离，但没有统一的撤离信号，无法将暂时撤离危险区的信号通知到每一个消防队员，需要明确统一的撤离信号，并能及时传达至每一个消防人员。

(3) 演练过程中，企业人员对周边协议单位应急资源不清楚，需要在应急预案修订时充分调研周边可用的应急资源，以便事故状态下可以及时调用。

(4) 企业进场道路较窄，外部消防车辆都过来支援时，容易造成道路堵塞，反而影响救援进行，需要做好现场消防车辆指引工作。

4 结语

本文通过某企业油库$10\times10^4m^3$原油储罐开展情景构建工作，介绍情景构建工作在石油储存企业的应用。首先辨识主要危险物质和风险点，然后结合历史案例和企业周边设计情景的主要场景，同时通过定量模拟计算验证情景发展的合理性及事故的影响情况，最后针对设计的情景开展应急推演及应急任务分析，通过应急差距分析，有效提升企业应急准备及应急预案的实用性。

参 考 文 献

[1] 王永明，刘铁民. 应急管理学理论的发展现状与展望[J]. 中国应急管理，2010(6)：24-30.

[2] 刘铁民. 重大突发事件情景规划与构建研究[J]. 中国应急管理，2012(4)：18-23.

[3] 罗纳德·佩里，迈克尔·林德尔，李湖生. 应急响应准备：应急规划过程的指导原则[J]. 中国应急管理，2011(10)：19-25.

[4] 王永明. 事故灾难类重大突发事件情景构建概念模型[J]. 中国安全生产科学技术，2016，12(2)：5-8.

【作者简介】李琦，男，硕士研究生学位，主要研究方向为油气储运消防、应急管理。邮箱：liqi17@ cnooc. com. cn。

企业专职消防应急救援队伍基层指挥员综合应急救援能力提升策略与方法探讨

宋　晨　米银录　马旭生

（中国石油抚顺石化公司消防支队）

摘　要： 石油化工企业专职消防应急救援队伍是一支准军事化性质的专职消防救援力量。这支力量对于确保企业的生产安全和促进当地经济构建扮演着核心角色。伴随石化行业的迅猛发展，各类灾害并行发生，这些灾害频发，影响广泛，风险巨大，且消防救援与事故处理的复杂性也日益显现。同时对企业专职消防应急救援队伍战斗力和战斗作风提出了更高的要求，随着企业专职消防员年龄不断老化，优秀基层指挥员不断流失，作为最基层指挥员的能力决定了整支队伍的应急救援能力，因此分析对最基层的指挥员能力的培养和管理显得尤为必要。

关键词： 基层指挥员；救援能力；企业专职；应急救援

提高企业专职消防救援队伍的应急救援能力是企业专职消防救援队伍建设的根本性任务，特别是提升基层指挥员职业技能尤为关键。作为应急救援中基本战斗单元的消防中队，发挥着“打早、打小”的特殊作用。基层指挥员在战斗初期的指挥质量，直接牵动并影响到全队的战斗效能。认真分析基层指挥员队伍素质现状，加强消防中队指挥员管理工作，是圆满完成各项灭火救援任务的前提和基础。

1　企业专职消防队伍基层指挥员的现状

1.1　人员结构不合理，思想波动较大

抚顺石化消防支队总人数468人，平均年龄50.5岁，整体偏大，新老指战员两极分化严重，年龄结构不合理。目前企业专职消防队伍普遍存在“两少、三多”的情况。所谓“两少”，其一是队伍中成员日益呈现老龄化倾向，年轻时的上进心日渐减少；其二是随着班组长每年退休人数的不断增长，优秀班组长不断流失，后备基层指挥员人员储备少。至于“三多”，首先是在信息管道多样化的今天，员工的价值观同样多元化，思想更加自由，心态难以捉摸；其次是员工越来越重视个人利益，需要应对他们多元化的利益诉求，难以满足愈加高涨的期待；最后是随着企业改革的不断推进，消防救援队伍遭遇人手不足、队员年龄渐高、基础知识供给不足等多重因素，导致工作压力和心理负担加重，内部矛盾开始凸显，面对新的问题和挑战不断增加，消防队伍的专业化发展任务变得更为艰巨和复杂。

1.2　人员队伍建设发展渠道不畅，指挥员能力水平下降

在人才培养的过程中，出现了骨干“断层”青黄不接的现象，基层优秀指挥员晋升至管理岗位后，新任指挥员比例逐年增大，短时间内难以胜任基层指挥员这一角色，在弄清基本原理和常识的基础上，缺乏装备性能、技术参数以及适用范围的深层次了解掌握，对该

岗位底数不清，工作头绪繁多，影响了灭火救援战斗指挥。

1.3 人员进出机制不健全，人员积极性不高

由于人员老化，加之薪酬待遇、发展空间和工作危险性等因素，年轻人很少选择企业专职消防队就职，后备力量明显不足。另一方面，由于应急救援工作的特殊性，对体能、技能和反应能力要求较高，年龄较大人员很难胜任此项工作，缺乏转岗退出机制，基层指挥员进取精神和危机感不强，训练积极性不高，指挥员素质下降。

2 企业专职消防队基层指挥员能力提升的必要性

2.1 提升指挥员能力是建立专业化应急救援队伍的需要

近几年炼化行业安全生产保持了总体稳定、趋于好转的发展态势，但炼油化工及其他各类生产安全事故仍时有发生，这些给社会稳定也造成了不良影响。石油化工火灾事故应急救援具有较强的专业性，若处置不当将会造成事态扩大或更严重的后果。作为国家应对紧急状况的专业救援力量，企业专职消防队伍承担着本区域危化品紧急响应的重要角色，并且是应对事故的坚实后盾。通过提升此类救援队伍的专业水准和基层指挥员的能力，对于增强该地区石化行业火灾救援和其他灾难应急处置的整体能力有着极其重要的影响，同时也有助于推动企业安全生产和经济发展的稳定性与持续性。

2.2 提升指挥员能力是提升应急救援能力，精准应急救援的需要

专业化的危险品应急处置属于风险性很高的领域。随着石油化工灾害特点及化工企业的不断发展变化，以火灾、爆炸、中毒等特殊的灾难事件频繁发生。在救援操作过程中，常常涉及易燃、易爆和有毒物质的风险，客观上使得这个领域面临严峻的安全挑战。近期，火场中逆行而进的英勇身影照片感人肺腑，可悲的是有消防员英勇牺牲的消息，令人痛心疾首。加强队伍指挥员的队伍构建，弥补能力不足之处，尽可能避免火灾爆炸等灾难的发生，并在事故产生后通过应急队伍的及时响应使企业的损失降至最低，使专职应急救援队伍真正成为企业安全的坚强盾牌和维系社会稳定的力量。

3 强化基层消防中队指挥员素质的对策

3.1 加大政治教育力度，提高政治思想素质

政治思想素质在基层指挥员诸多素质中占首要地位，它是对基层指挥员在政治方向，政治立场，政治品德和思想作风方面的基本要求。必须坚持“党管干部”“党管人才”原则，把政治标准作为选任基层指挥员第一标准，把“敢不敢扛事、愿不愿做事、能不能成事”作为识别评判基层指挥员重要标准，切实抓好选拔任用和人才队伍建设，保证基层指挥员队伍政治上的坚定性和思想上的纯洁性。注重从基层一线、关键重要岗位培养选拔优秀基层指挥员，深入开展基层指挥员任前岗位培训和能力评估，把好选人用人入口关，防止“带病提拔”“带病上岗”。坚持“能岗匹配”导向，建立年轻后备基层指挥员人才库，加大年轻基层指挥员培养力度，有序推进基层指挥员队伍新老接续。深入开展好技能培训、练兵比武和名师带高徒等活动，培养一批业务精、技术强的高技能人才。

3.2 优化培训考核评估体系，增强专业人才团队构建

能否取得灭火和抢险救援战斗的胜利，应急救援人员的综合素质占有重要地位。随着应急抢险形势愈发严重，需要应对这种挑战的应急救援人员必须具备更高的专业素养。为此，要建设一支符合当代应急救援要求的专业应急救援队伍，它是确保应急救援取胜的核

心环节。首先，开展“深化培训，筛选精英”的行动，促进以人才促发展战略，将培训置于聚焦队伍核心竞争力、推动个体实现岗位上的职业成就，以及支持个人成长的前沿，作为营建素质一流应急救援队伍、推动队伍管理系统及其运作能力现代化的引领性、根本性及战略性项目。同时，确立与“发展，运用”人才成长模式相配套的基层指挥员培养标准，深入实施全员的职业能力培训和综合素质提升，达到全员参与培训、考核及过筛子的100%标准，强化岗位技术教学，增强处置险情的专业能力。其次，实现训练与实战相结合的原则，将优秀的人才如同利剑一般精准使用，针对现有队伍的实际情况，大幅提升基层指挥员的技术及素质水平，设立基层指挥员“轮换培训”课程，精心挑选优秀的人才，把选拔与任用的重点集中在主业上，在战斗中发挥“拳头”作用和突击作用，更好地适应灭火救援工作需要，达到队伍长远稳定发展的目的。最后，开展战训特色活动，克服年龄大，体能素质下降的缺点，开展年度岗位综合技术能手竞赛、消防员技师选拔赛、战训业务竞赛、冬季大练兵等活动，提高参训热情，选拔出各岗位的优秀选手，全面促进业务素质及实战能力。

3.3 培养日常沟通能力，及时疏导理顺员工情绪，增强思想政治工作的有效性

一是在基层，贯彻落实好上级方针政策，往往不是一蹴而就的事，尤其遇到一些事关员工自身利益的方针政策出台时，有些员工眼界狭窄，性格比较偏执，甚至出现偏激行为，因为人和人阅历不同，性格也不一样，心态也有差异，一时想不通，甚至出现思想波动。这个时期，员工最需要正确沟通、疏导。

二是通过恳谈化解矛盾，解决疑难问题，营造人和气顺的良好氛围。在管理中随时出现的矛盾和问题，有的基层指挥员虽然嘴上不说，却憋在心里生“闷气”；队伍中的一些矛盾和问题，往往是一些“不起眼”的小事，但这些小事如果不及时解决，就会变成影响队伍稳定的大事。这时我们有针对性地与基层指挥员进行沟通，支持并指导他们开展政治思想工作，消除他们心中的怨气，化解矛盾、排除疑虑。

三是通过民主生活会吸纳建议，丰富民主管理，促进队伍管理水平的提升，让大家出点子、想办法，起到情绪的“减压阀”，稳定和谐的“黏合剂”，党群干群的“连心桥”，队伍发展的“推进器”。发挥班组长的功能和作用，把民主生活会开成“诸葛亮会”，促进队伍管理水平的提升。

3.4 坚持正规有效的训练秩序，全面提高基层指挥员的组训能力

随着消防工作科技含量的不断提高，而训练秩序正规化的建立不能与时俱进，作为基层的管理者，首先，应该对新《训练大纲》《执勤业务训练指导法》等规范内容熟悉，吃透新《训练大纲》精神，并在日常训练中正确地加以运用，切忌凭经验、随心所欲施训。对于训练中发现的问题，实战中遇到的困难，应善于思考、勤于提问，敢于面对，在队伍当中营造一种互帮、互学、互助，以能者为师的良好训练氛围。其次，基层指挥员自身也应积极地参与训练，懂标准，能示范，会组训，做好表率，切不可让同志们觉得你不懂、不会、只会作记录、发口令，这样的话，使得训练就会大打折扣。

最后，抓好训练制度的落实，加强一日生活制度管理，增强训练管理的安全性、全程性、连续性和稳定性，才能确保训练工作有序地开展，才能保障训练的人员、时间、内容和质量，才能杜绝“战、训”脱节等现象的发生。

3.5 将强化训练与实战演练紧密结合，最大限度地发挥专业培训效果

消防工作自身的特点就是“养兵千日，用兵千日”。在日常执勤备战任务日益繁重的今天，基层指挥员组织训练不要好高骛远，要因地制宜，因人制宜，考虑多方面的因素。既

要保证训练内容的完整性，又要突出重点。

首先，进行常规演练时，需要根据实际火灾现场环境以及本地区重点企业、道路、水源和消防装备等要素来设计。这些练习应成为战术训练的核心内容，并且应当持之以恒，不断重复训练，直到熟练应用。同时，根据辖区火灾特点研究火灾扑救中各车组协同作战问题，不仅要有针对性开展协同作战的演练，以避免在火场上造成混乱，影响火灾扑救的效果和时机。同样，提升单个消防员和单辆消防车的作战效能亦极为关键，众多火灾现场是否能成功扑救成功取决于单兵、单车在实战中的即时表现。

其次，基层指挥员要根据人员年龄结构将人员划分为老、中、青三类。选拔车组长应优先考虑处于中年期的同志，这些人已在灭火前线累计超过十年经验，不仅具备了丰富的实战知识，而且在长期训练中身体和技术战术水平均较为出色；其次是资深老同志，正如俗语昭示："家中有一位长者，犹如珍宝一般"，消防行业中亦然。老同志虽然历练颇丰、见识广泛，经验丰富，但体力和反应速度方面存在不足，尤其是在人手紧张时，车组长需要同时负责指挥与战斗任务，因此老同志在班长这一职务上并不占优势；而年轻同志由于入职时间较短，在化工企业自动化和联锁技术普遍提升的今日，危险情况发生的可能性降低，他们接受实火锻炼的机会也相应减少，因此缺乏足够经验的年同志并不适合担任班长职位，然而，这并不影响对某些优秀年轻同志的使用。战斗员岗位则应从中、青年同志中选出，特别是 1 号和 2 号位置应由这个年龄段的同志搭档，这样能确保团队既有体能又有经验，应对火场能做到快速反应、攻守兼备。而资深的同志更适宜担任末号战斗员角色，而驾驶员岗位则应优先由年纪较大的同志担当，该职位工作压力较小，更有利于老同志运用其丰富经验去全面监控火场状况。

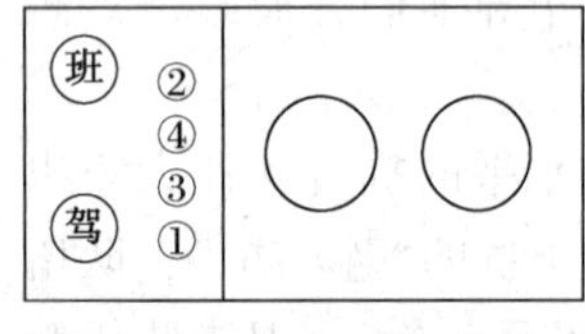

图 1　人员乘车位

再次，基层指挥员需按照作战车组的人员构成及任务要求来优化任务分配。首先，明确指定登车序列和座位安排（如图 1 所示），这样做可以一方面防止在接警出动时发生人员拥堵现象；另一方面，这能便利班长在途中核实人员情况；到达火灾现场后可以使得离火源近的人能够迅速下车选取器材装备，立即开展扑火行动。做好这些关键是要在日常训练中养成良好的习惯，不管是出警还是在熟悉操作过程中，都必须严格遵循。

最后，基层指挥员配合车组长还得根据车组成员的人数、年龄构成、战术特点等因素来安排日常和特殊情况下火场的任务分派，确保协同各号员的任务执行，并针对性地开展训练。比如，在一支作战小组中，分工大致为 1 号和 2 号分别携带两条消防水带及各一支水枪和泡沫枪，抵达阵地后铺设一条水带，另一条保留不铺设作为转移或延长线使用的备份，其他的水带铺设线路和上水线路则由 3 号和 4 号共同完成，司机负责前方供水，而车组长负责本车组指挥或少量的任务。又如，面对编制不齐全的车组、车组有休假的队员或复杂的现场环境下，在不同距离的范围内完成水带铺设，同时还要完成上水、吸水和出水任务时的每个人分工。单人铺设四条水带，两人铺设六条水带，单人负责铺设两条干线，单人独立承担两个人的任务，或两人共同完成本应三人或四人任务等各种非常规的技战术动作和任务都应包含在内。这就要求基层指挥员在平时的组训中加以强化，以确保车组长具备多种能力，既是指挥员，又是战斗员，还能胜任驾驶员工作。同时，驾驶员也需具备一岗多能的能力，除了操作消防车以外，还要能熟练地配合铺设水带和投入其他紧急行动。因此，基层指挥员须在平日根据自己中队实际情进行深入研究、反思、训练与改善，只有这样，提前做好准备，才能在实战中游刃有余。

3.6 构建能力考核的量化指标体系

根据岗位、年龄等客观存在的因素，完善体能、理论、技能、战术等方面的量化考核指标，构建具有企业专职应急救援队伍的人才队伍的科学能力模型，拥有优秀人才的“基因图谱”，清晰描述队伍发展需要的人员标准，建立人员退出转岗机制，安排专职消防员到一线生产单位进行交流学习，熟悉工艺流程及岗位风险，提升业务素质和专业素养，使得人才选拔有靶向、考核有尺度、培养有目标、努力有方向。

4 结语

总之，作为一名消防基层指挥员，必须坚持专业消防、技术消防发展方向，立足当前，着眼长远，不断提升自身各方面能力水平，明确自身的职责和任务。摆正自身既是管理者又是被管理者的位置，要求别人做到的自身首先应当做到，在训练、工作、学习中当严师，生活当中当兄弟，了解员工的疾苦。只有这样才能完成上级下达的各项训练任务，保证召之即来，来之能战，战之能胜，才能维护辖区企业的经济效益，发挥企业专职应急救援队伍作用，为企业安全生产保驾护航。

参 考 文 献

[1] 赏寸臣. 对灭火及抢险般凝现场提升消防员自我保护能力的思考(J]. 科扶视界，2013-07-05(上海).
[2] 吴磊. 基层指挥员应具备初战指挥四个能力　消防周刊，2013-09-06.

【作者简介】宋晨，男，2018 年毕业于中国人民武装警察部队学院，消防工程专业，现在中国石油抚顺石化公司消防支队二大队工作，任二大队大队长(高级主管)。电话：13394239186，邮箱：sc123@ petrochina. com. cn。

专职应急救援队伍运行机制与管理创新

郑敬亮

（中石油昆仑燃气有限公司北京分公司）

摘　要： 随着我国社会经济不断发展，人民群众对更好地应对自然灾害和各类安全事故提出了更高的要求，全面保障人民群众的生命财产安全也成为了我国社会治理领域的重要课题，专职化的应急救援队伍建设迫在眉睫。我国目前正在经历应急救援由军转民的全面过渡阶段，专职应急救援队伍虽然不断建立，但在指挥组织、救援执行以及机制建设等方面还存在诸多不足，亟待创新。本文基于现阶段我国专职应急救援队伍的运行现状与存在问题，就如何实现应急救援管理创新提出相关建议，希望对优化我国专职应急救援队伍的管理提供帮助。

关键词： 专职；应急救援队伍；管理创新；运行机制

应急救援是一个国家社会生产与民生稳定的重要保障，尤其在幅员辽阔、社会经济处于较快发展阶段的我国，各类生产领域的安全风险与事故、突发自然灾害发生频率较高，给人民生命财产安全造成了较大的威胁，这就需要由专业的救援队伍建立起一道保护人民群众的屏障。我国目前已经建立起一整套应急救援保障体系和专业化的应急救援团队，但随着社会经济发展的需要，对专职应急救援队伍的管理要求不断提高，对其履行安全保障职责的新标准也不断显现，这要求专职应急救援队伍必须在管理理念和管理水平上不断创新，实现人民群众安全救援保障的全面覆盖。

1　我国专职应急救援队伍发展现状

从建国到改革开放初期一直到本世纪初的一段时间，我国的社会应急救援工作主要由人民解放军、武警部队、公安消防机关等军事性质的机构负责或参与执行，在 1976 年的唐山大地震、1998 年的抗洪抢险以及 2008 年汶川大地震等重大灾害的应急抢险和救援工作中，上述军事机构都处于工作一线，是应急救援的主力，政府相关部门提供相应的保障服务，而并没有普遍出现专业应急救援队伍。随着人民群众对安全保障需求的提高，以及工业化进程中各类事故出现频率的增加，专业应急救援队伍逐渐走向了前台。首先是一些民间自发组织的专业救援队伍出现，比如 2009 年成立的福建厦门北极星救援队，是由厦门民间组织建立的专以山地救援为主要职责的队伍，属于民办社会组织，有少部分专职人员和大量兼职志愿救援人员参与。再如深圳公益救援队是成立于 2008 年汶川大地震救援期间，由民间组织全部成员均为志愿者的救援队，到 2023 年该救援队已经拥有志愿者超千人。类似的民间救援队伍在全国大量出现，成为社会救援不可或缺的重要力量，但这类救援队伍一般不是由专业救援人员组成，缺乏政府资源的全面支持，运作费用多为自筹，其产生和解散也非常频繁，难以成为长期稳定的应急救援主力军。

2018 年 3 月，国家应急管理部的设立成为国内应急救援队伍专业化建设的分水岭，2018 年 11 月国家综合性消防救援队伍授旗仪式举行，消防应急救援业务正式从武警部队管辖转至政府专业部门管辖。2023 年 10 月，应急管理部进一步明确了国家消防救援局的职责，到目前为止，应急管理部下设风险监测和综合减灾司、救援协调和预案管理局、防汛抗旱司、地震和地质灾害救援司、救灾和物资保障司等多个应急救援管理机构，推动国家层面的专业化应急队伍建设再上新的一级台阶。截至 2024 年 2 月，我国各级安全生产应急救援专职队伍已经达到 1200 余支，从业人员超过 7 万人，涵盖了矿山救援、危化品救援、隧道救援、油气救援、水上救援等多个领域，初步建立起较为全面专业的应急救援体系。见图 1。

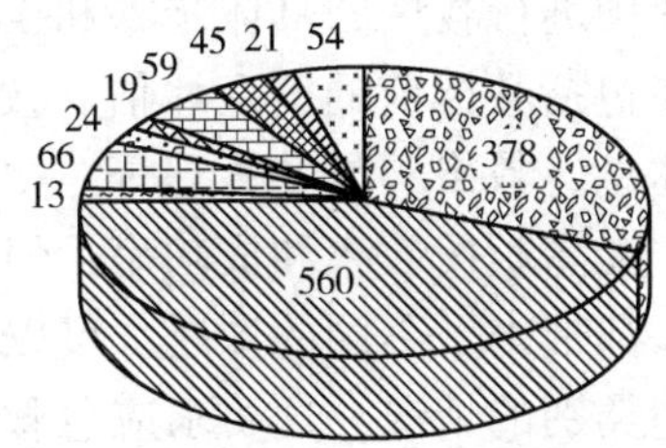

图 1　我国安全生产领域专职应急救援队伍数量分布(截至 2024 年初)

在国内众多专职救援队伍中，近年来也涌现出多个比较知名的团队。比如中国红箭救援队、蓝天救援队，以及在国际舞台多次大放异彩的国家地震灾害应急救援队(对外称中国国际救援队，CISAR)等等，这些救援队在国家相关部委的支持下，在队伍建设与管理创新方面取得了许多亮眼的成就。

2　我国专职应急救援队伍运行机制及其特点

由于我国现阶段的专职应急救援队伍正在经历或已经完成了从军事领域转向民生领域的转变，其服务定位、运行机制都更加符合国际标准。仅以中国国际救援队的运行机制为例，其主要运行原则是：一队多用、专兼结合、军民结合、平战结合。一方面，专职应急救援队伍的指挥层和骨干人员现阶段仍以原军队、武警人员转岗为主，其管理体系并未完全脱离半军事化的色彩，另一方面专业的救援管理理念和工具也正在应急救援管理体系中逐步起到核心作用。

总体来看，我国目前专职应急救援队伍的运行架构由以下体系和机制构成。

2.1　应急救援指挥系统

这是任何一支专业救援队伍都必备的管理核心。指挥系统主要负责统一调度和指挥救援行动。在我国，通常由政府或相关部门担任指挥机构，负责制定救援方案、调配救援资源、协调各方力量，在应急管理部成立后，各省、自治区、直辖市以及地级市都设立了相应的厅局级应急管理机构，履行应急救援指挥系统职责。同时，各专业救援队伍内部也设立相应的指挥机构，负责具体救援行动的指挥与协调。此外，一些非专责政府机构有时也会成为应急救援指挥系统的配合部门，如民政部、人力资源和社会保障部、公安部等，都会在各自职权范围内配合应急救援的相关工作。

2.2 应急响应相关机制

主要指的是救援队伍在接到救援任务后的快速反应机制，一般包括信息的收集和分析、救援力量的调动和部署、救援资源的调配和使用等。一个高效的应急响应机制能够确保救援队伍在第一时间赶到现场，迅速展开救援行动。应急救援事件一旦发生，往往对救援队伍的应急反应、应急能力要求极高，很难给予足够的规划、筹划时间，相关救援团队必须随时能够调动、部署并开展救援行动。如果要达到这一标准，专业化的应急救援队伍必须拥有高质量的内部制度建设和内控机制，同时要把制度执行与经常化开展的应急救援演练结合起来，确保尽可能地缩短响应时间，尽快进入有效救援阶段。

2.3 现场救援流程和资源保障机制

现场救援流程是救援队伍在现场进行救援的具体步骤和操作规范，也是应急救援的核心工作。从其具体流程来看一般要包括救援前的安全评估、救援方案的制定和实施、现场指挥和协调、救援人员的轮换和休息、救出人员的管理等。一个科学、合理的现场救援流程能够确保救援行动的有序进行，提高救援效率和成功率，但同时由于安全应急事故的形式多样复杂，给每次应急救援工作都带来了不同的课题，可以说许多专业化的应急救援队伍几乎每一次现场救援都面对不同类别的情况，这要求应急救援团队必须具备丰富的专业知识和职业素养。

救援资源保障机制是确保救援行动得以顺利进行的重要支撑。这包括救援设备的采购和维护、救援物资的储备和调配、救援人员的培训和选拔等。一个完善的救援资源保障机制能够为救援行动提供充足的物质和人力支持，确保救援行动的高效进行。尤其对于许多大型专业救援团队来说，其内部还根据专业分工不同划分为多个工作小组，其中不仅要包括一线救援队伍，还要包括资源供应、信息协同、后勤保障、技术支持等多种专业，对救援队伍建设的专业性要求很高。

2.4 应急救援信息沟通与协调机制

这一机制是应急救援队伍内部以及与其他相关部门之间的信息交流和协作方式。在救援行动中，经常会需要不同政府部门和社会机构的配合与支持，因此及时、准确的信息传递和有效的沟通协调至关重要。通过建立有效的信息沟通和协调机制，可以确保救援队伍与其他相关部门之间的紧密配合，形成救援合力。

2.5 社会参与与动员机制

在我国，政府鼓励和支持社会力量参与应急救援工作，通过建立健全的社会参与和动员机制，可以吸引更多的志愿者和民间组织参与到救援行动中来，形成全社会共同参与的良好氛围。在现阶段我国专职救援机构和人员总体数量还不多的情况下，许多大规模应急救援工作需要大量的社会志愿者积极参与才能产生预期效果，这就需要专业应急队伍具有一定的动员与组织协调能力。以现阶段我国专职应急救援团队来说，在面临紧急救援任务的情况下，志愿者救援人员可能会占到全部救援人员比重的70%以上。

3 现阶段专职应急救援队伍管理存在的主要问题

3.1 队伍组织结构及人员配备不足

由于我国应急救援队伍的专职化时间并不长，因此在内部组织结构上还有许多不明确之处，比如部分应急救援队伍在组织结构上缺乏明确的划分，对于专业化的应急救援机构应该具有什么部门，各部门应明确的是什么职责还不够明晰，导致指挥与执行之间的衔接不紧密，应急救援的效能发挥收到了限制。此外，人员配置不足也是一大问题，我国工业化进程不断加快，相应的安全事故和自然灾害的频率也有所增多，更关键的是灾害事故的复杂性也有所提高，部分应急救援队伍在人员配备上略显不足，而不同工业门类事故的救援专业性也对救援人员的知识素养与专业知识提出了要求。而由于应急救援工作的特殊性和艰苦性，部分队员在面临长时间、高强度的救援任务时容易出现疲惫和厌倦情绪，再加上应急救援人员的工资水平并不高，导致专业救援人员的流失率较高。

3.2 救援装备与设施不足

从总体上看，除了消防等传统专业救援机构之外，多数专职应急救援队伍面临装备陈旧落后，缺乏先进性和可靠性等问题，难以应对复杂多变的灾害环境。救援设施与装备有着两个相互矛盾的特点，一是由于相关装备与设施专业化标准要求高，具备生产资格的企业不多，耗费资源量较大，导致其价格一般比较昂贵，二是在装备设施昂贵的同时，其具有较为严格的使用期限制，许多花高价采购的救援装备设施只要到了使用期限必须重新采购。这个专职应急救援队伍的运营成本带来了较大的压力。此外由于缺乏专业的维护人员和完善的维护机制，部分救援装备的维护和保养工作不到位，也直接影响了装备的使用效果和寿命。更关键的是，应急救援与其他行业相比，因其应急演练和日常训练的需要，对占地、仓储要求较高，而许多应急救援队伍在训练基地、仓库等设施的配备上不足，影响了队伍的日常训练和救援行动的展开。

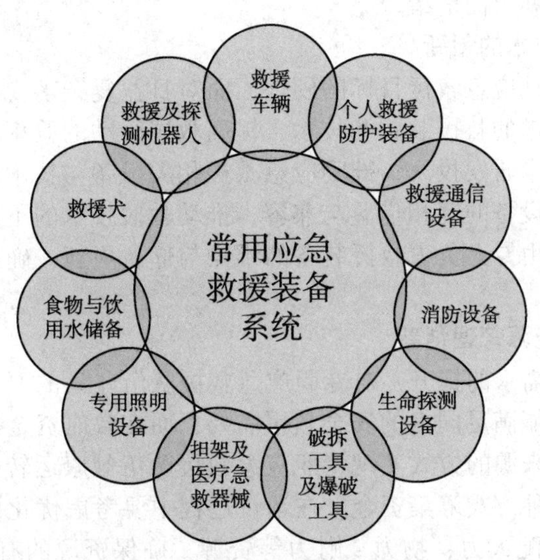

图 2　专职应急救援必备常用装备系统

3.3 应急救援指挥与协调不专业

救援指挥体系是应急救援系统的核心，但我国应急救援现代机制建立较晚，系统性的法规与制度还存在较多欠缺，管理专职应急救援团队尚处于探索阶段，使得现阶段部分应急救援队伍的指挥体系不健全，造成指挥决策的效率低下和准确性不高。而指挥系统运转不畅直接会导致应急救援行动中的组织协调不力。在救援行动中，各部门和队伍之间的协调配合至关重要，但部分队伍在跨部门合作方面存在困难，对由谁指挥，各配合部门应发挥什么样的作用，怎么样开展救援衔接，缺乏有效的管理经验，这也会影响救援行动的效果和效率。

4 推动专职应急救援队伍管理创新的建议

4.1 实现管理模式创新

解决专职应急救援管理队伍的组织架构问题需要从管理模式上入手。首先要考虑引入信息化管理模式，通过采用先进的信息化管理系统，实现队伍人员、装备、资源的数字化管理，提高应急救援相应的信息处理和决策效率。结合不同专业应急救援的特点，考虑建立弹性组织结构，根据救援任务的不同需求，灵活调整队伍的组织结构，提高非专职人员的专业素养，确保资源的合理配置和高效利用。同时进一步完善指挥体系，加强指挥机构的建设，明确各级指挥机构的职责和权限，确保指挥畅通、决策科学，通过扁平化队伍管理架构，提高应急响应速度，缩短救援队伍到达现场的时间。

4.2 实现人员管理体系的创新

要针对不同救援领域，对专职救援人员开展专业化的培训课程，提高队员的专业技能和知识水平，尤其要把安全规定、急救、机械操作、救援设备使用等应急救援核心业务作为优先培训内容。为了保障转至应急救援队伍的人员稳定性，要考虑通过设立奖励机制、晋升机制等方式，激发队员的工作积极性和创新精神，培养专职应急救援人员的良好价值观和集体荣誉感，营造积极向上的工作氛围。对于应急救援实施过程中存在心理压力或出现心理问题的人员，要强化心理辅导，关注队员的心理健康，提供心理辅导和咨询服务，帮助队员缓解工作压力和负面情绪。

4.3 实现装备与技术的创新

应急救援装备是实现应急救援目标的硬件，面对日益复杂多变的灾害与事故类型，要大胆积极引进国内外先进的救援装备和技术，提高救援行动的效率和成功率。同时国家政府层面也要积极开展技术研发投入，鼓励应急救援相关设备与技术的知识产权创新，必要时考虑军用设备与民用设备的互相借鉴与兼容，推动救援技术的不断进步和发展。此外还要建立装备维护体系，由专人负责救援装备的维护与储备更新，确保救援装备的完好率和可靠性。

4.4 实现资金与资源管理创新

随着人民群众安全需求的提升，对专职应急救援队伍建设的要求也必将提高，现有的专职应急救援队伍并不能满足国内的安全救援需要，而在政府资金投入有限的情况下，必须考虑通过多元化资金来源的方式实现专职应急救援队伍健康运转，要结合政府拨款、社会捐赠、企业赞助等多种方式筹集资金。在运行过程中要考虑优化资源配置，根据救援任务的实际需求，合理分配人力、物力、财力等资源，确保资源的有效利用和最大化效益。此外还要加强与其他救援队伍、政府部门、社会组织的合作与交流，建立地区性、行业性的专职应急救援协会，实现资源共享和互利共赢。

4.5 实现救援指挥与协调体系的创新

要通过优化指挥流程、提高信息传递效率等方式，建立快速反应机制，确保专业应急救援指挥机构能够在灾害与事故发生的第一时间做出正确决策和有效行动。要强化跨部门协调，加强与公安、消防、医疗等相关部门的协调配合，日常建立沟通共享机制，战时建立统一协调指挥机制，形成救援合力，提高救援行动的整体效果。

5 结语

作为一个行业来说，应急救援管理属于朝阳产业，正在蓬勃发展，而专职应急救援队伍势必成为未来社会经济生活中重要的组成机构，为社会经济和谐发展、人民群众安居乐业贡献不可忽视的价值，只有在管理模式和管理理念上不断创新，解决现存问题，才能真正实现应急救援保护、保障、保平安的价值。

参 考 文 献

[1] 提升基层应急管理能力的实施困境与路径选择[J]. 程万里. 人民论坛，2022(08).

[2] 灵活建队强化保障正规管理——关于基层乡镇消防救援队伍建设的思考[J]. 黄荣浪. 中国应急管理，2021(12).

[3] 如何不断加强基层应急救援体系建设？——山东省淄博市应急管理系统干部职工如是说[J]. 付瑞平；李达；刘新宁. 中国应急管理，2021(12).

[4] 五大转变：新时期应急管理体系建设的理念更新[J]. 薛澜；沈华. 行政管理改革，2021(07).

[5] 关于应急救援队伍建设与人才培养的思考[J]. 邓彪；郭其云；薄淇友. 中国应急救援，2020(05).

【作者简介】郑敬亮，男，中石油昆仑燃气有限公司北京分公司，大学本科，研究方向安全环保。电话：18910783108，邮箱：zhengjingliang@ petrochina. com. cn。

炼化装置应急管理问题研究

祁树承

（中国石油乌鲁木齐石化公司消防支队）

摘　要： 本文主要介绍了炼化装置应急管理的情况。首先，通过对炼化装置应急管理现状的分析，包括应急管理组织体系、风险评估和人员操作等方面的内容，揭示了炼化装置应急管理的现状。其次，针对存在的问题，如损失程度估计及应急管理指标构建有待优化、应急管理风险应对资源不完善以及炼化装置的检修和维护工作有待完善等，进行了详细的探讨。最后，提出了做好损失程度估计，构建完善应急管理体系；完善应急管理风险应对资源体系；加强炼化装置的检修和维护工作，构建安全监测监控体系等对策建议。通过这些措施，有助于提高炼化装置的应急管理水平，降低安全风险，保障企业的稳定发展。

关键词： 炼化装置；应急管理；风险；石油企业；应急指标

石油化工行业的风险系数较高，其运行环境往往非常特殊，产品生产过程中需要保持高温高压的状态，且生产原料本身就易燃易爆，且很多物质自身具有极强的腐蚀性，状态也不稳定，可能呈现出液态、气态或者气液混合态。综合上述的特性来看，石油加工过程中一旦操作不当，就可能出现爆炸或者火灾等严重风险，且重油催化裂化生产中也可能发生泄漏、爆炸以及火灾等威胁，不仅会造成严重的经济损失，还可能威胁到人身安全。本文以中石油企业炼化装置项目为例，对该项目运行过程中应急管理进行了深入分析，同时介绍了应急管理中所需注意到的事项。对应急管理进行多角度的控制，能帮助相关部门做出更加正确的投资距测，同时也可以提高项目的整体经济效益，带来更可观的收益。

1　炼化装置应急管理现状分析

1.1　炼化装置项目与风险管理简介

炼化装置指的就是在炼油过程中所需要用到的一些炼化装置，其可以根据加工的性质和深入细分为多次或深度加工炼化装置、常减压蒸馏炼化装置以及一次加工炼化装置，其中深度加工炼化装置包括翠花重整炼化装置、催化裂化炼化装置、电化学精制炼化装置以及催化加氢炼化装置等。除此之外，炼油过程中还可以用到一些辅助性的炼化装置，如添加剂生产炼化装置以及催化剂生产炼化装置等。

炼化装置主要有以下几个特点：

(1) 两段再生的方式存在差异，第一再生器主要是通过一氧化碳燃烧实现再生，第二再生器则属于完全再生；

(2) 可以将一二烟气完全分离开来，在经过一氧化碳焚烧炉前，烟气可以直接与高温烟气进行融合，便于对高温烟气所产生的热能和化学能进行回收利用；

(3) 主要采用了三机组，分别为轴流式主风机-烟气轮发电机；

(4) 通过规整填料技术来实现分馏塔底脱过热；

(5) 反应器和沉降器同轴形式，在对汽提段藏量进行控制时主要用到了塞阀。

风险识别和评价工作主要由施工管理部门和项目管理部门负责，需要明确具体的风险类别，对当前所采取的应急管理措施进行全面的分析评估，并结合应急响应、管理以及工程技术等因素制定详细的风险管控计划，全面落实风险管控工作。中石油企业炼化装置应急管理组织体系见图1。

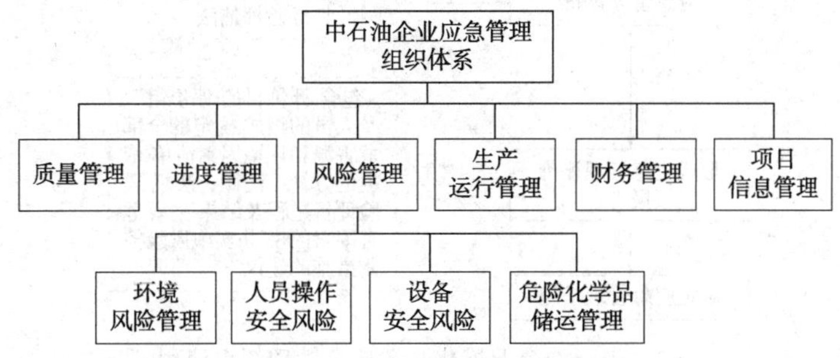

图1　中石油企业炼化装置应急管理组织体系

1.2　炼化装置应急管理现状

1.2.1　应急管理组织体系

目前中石油企业炼化装置项目的应急管理职能具有明确的等级制度：董事会为最高阶层，需要对所有重大风险做出相应的决策；第二阶层则是企业的管理人员，主要职责就是风险政策的制定以及对重大风险的评估，并且需要根据具体的情况来采取妥善的解决措施；各部门则为第三阶层，需要严格按照公司的相关规章制度以及上级领导制定的应急管理方案开展工作。整体来看，目前中石油企业炼化装置项目的应急管理组织体系较为完善，但在各环节风险的控制方面还有待改善。首先企业要尽快建立健全应急管理体系。中石油企业现阶段根据项目的具体情况选择了适当的应急管理手段，也就是 HSE 管理模式，结合具体的环境要素设计了适合自己的风险识别和评估流程，以期能准确识别和控制潜在的风险要素。此外，中石油企业非常重视风险评估和管理工作的责任落实问题，形成了详细的程序，详见图2。

通过上图可以清楚的看到，虽然中石油企业炼化装置项目目前形成了一套完善的内部应急管理流程，但其管理重点放在了安全危险源和职业健康方面，以不确定的环境因素为主，但实际项目建设过程中还会存在成本、质量、安全以及进度等方面的问题，这就需要企业必须从多个角度全面开展应急管理工作，要精准识别项目建设中可能出现的各方面风险，并加以控制和管理。

1.2.2　应急管理风险评估

中石油企业其所使用的各项生产炼化装置设施基本都表现出具备高温高压的特点，除此之外，从事石油生产的企业其生产工艺十分复杂，除了各产品都具备一定要确保石油化工生产不同的流程，其中的控制阀门以及各种管道也是非常庞大，因此爆炸以及火灾问题对从事化工生产的人来讲属于重大安全隐患，一旦出问题后果不堪设想。因此，石油企业

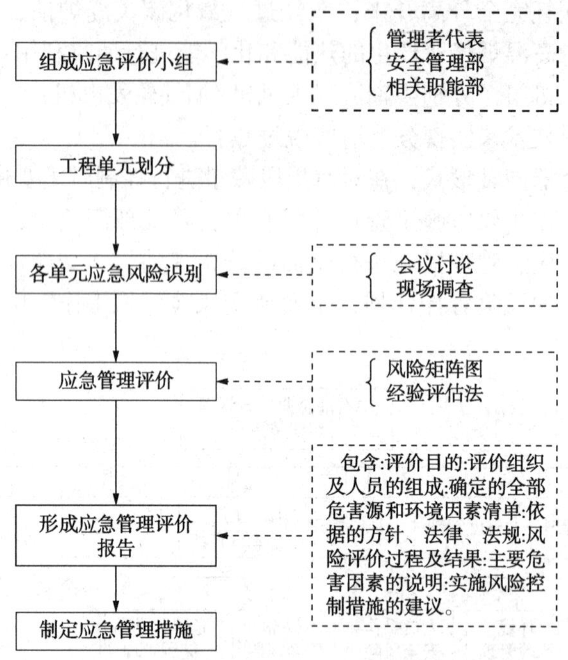

图2　中石油企业炼化装置应急管理组织流程

在正常生产过程中应该足够重视项目设备潜在的风险问题，切实保障企业的安全生产及风险规避问题。

中石油企业需要实时监测生产施工中可能出现的安全风险，如爆炸以及泄漏等，同时要采用科学有效的环境风险评估手段来收集生产设备和材料相关的数据资料。

炼化装置设备主要包括两种，分别为静设备和动设备，常见的设备事故形式有爆炸、断裂、磨损过度、严重变形以及泄漏等。在风险分析时，会重点分析环境的腐蚀开裂问题、局部损失问题以及机械失效问题等。一般情况下，磨损和腐蚀会对炼化装置产生极大的负面影响，从而导致安全事故的发生。炼化装置内部的物料会严重腐蚀金属，从而导致零部件的质量变差，威胁到炼化装置的安全运行。

1.2.3　应急管理人员操作

中石油企业应急管理人员操作是指在中石油企业内部，负责应对突发事件、保障企业安全生产的专业人员。他们需要具备一定的专业知识和技能，以便在紧急情况下迅速、准确地采取措施，确保企业的生产安全和员工的生命安全。应急管理人员熟悉企业的生产工艺、设备和环境，了解可能发生的各类突发事件，如火灾、爆炸、泄漏等。他们需要定期对企业进行安全检查，发现潜在的安全隐患，并及时采取措施予以整改。应急管理人员制定应急预案，明确在不同类型的突发事件发生时，企业应采取的应对措施。预案应包括事件的评估、报告、处置、恢复等环节，确保在紧急情况下能够迅速启动应急响应机制。应急管理人员组织企业员工进行应急演练，提高员工的应急意识和应对能力。通过模拟实际突发事件，让员工熟悉应急预案的操作流程，掌握应对突发事件的基本技能。在实际突发事件发生时，应急管理人员能够迅速启动应急预案，组织现场救援，协调内外部资源，确保事件得到及时、有效的处置。同时，要对事件进行总结分析，不断完善应急预案，提高企业的应急管理水平。

2 企业炼化装置应急管理存在的问题

2.1 损失程度估计及应急管理指标构建有待优化

每一起事故其发生都是具备一定偶然性的，而且所带来的经济损失也会因为不同的环境以及条件而表现出差异性，既有直接的，也有间接的。另外，也有部分事故当时表现得并不严重，但所带来的风险整体较大的现象。因此，对于风险损失的判定，要有科学的评估方法与判断逻辑，多查阅历史资料，以工程实际情况为契机进行判断。风险等级判定是泛指根据风险自身的特点以及其具体情况进行的风险评估动作。通过以上判断，工程项目可能对于整个生产生活所带来的影响都会变得比较透明化，因此可以对风险提前进行有效性应对。中石油企业目前在建的工厂炼化装置项目所能带来的风险性一定程度上都是建立在基础的管理经验之上，整体呈现出较强的主观性，专业的风控理论指导较少。中石油企业根据自身情况将项目所可能存在的风险划分成了四个阶段，具体有项目的筹备阶段、工程设计阶段、具体施工阶段以及完工运营阶段。中石油企业炼化装置项目具体的风控指标构成情况如表1所示。

表1 中石油企业炼化装置应急管理指标

一级指标	二级指标	三级指标
筹划阶段指标	经济可行性	造价风险
		成本控制风险
		市场风险
		收益风险
		融资风险
	政治可行性	项目是否符合国家行业规制
		项目选址是否符合环境法规
		项目规划方案与城市交通网络协调性
	技术可行性	技术团队资质
		技术先进性
设计阶段指标	图纸设计	设计图纸变更
		设计造价不足
		图纸技术
	数据	数据资料收集存在的风险
		数据资料分析存在的风险。
	人员	项目设计工作人员风险
		设计人员分配合理程度
		工作人员心理状态是否良好
	质量	质量管理要求能否满足预先规划标准
		核查项目开发时间能否达到要求
		工作实施环节能否符合相关条例

续表

一级指标	二级指标	三级指标
施工阶段指标	进度	材料供应进度风险
		建设进度风险
	造价	原材料价格波动风险
		劳动力价格波动风险
		设计变更风险
	安全	设备安全管理
		人力安全管理
		原材料安全
运营阶段指标	质量管理	产品质量安全
		设备质量安全
		有毒有害、易燃易爆安全
		工作区域安全
	管理制度	审批流程
		安全管理制度
		人力资源管理制度
		其他管理制度
	人员管理	安全意识风险
		职业健康安全
		操作风险
	作业流程	授权跟责任区分能否清晰
		任务派发能否满足时效性要求
		负责人能否全面负责

通过表 1 可以看到目前中石油企业炼化装置项目的应急管理指标，而这些指标的针对性还有待强化，且缺乏系统化，这就要求该项目要尽快建立健全责任体系，明确各自的职责。虽然目前该项目会组织工作人员参加安全培训，但缺乏配套的培训考核机制，导致应急管理培训流于形式，且应急管理工作也没有落实到位，很多实施人员并不重视项目的炼化装置安全性。

2.2 应急管理风险应对资源不完善

应急管理应对资源领域可以按照专业划分原则细分为设计、建造组装、采办、财务、规划以及行政等。在结合以往的风险发生情况分析后可以发现，员工自身的应急管理意识薄弱以及操作不当是导致风险发生的主要原因，而由于主管人员对于专业知识的不了解，很容易造成项目造价方面出现问题，这就需要加强对相关人员专业知识的培训。

在对以往的炼化装置施工情况分析后发现，参与人员的局限性较强，主要是经常有人员违规作业且违规指挥，其主要原因就是相关人员的综合素养不够，且缺乏丰富的施工经验。调查发现，很多生产人员在作业过程中并未按照规定佩戴安全防护工具，且部分作业人员没有接受专门的技能培训，自身的技能水平较低，不利于项目的应急管理。一旦某作业区域出现了原油泄漏的问题，导致跟规定的作业模式相违背，和可能在利用液压破碎锤情况下，从暗渠盖板中实施打孔，很容易发生油气爆炸等严重的安全事故。上述这些问题都不利于施工的顺利进行。另外，目前中石油企业炼化装置项目的很多工作人员并没有接受专门的风险防范控制方面的培训，且项目目前非常缺乏专业的技术人才。项目经理并没有接受项目管理方面的专业培训，且获得的授权也非常局限，需要对物料的采购进行管理，同时还需要对产品成本进行精准的核算；另外，部门负责人要加强与内部各部门之间的沟通交流，目前各职能部门之间缺乏有效的沟通，导致部门工作的协调性较差。且由于公司当前的应急管理专业人才非常紧缺，导致中石油企业炼化装置项目至今还没有形成一套成熟的应急管理体系。

通常情况下，石油管道设备都是进行了严格的密封控制的，并不会产生泄漏或存在风险，但若是出现人为的操作不规范等现象，则会提升管道泄漏发生的概率，因此操作之前一定要了解管道中的物质属于什么产品，是否会对人的身体产生不良影响，若是人体直接接触产品，走可能会出现怎样的安全问题，对人的生命造成威胁。

管道运输的各种化工生产用原料一般都是具备强腐蚀性的，这类物质表现出酸性或碱性，因此管道每次运输原料，都会被运输产品腐蚀一遍，且在过程中会有产品残留，再重复运输的时候不同物质之间的接触有可能催生各种化学反应，产生腐蚀性更大的物质，对管道的使用年限产生较大影响。另外，石油管道的构造十分复杂，裸露在外的部分经常出现威胁，正常作业的工作人员若是不能了解其规范操作流程，对外部物质进行敲打等动作，会极大地威胁管道运行以及管道安全。

石油化工的管道复杂程度较高，又经常性地裸露在外，且管道的材质选择非常局限，难以抵抗各种破坏，因此破坏问题发生频次较高。比如在进行管道焊接的时候，一些基础组织部分会表现出焊接影响的残留问题，导致管道产生安全隐患，就算是各种金属物质，也会因为条件的变化发生一定的质变，因此，会极大地增加管道变形风险，而每一种风险都会对管道安全产生影响。

要想分辨炼化炼化装置的工艺安全问题，首先要对工艺程序进行分析，了解其中可能存在的危险物质。这种危险物质往往是导致风险发生的潜在隐患。能导致危险发生的主要要素有很多，具体如毒性以及燃烧系数、不稳定化学反应等。另外，危险物质整体表现出的体量问题也是产生影响的主要因素，一般来讲，规模越大，产生的事故及带来的风险也就越大。

应急管理的一项主要因素就是炼化设施的反应类型，常见的反应类型有放热以及吸热等，且不同反应类型的剧烈程度也有所不同，这都会对应急管理效果产生一定的影响。工艺程序中会将放热化学反应进行戏分，其危险性主要包括剧烈、中等以及轻微等多个不同的程度，炼化炼化装置的反应危险性会根据炼化炼化装置反应类型的不同而发生变化。

2.3　炼化装置的检修和维护工作有待完善

目前中石油企业仍然在沿用传统的检查表法来进行风险识别，且采取的风险应对措施也较为落后，主要是通过基层操作人员来防范和控制风险，高层管理人员在此过程中并没有充分发挥出自己的作用，只是听从基层人员进行汇报，严重阻碍了企业的可持续健康发展。炼化装置项目施工程序较为复杂，潜在的风险因素较多，因此必须重视起风险识别工作。经前文分析可知，炼化装置项目中会出现不同种类的风险，如泄漏、火灾、爆炸以及自然灾害等。目前中石油企业的风险识别系统还不够完善，主要借助于以往的经验来开展风险分析工作，但由于石油风险的要素非常多，导致风险分析误差较大，这就要求相关部门必须尽快优化完善风险识别体系，加强对风险要素的防范和控制。

中石油企业的设备维修检查一直秉承着三年检修，五年维护的方案，中间若是设备出现问题则进行临时性的抢修，因此在维修方面，一直面临时间仓促的问题，同时也因为没有提前制定维修预案，致使整个月维修周期被无限拉长，对正常生产产生较大影响。调查分析炼油厂登记的安全运营手册可以发现，设备在维检过程中尽管很少出现大的事故，但是各种异常以及存在的风险事件却非常之多。研究发现，工厂设备所记录的设备维检的总风险事件中，有超过43%的记录都是出现在设备检查的环节。因此，对设备进行标准的维检是避免安全风险的重要前提。中石油企业当前制定的设备的维检方案表现出明显的问题，检修周期过长，滞后性严重，同时缺乏风控意识，没有足够的经验，表现在工厂在对设备进行检查之时，没有指定标准化的操作手册跟管理方案，风险应对及控制都没有独立建成系统的体系。同时没有制定完善的检修档案管理制度。

3　炼化装置应急管理的对策与建议

3.1　做好损失程度估计，构建完善应急管理体系

中石油企业炼化装置项目可以从以下几方面来保障应急管理指标的有效性：第一，要提高自身的数据收集和分析水平，对行业数据、市场发展趋势以及历史数据进行全面的分析和评估，便于估计潜在风险可能造成的损失情况；第二，要构建一个科学完善的风险模型，对于不同类别的风险能进行准确的预测，并且可以加强管理。为了有效改善模型的稳定性和准确性，可以引入一些先进的统计手段和科学技术；第三，要综合多方面因素来对损失程度进行评估，避免因为指标过于单一而导致评估结果不准确。如，企业在损失程度评估时可以综合考虑环境、社会和经济等多方面的因素，确保评估结果足够准确；企业需要参考应急管理指标和损失程度估计结果来制定科学完善的应急管理策略，明确企业的风险承担水平，提高风险应对机制的灵活性；企业需要定期对应急管理指标的效果和损失程度进行监测，及时进行相应的调整和优化，确保潜在的风险问题可以第一时间被发现，并能及时采取有效的控制措施，避免给企业造成严重的损失；最后，组织之间要保持良好的交流沟通状态，要及时分享彼此的成功经验和教训，避免反复出现同样的问题。

3.2　完善应急管理风险应对资源体系

3.2.1　人力资源应急管理对策

从人力资源和应急管理观念的角度出发，首先要确保企业人员能正确认识到工程应急管理的重要性，加强对项目执行过程中潜在风险的监管和控制，严格按照相关的质量标准和操作规范来进行施工。项目管理人员以及技术岗位的作业人员都需要认识到风险管控的重要性，严格按照相关的规章制度完成作业。此外，企业要设立专门的项目管理部门，由专业的工作人员负责应急管理工作，且团队管理人员自身要具备丰富的施工作业经验，并且自身要具备强大的法律意识。工程项目的最终成果会受到项目经理的直接影响，这就要求项目经理自身要具备强大的决策能力，且逻辑思维要足够严谨，可以科学统筹和规划项目的建设。此外，项目经理需要充分了解项目的成本问题，从设施设备和资金周转等角度对应急管理进行管控，建立健全应急管理体系，提高整个项目对于风险的应对效率。

3.2.2 项目施工建设应急管理对策

中石油企业炼化装置目前在施工过程中，需要根据具体的流程安排来设立专门的施工执行组。严格按照既定的施工流程来完成施工作业，确保各个班组都能有序的开展施工活动，在规定的时间内顺利完成施工。一般情况下，化工工程的建设顺序都是自下而上的，首先要完成地下管道等的施工，而后再完成吊装施工作业，最后装设其他的规模性设备，确保施工作业过程是井然有序的。为了保障施工作业能有序的顺利开展，炼化装置施工执行中要对现有的资源进行科学合理的分配。中石油企业炼化装置项目的建造水平目前并没有达到相关的质量标准，无法通过大纲调试以及流程设计来妥善解决这一问题。因此，该机构炼化装置项目可以采取合作分包的建设模式。首先，可以安排具有丰富的工作经验的专业工程师来对设计文件进行审核，确保项目设计不会出现严重的漏洞；其次，可以安排经验丰富的分包商培训人员对潜在风险进行监督管控，有效规避潜在风险的发生；最后，要加强对施工现场的监督管控，同时要加强对相关施工人员的专业培训，从根本上提高项目的应急管理水平。

3.2.3 项目运营阶段应急管理对策

中石油企业每年可以通过 HSSE 定时审计和 HSSE 管理体系内部审核来准确识别潜在的危险源，同时加强对风险的控制，审核内容主要包括评估手段、评估的可行性、风险评估规划的科学性以及法规变更导致的风险等。另外，公司的安全督察要重视起高风险作业的检查监控，尽可能规避严重风险的发生，及时采取有效的风险削减措施，严格按照《安全督查管理办法》来解决项目执行中潜在的风险隐患。

3.3 加强炼化装置的检修和维护工作，构建安全监测监控体系

操作人员必须严格按照相关的规定和标准来使用生产设施设备，特殊岗位和高危岗位人员必须严格遵守持证上岗的原则，同时其他岗位的操作也要完全合法合规。企业需要安排专业的人员定期检修石油设施，同时要重视设备维护工作，对于炼化装置的监测维修工作要做好详细的记录，从而便于了解炼化装置的使用寿命，及时进行更新和检修。

要加强对重大危险源的压力和温度等数据的监测，并且要配备专门的预警炼化装置，及时识别毒害物质的泄漏以及易燃物质的泄漏风险，保障生产的安全性。此外，还要装设相应的远程控制功能，打造一个智能化且自动化的应急管理系统，避免由于操作人员操作不当所引起的安全风险。对于一级和二级的危险源，项目必须配备相应的紧急停车系统。

由于重大危险源可能会产生易燃易爆的气体，且往往具有较强的毒性，因此必须配备可远程操作的中控设备，要针对毒害气体的泄漏风险制定详细的应急防范方案。对于会产生剧毒液体、液化气体以及毒性气体的重大危险源，必须配备可完全独立操作的 SIS 系统。

4 结语

本文在深入分析了现阶段炼化装置项目的应急管理情况后，发现其中还存在较多有待改进的问题，并提出了针对性的优化对策。首先在项目前期决策阶段，相关人员要对可能出现的风险因此进行综合性的考虑；要能准确估计损失程度，构建全方位的应急管理指标体系；人力资源、物料资源以及设备资源的管理和配置方面还有待改进；所使用的风险识别方法较为落后，炼化装置的检修工作没有落实到位。针对这些问题，首先要在项目前期决策中充分考虑到各方面的风险因素；同时要建立健全应急管理体系，准确估计损失程度；全面落实炼化装置的维修养护工作，加强对炼化装置的安全监测等，以期能帮助中石油企

业炼化装置项目提高自身的应急管理水平，尽可能避免安全事故的发生。

参 考 文 献

[1] 谢晔. 石油化工企业的消防安全管理现状及优化策略[J]. 化工管理，2023，(23)：100-102.

[2] 鄂兴华. 石油钻井工程应急管理现状分析与改进建议[J]. 西部探矿工程，2023，35(07)：187-190.

[3] 李洪飞. 炼化行业应急管理中桌面演练的组织与实践[J]. 化工安全与环境，2022，35(17)：20-24.

[4] 刘文正. 石油炼化装置中泄漏检测与修复技术运用探析[J]. 能源与环境，2019，(02)：35-36.

[5] 宗宁. 石油石化企业构建应急救援管理体系的路径研究[J]. 化工设计通信，2023，49(05)：18-20.

[6] 苟治铭，蔡鹏. 石油化工企业生产安全事故应急管理体系建立[J]. 中国石油和化工标准与质量，2023，43(09)：70-72.

[7] 邹杰文. 石油化工企业灭火救援存在的问题及对策[J]. 化纤与纺织技术，2023，52(02)：104-106.

[8] 张金明，栾国华，储胜利等. 国有石油石化企业应急救援管理体系的构建研究[J]. 中国应急救援，2022，(05)：25-29.

[9] 侯新，张雅倩. 石油化工企业应急管理思考[J]. 合作经济与科技，2022，(15)：138-139.

[10] 程荣. 石油天然气安全事故应急管理策略分析[J]. 中国石油和化工标准与质量，2022，42(02)：69-70.

[11] 王珏，孙博. 石油石化企业应急管理体系建设分析[J]. 化学工程与装备，2021，(12)：223-224.

圆筒形浮式生产储油装置救逃生系统设计

矫亚涛　窦培举　李　达　白雪平　李　捷

（中海油研究总院有限责任公司）

摘　要：为解决定位系泊系统依赖进口的现状，突破“卡脖子”技术，中国海洋石油集团有限公司自主研发设计了国内第一艘多点系泊的圆筒形 FPSO。本文结合海上油气的实际生产情况和圆筒形 FPSO 的结构特点、稳性分析对救逃生系统进行设计探讨，确定了临时避难所空气呼吸系统的形式和防护时间，并根据圆筒形 FPSO 的特点，首次在国内 FPSO 上使用了自由降落式救生艇和海上撤离装置作为逃生设备，为以后的圆筒形 FPSO 救逃生系统设计提供借鉴与思路。

关键词：圆筒形 FPSO；临时避难所；空气呼吸系统；救生艇；救逃生系统

浮式生产储油装置（Floating Production Storage and Offloading，简称 FPSO）作为集生产处理、储存外输和生活、动力于一体的“海上石油工厂”，已成为海洋油气开发系统的重要组成部分。目前中国海域 FPSO 均为船型，为解决船型 FPSO 的单点系泊系统目前只能依赖进口的现状，突破“卡脖子”技术，中国海洋石油集团有限公司自主研发设计了国内第一艘多点系泊的圆筒形 FPSO。

救逃生系统作为应对船体破舱、倾覆、火灾、有毒气体泄漏等各种事故工况下工作人员的紧急撤离、逃生的装置，是保障工作人员生命安全的最后一道防线，目前国内 FPSO 通常仅仅设置吊降式救生艇和抛投式救生筏作为逃生装置。对于处于高含硫气田的圆筒行 FPSO，吊降式救生艇和抛投式救生筏已难以适应圆筒的结构形式，且需设置应对硫化氢泄漏的逃生设施。文中结合圆筒形 FPSO 的结构特点和各稳性计算工况对救逃生系统的设计进行探讨，为以后圆筒形 FPSO 的救逃生系统设计提供借鉴。

1　圆筒形 FPSO 简介

1.1　总体布置简介

圆筒形 FPSO 的工艺流程主要包含原油脱水、脱气、脱硫、存储、外输和燃料油、燃料气、生产水处理。

如图 1 所示，圆筒形 FPSO 主要由船体部分、上部组块和生活楼组成。

船体部分筒体直径 72m，按照功能划分为货油舱、压载舱、淡水舱、饮用水舱、柴油舱、锚链舱、液压油舱等；主甲板直径 82.8m，用于布置各种公用设备；底部阻尼板直径 90m，用于降低船体垂荡和横摇运动。

上部组块分为上下两层，通过 A60 防火墙分为危险区和安全区两部分。西侧为危险区主要用于布置工艺生产模块，东侧为安全区主要用于布置各公用模块和电气房间。

生活楼布置在 FPSO 最东侧安全区内，内设临时避难所用于工作人员事故工况下临时集合、避险。

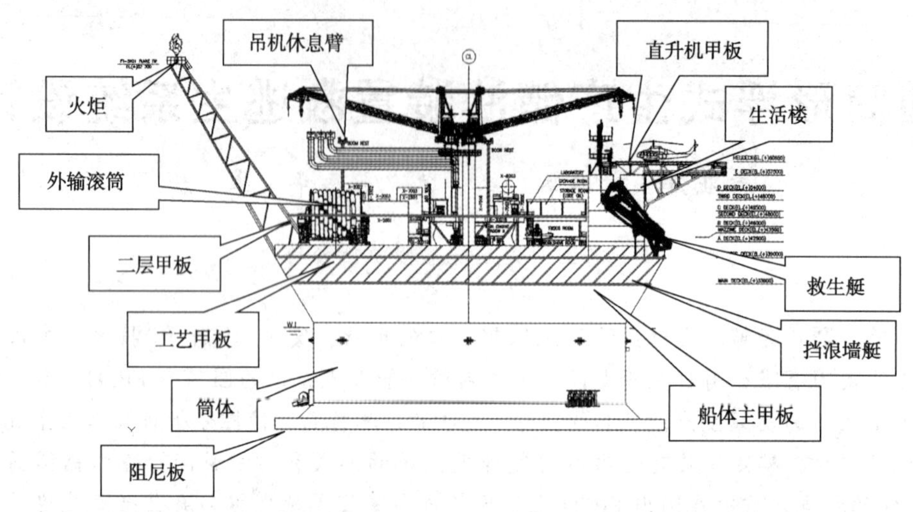

图 1　圆筒形 FPSO 示意图

1.2　圆筒形 FPSO 特点分析

圆筒形 FPSO 主要特点如下：①工艺处理流程包含了完整的原油处理流程、天然气处理流程、燃料油处理流程和原油外输等各类工艺处理流程，各种工艺处理设备种类、数量繁多，危险性高。②FPSO 所在油田属于高含硫油田，中海油第一次在 FPSO 设计硫黄生产和储存装置，存在硫化氢泄漏风险和硫黄火灾风险，且圆筒形 FPSO 主甲板和一层工艺甲板四周由挡浪墙围合、通风条件极差，容易形成危险气体聚集，在逃生系统中需考虑空气呼吸系统等生命支持措施。③圆筒形 FPSO 通过锚链系泊固定在海面上，不能像单点系泊的船型 FPSO 一样随洋流和季风的方向旋转，而是随着风浪在一定范围内摆动，稳定应差，倾斜角度大，易发生倾覆，对救逃生系统的可靠性要求高。④圆筒形 FPSO 的逃生通道多沿船体边缘成弧形布置，相对于船型 FPSO 成直线布置的逃生通道更为复杂。⑤船体外侧附件较多，尤其是阻尼板尺寸较大，要考虑逃生设施下放过程中与船体的碰撞。

2　救逃生系统概述

FPSO 的救逃生系统包括从事故发生后从人员逃生到最终人员撤离和救援过程中所涉及的所有设施，主要包括逃生通道和临时避难所、撤离和救援设施等。

避难所是事故发生时进行调查、应急响应和撤离规划时供人员临时集合并提供一定时间保护的庇护所。目前国内外尚没有专门针对临时避难所的国家和行业设计标准，但根据《海上生产设施的火灾、爆炸控制、削减措施的要求和指南》《近海开采装置应急响应的要求和指南》以及 DNV-OS-101 中对临时避难所的设计原则和要求的描述，总体来说其不仅仅是一个保护空间而是一个由生命支持系统、结构支持系统、指令支持系统和逃生撤离系统的复杂系统。

FPSO 通常将直升机、救生艇和救生筏等作为主要的撤离、逃生设施。

直升机由于其安全性一般是大多数事故的首选撤离手段，当条件允许的情况下应尽可能利用直升机撤离，但是直升机撤离需要陆地协助处理且受天气条件和直升机降落条件限制。救生艇在撤离过程中人员受伤风险比直升机更高，但由于其属于 FPSO 自有救生设施，不依赖于外部援助且不需要人员直接进入海内，因此属于 FPSO 相对可靠的逃生撤离装置。

由于救生筏可能导致人员浸入海里或存在其他后续救援等一系列问题，一般仅作为直升机和救生艇无法使用的情况下的备用逃生系统。

3 设计难点与解决方案

3.1 设计难点

（1）FPSO 所在油田生产井在测试分离器出口的硫化氢含量平均为 19000ppm，油田产液在生产分离器出口的硫化氢含量在 8000~32600ppm 范围，硫化氢含量过高，危险性过大，为保证硫化氢泄漏期间工作人员的生命安全和逃生顺利需确保临时避难所的布置、隔离措施、生命支持系统设计合理、安全。

（2）圆筒形 FPSO 的稳定性差、危险性高、逃生路线复杂、船体外侧附件较多，对救生艇等逃生设施下放时的可靠性、速度和防碰撞措施要求高，需合理选择救生艇形式。

（3）圆筒形 FPSO 的形状不利于逃生人员利用传统的逃生软梯逃生，需采用合理、可靠的替代装置。

3.2 临时避难所的设计

3.2.1 临时避难所的布置

根据临时避难所的定义和功能要求，圆筒形 FPSO 的临时避难所主要由集合区、含通信功能的中央控制室等区域和空气呼吸系统、医疗急救设施等生命支持系统组成，外围壁采用防火墙以维持临时避难所的防火完整性。为避免火灾爆炸事故产生的烟气或其他有毒气体进入临时避难所对人体产生危害，临时避难所设置了以防火风闸隔离的独立通风系统、正压通风、气锁间等与外界隔离的措施。为了远离潜在危险源，确保紧急事故的快速有效反应和隔离的有效性，设计人员将各功能区统一布置在临近救生艇登艇区的生活楼 C 甲板，并将整层作为临时避难所，具体布置如图 2 所示。

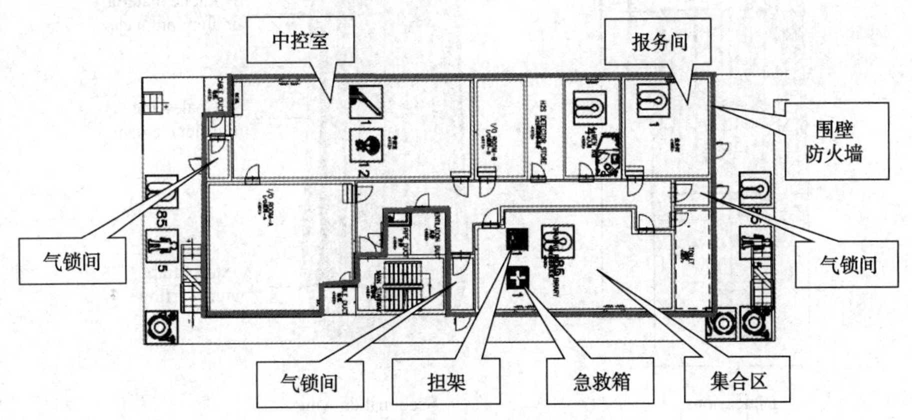

图 2 临时避难所布置示意图

3.2.2 临时避难所防护时间的确定

目前国内外对于临时避难所的防护时间尚无统一规定，对于围护结构的设计多按 1h 考虑，例如渤海湾 CFD 油田群中心平台 WGPA 和井口平台 WHPA 临时避难所的外围壁均按 60min 的耐火完整性考虑。但是对于硫化氢泄漏的撤离时间，《硫化氢环境原油采集与处理安全规范》和《海洋石油安全管理细则》均规定当空气中含硫化氢浓度达到 150mg/m^3（100ppm）时，应组织所有人员进行撤离。规范中仅对硫化氢的撤离浓度进行了规定，没有对具体撤离时间进行要求。经调研目前中国东南部海域硫化氢泄漏最长事故处理时间为 3h，为减少因硫化氢泄漏产生撤台、停产次数，降低事故损失，临时避难所的围护结构按60min耐火完整性考虑，但是防硫化氢空气呼吸系统、应急电源等生命支持系统按照3h考虑。空气呼吸系统所需空气储存在安全区的高压储气瓶中，通过管网输送至临时避难所和工作区的空气站供工作、逃生人员使用。

3.2.3　空气呼吸系统形式的确定

空气呼吸系统的布气方式分为喷嘴式和插管式两种方式。喷嘴式通过在房间均匀布置空气释放喷嘴，事故发生时通过喷嘴向房间内均匀喷射洁净空气，维持房间内的微正压和人员所需的洁净空气。插管式是为每一位避难人员提供一个可与呼吸面罩通过呼吸软管连接的供气站，实现供气系统与人员之间的点对点供气。空气释放喷嘴与插管式空气系统如图3~图5所示。

图3　空气释放喷嘴布置示意图

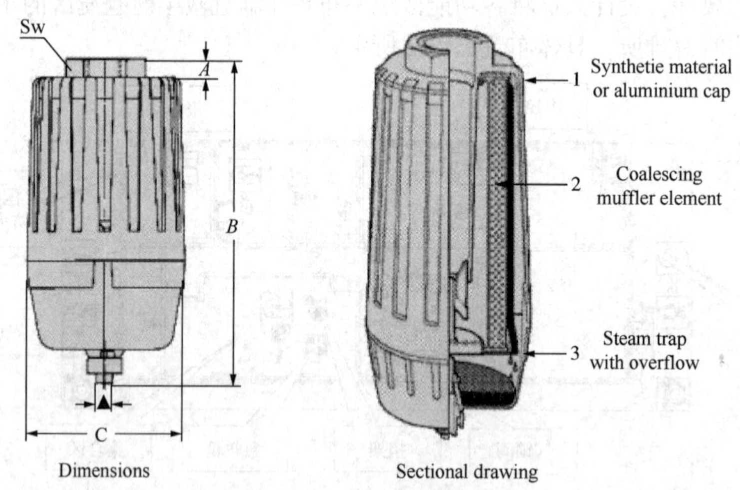

图4　空气释放喷嘴布剖面图

喷嘴式空气呼吸系统布气管路简单、单人占地面积较小，不限制使用人员的活动范围，舒适性较高，但是对气密隔离性要求较高，一旦与外界隔离的措施失效，将会威胁避难所内人员的生命安全。由于FPSO油气设施高度密集，爆炸和火灾危险性较高，在实际操作过程中存在多种导致隔离措施失效的情况，因此尽管插管式空气呼吸系统存在管路布置复杂、使用流程复杂、限制使用人员活动范围等情况，但仍然应作为空气呼吸系统的首选方案。临时避难所隔离措施失效的情况如表1所示。

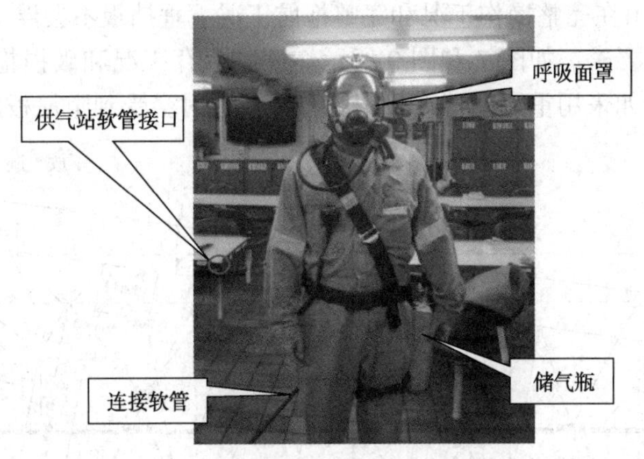

图 5　插管式空气系统使用示意图

表 1　临时避难所隔离措施失效情况

失效部位	失效情况	失效部位	失效情况
气密门	（1）日常使用过程发生磨损。 （2）爆炸超压破坏其完整性。 （3）初始集合阶段人员的进出。 （4）救援小组人员的进出	围蔽结构	（1）爆炸超压破坏完整性。 （2）热辐射直接作用于临时避难所导致建筑材料产生热分解、释放有毒烟气
		HVAC	系统故障、受损有可能导致烟气渗入

3.2　救生艇

3.2.1　救生艇的选择

根据救生艇的降放方式不同，救生艇主要分为重力倒臂式、自由降落式、平台下放式、重力连杆式、重力伸缩式等。目前国内外应用最为广泛的为重力倒臂式，其次为自由降落式，平台下方式由于其结构特点仅少量应用于固定平台，重力连杆式多用于科考船。

按照《国际海上生命安全公约》《浮式生产储油装置（FPSO）安全规则》《海上浮式装置入级规范》等相关规范的要求救生艇需在船纵倾 10°，横倾 20°时仍能成功抛出。考虑到圆筒形 FPSO 无法区分纵倾与横倾，为保证救生艇在任何工况下均能顺利下放，设计人员对比分析了重力倒臂式救生艇和自由降落式救生艇在各种工况下的下放状态。

圆筒形 FPSO 在各种工况下的最大倾斜角度如表 2 所示。

表 2　圆筒形 FPSO 各种工况下最大倾角

项目	装载工况	最大倾角		
		吃水/m	横摇/(°)	纵摇/(°)
完整操作	满载	22.8	8.65	9
	压载	16.5	9.16	9.59
完整生存	满载	20.8	23.53	23.89
	压载	18.5	22.35	21.69
拖航	完整拖航	8.26	7.66	8.49
	破损拖航	18.3	21.1	

如图 6、图 8 所示在完整操作工况和完整拖航工况下垂挡板不会浮出水面，重力倒臂式救生艇可以满足下放要求。如图 7 和图 9 所示在完整生存工况和破损拖航工况下阻尼板存在浮出水面的情况，如采用重力倒臂式救生艇，在下放时会受到阻尼板的影响。

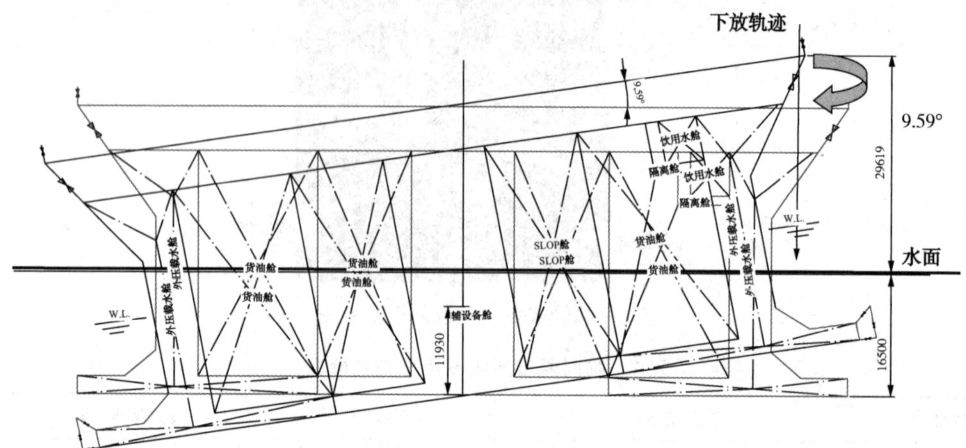

图 6　完整操作工况下重力倒臂救生艇下放示意图

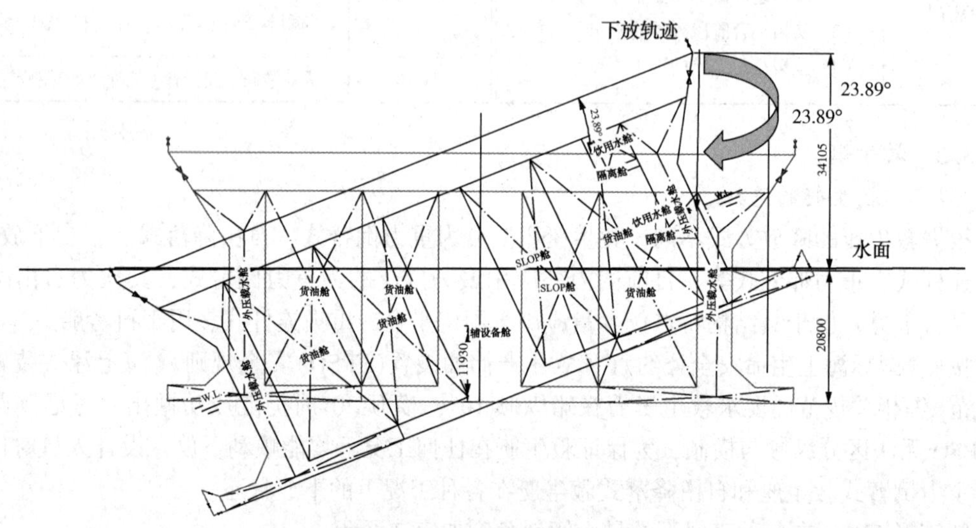

图 7　完整生存工况下重力倒臂救生艇下放示意图

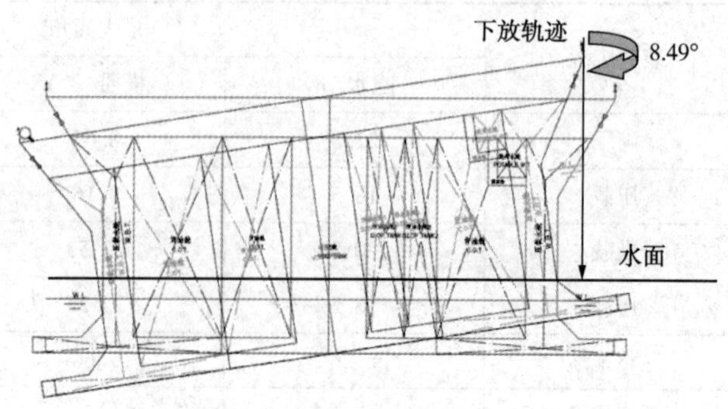

图 8　完整拖航工况下重力倒臂救生艇下放示意图

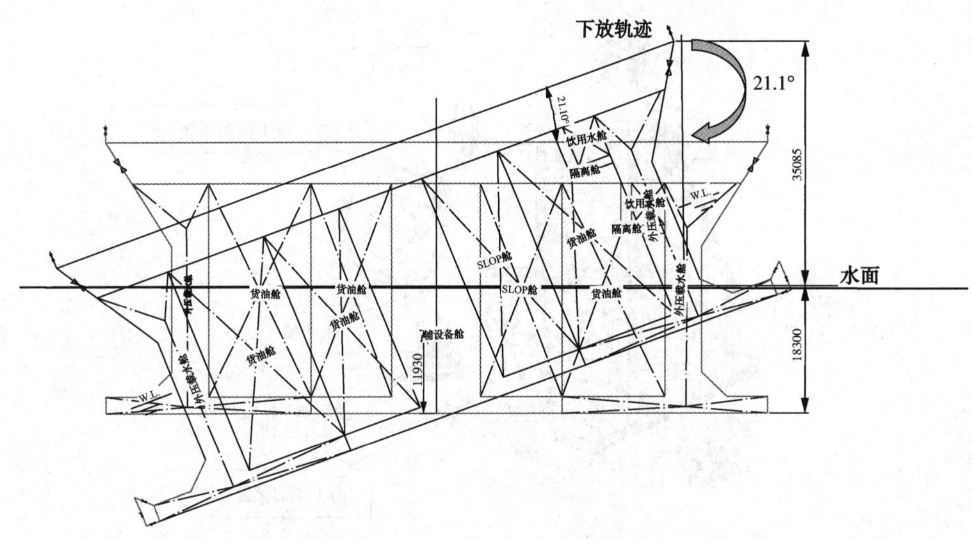

图 9　破损拖航工况下重力倒臂救生艇下放示意图

如图 10 所示，参考《国际海上生命安全公约》对救生艇需在船纵倾 10°横倾 20°时仍能成功抛出的要求，考虑圆筒形 FPSO 在任意方向倾角达到 20°时救生艇的下方状态，重力倒臂式救生艇仍然会受到阻尼板的影响。

如图 11 所示，自由降落式救生艇可根据需求提前设定好抛放角度使救生艇以抛物线的轨迹下放保证救生艇在下放过程中避免碰撞船体及其构件，且自由降落式救生艇通过释放钩释放，利用重力自由降落，释放准备时间短，降落速度快，可充分节省逃生时间。

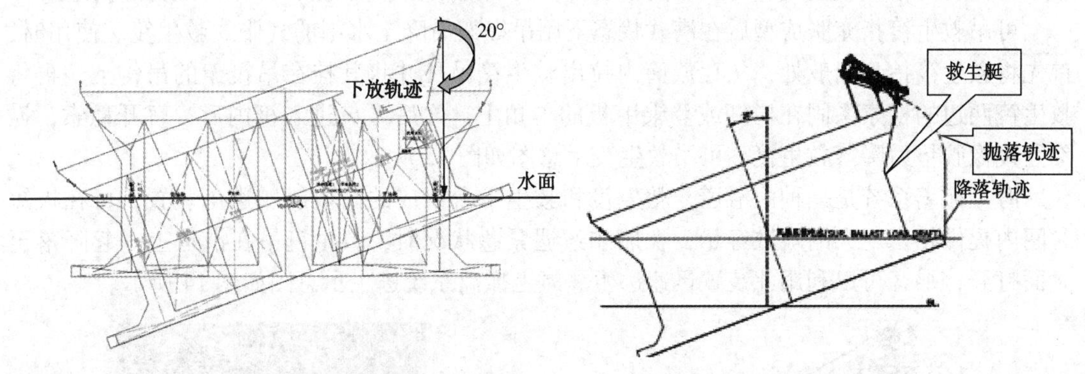

图 10　20 度倾角时重力倒臂救生艇下放示意图　　　　图 11　自由降落式救生艇下放示意图

通过分析可知重力倒臂式救生艇难以满足于圆筒形 FPSO 在极端情况下的降放要求，自由降落式救生艇更适合作为圆筒形 FPSO 的救逃生设备。

3.2.2　救生艇的布置

救生艇的布置应能保证船体向任一方向倾覆时，均能有一艘救生艇载足全部人员及属具安全降落，船型 FPSO 一般通过在左右两舷的安全区分别布置一艘救生艇以满足要求。圆筒形 FPSO 无法区分左右舷，且向任一方向倾覆的角度和概率相同，无法通过在安全区对称布置的方式保证所有救生艇不会浸入水中。

通过分析，设计人员在船体生活楼两侧以 90°的方式布置两艘救生艇以保证无论船体围绕重心向任何方向倾斜仍能保证有一艘救生艇在水面以上，具体布置方式如图 12 所示。

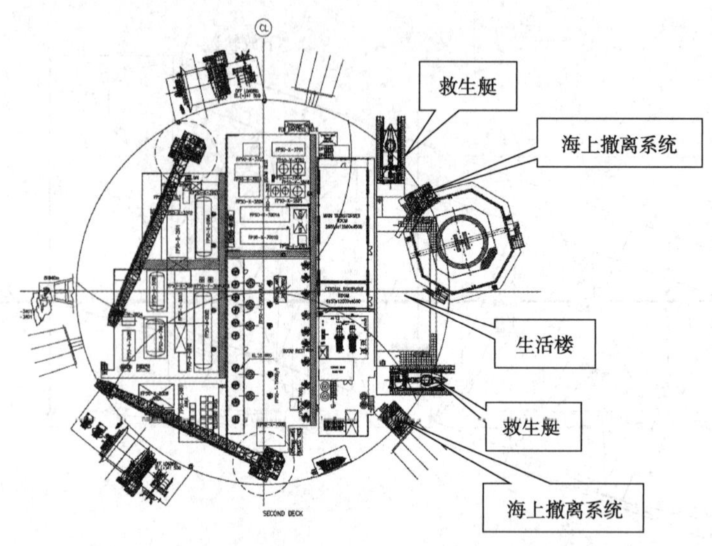

图 12　救逃生设备布置示意图

3.3　救生筏

通常船型 FPSO 在船舷设置投抛式救生筏，当发生事故时，操作人员将救生筏推入海中，并通过登乘梯爬至掉落到海面的救生筏。由于圆筒形 FPSO 的筒体以上部位形状类似于一个上大下小的圆台，如果采用传统软梯作为救生筏的登乘梯，逃生人员在通过软梯向海面逃生时，会处于悬空状态，无着力点，增加逃生风险，需采用替代装置。

3.3.1　登乘软梯替代装置的选择

经调研可吊式救生筏和海上撤离系统可作为投抛式救生筏加登乘梯的有效替代装置。

可吊救生筏指充胀成型后在满载状态下用吊筏架吊降至水中的气胀式救生筏。使用时，首先将救生筏抬到船舷处，从存放筒内拉出救生筏吊环并将其挂在吊筏架的吊钩上，再将救生筏两边的稳索系固在栏杆或登乘甲板的羊角上，之后人员进入筏内后，解开稳索，撤除登筏橡胶垫后降落救生筏。可吊救生筏示意图如图 13 所示。

海上撤离系统是一种由滑道、救生筏和救生平台组成的高效船舶逃生装置，可在极短时间内提供相当庞大的疏散容量，在船舶遭遇紧急状况时，救生筏吊在滑道上一起降落至海面打开，乘客可以利用此装置迅速逃生。海上撤离系统逃生示意图如图 14 所示。

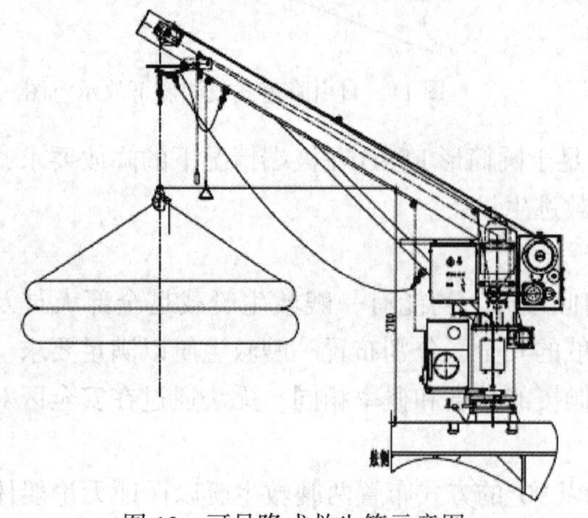
图 13　可吊降式救生筏示意图

图 14　海上撤离系统逃生示意图

可吊式救生筏与海上撤离系统优劣对比详见表 3。

表 3　可吊式救生筏与海上撤离系统对比

	可吊式救生筏	海上撤离系统
价格	低	高
环境适应性	采用单根绳索吊降对环境条件要求较高，难以适应较大的风浪环境	采用滑道逃生，对环境适应能力较强
逃生高度	吊降高度一般不超 20m	逃生高度可达 64m
操作难度	过程复杂	过程简单
逃生速度	慢	快速逃生，可达 159 人/10min

圆筒形 FPSO 事故工况下的最大逃生高度可达 42m，海上撤离系统尽管价格较高，但是逃生速度快、更适应南海的复杂环境和 FPSO 的逃生高度，更适宜作为 FPSO 的辅助逃生系统。

3.3.2　海上撤离系统救生筏的释放

如图 15 所示海上撤离系统的救生筏释放分为两种情况，当撤离系统正常降落至海面时，救生筏的登乘平台可顺利展开，救生筏自动释放，逃生人员可通过登乘平台进入救生筏逃生。当 FPSO 由于倾斜导致阻尼板露出水面时，海上撤离系统的平衡块可能卡在阻尼板处导致登乘平台无法展开，此时逃生人员需站在阻尼板上人工释放救生筏逃生。为防止逃生设备在撞击阻尼板时受到损坏，用于圆筒形 FPSO 的海上撤离系统应对平衡块采取防撞措施。

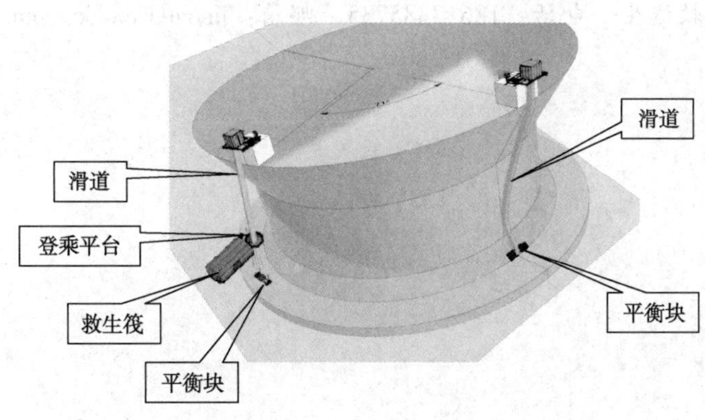

图 15　海上撤离系统救生筏释放意图

4　结语

由于圆筒形 FPSO 在国内属于首次设计且缺乏国内外专门规范的指导，各系统的设计应结合实际情况进行探讨。文中针对海上油气的实际生产情况分析确定了适用于海上临时避难所的空气系统的形式和防护时间，并结合圆筒形 FPSO 的稳性分析和结构形式确定了适用于圆筒形 FPSO 的救逃生系统，首次在中国海域的 FPSO 中使用自由降落式救生艇和海上撤离系统作为救逃生设备。

参 考 文 献

[1] 矫亚涛，窦培举，高鹏，等. 圆筒形浮式生产储油装置消防安全设计探讨[J]. 船舶标准化工程师，2023.(03)：40-44.

[2] 杨伟欣，毛伟志，孙晓东，等. 海上平台逃救生设施和风险研究[J]. 中国石油和化工标准与质量，2020，06：159-163.

[3] DEP37. 17. 10. Desige of offshore temporary refuges[S]. 2011.

[4] ISO13702. Petroleum and natural gas industries-Control and mitigation of fires and explosions on offshore production installations-Requirements and guidelines[S]. 2015.

[5] ISO15544. Petroleum and natural gasindustries-offshore production installations-Requirements and guidelines for emergency response[S]. 2015.

[6] DNV-OS-A101. Safety principles and arrangements. [S]. 2017.

[7] 祝皎琳，霍有利，杜溪婷. 海上油气生产设施临时避难所设计探讨[J]. 中国造船，2009. 50(11)：883-886.

[8] 国家能源局. SY/T7358—2017. 硫化氢环境原油采集与处理安全规范[S]. 2017.

[9] 国家安全生产监督管理总局令第25号. 海洋石油安全管理细则[Z]. 2009.

[10] 矫亚涛，宫景雯，高鹏等. 浮式生产储油卸油装置防H_2S空气呼吸系统设计[J]. 船舶标准化工程师，2023.(01)：38-42.

[11]《国际海上生命安全公约》[Z]. 2014.

[12] 国家安全生产监督管理总局. 浮式生产储油装置(FPSO)安全规则[S]. 2010.

[13] 中国船级社. 海上浮式装置入级规范[S]. 2020.

【作者简介】矫亚涛，男，中海油研究总院有限责任公司，硕士研究生，研究方向海上油气田消防安全与救逃生。电话：18613385735，邮箱：jiaoyt@ cnooc. com. cn。

油气泄漏预警技术矿场应用及展望

骆洪梅　牟思文

（冀东油田油气集输公司）

摘　要：随着全球能源需求的不断增长，油气资源的开采、加工、运输和利用已成为现代社会的基础性产业。然而，油气在其生命周期的各个环节中均有可能发生泄漏，不仅造成资源浪费、环境污染，还可能引发火灾、爆炸等重大安全事故，对环境和人类健康构成严重威胁。因此，开发有效的油气泄漏检测与监测预警技术对于防范和控制此类风险至关重要。本文阐述了当前油气泄漏检测与监测预警技术的发展现状、现场应用案例，分析了各种技术的优势与局限，并在此基础上提出了一系列创新性的技术改进方案。通过综合应用多传感器数据融合、物联网（IoT）、人工智能（AI）以及大数据分析等前沿技术，构建了一个新型的智能化油气泄漏检测与预警系统框架。

关键词：油气泄漏；检测技术；监测预警；数据融合；物联网；人工智能

油气泄漏问题一直是全球能源和环境保护领域面临的主要挑战之一。传统的检测方法依赖于人工巡检或简单的传感器监测，这些方法要么效率低下，要么无法实时响应。近年来，随着科技的进步，一系列的高新技术被引入到油气泄漏的检测与预警中，显著提高了检测的效率和准确性。然而，现有技术仍存在一些瓶颈，如数据处理能力不足、预警系统不够智能等问题。鉴于此，本文旨在提出一套集成了最新科技成果的检测与监测预警系统，以期解决现有技术的不足。

1　油气泄漏的影响及危害

历史上，如 Gulf War 漏油事件和 Deepwater Horizon 事故等都造成了难以估量的环境和生态损害，不仅影响了当地的自然环境和经济活动，还是引发全球气候变化因素之一。因此，预防和应对油气泄漏是保护环境、维护人类健康的重要任务。油气泄漏的环境影响及危害涉及多个方面，下面笔者将从油气场站和外部环境两个视角加以阐释。

1.1　对于油气场站的影响及危害

油气站场生产设备多、流程复杂、连接点多，存在设备密封受损、管路连接失效、本体腐蚀穿孔等风险挑战，站场设施一旦发生泄漏，小则影响正常生产，大则造成重大的经济损失与严重的人员伤亡，导致恶劣的社会与政治影响。同时，随着政府、社会、企业监督越来越严格以及“双碳”目标的持续实施，对站场泄漏综合监测的能力与量化要求日益提高。

站场安全防护。随着中国能源需求的极速增加，输油气站场、油库、无人值守阀室的数量与日俱增，数以千计的站场、阀室安全的重要性日益凸显。近年来，站场、阀室的入侵盗窃、恶意破坏等事件时有发生，严重影响管道的安全运行。需要针对站场安全进行监测预警，提高站场的安全防范能力。

1.2 对于外部环境的影响及危害

（1）破坏生态系统、生物多样性下降。石油中的苯、甲苯等有毒化合物一旦泄漏到海洋或者土壤中，会快速进入食物链，导致生物大量死亡，进而影响到生物多样性和生态系统稳定性。

（2）大气和海水之间的气体交换受阻。油膜的形成会影响海面吸收、传递和反射电磁辐射的能力，长期覆盖在极地冰面的油膜甚至会加速冰层融化，对全球气候变化产生潜在影响。

（3）造成环境污染。油气泄漏是海洋石油污染的重要原因之一，估计每年约有 600×10^4t 以上石油通过各种途径进入海洋。比如 1983 年“东方大使”号油轮在青岛胶州湾触礁搁浅，溢油超过 3000t，严重污染了当地海滨及海湾。

（4）人危害人体健康。原油中含有的有害物质可以通过呼吸、皮肤吸收等途径进入人体，可能引起恶心、头疼等症状，长期暴露甚至有致癌风险。

2 油气泄漏检测技术现状分析

随着大数据、人工智能以及物联网日新月异的发展，油气泄漏检技术已从传统的人工巡检扩展到光学检测、声学检测、化学传感检测以及电子鼻等跨学科技术。不同的技术有相应的特征与优势，其应用范围、灵敏度、特异性以及在实际环境中的稳定性各不相同。不同场景运用不同技术，总的说来灵敏度高、误报率低、使用便捷的就是适用的。油气泄漏检测技术目前主要依靠模型和信号处理的方法。

基于模型的方法：这类方法依赖于数学模型来预测油气集输系统中的压力和流量，通过与实际测量值的比较来检测是否存在泄漏。这种方法的优点是可以连续监测，缺点是对模型的准确性要求很高，而且对环境变化敏感。

基于信号处理的方法：这种方法通常使用声波、超声波或光纤传感器来检测异常信号，确定泄漏的位置。优点是可以直接定位泄漏点，但可能会受到环境噪声的干扰。

软硬件结合的方法：随着技术的发展，越来越多的检测系统开始采用软硬件结合的方式。这种方法可以充分利用软件的数据处理能力和硬件的实时监测能力，提高检测的准确性和效率。

可以看出，油气泄漏检测技术正朝着集成化、智能化的方向快速发展。未来技术发展趋势是更高精度、更快速度和更低成本，例如利用机器学习算法来提高检测准确性，或者使用无人机和卫星遥感技术来实现大范围的监测。

3 油气泄漏检测技术现场应用

3.1 机器人巡检的现场应用

2023 年冀东商业储备油库分公司引入北京眸视科技有限公司的智能巡检机器人 6 台，搭载防爆可见光相机和红外热成像仪云台、可燃气体探测器，检测内容包含原油泄漏检测、可燃气体探测、伴热带测温等。还具备个性化设置巡检点、直播录视频、生成报表等功能。机器人智能巡检不是简单替代人工巡检三大价值，第一可替代高危岗位、应急现场查勘，从而将巡检人员从高温、恶劣、危险的环境中解放出来，加强作业安全性，减少人员伤亡；第二可以高效发现问题、严格执行任务、完整巡检报告提升巡检质量；第三扩展巡检范围减少高成本探测器部署数量降低探测成本。见表1。

表1　冀东商储库分公司机器人巡检场景规划表

场景	巡检配置	巡检规划
罐区、计量阀组区	2台防爆轮式机器人	2台机器人交替巡检，每小时巡一个罐
输油泵房、加热炉阀组区	1台防爆轮式机器人	2时巡检1次
低压配电室	1台挂轨机器人	1时1次巡检
UPS间	1台挂轨机器人	1小时1次巡检
泡沫泵站	1台非防爆摄像机+AI算法	视频巡检

原油储存罐区为重大危险源区域，巡检频次为1小时1次，因罐区面积较大，为满足巡检频次的需求，采用2台机器人进行交替巡检，单次巡检其中一个罐区，保证罐区内一直有机器人处于巡检状态；计量阀组区重点在夜间巡检；输油泵房、燃气阀组区、加热泵阀组区要求为2小时1次，使用1台配置了激光甲烷传感器的防爆轮式机器自动巡检。

3.2　激光对射式探测仪的现场应用

此前，南堡联合站压缩机厂房等风险区只安装了固定式可燃气体探头和硫化氢气体探头(报警时间：120s)，且可燃气体探头和硫化氢气体探头检测范围小(半径仅2m)，受环境(风速、扩散速度等)影响较大，极易出现检测不到或报警时间延时的情况。2021年至今，冀东油田南堡联合站引入激光对射式探测仪，在压缩机厂房、循环水塔和来气阀组平台等高风险区域安装了5套激光对射式油气泄漏探测仪，对相应区域进行全天候监测。激光对射式探测仪的现场应用，为及时发现南堡联合站危险区域内可燃气体的泄漏，并及时报警、处理，避免出现大规模的气体泄漏聚集后，造成重大或特大的安全事故发生提供了技术支持。

4　结论与智能预警系统构建

油气集输系统安全状态监测是及时发现风险、采取控制措施、防止次生灾害的扩大化的关键一环，“十三五”期间这项技术取得了快速进展。下一步需要加强新型传感能力建设，做好现有技术的标准化、规模化和智能化建设，全面提升油气泄漏运营管控能力。

4.1　降低成本，提高应用广度和频度

目前，油气泄漏监测技术尚未得到全面应用，相关技术成熟度不足。一方面需要扩大不同场景应用的广度，积累不同工况条件下的样本，建立标准样本库，通过规模化应用促进技术成熟与可靠性提升。另一方面受制于通信供电、线路感知系统的较高建设成本，需要推动通信供电系统复用，降低线路监测点的建设成本。

4.2　提升感知能力，降低运行风险

当前油气储运行业相关传感器的检测灵敏度对早期事故探测预警能力与运营需求尚有差距，如，基于负压波原理的液体管道泄漏监测技术对小泄漏探测能力不足，报警准确率受工况复杂度影响较大；地质灾害监测传感器集成度较低，抗变形能力不足；站场油品挥发性低，现有可燃气体探测器油品泄漏探测精度不足，存在无法报警的问题。下一步需要进行原理创新，开发新型敏感元件，提升对第三方入侵、油气泄漏和地质灾害的感知能力。

4.3　利用智能化技术，提升预测预报能力

当前的监测数据大多还停留在各自监控系统内部，缺少和业务管理系统的交互，没有

形成监测和维护的闭环管理。有必要引入大数据分析和机器学习算法，对收集到的数据进行深入分析，在全面实现数字化监控基础上，完善安全业务相关分析模型，提升预警和自动修正能力。

4.4 强化标准建设，提升设备通用性

目前油气行业泄漏监测、安全预警、地质灾害监测、智能阴保桩等状态监测技术已经得到一定规模的应用，但是相关电气接口、数据格式都未统一，各厂家设备自成体系无法互联互通，管道运营单位无法混合组网。因此，迫切需要推进数据通信、技术指标测等标准化准建设，打通各监测系统的数据壁垒，让数据在不同系统之间智能流动，为产品的互联互通、建设智慧油田奠定了基础。

4.5 增强系统的适应性，推进人机互补

集成多种检测技术，不断升级优化预警系统，提升系统对不同的环境的适应能力，包括恶劣天气和复杂的地形。系统应具备自我诊断和修复能力，以减少人工干预和维护成本。设计直观的用户友好界面，使操作人员能够轻松地监控系统状态并快速响应任何警报，实现人机优势互补。

综上所述，构建一个全面感知、安全受控、智能决策的新型智能化油气泄漏检测与预警系统，是未来的必然趋势和总体需求。实现这一目标需要综合考虑多种技术和策略，确保系统的高效性、准确性和可靠性，以助力数字化油库，提升整体管理水平，提高企业竞争力和社会形象。

参 考 文 献

[1] 王乐乐，李莉，张斌，等. 中国油气储运技术现状及发展趋势[J]. 油气储运，2019，40(9)：961-972.

[2] 郑洪龙，黄维和. 油气管道及储运设施安全保障技术发展现状及展望[J]. 油气储运，2017(1)：1-7.

[3] 李健，陈世利，黄新敬，等. 长输油气管道泄漏监测与准实时检测技术综述[J]. 仪器仪表学报，2016，37(8)：1747-1760.

[4] 蔡永军，杨士梅，李妍. 基于光纤传感的管道线路复杂状态监测技术[J]. 油气储运，2020，39(4)：434-440.

[5] 李刚，王耀忠，邢海峰. 一种光纤管道安全预警系统的 EAD 算法[J]. 油气储运，2019，38(7)：804-809.

[6] 丁莹芝. 基于红外成像的石油储罐泄漏探测方法研究[D]. 西安：西安石油大学，2021.

[7] 张昱涵，赵永涛，关国伟，等. 大型储罐安全检测中三维激光扫描技术的应用[J]. 中国设备工程，2020(20)：168-170.

[8]《油气管网安全状态监测传感系统构建与创新发展》. 陈朋超. 油气储运 2023. 8.

[9]《油气泄漏红外光谱气云成像监测预警技术》. 孙秉才. 中国应急管理 2023. 7.

[10]《油气管道系统安全状态监测技术研究进展》. 蔡永军. 油气与新能源 2022. 4.

【作者简介】骆洪梅，女，2004 年 7 月毕业于西南石油大学化学工程与工艺专业，获得工学学士学位；工作于冀东油田油气集输公司，曾从事油气田开发研究十余年，现从事油气集输安全管理工作。电话：13754555373，邮箱：lhmeijd@ 126. com。

消防视角下原油码头应急机制的建设与实践

魏康强　李同伟　吕　鹏　孙　浩　李　琦　田恒记
孙垂祥　张　松　刘东英

（中国海油东营港有限责任公司）

摘　要：原油码头作为能源物流的关键节点，其消防安全直接关联到能源供应的稳定与环境安全。全球能源需求的不断增长与原油运输量的提升，使得码头区域面临的安全风险日益增加，尤其是火灾和泄漏事故的风险，这对消防管理提出了更高的要求。本文从消防视角出发，探讨了原油码头应急机制的建设与实践，包括火灾预防、应急响应和灾后恢复等方面，同时还涵盖了消防人员、设备、技术及管理体系。通过系统性地识别和评估火灾风险，制定科学合理的预防措施和建立快速高效的应急响应机制，提升了原油码头应对突发火灾事故的能力，从而确保国家能源安全。

关键词：原油码头；消防安全；应急机制；风险评估；应急响应；消防资源管理

1　引言

原油码头作为能源运输的重要节点，承担着大量原油的接收、储存与转运任务，其安全运营直接关系到能源供应的稳定及周边环境的安全。随着全球能源需求的增长，原油运输量逐年上升，码头区域的安全风险也随之增加，尤其是火灾和泄漏事故的潜在威胁，这对消防安全提出了更高的要求。消防视角下，原油码头的应急机制不仅涉及到火灾预防、应急响应、灾后恢复等多个方面，还包括了对于消防人员、设备、技术及管理体系的全面要求。

从消防视角出发构建原油码头的应急机制，对于提升原油码头应对突发事故的能力，保障国家能源安全和生态环境安全具有重要意义。一方面，它能够帮助原油码头系统性地识别和评估火灾风险，制定出更加科学、合理的预防措施，降低事故发生的可能性；另一方面，通过建立快速高效的应急响应机制，一旦发生事故，能够迅速采取措施，有效控制事故规模，减轻事故后果，保护人员安全和减少财产损失。原油码头应急机制的建设还需考虑到与地方消防部门的协同，通过建立联合应急响应机制，实现资源共享、信息互通，从而提高整体应急处理能力。

2　原油码头的消防安全现状分析

2.1　原油码头的基本特征

原油码头是原油物流过程中至关重要的一环，主要承担原油的卸载、储存和转运等任务。这些码头通常位于沿海或河流的岸边，便于大型油轮靠泊和原油的接收。原油码头的设计和运营具有几个显著特征：第一，为了适应大型油轮的需要，原油码头必须具备深水航道和足够的泊位长度，确保油轮的安全停靠和原油的高效卸载。第二，考虑到原油的易燃性，码头区域配备有复杂的消防系统，包括自动喷水系统、泡沫灭火系统和油气回收系统等，以防止火灾的发生和蔓延。原油码头还配有大量的储油设施，如储油罐和管道系统，这些设施需要定期维护和检查，以防止泄漏和腐蚀等问题。原油码头的运营还高度依赖于先进的信息技术和自动化系统，这些系统能够监控原油的流量、检测泄漏、控制阀门开关，以及实施紧急切断等操作，确保运营的安全性和高效性。考虑到环境保护的需求，原油码头还需采取措施减少运营过程中对周边水域和大气的污染。

2.2 原油码头面临的主要消防安全风险

原油码头的消防安全风险主要来源于原油的高易燃性和大量储存。第一，原油的泄漏是一大安全风险。在装卸、储存过程中，如果管道、储罐或其他设施发生损坏，可能导致原油泄漏，一旦泄漏的原油遇到火源，极易引发大规模火灾或爆炸。第二，由于原油含有易挥发的烃类物质，在特定条件下，原油的蒸气与空气混合形成的爆炸性混合物可能在点火时引发爆炸，对人员和设施构成巨大威胁。原油码头的消防安全还受限于其特定的地理位置和环境条件。例如，位于沿海地区的码头可能面临台风、海啸等自然灾害的威胁，这些自然因素不仅可能直接损害设备设施，还可能加剧事故的严重性。同时，原油码头的消防安全管理也面临挑战，包括消防设施的老化、安全意识不足、应急响应机制不完善等问题。随着原油运输量的增加，码头运营的复杂性也相应增加，这要求原油码头需要不断提升消防安全管理和应急响应能力，以有效应对安全风险。

2.3 国内外原油码头消防安全案例分析

案例一：2019 年 6 月 13 日，浙江省舟山市普陀区东港镇原油码头发生爆炸，造成 2 人死亡，9 人受伤，直接经济损失约 1.2 亿元。经调查，事故原因是一艘原油船在卸油作业时，未按规定进行接地，导致静电放电引燃原油船上的油气，进而引发火灾与爆炸。事故暴露出该码头在消防安全管理方面存在严重缺陷，如未建立健全消防安全制度，未落实消防安全责任，未配备消防设施和器材，未组织消防培训和演练，未制定应急预案等。为此，事故单位和相关责任人员受到了处罚。

案例二：2020 年 8 月 14 日，黎巴嫩首都贝鲁特港口一处原油码头发生大规模火灾，浓烟滚滚，火光冲天，引起民众恐慌。据悉，火灾起因是码头附近的一处仓库存放了大量的易燃物品，如轮胎、油漆等，由于温度过高，导致这些物品自燃，随后蔓延至原油码头，引发剧烈燃烧。由于火势过于强烈，消防部门无法靠近灭火，只能从海上和空中灭火。经过约 5 个小时的扑救，火势得到控制，所幸未造成人员伤亡。这起火灾距离贝鲁特港口 8 月 4 日发生的大爆炸仅过去 10 天，再次暴露出该港口在消防安全管理方面的漏洞，如未及时清理危险品，未加强消防巡查，未建立有效的消防联动机制等。

3 原油码头应急机制的理论基础

3.1 应急管理理论概述

应急管理理论是指用于指导组织或个人在突发公共事件发生时，有效应对和管理危机的一系列理论和方法。它涉及预防、准备、响应和恢复四个阶段，旨在通过系统的规划和准备，最大限度地减少灾害事件对人员、财产和环境的影响。应急管理理论强调全面风险评估、资源的有效配置以及跨部门合作，确保在紧急情况下可以迅速、有效地行动。该理论还提倡建立持续的培训和演练计划，以提高应急响应人员的能力和效率，从而保障社会和经济的稳定。

3.2 应急响应机制的构成要素

应急响应机制的构成要素包括预警系统、指挥控制中心、应急资源、沟通协调机制和恢复机制。预警系统负责监测和评估潜在的风险，及时发出警报。指挥控制中心则是决策和指挥应急行动的枢纽，负责协调各方面的资源和行动。应急资源涉及人力、物资、技术和信息等，需要事先规划和准备，以确保在需要时能够被迅速动员和利用。沟通协调机制确保信息的准确传递和各参与方的有效合作。恢复机制则关注事件后的恢复和重建工作，旨在尽快恢复正常状态，减少事件的长期影响。

3.3 应急预案的编制原则

应急预案的编制原则主要包括实事求是、科学性、系统性和可操作性。实事求是原则要求预案编制基于准确的风险评估和资源评估，确保预案的适应性和针对性。科学性原则强调应用科学方法和技术进行预案的设计和评估。系统性原则要求预案覆盖应急管理的所有方面，包括预防、准备、响应和恢复，形成一个有机的整体。可操作性原则要求预案中的行动指南和程序清晰、具体，确保在实际操作中可以被有效执行。

3.4 消防安全管理的国际标准与实践

消防安全管理的国际标准与实践旨在提高全球范围内的消防安全水平。这些标准如 ISO 22301(社会安全—业务连续性管理系统要求)和 NFPA(美国国家消防协会)标准，提供了关于消防安全管理体系建设、风险评估、应急准备和响应等方面的详细指导。这些国际标准强调了预防为主、综合治理的原则，通过规范设计、建设、运营和维护等各个环节，降低火灾风险，提升应急响应能力。

4 风险评估与应急预案编制

4.1 原油码头消防安全风险评估方法

原油码头消防安全风险评估是一个系统性的过程，旨在识别和评估原油码头运营过程中可能遇到的火灾和爆炸等安全风险，以及这些风险对人员、设施和环境可能造成的影响。第一，风险评估方法包括定性和定量两种。定性评估侧重于通过专家意见、历史数据和现场观察等方式，识别风险源和潜在的安全隐患。通过 SWOT(优势、劣势、机会、威胁)分析和 HAZOP(危害与可操作性研究)等技术，评估人员可以系统地识别出原油码头的关键风险点和脆弱环节。

第二个阶段是定量评估，这一阶段使用数学模型和统计方法来量化风险的可能性和后果。例如，事件树分析(ETA)和故障树分析(FTA)被广泛应用于评估特定事件发生的概率，以及这些事件可能导致的后果严重性。通过这些方法，评估团队能够为每个识别的风险分配一个风险等级，这有助于确定哪些风险需要优先管理和控制。

基于定性和定量评估的结果，风险评估团队将制定风险管理计划，包括风险缓解措施、应急响应策略和恢复计划。这一过程还包括对风险评估方法和流程的持续改进，以确保风险评估的准确性和有效性。通过定期的风险评估，原油码头可以有效地识别和管理其消防安全风险，从而保障码头运营的安全和稳定。

4.2 关键风险点的识别与评估

在原油码头消防安全风险评估过程中，关键风险点的识别与评估是至关重要的一步。

第一，关键风险点的识别依赖于对原油码头操作全过程的深入了解，包括原油的接收、储存、转运及其设施的设计和维护等。通过综合考虑这些操作环节的特性及其潜在的危害因素，可以初步确定风险点。常见的关键风险点包括储油罐区、装卸区、管道系统以及与原油直接接触的设备和操作人员。这些区域因原油易燃易爆特性及操作复杂性成为风险重点。

第二，评估这些关键风险点的潜在危害程度和发生概率是一个系统性工作，需要运用专业知识和分析工具。例如，通过应用故障树分析(FTA)可以评估特定设施或操作失败导致安全事故的概率，而危险与可操作性研究(HAZOP)则能够帮助识别操作过程中可能出现的偏差及其可能导致的危害。这些分析帮助确定哪些风险点是最为关键的，以便优先进行风险管理和应急准备。

关键风险点的评估还需考虑外部因素，如自然灾害(风暴、洪水等)、恐怖袭击或其他安全威胁，这些因素可能增加原油码头的风险水平。因此，除了对内部操作环节的分析外，还需要关注外部环境和社会政治因素对码头安全的影响。通过综合内外部因素进行全面评估，可以更准确地识别和评估原油码头面临的关键风险点，为制定有效的风险管理措施和应急预案提供坚实基础。

4.3 应急预案的编制流程与内容

应急预案的编制是一个综合性的过程，涉及对潜在风险的识别、评估以及制定相应的应对措施。第一，编制流程开始于对原油码头可能面临的各类紧急情况进行全面评估，包括火灾、爆炸、油品泄漏等。这一阶段需要收集和分析历史事故数据、进行风险评估和敏感度分析，以确定应急预案需要重点关注的风险类型和事件。接着，根据评估结果，明确应急预案的目标和范围，包括保护人员安全、最小化财产损失和环境影响等目标。

第二阶段涉及到应急预案的具体内容编制，这包括制定详细的应急响应程序和操作指南。这些内容通常包含事件报告机制、紧急情况下的角色和责任分配、应急响应流程、通信联系方式、资源调配计划以及撤离路线和安全集合点等。应急预案还需包括对特定风险事件的专项应对策略，如火灾扑救、油品泄漏控制和环境保护措施等，确保应急响应行动的具体性和可操作性。

应急预案的编制不是一次性的任务，而是一个动态的过程，需要根据原油码头运营实践和环境变化进行定期的更新和演练。这包括定期审查和评估应急预案的有效性，组织实地演习和桌面演练，以检验预案的实用性和响应团队的执行能力。通过这种持续的改进和更新，可以确保应急预案能够有效应对原油码头可能遇到的各种紧急情况，从而提高整体的安全管理水平。

4.4 应急资源的配置与管理

原油码头的应急资源配置与管理中，配备必要的消防设施和设备是基础工作。这包括但不限于消防水泵、消防栓、消防水枪、消防泡沫、灭火器等，同时还应包括高度集成的消防监控、报警和联动系统。这些设施和设备的配置旨在确保一旦发生火灾等紧急情况时，可以迅速反应，有效控制和扑灭火灾，最大限度地减少人员伤亡和财产损失。为此，原油码头需要定期进行消防设施的检查和维护，确保其完好性、有效性和可靠性。这不仅包括物理设备的维护，也涵盖了软件系统的更新和演练，从而保证在紧急情况下系统的协同工作能力。

建立专职或兼职的消防队伍，配备足够数量的消防人员，对提高原油码头应急响应能力至关重要。消防人员应定期接受专业培训，包括消防技能、应急处置、危险品处理等方面，以提高其专业技能和应对各类紧急情况的能力。同时，通过模拟演练等方式，可以进一步加强消防队伍的实战经验，确保在真实的应急情况下能够快速、有效地进行响应。消防培训和演练不仅限于消防队伍内部，还应涵盖码头的所有工作人员，以提升整个原油码头的安全意识和自救互救能力。

制定和更新消防预案也是确保原油码头应急资源有效管理的关键环节。消防预案应详细明确消防组织机构、职责分工、应急流程和处置措施等内容，确保预案的科学性、适用性和操作性。原油码头应与周边单位和社会力量建立消防协同合作机制，通过签订消防救援协议，共享消防应急资源，形成消防救援的合力。这种合作不仅增强了原油码头应对紧急情况的能力，也提高了整个地区的安全水平。通过这样的整合性策略，原油码头可以建立一个全面、高效的应急管理体系，为应对可能发生的各种紧急情况做好充分准备。

5　应急响应机制的设计与实施

5.1　应急指挥中心的组织架构设计

原油码头消防应急指挥中心的组织架构设计体现了对突发火灾爆炸等事件快速、有效响应的需求。遵循统一指挥原则，原油码头消防应急指挥中心的设计确保了在紧急情况下能够实现快速决策和高效指挥。总指挥负责整体战略方向和决策，保障消防应急响应行动的统一性和协调性。通过设立一级指挥部和二级指挥部，指挥中心能够根据事件的规模和严重程度，调整指挥层级，确保指挥结构的灵活性和适应性。一级指挥部主要负责制定总体应急策略和协调外部资源，而二级指挥部则更侧重于现场的具体操作和实施。这种层级化的指挥结构，使得应急响应既有序又具备针对性，有效提升了消防应急救援的效率。

在遵循分级负责原则的基础上，原油码头消防应急指挥中心进一步细化了各级指挥部的职责和工作流程。通过明确各级指挥部的职责、权限和相互关系，指挥中心能够实现上下级之间的有效衔接和协作。这种组织架构不仅确保了指令的清晰传达和执行，还促进了不同部门和专业小组之间的信息共享和资源整合。例如，现场处置组、应急监测组、应急保障组和专家组等，都在其专业领域内发挥着关键作用，各司其职而又相互配合，共同构成了一个多元化、专业化的应急救援团队。这样的组织架构设计，确保了原油码头在面对复杂多变的紧急情况时，能够迅速采取科学合理的应对措施。

动态调整原则是原油码头消防应急指挥中心组织架构设计的另一大特点。这一原则要求指挥中心能够根据消防应急事件的发展变化，及时调整指挥部的级别、人员、职责和措施。这种灵活性和适应性是应对复杂应急情况的关键，确保了消防应急救援工作能够顺应事件发展的需要，及时作出有效响应。为此，指挥中心不仅需要一个强大的信息收集和处理系统，以实现对事件动态的快速准确掌握，还需要一个高效的内部沟通和决策机制，以保证各项调整措施能够迅速得到实施。通过不断地学习和总结经验，以及定期的培训和演练，原油码头消防应急指挥中心能够不断提升其动态调整的能力，为确保原油码头的安全稳定运营提供坚强的保障。

5.2 应急响应流程的优化

为提升原油码头应对火灾、爆炸等突发事件的能力，关键在于建立一个明确、高效的应急响应流程。第一，制定明确的预案启动条件和程序至关重要。这包括建立快速启动机制，确保在事故发生初期，能够迅速启动应急预案，组建应急指挥部和应急小组。这些小组和指挥部需明确各自的职责和权限，实施总指挥制来确保应急决策的及时性和有效性。同时，建立应急信息报告和通报机制，保证事故信息能够及时、准确地向内部和外部相关部门和单位报告，这样不仅有助于请求支援或协调救援，还可以避免信息滞后和失真，确保所有参与方能够同步行动，形成统一战线。

第二，实施分级响应措施是优化应急响应流程的关键环节。原油码头应依据事故的严重程度和影响范围采取相应级别的响应措施，例如警戒隔离、现场处置、应急监测、应急保障等。随着事故发展的不同阶段，应急指挥部应能够及时调整响应级别和措施，以灵活应对复杂多变的情况。这种动态调整机制能够确保应急响应既不过度也不会不足，最大程度地减少事故损失。

优化现场处置方案对于提升应急响应的效率和效果至关重要。原油码头需要根据事故具体情况制定科学合理的现场处置方案，充分利用现有消防设施设备和应急资源。合理调配使用消防水、消防泡沫、灭火器等资源，以提高消防救援的效率。同时，加强应急监测和评估，利用高科技手段进行实时监控和预警，以确保事故现场的安全评价和风险预测准确无误。通过对事故应急处置效果和应急管理水平的评估和总结，不断提出改进措施，优化应急响应流程，原油码头可以更好地准备和响应未来可能发生的任何紧急情况。

5.3 关键应急资源的快速调度与管理

第一，建立消防关键应急资源的动态管理机制显得尤为重要。通过制定详尽的资源配置标准和管理制度，原油码头可以确保每项资源的合理分配和高效利用。定期进行资源的调查、登记、核实和更新，不仅能保障资源信息的准确性和时效性，而且能通过构建动态数据库实现资源管理的可视化、信息化和智能化。这种动态管理机制能够确保在火灾事故发生时，所有可用的消防关键应急资源都能被迅速识别和调动，从而大大提高灭火救援的时效性和有效性。

第二，建立消防关键应急资源的快速响应机制是提高调度与管理能力的另一个关键环节。这要求原油码头根据消防应急预案，精心制定资源调度方案和流程，明确调度权限、职责、程序和时限。通过建立快速响应平台，实现一键式调度、实时跟踪和动态调整，原油码头能够确保在紧急情况下，消防关键应急资源能够迅速到位，发挥最大效能。快速响应机制不仅提升了应急处置的速度，也增强了各部门、各资源之间的协调和沟通，确保整个应急过程中信息的透明性和响应的一致性。

消防关键应急资源的协同配合机制对于提高整体救援效率同样至关重要。通过制定协同配合方案和规范，明确协同方式、原则和目标，原油码头可以建立起消防关键应急资源的协同配合平台。这个平台不仅实现了信息共享和任务分配，还能进行效果评估，确保每一次救援行动都能达到预期效果。在这种机制下，不同资源之间可以形成合力，共同应对复杂多变的紧急情况，从而有效减少火灾事故可能带来的人员伤亡、财产损失以及对环境的影响。通过这三个方面的努力，原油码头建立起一套高效、科学的消防关键应急资源快速调度与管理体系，为确保码头区域的安全生产提供坚实保障。

5.4 应急演练与培训

某原油码头在 2023 年 5 月 4 日组织的消防应急演练与培训活动，是对原油码头消防安全管理体系和应急响应能力的一次全面检验。通过专业消防人员的细致培训，员工们不仅学习了消防法规、消防器材的正确使用方法，火灾分类和灭火技巧，还掌握了火场逃生和自救知识。这种理论与实践相结合的培训模式，通过视频、图片和实物展示等多种方式，极大地提高了员工的消防安全意识和自我保护能力。这不仅增强了员工的责任感，还为提升整个码头区域的消防安全水平奠定了坚实的基础。

在演练环节，通过设定一个假想的火灾情景，该原油码头全面启动了消防应急预案，迅速成立现场指挥部，并组织了八个具有明确职责的应急小组。这些小组包括灭火组、物资抢救组、疏散引导组等，各自依照预定的应急预案和指令，迅速有效地进行了灭火、救援、疏散、保障等工作。特别是在灭火组迅速控制火势、防止其扩散，以及疏散引导组有效引导被困人员安全撤离等方面表现出色。这一过程不仅检验了应急预案的可行性和实用性，也展示了各应急小组成员的高效协作和专业能力。

演练结束后，该原油码头对整个演练过程进行了深入的总结和评估。肯定成绩的同时，也指出了在应急管理和现场处置中存在的问题和不足。随后提出的改进措施和建议，进一步完善了消防应急预案。这次活动不仅提高了员工的消防意识和应急能力，也加强了原油码头的整体消防安全管理水平。

6 结语

本文深入分析了原油码头消防安全的现状、面临的主要风险以及国内外相关事故案例，基于此提出了针对性的应急机制构建与实践策略。通过建立动态的消防关键应急资源管理机制、快速响应机制和协同配合机制，原油码头能够有效提升消防关键应急资源的快速调度与管理能力。此外，通过组织定期的消防应急演练与培训，不仅加强了员工的消防安全意识和应急能力，也进一步完善了消防应急预案，增强了原油码头的整体消防安全管理水平。从消防视角出发构建原油码头的应急机制，能够有效应对突发火灾事故，减轻事故后果，保护人员安全和减少财产损失，对保障国家能源安全和生态环境安全具有重要意义。未来，原油码头应继续优化应急响应流程，加强与地方消防部门的合作，不断提高应急管理和灾害响应的科学性、系统性和可操作性，为原油码头的安全稳定运营提供坚强保障。

参 考 文 献

[1] 杨永望. 国能黄骅港务公司原油码头电气控制系统升级改造[J]. 自动化应用，2023，64(21)：50-53.

[2] 王宁. 如何做好原油码头安全管理工作[J]. 中国航务周刊，2022(08)：46-48.

[3] 周硕. 大型原油码头消防水量及泡沫液量计算浅析[J]. 中国水运，2021(04)：87-89.

[4] 张磊. 做好原油码头安全管道工作的措施[J]. 化工设计通信，2021，47(02)：13-14.

[5] 王威，侯晓玲. 30 万 t 级油品码头的消防设计[J]. 当代化工，2017，46(09)：1848-1851.

[6] 孙奇. 大型油船及原油码头安全措施改进[D]. 大连理工大学，2016.

[7] 高晓伟. 烟台港西港区 30 万吨级原油码头风险管理研究[D]. 中国海洋大学，2015.

[8] 潘法宽，陈津龙. 天津港南疆南一级消防站正式投入使用[J]. 水上消防，2015(02)：2.

[9] 黄鲁博，刘辉. 关于岚山港区中区高压消防泵站现状的分析及建议[J]. 水上消防，2014(04)：38-41.

[10] 陈国良. 宁波港举行形式多样的消防演练活动[J]. 水上消防，2012(06)：2.

[11] 张洪波. 锦州港 301~#十二万吨原油码头污染风险分析与应急对策研究[D]. 大连海事大学，2012.

[12] 胡文兵. 大型原油码头关键部位的风险分析[J]. 科技风，2012(12)：155+166.
[13] 阎贵文，曹常艳. 独立式原油码头消防设计探讨[J]. 石油规划设计，2011，22(06)：50-53.
[14] 于长鹏. 日照港消防支队完成首艘30万吨级油轮监护任务[J]. 水上消防，2011(01)：49.
[15] 王宁，张树深. 原油码头输油管道风险防范的重点及建议[J]. 绿色科技，2010(11)：73-74.
[16] 王婧. 控制系统在原油码头建设工程中的应用[J]. 山西建筑，2009，35(21)：367-368.
[17] 王红，尹青云，尹小清. 30万吨原油码头消防自控系统[J]. 水运工程，2009(06)：88-90+102.

【作者简介】魏康强，男，硕士研究生，现就职于中国海油东营港有限责任公司，主要负责码头安全与应急工作。电话：13051838100，邮箱：weikq@ cnooc. com. cn。

危险化学品泄漏封堵技术研究进展

邓 晓

（中国石油乌鲁木齐石化公司研究院）

摘 要：本文简要梳理了国内外危险化学品泄漏封堵技术发展历史，并对几种典型泄漏封堵技术原理进行了阐述；还介绍了国内最新开发的危化品泄漏快速封堵技术原理和特点，并介绍了该技术的应用实例；为危化品行业泄漏应急处理提供技术参考。

关键词：危险化学品；泄漏；封堵

随着经济全球化的不断发展，我国的经济水平也有了大幅度的提高，国内生产总值也不断升高，但是伴随着经济的快速发展，安全生产形势愈发严峻，尤其近年来是危险化学品泄漏造成的爆炸、中毒等事故频发。据不完全统计，每年我国的工业生产过程中由于危险化学品泄漏造成的财产和经济损失超过 5000 亿元。并且危险化学品泄漏事故还具有连锁效应，因此，如何预防和控制因重大危险化学品泄漏造成的灾害，是新时代经济社会高质量发展过程中所面临的重要任务和课题。危险化学品泄漏不仅会造成环境污染，而且还会造成资源浪费，同时引发人身伤亡、中毒、火灾和爆炸等次生事故，危化品泄漏问题得不到及时有效的处理就会造成严重次生灾害并导致企业停工。于是，人们开始逐步意识到对危险化学品泄漏实施快速封堵技术的重要性。

1 危险化学品泄漏封堵技术发展历史

1.1 国外技术发展历史

早在 1927 年，美国的弗曼奈特公司就已经开发出了多重管道堵漏专用密封注剂，在此基础上进行了进一步的研究，把原先只适用于堵漏输水输气管道的密封注剂经过改性后应用于危险有毒有害介质的动态密封中，并且改进了操作方法。在线堵漏材料的适用压力也提高到了 6.0MPa 以上，适用温度提高到 400℃。1928 年，美国《工程导报》对注剂式在线带压密封技术进行了详细的报道，说明了该项技术的原理、应用前景。受此启发，1929 年，英国人福斯曼在英国成立了弗曼奈特公司，使得这项技术在现代工业飞速发展过程中得到了广泛使用。从 1927 年弗曼奈特公司的成立，到 1928 年注剂式带压密封技术的出现，泄漏封堵技术在此之后得到了飞速发展。

20 世纪 50 年代，国内外对于各种泄漏部位的处理方法和相配套使用的密封注剂进行了广泛研究，并且使注剂式带压密封技术的发展有了由中低温到高温高压的飞跃式进步。70 年代中期，超低温和超高温动态密封方法也涌现出来，注剂式带压密封技术在世界范围内得到了广泛的应用。到了 90 年代，该技术已经占领大部分危化品泄漏封堵的技术市场。随后，人们又针对技术实用性开展了进一步的研究，使得注剂式封堵技术可以适用于强腐蚀介质发生泄漏等极端的条件下，从而使该技术得到进一步的完善。

1.2 国内技术发展历史

20世纪50年代后期，通过对各种危险源泄漏缺陷的细致观察和研究，我国钢铁行业的技师们开发了一种带压焊接封堵技术，当时称此项技术为“顶压焊技术”。这项技术主要用于泄漏金属容器、管道的焊接，可在线进行快速的动态密封，消除危化品泄漏带来的次生事故，有效防止了事故进一步扩大。此后，“顶压焊技术”逐渐得到研究者的关注，并且在实际使用过程中得到进一步改进和完善，有效解决了多起工业生产中发生的泄漏事故。70年代初期，我国生产的合成胶黏剂产品达到了600多种，为“带压黏接封堵技术”的成功应用提供了技术基础，使这项技术得到迅速发展和应用。

80年代后期，由于腐蚀导致的压力管道或者储罐危险化学品的泄漏事故处理引起了人们的广泛关注，当时已经出现了利用专用的封堵工具来进行封堵的技术，视具体情况不同，采用的封堵技术也有所不同。当由于螺栓的松懈而致使法兰泄漏时，一般使用不产生静电和火花的工具对螺栓进行加紧制止泄漏；当由于法兰垫圈老化而引发泄漏时，采用专用的法兰卡具夹紧法兰，同时在螺栓间进行打孔，而后注射密封胶进行封堵的方法；当储罐储存危险化学品的量大，并且储罐壁由于腐蚀或外力等因素造成罐体破裂的时候，泄漏的危化品的速度更快，泄漏量更大，而且液体从罐壁喷射而出时，一般采用储罐破裂专用的捆绑紧固法、充气橡胶塞加压充气封堵的方法。

当危化品泄漏速度过快，泄漏量过多，或者喷射速度较快时，堵不如疏，可采用导流的方式将介质导入其余的容器或储罐。

2 几种典型泄漏封堵技术基本原理

目前常见的危化品泄漏带压封堵技术主要包括磁力压固黏接法、注剂式带压密封技术、紧固黏接法、引流黏接法等。这些方法的基本原理如下：

2.1 磁力压固黏接技术

这一技术适用于亲磁体材料上的泄漏封堵，借助强磁铁与亲磁体材料之间的强大磁力，使泄漏处与沾有黏合剂的物体黏合，来堵住泄漏，然后使用事先配好的黏接剂在外部补强，待完全固化后撤出磁铁，从而达到动态封堵泄漏的目的。由此可见，磁铁的性能是该技术的核心，这一技术可用来处理低于150℃、压力小于2.0MPa的亲磁体材料上产生的泄漏事故。磁力压固黏接技术非常实用，封堵响应时间也很快，但主要缺陷是依然对胶黏剂的配方性能要求较高。

2.2 注剂式带压密封技术

注剂式带压堵漏技术是相对较为可靠的，该技术使用的是特制的夹具和注射液体的工具。将夹具夹到泄漏的管道周围之后，夹具与管道之间会有空隙，密封注剂便是注入到这个空隙里面的。按照带压密封技术的作业思路和其设计及研究思路，能够接触到泄漏介质的是专用密封注剂，注剂是防止泄漏危险化学品泄漏的关键。这一技术的适用范围较窄，对于高压容器的连接部位发生的泄漏能够体现其优势，但对于其他绝大多数的常规压力容器，并不能很好地发挥它的作用。

2.3 紧固黏接法

该方法需要采用特别订制的夹具，通过操作人员使用外力来利用夹具产生比泄漏介质压力要大的紧固力，然后使泄漏止漏，最后利用黏合剂加强凝固来对泄漏部位进行修补，最终达到动态封诸的目的。该技术中紧固夹具最为重要，必须根据危化品泄漏的部位来设计制作专用紧固夹具，一般通过紧固螺栓来产生紧固力。该技术一般用来处理温度低于400℃、泄漏压力小于4.0MPa条件的泄漏，该技术在石化行业中使用频率较高，主要弊端是需要专用夹具和一定的安装操作空间。

2.4 引流黏接技术

该技术是通过按照泄漏处的外部形状制造出引流器，然后通过黏结剂把引流器固定在泄漏处，通过引流器内的导流通道，将泄漏介质导出到安全区域，待黏结剂充分固化后关闭引流器的入口阀门，最终实现泄漏被封堵。该方法中引流器是重点，必须根据泄漏处结构来制作引流器的形状，引流器通道必须有较宽松的供液体流动的渠道。该技术一般用于处理温度小于300℃、压力小于1.0MPa，且具备安装引流器操作空间的泄漏事故。气动吸盘式引流封堵器是实现带压封堵的关键设备，该方法的优点是能进行带压封堵，缺点是所采用的胶黏剂密封性能要求较高。

3 危险化学品泄漏快速封堵技术及应用案例

3.1 基本原理

近年来，天津安全生产技术中心开发了一种危化品快速封堵技术，该技术采用专用密封拉紧装置，将新型防爆柔性密封装置(专用索具带)紧密贴合在泄漏部位上，产生由外向内的向心力，从而形成新的密封结构，再采用大于介质系统内压力的外部推力，通过注胶装置将专用密封剂注入到孔道和缝隙中，并充满整个封闭空腔，堵塞泄漏孔洞和通道，直至漏点无泄漏，从而达到消除介质泄漏的目的。这一技术的关键点在于采用了专有知识产权的防爆密封柔性装置和新型注胶装置。

3.2 技术特点

该技术中新型防爆柔性密封装置和拉紧装置，主材均为防爆材料，可用于易燃易爆介质，耐高低温，耐化学腐蚀，防火阻燃，冲击时不产生火花，从而保证了该技术在危险化学品泄漏环境中应用的安全性。不破坏原有设备性能快速封堵技术在应用的各环节中，不会对原有设备产生破坏性响，封堵操作完成后，可保持生产装置正常使用一个运行周期。检修时，封堵部位易拆卸。操作简便快速封堵技术操作简便，组装简单，易学易掌握，利于技术的推广与普及。

防爆柔性密封装置采用一种防爆、高强度柔性材料作为密封主材，主要起到包裹泄漏部位的作用。这种材料具有良好的柔韧性和防爆性能，可用其制成不同规格的柔性专用锁具带，方便在现场临时组合安装到泄漏部位，应急处置速度快，机动性强，可在30min内快速安装到泄漏部位上，第一时间有效减少危险化学品的泄漏。该技术密封装置所选材料具有良好的柔韧性，用其制成的专用索具带，通过检测其锁紧力可达32MPa，其适用的系统压力可达18MPa，完全满足快速封堵操作中对于系统压力的要求。

新型专用注胶装置包括预埋式注射器和专用密封剂两部分构成，注胶操作时，将注射器预埋在泄漏点和柔性密封锁具间隙中，通过注射器将专用密封剂直接送达泄漏点四周。由于专用密封剂具有良好的工艺流动性和膨胀性，在一定压力和温度的作用下，密封剂可快速流动膨胀并充满密封空腔各部位，同时填充泄漏孔洞或裂纹，达到快速封堵的目的。专用密封剂是应急快速封堵操作取得理想封堵效果的关键组成部分。该密封剂为高温膨胀型密封剂，可在高、低温环境中使用，性能稳定，适用系统温度范围为-195~850℃。该密封剂耐介质性能广泛，具有极强的耐压性、柔韧性、可塑性，抗高、低温、抗腐蚀性，可适用于各类危险化学品介质。危化品泄漏快速封堵技术不受泄漏设备外形的影响，可封堵法兰、设备管道上的孔洞、裂缝、焊接缺陷泄漏等，特别是对异形构件和难点部位的封堵具有突出优势。

3.3 应用案例

据文献报道，2014 年 4 月 17 日 20 时 45 分，天津市武清区崔黄口镇杨崔公路与宝武路交口处，一辆装载 26.5t 丁二烯的危化品运输车辆发生泄漏事故。泄漏事故发生时，事发地点周围环境较为复杂，西南 400m 处有两个村庄，村民 1380 余人；东侧 1500m 处的天津世通华茂胶业有限公司储存区内，有丁二烯储罐 10 个，储量达 600t，苯乙烯储罐 8 个，储量达 300t，已构成一级危险化学品重大危险源；西北 1200m 处有一个液化气站。一旦处置不当，将造成附近村民群死群伤和引起企业危险化学品重大危险源事故，后果不堪设想。天津市安全监管局接报后，立即调动市危险化学品应急专业救援队赶到现场，协助应急处置工作。救援队采用“危险化学品泄漏快速封堵技术”实施堵漏。经过专业人员 30min 作业，封堵成功。截至 4 月 18 日 5 时，罐中遗留的丁二烯已从事故车辆中全部卸到安全地点，得到妥善处理。危险化学品泄漏快速封堵技术，在危险化学品事故快速抢险和应急处置领域是一个成功的开拓和创新。它采用新型防爆密封装置和独特注胶工艺，解决了传统封堵技术难以解决的特殊部位封堵的难题，对危险化学品泄漏事故应急处置具有重要的现实意义。

4 结语

危险化学品泄漏而引发的事故，具有事发突然、发展迅速、易引发次生事故等特点，因此尽早发现泄漏，快速实现泄漏源的封堵，最大程度地避免、减少泄漏事故造成的损失，是当前国内外带压堵漏技术的研究方向。笔者建议应从以下两个方面加强危化品泄漏封堵技术的开发：(1)依据不同种类危化品的性质，开发高效、适应性强的密封剂；(2)开发快速封堵的专用工具。

参 考 文 献

[1] 张宏哲，赵永华，姜春明，等. 危险化学品泄漏事故应急处置技术[J]安全、健康和环境.

[2] 张韧. ZG 102 型瞬间堵漏胶的应用[J]. 建筑机械化，2008(11)：85-86.

[3] 赵良编著. 带压堵漏技术实例[M]. 郑州；河南科学技术出版社 2007.

应急救援队伍健康心理建构

张祥允

（中国石油大庆石化公司消防支队）

摘　要：应急救援队伍承担着最为复杂而危险的火灾应急救援任务，作战中常会出现各种不良心理。心理素质是影响队伍战斗力的重要因素，开展健康心理建构，提高灭火抢险救援中消防指战员心理素质和心理适应能力是一个亟待解决的问题。作为企业专职队伍的老消防人在多年的浴血奋战中，经受了一次又一次考验，而作为独生子女的“80 后”“90 后”逐渐成为队伍的主力，他们的健康心理在灭火抢险救援中呈现出新的职业特点。本文结合国有大型石油炼化企业应急救援队伍应急救援工作实际以及有关心理学知识，研究如何建构应急救援队伍在应急救援中的健康心理，提高应急救援人员的安全防护意识和战斗力。

关键词：火灾扑救；应急救援；心理学；职业健康

21 世纪初，为提高危险化学品应急救援能力，原国家安全生产监督管理总局依托大型国有企业应急救援队伍建立了一批国家级危险化学品应急救援基地。基地成立以来，中央财政、地方财政和所在企业分类别投入资金用于装备建设。应急救援在队伍建设和管理方面，也进行了一系列的有益探索。作为国家级应急救援队伍，职能和职责的增加，并没有改变队伍身份。应急救援队伍的队员仍是企业的员工，具有为企业长期服务，甚至终身服务的特征。笔者作为从事企业专职消防救援工作多年消防人，深刻认识到在灭火救援形势日渐复杂严峻的今天，系统进行应急救援心理建构有着重要的意义，是确保广大指战员在关键时刻拉得出、冲出上、打得赢，在危急关头靠得住、过得硬的重要保障。

1　开展应急救援健康心理建构背景

应急救援健康心理建构是根据应用行为心理学、认知心理学和体育心理学、应急管理学等学科的基本原理，借助训练手段，用于提高基础心理素质和应急心理健康水平的活动。危化企业火灾易燃易爆行业特性，以及火灾所具有的高温、高热、高放射性的特点，浓烟、噪声、腐蚀性以及有毒有害物质的大量存在，大大加剧了指战员扑救火灾的困难。面对新形势下火灾所反映的新特点、新问题、新情况以及队伍人员结构不断变化，大量“80 后”“90 后”逐渐成为队伍的主力，企业专职消防救援队要在不断更新高精尖装备进行物质准备的同时，也必须在精神上作好打大仗、打恶仗的充分准备。

2　开展应急救援健康心理建构的必要性

随着社会的不断进步和火灾等其他灾害事故的频发，消防人员心理健康问题越来越受到人们的关注。资料表明湖南衡阳 11・3”特大火灾牺牲 20 名消防救援人员、哈尔滨

"1·02"重大火灾牺牲5名消防救援人员、特别是天津滨海新区"8·12"特别重大火灾事故牺牲100余名消防救援人员后，给消防指战员的心理造成长时间阴影，在社会上造成了很大影响，有许多人不愿意选择消防救援人员，一些社会化招聘的消防员选择退出。另外，消防救援队伍是一个以男性组成的特殊社会群体，不存在"男女搭配干活不累"的心理现象，即心理学上为"异性效应"。加之生活工作环境相对封闭，作业对象单一枯燥，时时处于战备应激状态，思想非常紧张，还要面临血与火的考验。特别是面对化工火灾所具有的艰巨性、复杂性、危险性、紧张性、应激性等特点，消防指战员表现出紧张、恐惧、急躁、挫折与无奈、自我安全与麻痹等不良心理症状，这些不良表现对专职消防指战员的身体健康和科学、快速扑救火灾，保护企业财产和员工生命安全有着重大影响。北京师范大学心理咨询中心主任刘冬威认为，维持个体心理健康的重要条件是：生活在一个平衡的关系支持系统中，即心理健康的社会关系支持系统、家庭关系支持系统和个体关系支持系统。一旦救援人员的支持系统遭到了破坏，就会导致他们出现严重的心理问题。特别是那些在救援中伤残、丧失工作能力的救援人员，他们的社会关系支持系统受到破坏；亲人在灾害中离去，会破坏他们的家庭关系支持系统；救援后产生的心理障碍，破坏了他们的个体关系支持系统。当一个人这3个重要的支持系统都受到破坏，并产生持续的负面的影响时，就会严重影响个体的心理健康，进而发展成心理抑郁症。

3 开展应急救援健康心理建构环境要素系统分析

3.1 进行心理训练是新时期企业专职消防救援队伍建设的需要

随着社会经济的日益发展，企业专职消防救援队也出现了许多新的情况、新的问题，表现如下：

(1) 队伍构成有了新的变化。现在的消防救援员独生子女偏多，心理素质较差，社会阅历浅。由于工作性质与工作待遇，目前企业消防救援队很难引进较高学历毕业生或退伍士官，这些都给基层管理工作带来了新的问题。

(2) 现代社会生活、价值观念呈现多元化，社会改革和经济下行压力带来的各种负面效应对指战员的心理压力明显增加，奉献精神与老消防救援人有着明显的差别，"佛系"蔓延。

(3) 与人民解放军及武警系统应急处置队伍"铁打的营盘流水的兵"不同，企业专职消防救援队员是企业的职工，服务具有长期性，应对火灾应急救援的概率较高，出现意外事故的概率也相应的增多，无形中对消防员的心理健康造成影响。

(4) 炼化火灾复杂化、多元化、危险化，再加上抢险、处置突发事件等社会救援，使得消防指战员在学习、工作和生活中存在许多不稳定因素，造成心理压力增大，产生负面影响。

3.2 进行应急救援心理建构是增强企业专职消防救援指战员生理抵抗力的需要

在灭火战斗中，消防救援指战员经常遇到许多典型的刺激因素，影响其生理，从而造成思想上、行为上的障碍。

(1) 高温。可使消防指战员在短时间的强烈刺激之后，出现被压抑的状态，破坏脑神经的兴奋与抑制间的平衡，造成动作失调，高烧，大量出汗，体力下降，有时出现痉挛、幻觉以至失去知觉。

(2) 浓烟。刺激眼、鼻、咽喉的黏膜，引起咳嗽、呼吸困难，浓烟还会使人员因害怕恐惧而不敢深入火场内部。

(3) 噪声。使人产生惊慌、恐惧或心情不安，效率降低，疲劳加快，影响指战员之间的命令、指示的传达。如果噪声很强，还能使人缺乏自信心，不相信个人防护用具的性能。

(4) 爆炸。使人产生惊慌、恐惧或临阵脱逃，易造成人员伤亡，影响战略战术的实施和持续进行作战。

(5) 有毒气体。化工原料或添加剂燃烧、泄漏产生的有毒气体，极易刺激人员的神经、呼吸道、眼睛等，造成心跳加速、呼吸道堵塞、浑身软弱无力、心慌意乱等症状，同时这种环境容易使人员表现过度的谨慎小心和紧张，从而使行为过于僵硬。

上述因素如果对消防指战员施于很强的心理作用，很难想象出其综合作用的强度有多大，因此，必须对消防救援指战员进行有针对性的心理建构，以期避免发生以上情形。

4 应急救援队员在应急救援中的消极心理问题描述

面对炼化火灾多变性、复杂性、不可知性及剧变的场面，很容易使指战员心理准备不足，产生心理障碍，直至产生消极心理。主要表现有：

4.1 紧张

紧张是指战员在火场中经常出现的心理状态，短暂的紧张状态是正常的，并在某种程度上有一定的积极作用。但是，若这种紧张状态持久存在，则起到消极作用，产生对于复杂危险火场的恐惧，导致紧张状态，惊慌不安，情绪不稳，感觉的敏锐性减弱，注意力过于分散，甚至不能完全控制自己的思维、情绪和行动而产生错误的行为，使作战效能大大降低。

4.2 恐惧

恐惧是情感和意志的不良心理现象，它是指战员在火场上遇到化工火灾时，担心控制不好发生爆炸，危及个人生命产生畏惧时的心理反应，其实质是过高估计火势及复杂性，没有充分发挥主观能动性和根据灭火力量采取正确的灭火战术，本能地产生的逃避行为。

4.3 挫折感

由于炼化火灾的复杂化、危险化，火场扑救的时间相对较长。如果施救没能奏效，或久攻没有效果，消防指战员很容易产生挫折心理，还有的看见火势猛烈，扑救困难，则主观上产生一种无奈的情绪，情绪低落，消极等待。

4.4 急躁

是指战员在火场上情感和意志方面的不良心理现象，通常表现为暴躁、愤怒、激动，难以克服。这种心理引起的后果就是盲目蛮干，对较为复杂的灭火战斗极为不利，特别是年轻的消防员血气方刚，初生牛犊不怕虎，在火场上最容易导致急躁心理，情绪难以自制。

4.5 自我安全与麻痹

这是两种截然不同的心理反应。自我安全是在火场危险情况下的一种自我防御意识，而麻痹则是对眼前发生的问题过于轻视的心理反应。自我安全战胜责任感时，遇到问题就会采取“紧急避险”的行为，造成不必要的损失；相反有些老队员往往过于高估自身的力量，以为自己身经百战，经验丰富，而没有把瞬息万变的火场放在眼里，结果造成不应有的损失和伤亡。

5 开展应急救援健康心理建构主要做法

5.1 思想政治道德教育

通过培育指战员高度的政治觉悟、思想信念和良好的道德品质，建立职工与企业命运共同体，增强使命感和责任感。同时，要有针对性地进行火灾现场教育或视频案例教育。扑救后的火灾现场，满目狼藉，企业财产和职工生命受到重大损失，无不给消防指战员扑灭火灾后的胜利之情带来屡屡心痛，火灾现场教育很容易使消防救援指战员产生完成使命的神圣感、责任感和紧张感，克服因灭火救援产生紧张、恐惧心理等不良表现。

5.2 认知教育训练

在常规训练和专题训练中要组织消防救援指战员深入研究各类灾害事故的特点、危险性、处置措施、程序和方法等，并能做到针对不同灾害事故，研究不同的战略战术。对于化工火灾，不但要研究各类危险化学品的工艺流程、理化性质、危险性、事故特点，还要研究作战预案，处置过程中事故的变化特点等。只有做到了知己知彼，才能保证百战不殆，增强消防指战员勇敢和自信的科学性。

5.3 模拟火场演练

在模拟训练中广泛运用光、声、烟、电的效果，模拟综合的、大型的火灾，营造用一般灭火器材不能扑灭或不能一下子扑灭火灾的情况，营造在大火干扰的情况下灭火技术器材受到损失、灭火剂供给不足，人员失去战斗力情况的训练。这种通过增大火灾扑救难度，培养消防指战员坚韧不拔、顽强拼搏、协同作战、相互配合的集体作战信心。

5.4 火场环境适应性训练

借助烟热室、真火实验场等具有一定火场模拟效果的设施开展训练，让受训人员体验高温、烟热、毒害等环境，增强对真实火场的生理、心理适应度。通过现场可能出现的爆炸、爆燃、高温、高寒、灼伤、毒气、麻醉、电击、缺氧、坍塌等强烈刺激，让受训人员体验到遇强刺激时的恐惧和紧张。如通过演示油罐火灾时火焰颜色的变化辨别红、黄、白等不同火焰颜色的危险性不同。通过体验不同毒气的刺激，如硫具有臭鸡蛋味、石油醚具有麻醉、液化气具有冰凉的感觉，使指战员在灭火救援现场上能判断存在何种毒气。

5.5 虚拟情境中的心理能力训练

虚拟现实(Virtual Reality，VR)，是由计算机创建一种虚拟环境，通过视觉、听觉、触觉、嗅觉等作用，产生和现实一样的感觉，实现用户与环境直接交互，在国外消防训练中已有多年应用。如美国 N avalR esearch Laboratory 的研究人员为了训练消防队员的规范操作、反应速度、消除恐惧感而专门设计了虚拟训练系统，在模拟火灾现场，发现受训人员总体反应速度较未参加训练人员快，出错概率低。美国 AJ—abam a 大学学者用虚拟现实程序训练消防员，使其通过不熟悉的建筑物找到营救路线，并与用蓝图训练效果作了比较。虚拟现实技术的实时三维空间表现能力、人机交互式的操作环境，可以在大规模实地训练受限的情况下，通过建立各类模拟情境，在消防救援应急心理建构中起到作用。

5.6 业务技能训练

指战员要想在灭火抢险救灾中沉着应战，必须要有良好的业务知识、娴熟的技能和健康的心理。消防指战员通过加强业务训练，如攀登挂钩梯，滑绳自救，高空救人等，不但可以训练他们的业务技能，还可以训练他们的自信心和胆略，克服高空作业不适等现象。

5.7 体能训练

指战员通过加强体能训练，可以磨炼意志，强健体魄，增强信心和吃苦耐劳精神。实践表明，体能训练的成效越高，指战员的自信心越强，在灭火战斗中的神经紧张程度就越小，在火场中的作战时间就越长，从而使指战员在灭火行动中不会表现出惊慌和意志衰退的行为，坚定必胜信心，竭尽全力同火灾作斗争。

5.8 心理拓展训练

开展心理拓展训练对消防救援指战员开展综合性心理训练和心理危机干预具有其他训练不可比拟的优势和作用。借鉴特勤部队和急救医疗队伍训练模式，建立的心理教育训练基地开展火灾应急救援行为拓展训练、心理咨询和测评、心理调节、心理宣泄等，可对指战员进行心理问题的测评以及心理危机的干预和疏导，使他们从心理上了解灭火救援的危险因素，克服消极心理，并且逐步学会在自己身上和周围人的行为中发现心理现象，运用心理学知识对心理现象加以认识、区别和分析，并寻求克服这些困难的途径，提高适应各种复杂环境的能力。

6 开展应急救援健康心理建构注意事项

6.1 训练应紧密结合日常工作

心理训练并非额外的工作，不应成为负担。某种意义上，任何一次训练与教育，都可以是心理训练的形式。我们所要做的，就是教授心理知识的同时，引导管理人员，在开展工作中更多地去关注心理层面的因素，不失时机地开展好每次训练。比如，在同一项业务训练科目中，可以侧重于不同的心理能力来开展；班务会、队务会中也可以穿插团队训练的方法，来锻炼表达及沟通能力；一日生活安排可以作为时间管理训练等。很多时候，心理训练并非是刻意去开展，而是在日常工作生活中去发现。

6.2 训练内容应根据对象有所区分

在开展训练中，应根据不同层次、对象、来区分训练的重点，如战斗员主要侧重于简单行为习惯的建立，养成良好的作战素养；而指挥员则应培养正确思维决策的形成过程和情绪调控能力；驾驶员应强化注意力的训练，通信员则更应更注重记忆力训练；防火员应注重发现隐患的能力。

6.3 训练的实施方案不应绝对化

通常在技能、体能考核中，针对不同科目一般以相同的秒数、次数作为标准，来衡量训练的成效及个体的能力。而衡量心理训练成效的标准更应趋于个性化、差异化、相对化，而非统一的标准。这是因为每个受训对象为实现同一目标，由于各自心理能力的起点不同，所付出的心理代价是不同的。例如，将长跑视为心理训练，在意志力方面，完成同样的任务，个体间所付出的努力差异很大。所以，在开展训练中，提倡辅助个体来制定符合自身规律的、循序渐进式的个性化训练计划，而不是“一刀切”。

参 考 文 献

[1] 祁闻. 消防部队心理训练研究. 武警学院学报，2013，(3).
[2] 周建国. 消防部队火灾扑救应急救援心理训练实践与探索. 武警学院学报，2010(6).

[3] 郎大威. 部队训练中应注意的几个问题. 科技信息，2010，(21).
[4] 黄建毅，曾宏. 实施部队心理训练的思考. 政工学刊，2002，(11).
[5] 谢申昌，国鹏，赵华东. 论消防指战员灭火救援心理素质的培养. 山东消防，2002(9).
[6] 时雨，时勘，王雁飞，罗跃嘉. 救援人员心理健康促进系统的建构与实施. 危机管理，2009(6).

【作者简介】张祥允，男，中国石油大庆石化公司消防支队三大队大队长，本科学历，研究方向为灭火抢险救援与专职队伍管理。电话：13836728916，邮箱：zhangxy03-ds@ petrochina. com. cn。

新消防规范对油田消防安全工作的影响研究

魏　宏　黄德卫

（中国石油华北油田公司）

摘　要：2022年下半年，我国住房和城乡建设部相继发布了《消防设施通用规范》（GB 55036—2022）和《建筑防火通用规范》（GB 55037—2022）两项最新国家标准，同时废止了《建筑设计防火规范》（GB 50016—2014）（2018年版）、《石油天然气工程设计防火规范》（GB 50183—2004）、《储罐区防火堤设计规范》（GB 50351—2014）等工程建设标准中部分相关强制性条文。本文对新消防规范产生的涉及油田油气站场防火设计、消防设施设置等消防安全要求的变化进行分析总结，研究了新消防规范的实施对当前油田消防安全工作的具体影响，并立足于新消防规范的实施背景，对油田防火和灭火救援等消防安全工作提出相关具体建议。

关键词：新消防规范；油气站场；油田防火；消防设施；灭火救援

当今油田油气站场生产储存规模不断扩大，新材料及先进装置设备的使用、工艺流程的更新，使其面临的消防安全风险也不断发生变化。站场防火设计、生产设施和消防设施等作为油气站场建设的重要模块，直接关系到油气站场安全、平稳运行。当突发灾害事故时，完善的消防设计和管理更是关系到消防应急功能的有效发挥、人员生命安全和财产安全。新消防规范实施后，油气站场部分消防设计和管理要求也有相应改变，有必要对其中的变化和影响作总结分析。

1　新消防规范的发布

最新消防规范发布之前，油田油气站场防火设计和消防设施设计参考的消防规范主要为《石油天然气工程设计防火规范》（GB 50183—2004）、《建筑设计防火规范》（GB 50016—2014）（2018年版）等相关规范，但随着油气站场消防安全要求及工艺流程精细化程度不断提升，原规范中的部分条文已经很难再对目前的消防设计和管理工作进行全面约束和指导，因此在2022年，国家住房和城乡建设部相继发布了《消防设施通用规范》（GB 55036—2022）和《建筑防火通用规范》（GB 55037—2022）两项最新国家标准，将涉及的相关工程建设标准中的强制性条文按最新规范执行。新消防规范体系更为完整和稳定，其技术约束性进一步优化，同时兼顾未来油气站场的发展变化，对当前油田油气站场消防安全工作的开展具有重要指导意义。

2　新规范涉及的变化及分析

2.1　火灾危险性分类和油气站场等级划分

原规范对石油天然气火灾危险性按照危险程度不同采取了甲$_A$、甲$_B$、乙$_A$、乙$_B$、丙$_A$、丙$_B$的单独分类方式，同时考虑了操作温度对火灾危险性分类的影响。新规范取消了该分类方式，将石油天然气生产和储存过程中涉及到的相关介质纳入《建筑设计防火规范》(GB 50016—2014)(2018年版)中关于生产或储存火灾危险性分类统一管理，简化了介质管理程序。

原规范中油品、液化石油气、天然气凝液站场按照储存总容量划分站场等级；天然气站场按照生产规模划分站场等级。新规范取消了油气站场等级分类，使后续涉及不同规模的油气站场的各项消防设计、管理按照统一标准执行。

2.2 油气站场总平面布置

原规范对油气站场、火炬与周围居住区、相邻厂矿企业、交通线等防火间距作出具体规定。同时明确要求油气站场内部总平面布置的防火间距、火炬的防火间距以及油气站场内的甲、乙类工艺装置、联合工艺装置的防火间距；五级油品站场和天然气站场值班休息室(宿舍、厨房、餐厅)与甲、乙类油品储罐以及甲、乙类工艺设备、容器、厂房、汽车装卸设施的防火间距；甲、乙、丙类液体储罐(区)和乙、丙类液体桶装堆场与其他建筑的防火间距以及甲、乙、丙类液体储罐之间的防火间距；甲、乙、丙类液体储罐成组布置时的组内储罐的单罐容量和总容量、组内储罐的布置排数、储罐之间的防火间距；可燃气体储罐与建筑物、储罐、堆场等防火间距以及可燃气体储罐(区)之间的防火间距；氧气储罐与建筑物、储罐、堆场等防火间距；液化天然气气化站的液化天然气储罐(区)与站外建筑等防火间距；液化石油气供应基地的全压式和半冷冻式储罐(区)与明火或散发火花地点和基地外建筑等防火间距；液化石油气储罐之间的防火间距；Ⅰ、Ⅱ级瓶装液化石油气供应站瓶库与站外建筑等防火间距；架空电力线与甲、乙、丙类液体储罐，液化石油气储罐，可燃、助燃气体储罐的最近水平距离。与《建筑设计防火规范》中关于厂房、仓库、民用建筑等防火间距具体参数要求取消一样，新规范按照尽可能节约用地的原则，在确保生产操作和消防安全要求的前提下取消了油气站场上述选址及内外部防火间距具体参数要求，同时取消液化天然气站场的部分选址要求和部分油气站场通向外部道路的出入口数量要求。

原规范考虑到液化烃罐区在液化烃切水时，可能会有少量泄漏，为避免泄漏的气体就地积聚，要求液化石油气罐组防火堤或防护墙内严禁绿化。随着液化烃罐区相关消防安全措施的不断完善，新规范取消此规定，起到美化环境、改善小气候、减少环境污染的效果。

2.3 油气站场生产设施和油气田内部集输管道设置

原规范明确要求天然气站场及天然气处理装置的管道截断阀、泄压放空阀设置；沉降罐顶部最大积油厚度；采用天然气密封的罐防止采出水容器液位超高冒顶、超压破坏并防止火灾蔓延的相关措施；油品的铁路装卸设施的安全斜梯设置、液下装车鹤管设置、装卸泵房至铁路装卸线的距离、油品输入管道上的紧急切断阀设置、零位油罐容器、零位罐至铁路装卸线距离；火炬设置的高度、进入火炬的可燃气体分离要求、防止回火的措施、点火设施设置、可燃气体放空距离、排入火炬系统的气体限制。新规范取消上述油气站场生产设施的消防强制要求。

针对储罐区防火堤，原规范对卧式油罐组防护墙和沸溢性油品的地上式、半地下式储罐防火堤设置作出了具体要求；要求液化石油气储罐组或储罐区的四周应设置高度不小于1.0m的不燃性实体防护墙；对含油污水排水管水封设施和雨水排水管封闭、隔离装置设置作出规定。新规范取消上述规定。

原规范要求天然气集输管道输送部分湿天然气或输送其他酸性天然气时，集输管道及相应的系统设施必须采取防腐蚀措施；天然气集输管道输送酸性干天然气时，集输管道建成投产前的干燥及管输气质的脱水深度必须达到相关规定。新规范取消上述规定。

2.4 消防设施设置

原规范对油气站场消防用水水源作了较具体的规定和要求，要求储罐(区)周围应设置室外消火栓系统。新规范取消此强制规定，将站场消防用水按照《消防给水及消火栓系统技术规范》(GB 50974—2014)中关于消防水源管理要求统一执行，便于油气站场的消防安全管理。

针对泡沫灭火系统，原规范根据油罐区单罐容量、储罐类型、火灾扑救难易程度不同对低倍数泡沫灭火系统的设置形式(固定式低倍数泡沫灭火系统、半固定式泡沫灭火系统、移动式泡沫灭火系统)作出要求；明确规定储罐区泡沫灭火系统的泡沫混合液设计流量计算和确定方式；要求油品站场应采用电机拖动的泡沫消防水泵做主用泵，采用柴油机拖动的泡沫消防水泵做备用泵；明确规定甲、乙、丙类液体储罐区的泡沫炮灭火面积计算方式，泡沫炮泡沫混合液的供给量计算方式。新规范取消上述规定。

针对消防冷却水系统，原规范根据油罐区单罐容量、储罐类型不同对消防冷却水系统设置形式(固定式消防冷却水系统、半固定式消防冷却水系统、移动式消防冷却水系统)作出要求；规定了油罐区消防水冷却范围以及油罐的消防冷却水供给范围、供给强度和连续供给时间；规定了天然气凝液、液化石油气罐区的固定式消防冷却水系统的用水量计算以及辅助水枪或水炮用水量确定方式；根据油气站场设计规模、火灾危险类别及固定消防设施的设置情况等综合考虑确定生产装置区的消防用水量，并明确火灾延续供水时间；对油品储罐和液化烃储罐用于防护冷却的水喷雾灭火系统的供给强度、持续供给时间、响应时间均有数据要求。新规范取消消防冷却水系统设置形式规定；将消防冷却水相关参数纳入《消防给水及消火栓系统技术规范》(GB 50974—2014)中关于甲、乙、丙类可燃液体储罐及液化烃储罐的消防给水设计流量统一管理，统一了灭火应用计算方式；取消了生产装置区的消防用水量和火灾延续供水时间要求；明确水喷雾灭火系统需要基于不同防护目标，充分考虑保护对象自身特性和环境条件等因素合理确定关键技术参数，满足系统有效灭火、控火、防护冷却或防火分隔的要求即可。

原规范对部分固定顶油罐的泡沫灭火系统与消防冷却水系统的连锁程序操纵功能、自动操纵功能以及部分浮顶油罐的火灾自动报警系统设置、外浮顶油罐光栅光纤感温火灾探测器相邻光栅间距离作出相关规定。新规范取消上述规定。

2.5 电气要求

针对消防电源及配电，原规范对石油天然气工程一、二、三级站场消防泵房用电设备的电源负荷作出具体要求；要求室外消防用水量大于 35L/s 的可燃气体储罐(区)和甲、乙类液体储罐(区)的消防用电应按二级负荷供电。新规范取消上述规定。

针对防雷，原规范要求工艺装置内露天布置的塔、容器等，当顶板厚度等于或大于4mm 时，必须设防雷接地；要求可燃气体、油品、液化石油气、天然气凝液的钢罐，必须设防雷接地，并应符合相关规定。新规范取消上述规定。

3 新消防规范对油田消防安全工作的影响

《消防设施通用规范》(GB 55036—2022)和《建筑防火通用规范》(GB 55037—2022)本身作为强制性工程建设规范，主要通过两个方面对部分原有条文进行重新梳理：一是将废止的部分工程建设标准相关强制性条文的内容重新梳理纳入到本规范中，包括叙述方式的细微改动、将具体性参数改为原则性要求，便于消防设计和管理更加贴合生产实际；二是针对某一项强制性要求在多个规范中重复体现的情况，删除部分规范中重复叙述的条文，便于消防设计标准的查询和参考。此外，《消防设施通用规范》(GB 55036—2022)规定了油田油气站场在建设工程中设置的各类消防设施应满足的基本目标、功能要求和性能要求，相关具体的技术参数、明确的技术措施和具体的维护管理要求可按照国家相应消防设施的技术标准等由相关责任主体确定。

3.1 使站场防火工作落实落地

以往油气站场防火设计要求纷繁芜杂，导致实际执行过程中存在标准不统一、可操作性不强的问题。新消防规范的实施，尽可能使不同规模的油气站场执行统一要求；取消相关平面布置强制要求，使得现有已建成的部分油气场站能够纳入规范并结合生产实际统一管理；简化生产设施、油气田内部集输管道、消防电源及配电、防雷等防火设计要求，优化完善消防设施设置标准，有助于削减不必要的消防设计和维保成本，便于油气站场的后期消防安全管理。

3.2 使灭火救援工作贴合实际

当油气站场储罐、生产装置等重点部位发生火灾时，站场内的固定、半固定和移动消防设施发挥着不可或缺的作用。以往规范对消防设施的设置形式、技术参数都有较为详细的规定。新规范结合灾害事故的一般规律和灭火救援的实际情况，对站场消防设施的设置要求进行优化：一是考虑到灭火救援过程中灭火剂需求量的不确定性，简化或取消泡沫灭火、消防水冷却的部分相关技术参数要求；二是取消涉及消防给水系统、火灾自动报警系统等部分系统中非必要的消防设施功能强制要求，在确保消防安全的前提下减少消防设计成本。通过一系列优化，使站场灾害事故的初期处置和后续灭火救援更加贴合实际情况，为科学高效地开展消防工作指明方向。

4 提升油田消防安全工作成效的对策建议

4.1 强化油气站场的防火工作

我国消防安全工作的方针是“预防为主，防消结合”，由此可见防火工作是消防安全工作的重中之重。在新消防规范的实施背景下和现有油气场站建设的基础上，应结合实际情况综合分析并判定火灾隐患，合理优化站场内外部结构布局，确保新建生产设施、设备和油气管道符合相关工程建设标准。与此同时，应落实油气站场的火灾自动报警系统、消防水系统、泡沫灭火系统等消防设施的基础资金保障，同时结合“天眼”监控系统等最新的安防技术，达到及时发现火灾隐患、有效遏制初期火灾的目的。

4.2 加强油气站场日常风险研判

新消防规范的变化并不代表消防安全工作标准的降低。油田油气站场的风险种类众多、变化频繁并长期存在，在此基础上，应持续加强油气站场的风险识别、风险评估、风险应对和风险监控等风险管理工作，定期开展多部门联合应急演练，进一步规范站场消防安全管理，确保不局限于规范条文最低标准开展消防安全工作，真正做到未雨绸缪、防患于未然。

4.3 改进专职消防队伍的技战术措施

结合新消防规范的变化，作为油田专职消防队伍，应转变传统的训练方式，将训练场由消防营区“搬”到油气站场内，开展有针对性的技战术训练和实战演练，并进一步结合油气站场工艺流程、消防设施的更新换代，改进相关技战术措施和传统的灭火应用计算方式，特别注重初期火灾的扑救。同时，充分考虑现场重点部位布局、消防通道、防火堤、消防水源、现场风向、地势等多种因素，灵活布置参战消防力量，做到更加科学有效地处置灾情，筑牢油田安全生产的最后一道“屏障”。

5 结论与展望

消防安全与油田的安全生产和平稳运行直接相关，新消防规范的实施给油田消防安全设计和管理提出了新的要求。在生产实践过程中，对标并深入分析新消防规范的相关要求，找准不达标项目的整改方向、明确改进措施，对油田油气站场的消防设计、施工、管理等具有深刻的意义和影响，有助于持续推动油田消防安全工作落实，也为其他消防安全工作的开展提供指导。

参 考 文 献

[1] 吴立志，董希琳，郭其云，等. 我国能源结构调整中消防技术规范问题的研究[J]. 消防科学与技术，2008，27(2)：95-97.

[2] 中华人民共和国住房和城乡建设部，国家市场监督管理总局. 建筑防火通用规范：GB 55037—2022[S]. 北京：中国计划出版社，2023.

[3] 中华人民共和国住房和城乡建设部，国家市场监督管理总局. 消防设施通用规范：GB 55036—2022[S]. 北京：中国计划出版社，2022.

[4] 刘小辉. 新形势下油田消防安全管理工作问题及对策探析[J]. 科技资讯，2018，(32)：116-117.

[5] 于立家. 提高油田企业消防救援能力的措施[J]. 化工管理，2018，(13)：84.

【作者简介】魏宏，男，中国石油天然气股份有限公司华北油田分公司消防支队，本科，主要研究方向消防工程、灭火救援。电话：15227568793，信箱：xf_weih@petrochina.com.cn。

高含硫天然气场站消防安全管理分析

陈学锋　黄　宇　谭卫军　高　杰　张露之

（西南油气田分公司）

摘　要：随着能源需求的增长，高含硫天然气的开发和利用越来越受到重视。然而，高含硫天然气场站在消防安全管理方面面临诸多挑战，包括硫化氢的高毒性、腐蚀性以及泄漏和火灾爆炸的风险。本文旨在分析高含硫天然气场站在消防安全管理方面存在的问题，并提出相应的改进措施，以提高场站的消防安全水平，确保人员安全和环境保护。

关键词：高含硫天然气；消防安全；风险管理；泄漏预防；应急响应

高含硫天然气场站因其特殊的作业环境和潜在的安全风险，对消防安全管理提出了更高的要求。硫化氢的存在不仅对人体健康构成威胁，还可能导致设备和管道的腐蚀，增加泄漏和火灾爆炸的风险。因此，对高含硫天然气场站的消防安全管理进行深入分析，对于预防和减少事故发生具有重要意义。

1　高含硫天然气场站的基本特点

高浓度硫化氢（H_2S）的存在：高含硫天然气场站的火灾事故往往伴随着高浓度的硫化氢气体。硫化氢是一种有毒、易燃的气体，其浓度超过一定阈值时，不仅对人体健康构成极大威胁，还可能导致爆炸性混合物的形成，增加火灾和爆炸的风险。

腐蚀性环境：硫化氢对金属具有强烈的腐蚀性，这可能导致设备和管道的损坏，从而增加了泄漏和火灾事故的风险。高含硫场站的设备和管道需要特殊的材料和防腐措施来应对这种腐蚀性环境。

火灾和爆炸的潜在风险：由于天然气的易燃性，场站内的任何泄漏都可能导致火灾或爆炸。特别是在高含硫环境中，一旦发生泄漏，火焰和热量可能会迅速传播，造成严重的人员伤亡和财产损失。

复杂的应急响应：高含硫场站火灾的应急响应需要特别的技术和策略。由于硫化氢的毒性，救援人员必须采取额外的安全措施，如佩戴适当的防护装备，以防止中毒和保护自身安全。

环境影响：高含硫天然气场站火灾不仅对人员安全构成威胁，还可能对环境造成严重污染。硫化氢和其他有害气体的释放可能导致空气质量下降，对生态系统和公共健康产生长期影响。

技术和管理挑战：为了预防和应对高含硫场站的火灾事故，需要先进的监测和检测技术，以及严格的操作和维护程序。此外，还需要有效的安全管理体系和应急预案，以确保在发生火灾时能够迅速有效地响应。

2 高含硫天然气场站存在的主要消防问题

2.1 场站检测技术不足

2.1.1 检测技术的局限性

高含硫天然气场站在进行腐蚀检测时面临着多重局限性。首先，复杂的腐蚀环境，包括硫化氢、二氧化碳和氯离子等腐蚀性物质的存在，使得腐蚀过程难以预测和控制。其次，现有的腐蚀检测技术可能在灵敏度、检测范围或对特定腐蚀类型的检测效果上存在不足。此外，硫化氢的剧毒特性增加了检测工作的安全性要求，限制了检测人员的活动和频率。检测成本较高和效率受限也是挑战之一，同时，大量检测数据的处理和解释需要专业的知识和技能。监测点的选择对于获取准确的腐蚀数据至关重要，但在场站的规模和复杂性面前，全面覆盖所有高风险区域是一项挑战。环境因素的变化和设备的持续更新与维护也对检测工作提出了额外的要求。因此，为了提高检测的准确性和有效性，需要不断优化检测技术、加强数据分析能力，并合理规划监测点，同时确保设备的正常运行和维护。

2.1.2 腐蚀监测的难点

含硫天然气腐蚀监测面临的难点主要源自其复杂的腐蚀环境，其中硫化氢和二氧化碳等气体对材料造成的应力腐蚀开裂和氢致开裂问题尤为突出。在材料选择方面，高含硫环境下需要使用成本较高的耐蚀合金，而现有的国际标准并未完全涵盖高压力硫化氢环境下的材料评价，导致缺乏有效的材料应用指导。缓蚀剂的应用虽然能有效减缓腐蚀，但针对高含硫气田的特殊需求，需要研发新型的缓蚀剂。此外，腐蚀监测技术的选择和监测点的有效布置也是挑战之一，需要根据管道的流体特性和腐蚀特点进行精准监测。随着新技术的发展，如超声导波监测和智能传感器管理等，虽然为腐蚀监测带来了新的可能性，但同时也带来了技术应用和维护的新挑战。因此，解决这些难点需要跨学科的合作和创新，以实现更高效、准确的腐蚀监测和控制。

2.2 场站人员的消防安全意识薄弱

2.2.1 安全意识的缺乏

一般来说，高含硫天然气场站等易燃易爆场所其产生的事故通常是人为因素，所以对于相关人员应进行一定的培训，提高安全意识，以及对突发事故的应急能力，这无疑对于企业来说意义是非常重大的。因为这类企业一旦发生火灾事故，其损失往往是非常大的，如果员工能够采取及时有效的措施，可以在一定程度上避免经济损失以及人员伤亡事故。但是随着社会的发展以及经济的快速增长，一些企业安全管理人员对于安全消防工作持一种冷漠的态度，缺乏对从业人员进行相关培训的意识。

2.2.2 应急处置能力的不足

对高含硫天然气场站来说，消防部门具有消防监督检查的职责。但消防部门对于此项任务更多地限于专业检查，如固定消防设施的合规性、完好性以及功能有效性；或者岗位员工固定消防设施的操作能力等，此类检查可保证在事故扑救过程中的有效处置手段，但对于火灾事故的发生作用有限，石油化工火灾事故的发生通常是因为工艺流程或者是生产操作违反了相关的规定造成的。以相关石油管道火灾为例，这起事故的发生首先是因为该单位没有对加入原油脱硫剂进行安全性以及可靠性的科学论证；其次是安全作业规程的缺位，对于原油脱硫剂没有进行正规的设计，对这一工作没有进行风险辨别；其三是原有装卸方面存在安全管理风险，而且指挥协调方面也存在一定的问题，信息沟通不畅。

2.3 消防管理存在缺陷

2.3.1 制度执行不严格

高含硫天然气场站这种特殊的易燃易爆场所没有形成统一的消防标准。现行的相关规范中有的是由于时间的久远，其相应的修订也存在较长的周期性，与现在社会发展需要不相符，使得新技术及其规范标准在油气新能源企业的应用受到严重限制，再加上我国在不同区域的经济发展差异性，使得相关的法律法规在不同地域应用的弹性不大。其次是部分设计规范性参数不太合理，这样一来抗风险的能力自然会有所下降。

2.3.2 应急预案不完善

应急演练是检验、评价和保持应急能力的一个重要手段，可以在事故真正发生前暴露预案和程序的缺位，发现预案的不足，改善部门和人员之间的协调，增强全员应对突发重大事故救援的信心和应急知识，提高应急人员的熟练程度和技术水平。但往往由于管理人员的忽视，造成应急预案出现职责分工不明确、缺乏重要性认识、内容单一缺乏操作性、资源数据不完善等问题。

2.3.3 监督管理检查不足

消防监督检查在确保安全生产和预防火灾事故中扮演着至关重要的角色，然而当前该消防监督管理检查存在一系列问题，如管理模式的滞后、监督制度的不完善、消防监督人员业务水平的不足、缺乏系统化的执法机制、处罚力度的不足以及政府财政经费的不足等。这些问题削弱了消防监督检查的效力，降低了对违法行为的威慑力，影响了消防安全管理的整体效能。

3 改进措施

3.1 加强技术投入和创新

为克服高含硫天然气场站检测的局限性，加强技术投入和创新至关重要。首先，研发新型检测技术，如高精度传感器和智能机器人，以提高检测的精确度和适应极端环境的能力。其次，应用大数据分析和机器学习技术来处理监测数据，实现腐蚀模式的识别和趋势预测。此外，提升设备的耐用性和可靠性，确保其在高腐蚀环境中的长期稳定运行。通过增设监测点和实施实时监测系统，增强对关键区域的监控，同时建立预警机制以快速响应潜在风险。

3.1.1 引入先进的监测和检测设备

为了提升高含硫天然气场站的腐蚀检测能力，引入先进的监测和检测设备至关重要。通过采用高灵敏度传感器，这些设备能够在腐蚀初期即发出预警，而远程监测系统则利用物联网技术实现数据的实时收集与传输，提高了检测的安全性和效率。无人机和机器人技术的应用使得难以到达或危险区域的检测成为可能，而无损检测技术如超声波和电化学检测则为材料完整性提供了详细的评估。光纤传感技术和三维扫描成像技术进一步增强了对设备表面及内部结构的监测能力。最后，智能数据分析软件的应用，使得从大量数据中提取有用信息、预测腐蚀趋势并优化维护计划成为现实。这些先进技术的综合应用不仅提高了检测的准确性和响应速度，还有助于降低运营风险和维护成本，确保场站的安全和高效运行。

3.1.2 采用耐腐蚀材料和防护措施

为了有效应对高含硫天然气场站的腐蚀问题，采用耐腐蚀材料和实施一系列防护措施至关重要。首先，选择耐硫化氢和二氧化碳腐蚀的材料，如双相不锈钢和耐蚀合金，能够在恶劣环境中提供长期稳定性。其次，通过施加防腐涂层和使用阴极保护技术，如牺牲阳极或外加电流系统，可以进一步隔绝腐蚀介质与设施的接触，减缓腐蚀速率。同时，添加缓蚀剂到气体处理流程中，能够有效抑制腐蚀反应。此外，优化设计以避免死角和积液区域，以及对材料表面进行特殊处理，如镀锌或热喷涂，也是提高耐腐蚀性能的有效方法。定期的检查和维护计划，以及对场站环境的严格控制，将确保及时发现并处理腐蚀问题，从而保障场站的稳定运行和生产效率。通过这些综合性的措施，可以显著提升场站的耐腐蚀能力，减少腐蚀带来的经济损失和安全风险。

3.2 提高人员消防安全素质

3.2.1 定期开展消防安全培训

《机关、团体、企业、事业单位消防安全管理规定》(中华人民共和国公安部第61号令)中对消防安全重点单位的消防专项培训要求为每年一次，但是石油化工企业岗位火灾危险性大，事故后果严重，对员工四懂四会能力要求高。四懂四会是在消防系统三懂三会的基础上发展出来的，四懂是指懂得岗位火灾的危险性，懂得预防火灾的措施，懂得扑救火灾的方法，懂得逃生的方法；四会是指报警、消防、扑救、逃生。油气能源企业应根据企业生产情况缩短消防培训周期，围绕四懂四会内容，结合应急演练、消防设施实际操作、日常消防设施测试等工作开展培训。

3.2.2 强化消防演练

突发事件快速响应机制的建立是我国现代化治理体系的重要建设内容，其中“135”快速响应机制是近年来我国公安、消防救援等在基层应急处置工作中提炼出来的快速应急响应的良好实践。为进一步提高原油储罐突发应急事件处置的应急能力，企业的主管部门应组织“双盲”演练(不事先告知参演单位具体演练时间、地点及演练具体情节)，鉴于石油化工企业火灾的特殊性和严重性，应结合岗位实际制定符合现场处置需求的“135”快速响应机制。“1分钟”处置过程需完成个体防护、人员救治、工艺处置、环保处置及初期消防处置五个方面。“3分钟”处置过程主要是报警、风险研判、警戒设置、车辆引导、现场疏散、退守稳态。“5分钟”处置过程主要是消防联动，也是消除事故灾害的最后一道防线。

3.3 完善消防管理制度

3.3.1 强化消防责任制落实

《机关、团体、企业、事业单位消防安全管理规定》(中华人民共和国公安部第61号令)中对各级人员的消防安全责任进行了明确划分，各级人员应按照职责要求强化落实，企业应定期组织员工开展消防法律法规知识教育，进一步强化各级责任制落实。并由上至下全面推进消防工作，提高单位履行主体责任的能力。完善考核和激励机制，确保企业消防责任制得到有效落实。

3.3.2 制定和更新消防安全规定

油气能源企业消防安全管理，要立足于企业的制度建设层面，要根据自身的实际来构建一个适合自身发展的安全生产管理体系。如《安全生产管理制度》《施工现场消防制度》等，在制度上进行一定的强化管理。这样做的目的是使工作人员能够严格执行程序，在进行相关操作时能够有一定的行为规范依据，而不至于盲目地进行工作，避免危险事故的发生。制度的完善是企业发展成熟的一个标志，没有制度保障的企业，其效率也是非常有限的，其事故风险也会相应地加大。所以多元化的安全管理机制的构建是一个有效的安全问题应对策略。

3.3.3 建立健全的应急预案和响应机制

建立健全的应急预案和响应机制，关键在于遵循统一规划与综合协调的原则，实行分类指导与分级负责的策略，确保预案内容的动态管理与时效性。通过开展风险评估和资源调查，科学编制并严格审批应急预案，同时加强相关人员的培训与公众宣传，提高整体应急意识。定期组织应急演练并进行评估，及时发现并解决问题，是提升预案可操作性的重要环节。此外，利用信息化技术提高管理效率，建立跨部门联动机制，鼓励社会参与，共同构建全社会应急管理的坚实防线。这样的系统性措施能够确保在突发事件发生时，能够迅速、有序、有效地进行响应和处置，最大程度地减少损害。

3.3.4 定期开展第三方诊断评估

油气能源企业因其生产特性，涉及大量易燃易爆物质和复杂化学反应，使得消防安全成为企业管理的重中之重。消防评估在这一行业中显得尤为必要，它不仅有助于识别和控制潜在的安全风险，确保遵守国家严格的法律法规，还能够有效提升员工的安全意识和应急响应能力。此外，通过消防评估，企业能够合理配置消防设施，保护价值巨大的生产设备和原材料，从而减少潜在的财产损失。更为重要的是，消防评估促进了企业建立起完善的消防安全管理体系，这不仅提高了企业的安全管理水平，也增强了企业的社会形象和市场竞争力，为企业的长期可持续发展提供了坚实的保障。总之，消防评估是石油化工企业应对复杂多变安全挑战、实现安全稳定运营的关键环节。

4 结语

高含硫天然气场站在消防安全管理方面存在诸多问题，需要从技术、人员和管理三个层面进行综合改进。通过加强技术投入、提高人员素质和完善管理制度，可以有效提升场站的消防安全水平，降低安全事故的风险，保障场站的安全稳定运行。其次，评估组要设定评估等级等级确认机制，等级确认机制为评估“六方面”的单项能力评估，等级一般可分为优级、良级、中级、差级，各级别分数由评估各项分值累计加分总和进行确认；同时，在重大风险隐患中，可以设定一票否决项，例如在消防安全、预案缺失、明显安全遗漏未整改，都可纳入单方面否决项；

参 考 文 献

[1] 国家安全生产监督管理总局. 高含硫天然气安全生产技术规范. 北京：中国劳动社会保障出版社，2018.

[2] 张某某，李某某. 高含硫天然气场站消防安全管理研究. 中国安全科学学报，2021，31(2)：121-127.

[3] 王某某. 高含硫天然气场站火灾爆炸事故案例分析. 石油与天然气工程，2022，45(1)：45-50.

[4] 张兴军. 天然气场站运行过程中的安全管理措施[J]. 油气储运，2021.

[5] 魏后超. 浅议石油天然气场站安全管理工作[J]. 化工管理，2014.

石化企业应急管理平台的设计与应用

赵志宏　张　震

（中国石油兰州石化公司消防支队）

摘　要：石化企业应急管理平台集通信、信息、指挥和调度于一体，贯穿企业安全生产常态和非常态。目前，该平台急需构建一个可快速响应和综合协调的应急救援指挥体系，打造一个共建共治共创共享的应急管理信息化新模式。

关键词：石化企业；应急管理；信息化管理

1　引言

石油化工行业涉及生产、生活的多个领域，对于我国经济可持续发展有着极大的影响。随着石油化工产品需求日益旺盛，其行业所决定的安全特殊性也逐渐凸显。以数字化转型为背景，运用信息化技术，融合应急管理理论与实践，可以更好地保障石化企业平稳生产运行，创造出更好的经济效益与社会效益。

以大数据平台作为底层基座，构建“工业互联网+应急管理与调度协同”技术体系和应用生态系统。通过感知组件、自动化控制系统、物联网、云计算和信息集成等技术手段，可大幅增强应急指挥风险感知评估、监测预警和响应处置能力，降低事故损失，从而提高应急管理水平。通过融合通信平台，企业整合语音、视频、专网、GIS 地图、数字化单兵等数据，支持集语音、视频、数据三位于一体的全面综合指挥调度功能，实现全方位、自由、立体的通信模式，实现各系统间在任何时间、任何地点、任意终端的有效调用和协作通信；做到突发事件快速上报、统一部署、迅速处置和联合行动，健全企业综合指挥调度能力。

石化企业应急管理平台的构建，实现了全资源(人员、预案、消防设施、气象、GIS、视频)的实时智能应用，推动了生产现场应急指挥全方位(调度、安全、消防、车间等)的协同联动，实现应急管理全厂一盘棋，快速响应、协同联动、智能决策、智能调度、闭环管理。

2　平台框架设计与数据管理

平台框架设计分为数据集成与管理和可视化。数据集成与管理包括应急资源管理、预案管理、融合通信、系统管理、事件管理、值班管理、应急演练。其中融合通信模块包括语音调度、视频调度、及时消息、视频会商、集群对讲。可视化包括综合值守、事件处置、GIS。见图 1。

2.1　应急资源管理

应急资源管理是对参与应急管理、决策、救援的相关信息的收录和管理。通过结构化装备物资(物资类型、生产日期、数量)、消防车辆、消防设施、预制救援力量数据，并集成风险源(生产场所危险点和危险化学品等分布情况的管理。主要包括厂区内储罐、危险化

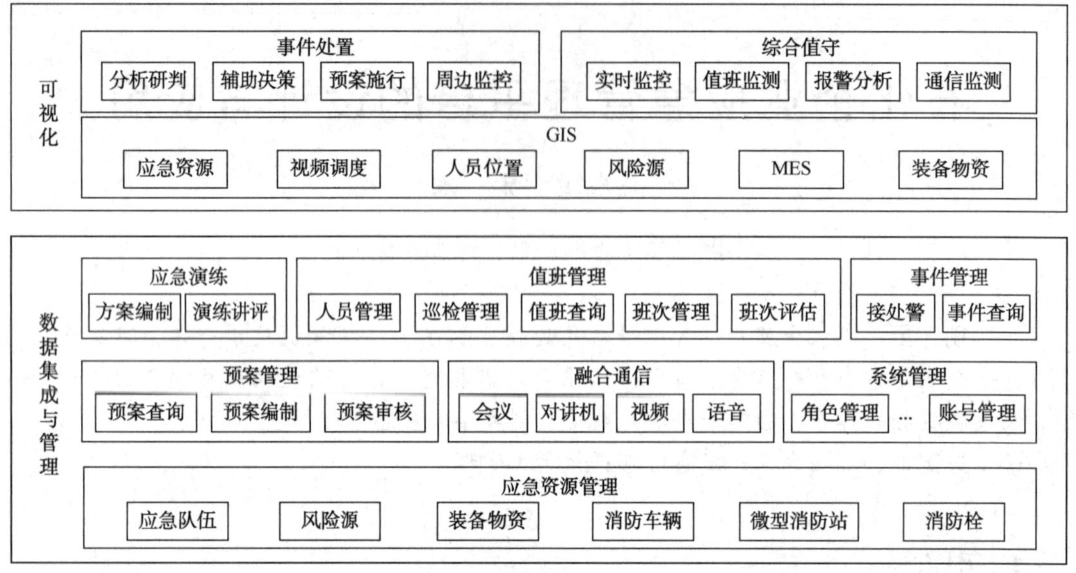

图 1　应急管理平台功能框架图

学品仓库基本及位置信息)数据，一并纳入同一数据平台。通过应急资源的统一化管理，有效梳理了内部资源、外部资源，并结合可视化，可形象、丰富地提供查询、维护、统计、展示服务。在应急事件发生时，为处理应急事件人员提供应急资源信息并辅助决策支持；也可在日常培训及应急演练时，为应急组织的相关人员提供应急资源信息，并提升对紧急事故的防范与处理水平。

2.2　融合通信模块

融合通信模块整合视频监控系统、调度电话系统、行政电话系统、视频会议系统、数字无线集群系统、短信平台、防爆扩音对讲系统、手机、无人机航拍等。融合通信将现有资源整合，不仅实现单呼、对讲、会议、录音、监听、禁言、禁听、监控调取、紧急呼叫、音频调度、视频调度、分组会议，而且实现在调度终端上一键式语音呼叫、会议呼叫，方便办公分级和其他有线、无线终端的互联互通。通过多媒体调度台调用原有监控图像、视频、音频，并可通过单兵把现场视频等，推送到调度终端，供调度人员实时了解现场情况。融合通信模块实现通信信息资源的统一调度管理，达到便携管理、直观操作、综合调度的目的，有力支持了应急指挥多级联动与扁平指挥。

2.3　值班管理

值班管理模块建立在应急救援人力资源、车辆信息、路况信息的基础上。其主要包括了管理消防值班的交接班、值班日志、消防车辆动态管理、人员管理、消(气)防设施检查维护、道路堵塞信息，并且对车间的消(气)防设施巡检、维护记录实现信息化管理。同时，值班管理需值班人员日常维护公司内道路的堵塞信息，为消防出动的车辆提供最优路径。

2.4　应急预案

应急预案管理集中了管理事故的各级预案和各类事故的抢修方案，明确应对突发应急事件的防范、指挥、处置的流程。其能够基于 GIS 地图，将文本预案中描述的事故发生发展过程以及抢险救援过程进行虚拟化推演。通过对事故分类及应急预案分级、应急组织机构及职责、应急反应程序、内部应急资源保障、外部应急救援支持、生产恢复、预案后评估及更新、应急预案的培训和演练等内容的维护，在企业内部建立事故应急快速反应体系，并为领导决策提供依据，并发布事故抢修指导措施，使救援人员了解可能发生的事故类型，使救援人员熟悉事故发生后的指挥抢修程序以及各部门应承担的抢修任务和责任。

2.5 事件管理

平台获取事件单位、事件装置、事件设备、报警人、报警电话、涉及危化学品、人员伤亡情况、警情简要、已采取的措施等内容，通过融合通信系统提供的全方位通信能力，可完成报警的实时全过程受理，将警情信息快速传达至接警部门。接警部门接到警报后，立即进行警情分级确认，并快速选择相关应急救援人员，发送应急通知。同时，基于应急指挥界面可通过语音文字、会商等形式进行互联互通，并可查看视频监控等。

3 应急管理可视化

通过地理信息服务(GIS)，可对企业的消防力量、生产情况进行实时查看。一旦发生事故，通过融合通信模块，调取数据管理模块服务，获取各类人员(快速获取半径圈内人员清单)、物资、生产数据，结合无人机实时画面的回传，快速感知厂区内危险区域的事态情况。基于现场多维度数据，可为调度中心对事态分析和研判提供应急计算处理后的数据，并第一时间调取对应预案，通知相关人员，发布相关逃生路线，同时准备应急物资，达到应急救援的快速响应。

3.1 GIS 应用

GIS 具有除支持基础地图操作功能外，还支持地图量算，测距、测算面积功能。基于 GIS，平台实现了周边救援信息展示，包括全区域的道路、消防、公安、交警、重点单位、重大危险源、医疗部门等；支持对重点装置等目标进行信息查询和地理位置定位；支持对地图中目标物计算功能，测量两个物体之间的距离，计算所选目标物或区域的面积。

平台也实现了应急救援资源展示，提供对专业队伍、储备物资、救援装备和医疗救护等应急资源的信息共享，支持对资源进行合理调配。

同时，平台实现了重点装置区域位置识别及显示。当重点装置或区域来电报警时，实现地图自动寻找到报警电话的位置，并在位置点显示电话报警标识和地址标识，显示报警点周围范围内救援实力分布情况。基于互联网路网信息数据，可查询到事故点的最佳行车路线和距离事故点最近的救援队伍。对重大危险源进行查看时，系统自动或获取装置周边的监控摄像头画面，并支持对装置工艺流程进行查看。

3.2 应急指挥一张图

以 GIS 为基础，综合展示事件应急处置动态信息，构建“应急指挥一张图”。应急指挥一张图在应急状态下主动推送应急资源、危险源等相关信息。通过应急现场的视频及检测设备，实时监控现场动态，自动关联事故案例库中类似事故案例处理流程，保证科学、有效地采取应急处理措施。同时平台支持应急指挥一张图中央控制室大屏幕展示。应急一张图展示功能以下：

(1) 预警信息

通过对 DCS 等系统实时数据进行监控，以滚动窗口动态播放系统中发布的预警消息，如危险源、重点化工工艺预警信息等。

(2) 事件信息展示

主要负责统一接处警的接报警信息的事件显示；支持事故灾害、自然灾害损失、灾害风险隐患信息的录入与展示，并自动在 GIS 地图中对事件进行定位，并自动打开周边摄像头的事件影像；针对消防、事故灾害和自然灾害等突发事件启动数字化预案响应，支撑应急行动快速部署。

（3）监控视频信息

在 GIS 地图上展示摄像头信息，可显示接警中队、接警室和车库出口画面，以及事件装置的工业视频监控画面。

（4）无人机视频

实现无人机对接，可在平台界面实现无人机视频实时监控信息展示。

（5）应急资源信息

主要包括固定点位的消防站、消防车位置、人员（人员定位信息）及物资仓库和物资清单信息等。

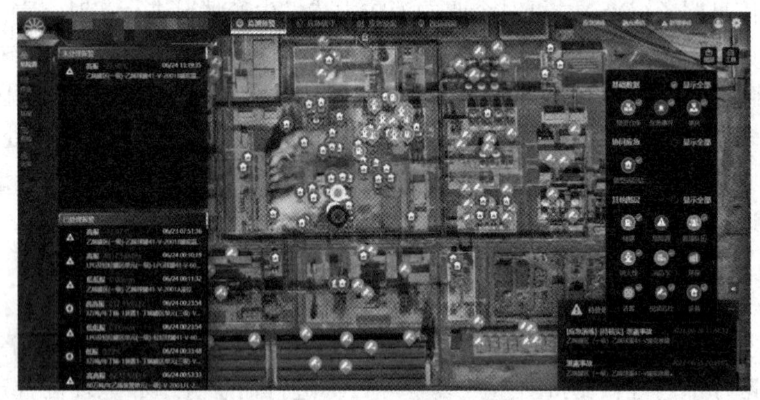

图 2　应急管理平台大屏展示图

4　结语

应急管理平台基于大数据、物联网、云计算、GIS 等技术实现了集成生产工艺信息、视频监控信息、监测监控信息、应急资源信息、地理信息的应急指挥一体化；实现石化企业报警仪和工业视频集中管理和一体化联动；实现应急资源与风险的空间化管理；实现信息化的应急指挥演练管理；实现数字化、结构化的应急预案管理，全面提升应急突发事件的响应和管理水平；实现重大危险源与生产过程的在线监测与监控。见图 2。

依托应急管理平台所满足日常调度、应急指挥所需要的实时数据支撑，保障了石化企业应急综合指挥调度。应急管理平台实现了高效调动应急资源，果断处置，进一步助力科学、有效的应急处理措施，健全了“平战结合、高效联动”的应急机制，打造了石化企业应急指挥一体化协同平台。

应急管理平台全面贯彻落实“安全第一、预防为主、综合治理”的安全生产方针，健全石化企业生产安全事故应急救援及保障体系，促进应急管理工作，提高应对风险、防范事故和应急处置的能力，保障职工的生命、安全和健康，最大限度地减少经济财产损失、环境损害和社会影响。

参　考　文　献

[1] 孟祥东，赵龙等. 基于“虚拟空间+物联网”的危化品安全应急综合管理平台[J]. 港口科技，2023

(12).
[2] 王凯，权西瑞，王小飞. 基于二三维一体化的应急地理信息平台建设与研究[J]. 测绘与空间地理信息. 2023，46(10).
[3] 郭猛，王硕，廖圣勇. 基于私有云的应急指挥管理综合平台研究[J]. 自动化仪表. 2023，44(06).
[4] 李宁. 化工园区突发事件应急管理信息系统研究[J]. 中国石油和化工标准与质量，2023，43(19)：89-91.
[5] 侯柏屹. 信息协同系统在应急管理中的应用研究[J]. 区域治理，2023(16)：0130-0132.

【作者简介】赵志宏，研究生学历，工学硕士，工商管理硕士。电话：18193136866，邮箱：zhaozhih@ petrochina. com. cn。

浅谈如何改进和加强专职队伍安全员建设

葛继涛　付　军

(中国石化齐鲁分公司消防支队)

摘　要： 近些年来，由于专职队伍职能扩展，由“专一”灭火职能逐渐向“综合”应急救援转型，组织日常训练、应急救援任务中经常会出现工伤及受伤事件。队伍安全员如何在日常训练、应急救援现场进行有效的风险辨识和安全管控，是目前队伍面临亟待解决的突出问题。本文针对如何加强基层队伍安全员工作和改进措施进行分析研究，有助于在今后的日常训练、高风险监护、应急救援中提高安全意识，最大限度解决队伍安全隐患，避免人员的伤亡。

关键词： 消防救援及训练；安全员；安全管控

目前国家综合救援队伍安全员建设比较成熟，有制度有职责，能够规范、有序完成日常训练、应急救援现场风险辨识和安全管控等工作，而专职队伍安全员由于受企业体制、人员结构等方面的制约，安全员队伍发展建设还有待于进一步提高。安全员队伍发展是队伍建设的一个重要部分，安全员队伍能否发挥应有的作用，直接影响到队伍日常战备执勤、消气防监护、灭火救援、营房施工等作业现场的安全性，是提高队伍安全员业务能力，实现队伍本质安全，也是加强指战员身体素质以及专业能力的重要环节。

1　安全员队伍建设所面临的形势

目前作为国家安全生产应急救援队伍，按照“全灾种、大应急”要求，由“专一”灭火职能逐渐向“综合”应急救援转型，在原来只针对石油化工基础上，增加受限空间、水域救援、高处平台救援、自然灾害等救援任务，基层队面临日常训练及救援任务难度不断加大，环境更加复杂危险，现场安全员的设置与安全风险管控更显得尤其重要。目前部分专职队伍由于常年布不招工，队伍人员短缺，安全员基本是兼职安全员，岗位专业能力、实战经验欠缺，导致现场安全员不能发挥应有的作用。专职队伍急需建立一支规范化、标准化安全员队伍，具备一整套完备的现场安全管理体系，以确保在日常训练和灾害事故现场，安全员具备足够风险辨识能力，对灾害事故风险进行有效的预判，能掌握前方作战人员所处的位置、状态，如及时掌握进入危险区域侦检人员空呼器压力、进入危险区域前检查等内容。在面对突发情况时，凭着经验能够果断为指挥部提供关键安全信息，并在紧急情况下采取紧急避险及撤离应对措施，最大程度地减少指战员伤亡事故，因此，进一步改进和提高安全员队伍建设是目前亟待解决问题。

2　基层安全员队伍建设现状

2.1　岗位责任落实不严，综合素质较低

专职队伍安全管理、安全员履职不到位，不善于发现问题、分析问题，日常安全检查、

现场风险辨识、安全管控措施等工作浮在表面，沉不下去。同时还存在不想管、不敢管、不会管、不愿管的倾向，凭感觉、凭习惯带队伍，致使一些问题不能够及时发现和解决，导致“低、老、坏”的问题时有发生。一方面部分队伍安全员(党员轮值员)虽然佩戴袖标，但是不知道自己如何履职，日常工作中存在岗位虚化、弱化现象，不能有效发挥安全员的作用。另一方面，由于专职队伍体制及人员结构问题，部分队伍常年不招人，基层队编制人数大大不足，日常工作中除掉接警员、公差培训外，实际可用执勤力量普遍不足，这就造成许多队安全员身兼数职，这一定程度上影响了安全员队伍的专一性。再一方面，队伍大部分是退伍军人、劳务派遣、单位转岗人员，队员素质参差不齐，战斗经验普遍不足，队伍安全员综合素质可想而知。指战员责任意识与人员综合素质偏低这两个因素，直接影响着基层队日常训练、现场监护、应急救援现场安全管理质量，以至于存在救援现场职责不清、现场作业风险多的情况。

2.2 制度建设重形式轻实践，基层执行弱化

目前，支队安全员管理依据综合救援队伍管理制度，制定支队安全员制度，虽然在现场安全管控工作上做了一系列措施，形式多样，但是安全员制度并没有结合危化队伍实际制定，忽略了队伍年龄结构、实战环境下的实用性、可行性，甚至支队层面管理措施最终到基层，却成了增加的台账任务与硬性指标，安全管理流于形式，这不仅促进不了安全员队伍建设的发展，反而增加队伍日常工作负担。基层队工作只停留在安全制度有了、HSE会议开了、班组安全教育搞了，检查、督导发现了许多的问题，停留在台账上，未能真正掌握基层安全状况，不能有效解决实质性问题，基层队疲于应付，这也让大部分基层队把此项工作当成了迎接检查的一项任务，不能将全员岗位责任制及安全员制度落实落地。

2.3 对岗位职责认识不深，职能定位单一粗浅

目前，危化品专职队伍消防安全员的职能定位相对单一，作用不够突显，基层领导重视不够，认为安全员仅仅是在应急救援事故现场中安全提醒及安全措施落实，没有认识到其在指战员日常战备执勤、安全教育培训、战例总结分析、装备器材检查、人员健康管理等方面都能发挥巨大的作用。基层队安全员可以从各方面提升队伍整体业务水平，为日常战备执勤、现场监护、营房维修等方面提高安全保障。在安全员队伍建设方面，较国家综合救援队伍，我们危化品专职队伍还处于摸索初级阶段，没有一套可供参考的岗位规范，与综合救援队伍安全管理差距较大，虽然支队都进行安全总监、安全员专项培训，但培训内容与实训科目相对简单，与安全总监、安全员岗位所需掌握的专业理论知识和所需具备的工作经验及能力不相匹配，培训时间随意性大，未能突显其应有的效果。要想让安全员岗位专业化与系统化，就必须建立一套完善的岗位职责、考核标准以及激励政策，为安全员队伍发展起到指挥棒的作用。

3 加强安全员队伍建设和发展建议

3.1 加强专业能力培训，提高本岗位综合素质

要想解决目前队伍素质参差不齐的现状，确保安全员岗位的专业性，就需要全面提高队员整体业务素养，保证其具有深入学习专业知识的能力。一是可以用以点带面的方法，结合企业和危化品救援实际，支队建立安全总监，各基层队建立基层安全总监，由分管战

训队长担任；各分队建立安全员制度，由分队长或骨干担任。在安全员培养上，要求结合实际制定安全员岗位年度训练计划，明确培训内容和要求，同时建立安全员后备培训机制，优化消防员培训模式，提前为后期安全员队伍储备打下基础。二是强化消防员对现场安全风险辨识及安全管控的理解与重视程度，将安全管理与队伍日常工作相融合。只有培养出满足安全总监与安全员岗位需求的专业型、复合型人才，让专业的人做专业的事，才能让一线指战员具有全方位、全覆盖的安全保障。

3.2 优化岗位职责设置，健全培训考核机制

基层安全总监与安全员的设置不仅仅只限于作战安全，其职能还应提高到对日常训练的安全监管、案例研讨、装备器材检查以及对消防员身体健康的日常监测。一是基层队安全总监要结合本队实际，科学制定月度训练计划，将日常体技能训练防受伤工作纳入其职责范围，在日常训练、现场救援及施工作业时，落实负责人带班，发挥安全员作用，重点围绕火场救人、个人防护、紧急撤离、施工作业等活动，系统开展强化专业培训和训练，提升全员识险、避险、处险的能力。立足队工作实际，针对日常训练、应急救援存在的风险隐患，结合现有执勤实力，开展实战演练，通过“抓指挥练程序、抓训练规程、抓防护练安全”等形式，着力提升作战训练安全水平。二是指战员的身心健康问题同样影响着日常作战训练安全，基层安全总监大部分经过公司 EAP（员工心理帮扶计划）培训，可充当心理咨询师的角色，为队员进行应急救援与日常心理干预与疏导。三是建立安全总监、安全员日常考核机制，仿效齐鲁石化 HSE 关键人员上岗取证考核模式，组织基层安全总监和安全员取证上岗，并形成支队安全管理体系。

3.3 完善队伍安全管理体系，提高安全管理水平

没有一个灾害事故现场是一模一样的，每个事故现场都有其特性，具有不可复制性，建立一套具备综合救援安全管理体系直接影响着一场灭火救援行动的成败。一是灭火救援现场风险辨识与安全措施落实是每名队员的必修课，特别在灾害事故呈现越来越复杂（如有毒、可燃气体泄漏，大型储罐、球罐火灾爆炸，受限空间救援，高风险现场监护等）、参战力量越来越多的趋势下，现场安全员与指挥员必须对现场所有参战队伍或重点区域人员的位置、任务了然于胸。二是建立分队长负责制，在日常的训练和演练期间，将人员分配给固定的分队长，建立人员固定的队伍，在日常就形成固定的作战单元，支队也利用作战片区进行现场安全管理，便于安全员与指挥员进行统一指挥和控制救援任务范围。三是党员干部在战备执勤、现场监护、应急救援等重点工作中站排头、做表率，发挥党员骨干“领头雁”作用，创新推出“党员轮值安全员”活动，促进党政融合，夯实安全基础。四是逐步完善队伍安全管理体系，坚持两级干部与机关参谋下沉一级抓管理保安全，积极践行“有感领导”，进一步织密“总监+党员轮值安全员+安全员”安全网络，全面压实“网格化”安全管理责任，相互依赖、相互补充，也能第一时间掌握并进行干预，最大限度地减少指战员伤亡。

4 结语

综上所述，专职队伍安全员队伍建设与指战员的思想认识、人员的综合素质、制度建设的实效性、岗位职能的定位都息息相关，多方面因素叠加在一起，关系到今后安全员队伍规范、有序、健康发展。现阶段出现火灾事故以及抢险救援任务已经越来越复杂，安全

员队伍建设面临严峻形势，只有结合工作实际，利用溯源回归方式，深入剖析问题，才能更为有效地推动基层安全员队伍的发展，提高消防人员在日常训练、高风险监护、应急救援工作过程中保护自身安全的意识。

【作者简介】葛继涛，男，中国石油化工股份有限公司齐鲁分公司消防支队，大学，企业专职消防队伍管理。电话：18560382228，信箱：85640315@ qq. com。

企业专职消防队伍力量不足下的灭火救援策略探讨

杨志强　于福滇

（中国石油大庆石化公司消防支队）

摘　要： 随着石化行业的迅猛发展，火灾风险及应对难度持续上升，对企业专职消防队伍提出了更高的要求。然而，现实中企业消防队伍常面临人员短缺、年龄偏大等问题，制约了其灭火救援能力。本文旨在通过分析企业专职消防队伍的现状和问题，探讨在力量配备不足情况下的灭火救援工作策略。我们将从优化灾害事故力量调动方案、发挥先进装备器材的威力、加强义务消防队的培训、提高与国家综合性消防救援队伍联合作战能力以及提高固定消防设施应用效率等方面展开深入探讨，以期为企业专职消防队伍的建设和发展提供有益的参考和借鉴。

关键词： 消防力量；能力提升；资源优化

随着全球经济的持续发展，石化行业作为国民经济的支柱产业，正面临着前所未有的发展机遇。然而，伴随着新工艺、新设备的广泛应用，火灾事故的发生概率也在不断增加。这一趋势对消防队伍的建设提出了更高的要求，尤其是在灭火救援工作中，消防队伍需要迅速、准确地应对各种复杂多变的火场环境。

企业专职消防队伍作为石化企业安全保卫的重要力量，其人员配备和装备水平直接关系到灭火救援的效果。然而，现实中，许多企业专职消防队伍面临着人员缺编、年龄偏大等问题，这些问题不仅影响了消防队伍的整体战斗力，也制约了企业的健康发展。因此，如何在力量配备不足的情况下，充分发挥现有资源的优势，提高灭火救援能力，成为了摆在我们面前的重要课题。

1　企业专职消防队伍现状分析

1.1　人员缺编、年龄偏大现象的原因分析

企业专职消防队伍出现人员缺编和年龄偏大现象的原因主要有以下几点：

（1）招聘困难：由于消防工作的特殊性质，要求从业者具备一定的体能、技能和心理素质。然而，随着社会发展，许多年轻人更倾向于选择其他职业，导致消防队伍招聘困难。

（2）流失率高：消防工作的高强度和高风险性使得一些人员选择离开队伍，从而导致人员流失。

（3）晋升和转岗机制不畅：在一些企业中，消防人员的晋升和转岗机制不够完善，导致一些有经验的消防员无法获得更好的职业发展，从而选择离开。

（4）老龄化趋势：随着社会老龄化趋势的加剧，消防队伍中的老龄化问题也日益突出。一些老消防员由于年龄和体能的原因，无法继续胜任高强度的消防工作。

1.2 对灭火救援工作的影响

人员缺编和年龄偏大现象对灭火救援工作产生了以下影响：

(1) 降低救援效率：人员不足和体能下降可能导致救援速度变慢，影响救援效果。

(2) 增加安全风险：年龄偏大可能导致消防员在救援过程中面临更大的安全风险。

(3) 影响队伍士气：人员流失和老龄化问题可能导致队伍士气下降，影响整体战斗力。

1.3 现有消防队伍面临的问题和挑战

除了人员缺编和年龄偏大问题外，现有消防队伍还面临以下问题和挑战：

(1) 装备落后：一些企业的消防装备可能相对落后，无法满足现代灭火救援的需求。

(2) 培训不足：消防人员的培训可能不足，导致他们在面对复杂情况时缺乏应对能力。

(3) 协同作战能力不强：企业专职消防队伍与公安消防等其他救援力量之间的协同作战能力可能不足，影响整体救援效果。

(4) 社会认知度低：消防工作在社会上的认知度可能较低，导致一些人对消防工作缺乏理解和支持。

综上所述，企业专职消防队伍面临着诸多问题和挑战。为了解决这些问题，企业需要加大对消防队伍建设的投入，提高消防人员的待遇和福利，加强培训和装备更新，提高协同作战能力，同时加强社会对消防工作的认知和支持。

2 优化灾害事故力量调动方案：策略性布局与协同应对

面对石化行业火灾与灾害事故的严峻挑战，优化灾害事故力量调动方案成为重中之重。针对企业专职消防队伍力量配备不足的问题，我们提出以下具体策略：

2.1 战略性区域划分与资源整合

首先，我们要根据石化企业的地理位置、生产布局、风险等级等因素，科学合理地划分作战区域。这样不仅可以确保每个区域都有足够的消防力量覆盖，还能实现资源的最优配置和快速共享。同时，通过跨区域合作和协同作战，可以进一步提高整体灭火救援效率。

2.2 分级响应与精准调度

制定明确的分级响应机制，根据火灾或灾害事故的严重程度和紧急程度，划分不同的响应等级，并制定相应的调动程序和调动力量。这样可以避免在紧急情况下出现调度混乱或资源浪费的情况，确保消防力量能够迅速、准确地到达事故现场。

2.3 紧急召回与快速集结

完善紧急召回制度，确保在关键时刻能够迅速集结力量。这包括建立高效的通信联络系统，确保各级指挥员和消防员之间的信息传递畅通无阻；制定紧急召回计划，明确召回的等级、程序和时限，确保在火灾或灾害事故发生时，能够迅速召回所有可用力量；加强日常训练和演练，提高消防员的应急反应能力和协同作战能力。

2.4 信息化支持与智能决策

利用现代信息技术手段，建立消防力量调动信息平台，实现信息共享和智能决策。通过实时监测和数据分析，可以准确掌握火灾或灾害事故的发展趋势和救援需求，为指挥员提供科学、准确的决策支持。同时，通过信息化手段，还可以实现对消防力量的实时监控和调度，确保力量调动的及时性和准确性。

2.5 预案制定与演练评估

制定详细的灭火救援预案，包括力量调动、协同作战、现场指挥等方面的内容。通过定期组织演练和评估，可以发现预案中存在的问题和不足，及时进行调整和完善。同时，演练还可以提高消防员的实战能力和协同作战能力，为实际灭火救援工作提供有力保障。

综上所述，优化灾害事故力量调动方案需要我们从战略性布局、协同应对、信息化支持等多方面进行思考和改进。只有这样，才能确保在火灾或灾害事故发生时，我们能够迅速、有效地调动所有可用力量，最大限度地减少损失和保护人民生命财产安全。

3 发挥先进装备器材的威力：现代化装备在灭火救援中的核心作用

随着科技的飞速发展，先进装备器材在灭火救援中的作用日益凸显。它们不仅提高了灭火救援的效率，更在一定程度上确保了消防员的人身安全。

3.1 先进装备器材在灭火救援中的核心作用

先进装备器材在火火救援中扮演着至关重要的角色。它们不仅具备高效灭火、快速救援的能力，还能在极端环境下保障消防员的人身安全。例如，智能消防机器人可以在火场内部执行搜救、灭火等高风险任务，减少消防员的直接暴露；无人机可以用于侦察火场情况，为指挥员提供实时、准确的火场信息，帮助消防员快速找到火源并制定灭火策略。

3.2 先进装备器材的优化配置与更新

为了充分发挥先进装备器材的威力，我们必须重视其优化配置与更新。这包括根据实际需求选择合适的装备器材，确保它们能够在灭火救援中发挥最大效用；同时，定期对装备器材进行维护和保养，保持其良好的工作状态；此外，及时引进新型、高效的装备器材，不断更新和优化装备配置，以适应灭火救援工作的发展需求。

3.3 新装备在实战中的应用与效果评估

新装备器材在实战中的应用效果如何，是我们关注的焦点。因此，我们需要定期对新装备进行实战演练和效果评估。通过收集和分析实战数据，我们可以了解新装备的性能表现、存在的问题以及改进的方向。这有助于我们不断完善装备配置，提高灭火救援的整体水平。

3.4 技术创新：未来消防装备的发展趋势

随着科技的不断进步，未来消防装备将朝着更加智能化、高效化的方向发展。例如，智能消防机器人、无人机集群作战等新技术将逐渐应用于灭火救援领域。这些技术创新将为灭火救援工作带来革命性的变化，进一步提高灭火救援的效率和安全性。

4 加强义务消防队培训：提升企业消防力量的关键途径

随着现代企业的不断发展，消防安全问题日益凸显。义务消防队作为企业消防安全的重要力量，其重要性与现状不容忽视。然而，目前许多企业的义务消防队存在专业技能不足、实战经验缺乏等问题，严重影响了其在灭火救援中的效果。因此，加强义务消防队的培训，提升其专业技能，成为了提升企业消防力量的关键途径。

要提升义务消防队的专业技能，首先要明确培训的目标和内容。培训应涵盖消防安全知识、灭火器材使用、火场逃生自救等方面，确保义务消防队具备基本的消防安全素养。同时，培训内容还应结合企业实际情况，针对性地进行实战模拟演练，提高义务消防队在应对突发火灾时的应变能力。其次，要建立完善的培训机制。企业应制定详细的培训计划，明确培训的时间、地点、人员等要素，确保培训的顺利进行。同时，还应建立培训考核机制，对义务消防队的培训成果进行定期评估，及时发现问题并进行改进。最后，要充分利用社会资源，整合各方力量共同推进义务消防队的培训。企业可以与消防部门、专业培训机构等建立合作关系，共同开展培训课程和实战演练活动。通过资源共享和优势互补，提高培训的质量和效果。

5 提高与国家综合性消防救援队伍联合作战能力

随着社会的快速发展，火灾及其他灾害事故呈现出复杂性、多样性等特点，对企业消防力量与国家综合性消防救援队伍的联合作战能力提出了更高的要求。本文旨在探讨如何提升企业消防力量与国家综合性消防救援队伍的协同作战能力，确保在面对火灾及其他灾害事故时能够迅速、有效地进行处置。

5.1 国家综合性消防救援队伍与企业消防的协同作战机制

国家综合性消防救援队伍与企业消防力量作为灭火救援的重要力量，应建立紧密的协同作战机制。通过制定协同作战指南、明确职责分工、建立联络机制等方式，实现双方信息的实时共享、资源的互补利用以及力量的协同配合。

5.2 信息共享与指挥调度

信息共享是协同作战的关键。双方应建立统一的信息共享平台，实现火场信息、救援资源、作战计划等信息的实时共享。同时，优化指挥调度机制，确保在灭火救援过程中能够迅速、准确地做出决策，提高救援效率。

5.3 联合演练与协同作战案例分析

为提高联合作战能力，双方应定期开展联合演练，模拟真实的火灾及其他灾害事故场景，检验协同作战机制的有效性。同时，对协同作战案例进行深入分析，总结经验教训，不断完善协同作战机制。

5.4 存在问题与改进建议

目前，企业消防力量与国家综合性消防救援队伍在协同作战方面仍存在一些问题，如信息共享不畅、指挥调度不够灵活等。针对这些问题，建议双方进一步加强沟通协作，完善协同作战机制；加强人员培训，提高协同作战能力；加大投入，提高装备水平等。

综上所述，提升企业消防力量与国家综合性消防救援队伍的联合作战能力对于提高整体灭火救援效率具有重要意义。双方应建立紧密的协同作战机制，加强信息共享与指挥调度，定期开展联合演练与案例分析，不断提高协同作战能力。同时，针对存在的问题，双方应共同努力，采取有效措施加以改进。

6 提高固定消防设施应用效率

固定消防设施在企业消防中扮演着至关重要的角色。它们不仅能够在火灾发生时提供及时、有效的灭火手段，还能为灭火救援行动提供必要的支持和保障。因此，提高固定消防设施的应用效率对于企业的消防安全至关重要。

6.1 固定消防设施在灭火救援中的作用

固定消防设施，如自动喷水灭火系统、火灾自动报警系统等，能够在火灾初期迅速启动，对火势进行初步控制，为后续的灭火救援行动赢得宝贵时间。此外，这些设施还能够提供准确的火灾信息，为指挥员制定灭火救援方案提供重要依据。

6.2 定期维护与检查，确保设施完好

为确保固定消防设施在关键时刻能够发挥应有的作用，必须对其进行定期的维护与检

查。这包括对设施的外观、性能、运行状态等进行全面检查，及时发现并处理潜在的问题。同时，还应建立完善的维护与检查制度，明确责任人和执行标准，确保维护与检查工作的有效性。

6.3 提高操作人员的技能水平

固定消防设施的操作需要一定的专业技能和知识。因此，提高操作人员的技能水平是提高设施应用效率的关键。企业应加强对操作人员的培训，使其熟悉设施的操作流程、注意事项以及应急处置方法。同时，还应定期组织演练和考核，提高操作人员的实战能力和应急反应速度。

6.4 固定设施与移动装备的有效配合

在灭火救援行动中，固定消防设施与移动装备应形成有效的配合。企业应根据自身的实际情况，制定详细的配合方案，明确各类装备的使用时机、方式和协调机制。通过固定设施与移动装备的协同作战，实现灭火救援效果的最大化。

综上所述，提高固定消防设施的应用效率是保障企业消防安全的重要手段。通过定期维护与检查、提高操作人员技能水平以及优化固定设施与移动装备的配合方案，可以有效提升固定消防设施在灭火救援中的作用，为企业的安全稳定发展提供有力保障。

7 结语

企业专职消防队伍在石化行业发展背景下，面临火灾风险和应对难度持续上升的挑战。由于人员短缺和年龄偏大等问题，这支队伍的灭火救援能力受到制约。本文从优化力量调动、发挥先进装备、加强培训、提高联合作战能力以及提高固定消防设施应用效率等方面，探讨了如何在力量配备不足的情况下提升灭火救援工作能力。旨在为企业专职消防队伍建设提供有益参考和借鉴。

参 考 文 献

[1] 消防力量优化与资源配置研究.［J］. 消防科学与技术.
[2] 企业专职消防队伍建设的现状与发展. 消防科学与技术.
[3] 消防队伍人员流失原因及对策研究. 安全与环境学报.
[4] 消防队伍老龄化问题及其影响分析. 消防科学与技术.
[5] 石化行业火灾风险与应对策略研究［D］. 中国科学技术大学.

【作者简介】杨志强，男，中国石油大庆石化公司消防支队，大学本科。电话：13359810119，邮箱：shxfzx@163.com。

油罐火灾灭火力量部署研究

刘越天

（中国石化西北油田分公司）

摘　要： 近年来，随着我国石油需求不断增加，油田的发展规模逐渐扩大，大型联合站石油罐区总储量与单罐容量亦越来越庞大，$10\times10^4m^3$ 及以上容量的油罐越来越多，给消防安全带来了更多挑战。一旦油罐火灾蔓延，将可能造成重大人员伤亡和巨大经济损失。消防队伍在处置油罐火灾时，一般会对火灾油品类别、发生位置等内部因素以及周边风向、应急资源分布等外部环境进行研判，从而有针对性地制定力量部署方案。本文以代表性较强的地上油罐火灾为例，试图建立一套灭火救援力量计算模型，辅助指挥员快速建立灭火阵地，有效开展现场风险识别、装备人员部署、消防用水估算等。

关键词： 油罐；火灾；灭火；计算模型；力量部署

1　研究背景和意义

石油是典型的可燃液体，其亚类多属于火灾危险性甲、乙类可燃液体，其燃烧速度快、辐射热强，可能发生沸溢、喷溅等现象，具有极大的危害性。油罐火灾是国内外公认的扑救难度大的火灾类型，尤其是固定顶油罐，其油面与拱顶之间的气相空间在压力激增或达到爆炸极限时易发生剧烈爆炸，撕裂甚至掀翻拱顶，危险性较大。如 1989 年黄岛油库特别重大火灾事故，造成重大人员伤亡；1994 年埃及艾斯龙特石油基地特别重大火灾事故，燃烧的石油顺水流下，造成 500 多人死亡；2011 年大连石化火灾事故，造成了巨大经济损失；2013 年大连石化火灾爆炸事故，造成 4 人死亡……直至 2023 年 9 月贝宁科托努油库爆炸事故，造成 34 人死亡，以及巨大经济损失。虽然近年来各类固定消防系统、本质安全系统发展迅速，油罐发生大范围火灾的几率极低，但如果事态扩大，需要投入大量的应急力量联合处置。因此，研究油罐火灾力量部署，制定有效的扑救措施，具有重大意义。

2　国内外研究现状

2.1　国内研究现状

多年以来，高校和公安消防队伍都非常重视灭火救援力量部署战术战法的研究和运用：早期主要有前公安部消防局编写、制定的《消防战术》《公安消防队灭火战斗规定》等，公安部人民警察干部学校编写的《灭火战术学》等，这一系列研究成果为后期研究奠定了坚实的基础。近年来，前武装警察部队学院编写的《灭火救援指挥》《灭火手册》等教材相继推出，其中对力量部署进行了详细描述，但多是对战术战法原则进行定性分析；武警学院科研所侯遵泽教授则针对油罐火灾冷却力量部署进行了数学描述，并建立了力量部署理论模型，该模型具有广泛适用性，但仅局限于消防水冷却力量，未能全面反映当前油罐火灾应急救援的诸多要素；上海消防救援总队针对辖区特点制定力量编成方案，制定了《油罐火灾扑救力量编成方案》《液化气罐火灾扑救力量编成方案》等编成方案，对应急力量编成进行了定量分析，但对于油罐火灾力量量化缺乏更深的理论依据以及灵活性。

2.2 国外研究现状

国外针对灭火救援力量部署的研究，主要集中在力量调集模式的研究上，偏重作战原则和程序的指导，即通过研究灭火救援基本原理、机理，强化指挥员现场研判和灵活指挥部署的能力。其优点在于注重原理、机理的研究，不拘泥于预案、方案、应急处置卡等，指挥员作用得到充分发挥；其缺点在于对指挥员的综合能力要求较高，需要其具备深厚的理论功底和实战经验。

国外消防救援机构实战方面，通常是将应急救援力量调度集中和力量部署方案进行细化、优化，在分类的基础上对其进行分级。例如：美国有消防救援机构将灾害划分了五级八类，尤其针对跨区域作战和灾害事故交叉的情况，编制了区域性联合调派集成方案。英国有消防救援机构重点强调建筑高度与举高类车辆的关联，针对城市制订了一整套编成方案。法国有消防救援机构对事故状态进行了综合分类，对战斗编成进行了简要量化，将应急救援任务分成26个等级，各个等级都由不同数量、类别的车辆和器材装备组成，并配套制定了灭火救援力量调派方案。俄罗斯有消防救援机构将火灾警报分为5个等级，并对各等级战斗编成、指挥员等级、区域联动力量集成等内容进行了分析研究，制订了相应方案。

3 技术措施

在上述调研成果的基础上，本文试图对灭火救援力量部署进行量化，计算、修正灭火剂供给强度和储备量、灭火器具和消防车数量、辐射热分布、相应修正方式等内容，为建立力量部署模型奠定基础。

3.1 油罐类型特征

油罐是用于储存油品的且具有较规则形体的大型容器，主要运用在炼油厂、油田、油库以及其他工业中。油罐区由多个油罐组成，每个油罐区一般储存一种油品。以下量化计算结合石油石化行业重点场站，将研究对象设定为地上式油罐，主要包括固定顶油罐、内浮顶油罐、外浮顶油罐。

3.2 力量部署计算模型

3.2.1 控制面积与周长

灭火力量确定的一个重点要素是燃烧面积，油罐火灾属于油池火，其燃烧面积通常是指在灭火、冷却器具控制下的液面燃烧面积，分为罐内燃烧面积（如罐内全液面燃烧）和罐外燃烧面积（如流淌火）。立式油罐罐内燃烧面积为

$$A_{灭}=\frac{\pi D_1^2}{4}-\frac{\pi D_2^2}{4}$$

式中 D_1——油罐直径；

D_2——浮顶油罐浮顶堰板内直径，固定顶罐的 D_2 等于零。

卧式油罐（发生液体流散形成流淌火的可能性大）和立式油罐火灾在罐外的全区域燃烧面积以防火堤、隔堤内面积为准。

罐体冷却控制周长则按照截面圆周长确定为

$$L_{冷、灭}=\pi\times D$$

式中 $L_{冷、灭}$——罐体冷却控制周长则按照截面圆周长，m；

D——油罐直径，m。

3.2.2 供给强度计算

本文所述油罐火灾的火场供给强度，分为供泡沫强度和供水强度两个范畴。

首先，供泡沫强度与泡沫的喷射方式有较大关联，当采用固定或半固定灭火设施时，泡沫利用率高，发泡好，灭火效果较佳，可参照现行国家、行业相关消防技术标准规范确定；当采用移动式灭火设备时，受现场车辆装备性能、喷射距离、实时风向等因素影响，泡沫损失大、利用率低，尤其是目前泡沫混合液耐高温能力有限，往往还未发挥作用就被高温炙烧破裂，因此要采用较大的泡沫供给强度，在连续喷射泡沫(混合液)时间不变的情况下，供泡沫(混合液)强度一般宜为固定系统的1.2~1.5倍。

供水强度方面，在扑救油罐火灾过程中，一般采用罐壁喷淋、固定式(移动式)消防水炮、消防水枪等进行冷却。供给强度计算可参照现行国家、行业相关消防技术标准规范执行。

3.2.3 灭火剂量计算

3.2.3.1 泡沫储备量

油罐火灾灭火供泡沫(混合液)量、配制泡沫混合液用水量可用以下方式计算：

$$Q=\frac{\alpha}{\beta}Aqt$$

式中 Q——油罐火灾灭火供泡沫(混合液)量、配制泡沫混合液用水量，L；

α——泡沫混合比，根据采用的泡沫灭火剂确定，如取6%(泡沫)或94%(水)；

β——发泡倍数；

q——供泡沫强度，$L/(s\cdot m^2)$；

A——油面燃烧面积，m^2；

t——供泡沫时间，s。

储备水量方面，常见低倍数泡沫混合比为94∶6或97∶3，储备水量与泡沫混合比的有关。

3.2.3.2 冷却水储备量

冷却着火罐供水流量计算为

$$Q_{着火罐}=q\times D$$

式中 $Q_{着火罐}$——冷却着火罐供水流量，L/s；

q——冷却供水强度，L/s · m；

D——油罐周长，m。

冷却邻近罐用水流量计算为：

$$Q_{邻近罐}=\frac{1}{2}\times q\times D$$

式中 $Q_{邻近罐}$——冷却邻近罐供水流量，L/s；

q——冷却供水强度，L/s · m；

D——油罐周长，m。

总流量即 $Q_{总}=Q_{着火罐}+Q_{邻近罐}$，冷却用水储备量：

$$V=Q_{总}\times t$$

式中 V——冷却水储备量，m^3；

t——冷却时间，s。

3.2.4 泡沫、水灭火器具数量计算

确定油罐火灾所需的泡沫、水灭火器具数量时，应充分考虑固定消防设施的能力。在没有固定消防设施或固定消防设施无法发挥作用时，可按照以下方法计算灭火器具数量：

泡沫器具数量：

$$N_{灭}=\frac{A_{灭}-A_{固}}{\overline{A}_{泡沫器具}}$$

式中 $N_{灭}$——灭火泡沫器具数量，个/支；

$A_{灭}$——灭火面积，m^2；

$A_{固}$——固定消防设施控制面积，m^2；

$\overline{A}_{泡沫器具}$——每个器具的平均控制面积，m^2。

消防水器具数量：

$$N_{冷}=\frac{S_{冷}-S_{固}}{\overline{S}_{消防水器具}}$$

式中 $N_{冷}$——冷却消防水器具数量，个/支；

$S_{冷}$——冷却周长，m；

$S_{固}$——固定消防设施冷却周长，m；

$\overline{S}_{消防水器具}$——消防水冷却器具平均控制周长，m。

3.2.5 消防车辆计算

3.2.5.1 主战车辆计算

油罐火灾灭火救援所用消防车辆主要包括：泡沫消防车、水罐消防车，此处泡沫消防车为广义定义，包括常规泡沫消防车、高喷消防车等使用泡沫混合液灭火的消防车。消防车数量计算与器具数量类似。

3.2.5.2 供水距离、高差计算

消防主战车辆数量确定后，指挥员应根据地形，选择适当的位置部署供水消防车，在考虑停靠位置的同时，应考虑供水距离、高差等因素，可按照以下算法进行计算，确定合理的停靠位置：

水平：
$$L=\theta\cdot L_d\left[\frac{\sum_{i=1}^{n}(\gamma p_b)_i-p_q-H_{1-2}}{p_d}\right]$$

垂直：
$$H=\theta\cdot L_d\left[\frac{\sum_{i=1}^{n}(\gamma p_b)_i-p_q-n_x p_d}{\theta\cdot L_d+p_d}\right]$$

式中 L——消防车供水距离，m；

θ——铺设水带系数，使地形情况可取0.7~0.9；

L_d——单条水带长度，m；

n——耦合串联供水的消防车台数，台；

γ——消防水泵扬程系数，一般取0.8~1.0；

p_b——消防泵扬程，10^4Pa；

p_q——分水器或水枪进口压力，10^4Pa；

p_d——每条水带的压力损失，10^4Pa；

H_{1-2}——水泵出口与水枪、分水器的高差，m；

H——消防车供水距离，m；

n_x——水平铺设水带数。

3.2.6 灭火剂储备量计算修正系数的确定

国内外油罐火灾事故案例较少，近年来这方面事故发生率越来越低，所以能参考的实战数据有限。通过对以上灭火剂理论计算储备量与实际消耗量进行对比，发现实际用量与理论计算量的差距随着油罐容量的增大呈正相关系，以下数据拟合为油罐全液面燃烧案例，而罐顶呼吸阀着火、浮顶罐密封圈着火(不扩大)等小型火灾不属此数据拟合范围，数据拟合修正系数如图1。

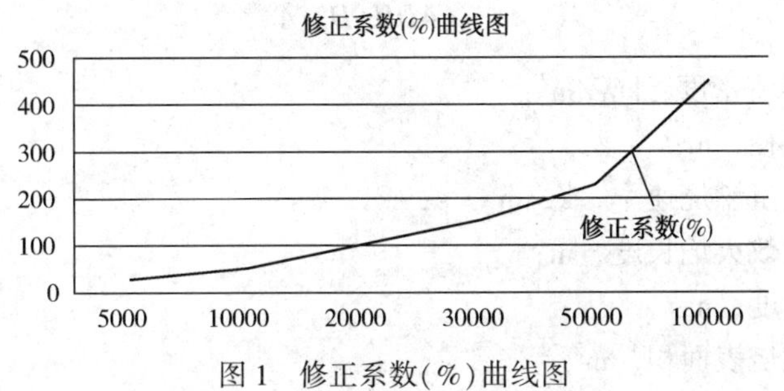

图1 修正系数(%)曲线图

以上曲线图横坐标为油罐容积(m^3)，纵坐标为修正系数(%)，从以上曲线图可看出，灭火剂储备量修正系数与油罐容积之间基本成正比关系：当油罐容积小于等于20000m^3时，修正系数可采取以下方式表示：

$$k \approx \frac{V}{200m^3}$$

式中 k——修正系数；

V——油罐容积，m^3。

实验及案例表明，当油罐容积大于20000m^3时，修正系数k将会减小，但减幅不大，减小规律目前未知。

需要说明的是，以上修正系数仅仅是结合以往案例拟合出的结果，容易受到事故外部环境、现场指挥、灭火剂效能等因素的影响，所以修正系数仅可作为指挥员修正灭火剂储量计算的参考。

3.2.7 辐射热分布计算

在油罐火灾中，辐射热的危害极其巨大，直接影响灭火救援队伍部署，以下通过借鉴

Fluent 模拟软件，对油罐火灾热辐射分布进行量化，另外，以下量化计算是在理想状态下进行的，其设定包括：油罐火灾为全液面稳定燃烧，且油罐拱顶被掀开或浮盘沉没；燃烧液面与罐壁顶端持平；火焰呈理想的圆柱体。

（1）油罐模型和火焰模型

火焰长度计算：利用 Heskestad 公式计算火焰长度，计算公式为

$$H=0.235\,\dot{Q}^{2/5}-1.02D$$

式中 H——火焰长度，m；

$\dot{Q}$——油池火（全液面燃烧）燃烧热释放速率，kW；

D——油池等效直径（油罐直径），m。

油品质量燃烧速率的计算公式为：

$$m''=m''_0(1-\mathrm{e}^{-2.1D})$$

式中 m''——油品质量燃烧速率，kg/m^2·s；

m''_0——油品标准质量燃烧速率，kg/m^2·s。

油池火（油罐全液面燃烧）表面等效热流密度，由油品燃烧总热量经过损耗分布于火焰表面，其等效热流密度计算如下：

$$q''_{\mathrm{e}}=\frac{x(0.21-0.0034D)m''\Delta H_{\mathrm{e}}D^2}{(4DH+D^2)A}$$

式中 q''_{e}——等效热流密度，kW/m^2；

D——油罐直径，m；

m''——油品质量燃烧速率，kg/m^2·s；

ΔH_{e}——热流有效火焰长度，m；

H——火焰长度，m；

A——油罐燃烧表面积，m^2。

（2）计算区域的确定

计算区域高度：油罐全液面燃烧多处于敞开式燃烧阶段，燃烧充分，辐射范围大。此处假定计算区域是与火焰同轴的大圆柱体，区域底面与油罐底面共面，大圆柱体的高度超过火焰长度的 2 倍，计算公式如下：

$$H_{区域}=2(H_{罐}+H)$$

式中 $H_{区域}$——计算区域高度，m；

$H_{罐}$——油罐罐体高度，m；

H——火焰长度，m。

计算区域半径：计算区域半径应考虑油罐火场和周边实际，以及人员能够承受的最小热辐射通量。热通量伤害准则对人体所能接受的热通量进行了限制，设某油罐火灾中人员长时间暴露在热辐射中无不适感的临界热通量为 q''，则可将 q''所在半径作为力量部署临界点，然后由点源模型中的公式可计算临界点到火焰中心的水平距离：

$$\frac{\left[\left(H_{罐}+\dfrac{H}{2}\right)^2+R^2\right]^{1.5}}{\mathrm{R}}=\frac{Q_{\mathrm{R}}}{4\pi q''}$$

式中 $H_{罐}$——油罐罐体高度，m；

H——火焰长度，m；

R——临界点与油罐全液面火灾火焰中心的水平间距，m；

Q_R——热释放速率，kW；

q''——临界点等效热流密度，kW/m^2。

一般来说，常规消防车射程为50m至100m，移动消防炮射程为50m左右。指挥员通过将射程与R值进行对比研判，可合理确定现场指挥部设定距离、人员进攻路线、进场着装等。

另外，利用该公式，可任意设置已知条件，计算出目标数据。例如，已知油罐、火焰长度及其热释放速率，计算目标是某半径临界点的等效热流密度，则通过以上公式可推导出该临界点等效热流密度：

$$q''=\frac{Q_R R}{4\pi\left[\left(H_{罐}+\frac{H}{2}\right)^2+R^2\right]^{1.5}}$$

那么，等效热流密度达到怎样的程度才会对人体造成重大影响呢？此处考虑一种普遍情况：假设人员皮肤暴露面积为全裸露面积的20%，根据Pietersen公式，临界点热辐射伤害可用以下公式计算：

死亡：$P_r=-37.23+2.56\ln(tq''^{\frac{4}{3}})$；二度灼伤：$P_r=-39.83+3.0188\ln(tq''^{\frac{4}{3}})$；

一度灼伤：$P_r=-43.14+3.0188\ln(tq''^{\frac{4}{3}})$；其中：$P=\int_{-\infty}^{P_r-5}e^{\frac{-u^2}{2}}du$

式中 P_r——伤害几率单位；

P——伤害百分数，%；

t——暴露于热辐射的事件，s；

q''——临界点等效热流密度，kW/m^2；

u——伤害几率百分系数。

该公式仅在人员暴露时间小于等于3min时才适用。

3.3 应急处置方案力量部署示例

下面以应急处置方案“卡片化”理念为指导，结合本文上述计算建模内容，编制某联合站内某油罐应急处置方案如下：

<table>
<tr><td colspan="7">某油罐应急处置卡</td></tr>
<tr><td>主要生产介质</td><td colspan="6"></td></tr>
<tr><td>实际最大存量</td><td colspan="6"></td></tr>
<tr><td>主要风险类型</td><td colspan="6">□油气火灾　□电器火灾　□泄漏　□爆炸　□高含硫化氢　其他：</td></tr>
<tr><td>基本情况</td><td colspan="6">……m³ 外浮顶原油储罐，高……米，周长……米，直径……米，液面积……平方米，……</td></tr>
<tr><td colspan="7">固定消防设施</td></tr>
<tr><td>泡沫产生器</td><td>罐壁喷淋管线</td><td>消防水罐</td><td>消防泵</td><td>罐区固定消防设施</td><td>泡沫储罐</td><td>补水方式</td></tr>
<tr><td>……个</td><td>……层</td><td>……座
（共计……m³）</td><td>……台</td><td>清水消火栓……个、泡沫……个、……</td><td>……个
（……吨）</td><td>……补给消防用水，……方/小时</td></tr>
</table>

续表

应急处置消防第一力量部署图

图例:消防水部署线路 —— 消防泡沫部署线路 —— 车辆备选区
移动消防炮 临时指挥部 紧急集结点

风险分析和安全注意事项

1. 油气火灾：……
2. 爆炸：……
3. 油气泄漏：……

安全注意事项：
……

第一力量现场预部署(具体位置应根据事故位置、类型及风向现场确定)				
单位	车号	车型	部署参考位置	备注
第二力量现场预部署(具体位置应根据事故位置、类型及风向现场确定)				
备勤增援力量				

续表

现场处置力量部署(以储罐火灾为例)		
事故点	力量部署	供水车辆
原油着火(力量部署图情景)		
流淌火		
油罐安全附件着火		
……		
根据现场灾情大小，按指令增加调整现场处置力量。		
临近消防水源：		
应急值班电话：	站内值班电话：	
监控大厅电话：	油气处理部电话：	

4 结语

本文通过对力量部署各要素进行计算，初步建立了从灭火剂供给强度和储备量、灭火器具和消防车数量、辐射热分布、相应修正方式等内容的简要量化模型，基本涵盖了油罐灭火救援的重要方面。该量化模型能够为指挥员现场决策数据提供一定参考，并用于指导编制应急预案、现场处置方案、应急处置卡等，也可作为液化烃储罐等类型的一种量化工具。

参 考 文 献

[1] 李思成，杜玉龙，张学魁，杨君涛. 油罐火灾的统计分析[J]. 消防科学与技术，2004(2)：117-121.

[2] 王备战. 试论几种类型油罐火灾的灭火方法及注意事项[J]. 消防技术与产品信息，2005(5)：24-25.

[3] 李野. 全液面油罐火的热辐射计算及扑救策略[J]. 消防技术与产品信息，2013(2)：127-129.

[4] 李玉，张涛. 基于 CFD 的油罐全液面火灾热辐射分布研究[J]. 消防科学与技术，2018(1)：7-9.

[5] 宋波，陈涛，胡成，傅学成，包志明，张宪忠，靖立帅. 油罐全液面火灾热辐射特性研究[J]. 常州大学学报，2020(1)：1-7.

【作者简介】刘越天，男，中国石化西北油田分公司，大学本科。电话：18999629797，邮箱：2449283534@ qq. com。

炼化装置泄漏火灾应急技术与装备研究

张有松

（中国石油大庆石化公司消防支队）

摘　要：本文旨在探讨炼化装置泄漏火灾应急技术与装备的研究现状和发展趋势，分析现有技术与装备的优缺点，并提出创新性的改进方案。通过案例分析和实际应用研究，本文旨在验证新型应急技术与装备的有效性和可行性，为石油石化行业的消防安全提供有力的技术支持。同时，本文也期望能够引起行业内外的广泛关注和深入探讨，共同推动炼化装置泄漏火灾应急技术与装备的不断完善和创新发展。

关键词：炼化装置；泄漏火灾；应急技术；应急装备；石油石化行业；消防安全

1　引言

在石油石化行业中，炼化装置作为核心组成部分，其稳定运行对于整个产业链的安全与效率至关重要。然而，炼化装置由于其操作的复杂性和物料的高危性，一旦发生泄漏火灾事故，后果往往极为严重，不仅会造成巨大的经济损失，还可能威胁到人们的生命安全，并对环境造成长期污染。因此，如何有效应对炼化装置泄漏火灾事故，已成为当前石油石化行业面临的重要挑战。

传统的炼化装置泄漏火灾应急技术与装备虽然在一定程度上能够应对火灾事故，但随着科技的发展和行业标准的提高，其局限性也日益显现。一方面，传统技术与装备在应对复杂火灾场景时往往显得捉襟见肘，无法满足快速、高效的应急响应需求；另一方面，随着环保要求的提高，传统灭火剂的环境友好性也受到了质疑。因此，研发和应用新型、高效、环保的炼化装置泄漏火灾应急技术与装备，已成为推动石油石化行业消防安全高质量发展的迫切需求。

2　炼化装置泄漏火灾分析

2.1　泄漏火灾的成因与分类

2.1.1　成因分析

炼化装置泄漏火灾的成因通常涉及多个方面，包括设备老化、操作失误、设计缺陷以及外部环境因素。本文创新性地提出了基于“风险矩阵”的泄漏火灾成因分析框架，该框架综合考虑了人为因素、设备因素、环境因素和管理因素，并通过权重分配和风险评估，确定了各因素在泄漏火灾中的相对重要性。此外，本文还利用历史数据和案例分析，对成因进行了量化分析，为制定针对性的预防措施提供了依据。

2.1.2 分类研究

根据泄漏源和火灾特性的不同，炼化装置泄漏火灾可分为多种类型。本文在现有分类的基础上，提出了一种基于“泄漏-火灾耦合度”的新型分类方法。该方法通过评估泄漏与火灾之间的耦合程度，将泄漏火灾分为低耦合度、中耦合度和高耦合度三类。这种分类方法有助于更好地理解泄漏火灾的发生机制和演化过程，为应急响应和灭火策略的制定提供了更为明确的指导。

2.2 泄漏火灾的特点与危害

2.2.1 特点分析

炼化装置泄漏火灾具有突发性强、扩散速度快、燃烧温度高、易引发爆炸等特点。本文在深入分析这些特点的基础上，创新性地提出了“动态蔓延模型”，用于描述泄漏火灾在时间和空间上的动态演变过程。该模型综合考虑了风速、温度、湿度等环境因素对火灾蔓延的影响，为预测和控制泄漏火灾提供了更为准确的工具。

2.2.2 危害评估

泄漏火灾不仅会造成人员伤亡和财产损失，还可能对周边环境造成长期污染。本文采用定性和定量相结合的方法，对泄漏火灾的危害进行了全面评估。在定性分析方面，本文详细阐述了泄漏火灾对人员安全、生态环境和社会稳定的影响；在定量分析方面，本文利用数学模型和统计数据，对泄漏火灾可能造成的直接经济损失和间接经济损失进行了估算。这些分析为制定应急预案和风险评估提供了有力支持。

2.3 泄漏火灾的演化机理

为了深入揭示泄漏火灾的演化机理，本文创新性地引入了“多物理场耦合”理论。该理论综合考虑了泄漏过程中的流体动力学、热力学、化学反应等多个物理场的相互作用，构建了泄漏火灾演化的数学模型。通过模拟计算和实验验证，本文揭示了泄漏火灾在不同阶段的演化特征和关键影响因素，为预防和控制泄漏火灾提供了理论支撑和实践指导。

2.4 泄漏火灾案例分析

为了增强论文的实证性和说服力，本文精选了若干典型的炼化装置泄漏火灾案例进行深入分析。这些案例涵盖了不同类型的泄漏火灾、不同规模的炼化装置以及不同的应急响应策略。通过对这些案例的对比分析，本文总结了成功和失败的经验教训，为今后的应急管理和事故防范提供了宝贵借鉴。同时，本文还利用案例数据对前文提出的理论模型进行了验证和优化，进一步增强了论文的学术性和创新性。

3 现有应急技术与装备评估

3.1 现有应急技术概述

3.1.1 灭火技术

现有的炼化装置泄漏火灾灭火技术主要包括液体灭火、气体灭火和干粉灭火等。这些技术在不同场景下各有优势，但也存在明显的局限性。例如，液体灭火剂可能对设备造成二次损害，气体灭火剂在某些情况下灭火效果不佳，而干粉灭火剂则可能产生环境污染。为了克服这些局限性，本文提出了一种基于纳米材料的新型灭火技术。该技术利用纳米材料的特殊性质，实现了快速、高效且环保的灭火效果。通过实验室模拟和现场测试，验证了该技术的可行性和优越性。

3.1.2 泄漏控制技术

对于炼化装置泄漏火灾，迅速控制泄漏源是防止火灾蔓延的关键。现有技术包括使用密封剂、堵漏工具和紧急切断阀等。然而，这些技术在面对复杂泄漏场景时往往效果有限。为此，本文创新性地提出了一种基于机器视觉和机器人技术的智能泄漏控制系统。该系统能够快速识别泄漏位置，并自动选择合适的控制工具进行精确操作，大大提高了泄漏控制的效率和成功率。

3.1.3 监测与预警技术

实时监测和预警是预防炼化装置泄漏火灾的重要手段。现有技术主要包括温度监测、压力监测和气体分析等。这些技术虽然能够在一定程度上发现潜在风险，但往往存在误报率高、响应速度慢等问题。针对这些问题，本文提出了一种基于物联网和大数据技术的智能监测与预警系统。该系统通过实时采集和分析各种传感器数据，能够准确预测泄漏火灾的风险等级，并提前发出预警信息，为应急响应争取宝贵时间。

3.2 现有应急装备分析

3.2.1 消防设备

现有的消防设备主要包括灭火器、消防栓和消防车等。这些设备在灭火过程中发挥着重要作用，但也存在操作复杂、适用范围有限等问题。为了提高消防设备的易用性和适应性，本文提出了一种基于智能感知和自动控制的消防机器人。该机器人能够自动识别和定位火源，并选择合适的灭火方式进行快速灭火。通过现场测试和模拟实验，验证了该机器人的实用性和高效性。

3.2.2 泄漏控制设备

泄漏控制设备是应对炼化装置泄漏火灾的重要工具。现有设备包括堵漏工具、密封剂和紧急切断阀等。然而，这些设备在面对不同类型和规模的泄漏时往往难以达到理想效果。为了解决这一问题，本文提出了一种基于模块化设计的泄漏控制设备。该设备根据不同泄漏场景的需求，可以灵活组合不同的功能模块，实现快速、高效的泄漏控制。通过实际应用和性能测试，证明了该设备的实用性和灵活性。

3.2.3 监测与预警设备

监测与预警设备对于及时发现和应对炼化装置泄漏火灾具有重要意义。现有设备包括温度传感器、压力传感器和气体探测器等。然而，这些设备在数据采集和分析方面存在局限性，难以提供全面准确的监测预警信息。针对这一问题，本文提出了一种基于物联网和云计算技术的智能监测与预警系统。该系统通过实时采集和分析各种传感器数据，能够提供全面准确的监测预警信息，并为应急响应提供有力支持。通过实际运行和性能测试，验证了该系统的可靠性和有效性。

3.3 存在问题与不足

尽管现有的应急技术与装备在一定程度上能够应对炼化装置泄漏火灾，但仍存在一些问题与不足。首先，部分技术和装备在应对复杂火灾场景时存在局限性，难以满足快速、高效的应急响应需求。其次，一些技术和装备的操作复杂性较高，需要专业人员进行操作和维护。此外，现有技术和装备的智能化程度较低，难以实现自动化和智能化应急响应。针对这些问题与不足，本文提出了相应的改进建议和发展方向，包括加强技术研发和创新、提高设备智能化水平、加强人员培训和技术支持等。这些建议和方向有助于推动现有应急技术与装备的不断完善和创新发展，提高炼化装置泄漏火灾的应急响应能力和水平。

4 创新应急技术与装备研究

随着科技的不断进步和炼化装置安全标准的日益提高，对炼化装置泄漏火灾应急技术与装备的创新性要求也日益凸显。传统的应急技术与装备在面对复杂多变的火灾场景时，往往难以达到理想的应对效果。因此，本文致力于研究创新性的应急技术与装备，旨在提高炼化装置泄漏火灾的应对效率和安全性，为石油石化行业的可持续发展贡献力量。

4.1 新型灭火技术研究

4.1.1 纳米灭火剂的开发

传统的灭火剂在灭火过程中可能会产生二次污染或对环境造成长期影响。针对这一问题，本文提出了一种基于纳米技术的灭火剂。该灭火剂具有环保、高效、快速等特点，能够在短时间内有效扑灭火源，同时不产生有害物质。通过实验室模拟和现场测试，验证了该纳米灭火剂的有效性和环保性。

4.1.2 智能灭火系统的构建

为了进一步提高灭火效率和准确性，本文创新性地提出了一种基于人工智能技术的智能灭火系统。该系统能够自动识别火源类型、火势大小和扩散趋势，并智能选择最合适的灭火剂和灭火方式。通过模拟实验和实际应用测试，证明了该智能灭火系统在提高灭火效率和降低火灾损失方面的优越性。

4.2 泄漏快速控制技术研究

4.2.1 机器视觉在泄漏检测中的应用

传统的泄漏检测方法往往依赖于人工巡检和经验判断，存在漏检和误检的风险。本文创新性地将机器视觉技术应用于泄漏检测中，通过图像处理和模式识别技术，实现对泄漏的快速、准确检测。实验结果表明，该机器视觉技术在泄漏检测中具有高灵敏度和高准确性。

4.2.2 智能泄漏控制装置的研发

为了快速控制泄漏源，防止火灾蔓延，本文提出了一种基于智能控制技术的泄漏控制装置。该装置能够自动识别和定位泄漏点，快速启动相应的控制机构，实现快速、有效的泄漏控制。通过模拟实验和现场应用测试，验证了该智能泄漏控制装置在实际应用中的可靠性和实用性。

4.3 智能监控与预警系统的构建

4.3.1 基于物联网技术的实时监测

为了实现对炼化装置的实时监测和预警，本文构建了一种基于物联网技术的智能监控与预警系统。该系统通过安装各种传感器和监控设备，实现对炼化装置运行状态的实时数据采集和分析。通过云计算和大数据技术，实现对数据的处理和挖掘，为预警和决策提供有力支持。

4.3.2 智能决策支持系统的开发

为了提高应急响应的效率和准确性，本文开发了一种基于人工智能技术的智能决策支持系统。该系统能够根据实时监测数据和历史数据，智能分析火灾发展趋势和可能的风险点，为应急响应提供科学、合理的决策建议。通过模拟实验和实际应用测试，证明了该智能决策支持系统在提高应急响应效率和降低火灾损失方面的有效性。

4.4 创新技术的综合应用与验证

为了验证上述创新技术的综合应用效果，本文设计了一系列模拟实验和现场应用测试。

通过对比分析传统技术与创新技术的应用效果，证明了创新技术在提高炼化装置泄漏火灾应对效率和安全性方面的优越性。同时，本文还探讨了创新技术在不同场景下的适用性和推广价值，为未来的技术应用和推广提供了有力支持。

5 案例分析与实际应用

理论研究的最终目的是服务于实践。本文的案例分析与实际应用部分旨在将前文所述的创新应急技术与装备应用于实际场景，通过具体案例的剖析，验证其有效性和实用性，并进一步探讨其推广价值和应用前景。

5.1 典型案例分析

5.1.1 案例一：某石化企业泄漏火灾事故

本案例详细描述了某石化企业在生产过程中发生的一起泄漏火灾事故。事故原因主要包括设备老化、操作失误和安全管理不到位。事故造成了严重的人员伤亡和财产损失，并引发了环境污染。

在案例分析中，本文创新性地运用了多源信息融合技术，综合分析了事故现场的视频监控、传感器数据和应急响应记录等多源信息，还原了事故发生的全过程。通过分析，本文发现传统应急技术与装备在应对该事故时存在的局限性，如灭火效率不高、泄漏控制不及时等。

针对这些问题，本文提出了针对性的改进措施，并基于前文所述的创新应急技术与装备，对事故应对过程进行了重构。通过模拟仿真，验证了改进措施在提高灭火效率、快速控制泄漏等方面的优越性。

5.1.2 案例二：某炼油厂智能应急响应系统应用

本案例介绍了某炼油厂在引入智能应急响应系统后的实际应用情况。该系统集成了智能监测预警、智能决策支持、智能灭火和智能泄漏控制等多项创新技术。

在案例分析中，本文详细阐述了该系统在炼油厂日常安全管理、应急演练和实际火灾事故应对中的应用情况。通过对比分析引入智能应急响应系统前后的数据，本文发现该系统在提高应急响应效率、降低火灾损失和增强安全管理水平等方面具有显著效果。

此外，本文还对该系统在实际应用中存在的问题和不足进行了深入探讨，并提出了针对性的优化建议。这些建议对于进一步完善智能应急响应系统、提高其在炼化装置泄漏火灾应对中的实用性和可靠性具有重要意义。

5.2 实际应用效果评估

为了验证创新应急技术与装备在实际应用中的效果，本文选取了多个具有代表性的炼化企业作为试点单位，进行了为期一年的实际应用测试。

在测试过程中，本文综合运用了问卷调查、现场访谈、数据分析等多种方法，对试点单位在应用创新应急技术与装备前后的应急响应能力、安全管理水平、员工安全意识等方面进行了全面评估。

评估结果显示，试点单位在应用创新应急技术与装备后，其应急响应速度平均提高了30%，火灾损失降低了25%，员工安全意识明显提高。同时，试点单位的安全管理水平也得到了显著提升，事故发生率明显降低。

这些数据充分证明了创新应急技术与装备在实际应用中的有效性和实用性。

5.3 推广价值与应用前景

基于上述案例分析和实际应用效果评估，本文认为创新应急技术与装备在炼化装置泄漏火灾应对中具有广阔的推广价值和应用前景。

首先，创新应急技术与装备能够显著提高炼化企业的应急响应能力和安全管理水平，降低火灾事故的风险和损失。这对于保障企业安全生产、维护员工生命安全具有重要意义。其次，创新应急技术与装备的应用有助于推动石油石化行业的科技进步和产业升级。通过引入智能化、自动化等先进技术，可以实现炼化装置的安全监控和预警，提高生产效率和资源利用率，推动行业的可持续发展。最后，创新应急技术与装备的应用还可以为企业带来经济效益和社会效益的双赢。通过降低火灾事故的损失和提高生产效率，企业可以节省大量成本并增强市场竞争力。同时，创新技术的推广和应用也有助于提高社会整体的安全意识和应急能力，为构建和谐社会贡献力量。

6 结论与展望

6.1 结论

本文围绕创新应急技术与装备在炼化装置泄漏火灾中的应用进行了深入研究，通过理论分析和实际应用案例的验证，得出以下结论：

首先，创新应急技术与装备的研发和应用对于提高炼化装置泄漏火灾的应对效率和安全性至关重要。这些技术不仅能够在火灾发生时迅速控制火势，减少损失，还能在日常运行中提供智能监控和预警，防患于未然。其次，智能化、自动化的应急技术与装备是未来炼化行业发展的必然趋势。随着科技的不断进步，传统的人工巡检和手动操作已经无法满足日益严格的安全标准和效率要求。因此，引入智能化、自动化的应急技术与装备是提高炼化行业安全生产水平的关键。最后，创新应急技术与装备的推广和应用需要行业内外各方的共同努力。这包括政策支持、资金投入、人才培养等多个方面。只有形成合力，才能推动创新技术的快速发展和广泛应用。

6.2 展望

展望未来，创新应急技术与装备在炼化装置泄漏火灾中的应用将更加广泛和深入。随着人工智能、物联网等技术的不断发展，我们可以期待更加智能化、高效化的应急技术与装备的出现。同时，随着全球对环境保护和可持续发展的日益关注，创新应急技术与装备的研发和应用也将更加注重环保和可持续性。

我们期待未来的炼化行业能够在创新应急技术与装备的助力下，实现更加安全、高效、环保的生产运营，为社会的可持续发展做出贡献。

参 考 文 献

[1] 炼化装置泄漏火灾应急技术与装备的创新研究. 石油化工安全环保技术，38(1)，1-8.

[2] 基于人工智能的炼化装置火灾智能监控与预警系统研究. 中国安全科学学报，31(6)，145-152.

[3] 纳米灭火剂的制备及其在炼化装置火灾中的应用. 消防科学与技术，39(7)，989-994.

[4] 基于机器视觉的炼化装置泄漏快速检测技术研究. 中国石油大学学报(自然科学版)，43(5)，122-128.

[5] 智能应急响应系统在炼化装置火灾中的应用与实践. 中国安全生产科学技术，14(10)，173-178.

【作者简介】张有松，男，中国石油大庆石化公司消防支队，大学本科。电话：18604599119，邮箱：shxfzx@163.com。

炼化企业基层安全监督岗位对策思考

齐　玮

（乌鲁木齐石化公司炼油厂二车间）

摘　要： 针对炼化企业而言，安全监督工作为企业安全生产的核心基础，需积极将安全监督工作中存在不足改进，根据当前时代发展要求，优化管理理念，加强人员安全环保意识培训力度，打造专业化监督服务团队，为炼化企业生产安全做以保障。本文分析炼化企业在安全监督内容及方法，提出做一名合格安全监督条件。

关键词： 炼化企业；安全监督；安全环保

安全监督管理人员作为企业安全生产长周期运行的关键岗位人员，应树立“安全第一、预防为主”的工作原则。新常态下，安全监督作为安全管理的一种方式，旨为保护员工生命财产安全、促进企业良性发展，对企业安全作业及生产进行监管，在炼化企业管理中的监督，主要指为企业安全环保管理取得较佳的管理成效，对各类生产活动进行检查、监督，为人员及设备工作提供安全环境。秉承着对安全监督工作的热爱，现就炼化企业安全监督工作与大家进行探讨，并从个人角度提出针对性意见及改善措施，确保企业各项生产活动的可靠开展。

1　炼化企业在安全监督服务工作中存在问题

（1）安全监督部门职能关管理趋于形式化，炼化企业安全监督职能机构，为企业安全生产做以保障，主要将各项安全制度予以传达，并根据企业生产实际状况，制定完善的安全管理制度，通过相应的监管措施，确保安全管理任务及目标全面贯彻于实际生产中。现阶段，各行业竞争愈发激烈，企业出于自身利益考量，安全监督职能目标未能明确，监督服务管控层面处于边缘化，职能人员未能将管理责任精细化分配，存在“重布设任务，轻检查落实”。同时，部分基层安全管理人员，实践经验缺乏，制定相关安全管理制度适用性薄弱，无法获取较佳的安全管理成效。此外，炼化企业生产工作中，部分人员出于指标任务考量，忽视安全监督，为企业安全环保生产埋设隐患。

（2）生产检修安全监护人员专业化缺乏，安全监护人员为企业安全生产重要防线，承担生产检修、外来施工等监护任务。基层安全监护人员实施监护作业缺乏合理性，监护人员专业素养有待提升，难以将监护工作中核心要领准确把控。同时，监护人员针对安全隐患及高危作业管控中，未能严格依照相关标准行使自身权力，造成企业生产中违章操作时有发生，增加安全环保事故发生风险。

（3）企业员工安全环保意识淡薄，炼化企业若想获取较佳的安全环保管理成效，需企业全体员工努力，形成人人监护、人人监管的良好氛围，为安全环保生产做以支撑。现阶段，炼化企业生产人员及检修人员实际工作中，自身安全监护意识淡薄，实际生产中未能严格依照相关流程实施，为各类安全环保事故发生提供助力。生产工作中，只有积极将员工安全监督意识增强，提升自身专业技能，才能减少安全环保事故发生。

2 安全监督培训教育职责

安全监督人员应积极组织开展安全教育培训工作，安全教育和培训是做好企业安全生产工作的根本，任何好的工作程序、操作规程都是建立在员工理解的基础之上，才能高效实施，因此安全监督人员要对安全教育工作进行督促，安全教育的方式可采用班组安全活动、安全经验分享、安全知识讲座以及举办安全知识技能竞赛等，充分提高各级人员的安全知识储备，提高人员的安全生产意识，从而为企业打下坚实的安全文化基础。

3 炼化企业安全监督工作内容

针对炼化企业安全监督而言，工作检查落实为生产安全核心保障，安全监督检查内容核心包含三大模块，即安全生产管理、劳动安全、劳动卫生。

(1) 安全生产管理内容较多，主要包含以下几个要点：①在实际生产过程中，是否依据相关生产方针、政策、法律等进行操作。②企业内部相关安全生产制度完善状况，且制定相关安全生产制度，是否与企业实际状况吻合。③实际生产过程中，是否制定相应的生产责任制。④实际生产进行中，是否将安全生产检查及隐患整改落于实处。⑤对生产人员安全宣教状况，主要指针对新员工实施三级教育，特殊工种人员需进行安全教育及考核。⑥伤亡事故报告制度执行，以及各类事故调查处理状况。

(2) 劳动安全，主要从以下几方面体现：①实际生产布局是否具有科学性及合理性，安全通道是否保持通畅，环境的整洁度。②设备是否依据相关养护要求操作，各类设备、电气与技术要求吻合度，安全防护装置配备状况。③锅炉、压力容器等购置、安装，是否严格依照相关流程，针对易燃易爆物品存放，是否与我国相关标准吻合。④针对实际生产中，重要及危险部位，是否具有安全标识。

(3) 劳动卫生，主要包含以下几方面：①实际生产过程中，工作场所是否产生有毒物质，有无针对性防护措施。②针对从而有害作业人员，是否建立检查制度及健康档案。

4 炼化企业安全监督工作方法

(1) 落实生产单位票证精准预约制度的建立，监督作业预约制度的有效实施，生产单位的各项作业需纳入预约计划中进行管控，做到“有作业必有预约”的管理要求，各级人员要充分利用电子票证信息平台，并提前进行风险研判及公示。

(2) 根据生产单位检维修施工作业及生产情况制定安全监督检查计划及监督方案，有序开展安全监督检查工作，对作业现场及生产场所从“人的不安全行为、物的不安全状态、原料化材、管理缺陷、环境因素”五个方面进行管控，纳入安全监督管理范围，以监督日志的形式进行记录，对发现的问题及时公示并作出 HSE 提示。

(3) 日检查、周通报、月考核为炼化安全监督日常工作的主线，其中日检查主要指，安全监督部门抽调专业人员，每天定时进行现场监督检查工作，给予现场高危工作正确指导。周通报主要指，每周将一周内检查状况通报，主要以多媒体展示，或通过企业安全监督网站进行发布。月考核主要指安全监督，将每月实际监督状况汇总，并积极将内容进行评估。

（4）监督生产单位直线责任落实，落实“三个必须”，确立安全生产监管执法部门地位，按照安全生产管行业必须管安全、管业务必须管安全、管生产经营必须管安全的要求，发挥“以监促管”的作用，强化施工作业的直线责任，确保安全责任落实到位，严格监督管理“危险作业、节假日、重要敏感时段”的升级管控，确实保障关键环节的安全受控，突出边缘时段、夜间、偏远岗位的检查，让安全管理工作全天候无遗漏。

（5）安全监督管理人员应以施工作业安全界面为监督检查的着力点，对 JSA 风险识别及安全管控措施进行落实，严禁出现“三假”现象，即“假监管、假识别、假监护”等形式化问题。

（6）安全监督检查人员要按照监督计划 100%进行覆盖检查，重点岗位危险作业项目要“反复查、查反复”通过巡回检查、专项检查、旁站式检查等多种形式进行开展，熟练掌握并运用安全观察与沟通的使用方法。

（7）落实开展“四步走”工作法，现场检查为安全监督人员核心工作之一，其中四步走主要包含四个程序，不仅包含审视、交流，而且涉及赞许及施压，与企业“六步走”思想存在较大差异，其核心强调监督、指导、管理及服务。将生产安全现场进行全方位检查，并与生产工作人员建立良好的沟通、交流，安全监督人员工作开展过程中，不仅需给与生产工作人员鼓励，正确为生产人员提供安全指导，而且适当给与压力，要求生产作业人员在生产过程中将各项操作规范化，对发生的问题和处罚要坚持原则、廉洁自律、做到公平公开公正。

5　炼化企业安全监督服务工作优化措施

（1）去形式化管理理念，引领安全监督工作。炼化企业若想获取良好的安全监督成效，应以监督机构管理为切入点，加强安全监督部门建设管理，优化管理理念及模式，根据企业实际战略目标，制定完善的安全环保监督政策方针。同时，积极以安全制度贯彻为核心，安全教育为引导，完善安全监督基础设施，营造安全生产的工作氛围。此外，应杜绝安全工作止步于表面，加强电子办公建设，增加监督部门入驻基层频次，将生产各细节予以严控，以“安全第一，预防为主”为核心导向，最大限度发挥各级监督机构价值，为企业安全生产奠定基础。

（2）结合生产实际，建设专业安全监护团队，需以基层车间为核心，将其危险操作进行汇总，并根据高危程度完成划分，通过多途径加强安全环保教育，譬如积极组织讲座、播放反面案例等，增强生产人员安全环保意识。同时，打造专业化团队，将安全监督服务能力为考评核心指标，抽调专业人员作为安全监护人员，确保安全监护团队整体服务能力，切实投入于安全监督工作中。应以生产车间为单位，安全监督人员应根据企业实际生产状况，制定完善的监督计划，并与基层车间构建良好的交流及沟通，实时分享安全监督经验，提升自身监督能力，促进基层安全监护团队专业化及标准化，为企业安全生产保驾护航。

（3）多举措并行，强化全体员工安全环保生产意识，企业实现安全生产核心目标，需全体员工共同努力，企业应通过多方面举措，增强员工安全环保意识，为安全生产把好关。首先，应减少理论安全教育，应通过现场讲解，实际将工作中安全注意要点明确，不仅使员工增强安全意识，而且通过自身思想意识，不断约束自我行为，将实际生产中安全要点落于实处。其次，企业应根据实际状况，加强专业监护人员培训，及时将当前新型监护理念吸收，提升安全监护人员实践能力，可从两方面实现：其一，组织各类监护竞赛。通过理论试题，使监护人员将安全要点明确，并结合当前先进的安全监督理念提出自身管理策略，并需确保其适用性。其二，现场实时竞赛。给予相应的约定时间范围，布设相应的生产安全“陷阱”，监护人员需在规定时间内，将各类安全隐患确定，并给予相应的解决措施。最后，加大安全监督服务考核力度。此种方式可提升员工安全意识，激励员工在工作中将自身能动性发挥，正确引导员工从思想及行为上步入规范化安全生产道路，确保各项工作安全开展。

6 结语

炼化企业安全环保生产，为行业及社会关注的焦点，若想获取较佳的安全监督成效，需从多方面着手，为企业安全生产做以保障。因此，应根据企业发展战略目标，不断优化安全管理理念，完善监督机构职能，建立专业化安全监护团队，增强全体员工安全环保意识，自行在工作中约束自身行为，为各项生产活动安全实施保驾护航。

参 考 文 献

[1] 王庆锋，刘家赫，柳建军，等. 炼化企业设备的本质安全可靠与监管智能化对策研究[J]. 中国工程科学，2019，21(6)：137-144.

【作者简介】齐玮，男，乌鲁木齐市米东区石化公司炼油厂。电话：18199739313。

快速"一分钟应急"处置程序卡的创新管理与实践

陈　勇

（中国石油乌鲁木齐石化公司化肥生产部）

摘　要：本文阐述如何通过在化工生产企业内部开展事故风险分析评价，确定应急预案体系，采取一系列有效措施，解决了应急预案具体指导性不足、应急操作卡可操性不强、典型事故缺乏合理的应急处置程序、应急专业组应急职责落实不到位、属地应急演练评估不量化等实际问题。

关键词：风险评估；应急预案；应急能力；预案体系

1　概述

2022年，中国石油乌鲁木齐石化公司（简称乌石化）化肥生产部通过开展事故风险分析评价，明确生产部主要事故类型和风险等级及影响范围，确定应急预案体系，重新修订应急预案，编制应急专业组应急程序卡，针对不同事故类型编制厂级和车间级两级适用应急处置程序卡。通过对"一分钟应急"处置程序卡内容的规范和细化，同时随机开展属地应急抽查验证等一系列管理提升活动，解决了应急预案具体指导性不足、应急操作卡可操性不强、典型事故缺乏合理的应急处置程序、应急专业组应急职责落实不到位、属地应急演练评估不量化等实际问题，"一分钟应急"能力得到有效提升。

2　实施背景

在《"十一五"期间国家突发公共事件应急体系建设规划》和《国务院关于全面加强应急管理工作的意见》等重要政策文件中，明确提出要"加强应对突发事件能力建设"，并将其作为进一步完善我国应急管理体系的重要举措。随着GB/T 29639—2020《生产经营单位生产安全事故应急预案编制导则》的发布，对于应急预案编制在整体要素及编制要求上与前期都有较大变化，重点强调突出应急预案的简明化、可操性和合理性，对综合预案、专项预案要素进行了重新明确。

2020年，中国石油天然气集团有限公司针对性提出了"一分钟应急"能力建设管理理念，2021年初，乌石化在各二级单位开展应急能力建设工作。乌石化化肥生产部在实施过程中发现存在以下问题：①对"一分钟应急"能力的理解和认识不统一；②应急专业组在应急过程中职责发挥不充分，应急行动不明确，重点不清楚；③"一分钟应急"操作卡在联系汇报上要求过多，没有突出将第一时间控制事故源扩大关键步骤作为应急行动的第一指令的特点；④属地单位无法针对所有可能发生事故的具体点位一一对应编制应急操作卡，造成属地单位还存在的其他类典型事故缺乏必要的应急处置指导原则。

3 主要措施

3.1 制订工作计划和方案

2022 年，乌石化化肥生产部结合年度应急预案修订工作，依据国家相关标准要求和“一分钟应急”工作思路，组织开展了应急预案的全面修订工作，对应急操作卡无有效覆盖的其他事故类型针对性编制应急处置程序卡，做到各类事故应急处置有方案、行动有依据、措施有目标，并通过定期性应急抽查进行效果验证。2022 年初，对标 GB/T 29639—2020 制订应急预案修订工作方案，从厂级和车间级两级分别全面修订应急预案。

在方案编制过程中实现如下工作目标：①达到对标要求，预案编制总体框架结构必须符合最新国家标准规范要求；②解决原预案编制要素过多，文字描述中无关内容冗长，重复内容较多，应急处置等关键要素不突出、应急职责不具体，缺乏明确工作要点和工作流程的问题；③达到各级应急预案简明实用，应急处置要素更加完善，职责工作程序尽可能图表化、流程化，便于专业小组理解、掌握和执行；④针对事故应急风险评估结论中可能发生主要重大风险事故类型，编制典型事故处置程序卡。

3.2 开展事故风险分析评估

通过规范组织开展乌石化化肥生产部生产安全事故风险分析评估，明确主要事故类型和风险等级及影响范围，进一步细化和完善应急预案体系。炼化企业的特殊性，决定了其事故类型较多，事故处置难易程度不同，事故后果大小难以判定等复杂局面。运用科学的方法分析评估属地装置可能发生的事故类型及事故后果，对应急预案体系的建立，应急处置的方向性、准确性以及应急物资的配置、应急人力的安排、应急支援力量的配备等应急准备至关重要。

“一分钟应急”能力的建设不是单一独立的一项工作，通过准确的事故风险分析，能够在确定事故发生在窗口期阶段出现触发点之前，通过风险分级管控、隐患治理，来消除或减少事故因子诱发事故的概率。在窗口期阶段出现触发点之后，通过管控措施和纠防措施，能够减缓事故因子恶化。在事故发展期阶段，通过现场初期有效应急措施，快速有效遏制突发事件的进一步扩大。必须避免以往“一分钟应急”内容千篇一律地请求支援、拨打应急求救电话、汇报联系等不属于应急处置，防止事故扩大的初期应急措施的内容，为班组人员提供能够快速应对事故处置更有实用价值的应急处置卡。

3.3 专业应急队伍应急程序卡编制

针对 2021 年应急工作总结分析各专业应急小组应急职责落实不到位，事故应急演练过程中不能够有针对性地对事故结合专业管理提出专业建议，站桩式演练、套路化演练过多。其主要原因是专业小组应急职责虽然在总体预案里有要求，但多为原则性描述，缺少具体要求，实战指导意义不强，对属地单位应急过程中判断、纠错、协调作用发挥指导不足。

针对上述问题，有针对性地组织编制应急安全组、技术组、设备组、环保组、综合组的应急程序卡。程序卡内容分为专业组应急职责、组员职责、立即行动内容、后续行动内容、专业组应急授权程序、注意事项 6 个部分，将专业组应急职责用程序卡的形式进行固定，达到应急专业组职责明了化、组员工作职责明确化、专业应急行动工作程序明确化、处置原则简明化重点化。使应急专业组便于掌握和执行，即使专业组长不在场的情况下，组员也可依照程序卡履行专业应急职责。程序卡的编制不但使其自身具有良好的可操作性和实用性，同时也符合新国标对于应急组织机构应急职责分工及行动任务以工作方案的形式作为附件体现的要求，达到了对标和应急能力提高的双标要求，使应急处置层级职责的合理性、实效性和可操作性都有不同程度的提高。

3.4 编制特定典型事故应急处置程序卡

乌石化化肥生产部共有13项专项应急预案，此外，各属地单位结合生产实际情况分别制定了工艺、设备、安全环保、火灾爆炸和自然灾害5类事故应急操作卡，由此构成了班组、车间、生产部三级的应急预案体系。其中事故救援方案涵盖了主要风险事故，但由于化工装置工艺流程复杂，可能发生同类事故的具体部位遍布整个装置区域，无法针对每种事故类型可能发生事故的部位均编制针对性的应急操作卡，尤其在事故预想对可能发生事故的设备设施或事故区域，往往没有针对性应急操作卡，若以相类似或不同区域类似事故应急操作卡来替代，会出现具体操作步骤不符合实际事故点操作要求的现象，造成的直接影响是事故发生时对事故初期应急和事故控制造成延误，或因处置要点不明确、处置错误造成次生事故的发生。因此，补充编制典型事故处置程序卡十分必要。

在组织编制典型事故处置程序卡前，首先收集乌石化化肥生产部相关操作规程、危险化学技术说明书、安全技术装备、气消防设施、人力资源等基础资料，为典型事故应急处置程序编制提供技术支持。

其次结合属地生产实际和现有应急操作卡编制了车间级机械伤害、人员触电、酸碱灼伤、人员中毒窒息、厂内交通事故等具体事故类型应急处置程序，编制危险化学品泄漏、氨气消漏、火炸爆炸、放射性事故应急处置程序卡。根据事故发生的危害程度和事故地点，进一步分为典型事故一般处置措施卡和事故典型场景应急处置注意事项卡，重点突出了应急处置关键操作步骤，强化事故初期“一分钟应急”操作和事故扩大后的应急处置要点。

此外对各装置应急操作卡完成修订，明确“一分钟应急”操作内容。乌石化化肥生产部应急操作卡总计585份，共修订539份，无需修订的有46份。修订内容按值班长、中控、现场操作人员三级对应急操作要求进行明确，应急处置关键操作要求控制在1min内，以便及时将险情控制在最小的影响范围内，为后续的应急处置提供更多安全保障。

最后对安全环保类、火灾爆炸类、自然灾害类应急操作卡按照新的操作卡管理要求对初期险情控制内容进行了修改，增加穿戴空气呼吸器，携带氧含量、可燃气体检测仪，现场清理人员并警戒、发生人员受伤或火灾爆炸事故应及时拨打火警及急救电话请求支援等内容。应急操作内容描述确保初期险情控制内容简单明了，一般不超过5步，确保班组能在1min内行动并能够初步控制险情。自然灾害类、人员伤亡类等涉及人员伤亡的应急操作卡，要求将施救人员防护、人员搜救、人员清点等作为优先内容。

3.5 组织开展应急培训

在影响“一分钟应急”的因素中，人的因素至关重要，基层班组的对应急职责的掌握、对突发事故的判断力、事故发生后的执行力都决定了事故初期处置的效果。为提高班组人员应急能力，乌石化化肥生产部按照突出事故发现人能力(信息准确传递、现象、介质、范围、有无人员伤害、报警能力)、增强值班长能力(事故判断能力、判断事故处置方向能力、应急启动准确性、应急人员协调分配能力)、强化内操能力(应急预案执行能力、紧急切断连锁远程操作能力、互供料信息传递能力)、提高外操能力(初期险情处置能力、安全防护能力、人员急救能力、关键应急操作能力)组织开展应急能力提高培训，按年度应急演练计划开展应急演练。为验证培训效果，通过日常应急抽查开展效果验证，制定了量化打分表，明确演练过程重点程序规范行动量化分值，对演练情况逐项打分评估。

4 实施效果

快速“一分钟应急”处置程序卡的实施与应用，使得各层级预案之间相互紧密衔接，应急职责、应急处置原则统一明确，确保了“一分钟应急”突出实效，应急预案更加完整性，可操作性更强。同时逐步提高了专业应急小组对演练中应急能力薄弱环节的认识，促进了主动履职，使措施执行有力，形成了专业间协同配合默契的良好应急局面。消除了以往专业组站桩式演练，督促型被动行动，措施执行滞后等现象。[2]使“一分钟应急”能力在班组层面以上得到了加强，提高了真实事故状态下的应急处置和防止事故扩大化的能力。

2022 年，乌石化应急抽查平均分及格线为 75 分，乌石化化肥生产部自加压力将平均分及格线提高到 80 分，并将其作为年度重点专项工作向各属地单位下切计划，使各属地单位对提升应急能力更加重视，有利工作开展。通过行之有效的工作组织开展，乌石化化肥生产部 7 个属地单位共抽查应急演练 49 次，年度平均分达到了 82 分，顺利完成了年初既定的工作目标。

5 结语

通过将以上措施实施落地，合理细化了应急操作程序，充分完善了生产部应急预案体系，切实提高了基层人员在突发状况下的响应速度和应急处置能力，降低了生产事故发生概率，为化工企业生产装置安全运行提供了保障，在同类型化工企业中具有可推广的实际意义。

参 考 文 献

[1] 刘景凯. 企业突发事件应急管理[M]. 第 1 版. 北京：石油工业出版社，2010：4.
[2] 刘景凯，肖斌涛，侯洋. 危化品企业应急演练的实践[J]. 劳动保护，2019，67(12)：26-29.
[3] GB/T 29639—2020. 生产经营单位生产安全事故应急预案编制导则[S].

【作者简介】陈勇，男，本科学历，2015 年毕业于中央广播电视大学机械设计制造及其自动化专业，现在中国石油乌鲁木齐石化公司化肥生产部质量安全环保科从事化工安全生产相关工作。电话：0991-6904784，邮箱：chenyws2@ petrochina. com. cn。

井喷失控着火抢险技术进展

胡旭光　王　超　罗　林　刘贵义　李红兵　曾国玺　钱卫斌　刘　伟

(1. 中国石油川庆钻探工程有限公司井控应急救援响应中心；
2. 中国石油井控应急救援响应中心；3. 国家油气田救援广汉基地)

摘　要： 井喷失控是石油天然气工业领域性质严重、损失巨大、难以控制的灾难性事故，尤其是"三高井"井喷失控着火后，将对人民生命安全、环境及财产造成巨大影响，当井喷失控事故发生后，通过一系列专业处置，对油气重新恢复控制的技术称为井喷失控着火抢险技术。21 世纪以来，国内通过持续攻关，井喷失控着火抢险技术与装备不断升级迭代，创新形成了从险情侦察、冷却掩护、清障切割到井口重置的全过程带火作业技术，成功处置了国内外多起井喷失控着火险情。当前，井喷失控着火抢险技术与装备正瞄准信息化、智能化、无人化加大攻关，以应对日趋复杂的油气勘探开发井控形势。

关键词： 井喷失控；三高井；全过程带火作业；信息化；智能化

1　井喷失控着火抢险技术简介

我国陆上油气井井喷失控着火抢险技术伴随着我国油气勘探开发由易到难逐步发展，从钻开第一口油气井开始，多次损失惨重的井喷失控事故处置，不断推动这项技术的进步。以 1966 年塘河 1 井为例，该井关井求压时井口高压将井口测试管线憋破，击碎防爆灯后着火，抢险人员多次查看后发现了管线破口位置，解决方案是关闭破口上游的 3 号闸阀。由于当时没有防护设备，钻井工人用湿透的棉被，铺上沙子，充当防火服冲进火海抢关闸门，6 名工人英勇牺牲。进入 21 世纪，国内在总结科威特抢险灭火技术的基础上，成立专业化井控应急救援响应中心，吸收了本技术领进入域内的一些国际先进理念和设备，形成了一套完整的井喷失控应急救援流程，成功处置了国外某井喷失控着火等险情，见图 1。近十年来，国内高度重视井控应急救援技术发展，依靠科技攻关和引进配套，不断提升技术与装备水平，形成了从险情侦察、冷却掩护、清障切割到井口重置的全系列陆上井喷失控着火抢险技术。

2　抢险案例

2006 年，位于土库曼斯坦东南部某井在钻至 4577m 时由于泥浆严重漏失，强行起钻诱发井喷失控着火，钻杆喷出 420 多米，井口竖直火焰达 70m(图 1)，同时该井富含硫化氢。井喷失控着火后，外方曾企图用坦克炮灭火，防喷器弹洞累累，喷口增多，向东南方严重倾斜，历时 1 个多月的艰苦努力，该井抢险作业取得圆满成功，获得了土库曼斯坦的发信表扬。

图1　国外某井喷失控着火

2.1　处置难点

(1) 储层资源丰富、单井产量高、含硫量高。井口敞喷估产达到$500\times10^4m^3/d$，硫化氢含量达到$34.5g/m^3$，人员作业风险高，带火抢险难度极大。

(2) 防喷器受到炮击后损毁严重，刺漏点多。土方前期实施清障作业时，造成四通闸门损坏，凶猛的横向火势完全覆盖了井口周围40m范围的区域，抢险作业人员难以靠近井口。井口向南侧倾斜，井口螺栓严重变形，拆卸法兰、吊装井口等作业过程难度极大。

(3) 该井地处沙漠腹地，掩护所需的供水量远远达不到抢险作业需要，抢险作业需求为$5000m^3/d$，而实际能供应的只有$2000m^3/d$。

(4) 风向多变，火向多变，作业人员和设备面临极大风险。土方气象台无法准确预报未来3天的气象情况，甚至次日的风向也难以预测。

2.2　处置过程

(1) 制定抢险方案

①采用水力喷砂切割方式从钻井四通下部切掉防喷器组，使四面喷射的火焰竖直向上；②采用火焰切割方式切割钻井四通底法兰螺栓，为安装新井口创造条件；③清理井口周围障碍物，以便实施下步作业；④安装新井口。

(2) 带火切割

共经历两次切割，对防喷器组的钻井四通下部实施带火喷砂切割。第一次切割耗时210min，排量$0.4\sim0.7m^3/min$，压力37~49MPa，因切割用固井车出现故障，停止切割。第二次切割排量$0.73\sim0.82m^3/min$，压力42~48MPa，经过近12h的战斗，成功切割掉防喷器组。

(3) 带火清障

罩引火筒进行清障是抢险作业的必备条件之一，但由于土库曼斯坦曾多次炮击井口，致使井口向南倾斜，导致井口火焰倾斜，加上井口喷势极其猛烈等原因，多次尝试罩引火筒均未能成功，被迫进行带火清障作业。经过三次清障后，成功将井口周围障碍物清除，将井口暴露出来。

(4) 重置井口

由于该井含硫量极高，喷口气核高度达到5m左右，火焰高度近100m，不具备灭火作业的条件，决定带火重置新井口。重置新井口时切割气流上顶力大，火焰喷射温度极高，吊装加压钢丝绳极易烧断，为避免新井口切割气流时火焰熄灭导致人员硫化氢中毒，井口操作人员佩戴空气呼吸器进行抢险作业，经历5个多小时的艰苦努力，成功重置新井口。

3 技术与装备现状

3.1 险情侦察

险情侦察是制定抢险方案的基础，险情侦察主要包括井场内外信息侦察。井场内信息侦察需重点了解火势大小、有毒有害气体含量、井口装置是否完好、泄漏点位置、井场内温度场、障碍物堆积情况等，井场外信息侦察需重点了解井喷着火影响范围、受波及区域、周围道路、水源、居民分布情况，为下步冷却掩护的布置、清障切割对象、井口重置方法的确定建立依据。

传统的险情侦察主要依靠抢险人员尽量靠近井场进行信息侦察，初步判断井口情况，再尝试各种方法进行处置，但该方法始终无法实现近井口甚至近井场侦察，获取信息极度有限。由于高温、有毒有害气体的存在，侦察人员面临极大的心理压力和安全风险，井控专家往往因无法获取关键信息而无法快速做出判断，制定救援方案，导致失去了抢险救援的最佳时机。当前险情侦察主要依靠侦察机器人和应急无人机进行，从地面和空中进行共同侦察、相互补充，见图2。应急无人机具有高清、长续航的特点，能对现场进行实时视频监控、温度场检测，提供较为全面的现场视角，且能快速生成所侦察区域的二维、三维态势图，可为专家制定抢险救援方案提供了有力支撑。侦察机器人具备图像采集、红外成像、环境检测、自主避障、自冷却、无线传输、防爆等多种功能，可协助人员对近井口核心区域进行侦察，并将图像信息进行远程实时传输，该项技术与装备已在井喷失控着火实战演练及重大井控险情处置中得到检验。

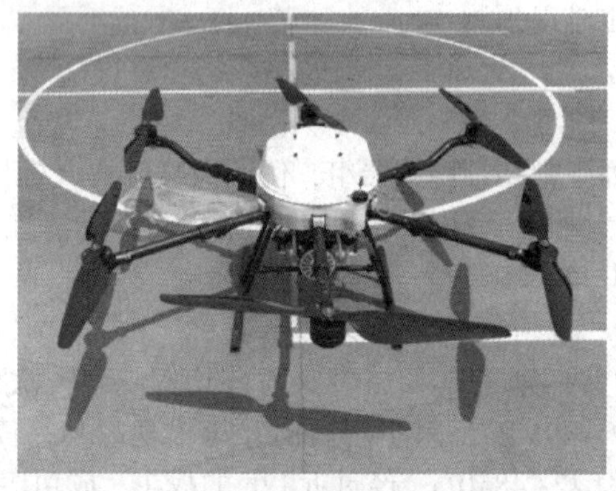

图2 应急无人机和侦察机器人

3.2 冷却掩护

井喷失控着火后，井口温度高(甚至超过1500℃)、热辐射强，抢险人员和设备进入井场前需通过冷却掩护设备对井场实施喷淋降温，压制横向火，创造安全作业面，保护人员和设备进入核心风险区域。同时，为防止井口防喷器、四通等在长时间高温炙烤下损坏，需持续进行冷却掩护，确保井控装置完好，为下步抢险方案的执行创造条件。

传统的冷却掩护主要通过水炮进行，具有操作简单、便于维保的特点，已在多次井喷失控着火现场使用，但机动性相对较差，供水量、射程也存在一定的不足，若摆放位置距井口较远时掩护效率可能偏低，同时若风向突变难以及时调整掩护位置或将水炮撤离出危险区域，见图3。当前冷却掩护主要通过冷却掩护机器人与水炮相互补充进行，呈阶梯状布置掩护布局。冷却掩护机器人以细水雾隔热、喷淋机具表面热散失规律为理论基础，确保机器人在600℃高温环境中正常工作，搭载双侧独立驱动电机和手自一体120L/s水炮，优化机器人行走力平衡设计，采用了适应应急抢险恶劣路况的履带行走机构，最大掩护半径达100m。在高温高危区域变化时，可快速改变掩护阵型及水炮布局，实现最大限度靠前掩护，保障抢险人员人身安全和近井口机具连续作业时间，提升抢险作业效率，见图4。

图3 水炮

图4 冷却掩护机器人

3.3 带火切割

“三高”油气井井喷失控着火后，必须通过切割清障清除井口装置周围歪斜、倒塌的障碍物，如倒塌的井架、钻具、泥浆罐、防喷管汇、放喷管汇等，为下步井口重置装置进出场创造条件。

传统的带火切割主要依靠远距离水力喷砂切割装置完成，适用于喷量较高的带火抢险作业。当前带火切割技术主要包含了水力切割、机械切割、火焰切割三种切割方式，研制了远距离高压水力喷砂切割装置、便携式水力喷砂切割装置及燃烧棒等系列装备，满足带火和不带火、大壁厚和小管径、有氧和无氧环境的切割需要，见图5、图6。其中，远距离高压水力喷砂带火切割装置设计有两个切割喷头及可互换多种行星减速机构，实现多种切割速度变换，解决了进口作业时不易更换喷头、更换后新切口无法与旧切口对中难题，提高了切割精度和效率，与进口切割装置相比，切割效率提高30%以上。

图5 远距离水力喷砂切割装置

图6 火焰切割装置

3.4 井口重置

拆除旧井口后，需在完好的法兰面上重新安装新井口，恢复对失控井的控制。井口重置需将新井口装置逐步靠近原井口，切割气流后对中新、旧井口装置的螺栓孔，紧固法兰螺栓，连接液控管线，关闭防喷器，完成井口重置。

传统的井口重置主要依靠磨装法、扣装法、重力加压重置法完成，但前两种仅适用于火势较小的情况，重力加压重置法在井口对中上难以精细操作，重置成功率相对偏低。当前井口重置技术已形成钢丝加压重置井口、悬臂式重置井口及一体化重置井口等不同特点的重置方式，具备“硬对中”和“软对中”的功能，满足“三高井”井喷失控着火后的井口重置需要，见图7、图8。

图7 悬臂式重置井口

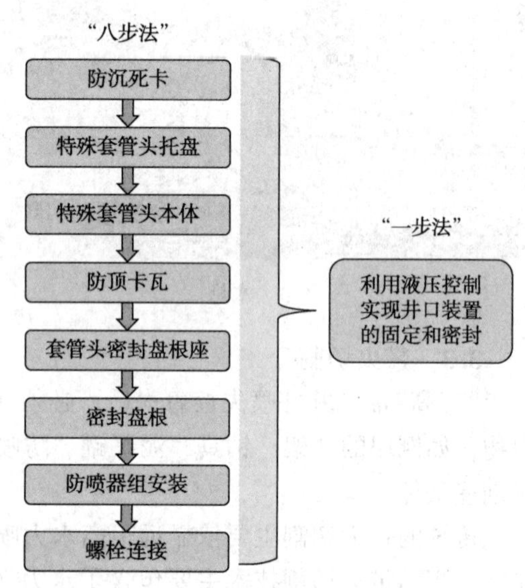

图8 一体化井口重置方法

4 结论与建议

21世纪以来，国内陆上油气井井喷失控抢险技术虽已实现飞速发展，技术与装备发生了革命性变化，但回顾近年来重大井控险情处置，井喷失控抢险技术仍面临严峻挑战，还需从可视化、信息化、智能化等方面持续攻关提升，不断推进井喷失控抢险技术迈上更高的台阶。

(1) 我国井喷失控着火抢险技术取得了快速发展，形成了独具特色的全过程带火抢险技术，整体实力达到国际先进水平，技术与装备得到了实战检验，成功处置了国内外多起井喷失控着火险情。

(2) 井喷失控着火后的井口可视化是带火切割、井口重置的瓶颈问题，在切割和重置两个关键环节，火、烟、水雾共存，从外围很难获取清晰井口图像和位置信息，导致久切不断、久对不正。下步可结合红外热成像、射频定位系统、雷达定位系统等多种测距与成像技术经验，找到近井口可视化解决方案，进一步提升井控失控着火抢险效率。

(3) 信息化、智能化是下步攻关方向，是突破当前技术瓶颈、改变抢险模式、提高抢险效率的重要方式，下步可与数字孪生技术、坐标定位技术等充分融合，探索建立抢险信息化指挥系统，实现对现场视频、环境气候、人员体征、机具状态等多种信息的实时监测，为抢险专家应对复杂多变的抢险环境提供有力的决策支撑。

参 考 文 献

[1] 张兴全，李相方，李玉军，等. 钻井井喷爆炸事故分析及对策[J]. 中国安全生产科学技术，2012，8(6)：129-133.

[2] 倪荣富，徐明辉. 井喷失控事故分析及对策[J]. 天然气工业，1990，10(3)：44-46.

[3] 马宗金. 我国陆上油气井灭火抢险技术及装备现状[J]. 天然气工业，1997，17(6)：73-75.

[4] 马宗金，杨令瑞，肖润德，等. 油气井灭火全过程带火技术应用研究[J]. 钻采工艺，2001，24(1)：1-3.

[5] 杨令瑞，田强，王和富. 奥斯曼 3 井抢险带火作业技术[J]. 钻采工艺，2007，27(5)：46-48.

[6] 杨令瑞，王留洋，李艳丰，等. 井喷现场含雾图像复原技术研究[J]. 钻采工艺，2014，37(2)：26-27，35.

[7] 胡旭光，罗园，郑冲涛. “三高井”井喷失控着火井口重置关键技术与装备[J]. 钻采工艺，2021，44(5)：7-10.

[8] 胡旭光，何弦桀，段慕白. 井喷失控井一体化井口重建装置的研制[J]. 钻采工艺，2022，45(2)：94-99.

【作者简介】胡旭光，毕业于西南石油大学油气井工程专业，主要从事油气井井控应急技术研究与管理工作。邮箱：hxgshining@ cnpc. com. cn。

基于海上油气生产环境的生产安全事故应急预案规范化编制分析

杨明伟

（中国海洋石油工程质量监督渤海中心站）

摘　要：随着《生产经营单位生产安全事故应急预案编制导则》（GB/T 29639—2020）的实施，各个生产企业都面临重新编制或修订本企业应急预案的工作。海上油气生产设施作为海洋油气开发的关键环节，其安全性对海上作业人员的生命健康以及整个能源产业链的稳定运行具有重要意义。在实际中，各设施编制的应急预案存在不同问题：预案涉及的内容及框架结构并不统一，这将导致预案内容覆盖的规定要素不全面；有些预案本身涉及的内容及程序较为简单，在执行过程中不便于参照执行；有些预案编写的形式较为复杂，内容和程序在执行过程中较为繁琐，影响了应急响应的效率。本文将对海上油气生产设施生产安全事故应急预案的规范化编制进行全面分析，包括应急预案编制程序、应急预案体系构成以及综合应急预案、专项应急预案、现场处置方案的主要内容，以规范海上设施应急管理，提高对生产安全事故的应急能力，最大限度地控制或者减少事故损失。

关键词：海上油气；应急预案；综合应急预案；专项应急预案；现场处置方案；编制

1　应急预案编制程序

根据新导则，编制程序包括成立编制工作组、资料收集、风险评估、应急资源调查、应急预案编制、桌面推演、应急预案评审和批准实施共 8 个步骤，本文分析的内容仅涉及前 5 个。

作业公司成立编制工作组，成员包括各专业专务、总监、安全监督、生产监督、维修监督、平台长等，明确工作职责和任务分工。

收集资料包括最新的适用的法律法规规章标准等文件，海上设施结构图纸、水文环境、工艺流程、组织机构，历史事故和隐患、同行业事故等资料，通过横向对比、纵向分析进行全面了解。

海上设施危险有害因素主要包括原油、天然气、化学药剂、油漆、硫化氢、二氧化碳和七氟丙烷等多种，通过对其辨识，结合现场的实际情况，按照可能导致的不同事故将现场事故类型划分为 22 项，这些事故有可能触发或导致人员伤亡、设备损坏以及环境影响事故。详见表 1。

表1　事故类型分类

序号	事故类型分类	导致事故的危险危害因素
生产安全事故		
1	油气泄漏	油气泄漏
2	火灾、爆炸	火灾/爆炸
3	溢油	油气泄漏/高压刺漏
4	油气井失控	井喷失控
5	海底管道破坏	海底管道结构损坏、腐蚀危害、地震
6	船舶撞击平台	船舶/直升机失事危害
7	直升机失事	船舶/直升机失事危害
8	人员落水	落水淹溺
9	触电	电气伤害
10	人员意外伤害	起重伤害、中毒窒息、机械伤害、物体打击
11	硫化氢泄漏	有毒有害及可燃气体泄漏
12	危险化学品泄漏	有毒有害物质泄漏如：油漆、化学药剂\强酸、火工品（雷管、射孔弹）等危险化学品泄漏
13	潜水事故	潜水淹溺
14	放射性物质丢失或泄漏	放射性伤害
15	人员失踪	操作失误、恶劣天气等
16	人员意外疑似死亡	机械伤害、高处坠落、中暑、中毒、冻伤等
自然灾害		
17	台风突发事件	自然因素/极端气候
18	地震突发事件	
19	海冰突发事件	
公共卫生事件		
20	传染病突发事件	传染病
21	食物中毒突发事件	食物中毒
社会安全事件		
22	人员非法登临突发事件	人为蓄意破坏

应急资源调查要秉着“全面，客观”的原则，对设施内部、周边设施、有限分公司等进行调查分析。内部应急资源主要包括应急队伍及组织形式、安全监控类、报警及通信类、安全警戒类、溢油应急处置类、火灾处置类等多种；周边可调用应急资源包括附近装置可用溢油物资、交通保障类资源和有限分公司可支持资源等三部分；还可增加附件部分，包含溢油回收装置清单、应急物资统计清单、设施配置应急药品清单等内容。

应急预案依据事故风险评估及应急资源调查结果，结合现场组织结构、工艺特点、事故类型、影响范围和职责权限等特点，尽可能简明化、图表化、流程化进行编制。

2 应急预案体系构成

应急预案体系包括：综合应急预案、专项应急预案和现场处置方案及应急处置卡。综合应急预案是生产经营单位应急预案体系的总纲；专项应急预案是生产经营单位为应对某一类型或某几种类型的事故而制定的应急预案；现场处置方案是生产经营单位根据不同事故类别，针对具体的场所、装置或设施所制定的应急处置措施；应急处置卡规定重点岗位、人员的应急处置程序和措施，以及相关联络人员和联系方式，便于从业人员携带。应急预案体系参见图1。

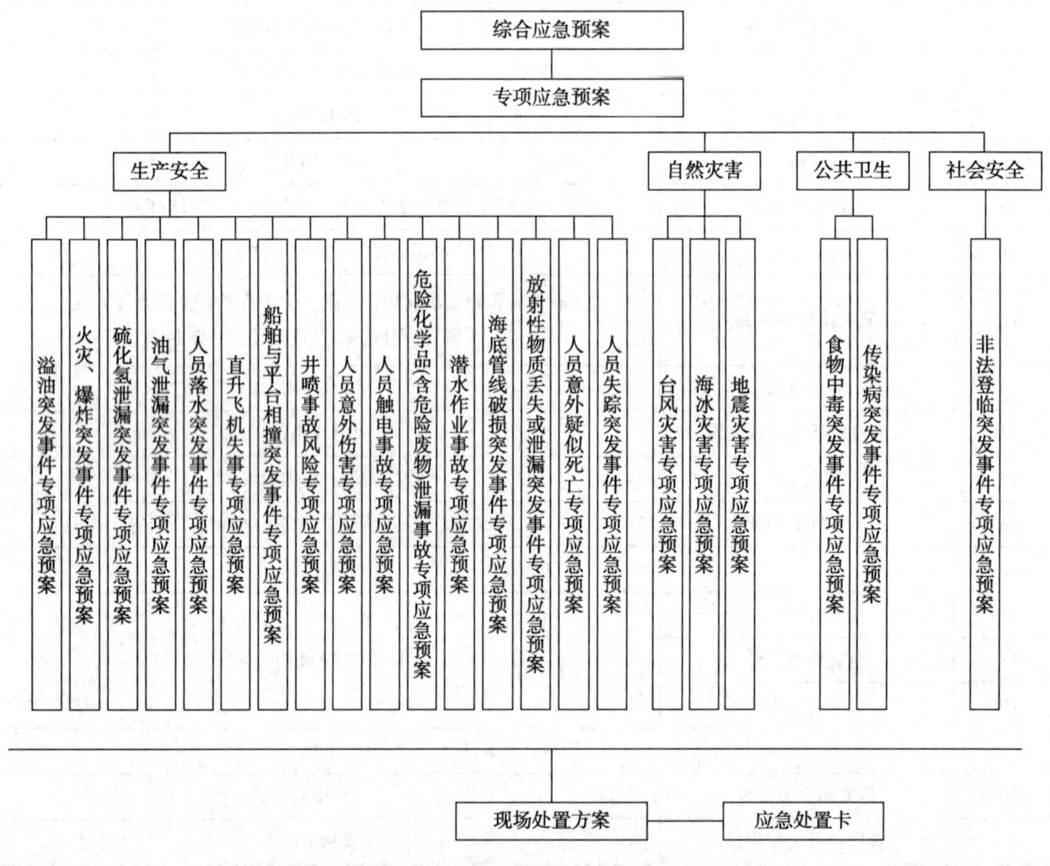

图1 海上设施应急预案体系

应急预案文件内容的构成主要包括五部分：综合应急预案、专项应急预案、现场处置方案、撤离平台和附件五部分。详见表2。

表2 应急预案文件内容构成

序号	分类	核心内容	详细内容
一	综合应急预案	1. 总则	适用范围、响应分级和预案启动条件
		2. 应急组织机构和职责	应急组织机构及职责、应急组织部署表和应急联络方式
		3. 应急响应	信息报告、预警、响应启动、应急处置、应急支援和响应终止

续表

序号	分类	核心内容	详细内容
一	综合应急预案	4. 后期处置	污染物处理、生产秩序恢复、人员安置和调查与评估
		5. 应急保障	通信与信息保障、应急队伍保障、应急物资装备保障和其他保障
二	专项应急预案	1. 油气泄漏突发事件	防止溢油事故及对各种程度的溢油事故处理的详细程序参阅溢油应急计划
		2. 火灾、爆炸突发事件	适用范围、应急组织机构及职责、响应启动、处置措施和明确应急保障
		3. 溢油突发事件	
		4. 井喷突发事件	
		5. 海底管线破损突发事件	
		6. 船舶与平台相撞突发事件	
		7. 直升飞机失事	
		8. 人员落水突发事件	
		9. 人员触电事故	
		10. 人员意外伤害	
		11. 硫化氢泄漏突发事件	
		12. 危险化学品泄漏事故	
		13. 潜水作业事故	
		14. 放射性物质丢失突发事件	
		15. 人员失踪突发事件	
		16. 人员意外疑似死亡	
		17. 台风灾害	
		18. 地震灾害	
		19. 海冰灾害	
		20. 传染病突发事件	
		21. 食物中毒突发事件	
		22. 非法登临突发事件	
三	现场处置方案	针对海上设施现场具体设施、设备编制现场处置方案	常见方案包括但不限于：分离器管线(或法兰)油气泄漏、原油缓冲罐管线泄漏着火、化学药剂罐体法兰泄漏、原油海管泄漏、二氧化碳系统无法自动释放、配电间电气火灾、蓄电池爆炸、蒸汽管线泄漏等
四	撤离平台		作为独立的一部分，目的是明确撤离平台时注意事项、撤离程序以及相关人员岗位职责
五	附件	1. 应急部署表	各岗位人员在消防、井喷、人员落水和弃平台等应急情况下需执行的应变任务
		2. 有限分公司及作业公司应急组织	

续表

序号	分类	核心内容	详细内容
五	附件	3. 海上设施基本情况	设施概况、主要设施、自然环境条件以及生产组织机构及人员
		4. 风险评估结果	
		5. 应急预案体系与衔接	
		6. 应急物资清单	包括通信、消防、搜索、救援应急物资、应急药品、溢油回收装置、周边可调用溢油物资、守护船以及应急飞机等
		7. 有关应急部门、机构或人员的联系方式	设施内部应急/常用电话号码、作业公司及有限分公司联络表，相关海域或地区的海事、环保、搜救、求援、水产等系统电话号码、医务系统电话号码等
		8. 格式化文本	事故简报模板等
		9. 应急处置卡	
		10. 关键的路线、标识和图纸	包括设施地理位置、附近交通图，各平台各层平面布置图及危险区域划分图、消防布置图、应急疏散图、火气探测及警报系统布置图、平台四色图等
		11. 有关协议或者备忘录	海警局与海上设施的管辖协议

3 综合应急预案内容

综合应急预案主要包括总则、应急组织机构和职责、应急响应、后期处置和应急保障等核心内容，详细内容已在表 2 中列出。

3.1 响应分级

根据突发事件危害程度、影响范围及控制事态能力，有限分公司应急响应级别划分为三级，由低至高分别为：现场级、有限分公司级、有限公司级。

3.2 信息上报

发生突发应急事件，发现人可用对讲机或现场固定电话报告中控，中控报告总监，总监根据事故情况，指令中控通报全员，并启动相应预案。应急信息报告流程见图 2。

3.3 应急组织机构

有限分公司应急组织机构由应急指挥中心，下设应急协调办公室、应急值班室、技术支持组/专家组、通信保障组、资金保险组、服务支持组、秘书组、应急分中心。

作业公司应急管理组，下设生产小组、油藏小组、采油工艺小组、装备小组、QHSE 小组等。

海上设施的应急组织机构包括总指挥、现场指挥、通信联络员、工艺处置队、技术支持队、物资供应队、消防队、医疗救护队、人员搜索队、溢油处置队。现场的组织机构设置如图 3 所示。

3.4 响应启动

遇突发事件后，总监应迅速汇集报告信息，研判事故级别，判断是否进入应急状态，如需启动应急预案，应迅速启动应急预案，指令中控广播通知，应急人员按照应急部署到

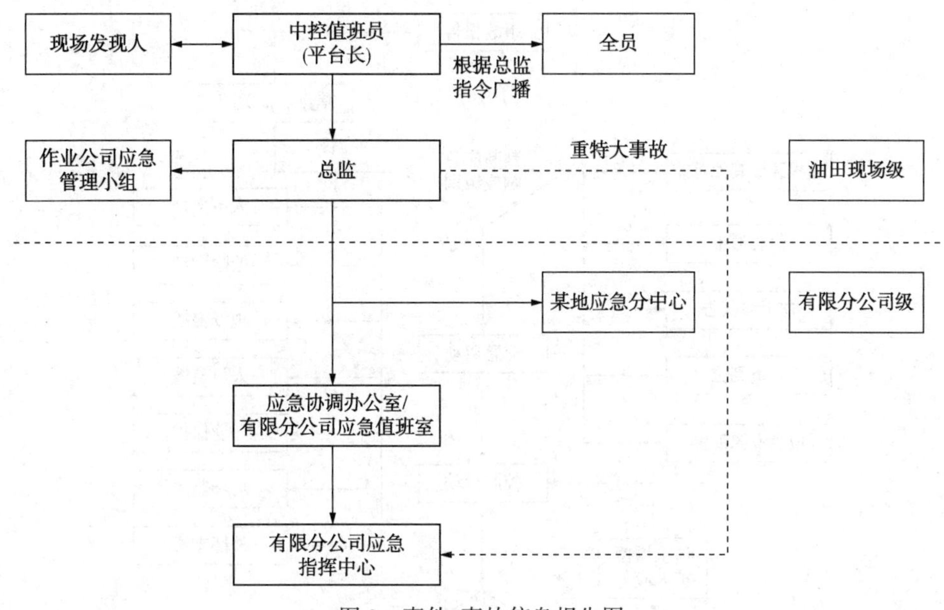

图 2　事件/事故信息报告图

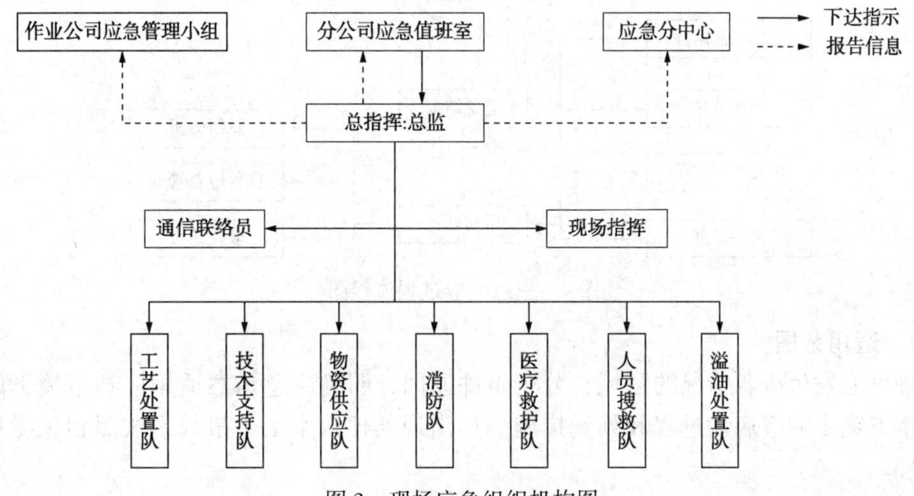

图 3　现场应急组织机构图

岗。应急处置工作参照图 4 所示程序开展，联络守护船，必要时通知上下游及周边相邻设施总监；同时根据事故的严重程度，及时向周边设施、作业公司、应急分中心、有限分公司提出应急支援。

4　专项应急预案内容

专项应急预案，是应对某一种或者多种类型生产安全事故、自然灾害类事故、公共卫生类事故、社会安全类事故等而制定的专项性工作方案，是综合应急预案在重大事故类型上的具体方案。

在应急预案体系构成中，根据风险评估的结果，确定了包括《火灾、爆炸突发事件专项应急预案》在内的 22 个专项应急预案。每个专项应急预案均包括适用范围、应急组织机构及职责、响应过程、处置措施和应急保障等五部分内容。

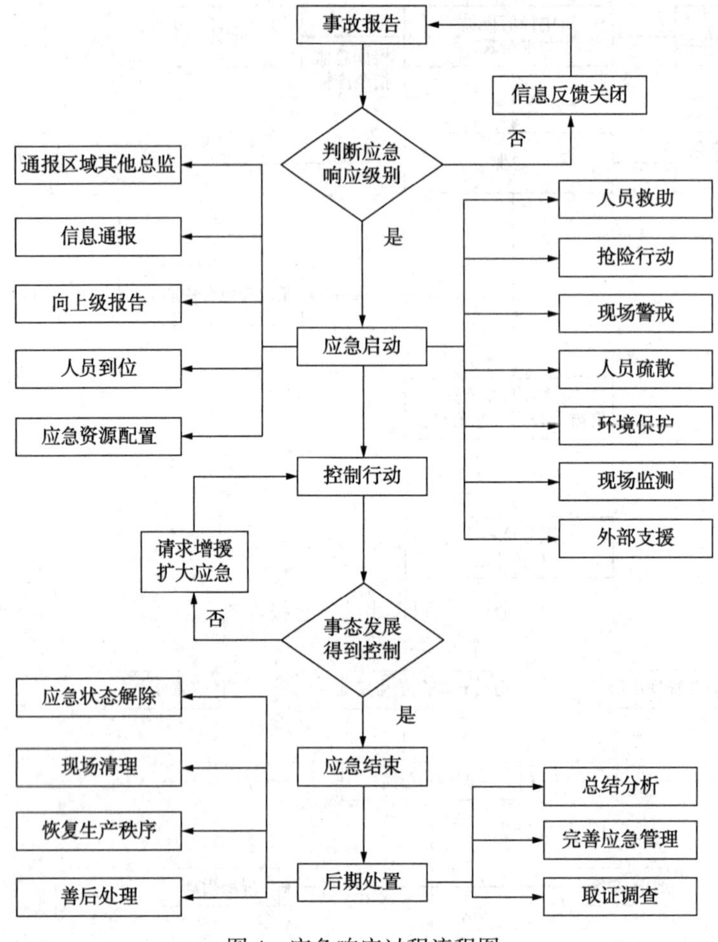

图4　应急响应过程流程图

4.1　适用范围

明确可能发生应急情况的区域，分析事件原因，明确应急预案适用应急情境下的应急处置，重点突出响应启动过程和处置措施。如出现其他次生衍生事故，按照相关专项应急预案处理。

4.2　应急组织机构及职责

组织机构可用图表示也可用文字描述，各岗位包括总指挥、现场指挥和各应急工作小组或人员。应急职责，建议以表格的形式明确，表格包括应急岗位和应急职责等内容。

4.3　响应启动

根据最新导则，响应启动应明确启动后的程序，包括应急会议召开、信息上报、资源协调、信息公开、后勤及财力保障工作等内容，以上内容均应在专项应急预案中明确。

4.4　处置措施

明确应急处置指导原则，并制定相应的应急处置措施。例如，火灾处置注意事项，明确了海上设施常见的火灾种类包括A、B、C、E、F类等，不同种类火灾应使用不同种类灭火器材；硫化氢泄漏时，明确硫化氢浓度分别达到10ppm、20ppm、50ppm时，采取不同的处置措施。

4.5 应急保障

根据应急工作的需求，明确保障的内容，包括对海上设施监控报警系统的完整性、应急岗位的人员的培训、设施开展应急演练的要求，以及应急物资储备协调的要求等。

5 现场处置方案内容

现场处置方案应是针对具体场所、装置或者设施所制定的应急处置措施，建议以表格的形式进行编制。表格第一部分内容包含，事故的名称、发生的潜在原因、直接和潜在后果以及预防措施等简述内容。第二部分主要是步骤、响应程序和责任人，步骤又分为异常信息的发现与报告、报警确认、方案启动、应急处置措施、其他应急预案衔接、注意事项以及工艺/设施系统简介等内容。其中应急处置措施应包含操作程序及工艺控制、系统保障、现场支持、风险评估、人员医疗、外部救援和应急恢复等。

综述，通过对应急预案编制程序、应急预案体系构成以及综合应急预案、专项应急预案、现场处置方案的主要内容的编制进行分析，旨在为海上油气生产设施的应急预案编制工作提供借鉴和指导。海上油气生产设施生产安全事故应急预案的规范化编制对于保障人员生命安全和企业财产安全具有重要意义。通过科学合理地编制和实施应急预案，可以提升海上油气生产设施的安全管理水平，为企业的安全生产提供有力保障。

参 考 文 献

[1] 彭鹏，左一腾，王军为. 标准 GB/T 29639—2020 在油田服务企业应急预案编制中的应用研究[J]. 石油化工安全环保技术，2022，38(02)：1-5.

[2] 谢朝晖. 港口化工企业生产安全事故的应急预案编制分析[J]. 化工管理，2022，(22)：123-126.

[3] 刘家伟，刘佳云，寇泽旭. 生产经营单位应急预案编制常见问题及对策[J]. 中国安全生产，2023，18(07)：28-29.

[4] 应急管理部回复关于应急预案编制的七个问题[J]. 消防界(电子版)，2021，7(05)：6-7.

【作者简介】杨明伟，男，2014 年 6 月毕业于中国石油大学(华东)，学士学位，中国海洋石油工程质量监督渤海中心站，安全质量工程师，研究方向安全质量监督管理及审核培训。电话：18953220605，邮箱：yangmw3@ cnooc. com. cn。

海上无人驻守平台水消防系统几个问题思考

宫景雯

(中海油研究总院有限责任公司)

摘　要：海上无人驻守平台的数量近年呈快速增长趋势，其水消防系统作为平台重要的安全措施是平台安全设计重要的一环。针对井口多，平台面积大且涉及到更多工艺处理系统的无人平台，设置消防泵的做法已成为常规做法。同时直升机甲板配置 DIFFS 系统也是成为无人平台首选。本文通过对目前无人平台水消防系统的配置和直升机甲板配置了 DIFFS 带来的表面防滑措施的问题进行分析，从规范解读、安全可靠性的角度提出建议，为后续无人平台水消防系统的配置提供思路。

关键词：无人平台；消防泵；控制；直升机甲板；防滑

在进行无人平台水消防系统设计时，对其消防安全系统的设计应严谨对待，需要充分根据平台的系统设置特点，比如平台系统是否复杂，依托设施是否可靠，系统识别火灾危险因素。目前针对无人平台水消防系统产生的突出问题主要集中在三个方面。第一类是消防泵设置问题，第二类是消防管网配置问题，第三类是直升机甲板综合灭火系统(以下简称 DIFFS)衍生的甲板防滑问题。本文将对这几类问题进行梳理和分析，提出解决思路和建议，为后续海上无人平台水消防系统的配置提供参考。

1　消防泵的设置与控制问题

1.1　消防泵设置

《海上固定平台安全规则》(以下简称《规则》)中规定："在安全分析的基础上，并报请安全办公室批准，无人驻守的简易平台可以不设置水消防等固定式灭火系统"，这里对不设置水消防固定式灭火系统的前提做了表述，包括以下三个方面，首先平台满足无人驻守且为简易平台，简易平台在《规则》中的表述为"系指油气井数不多、平台上不安装自持式修井机、上部设施较少的生产平台，平台下部结构应具备一定特征。因此在分析平台是否满足这一条时，需要详细对比下部结构；其次是要做相应的安全分析，如各种工况下的消防应对能力；最后需要报安全办公室批准，该流程涉及到管理程序问题。

综上，在确定无人平台不设置水消防固定式灭火系统时，需要经过严格的技术分析，包括平台复杂程度、钻井船消防系统可靠性等因素综合考虑，并与监管部门确认后才能确保万无一失。反之，无人平台须设置消防泵。

在评估是否能依托钻井船时，还需要注意与钻井船消防系统连接方式，并需要在与钻完井界面中明确消防管线的接口尺寸和数量。对于无人平台方需设置与平台消防管网同尺寸的法兰连接接口。对于钻井船方需提供与平台消防管网同尺寸的法兰连接接口及连接软管。

1.2 消防泵控制与日常维护

无人平台消防泵控制的争议点集中于停泵方式上，规范对于远程控制消防泵的停泵方式规定见表 1。

表 1 消防泵停泵要求

规范名称	条文内容
GB 50974《消防给水及消火栓系统技术规范》	消防水泵不应设置自动停泵的控制功能，停泵应由具有管理权限的工作人员根据火灾扑救情况确定
NFPA20《Standard for the installation of stationary pumps for fire protection》	Manual Electric Control at Remote Station. Where additional control stations for causing nonautomatic continuousoperation of the pumping unit, independent of the pressure-actuated switch or control valve, are provided at locations remote from the controller, such stations shall not beoperable to stop the engine" Automatic shutdown shall not be permitted if starting and running causes are present. Automatic shutdown shall be permitted only in the following circumstances: During automatic testing in accordance with 12.7.2.7

从表 1 来看，在消防泵出现启动以后，自动停泵的功能是不被允许的，停泵应由具有管理权限的工作人员根据火灾扑救情况确定。对于无人驻守平台而言，在钻修井期间视作有人平台，人工确认火情不存在难度；但是对于无人驻守平台在日常生产中时发生的火灾启动或者是误启动，对于任何海域，救援人员想要在几分钟之内到达现场都是不现实的，因此产生了远程停泵的需求。

远程停泵是海上无人驻守平台独有的消防需求，这是基于无人平台和对应控制平台交通不便，登平台成本昂贵产生的。即专业人员在对应控制平台通过观察在平台布置的监控或摄像头判断火情，该做法存在较多风险，如监控可能存在盲区，人员远程对温度、烟雾的判断能力会受到影响，火灾状态下监控可能不能保证正常运转，操作人员误停泵等。因此，对于无人平台的消防泵，维持人工现场停泵的方式是目前推荐的做法。

人工现场停泵虽然可能增加一些登平台成本，考虑到无人平台消防泵一旦被监控到已启动，出于谨慎的角度，都建议人员尽快登平台查看是否有火情，在此期间消防泵正常运转可能带来的问题是柴油消防泵的柴油或者平台应急电耗尽，一般来说是可以接受的。

消防泵需要按照规定进行定期测试、维护(1 次/星期)以避免锈蚀，卡壳等问题。对于无人平台、自持天数在半个月到 1 个月不等，每周登台又会额外增加维护成本。因此建议按照表 1 中关于消防泵测试期间的自动启停规定，设置消防泵自动巡检功能，即在消防泵的现场控制盘内增加自动巡检的模块，准工作状态下的自动巡检采用变频运行，通过定期人工巡检使消防泵满负荷运行并出流。

2 消防管网配置问题

无人简易平台可针对井口部位构建干管雨淋系统或其他消防水管网，当移动式钻井/修井平台连靠在本平台进行钻井和修井作业时，将上述(干管)管网与移动平台的消防水总管相连通，利用移动平台的消防水系统对平台实施合理保护。

设置消防泵的无人平台，应配置完整的固定式水管网，需要考虑的因素包括稳压设备的选用、雨淋阀的选型以及各喷淋区域的划分。对于稳压设备，在湿式管网中为了保证系统维持高压，有人平台通常采用平台连续运转的海水泵作为稳压泵。对于无人平台，从平台可靠性出发往往避免设置该类动设备，因此该类平台最常见的问题就是无可用稳压设备。因此、建议按照依托钻井船的无人简易平台干式管网原则，该类平台消防管网同样可采用干式。

图 1　雨淋阀外观图

干式管网带来另一个问题是消防水分区喷淋问题。分区喷淋需要在各区分设雨淋阀(图 1)，雨淋阀起火区分隔作用时需处于伺应状态，即安装在管路系统中的雨淋报警阀的阀瓣组件处于关闭位置，阀门供水侧充以压力稳定的水时，无水从雨淋报警阀系统侧流出的状态。根据国内厂家调研，雨淋阀处于伺应状态时只能通过水充压实现阀体关闭状态。因此雨淋阀起作用时，供水侧要充满水，使雨淋阀达到伺应关闭状态。这个要求对于没有维压设备的带消防泵干式管网来说是难以满足的。对于这个问题的解决建议是不再考虑消防分区，将平台考虑为一个大火区，消防泵排量也会因此增大，设计人员要注意评估电动消防泵增大后对平台应急机的影响。

3　直升机甲板综合灭火系统衍生的防滑问题

DIFFS 系统在直升机甲板表面埋设灭火喷头、喷头上覆有盖板(见图 2)，在 DIFFS 系统接到灭火指令后，盖板弹开，喷头向上喷射灭火介质进行灭火。DIFFS 系统可在各种天气下为直升机甲板提供保护，其喷射的灭火介质可对直升机甲板及直升机进行全方位的覆盖，具有极强的灭火效率和效果，近年来作为一种可靠的消防系统被强烈推荐，因此无人平台大多采用 DIFFS+挤压型铝合金甲板作为直升机甲板的消防保护方案。

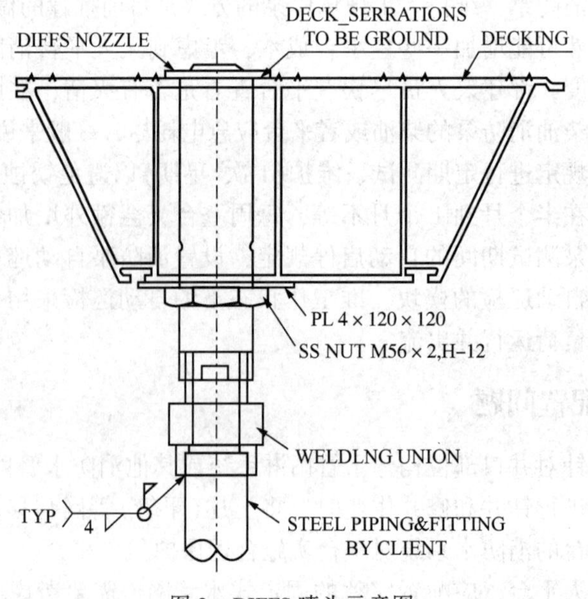

图 2　DIFFS 喷头示意图

直升机在降落时，需要甲板具备一定防滑能力以避免滑落事故，防滑网/着陆网是目前最常用也是最经济的措施之一。然而 DIFFS+挤压型铝合金甲板的组合在使用过程中与防滑网/着陆网出现矛盾，该问题体现在规范上和使用习惯上。

3.1 关于直升机甲板安装 DIFFS 是否铺设着陆网的规范解读

目前规范关于装设 DIFFS 的平台能否铺设防滑网/着陆网条文描述见表 2。

表 2 装设 DIFFS 的平台与防滑网/着陆网的适应性条文

规范名称	条文内容
GB 30307《海洋平台用直升机甲板设计要求》	使用滑撬式起落架直升机及应用甲板综合消防系统(DIFFS)的直升机甲板不应采用着陆网
CAP437	"Where skid-fitted helicopters and/or a deck integrated fire-fighting system(DIFFS) are in use on a solid plate helideck, landing nets are not recommended and should not be fitted." "Landing nets should not be fitted on a solid plate helideck where a deck integrated fire-fighting system(DIFFS) is installed." Helideck nets are considered to be incompatible with a DIFFSinstalled on a solid-plate helideck due to the likelihood that the presence of the net, fitted to the surface, will have a detrimental impact on the functioning of the DIFFS i. e. the net could foreseeably block, or partially block, one or more of the nozzles during a post-crash fire, at a point when the DIFFS will be operated to control and extinguish the fire. Nets may be permitted where a DIFFS is used in tandem with a passive fire retarding surface

无论是国内还是国际规范，均对装设 DIFFS 的平台铺设防滑网/着陆网提出反对意见。根据 CAP437 解释，DIFFS 只有与被动阻火表面串联使用，则可以使用防滑网/着陆网。这里的"被动阻火表面"在术语中解释为："Constructed in the form of perforated surfaces or grilles, which contain many holes, allowing burning fuel to be quickly discharged through the surface of the helicopter deck"即"甲板以多孔表面或网格形式建造，允许燃烧的燃料通过直升机甲板表面快速排出"。该要求目前常规的直升机甲板型式无法满足要求。

3.2 防滑网/着陆网对 DIFFS 系统的影响

防滑网/着陆网铺设在甲板表面，网绳可能会阻碍 DIFFS 喷头表面的盖板弹开，从而影响喷头的灭火喷射，最终导致 DIFFS 系统灭火能力降低乃至失效。同时由于防滑网/着陆网为柔性体，长期使用后可能会风化、腐坏或者来回移动，无法准确判断防滑网/着陆网对喷头的影响范围。同时，如上所述，铺设防滑网/着陆网会导致 DIFFS 系统灭火能力降低乃至失效，进而带来该消防设计无法满足相关要求的问题，很可能造成无法通过各类的消防安全的验收和检查，以及消防系统需要重新设计、改造、认证等一系列问题，如果消防系统重新选择和设计，仍要面对其他类型消防系统的准确度、可靠性、抗干扰性、实施便利性等多方面的不足带来的问题。因此，对于设置了 DIFFS 的直升机甲板不建议使用防滑网/着陆网，利用挤压型铝合金挤压甲板表面自带摩擦力满足规范和使用者对摩擦力系数的要求。

3.3 铝合金挤压甲板的维护及检测建议

国内外相关规范条文见表 3。

条文解释为："本段描述的试验代表一次性型式认证，无需进一步在役监测或试验，除非直升机甲板进行了微纹理饰面(如喷砂或摩擦漆)以满足所需的最小表面摩擦值。"可认为对铝合金挤压成型甲板的在役检测频率做出了宽松要求。

表 3　铝合金挤压甲板的维护条文

规范名称	条文内容
CAP437	The testing described in this paragraph represents a once-off type approval and no further in-service monitoring or testing is required unless the helideck has to be provided with a micro-texture finish(e. g. grit blasting or friction paint) in order to meet the minimum surface friction values required

生产方在日常维护中应注意维持甲板表面的清洁，考虑安装驱鸟装置并且定期消除直升机甲板上的油、冰、水或任何其他可能降低表面摩擦力的污染物(尤其是鸟粪)。

4　结语

(1) 无人平台不设置水消防固定式灭火系统时，需要对平台复杂程度、钻井船消防系统可靠性等因素进行严格的技术分析，并和监管部门确认后才能确保万无一失，反之，无人平台须设置消防泵。消防泵建议增加自动巡检功能。

(2) 设置消防泵的无人平台宜采用干式管网，建议适当增加消防泵排量，不再考虑消防分区。

(3) 无人平台直升机甲板消防推荐使用 DIFFS+铝合金甲板，不建议使用防滑网/着陆网，使用方日常应加强对甲板表面的清理和维护以维持表面摩擦力。

参　考　文　献

[1] 宫景雯，窦培举，等. 海上无人驻守井口平台水消防系统设计探讨[J]. 石油和化工设备，2022，25(6)：118-121，115.

[2] 中华人民共和国国家经济贸易委员会. 海上固定平台安全规则[S]. 2000.

[3] 住房与城乡建设部. 消防给水及消火栓系统技术规范：GB50974[S]. 2014.

[4] National Fire Protection Association. Standard for the installation of stationary pumps for fire protection：NFPA. 20[S]. 2019.

[5] 贾庆丽，窦爽. 海上无人驻守井口平台消防系统概述[J]. 消防安全，2023(6)：73-75.

[6] 窦培举，高鹏等. 海上平台设计中几个安全问题的探讨[J]. 安全与环境工程，2011(18)：100-103.

[7] 矫亚涛，窦培举，宫景雯，等. 海上无人驻守井口平台直升机甲板消防系统设计探讨[J]. 给水排水，2022，48(S2)：382 - 386.

[8] 国家市场监督管理总局. 海洋平台用直升机甲板设计要求：GB30307[S]. 2019.

[9] UKcivil aviation authority. Standards for offshore helicopter landing areas：CAP 437[S]. 2021.

【作者简介】宫景雯，女，2011 年硕士毕业于中国矿业大学(北京)环境工程专业，现从事海上油气田消防安全方案设计的研究工作。

关于龙吸水在油气站场储罐区火灾扑救场景中的供水保障应用分析

矫冠瑛　刘籽驿　冯克沧　黄德卫

（中国石油华北油田公司）

摘　要：本文通过对近年来国内一些典型储罐区火灾案例进行剖析，对比各类火灾消防供水量、供水措施，探讨火灾扑救供水经验教训，总结出研究油气站场储罐区火灾供水课题的必要性。为深入研究扑救油气站场储罐区火灾供水现状及存在问题，从油气站场消防水源建设、典型火灾估算以及应急装备配备等方面深入探讨，对龙吸水用于油气站场储罐区火灾扑救供水保障进行可行性分析，从龙吸水技术改造、健全管理机制和构建三道防线等三个维度提出针对性措施，提高储罐区火灾供水保障能力措施，为油气田安全生产提供坚实供水保障。

关键词：储罐区；火灾供水；龙吸水；可行性；措施

油气站场指的是具有石油天然气收集、净化处理、储运功能的站、库、厂、场、油气井的统称。随着国内油气产量当量连续7年保持千万吨级快速增长，相应的油气站场储罐区也不断增多，储罐区具有储量大、易发生火灾爆炸事故等特点。近年来，油气罐区火灾事故频繁发生，暴露出火灾扑救时间长，供水保障难度大等问题。如2015年7月16日山东省日照市石大科技液化气储罐区泄漏爆燃事故、2017年6月5日山东省临沂市金誉石化液化石油气泄漏爆炸事故和2021年河北省沧州市鼎睿石化“5·31”油罐爆炸火灾事故中，处置时间在15~84h，最大灭火供给强度均达到理论值4倍以上。扑救油气站场罐区火灾时间长、用水量大，一旦出现供水不足的情况，将严重影响火灾的扑救。因此，研究油气站场储罐区火灾供水问题十分必要。

1　扑救油气站场储罐区火灾供水现状及存在问题

1.1　油气站场消防水源建设规范滞后

油气站场消防水源一般都是按照《石油天然气工程设计防火规范》（GB 50183—2004）、《石油化工企业设计防火标准（2018年版）》（GB 50160—2008）、《消防设施通用规范》（GB 55036—2022）等消防法规及技术标准的要求建设。在这些规范实施之初，万方罐都很罕见，但是随着油气场站储罐区建设规模越来越大，最大单体罐已经达到$15\times10^4m^3$，油罐直径已达到80m以上。这些储罐区一旦发生火灾，由于储罐液面积、表面积和防护堤面积大，冷却水和配置泡沫的用水量呈倍数增大，再加上消防炮的流量由原先的30L/s提高到最大150L/s，而固定供水设施和流量没有改变。因此，目前油气站场的供水能力已经不能适应扑救大型储罐区火灾的需要。

1.2　油气站场消防供水无法满足实际灭火需要

扑救油气场站火灾主要是利用消火栓供水。依据API提供的设计数据对于$5\times10^4m^3$的浮顶储罐，泡沫混合液的总供给强度至少满足 597L/s，消防水的总供给强度至少要满足 1502L/s，而一般油气场站泡沫泵的总流量在 100L/s 左右，清水泵的总流量为 400L/s 左右，参考国内外经验，扑救大型油罐全面积火灾所需的消防系统供给能力至少是当前系统供给能力的 4~8 倍，甚至更高。为了确保消防水供给，扑救储罐区火灾多采用远程供水系统的方式保障前方用水。但是目前，一般一个地级市的国家综合性应急救援支队配 1~2 套远程供水系统，大部分企业专职消防队未配备，发生大型油罐火灾处置往往需要调集一个甚至多个省总队的远程供水系统，存在调集时间长、前期火场供水无法保障和配合不默契等问题。

1.3 为应急排涝配备的龙吸水未纳入消防灭火充分应用

龙吸水是较为新型的一种城市内涝排水救援装备，在近些年救援工作中崭露头角，发挥着重要作用，2020 年江西省南昌市内涝排水、2021 年河南省郑州市特大洪水抢险救援和 2022 年河北省涿州市特大洪水抢险救援都使用了龙吸水。当前，许多中央企业、县级政府为易内涝小区配备了龙吸水，以华北油田公司为例，应急抢险站配备 10 台，总医院小区、渤海南区等小区分别配备 1~3 台。这些龙吸水在排涝、复工复产中发挥了重要作用，但是在其他应急场景鲜有应用，亟需开发拓展，发挥装备的综合效能。

2 龙吸水用于油气站场储罐区火灾扑救供水保障可行性分析

2.1 龙吸水性能分析

任何装备的优劣性必须经受实战检验，经过中国安能集团多次实战救援及实战演练检验，龙吸水具有固定泵站所没有的灵活、机动、方便、快捷等功能，提高了排涝抢险工作效率，非常适用于市政工程应急排水、防洪抢险、淹没地区、排水农业抗旱供水和消防应急供水。以华北油田公司为例，公司为排涝配备的三种主要型号龙吸水的扬程为 25m 以上，超过了油气生产单位周边蓄水池、水库等天然和人工水源的深度，能够正常吸水操作。消防支队主战消防车车载炮流量为 75L/s、80L/s、100L/s、120L/s，公司配备的三种主要型号龙吸水流量分别达到 100L/s、222L/s、278L/s，从流量能力上完全可行，具体龙吸水能保障的消防车数测算见表 1。

表 1 龙吸水能保障消防车台数测算表

车数 / 消防车 / 龙吸水	75L/s 消防车	80L/s 消防车	100L/s 消防车	120L/s 消防车
100L/s 龙吸水	1.33	1.25	1.00	无法供应
222L/s 龙吸水	2.96	2.78	2.22	1.85
278L/s 龙吸水	3.71	3.48	2.78	2.32

2.2 龙吸水用于火场供水，技术上存在问题分析

经过现场查看，龙吸水还无法直接用于火场供水，技术上存在三方面问题：①龙吸水出水口为 150mm 螺纹口，消防车吸水管为 100mm 卡口，无法直接连接。②龙吸水杂质通过性好，可通过 50mm 大颗粒杂质，但消防车水泵为清水泵，在杂质过大情况下容易发生故障。③龙吸水出水压力在 0.2MPa 且扬程在 25m 左右，消防车车载炮出水压力在 0.8~1.0MPa，射程在 80m 以上，需要探索合适龙吸水、消防车编成，实现联用。

2.3 龙吸水用于火场供水，机制上存在问题分析

以华北油田公司为例，龙吸水还无法直接用于火场供水，机制上存在四方面问题：①龙吸水分布于油田地势低洼小区、冀中应急抢险中心、部分地势低洼油气站场和部分消防站，分布分散，且龙吸水未纳入消防救援物资统计，企业专职消防队对龙吸水未做到底数清、家底明。②消防应急救援未考虑龙吸水供水，未对油气站场周边天然和人工水源等进行全面统计，未制定龙吸水利用天然和人工水源供水预案。③龙吸水分布散、体积大、运输不方便，未建立龙吸水调集方案。④龙吸水属于不同单位，未建立与周边企业消防站的联防联训机制，不利于战斗力生成。

3 龙吸水用于油气站场储罐区火灾扑救供水保障的对策建议

通过对油气站场储罐区火灾供水现状及存在问题、龙吸水性能以及龙吸水用于火场供水技术、机制存在问题等的综合分析，龙吸水用于油气站场储罐区火灾扑救的关键是适用性改造和健全保障机制，油气田企业可从集智攻关、摸清底数、建立完善预案、建立联防联训机制、构筑三道供水保障防线和构建协同供水机制方面入手。

3.1 开展集智攻关，提高龙吸水与火场供水场景的适用性

针对龙吸水用于火场供水技术上存在的三方面问题，支队成立 QC 小组、立项攻关、明确措施，具体措施如下：

① 通过现场测试，利用同径异形、异径同形接口做成转化接口，实现龙吸水出水口、消防车吸水管实现互联，实现龙吸水与消防车联用。

② 参照消防车吸水管过滤网网眼尺寸、固定方法，为龙吸水吸水管增加过滤系统，从源头上控制杂质吸入，避免水质问题引起消防车故障。

③ 针对龙吸水、消防车压力和扬程的情况，制定操作规程、对岗位员工进行培训、规范操作、考核强化，使操作员工绷紧遵章操作的弦。

④ 针对改造后、未改造的龙吸水两种情形，制定 6 个龙吸水供水编成(具体见表 2)，明确器材组合，通过训练，优化固化人员分工，实现人员、消防车、龙吸水的最佳组合。

表 2 龙吸水供水编成

序号	编成名称	使用器材	示意图
编成 1	100L/s 未改造龙吸水供水编成	龙吸水 1 台、8m³ 集水池 1 个，流量不超过 100L/s 消防车 1 台	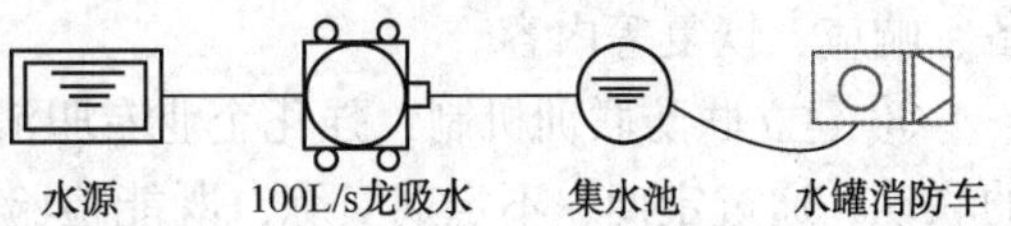 水源 100L/s龙吸水 集水池 水罐消防车
编成 2	100L/s 改造后龙吸水供水编成	龙吸水 1 台、转换接口 1 个，流量不超过 100L/s 消防车 2 台	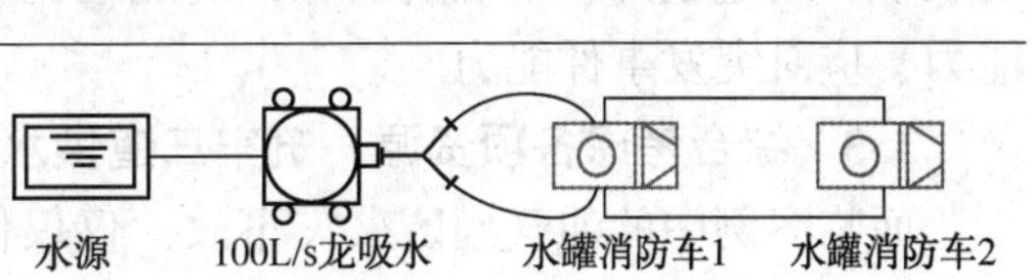 水源 100L/s龙吸水 水罐消防车1 水罐消防车2
编成 3	222L/s 未改造龙吸水供水编成	龙吸水 1 台、8m³ 集水池 2 个，消防车 2 台	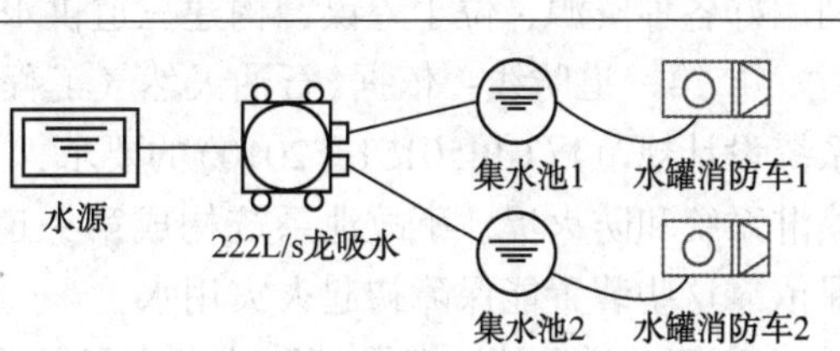 水源 222L/s龙吸水 集水池1 水罐消防车1 集水池2 水罐消防车2

续表

序号	编成名称	使用器材	示意图
编成4	222L/s改造后龙吸水供水编成	龙吸水1台、转换接口2个，消防车4台	水源 222L/s龙吸水 水罐消防车1 水罐消防车2 水罐消防车3 水罐消防车4
编成5	278L/s未改造龙吸水供水编成	龙吸水1台、$8m^3$集水池2个，消防车2台	参考编成3
编成6	278L/s改造后龙吸水供水编成	龙吸水1台、转换接口2个，消防车4台	参考编成4

3.2 建立完善机制，为龙吸水运于灭火救援提供制度保障

建立完善机制主要分为摸清底数、完善预案和联防联训三方面，具体如下：

①“摸清底数”是首要环节，在具体工作中，成立专班、实地摸排，要做到区域全覆盖、资源全掌控，统计信息准、评估测算准，普查过程实、调查结果真。主要摸排两个方面，一是龙吸水基本信息，二是重点油气场站周边3km水源信息。

② 编制好应急预案是基础，为做到防汛、消防两兼顾，汛期用于排涝，火灾时就近调派，制作重点油气场站供水卡，纳入各单位火灾爆炸预案，具体见表3(以任一联合站为例)。

表3 任一联合站供水卡

调动级别	龙吸水储存地点	龙吸水型号、数量	负责运输单位	周边水源
首次调集	任南消防站	222L/s、100L/s各一台	输油作业区双排、吊车	任一联站内东南侧水池
第一增援	冀中抢险站	2台278L/s、4台222L/s	冀中抢险站	

为了应对突发事件，应加强应急预案修订、培训，完善预案内容，使其包括预防、预备、响应、恢复等内容。

③ 建立联防联训机制，强化企业专职消防队伍与冀中抢险站、输油作业区等应急部门的联动，通过定期、不定期演练，既能检验应急装备情况，又能提高应急队伍的风险控制能力、应对突发事件能力。

3.3 综合考虑各项资源，筑牢三道供水保障防线

面临案例中的油气罐区火灾事故，仅仅依靠单一供水方式并不牢靠，需要合理充分的利用好各种资源，位于筹谋，构建三道供水保障防线。

① 第一道防线：依据《石油天然气工程设计防火规范》(GB 50183—2004)和《泡沫灭火系统设计规范》(GB 50151—2010)的要求，在储罐区设计安装的固定泡沫灭火系统、冷却水喷淋系统和防火堤、事故池系统构成第一道防线，要确保各系统符合要求、没有隐患，确保依靠这些装置能保障初起火灾用水；

② 第二道防线：各类消防应急力量的重型泡沫、水罐车，市政的绿化、洒水车以及生

产保障单位的大吨位油、水罐车，通过运水供水、串联供水等构筑第二道防线。

③ 第三道防线：汲取国内大型储罐区火灾经验教训，利用龙吸水、远程供水系统等，构筑第三道防线，提高罐区应对大面积流淌火和大型油罐全面积火灾的供水保障能力。

3.4 不断优化，构建协同供水机制

2021 年河北省某石化公司“5·31”油罐爆炸事故中，在园区供水系统无法满足消防用水情况下，投用 10 套远程供水系统吸海水约 100×10^4t，保障了灭火和冷却用水，为事故的成功处置起到了重要作用。远程供水、龙吸水在使用过程中，由于铺设的大口径水带一旦铺设完成、难以更改，必须选择合理的水带铺设路线，不能影响其他车辆通行，因此要构建前后方协调供水机制，供水线路要有专人巡护，保障供水不间断。供水机制要做到三个立足于：

① 立足火场不同阵地用水需求。火场用水需求，主要体现在不同阵地的出水流量上，供水流量要不低于各阵地出水流量。

② 立足周边水源情况。根据水源至火场的距离、交通状况、类型及地形状态，确定车辆、人员、装备、供水器材等，进行优化组合，最大限度地发挥供水效能。

③ 立足使用装备性能。装备性能，关系到输送火场用水的流量及供水的距离。当阵地用水量大时，供水设备的泵浦要在低压工况运行，供水设备停靠位置要选择在低压供水距离的范围内。因此，平时要加强对车辆装备的了解掌握，开展性能实际测试，熟知车辆装备的性能。

4 结语

在国内对石油石化消防安全高度重视的新时代，处置油气场站储罐区火灾面临着严峻挑战，消防队伍应充分认识到科学、有效的提高油气站场火灾供水方法的重要性。只有不断创新、探索，在大安全大应急框架下，充分发挥各类应急资源，提升供水保障能力，确保应急状态下消防用水的连续可靠，才能最大限度地减少国家、企业财产损失。

参 考 文 献

[1] 赵琨，孙焰. 油罐灭火[J]. 消防技术与产品信息，2007(12)：79-81.

[2] 江永龙，熊帅. 龙吸水排水车参与救援的实用性研究[J]. 人民黄河，2022，44(4)：17-20.

[3] 赵玉鄂. 子母式龙吸水排水车在城市防洪减灾中的应用[J]. 水利水电技术(中英文)，2022，53(51)：472-477.

[4] 袁爱国，王立军. 从油罐的火灾行为模式谈储罐区消防的三道防线[J]. 价值工程，2011，30(1)：326.

[5] 温涛，吕特宁. 消防供水中队选址与作战供水编成研究[J]. 消防技术与产品信息，2017(1)：44-47.

【作者简介】矫冠瑛，男，2007 年 7 月毕业于中国矿业大学，获得消防工程学士学位；2015 年 6 月毕业于中国人民武装警察部队学院，获得安全方向工程硕士学位。中国石油华北油田分公司消防支队，研究方向为石油石化灭火救援。电话：15532810925，邮箱：xf_jgy@ petrochina. com. cn。

大型油罐0区可燃气体浓度超标治理应用研究

王 辉 林书璜

（中国石油冀东油田油气集输公司曹妃甸油库）

摘 要：油气集输公司曹妃甸油库2座$5\times10^4m^3$外浮顶油罐浮船二次密封腔内可燃气体浓度，2019年间排查12次，每罐浮顶二次密封8个点位均不符合《石油化工企业可燃气体和有毒气体检测报警设计规范》(GB 50493)中5.3“可燃气体测量范围在0~100%爆炸下限，且一级报警设定值小于或等于25%爆炸下限(LEL)”的规定，本文结合曹妃甸油库外浮顶罐运行现状和油品性质，确定合理的治理方案，消除0区着火、爆炸风险，确保储罐安全运行。

关键词：外浮顶储罐；一次密封；二次密封；可燃气体浓度；囊式密封；无油气密封；全接触式密封；充氮气防护系统

曹妃甸油库属于冀东油田油气集输公司，位于唐山市曹妃甸港区三港池南侧，占地面积120亩，主要承担油田原油装船外运和接收南堡作业区含水原油任务。2015年7月建成，2016年2月投产，设计原油储存能力$10\times10^4m^3$。作用是通过曹妃甸液体化工码头，将冀东油田原油通过船运至下游炼化企业。设计原油周转能力$165\times10^4t/a$。油库共建设$50000m^3$外浮顶式原油储罐2具，$5000m^3$含水油罐1具，$500m^3$原油缓冲罐1具，以及输油泵房、流量计区、消防、制氮、采暖、配电等设施。

两具$50000m^3$外浮顶式原油储罐，编号分别为储油罐-01、储油罐-02，于2016年2月建成投产。浮顶罐罐高19.46m，直径60m，安全液位16.5m。其接收庙曹管线来油，来油量依据生产需要控制在$100\sim350m^3/h$，罐运行液位控制在4.0~16.5m之间，罐温度控制在40~48℃。自投产以来没有进行过维修，每年定期校验安全附件，包括呼吸阀、安全阀、火焰探头，2018年12月完成储罐定期检测。2019年间对2具储罐浮顶二次密封腔内可燃气体浓度进行为期12个月监测，监测数据不符合《石油化工企业可燃气体和有毒气体检测报警设计规范》GB 50493中5.3“可燃气体测量范围在0~100%爆炸下限，且一级报警设定值小于或等于25%爆炸下限(LEL)”的规定。本文通过数据现场采集、分析，结合2具外浮顶罐运行现状和油品性质，确定了合理的治理方案，消除安全环保风险，满足现有标准规范要求。

1 现状分析

曹妃甸油库两具$50000m^3$原油储罐，可燃气体挥发主要集中在浮顶边缘二次密封腔内，通过12个月的监测记录，发现储油罐-01二次密封腔内可燃气体浓度排查结果为≥100% LEL，属于第三类(超标)油罐；储油罐-02二次密封腔内可燃气体浓度排查结果为26%~99%LEL，属于第二类(超标)油罐。两具储罐充装介质均为冀东油田稳后原油，自储罐投产，一、二次密封均未更换。为了更加直观地监测数据变化，制成图表见图1，进行直观对比并分析可燃气体浓度超标原因。

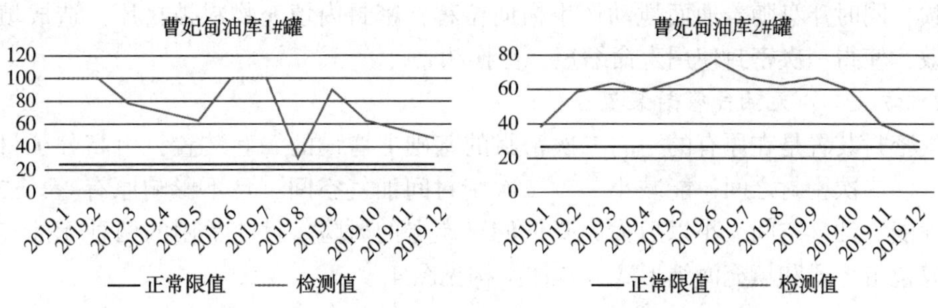

图 1　2019 年浮顶罐二次密封腔内检测数据表对比

导致曹妃甸油库浮顶罐二次密封腔内油气浓度升高因素有很多，与原油性质(黏度、挥发性、密度、含蜡量、轻组分含量等)、一次和二次密封装置的类型及完好程度、原油存储温度、大气温度、外界风力、液位高度、罐壁保温性能、浮盘刮蜡装置、储罐运行状态等因素都有密切关系。

由图 1 中曲线可以直观地看出，伴随着进入春季气温逐渐升高后，曹妃甸油库浮顶罐一二次密封腔内可燃气体浓度检测值都有显著提升，这说明外界光照和大气温度变化等对密封腔内油气混合物气压具有一定的影响。原油性质、原油存储温度、大气温度、外界风力、液位高度、罐壁保温性能、储罐运行状态等因素为不可抗力因素，因此解决一、二次密封的密封性能是治理可燃气体浓度超标的关键。

2　治理方案

2.1　治理方案简介

2.1.1　方案一：采用目前密封型式(囊式密封)

曹妃甸油库外浮顶储油罐一次密封采用的是囊式密封结构(氟橡胶袋内填充聚氨酯软泡沫塑料)，其作用是覆盖住原油表面，抑制油气挥发。二次密封装置由油气隔膜、压板、密封刮板等组件组成，密封性能严密，其作用是封住一次密封挥发出的油气并做到防雨防尘。具体结构见图 2 和图 3。

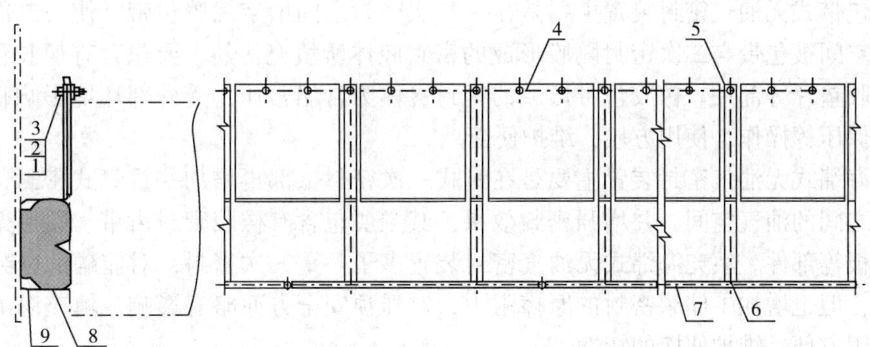

图 2　外浮顶罐采用的一次密封结构(囊式密封)

1—垫圈；2—螺母；3—螺栓；4—压板(一)；5—压板(二)；6—支撑板；7—支撑管；8—泡沫塑料；9—橡胶袋

一次密封(囊式密封)内部填充材料随着长时间运行产生弹性失效，引起变形，造成密封失效，会出现气体外泄。囊式密封使用一定时期后，容易出现由于罐壁不光滑引起的氟橡胶带破损，同时浮盘随着油面搅动产生横向位移，密封内填充物料被挤压，造成填充物料弹性失效，使得一次密封使用寿命缩短，更换频繁。

2.1.2 方案二：无油气密封装置

无油气密封装置是在原有的一、二次密封的基础上增设的一套装置，由高分子材料组成，置于一、二次密封之间，能减小一、二次密封间油气空间，且不影响原有一、二次密封所使用性能。油气空间减小以后大大降低储罐燃爆的风险。目前常用的两种无油气密封装置：橡胶包带形式和填充海绵形式，具体结构见图4。

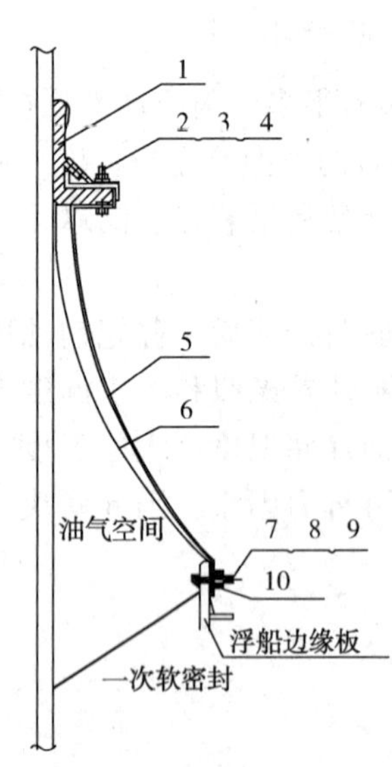

图3 外浮顶罐采用的二次密封结构

1—密封刮板；2—螺栓(一)；3—螺母(一)；4—垫圈(一)；5—压板；6—油气隔膜；7—螺栓(二)；8—螺母(二)；9—垫圈(二)；10—槽形压板

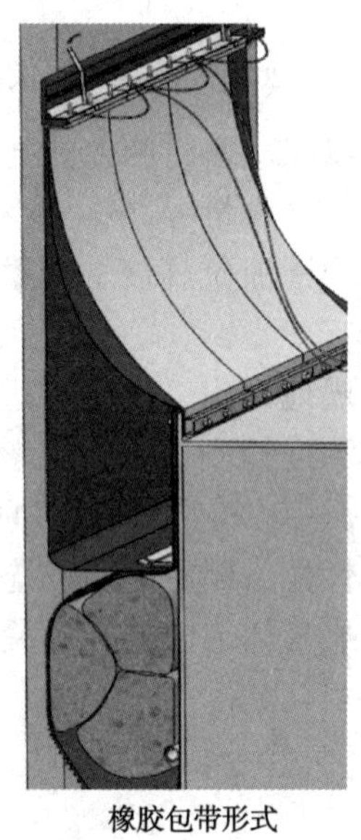
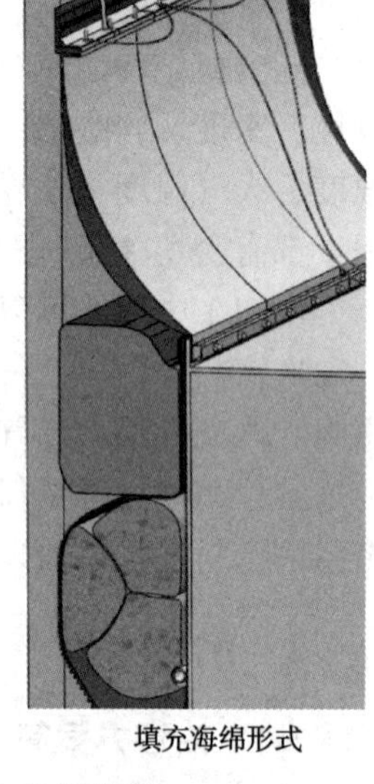

橡胶包带形式　　填充海绵形式

图4 无油气密封装置

橡胶包带式无油气密封装置主要是在一二次密封之间增装橡胶包带，使一二次密封之间的油气空间被包带与二次密封隔膜形成的密封腔体所填充，其主要包含有橡胶包带、定位板、橡胶垫片等部件。橡胶包带形成的密封囊体为常温常压，受外部环境影响很小，无需充气、保压等操作，使用方便，维护便捷。

填充海绵式无油气密封装置主要是在囊式一次密封上部再增加一重囊式密封，减小一二次密封之间的油气空间，并增强密封效果，其主要包含有橡胶密封齿带、圆形聚氨酯海绵、平压板等部件。填充海绵式无油气密封装置多了一重一次密封，对储罐的密封效果有改善效用，但也增加了储罐密封的摩擦阻力，对浮顶安全方面略有影响。填充海绵形式同样具备使用方便，维护便捷的特性。

2.1.3 方案三：全接触式密封型式

全接触式密封型式是在储罐变形以及浮盘偏移的情况下，使密封处于全密闭形式。主要组成构件如下：全补偿气密性一级密封、全补偿伞状二级密封、刮蜡装置、量油/导向柱密封装置。

全补偿气密性一级密封，一次密封为液体镶嵌式全接触静密封结构，有防蒸发特质，接近零缝隙密封能力，具体结构见图 5。

一次密封主要由金属弹性板、填隙板及氟橡胶膜组成，其工作范围为 $R(-x/+3x)$（x 为储罐实际测量直径与设计直径误差平均值），弹性钢板可以在任何不规则罐壁（如不圆或凸起膨胀）的状况下，时刻保证其与罐壁紧密贴合。同时，一次密封为液体镶嵌式密封结构，在正常工况内，其弹性钢板能够保证其浸液深度≥100mm，因此，其在自身弹力、静密封空间内的气体压力、介质液体压力的多重作用下，可紧贴储油罐罐壁，保证密封与罐壁趋近于零缝隙。

一次密封与罐壁始终保持面接触，为保证其上下运行时，能够很好地适应罐壁凸起、凹陷以及焊缝处、铆接处的阻碍，金属弹性板组设有楔形滑动钢板，以帮助一次密封在下行过程中，其前端部件为能够躲避凸起异物的阻碍提供了顺利运行结构。

全补偿伞状二级密封，二次密封为伞形全接触动密封结构，组成件有金属弹性板和隔膜，具体结构见图 6。二次密封空间内因压力温度变化使自身体积发生改变，进而保证其密封空间内的气体压力稳定，无气体交换。

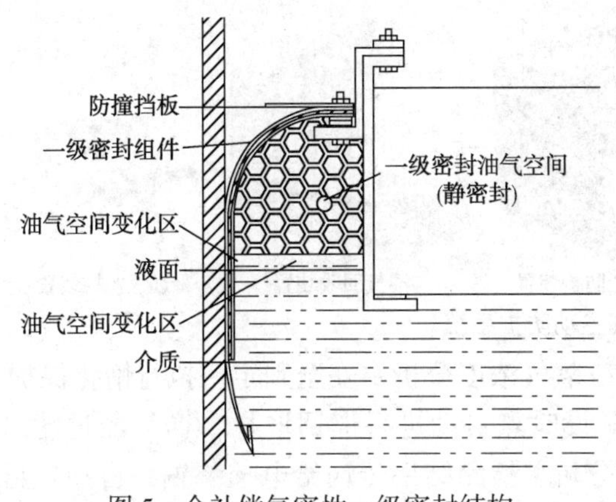

图 5 全补偿气密性一级密封结构

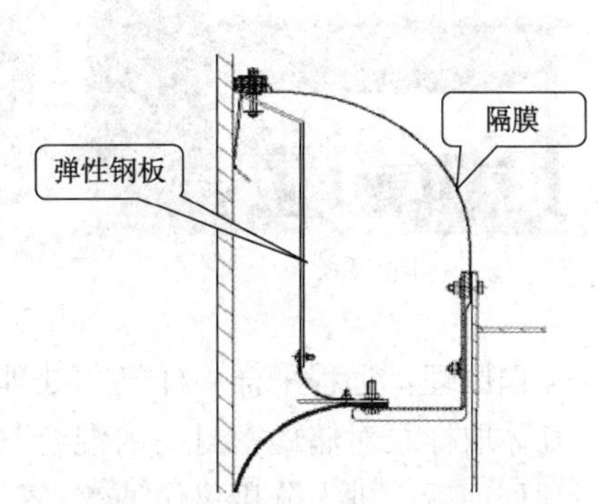

图 6 全补偿伞状二级密封结构

浮盘二次密封其最内层为金属弹性板，因为金属钢板的结构、材料特性以及工作特性，使其边缘调整在 $R(-x/+3x)$ 工作范围内，二次密封可以在任何不规则罐壁（如不圆或凸起膨胀）的状况下，能够时刻保证其与罐壁紧密贴合。

全补偿伞状二级密封由以下几部分构成：最外层的耐油抗老化膜、最内层的金属弹性板以及密封条组成。

耐油抗老化膜具有弹性好，重量轻等特性。

金属弹性板是通过详细核算并特殊加工成型，具有弹性好，可以满足储油罐在极度椭圆或风力、晃动等外力下，与油罐的密切接触，保证二级密封的严密性。

密封条是靠金属弹性压板将 4 层密封条紧紧地挤压在罐壁，保证与罐壁的密切接触。

耐油抗老化密封膜沿浮盘四周一端固定在密封滑块上，另一端固定在浮盘边沿四周用螺栓密封固定。

全接触式密封型式密封严密，且包含特有的量油/导向柱密封，有利地减少储油罐更换密封的次数及清罐次数少，可达到 10 年清罐检修一次的频次。

2.1.4 方案四：充氮气主动防护系统

在现有的一、二次密封的基础上增设的一套充氮气主动防护系统，利用氮气作为惰化气体，在外浮顶式石油储罐一、二次密封间的环形空间形成一个惰性气囊，主动保护该环形空间，使该环形空间内的可燃性气体浓度和氧气浓度在规定浓度内，使其不燃烧、不爆炸，大大降低了该环形空间火灾发生的可能性。具体系统组成见图 7。

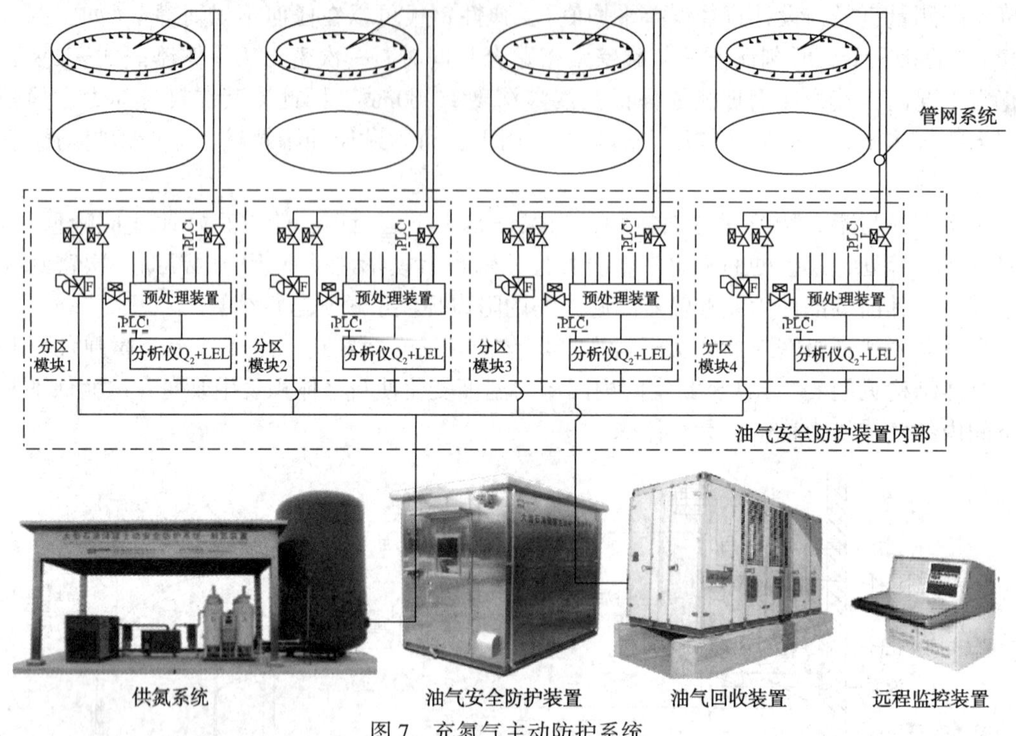

图 7　充氮气主动防护系统

工作原理：远程采样→样气预处理→油气/氧气浓度分析→安全判定→执行惰化保护

气体取样泵对储罐密封圈内混合气体按预设时点自动进行巡回取样，样气经过滤、分流等预处理后，进入分析仪作油气/氧气浓度分析，检测结果传输给电控装置，自动执行惰化保护，将油气/氧气浓度控制在安全范围内。同时，各设备通过以太网与远程控制装置进行通信，实现数据存储、查询及远程监控。

2.2　治理方案对比

对曹妃甸油库现场实际勘察调研，查找目前市场在用的外浮顶储罐二次密封结构形式，找出四种符合本单位现场生产要求的技术治理方案并对比优缺点及投资估算，方案要点统计见表 1。

表 1　四种治理技术方案要点对比

站名	类别	方案一	方案二	方案三	方案四
曹妃甸油库	方案要点	维持原囊式密封结构，3~5 年进行更换。 优势：安装方便，资金投入低 缺点：更换频次高，清罐次数多，安全风险及工人劳动强度大，治理效果不明确	采用无油气密封结构，3~5 年进行更换。 优势：缩小了油气空间，降低爆炸的强度 缺点：更换频次高，清罐次数多，安全风险及工人劳动强度大	更换全接触式密封结构。 优势：清罐次数少，10 年清罐检修一次，综合资金投入较低 缺点：一次性投资较高	采用充氮气防护系统，10 年进行一、二次密封更换。 优势：做到了主动防护，10 年进行清罐检修，能保证治理效果 缺点：运行维护管理不便，单次、综合资金投入高

续表

站名	类别	方案一	方案二	方案三	方案四
曹妃甸油库	工程建设投资(万元)	345.8	365.7	896.2	962
	20年费用现值(万元)	890.7	977.8	956.6	1531.9

通过表1对比分析发现，方案一单次、综合资金投入均为最低，但更换频次高，清罐次数多，安全风险及工人劳动强度大，根据运行经验其治理效果不明确，对生产、安全影响较大；方案三更换全接触式密封结构虽然单次资金投入较高，但按照储罐使用年限计算，综合投入较低。

2.3 市场验证(表2、表3)

表2 沃德林科环保设备(北京)有限公司建设名单

序号	货物名称	储罐规格	数量	用户名称	承建时间
1	外浮顶储罐新型复合材料浮盘及一、二级密封+刮蜡器	$100000m^3$(石脑油)	5	中海油壳牌公司	2003
2	外浮顶储罐一、二级密封+刮蜡器	$10000m^3$(汽油)	1	大连石化公司	2016
3	内浮顶储罐一级密封	$10000m^3$(汽油)	1	大连石化公司	2016
4	内浮顶储罐一级密封	$5000m^3$(汽油)	1	吉林石化公司	2017
5	内浮顶储罐一级密封	$10000m^3$(汽油)	3	齐鲁石化公司	2017
6	内浮顶储罐一级密封	$5000m^3$(汽油)	1	齐鲁石化公司	2017
7	内浮顶储罐一级密封	$10000m^3$(汽油)	1	九江石化公司	2017
8	内浮顶储罐一级密封	$1000m^3$(重油浆)	8	新疆天利实业	2017
9	内浮顶储罐一级密封	$10000m^3$(汽油)	4	大连石化公司	2017
10	外浮顶储罐一二级密封+刮蜡器+导向柱密封	$30000m^3$(原油)	4	中石油呼和浩特石化公司	2018
11	外浮顶储罐一二级密封+刮蜡器+导向柱密封	$20000m^3$(原油)	11	中石油大庆炼化公司	2018
12	内浮顶新型复合材料浮盘+全补偿一级密封+导向柱密封	$5000m^3$(汽油)	5	中石油大庆炼化公司	2018

表3 连云港三人行环境工程技术有限责任公司建设名单

序号	货物名称	储罐容积	数量	用户名称	承建时间
1	浮顶罐一、二次密封	$12000m^3$	2套	金陵石化	2019年
2	外浮顶罐一、二次密封	$20000m^3$	1套	金陵石化	2019年
3	浮顶罐一、二次密封	$10000m^3$	7套	金陵石化	2019年
4	浮顶罐一次密封	$10000m^3$	1套	高桥石化	2019年

续表

序号	货物名称	储罐容积	数量	用户名称	承建时间
5	浮顶罐一次密封	10000m^3	10 套	金澳科技(湖北)化工有限公司	2017 年
6	浮顶罐一次密封	50000m^3	4 套	扬子石化	2020 年
7	外浮顶一、二次密封	10000m^3	1 套	大连石化	2016 年
8	外浮顶一次密封	20000m^3	4 套	九江石化	2020 年

根据表 2 沃德林科环保设备(北京)有限公司与表 3 连云港三人行环境工程技术有限责任公司在 2016—2020 年间，建设的外浮顶储罐全接触式密封后期运行调研效果看，二次密封腔内可燃气体浓度抑制能够达到规范要求。

3 外浮顶罐全接触式密封结构建设安全环保分析

3.1 节能

国家目前解决能源问题的方针是“开发和节约并重，近期应将节约放在优先的地位”。必须认真贯彻国家有关节能的方针，搞好节能工作。改造建设中，除严格执行国家颁布的有关政策、法令、规定、办法外，还必须贯彻行业制定的有关节能技术政策，积极采取节能措施，努力降低能源消耗。

采用节能技术，合理利用能源，提高设备及系统的效率，提高系统的优化运行管理则是本工程节能设计的主要指导思想。

3.1.1 主要能耗项目

本工程改造后运行期间不产生任何能耗。

3.1.2 节能降耗效益

本工程采取上述方案后，可外浮顶油罐正常运行，同时消除了燃爆的可能性，提高了储罐运行的安全性。

3.2 安全

本工程按照“安全第一、以人为本”的理念和原则，对生产过程中的可能存在的危险有害因素进行了全面辨识，对各种危险有害因素均从设计中采取了有针对性的安全措施和安全设施，并通过采取先进、可靠的自控系统和安全防护系统，来最大限度地保证人员的安全和健康，本工程建成后可满足安全生产的要求。

3.2.1 工艺过程危险、有害因素分析

根据对危险物料的分析，可以看出，火灾、爆炸是本工程生产过程中最重要的危险因素，对油田生产和人员的生命安全都存在一定潜在危害。同时，油田生产过程中还存带电伤害、物体打击等危险有害因素。结合本工程生产特点，按照《企业职工伤亡事故分类》(GB 6441—1986)和《生产过程危险和有害因素分类与代码》(GB/T 13861—2009)规定，识别出生产过程中主要存在的危险有害因素有以下几个方面：

3.2.1.1 原油及可燃气体泄漏危险

本工程的设备、管道、阀门、法兰接口等可能因为雷击、关闭不严或施工质量不达标等原因导致原油或可燃气体发生泄漏。此外，人员的操作不当也可能造成原油或可燃气体的泄漏。

3.2.1.2　火灾和爆炸

本工程主要危险介质为原油及可燃气体，决定了生产过程中具有较大的火灾或爆炸危险。

在正常的生产过程中，原油及可燃气体不会释放，不具备发生火灾爆炸条件。但在异常情况下，由于储罐密封损坏、充氮气系统故障等情况下，导致大量可燃物质释放，一旦出现点火源即可引发火灾、爆炸事故。

施工及生产过程中点火源可能存在的主要形式有：明火、电火花、静电、雷电、摩擦火花等。原油储罐、可燃气体管道是防火防爆重点保护对象。

3.2.1.3　电气火灾

当设备出现故障、电线绝缘层损坏，以及人员在操作各供配电设施时，会存在发生电击伤亡、电弧灼伤、设备短路等危险，若电气设备接地失效、漏电保护器损坏、防爆装置失效、电气设备老化，绝缘失效都会造成电气火灾。

3.2.1.4　人身触电

用电操作中若操作不当，动力设备、照明电器、供配电等电气设备或电气线路绝缘、安全距离、漏电保护、接地或接零保护装置等防护措施失效，以及违章操作等均可导致触电事故的发生。

3.2.1.5　物体打击

本工程在生产过程中，设备部件或工具飞出可能造成物体打击伤害，在生产操作中更换压力表，安装、拆卸阀门等，带压操作可造成物体打击。

3.2.1.6　人员坠落

储罐密封更换工作需要登高作业，若工作人员身体不适、注意力不集中或不严格执行操作规程等，容易发生坠落事故，造成人员伤亡。

3.2.1.7　机械伤害

在设备旋转处，如果设备上的旋转部件防护不当或无防护，将引起人员绞伤等机械伤害。

结论：

通过以上分析，该项目的建设将消除燃爆的可能性，提高了储罐运行的安全性，为生产的正常进行提供了必要条件。同时项目的建成可以改善周围环境质量，满足地方政府环保指标的要求；有效改善大气质量；保护周围环境，达到安全环保要求。

目前，曹妃甸油库更换全接触式密封结构工程已施工完成，并运行 2 年，根据 24 个月每罐 8 个点监测的外浮顶二次密封可燃气体浓度数据显示可燃气体浓度全部为 0，完美达到预期效果，下一步将继续做好定期监测，测试其良好性与持续性。

参考文献

[1] 孟昕，刘琛. 浅谈外浮顶罐的二次密封[J]. 石油商计. 2003(021)005：29-31.

[2] 韩旭斌. 外浮顶罐运行过程中的二次密封改造[J]. 齐鲁石油化工. 2016(44)1：63-65.

创新管理机制
加强化工园区联合救援队伍建设

郭迎卫

（河北省应急救援和训练中心）

摘　要：本文立足河北，就化工园区危险化学品事故救援队伍建设管理现状、存在的问题进行了剖析，就集中力量建立园区联合救援队伍的法制体制机制进行了分析、建议，并对园区队伍应急响应、培训赋能、能力提升、运维管理等突破壁垒的管理模式进行了探讨。

关键词：化工园区；危险化学品事故；专业救援队伍；化工园区联合救援队伍

化工园区是指由人民政府批准设立，以发展化工产业为导向、地理边界和管理主体明确、基础设施和管理体系完整的工业区域。主要包括两类：一是批准设立的专业化工园区或化工集中区，二是批准设立的经济（技术）开发区、高新技术产业开发区或其他工业园中相对独立设置的化工园（区）。化工园区可采取“飞地”“一区多园”等模式建设。本文重点讨论分类管理比较规范的专业化工园区和化工集中区的救援队伍建设。

化工企业迁入园区管理是我国自“十二五”规划开始的一项产业政策。《“十四五”国家安全生产规划》对化工园区等功能区安全的生产管理继续规划指导，而化工园区的安全管理更是“十四五”安全生产规划的工作重点，其规划建设便于企业监管和服务配套，有利于建设园区安全环保一体化监管体系。经过数十年的发展，我国化工园区在规模数量、管理服务水平上均有显著提升。化工园区在发展壮大同时也为管理者提出诸多新课题、新机遇和新挑战，需要管理者加大创新力度突破条条框框的束缚，加强立法修法，创新管理体制，创建园区安全管理一盘棋，保障园区生产安全。

《“十四五”国家安全生产规划》对化工园区联合救援队伍的建设进一步提出了指导意见，做了重点部署。

对于化工园区而言，要加强对全园区项目进行综合应急救援规划：可否把各企业的应急救援队伍纳入统一建设统一管理，以节约资源形成合力建造一支精干好用的救援力量？可否建立以园区专业救援队伍为核心的应急救援响应体制？本文通过查阅资料、座谈、电话问卷等方式进行调查研究、数据分析，就化工园区联合救援队伍建设运行做一点粗浅的探讨。

1　目前化工园区建设状况

据中国石油和化学工业联合会资料，截至2020年底，全国重点化工园区或以石油和化工为主导产业的工业园区共有616家，其中国家级化工园区（包括经济技术开发区、高新区等)48 家。产值超过千亿的超大型园区由“十二五”末的 8 家增加到 17 家，产值 500 亿~1000 亿的大型园区 35 家，超大型和大型园区产值占比超过化工园区总产值的50%，化工园区集聚规模效益明显。总体来看，我国化工企业园区发展的政策已初见成效，化工园区的发展已经趋于成熟。但是，在数量和总产值上中小型化工园区依然占比较大，园区内企业也以中小企业居多。

截至 2023 年 3 月中旬，全国化学工业园数量达到 1004 家。山东省目前拥有 102 个化学工业园，分布在山东省淄博、潍坊、东营、烟台、菏泽等市，是中国化工园区数量最多的省份。《河北省化工园区认定办法(试行)》《河北省化工园区评分标准》于 2020 年 10 月 27 日颁布，对全省化工园区产业规划、安全环保规划进行统一管理。截至 2023 年 6 月份，河北省园区数量位列全国第五，河北省工业和信息化厅共公布认定了 6 批次化工园区和化工集中区(共 38 个)，其中化工产业园区 3 个分别位于石家庄、唐山和沧州市，化工集中区 35 个分布在 10 个地级市和省管县市。

2　化工企业聚集与危险化学品事故

化工企业主要产品和原料为各级危险化学品，具有易燃易爆、有毒、放射等性质。危险化学品一旦发生事故，往往发生非常严重的后果。据统计，我国自 2015 年至 2020 年共发生危险化学品事故 800 余起，造成 900 余人死亡。生产和存储环节发生事故共计 380 件，占事故总数的 48‰造成 500 人死亡，占总死亡人数的 56%。生产和存储环节是危险化学品事故发生的主要环节，也是造成损失最大的环节。而化工园区内化工企业聚集，是承担危险化学品生产和存储的主体。随着化工园区内企业数量的不断增多，园区内事故危险性迅速增大。此外，由于化工园区内部危险化学品生产和存储的重大危险源相邻，相邻的危险源一旦发生事故，会造成多米诺事故的发生，事故后果严重性进一步扩大。所谓危险化学品事故中的多米诺事故就是指在危险化学品生产的区域，一个危险单元发生事故影响周围的危险单元，导致事故连锁和扩大化。多米诺骨牌式事故在国内外危险化学品事故中屡见不鲜。

例如，1984 年墨西哥国家石油公司储运站事故，泄漏事故导致火灾爆炸的多米诺事故发生，灾害波及周围 1200m 内的建筑，造成 650 人死亡、6000 余人受伤。2005 年 12 月英国邦斯菲尔德连环爆炸事故，导致火灾持续 5 天，造成直接经济损失 2. 5 亿英镑。2005 年 11 月吉林石化公司爆炸事故，爆炸引发其他危险源的爆炸、火灾及泄漏事故的发生，事故导致 8 人死亡，60 人受伤以及 100 吨化学物质流入松花江。特别是 2015 年 8 月 12 日天津港瑞海公司危化品仓储事故，火灾引发连环爆炸，直接影响到 5400m 以外建筑，事故导致 165 人遇难 8 人失踪，造成直接经济损失 68. 66 亿元人民币。因危化品存储底数不清，危险源管理缺位，导致救援指挥、扑救措施缺乏针对性，在救援中付出了惨痛的代价。

在化工园区落实隐患排查和治理体系，预防和消除潜在的事故隐患，建立科学的应急救援体系势在必行。建设园区联合救援队伍是实现快速、科学、高效救援，打造安全生产最后一道防线的可行方案。因为园区生产、存储危险化学品介质的种类繁多，救援组织、救援措施复杂多变，一旦响应滞后、应对不当就会使事态扩大，造成救援人员伤亡、国家和企业财产的巨大损失，所以与化工园区产业集中相匹配，建立健全安全生产一体化管理体系，建设化工园区层面的联合救援队伍，提升园区专业救援能力，将其打造为立足园区服务周边的危险化学品应急救援的基础救援力量具有重要的现实意义。

3 企业危化救援队伍建设的现状

据统计，河北省目前专业危化救援队伍 24 支，队伍数量、人员装备、训练水平、分布布局严重不足，尚不能覆盖日益增长的化工园区规模(38 个)。对于国家骨干救援力量构不成有效补充，对于救未、救小、救近的总体布局严重不足，形不成集群战力。

而分散于省内各企业的危化救援队伍在人员、装备、训练水平上参差不齐，在队伍建设、投入、管理、运行等方面受各企业的经济效益影响大，人员流动也比较大，严重影响了队伍运行训练和救援准备。主要存在如下问题：

(1) 企业救援队伍法律法规标准建设落后。1987 年颁布的《企业事业单位专职消防队组织条例》已经不能适应新时期企业救援队伍建设和发展的需求，缺少对企业救援队伍的建设规模、人员组成、装备配备、经费保障、工资薪酬、器材损耗以及参加救援的各种费用补偿抚恤的明确规定。

(2) 企业救援队伍组织建设得不到保证，救援装备、业务经费得不到落实。受企业经营状况影响大，甚至因企业破产或转产而解散，有的队伍现只有几名队员留守，有其名而无其实，无法完成救援任务；大部分企业救援队伍装备配备不足，救援设备设施落后，得不到及时维护保养，更不能及时更新提升。

(3) 企业救援队伍建设缺少规划，组织分散，没有形成合力，在参加社会救援时只是被动接受当地政府部门的调动，缺少积极性和主动性，管理体制不配套，联动机制失灵。经过几十年的发展建设，企业救援队伍已经成为我国一支重要的应急救援力量，理应在突发事件应急救援工作中发挥其应有的作用。但是，由于缺少顶层设计和统一规划，大部分企业救援队伍只负责本企业自身的救援工作，在企业外的救援工作上，只是被动地接受当地政府和相关部门的调动，企业救援队伍的能力和优势没有得到利用和展现。

4 救援实践要求加强园区联合救援队伍建设

国务院安委会下发的《进一步加强安全生产应急救援体系建设的实施意见》要求，要大力加强危险化学品和油气田应急救援队伍体系建设。加快推进危险化学品和油气田应急救援队的建设步伐。要在原来规划的基础上，依托现有中央石化、石油企业的应急救援队，建设 6 个国家危险化学品应急救援队、14 个区域危险化学品应急救援队、7 个区域油气田应急救援队和 1 个危险化学品应急救援技术咨询中心。这构成了危化品事故救援的骨干网的主节点(纲)。基于十几年来各地化工园区规划建设的现实和企业救援队伍建设的实践经验，化工园区联合救援队伍建设可以取长补短，集中力量，提高装备水平，强化救援能力，夯实应急救援的响应基础。化工园区联合救援队伍应该成为，也必当成为危化品事故救援的中坚力量、基石队伍，构成危化品救援网的区域节点(目)。纲举目张，建设高效救援网络。

5 加强园区联合专业救援队伍建设就是织密织实救援网络的网格线

化工园区依靠企业共同投资组建联合应急救援队伍，有现实的需求也有园区固有的优势；建好管好化工园区联合救援队既可满足园区安全生产应急救援的专业需求，又可降低单个企业建设救援队伍负担，解锁单个企业建队财力不足投入不连续的困境，可以集中人力财力物力建设管理危化专业救援队伍，纳入园区统一管理调度，可流畅调度、快速响应，业务覆盖园区及周边危化企业应急救援工作，逐步将其打造成国家危化和油气救援网络坚固的基石队伍。

6 加强化工园区联合救援队伍建设的天然优势

建设园区统一管理的救援队伍，可以稳定人心、培养人才、强化训练，有利于建立统一指挥协同作战的救援指挥机制。

园区具有专业人员密集优势，面对不同危险品生产工艺、生产装置、存储仓库有针对性地从各企业选调配置队员。

建设联合救援队伍降低了中小企业独立建设管理运营队伍的负担；企业共建政府资助的经费保障模式保证了可持续的装备更新，能够按计划逐步完善装备配置，可以实现立足园区服务周边配置装备，针对性更强，力求达到一定的先进性。

园区各化工企业密集、门类流程齐全，可为救援队员专业实训提供多种工艺装置场景。

统一管理指挥调度可以真正强化园区和周边危化救援力量，合理布局组建完善专业救援服务网络。

7 加强园区联合救援队伍建设要重视指挥系统辅助决策

建设救援队伍指挥系统，基于物联网大数据的危险源监测系统，完善信息集中分析和预判决策算法，使大数据辅助决策与行政集中决策有机结合，发挥大数据系统分析辅助决策的作用，实现指挥和响应的高速准确。

8 园区联合应急救援队伍建设的政策配套

8.1 建立和完善化工工业园区安全生产与应急救援管理法律法规标准体系

首先，要加强顶层设计尽快制定颁布危险化学品企业救援队伍建设和工业园区联合救援队伍建设管理的相关法律规章和管理办法，制定园区联合救援队伍的建队和养队标准。其次，各地可结合自身实际，制定相应的地方性法规和建设标准，明确建设条件、建设规模、人员组成、装备配备、经费保障、工资薪酬、参加社会救援的器材损耗和各种费用补偿等事项。

8.2 规范和加强园区联合救援队伍管理

根据《危险化学品安全管理条例》，我国危险化学品应急管理由安监、公安、环保、交通、卫生、质检等多个部门联合监管，但在实际工作中，多头管理却造成了政出多门、没有形成高效监管机制，企业救援队伍的管理运行情况更甚。建议将危险化学品园区联合救援队伍归口到应急管理部门统一管理，把队伍的建设、管理、训练、协调、指挥事故救援纳入国家应急管理指挥体系内，规范和强化企业救援队伍建设和管理调度。

8.3 建立高效运行机制 提高事故处置能力

目前，建成的企业救援队伍主要负责企业的事故救援，在应急管理部门统一协调下参加社会救援，加强队伍间的协同作战能力，扩大救援队伍的作业范围。具体的方式方法如下：

(1) 按照地理位置分布特点，成立区域性的危险化学品企业应急救援互助组织，通过签署互助协议，区域内的危险化学品企业在发生事故后，可迅速得到其他联合救援队伍的支援。在整个危化救援网络中园区联合救援队当仁不让应该起到基础力量作用，充当起局域危化品救援的基石队伍。

（2）在政府应急部门的协调指挥下，通过统一规划布局，依托危险化学品联合救援队伍，建立覆盖所有危险化学品从业单位和危险化学品运输道路交通的应急救援网络，发生事故后，可通过应急响应中心迅速调集事故周边救援队伍，组织抢险救援。

9 总结和建议

9.1 健全法治，创新机制

我国应急救援队伍建设运营模式的转变也必须有法可依。在实际工作中，有许多应急救援工作没有法规和标准可遵循，迫切需要建立应急救援队伍的行业标准。尽早制定一部类似“应急救援法”和“化工园区联合救援队伍建设管理办法”等专门法律法规，使应急救援队伍建设运行工作有法可依，走上正轨。化工园区的安全生产一体化建设更应纳入立法程序，使联合救援队伍建设有法可依，保障有力。

9.2 企业投入，政府资助

当前各地应急救援队伍建设运行状况困难重重，根源在于建设运营经费不足，投入缺乏长效机制。特别是企事业单位组织的专业应急救援队伍以及各类民营志愿者应急救援队伍均存在建设运营主体资金投入不足的问题。化工园区依据自己的产业聚集、管理配套优势统筹联合救援队伍建设和运行经费，可以减少重复投入，集中力量建设运行队伍，有利于打造一支“建得起，练得强，靠得住，打得赢”的基础救援队伍。

9.3 园区管理，统一指挥

制定于园区应急救援队伍建设运营的管理机制，由各地区各部门“行政一把手”亲自负责本地区的应急救援工作，并指派专门机构经常监督检查，使应急救援队伍的建设运行工作有条不紊地进行。把园区联合救援队纳入园区和应急体系统一建设管理，有利于建成全园一盘棋、全省一盘棋，统一规划建设运行调度，真正把应急救援网络织密织实。

9.4 创新训练机制，强化协同作业

要开展好应急救援工作，必须建立应急救援队伍的联合培训演练机制。为了实现不同应急救援队伍之间在应急救援状态下的协同和联动，需要在平时加强它们的联合培训和演练。按照核心层-紧密层-外围层的思路，明确各自在应急救援中的角色分工。园区联合救援队伍建设打破了企业和行政壁垒，又能充分利用园区产业聚集优势可以把实训工作做实，针对性更强，真正做到立足园区服务周边，实现练得好拉得出打得赢。

9.5 提供保障机制，免除后顾之忧

要为指战员提供完备的应急救援保障体系。要保证应急救援队伍的建设运营经费，还要建立应急救援队伍的补偿机制，特别企事业单位和志愿者等救援力量在参与应急处置后获得补偿的渠道和标准等。要建立应急救援队伍的保险制度，救援队伍成员可以获得人身意外伤害保险。要建立和落实应急救援人员因抢险救灾殉职的抚恤待遇问题，在一定程度上免除指战员的后顾之忧。

9.6 改革响应机制，制定响应标准

要建立统一高效的应急协调联动机制。减少工作中存在的盲目性、过度响应、推诿扯皮等现象。应急指挥系统与园区危险源检测系统、辅助决策系统无缝衔接，按标准程序制定各级响应触发条件，减少信息无效流动，提高应急响应速度把事故消灭于萌芽状态。尝试将这些应急救援资源统一整合，责任更加明确，最大限度地发挥协调保障和指挥职能，

使领导决策在第一时间科学应对各种、各类突发事件，做到信息准确、畅通高效、运筹帷幄、决胜千里。园区联合救援队伍管理体制机制的改革创新可以为应急救援资源进一步整合先行先试、磨合改进。

9.7 完善考评机制，训练救援铁军

无论采取何种建设管理模式，最终要体现在指战员的素质提高和技能增长上，必须建立起一套综合考评机制，是对上述几个机制运行情况的总体检验和考核，通过分析考评过程中出现的问题，不断调整相关规定和办法，提升应急救援队伍建设管理的整体水平。考核评估应当体现开放性的原则和奖罚分明的原则。园区联合救援队伍纳入统一管理有利于统一训练考核标准，有利于队伍协同配合，有利于救援工作快速展开分工作业，有利于训练一支安全高效的救援铁军。

随着一些风险较大的化工项目由发达国家向国内转移，国内危险性较大的化工项目从东部沿海发达地区向中西部欠发达和不发达地区转移，煤化工等新兴产业项目迅速发展，石化企业装置和规模越来越大，我国危险化学品事故呈现出高发趋势。各地化工园区数量规模不断扩大，入园企业不断增多，园区安全环保一体化建设任务繁重。为此，要加强园区企业危险化学品应急救援队伍建设，特别是创新管理机制、投入机制、运行机制，加强园区危险化学品联合救援队伍建设，为园区和周边生产安全保驾护航。加强园区联合救援队伍建设，首先要建立和完善企业救援队伍法律法规体系。同时对救援队伍的进行归口管理，负责救援队伍的建设、管理、训练和参加救援。最后通过多种方式，建立持续投入、高效运行机制，扩大救援队伍的作业范围，使之真正成为我国化学品事故救援的一支重要的、不可或缺的基础力量。

园区应急救援队伍建设需要在建设运行中不断查找问题，磨合机制，锻炼队伍，提高能力，需要在磨合运行管理模式的过程中不断创新，使其成为我国应急救援体系建设的重要组成部分，成为防范和应对突发事件的重要保障，因此抓好园区联合应急救援队伍建设和运行是国家应急管理规划的重要内容。化工园区应急救援队伍的建设运营要在实践中不断加强立法修法工作，根据当地的园区需求评估结果，科学合理有所超前地组建、布局适合本地的应急救援力量，保证可持续投入，满足园区和周边危化品事故救援需求，为“十四五”安全生产规划、应急救援规划落地实施及经济发展和社会稳定贡献力量。

【**作者简介**】郭迎卫，河北省应急救援和训练中心。电话：13803371188，邮箱：805528350@ qq. com。

储气库风险识别及火灾处置

吴　钰　齐安炜　罗先强

［中国石油大港油田消防支队（保卫部、武装部）］

摘　要：天然气作为一种清洁、高效能源，其市场需求量呈快速增长趋势，地下储气库因其储气规模大、占地少、安全性能高、不污染环境等特点，成为当今世界上最主要的天然气储存方式和调峰手段。本文以大港油田板南储气库为例，对储气库的工艺流程、主要火灾爆炸风险进行了分析，并提出了相应工艺和消防处置对策。

关键词：储气库；工艺流程；风险识别；处置对策

地下储气库是经济发达且缺少天然气资源地区用于调峰的一种重要且有效手段，为了切实控制储气库的生产安全，并有效预防火灾事故的发生，特对储气库建设特点、风险因素及应对措施进行研究讨论。目前，大港油区先后建成了大张坨、板南等储气库，我们认为有必要研究探讨其在生产运行过程中的风险和险情处置措施，为今后储气库的建设、安全运行提供保障。

1　板南储气库基本情况

大港油田公司板南储气库始建于2010年10月，2014年6月投产，位于独流减河以北，津岐公路以东，滨海大道和沿海高速以西4km处，距天津市50km，是油田公司一级防火、甲级防爆单位。

板南储气库包括板南集注站和三座井场（即板G1井场、白6井场、白8井场，三座井场均为枯竭凝析气藏），集注站与三座井场均独立布置（集注站在三座井场南侧4~6km处）。板南储气库三个井场总库容$7.82\times10^8m^3$。气库在采气期内，平均日采气$333\times10^4m^3$，在注气期内，平均日注气$182\times10^4m^3$。板南地下储气库运行压力区间为13~31MPa。

板南集注站按功能划分为控制中心、注气装置区、露点控制装置区、35kV变电站及放空区等五个功能区；站内包括一套$300\times10^4m^3/d$的注气装置，一套规模为$400\times10^4m^3/d$采气装置，并建设配套的公用与辅助系统。

2　板南储气库工艺流程

板南储气库天然气处理分为两个阶段，注气期为3月26日至10月31日，共220天，即将外来气压缩后注入三个井场进行存储。采气期为11月16日至3月15日，共120天，即将井场存储的天然气采集出来，经过处理输送到天然气站。

2.1　注气流程

注气期，陕京二线、三线来气自陕京二线37#阀室（来气压力4.8~5.8MPa，15℃），自港霸线输至大港油田分输站，在大港油田分输站调压计量后输至板南集注站。进站天然气经旋风分离器和过滤器分离器除去粉尘和杂质后，经双向调节阀调节压力(3.5~4.5MPa，20℃)，进入注气压缩机组，将天然气分三级压缩，压缩后的天然气(11~30MPa，根据地层压力决定)进入空冷器冷却至65℃后，经注气汇管输至板G1、白6、白8井场，经注气阀组分配、计量后由井口注入各断块地层储存。

2.2 采气流程

采气期，板G1、白6和白8井场地层中储存的高压天然气(采气期间井底压力11~29MPa，井底温度大于100℃)由井口(井口压力7.6~22.7MPa，井口温度40~85℃)采出，经采气油嘴节流降压后，经采气汇管进入板南集注站的生产分离器(12.6MPa)，分离出的油计量后进集油污水管线，水计量后进闭式排放罐，分离出的天然气首先进入管道过滤器，进行过滤，除去气体中的灰尘等杂质，再经预冷器冷却至25℃，然后与注入的乙二醇雾剂混合(以便除去天然气中的水分)后进管壳式换热器与低温分离器分出的天然气换冷后，进J-T阀组截流降温至-5℃后进低温分离器，低温分离器分出的天然气，进管壳式换热器复热并经调压计量后输送至大港油田分输站，由大港油田分输站统一分配并外输，分离出的凝液去凝液管线，富乙二醇水溶液去乙二醇再生系统再生。

3 火灾爆炸风险识别

注气流程、采气流程的主要物料都是天然气，其爆炸极限为5%(体积)~15%(体积)，无毒、易散发，密度比空气小。

注气流程涉及的主要设备包括过滤分离器、旋风分离器、注气压缩机、空冷器、注气汇管、注采井等设备。采气流程涉及的主要设备包括：注采井、采气汇管、生产分离器、注甲醇系统、乙二醇再生系统、J-T阀组、低温分离器等。

3.1 注采井

由于储气库在生产过程中要周期性地注入和采出天然气，注气时压力能达到32MPa，采气时为13.2MPa，将使各种生产设备和管道受到周期性应力变化影响，同时井下压力、温度的变化以及气质组分等因素也将对井下各种设施造成影响，包括：注采井的油管和套管主要因腐蚀、冲蚀和应力变化的影响导致失效；水泥胶结质量差和测井方法选择不当将导致固井质量存在缺陷；液压系统和控制线路故障、冲蚀和人为操作不当等原因会导致井下安全阀失灵；封隔器主要因应力变化、腐蚀及密封元件变形等原因导致封隔失效。这些问题都会引起注采井天然气窜漏或泄漏，引发火灾、爆炸危险，甚至发展成井喷或井喷失控。

注采井的安全风险相对较高，它的泄漏情况是一般生产井的2~3倍。一般来讲，储气库的安全风险主要取决于注采井的安全与否。

3.2 注气压缩机

注气压缩机的最高工作压力为32MPa，压缩机的进出口管线、阀门、法兰、密封、机身等部位会因超压、疲劳断裂、密封损坏等各种原因导致天然气泄漏，遇火源会引发火灾、爆炸事故。若发生爆炸，可能会使入口阀门自动控制失灵，并可能导致压缩机厂房受损。

3.3 过滤分离器

当过滤分离器的滤芯堵塞时，如果差压变送器失灵，并且安全阀定压过高或发生故障不能及时泄放，就会造成憋压或泄漏事故。

3.4 注甲醇系统

采气期，在开井初期由于井口温度达不到预测的温度，井流物节流后存在单井管道冻堵现象，因此板 G1、白 6、白 8 井场各设置 1 套注甲醇设施，根据实际生产运行情况，间歇注甲醇防冻。板南集注站也建有一套甲醇注入设施，为露点控制装置进行防冻服务。注甲醇系统主要由甲醇储罐（$14m^3$）、甲醇注入泵组成。

甲醇为无色透明液体，有刺激性气味，低毒，吸入对中枢神经系统有麻醉作用，能溶于水，易燃，其蒸气与空气可形成爆炸性混合物，遇明火、高热能引起燃烧或爆炸。甲醇泵或注入管线、阀门腐蚀、穿孔会造成甲醇泄漏。甲醇泵出口管线直接连接生产管线，甲醇管线的泄漏会造成高压天然气的窜入。

3.5 乙二醇再生系统

乙二醇再生系统分布在集注站露点装置区，利用闪蒸、蒸馏原理，将来自低温分离器的乙二醇富液进行闪蒸分离和蒸馏分离，分离出烃类气体和水蒸气后，形成乙二醇贫液，进行循环利用。主要由闪蒸分离器、再生塔、再生釜、贫富换热器，凝液储罐（$2.66m^3$）等组成。乙二醇为无色、有甜味、黏稠液体，低毒，吸入中毒表现为反复发作性昏厥，能溶于水，遇明火、高热或与氧化剂接触，有引起燃烧爆炸的危险。乙二醇再生系统的再生釜、闪蒸分离器、管线和阀门腐蚀、穿孔会造成乙二醇泄漏；乙二醇再生系统为低压系统，系统贫液注入点和富液回收点均为高压系统，一旦发生调节阀损坏或者管线泄漏，高压天然气会窜入低压系统。

3.6 集输管线

板南储气库集输管线主要包括：天然气管线、注气管线、采气管线、计量管线、凝液管线、注醇和缓蚀剂管线等。注气汇管的设计压力为 32MPa，采气汇管压力为 13.2MPa。集输管线在运行过程中可能会受到多种因素侵扰，如管道应力腐蚀开裂、腐蚀穿孔、管材缺陷或焊口缺陷、雷电侵害、自然灾害及第三方破坏等，使得管线发生破裂、穿孔、阀门刺漏等问题，造成管道中的天然气泄漏到大气中，其浓度达到爆炸极限范围时，遇火源将发生燃烧或爆炸，当天然气在燃烧前已与空气混合，达到爆炸极限，遇火源则发生爆炸。

根据相关危险度评价指标分析，各类集输管线危险程度为：注气管线>采气管线>计量管线>天然气管线>注醇和缓蚀剂管线>凝析油管线。

3.7 仪表设备

集注站内现场仪表是实现 SCADA 系统和 ESD 系统控制的关键，其中温度检测系统、压力检测系统、计量系统、火灾报警系统、可燃气体报警系统等与仪表的性能、使用及维护密切相关。当仪表故障或测量误差过大，会造成误判断泄漏而切断管道输送；当发生较小的泄漏时，如不能及时发现，将会造成大的泄漏事故，引发火灾或爆炸。

3.8 紧急放空系统

一旦紧急放空系统火炬出现故障，就会将气体直排进大气，当这些气体与空气混合达到爆炸浓度极限时，存在爆炸危险。当管道运行压力超过设定值时，会有泄压排放，采用直接压力保护阀泄压方式，气体直接排入大气环境，也有发生爆炸的危险。

4 现场处置措施

4.1 注采井事故

4.1.1 工艺处置

板南储气库集注站 DCS 控制室能对井场进行远程监控，动态流程显示，监视所有工艺参数，参数超限自动报警并记录。

每口单井设一套独立的地面安全控制系统，单井控制系统由单井操作盘、井下安全阀、单井压力感应开关、单井易熔塞等组成。注采井设置的单井控制盘，能够实现压力超限时自行关断井下安全阀，现场设置易熔塞，可实现火灾现场自动关断，并能实现远程关断，井场及热媒系统切断阀设置压力感应器，既可实现远程 ESD 逻辑关断又可脱离控制系统实现安全关断。

4.1.2 消防处置

如果单井地面安全控制系统损坏从而造成井喷事故，则按照井喷事故处置预案进行处置：一是发生天然气泄漏未着火，则需要对附近道路予以封闭，对 500m 内居民区及周围企业等危险环境内的人员予以疏散，并关闭周围 500m 范围内所有电源。消防支队的主要任务是冷却井口装置，驱散易燃易爆气体、防止着火爆炸。

二是一旦泄漏的天然气着火，消防支队的主要任务是冷却井口装置和周边设施，为井控作业创造条件。

4.2 注气压缩机事故

4.2.1 工艺处置

注气压缩机采用 PLC 控制，每台压缩机配置 1 套独立的控制系统，完成对压缩机的控制与信号检测。每套 PLC 控制系统向过程控制系统上传压缩机的状态、综合报警并接收远程紧急停机信号。具体工艺措施包括：

(1) 切断压缩机的电源，停止运转。

(2) 关闭压缩机的进口阀门，切断物料来源。

(3) 打开压缩机的事故放空阀门，降低内部压力。

(4) 若爆炸导致阀门自动控制失灵，消防队员给工艺人员进行手动操作提供保护，主要是驱散现场天然气，防止手动操作时发生爆炸着火。

4.2.2 消防处置

(1) 没有切断物料来源前，不能采取灭火措施，只能在现场断电的情况下，对着火和周边设备进行冷却、降温，防止压缩机爆炸。

(2) 切断物料来源后，维持稳定燃烧，用喷雾水冷却压缩机表面、出口管线、上方部位、周围设施等，直到火焰熄灭。

(3) 若着火点在压缩机的进口阀门处，在确认灭火后能迅速关闭阀门的前提下，喷射干粉灭火，然后立即关闭阀门。

4.3 甲醇、乙二醇泄漏事故

4.3.1 工艺处置

注甲醇、乙二醇再生系统一旦发生泄漏事故，中控室能够立即远程关闭机泵设备，防止泄漏进一步扩大。

4.3.2 消防处置

甲醇、乙二醇少量泄漏可用砂土或其他不燃材料吸附或吸收，也可以用大量水冲洗，稀释后排入废水系统。大量泄漏，应构筑围堤或挖坑收容，用抗溶性泡沫覆盖，降低蒸气灾害，用防爆泵转移至槽车或专用收集器内，回收或运至废物处理场所处置。

如发生泄漏液体火灾，应使用干粉或抗溶泡沫灭火，并注意冷却保护甲醇罐和乙二醇收液罐，防止发生爆炸。

4.4 各装置、设备阀组法兰、管线泄漏事故

4.4.1 工艺处置

集注站控制系统 DCS 能够对整个注采过程进行实时监控，能够多画面动态模拟显示生产流程及主要设备运行状态、工艺变量的历史趋势。通过人机界面，操作员能够修改工艺参数的设定点，并控制设备的启停。

同时，板南集注站设有放空管道，为工艺设备安全阀放空、压缩机安全阀等设备放空，在集注站内发生火灾时，能及时切断进出站紧急切断阀，打开紧急放空阀，在 5min 内将装置区内的设备泄压，以保证将事故降低到最低程度。

4.4.2 消防处置

消防支队到场处置天然气泄漏事故时主要战术目的是为工艺处置创造时间和条件，防止事故转型。应用多门移动炮前后设置，完全喷雾，在下风向设置水幕，稀释气体浓度、隔离火源。一旦着火，应首先控制着火部位使其形成稳定燃烧，同时保护相邻设施，协助现场技术人员关阀断料，泄漏物料燃尽后火势自行熄灭。

4.5 集输管线事故

4.5.1 工艺处置

工艺处置措施也就是最有效的措施为启动集注站紧急关断系统 ESD 切断气源。

4.5.2 消防处置

在工艺处置未到位前，消防支队到场后一是检测气体浓度和扩散范围，划出警戒区域，消除周边火种，二是佩戴空气呼吸器，从上风或侧上风方向营救被困人员；三是利用移动炮喷雾稀释漏出气体，改变蒸气云流向，隔离泄漏区直至关阀、堵漏措施到位，气体散尽。一旦泄漏区发生着火，在不能切断泄漏气源的情况下，不允许扑灭泄漏处的火焰。

5 安全防护

(1) 板南储气库的主要物料是天然气，发生泄漏事故多为露天状态，处置时应处于上风或侧风方向的安全距离内，如需要进入泄漏区抢险，则参与人员应佩戴空气呼吸器、配备防静电服、防爆手持电台等装备，并使用喷雾射流驱散工作区的泄漏天然气，防止爆炸起火。

(2) 部署移动炮阵地稀释天然气时应注意：设置第一道阵地的人要少，一旦移动炮设好，出水便撤退到安全距离；驾驶员操作时见炮头出水后再加压，防止移动炮跳动或侧翻；不提倡转移阵地，一次到位。移动炮不能使用自摆炮，防止炮因水压不稳发生位移。

(3) 在处置甲醇、乙二醇泄漏事故时，如泄漏量大应佩戴空气呼吸器，如可能接触到泄漏液体，应穿着防化服。

(4) 安全距离。根据相关安全评价与风险分析系统软件对天然气蒸气云爆炸模型定量模拟计算：

板南集注站内生产分离器发生故障(日处理气量 $182\times10^4m^3$)，天然气泄漏 10min 后，其蒸气云发生爆炸，人员的死亡半径为 42.7m，轻伤半径为 138.2m，财产损失半径为 199.6m，人员安全距离 207.9m。

6 结语

以上是对储气库工艺流程、火灾爆炸风险及工艺、消防处置措施的一点肤浅认识。随着储气库建设的高速发展，我们对储气库的认识也应更上一层台阶。总体上，由于有完备的自动控制系统，储气库的正常运行是有保障的，但由于其高压储运特点，生产设备、设施要经受长时间的严峻考验。专职消防队只有掌握了储气库的运行模式和生产特点，才能科学处置天然气泄漏所产生的各类险情，并保证自身的人身安全。

参 考 文 献

刘坤等. 相国寺储气库注采气井的安全风险及对策建议. 天然气工业，2013，33(9)：131-135.

【作者简介】吴钰，男，大港油田消防支队(保卫部、武装部)，中国人民武装警察部队学院消防管理专业。电话：13642183218，信箱：wuyu18@ petrochina. com. cn。

成品油销售企业应急网格化管理应用研究

许钧瑞　吴　勤　熊　力

（中国石油四川销售分公司）

摘　要：成品油销售企业覆盖地域较广，加之涉及易燃易爆危化品介质，一旦发生事故事件，赶赴现场开展应急救援处置需要的时间较长，可能产生的后果较为严重。因此，在应对各类突发事件的应急能力建设过程中，应特别关注事前预防能力建设。本文重点从开展网格化管理的角度，对成品油销售企业提升应急管理事前预防能力进行论述，从而更好提升企业整体的应急管理能力。

关键词：应急管理；网格化管理；事前预防

成品油销售企业是地方的重要企业单位之一，事关地方经济发展、社会稳定、能源供应等方面。具备良好的突发事件应急能力，既能让成品油销售企业更好地履行社会责任、保障属地能源供应，又能帮助企业自身降低人员伤害和经济损失，平稳度过各类危机。成品油销售企业涉及的管理层级较多，油库、加油站在地域上点多面广，加强库站现场应急能力建设、做好应急管理相关事前预防工作至关重要。本文通过对四川销售在应急能力建设过程中，采用网格化管理的方式进行研究实践，力求提升成品油销售企业各管理层级，特别是库站基层一线的应急能力，提升各类风险的应急处置防控能力。

1　应急管理现状分析

1.1　应急管理工作开展情况

1.1.1　制度建设情况

根据国际通行的 HSE 管理体系的运行要求，企业应建立自己的应急管理程序，对应急管理工作进行系统性的规范和明确。以四川销售为例，在本企业 HSE 管理体系的框架下，按照国家法律法规、上级公司的相关要求，建立有应急管理程序，下辖综合(总体)应急预案、专项应急预案、现场处置方案，适用于企业及所属单位安全生产应急管理及应急准备、监测、预警、应急处置与救援和应急评估等全过程管理，以及应急组织的设立、应急预案的制定与审定、应急响应、应急信息传递、应急抢险救援活动开展、应急保障、应急演练及评价等。

1.1.2　管理层级设置情况

为便于管理，作为省内大型成品油销售企业，四川销售的管理层级参照地域行政级别进行划分，在省内设置有省区公司(省)、二级公司(地市州)、片区(区县)及油库、加油站。应急管理相关的预案编制、评审、备案、演练、响应、现场抢险救援，应急资源调查、保障等工作，按照职能机构层级划分和响应等级的设置协同开展。

1.2 现阶段突出问题

1.2.1 库站一线应急管理工作开展困难

四川省辖区面积达到48.4万平方公里，位居中国第五位，下辖18个地级市，3个自治州，16个县级市。四川销售共设置有22个全资子公司，11家直管股权单位，企业共21个在运营油库，2200余座全资、股权、特许加油站，分布省内各地市州。由于库站所在地较为分散，多数库站位于区县，对企业而言，一旦涉及应急抢险救援，到达现场所需的时间较长。四川本身多山，水文资源丰富，遭遇灾害时，还需考虑道路、通信中断的极限情况。

1.2.2 基层人员应急能力不足

油库、加油站作为公司应急管理体系的神经末梢，是应急管理、应急处置的第一道防线。近年来，为控制运营成本、提高生产效率，成品油销售企业控制员工总数、普遍大量使用劳务外包人员成为趋势。随之而来的，是库站一线人员的流动性较大，整体素质参差不齐，给企业应急管理相关的培训、演练，应急物资管理及相关监督检查等工作增加了不小的难度，难以确保人员在应急管理方面应知应会。

1.2.3 企地联动不够紧密

按照国家“建立大安全大应急框架”的要求，政府职能部门将在今后的应急管理，特别是在涉及油、气等各类专业抢险救援方面，更加倚重于相关成品油销售企业。在这种协作关系中，需要企业对自身定位有清晰的认知。成品油销售企业在涉及油、气等易燃易爆危化品的应急处置中具备较强的专业性，在区域性的油品资源、非油商品资源应急保供中也能发挥重要作用。作为政府部门大应急框架中的一个有机组成部分，四川销售在企地联动方面仍有待进一步提高。

2 应急网格化管理应用与实践

为解决上述问题，切实做好应急管理事前预防工作，四川销售通过科学的顶层设计和全面的责任落实，在应急管理工作中探索网格化管理模式的实践应用，通过牢固树立所属人员事前预防的意识，抓好部分关键环节、关键人员的监管，不断强化库站应急实战能力。

2.1 管理模式

四川销售的工作职能划分，在省区、地市两级公司机关分别设置有办公室、业务部、财务部、质安部、库站服务中心等管理部门，在地市州、区县设置片区作为辖区加油站、加气站管理部门，在乡镇、街道有油库、加油站、加气站等油气资源供应、销售终端。在企业应急管理体系框架下，将各部门、各油库、各加油站分别作为网格化管理单元，设置网格管理员，按标准化要求落实应急管理相关工作具体措施，形成应急管理相关人员、资源信息，并进行共享和定期更新，确保应急指挥自上而下的有效性和各部门相互配合的协同性。根据前文论述，油库、加油站作为企业应急管理体系的神经末梢，是应急管理、应急处置的第一道防线，是应急管理事前预防工作的重点。因此，涉及地震地灾、防汛、公共安全等应急风险较大的管理单元，还设置有备用的网格化管理员，以确保各网格单元应急管理处于随时激活的状态，增加对重大风险的抗性。

2.2 关键环节

2.2.1 体制机制及责任落实

(1) 强化体系管理思维，优化应急体系建设

按照企业体系运行要求，四川销售 QHSE 委员会是应急指挥系统的神经中枢。四川销

售围绕 QHSE 委员会在应急管理方面的工作职能，建立完善了党政一把手负主责、分管领导具体负责、相关部门和专业线齐抓共管的应急管理责任体系。QHSE 办公室是省区、地市两级公司应急管理的日常办公机构，负责应急指挥、协调联动和信息的上传下达；片区、库站基层单位按照网格单元划分情况，配备应急管理网格化管理员，确保各层级网格单元、所属人员全面纳入，能对基层人员有效传递应急相关的指令和信息，形成指挥高效、反应灵敏、处置精准、保障有力的应急管理体系。

（2）构建内容全面覆盖、责任一贯到底的应急职责考评体系

网格化管理是否有效的关键，在于责任是否切实落实到了最小的网格单元。落实责任是确保部门间联动有效、行动有力和应急管理体系有效运行的基础。省区、地市两级公司通过进一步梳理应急处置事项，明确了安全生产、数质量及环保事故事件、自然灾害、公共疫情、舆情及维稳事件等各领域工作应急处置的相关责任人及其职责。在明确管理单元职能边界的基础上，细化梳理相应责任清单、网格任务清单，照单履职推动履职规范化、标准化，并与安全生产责任体系契合贯通，实现应急管理组、应急管理网格员队伍、应急突击队（抢险队）组建率均达到100%。

（3）加强日常监督管理，确保风险闭环

知责明责是履职的基础，省区、地市两级公司按照依法合规管理要求，强化监督检查的针对性、适用性，加大问题整改的问责督导力度。具体采取下列措施：

① 建立完善应急日常管理运行监管机制，结合实际每月对相关管理部门、重点库站开展工作情况进行公布，包括但不限于体系机制运行、应急事件处置、典型案例复盘等内容，通过科学评价、动态评估，倒逼责任落实。

② 统筹安全生产大检查、汛期管理、隐患排查治理等专项工作，采取库站自查、片区检查、二级公司机关部门及专业线抽查、专家组周期性专项核查的“五查”联动机制，落实应急物资储备、人员能力意识、应急合规管理的常态化监管措施，对意识不到位、责任不落实、能力不满足的单位进行帮扶督导，确保应急监督科学精准、实效高效。

③ 规范安全、应急查处问题的闭环管理。通过持续的、有针对性的、贴合实际的培训和指导，使库站基层单元具备关注问题的意识和发现问题的能力。确保基层单元在发现风险隐患的第一时间进行识别、上报和处置，发挥网格管理单元作为前哨、探头的作用。进一步规范和优化风险隐患排查治理闭环管理流程，构建完善应急管理风险辨识、问题发现、信息收集、任务流转、分级处置、结果反馈的闭环机制，践行安全第一、预防为主、综合治理的管理理念。

④ 坚持依法合规预防风险。近年来，四川销售面临的外部监管环境和舆论监督环境愈发严峻，持续满足政府职能部门、合作单位、媒体机构等外部相关方的合规管理要求，对突发情况进行及时有效的处置，也是应急管理工作的基本要求之一。四川销售高度重视行政执法部门的监督检查，从开始制定迎检方案到反馈正式整改报告进行全流程督导监控，严防行政处罚以及次生舆情事件。通过切实落实双重预防机制，紧密结合安全生产风险分级管控和隐患排查治理相关要求，依法合规开展风险事前预防工作。

2.2.2 物资配备

四川销售梳理完善应急物资管理相关制度，明确了应急物资采购流程、技术标准、质量标准、使用及补充流程等具体内容。结合库站量级大小、防汛风险及安保反恐重点目标防范等级划分等技术要求，为各层级网格化管理单元制定了应急物资配备标准。具体包括

以下内容。

(1) 抢险救援类物资：为自然灾害、事故灾难、社会安全事件等应急处置装备设施。包括防爆检维修、照明工器具，检测、广播、通信器材，油品污染清理器材、安全防护器材、反恐防暴工具等；

(2) 能源保供类物资：为用于应对能源危机、保障能源安全的能源储备物资，主要包括成品油、天然气等。

(3) 生活保障类物资：为突发事件发生后的群众基本生活救助物资及紧急情况下用于稳价保供的重要民生物资。包括方便食品、饮用水、帐篷等。

(4) 公共卫生类物资：为公共卫生突发事件所需的常用药品、医疗防护、消杀用品以及其他公共卫生物资，包括防护用品、急救包、洗消用品、常用应急药品等。

同时，结合应急演练做好物资使用的相关技术操作培训，定期开展物资清查和轮换，确保应急物资状态良好、数量真实可靠、补充渠道稳定。

2.2.3 应急抢险队建设

四川销售按照两级响应、区域联动的原则，成立省区、地市两级公司应急抢险队。指挥成员从突发事件应急处置专家组成员中择优选拔，操作成员由实践经验丰富的油库、加油站、加气站检维修人员组成。应急抢险队主要负责油品转运、人员搜救、设备维修等工作，职责包括但不限于以下内容。

(1) 参与本单位、地方政府组织的突发事件现场应急处置。为突发事件现场应急处置、灾情恢复等提供技术支持。

(2) 配合企业对突发事件后续情况开展调查。

(3) 配合企业开展有关应急管理工作课题研究，为公司应急管理工作出谋划策。

(4) 接受上级公司任务指派，协助上级公司开展区域联动。

应急抢险队按照出发集结、任务分工、应急处置、善后恢复、队伍返程等标准化流程开展工作，由相关层面的企业提供支撑保障、日常备勤、培训演练等所需资源。应急抢险队的建立，实现了对应急网格化管理单元的全面覆盖，相关管理、技术工种人员全面参与，帮助省区、地市两级公司形成更好的救援联动。

2.2.4 企地、企企联动

四川销售以紧密依靠政府、提供专业支撑为指导原则，依法配合属地政府，积极参与专业相关的抢险救援、应急演练、普法宣传等活动。将应急、气象、公安、经信等相关政府职能管理部门，以及区域内的友商、供应商、合作方等相关单位等纳入外部应急资源，建立稳定有效的联络渠道，省区、地市两级公司以签订战略合作协议的方式积极加强与各相关方在业务及应急方面的联系。督导外部应急资源对应的网格化管理员，采取加入工作群、确定具体联系人等方式，进入属地的应急、气象、消防、安保防恐等预警体系，及时获取相关信息。通过协作互动、信息交流、资源共享，系统完善区域内的应急协同作战机制，增强企业应急管理体系运行的有效性。

3 效果、评价及展望

通过应急网格化管理的应用和实践，四川销售在应急管理事前预防阶段做到了标准清晰、流程具体，应急管理体系对相关生产经营场所、相关活动人员做到了全面覆盖。同时，由于对应急物资、联络人员等关键要素进行了细化明确，使企业现有的应急预案的实用性和适宜性更强，能有效帮助企业克服库站一线应急管理工作开展困难、基层人员应急能力不足、企地联动不够紧密等现实问题。综上所述，针对成品油销售企业管理地域广、管理层级多、协同部门多的特点，在应急管理事前预防阶段开展网格化管理，对于成品油销售企业的应急管理水平提升有一定助力。

由于网格化管理在成品油销售企业应急管理工作中应用的模板较少，加之四川销售实行应急网格化管理时间较短，因此仍有优化提升的空间。下一步，笔者将继续探究网格化管理在应急管理危机决策、应急指挥、应急处置等其他环节中的应用，持续提升其有效性，帮助企业更加有效、高效地开展应急管理相关工作。

参考文献

[1] 李解. 成品油销售企业应急管理探索与研究[J]. 建筑工程技术与设计，2021(25)：481-482.

[2] 侯新，张雅倩. 石油化工企业应急管理思考[J]. 合作经济与科技，2022(15)：138-139.

[3] 赵可思. 应急管理实践与探索[J]. 石化技术，2018，25(11)：272.

基于跨河段管道泄漏事故场景的应急处置分析

李新松

（中海油能源发展股份有限公司安全环保分公司）

摘　要：由于管道腐蚀、重型车辆碾压或不法分子破坏等因素，易引发跨河段管道破损导致管道内原油泄漏，对河道周边及下游造成环境污染。河道周边情况复杂，一般伴随着杂草、河道渔网等杂物，同时还会有规划生态敏感区等因此对河道溢油回收提出了更为严格的要求。如何高效开展应急处置工作对于控制溢油扩散至关重要。本文通过对跨河段管道泄漏事故场景进行应急处置分析，综合考虑风向、水流及作业环境对河道溢油应急处置的影响，为高效溢油应急处置提供参考。

关键词：跨河段管道；破损泄漏；初期应急响应；应急处置分析；溢油回收

1　引言

近年来，随着海上石油勘探开发力度的不断加快，海上石油生产设施逐渐增多，开采的原油经初期处理后，需通过输油管道输送至陆地终端或处理厂进行再次处理，进而导致陆地长输管道也随之增多。由于陆地长输管道经过的地域及条件复杂，特别是长输管道穿越河段越来越多，管道由于各种原因导致泄漏的风险也越来越大，河道周边生态环境都可能受到影响。如："12・30"中石油兰郑长成品油管道泄漏事故、"7・14"中石化西南成品油输油管道泄漏事故，不仅导致河道、岸滩污染，也致使水中浮游动植物大面积死亡。因此，为降低溢油事故对周边生态环境的影响，针对长输管道穿越河段泄漏事故开展应急处置研究很有必要。

2　管道跨河段溢油风险因素辨识

2.1　自身因素

管道材质不过关，材料开裂导致砂眼；管道与水中物质发生化学反应，导致管壁上出现锈点或蜂窝；管道服役时间过长，内表面腐蚀严重，管道所属单位未定期对管道进行检测或开展检测后未安排人员进行维保等。上述均是由管道自身问题引发的管道泄漏事故。

2.2　外部因素

渔船在管道上方行驶时，误抛锚刮裂管道；重型车辆长期碾压地面，导致管道变形出现裂口；在管道周边施工过程中，意外导致管道损坏；不法分子蓄意对管道进行破坏；地质结构原因致使地基下沉，造成管道开裂等。上述均是由管道突然遭到外力破坏引发的管道泄漏事故。

3 应急处置关键因素

3.1 风向及水流影响

河道溢油与海面溢油不同，溢油在河道漂移，受河道沿岸限制，只能沿着河道扩散，受风向因素影响较小，漂移方向取决于潮汐的走向；溢油在海面漂移，由于海面地域宽阔，漂移距离一般较远，溢油虽然会根据流向每隔半小时发生一次变化，但漂移轨迹总体趋势仍与风向保持一致。低潮位时，溢油向下游漂移，河道水流速度较快，围油栏布放需克服较大水流阻力，进而导致围油栏布放困难，且岸边淤泥较多，现场抢险人员登船困难，易造成次生衍生灾害。高潮位时，溢油向上游漂移，水位较高，水流速度相对缓慢，易于围油栏布控，且现场抢险人员较易登船。通过潮汐因素分析溢油扩散形态，为制定针对性应急处置策略提供指导。

3.2 作业环境影响

河道环境是制定应急处置策略的关键因素，包括道路、杂草、地质、河道渔网、河宽及周边敏感区都是要考虑的因素，主要体现在以下几个方面：

（1）河道周边多杂草、道路坑洼，需对河道沿岸进行勘查，选择运输车辆便于驶入的区域进行作业，若未找到合适的区域，需提前对杂草进行清理，开辟新道路，便于物资运输车辆驶入；

（2）河道沿岸地质疏松，需提前安排人员进行勘查，看岸边地质是否满足吊装作业需求，并根据现场勘查情况，选择合适吨位、吊臂长度的吊车；

（3）河道内多有渔民布设的渔网，工作艇在水中拉拽围油栏时，螺旋桨易被渔网缠绕，造成工作艇失去动力；

（4）河道宽度决定了使用围油栏的长度，一般为河宽的 1.5~2 倍，需根据潮位情况选择合适的围油栏布设方法；

（5）河道上下游有敏感区，制定应急决策时需将敏感区防控考虑在内。

通过上述分析可以看出，河道周边环境不同，应急资源配置及应急处置策略制定也不同，例如跨河段管道泄漏溢油事故，需综合靠着泄漏点周边环境及潮汐情况，再制定围控及回收方案。

3.3 初期应急响应

初期应急响应直接影响到应急处置的效率，主要包括接警、信息传递、应急会议、设备动员、初期应急处置等内容，其中，设备动员及初期应急处置占用时间最长。多数现场单位未配备大型运输及作业车辆，需与相关物流单位签订应急运输长协，便于应急时及时协调车辆，同时，企业可以将溢油设备及附件成箱、成筐、成撬进行管理，确保溢油设备全天候快速装车，这样可以大大缩减设备动员时间。企业兼职溢油应急队员除熟练掌握溢油设备操作外，还应熟悉跨河段长输管线周边环境情况，一旦发生溢油事故，能够在有限的时间内对应急资源进行合理配置，开展应急处置工作，避免事故进一步扩大。

4 事故场景模拟

某日，某厂中控发现音波管道泄漏监测系统显示距离厂区 2km 左右处报警，经现场勘查，在登陆管道与某河道交接处发现大面积油膜，少量原油已污染周边岸滩，正在向河道下游扩散，存在入海风险。事故发生后，厂区立即启动登陆管线泄漏专项应急预案，组织各应急职能组开展上下游阀门关断、泄漏点勘查、泄漏区域围控及周边区域警戒隔离等应急处置工作，并向属地政府部门报告。属地政府部门第一时间协调专职溢油应急力量对河道上下游、敏感区进行围控，并对河道岸滩进行清理。经过 2 天的应急抢险工作，泄漏点成功封堵，溢油清理完毕，事故影响消除。

5 溢油应急处置分析

5.1 溢油监视监测

溢油监视监测能有效的对溢油现场信息进行宏观掌控，防止溢油造成大面积污染，准确实时地跟踪溢油状况。常见的监视监测方式主要包括船舶、无人机、直升机、卫星和溢油漂移预测等。针对河道溢油，通常使用无人机对溢油状况进行监视检测。

无人机能更为方便、灵活地提供空中监测服务，且飞行条件受场地、天气等因素影响较低，可实时对现场状况进行视频传输，并对重点区域，尤其是现场泄漏点、溢油扩散及岸滩污染情况，进行定期巡航观测，为现场录像、照相、跟踪污染、油膜搜索与确定提供帮助，也可为溢油响应策略提供依据。一般情况下，1 架无人机需配备 1~2 名飞手。

5.2 应急处置策略

现场应急处置应分为管道堵漏与污染物防控两部分，具体由厂区兼职应急队伍与专业溢油队伍共同实施，主要工作如下：

（1）发生事故后，现场需立即建立现场指挥部，结合无人机视频回传信息，进行信息收集和情况分析，对现场溢油状况制定初期应急策略；

（2）联系上游平台停止外输，确认上游手动关停，组织对原油管线进行泄压；

（3）调动厂区堵漏及溢油资源赶赴现场，向应急长协单位协调大型运输及挖掘装备，并向专业清污单位请求支援；如果现场比较复杂，有芦苇、水草、水藻、垃圾，沿岸有沙砾、碎石、礁石、泥沙、堤坝，周边有敏感区等情况，需要考虑调用潮汐带收油机，改装吊车等大型清污设备；

（4）联系周边河道管理部门，请求关闭河道上游闸门，避免涨潮导致溢油向上游扩散；

（5）各职能组到达现场后，第一时间对事故区域进行警戒隔离，开展可燃气体监测及溢油动态跟踪工作，对河道沿岸进行勘察，选取大型装备作业最佳位置；

（6）厂区兼职溢油队伍利用吸油拖栏对泄漏点进行围控，使用铁锹清理收集岸边油泥；

（7）挖掘设备到达现场后，对可能的泄漏区域进行挖掘，寻找泄漏点；

（8）专职溢油队伍到达后，在泄漏点上下游各布放一道固体浮子式围油栏及吸油拖栏，防止溢油向上下游扩散；利用吊装设备将收油设备转移至水面进行收油作业，回收的溢油转移至污油罐内；利用吸油毛毡对近岸薄油膜进行清理；利用铁锹清理收集岸边油泥；即将抵达岸边的溢油，使用固体围油栏进行岸线防护，如周边有敏感区需将河面溢油引流至不敏感的区域进行集中回收（泥沙地可考虑沙滩围油栏进行潮汐的防护，固体围油栏作引流用，浅滩、岸边回收可考虑轮毂式收油机、MM10 等小型收油机）；

（9）沙石溢油采用真空收油机进行回收或者直接采用挖掘方式处理；水草、含油垃圾、树枝叶、毛毡、拖栏等采用潮汐带收油机的耙子将其推送集中在岸边，并由改装吊车、或长臂挖掘机直接挖走；芦苇作为天然吸附材料，可通过潮汐带收油机剪切，整理后放置于存有溢油的河道中，用于收集溢油。

（10）找到泄漏点后，厂区兼职队员利用现有堵漏资源对管道泄漏点进行封堵，封堵完毕后，需联系上游平台打水试压，利用无人机对河道上下游进行再次排查。

5.3 应急资源配置

为满足河道溢油应急处置，现场需配备现场警戒、气体监测、应急堵漏、大型运输及挖掘装备及溢油回收设备等资源，详见表1。

表1 河道溢油应急物资配备表

序号	类别	名称	数量	备注
1	警戒类	警戒隔离带	50m	道路两端隔离
2		雪糕筒	4个	
3	通信类	对讲机	13部	河道对岸作业人员
4	监测类	便携式可燃气体探测仪	1个	事故区域监测
5		无人机	1架	溢油监测
6	堵漏类	应急堵漏工具	1套	泄漏点堵漏
7		铁铲	8把	泄漏区域及河道油泥挖掘
8	溢油布控类	吸油拖栏	250m	泄漏点围控用50m，上下游河道围控各100m
9		固体浮子式围油栏	300m	上下游河道围控各150m
10		沙滩围油栏	33m	浅滩围控
11		多功能撇油器	1套	溢油回收
12		轮毂式收油机	1套	溢油回收
13		MM10收油机	1套	溢油回收
14		潮汐带收油机	1套	溢油回收
15		真空收油机	1套	溢油回收
16		改装吊车	1辆	溢油回收
17		工作艇	1艘	布放围油栏
18		油污罐	1个	储存污油
19		吸油毛毡	4箱	吸附溢油
20		吨袋	2个	储存岸边油泥
21	运输类	皮卡	1辆	运输厂区物资
22		5t叉车	1辆	搬运溢油设备
23		12m板车	2辆	运输溢油及堵漏设备
24		6m货车	1辆	
25		50t汽车吊	1辆	吊装溢油设备作业
26	救生类	救生衣	16套	个人防护

6 结语

影响河道溢油应急处置的因素有很多，而大型装备到达现场时间的长短，是影响应急处置效率的关键因素，大型装备无法按时到位，溢油应急装备就不能第一时间到达现场。同时，河道溢油应急处置还受到河道宽度、周边道路、岸边地质、潮汐及流速等多种因素影响，现场应急处置没有统一的标准，现场单位应对登陆管道周边河道进行充分调研和评估，制定针对性溢油应急处置方案，同时日常要加强自身能力提升，定期开展溢油应急实战演练，与大型装备相关单位及专业清污单位签订应急救援协议，确保应急事件发生时，应急资源能够第一时间抵达现场。

参 考 文 献

[1] 陈杰，罗贤宇，黄登良. 习近平关于海洋生态文明建设重要论述的生成逻辑、理论意涵与时代价值[J]. 中共福建省委党校(福建行政学院)学报，2023(02)：23-31.

[2] 李羽. 习近平关于海洋强国的重要论述研究[D]. 广东海洋大学，2021.

[3] 王宇轩. 新时代中国特色海洋强国战略研究[D]. 吉林大学，2024.

[4] 李宁. 特殊环境下长输管道腐蚀原因分析及防治措施研究[D]. 西安石油大学，2024.

[5] 张馨仪. 洪水诱发输油管道泄漏事故风险分析与应急资源决策研究[D]. 北京石油化工学院，2023.

[6] 钟汉. 长输管道穿(跨)越江河段泄漏应急处置探讨[J]. 安全管理，2018，18(3)：46-50.

[7] 杨昊炜，柴田. 浅谈溢油污染对海洋环境的危害[J]. 天津航海，2007，4：13-15.

[8] 何思宇. 海底油气管道泄漏耦合风险评估研究[D]. 西安建筑科技大学，2022.

[9] 叶杨. 油气管道第三方破坏风险分析与安全防护研究[D]. 中国石油大学(华东)，2020.

[10] 孙伟博，李华，蒲子芳等. 从青岛、大连两起输油管道爆炸事件谈陆地溢油应急处置[J]. 环境工程，2015，33：883-886.

[11] 黄耀棠，苏伟健，李霞. 河道溢油事故环境风险评价中若干关键问题探讨[J]. 环境科学与管理，2012，37(07)：175-178.

【作者简介】李新松，男，研究生学历，目前就职于中海油能源发展股份有限公司安全环保分公司，主要从事于安全和应急工作。电话：18822643218，邮箱：lixs13@cnooc.com.cn。

安全生产周期规律警示思考

秦晓玲　朱宏燕

（中国石油玉门油田分公司采油工艺研究院）

摘　要：本文通过分析安全生产管理中存在的惯性效应、衰减效应、叠加效应，分析了安全生产周期规律形成的关键是安全生产措施长期未充分适应安全生产形势，这对促进安全生产工作具有一定的认识及启示。为充分安全生产周期规律，将人和物作为安全生产基本对象，在巩固安全生产管理体系的基础上，提出长期坚持严管态势、主动接受审核的思想认识，提出融合党建思维强化对人的管理理念，提出周期性循环措施巩固安全生产基础的工作方法。

关键词：安全生产；周期律；管理惯性

人们通过长期的安全生产实践，总结出许多的安全生产规律，其中一项共识就是“安全生产周期规律”现象。安全生产周期规律认为，安全工作的推进、安全状况的好坏是波动而不是直线运动，即安全工作与安全状况呈反向波动。在经历相对较长的安全平稳，容易产生麻痹的思想和盲目乐观的心态。一旦出了事故，就在思想上高度重视，在考核和要求上也严了。安全状况平稳之日正是松懈麻痹之时，在出现问题之后，往往又是扭转被动局面之机，在这种长期的波浪式运动中就形成了安全周期性的规律。安全生产周期规律客观存在，安全生产工作没有周而复始、没有终点，所以安全生产业绩只属于过去，安全生产指标越是优异，越应从周期规律上警惕，更加不能放松安全生产措施，确保实现“零事故、零污染、零伤害”的目标。

1　安全生产规律产生的原因分析

1.1　安全生产形势在不断变化

从外部来看，国家行业发布新法律法规，提出更高更严格的安全生产要求，全社会的安全生产需求在不断提高；从内部来看，设备会磨损、老化，人员会更迭，新技术、新标准引入升级，人机料法环都随时间变化更新。所以从不停息的生产经营行为和更高的安全生产需求，促使安全生产形势在不断变化。

安全生产形势在变化，安全生产措施也必须有效跟进。实际生产经营过程中，两者却不一定同步。当安全生产措施长期未能适应安全生产形势，安全生产风险隐患将会突破管理体系屏障，层层穿透、体系失效，最终导致事故发生。安全生产管理表现出的周期性波浪式运动，是基于“已发生事故、再严格管理”形成的管理表象，其本质还是风险隐患管理不到位、安全管理体系不到位，也就是正在执行的安全生产措施未及时有效跟进持续变化的安全生产形势。

1.2　管理存在惯性效应导致制定措施难以准确跟进

管理分析是事故调查的重要组成部分，也是追责定性的关键因子，报告中往往都会提到“思想松懈、管理滑坡”等语句。事实上，并不是“管理滑坡”后会立即导致事故发生，往往有短暂的缓冲期，期间统计口径的安全生产指标还可能持续向好发展，这在管理上是一种惯性效应。惯性效应会遮蔽管理弱化，让系统的内部管理者不能及时发现和纠正风险隐患。

同样地，并不是发生事故后立即强化安全生产措施，就能绝对保障杜绝后续事故，往往是“大震之后还余震”，因为安全生产措施的制定、传递和执行到位都需要时间，这也是一种惯性效应。惯性效应，可以帮助分析案例扎堆现象，比如某企业在发生一起较小的人员伤害事件后，经过极为严格的管理，仍然发生了另一起人身伤害事件，其间隔不足 2 个月。比如某企业在 2016 年初连续发生多起生产波动事件；比如某企业开工时发生多起异常事件。比较常见的是全行业事故事件扎堆。

1.3 执行存在递减效应导致措施落实难以完全到位

根据“三管三必须”的安排，在下达单项作业任务时同步部署安全生产措施，而从指令下达到执行完成至少要 3 个层级。下一级在接收上一级的安全生产指令并执行的能力是执行力，在大的统计范畴内，受限于个人素养、阅历等等不同，下一级在接收转达执行上一级的信息时，并不能 100%完全转达执行，所以完备的安全生产措施在执行过程中就会出现偏差，这是管理的直线衰减效应。如果同一项任务，安排单人排查处置，容易有风险遗漏；安排多人多专业多批次排查，更容易减少风险遗漏的数量，这是管理的叠加消缺效应。

在直线管理的数学模型上，假定四个层级，每个层级执行力 90%，则总传递效率只有 65. 61%，风险几率超 1/3。在叠加管理的数学模型上，假定四组排查，每组执行力 80%，则总叠加效率最高能达到 99. 84%，且仅两组效率已经能达到 96%。由于直线管理存在递减效应，所以既要强化执行力建设和提高工作标准，减少履职衰减，也要强化叠加监督，提高风险管控效率。每项事务，都应下达更高的标准，为执行层面做好余量。比如容器的设计压力要远高于操作压力，才能确保安全。

1.4 管理对象存在短板效应导致能效匹配瓶颈

短板效应又称木桶原理，即长板和短板组合，效能受短板限制。安全生产管理的对象间存在明显的短板效应，出问题的往往是最弱的一环。所以安全生产措施必须充分保障最短板能够实现，而不是取平均数，更不能以优秀个例为论据来制定工作方案。措施落实存在执行到位率和执行效率，充分保障最短板能够提高执行安全生产措施时的到位率，并不一定同时兼顾效率。随着更加严格安全生产指标落地实施，安全生产进入新的严格监管时期，彻底避免事故事件成为主要需求，成本和效率成为次要限制因素。

在木桶原理中，对短板和长板进行同样的投入，取得的收益是不同的。同等收益下，增强长板所需要的投入要高于短板。在安全生产费用紧张受限的情况下，就需要管理者准确分析瓶颈、短板所在，做好成本项目排序，优先开展短板消除，再兼顾补强长板，重点做好正确措施的落实执行和长期坚持。

2 安全生产规律与管理对象的关系

2.1 安全生产管理的全要素

要充分开展安全生产管理，把握安全生产规律，就要充分认识安全管理所面向的基本对象。安全生产所管理基本对象即人和物，人有人性、物有物性。物的物性，遵从自然科学客观规律，不以人的意志转移，这涉及到管理者对物的认识。人的人性，是安全生产管理不可缺少，也是最为复杂的部分。有了人和物这两个基本对象，其间的相互作用还可以归纳为人与人、人与物、物与物三类，因此安全生产管理的要素至少包括这五个因子。需要指出的是，管理者是特殊的“人”，直接影响对安全管理的认识，所以需要再加上管理者自身这个因子，共同组成安全管理六要素。物既是客观的，也会随时间发生改变的，需要正确认识其两面性，利用其优势，消解其风险。人即劳动者，既是客观的，也是主观的，是生产力三要素的核心。人属于客观存在的部分，具有一定物的特质，需要正确认识；同时，人所具有主观能动性，是推动工作进步的关键；同样，人所具有的负面因子，也在特殊条件下会影响工作进程。

安全生产管理是全要素管理，目的是“零事故、零污染、零伤害”，所以每一点的突破都会造成事故风险，不能以个例的优异做法当成普遍，需要底线红线模型，将所有因素都纳入进来。正确认识安全生产所管理的对象，以物的客观事实为基础，充分发挥人的主观能动性，主动消解负面因子，全面管控物的不安全状态和人的不安全行为，才能为安全生产创造更好条件。

2.2　严格管理是安全生产的客观需求

熵原本是热力学概念，用来描述系统无序程度，热力学第二定律又被称作熵增定律。熵增定律告诉我们，没有能量输入的孤立系统，总是朝着熵增的方向发展。这一定律不仅在物理学中起作用，还渗透到了其他学科，从生态学到信息论，从社会科学到宇宙学，它深刻地影响着宇宙的演化和人类社会的发展。

熵增定律同样也适用于安全生产管理。对于一个独立的安全生产单元来说，有效的外部监管是一个能量输入的过程，如果没有强力监管带来的外部输入能量，安全生产形势长期不容乐观。也就是，如果不采取有效的措施来维持和提高安全生产的有序性，安全隐患和事故的可能性就会增加。熵增定律宣布了通过高度自治实现安全生产目标的破产，也就是说没有一劳永逸的安全自治管理，严格监管是必须的、长期的、有效的。严格管理是安全生产管理的永恒主题，如果严管与放松交替进行，或长期未更新措施、充分跟进安全生产形势的严管，也是不符合客观的动态发展规律。

2.3　安全生产规律总结警示

安全生产需求和安全生产措施是一对矛盾，当安全生产措施不能满足安全生产需求时，就容易风险失控造成事故事件。在安全业绩优良时，由于管理的惯性效应，安全生产措施更倾向于延续性，而不是大改变；甚至由于人的惰性、满足放松等心态，安全生产措施的要求及标准虽然没有改变或下降，但人的执行力出现偏差。当安全生产措施及其执行不能适应安全生产需求时，更易导致事故事件发生。事故事件发生后，进入严管阶段初期，由于管理措施的转变、执行、跟进都需要时间，措施有效性也需要现实验证，仍然处于风险高发期。举例某循环水管线发生轻微泄漏，组织补焊或打卡子，本次风险消除，但之后同管线发生又多次微泄漏，直至利用检修更换老旧循环水管线，问题才彻底消除。

所以在发生事故事件后，往往还伴随多起同类型事故事件，这被称作扎堆现象。也就是说，只有经过较长期有效的严管，才能真正减少事故事件，并且只有持续的有效严管才能确保安全管理基础不滑坡。也就是说，小的安全事故事件就相当于“大地震之前的小地震”，要提前预防；大的安全事故事件，更应警惕“余震”。

3 应对安全生产周期律巩固安全生产基础的措施思考

3.1 持续筑牢安全生产责任制体系

安全生产责任制是根据我国的安全生产方针“安全第一，预防为主，综合治理”和安全生产法规建立的各级领导、职能部门、工程技术人员、岗位操作人员在劳动生产过程中对安全生产层层负责的制度。安全生产责任制是企业岗位责任制的一个组成部分，是企业中最基本的一项安全制度，也是企业安全生产、劳动保护管理制度的核心。在企业层面，安全生产责任制体系由法律法规、制度规范、岗位责任制、操作规程、作业规范等程序文件，明确了依据的制度、达到的标准、执行的程序、形成的文件，是实现日常生产经营事务的基础，也是日常安全生产的重点关键。在安全生产中，我们需要坚持“高、严、细、实”，执行统一的工作标准和较高的工作要求，不断追求“零事故、零污染、零伤害”的目标，全面和主动履行安全生产责任，持续筑牢安全生产责任制体系。

3.2 总结经验教训和落实严格监管，持续抓小抓早抓预防

安全生产上的每一项条款和禁令，都不是凭空产生的，都是带血的历史教训，都是为了防止再犯同样的错误。在事故调查中可以发现，事故发生的原因往往不是缺少制度规范，而是执行打了折扣，执行力出了偏差。要持续总结分析总结所有的事故事件的经验教训，不断纳入到现有安全生产管理体系上。广义来看，不仅仅安全生产事故具有周期性规律，小问题、小事件、小违章也经常重复出现。比如企业每年开展的全要素体系审核中，总能发现一定数量重复发生的问题项，或在企业之间重复，或在队站之间重复，或在操作员之间重复。更可怕的是这些小问题本都有制度可依、本都可以容易避免，但仍然出现了“漏网之鱼”。

海因里希法则揭示了在一件重大灾害的背后，平均有 29 次轻度灾害和 300 次有惊无险的险情(异常)，也包含更多的人的不安全行为和物的不安全状态，也深刻解释了抓小抓早抓预防的重要性。根据海因里希法则，小问题重复出现是积累效应，最终导致较大的风险，所以人们做出了“事故唯一的教训是从没有真正吸取教训”，这也警示我们一定要积极地吸取教训，诚实地落实执行。对于不同的生产过程，不同类型的事故，上述比例关系不一定完全相同，但这个统计规律说明了在进行同一项活动中，无数次意外事件，必然导致重大伤亡事故的发生。而要防止重大事故的发生必须减少和消除无伤害事故，要重视事故的苗头和未遂事故，否则终会酿成大祸。

在安全生产事故追求“零”的大前提下，正是因为只有消灭了和杜绝了“小”的存在，才能切实杜绝“大”的发生，才能真正保障安全生产“零”的实现。根据最新的安全生产要求，国家要求杜绝较大事故，集团公司要求杜绝一般 A 类事故，并且要求“逢火必免、逢漏必查”，地区公司要求一般 B 类事故即启动诫勉程序，这种层层加码提高要求在海因里西法则下具有极强的现实执行意义。

3.3 用周期性工作螺旋提升安全生产基础

生产经营事务按轻重缓急进行划分，人们往往更重视具有“重要的、紧急的”属性的事务，有时会忽视或推后“重要的、不紧急的”事务，也就是在特殊情形下，某些基础工作会相对弱化，这也表现为体系审核问题反复出现。查阅 2023 年度上半年某企业审核问题清单发现，除少量问题是因为未及时跟进国家新发布的标准外，大部分仍属于“低、老、坏”问题范畴，比如盲板、泄漏点等问题屡查屡有，甚至在现场督查中还能偶尔发现不办票作业、

代签文件等行为。

既然安全生产周期律客观存在，可以考虑将日常性事务总结成专项重点，通过“从头查到尾，再从头查到尾”的不断循环，将基础性工作，周而往复循环推进，形成周期性巩固和螺旋上升效应。在实际生产中，已经有大量的周期事务工作，比如：定时操作记录、定时巡回检查、每班交接班、每日现场督查、电气春检、应急演练、岗位责任制大检查、冬季安全培训、体系审核、大检修、PDCA 循环等等，这些都为安全生产基础做出了坚实的贡献。建议将以往的阶段性安全生产活动，周期性循环巩固加深，有效应对员工岗位变化、标准更新、技术引进等变动因素；要根据内容项目不同，制定的循环周期也应不尽相同，但至少也应一年为周期，有利于纳入年度工作任务和整体统筹安排。

3.4 创新方法提升风险管控能力。

随着安全生产管理的推进，历史经验教训和安全生产措施不断累积，需要的信息总量也越来越大，表现为“安全管理人员觉得自己更忙了”，也是因为“更忙”，才满足了日益增长的安全生产需求，安全生产事故事件逐年下降，保持良好态势。正因为信息量越来越大，所以需要更多的信息、自控系统来平衡人力，即信息控制保障安全生产需求，实现用科技创新破解生产力瓶颈。当前生产装置的班组人员要比以往少得多，这主要是得益于 DCS、SIS、平稳率控制等先进控制系统和现场目视化、标准化建设等规范项目，虽然人少了，但经营运行更加安全高效；随着作业票证越来越多，为统筹管理开发了作业票证系统和作业现场视频监控，实现作业资源的统一管理规划，提高了作业效率和作业统计效率，为针对性防范提供了高效的数据支持，大量节省了资源。随着安全生产形势持续变化和信息总量日趋庞大，既需要我们继承优秀的经验做法，也需要我们利用好新的科技工具，不断创新挖掘新的方法，破解安全生产难题和优化经营运行。

3.5 融合党建思维巩固安全生产基础

安全生产管理的主要管理对象是人和物，关键还是人对客观的认识和主观的改造。在处理“物与物的关系”，要使用自然科学方法；在处理包含“人”的对象时，就要用到社会科学方法，也就是要从“人”这基本点出发。人的关键是思想和认识，思想认识不转变，工作难以高效落实。企业统筹规划党建“三基本”建设与“三基”工作有机融合，把基层组织建设的工作重心放到强化基础管理、加强基层建设、提高工作本领上来，将“三基本”建设成效转化为企业安全发展的保障，逐步形成党的建设与安全生产工作互促共进的良性机制，才是实现基层本质安全，也才能保障实现安全生产“零”的目标。比如：

① 注重思想建设，要加强管理者自身的思想建设，主动改造安全思想和工作方法，充分认识自身、人性和事物，确保安全管控落地到基层。

② 开展员工思想纠偏，对还未到位的思想认识给予解答，确保将严格管理的要求和已经制定的措施能够完全执行，持续提高员工综合素质素养；要避免将“人”当作“物”一样进行机械管理。

③ 充分利用党建管理工具，融合安全生产工作纳入组织生活内容，需要考虑“抓安全生产从思想入手，抓思想从安全生产出发”。

4 结语

安全生产是全过程全要素管理，任何一处发生失误都将影响安全生产“零”目标的实现。安全生产周期规律客观存在，也是由于安全生产措施长期未充分适应安全生产形势造成的。

随着安全生产形势更迭，安全生产要求提供啊，我们要在巩固安全生产管理体系的基础上，充分认识安全生产周期律的影响因素和安全管理特点，并着重从安全生产体系建设、总结学习经验教训、周期性推进关键重点、强化党建融合思想建设等方面出发，通过思想转变、方法提升来保持高压严管态势，加大加深安全生产管理工作力度，充分保障措施跟得上安全生产需求，就能真正实现零事故事件的安全生产工作目标。

【作者简介】秦晓玲，女，2006 年毕业于西北师范大学，本科，现为玉门油田采油工艺研究院计划财务中心会计师。电话：13893783725，邮箱：ymqinxl@ petrochina. com. cn。

消防无人机的应用分析及展望

张满胜　刘婷婷

（中国石油玉门油田公司应急与综治中心应急指挥中心）

摘　要：消防无人机是随着无人机发展起来的一个新型产品，由于其在应急灾害处置现场无可比拟的便捷性，受到广大消防工作者的高度认可。本文从实战出发，从消防无人机的配置情况、人才培训、装备更新、存在问题及解决方法等方面进行客观论述，并以无人机作用的进一步发挥，以技术创新与发展角度展望将来的美好愿景。

关键词：无人机；救援；特点；应用；方法；未来

1　引言

1.1　无人机的发展背景

随着科技的发展，无人机（Unmanned Aerial Vehicle，UAV）技术逐渐成熟，其在各个领域的应用也日益广泛。在消防救援领域的应用也逐渐受到关注，无人机技术为灭火、救援和灾害防控等任务提供了新的解决方案。消防无人机的兴起，一方面源于技术进步和市场需求的驱动，另一方面也是对传统消防工作方式的一种补充和创新，为消防救援提供了新的解决方案，使救援工作更加高效、安全。

1.2　其在现代救援中的重要性

社会经济越发展，人类活动愈频繁，各种形态的施工场地遍地铺开，工业发展影响下，极端气象事件频频出现，导致消防队伍面临的各种应急处置任务逐渐趋向多样性、大型化、复杂化，由于它具有机动性强、应用面广、信息实时传输等优势，能够在复杂的环境下进行快速、准确的救援行动。相比传统消防救援的模式，消防无人机的高效率及能够大大降低人员伤亡风险的优势，对于保护消防救援人员生命安全具有重要意义，使得消防无人机在现代救援中的作用越来越重要。

2　消防无人机的优势

2.1　现有消防无人机的技术特点

现有的消防无人机技术特点主要体现在以下几个方面：

（1）多功能性：现代消防无人机通常配备有多种传感器和设备，如高清摄像头、红外线传感器、烟雾探测器、数据采集等，使其能够在复杂的环境中获取实时信息，为救援行动提供关键的决策支持。

（2）快速部署：消防无人机具备快速部署的特性，能够在短时间内到达火灾现场，提供实时监控和信息反馈，有助于救援人员快速了解火场情况，做出相应的救援决策。

（3）高效灭火：部分消防无人机搭载了灭火弹或者灭火剂，能够在火源附近进行直接扑灭，或者为地面救援人员提供掩护，提高灭火效率。特别是在难以接近的火源或危险区域，无人机具有明显优势。

(4) 智能化：现在的消防无人机已经通常具备了智能化控制和自主飞行能力，能够在复杂环境中进行自主导航和避障，提高了无人机的可靠性和安全性。

(5) 持续作业：无人机不受体力限制，能够持续执行长时间任务，提高救援效率。

(6) 降低成本：相比传统消防手段，无人机的使用能够降低人力成本和物资消耗。

(7) 团队协作：消防无人机可以与地面设备、其他无人机或者救援人员进行协同工作，实现信息共享，有利于指挥人员快速做出正确判断，下达战斗命令，提高整体救援时效。

2.2 消防无人机的应用场景

由于消防无人机其独特的优势，在以下不同的场景有着广泛的应用：

(1) 森林火灾：在森林火灾中，消防无人机能够快速部署到火灾现场，为地面救援人员提供火场信息和实时监控，同时还能直接进行灭火作业。

(2) 城市火灾：在城市火灾中，消防无人机可以快速到达高层建筑顶部，通过投放灭火弹或灭火剂进行灭火，避免了救援人员进入火场的危险。

(3) 装置事故：在各种装置及危化品泄漏、着火事故处置中，消防无人机可以快速获取火灾现场图像、有毒物质种类、浓度和扩散的范围等信息，为救援人员提供决策支持。

(4) 自然灾害救援：在地震、洪水灾害发生后，消防无人机可以用于搜索失踪人员、运送物资和搭建临时通信设施等任务。

(5) 野外搜救：发生野外应急事件时，可以发挥其行动范围大，信息通信便捷的优势，及时发现目标，帮助人员脱困，保护群众生命安全。

(6) 公共安全监控：在大型活动或者公共场合中，消防无人机可以用于监控人群、寻找可疑物品或者追踪犯罪嫌疑人等任务。

近年来，消防无人机在各种应急抢险消防救援等实战中发挥了重要作用，得到了充分的认可。如：在漳州古雷半岛石化基地油罐火灾处置、云南大象北迁事件、罗布泊野外救助、河南郑州特大暴雨灾害、甘肃积石山地震救援等许多灾害救援现场，开展了现场侦查、人员搜寻、补给投送、红外追踪、夜间照明、防疫消杀等多个科目，作用突出显著成效。

3 消防无人机应用中存在的主要问题

3.1 设备性能对消防无人机的影响

消防无人机在实际执行任务时，受到设备自身规格参数的影响，如：电池续航时间、载荷能力、飞行速度和高度等方面的限制，这使得消防无人机存在一定的局限性，影响其作战效果。

3.2 环境和法规限制对消防无人机应用的约束

在应用消防无人机时，需要考虑到环境和法规的限制。例如，在山区、复杂地形、恶劣天气条件下，消防无人机的飞行和作业会受到很大的影响。此外，国家对无人机的飞行管控都有一定的规定和限制，例如禁飞高度、空域等方面的规定，这也会对消防无人机的应用产生一定的约束。

3.3 消防无人机操作与设备融合中的问题

在实际应用中，操作人员的培训和技能水平对于消防无人机的操作和协同至关重要。无人机的配置都分散在基层各大队，在大型应急场所如何实现多架无人机的协同作业和无人机回传数据与其他通信设备融合的难题都比较棘手。

3.4 消防无人机的配置与更新的问题

自消防制度改革以来，由于国家东西部经济发展差异，导致队伍的装备水平差距进一步拉大，一些西部地区的队伍消防队发展就明显落后于经济发达省份，一些企业效益不好的专职消防队就更加突出了。另外消防无人机价格不菲，加之受到多种因素的影响如：企业领导的装备理念、经费限制、人才缺乏等，导致无人机的配置率不高。前期配置的单位也由于业务单一、配套设备不全等原因，无人机未得到有效使用，作用发挥不佳，致使更新意愿不强，跟不上无人机的更新换代。

3.5 无人机应用和人才成长的瓶颈

现在各队伍的无人机飞手都是兼职的，取证后就束之高阁，只有在执行任务时才匆忙上阵，平时都担任其他工作，没有时间钻研飞行技巧，导致无人机驾驶技能原地踏步甚至倒退。另外，飞手没有纳入消防人才队伍序列，在薪酬待遇、职称评定等方面没有政策，导致大家学习取证的积极性不高，影响无人机的实际应用和作用发挥。由于无人机是特殊消防器材，价格不菲，在实际使用时干部怕出意外担责，飞手怕失误受罚，导致消防无人机只进行表演，不参与实战，没有发挥出应有的作用。

3.6 无人机应用场所的管控限制

各个单位或者行业由于防恐和保密的需要，都采取了一定的防范措施，加装反无人机系统等方式保证自身安全。当这些单位发生需要消防部门应急处置的事故事件时，协调不畅直接威胁无人机的使用安全。如：2022 年在酒泉市一家石油企业成品油储运库区开展防恐演练时，由于演练指挥部与反无人机管控部门协调不畅，致使消防队伍与新闻部门的两架无人机当场被干扰而坠落报废。

4 解决现有问题的途径

4.1 技术创新在提升消防无人机性能中的应用

消防无人机的性能提升是解决现有问题的关键。技术创新在提升消防无人机性能方面起着至关重要的作用。随着科技的不断进步，新的技术不断涌现，为消防无人机的性能提升提供了更多的可能性。例如，利用更先进的传感器技术，可以提高消防无人机的探测精度和范围；通过引入更强大的通信技术，可以提升消防无人机的控制距离和稳定性；改进无人机的能源动力系统，如发展更轻便、持久的电池，或探索利用太阳能、风能，甚至是核能等可再生长续航能源，将显著提高无人机的续航能力和作业效率。通过将这些新技术应用于消防无人机，可以进一步提升其性能，更好地应对各种复杂的救援任务。

4.2 政策和法规支持消防无人机发展的必要性

政策和法规对于消防无人机的发展具有重要的导向和规范作用。政府应制定和完善相关政策和法规，为消防无人机的发展提供支持和保障。首先，政府应加大对消防无人机的研发投入，采取税收优惠和出口退税等各种方式鼓励企业，设立创新奖励基金，支持企业进行技术创新，不断提高消防无人机的性能和实用性。其次，政府应制定合理的政策和法规，规范消防无人机的使用和管理，确保其安全可靠地应用于救援工作。此外，政府还应建立健全的消防无人机培训和认证体系，为提高无人机操作人员的专业素质和技能水平搭建平台。

4.3 加强培训与演练以提高消防无人机的操作效率

培训与演练是提高消防无人机操作效率的重要途径。由于消防无人机技术较为复杂，需要操作人员具备一定的专业知识和技能。因此，加强对操作人员的培训与演练至关重要，因此各总队(支队)应开展无人机飞手的专业集中培训，提高飞手多架次协同实战能力，为大型应急救援现场无人机的集中使用做好技术人才储备。通过定期的培训与演练，提高操作人员对消防无人机的熟悉程度和操作技能，加强操作人员之间的协同配合，提高整个救援队伍的作战能力。同时，应注重培训科目的设置，对标实战化应用，模拟各种风雨夜间等复杂场景，提高操作人员在实战中的应对能力。

4.4 规范消防无人机的配备使用

为了解决消防无人机的普及及效能发挥。第一，国家或者行业要从消防装备管理层面提高对消防无人机的配备要求，保证无人机及其配套通信设备的普及，让无人机采集回传的数据畅通无阻发挥出应有的作用。在这个方面 2023 年国家已出台《危化企业消防站建设标准》，相信会彻底改善无人机装备配置的问题；第二，将无人机操作手纳入国家岗位技能序列，明确配备人数，打通人才成长通道；第三，明确无人机操作手的培训强度，保证飞手操作技能的持续提升，满足应急抢险工作需要；第四，消防队伍应明确消防无人机的调度权限和免责范围，消除指挥员和飞手在使用方面的担忧，使飞手敢飞干部敢用，最大限度地发挥无人机作用；第五，将无人机操作列入消防技能竞赛范畴，和其他项目一起同台竞技，为人才脱颖而出创造条件，激发起大家学习取证的积极性。

4.5 健全工作机制强化区域协调

当地政府应急管理部门应建立起区域消防应急联动机制，召集辖区内相关单位(包括军队)，定期召开联席会议，通报当地消防队伍中无人机、直升机、飞艇等航空器的配置和更新情况，通报当地企业、军队等涉密单位反无人机系统设置情况，明确各个单位应急联络人员及所在单位发生应急情况下的紧急授权进入等细节，为消防无人机进入现场参加应急处置提供一个安全的工作环境。我所在的酒泉市已建立起市级区域应急救援联盟，这是一个非常好的开端。不论是哪种形式，只要对应急工作有帮助，各级政府都应该带头并积极引导，通过实践建立起适合当地应急工作发展的工作机制。

5 未来发展趋势与展望

5.1 先进科技整合与消防无人机的升级路径

随着科学技术的迅速发展，未来消防无人机的发展趋势将是更加智能、高效和多功能。这包括在现有技术基础上不断改进和创新，引入更多先进的科技，例如更高效的电池技术、更精确的导航和控制系统等，从而提高无人机的续航能力、稳定性和作业能力。

5.2 消防无人机在未来应急处置中作用的发挥

消防无人机的技术进步和应用范围的扩大，其在未来消防救援中的角色将越来越重要。无人机将不仅仅局限于灭火作业，还将扩展到灾后救援、搜寻失踪人员、日常巡逻巡护、大功率无人机进行大宗物资投送、搭载高清摄像头和生命探测仪的无人机能够实现在大范围区域内快速搜寻失踪人员，提高救援效率等。此外，未来消防无人机还能成为应急通信的重要手段，在灾害发生后，通信设施往往受到严重破坏，无人机可以作为临时通信中继，为救援队伍提供稳定的通信服务。也可以利用无人机进行拓展作业，如 2023 年甘肃积石山地震救援中的现场照明和 2024 年初南方冻雨时进行高压线除冰作业都是非常好的尝试，发挥出了积极的作用。

5.3 消防无人机发展的长远影响分析

随着城市化和人口密度的增加，火灾和其他灾害的风险也在不断增加，消防无人机的持续发展将会对未来的社会经济会产生积极推动作用。首先，无人机的普及和应用将极大地提高消防救援的效率和安全性。在灭火救援现场，人员面临着各种危险因素，而无人机的使用能够减少人员暴露在危险环境中的时间，降低人员伤亡风险。其次，消防无人机技术的发展将推动相关产业的创新和发展，促进经济的增长和社会的进步。为了满足消防无人机的需求，相关企业将不断投入研发力量，推动在电池技术、信息传输、导航控制技术、载重能力等方面的进步。通过提高救援效率和对灾害的快速响应能力，无人机将为保障人民生命财产安全作出更大的贡献。

综上所述，消防无人机在现代应急救援中的作用将越来越重要，其技术进步对未来社会具有深远的影响。在未来，我们有望看到更加智能化的消防无人机，通过人工智能和机器学习技术的应用，无人机能够自动识别火源、预测火势走向，并自动制定出最优的灭火方案。这将大大提高灭火效率，减少人员伤亡和财产损失。相信随着物联网技术的发展，消防无人机将能够与其他消防通信设备、设施进行无缝连接，实现实时信息共享和协同工作，这将进一步增强消防无人机的应对能力，提高灭火效果。整个社会都应该采取更加积极的态度，搭建更好的创新平台，推动消防无人机技术的进一步发展，以更好地保护人民的生命财产安全，提升社会安全水平和应急救援能。

【作者简介】张满胜，男，玉门油田公司应急与综治中心应急指挥中心，本科。电话：13321372769，信箱：ymzhangms@ petrochina. com. cn。

克拉玛依石化公司 MTBE 装置甲醇储罐破裂损伤仿真分析

敖　震　王姗姗　董跃辉　陈玉全

（中国石油克拉玛依石化公司）

摘　要：本文通过模拟克拉玛依石化公司 MTBE 装置甲醇储罐破裂损伤，发生甲醇泄漏事故，使用 ALOHA 软件模拟评估泄漏事故分别产生中毒、火灾后的情况，并进行数据风险评估，模拟预测事故后危险区域，为今后应急演练、装置操作人员和消防应急救援队伍在处置甲醇泄漏事故时划定警戒范围提供参考。

关键词：ALOHA 软件；甲醇；泄漏；模拟

1　引言

20 世纪 50 年代末、60 年代初，国际上开发了 MTBE 的生产工艺。60～70 年代进行中型试验，开发 MTBE 的工业生产工艺和工程技术的同时，进行 MTBE 作为汽油高辛烷值添加剂的使用试验和 MTBE 裂解生产纯异丁烯的开发工作。世界上第一套 MTBE 工业装置 1973 年在意大利建成投产。1979 年 12 月美国第一套 MTBE 工业装置投产。我国在 MTBE 生产领域也进行了卓有成效的研究开发工作，1983 年齐鲁石化公司建成投产了国内第一套 5500 吨/年工业实验装置，之后经过近 20 年的不懈努力，国内自行研究开发的 MTBE 工艺技术已成熟，在工业上得到广泛的应用。

克拉玛依石化公司采用的是筒式外循环固定床反应器+催化蒸馏组合工艺。该工艺是采用反应部分由筒式外循环固定床反应器和催化蒸馏塔构建而成。甲醇和碳四原料在一定条件混合后，进入绝热固定床反应器中进行醚化反应。其中，一部分冷却后的反应产物返回至反应器入口，来控制催化剂床层温度；而另外剩余反应产物进入催化蒸馏塔中继续进行反应，再塔釜反应后得到不小于 98%的 MTBE 产品；未反应碳四与其甲醇的共沸物从塔顶蒸出，进入甲醇回收系统萃取分离后出装置。

2　甲醇概况及区域情况分析

2.1　甲醇概况

甲醇俗称“木醇”，是一种重要的工业原料，是无色有酒精气味易挥发的液体，在化工生产行业应用广泛，炼化企业中甲醇储罐也发生过泄漏火灾等事故。甲醇储罐因腐蚀等原因造成泄漏，轻则污染环境，引发操作人员中毒，重则引起燃烧爆炸，造成现场人员重大伤亡和财产损失，随着我国化学工业的快速发展，危险化学品种类也随之迅速增多，如何保证危化品的安全使用、储存、运输逐渐成为热点问题。克拉玛依石化公司 MTBE 装置甲醇储罐主要为装置提供新鲜甲醇，甲醇用来与活性烯烃反应生成高辛烷值汽油调和组分。甲醇的易燃性和毒性都极高，挥发性极强，与空气混合，在密闭的空间内，便可能形成爆炸性混合物。此外，甲醇对皮肤的接触有毒，短期暴露可能带来严重的健康风险。

ALOHA 软件集成了超过 1000 种常见危险化学品的理化性质数据，利用软件可以精确地计算这些化学品在泄漏后可能引发的毒气扩散、火灾、爆炸等后果，并全面评估其毒性、热辐射和冲击波等潜在影响。ALOHA 已广泛应用于风险评估、应急辅助决策等领域，为危险化学品的安全管理提供了强大的技术支持。

2.2 模拟区域情况分析

克拉玛依石化公司炼油第三联合车间 MTBE 装置操作人员与研究院，模拟 MTBE 装置甲醇储罐泄漏事故，通过 ALOHA 软件对 MTBE 装置甲醇储罐进行甲醇气体扩散危害模拟，对泄漏事故影响范围进行简要分析，为今后应急演练、装置操作人员和消防应急救援队伍在处置甲醇泄漏事故时划定警戒范围提供参考。

查资料可知甲醇的主要理化性质如表 1 所示。

表 1 甲醇的主要理化性质

分子式	相对分子质量	熔点	沸点	密度	水溶性	闪点	爆炸极限
CH_3OH	32	-97℃	64.7℃	0.79g/cm^3	完全互溶	12℃	6%~36.5%

在装置生产过程中，甲醇以液态形式存储于储罐中，由于储罐腐蚀或设备缺陷致使泄漏。从储罐中泄漏的甲醇挥发在空气中，由于受温度和风速的影响，会在短时内急剧蒸发并扩散于周边空间，在没有遇到明火以前就消散掉不会形成火灾爆炸危险，但有可能产生恶性甲醇中毒。甲醇泄漏在空气中迅速汽化形成蒸气云团，如果蒸气云团与空气形成的混合气体的浓度达到爆炸极限，再遭遇明火就会发生蒸气云爆炸事故，爆炸带来的热辐射和冲击波对周围的人和建筑物造成巨大的危害。长时间的泄漏或瞬间大量泄漏可导致甲醇在低洼处聚集，遇明火形成池火灾。

3 甲醇泄漏扩散模型分析

3.1 甲醇泄漏原因模拟

醚化装置甲醇储罐旁的固定式可燃气报警仪和液面参数协同监控等，假定泄漏的蒸气云团不容易发生聚集，火灾爆炸的可能性较小，同时按照日常应急演练情况，应急操作人员和消防救援队伍及时赶到，并进行初步处理，分别分析未遇到和遇到明火后着火的情况。因此，针对此次甲醇储罐泄漏事故，重点要分析的是甲醇气体扩散造成的人员中毒情况。

本文以甲醇储罐抽出靠近根阀位置，由于腐蚀冲刷，在搭设检修脚手架过程中，脚手架杆误碰储罐，导致损坏，液体泄漏，经到场应急人员检查泄漏部位孔径为 10cm，甲醇持续向往泄漏。具体的各项模拟参数见表 2，储罐参数如表 3。

表 2 事故模拟参数

风速	风向	云层覆盖量	大气温度	罐内温度	大气湿度	地表温度
5m/s	西风	50%	28℃	20℃	18%	常温

表 3　储罐基本数据

储罐介质	卧罐直径	卧罐长度	储罐内液体	储罐泄漏点高度	泄漏口孔径
甲醇	2m	4m	12t	1m	10cm

3.2　模拟甲醇从储罐泄漏并未燃烧(形成液池)情况

根据 ALOHA 软件自动引用的美国 AEGLS(敏感性暴露指导水平)提供的三级数据，将毒气对人身的伤害程度分为三个级别：致命伤害(ERPG-3)、严重伤害(ERPG-2)、轻度伤害(ERPG-1)。

ERPG-1 指人可以暴露一个小时，而不致产生任何征状之最大空气中化学物浓度。

ERPG-2 指人可以暴露一个小时，而不致产生不可恢复性或严重健康影响，导致他们没有能力采取保护措施的空气中化学物浓度。

ERPG-3 指人可以暴露一个小时，而不致产生危害生命影响的空气中化学物浓度。

相关模拟图见图 1~图 3。

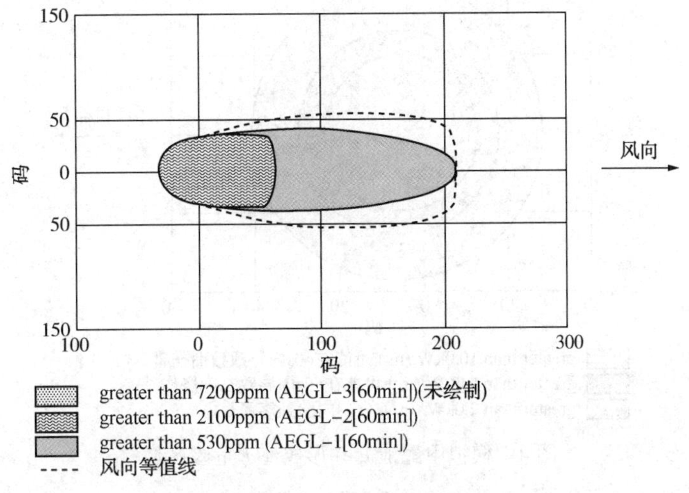

图 1　模拟甲醇泄漏形成液池危险区域

注意：ERPG-3 没有绘制危险区域图，因为释放源附近的局部聚集效应。

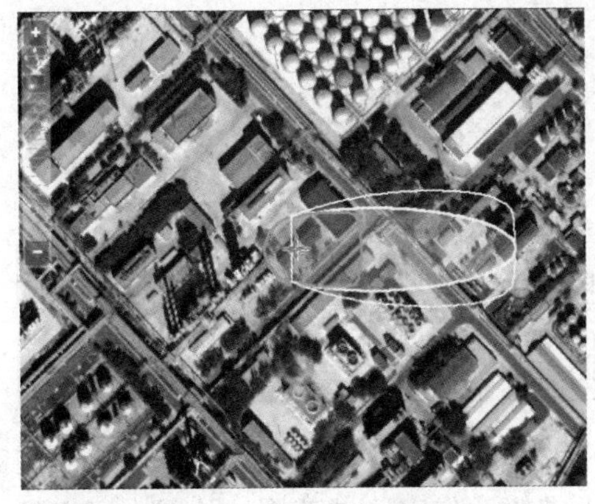

图 2　模拟甲醇泄漏形成液池危险区域

危险区域:

采用模型:高斯扩散

红色区:33码---(7200ppm=AEGL-3 [60min])

注意:没有绘制危险区域图,因为释放源附近的局部聚集效应。

橙色区:62码---(2100ppm=AEGL-2[60min])

黄色区:210码---(530ppm=AEGL-1[60min])

图 3　模拟甲醇泄漏形成液池危险区域数据

ALOHA 软件计算危险区域：

通过，一级致毒区(EPRG-1)范围广，可形成约 193.2m×35m 的大黄色区域，在该区域内甲醇气体的浓度可达到 530ppm 以上，这一区域为轻度中毒区域，对人体的影响不大，但应设置禁止入内的警戒线，阻止与救援力量无关人员进入，防止出现危险。从图分析可看出，在此次泄漏事故中，甲醇气体的浓度达到 2100ppm 以上，二级致毒区(EPRG-2)在 57.1m×35m 的橙色区域内，处于较危险水平，由于泄漏点处于装置集中控制室附近，周边操作办公的人员较为集中，处置事故时应该将这一范围内的人员及时疏散，设置防护安全员，同时应制定相应的进出管控机制措施。三级致毒区(EPRG-3)在直径 30.3m 的红色区域内(ERPG-3 没有绘制危险区域图，因为释放源附近的局部聚集效应)。

3.3 模拟甲醇从储罐泄漏并燃烧(形成池火)情况

另外，若因救援力量未及时到位或周围静电导致泄漏物产生池火灾，根据 ALOHA 软件仿真结果简要分析见图 4~图 6。

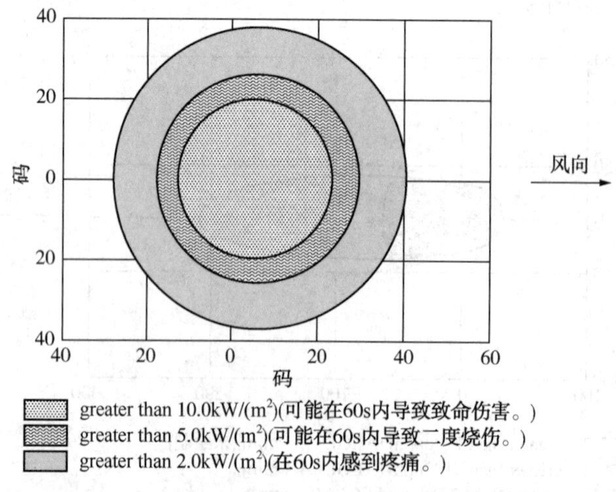

图 4　模拟甲醇泄漏并形成池火危险区域

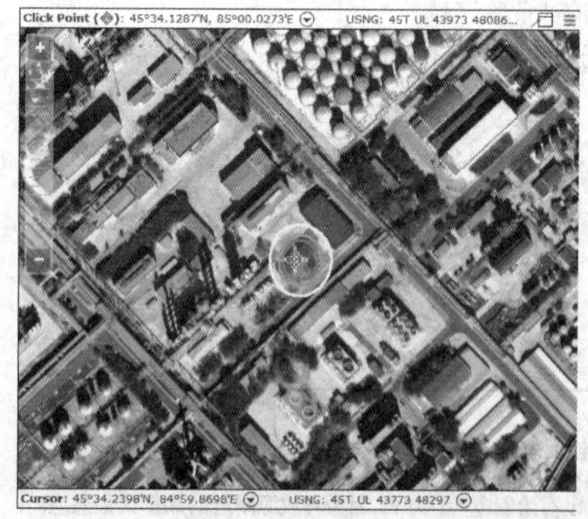

图 5　模拟甲醇泄漏并形成池火危险区域

危险区域:
危险模型:池火的热辐射。
红色区:24码---(10.0kW/(m²)=可能在60s内导致致命伤害。)
橙色区:29码---(5.0kW/(m²)=可能在60s内导致二度烧伤。)
黄色区:38码---(2.0kW/(m²)=在60s内感到疼痛。)

图 6　模拟甲醇泄漏并形成池火危险区域数据

ALOHA 软件中，应用热辐射指标描述甲醇池火灾辐射伤害区域范围。从图中可以发现，在假设情景下，在 3m/s 风速下，人员伤害情况：①甲醇泄漏池火灾热辐射导致伤害疼痛区域(热辐射高于 2.0kW/m²)的最远覆盖区域为 35.0m；②甲醇泄漏池火灾热辐射导致伤害致死区域(热辐射高于5.0kW/m^2)的最远覆盖区域为26.7m；③甲醇泄漏池火灾热辐射导致伤害致死区域(热辐射高于10.0kW/m^2)的最远覆盖区域为22.1m。从假设情景下，模拟甲醇泄漏并形成池火危险区域未覆盖生产装置。

池火灾对人产生热辐射致人重伤或死亡的最远范围与池火灾热辐射导致伤害致死区域接近，防止甲醇泄漏扩散致人中毒与防止静电产生火灾同位重要。但是，现场实际发生事故过程中，风向变化，需结合事故当时下风向建构筑物情况确定。

4 事故预防控制措施

从上述的事故模拟分析结果得出，为了保证甲醇储罐安全，必须从严防甲醇储罐泄漏方面入手，严格控制甲醇储罐周边人员施工过程，当发生泄漏事故以后，严格控制周边人员安全距离，防止二次事故连带风险影响。

(1) 罐区与周边装置保持足够的安全间距甲醇储罐与其周边设备或装置以及人员办公场所的距离必须严格按照国家的法律、法规的要求设置，除此之外还应充分考虑发生火灾、爆炸的模拟结果，保证足够的安全距离。

(2) 严格控制甲醇的泄漏：

① 对储罐、管线、阀门、法兰、机泵进行安全检查，防止泄漏；

② 定期检查和保养可燃气体检测报警仪，不可随意关闭；

③ 定期检查甲醇罐体状况，防止因腐等原因造成罐体开裂、穿孔。

5 结语

运用ALOHA软件对甲醇罐区进行事故后果定量区域模拟分析，通过模拟数据模拟罐区发生泄漏、导致火灾、中毒时，对周边装置和设备的波及程度进行模拟(模拟发生事故过程必须结合当时天气等情况确定)。通过模拟分析，得出储罐的危险性及危险程度，为甲醇生产和储存企业制定安全管理措施及应急预案提供参考。

参 考 文 献

[1] 龚秀兰. 基于贝叶斯网络的甲醇罐区爆炸事故风险管理研究[D]. 重庆科技学院，2019.

[2] 马凯，冯禹，王懋祥等. 基于PHAST软件的甲醇储罐泄漏模拟[J]. 安徽建筑，2017，24(06)：223+238.

[3] 张苗. 甲醇储罐泄漏事故后果模拟与风险评估[J]. 广东化工，2014，41(16)：259-260+256.

[4] 郑丽娜，王虹，刘恒明. 甲醇储罐泄漏环境风险事故后果计算及预测[J]. 广东化工，2011，38(05)：292-293.

【作者简介】教震，男，中石油克拉玛依石化有限责任公司，主要从事特种润滑油工艺技术开发工作。电话：13369054602，邮箱：jzksh@petrochina.com.cn。

危化品(油气)火灾爆炸事故情景构建研究

薛吉利　王来山　张建强

(中石化中原石油工程设计有限公司)

摘　要：针对危险化学品应急救援培训及演练的需要，开展危化品(油气)火灾爆炸事故情景构建研究，研究事故情景模拟真火采用丙烷作为燃料及丙烷系统供应装置；针对模拟真火实训装置训练过程中可能出现火势过大、燃气爆炸、温度过高等危险因素，研究采用了基于PLC系统的中心控制技术、现场控制技术、遥控控制技术，实现了现场就地、遥控和远程训练操作，实现了事故情景的安全、平稳运行，能够提供安全可靠，事故情景仿真度高的应急救援训练设施。

关键词：事故情景；应急救援；模拟真火；供应；控制

我国石油化学产业已是国民经济发展的基础工业和支柱产业之一，但石油化学工业危险性极大。近年来，国内发生多起石化企业重特大火灾爆炸事故，由于危险化学品性质特殊，一旦对其处置不当，极易发展成公共危机事件，造成人员中毒、伤亡，还会造成重大的经济损失、严重的环境污染和恶劣的国内外社会影响。

为了提高危险化学品应急救援队伍应急救援能力建设，加强对各类危险化学品事故灾害处置技术、技战术研究和训练，通过研究基于危险化学品事故情景构建技术，仿真模拟重特大事故发生过程，建设符合实战化训练的实训基地，加强各阶段的应急救援模拟训练，提升危险化学品事故的应急救援准备能力，从而进一步提高我国危险化学品的应急管理能力。

1　基于危化品(油、气)重大火灾爆炸事故情景研究

国家危险化学品应急救援实训演练基地建设，是党中央、国务院在安全生产领域做出的重要决策，是提升安全生产保障能力的实际举措，是健全完善危险化学品应急救援体系的重点工程，对于保障和促进全国安全生产形势根本好转具有重大意义。以培养危险化学品应急救援专业人才，提高危险化学品应急救援指战员综合素质、专业技能和实战经验，提升危险化学品应急救援技术装备水平，支撑和服务危险化学品应急救援队伍体系长远发展为目标。

危化品(油、气)重大火灾爆炸事故情景构建基于危险化学品应急救援实训需求，紧贴实战，仿真模拟危险化学品火灾爆炸场景，提高应急救援指战员训练水平。事故情景主要包含模拟真火系统、危险化学品事故情景构建、安全控制技术等。

1.1　模拟真火燃料系统研究

1.1.1　“氮气增压”节能型燃料供应系统

针对传统火灾模拟训练救援设施采用柴油或煤油等燃料污染严重的缺点，采用液态丙烷作为事故情景中的燃料，确定了液态丙烷燃烧关键参数模型，模拟计算理想状态下丙烷

充分燃烧时间和温度，确定了丙烷燃烧的最佳流量。为了解决常规燃料供应系统中丙烷增压泵回流量大导致的装置运行能耗高、丙烷回流工况运行频繁造成的丙烷气化放空量大等问题，通过工艺路线优化调整，采用“补氮增压外输”工艺的节能型燃料供应系统工艺流程，实现燃料丙烷不启泵增压外输，进而减少丙烷增压泵运行时间，并避免因丙烷回流量大而引起的丙烷气化放空量大的问题，起到节能降耗的效果。

节能型燃料供应系统主要设备有1套丙烷卸车橇及2套丙烷供应橇，其中丙烷供应橇主要包含1座20m³丙烷储罐、1座20m³丙烷缓冲罐、2套丙烷卸车增压泵。在常规燃料供应系统工艺的基础上，节能型工艺中1座丙烷储罐作为丙烷缓冲罐，丙烷增压泵同时作为丙烷卸车泵使用。节能型燃料供应系统工艺同样分为卸车流程和外输流程：

(1) 卸车时，将卸车臂气液两相接管连接到丙烷槽车上，启动丙烷卸车/增压泵对丙烷储罐进行充装，当丙烷储罐液位计高报或卸车完成时关停丙烷卸车泵。

(2) 外输时，丙烷储罐充装完成后，采用丙烷卸车/增压泵将丙烷储罐中丙烷燃料充装至丙烷缓冲罐，丙烷缓冲罐在充装之前，首次氮气置换并进行氮气冲压，经核算，当缓冲罐内氮气压力保持为0.85MPa(G)时，可实现丙烷液位在40%~60%之间对应的缓冲罐内压力为1.60~1.30MPa(G)之间。

丙烷缓冲罐充装时，丙烷缓冲罐的压力控制在1.30~1.60MPa(G)之间，当丙烷缓冲罐的压力低于1.30MPa(G)或液位低报时，启动丙烷卸车/增压泵对丙烷缓冲罐进行充装；当丙烷缓冲罐的压力升至1.60MPa(G)、液位计高报时或丙烷储罐液位低报时，关停丙烷增压泵。

燃料丙烷外输时，通过丙烷缓冲罐罐内自身压力，将丙烷燃料压送至调压装置，再输送至各真火模拟设施用气点。在此过程中，丙烷缓冲罐压力1.30~1.60MPa(G)范围之内，无需启动丙烷卸车/增压泵。

事故情景燃料供应系统流程见图1。

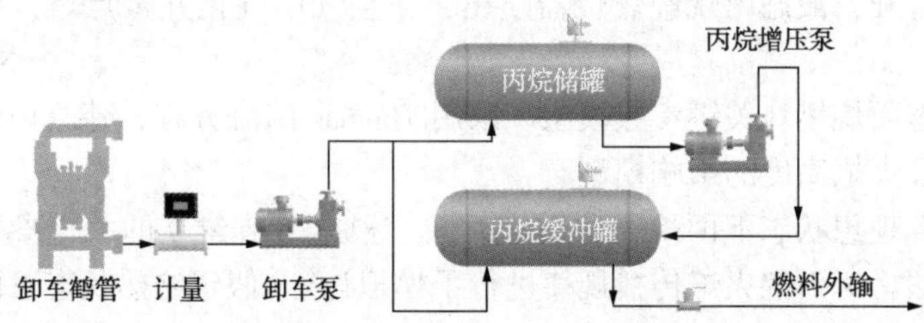

图1　事故情景燃料供应系统流程

节能型燃料供应系统具有以下技术特点与优势：

(1) 降低燃料增压泵启停频率，提高装置运行稳定性。新工艺的技术关键是燃料丙烷外输时，采用“补氮增压外输”工艺，通过丙烷缓冲罐罐内自身压力，实现燃料丙烷不启泵增压外输，进而减少丙烷增压泵运行时间及启停频率，降低能耗，提高装置运行稳定性。

(2) 避免丙烷回流操作，减少丙烷气化泄放量。新工艺燃料丙烷外输时，无需通过丙烷回流控制外输流量，在减少丙烷气化泄放量的同时，节约丙烷资源并降低运行能耗。

(3) 流程简化、撬装化，节约投资。在常规燃料供应系统工艺的基础上，节能型工艺中，丙烷增压泵同时作为丙烷卸车泵使用，无需单独设置丙烷卸车泵，简化了工艺流程，节约了投资。

节能型燃料供应系统在国家危险化学品应急救援(实训)濮阳基地实施应用，解决了常规燃料供应系统丙烷增压泵启停频率高、回流量大、能耗高、燃料丙烷气化放空量大等问题，同时简化了工艺流程，提高了装置运行稳定性，并节约了投资，并申请实用新型专利《一种以丙烷为介质的真火燃料供应系统》ZL201920438336.4。

1.1.2 模拟真火系统工艺流程及原理

模拟真火燃料采用丙烷，丙烷经增压泵加压后，通过管道输送至各模拟真火点。模拟真火设备由燃料控制阀门(切断阀、调节阀等)、点火装置、安全控制系统构成。见图2、图3。

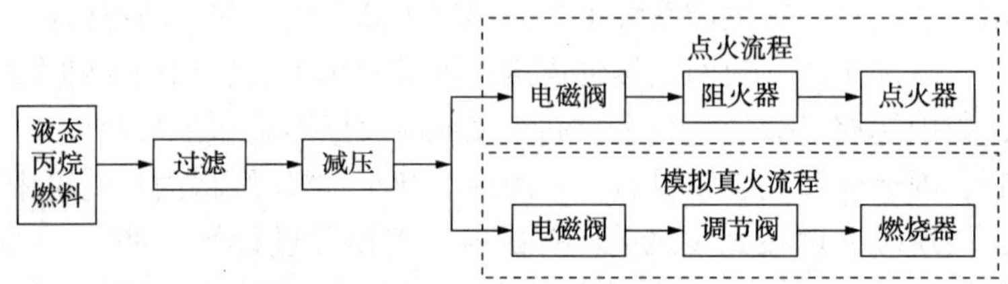

图2 模拟真火燃烧系统图

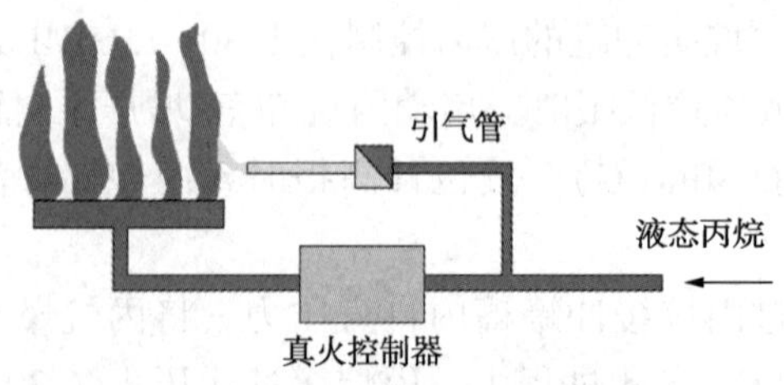

图3 真火燃烧点示意流程图

模拟真火设施分出引气管，减压气化后点燃，形成长明灯，经火焰检测器检测到后，主管路控制阀门打开，液态丙烷经燃烧器喷出，在空气中气化并被点燃，形成真实的燃烧场景。

(1) 确定液态丙烷燃烧关键参数模型。采用Thomas湍流方程，建立丙烷流量对热释放速率、燃烧速率和火焰高度的影响模型。

(2) 模拟计算理想状态下丙烷充分燃烧时间。根据上节建立的关键参数模型，采用流场动力学分析方法，对丙烷火焰传播规律进行了模拟计算(假定绝热状态下丙烷充分燃烧)，模拟结果如图4所示。

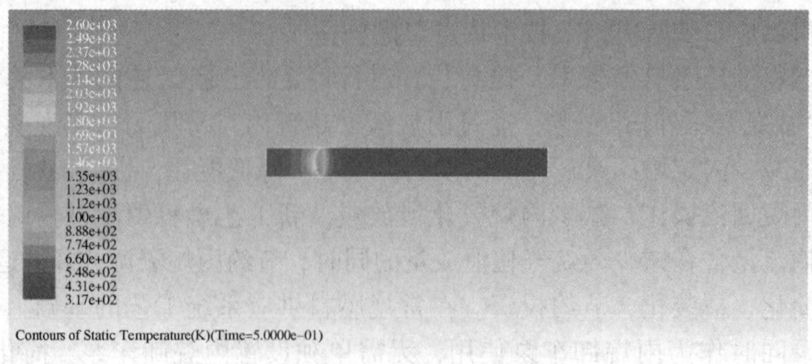

图4 丙烷火焰传播规律图

由上图模拟结果可知：丙烷从点燃开始，经历 0.5s 即可达到最高温度 2200℃，即火焰中心的温度。

(3) 模拟计算实际环境中丙烷充分燃烧的温度。以环境温度为背景，以空气为传热介质，引入 pennes 火焰传热方程，模拟真实场景下的丙烷燃烧过程，模拟结果如图 5 所示。

由上图模拟结果可知：丙烷点燃 0.5s 以后，火焰温度最高只能达到 700℃，即火焰中心的温度。

(4) 确定丙烷燃烧的最佳流量。影响丙烷燃烧的最大影响因素即为与之混合的空气的量，因此研究丙烷与空气的混合比例对丙烷燃烧的影响。按照丙烷：空气比例 1∶10、1∶20、1∶30、1∶40、1∶50、1∶60 的比例分别进行模拟计算，将模拟结果进行数据整理与分析，结果见图 6。

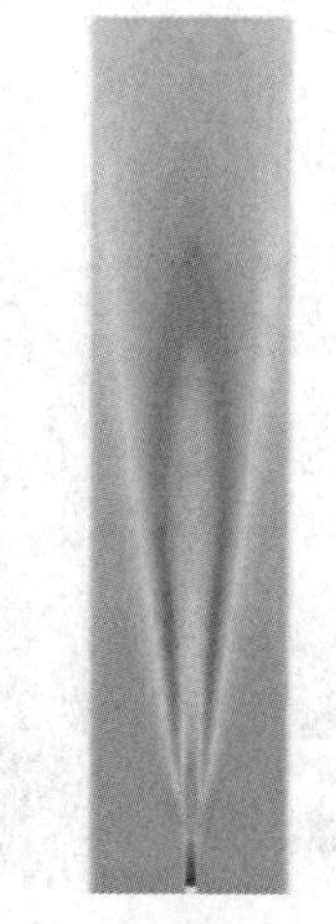

图 5　丙烷火焰传播规律图

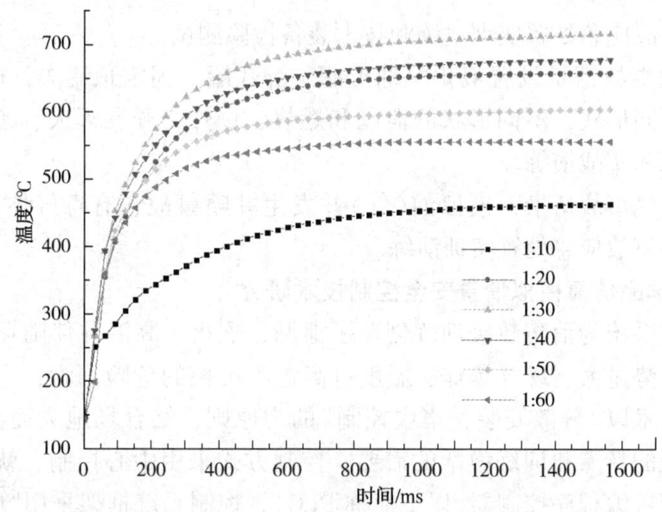

图 6　丙烷与空气的混合比例与火焰中心温度的关系图

结果表明：丙烷∶空气 = 1∶30 的状态下，燃烧温度最高，即能达到充分燃烧的状态。

通过计算和实验，定义了喷嘴燃烧、水域式燃烧、带压燃烧和微压燃烧四种基本燃烧形态。结合每个真火点的作用、大小、形态和特点等因素，利用四种基本燃烧形态的一种或者多种组合，再进行燃料和空气的需量计算，设计出真火点燃烧器。

1.2　危险化学品事故情景构建

以下为针对危化品事故中可能出现的大型储罐火灾事故、炼化装置事故、压力储罐事故、危险化学品集装箱事故、高含硫油气事故、工艺管线事故、电气火灾事故等场景研究。见图 7。

(1) 大型储罐火灾事故情景主要由 10000m^3 外浮顶罐、10000m^3 拱顶罐、防火堤构成。用于模拟油品储罐火灾现场灭火救援的训练设施，根据火灾发展过程，设置呼吸阀、密封圈等初期火灾，罐顶全液面火等中期火灾情景，罐壁流淌火，罐区全液面火等后期火灾情景，实现火势大小可控，模拟火灾从小到大的发展过程，并伴随模拟爆炸情景。

(2) 炼化装置事故情景用于模拟仿真炼化及加氢等生产装置，模拟高塔、热油泵、加热(焦化)炉、分离器、反应釜及控制室和辅助设施，模拟生产过程中各种类型的泄漏、火

图 7　储罐火灾处置技术装备性能检验测试设施

灾等事故，开展事故应急处置实训演练和技术装备检验测试。

(3) 压力储罐事故情景设置液化气球形罐、卧式罐、固定顶罐等，模拟不同工况下，设备不同部位、不同形式，不同形状的泄漏和燃烧、爆炸，开展灭火、堵漏、关阀等技战术训练、协同训练和实战演练。

(4) 高含硫油气事故情景，模拟油(气)井发生井喷事故、有毒气体(H_2S)泄漏事故、火灾事故等，开展事故应急处置实训演练。

1.3　危险化学品仿真模拟情景安全控制技术研究

模拟真火实训系统为消防救援训练创造了泄漏、烈火、高温并伴随爆炸的逼真模拟场景，但其又带来火势过大、燃气爆炸、温度过高等不可控的危险因素，为了保证人员和设备的安全，控制技术以“分散安装、集中控制”的为原则，结合场地大而分散的平面布局、各个模拟真火区域的特点和训练教学的需要，控制方式采用中心控制、就地控制和遥控控制。控制系统采用可编程序控制器(以下简称 PLC)，控制系统框架采用“中心控制 PLC+区域控制 PLC”的模式，每台 PLC 可成为一个独立的小型控制中心；所有的安全关断按钮触发和安全联锁信号优先级最高，优先执行关断控制命令，其次为中心控制 PLC，各区域控制 PLC 可独立完成所属区域内的控制，控制系统框架结构如图 8 所示。

结合场地大而分散的平面布局、各个事故情景的特点和训练教学的需要，形成了安全控制方式采用中心控制、就地控制和遥控控制三级控制技术。

3　现场应用情况

本研究应用于国家危险化学品应急救援(实训)濮阳基地，2020 年 6 月 2 日，该项目顺利通过了由国家安全生产应急救援中心、中石化工程部、安全监管部组织的联合竣工验收，该技术成果被中石化集团公司评定为“整体技术达到国际领先水平”。濮阳基地已完成多次国内外培训业务以及青岛安工院装备测试工作，有效提高国家应急救援濮阳队的应急救援能力，具有巨大经济效益与社会效益。

4　结语

通过危化品(油气)事故情景研究，建设紧贴实战的模拟实训设施，能够提高危险化学

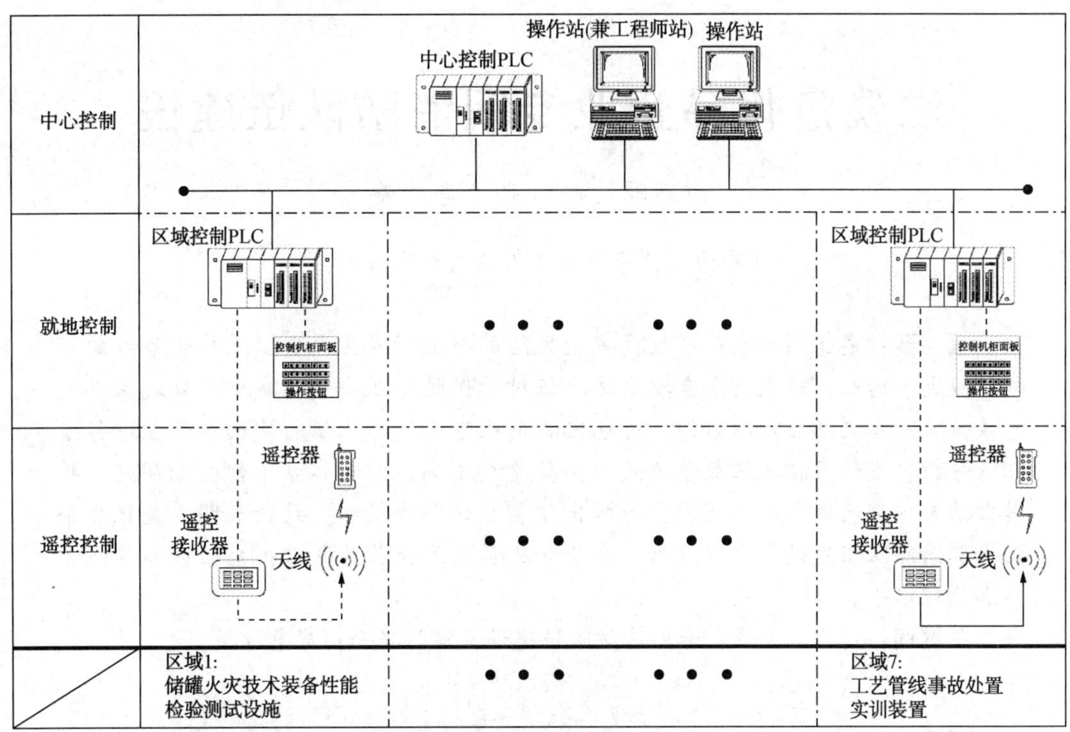

图 8　控制系统框架结构图

品应急救援队伍应急救援能力建设，加强对各类危险化学品事故灾害处置技术、技战术研究和训练，提升危险化学品事故的应急救援处置能力，从而进一步提高我国危险化学品的应急管理能力。

参　考　文　献

[1] 石油化工模拟真火训练系统的优化设计[J].《今日消防》；2019：14-15.

[2] 国务院安委会办公室关于进一步加强国家安全生产应急救援队伍建设的指导意见. 安委办〔2022〕12号. 国务院安委会办公室. 2022. 12. 19.

[3] 一种大型储罐罐壁流淌火火灾模拟装置及模拟方法. CN201811358370. 7. 中石化石油工程技术服务有限公司. 中石化中原石油工程设计有限公司. 2018-11-13.

[4] 谢天天. 浅谈危化品模拟真火实训装置控制系统设计及应用[J]. 石油化工自动化. 2019：194-199.

【作者简介】薛吉利，男，大学本科，从事石油天然气油气集输、储运设计工作，主要负责国家危险化学品应急救援(实训)濮阳基地设计工作。电话：18539358524，邮箱：362437015@ qq. com。

浅谈危化品企业专职消防队伍建设

余思源　赵　来　俞波涛

（中海浙江宁波液化天然气有限公司）

摘　要：危化品企业是有较高安全风险的行业，发生火灾、爆炸等事故的可能性较大。为此，建设一支专职消防队伍对于保障企业安全，减少事故发生具有重要意义。本文结合实际案例，对危化品企业专职消防队伍的建设和管理进行了深入分析，发现存在队伍数量不足、队员素质不高、管理体系不健全等问题。将其归纳为内部问题和外部问题，并提出了相应的解决策略。结论表明，危化品企业专职消防队伍建设需要以政府、企业和队员三方合作为基础，全面提高队伍素质和管理水平。

关键词：危化品企业；专职消防队伍建设；消防安全；应急救援

1　绪论

1.1　研究背景

危化品企业是一类具有较高危险性的企业，其生产经营活动可能带来严重的火灾、爆炸等安全事故，给人民群众的生命财产安全带来极大的威胁。为此，国家对危化品企业的消防安全工作提出了高要求，要求危化品企业应组建自有专职消防队伍，提高应急处置能力，保障生产过程中的安全运行。但在实际应用中，各危化品企业专职消防队伍建设仍存在着一些问题，例如队伍管理不规范、应急器材配备不足、队员技能水平参差不齐等，这些问题对消防安全工作的开展造成了一定的影响。

为了解决上述问题，对危化品企业专职消防队伍建设进行深入研究，提高其应急处置能力，具有重要的现实意义。本文将结合相关文献，分析危化品企业专职消防队伍建设的现状与存在的问题，探讨提高队伍战斗力的方法和途径，旨在为危化品企业的消防安全工作提供有益的参考和借鉴。

据参考文献[1]、[3]、[5]、[7]等资料显示，企业自主建设专职消防队伍建设已受到各行业的关注，但对于如何提高队伍的应急处置能力，尚未有较为系统和全面的研究。因此，本文将采用文献资料分析法和案例分析法，对危化品企业专职消防队伍建设进行深入研究，以期为相关部门提供可行的建议和措施。

本研究的意义在于，通过对危化品企业专职消防队伍建设方向的研究，可以深入了解其存在的问题和瓶颈，提出相应的解决方案，为企业的消防安全工作提供有力的支撑。同时，本研究也可以为其他类似企业的消防安全工作提供参考和借鉴，推动企业专职消防队伍建设发展。

1.2　研究内容

本文旨在探讨危化品企业专职消防队伍的建设，以期为危化品企业的安全生产管理提供借鉴和参考。

研究目的：探讨危化品企业专职消防队伍的建设及其管理，分析危化品企业专职消防队伍建设存在的问题，并提出切实有效的对策。

1.2.1 危化品企业专职消防队伍的重要性

危化品企业专职消防队伍是企业推进安全生产的重要的保障力量，保障日常生产中对各类应急处置立即响应和处理，企业建设一支高效的专职消防队伍不仅可以提高企业生产安全，更保障员工的健康和生命安全，是最重要的。

1.2.2 危化品企业专职消防队伍的建设

专职消防队伍的建设应包括从组织架构配置、消防设备投入和培训管理等方面。首先，应根据企业规模、生产设备和工艺流程，进过合理论证。其次，企业应投入足够的资金购置高效的消防设备，提高应急处置的能力。最后，队伍成员应进过专业培训、选择具备消防经验的人员担任。

1.2.3 危化品企业专职消防队伍的管理

对于危化品企业专职消防队伍建设的实用性对策，如合理配置消防队员人数、投入消防设备、加强员工培训与教育等，能够在一定程度上提高危化品企业的安全生产管理水平和专职消防队伍的建设效果。

2 危化品企业专职消防队伍的重要性

2.1 危化品企业的特殊性质

危化品企业是指在生产、储存、使用以及运输等过程中，存在或可能产生危险的化学品和类似物质企业。危化品企业的产品一旦泄漏，可能会对人员、环境和财产造成严重影响。因此，危化品企业面临着高风险、高危险度和高复杂性的特殊性质。

由于危险品种类繁多，其中一些物质一旦泄漏，就可能对人体、环境和财产造成难以承受的损失。企业的特殊作业环境也为专职消防队伍的建设带来了诸多挑战。首先，危化品生产经营场所可能存在有火灾或泄漏等意外，造成室内浓烟、有毒气体等阻碍逃生的因素。其次，危化品企业的作业设施复杂，装置中的管道、阀门等细小零部件可能引发难以察觉的泄漏，一旦火灾或泄漏等事故发生，危化品企业如无法有效的开展应急处置也更为复杂和困难

综上所述，危化品企业的特殊性质给企业的安全生产带来了非常大的挑战。因此，更加严谨和有效的消防安全管理，特别是建设一支富有专业素养的专职消防队伍，将是危化品企业必须完成的一项重要工作。

2.2 专职消防队伍的作用

专职消防队伍是指由企业建立的一支负责安全管理和事故救援的专职消防人员队伍，其作用主要体现在以下几个方面：

首先，专职消防队伍负责危化品企业的日常安全管理工作。这包括对危险品库房、生产车间、办公楼等区域的巡查、监控和检查等。

其次，企业在突发事故中，遇到火灾、爆炸、泄漏等突发事故时，专职消防队伍是事故最前线的扑火队员、应急救援人员。他们具有专业的消防技术和应急处理能力，可以迅速控制事故现场，最大程度地减少事故损失。

此外，专职消防队伍还承担着企业员工安全教育和演练的任务。他们会定期进行灭火

器使用、逃生演习等演练活动，提升员工的安全意识和自救能力。

最后，专职消防队伍在危化品行业自律和行业形象宣传方面也扮演着重要角色。专职消防队伍的存在体现了企业对安全管理和消防工作的高度重视，也是企业行业自律的重要体现。

因此，建立健全专职消防队伍不仅是法律法规的要求，更是危化品企业安全生产的必要保障。企业应该注重消防人员的培训和业务水平的提高，不断完善消防装备和设施建设，确保专职消防队伍的有效运行和发挥。

2.3 相关法律法规要求

相关法律法规对于危化品企业专职消防队伍的建设也提出了明确要求，这些要求旨在规范企业的消防安全措施，提高应急处置能力。

首先，危化品企业应根据实际情况，合理配置专职消防队伍，并确保队伍数量、结构和专业技能的合理性。同时，企业应严格按照《危险化学品安全管理条例》的规定，加强对消防队员的培训，提高其应对突发事件的能力。

其次，企业应根据自身的特点，落实消防设施的建设和维护，确保消防设施的有效性和完善性。在建设消防设施时，应严格按照《消防设施技术标准》的要求进行设计，保证可操作性、可维护性和可靠性。另外，企业还应进行消防演练和考核，提高专职队伍的危机应对能力和管理水平。

最后，企业应全面落实消防安全责任，建立健全应急预案，确保应急处置工作的高效进行。此外，危化品企业还应加强与职工的沟通和宣传，提高职工对消防安全管理的认识和意识，加强危化品管理工作。

相关法律法规对危化品企业专职消防队伍建设提出了明确的要求，这些要求旨在提高企业消防安全管理水平，降低企业和员工的安全风险，构建更加健康、稳定的生产环境。

3 危化品企业专职消防队伍的建设

3.1 队伍组建的基本要求

危化品企业专职消防队伍的建设是企业安全生产管理的重要组成部分之一。其中，队伍组建的基本要求是非常关键的一环。在建设专职消防队伍时，必须考虑到以下几个方面的基本要求。

第一，队伍的主要人员必须是专业化的消防人员，具有消防技术和实战经验，能够有效地处理各类火灾事故。其次，队伍中的人员数量应该根据企业的规模及其所处环境等情况来确定，确保有足够的消防人员进行应急处置。此外，队伍的组织架构应该合理，需要根据实际情况制定相应的管理制度和操作规程。

第二，人员招募与培训也是队伍组建的重要环节。在人员招募方面，需要对消防队员的基本条件进行明确规定，如必须持有相应的消防技能证书等。在培训方面，应该通过各种形式进行全方位、多角度的培训和演练，消防不断提高队员自身的应急处置能力和实战经验。

第三，装备和设施的配备也是建设专职消防队伍不可或缺的一部分。在装备方面，应该购置先进的消防器材，使队员们在实战中能够更加灵活、高效地处理各类火灾事故。在设施方面，应该规划合理的消防水源和消防通道等，让队员们能够及时、有效地进行应急处置。

综上所述，在队伍组建的基本要求方面，要从人员素质、人员数量、组织架构、招募与培训以及装备和设施配备等多方面考虑，以确保专职消防队伍建设的全面性和可行性。

3.2 人员招募与培训

在危化品企业专职消防队伍的建设中，人员招募与培训是非常重要的一环。首先，要根据企业的实际情况，制定招募计划。招募要求应包括身体条件、心理素质、年龄、学历等方面，以确保人员的素质符合专职消防工作的要求。

其次，综合培训是提高队员技能和素质的重要手段。培训课程应包括消防常识、消防技能、特种设备维护和使用以及应急处置等方面，让队员们全面掌握专职消防工作所需的各项技能和知识。应注重实战演练，提高队员的处置能力和应变能力，定期组织演练评估，总结经验，发现问题并及时解决。

此外，还要针对不同的队员制定个性化的培训计划，让每个队员都能得到适当的培训和提高，发挥他们的最大潜力。对于技能较弱的队员，还要加大培训力度，使其能够胜任消防工作。

综上所述，人员招募与培训是专职消防队伍建设中的重要环节，对于保障企业消防安全起到至关重要的作用。企业应该注重队伍的建设，不断提高队员的素质和技能水平，为消防安全工作提供坚实的保障。

3.3 装备和设施的配备

危化品企业专职消防队伍的装备和设施配备是非常重要的一环，其意义在于为消防队员提供必要的防护和救援设施，保障他们在火灾事故中安全救援。

一方面，装备和设施的配备要与危化品企业的特点相符。根据不同危化品的属性和生产环境，消防队伍需要配备相应的消防设备。例如，在易燃易爆品的储存场所，消防队伍需要配备干粉灭火器、泡沫灭火器等，以应对突发火情。另一方面，装备和设施也要满足国家和地方消防标准要求，只有严格按照规定进行配备，消防队伍才能有效应对各类火灾事故的安全处置。

4 危化品企业专职消防队伍的管理

岗位职责与工作流程如下：

危化品企业专职消防队伍是保障企业安全生产的重要组成部分，建设好专职消防队伍对于提高企业安全防范能力具有重要意义。专职消防队伍的岗位职责和工作流程是在建设过程中需要详细规划和完善的重要环节。

在岗位职责方面，专职消防队员需要具备扑救初期火灾，排查安全隐患，组织应急救援等多方面能力。同时，他们还需要认真负责地维护和检修企业内部的消防设施和器材，确保在出现火灾等意外情况时可以及时而有效地进行处置。

工作流程方面，专职消防队伍需要实现对消防安全环节的有效监管。具体流程包括参与风险评估、提出安全建议、监督检查消防设施维护情况、组织演练等步骤。

在实践中，危化品企业专职消防队伍的建设需建立完善的工作机制，建立起科学规范的管理体系，并在应急预案制定和演练中强化团队协作能力。队伍的岗位职责与工作流程建设是保障企业安全生产的关键环节，需要制定全面、具体的标准，不断完善，以便能够适应不断变化的安全生产环境，从而确保安全生产工作能够得到有效的开展。

总之，《安全生产法》《消防法》等法律法规和标准规范的实施，对于危化品企业专职消防队伍建设提出了更高的要求。在实践中，企业需要根据自身的特点、风险暴露程度和管理要求，结合自身的情况，制定相应的安全生产管理体系。这个体系不仅应考虑现实的风险控制和特点定位，还要为企业的正常生产运营提供可执行的指南。只有通过科学的管理方法，才能提高企业的安全管理水平，促进消防队伍的建设和管理工作的顺利开展。

综上所述，专职消防队伍的安全文化建设是危化品企业安全管理的必须环节。只有加强安全教育培训、建立完善的安全管理制度、将安全生产管理纳入公司全面质量管理体系中、开展各种形式的安全宣传活动，才能形成企业安全管理良性循环的局面。

5 危化品企业专职消防队伍建设存在的问题和对策

5.1 人员不足问题

在危化品企业专职消防队伍建设中，人员不足一直是存在的问题之一。当前，许多企业的消防队伍人员明显不足或经验不足，导致在消防安全管理中存在很大的隐患。

首先，人员不足会严重影响消防队伍的响应和处置能力。在实际工作中，消防队伍需要快速响应事故并进行现场处置，这需要队伍中有足够的人手来完成。但如果人员不足，队伍的响应能力显然就会大打折扣，从而在事故处理过程中可能会出现失误或延误，增加事故的风险。

其次，人员经验不足会影响对危险品的掌控能力。消防队伍是危险品企业的重要安全保障力量，其主要职责之一就是应对危险品泄漏、事故等突发事件。然而，如果队员人数不够，那么队员在应对事故时，就难以全面了解事故的情况以及危化品的性质，很难进行有效的应对。

针对人员不足问题，可以采取多措并举的方法来加以解决。首先，可以通过完善消防队伍的收编政策，吸引更多消防专业人才加入。其次，通过加强综合培训，提高队员们的综合素质和实战能力，提升整个消防队伍的整体应对能力和队伍凝聚力。

总之，在危化品企业专职消防队伍建设中，人员的问题应被重视。只有加强人员招募和培训，提高队员们的综合素质和实战能力，才能够真正增强专职消防队伍的应对能力，更好地维护企业的生产安全。

5.2 岗位职责不清晰问题

在危化品企业专职消防队伍建设中，岗位职责不清晰是一大问题。这主要体现在消防队员的职责和岗位没有很好地划分和明确，从而导致工作效率低下，甚至发生事故。针对这个问题，可以采取以下对策：

5.2.1 加强内部管理

在消防队伍内部，需要制定详细的工作流程和职责分工，并定期进行培训和讲解，让每个消防队员都能明白自己的岗位职责，以便更好地完成任务。

5.2.2 强化沟通交流

危化品企业专职消防队伍需要与其他部门、单位进行沟通交流，以充分了解企业的工作情况和需要。同时，要建立良好的信息反馈机制，及时处理来自其他部门和消防员的反馈意见和建议，避免因信息不畅通而导致的工作混乱和不顺畅。

5.2.3 定期进行练兵备战

危化品企业专职消防队伍要定期进行消防演练和应急演练，提高队员的应对能力和实际执行能力。通过不断练习，让消防队员形成快速反应和有序协作的能力，提高应对突发事件的综合素质。

5.2.4 加强学习和提高专业技能

消防员需要不断学习新知识，提高专业技能。危化品企业专职消防队伍应定期开展培训，让队员了解新的安全规定、消防技术和应急处理知识，掌握实战技能，增强应变能力，更好地应对突发事件。

通过以上的对策，可以有效地解决危化品企业专职消防队伍岗位职责不清晰的问题，提高队员的工作效率和应急处置能力。

5.3 装备和设施不足问题

危化品企业专职消防队伍装备和设施不足问题对于消防队伍的建设产生了不可忽视的影响。目前，许多企业在消防设备的购置上较为被动，往往只是按照政府相关规定购置一些基本设备，很难从根本上解决消防安全的问题。

此外，当面临火灾等突发情况时，缺少先进的消防装备也会导致消防队伍的有效响应和处置能力受到限制。在消防车辆方面，许多企业消防车功能较为基础，不能有效满足消防队伍进行快速救援的需求。

为了解决装备和设施不足问题，企业应当积极备足各类企业安全风险处置对应的消防应急物资，提高应对各类突发情况的应急能力。此外，必须完善企业内部的消防安全制度，定期进行安全演练和消防培训，提高消防队员的操作技能和应急处置能力。

6 总结与展望

6.1 专职消防队伍建设的成效与经验

本章节主要对危化品企业专职消防队伍建设的成效与经验进行总结和分析，并探讨未来的发展趋势和建设方向。专职消防队伍建设是危化品企业的一项重要任务，其建设对企业安全生产和提高消防应急能力具有重要作用。

6.1.1 建设成效与经验

危化品企业专职消防队伍建设主要包括队伍建设、装备配备、消防培训等方面。在队伍建设方面，危化品企业通过引进高素质消防人才、定期组织消防演练、加强队伍管理等措施，提高了专职消防队伍的整体素质和应对突发事件的能力。在装备配备方面，危化品企业根据自身特点和风险等级，配备适当的消防设备和器材，确保消防设施、设备的完好性和有效性。

6.1.2 未来发展趋势和建设方向

随着我国经济的快速发展和危化品企业数量的不断增多，危化品企业专职消防队伍建设的难度和风险也在不断增加。在未来的发展中，危化品企业应该进一步加强队伍科学建设，提高消防队伍的应急处置能力和实战能力，加强消防培训和企业风险知识普及。同时，危化品企业还应加强与相关消防机构和部门的合作和交流，建立健全的应对突发事件的协调机制和联动机制。

6.2 未来发展趋势和建设方向

随着危化品企业的不断发展，企业安全问题日益凸显，特别是与危险化学品工作有关的安全问题更是重中之重。因此，危化品企业专职消防队伍建设亟待加强，但未来的发展方向究竟是什么，企业安全领域又将面临哪些新的挑战呢？

首先，未来的发展趋势将更加强调消防队伍的应急处置和应对能力。在工业化发展和城市建设过程中，危险源是实时存在的，这就需要消防队伍具备高效处置突发事件的能力。

其次，消防队伍建设需要适应化学品生产和储存的新情况，随着新型化学品的涌现，消防队伍的装备和人员素质也需要相应得提升。化学品储存一旦出现问题，火灾随时可能发生，如果消防队伍无法快速作出反应，后果将不堪设想。因此，消防队伍不仅需要有全面的专业知识，还需要不断完善和更新装备和技术。

最后，危化品企业专职消防队伍建设还需要加强行业标准的制定和落实。目前，危险化学品专业标准存在的通用性，这就导致了很多企业按照自己的标准来建设消防队伍，无法有效达到行业实际要求，导致消防队伍建设水平参差不齐。因此，需要政府相关部门和相关行业加强组织标准的制定和管理，并监督企业按标准落实消防队伍建设。

总之，危化品企业专职消防队伍建设是企业安全管理的重中之重，未来消防队伍需适应不断发展的新形势，注重应急处置和应对能力的提升，更新和升级装备和技术，以及加强行业标准的制定和落实。这样才能更好地保护企业和人民的生命财产安全。

参 考 文 献

[1] 陈硕. 加强危化品企业专职应急救援队伍建设探讨[J]. 现代职业安全，2019：76-77.

[2] 周健. 企业专职消防队伍建设的思考[J]. 消防界(电子版)，2022：3.

[3] 许栓牢. 危化企业消防监督管理若干问题探讨[J]. 科技资讯，2017：155-156.

[4] 贺跃. 危化品企业消防监管现状解析[J]. 中国安全生产，2015：42-43.

[5] 陈硕(文/图). 加强危化品企业专职应急救援队伍建设探讨[J]. 现代职业安全，2019：2.

[6] 包冬冬. 加强企业专职消防队伍建设[J]. 劳动保护，2019：79-81.

[7] 杨文俊. 危化品事故消防应急救援要点分析[J]. 广东化工，2021：2.

[8] 张春艳[1]，茆文革[1]，孙佳佳[1]. 大型危化企业专职应急救援队伍能力建设探讨[J]. 工业安全与环保，2021：5.

[9] 史杰. 危险化学品生产企业专职综合应急救援队伍建设探讨与建议[J]. 中国化工贸易，2021：3(33-35).

[10] 闫玉斌. 新形势下加强石化企业专职消防队伍建设的实践与探索[J]. 警戒线，2021：2(70，72).

[11] 俞翔. 危化企业消防监督管理若干问题探讨[J]. 消防科学与技术，2015：134-136.

【作者简介】余思源，男，本科，现就职于中海石油气电集团有限责任公司控股子公司中海浙江宁波液化天然气有限公司，从事 LNG 接收站安全生产管理、企业专职消防队管理、消防安全管理、应急事故管理工作。电话：18888616909。

从炼化企业火灾危险性谈消防管理认识

贾　昆

[中石油云南石化有限公司消防支队(保卫部)]

摘　要：“预防为主、防消结合”，顾名思义，防在前，就是做好事前预防，将消防隐患消灭在萌芽姿态，特别是新建项目，从把好消防设计、施工源头，努力做到消防本质安全，生产经营期间，有效发挥消防专业部门、属地、维保三位一体的日常管理、监督与检查，再将防火与灭火工作有机结合，从而达到减少火灾事故发生和一旦发生火灾能快速、有效地处置，减少火灾事故造成人员的伤害及财产损失。

关键词：炼化企业；火灾危险性；消防管理

随着炼化企业产能不断扩大，火灾事故及各种突发事件也随之逐渐增加，火灾爆炸事故处置难度逐渐加大，各种潜在的风险已经制约各级消防部门顺利、出色地完成任务，对消防员生命安全也构成了严重威胁，为了避免和减少消防人员伤亡事故的发生，高效、安全地完成灭火救援任务，遵循我国的消防工作方针，结合炼油企业特点，分析如何将防火与灭火工作有机结合，从而达到减少火灾事故的发生和一旦发生火灾能快速、有效地处置，减少火灾事故造成对人员的伤害及财产损失。

1　石油炼化和危化品储存企业火灾事故典型案例

(1) 2010 年 7 月 16 日 18 时 12 分，大连市大孤山新港码头保税区油库输油管线因爆裂引发爆炸起火，全市所有高喷车、大功率泡沫车、重型水罐车、战勤保障编队总共 128 台，其中包括 4 个企业专职队的 57 台作战车辆，经过 15h 的奋战，成功将火势扑灭；该事故造成了一名作业人员轻伤，一名失踪，一名消防战士牺牲，一名重伤，损失严重影响巨大，并造成海洋污染。

(2) 2015 年 8 月 12 日 23 时 30 分左右，位于天津市滨海新区天津港的瑞海公司危险品仓库发生火灾爆炸事故，造成 165 人遇难(其中参与救援处置的公安现役消防人员 24 人、天津港消防人员 75 人、公安民警 11 人，事故企业、周边企业员工和居民 55 人)、8 人失踪，798 人受伤，304 幢建筑物、12428 辆商品汽车、7533 个集装箱受损。

(3) 2015 年 4 月 6 日 19 时 03 分，厦门腾龙芳烃吸附分离装置发生爆炸，造成装置西侧中间罐区 607、608 号重石脑油储罐和 610 号轻重整液罐破裂发生猛烈燃烧。参与此次火灾扑救的包括漳州支队厦门、龙岩、泉州、福州等九个地市消防支队和企业专职队共计 225 辆消防车 1000 余名消防指战员。

2　石油炼化企业的生产加工特点与火灾危险性的关系

目前石油炼化装置工艺特点主要体现在以下几个方面：一是装置规模普遍大型化，从以前的一次炼油加工能力 500×10^4t/a 普遍提高至现在 1000×10^4t/a、2000×10^4t/a，配套乙烯装置生产能力 100×10^4t/a 以上，可以看出，随着产能不断扩大，单套生产装置能力和配套的原料产品储存罐区、动力系统、铁路、管道、陆路运输能力提高，这都极大地增加了厂内危化品的总量；二是一些老企业在改、扩建项目中，为了扩大产能规模，打擦边球，紧靠设计规范底线，在原有的装置区、罐区占地面积基础上增加设备，又是造成危险介质容积总量增加的原因之一，同时也加大的装置火灾危险性和消防处置难度；三是为了达到节能、节地、扩能目的，目前装置区、罐区基本都采取工艺联合布置，装置、罐区布局紧密，一旦生产出现异常或某个单元发生事故，往往会造成泄漏、着火、爆炸等一系列连锁反应；四是生产连续性强，生产工艺参数控制要求更高，工艺、技术更加先进，例如笔者所在企业，采用了常减压蒸馏+渣油加氢+重油催化裂化+加氢裂化为核心的生产工艺，主要产品汽油、航空煤油、柴油生产装置全部采取加氢，装置与装置、单元与单元之间供料均为热供料和直供料方式，灾害处置控制难度加大，一旦处置不当有可能造成灾情失控；五是生产装置高度密集，设备、塔器、容器、工艺管线多，阀门多，生产一般都要经过物理变化和化学反应，不仅工艺复杂而且有些反应剧烈，且生产所用的原料，中间产品、助剂、催化剂、引发剂甚至产品都具有易燃、易爆、剧毒、腐蚀或遇水、空气燃烧、爆炸的特性，一旦操作条件发生重大变化、工艺受到干扰，或因人为原因造成误操作，潜在的危险就会发展成为火灾爆炸事故，所以石油化工生产比其他工业具有更特殊的潜在危险性，经常因处理不当而发生火灾或爆炸事故，造成一定的人员、财产损失且社会影响巨大。

以炼化生产工艺中常减压一套装置为例，进行火灾危险部位分析，(其他装置可供参考)，其火灾危险点有以下几个部位：

(1) 炉区。包括常压炉、减压炉。这个区域属于高温、明火区，常压炉的加热介质为初馏塔底油，减压炉的主要介质为常压重油。常压炉和减压炉采用明火对炉管内介质进行加热，生产中若炉管破裂，会引起漏油着火。其二，常压炉和减压炉的出口转油线因高温油气内含有硫、环烷酸等杂质，易被腐蚀冲刷，导致管线减薄穿孔而引起火灾。其三，加热炉燃料为燃料油或天然气，如果在开停工过程中违反操作规程操作失误，会发生炉膛爆炸。

(2) 热油泵(高危介质泵)。常减压塔底泵的介质分别是 350~360℃ 的常压塔底油和 380~390℃ 的减压塔底油，其温度高于自燃点，油泵高速运转时，常会出现以下几种现象而立即自燃起火，发生大面积火灾事故，这也是该装置较常发生火灾事故的部位。

① 泵密封泄漏；

② 加工过程中生产的酸性硫化物具有较强腐蚀性，泵出口管线易发生腐蚀穿孔、减薄，甚至破裂；

③ 法兰垫片损坏漏油；

④ 泵放空阀未关或内漏，热油喷出；

⑤ 冷却水长时间中断；

⑥ 泵的润滑油系统故障，发生抱轴。

(3) 塔区。两塔的火灾危险性主要存在塔顶油气挥发线和冷凝系统，该系统容易发生腐蚀穿孔，造成漏油起火。另外减压塔在停工退料时，要注意硫化亚铁自燃引起的火灾，现在一个装置生产检修周期大多在 4~5 年，部分设备管道会积有硫化亚铁，遇空气会发生自燃，因此退料后在打开人孔之前要进行水冲洗，并且开人孔后也要定时喷淋水，保持湿润，防止硫化亚铁与空气发生氧化自燃。

(4) 换热区。包括塔顶冷凝系统以及其他换热设备。换热系统操作温度较高，换热器的封头、连接法兰垫片损坏或操作压力升高而漏油着火也很常见。

由此可见，装置火灾危险性的具体表现形式如下：

2.1 爆炸危险性大

爆炸是石化火灾的一个显著特点，无论哪种爆炸都会使建筑结构倒塌，人员伤亡，管线设备移位破裂，物料喷洒流淌，使火场情况更为复杂，给扑救火灾带来很大的困难。火场上发生爆炸的原因主要有：

(1) 可燃气体或易燃可燃液体经管道设备跑冒渗漏，与空气形成爆炸性混合物。

(2) 高温高压设备在超温超压下运行，或设备、容器长时间受高温或火焰的直接作用。

(3) 负压设备损坏或密封不严，吸入空气。

(4) 灭火方法不当。如在没有切断气源的情况下盲目灭火。

2.2 燃烧面积大

液体具有良好的流动特性，当其从设备内泄放时，便会四处流淌。

爆炸性物料和反应设备爆炸时的火灾，能造成大面积火灾。流淌式火灾火势蔓延快，如不能及时控制，则极易造成大面积燃烧和燃烧中的设备爆炸事故。

2.3 易形成立体火灾

由于生产装置内存有易流淌扩散的易燃易爆介质，且生产设备高大密集呈立体布置，框架结构孔洞较多，且大多为露天布置。在火灾条件下，泄漏的液体物料携火焰自上向下流淌蔓延，挥发的可燃液体蒸汽自下向上升腾。所以，一旦初期火灾控制不力，就会使火势上下左右迅速扩展，极易形成立体火灾。同时一般钢结构在没有耐火保护的状态下，当燃烧温度在450~650℃温度下15min左右就会失去承重能力，导致框架坍塌，若火灾发展到猛烈燃烧阶段，火势发展迅速，各种潜在风险均有可能发生。

2.4 燃烧蔓延速度快、火场温度高

炼化装置发生火灾后，燃烧速度快，蔓延迅速。造成这一特点的原因，一是装置发生爆炸，在可能的范围内形成高温燃烧区，火势迅速向各个方向蔓延波及，甚至再次引起爆炸，进一步形成更大面积的燃烧。

二是石化物料热值大，燃烧后产生的热辐射，迅速加热周围毗连的容器设备，致使相邻容器管道内的物料迅速增压、挥发或分解，为火势扩大创造了条件。

三是物料的流淌扩散性，特别是可燃气体的扩散，增加了火势瞬间扩大的危险性；加之立体火灾的形式。所以，石化火灾在很短的时间内能波及相当大的燃烧范围，发热量大，燃烧蔓延速度快。

2.5 灭火作战难度大，需要的消防力量多

炼化装置火灾与爆炸的特点、火场形式决定了其火灾扑救难度和消防力量的消耗。一是火灾有毒性物质的扩散和腐蚀性物质的喷溅流淌，严重影响灭火战斗行动，给火灾扑救带来很大困难，从而降低了灭火的时效性；二是火场存在的爆炸危险，也会妨碍常规灭火战斗的实施；三是由于设备装置高大，一般水枪难以发挥其灭火效能；四是塔罐林立，管道纵横，空间狭窄，难以选择安全的作战阵地。炼化火灾如果在初期得不到控制，则多以大火场的形式出现或大面积火灾，或立体火灾，或多火点火灾，而且火势发展迅速猛烈，爆炸危险极大，给现场的火灾扑救及人员的安全防护带来了巨大挑战。因此，只有调集较多的灭火力量，才有可能控制发展迅猛的火势。

3 防消结合

通过上述综合分析得出，如果在火灾发生初期或未发生前做好预防，加强预警，现场志愿消防人员能够第一时间发现并利用固定消防设施进行有效的初期处置，那么灾害的损失和处置难度将会大大降低，从防火管理和灭火角度来看，笔者认为，企业消防安全管理的实质，“防”是重点，“消”是应急，对于“防消结合”的具体表现，有以下几个方面：

(1) 在项目设计阶段，装置平面布置是关键，不可一味地只是满足设计规范即可，可以根据火灾危险性适当提高标准、耐火等级及增加相应的防护措施，这是有效阻止火势蔓延最根本的途径，可以减少燃烧部位产生的辐射热对毗邻装置单元及储罐的威胁，减少火场用水量，同时可以减小火灾爆炸对重要设施的影响；

(2) 按照现行设计规范、标准，其中对消防道路的规范要求以及设计理念相对略显滞后，现如今消防装备已向大型化、重型化发展，这就要求被救援部位的消防道路对应的宽度和净空高度，不仅要满足车辆通行要求，还要能够满足现场灭火抢险救援车辆和特殊装备的作业空间，这样才能发挥出技术装备的优势。

(3) 可燃气体压缩机、输送介质超过其自燃点的泵是重点关注的部位，也是发生火灾时重点保护部位，其火灾危险性较大，一旦发生泄漏极易引起着火和爆炸，对现场处置带来极大风险，因此相对应的平面布置、起火后对上方物料管线影响所采取的防火措施、火焰探测、工业监视、可燃气体探测、消防蒸汽及消防炮灭火系统的设置，为此类火灾或作为重要保护对象时提供了消防操作的多种选择；

(4) 一般钢结构在没有耐火保护的状态下，当燃烧温度在 450~650℃ 温度下 15min 左右就会失去承重能力，导致框架坍塌，管线撕裂造成物料泄漏引起火势扩大。所以钢结构耐火保护尤为重要，如耐火保护未按要求施工涂刷或防火涂料不能满足设计要求，火灾状态下钢结构提前失去强度，造成框架坍塌，极易造成大的次生灾害或前沿参战人员的伤亡，因此防火涂料的选择和施工，也将成为灭火战斗成败的关键因素；

(5) 消防系统水源稳定和消防用水量的合理使用，是保障火场不间断供水及前沿参战人员安全的基本保障，同时也是灭火战斗最基本的必要条件之一，因此消防水池、水泵、水管网等消防水系统的日常管理和运行水平，是决定灭火战斗成功与否的关键环节；

(6) 现场消防设施日常是否管理维护到位、完整好用并有效投入运行，对可燃气体的泄漏、介质温度、烟气浓度等能否进行有效探测，实现早期发现和预警，同时泡沫灭火、水喷淋(雾)、气体灭火系统等可以进行远程控制或与报警系统联动，在消防队伍到达之前可采取相应处置措施，对初起火灾进行扑救和冷却保护，也可大大减少参与处置人员的数量。

(7) 防雷、静电接地、超温、超压、高低液位报警、紧急放空、切阀断料等连锁控制及工艺防火中的安全阀设置等均为火灾的预防和扑救手段，要求工艺处置应急响应要及时，现场专业技术人员能对火灾情况进行判断，根据情况及时采取工艺处置措施。

4 炼化企业防火工作重点

企业的防火安全工作应从以下几方面入手，最大限度减少火灾爆炸事故的发生，如果一旦发生也可以将事故危害降到最低。

(1) 严格执行消防法律、法规，及时提请当地消防行政许可部门对新、改、扩建工程进行消防设计审核及验收；

(2) 加强企业消防安全管理，完善企业消防安全管理制度，从设计、施工、验收等各个环节入手，抓好消防本质安全是关键，将消防隐患消灭在萌芽状态；

(3) 严格执行消防设施市场认证制度，采购符合国家标准的消防设施，确保消防设施、设备、器材能够随时投入使用；

(4) 严格落实属地消防管理职责，以消防户籍化管理为载体，公开消防信息，搭建本单位消防管理数据化平台，为消防管理提供及时准确的数据信息；

(5) 消防专业管理部门坚持执行每日防火巡查制度，监督基层单位建立消防检查记录和隐患整改台账，形成火险隐患上报、整改机制，对发现的火险隐患限定整改时间，跟踪落实复查，做到闭环管理；

(6) 完善消防设施、器材的维护、保养制度，对消防设施定期进行检测、全项测试，特别是火灾自动报警系统、泡沫灭火系统、水喷(淋)雾灭火系统等应能保证全部完整好用；

(7) 组织建立员工志愿消防队伍，定期进行灭火和应急疏散预案演练，提高志愿消防队伍有效处置初期火灾的能力；

(8) 完善现场应急处置预案，建立应急工艺处置专家人员名单，保障现场工艺处置时机合理、有效；

(9) 建立完善企业重点部位消防档案，并按照实际修订，为事故现场的处置提供第一手资料；

(10) 完善地企联动和区域联防预案，建立健全应急响应机制，为火场指挥的决策提供相应的参谋意见。

浅谈中国海油海上溢油处置能力建设现状及面临的挑战

李　杨　吴　亮　尹建国　孙寿伟　郭鸿飞

[中海石油环保服务(天津)有限公司]

中国海油集团有限公司是我国最大的海上油气生产运营商，随着中国海油七年行动计划继续向纵深发展，中国海油在中国近海油气区开展的生产作业活动日益增加，海上油气的生产开发是一项高风险、高投入、高回报的作业，伴随着海上油气开采活动的日益增加，发生油气泄漏造成溢油事故的风险也在不断升高，中国海油集团有限公司高度重视海上溢油处置能力的建设，除海上原油生产设施配备溢油应急资源以外，在对应海域相邻近的陆地建立了陆基溢油应急基地，配备了适用于不同工况的溢油处置设备，以应对可能出现的海上溢油事故。

1　中国海油海上溢油处置能力现状

自1982年成立以来，中国海油历经40余年的建设与发展，在国内建设成了渤海、东海、南海东部、南海西部四大油气产区。我国海上石油资源主要分布于渤海、珠江口、北部湾三个盆地，天然气资源主要集中于东海、珠江口、莺歌海、琼东南四个盆地。海上油气开发是一项高风险作业，近年来与海上油气生产储运相关的溢油事故时有发生，如2010年美国墨西哥湾发生的"深水地平线号"钻井平台溢油事故，2011年美国康菲公司蓬莱油田溢油事故。为有效应对海上油气生产设施可能出现的溢油事故，中国海油根据国家法律法规和不同海上油气生产设施的作业特点，为海上生产设施配备了溢油应急设备和专业溢油应急环保船。除海上油气生产设施配备的溢油设备以外，中国海油在对应的不同海区建立了陆基溢油应急响应基地。

1.1　海上油气生产设施应急处置能力

海上溢油的处置具备一定时效性，研究表明，受风浪流等海况环境的影响，溢油过程中会出现不同程度的风化现象，从而导致溢油的物化性质发生显著变化，进而影响处置效果。中国海油海上油气生产设施多以多个海上平台组成油田群的形式进行油气的开采与储运，以位于渤海中部的P油田群为例。P油田群共有14座海上油气生产设施，其中井口平台12座，中心平台和与中心平台功能一致的海上石油设施两座，分别为CEPB中心平台和海上浮式生产储油轮FPSO，12座海上平台生产的油气物流通过海底管道先后输送至中心平台和FPSO进行脱水处理，随后在FPSO储存并外输销售。根据P油田群各平台的生产方式和溢油风险，作业者分别在中心平台和FPSO配备了两套溢油应急设备(图1)，溢油应急设备种类包括：1500型充气式橡胶围油栏800m，适用于本油田油品的多功能撇油器2套，溢油分散剂喷洒装置2套，高压清洗机2套，溢油吸附毛毡适量，溢油分散剂适量。

P油田群中心平台配备的溢油应急设备可在短时间内覆盖本油田群任一海上平台，所配备溢油应急设备可满足海上平台一般溢油污染环境事件等级(1t 溢油)以下的溢油事故的处置。除满足本油田溢油事故处置以外，P 油田所配备溢油应急设备还可对周边海上油气田进行溢油应急响应。此种方式既针对海上油气田现场可能出现的溢油事故及时应对，又可对周边油田进行防控。

1.2 多功能溢油应急环保船(图 2)

多功能溢油应急环保船作是海上石油勘探开发过程中处置溢油事故的专用船舶，具有海面溢油油膜探测、溢油回收、油污消除及对外消防等作业能力，兼具海上物料运输功能。与围油栏撇油器等一般围控收油设备需要一段时间调运和布放不同，溢油应急环保船机动性强，得到溢油应急指令后可迅速前往事发地点，无需设备调运和布放，可迅速进行溢油回收和消散作业，且操作安全风险低，不易造成操作人员受伤，溢油环保船的溢油处置效率较高。

图 1 某海上平台溢油应急设备维保

图 2 多功能溢油应急环保船 A

以南海区域环保船 A 为例：环保船 A 配置了该船配置了挪威 Nortek 公司 SEA DarQ 溢油监测雷达，有效监测距离达 2020m，可 24h 进行监测，溢油回收系统为舷侧内置式收油系统，回收能力为 $2\times100m^3/h$，最大扫油宽度约 40m，适应风浪能力强。同时还配备消油剂喷洒装置，消油剂喷洒能力为 $15m^3/h$。为更适应南海区域风浪环境，该船配备了 DP-2 级动力定位功能，可提高环保船应对深海风浪的能力。环保船内配置了溢油回收分析室，可对溢油油品进行化验，用以支持溢油应急策略的制定。

1.3 沿岸陆基溢油应急基地

海上油气田群配备的溢油应急设备及溢油应急环保船可有效对一般海上溢油事故进行及时应急处置，降低溢油的扩散速度，但受限于海上平台的储物空间限制，海上平台无法储存大型溢油应急处置设备，一旦发生井喷、船舶碰撞、海管破裂等可能造成大规模溢油泄漏的事故时，海上平台和溢油应急环保船等常规应急力量将不足以应对溢油险情。因而需要在主要油气生产海域沿岸设置陆基溢油应急基地以应对可能出现的大规模等级溢油事故。中国海油结合各海域主要油气生产设施溢油风险、溢油应急资源调运时间等因素，分别在天津塘沽、广东惠州和广西北海市属涠洲岛建设 3 座溢油应急中心基地，中心基地以应对渤海海域、南海东部海域、南海西部海域海上油气田可能出现的大型溢油事故。各沿岸陆基溢油应急基地配备了不同类型的特种溢油应急设备。

2 中国海油海上溢油处置面临的主要挑战

随着我国海上油气勘探开发强度和范围日益增大，生产设施所处海洋环境与以往开发油田有所不同，特殊性质油品产量增大，特殊地点溢油和特殊油品泄漏处置相较于常规溢油处置难度急剧增大，这些都给海上溢油处置带来较大的影响和挑战。因而需未雨绸缪，对可能出现的复杂事故充分考虑，有效应对。

图3　深海一号进行外输作业

2.1　超深水域溢油处置

2014年，中国海油在南海北部琼东南盆地实施勘探钻井作业，发现了中国首个自营深水千亿方大型气田——陵水17-2气田。陵水17-2气田采用我国首个十万吨级深水半潜式生产储油平台“深海一号”进行天然气凝析油的开采与储存。见图3。

陵水17-2气田由一座半潜式产气储油平台及水下生产系统组成，作业水深1500m左右，水下生产系统各生产井采出的天然气凝析油输送至临近管汇橇，随后油气通过SCR立管输送至“深海一号”进行油气水分离。水下生产系统所处水域较深，目前国内外尚无水下生产系统故障维修的案例，一旦发生泄漏，极难短时间内调动有关应急资源进行抢修堵漏，目前国内专业性较强的海油工程公司在50m以内的浅海域海底管道抢修领域建立有完备的技术和装备体系，可借助饱和潜水技术应对300m以内的浅海域海底管道抢修作业，但是，该公司与国外工程公司相比存在很大差距，没有掌握深水海底管道修复技术，而国外的专业公司已可实现2000m水深下的海底管道修复。

因而由海底管道及立管引起的溢油事故溢油源切断较为困难，可能导致溢油长时间持续泄漏。

2.2　凝析油的泄漏处置

我国南海油气资源丰富，是未来我国能源的重要接替区，莺歌海盆地和琼东南盆地是我国天然气主产海域。凝析油是天然气开采的伴生产物，具有重要的经济价值，在以往的天然气田开采实践中，凝析油往往作为少量伴生产物由海管直接输送至陆地终端进行分离储存销售，因而与常规原油相比，海上气田出现凝析油大规模泄漏的风险较小，但随着陵水17-2气田的建设，天然气凝析油开发平台深海一号创新地采用了储油大舱存储凝析油的生产方式，凝析油引发大规模泄漏的风险越来越难以忽视。

凝析油相较于常规原油物理化学性质较为活泼，具有较高的挥发性和易燃易爆性，凝析油发生泄漏带来的安全风险较常规原油更大，如：2018年长江口以东，巴拿马籍油轮“桑吉”与香港籍散货船“长峰水晶”轮碰撞事故，1988年英国北海海域帕玻尔·阿尔法（Piper Alpha）平台发生爆炸事故，均引发了较大的人员伤亡和环境损失。凝析油的泄漏处置从全球范围来看，除“桑吉”轮事件外，目前罕有单一的海上凝析油泄漏事故，大多为不同组分的原油（包括轻质油、中油、重油和下沉油等）混合泄漏。这间接导致人们对于凝析油泄漏危害及影响程度认知不足，在复杂海况下安全处置凝析油泄漏的手段和设备亟待探索。

2.3　高黏度溢油的泄漏处置

近年来我国新开发的部分海上油田出产油品达到了稠油或超稠油的水平，如我国辽东湾海域某海上油田出产油品黏度达到了74462mPa·s，超过GB/T 31971.3—2015《船舶与海上技术海上环境保护撇油器性能实验　第3部分：高粘度油》规定的9级原油——沥青的黏度。常规原油泄漏于海面后，受风、浪、流、光照、环境条件和生物活动等因素的影响，原油物理性质和化学性质会随时间发生变化。其间，溢油会发生蒸发、溶解、乳化、吸附沉淀、光氧化和生物降解等，随着时间的推移，海面溢油风化后，油品黏度将会增大。

渤海油田的原油黏度普遍较高，尤其是冬季气温低，更增加其黏度。一旦稠油海上油田发生溢油或围控区溢油乳化黏度升高，常规的亲油式撇油器和机械提升式撇油器在作业时，受设备作业半径及人员安全因素等限制，稠油回收效率较低。

目前我国对于高黏度稠油泄漏处置特种设备开发相较于国外略有落后，稠油处置方法和处置策略尚缺少探讨，理论方法和专业设备亟待完善。

2.4 南海恶劣海况下的溢油处置

目前，我国的海上油气生产活动多集中于南海北部的浅水区域，如珠江口盆地、琼东南盆地和莺歌海盆地。我国南海海域海况相较于其他海域更为恶劣，根据2022年南海区海洋灾害公报的统计，2022年南海区近海灾害性海浪(有效波高4.0m及以上)发生天数81天，平均小于5天发生一次。常规溢油围控设备如围油栏适用海况为4级及以下，在恶劣海况下，溢油更容易逃逸。撇油器设备较为沉重，动力模块、撇油模块、储油模块相互分离，在恶劣海况下处置溢油效率急剧下降；人员长期在恶劣海况下操作溢油应急设备安全风险极高。因而南海海域更应采用无人智能化设备回收溢油，目前行业内现存溢油回收设备智能化较低，对自航撇油器或自航溢油收油船的开发还处于探索阶段，仅提出了相关理论，尚未有国内外厂商生产。

3 结语

海上溢油是严重的海洋环境污染事故，事故危害大，持续时间长，长期在环境多变的海上处置溢油是一项高风险高强度的作业，本文结合中国海油油气开发前沿，对比分析当前中国海油海上溢油应急能力建设情况，对未来中国海油溢油应急的研发方向进行合理预测和展望，以期为中国海油海上安全生产提供参考和借鉴。

参考文献

[1] 谢玉洪. 中国海洋石油总公司油气勘探新进展及展望[J]. 中国石油勘探，2018，23(01)：26-35.

[2] 张庆范，安伟，赵建平等. 风化过程对溢油回收效率的影响[J]. 船海工程，2020，49(02)：75-79.

[3] 谢仁军，李中，刘书杰等. 南海陵水17-2深水气田开发钻完井工程方案研究与实践[J]. 中国海上油气，2022，34(02)：116-124.

[4] 汪智峰，叶永彪，林守强等. 南海深水半潜式生产平台限位与回接技术——以陵水17-2气田“深海一号”能源站为例[J]. 中国海上油气，2022，34(02)：180-187.

[5] 王喆. 深水海底管道应急救援系统建设方案分析[J]. 船舶与海洋工程，2019，35(06)：66-70.

[6] 谢玉洪. 南海北部自营深水天然气勘探重大突破及其启示[J]. 天然气工业，2014，34(10)：1-8.

[7] 李杨，孙寿伟，袁宇翔等. 防火围油栏和撇油器在海上井喷溢油处置中的适用性分析及展望[J]. 石油工业技术监督，2024，40(01)：47-52.

[8] 周铭浩，孙洪源，高博，等. 一种溢油回收无人船设计研究[J]. 中国水运(下半月)，2020(1)：3-4.

【作者简介】李杨，男，毕业于东北石油大学环境工程专业，本科，现就职于中海石油环保服务(天津)有限公司，研究方向为海上平台溢油事故风险评估与防控，海上及内河水域溢油回收技术。邮箱：liyang95@ cnooc. com. cn。

浅谈如何进一步做好消防装备管理工作

王侃雨

（中海浙江宁波液化天然气有限公司）

摘　要：本文介绍消防装备的作用，找出消防装备管理存在的日常保养不到位、装备人才欠缺和配件储备不足等问题，提出了做好消防装备管理工作的措施和建议，对于消防装备的管理工作具有较强的借鉴意义。

关键词：消防安全；消防装备；重要性

1　引言

随着我国经济的持续发展和现代化城市的建设，现代化城市的规模在不断扩大，火灾和各类灾害也不断发生，而消防工作能够有效降低各类火灾事故的损失。尤其在消防救援队伍改制后，“全灾种、大应急”的理念意味着消防队伍要面对的火灾和险情逐渐增多，救援难度和救援复杂性也越来越大，这就要求我们不断提高消防管理水平。在消防救援中消防装备的有效使用直接关系到人民生命财产，其作用日益凸显，这对消防装备的现代化管理提出了巨大的挑战。

2　消防装备简介

2.1　消防装备的作用

消防装备是为了确保消防员的生命安全和处理各类事故灾害的效率，是消防员最重要的武器。消防装备应具有防火、阻燃、隔热、防毒等功能，适用于火灾扑救和抢险救援工作。

随着科技的发展，消防装备也在不断改革创新。现代消防装备科技含量较高，在不同环境下、不同地理条件中，都能实施火场救火行动，其灭火能力远远高于传统装备，并且实用性稳定性较强，在当今的消防事业中有着极大的优势。

2.2　消防装备的分类

消防装备主要分为防护装备、抢险救援装备及灭火器材三大类。

防护装备一般是指消防员灭火防护服、隔热服、避火服、头盔、防护镜等。其主要作用是使消防人员避免受到高温、有毒物质及其他有害环境的伤害，能够更好地实施救援，同时也可以自保。

抢险救援装备除了各类消防车，还包括救援工具，如扒钩、破拆器、剪刀、锤子、电锯等，用于破拆、切割、救援等；通信设备，如对讲机、卫星电话、应急通信车等，用于与外界联系、协调救援等；救护设备，如急救包、担架、呼吸器、除颤器等，用于救治受伤、病患等；防护装备，如头盔、防护服、防毒面具等，用于保护救援人员的生命安全；交通运输工具，如直升机、救护车、快艇等，用于快速转移伤员、物资等。

灭火器材主要包括有手提式灭火器、灭火毯、消防栓系统、破拆工具、消防水炮、消防水带等，主要用于扑灭和控制火灾，帮助从着火的区域中疏散人员，并保护财产不受进一步损害。

3 LNG 接收站消防装备

LNG 接收站作为危险化学品企业，也是重大危险源企业。LNG 接收站属于存放大量易燃易爆化学危险品的场所，一旦发生火灾或爆炸事故，会引起重大的人员伤亡和经济损失，严重时会危害自然生态环境。同时，由于危险化学品企业内存放着各种不同的危险化学品，导致此类的事故救援处置难度极高，对消防装备种类、数量以及性能等方面的依赖性较高，要严格遵守各类标准的要求配备各种消防设备。

LNG 接收站作为储存易燃易爆危险品的大型企业，除建设企业消防站，配备相应要求的消防车外，还应根据《危化企业消防站建设标准》的要求配备具备侦检、警戒、破拆、堵漏、输转等功能的消防装备和手抬机动泵、移动照明灯组等共计 100 个品种的应急救援装备。

各类品种的消防装备功能不同，维护和保养时间和方法也不尽相同，这就对消防装备的管理提出了很大的挑战。

4 消防装备管理中的问题

4.1 日常保养不到位

虽然接收站的企业消防站配备了大量的灭火救援设备，但是在日常应急救援工作中，对各类消防装备的需求不同，导致部分消防装备存在维护养护不到位的情况时有发生，从而导致在实战过程中可能发生各类故障，影响灭火救援工作的开展。另外，消防器材装备经过长期使用后，出现了不同程度的磨损、老化现象，这就要求我们做好后续的跟踪和管理，装备的维护和保养十分重要且非常必要，装备的保养会直接影响灭火救援的成败。

4.2 装备人才欠缺

随着消防装备的更新换代，越来越多的消防装备对人员素质的要求越来越高。因此，消防装备的人才队伍建设也是决定消防救援工作成效的关键因素。在接收站消防站建设的过程中，往往会不断提高消防装备的数量和品质，但却忽略了消防装备管理和操作人员的培养。

这样就会造成很多消防人员对相关的设备不了解，最终严重影响消防工作的顺利开展，不利于消防救援工作的进行。而且由于消防员不能及时掌握相关设备的使用技巧，所以在实际的使用过程中会盲目操作造成内部元件的损坏，大大缩短了使用的年限，影响了日常的消防救援工作。

4.3 配件储备不足

灭火救援工作的顺利开展，离不开成套保障装备的支持，消防车辆、消防水枪、消防水炮、个人防护等消防装备在各类实战中都会出现一定程度的损耗，但是这类器材的配件储备往往不充分，一旦消防装备出现故障，配件没办法短时间内补充或维修到位。从而影响了消防救援工作的开展。

5 消防设备管理思路及方法

5.1 强化装备日常保养

建立健全完善的消防装备的维护保养制度，制定日常维修、保养相关的要求，明确落实维护保养责任人员和职责，将消防装备的保养工作严格落实到实处。

同时根据消防装备的厂家要求，建立科学完善的维修保养计划，从而实现设备的全面管理，有效消除设备的故障，实现装置保养、维护机制常态化，并不断优化管理机制，同时依据装置的特点、性能不断完善养护计划，使设备在作业过程中充分发挥效能，保持灭火救援工作的高效性，实现消防救援工作水平的全面提升。同时要定期对消防装备进行性能检测，保证消防装备始终保持良好的性能。

5.2 构建专业人才队伍

人才是第一资源，消防装备的使用与人密不可分。因此，人才培养是消防装备管理重要的一部分，我们要建立科学完善的人才培养机制。在实际工作中，加大消防装备教育培训的力度，结合装备的操作及原理，将理论和实践相结合，从而提高培训效果。

另外，在培训过程中，还需要充分应用实际案例，让消防队员充分掌握使用方法。当开展业务培训时，应该高效利用社会技术资源，选取一系列技术培训方式，大幅提高消防队员灭火救援技能，并且可以将相关法律法规引入培训活动，从各个方面培训消防队员，确保消防队员中的装备操作使用人员懂得装备的基本性能，会检查、会维护保养，装备技师懂维修，会维护、会管理、会教学、会指导，从而组建现代人才队伍。

如今消防装备逐渐向高科技发展，因此在消防站建设过程中，要逐渐引入高素质高学历的专业人才。

5.3 加强消防装备全过程管控

在消防装备采购到位后，根据装备性能和特征制定消防装备档案，定期进行消防器材装备性能检测，保证消防装备始终保持良好性能状态。其次，针对部分消防装备维修周期长、费用过高等问题，消防救援部门必须在消防装备正常使用期间，提前与设备供应商或厂家保持联动，做好易损件的储备工作，以便装备发生故障后，可以第一时间进行维修。最后，在采办消防装备配件时，必须严格按照配件管理制度的要求，分门别类做好汇总、统计和分类工作，合理运用目录管理方式建立器材装备供应商管理体系，加强系统型建设，确保装备出现损坏后配件调运及时、维修工作及时、安装调试及时，做到动态化监督和管理。

5.4 采用现代化的管控手段

加强装备管理信息化建设，充分应用物联网技术，研发简便实用的装备管理系统等，不断创新，实现科技强化。针对灭火抢险救援中遇到的新情况、新问题，从实战需求出发，大胆改革创新，对现有装备进行科学优化整合，改善装备结构与性能，提升装备效能，在原有装备上催生新的战斗力增长点。通过装备革新活动，充分调动指战员的主动性、创造性，激发大家投身装备建设的热情，增进人和装备的结合度，提高人和装备的默契程度，进而大大提升装备的作战效能。

6 结语

消防装备是开展消防救援工作的基础，而综合素质与战斗能力突出的消防队伍则是确保消防装备充分发挥作用的关键。通过建立完善的管理制度，强化消防装备的日常保养和维护，构建专业的人才队伍，加强消防装备采购、使用等全过程管控，不断提升消防装备的管理水平。

参 考 文 献

[1] 陶钇希．基于新体制提升消防救援队伍战斗力研究[J]．消防界(电子版)，2020，6(11)：58-61.

[2] 张晓青，付宁．基于全寿命周期质量管理的消防装备采购流程优化设计[J]．消防技术与产品信息，2018，31(06)：76-79.

[3] 周云鹏，李莹滢．浅析建设物联网消防装备管理系统的重要意义[J]．物联网技术，2021，11(9)：3.

[4] 魏娟．物联网在消防装备管理中的应用分析[J]．消防界：电子版，2021，7(15)：2.

【作者简介】王侃雨，男，浙江宁波，中海石油气电集团有限责任公司控股子公司中海浙江宁波液化天然气有限公司，本科，从事 LNG 接收站安全生产管理工作。电话：18757464650，邮箱：wangky4@ cnooc. com. cn。

海上钻井平台火灾风险预防与灭火技术探讨

张 兵 乔俊福 孟令斌

(中石化胜利石油工程公司海洋钻井公司)

摘 要：随着海洋石油资源的深入开发，海上钻井平台的火灾风险防控问题日益受到关注。火灾作为海上钻井平台面临的主要安全风险之一，其防范和应对技术至关重要。本文基于《海洋石油安全管理细则》《气体灭火系统设计规范》(GB 50370—2005)等相关法规和标准，结合海上钻井平台的实际特点，对海上钻井平台火灾风险管控和灭火技术装备进行深入探讨，重点分析平台火灾风险管控、灭火技术、消防应急疏散演练和等方面内容，旨在提高海上钻井平台的安全性和应急救援能力。

关键词：海上钻井平台；火灾风险评估；火灾风险管控；灭火技术；消防应急疏散演练

1 引言

海上钻井平台作为海洋石油勘探开发的重要设施，其工作环境复杂、条件恶劣，一旦发生火灾，后果将不堪设想。因此，研究海上钻井平台火灾应用技术与装备以及消防管理，对于保障人员安全、减少财产损失、维护海洋环境具有重要意义。本文将从海上钻井平台的实际特点出发，结合相关法规和标准，对火灾风险预防与灭火技术等方面进行深入分析。

2 海上钻井平台火灾风险分析

(1) 风险评估

对海上自升式钻井平台进行全面的风险评估，识别潜在的火灾风险源，如油气泄漏、电气故障、机械摩擦等。海上钻井平台由于其特殊的工作环境和构造，面临着较高的火灾风险。海上施工环境特殊，生产、生活区域狭窄集中，平台建筑结构复杂，电缆密布，平台上的设备多为高温、高压、易燃易爆的石油钻采设备，一旦发生泄漏或操作不当，且钻井作业过程中极易产生油气等危险源，极易造成恶性火灾事故。此外，海上环境恶劣，外部救援受气象、海况、交通等因素影响极大，风力、海浪等因素都会对灭火和救援工作造成极大的困难，具有救援速度缓慢、方式单一、不宜对内部施救等海上火灾共性特点。因此，针对海上钻井平台的火灾风险，必须采取有效的防范和应对措施。

(2) 风险预防

根据风险评估结果，建立每条平台的消防评估表(表 1)，制定针对性的预防措施，我们把风险管控措施细分到以下几个方面：工程技术措施、消防管理措施、培训教育措施、个体防护措施、应急处置措施。结合以上预防措施，落实风险管控措施和应急响应，能有效降低海上钻井平台的火灾风险。

表 1　海洋钻井公司海上消防评估表

评估范围	新胜利二号平台	评估时间	2023 年 6 月 20 日	
分类	具体项目	查验方式	查验结果	整改方式
(一)消防安全责任制落实方面	1. 单位落实消防安全责任人、消防安全管理人、专职消防安全管理人员、消防控制室值班操作人员管理情况，持证上岗情况	1. 书面明确消防安全责任人、消防安全管理人、专职消防安全管理人员； 2. 消防控制室值班操作人员证件留存	存在人员调整未及时变更上报情况	人员调整及时变更上报
	2. 单位制定消防安全制度、消防安全操作规程情况	消防安全制度、消防安全操作规程	有	
	3. 单位逐级落实消防安全职责情况	逐级签证到个人的消防责任书	已签订	
	4. 消防管理档案建立情况	消防档案	建立	
(二)建(构)筑物防火设施方面	1. 建(构)筑物防火间距、消防车通道、消防车登高作业区域符合消防技术标准及保持情况	消防资料、现场查验	符合	
	2. 建筑室内防火分区设施符合消防技术标准及保持情况	消防资料、现场查验	符合	
	3. 建筑安全疏散楼梯、疏散通道、安全出口符合技术标准及畅通情况	现场查验	符合	
	4. 建筑防烟分区、防排烟系统设置符合消防技术标准及完好有效情况	消防资料、现场查验	完好有效	
	5. 利用物联网技术实行消防安全远程监控等技防措施情况		暂无	
(三)消防设施设备方面	1. 按照国家、地方、行业标准设置消防设施器材情况(台账)	台账要求详细、明确、无遗漏、更新及时	齐备	
	2. 单位组织开展定期防火检查、日常防火巡查情况、消除火灾隐患情况	工作记录	齐备	
	3. 自动消防设施定期检测、维护保养情况	检测证书、维保记录	定期检测	
	4. 消防设施设备完好有效情况	现场查验	有圈堵、挪用消防设施的情况	健全制度，分清责任
	5. 消防控制室设置及正常运行情况	现场查验、运行记录(记录清晰、准确)	正常运行	
(四)落实消防管理方面	1. 单位组织开展定期防火检查、日常防火巡查情况、消除火灾隐患情况	工作记录	正常开展	
	2. 单位职工上班前、下班后检查消除本岗位火灾隐患情况	工作记录	正常开展	
	3. 电气产品、燃气用具的安装、使用及其线路、管路的敷设、维护保养、检测情况	产品合格证书、维护保养记录、现场查验	正常开展	

2.1 工程技术措施

2.1.1 平台生活区防火分隔方面

(1) 平台生活区防火分区设施符合消防技术标准及保持情况;

(2) 平台生活区安全疏散楼梯、疏散通道、安全出口符合技术标准及畅通情况;

(3) 平台生活区防烟分区、防排烟系统设置符合消防技术标准及完好有效情况;

2.1.2 消防设施设备方面

(1) 按照国家、地方、行业标准设置消防设施器材情况(台账);

(2) 平台组织开展定期防火检查、日常防火巡查情况、消除火灾隐患情况;

(3) 平台自动消防设施定期检测、维护保养情况;

(4) 平台消防设施设备完好有效情况;

(5) 消防控制室设置及正常运行情况。

2.2 消防管理措施

2.2.1 消防安全责任制落实方面

(1) 平台落实消防安全责任人、消防安全管理人、专职消防安全管理人员、消防控制室值班操作人员管理情况，持证上岗情况;

(2) 平台制定消防安全制度、消防安全操作规程情况;

(3) 平台逐级落实消防安全职责情况;

(4) 平台消防管理档案建立情况。

2.2.2 日常消防管理方面

(1) 平台组织开展定期防火检查、日常防火巡查情况、消除火灾隐患情况;

(2) 平台职工交接班前后检查消除本岗位火灾隐患情况;

(3) 电气产品、防爆用品的安装、使用及其线路、管路的敷设、维护保养、检测情况;

(4) 明火作业审批、现场看护情况。

2.2.3 扑救初期火灾能力方面

(1) 依法建立专职消防队、志愿消防队情况，开展训练及队员能力情况;

(2) 专职消防队、志愿消防队装备器材情况;

(3) 制定本单位灭火和应急疏散预案(处置方案)及定期演练情况。

2.3 消防培训教育措施

(1) 消防安全责任人、安全管理人、专(兼)职消防人员接受消防培训情况;

(2) 职工岗前安全消防培训情况，每年定期组织职工进行消防培训情况;

(3) 职工消防“四个能力”掌握情况。

2.4 个体防护措施

(1) 职工定期接受消防防护培训;

(2) 工作、生活中严格遵守消防安全相关规定、要求;

(3) 熟悉灭火处置方案，清楚知道自己所应负责的内容并按要求进行演练。

2.5 应急处置措施

2.5.1 信息接报内容

值班人员接到事发单位应急信息后，应根据表2《火灾爆炸事件信息报告表》要求的内容对现场进行了解，为应急研判和现场指导提供依据。

表 2 火灾爆炸事件信息报告表

报告单位			报告时间	
报告人姓名		联系电话		
事件发生时间	年 月 日 时 分	事件发生地点或部位		
现场单位负责人		联系电话		
危险物质种类和数量				
事件类型	□要害(重点)部位、关键装置	□大型油气储存设施	□油气井	
	□压力容器	□油气管道	□运输油气交通工具	
	□物资仓库	□电力设施	□港口危化品装卸区域	
	□居民小区	□高层建筑	□公共场所	
	□存有易燃易爆物品(含火工器材)的工作场所			
事件描述	地理位置		周边设施 描述	
	周边社会环境描述		事件原因初步分析	
	火势大小及爆炸影响范围		装置设施、压力容器损毁情况	
	周边建筑及公共设施损毁情况		泄漏污染情况	
	伤亡人数及个人信息			
气象条件和周边环境描述	天气(阴、晴、雾、霾、雨、雪等)		风向、风速	
	地形地貌		水流向、流速、海浪、海涌情况	
周边社会环境描述	周边居民设施损毁情况		周边居民人口分布及疏散情况	
	周边道路分布及道路警戒管制情况		海(水)域分布及管制情况	
处置情况及需要采取的进一步措施	初期研判			
	已采取的处置措施			
	已采取的防止事态扩大蔓延措施			
	应急物资储备及消耗情况			
	应急人员及器材到位情况			
	急需的专业队伍、救援器材、灭火药剂等援助请求			
	与地方政府协调情况			
	需公司协调支持情况			
报告签发人			签发时间	

2.5.2 现场应急处置指导原则和要求

指导思想：救人第一，科学施救。

指挥原则：统一指挥、逐级指挥。

作战原则：先控制、后消灭，集中兵力、准确迅速，攻防并举、固移结合。

战术方法：堵截、突破、夹攻、合击、分割、围歼、排烟、破拆、封堵、监护、撤离等。

处置要求：第一时间调集足够力量和有效装备，第一时间到场展开，第一时间实施救人，第一时间进行排烟降毒，第一时间控制灾情发展，最大限度地减少损失和危害。

2.5.3 典型场景应急处置措施(表3)

表3 典型场景应急处置措施

序号	典型场景	处置措施
1	要害(重点)部位、关键装置发生火灾爆炸时	1. 采取隔离、警戒和疏散措施，避免无关人员进入事发区域，并合理布置消防和救援力量。 2. 当要害(重点)部位存在有毒有害气体泄漏时，应进行有毒有害气体监测。 3. 迅速将受伤、中毒人员送医院抢救，并根据需要配备医疗救护人员、治疗药物和器材。 4. 当要害(重点)部位、关键装置可燃物料存量较多时，尽量采取工艺处理措施，转移可燃物料，切断危险区与外界装置、设施的连通，组织专家组和相关技术人员制定方案。 5. 火灾扑救过程中，专家组应根据危险区的危害因素和火灾发展趋势进行动态评估，及时提出灭火指导意见。 6. 灭火完毕后，立即清理火灾现场，组织力量对泄漏点封堵抢险
2	油气井井涌发生火灾时	1. 冷却井口、井场设备，防止飞火造成火势蔓延。 2. 用水枪掩护清除井口周围障碍，为灭火提供条件。 3. 井喷火灾扑灭后，继续冷却、降温，掩护抢险人员更换井口，防止复燃。 4. 要保证水源充足，力争一次灭火成功。 5. 疏散井场多余人员，以防情况突变造成更多人员伤亡
3	压力容器发生火灾爆炸时	1. 采取隔离、警戒和疏散措施，全力救助伤员。 2. 重点做好现场救援人员的防中毒和防窒息工作。 3. 采取工艺隔断和堵漏措施，减少可燃物料、有毒气体扩散
4	船舶、汽车等交通工具运输油气、危险化学品途中发生火灾爆炸时	1. 应立即向当地政府应急机构报告。 2. 必要时派出专家和救援力量，配合地方政府做好抢险工作
5	物资仓库发生火灾爆炸时	1. 在灭火抢险前查明起火部位、燃烧物质的种类、理化性质、库存量、库房的建筑结构及相邻库房情况。 2. 调足力量，攻防并举，控制火势向毗邻的库房蔓延。 3. 对不同物资仓库火灾，正确选用灭火剂，必要时准备足够沙土扑救遇水燃烧物质和轻金属火灾。 4. 对易燃易爆仓库火灾，在发生爆炸前快速展开灭火抢险，制止可能发生的爆炸，对已爆炸的仓库，采取措施防止再次爆炸。 5. 根据不同火情，灭火与疏散物资要同步进行。 6. 仓库情况不明时，注意可能发生的爆炸或建筑物塌落，防止盲目行动。 7. 扑救有爆炸危险、有毒物品仓库火灾时，须注意灭火人员人身安全。 8. 严密组织货物疏散，增设必要的警戒人员
6	电力设施发生火灾爆炸时	1. 首先切断电源，查明有无人员被困、有无爆炸危险。 2. 在工程技术人员配合下，迅速关闭油道阀门，堵塞泄漏油部位。 3. 扑救发电机组火灾时，及时切断油源，采用相应的灭火剂灭火，防止主油箱和变压器爆炸。扑救电缆火灾时，采用二氧化碳、干粉、黄沙覆盖灭火。 4. 扑救厂房大面积火灾时，注意冷却承重结构，防止厂房塌落伤人。 5. 扑救粉末火灾时，采取雾状水或蒸汽灭火，不宜使用直流水枪，以防止冲击粉末发生爆炸。 6. 电力设施着火应注意防止中毒、触电等伤亡事故。对电力系统电缆沟火灾应采用远距离堵截方案

续表

序号	典型场景	处置措施
7	工作场所内易燃易爆物品发生火灾爆炸时	1. 组织救生抢险小组，携带个人防护和救生器材，全力救助伤员，并对现场采取隔离、警戒和疏散措施。 2. 加强现场有毒有害气体监测，必要时与青岛安全工程研究院危险化学品应急咨询电话(0532-83889090)保持热线联系，寻求相关技术支持，掌握化学品主要危险性及相应灭火措施。 3. 根据易燃易爆化工产品特性，以及风向、天气等因素，制定灭火方案，选用合适的灭火器材和灭火方式，结合工艺技术措施，开展抢险救灾工作。 4. 灭火完毕，立即组织火灾现场清理和洗消，做好移交工作
8	生活区发生火灾爆炸时	1. 消防力量到达后，查明是否有人员被困和建筑结构及着火部位。 2. 在深入内部灭火的同时，通过着火房间外窗阳台架起消防梯部署灭火抢险力量。 3. 有人员被困情况下，要在灭火的同时深入楼层救人，每战斗小组不少于 3 人，进入室内灭火抢险，须佩戴空气呼吸器、防火隔热服、导向绳、对讲机、方位灯、呼救器及强光手电等个人防护装备；或根据地形情况，利用云梯车、救生气垫等装备救人。 4. 要及时切断电源和气源，防止触电和易燃可燃气体爆炸。 5. 要做好灭火抢险人员防护工作，避免高温烟气灼伤，当发现倒塌迹象时，须及早撤出，以免发生倒塌伤人事故。 6. 深入楼层灭火抢险人员要保证与外界的通信联系，指定专人对进出人员予以登记，保证安全撤出和替换。 7. 要保障畅通的消防道路和充足的消防用水，以有效扑救火灾和疏散救人。 8. 火灾现场要设置警戒线
9	海上平台或船舶发生火灾时	1. 平台发生火灾时，应迅速启动平台全部海水喷洒冷却和水幕系统．对输油管线、储油区、生产区及生活区予以保护。从侧风或上风方向设置水枪阵地，防止火势蔓延。 2. 当平台发生井涌火灾时，除遵循第 2 条油气井井喷发生火灾时的应急处置措施外，要利用拖泵、消防艇(船)上的高压水枪，形成包围状态，切断火焰。 3. 当井喷的石油在海面流散燃烧时，使用消防艇(船)或平台移动式泡沫灭火系统喷射泡沫灭火。对较小的海面流散火，可采用高压水枪将火冲散。 4. 使用干粉、轻水泡沫、氟蛋白泡沫、水成膜泡沫等灭火剂，提高灭火效率。 5. 当海上发生船舶火灾时，要利用自身的消防系统以及拖泵、消防艇(船)上的高压水枪，形成包围状态，切断火焰。 6. 消防艇(船)靠近平台或船舶灭火时，要防止井喷所造成的流散火包围艇(船)体，切实做好自身防护工作。 7. 要准备轮换力量及饮食供给，应备有两套发电设备，多台水泵，防止停电或水泵发生故障后中断供水。 8. 要备有 1~2 艘救生艇，在着火平台或船舶的上风方向待命，随时准备救护。 9. 稳定平台或船舶上的人员情绪，防止盲目跳海

落实好风险管控措施，是整个消防管理最重要的一环，结合平台风险评估结果和所制定的防控措施，能给平台提供适合平台实际的消防安全对策、措施及建议。

3 海上钻井平台灭火技术研究

针对海上钻井平台的火灾特点，灭火技术的选择至关重要。目前，常用的灭火技术包括水灭火、泡沫灭火、气体灭火等。水灭火是最常用的灭火方法，但对于油类火灾，水灭火可能会扩大火势，因此需要谨慎使用。泡沫灭火适用于油类火灾，可以有效隔绝空气，降低火势。气体灭火则具有灭火速度快、不留痕迹等优点，但成本较高。目前来看，七氟丙烷灭火系统是目前比较适合钻井平台实际的、先进的一种高效能的自动灭火装置之一。其灭火剂七氟丙烷气体无色、无味、低毒性、绝缘性好，能全部蒸发而无残留物，不会形成二次污染，对大气臭氧层的耗损潜能值(ODP)几乎为零。因此，在海洋石油钻井平台灭火系统设计中，七氟丙烷灭火系统将会成为平台消防灭火技术的首选，下面，我们将阐述七氟丙烷灭火系统的灭火原理、灭火流程以及优点和具体实例：

3.1 灭火原理

七氟丙烷灭火系统是采用全淹没灭火方式对防护区进行保护(即向防护区喷放一定浓度的七氟丙烷气体，并使其均匀地充满整个防护区)。其灭火剂七氟丙烷气体在常温下可加压液化，在常温常压下能全部挥发，它的灭火原理是在高温下通过灭火剂的热分解产生含氟的自由基，与燃烧反应过程中产生支链反应的 H^+、OH^-、O_2^-活性自由基发生气相作用，从而抑制燃烧过程中化学反应来实施灭火。在海洋石油钻井平台上中，这种灭火系统主要应用于重要机电设备房间如电控间、发电机间、通信设备间等。

3.2 系统优点

该灭火系统与其他气体灭火系统相比，具有如下优点：

(1) 灭火效能高。

(2) 环保性能好，见表 4。

表 4 常见气体灭气剂性能比较表

名称	环保特性		灭火特性/%(体积)			毒理特性			大气中的存活寿命/a	灭火剂喷射时间	灭火方式
	ODP	GWP	抑爆惰化浓度(丙烷)	杯式燃烧法浓度(庚烷)	最小设计灭火浓度	LOAEL	NOAEL	LC50			
七氟丙烷	0	0.4	11.7	5.8	7	10.5	30	>80	31	≤10S	化学
哈龙 1301	10	2	6	3	3.5	7.5	5	>80	77	10S	化学
三氟甲烷	0	1.32	20.2	12	16	>50	50	>65	280	10S	物理及化学
二氧化碳	0	1	29.5	22	34	5	4	30	120	60S	物理

注：ODP 为物质对臭氧层的破坏能力，GWP 为导致地球暖化的数值，LOAEL 为试验动物出现不良反应的浓度，NOAEL 为试验动物未发不良反应的浓度，LC50 为在动物急性毒性试验中，使受试动物半数死亡的毒物浓度。

(3) 储存压力低。

(4) 阀门通径大、结构合理。

(5) 储存容器规格的可供选择性大。

(6) 高压软管结构合理，寿命长。

(7) 压力表更换方便。

(8) 可现场进行药剂的补充及增压。

(9) 比其他同类产品更经济适用，见表 5。

表 5 常见气体灭火剂经济比较表

系统名称	七氟丙烷	卤代烷 1301	高压二氧化碳	IG541
瓶组数	1M	约 0.56M	约 3M	约 7 储瓶
间面积	1M	约 0.7M	约 2M	约 2.6M 一次
性投资	1M	约 0.7M	约 1.4M	约 2.7M

注：M 为一个单位。

3.3 灭火流程

当灭火系统处在自动灭火状态，在防护区发生火灾时，布置在防护区内的感烟探测器和感温探测器都向灭火报警箱发出火灾声光报警信号，同时发出联动指令，关闭连锁设备，灭火报警箱经过是 0~30s 的电延时后，向电磁启动器和电磁阀发出动作信号，释放出氮气分别打开选择阀和七氟丙烷储存瓶的容器阀，从而释放七氟丙烷至防护区进行灭火。灭火流程如图 1 所示。

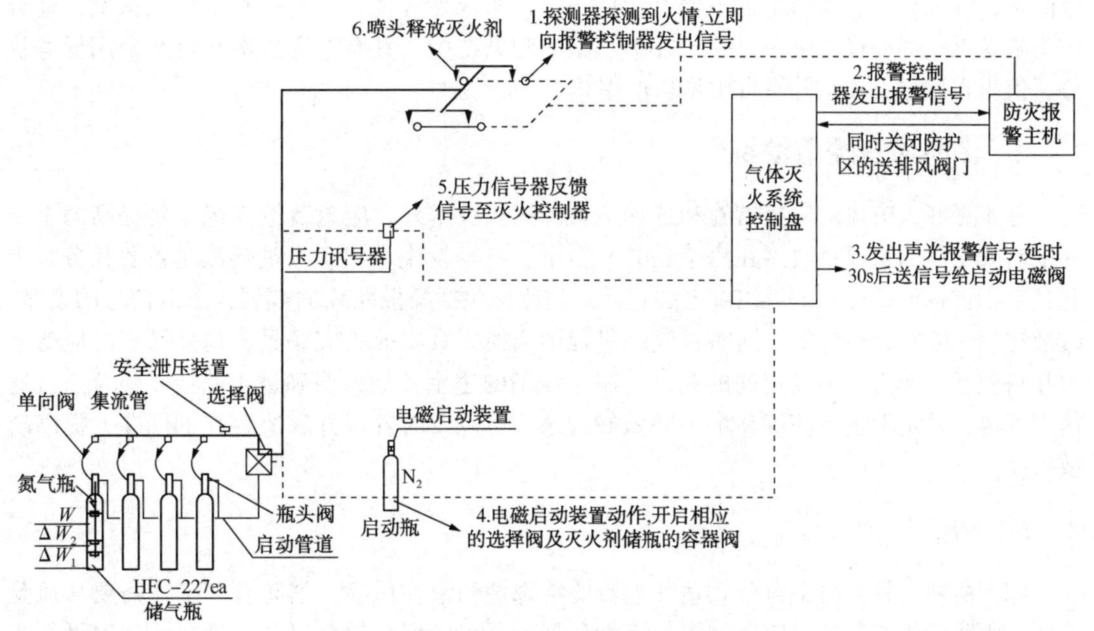

图 1　七氟丙烷灭火流程图

3.4 海上钻井平台应用实例

以新胜利五平台为例，根据海洋石油平台消防规范，需对该平台上发电机间采用自动气体消防灭火装置，故选择安装七氟丙烷自动灭火系统。

系统总体要求设计新胜利五平台的消防设施设计为七氟丙烷自动灭火系统，保护对象为发电机间，用 1 套单元独立灭火系统，并设有备用量。

系统应具有自动、手动及机械应急启动三种控制方式。保护区设有感烟和感温二路独立探测回路，当第一路探测器发出火灾信号时，发出警报，指示火灾发生的部位，提醒工作人员注意；当第二路探测器亦发出火灾信号后，自动灭火控制器开始进入延时阶段(0~30s 可调)，此阶段用于疏散人员(声光报警器等动作)和联动设备的动作(关闭发电机、通风空调，防火风闸等)。延时过后，向该保护区的驱动瓶发出灭火指令，打开驱动瓶容器阀，然后瓶内氮气打开选择阀和相应七氟丙烷气瓶，向失火区进行灭火作业。同时报警控制器接收压力信号发生器的反馈信号，控制面板喷放指示灯亮。当报警控制器处于手动状态，报警控制器只发出报警信号，不输出动作信号，由值班人员确认火警后，按下报警控制面板上的应急启动按钮或保护区门口处的紧急启停按钮，即可启动系统喷放七氟丙烷灭火剂。本设计为全淹没有管网组合分配系统，充装压力为 4. 2MPa(表压)。

系统参数确定。包括确定如下参数：①系统主要技术参数；②管网系统参数；③防护区内各封闭空间的参数；④七氟丙烷用量及储存容器参数。

系统原理设计。系统包括氮气启动装置、七氟丙烷灭火装置、温感探测器、烟感探测器、紧急启动停止按钮、关断装置、系统控制箱等组成。

应用情况。该灭火系统自投入使用以来，目前运行一直稳定、可靠，达到了设计要求。在几次的消防演习中该系统能够正常自动进行灭火操作，效果非常好。目前已累计安全工作 83 个月，平台用户对该系统评价良好。

综上所述，从环保性能和灭火剂浓度来考量，七氟丙烷灭火系统具有灭火效率高、操作简单、性能稳定、安装维护方便、毒性小、技术成熟等优点，是一种清洁灭火剂，适合作为哈龙灭火剂替代物之一。并且在中小型消防系统中，具有投资成本和运行费用低等优势，值得在海洋石油钻井平台中推广使用。

4 消防应急疏散演练

除了做好火灾风险管控措施和选择适合的灭火技术外，应急疏散演练也是提高海上钻井平台安全性的重要手段。在海上钻井平台上，一旦发生火灾，人员疏散是首要任务。因此，定期进行消防应急疏散演练至关重要。演练应包括疏散路线的规划、疏散信号的发布、疏散过程中的安全措施等。同时，演练过程中应模拟真实的火灾场景，提高员工的应变能力和自救互救能力。通过定期的演练，制定详细的逃生计划，明确逃生路线、集合点、通信方式等，并定期进行演练和培训并做好记录，可以及时发现并解决存在的问题，提高疏散效率。

5 结语

综上所述，针对海上自升式钻井平台的特殊性和潜在风险，消防管理工作需要从风险评估、消防设施与装备、应急响应与逃生计划、员工培训与教育以及合规与法规遵循等多个方面入手，确保平台的消防安全。同时，还需要不断加强技术创新和管理创新，提高消防管理的专业化和智能化水平。海上钻井平台消防管理和消防技术装备是保障平台安全的重要组成部分。通过落实火灾风险预防措施、深入研究适合平台的灭火技术、加强消防应急疏散演练等方面的工作，可以有效提高海上钻井平台的安全性和应急救援能力。未来，随着科技的不断进步和应用领域的不断拓展，海上钻井平台火灾防范和应对技术将不断发展和完善，为海洋石油资源的安全开发提供有力的消防安全保障。

参 考 文 献

[1] 李浩，苏继峰，等 . FM200 灭火系统在海洋石油钻井平台上的应用 . 科技资讯 . 工业技术，2012 (No. 04).

[2] 黄开阳，梁恒国，等 . 七氟丙烷灭火系统在工程中的应用[J]. 重庆科技学院学报，2005(4)：47.

[3] 陶关楚 . 七氟丙烷灭火系统替代 1301 灭火系统[J]. 消防技术与产品信息，2004(5)：2.

【作者简介】张兵，男，中石化胜利石油工程公司海洋钻井公司装备管理监造中心，本科，现从事海上平台消防管理工作。电话：13156078500，邮箱：453132945@ qq. com。

人工智能引领下的石油化工企业消防应急救援探究

郑小军

（中国石化金陵石化消防保卫支队）

摘　要：石油化工产业是国家经济的重要支柱，是拉动经济发展的重要马车。其生产的特殊性使得火灾防范成为其安全生产的重要环节。为了保障生命财产安全，国家多次下达重要文件，不断督促企业整改落实安全生产责任，切实把安全生产放在首位。但是，由于企业的特殊性，往往存在众多影响消防应急救援的障碍。在人工智能时代，面对化工企业事故的复杂性，消防救援如何利用先进的技术手段和智能装备，来帮助工作人员进行安全有效便捷的工作，已经成为国家企事业单位重点思考的问题。

关键词：人工智能；石油化工企业；消防应急救援；研究

1　引言

在现如今时代背景下，火灾已经成为了常发性灾害，具有较高的发生频率，并且存在着危险面较广、破坏性较大等问题，是各类灾害当中发生最为频繁、具有较高危险性以及毁灭性的灾害之一。2018 年春季，某石化公司在进行检维修作业时发生闪爆事故，造成 6 名现场维修作业人员死亡。事故的直接原因是：浮箱内的苯（有毒、易燃物）外泄，在封闭环境中没有有效通风，易燃的苯蒸气与空气混合形成爆炸环境，局部浓度达到爆炸极限。工作人员拆除浮箱过程中，使用的非防爆工具及作业过程可能产生的点火能量，遇混合气体发生爆燃，由于没有及时得到处置，造成重大生命事故发生。

及时消除消防安全隐患是消防安全工作是我国应急救援事业中的重要组成部分，历来受到党和国家、各级政府的高度重视。我国应急救援队伍全面转型升级以及国民经济的快速发展不仅推动国内的消防产业和消防救援领域研究工作快速成长，也带动消防安全领域的消防设备、法律法规、规范、标准等文件的不断完善。

在中国社会经济获得迅速发展的背景下，各种新型技术、新型材料以及新型能源获得广泛应用，特别是在石油化工产业获得快速发展的背景下，其生产规模逐渐扩大，同时各种各样大型存储油基地不断出现，这种情况下也就意味着火灾隐患以及各种各样导致火灾发生的因素大量增多。传统依靠现场人员发现，手动进行灭火的方式给火灾现场进行扑救工作的救援人员带来极大的安全隐患。对于石油化工产业，含有大量的对身体有害的物质，工作人员亲自接触必然会带来对身体的损害，同时，作业危险系数极大。新时代下，如何更好地借助科学技术，发挥好智能设备在消防救援中的作用，是相关工作人员非常关注的事情。目前，在政府以及公安消防中心对消防安全工作的大力推行下，各大消防设备厂家也积极响应国家政策，开发出新一代的消防救援系统设备。

2 国内外石油化工企业消防现状及未来趋势

在智能消防救援方面，国外开始研究的时间要早于国内，目前，例如英国和美国等国家在智能消防方面的技术水平以及发展规模均领先于国内。2012 年，美国标准技术研究院开始了一项名为“智慧消防”的新项目的研究，这项研究包含了三个任务：智慧建筑技术与机器人、智能消防装备与机器人、智能灭火器与设备。该研究目前已取得良好的进展，项目的成果已经应用于消防救援系统的开发。国内对消防救援也有较多研究，国家也设有多个研究所，例如应急管理部沈阳消防所、应急管理部天津消防所等。在这些部门的不断努力下，国家也在不断建立完善自己的消防应急救援方案。

近年来，深度学习技术不断发展，给消防救援提供了新思路，成为研究者以及工业领域的新宠。随着国家对人工智能的高度重视以及社会企业大量投入的人力物力资源，以深度学习为基础的智能灾害识别成为研究热点，也将引领未来发展趋势。基于人工智能的发展，消防车辆也配备较好的软硬件设施。硬件方面，加强对喷水的速度和射程等，配备无人机、智能机器人等，用无人机远程监控，实时查看灾情现场情况，通过无人机、智能机器人可同步实现高质量实时巡检与巡检数据后台管理，解决巡检人员巡检工作量大、高危区域巡检、巡检质量问题的同时，可以建立巡检数据库，通过后台软件实现巡检数据的统计分析，大幅提高巡检效率与质量。同时，在油区道路巡检方面，可疑车辆追查、可疑人员搜捕等工作中，利用无人机高清摄像头的实时图传视频巡检功能，实现道路关键信息拍照比对、空域监管、信息集成、异常提醒等。在软件设备上，借助人工智能技术，搭载新的算法，实现消防救援技术的突破。

3 石油化工企业消防救援存在的问题

在石油化工企业生产过程中，存在着较多的易燃易爆物品，无论是原料成品还是半成品都存在着较大的危险系数，一旦出现火灾，扑救难度非常大。表现出以下特点：火势蔓延速度快，火灾潜在危害多，对救援设施的要求高，火灾引起的事故范围大，伤害性强等。在石油化工企业生产过程中，涉及到大量的原料，而这些原料存在一定的液体和气体，而液体的流淌性较强，气态化学物质存在着极强的扩散性，一旦发生石油化工企业内部火灾，很有可能造成火灾蔓延速度较快或者面临较大的爆炸风险。所以，在石油化工企业内部必须要落实科学的灭火救援措施，结合企业火灾出现的特点进行分析，落实科学的救援方案，确保每一位工作人员具备较强的安全意识，加大灭火救援组织，充分利用现代化技术实现救援工作，降低石油化工企业火灾造成的经济损失。

在机器学习、深度学习、大数据、物联网空前发展的时代，开展能够解决复杂生产环境下风险监测与综合防控的基础理论与关键技术具有必要性和紧迫性，充分利用先进的科学技术已经势在必行，消防服务需向智能化转型升级。在智能化发展中，应用智能机器人、无人机，在石油化工领域进行设施巡检、应急救援，充分发挥智能机器人、无人机的灵活机动性，实现油气设施巡检、油气设施沿线地貌勘察高效率，来提升应急救援处置能力。

4 人工智能引领下的企业消防管理应对策略

4.1 基于无人机应急消防救援浅析

国内的无人机技术在世界上首屈一指，其应用范围不断扩大，发展不断走向成熟，在消防设施巡检、应急救援等作业中，无人机充分展示了其灵活机动性，可以实现石油化工设施巡检，提升应急救援处置能力。各类油气站库、管道设施等方面，巡检内容点多面广，且存在污染有毒物体、高压带电等高危环境，常规巡检方式极大地受限于设施距离范围、环境复杂等因素影响，一是无法有效保障巡检全部覆盖，二是无法保证统一的巡检标准质量。通过无人机可同步实现高质量实时巡检与巡检数据后台管理，解决巡检人员巡检工作量大、高危区域巡检等问题。

无人机飞行速度较快，续航时间长，在已确定故障段，利用轻便灵活的特性，悬停于故障段，低速、定点地进行细节观察。同时，可搭载多功能模块，在应急处置中可实现航拍、检测、红外、夜视、照明、喊话、投掷等多种功能，并快速完成多种复杂任务，便于携带，方便作业。

针对突发事故应急处置，如油气漏油、起火爆炸等突发事故后果严重，并伴随着有毒有害气体泄漏、高温辐射、设备设施倒塌等复杂状况。传统消防处置措施存在机动性不足、实效性不强等弊端，而利用无人机等设备的机动灵活性，可迅速实现险情侦查、消防灭火等特种功能，不仅大幅度提升了应急救援队伍的综合处置能力，还可根据现场高温，复杂气体，危险环境全地形运转，替代应急救援人员圆满完成喷淋稀释、火灾扑救等应急救援任务，将人员伤亡和财产损失降到最低，快速高效应对突发事故。

4.2 基于智能机器人应急消防救援浅析

人工智能技术不断走向成熟，在不断完善的技术下，诞生了多种多样的机器人。在消防应急救援中，机器人也成为了必备工具。机器人具有智能型性、客观性、灵活性、安全性的特点。系统以智能巡检机器人为核心，整合机器人技术、电力设备非接触检测技术、多传感器融合技术、导航定位技术以及物联网技术等，实现消防设施全天候、全方位、全自主智能巡检和监控，有效降低劳动强度，降低站库运维成本，提高正常巡检作业和管理的自动化和智能化水平。

在消防领域，越来越多的机器人加入到应急救援的队伍中。包括消防侦查机器人、消防灭火机器人等，分工越来越精细。消防侦查机器人作为智能机器人的一种，在应急抢险救援中发挥了巨大的作用。应用消防侦查机器人代替应急救援人员进入易燃易爆、有毒、缺氧、浓烟等危险灾害事故现场，完成数据采集、处理和反馈，有效解决应急人员在危险场所面临的人身安全威胁、数据信息采集不全等问题，为及时应对、科学判断，并对应急事故现场工作作出正确、合理的决策，为应急处置争取时间提供极大便利。消防灭火机器人集排烟、送风、喷淋、稀释等功能为一体，具有防爆、耐高温、多功能的特点，通过智能终端将失火现场与应急指挥大厅平台实时连接，实现火灾现场数据采集、图传、气体检测功能，并可远程控制消防炮，采取回转、俯仰、大流量、高射程的方式实现水幕、水柱自由切换灭火，喷淋降温和稀释驱散有害气体。在应对有毒、易燃、易爆复杂情况下，替代消防救援人员进入现场实施无人灭火，有效提升队伍整体灭火抢险救援。

4.3 基于视频监控的火灾可视化检测浅析

基于人工智能深度学习神经网络算法，模拟人眼功能，利用监控摄像头，全天候无间断对监控区域进行检测，自动智能识别早期烟火目标并报警。对于监控摄像头覆盖的区域，基于深度学习卷积神经网络，根据烟火的动态特征和形态特征，自动、准确、快速的识别烟雾火焰，做到早发现早救治，遏制灾情进一步扩大蔓延。这种方式具有很多优点，对监控中出现的类似烟火的干扰物进行排除，具有很强的抗干扰性能；可以适用多种复杂场景，不受光照等因素的干扰，全天候 24 小时工作。对视频画面中出现的烟火进行定位框选，识别出灾情发生的具体位置。

4.4 基于智能化消防炮灭火装置浅析

智能化消防炮与自动化与可视化的组合。装置内部配有高清摄像头，能够实施远距离人工操纵灭火，相关消防救援人员不需要近距离冒险进入火场内部，就能够在起火初期将火源彻底扑灭，在救援时间及人身安全上具有充足的保证。灭火高效并且精准射流效率高。灭火高效及精准射流高效率指的是石油化工相关工程技术人员基于精准的三维参数化模型以及精确定位技术，高精密程度定位火源的具体信息，该技术具有灭火效率高，能够最大限度降低针对非火灾区域造成经济损失的技术优势。

5 结语

综上所述，时代的进步不断推动技术更新，产业升级。在新时代，唯有跟上前进的列车，才能充分利用好最先进的技术，让“智慧消防”更加智能，让石油化工企业更加安全，在实践中能够有更好的处理效果。

参 考 文 献

[1] 蔡诗楠．石油化工火灾风险性及消防安全控制措施探析[J]．化工管理，2017(28)：96.

[2] 徐迪．石油化工企业消防安全及灭火救援准备工作探讨[J]．今日消防，2022，7(01)：25-27.

[3] 徐卿卿．中国石油化工行业消防安全对策研究[J]．化工管理，2021(32)：96-97.

[4] 徐迪．石油化工企业防火措施与初战控火要点探讨[J]．今日消防，2021，6(10)：21-23.

[5] 牛浩玉．基于深度学习的智慧消防应用研究[D]．安徽理工大学，2021.

[6] 王吉颜．石油化工突发事故的消防应急救援[J]．计算机产品与流通，2020(10)：279.

[7] 王峥．浅析智慧消防的基本展现形式和发展方向[C]//. 2020 中国消防协会科学技术年会论文集．，2020：1010-1017.

石油化工企业专职消防队如何做好现场监护工作

李　智

[中国石油大港油田分公司消防支队(保卫部、武装部)]

摘　要：安全生产一直是国家强调的重点问题，石油企业是工业行业的重要组成部分，做好石油企业安全生产管理工作，不仅能够提高石油企业的经济效益，同时，也能够推动社会的和谐发展。本文结合石油化工企业生产装置在检维修作业、动火作业中存在的火灾危险性及专职消防队现场监护的现状和存在的问题进行分析，并提出了相应的解决措施。

关键词：石油化工企业；专职消防队；现场监护

近年来，能源紧缺、环境污染严重是制约全球经济发展的重要因素。为了提高能源的开采效率，降低资源浪费，石油企业在生产过程中应做好生产技术与安全管理工作。动火作业是石油生产存在的临时性作业，做好动火作业的应急管理工作，能够保证作业的安全进行，避免火灾事故的发生。石油化工企业生产具有高温、高压、易燃、易爆、有毒、长周期生产的特点。大型的石油化工企业，在生产装置内从事技改施工、日常维修、动火作业、现场抢修时，装置经常是处于开车、停车或局部停车状态，在这样的环境下进行动火作业、高空作业、受限空间作业等高危险的作业，现场环境相当复杂，发生火灾、爆炸、中毒、窒息、高空坠落、触电等事故的危险性则大大增加。针对上述情况就企业专职消防队如何做好现场监护工作，在现场发生火灾、爆炸事故时，能及时正确处理，把事故消灭在初期状态，避免造成更大的损失。

1　石油化工企业生产装置检维修、动火作业的火灾危险性

1.1　容易产生火灾爆炸事故

石油化工企业生产中原料和产品大多具有易燃易爆、高温高压的特性，在检修时容易出现化危物品泄漏或在设备管道中残存，在试车阶段则可能在设备中残存或混入空气，形成爆炸性混合气体，一旦发生火灾往往火势迅猛，损失严重。

1.2　使正常生产链发生变化

石油化工企业生产往往工艺过程复杂，生产连续性强，操作条件苛刻，若某一环节或设备发生故障，即会破坏正常的生产链，造成事故。化工企业生产设备多是处于高温、高压或深冷、负压以及腐蚀、磨损状态。设备检修使原本处于正常状态的连续生产中断，设备状态(如阀门、开关等)和工艺参数发生变化，检修完毕后存在设备状态及工艺参数返回正常值的过程，这一过程中容易出现操作失误及设备故障，造成燃烧爆炸事故。

1.3 易产生静电及火花等着火源

石油化工设备管道多采用金属材料，检修过程离不开动火、敲打。有时还需要进入塔内、罐内或上下立体交错作业，极易产生静电及火花等着火源，大大增加了检修的火灾危险性。

1.4 检修作业比较频繁，容易产生人员思想麻痹

石油化工企业的多数生产设备到一定周期就要进行计划检修，设备运行过程中又常因突然性故障或事故，必须进行不停工或临时停工的检修和抢修。这些经常性的检修工作，容易使管理及维修人员习以为常，产生麻痹思想，增加了检修发生事故的概率。

2 石油化工企业专职消防队现场监护现状

2.1 石油化工企业专职消防队执行现场监护任务的意义

石油化工企业在进行生产装置的现场检维修作业时，进行消防安全监护是企业安全生产的一项重要工作，化工生产装置在原有生产条件遭到破坏后，极易发生火灾、爆炸等事故，现场消防监护力量可以在事故发生第一时间进行灭火救援，控制或消灭灾害事故，避免事故扩大或发生其他次生灾害，减少损失和事故所造成的影响。

以某大型石化炼化企业专职消防队为例，2023 年共执行各类生产监护任务 343 次，每月平均 28 次，可以看出现场监护工作在企业专职消防队日常工作中占有很重要的比重，也是专职消防队日常工作中不可避免的一项重要工作。

2.2 石油化工企业专职消防队执行现场监护任务程序

目前，石油勘探企业专职消防队执行现场监护任务，根据队伍规模的不同，通常采用以下程序：

由建设单位向消防主管部门提出申请，消防主管部门向所属消防大队下达现场监护任务，消防大队在接到任务后与建设单位进行联系，明确监护时间、地点、监护内、监护用车种类、车辆数量等具体事项后编制监护预案，接到消防主管部门派出监护力量要求后，按申请时间要求到达指定地点，到场后对现场消防通道、水源、、可燃气体、周边环境、作业危险性等进行了核查确认后，组织人员进行必要的器材展开准备，开展现场监护工作。见图 1。

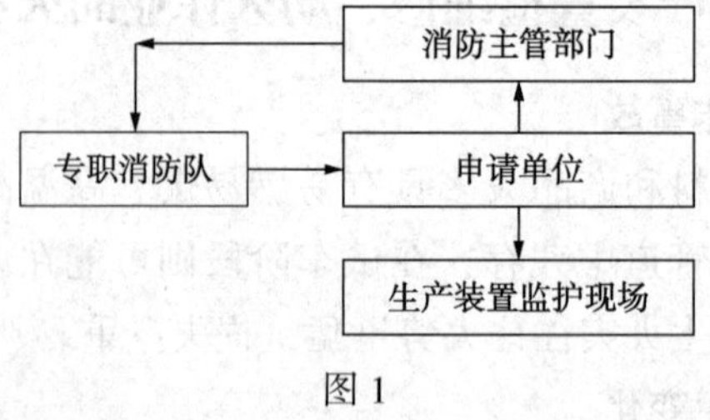

图 1

3 石油化工企业专职消防队目前在现场监护中存在的问题

3.1 现场监护风险分析不足

风险管理措施落实不到位。石油企业的产品大都是汽油、天然气等可燃物质，在动火作业过程中，若不能贯彻落实风险管控措施，则火灾事故发生时，动火人员及监管人员无

法对火灾进行有效处理，失去灭火先机，就容易引发大规模的火灾事故，更为严重的是发生爆炸。

3.2 现场作业人员安全意识淡薄

在动火操作过程中，作业人员安全意识淡薄，在操作过程中容易忽视对周围环境的分析与处理工作，使得动火作业安全隐患较大。其次作业人员的现场协调沟通能力较弱。由于石油企业的生产环境比较复杂，动作作业区域在进行切水、采样等作业时，可能出现泄漏等突发事件等。危化企业动火作业一旦发生事故后果较为严重，影响面广、极易发生次生灾害，潜在风险大。

3.3 现场监护力量不能满足灭火救援需要

企业专职消防队由于历史沿革以及企业用工机制等影响，普遍存在执勤人员较少的问题，如某大型石化企业专职消防队，该基层站现有执勤车辆 10 台，执勤人员 52 人，其中管理人员 4 人，驾驶员 19 人，调度员 4 人，战斗员 30 人，按该单位“二班倒”的运行机制，每班消防员总人数为 24 人，每台执勤车辆平均 4 人(驾驶员 1 人、战斗员 3 人)。该基层站辖区内有重点保卫单位 62 个，各类化工生产装置 15 套、罐区 13 座。2023 年初企业进入停车周期大检修，该基层队辖区内的生产装置检修作业点达十余个，需要进行现场监护的危险点为 7 个，消防队只能在每个需要的监护点派 1 台消防车进行监护，根据石油化工企业火灾的特点，1 台消防车进行 1 个危险点的监护是远远无法满足灭火救援的需要。

3.4 现场监护人员自身安全意识不足

由于企业专职消防队经常进行现场监护，人员在思想上容易产生麻痹，认为现场监护就是在指定地点待命，一般都不会发生事故，到达现场后监护人员就将战斗服等防护装备放置车内，在车内睡觉、看书等，放松了安全防护意识。

3.5 与被监护单位的信息联络不畅

消防队在接到监护任务时一般都是在出发前先与工厂安全人员进行联系，确认监护地点等情况，然后到达现场进行监护，而工厂负责联络人员并不是现场维修作业负责人员，他们在与消防队交代监护任务后不在现场，对现场施工作业进度等情况并不了解，同时消防队由于执行现场监护任务时不能带手机等非防爆通信器材，如在现场遇到问题就不能及时与工厂人员取得联系。例如某企业消防队在一次执行现场监护任务时，现场施工作业已经完成，而无人通知消防队可以撤离，消防队监护人员多方询问才等到可以撤离的命令。

4 解决问题的措施

针对目前消防队在现场监护工作中存在的问题，本人结合多年的工作经验及广泛征求意见后提出以下解决的措施。

(1) 石油化工企业生产装置在进行检维修作业需要消防队进行现场监护时，应提前与消防队共同对检维修作业及该装置可能发生的安全隐患进行风险分析评估，并针对分析评估的结果认真制定具有针对性、科学性、实用性的监护方案，明确任务分工，处置程序等内容，并组织监护和施工人员进行学习，避免一旦出现事故时现场混乱无序，延误最佳救援时机。

(2) 消防队现场监护地点设置应充分考虑风险评估，避免距离施工作业点较近的地点，同时应考虑风向、进攻、撤退路线、增援力量位置等因素。在同一工厂进行多点监护时，建议在厂区内设置统一的监护待命点，将分散的监护力量集中，这样既便于管理，也避免监护力量分散、单薄无法形成有效的战斗力问题。

（3）加强专职消防队指战员的业务理论及“六熟悉”的培训，通过学习和教育提高消防员的安全意识，在选派监护人员时，应安排责任心强、有敬业精神、对装置环境、生产工艺、设备物料走向、物料特点熟悉，灭火经验丰富的人员为主。在进行现场监护任务前还要结合安全风险分析开展有针对性的安全教育和专项培训，提高监护人员的安全意识和处置灾害的能力。

5 结语

石油化工企业生产装置检维修作业消防现场监护工作，是防止安全事故发生的最后一道防线，事关现场工作人员的生命安全和国家、企业的财产安全，专职消防队如果在作业前做好应对突发事件的准备，安排好精干的监护人员进行现场监护，一旦现场发生异常情况，能及时正确处理，把事故消灭在萌芽状态，就会避免更大的损失，为企业的安全生产做出贡献。

参考文献

[1] 杨昕波．石油化工企业如何搞好安全监护．[EB/OL]www.100xuexi.com，2010-10-09.

[2] 范晓珑．化工企业检修存在的火灾危险性及对策．[EB/OL] http：//www.cnki.com.cn/Article/CJFDTotal-LDBH200204039.htm，2002 年第 4 期．

【作者简介】李智，男，中国石油大港油田分公司消防支队（保卫部、武装部），从事消防安全。电话：13821183878，邮箱：349844181@qq.com。

石化企业专职消防队存在的问题与研究

李　迪

(广东石化有限责任公司消防支队)

摘　要： 随着我国石油化工企业快速发展，发生各类安全生产事故的概率也在逐步提高，在石油化工产品的生产中不仅工艺复杂且反应十分剧烈，极易失控，一旦存在设备质量不达标、人员误操作、违章作业等因素，均可能发生泄漏及火灾爆炸事故，同时受近年来国有大型危化企业专职消防队伍人员规模、装备实力、经费保障等不断弱化，火灾防控和事故处置能力出现滑坡，在近期发生的石化企业火灾和爆炸事故中，集中暴露出国有大型危化企业专职消防队伍建设管理和实战能力上的差距。

关键词： 石油化工企业；专职消防；队伍建设；应急救援；能力提升

一些企业内部消防安全管理人员自身综合素质参差不齐，与企业消防队联系不紧密，消防员普遍对供水器材、防护装备、喷射器具等装备器材的使用方法能够熟练掌握，大型石油化工企业装置、单元、设备繁多，社会招聘消防员受教育程度影响，对石油化工生产装置的工艺流程、物料理化性质、危险特性、重点部位分布及处置对策上接受较差，培训周期长。

每起石油化工火灾的燃烧物、点火源、火势及损失各不相同，但究其成因，许多火灾有类似之处，受热影响、载荷影响或材质性能下降导致的设备泄漏是引发石油化工火灾最主要的原因；个别员工不熟悉动火管理规定，或存在侥幸心理不办动火手续，不采取措施清除可燃物，在不备灭火器材、无人在现场监护的情况下盲目动火，也可引发火灾；石油化工企业大多生产规模大，工艺流程复杂，工艺参数多，误操作时有发生错，错开(闭)阀门或未关严阀门、管道未置换或置换不彻底等，都可造成流程走向错误，设备超压、超温、物料泄漏，最终导致火灾。通过分析可以看出，设备泄漏、违章动火、误操作是引发石油化工企业火灾爆炸事故的主要原因。为减少事故发生概率，发生险情时各级部门能够及时响应、快速协同处置，将事故影响降到最低，保障企业和人民生命财产安全，本文主要就石油化工企业消防安全管理、专职消防队伍应急救援存在问题和能力提升做简要的分析。

1　石油化工企业消防安全管理中所存在的问题

一些企业内部消防安全管理人员自身综合素质参差不齐，重生产、轻安全，安全管理培训力度不够，在消防设施的检查维护及应急演练的组织上存在欠缺，未真正从如何在灭火救援中进行工艺操作、消防设施启停、应急救援队伍组织开展上下功夫。

(1) 一些石油化工企业内部的消防安全管理人员消防意识淡薄，无法熟练掌握各类消防安全管理设备，对消防设施的维护保养上管理不到位，一旦发生火灾事故，供水能力不达标，消防设施不能发挥应有的冷却灭火作用，导致火势扩大为企业造成巨大损失。

（2）生产部门与消防部门业务融合不够，一些企业生产区域存在的危险部位、安全隐患不能及时与消防部门沟通，未能与消防部门形成常态化交流机制，为消防六熟悉、预案制定等工作的开展提供有力依据。

（3）生产部门与消防部门应急演练开展融合不够，一些生产部门只为应付上级检查完成应急演练规定动作，在与消防、医疗、保卫等部门的应急指挥互通互联上存在短板，对消防作战指挥层级不了解、职责分工不清晰、协同处置上落实不到位。

2　石油化工企业专职消防员配备上所存在的突出问题

石油化工企业生产装置持续高温高压运行，设备、管线内存在物料易燃易爆、有毒有害，一旦发生险情，对消防整体灭火救援作战能力需求高，经调查显示，多数石油化工企业专职消防队伍均采用面向社会公开的方式招聘劳务消防员，受训练强度、行业危险性、军事化管理、薪资待遇等条件影响，使得部分企业消防员入职门槛低，人员流失率高，培训周期长，消防员整体业务素质提升难。

（1）经过培训及业务训练，消防员普遍对供水器材、防护装备、喷射器具等装备器材的使用方法能够熟练掌握，但是大型石油化工企业装置、单元、设备繁多，社会招聘消防员受教育程度影响，对石油化工生产装置的工艺流程、物料理化性质、危险特性、重点部位分布及处置对策上接受较差，培训周期长。

（2）专职消防队实行 8h 工作制和 24h 执勤制。受消防员数量约束，为保证执勤力量，一些企业消防员长期在岗在位，年轻消防员在成家后无法适应从而选择其他行业，且长时间执勤战备导致执勤人员不能保证良好的精神风貌，队伍整体作战能力降低。

（3）部分石油化工企业消防部门管理干部人员不足，采用社会招聘劳务用工，在一日生活制度管理、训练管理上能够发挥作用，但在六熟悉培训、组织演练、火场指挥的能力上距石油化工企业消防指挥员的标准仍存在一定差距。

（4）一些企业专职消防员能够全部使用企业正式员工，人员稳定性高，灭火救援处置经验相对丰富，但随着年龄增长，身体机能下降，无人员更替机制，导致队伍整体作战力量下降，无法满足长时间火场作战需求。

3　石油化工企业专职消防队基层指挥员存在问题

随着国内石油化工企业规模逐渐增加，消防安全管理形势日益严峻，消防灭火救援任务压力随之增大，业务能力强、经验丰富的消防指挥员出现短缺。

（1）石油化工企业消防指挥员应具备一定的基层岗位工作经历，在培训管理、一日生活制度管理、训练管理、预案演练、灭火救援实战经验等缺一不可，目前一些企业消防指挥员综合素质不足以胜任，在应急指挥的判断决策上存在短板。

（2）在灭火救援作战中，责任区基层指挥员是初战控火第一责任人，很大程度决定了事故处置完成情况，面对石油化工企业存在的高温高压、易燃易爆、有毒有害风险，指挥员应熟知消防安全重点单位数量、分类和分布情况，熟悉辖区主要灾害事故类型和处置对策。据了解，一些企业基层消防指挥员的作战指挥能力存在不足。

4 石油化工企业专职消防队伍应急管理能力提升分析

组建专业化消防管理团队，提高消防员薪资待遇；生产部门提高消防安全监督管理水平，降低事故发生概率，加强消防设施维护检查，保证有效发挥应有作用；消防部门严把消防员入职培训，加强日常战备管理，常态化开展预案演练，发挥灭火救援指挥部作用，制定基层指挥员培养计划，逐步提高石油化工企业专职消防队灭火救援作战能力。

(1) 为解决基层消防指挥员初战指挥员能力不足，组训示教人才缺乏现状，企业专职消防队应制定基层消防指挥员培养计划，在具备一定队伍管理能力的优秀消防业务骨干中，可择优选拔到消防院校定向培养，作为基层指挥员人才储备。针对石油化工企业高危风险和消防管理人员短缺情况，实施消防业务理论+生产装置工艺培训+现场六熟悉+预案演练教培模式，对指挥员队伍管理、训练管理、责任区熟悉、炼化火灾基础知识掌握、演练指挥能力等方面考核测评，满足条件方可上岗。

(2) 石油化工企业消防安全管理人员的综合素质水平一定程度上直接决定着企业消防安全管理水平，应加强入职前系统培训、在职人员定期培训，鼓励消防安全重点单位聘用注册消防工程师、安全工程师从事消防安全管理工作，生产部门和消防部门的管理人员在消防设施的监督管理和应急工作的开展上要保持常态化交流机制。

(3) 按照应急管理部《关于进一步加强国有大型危化企业专职消防队伍建设的意见》文件要求，国有大型危化企业应针对高风险、高负荷、高压力等职业特点，参照企业一线员工工资标准上线，制定专职消防队员工资待遇标准，建立专职消防队员退出转岗机制，并允许提前退休安置，从而解决社会招聘消防员流失率大、正式消防员老龄化严重等问题。

5 针对石化企业事故火灾特点、处置难点，加强安全防控及应急救援管理

石油化工装置工艺复杂、循环物料多、设备管线纵横交错，发生爆炸泄漏火点分散，易形成立体燃烧，热值高、辐射强，难以实施近战灭火；现场高温、爆炸、倒塌、中毒、复燃复爆、流淌火灾等危险，对消防人员作战行动构成威胁；实施工艺处置时需要根据现场情况配合单位技术人员实施，工艺处置技术要求高；处置现场噪声大，参战力量多，涉及单位、部门多，通信联络困难，协同行动要求高，组织协调难度大；装置起火爆炸后，固定消防设施受损无法发挥作用，需调用移动装备实施长时间冷却，供水需求量大。装置内物料成分复杂，状态多样，必须合理选择水、干粉、泡沫等灭火剂，灭火保障要求高。

(1) 结合石油化工火灾特点，企业消防安全管理应遵循以下防范措施：

① 严格执行事故“四不放过”原则，企业生产部门利用班组安全活动等，开展事故案例分享并进行深入全面反思和讨论，吸取经验教训，举一反三防止类似事故发生。

② 严格执行企业安全生产责任制，加强责任意识教育，层层落实安全生产主体责任，各级人员严格履行岗位安全责任制，对本岗位安全生产负责。

③ 生产部门严格按照操作规程操作，生产管理部门加强监督考核。

④ 加强设备设施的维护保养，落实监督、举报制度，设备管理部门加强监督考核。

⑤ 杜绝违章指挥、违章操作，强化监督检查。

⑥ 强化安全教育培训，提高员工安全意识，增强安全操作技能，提高全员安全意识。

⑦ 加强风险分析与评估，风险分析要全面，采取针对性控制措施，使风险受控。

⑧ 加强停工复工的安全检查，及时消除设备设施存在的安全隐患，保证复工的顺利进行。

(2) 结合石油化工火灾处置难点，企业专职消防队在灭火救援任务中应遵循以下作战原则：

① 加强首批出动力量：消防支队接到报警以后应根据报警的起火部位、泄漏介质、火势情况等，结合日常作训演练，调派责任区力量赶赴现场，以保证作战所需要的灭火力量，为打好初战创造有利条件。

② 集中调集和集中使用灭火力量：结合石化企业火灾特点，集中调集兵力、集中使用兵力、适时调整兵力，使整个灭火作战在火场主攻方面始终保持有优势的灭火力量进行冷却或灭火，牢牢掌握作战行动的主动权，从而夺取灭火的全面胜利。

③ 实施统一指挥：扑救石油炼化火灾的任务既艰巨复杂，又具有很大的风险性，实施火场统一指挥尤为重要。由于生产工艺的高度自动化和生产的连续性；装置内部可燃物料数量多，燃烧持续时间长；冷却与灭火的任务重参战的单位多，扑救火灾时，工艺措施与灭火的技术战术要求高；后勤保障和确保参战人员的安全等，都需要强有力的火场统一指挥。

④ 坚持以无复燃复爆为前提：火灾初起阶段，火源点少、燃烧范围不大，工艺处理简便易行，将燃烧扑灭后，不会发生复燃复爆，可迅速将火灾彻底消灭；当火源点多、燃烧范围大、工艺处理技术复杂而且难度也比较大，或者由于灭火力量、火场供水、灭火剂不足等条件限制时，则不能轻易组织发起灭火总攻，以防复燃或复爆。

⑤ 充分发挥各种灭火器材和灭火剂有效协同：以现场固定消防设施、移动炮、车载炮为主，减少现场人员。加强车辆装备调整及调集，充分发挥作战设备效能，如果配合不好，不仅不能充分发挥作用，还可能互相抵消。

(3) 在灭火救援作战中，企业专职消防队应遵循以下处置要点：

① 按照“先外围、后中心，先地面、后装置”的基本原则，在实施冷却保护的同时，首先消灭外围火点，最后扑救装置火灾。

② 根据流淌火面积、蔓延方向、地势、风向等因素筑堤围堵或定向导流，同时部署必要数量的泡沫炮(枪)，消灭流淌火。地面流淌火面积较大时，应适时划分几个作战区域，采取分割围歼、分片消灭的方法灭火。

③ 灭火所需作战车辆装备部署、灭火剂保障、通信联络等准备工作到位后，要把握工艺措施到位、火势平稳、风力减小等有利时机组织进攻灭火。

④ 装置物料泄漏量不大、压力不高、短时间可控制泄漏源的情况下，可实施快速灭火，并迅速采取关阀断料或对泄漏点实施封堵。

⑤ 明火扑灭后要保留部分作战力量对重点部位进行冷却监护。

⑥ 在灭火力量准备不充分、灭火后控制措施不清楚的情况下，应当维持稳定燃烧，严禁盲目灭火。

6　结语

结合石油化工火灾事故特点，石油化工企业应立足消防安全管理红线思维，多措并举加快专职消防队伍标准化建设，坚持实战化、专业化练兵方式，高效推进初战控火机制，不断强化队伍指挥响应和联动作战效能，有效应对处置石油化工企业各类灾害事故。

【作者简介】李迪，男，广东石化有限责任公司消防支队，负责广东石化消防支队战训管理工作，研究消防应急管理及培训。电话：18042705755，邮箱：514575472@ qq. com。

专职应急消防队伍标准化建设探讨

胡皓然

（中国石油辽阳石化分公司）

摘　要：本文探讨了专职应急消防队伍标准化建设的重要性和必要性。随着城市化进程的加速和人口的不断增加，城市火灾风险与日俱增。为了提高城市应急救援能力和火灾防控水平，建立专职应急消防队伍并进行标准化建设是必然选择。

首先，本文分析了专职应急消防队伍标准化建设的意义。标准化建设可以确保队伍的组织结构、人员素质、装备配置等方面达到统一的标准，提高队伍的整体素质和应对突发事件的能力。标准化不仅有助于提高队伍的效率和反应速度，还能提升队伍的协同作战能力，确保应急救援工作的科学性和规范性。

其次，本文探讨了专职应急消防队伍标准化建设的关键要素。包括建立健全的队伍管理制度，培养消防队员的专业技能和应急处置能力，配备先进的消防装备和设施，加强与其他相关部门的协同合作等。这些要素相互关联、相互支撑，是实现标准化建设的重要保障。

最后，本文提出了专职应急消防队伍标准化建设的实施路径。包括建立标准化建设的指导文件和标准体系，加强队伍的培训和演练，推动队伍建设与技术创新的紧密结合，加强队伍的监督和评估等。通过这些措施，可以逐步推进专职应急消防队伍标准化建设，提高队伍的整体素质和应急救援能力。

关键词：危化企业；应急管理；应急能力；专职应急救援队伍；消防管理

1　引言

1.1　研究背景及目的

1.1.1　研究背景

(1) 企业专职消防队

企业专职消防队是根据《中华人民共和国消防法》(2009 年 5 月 1 日修订版)设立的，适用于“生产、储存易燃易爆危险品的大型企业”“储备可燃的重要物资的大型仓库、基地”等单位。根据《消防法》，企业专职消防队需要按照国家规定组织实施专业技能训练，配备和维护装备器材，提高火灾扑救和应急救援能力。

作为我国法定的应急救援队伍之一，专职消防队伍的发展与我国经济社会和企业的发展息息相关，一直是我国应急救援体系的重要组成部分。从“一五”计划时期到现在，专职消防队伍经历了不断发展壮大的历程(详见附表 1)。目前，我国拥有 2600 余个消防中队，消防队员人数超过 65000 人，消防装备车辆超过 8000 台。

近年来，国家高度重视专职消防队伍的建设。2012 年，《国务院关于加强和改进消防工作的意见》提出了发展多种形式消防队伍的要求。公安部部长孟建柱指示要努力构建以公安消防部队为主体、多种形式消防力量为补充、全面覆盖城乡的消防力量体系。2015 年 4 月，全国推进政府专职消防队伍建设现场会要求加强对企业专职消防队伍的发展。各地要对企业专职消防队伍进行全面摸底，解决制约其发展的问题，加强业务指导，提升队伍的战斗力。同年 11 月，公安部消防局召开企业专职消防队伍建设专题研讨会，研究推进企业专职消防队伍建设的工作措施。会议指出，在火灾风险较高的企业，建立专职消防队伍不仅是对法律规定的消防安全责任的履行，也是对超出平均水平火灾风险的必要弥补，同时也是对企业员工生命安全和周边社区正常秩序的必要保障，符合企业履行法律责任的必然要求。

多年来，企业专职消防队一直认真执行《消防法》，既承担着本单位火灾扑救工作的责任，也积极参与外部重大灾害事故和其他以拯救人员生命为主的应急救援工作。以 2013 年为例，根据公安部消防局的统计数据，企业专职消防队共出动救援 27562 次，出动 47398 车次，涉及 222930 人次，成功抢救了 2801 人，抢救财产价值达到了 114620 万元。其中，在企业责任区内，他们出动了 17044 次，出动车辆 28946 次，参与人次达到了 144820 人次。

(2) 危险化学品事故

根据《危险化学品安全管理条例》，危险化学品指具有毒害、腐蚀、爆炸、燃烧、助燃等性质，对人体、设施、环境具有危害的剧毒化学品和其他化学品。本文提到的危险化学品事故是指在危险化学品的生产、经营、储存、运输、使用和废弃处置等过程中，由危险化学品造成的人员伤害、财产损失和环境污染的事故。

危险化学品在现代社会是重要的原辅材料和产成品，支撑着人们的日常生活。随着经济社会的发展，对危险化学品的需求和使用量不断增加，危险化学品生产经营单位也在全国各地扎根。据统计，北京市有 2500 多家危险化学品生产经营单位，而山东省仅危险化学品生产企业就超过 2700 家。

尽管我国各级政府高度重视危险化学品事故的防控工作，但目前危险化学品领域的安全生产基础仍然薄弱，总体上表现为事故数量高、重特大事故发生频率高、安全隐患和风险高，技术装备水平和从业人员素质等方面存在"三高两低"的特点。

在危险化学品生产经营单位集聚的石油化工行业中，石化企业的生产原料和中间产品，包括汽油、柴油、液化气等主要产品，基本属于危险化学品。近年来，石化行业发生了频繁的重大事故，给我们敲响了警钟。根据不完全统计，2011 年全球共发生约 268 起恶性石油石化事故，造成 392 人死亡、1373 人受伤；2012 年约 322 起事故，造成 353 人死亡、4646 人受伤；2013 年约 758 起事故，造成 629 人死亡、1887 人受伤；2014 年约 812 起事故，造成 671 人死亡、2213 人受伤。

特别是 2005 年英国邦斯菲尔德油库的"12. 11"火灾、2010 年大连"7・16"火灾、2013 年青岛"11・22"爆炸、2015 年漳州"4・6"火灾等特别重大事故，造成了巨大的人员伤亡和财产损失，对当地居民造成了恐慌，产生了长期恶劣的社会影响，这使我们意识到危险化学品安全生产形势不容乐观，加强事故应急救援能力建设刻不容缓。

在上述重大危险化学品事故中，石化企业的专职消防队通常扮演着第一响应和主要救援力量的角色。石化企业的专职消防队与公安消防部队在工作范围上的主要区别在于，他们参与应急救援的对象相对集中在危险化学品事故中。由于危险化学品事故具有巨灾化的趋势，石化企业的专职消防队能否有效地控制事故发展，或直接在初期阶段扑灭火灾等事故，往往决定了最终救援的成效。

以上是对文中所提到内容的解释。危险化学品事故的防控是一个重要而紧迫的任务，需要各级政府、生产经营单位以及专职消防队等多方共同努力，加强安全生产基础建设，提高技术水平和从业人员素质，加强事故应急救援能力，以确保危险化学品的安全生产和使用，减少事故发生，最大限度地保护人民生命财产安全和环境的健康。

1.1.2 研究目的及意义

在公安部消防局开展的火灾防控和灾害事故处置技术调研中，石油化工行业被认为是其中的一个难题领域。由于石化企业涉及到高温高压、易燃易爆、有毒有害等特点，一旦发生火灾爆炸事故，可能性大、扑救难度大、社会影响大。因此，针对石油化工行业的消防工作成为公共安全管理的重点和难点。

石油化工行业是火灾防控的难点问题，也是预防和遏制群死群伤火灾事故发生的关键所在。

公安部消防局将千万吨级石油化工生产企业的灭火救援准备作为首要任务。这意味着在这些企业中，消防部门需要做好充分的准备工作，包括制定科学的消防预案、建立完善的消防设施和装备、加强消防队伍建设、加强事前培训和演练等方面。通过这些措施，可以提高石油化工企业的火灾防控能力，减少事故发生的概率，降低事故的危害程度，保障人民生命财产的安全。

总之，石油化工行业的消防工作是公共安全管理中的重点和难点，需要各级政府、企事业单位和社会各界的共同努力。通过加强灭火救援准备工作，提高火灾防控能力，可以有效预防和控制火灾事故，保障人民生命财产的安全。

2 我国现有专职应急消防队现状分析

2.1 应急救援队伍存在缺陷

2.1.1 应急救援队伍数量建设不足

尽管近年来中国的专职消防队数量有所增加，但仍存在人员不足的问题，尤其是在一些偏远地区和农村地区。这导致一些消防队在应对突发火灾和灾害时面临人力不足的困境，对灭火救援工作的响应速度和效果产生一定影响。

2.1.2 应急救援队伍能力存在缺陷

(1) 应急救援队伍功能单一

企业的应急救援队伍通常过于专注于灭火能力，仅仅作为一个“救火队”在运作。这导致其在处理有毒有害气体泄漏、易燃易爆液体泄漏、剧毒品泄漏等紧急情况方面的应急救援能力相对薄弱。当发生此类事故时，企业往往依赖懂生产工艺、设备设施和危化品特性的工程技术人员进行处置，而这方面的应急救援超出了很多企业内部专职应急救援队伍的既有功能。

(2) 应急救援队伍专业能力欠缺

企业专职应急救援人员通常来自非应急救援相关专业背景，缺乏系统化的正规培训，尤其在先进应急装备的使用和维护、危险化学品的专业应急处理知识以及对灾情发展趋势的研判等方面。此外，缺乏当地危险化学品应急救援领域的专业培训机构和培训基地也对企业应急救援队伍的培训工作产生一定的影响。队伍中缺乏危化品行业的专家或技术人才，整体专业素质有待提高。

(3) 应急救援队伍装备配置还有缺陷

通过对近年来火灾事故处置的分析，可以发现灭火救援行动在装备战、技术战和安全战方面都起到了重要作用。然而，目前消防员个人防护装备与现有执勤战斗装备之间存在一定差距，这导致在应对更大规模、更复杂的灭火救援攻坚战时存在一定的安全风险，并给执勤战备安全管理工作带来一定困难。

主要原因之一是经费投入不足，导致缺乏侦测、救生、堵漏、破拆、洗消等专业器材装备，尤其是缺乏防化服、避火服、空气呼吸器等基本的消防员个人防护装备，无法满足每位消防员配备一套的标准。这使得在火灾救援和灾害事故处置中，消防员的个人安全难以得到有效保障。此外，油区山路弯曲，道路狭窄，消防车辆装备结构不合理，老化严重，底盘过低，给执勤安全提出了更高的要求。

为了解决这些问题，需要增加对消防救援的经费投入，以提供必要的侦测、救生、堵漏、破拆、洗消等专业器材装备。特别是应该优先解决消防员个人防护装备的缺乏问题，确保他们在执勤过程中有足够的安全保障。此外，需要对消防车辆进行更新和改进，以适应复杂的地形和道路条件，提高执勤安全性能。

通过这些措施的采取，可以提升消防救援行动的整体效能，保障消防员的安全，并提高应对火灾事故的能力。

2.2 应急救援队伍发展现状

数量增加：近年来，中国专职消防队的数量有了显著增长。政府对公共安全的重视程度提高，消防队的建设得到了加强。各地加大了专职消防队的招聘和培训力度，以提升火灾防控和救援能力。

区域差异：中国各地的专职消防队数量和规模存在一定的区域差异。一线发达城市和人口密集地区的消防队规模相对较大，拥有更多的消防人员和资源。而一些边远地区和农村地区的消防队规模相对较小，面临着人力资源和装备等方面的不足。

装备水平提升：随着技术的进步和投入的增加，中国专职消防队的装备水平逐渐提升。消防车辆、消防器材、通信设备等方面的更新换代和升级改造，提高了消防队在火灾扑救和救援行动中的效率和安全性。

从业人员素质：中国专职消防队的从业人员素质也得到了提高。政府加大了消防队伍的培训力度，提升了消防人员的专业知识和技能水平。同时，一些高校和职业培训机构也开设了消防相关专业和培训课程，为后备消防人员的培养提供了支持。

多功能化发展：为了应对多样化的公共安全需求，中国专职消防队在火灾扑救和救援任务之外，还承担着其他公共安全任务，如道路交通事故救援、自然灾害应急响应等。消防队的职责范围逐渐扩大，要求消防人员具备更广泛的救援技能和综合应对能力。

3　加强大型危化企业专职应急救援队伍应对措施探讨

3.1　企业层面

3.1.1　完善企业的应急救援处理方案

为了应对企业内部可能发生的燃爆事故、有毒有害物质泄漏事故、机械伤害等各种事故类型，我们需要从人员、装备、物资等方面进行考虑，制定科学、合理、有效的应急预案。同时，我们也要对周边外来风险进行调查和评估，共同做好风险防范工作。

为了及早发现事故的苗头并做出应急处置，我们可以采用安全检查、企业事故预警监控系统等手段。这样能够提前发现潜在的安全隐患，及时采取措施进行应急处置。

应急救援工作不仅仅依靠救援队伍，还需要对所有员工进行应急培训，提高员工的应急意识和安全知识。只有在紧急情况下，员工才能与救援队伍配合，共同展开救援工作。

因此，为了确保企业的安全，我们需要综合考虑各个方面，包括制定科学的应急预案、加强风险防范、建立事故监控系统，并通过员工培训提高应急意识和安全知识。这样才能有效地应对各种事故，并保障员工和企业的安全。

3.1.2　完善设施及物资的配备

危化企业需要为企业应急救援队伍提供适当的值班和训练场所。根据企业自身危化品种类、数量以及生产和储存情况，需要在必要的场所设置相应的应急救援物资。这包括配备必要的报警、灭火和通风设施，以及危险化学品泄漏抢险等应急救援器材和物资，以便在应急情况下使用。

此外，为了提高应急救援队伍的能力，可以适当配备一些高科技器材和设备，例如灭火机器人、无人机、多功能消防车辆等。这些设备能够有效地提高应急救援队伍的能力，减少人员伤亡。

通过为应急救援队伍提供适当的场地、物资和设备，能够提升企业应对危化事故的能力，保障员工和企业的安全。同时，定期进行应急演练和培训也非常重要，以确保应急救援队伍的熟练度和应对能力。这样可以最大程度地减轻事故带来的损失，并确保应急救援工作的高效执行。

3.1.3　加强业务培训和演练

作为专职救援人员，具备过硬的身体素质是成为“逆行者”的基本要求，也是完成各项应急救援任务的保证。企业应该制定体能训练计划，定期为救援人员提供定量、定时的体能训练任务，以提升他们的身体素质。

考虑到危化品的特殊性，应急救援人员还应具备必要的专业知识和技能。通过专项和联合演练，有计划、有组织、有重点地组织应急专业救援队伍进行业务学习和实战演练。对培训内容进行考核，分析培训效果，积累应急救援经验，提升应急救援水平。

此外，救援人员的思想政治教育和心理素质教育也非常重要，不能被忽视。救援队伍的指挥人员应根据相关规范标准，如《危险化学品应急救援管理人员培训及考核要求》(AQ/T 3043—2013)等，通过多种渠道提高自身的业务能力水平，不断提升应急救援科学决策能力。

通过以上措施，能够提高救援人员的身体素质、专业知识和技能水平，使其能够应对各种应急救援任务，并做出科学决策。这样可以有效保障救援工作的质量和效率，提高应急救援的整体水平。

3.1.4 确保应急救援人员自身的安全

确保救援人员的安全是应急救援工作的重要任务。在危险化学品爆炸、失火或中毒等事故中，救援人员的个人安全性必须得到重视。他们必须加强自身的防护，穿戴适合有效的个体防护装备后方可进入事故现场。

此外，危险化学品事故具有有毒有害、腐蚀性、爆炸性、火灾以及扩散程度等特定环境属性。因此，救援人员应该具备客观明确的处境意识，时刻保持警惕，对潜在的危险保持高度警惕。

为确保救援人员的安全，可以采取以下措施：

提供充足的个体防护装备：确保救援人员穿戴适合的防护服、手套、护目镜、呼吸器等防护装备，以防止接触有害物质和化学品。

进行专业培训和演练：救援人员应接受针对危险化学品事故的专业培训，学习正确的救援技巧和应对策略，并通过实地演练提高应急反应和处置能力。

实时监测和评估：在救援过程中，应建立实时监测系统，对事故现场的危险因素进行持续监测和评估，确保救援人员的安全。

建立指挥系统和通信机制：建立完善的指挥系统和通信机制，确保救援人员能够及时接收指令、汇报情况，并保持与指挥中心和其他救援人员的有效沟通。

通过以上措施可以有效提高救援人员的安全性，确保他们在应急救援工作中能够安全、高效地履行职责，并最大限度地减少人员伤亡风险。

3.2 政府层面

3.2.1 完善相关政策法规及标准

《国家危险化学品应急救援队伍建设规范》正在征求意见稿阶段，但一些省市如山东省和广州市已经制定了地方规范。建议尽快推进该规范的正式出台，并鼓励地方政府制定相关的考核办法。

地方政府可以在队伍设立与职责、综合管理、基础设施、教育培训、物资装备、人员数量、体能技能、防火监督、经费保障等方面设立考核项目。这些考核项目不仅可以作为队伍成立时的验收标准，也可以作为日常监督的考核标准。

通过考核项目的设立和执行，可以推动危险化学品应急救援队伍按照规范要求进行建设和管理，确保队伍的能力和水平符合应急救援任务的要求。这将有助于提高危险化学品事故应急救援的效率和质量，保障人民生命财产的安全。

同时，推进《国家危险化学品应急救援队伍建设规范》的出台也是一项紧迫的任务。相关部门应积极推动该规范的完善和正式发布，以确保全国范围内的危险化学品应急救援队伍建设得到科学规范和有效指导。这将进一步提升应急救援能力，应对危险化学品事故带来的挑战。

3.2.2 完善培训服务工作

化学事故应急是一个高度专业化的领域，针对不同性质的化学品，需要有相应的应对手段和方法。因此，必要的应急方法和方案应该由专业的培训机构和培训师进行讲解。

为了提供有效的培训，政府应充分利用设备企业、消防部门、专业化工应急救援队伍、危险化学品应急救援基地等资源，鼓励并支持它们设立专业培训机构或开展培训合作，提供学习示例和沟通交流平台。政府还应鼓励培训机构提供实际的训练演练、比试竞赛，引进灾情仿真模拟等智能软件，以便为企业提供更具针对性的培训服务。

此外，政府还应完善救援队伍培训考核规范，明确培训对象、培训要求、培训内容、考核要点等方面的要求，以提高培训的效果和质量。这样能够确保培训的针对性和实用性，使救援队伍的成员能够具备必要的知识和技能，能够应对各种化学事故应急情况。

3.2.3 加大政府扶持力度

政府可以考虑通过补贴、奖励等形式向企业专职应急救援队伍提供资金支持，以促进其建设和发展。此外，可以依托当地大型危化企业应急救援队伍现有资源，并给予资金补助，进一步做大做强这些队伍。这样可以为当地企业提供隐患排查和应急救援服务，并提供教育培训、情景演练、技术对比等场所，发挥重要的安全保障作用。

这样的举措有助于提高企业专职应急救援队伍的建设水平和能力，加强其在化学事故应急救援中的作用和责任。通过资金支持和资源整合，可以推动专职应急救援队伍的专业化和规范化发展，提升整个社会的安全保障能力，减少化学事故带来的风险和损失。

因此，政府在加大资金投入的同时，还应建立科学的考核机制，确保资金的有效使用和专职应急救援队伍建设的质量。这样可以激励和促进企业积极参与应急救援队伍建设，共同构建高效、专业的化学事故应急救援体系。

4 结语

本文对专职应急消防队伍的标准化建设进行了探讨。通过对相关政策和实践的分析，可以得出以下结论。

首先，标准化建设是提升专职应急消防队伍能力和水平的必要途径。通过制定明确的标准和规范，可以规范队伍的组建、管理和培训等方面，确保其在应急救援任务中的高效运行。标准化建设有助于提高队伍的专业化程度，提升应对各类灾害和事故的能力。

其次，政府在标准化建设中发挥着重要作用。政府应加大对专职应急消防队伍的资金投入和政策支持，推动建立健全的考核机制和培训体系。同时，应建立与地方实际情况相适应的标准，充分利用现有资源，推动队伍建设的全面发展。

最后，标准化建设需要与实际操作相结合，注重实践和经验总结。在制定标准和培训计划时，应充分考虑实际应急救援需求，注重培养队伍成员的技能和应变能力。同时，应建立起与相关部门和企业的紧密合作机制，共同应对突发事件和化学事故。

总之，专职应急消防队伍的标准化建设对于提高应急救援能力、保障社会安全具有重要意义。政府和相关部门应加强合作，制定科学的标准和规范，推动队伍建设的规范化、专业化和高效化。这将为应急救援工作提供有力支撑，保护人民生命财产安全，促进社会的可持续发展。

参 考 文 献

[1] 陈硕．石化企业专职消防队应急救援能力提升研究[D]．山东：中国石油大学(华东)，2016.
[2] 张春艳，茆文革，孙佳佳，等．大型危化企业专职应急救援队伍能力建设探讨[J]．工业安全与环保，

2021，47(7)：74-78.
[3] 张磊，阮桢.100起危险化学品泄漏事故统计分析及消防对策[J].消防科学与技术，2014，33(3)：337-339.
[4] 高维英，郭其云.企事业专职消防队现状及政府专职消防队构建[J].消防科学与技术，2012，31(11)：1243-1246.
[5] 孔祥斌.化工企业应急救援管理[J].科技创新导报，2019(8)：184-185.
[6] 杨浩.浅议加强企业专职消防队伍战训工作改革与创新策略.化工管理，2019(9)：87-88.

【作者简介】胡皓然，男，目前就职于中国石油辽阳石化分公司，操作工岗位。电话：15102461565，邮箱：1677302668@ qq. com。

油气生产水上应急救援队伍建设研究

鲁大成　杨　俊　崔姝羿　蒲子芳

（中国石油海上应急救援响应中心）

摘　要：本文从国内安全生产应急救援队伍建设现状出发，依托中国石油天然气集团有限公司应急资源部署和中国石油海上应急救援响应中心应急救援力量，初步实践并研究如何规范安全生产应急救援队伍建设，强化原油和危化品的溢油应急、消防及海上救生能力，更好地履行社会责任。

关键词：队伍建设；溢油应急；救生能力

1　引言

在新的历史条件下，国家安全生产应急救援队伍建设应紧紧围绕建立大安全大应急框架和建设“专常兼备、反应灵敏、作风过硬、本领高强”的总要求，着力抓好政治建队、改革建队、科技建队、人才建队和依规建队。当前，我国应急救援力量体系已逐步形成，主要以综合性消防救援队伍为主体，以安全生产应急救援队伍等为专业骨干、社会救援力量为重要支撑和补充。目前安全生产应急救援队伍尤其是油气生产海上应急救援队伍建设仍存在资源短缺，区域联动协同救援体系不健全等问题。近年来，沿海及海上油气生产设施和海上施工作业设施大幅增加，同时恶劣的气候环境和多样化的违章行为导致国内外先后发生了典型的美国墨西哥湾原油泄漏事故、大连原油储库“7·16”输油管道爆炸事故、蓬莱19-3油田溢油事故、青岛“11·22”输油管道爆炸等事故，造成大量原油入海，破坏海洋生态环境，污染事故周边水域，渔业、船运业、旅游业也随之受损严重，同时造成巨大人身伤亡和经济损失，并且造成非常恶劣的社会影响。

我国沿海地区敏感目标多(环境敏感目标主要包括沿海国家级、省市级自然保护区、国家级水产种质资源保护区、重要渔场、鱼类三场和鱼虾类洄游通道等；社会敏感目标主要包括沿海各类岸线、海滨浴场、旅游度假区等)，油气生产灾害事故类型复杂，涉及专业救援能力交叉，应急难度大，同时设施布局分散、风险不集中等问题。一旦发生事故，不仅会对周边海域的生态环境造成破坏，还将影响周边区域范围内社会稳定和经济发展，甚至能引起国际争端。因此探索油气生产“综合性”水上应急救援队伍建设，提升应急救援、处置能力的全面性具有重要意义。

2　中国石油天然气集团有限公司海上应急能力概况

2.1　中国石油海上应急能力布局

2006年集团公司成立了中国石油海上应急救援响应中心(以下简称应急中心)，下设三个救援站，分别为位于盘锦的辽河救援站、曹妃甸的冀东救援站及大港的大港救援站。

负责渤海湾滩海、浅海及海油陆采端岛等海上勘探开发突发事件的应急救援和日常预防工作。2022 年，冀东油田下发文件成立南海救援站，主要负责广东石化海上守护及应急工作。

2014 年集团公司投资专项资金，用于补充完善应急中心现有应急能力，并在大连、海口、钦州建设 3 个沿海应急设备库，在吉林、延安、兰州、保山(已出售给国家管网)建设 4 个内陆河流应急设备库。

2019 年集团公司下发文件由各专业分公司组织建设大庆、克拉玛依、库尔勒、任丘、吉林、宁波、加格达奇、丹东、长沙、广元、昆明等 11 个应急物资储备点(其中加格达奇、丹东、长沙、广元、昆明目前已属国家管网所有)。

2.2 中国石油海上应急救援响应中心

中国石油海上应急救援响应中心(以下简称应急中心)成立于 2006 年 12 月，行政上由冀东油田分公司管理，是一支专业的海上应急救援队伍，主要负责渤海湾滩海、浅海及海油陆采端岛等海上勘探开发突发事件的应急救援和日常预防工作。同时应急中心负责集团公司溢油应急设备库维护管理工作，负责油田公司防火、灭火和现场消防监护等工作，是集团公司应急管理体系的一部分。

应急中心用工总人数 361 人，拥有溢油回收装备 79 台(套)，溢油应急配套装备 108 台(套)，消防、救生装备和物资 372 件(套)以及能够满足紧急突发事故需求的溢油应急物资共 4 大类 27 种，拥有各类应急船舶 25 艘。已具备海上勘探开发Ⅱ级突发事件应急处置能力，在中国石油集团公司海上应急管理体系中作为一级力量切实担负海上应急主体职能。

应急中心自成立以来，以“国内领先，国际先进”的目标，全力处置突发事件累计 80 余次，参加大型综合演习 80 余次，多次受到了上级和社会各界的高度赞誉，积累了不同环境下各类突发事件应急处置的实战经验。经过多年的建设，逐步了具备溢油应急、海上消防、陆地消防及人员救助能力的专业应急救援队伍。

3 专业油气生产水上应急救援队伍打造和优化

3.1 塑造“铁军”文化，践行使命担当

新时代应急救援队伍建设，需“以文培元、以文立心、以文铸魂”。

应急中心党委坚持发扬大庆精神、铁人精神，践行使命担当，积极探索党建工作与生产经营活动深度融合，加强新时代石油企业文化建设，充分发挥以文培元、以文立心、以文铸魂的作用，筑牢思想基础，凝聚同心协力，兴油报国的强大合力。

面对当前新形势、新机遇、新挑战，应急中心秉承“召之即来、来之能战、战之能胜”的宗旨，强化政治引领，坚持把以人为本作为发展中心，打造一支纪律严明、技术精湛、爱岗敬业、作风过硬的海上应急铁军队伍。应急中心围绕“创新、创优、创先、创效”，历经十六年发展，在军事化管理基础上，对应急“铁军”特色文化建设进一步探索与实践，分析应急文化的精神内核和当代价值，强化“我为祖国献石油”铁的信念、“众志成城”铁的团结、“令行禁止”铁的纪律，“勤政廉政”铁的作风、“永争一流”铁的目标，逐步形成“五铁”精神。依托“五铁”精神，应急中心立足思想力、协作力、执行力、

向心力和创造力全面锻钢铸魂淬铁军，践行令行禁止、使命必达，擦亮了中国石油海上“应急铁军”的金字招牌。

3.2　加强应急管理体制建设，提高预防和处置突发事件的能力

(1) 学习应急管理规范。应急管理规范是在面对紧急情况时保护人们和财产的一个重要框架。它是指对各种突发事故，包括自然灾害，人为事故和恐怖袭击等紧急情况的自我保护措施，是指导组织应对危机事件的必要程序和制度，是由国家政策法规，行业标准，安全管理经验和应急管理规章等制度和方法，建立起来的一种科学规范化的体系。应急救援队伍的管理人员应在充分学习应急管理规范基础上，深入理解企业安全生产相关制度，进而制定本单位应急管理制度，完善应对事故灾难类突发事件而开展的监测预警、应急预案、应急培训与演练、应急物资装备、应急队伍、应急专家技术及资金保障，应急信息管理、车载及船载应急通信系统，应急处置与救援和应急评估等全过程管理。

(2) 完善应急管理组织机制。应急救援队伍建立经最高管理者确定的应急工作方针，以规定组织在应急工作方面的宗旨和方向(总目标)，并为评价和改进组织的应急管理绩效提供框架。应急中心应急组织机构主要由应急领导小组、应急办公室、现场应急指挥部、现场应急协调组、现场应急处置组、应急物资保障组、应急技术保障组、舆论舆情监控组、警戒安全组及后勤保障组组成。

(3) 完善中心“1+4+9+N”应急预案体系。以风险辨识、评估结论为依据，重新构建应急预案体系；以应急资源调查报告为参考，对应急预案中的应急资源进行更新完善；更新预案编制依据，重新梳理各应急组织机构的组成及职责，注重预案体系的上下衔接，结合突发事件实际应对处置流程完善应急响应程序、处置措施。

(4) 完善应急技术研究及储备。着力强化对外应急处置方案体系建设，不断深化海上应急领域理论研究、技术应用和技术储备，建设无人机溢油侦查能力，分步骤、分阶段稳步推进设备设施智慧化应急研究工作，实现应急反应体系布局立体化、响应区域化、反应快速化、处置专业化。

3.3　完善“1+4+6+N”应急布局建设，实现区域联动

完善“1+4+6”平面化网络，在中国石油集团涉水企业重点区域、敏感地区、高风险场所建立辐射半径为300km的应急物资储备库，持续统筹优化，提升应急救援装备物资紧急调拨投送能力。

中心现有冀东、辽河、大港及南海救援站能够有效覆盖冀东油田、辽河油田、大港油田及广东石化相关海域。按照国家及集团公司相关要求，坚持“分步实施、逐步完善”的原则，计划对中高溢油风险区在前期基础上继续完善应急物资的配备，结合自身需要，补充完善应急物资配备及应急队伍建设，满足企业第一时间应急需求。

3.3.1　区域溢油风险评估分析

综合考虑油田企业、石化企业、油品销售各业务板块所属企业地理分布、区域内重点水系、区域特点、历史事故等信息，对各区域的溢油风险进行分级，确定东北、西北、西南、华北、华南、华东等大区域溢油风险(具体见表1)。

表1　区域风险等级评估

序号	名称	地理范围	涉及企业	重点水系	风险级别与特点
1	东北区	黑龙江、吉林、辽宁全境和内蒙古北部	大庆油田、辽河油田、吉林油田；管道公司；大庆石化、大庆炼化、吉林石化、抚顺石化、锦州石化、锦西石化、哈尔滨石化、辽河石化、大连石化、大连西太；东北化工销售、东北销售、辽宁销售、黑龙江销售、吉林销售、大连销售等20家风险企业	嫩江-松花江-黑龙江水系；鸭绿江；辽东湾-辽河水系	本区域风险企业多，管道多，水网密度大，自然生态好，区域人口多，区域敏感度高。北部为高寒环境，应急难度大。靠近边境线，国际影响大。历史事故多，应急难度大。 综合评定为高度风险区域
2	华北区	北京、天津、河北、山西、山东全境和内蒙古中部	大港油田、华北油田、冀东油田；呼和浩特石化、大港石化、华北石化；华北化工销售、内蒙古销售、河北销售、山东销售、天津销售等11家风险企业	渤海湾；滦河水系；海河水系；黄河水系下游	风险企业较多，管道多，水网密度较大，生态较好，区域人口多，政治敏感度最高，渤海沿线有三家油田；历史事故较多。本地区河流落差小。应急难度较大。 综合评定为高度风险区域
3	华东区	上海、安徽、江苏、浙江、全境，湖北中东部，湖南、江西、福建北部	浙江油田；湖北销售、湖南销售、河南销售、安徽销售、华东化工销售、上海销售、江苏销售、浙江销售、江西销售等10家风险企业	黄河水系下游；长江水系下游；淮河水系；富春江水系	本区域集团公司企业较少，油品管道少，水网密度大，生态环境好，区域人口密集，敏感度高。事故发生概率小，没有历史事故，综合评定为低度风险区域
4	华南区	广东、海南全境，广西东部，湖南、江西、福建南部	福山油田；广东石化、华南化工销售、广东销售、福建销售、海南销售等6家企业	珠江水系下游；临海诸河水系；海南岛水系	本区域集团公司企业少，没有油品管道，水网密度大，生态环境好，区域人口密集，政治敏感度高。但事故发生概率小，没有历史事故。综合评定为低风险区域
5	西南区	云南、贵州全境，四川南部和广西西部。	云南石化、广西石化；西南化工销售、云南销售、重庆销售、贵州销售、广西销售等8家风险企业	长江水系上游；元江-红河水系；澜沧江-湄公河水系；怒江-萨尔温江水系；独龙江-伊洛瓦底江水系；盘江-红水河-珠江水系上游	本区域企业不多，但有重要的进口原油成品油管道，水网密度大，区域人口较多，区域生态好，自然灾害多发，高山密布，河流落差大，交通不便，应急难度极大，邻近边境，国际敏感度高。历史事故不多，但应急联动资源极其匮乏。 综合评定为高度风险区域
6	西北区	陕西、宁夏全境，内蒙古西部，甘肃、青海东部，四川、重庆北部，河南西部和湖北西北部	长庆油田、玉门油田；兰州石化、宁夏石化、庆阳石化、四川石化；西北化工销售、西北销售、陕西销售、山西销售、宁夏销售、青海销售、四川销售、甘肃销售等17家风险企业	湟水-渭河-泾河-洛河-汾水-黄河水系；嘉陵江-长江水系上游	本区域风险企业多，长输管道多，黄土区集输管线多，水网密度较大，黄土区生态脆弱，自然灾害频发，区域人口多，水系敏感度高，落差大。历史事故多，应急难度大。应急基础薄弱。 综合评定为高度风险区域

3.3.2 储备点选址方案

(1) 选址原则。针对区域内企业多，溢油风险高，历史事故多，区域敏感度高，自然资源丰富、水系发达的地区进行布点，储备点覆盖半径约为300km。同时考虑企业溢油风险较低、但区域内可依托资源少的地区，如新疆、华东等。

(2) 选址方案。依照选址原则主要考虑，一是沿海储备点主要选择在设施临近海岸线，溢油风险高，区域依托资源少的地区。二是陆源储备点主要选择在重点水域等高敏感地区，同时重点水域的上游有集团公司高溢油风险企业和管道穿越(包括支流)，下游有大型城市和敏感水源保护地。三是物资存储场所，物资管理人员均利用代储企业现有资源，不新建物资存储场地，不新增人员编制。

中国石油集团公司目前已形成“1+4+6”站库结合局面，按照300km覆盖半径原则，现有站、库可以覆盖的区域，不再新增储备点。对东北、西北、西南、华北、华南、华东等中高风险区域，拟建设完善溢油应急物资储备点。

3.4 加速三支队伍建设，构建过硬人力资源体系

中心以建设一支“国内领先、国际先进”的海上溢油应急队伍，打造国内海上溢油应急行业标杆为目标，分层次打造“三支队伍”(高水平管理人员队伍、精专业的高级船员和技术人员队伍、硬素质应急操作人员队伍)，结合不同人员队伍的工作需要和实际特点，建立培训方案，制定相关的培训内容，注重培训效果，提升理论、技术和专业基础力量，提高整体应急水平。

一是建设海上溢油应急专家库。从集团公司内外，邀请海洋、船舶、石油勘探开发、井控、炼化、管道、储运、气象、应急管理、心理学和危机管理等方面的专家，组成集团公司层面的海上溢油应急专家库，并形成联络机制，应急时负责重大海上溢油事故应急处置决策方案编制。

二是完善专业应急技术和装备科研机构。充分发挥创新与技术培训站、郭建龙创新工作室职能，加大海上溢油应急技术和装备的科研力度，特别是加强瓶颈应急技术和难点的攻关，注重理论与实际的相互促进和提升。

三是建立科学的海上溢油应急队伍培训机制。首先，制定系统性的培训计划，提高培训的针对性和实效性，形成溢油应急队伍中长期培训目标，结合应急实际需求，重点培养应急指挥、应急技术、船舶操纵、应急装备维保、海上油气生产安全监督方面人才，制定针对性人才培养规划。其次，加大对培训的投入，通过聘请应急管理专家授课、人员外出培训、学习考证奖励等途径加大培训力度。再次，做好分层次培训和集中学习讨论结合，针对“三支队伍”制定不同培训计划的同时也应以专题报告会、研讨班、专家讲座等形式开展“三支队伍”间技术交流。

四是加强各类海上溢油应急志愿者队伍培养。专兼职的应急队伍总量再高，也无法真正满足大型海上溢油事件事故的应急需要。实践证明，未经培训和积累的临时性非专业人员辅助应急，其效率和效果都差强人意。因此建立外部志愿者培养机制，利用各地区公司其他二级单位人力资源，以及政府部门、军队、社会研究机构、大学生、其他企业和海上应急组织、志愿团体等多方力量，系统开展志愿者队伍培养，构建海上溢油应急志愿者体系。

五是着力解决应急中心在运行中暴露的应急队伍老龄化、体能不足问题，继续强化军事化管理，坚持做好体能达标训练与考核，增强队伍组织性、纪律性。创新训练方式，开展模拟事故场景实战训练，提高班组整体训练质量，促进全员业务素质提升。在船员招聘方面借鉴《国家综合性消防救援队伍招录办法》，采用校企结合的方式持续招聘青年应急队员。

3.5 拓展服务范围，强化对外培训职能

结合应急中心目前发展实际，制定完善措施，提高自身实力，利用中心资源，最大程度地开展集团公司内部溢油应急相关业务，切实做好涉海油田海上勘探开发业务的应急值守服务，做好河流应急库所属企业应急技术服务，积极拓宽应急服务范围。拓展应急中心对外培训职能，加强对企业兼职队伍和现场培训。

3.6 构建可靠的硬件保障体系

不断完善应急装备和船舶管理体系，加强管理，提高管理及使用水平，充分发挥出专业应急设备的应有功能。应急中心大型溢油应急船舶航区均为沿海航区，处置远海航区溢油应急能力较弱，随着中国石油向深海勘探开发不断迈进，建设一艘远海航区适航、自持时间长，稳性优良的大型溢油回收船将提上日程。

强化搜救装备建设。配备应急指挥车、生命探测、夜视仪、水下机器人等先进的救援设备，优化巡航救助船舶和社会力量配置，提升救助船舶整体的抗风浪等级和续航能力。

3.7 建设设备研发、效果实验及检测能力

应急中心坚持科技引领，加强技术攻坚，形成强大的科技攻关能力和充满活力的创新生态，倾力打造科技创新引擎。结合海上、河流、岸滩等典型区域特点，提炼海上溢油应急处置“五步法”、河流溢油应急处置“四步法”、岸滩溢油应急处置“四步法”，明确应急各阶段工作要点，实现处置程序与技术程式化。紧贴应急实战需要，开展科技攻关，研发“具有吸附(净化)功能新型围油栏”“激流中防止倾覆围油栏”“岸滩环境作业充气装置”一批专利产品。

设立重大科研专项，组织产学研协同攻关，加大沉潜油、冰区溢油监测和清除、恶劣气象与高海况条件油污回收、滩涂溢油清除技术及装备等溢油应急技术、装备和材料的研发，保障应急中心应急救援功能的发挥。

持续开展溢油处置技术、方法研究与创新。积极开展各类设备、物资技术验证工作，做好溢油应急物资装备标准制定与标准推广工作，引进溢油应急、监测前沿技术，发挥应急人员与设备的最优功效，确保现有设备、物资从理论上和技术验证中均能满足Ⅱ级以上海上突发事件应急处置需求，向主动型海上油气田应急保运方向发展。

4 结语

依托中国石油海上应急救援响应中心的发展，探索新时代油气生产水上应急救援队伍建设，采取“军事化管理”模式，培育“五铁”精神，实施“数智赋能”驱动，打造纪律严明、技术精湛、爱岗敬业、作风过硬的海上“应急铁军”，有力保障了涉海油田勘探开发、安全生产，积极应对“大应急”需要，实现了跨区域应急救援，确保科学决策、正确指挥、高效执行、及时反馈，打赢海上应急救援攻坚战，保卫国家碧海蓝天。

参 考 文 献

[1]"一专多能、一队多用"是这样练成的，中国应急管理报，2023，6(006)：1-2.

[2] 刘超琴，罗雄鹰，建"五个一"应急体系实现有人抓有人管，中国应急管理报，202212(002)：1-3.

[3] 李京祥，文勇，王品，新形势下建设"一专多能"综合性应急救援队伍研究，化学管理，2021(01)：13-15.

[4] 孙颖妮．适应全灾种、大应急任务需要加强专业应急救援队伍综合能力建设[J]．中国应急管理，2019(07)：32-33.

【作者简介】鲁大成，男，中国石油海上应急救援响应中心，本科，负责健康质量安全环保、生产保运、应急管理、船舶管理等工作。电话：13932596581，邮箱：zd_ldc@ petrochina. com. cn。

危险化学品事故中消防救援人员的安全管控与保障

陈　兵

（中国石油化工股份有限公司茂名分公司应急救援中心）

摘　要： 本文说明了危险化学品事故的特点，事故中存在的各种风险，阐述了应急处置过程中消防救援人员的安全管控与保障措施。

关键词： 危险化学品；消防救援；人员风险；管控与保障

近年来，危险化学品行业生产、储存、运输环节事故多发，事故救援风险高、难度大。在西安煤气公司“3·5”液化石油气泄漏事故、湖南沅陵“10·6”危险化学品运输车辆翻车事故、天津滨海“8·12”危险化学品爆炸等事故中，消防员伤亡惨重，研究危险化学品事故中消防救援人员的安全管控保障措施，保护消防救援员生命安全，意义重大。

1　危险化学品事故的特点

1.1　突发性、时间短，初期处置要求高

危险化学品事故往往事发突然、瞬间爆发，这种突发性与危险化学品生产过程的工艺特性、介质的化学特性、物理特性相关。流程复杂、破坏性强、阀门、管线、设备被破坏，能量隔离难，短时间往往确定不了关键处置点，事故初期处置黄金时间短，要求高，事态扩展快速。

1.2　危害性、轰动大、社会恐慌大

危险化学品事故往往浓烟滚滚、火光冲天，场面恐怖，极易引起社会恐慌，往往因介质特性要控制保护燃烧，处置时间长，影响范围扩大。危险化学品具有泄漏与空气混合物形成爆炸性气体、遇水遇空气分解产生有毒气体等特性，一旦发生事故往往就是大泄漏、大爆炸、大火灾、大污染，伴随人员伤亡，房屋、框架、设备、管线倒塌，损失大，后果严重。

1.3　连锁性、救援难，消防员风险高

危险化学品事故具有连锁的特点，易燃易爆易着火的特性使危险化学品事故往往会形成碰撞、泄漏、燃烧、爆炸、污染之间相互串联的后果，吉化双苯厂“11·13”爆炸及松花江水污染事件就是其中一个典型案例。危险化学品事故初期往往救人、管控、获取信息、防爆、灭火、侦检、冷却保护一连串工作需要同时展开，处置的难度大。同时因初期现场情况不明、原因不明、同时存在多种危险介质，破坏能量大，无法快速确定稀释、灭火、冷却手段，处置过程中往往发生二次爆燃、爆炸甚至连环爆炸，深入现场的消防员风险极大。

2　危险化学品事故中消防救援人员风险最大的三类事故及其风险

2.1　危险化学品泄漏事故

指气体或液体危险化学品发生了一定规模的泄漏，虽然没有发展成为火灾、爆炸或中毒事故，但造成了严重的财产损失或环境污染等后果的危险化学品事故。危险化学品泄漏事故一旦失控，往往造成重大火灾、爆炸或中毒事故。危险化学品泄漏是消防救援人员面临风险程度最高的事故，处置过程中不可控因素极多，往往在处置过程中发生爆炸，人员不能及时撤离，伤亡重大。危化企业专职消防队一般驻营企业旁边，按相关法规要求，事故发生五分钟内必须到达现场，这么短的时间内，往往无法获取全面事故信息，现场混乱，也不能第一时间联系上熟悉了解生产工艺的人员，因此，消防救援人员可能近距离直接接触爆炸性混合物。

危险化学品泄漏事故存在以下几种重大风险：一是在爆炸物大量扩散、弥漫可能已形成爆炸性气体的状态下，现场有人员中毒晕倒，消防救援人员需要第一时间进入救人，此时爆炸的风险极高；二是如果是氢气或放射源等极难肉眼判断或通过侦检仪器检测现场状况等介质泄漏，靠近或进入现场执行任务，爆炸及射线损害的风险极高；三是危险化学品泄漏状态下进入现场执行环境侦检、能量隔离操作、开启现场固定消防设施情况下，爆炸及爆燃风险极高；四是存在初始泄漏不大，但随后漏点急剧扩展、存在静电或热源引发瞬间爆炸风险极大。五是消防救援人员存在被泄漏化学品中毒、冻伤、化学腐蚀、灼伤、呼吸道及眼睛损害风险。

2.2　危险化学品爆炸事故

危险化学品泄漏事故处置不当不及时往往就会发展成为爆炸或火灾事故，包括危险化学品发生化学反应的爆炸事故，液化气体和压缩气体的物理爆炸事故，爆炸品的爆炸，易燃固体、自燃物品、遇湿易燃物品的火灾爆炸，易燃液体的火灾爆炸，易燃气体爆炸，危险化学品产生的粉尘、气体、挥发物的爆炸事故。爆炸发生后，生产装置的框架、设备、管线、阀门都可能被爆炸能量摧倒、破坏，现场混乱，同时伴随多个火点的大火、浓烟或烟尘，现场可能出现多种有毒有害介质外漏的可能。并且，爆炸事故往往都有人员伤亡，消防救援人员抵达现场，即使风险不明、信息不畅，仍然要马上实施现场监管、搜救人员，对受事故影响设备、管线展开冷却保护抑爆。

危险化学品爆炸事故存在以下几种重大风险：一是烈火烘烤的设备、管线，因阀门被冲击误关误开，憋压的设备、管线，泄漏量的加大、错用灭火剂等因素，都会导致轰燃、二次爆炸、连环爆炸的风险，会造成现场消防救援人员的重大人员伤亡。二是救援人员面对因爆炸冲击泄漏的有毒有害介质喷溅及射线伤害风险。三是救援过程中发展成流淌火、立体火，人员被大火包围的风险。四是爆炸震松震脱的框架格栅板、护栏、铁皮、杂物随时可能掉下伤人风险及踩上靠上高空坠落及房屋、设备、管线倒塌伤人风险。

2.3　危险化学品火灾事故

事故包括易燃液体火灾、易燃固体火灾、自燃物品火灾、遇湿易燃物品火灾、其他危险化学品火灾。单纯的液体火灾一般不会造成重大的人员伤亡，但如果处置不及时或不当，易燃液体火灾往往发展到爆炸事故，也会造成重大的人员伤亡。由于危险化学品燃烧热值高，热辐射高，燃烧过程挥发有毒有害气体，生产装置的火灾极易形成喷射火、流淌火及立体火，原油或成品油罐区火灾容易产生沸溢和喷溅和爆炸，特别是原油罐区火灾，由于储存量大，火灾如果不能利用固定泡沫系统在初期成功处置，消防救援人员就必须冒险登顶作战或大兵团作战，后期处置难度极大，对灭火剂和水源的需求极大，往往需要打持久战。

危险化学品火灾事故消防救援人员要面临以下几种重大风险：一是在火势大、过火面积大、火点较多的情况下，短时间内无法及时对所有被烘烤的设备、管线进行充足强度保护，挥发、憋压、高温烧烤，设备、管线材料强度降低爆裂、坍塌，此外泄漏量的加大、错用灭火剂等因素，也会导致火灾扩大，如果在室内会发生轰燃、爆炸的风险，会造来不及撤离消防人员伤亡。二是高层框架、罐顶火灾，救援过程中发展成流淌火、立体火，人员存在被大火包围，进退上下无路的风险。三是大型原油罐火灾初期需要冒险登顶作战，消防员要面临携带重型器材高空坠落的风险和事故快速发展撤退困难的风险。四是由于大多数危险化学品在燃烧时会放出有毒气体或烟雾，消防救援人员存在中毒窒息风险。

3 危险化学品事故中消防救援人员的风险管控与安全保障

在存在以上三种事故形态各类重大风险情况下，消防救援人员要执行救人、侦检、能量隔离、驱散稀释、冷却抑爆、控制燃炸、物料及车辆转移等任务时，要保证人员安全，必须落实以下措施：

(1) 严格落实习近平总书记“人民至上，生命至上”理念，严格执行危险化学品事故处置规程和应急预案，先侦检，准确分析判断环境状态下再确定行动方案。

(2) 危险化学品事故救援，需要启用专用救援编成，泄漏事故的装备重点要有涡喷消防车、排烟机器人、侦检机器人、气云成像或热成像仪、大跨度高喷车、无人机、大功率消防车等；爆炸事故的装备要包括三相射流消防车、侦检机器人、大功率消防车、大跨度高喷车、灭火机器人、气云成像或热成像仪、无人机、远程供水车组等；火灾事故的装备要包括设备罐体形变监测仪、大功率消防车、大流量拖车炮、大跨度高喷车、灭火机器人等。

(3) 进入现场前的消防救援人员必须全套穿戴个人安全防爆、卫生、气体侦检仪等装备，如有针对性选择穿戴防化服、隔热服、空呼等，泄漏介质不明时，采取最高级别防护，泄漏介质具有多种危害性质时，应全面防护，指挥员要配备侦检仪、高精高倍数望远镜等。

(4) 在赶赴事故现场途中，消防车车窗及气体、射线等检测仪器在行驶中必须全开，通过仪器及人的嗅觉、视觉、听觉等提前获得周边环境信息，提前判断环境状态。

(5) 进入事故现场执行任务前，必须联系事故单位熟悉工艺的人员协同开展风险分析，设立安全观察哨，观察哨必须可通过相应通讯设备与消防救援人员随时联系，及时通报泄漏状态、风险征兆、环境变化、紧急撤退等信息，侦检、安全观察与风险分析，必须贯穿危险化学品事故处置全过程。

(6) 对消防救援人员必须落实保护措施，如消防员轨迹跟踪、进入前采取环境检测、通过涡喷车、排烟机、现场喷淋、水雾掩护等远近距离稀释驱散等手段对消防救援人员进行保护。

（7）指挥员要随时谋划在救援过程中紧急撤退的路径、防爆的掩体、就地保命措施，做好随时发出危急应对指挥。

4 结语

消防救援作为世界公认十大高风险职业，研究危险化学品事故中消防救援人员的安全管控与落实保障措施，保证消防救援人员生命安全，关系到我国危险化学品生产行业安全高质量发展，刻不容缓。

参 考 文 献

[1] 国家安全生产应急救援中心．应急救援员[J]．北京：应急管理出版社，2023.
[2] 国家安全生产应急救援中心．典型危险化学品应急处置指导手册[J]．北京：中国石化出版社，2023.

浅谈硫黄回收装置安全风险与应急救援处置方法

方志伟　刘鑫辉　闻吉鸿

（中国石油消防应急救援吉林石化支队五大队）

摘　要：硫黄回收装置承载着炼油装置主要是排污处理工作，并在污水、酸性水等废水中提取硫化氢、氨等物质为下游装置提供原料；该装置年产数万吨物料，内置多台封闭式焚烧炉，存在流量大、安全风险高等特点；硫化氢和氨为剧毒物质，一旦发生泄漏会造成极大安全风险；救援处置难度大，救援过程中极易发生人员中毒和火灾爆炸事故，所以预判装置风险，做好安全处置预案是辖区应急的重要安全保障。

关键词：硫化氢；氨；剧毒；火灾爆炸；应急处置

2021 年 2 月份，吉林市某化工厂发生硫化氢泄漏中毒事故造成 5 人死亡 8 人受伤，硫化氢气体在生产管理与应急处置再次成为舆论热议话题；国家、省市再次对危化品安全生产企业进行全面风险排查，对有毒气体生产应用企业及不符合国家排放使用标准企业进行限期整改。

硫化氢属于剧毒性酸性气体，无色，与空气混合易形成爆炸性混合物，遇明火、高温能形成燃烧爆炸；低浓度时有臭鸡蛋味，又因其高浓度时对人体中枢神经有麻醉作用，所以在高浓度硫化氢环境中的人员更不易发觉硫化氢存在，高浓度硫化氢更易发生群体中毒事故。

硫化氢在石油化工生产中发挥重要作用；石油中含硫，含硫量因石油产地不同而各存差异；在原油及炼化中间产品加工过程中，硫经常作为杂质被脱除，而除硫方法经常是以加氢方法将单质硫转化为硫化氢，硫黄回收装置就是将硫化氢以酸性气的形式进行脱除回收，以达到快速除硫的目的；这样既保证原料与成品的纯度也确保了生产装置长周期运转不被腐蚀；该方法在化工生产中占比非常高，常减压、催化裂化、联合芳烃等化工主要生产装置均是以该方法脱除生产原料中硫化氢和氨等物质；但脱除的物质必须要实现有效处置确保环境与生产的安全，这就要求石油化工生产行业合理回收处置硫化氢，在保证安全环保的前提下合理利用硫化氢属性发挥硫化氢最大效能，切实达到石油化工生产节能创效、安全环保的根本目的。

1　石油化工硫黄回收装置工艺特点

硫黄回收装置主要分硫黄回收单元、酸性水汽提单元、溶剂再生单元，其工艺是将炼化上游装置生产排出的富含硫化氢、氨、一氧化碳、二氧化碳的废酸性水、酸性气作为原料进行分离、提取、加工，利用当今世界先进的克劳斯硫黄生产工艺制取液态、固态硫黄及液氨；经硫黄回收装置处理，炼厂对废水废料进行深度加工实现再回收利用，加工后废水废气满足国家关于环境治理与工业排放管理双标要求，目前已成为石油化工安全环保的重要保障。

1.1 硫黄回收单元工艺流程与技术特点

硫黄回收装置三个单元相辅相成；硫黄回收单元主要将溶剂再生单元提出的硫化氢与酸性水汽提单元析出的硫化氢利用克劳斯工艺将其改变为单质硫，并按成品将单质硫进行成品处理。其方法是将各单元回收的硫化氢利用酸性气燃烧炉将硫化氢进行可控性焚烧，硫化氢转化为二氧化硫，二氧化硫经过一级冷凝器冷却除雾、二级冷凝器冷却除雾后获得合格产品单质硫后储存于专用硫池，总硫回收率约为93%；未被完全转化的二氧化硫在本单元加氢反应器中进行加氢反应重新生成硫化氢，在冷却塔内冷却后送入回收塔，在回收塔内利用纯度为30%甲基二乙醇胺溶液（MDEA）对硫化氢进行深度吸收，吸收后的MDEA富液（用MDEA吸收硫化氢后的液体）送至溶剂再生单元，至此，硫黄回收单元硫化氢总回收率达到99.8%；剩余未被完全吸收的少量尾气硫化氢送至尾气焚烧炉进行完全焚烧后排至大气；合格硫黄回收单元排放烟气中二氧化硫满足国家大气污染物排放标准960mg/Nm^3（GB 16297—1996）的各项要求。

1.2 酸性水汽提单元工艺流程与技术特点

酸性水汽提单元主要用于接收自常减压、催化、裂化、焦化及芳烃装置而来的混合酸性水，并对酸性水进行综合性处理；各生产装置酸性水被送入本单元原料水脱气罐后，经过多级除油、换热器加热后进入酸性水汽提塔；在塔内，酸性水利用硫化氢与氨气的水溶解度不同，在塔内形成了硫化氢和氨气的各自高浓度区域；硫化氢因相对挥发度较大，最终被汽提塔从塔顶被高浓度抽出并送回至硫黄回收单元；氨气也因溶解度比硫化氢大，最终在汽提塔中部形成一个高浓度区，并由塔侧线抽出；氨气被抽出后，经过本单元氨精制系统对氨气进行反复提纯处理，氨纯度可达99.6%，脱除少量残余硫化氢后被气封到装置内液氨储罐；与此同时，汽提塔塔底得到符合生产要求的纯净水用于回流送至生产装置进行生产使用。

1.3 溶剂再生单元工艺流程与技术特点

自其他化工装置和硫黄回收单元而来的混合富液（用MDEA吸收硫化氢后的液体）被送至溶剂再生单元，在本单元内混合富液经过连续换热、闪蒸、降温后进入再生塔，在塔内混合富液中的硫化氢被重新分离后自塔顶被提出，重新送回硫黄回收单元作为进料，塔底贫液（MDEA）进入甲基二乙醇胺溶液（MDEA）储罐，用于重新为吸收塔及其他生产装置提供硫化氢吸附服务。

2 硫黄回收装置生产运行风险点

硫黄回收装置工艺主要是将催化、裂化、焦化及芳烃装置而来的混合酸性水、酸性气进行气提得到硫化氢和氨；硫化氢是剧毒品，同时具有腐蚀性和易燃易爆性；高浓度硫化氢会损伤人嗅觉，极易在难以察觉的环境下发生中毒事故，浓度在1000mg/m^{3}的环境下会使人瞬间昏迷、呼吸麻痹、死亡；硫化氢爆炸极限为4.3%~46%，一旦泄漏发生爆炸危险极大；硫黄回收装置氨产量同样较大，以压缩液氨的形式被气封在液氨储罐中；按硫黄产量50t/h、年运行8000小时的硫黄回收装置进行计算，氨产量每天2~4t。

2.1 硫黄回收装置的火灾爆炸危险

2.1.1 硫黄回收装置易发生硫化亚铁火灾事故

硫黄回收装置主要用于回收、加工、处理硫化氢、氨等化学物质，生产液硫、硫黄等产品；在生产储存过程中，二氧化硫与硫蒸气均存在外溢、泄漏风险；该类型气体一旦发生泄漏，能与装置管线、罐壁以及设备表面金属发生接触或贴附，生成硫化亚铁；硫化亚铁与空气接触易发生自燃，同步引燃伴热保温、外泄硫化氢、氨气等易燃物质，造成重大事故危害；常规情况下，硫化亚铁自燃较为隐蔽，特别是在高点、有保温层的装置上均是以发烟、小火苗的形式存在，生产运行期间不易发现。

2.1.2 硫黄回收装置易发生氢气火灾事故

氢气是当前炼化生产重要组成部分，汽柴油调和、芳烃、乙烯、环氧乙烷等重要化工产品均是围绕产品的加氢、脱氢进行反应；大型化工装置管线密集，特别是氢气管线遍布装置每一个环节；作为化工生产重点原材料，氢气很多时候还被用于完成装置输送催化剂、热量交换等任务，用以提高产品质量、降低运行成本。但氢气具有易燃易爆属性，在危化品救援中，氢气的火灾救援占比相对较大，这主要是因为氢气燃点低、生产运行温度高和压力大；在氢气输送管线上，当管线弯头、法兰等设备存在质量问题或运行维护不到位的情况下经常会出现氢气管线泄漏造成氢气高压喷出，因其自身高温高压，摩擦静电引起喷射式燃烧；但受管径、压力、位置的限制，氢气火灾有时在白天的状态下并不明显，其火苗不大，火焰呈淡蓝色，巡检和生产监控人员都不易发现；在硫黄回收生产中，氢气主要是在克劳斯系统中将二氧化硫转化为硫化氢在回收塔内进行回收，其火灾防御等级相对更高，安全管理压力更大。

2.1.3 硫黄回收装置易发生硫化氢火灾爆炸事故

硫化氢属易燃易爆品，爆炸极限广，火灾爆炸危险性极大；同时，硫化氢物质贯穿于硫黄回收装置生产运行全过程，在压缩机的驱动下，硫化氢流量速度大、温度变化范围大；装置的法兰、机泵、管线弯头等设备因故障、泄漏、操作等原因极易出现硫化氢瞬间大量泄漏，特别是在压缩机泵房的密闭空间，短时间内既能达到爆炸极限范围，极易发生火灾爆炸恶性事故；同时，除硫黄回收装置生产运行中的硫化氢，次生硫化氢也是硫黄回收装置的潜在风险；如液硫池液面空间极易出现硫化氢聚集、溢出、扩散，如不及时处置也会形成爆炸性混合物。

2.1.4 硫黄回收装置易发生氨气火灾爆炸事故

硫黄回收装置氨气来自于酸性水气提单元氨精制部分，在经过脱硫、吸附等精制环节后以液化形式储存于液氨储罐；液氨储罐常规情况下利用氨气进行气封，在保持储罐内压力的同时确保液氨不会气化挥发；但因储罐的容量有限，液氨储罐需定期完成物料导出及排放罐底污油，这就出现氨气进出流量大，操作频次多，这就使得一旦出现人工误操作或压缩机、精制塔设备故障，存在液氨气化增压发挥泄漏或爆炸事故，在短时间内即可在装置范围内及下风范围内形成大面积爆炸性混合气体。

2.1.5 硫黄回收装置易发生焚烧炉闪爆事故

硫黄回收装置采用克劳斯工艺，其工艺特点是在装置硫黄回收单元设置 2 台焚烧炉，1 台用于焚烧硫化氢完成硫化氢与二氧化硫之间的转换，另 1 台用于焚烧吸收塔尾气，实现尾气达标排放；克劳斯工艺为保证生产安全采用封闭式焚烧炉，利用控制送风进气量及燃料瓦斯进气量来实现控制硫化氢焚烧，达到最佳生成二氧化硫的根本目的；焚烧炉闪爆事故一般存在于设备开车期间，当操作流程错误、设备一次性启动失败，装置送风系统与瓦斯气在炉内极易形成爆炸性混合物，如不及时对炉内环境进行气体清扫与置换，焚烧炉的二次启动极易造成焚烧炉内闪爆事故，造成装置设备严重损坏。

2.1.6 硫黄回收装置存在发生酸水罐爆炸事故

硫黄回收装置酸水罐是储存、回收上游装置释放的酸性水所使用的专用储罐，隶属于装置酸性水气提单元；酸性水主要是上游装置在进行原料精细加工前或精细加工过程中，进行脱硫、脱氮以及脱除其他重金属物质时，通过加氢反应得到含有硫化氢、氨等混合物质的酸性水；该酸性水硫化氢、氨气含量较大，同时还有其他附属污油、轻烃等易燃易爆物质，是硫黄回收装置加工的主要原材料；酸性水储罐内液面与罐顶之间始终凝聚着大量可燃性气体，也叫酸性气；该酸性气因含多种可燃爆炸气体，所以其没有具体的爆炸极限范围，储罐危险性极大；在实行动火等施工作业时，该区域环境如未进行全面气体检测极易出现储罐爆炸的恶性事故事件；某石化公司就曾因酸性气管线泄漏未进行现场检测实行动火作业造成酸水罐爆炸，出现重大人员伤亡事故。

2.2 硫黄回收装置存在的环境污染风险

硫黄回收装置内循环甲基二乙醇胺（MDEA）、氢氧化钠、酸性水、污油等污染较大液态物质，特别是溶剂再生单元同步回收上游多个装置的甲基二乙醇胺（MDEA）富溶剂，回收流量大，当管线、储罐发生物料泄漏或事故状态下消防污水未有效处理后进行排放极易造成环境污染。

3 硫黄回收装置事故救援技术与对策

危化品生产装置的应急处置需要工艺处置与消防处置协同配合；工艺处置负责紧急状态下对生产装置运行的控制，消防处置负责紧急状态下对装置明火、泄漏物料进行处理以及利用外力对生产装置实施有效保护。同时，生产装置应按要求配备空气呼吸器、防化服、防毒面具、气体报警仪等相关设施，确保事故发生的第一时间实施应急响应。装置应依照《石油化工设计防火规范》设计消防管网、消防水炮、消防栓等固定消防设施，确保紧急状态下快速实施应急处置。

3.1 硫黄回收装置事故工艺处置

硫黄回收装置事故工艺处置主要分火灾爆炸及危化品泄漏两种形式，工艺处置针对不同形式的事故应用不同处置方法。

3.1.1 硫黄回收装置火灾爆炸事故的工艺处置

危化品火灾爆炸事故的共同特点是储罐设备物理性爆炸，泄漏物在爆炸极限范围内发生爆炸，以及高压气体泄漏后发生的喷射性火灾；在火灾的作用下，现场一般不会残留高毒气体，但装置设备受到火势严重威胁，特别是装置设备未进行退守停车的情况下，设备、管线、框架极易在火的作用下发生物理性爆炸，管线框架发生变形坍塌造成泄漏，对现场救援人员、生产装置构成进一步严重威胁。基于以上情况，硫黄回收装置在发生火灾爆炸事故后，一是迅速启动应急预案，运行消防设施，对受火势威胁的设备、管线、框架进行冷却保护，避免发生爆炸或变形坍塌；二是在最短的时间内排查发生事故位置、物料、设备及其自身管线连接的上下设备，掌握起火爆炸具体信息；三是利用DCS控制实行物料置换、泄压放空、工艺退守等措施，将起火及受火势威胁的部位正在输送的物料利用不燃物质：如蒸汽、氮气等物料进行替换，逐步消除火灾威胁；四是结合火灾位置，调整物料转送方向，将正在运行的起火物料直接切换至火炬进行燃烧放空；如火势危险过大，装置可采取工艺退守，对正在起火的工段采取退料、停车等措施中断装置运行，形成保护装置、杜绝灾害扩大的有利局面。

3.1.2　硫黄回收装置气体泄漏事故的工艺处置

硫黄回收装置存在较大泄漏威胁；这主要存在于装置生产运行的原料和产品是硫化氢和液氨，储罐和装置运行压力大，储量多，发生泄漏时流量大，处置难度大，同时存在燃烧爆炸威胁；硫黄回收装置需尽可能多地装配气体检测报警仪，特别是对管线弯头、阀门、法兰等重点部位实施定点监控；当发生大面积有毒气体泄漏时，现场工艺人员一是要第一时间查明泄漏点，及具体所处位置，将泄漏点利用阀门进行快速切断；如泄漏点位置无法通过阀门控制，应对连接设备进行停工处理，达到快速切断泄漏源的目的；二是在泄漏区周围利用气体报警仪进行全面气体检测，人员佩戴空气呼吸器、防护服等装备，及时划定警戒区域，禁绝一切火源；三是开启消防水炮、水喷淋等固定消防设施，对现场泄漏气体进行稀释驱散；要同步进行现场环境检测、处理消防污水，切换水排去向，杜绝救援污水造成的环境污染。

3.2　硫黄回收装置事故消防处置

硫黄回收装置火灾爆炸或泄漏事故需要危化品消防救援队伍全面配合，利用专业消防处置方式控制事态进一步扩大，在最短的时间内消灭事故险情，恢复生产秩序。

3.2.1　硫黄回收装置火灾爆炸事故的消防处置

硫黄回收装置发生火灾爆炸事故有多种形式，氢气与硫化氢会形成喷射式燃烧或闪爆，液氨在特定环境温度会形成流淌火；但无论在什么情况下，危化品火灾温度极高，对管线、框架、设备威胁极大；工作人员即使在第一时间利用固定消防设施实施保护，但在火势过大、面积过大、温度过高的情况下也难以形成有效保护。危化品专职消防救援队伍在接到报警后，应立即出动，快速实施火情侦察，询问知情人现场情况，在确认着火物质后迅速部署，在现场有流淌火的情况下应立即用泡沫灭火剂消灭蔓延在框架、设备、地面上的流淌火，对受火势威胁的框架、管线、设备实施全面冷却保护；冷却保护可用水或泡沫，但由于水的作用极有可能推送流淌火造成更大面积蔓延，故对装置流淌火特别是蔓延在框架上的立体流淌火应尽量从高处喷射泡沫，以流淌覆盖的方式对流淌火进行推进消灭。同时，在消灭流淌火的同时要找到泄漏喷射火点，对火点进行有效控制，在工艺措施没有准备就绪之前，不可以轻易打灭明火，要做好火焰威胁区域冷却保护，避免火焰熄灭造成可燃气体泄漏蔓延形成更严重的泄漏事故。

3.2.2　硫黄回收装置气体泄漏事故的消防处置

硫黄回收装置气体泄漏主要是硫化氢及氨气；化工处置主要措施是关阀断料、停用设备、装置停车，但是装置在高负荷生产的条件下，硫化氢的瞬间泄漏量也十分大，高浓度的硫化氢足以形成爆炸威胁区域，先期的气体检测报警和工艺人员气体检测能迅速帮助现场人员发现险情并报警；危化品消防救援队伍在到达现场后，一是在远离泄漏区域停放车辆，在上风方向、身着重型防化服、佩戴空气呼吸器、持气体检测设备进入现场，对现场风向、气体扩散范围进行全面检测，二是在上风500m处、下风1000m外实施警戒，禁绝火源；三是利用开花、水幕水枪连接现场固定消防设施对现场气体实施稀释驱散；四是现场人员应随时检查气体浓度和扩散范围，救援力量要做到现场浓度在人员中毒和爆炸极限之下，并控制气体扩散范围，杜绝非有关人员和车辆在警戒区域出入，防止发生火灾爆炸和人员中毒事故。五是做好污水环境监测处理，硫化氢与氨在水的作用下易形成亚硫酸及液氨，污水的回收和排放要做好相关管理，避免因误排放造成环境污染和次生灾害。

4 结语

硫黄回收装置是炼化生产重要组成部分，但该装置因其产品并非化工主营产品，其生产地位、综合管理往往在炼化管理中被低估或忽略；特别是近年来硫化氢事故的频发，应当为各企业安全环保人员敲响警钟，加强硫化氢安全管理、完善应急处置原则、制定有效应急预案、定期组织应急演练是十分必要的，也是十分关键的，各企业针对硫黄回收生产的风险点设警戒、做预案、定原则，不断降低安全防线，增强防范意识，切实将硫黄回收生产安全风险管控到位、防护到位、监督到位，真正从安全角度发挥硫黄回收装置在炼化行业提质增效、安全环保的核心作用。

【作者简介】方志伟，男，中国石油消防应急救援吉林石化支队五大队培训员，主要从事石油化工消防救援技术、石油化工企业消防通信技术。电话：13039154959，邮箱：70846433@qq.com。

石油石化企业储能场所氢气逸散防火监测技术

王　鑫[1]　唐伟亮[2]　唐　斌[3]　王小军[4]

（中国石油兰州石化化工储运中心）

摘　要：铅酸蓄电池在工业场所使用的主要危险性在于充电过程中会电解析出一定体积的逸散氢气。这就会出现属于爆炸性气体的氢气在构筑物空间顶层聚集。逸散氢气和空气混合后会形成爆炸性气体混合物[爆炸极限 4.0%~75.6%（体积）]，因此铅酸蓄电池在通风不良场所进行充电补能具有较高的火灾爆炸危险性。

本文基于在“平衡移动定理”和“马斯充电三定律”的启示下，通过水的电解反应方程式可计算出 1Ah 电量完全用来电析水能够产生 0.418L 的氢气，并结合实际充电过程拟合（时间 t–电流 I）充电曲线，验证了充电过程中氢气逸散峰值出现在整个充电周期的 80%处。本文设定在一个完整的补能充电周期内逸散的全部氢气聚集在构筑物顶部，并给出了逸散氢气层能达到 4.0%（体积）爆炸下限混合气体厚度的计算方法，并通过计算可得出在现有补能充电场所能满足氢气混合气体爆炸下限所需的最大空间值为 875L。

关键词：充电场所；铅酸蓄电池；氢气层；计算方法

电动叉车操作简单灵活，操作人员的操作强度远低于内燃叉车。相比于内燃型叉车具有无污染、操作方便、节能、高效等优点。由于经济的发展和环保节能要求的提高，电动叉车的使用得到了快速发展。市场占有率逐年上升。尤其在车站、仓储、化工、工程等行业，电动叉车正逐步取代内燃型叉车。工业场所电动设备的大量使用带来了相应工业动力电池的安全管理问题，如在其补能充电过程中充电间内强制通风措施管理不当有可能会造成严重的爆燃事故，因此必须依照现有的 GB 51157—2016，满足生产或存储场所内工业动力电池充电间强制机械通风换气次数不应少于 8 次/h 的管理要求。

1　铅酸蓄电池充电反应过程及析氢原理

电能消耗完毕的铅酸蓄电池完成了由活性化学能向电能的转化，此时正负极活性物质均为 $PbSO_4$。此后的充电过程需由外界向电池进行补能充电，使正负极 $PbSO_4$ 重新转化为 PbO_2 和 Pb，保证了将电能重新转化为活性物质的化学能存储在电池内部。

充电过程发生的主反应：

$$2PbSO_4+2H_2O \longrightarrow PbO_2+Pb+2H_2SO_4$$

铅酸电池在热力学上是不稳定系。因为它的端电压是 2V，远高于水的分解电压 1.23V，因此作为水解的副反应是不可避免的。

充电过程发生的副反应：

负极离子方程式：$4H^{+}+4e \longrightarrow 2H_2$

正极离子方程式：$2H_2O \longrightarrow O_2+4H^{+}+4e$

综上：$2H_2O \longrightarrow 2H_2+O_2$

上述可逆反应中，作为主反应充电过程是必要的，但同时伴随的水解副反应消耗一部分能量是不利于主反应进行的也是无法避免的。而且在敞口充电过程中难免有灰尘等杂质进入电解液内部，这样就会进一步增加电解过程内阻提高端电压，促使水解逆反应的发生。

2　充电过程中析氢量的理论计算方法

在可逆反应中“平衡移动原理”作为一个可定性预测化学平衡点的基本原理，其基本主旨可理解为如果改变可逆反应的条件（如浓度、压强、温度、电压等）化学平衡就会被破坏，并向减弱这种改变的方向移动。

在工业动力电瓶的充电过程中外界向电池充电，随着主反应的不断进行电能不断被存储，主反应的生成物越来越多。根据“平衡移动原理”原理，主反应的反应速率将会降低，然而此时外加充电电流不变，蓄电池接受的电能不变，则更多的电能去参与副反应发生，因此电解水反应的速率会逐步提高，伴随着产生大量的逸散氢气。在极限情况下，铅酸电池充满电后若继续对蓄电池进行充电，则电能会全部用来电解水，而不再被蓄电池吸收转化成能量进行储存，这样可通过电离方程式及单位换算计算出该部分能量转化产生的逸散氢气量。

电解水反应式：

总的电极反应式：$2H_2O \longrightarrow O_2+2H_2$

负极离子方程式：$4H^++4e \longrightarrow 2H_2$

正极离子方程式：$2H_2O \longrightarrow O_2+4H^++4e$

已知一个电子的电量为 1.6×10^{-19}C

则 1mol 的电子电量为 $1.6\times10^{-19}\text{C}\times N_A\text{C}$

（N_A 为阿伏伽德罗常数取 $N_A=6.02\times10^{23}$）

又已知，在标况下（0℃，101kPa）下，1mol 气体体积为 22.4L

1C＝1A·S，所以 1Ah＝3600C

由此可得出，1Ah 电量全部用于电解水可以电析出的 H_2 体积 V_0

$$\frac{4\times1.6\times10^{-19}\text{C}\times N_A\text{C}}{3600\text{C}}=\frac{2\times22.4}{V_0}\quad 可得\ V_0\approx0.418\text{L}$$

即 1Ah 电量全部用于电解水可以电析出体积为 0.418L 的氢气。

以实际电瓶容量最大公约数 100Ah 计算整个充电周期内产氢量。

对实验数据进行整理分析，具体如表 1 所示。

表 1　铅酸蓄电池失水量

名称	叉车南库（700Ah）	叉车北库（700Ah）
失水平均值	29.1	28.8
失水/（mL/100Ah）	4.15	4.11

从表 1 可以得出，工业动力电池在一个完整的充电周期内，蒸馏水的损失量约为 4mL/100Ah。

根据物质守恒和能量守恒定律，结合现场测量记录可认为充电过程中损失的电解液主要是电解水的副反应，受热蒸发量微乎其微。

以目前在用电池容量最大公约数 100Ah 为例，在整个充电周期内，按照损失的水完全来源于电解水来计算氢气的逸氢量。

总反应式为：$2H_2O \longrightarrow O_2+2H_2$

水的质量：$m(H_2O)=\rho\times V=1\times4=4g$

水的摩尔质量：$n(H_2O)=\frac{m}{M}=\frac{4}{18}=0.22mol$

在标况下(0℃，101kPa)下，取气体摩尔体积为 22.4L/mol

则氢气的体积：$V(H_2)=\frac{4\times22.4}{18}=5L$

综上在一定条件下，单位容量为 100Ah 的蓄电池

在充电周期内损失约 4mL 水，同时生成 5L 的氢气。

通过上述计算可得出在一个充电周期内能够产生的最大氢气体积，再根据氢气 4.0%的爆炸下限，可以计算出该体积氢气能够达到爆炸下限所需空间体积的最大值。见表 2。

表 2　单组容量蓄电池产生氢气体积

序号	电池容量	产生氢气体积/L	爆炸下限最大体积/L
1	700Ah	35.0	875

注：700Ah：$V_{max}=35\div4\%=875L$

3　叉车充电间充电曲线及析氢床层计算方法

3.1　充电时间实际拟合

目前笔者现场在用充电机为林德 E D48V 和施能 CZB3 充电机均属于多级恒流充电模式，符合脉冲充电特性曲线，即充电电流随蓄电池的端电压升高而下降；在一个完整的充电周期内，首先使用 60A 左右的大电流进行恒流充电，当端电压达到析氢电压 2.4V 时，自动将充电电流减小 1/3；当电瓶电压重新升至 2.4V 时，再将充电电流减少 1/3；经过 2~3 级递减之后，随后进入小电流涓流充电模式。

广义上讲传统的充电方式通常包含恒流充电过程，在恒流充电过程中充电电流保持不变。而根据马斯定律在充电过程中为保证电池尽可能的少析氢，施加给电池的外电流就要随充电时间呈指数性的下降。相反如果长时间采用恒流充电，在恒流充电后期可能出现充电电流超过耐受电流而导致电池电解液出现析气反应或温度上升，影响电池寿命。因此，传统的恒流充电方式易引起电池性能的下降、充电效果差。

3.2　从冗余和极限条件下考虑满负荷充电条件下氢气混合层厚度

根据前面的研究可计算得出，每种容量的蓄电池，在充电周期内能够产生的氢气的最大体积。再根据氢气的爆炸下限 4.0%，假设蓄电池充电过程中产生的氢气全部均匀分布在厂房的顶部，厂房顶部的面积是一个确定值，则此时达到爆炸下限的氢气层厚度是可以计算得出的。这个数值是在忽略了氢气逸出所带出的酸雾和电解水蒸发基础上得出的，所以是理想情况下的最大值。

综上所述，假设在一个充电周期内逸散的氢气若全部均匀的聚集在充电场所顶部，叉车南库会形成一个厚度为 3.29cm，叉车北库会形成一个厚度为 3.57cm 的混合氢气层。

3.3　一般情况下电池总容量与氢气层的分布计算关系

由于氢气的密度远远小于空气，氢气一般在充电场所的顶部聚集。假设蓄电池充电过

程中产生的氢气全部均匀分布在充电场所顶部，充电场所的顶部是一个确定值，则此时达到爆炸下限的氢气层厚度是可以计算得出。

充电间尺寸参数：长×宽×高＝$S \cdot h$

氢气的体积：$V(H_2)=\frac{C\times5}{100}(L)$

空间体积：$V_{max}=\frac{\frac{C\times5}{100}}{4.0\%}=\frac{5C}{4}(L)$

氢气层厚度：$D(H_2)=\frac{\frac{5C}{4}(L)}{S}=\frac{5CS}{4}$

对单位进行换算：$D(H_2)=\frac{5CS}{4}\times10^{-3}\times10^{2}=\frac{CS}{8}cm$

注：C 为充电间满负荷工况下总容量，单位 Ah。

掌握此公式可以快速计算出任何充电间顶部，达到4.0%氢气爆炸下限混合气体的厚度为$\frac{CS}{8}cm$

3.4 现场测量数据及结果论证

3.4.1 检测设备

本次验证性测试选定叉车南库为试验样本，采用检测仪器为 GasAlertXTⅡ型便携型气体检测仪，该仪器可对硫化氢、一氧化碳、氧含量、可燃气体进行自动识别检测。见表3。

表3 GasAlertXTⅡ气体检测仪参数

序号	气体	测量范围	灵敏度
1	H_2S	0~200ppm	1ppm
2	CO	0~1000ppm	1ppm
3	O_2	0~30%	0.1%
4	可燃气体	0~100LEL	1.0%

3.4.2 检测过程及分析计算

为保证数据的准确性，数据采集采用两台相同型号仪器交叉测量，仪器编号分别为MA218-006857和MA214-015905。检测以充电过程中电瓶前0.5m、后0.5m、左0.5m、右0.5m、上0.5m，5点为采集点来建立基础数据库。见表4。

表4 现场仪器测量数据

序号	车号	H_2含量(LEL)				
		前(0.5m)	后(0.5m)	左(0.5m)	右(0.5m)	上(0.5m)
1	01506	0	0	0	0	11
2	00531	0	0	0	0	15
3	01520	0	0	0	0	21
4	01531	0	0	0	0	13

续表

序号	车号	H_2含量(LEL)				
		前(0.5m)	后(0.5m)	左(0.5m)	右(0.5m)	上(0.5m)
5	40155	0	0	0	0	17
6	01528	0	0	0	0	12
7	01543	0	0	0	0	31

注：已剔除空白组数据。

由表4可知在连续检测中，前、后、左、右方向均未检测出氢气含量，只有在正上方数值会在11%~31%(LEL)之间波动，这可以用氢气密度较小易在屋顶上方聚集来解释。

3.5 现场轴流风机强制通风风量的确定

根据所选房间的换气次数，计算厂房所需总通风量，进而计算得轴流风机数量。

计算公式：

$$N=\frac{V\cdot n}{Q}$$

式中 N——风机数量(8台)；

V——场地体积(3432.045m^3)；

n——换气次数(次/时)；

Q——所选风机型号的单台风量(3920m^3/h)。

可得 $n=8.7$ 次/h 大于充电间换气次数8次/h要求。符合GB 51157—2016规范要求。

4 结语

(1)在极限满负荷状态下，若一个完整的充电周期内产生的氢气全部均匀的分布在充电场所顶部，可通过理论计算得出叉车南库库内H_2体积含量为0.03%，混合氢气层厚度为3.29cm，叉车北库库内氢气体积含量为0.02%，混合氢气层厚度为3.57cm。

(2)在极限满负荷状态下，采用两台相同型号仪器进行交叉测量电瓶前0.5m、后0.5m、左0.5m、右0.5m、上0.5m，5点数据，并考虑以最大测量值31%(LEL)为依据，可计算在库内所有蓄电池一起充电状态下整个库内H_2的体积含量为0.01%。

(3)对比理论计算和实际测量两组数据分析可知，其数据均远低于GB 51157—2016充电间(区)空气中最大含氢量(按体积计算)不超过0.7%的规定要求。说明在现有的操作和强制排风措施下现场风险受控。

(4)分析理论计算和实际测量数据相差0.02%=2‰的原因，一是测量仪表精度为1% LEL=0.4%=40‰(体积分数)，远高于2‰的宽度，二是实际测量数据要比理论计算值要低，这是因为实际检测是在通风环境中进行，所采集的数据不是单体空间内释放氢气的全部值。

参 考 文 献

[1] 孙书静．酸性蓄电池室的防火防爆[J]．叉车技术，2010(40)：39-41.

[2] 何汶静．铅酸电池寿命不常的原因[J]．电动车，2017(03).

[3] 张辉．铅酸蓄电池充电场所氢气产生及分布规律研究[J]．蓄电池，2016(07).

[4] 刘巍，马蓓蓓．铅酸电池的可持续生产：概念及应用[J]．电池工业，2016(01).

[5] 曹建伟，周潮，胡晓霞．变电站蓄电池室节能减排的设计[J]．技术与市场，2018(10).

[6] 龙德刚．电动车铅酸蓄电池使用寿命研究[J]．现代商贸工业，2011(01)．
[7] 吕耀文．蓄电池充电方法的研究[J]．内蒙古科技与经济，2009(02)．
[8] 安石妍．铅酸蓄电池发展现状与回收利用[J]．黑龙江科技信息，2012(13)．
[9] 杜莎．磷酸铁锂 VS 三元锂电发展[J]．新能源技术，2020(30)：12-16．
[10] 时元福．磷酸铁锂电池在新能源车上的应用[J]．工程机械，2020(07)：04-07．

【作者简介】王鑫，男，兰州石化化工储运中心产品装卸车间，从事化工储运安全管理工作。电话：15682785896，邮箱：wangxinchj@ petrochina. com. cn。

消防安全在石油行业的发展现状及趋势分析

刘向军[1]　田佳杰[2]

（1. 中国石化销售股份有限公司；2. 中国石化山西忻州石油分公司）

摘　要：消防安全是石油行业中至关重要的领域，对石油设施和人员的安全起着关键作用。本论文将围绕消防安全产业在石油行业中的发展现状及趋势进行详细分析。通过对当前石油行业中消防安全的挑战和需求进行探讨，以及对新技术、新材料和新方法在消防安全领域中的应用前景进行评估，为石油行业提供相关决策和管理建议。

本论文旨在通过对消防安全产业在石油行业中的发展现状及趋势进行分析，提供全面的了解和评估。首先，关注石油行业消防安全意识和法规要求，并通过案例研究分析火灾事故的教训。其次，关注消防安全设施与装备的现状，评估其有效性和可靠性。然后，研究石油行业消防安全管理体系的现状，并提出改进措施。接下来，分析消防安全技术创新、新材料、智能化技术和大数据等方面的发展趋势。最后，根据研究结果提出推进石油行业消防安全发展的管理建议，包括提高安全意识和培训、加强设施与装备建设、完善政策与制度、应用新技术和新材料等。通过本论文的研究，石油行业可更好地应对消防安全挑战，提升消防安全水平，推动行业的可持续发展。

关键词：石油行业；技术创新；消防安全；政策支持；安全意识；人工智能

1　引言

消防安全产业作为一个与人民的生命和财产安全息息相关的重要产业，其发展对于社会稳定和经济可持续发展具有重要意义。在当今社会，火灾等突发事故的频发给社会带来了严重的安全隐患和损失，对消防安全的需求和重视程度不断提升。因此，加强和推动消防安全产业的发展，是保护人民生命财产安全、维护社会稳定和加速经济发展的任务所在。

石油行业作为全球能源供应的主要来源，面临着高风险的火灾和爆炸等安全隐患。因此，消防安全对于石油行业的可持续发展至关重要。本论文旨在通过对消防安全产业在石油行业中的现状和趋势的分析，为石油行业提供有效的管理建议和技术支持，促进消防安全产业的创新和发展。

本论文的目的是通过调查研究、文献回顾和数据分析，全面了解石油行业中消防安全产业的现状和趋势。同时，结合最新的技术发展和管理实践，提出推动石油行业消防安全发展的管理建议。通过综合性的方法，本论文将具有创新性、学术性和逻辑性，为石油行业提供具有推广价值的消防安全解决方案。

2　石油行业消防安全发展现状分析

2.1　石油行业消防安全意识和法规要求

石油行业应加强员工的消防安全教育和培训，提高员工对火灾风险的认识和防范意识。定期组织消防演习，增强员工应对火灾的应急反应能力。石油行业必须遵守国家和地方相关的消防安全法律法规，如《中华人民共和国消防法》和各地的消防安全管理规定。这些法规要求石油行业建立健全的消防安全管理体系，明确消防责任，制定和执行消防预案和应急预案。

2.2　石油行业火灾事故案例及其教训

深水地平线石油平台火灾事故(2010 年)：该事故发生在美国墨西哥湾，因质量控制不当、泄漏和失控的原油导致爆炸和火灾。事故导致 11 人死亡，对环境造成了严重污染。教训是加强安全操作和全面质量控制，确保设备和系统的正常运行。

2.3　石油行业消防安全设施和装备现状

火灾报警系统、防火隔离设施、灭火设备、逃生设施、消防车辆和设备、安全监控系统，石油行业在消防安全设施和装备方面的发展逐渐趋向自动化和智能化。比如，引入传感器和物联网技术，实现对设备和系统的远程监控和数据分析，提高火灾预警和响应的准确性和效率。

2.4　石油行业消防安全管理体系现状

石油行业应建立明确的消防安全管理责任体系，明确各级管理人员的消防安全职责，确保消防安全工作的组织和实施。通过设立消防安全管理部门或委员会，负责消防安全管理的协调和监督。石油行业消防安全管理体系的现状也存在一些问题，例如，不同地区和企业之间的管理水平和执行力存在差异，一些企业在消防安全管理方面投入不足。石油行业需要进一步加强消防安全意识、技术和管理水平，不断完善消防安全管理体系，确保石油设施和从业人员的安全。

3　石油行业消防安全产业趋势分析

3.1　消防安全技术创新趋势

智能化和自动化系统、无人化和机器人技术、火灾风险评估和预警系统、多模态传感技术、应急通信和联网技术这些技术创新趋势将帮助石油行业提高火灾预防、监测、应急响应和消防安全管理的能力。同时，关注技术的合规性、可靠性和适用性，确保技术创新与传统的消防安全要求相结合，实现更安全、高效的火灾防控措施。

3.2　新材料在消防安全领域的应用前景

阻燃材料、抗火建筑材料、高温耐火隔热材料、水基防火涂料、多功能防火材料、火灾探测材料，这些新材料的应用有助于提高建筑物、设备和材料的抗火性能，降低火灾风险和危害。随着技术的不断进步和研发的推动，新材料将在消防安全领域发挥更重要的作用，为人们生命财产的安全提供更可靠的保障。

3.3　智能化技术在消防安全中的作用

智能化技术可以帮助实现精确的应急响应和逃生指引。例如，通过智能灯具和导航系统，可以提供疏散指引和路径规划，帮助人员快速、安全地逃生。智能化技术在消防安全中的作用非常重要，它可以提高火灾预防、监测、响应和应急管理的效率和准确性，为人们的生命财产安全提供更可靠的保障。

3.4 大数据和人工智能在石油消防领域的应用前景

通过大数据分析和人工智能算法，可以对石油消防安全相关的数据进行实时监测和分析，识别异常行为和潜在风险，并及早发出预警通知。这有助于提高消防安全的机动性和反应速度，减少事故发生的可能性。大数据和人工智能在石油消防领域具有巨大的应用潜力。随着技术的不断进步和数据的积累，它们将发挥越来越重要的作用，提高石油行业的消防安全水平，减少火灾事故的发生，并为人们的生命财产安全提供更可靠的保障。

4 推进石油行业消防安全发展的管理建议

4.1 提高石油行业消防安全意识和培训

制定全面的消防安全培训计划和课程，包括基础的消防知识、火灾预防措施、应急处理技巧等内容。确保每位员工都接受到必要的培训，从而提高消防安全的意识和能力。定期进行消防安全知识和技能的考核和复审，确保员工的消防安全培训效果。可以设置考试、练习和模拟演练等方式，评估员工的消防安全水平，并及时纠正和补充培训内容。

4.2 加强石油行业消防安全设施和装备建设

更新并提升现有的灭火设备，包括灭火器、灭火泡沫系统、消防水泵等。使用先进的技术和材料，确保设备的可靠性和灭火效果，并定期检修和维护设备，保持其正常运行。确保消防通道和逃生通道的畅通和合规，保持其有效性，并设置标明的指示牌和标志，以便员工在紧急情况下能够快速、安全地逃离。

灭火器材使用：灭火器是应急灭火设备的主要组成部分，常见种类包括干粉灭火器、二氧化碳灭火器、泡沫灭火器等。根据火灾类型和场所特点，选择适合的灭火器材来进行初期灭火，有效控制火灾蔓延。

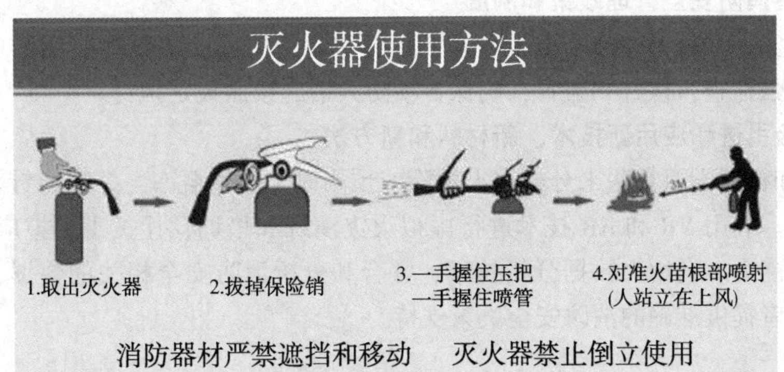

自动火灾报警系统：自动火灾报警系统通过检测烟雾、温度、火焰等信号，实现对火灾的实时监测和报警。一旦发现火灾迹象，系统会自动发出警报，有利于及时疏散人员和开展灭火救援工作。

消防应急预案：消防应急预案是组织和指导应急处置工作的依据，包括火灾应急预案、人员疏散演练计划、设备维护保养方案等。通过建立完善的应急预案体系，保障在火灾事件中的有序处置和有效救援。

防火隔离和防火墙建设：在石油行业的生产场所中，通过设置防火墙、隔热板等防火隔离设施，将火灾蔓延范围限制在一定范围内，减小火灾事故造成的损失，保障设施和人员的安全。

视频监控和火灾自动喷水系统：视频监控系统可以实现对生产区域的实时监测和录像，及时发现火灾风险；火灾自动喷水系统则可以在火灾发生时自动启动，喷水进行灭火，降低火势，保护设施和人员安全。

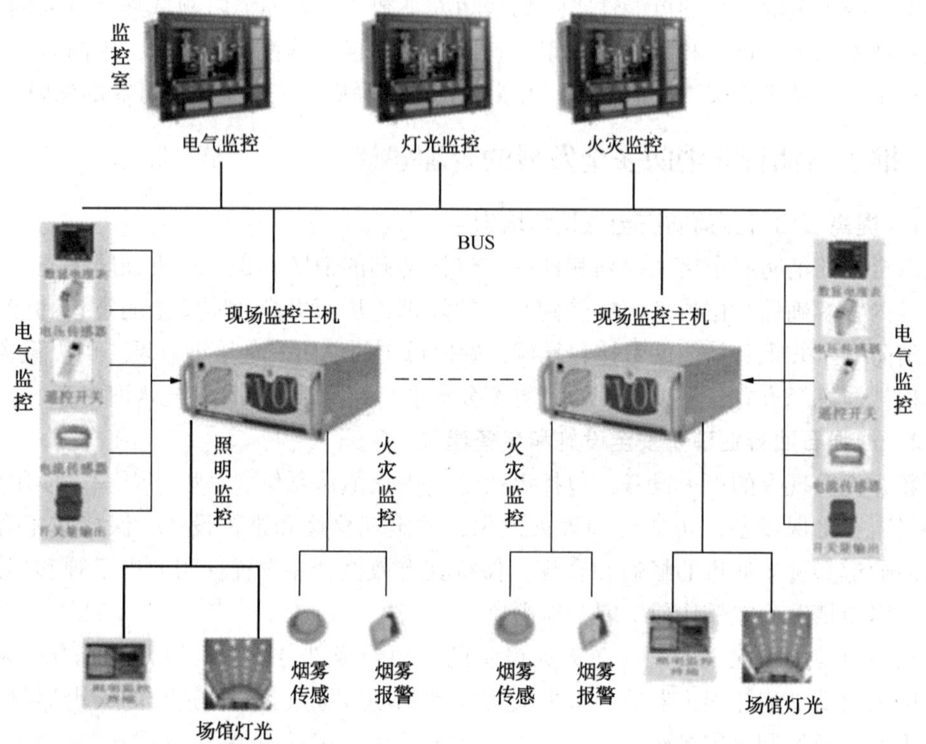

4.3 完善消防安全管理政策和制度

制定和落实一套完善的消防安全管理制度，包括消防安全责任制、消防安全流程和操作规范等。加强巡查、检查和监督，确保各项防火措施按照规定执行。

4.4 积极引进和应用新技术、新材料和新方法

利用AI和机器学习算法来分析火灾风险、预测火灾发生概率，并提出针对性的防火措施和应急策略。利用VR和AR技术进行虚拟火灾演练和培训，让员工模拟应对火灾情况，提高应急响应能力。利用大数据分析技术，整合和分析消防安全相关的数据，发现隐患和模式，为决策者提供准确的消防安全决策支持。

5 结语

本论文深入分析了石油行业消防安全产业的现状和趋势，并提出了一系列管理建议，以促进消防安全的发展并提升石油行业的消防安全工作。同时，该论文还对新技术和新材料在石油行业消防安全领域的应用前景进行了展望，为未来的研究和实践提供了方向和参考。通过有效的管理和创新，石油行业将能够更好地应对消防安全风险，确保设施和人员的安全，并推动行业的持续发展。这些管理建议和应用前景的展望将为相关企业和决策者提供指导，并为进一步研究和实践提供重要参考。

参 考 文 献

[1] 王梅红，李国庆．消防安全产业化的现状及发展对策研究[J]．消防科学与技术，2019，38(10)：1090-1095.

[2] 陈明，张艳．消防安全产业发展现状与趋势分析[J]．消防科学与技术，2017，36(6)：659-664.

[3] 张瑶，王迪．浅析消防安全产业发展现状与趋势[J]．环球建筑装饰，2020，16：90-91.

[4] 张婷，林建波．消防安全产业发展现状及趋势分析[J]．现代商贸工业，2020(5)：192-193.

[5] 陈冬梅，段晓黎．浅析我国消防安全产业现状与发展趋势[J]．企业经济，2019，(16)：228-229.

[6] 陈华民．新形势下消防安全产业发展的现状与趋势[J]．消防科学与技术，2018，37(7)：863-866.

[7] 刘淑娟，张进义．消防安全产业发展趋势分析——基于多维度的研究[J]．中国安全科学学报，2020，30(4)：64-69.

[8] 王帅，范占斌，陈学亮，等．消防安全产业发展现状及趋势研究[J]．安全与环境工程，2017，24(2)：84-88.

[9] 费文鹏，侯传波，白剑腾．消防安全产业发展现状与趋势[J]．中国安全生产科学技术，2016，12(7)：72-75.

【作者简介】刘向军，男，中国石化销售股份有限公司山西忻州石油分公司安全总监，本科，从事安全环保数质量综合管理工作。电话：13935019198。

油气田企业应急队伍建设实践及建议

宋　洋　闫炳芳　莫　菲　王耀辉　宋全义　敬承俊　杨星波　陈中奇　陈星合

（中国石油塔里木油田分公司应急中心）

摘　要： 深入开展应急队伍建设对提升队伍应急作战水平、强化油气田企业应急响应能力具有重要意义。本文通过深入剖析应急队伍建设中存在的职能定位不清、演训未切实开展、物资装备管理力度不足等关键问题，针对性阐述了强化应急队伍职责分工和责任履行、构建完善突发事件联合实战演练机制、规范提升应急物资装备管理要求等实践创新做法。结合上述典型做法，提出了应急队伍建设的3点建议：一是做好不同专业、不同岗位人员的分级分类和应急能力评估，针对性开展全员应急培训和演练，促进队伍专业技能和现场处置能力提升；二是针对不同突发事件，巩固强化应急响应指导手册和岗位应急处置卡，以制度化、清单化方式促使处置过程更加简明化、高效化；三是建立应急物资装备动态评估机制，强化科技赋能驱动，实现物资装备性能的充分发挥、降低突发事件现场的作业处置风险。

关键词： 应急队伍；实战演练；物资装备管理；分级分类；智能动态

开展专兼职应急队伍建设是应对各类突发事件、控制事态发展的有效措施之一。目前在应急队伍建设方面，各领域研究人员从政府层面、社会层面以及企业层面开展系列研究，涉及医疗卫生、石油化工、城市救援、自然灾害等多个领域，针对各个领域面临的风险特征，分析了各个队伍建设和发展现状、面临的关键问题及不足，并针对性给出了改进措施和建议，为推动不同领域应急队伍建设水平的提升提供了有力支持。在石油化工领域，重点在加强投入、加强培训和实战演练等方面提出了原则性建议，但在如何针对性强化培训和演练效果、强化应急物资装备管理等方面的具体措施涉及较少。

因此，本文通过分析应急队伍建设存在的三项问题，针对性阐述塔里木油田在应急队伍职责分工、实战演练、物资装备管理等三方面的实践创新做法，并提出了落实分级分类演训、固化应急演练和抢险经验模板、凸显智能动态物资装备管理等三方面的应急队伍建设建议，为各行业领域应急队伍建设提供新的思路和方法。

1　应急队伍建设问题分析

结合油气田企业应急队伍建设实际，从应急队伍职责落实、应急培训演练开展情况、应急物资装备的使用和维护管理等三个方面深入剖析存在的关键问题。

1.1　应急队伍职能定位不清

油气田企业面临井控风险、地面系统风险、等诸多颠覆性风险，一旦产生着火、爆炸等突发事件，需要工艺处置、灭火救援、安全管控、综合保障等诸多队伍协同作战，但在应急队伍建设过程中，油气田企业大多注重消防救援队伍的建设，而忽视其他专业队伍建设，现场处置、救援、安全管控等工作大多压实在消防队上，难以充分发挥应急队伍的专业能力、提高事故处置效率。

1.2 应急演训未切实开展

定期开展从业人员应急培训和演练不仅是国家法规制度的硬性要求，也是促进队伍应急处突能力提升的重要举措。但部分企业由于缺乏重视、考虑成本、工作任务繁杂等原因，存在“培训和演练流于形式、培训和演练针对性不强、为了培训而培训”等现象。

1.3 应急物资装备管理力度不足

应急物资装备作为一种不可或缺的应急力量，其是否按照要求购置储备和日常管理维护，将直接影响突发事件处置的成败，目前部分企业在应急物资装备管理方面，存在应急物资数量和规格不符合相关要求、台账信息未及时更新、调拨使用制度不健全等问题。

2 应急队伍建设实践创新

2.1 突出职责分工，促进队伍应急责任履行

塔里木油田已建立健全“1+8+17”的应急队伍组织体系，按照“统一管理、属地负责、专业支撑”的原则，确立统筹协调管理部门、归口管理责任部门，明晰各应急队伍职责分工，不断强化应急责任落实落地。

“1”是指油田应急管理部，统筹管理油田各专兼职应急队伍，主要负责油田应急队伍管理制度建立、督导各应急队伍制定年度培训和演练计划、统筹物资装备需求并立项采购、组织调动各应急队伍开展联合演练或抢险作战等。

“8”是指油田各专兼职应急队伍的8个归口管理部门，每个部门根据职责内容和专业能力，负责管理1支或多支队伍，主要从事“2项把关、1项考核、1项任务”工作，即对应急队伍人员配备、资质能力和物资装备运行维护保养情况审核把关；开展应急队伍日常管理和检查、考核工作；组织应急队伍按照指令开展应急救援处置任务。

“17”是指油田围绕事故抢险、生产应急以及公共救援等工作，筹建了工艺技术处置、工艺处置保障、区域安全管控以及现场综合保障等4类17支专兼职应急队伍，其中专职6支，兼职11支，具体职责划分如表1所示。

表1 油田专兼职应急队伍职责划分表

序号	专业类别	应急队伍	主要职责
1	工艺技术处置	井口切割重置(专职)	井口清障、切割、重置等工艺技术处置
2		井控装备保障(兼职)	防喷器组、管汇、远控房等井控装备常规(仅靠常规机具)拆、安作业
3		供液保障(专职)	作业现场压井液倒、转、供，性能维护
4		压井作业(兼职队伍1)	压裂车组、泥浆上水罐群及附属设备摆放、连接、试压等运维，实施压井施工作业
5		压井作业(兼职队伍2)	
6		管道抢维修(专职)	开孔、封堵、焊接、补强等管道修复作业
7	工艺处置保障	破拆清障(专职)	钻试修井场、油气站场、交通意外、自然灾害等事故现场破拆、清障
8		消防救援(专职)	人员搜救、火灾扑救、油气驱散、喷淋掩护
9		水电保障(兼职)	现场用水、用电全系统保障，并负责日常运维、及后期拆除

续表

序号	专业类别	应急队伍	主要职责
10	现场综合保障	视讯数据支持(兼职)	视频传输和工艺技术数据采集、网络信号保障、视频会议终端系统组建、调试、运维。无人机高风险区域空中侦察、地理测绘
11		特车保障(兼职)	油罐车、水罐车、翻斗车等运输车辆，吊车、多用机、推土机等特种车辆保障
12		车辆保障(兼职)	越野、大巴、中巴等载人车辆保障
13		物资供应(兼职)	现场应急物资采购，保障采购渠道畅通，新购应急物资管理、分发
14		后勤保障(兼职)	现场生活、会务、住宿等后勤保障
15	区域安全管控	交通管制(兼职)	现场车辆交通管制与引导、区域安全警戒及人员管控
16		气防监测(专职)	可燃、有毒有害气体监测，三级安全区域、防爆区域划分
17		气象支持(兼职)	现场风向、风速等气象信息预测分析

2.2　突出实战演练，促进应急作战能力提升

塔里木油田结合历次实战演练和抢险作战经验，总结提炼“演练场景实，不脱离实际；程序执行实，不遗漏环节；队伍拉动实，不装模作样；总结评估实，不草草了事”的“四实四不”的实战演练标准，并编制了《专兼职队伍应急响应指导手册》《钻井井控实施细则》等相关制度，建立健全了突发事件联合演练机制，为强化队伍应急作战能力提供支撑。

一是统一领导，专业支持。油田级突发事件应急响应由应急领导组组长下令启动，现场总指挥由专业技术组组长担任，并在现场指挥部下设6个小组，实现所有抢险成员都遵循一个共同的指挥链，每个成员清晰岗位职责和响应程序，提高决策效率和质量。

二是实境实地，规范流程。以井控突发事件为例，历次联合演练均选取油区内重点风险井位开展，同时结合油田内外发生的各类井控突发事件经验，设置了剪切闸板不能剪断管柱、全封闸板失效等实际工况，切实强化演练对真实抢险现场的模拟效果。同时演练严格按照预案要求的信息报送和处置、召开首次会议、现场应急处置、处置结束和总结评估等环节进行，规范应急响应和处置程序。

三是各尽其责，联合作战。油田统一在各专业部门抽调人员，参与现场指挥部技术方案组、抢险实施组、监测警戒组、协调保障组、通信支持组、综合组的组建，一方面各小组按照职责分工开展现场警戒、气防监测、方案制定与实施、后勤保障等工作，另一方面各小组之间工作紧密相连：技术方案的科学实用决定抢险实施工作的成败；气防监测、消防掩护等工作为抢险实施提供关键安全保障。

四是总结评估，促进提升。每次演练结束后，由指挥人员、参演人员以及观摩人员共同对演练效果进行评估，分析演练执行情况、预案的合理性与可操作性、指挥协调和应急联动情况、应急人员的处置情况、演练所用设备装备的适用性等方面内容，发现演练中存在的关键问题，固化应急准备、应急措施等方面优秀经验做法。

2.3　突出物资装备管理，促进作战保障能力提升

塔里木油田为规范应急物资装备管理，快速支撑突发事件应急响应、抢险救援工作，构建完善“定量管理、区域管理、集中管理”的应急物资装备管理要求，持续强化对应急抢险作战的保障能力。

一是定量管理，动态补充。油田公司以“应急预案修订”和“物资配备标准清单建立”两项工作为抓手，持续完善应急物资定量管理制度，规范各类应急物资最低储备数量和规格，当出现消耗、过期或失效等情况时，致使储备量低于标准的，通过“年度采购计划、临时采购计划、区域资源协调”等方式，进行补充到位。同时油田结合井控抢险作业实际，采购了气防监测车、大流量排烟车等应急车辆和装备共计 20 项 147 台套，并通过实战拉练测试、编制评估报告，强化应急装备性能发挥。

二是区域管理，统筹调度。油田应急物资按照区域进行配备，对于同一区域内已大量储备的应急物资，并能在调运时效和数量上满足本单位应急需要的，原则上不再自行储备。目前油田已建立健全智能生产与应急指挥平台，将 17 支专兼职队伍和 19 家二级单位应急物资录入应急指挥平台，并通过定期的线上线下排查，确保物资信息的准确性，形成应急物资统一管理和统筹调度机制。

三是集中管理，快速出动。油田按照分批分类到场原则，首先编制完成突发事件应急响应首批启运物资装备程序，明确了首批出动车辆携带的应急物资装备；其次进一步完善专兼职应急队伍应急物资场地规划和分区分类集中摆放，强化同类物资集中管理；第三是进一步完善应急物资装备撬装化整装式出动模式，强化首批物资出动效率。

3　应急队伍建设思考及建议

3.1　落实分类分级，开展队伍应急培训和演练

一是做好分类分级，针对性开展全员应急培训。首先根据不同专业类别开展专项培训，例如直接参与井口抢险作业的队伍，应该重点训练现场环境监测、作战指挥和协调、井口切割和重置等装备技能操作、现场掩护等关键技能；其次根据不同岗位人员开展专项培训，指挥人员应当重点加强应急管理知识及指挥决策能力培训，应急处置和救援人员应当强化应急预案和抢险救援技能培训。

二是做好能力评估，针对性开展全员应急演练。目前从国家政府到企业单位，都在突出强调实战演练、双盲演练，但若不考虑企业自身应急管理水平实际，往往演练取得的效果不佳，甚至最终流于形式。因此建议油气田企业首先应该做好应急队伍能力评估，重点评估队伍管理机制建设、组织和职责履行、物资装备配备以及应急响应能力，根据评估结果分为一星级、二星级、三星级队伍；其次根据队伍星级评定结果，分级开展应急演练，对于一星级队伍，建议多采用预先设置演练方案或演练脚本方式开展演练，强化队伍各成员对应急预案和岗位职责熟悉程度，提升指挥和岗位操作技能；对于二星级队伍，建议以双盲实战演练为主，以预先设置演练方案或演练脚本演练为辅，强化队伍随机应变和应急处突能力；对于三星级队伍，建议全过程实施双盲实战演练，并在演练过程随机设置各种障碍，考验和提升队伍抢险作战能力。

3.2　固化经验模板，提升队伍应急处置效能

一是针对面临的各类突发事件，建立健全专兼职队伍应急响应指导手册。通过明确队伍的职责、突发事件应急响应和处置程序内容、应急现场处置总结等内容，在日常状态下，可指导应急队伍针对性开展训练、演练，提升应急指挥和现场处置技能；在抢险作战时，可指导队伍在现场快速展开，实施应急准备、工作方案制定、抢险作业实施等关键程序，提升队伍整体抢险作战能力。

二是针对应急队伍不同岗位，建立健全岗位应急处置卡。通过处置卡进一步明确岗位

面临主要风险、不同事件下的处置步骤及注意事项，通过制度化、清单化的方式压实岗位责任落实，促使处置过程更加简明化、高效化。

3.3 凸显智能动态，强化物资装备保障能力

一是建立动态评估机制，推动物资装备应用升级。随着油气田企业勘探开发领域的拓宽拓深，其面临的抢险作业环境风险、物资装备需求都在发生动态演变，因此油田在进行队伍建设管理时，应当建立动态评估机制，一则评估现有应急物资装备能否满足抢险作战需要，促进应急物资装备迭代升级；二则评估关键岗位人员能否掌握装备的操作技能，熟知操作要点和操作风险，强化装备性能发挥和现场作战安全管控。

二是强化科技赋能驱动，推进应急装备智能运用。在现行的 QHSE 体系下，抢险作业现场的安全管理已成为起重工重要一环。因此，为降低现场作业风险，建议考虑研发智能化、信息化、远程化的侦检机器人、近现场作业机器人、消防掩护机器人等设备，减少现场作业人员，提升抢险作业的本质安全。

4 结语

本文通过深入剖析油气田企业应急队伍建设中存在的应急队伍职能定位不清、应急演训未切实开展、应急物资装备管理力度不足等问题，结合塔里木油田应急队伍建设实际，针对性介绍了强化队伍组织体系建设和职责分工、建立健全突发事件联合演练机制、构建完善应急物资装备管理要求等实践创新做法。最后从分级分类培训演练、固化处置经验模板、开展物资装备智能动态管理三个方面提出了应急队伍建设的思考建议，着力为提升应急队伍建设与管理水平提供借鉴与参考。

参考文献

[1] 陈攀．政府管理视角下四川省社会应急救援队伍建设问题及对策研究[D]．电子科技大学，2023.

[2] 马占全，刘风华，王恒柱，等．当前社会应急救援队伍建设探讨[J]．武警学院学报，2011，27(08)：57-59.

[3] 徐淳，邓锴，王瑜，等．北京市卫生应急队伍建设现状评价及分析[J]．智慧健康，2023，9(04)：41-47.

[4] 李慧．加强公共卫生应急队伍建设的路径探索[J]．商业文化，2022，(09)：128-129.

[5] 苟君臣，肖俊，陈安海，等．浅析基层卫生应急队伍建设[J]．中华灾害救援医学，2016，4(02)：101-103.

[6] 于宝国，白松，张永忠，等．雅安地震医疗救援实践对加强卫生应急队伍建设的启示[J]．中华灾害救援医学，2014，2(03)：141-143.

[7] 李娜，闫炳芳，徐佳楠，等．油田企业专兼职应急救援队伍建设管理思考[J]．中国应急救援，2024，(01)：64-67.

[8] 金萍，张健威，郭璐．强化井喷失控应急救援队伍建设的思考[J]．油气田环境保护，2021，31(04)：60-62.

[9] 李清连．石油化工企业专职应急救援队伍建设方法与建议[J]．消防界(电子版)，2021，7(08)：60-61.

[10] 陈硕．加强危化品企业专职应急救援队伍建设探讨[J]．现代职业安全，2019，(10)：76-77.

[11] 张晓蕾，赵开功，李长明，等．城市应急队伍救援能力评估与应用研究[J]．消防科学与技术，2023，42(12)：1724-1728.

[12] 丁延运．南宁市应急救援队伍建设存在的问题与对策[J]．中国减灾，2021，(15)：54-57.

[13] 黄迁亮．依托消防部队建设城市应急救援队伍探讨[J]．科技创新导报，2011，(13)：229.
[14] 陈攀．政府管理视角下四川省社会应急救援队伍建设问题及对策研究[D]．电子科技大学，2023.
[15] 马占全，刘凤华，王恒柱，等．当前社会应急救援队伍建设探讨[J]．武警学院学报，2011，27(08)：57-59.

【作者简介】宋洋，男，中国石油塔里木油田分公司应急中心的应急指挥中心，工学硕士，主要从事应急管理研究。电话：0996-2138190，邮箱：songy-tlm@ petrochina. com. cn。

新型船舶消防技术的发展和应用

逯少森　孙鹏菲　齐方利　杨海滨　陈　涛

（中国石油化工集团有限公司胜利油田分公司）

摘　要：随着全球海运业的快速发展和船舶保有量的迅速增长，船舶消防安全问题日益凸显。近些年，科学技术的突飞猛进，助力了船舶消防技术的更新换代，一批新型船舶消防技术正在逐渐应用于实际中。本文首先介绍了船舶消防安全的重要性和现有技术的不足，然后重点阐述了新型船舶消防技术的优势和应用情况，以及新技术推广的不利因素和解决方法，最后分析了未来发展趋势。研究结果表明，新型船舶消防技术能够显著提高消防安全性和应急反应能力，减少火灾发生和损失。

关键词：船舶消防；新技术；应用

1　引言

随着全球贸易的不断增长，海运业得到了快速发展，同时海洋石油开发对于船舶的需求量也极剧增长。船舶作为主要的运输工具，其数量和规模也不断扩大。然而，船舶火灾事故时有发生，给人们的生命和财产安全以及海洋生态环境带来了严重威胁。传统的船舶消防系统是船舶消防安全最基础的设备和系统，但随着大量船舶消防安全事故的发生。反映出传统系统存在一些问题和不足，例如火灾的预警和反应速度慢、灭火效率低等。因此，研究和应用船舶消防新技术成为了一项紧迫的任务，也具有十分重要的意义。

传统的船舶消防系统主要包括探测报警系统、灭火系统、通风系统等，它可以满足基本的消防救生要求，可以在船舶消防火灾中起到一定的作用。当船舶发生火灾时，火灾探测器可以将火灾发生的地点传送火灾报警系统中，提醒值班人员火灾发生。同时放置在各生活和工作场所的干粉、二氧化碳、泡沫等各类灭火器以及消防水龙方便人员快速灭火。但是，随着消防技术和装备的更新换代，传统船舶消防系统的问题和不足也日益突出。例如：水灭火系统在灭火的同时会对船舶结构和电气设备造成不可逆的损害，泡沫灭火系统需要定期检查和更换泡沫剂，干粉灭火系统则存在易泄漏和污染环境等问题。

2　新型船舶消防技术的探讨

随着科技的不断进步，新型船舶消防技术不断涌现。其中具有代表性的新型船舶消防技术包括智能探测与报警系统、无人设备灭火系统、新型船舶防火材料、新型高效灭火剂、智能 AR 辅助训练系统等。这些技术能够提高预警和反应速度、降低人员风险和提高灭火效率等优点。下面将对这几种新型船舶消防技术进行详细介绍。

2.1 智能探测与报警系统(图 1)

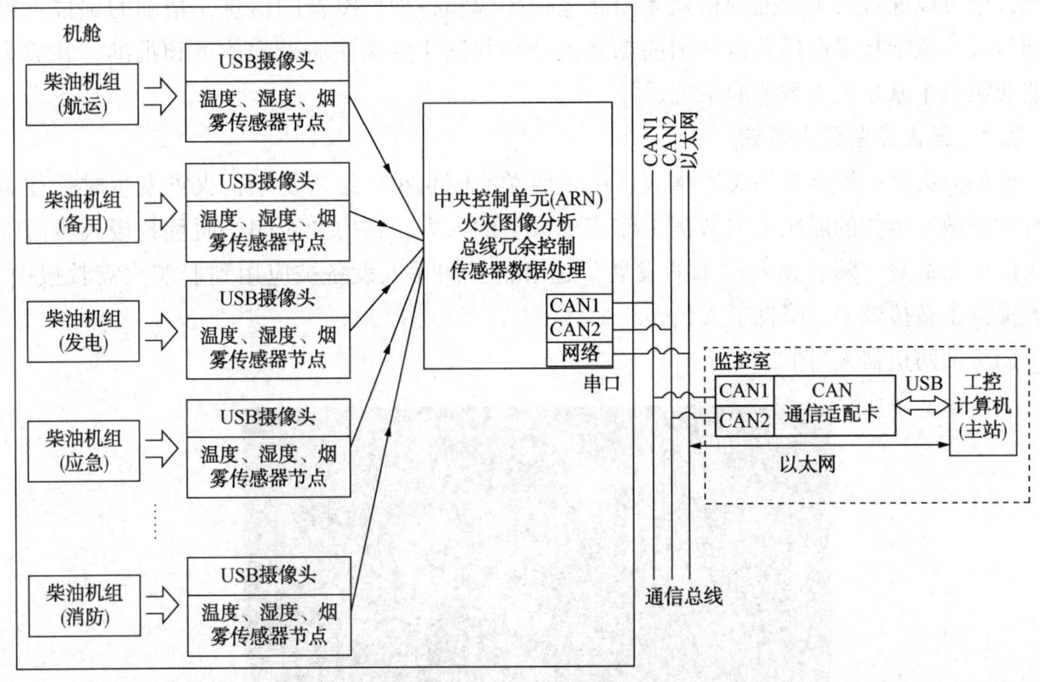

图 1　智能探测与报警系统

传统的船舶火灾探测系统主要是利用感温和感烟探头进行探测，缺点是感知灵敏度较低，火灾预警速度较慢。现在智能探测与报警系统，在使用温度、湿度、烟雾传感器的基础上，又增加了摄像头现场画面抓取分析，红外线光谱分析等一系列其他检测手段，极大地降低了漏报误报的可能性，同时利用以太网和现场 CAN 线相互结合的综合冗余技术，系统更加精简数据传输更快捷可靠，提高了火灾报警的及时性和精准度。

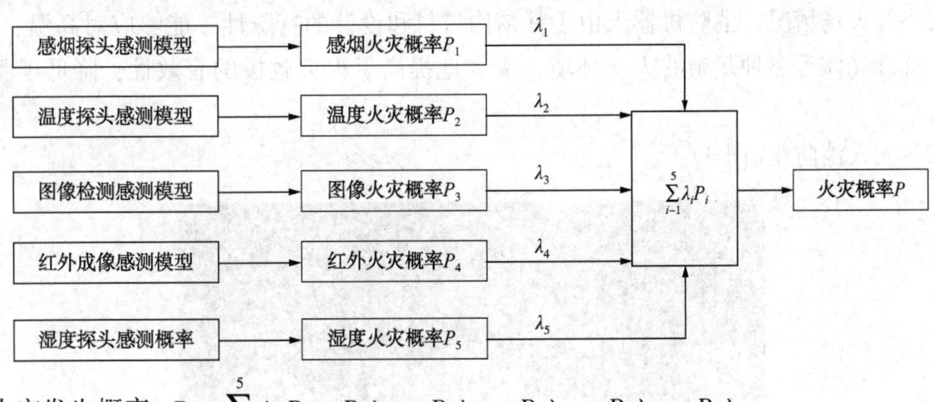

火灾发生概率：$P = \sum_{i=1}^{5} \lambda_i P_i = P_1\lambda_1 + P_2\lambda_2 + P_3\lambda_3 + P_4\lambda_4 + P_5\lambda_5$

智能探测与报警系统的中央处理器可以建立多因子概率综合模型，可以对收集的多项火灾因素探测数据进行综合分析，并结合现场实际情况，最终判断是否发生火灾。同时，该系统会利用人工智能和大数据技术，对整个系统的运行参数和故障频率等关键数据进行统计和分析，将大概率的火灾隐患处所和易损易坏消防设备做重点提示和监控，使得该系统的运行更精准更智能。

韩国现代重工集团研究的 HiGams 系统，就是一个基于视频分析的智能火灾监测和报警系统，他可以通过人工智能分析众多闭路电视图像和各种探测器的信息，精确的预报火灾初期阶段。该项技术已经获得韩国船舶登记处和利比亚船舶注册处的认可和批准，并成为造船业第一个基于人工智能的系统。

2.2 无人设备灭火系统

船舶火灾是一种常见的灾害事故，由于船舶空间狭小、结构复杂，火灾发生时往往难以有效扑救。传统的船舶火灾救援工作需要大量的人力、物力和时间，而且救援人员面临极大的生命危险。随着无人技术的发展，越来越多的无人设备被应用到船舶火灾救援中，大大提高了救援效率，降低了人员伤亡。

（1）消防机器人(图 2)

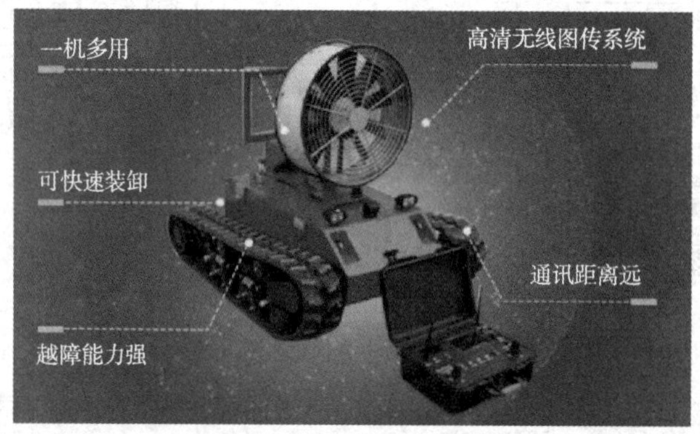

图 2　消防机器人

消防机器人往往体积较小，行动迅速灵活。当船舶发生火灾时，消防机器人可以代替探火员迅速到达火场内部，并利用搭载的高清摄像头和红外成像等先进的设备，快速有效的将火灾现场画面传送到控制端的显示器上，方便救援指挥人员掌握火灾位置、火灾性质、火势大小等火场情况。消防机器人由于其结构材料和设计的特殊性，能够应对高温、浓烟、辐射、有毒气体等多种复杂的火场环境，极大地提高了火灾救援的有效性，降低了救援人员的伤亡。

（2）无人消防艇(图 3)

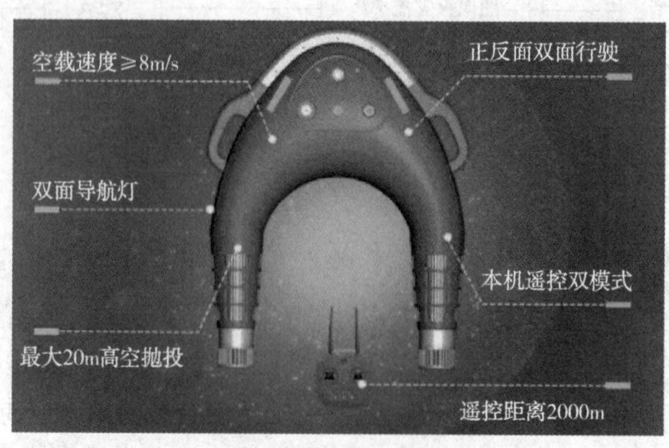

图 3　无人消防艇

无人消防艇是近几年发展的新型船舶消防设备，它往往具备自主导航和智能航行功能，可以搭载消防水炮、泡沫水炮等多种消防救援设备，实现多种消防救援模式，也可以实现遇险人员的营救和转移工作。由于其小巧灵活的设计，方便快速到达火灾现场开展救援活动，尤其是类似油船、危险品化学船、天然气船等危险因素较大的火灾救援现场，无人救助艇可以极大地减少救援伤亡，提高救援效率。

(3) 无人机(图4)

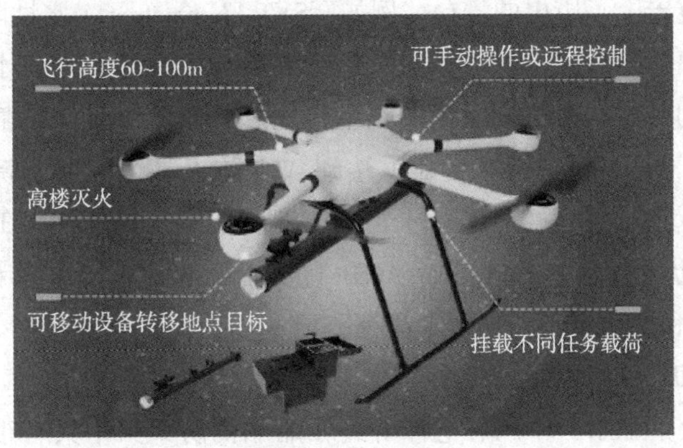

图4　无人机

为了提高运输效率，大型远洋船舶往往具有较大的体型，有的甚至达到300多米船长，船舶内部的舱室空间也相应的增大。在相对较大的空间，无人机技术就可以充分发挥作用。首先，无人机可以开展火场情况侦查和人员搜救任务，利用搭载的搜救设备能快速有效的定位遇险人员，同时无人机有适当的承载能力，对于救援人员暂时无法到达的地方可以通过无人机装载急救药品、水、食物、通信设备等相应的救援物资投放给遇险人员，提高遇险人员的生存率。

2.3　新型船舶防火材料

目前，在船舶的设计和建造中，对于船舶重要舱室的防火保护，主要采用防火分隔的方法。目前国内最高的防火分隔等级为“A-60”级别，即材料在A级耐火试验中能通过60min的耐火试验。同时，美国采用的则是更为严格的“N级”耐火等级。但无论哪种防火分隔，都需要耐火性、隔热性、环保性更好的新型船舶防火材料。

(1) 防火板

传统的船舶防火板主要以金属材料制成，比如钢板、铝合金板等材料，这些材料不但重量较大容易腐蚀生锈，其隔热性能也比较差。现如今新型的复合材料板已经广泛应用到船舶防火布置中，这种复合板通常由多种纤维增强材料和基层材料制成，例如：碳纤维、玻璃纤维、纳米纤维等各种高强度的先进材料加上树脂和合金材料。与传统的防火板相比，新型材料拥有更轻的重量，可以有效的较少船舶自重，减少船舶负荷，降低能耗，提高船舶的经济效益。其次，新型防火板有更强的耐性和强度，有效的解决了板材腐蚀问题，可以抵御更强烈的外部撞击和船舶振动，增加船舶结构稳定性。为了增强防火板的防火性能和隔热性，新型防火板还会在防火材料和夹层中添加阻燃剂和防火涂层，提高其耐火性能，减少火灾的蔓延速度。当然，随着科学技术的不断进步，气凝胶技术、纳米材料、三聚氰胺树脂泡沫等各种新材料新技术也在逐步应用于船舶制造。

（2）防火涂料

防火涂料是一种通涂在材料表面，用于有效抑制火灾蔓延，防止底板和背火面迅速升温的功能性材料。相对于其他的防火毯纤维板等材料，防火涂料隔热性能好、施工方便、价格低廉、无需连接等优点。随着科学技术的进步和环保要求的提升，一大批新型环保高效防火涂料的研发也走上了历史的舞台。例如：SVT Flammotect A 水性防火涂料，这种涂料能在受到高温火焰辐射的情况下释放水蒸气，起到冷却的作用，一旦水被消耗掉，残余焦炭层的绝缘特性起到减缓从火侧到背面的热量传递。有效防止受保护基体在火灾中迅速升温。这种新型涂料 0.5mm 的干膜厚度即可达到 A60 防火等级，当干膜厚度达到 1.6 毫米时，防火时长可达 3 小时。该材料还通过了 DNV 船级社认证和 EOTA TR024 认证，可以应用于船舶建造中的防火要求。另外还有 A60-1 改性氨基膨胀防火涂料，Crystic Fireguard 75PA(B)Excel 不饱和聚酯树脂膨胀型涂料等。

2.4 新型高效灭火剂

传统的船舶灭火剂如水、干粉、泡沫等，在船舶消防灭火中具有很大的局限性，并且对于船舶设备设施以及救火人员具有一定的伤害性。新型的高效灭火剂不仅可以在短时间内释放大量非活性气体或者化学物质快速有效的达到灭火目的，并有较好的持久性，同时也不会对人体和环境产生较大的影响，达到国家环保标准。目前较为典型的船舶高效灭火剂主要是微纳米粒子复合型超细干粉灭火剂”和 NOVEC 1230 灭火剂。

（1）“微纳米粒子复合型超细干粉灭火剂”，是一种无毒无味的化学灭火剂，其微小颗粒状喷射后能快速充满舱内空间，形成“云状”灭火剂。当粒子被火焰吸入后，它能快速分解并阻断燃烧反应链，其灭火效能是 1211、1301 灭火剂的 5~6 倍。

（2）NOVEC 1230 灭火剂，化学分子式为 $CF_3CF_2C(O)CF(CF_3)_2$。它常温下呈液体状态，可以迅速汽化，从液体状态到汽化状态几乎没有任何残留物质。其机理是通过分子之间的相互吸引力过弱的特点，并通过这种斥力的效应是汽化热在最大限度上减小而进一步地扩大蒸气压。而且，NOVEC 1230 灭火剂中没有溴和氯这种对臭氧层存在严重破坏的物质，其对大气的污染可以忽略不计。同时，灭火后其汽化所产生的气体在大气中存活的时间非常短，一般只能存在 35 天，因此其对环境的破坏问题也可以忽略不计。

随着技术的不断发展和完善，高效灭火剂将在未来得到更广泛的应用和推广，为船舶消防安全提供更加可靠的保障。

2.5 智能 VR 辅助训练系统

船舶消防培训和演练是船舶消防体系中很重要的一部分，完善的培训和演练能提高在船人员的消防知识和消防技能，传统的消防培训相对机械化、程序化，往往仅限于走过程和走形式，达不到良好的培训和演练效果，尤其是对于刚上船的新员工，对于船舶消防演练的情景感和紧迫感没有概念。随着现代 VR 技术和智能平台的发展，开发船舶消防智能 VR 辅助训练技术将为船舶消防培训提供新的平台。船舶智能 VR 辅助训练系统是将虚拟现实可视化技术和船舶高级消防训练内容相结合的模拟演练方法，全船消防多人协同 VR 训练。可以通过虚拟现实技术模拟船舶典型火灾事故场景，逼真的场景和交互式的体验让船员在虚拟环境中进行真实化、实战化、专业化的模拟演练，从而提升船员对船舶消防事故的应变能力，保障人船安全。

3 新技术发展的限制因素及解决办法

3.1 制约因素

(1) 技术成熟度：新型船舶消防技术虽然取得了一些进展，但部分技术仍处于研发阶段，尚未完全成熟，很多技术装船使用性不高，这导致大部分船舶仍采用传统的消防技术，缺乏对新技术的信任和接受度。

(2) 成本因素：新型船舶消防技术的研发和推广需要大量的资金支持。另外，采用新技术需要额外的成本投入，包括设备采购、安装、维护、培训使用等费用。这使得一些船东因为成本考虑而放弃采用新型消防技术。

(3) 培训和人员素质：新型船舶消防技术需要相应的专业培训和人员素质支持。由于缺乏足够的培训和人才资源，部分船舶在使用新技术时可能会遇到困难，影响技术的推广应用。

(4) 法规和标准：目前关于新型船舶消防技术的法规和标准还不够完善，使得船舶在采用新技术时缺乏明确的指导和规范。这限制了新型船舶消防技术的推广和应用。

(5) 市场接受度：新型船舶消防技术的推广还需要市场的接受和认可。由于部分新技术尚未得到广泛应用和验证，使得一些船舶对其持有疑虑，难以接受。

3.2 解决方法

为了进一步推动新型船舶消防技术的推广，需要解决上述限制因素。首先，加强技术研发和创新，提高技术成熟度和可靠性。其次，降低成本，通过规模化和标准化生产等方式降低新技术的成本。此外，加强培训和人才建设，提高人员素质和专业水平。完善法规和标准体系，为新技术推广提供指导和规范。最后，加强市场宣传和推广，提高市场接受度和认可度。通过克服这些限制因素，新型船舶消防技术有望得到更广泛的应用和推广。

4 结语

本文通过对新型船舶消防技术的探讨和分析，得出了以下结论：新型船舶消防技术能够显著提高消防安全性和应急反应能力，减少火灾发生和损失。未来，随着科技的不断进步和社会环保意识的不断提高，新型船舶消防技术将在现代船舶行业中发挥更加重要的作用。因此，应加大对新型船舶消防技术的研究和应用力度，不断提高船舶的消防安全性能，为现代船舶事业的可持续发展提供有力保障。

随着科技的不断进步，船舶消防技术也在不断发展。未来，船舶消防技术将朝着更加智能化、自动化的方向发展。同时，随着环保意识的不断提高，高效环保的灭火技术和设备也将成为未来的主流。此外，船舶消防安全管理制度和标准也将在不断完善中更加严格和规范。

参 考 文 献

[1] 陈国庆，陈守香.《船舶火灾安全研究工程现状》[J]，消防技术与产品信息，2004. 08. 21.

[2] 浅析 SVT Flammotect A 舰船防火涂料的性能与薄涂层成本优势义邦航空新材料，辽宁，2023. 11. 17.

[3] 于礼玮，曹维宇.《碳纤维复合材料在海洋中的应用》，北京化工大学，2016.

[4] 曲峰德，刘晶晶，王焕新.《基于虚拟现实的船舶消防多人协同训练平台》，掌桥科研，2003.

[5] 郑亚纲，康新征.《新型防火涂料在船舶消防工程中的应用》，水上消防，2017 第 3 期 19.

基于 AHP 的海上突发事故船舶应急救援调度分析

荆 波

（中国石化胜利油田分公司）

摘 要：为了保障海上突发事故救援船舶能够及时、高效地到达救援区域开展救助工作，减少海上突发事故造成的人员伤亡和财产损失，本文针对救助船舶的特点，运用层次分析法(AHP)对海上突发事故应急救援船舶调度问题进行研究，建立数学模型，分析各个因素对海上突发事故船舶应急救援调度的影响程度，并有针对性地提出建议，提高船舶在海上突发事故应急救援的及时性，合理调度救援船舶，避免救援资源浪费，为海上突发事故应急救援船舶的调度问题提供辅助决策参考。

关键词：海上突发事故；应急救援；船舶调度；层次分析法

1 引言

近年来，随着中国经济的迅猛发展，海上贸易日益繁荣，但船舶碰撞、平台火灾等海上安全事故发生较多。为了减少海上事故造成的人员伤亡和财产损失，人们对海上突发事故的应急救援能力提出了更高的要求，如何保障海上突发事故救援船舶能够及时、高效地到达救援区域，如何科学、高效地对人员和财产迅速开展施救，成为日益关注的问题，但在之前的搜救工作中，还是凭借以往的搜救经验，搜救过程也主要依靠现场指挥的协调，搜救工作在组织方面缺乏协调性。通过多次海上应急救援的结果可以得出，应急船舶合理的调度较应急船舶数量的增加更有利于提高救援效率，减少人员伤亡和财产损失，降低调度成本。

2 海上突发事故概况

2.1 海上突发事故的定义及分级

海上突发事故是指船舶、设施在海上运行过程中发生火灾、碰撞、搁浅，以及船舶运载的油类物质、易燃化学药品泄漏等造成人员伤亡、财产损失的事件。海上突发事故的救助主要分为人命救助和财产救助。见图 1。

交通运输部关于《水上交通事故统计办法》按照人员伤亡、直接经济损失分为以下等级：

(1) 特别重大事故，指造成 30 人以上死亡(含失踪)的，或者 100 人以上重伤的，或者 1 亿元以上直接经济损失的事故；

(2) 重大事故，指造成 10 人以上 30 人以下死亡(含失踪)的，或者 50 人以上 100 人以下重伤的，或者 5000 万元以上 1 亿元以下直接经济损失的事故；

图 1　海上突发事故

(3) 较大事故，指造成3人以上10人以下死亡(含失踪)的，或者10人以上50人以下重伤的，或者1000万元以上5000万元以下直接经济损失的事故；

(4) 一般事故，指造成1人以上3人以下死亡(含失踪)的，或者1人以上10人以下重伤的，或者1000万元以下直接经济损失的事故。

2.2　海上突发事故特点

(1) 由于海上生产设施的活动空间有限，这种有限性在某种程度上妨碍了应急救援行动的实施。同时，这些设施上(例如客船和作业平台)通常人员处于较为集中的状态，使得在发生如火灾或沉没等严重事故时，他们能够转移到的安全区域是极为有限的。

(2) 海洋环境具有其特殊性，海洋本质上蕴含着潜在的危机，人一旦落水易发生溺亡等危险，尤其冬季海水水温低，人在冰冷的海水中会出现失温现象，身体会出现四肢僵硬、身体颤抖、意识模糊，随后昏迷，直至沉入大海死亡。在极端情况下，特别是在外界救援力量到来之前，从事发设施撤离到另一个相对安全的设施，虽然减少了直接的危害，但仍未能完全消除风险。

(3) 由于海上生产设施与陆地的距离较远，应急救援物资在救援现场十分有限。同时，由于受环境等多种因素的制约，救援物资只能通过船舶、飞机等载运工具进行运输，所以无法及时地进行充足的补给。因此，在紧急情况下，只能依靠现场的应急物资，开展救援工作。

(4) 岸基应急指挥受限，受距离和交通环境条件的限制，专家组无法及时赶赴事故现场，也不能实时了解现场状况，不能及时有效地做出与现场实际情况相符的正确决策，指挥决策存在迟滞性等问题。

3　海上应急救援基本理论

当海上突发事故时，主管部门能够及时确定事故现场的状况，对事故后续发展作出正确判断，对事故的等级作出正确的评估，迅速制定科学、高效的搜救方案具有重要意义，本文主要研究应急救援船舶的调派问题，为下文救援船舶调度的研究明确方向。

3.1　海上船舶应急救援的特征

(1) 高速性。海上环境复杂多变，事故影响区域会随着海况及时间的推移发生变化，造成更大的损失，因此在有限的时间内完成应急船舶的调度，救援船舶及时赶往事发海域，开展救助工作具有非常重要的意义。

(2) 抗风能力强。海难事故大部分都是在恶劣海况下发生，伴随着强烈的风浪，所以，应急救援船舶在救援过程中必须保持自身的稳定性，才能更好地开展救助工作，因此参加救援的船舶应该具有良好的抗风浪能力。

(3) 稳定性。海上环境复杂，救助工作需要船舶保持稳定性，但是大部分情况下船舶在低速受风浪影响时很难保持稳定，这不仅考验船舶的特性还考验船舶驾驶员的船舶操纵水平，因此救助船舶应具备在低速情况下的稳定性，才能保证救援工作的顺利开展。

3.2 海上应急救援的原则

海上事故类型较多，但救助方式上可以归结为财产救助和人命救助，两种救助方式都应遵循安全、经济、高效的原则。人命救助是海上搜救的首要任务。海上遇险人员依法享有获得生命救助的权力。生命救助优先于环境和财产救助。当海上发生事故时，应根据事发区域的海况及水文、气象条件对遇险状况进行判定，针对遇险状况合理的调度救援船舶，采取可行的救助方式。

3.3 海上应急救援的基本要求

开展海上救援是一项系统工程，应结合各种情况综合考量、科学施救。事故发生初期，最重要的是尽快与被救助对象取得联系，了解事发海域环境及事故状况，随后结合现有救援资源，拟定救援方案。在应急救援船舶的调度上，要根据事故的性质和程度，进行合理调度，避免出现救援力量不足或救援资源浪费等情况。拟定救助方案时，要充分考虑海况、气象条件等环境因素，以及救援船舶的性能和驾驶员的操作水平等，提升救助方案的科学性和可操作性。现场组织救助时，必须讲求科学合理的方法，遵循正确的施救顺序，秉承以人命救助优先的原则，先救落水人员，再救被困人员；随后抢救设施设备，以及海上平台、船舶、网箱等；最后考虑挽救事故对海洋生态、近岸环境等的影响，力争将人员伤亡、财产损失、环境危害和后续影响降到最低。

4 利用层次分析法对海上应急救援船舶调度进行综合评价

4.1 评估指标体系构建

选取救援船舶应综合考虑各种因素，以下因素是应急救援船舶在调度问题上优先考虑的因素：(1)船舶所属单位；(2)船舶类型；(3)到达遇险地点所需的时间；(4)吨位；(5)干舷高度；(6)航速；(7)续航能力；(8)抗风能力。

综合分析影响海上突发事故的各种风险因素，总结出国内学者构建海上突发事故船舶应急救援调度评估指标，建立了海上突发事故船舶应急救援调度评估指标体系，搭建起层次分析结构，通过层次分析法进行多层次评价，主要有以下几个方面，如表1所示。

表1 海上突发事故船舶应急救援调度评估指标体系

目　标　层	指　标　层
海上突发事故船舶应急救援调度评估指标	船舶所属单位(Y_1)
	船舶类型(Y_2)
	到达遇险地点所需的时间(Y_3)
	吨位(Y_4)
	干舷高度(Y_5)
	航速(Y_6)
	续航能力(Y_7)
	抗风能力(Y_8)

运用专家打分方法，编制《海上突发事故船舶应急救援调度评价因素权重分析调查问卷》由专业人员进行评分，获得实际的评价，得到指标层相对重要性的判断值，形成了判断矩阵。

4.2 构造评价指标判断矩阵

(1) 为了构建一个判断矩阵，对各个层次的评估指标进行对比，A_{ij}是因素 i 和 j 相对于 j 的重要程度所得出的数值；n 为指标的个数。对 2 级评价指标进行比较，构建出以下判断矩阵：

$$A=(A_{ij})_{n\times n}=\begin{bmatrix} A_{11} & A_{12} & \cdots & A_{1n} \\ A_{21} & A_{22} & \cdots & A_{2n} \\ \vdots & \vdots & & \vdots \\ A_{n1} & A_{n2} & \cdots & A_{nn} \end{bmatrix} \tag{4.1}$$

其中 A 的元素满足：①$A_{ij}>0$；②$A_{ij}=\frac{1}{A_{ij}}$；③$A_{ii}=1$。

重要性等级及其赋值见表 2。

表 2 重要性等级及其赋值

含 义	标 度
两因素同等的重要	1
一个元素比另一个元素稍微重要	3
一个元素比另一个元素重要	5
一个元素比另一个元素重要很多	7
一个元素比另一个元素重要非常多	9
重要度介于两个相邻等级之间	2，4，6，8
一个元素比另一个元素的重要度是以上标度的倒数	1，1/2，……，1/9

(2) 层次单排序及一致性检验。

本文采用方根法进行计算，具体如下：

① 将矩阵每一行元素相乘：

$$U_{ij}=\prod_{j=1}^{n}A_{ij},\ (i,\ j=1,\ 2,\ 3,\ \cdots,\ n) \tag{4.2}$$

② 计算 U_i 的 n 次方根：

$$W_i=\sqrt[n]{U_{ij}}\,(i,\ j=1,\ 2,\ 3,\ \cdots,\ n) \tag{4.3}$$

③ 将所得方根向量$\overline{W}=[\overline{W}_1,\ \overline{W}_2,\ \cdots,\ \overline{W}_n]^T$ 归一化，即得特征向量 W_i：

$$W_i=\frac{\overline{W_i}}{\sum_{i=1}^{n}\overline{W_i}}(i=1,\ 2,\ 3,\ \cdots,\ n) \tag{4.4}$$

④ 最大特征为：

$$\lambda_{\max}=\sum_{i=1}^{n}\frac{(AW)_i}{nW_i}(i=1,\ 2,\ 3,\ \cdots,\ n) \tag{4.5}$$

⑤ 计算一致性指标 CI 和随机一致性比率 CR：

$$CI=\frac{\lambda_{max}-n}{n-1}(n\text{ 为判断矩阵的阶数}) \tag{4.6}$$

$$CR=\frac{CI}{RI} \tag{4.7}$$

$CR\leqslant 0.1$ 时表示通过检验；当 $CR>0.1$ 时，则判断矩阵不能通过一致性检验，此时需要修改矩阵剩余各行调整直至检验通过，一致性检验结果，见表 3。

表 3　一致性检验结果汇总

最大特征根	CI 值	RI 值	CR 值	一致性检验结果
8.373	0.053	1.410	0.038	通过

表 4　各指标权重计算结果

目　标　层	指　标　层	权　重
海上突发事故船舶应急救援调度评估指标	船舶所属单位(Y_1)	0.029
	船舶类型(Y_2)	0.072
	到达遇险地点所需的时间(Y_3)	0.404
	吨位(Y_4)	0.043
	干舷高度(Y_5)	0.027
	航速(Y_6)	0.237
	续航能力(Y_7)	0.046
	抗风能力(Y_8)	0.142

通过研究分析海上应急救援船舶调度因素指标权重，由此计算出了每个风险因素的影响程度，共有 8 个指标，按以下顺序排列。

到达遇险地点所需的时间>航速>抗风能力>船舶类型>续航能力>吨位>船舶所属单位>干舷高度。

从计算结果可以得出，应急救援船舶的及时性具有非常重要的作用，这反映出应急救援船舶值守地与事故发生地的距离和救援船舶速度是船舶调度优先考虑的因素，同时，由于海上环境条件复杂，对船舶的吨位、续航能力、抗风能力也有一定要求，所以，在海上事故发生后，应综合考虑各船舶属性进行的调配，提高救援效率，减少事故造成的人员伤亡和财产损失。

5　对策与建议

5.1　加强海上应急救援体制机制建设

海上突发事故近年来时有发生，需要着力加强海上应急协调指挥机构的建设。各级主管部门要不断加强海上应急救援体制机制建设，提高海上突发事故应急管理能力。建立健全专业搜救队伍，建设海上应急演练基地，加强对救援人员的专业技能培训，推动海上救援队伍专业化、现代化、正规化方向发展。海上救援助工作的顺利开展需要各方力量的大力支持，政府部门应建立健全海上突发事故应急船舶调度机制，推动应急处置能力向科学、高效的方向发展，强化对社会力量的统筹管理，形成海上应急救援强大合力。

各部门应多措并举对海上可能发生的事故进行预测，一旦出现事故迅速上报，制定科学、高效的应急预案，提出事故应急处置的建议，在事故发生后能快速启动应急救援程序，保证应急船舶能够遵循救助方案开展工作，岸基部门做好救援物资和医疗救助的准备和调度工作，保障救助工作在紧急状态下能够顺利进行。

5.2 加强海上应急救援信息化建设

建立和完善海上突发事故应急处置程序，优化船舶应急救援部署，使救助力量能够在最短时间内赶往事发海域。发挥船舶AIS、GPS、北斗导航系统在海上搜救行动中的辅助作用，建立科学的搜救体系，推动海上搜救工作的信息化、数字化、现代化建设，推动定位方法、搜救技术的创新发展。建立海上搜救数据库，搜救数据信息共通、共享，总结以往搜救经验，深入研究事故多发海域和事故多发类型的相关模型，为现场指挥决策提供指导。运用数字化技术形成完备的海上应急救援处置程序和海上应急救援船舶部署，提高海上突发事故的处置能力，使救援船舶在海上事故发生时能够在最短时间内完成事故救援的目的。

5.3 强化海上突发事故船舶应急救援实战演练

海上应急演练是提升现场应急指挥人员指挥与决策能力的有效方式。见图2。在日常应急演练时，应重视演练的形式和方式，推动海上应急演练方式向多元化方向发展，模拟各种救援场景，贴近实战，全过程模拟演练，严格执行事故上报和应急处置程序，避免应急指挥人员在紧急情况下出现恐慌和束手无策的情况，提升现场指挥人员的应急指挥和决策能力。

图2　船舶应急演练

公司要严格按照体系文件要求与船舶共同开展各种船岸联合应急演练，公司的管理人员定期登船检验船舶的应急演练效果。不仅要检查航海日志等规定的记载，还要多进行现场演练，了解船员对应急反应程序的熟悉程度，检验船员对应急设备操作的熟练程度，检查船员对船上应急设备的保养情况，确保船上的应急设备始终处于可用状态。

6 结语

本文以提高海上突发事故船舶应急救援调度能力为出发点，对影响船舶应急救援调度的因素进行评估，提出了相应的措施建议，提高了船舶应急救援的时效性，合理调度救援船舶，为应急救援船舶的调度问题提供决策参考。但由于海上突发事件类型较多，并且受风、浪等环境因素影响，事故现场环境瞬息万变，不能有针对性地进行分析，希望在日后工作中能扩大调查范围，保证全面性和准确性。本文的不足之处，将在今后的工作中予以完善。

参 考 文 献

[1] 吴兆麟．海事调查与分析[J]．中国水运，2010，45(9)：23-25.

[2] 张柯．海上突发事件应急指挥与决策探讨[J]．中国应急管理科学，2021(07)：34-42.

[3] 杨东霞．海上突发事故应急船舶优选与调度研究[D]．燕山大学，2014.

[4] 高强，谷文凯．重大海洋灾害事件处置能力建设重点内容[J]．安徽行政学院学报，2016，7(02)：54-60.

【作者简介】荆波，男，注册安全工程师，国家一级安全评价师，主要从事海上生产和应急方面研究。

浅谈输油管道泄漏应急处置对策

王建军

（中国石化上海高桥分公司）

摘　要：近年来，石油化工行业得到飞速发展，大型炼油企业如雨后春笋般一个个建成投产，现已发展为国民经济支柱产业。世界级大型石化企业引进了“一体化”的先进理念，这种“一体化”生产之间的联系是建立在管道输送基础上的，通过管道输送，节约了生产储存成本，提高生产效率。如果把炼油生产比喻成人的一个整体机能，那么许许多多的输油管道就是人身上的一条条血管。如今，我国输油管道建设如火如荼，但现有大型输油管道总长不过 3.5×10^4km。专家预计，未来 10 年我国将实现汽油、柴油、煤油等成品油全部利用管道进行输送。欲要达到上述要求，平均每年都要新建 20000km 各类输送管道，我国输油管道建设将会迎来新的高潮。因此加强对输油管道的调查研究，改进防火灭火方法就显得尤为重要。

关键词：输油管道泄漏；应急处置；对策

1　输油管道的分类和用途

1.1　按照输油管道铺设的距离分

1.1.1　企业内部的输油管道

企业内部输油管道主要是指油田内部连接油井与计量站、联合站的集输管道，炼油厂及油库内部的管道等，其长度一般较短，不是独立的经营系统。

1.1.2　长距离输油管道

长距离输送原油或成品油的管道，输送距离可达数百、数千公里，单管年输油量在数百万吨到数千万吨之间，个别有达 1 亿吨的，管径多在 200mm 以上，如今最大的为 1220mm，其起点与终点分别与油田、炼油厂等其他石油企业相连。

1.2　按照油品分

1.2.1　原油输油管道

原油管道主要是指输送原油产品的管道，它和成品油管道是有区别的，如今在我国运行的主要原油输油管道是中俄原油输油管道和中亚原油输油管道。

1.2.2　成品油输油管道

成品油输油管道是长距离输送成品油的管道，如今在我国有多条成品油输油管道已经在运营中或在建中，主要有：兰成渝成品油输油管道、兰郑长成品油输送管道以及港枣成品油输送管道等。

1.3 按照材料分

1.3.1 碳素钢管

固定的输油管线多用碳素钢管，碳素钢管按其制造方法可分为无缝钢管和焊接钢管，无缝钢管又分为热轧和冷拔两种，通常的碳素钢管都是采用沸腾钢制造，温度适用范围为0~300℃，低温时容易脆化，采用优质碳素钢制造的钢管，温度适用范围则为-40~450℃，采用16Mn钢，温度适用范围低温为-40℃，高温则可达475℃。

1.3.2 耐油胶管

耐油胶管是主要用于临时装卸输转油设施上或管线卸接的活动部位的输油管，耐油胶管有耐油夹布胶管，耐油螺旋胶管和输油钢丝编织胶管之种，都是由丁腈橡胶制成。

1.4 输油管道腐蚀

由于输送的油品中含有硫元素和酸性物质，外加管道裸露在露天遭受风吹雨淋，导致管道易被腐蚀。管道腐蚀主要有以下几种：由原电池原理而导致的钢铁吸氧腐蚀；由于酸雨导致管道表面极具酸性的硫化物(二氧化硫和硫化氢)而导致的析氢腐蚀；大气降水导致的二氧化碳酸性腐蚀；管道表面能够代谢硫酸盐的细菌导致的细菌腐蚀和管道内积水导致的腐蚀等，其中吸氧腐蚀是最多的腐蚀情况。

2 输油管道火灾危险性分析和防火措施

2.1 输油管道火灾危险性分析

(1) 输油管道在新投入使用时，因施工质量不高，检查检验不到位等都会造成泄漏事故。

(2) 输油过程中由于操作不当，引起输油管道爆炸。例如：2010年7月16日，大孤山新港码头一储油罐在输油过程中，由于操作不当造成输油管线发生起火爆炸事故。

(3) 边使用边施工。为了便于生产，不可避免地就会边使用边施工，管道的焊接，施工场地的明火作业和管理，都是造成火险的重要因素。

(4) 输油管道年久失修，造成老化锈蚀。这方面存在的问题较多，有很多都已远远超过设计使用年限，但为了节约成本，提高市场竞争力，都还在使用。

(5) 意外事故。管道的存在因为无任何外防护物体，很容易发生意外事故，比如超高货车拉断管道，高空重物坠落砸伤，施工安全防范不严等都会造成事故。

(6) 恐怖分子破坏。现在随着国际、国内反恐怖打击的深入，世界范围内恐怖分子活动猖獗，恐怖袭击事件层出不穷，我国的恐怖分子活动也时有发生。

2.2 输油管道防火措施

2.2.1 选材、设计、加工、安装合理

根据输油管道的性质、温度、压力和流量等因素正确选择管材，不可随意选用代材或误用，不得使用存有缺陷的管材。严格按照工艺设计要求设计，管道直径的设计值应尽量大些。管道的焊接质量符合要求，焊缝须做无损探伤检查。

2.2.2 严格安全操作

及时清理管道内的污垢、沉淀等沉积物，并严禁采用铁质工具或能产生火星的器具疏通输油管道内沉积物。定期清除管道以及周围的设备、设施上的积尘，以减少粉尘沉积。及时维修管道，严禁超负荷，超期和带病运转。

2.2.3 加强防火安全管理

在用管道要遵照《压力管道安全管理与监察规定》定期进行检验，检测管道的泄漏和受损情况，防止管道系统出现跑冒滴漏现象。严禁输油管道周围堆放易燃易爆物质，需要散热的输送管道上严禁堆放各种杂物，以防止热量积累引起火灾，输油管道的周围杜绝各种火源。

2.2.4 采取防静电措施

输油管道应选用导电性能良好的材料制造，并设性能良好的静电消除装置。地上或管沟敷设管线的始端、末端、分支处以及直线段，每隔100m应设置防静电接地装置，接地点宜设在固定管墩处。

2.2.5 设置防火防爆安全装置

在容易发生超压爆炸的管道上需设置安全阀等防爆泻压装置，在容易造成火焰传播的管道上需设置水封、阻火器或防火阀。

3 输油管道发生泄漏的特点

3.1 突发性强、泄漏量大

输油管道泄漏事故一般瞬间突然发生，常在意想不到的时间、地点，这种突然性与石化企业生产过程的特殊性有关。

3.2 危害范围广、伤害途径多

输油管道泄漏事故发生后，泄漏的油类会以多种形式向空气、水源、地表和物体扩散而造成大面积的污染。伤害途径多，有些有害物质会形成云团向四周尤其是下风方向扩散，造成大范围的污染，伤害效应增强。

3.3 侦检不易、救援难度大

油类种类较多，要准确侦检是何种油类难度大，同时，泄漏和爆炸可能同时形成“高温、高压、缺氧、有毒”的环境给救援带来很大难度，对个人防护装备和器材的要求较高。

3.4 污染环境、洗消困难

事故发生后有毒有害的物质可污染空气物体表面，甚至可渗透到地表造成深度污染，一旦形成污染，要想彻底对污染区进行洗消非常困难。

3.5 社会涉及面广、政治影响大

为控制和消除输油管道泄漏事故所造成的严重危害，救援行动势必将围绕切断(控制)事故源、警戒、疏散等环节展开。这些行动势必造成局部地区或居民的生活失衡，甚至社会秩序的混乱，甚至在国际上产生负面影响。

4 输油管道发生泄漏后的处置对策

随着经济高速发展及城市快速扩张，石化企业与居民区毗邻、交错，给当地的安全和环境造成一定影响，近年来，输油管道泄漏持续高发，到了危机四伏，“谈漏色变”的状况，输油管道泄漏的规模、程度和危害，已经达到了前所未有的境地。处置输油管道泄漏事故，必须周密组织，科学指挥，采取最快、最有效的措施和方法。具体处置方法如下：

4.1 划定警戒范围，实施严格警戒

(1) 当出现输油管道泄漏时，应迅速划定警戒范围，防止人员误入发生爆炸和伤害事故。使用检测仪进行范围划定，当发生泄漏事故后，第一到场的消防队首先经过简单侦查，

利用一些检测设备确定泄漏扩散范围，实施严格警戒，必要时及时和交巡警联系请求增员警戒力量。

（2）如何确定警戒范围是现消防一大难题，如果消防车上检测器可以探测出扩散范围，那么将减少发生爆炸和伤害事故的概率。但现今消防车上大多无检测器，只有抢险车上才有配备，这就给警戒范围的划定带来了一定的难度，在这种情况下就需要指挥员有相当的经验指挥作战。

（3）少量泄漏，警戒范围在下风方向100m上风方向30m大体上是可行的；大量泄漏：警戒范围在下风方向300m上风方向50m上是可行的，但明显可视范围超过300m不可因循守旧还是按300m来确定，必须留有足够的距离来实行警戒。

4.2 及时疏散人员

发生输油管道大范围泄漏时，消防人员到场后应迅速向各单位、居民区发生险情信号，要求他们熄灭一切明火，切断电源，并迅速撤离。可使用车站对讲设备向群众喊话，劝其迅速离开，对于单位应当和单位主管联系，要求单位利用广播进行撤离。

4.3 杜绝一切火源

（1）在采取警戒的同时，必须小心输油管道泄漏区内的各种火源，应当迅速扑灭可能扩散到达的范围内的各种明火，要有专人负责令区域内各企业和单位停止焊接、气割等明火作业。

（2）抢险人员在进入输油管道泄漏内，必须更换抢险服装，内穿防止静电火花的全棉内衣，外穿防化服，佩戴空气呼吸器，必要情况下穿淋湿内衣增加安全系数，抢险参战人员必须使用防爆抢险工具，并不得穿戴钉子的鞋，防止撞击打火，无关人员不得进入警戒区。

（3）警戒区内禁止过往车辆通行防止排气管火星和吸烟明火，消防车和应急救援车也应当采取从上风方向的通道驶入。

（4）切断输油管道泄漏区内电源，（防爆的除外）防止电火花，但必须是在无人进入的情况下先期切断电源，因为一些不防爆的电器在切断电源的情况下也会发生电火花，引燃可燃油气。

（5）禁止在输油管道泄漏区内使用电话、手机、BP机等通信工具，因为许多油气最小点火能量非常低极易被点燃。

4.4 迅速堵漏

（1）当输油管道发生泄漏时必须采取工艺措施，降低管道内的压力，在高压状态下，人工堵漏应先停止输送油品或关闭泄漏点相邻部位阀门，切断泄漏源，减小管内压力，同时，在堵漏前必须要进行必要的准备工作，如穿防护服，调集消防车出水，利用水枪进行掩护，提高工作安全性，为堵漏做好准备。

（2）对于输油管道泄漏，应使用专用的管道夹具进行堵漏，这种堵漏工具是专为输油管道泄漏设计的，针对各种管径有不同的型号，对于输油管道泄漏首选应该用管道夹具。用内封式、外封式、捆绑式充气堵漏工具进行堵漏，或用金属螺钉加黏合剂旋拧，或利用木楔、硬质橡胶塞封堵都是可采方法，这要看实际情况而定。

（3）法兰泄漏时，对因螺丝松动引起的泄漏，应使用无火花工具紧固螺旋，纸质泄漏。若因法兰垫圈老化导致带压泄漏，可利用专用法兰夹具、夹卡法兰，并在螺栓间钻孔高压注射密封胶堵漏。

(4) 输油管道断裂泄漏时，由于泄漏处喷射压力大、流速快、泄漏量大，应迅速利用专用的捆绑紧固和空心橡胶塞加压充气器具进行塞堵。

(5) 堵漏时应注意油品的物理特性及泄漏部位，对于受外力破坏输油管道严重变形的泄漏，特别需要注意的是，管道压力大，必须通过导流、泄压的方法使压力下降到一定程度时才可采取这样的措施。

4.5 雾状水流稀释疏散

(1) 输油管道泄漏时，若遇大风天气，泄漏油气会随风迅速向下风方向扩散；若遇小风或无风天气，则会积聚某一空间，此时，应视情采用雾状水在上、下、中、高设置雾状水防线，可有效阻止油气蔓延，稀释油气浓度，增大现场水蒸气浓度，降低爆炸极限，使之尽快排出险情。

(2) 使用屏风水枪和水幕水带设置第一道底层防线。现在配备的主战消防车，大多流量在 50~100L/s 之间，每辆消防车设置两支屏风水枪或两根水幕水带。需要特别注意的是在设置过程中器材必须要轻拿轻放，防止铁制器材或撞击水泥地面，碰撞火花引起爆炸。

(3) 使用喷雾水枪设置上层防线。因为屏风水枪和水幕水带射流高度最大在 3~5m 左右，上部成了空白点，而水枪射高可达 10m 以上，我们可以利用这一点，先到场车辆应当停靠上风方向的水源，在侧上风方向设置分水阵地，人员在全身防护的情况下，并排间距 2m 站立向上方向喷射雾状射流组成一层水幕墙，阻止油气通过上层向下风方向蔓延。

(4) 使用大功率消防车移动炮架设于事故现场中心地带。现在大功率移动炮，流量可达 50L/s 喷射雾状射流时，射流直径可达 5m 以上，射程在 8m 以上，稀释效果最好。驱动的风力可达 3 级，可改变周围的气体流动，实际检验中现场地面水流会产生漩涡，因为在炮口部位高流水雾带动气体产生负压，在喷射过程中吸入大量气体和喷出的水雾混合，使气体溶解于水中，对于可溶性气体来说这种方法最科学，也是最有效的方法。

5 结语

输油管道安全问题是石化企业管理的重要组成部分．是实现石化企业安全生产的重要保障，也是一项复杂的系统工程。新形势下，只有顺应形势发展，坚持“预防为主、管控风险、持续改进”，推行基于风险的管道完整性管理和双重预防机制建设，不断提高输油管道泄漏应急处置水平，才能确保石化企业顺利实现其改革和发展的长远目标。

无火花井口安全切割装置研制及应用

卿　玉　辜良玉　邓靖宇

（中国石油川庆钻探工程有限公司井控应急救援响应中心）

摘　要： 井喷失控着火后，抢险救援通常需要切割井口周围障碍物、已损毁井口等，由于井口装置、障碍物等尺寸大、本体厚，切割设备在近井口极端恶劣条件下使用寿命短，导致切割效率低、作业人员安全风险高等问题。针对上述难题，优化了切割浆体射流方式，设计了双喷头结构、可互换行星减速机构、锥直型切割喷嘴等核心部件，并对喷嘴等关键设计参数进行模拟分析，优化改进，研制了适用于井喷失控井的远距离水力喷砂切割装置，有效提高切割作业效率，降低抢险救援人员近井口作业风险。

关键词： 井喷失控；切割清障；水力喷砂；锥直型喷嘴；参数优化

油气井井喷失控着火事故是石油天然气工业领域损失巨大的灾难性事故。井喷失控着火后，井场内井架等设备将被严重损毁，近井口附近横向火四溢，障碍物纵横交织。井喷失控着火的应急处置包括冷却掩护、切割清障、井口重置等基本程序，其中，切割清障是井喷失控抢险的关键环节。

以往在抢险灭火中临时设计、加工、使用的水力喷砂切割工具，主要采用手拉钢丝绳来移动喷嘴的工作方式，切割行走速度难以匀速控制，且存在作业时不易更换喷头，二次切割时切口难以对齐的问题，造成切割质量差、速度慢、效益低、切割时间长。针对抢险救援过程中切割的各项难题，研制了一种适用于井喷失控井的远距离水力喷砂切割装置，实现了切割清障环节全过程遥控操作，抢险人员可远离井口作业，有效提高切割作业效率和安全性。

1　水力喷砂切割原理

射流是指液体从小孔或是狭缝急速流出的流动现象，工程应用中的射流大多数是紊流流动，其运动方式和结构较为复杂。其射流结构分为射流初始段、射流转折段、射流基本段和射流消散段。在射流的不同阶段射流具有的速度也不相同。射流各段在工程应用中具有不同的功能，其中，射流初始段是指由射流喷嘴出口处至转折面的区域组成，也就是等速射流核心区域，该区域特点流线为平行直线，速度相等、具有的能量最大，而且轴向动压力及密度基本保持不变，所以在工业中用于材料的切割加工中主要应用该区域。

一般金属材料抗剪强度远低于抗拉、抗压强度，金属材料的破坏形式是剪切破坏。因此，可以得出磨料射流切割金属的机理：在磨料射流中的磨料颗粒在水射流的挟持下与材料接触，颗粒以每秒数百米的速度冲击材料而突然停止，因而产生的冲击力很大，而磨料颗粒一般近似为圆形，与材料表面的接触面积很小，因而在接触区域产生的接触应力很大，当磨料颗粒与材料接触产生的接触剪应力超过接触剪强度时，发生破坏，微粒从材料本体上剥落，出现凹陷积累，从而使金属材料在磨料射流作用下破坏和被磨料射流切割成缝。

在抢险救援过程中使用防火、带火切割频繁，而油气井失控着火抢险救援现场条件恶劣，特别是高含硫井的抢险救援，切割非常困难，存在被切割物形状不规则，外形尺寸大，连续作业需求时间长等特点。水力喷砂切割技术很好地解决了抢险救援过程中切割的各项难题，该技术可以满足各种恶劣条件下进行金属和非金属等坚硬物体的切割，不受被切割物形状的影响。同时，为保证抢险救援切割工艺的安全性和高效性，水力喷砂切割装置设计了双喷头系统，可根据现场实际情况采用联动或单独切割；装置采用桅杆送入方式，操作人员通过远程液压控制可实现远离井口(火源)作业，遥控距离可达200m。

2 远距离水力喷砂切割装置设计

装置设计主要包含切割头前端设计、浆体射流切割方式设计及喷头和喷嘴设计。

2.1 切割装置切割头设计

切割头的连接、传动、输液管线及密封组件均采用耐火材料，具有耐高温，抗辐射的功能。由于需要长时间连续工作，喷嘴总成在高压水砂的喷射作用下磨损较快，是整个装置的最薄弱环节，更换喷嘴总成后重新对准原来切割的位置比较困难，为了提高重复定位精度，节约抢险时间，装置采用了双喷头结构设计，即：在同一平面安装了两套行走机构，当第一个喷嘴损坏后可把其推到边上，同时启动另一套机构工作；如连续工作时间不长，或需要快速切割时可以同时启动两个系统分别从左右同时向中间切割以加快切割速度。根据抢险作业不同工况需求，装置采用了可互换行星减速机构设计，即通过各类齿轮系传动性能和特点对比，同时考虑切割减速器的可互换性，设计了双极行星齿轮和两级独立行星齿轮传动方式，可实现多种切割速度变换。

2.2 浆体射流方式设计

井喷失控抢险过程中，井口装置和障碍物尺寸大、本体厚，切割环节具有连续作业时间长、切割射流使用量大的特点，因此远距离水力喷砂切割装置采用了前混合磨料水射流设计的方式，该设计具有加速效果好，冲蚀性能强等优点，利用高压水流混合一定比例的石英砂，通过射流的能量切割金属或非金属材料，流程如图1所示。

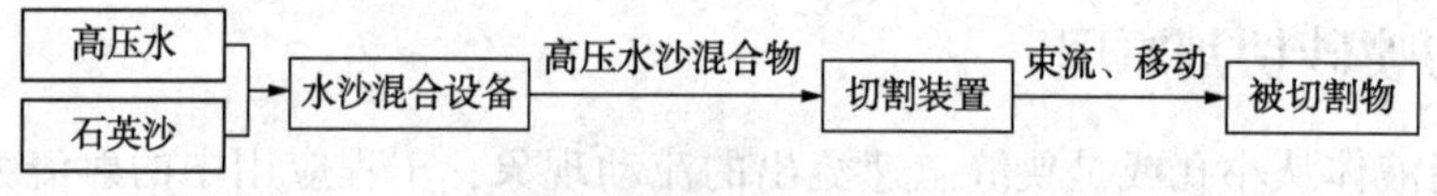

图1 水力喷砂切割流程图

从水力喷砂切割技术原理流程图可以看出，水力喷砂切割主要由产生高压水设备、水砂混合设备、切割设备组成。水砂混合设备分别与高压水泵产生的高压水以及装有石英砂的砂罐连接，高压水与石英砂混合后接入到切割装置，高压水砂混合物经喷嘴束流后射向被切割物完成切割。

2.3 喷头及喷嘴设计

由于含沙高压高速水流冲刷，喷头及喷嘴磨损快，使得喷头无法长时间持续工作。针对上述问题，分别从耐磨材料优选、本体结构方面对切割装置喷头及喷嘴进行设计。为提高使用寿命，喷头使用耐磨硬质合金制造。

喷嘴是高压水射流设备形成水射流工况的直接元件，喷嘴的好坏直接影响到切割效果。

在远距离水力喷砂切割装置中，由2⅞″油管组成的高压输液携砂管输送而来的水砂混合物，经过喷嘴后，从高压低速射流转化为低压高速射流冲击磨削切割对象，通过水射流的冲击作用、磨削作用、动压力作用、脉冲负荷引起的疲劳破坏作用以及水楔作用对物料造成破坏，达到切割效果。

目前，水射流切割工艺中常用的有两种基本的结构：一是圆形孔口型喷嘴，另一是圆锥收敛型喷嘴。其内流道型线均为直线型，且多以平顶形喷嘴、锥形喷嘴和锥直型喷嘴居多。

通过FLUENT模拟软件对三种喷嘴的内外部流场进行了模拟喷射仿真试验，综合比较后，认为具有收缩段、水平过渡段的锥直型喷嘴更适合于做高压水射流切割喷嘴。

为了在同等射流能量下增大水砂混合介质喷流的速度，把喷嘴出口设计成圆锥型收缩喷口。经过大量的试验表明，在锥度大端增加一个引流圆弧角以及在锥度收缩后增加一定长度的导流直管对水砂混合介质形成束流有非常好的效果。

3 仿真模拟分析

喷嘴作为切割装置的核心部件，其几何形状将直接影响切割性能。为了使喷嘴形成的束流具有更佳的冲击效果，对喷嘴结构等进行了仿真模拟分析。

喷嘴结构类型：虽然锥形喷嘴在出口处流体压力、水流速度都是三种结构中最大的，但是其在射流核心区磨料速度比锥直型小，并且锥直型喷嘴磨料在射流核心区达到最大速度。而平顶型喷嘴在核心射流区磨料速度最小。水力喷砂射流对金属的切割，实质上是金属材料在磨料的磨削作用下的破坏，所以磨料的速度对切割效果至关重要。综合考虑，认为具有收缩段、水平过渡段的锥直型喷嘴更适合于做高压水射流切割喷嘴。

锥直型喷嘴长度：通过对不同喷嘴长度的数值计算可知，随着喷嘴长度的增加，磨料粒子在核心射流区的最大速度越大。因为喷嘴太短，磨料粒子得不到充分的加速。而喷嘴太长，喷射出口流体压力降低，水流速度下降，所以喷嘴长度不宜过长或过短，应取适中长度。

喷嘴锥角角度：对四种不同锥角角度的喷嘴的喷射流场进行了仿真计算，随着锥角角度的增加，磨料粒子在核心射流区达到的最大速度越小，并且水射流速度也会越小，压力越低。综合考虑，锥段的锥角变化应平缓过度。

4 试验验证与应用

4.1 试验验证

(1) 最大切割深度试验

最大切割深度试验选用18-140四通作为试验对象，四通壁厚90mm，分别测试了在4个不同压力等级下切割装置在2min内切割的深度，切割装置最大切割深度可达90mm。

(2) 最大切割速度试验

最大切割速度试验选用了外径177.80mm，壁厚10.36mm的7″套管作为切割试验材料，试验时分别设置高压水泵压力为40MPa及65MPa，水泵流量为25L/min，磨料流量为2.3~3.1kg/min，当磨料射流基本形成时，开始切割。测试分别得出在40MPa及65MPa压力等级下切开7″套管所需时间，实验数据如表1所示，计算最大切割速度为112mm/min。

表1　切割速度试验记录表

压力/MPa	环形切割行走速度/(mm/min)	环切时间/min
40	32	17
65	112	5

4.2　应用情况

远程水力喷砂切割装置研制完成后，开展了多次井喷失控模拟井切割演练，并于近年完成了一次井喷失控险情的应急抢险处置。在设置切割泵压：45～55MPa，砂比：250～300kg/m³，排量：7～8.5L/s，砂目：20～40情况下，切割9⅝″(ϕ245)套管+5″(ϕ127)钻杆，耗时6分55秒，切割13⅜″(ϕ340)套管+5″(ϕ127)钻杆，耗时11min；切割全过程伴随高温，强热辐射环境。对比美国的JET水力喷砂切割装置，其输砂、输液及液压管线均为软管，不具备耐高温和抗热辐射性能，切割13⅜″(ϕ340)套管耗时16min。根据实际应用情况，自主研制的70MPa远程水力喷砂切割装置较国外同类产品切割效率提高30%以上。

5　结语

通过对浆体射流、切割头结构、喷头及喷嘴结构等进行攻关设计和参数优化，形成了适用于井喷失控井的远距离水力喷砂切割装置。

(1) 切割装置采用双喷头和可互换行星减速机构设计，解决了作业时不易更换喷头，更换后新切口无法与旧切口对齐中的难题，可实现多种切割速度变换，保证了切口的质量，有效提高了切割作业安全性和可靠性。

(2) 切割装置采用前混合切割浆体射流方式，射流加速效果好，冲蚀性能强，对切割喷嘴进行参数优化，装置最大额定工作压力70MPa，最大切割深度达到90mm，切割速度达到112mm/min，较国外同类产品切割效率提高30%以上。

(3) 远距离水力喷砂切割装置采用远程无线遥控操作，抢险人员可远离井口作业，大幅降低人员风险，保障了作业安全，抢险救援进一步实现井口危险区域作业无人化。

参 考 文 献

[1] 奥斯曼3井抢险带火作业技术[J]．杨令瑞，田强，王和富．钻采工艺，2007，30(4)：46-48.

[2] 水力切割应用研究及发展[J]．张林，裴毅，李明．湖南农机，2011.

[3] 水力喷砂井口清障装置研究及应用[J]．何牛仔，徐依吉，牛涛．石油机械，2007.

[4] 水力喷砂射流器切割效果数值模拟[J]．李朝阳，马贵阳，田丽．辽宁石油化工大学学报，2011.

危化品火灾特点及灭火救援措施

侯心站[1]　赫荣杰[2]

（1. 中原油田应急救援中心；2. 中国石化海南炼化）

摘　要：危化品火灾是一种具有高风险和严重影响的火灾类型。在危化品生产、储存和运输过程中，如果发生火灾，常常会导致一些问题的发生，给人员和环境造成无法预测的灾难。了解危化品火灾的特点和采取相应的灭火救援措施将帮助我们更有效地应对这类火灾事故。基于此，以下对危化品火灾特点及灭火救援措施进行探讨。

关键词：危化品火灾特点；灭火救援；措施

危化品火灾在消防安全领域被视为极其复杂和危险的情况之一。危化品的特殊性使得火势的发展更加迅猛，火源难以完全消除，给灭火工作带来巨大挑战。了解危化品火灾的特点以及相应的灭火救援措施是保障人民生命财产安全的必要步骤，同时也是应对危机和应急情况的关键要素。

1　危化品火灾特点

危化品火灾具有以下特点：燃烧与爆炸共存，灾害伤亡大后果重。由于危化品具有易燃、易爆的特性，火灾事故中往往伴随着爆炸，造成严重的人员伤亡和财产损失。借助易燃易爆物质，起火快火势猛。危化品火灾的火势蔓延速度非常快，一旦起火，火势迅猛，难以控制。火势顺着可燃烧气体或液体不停流淌，流动大扑灭难。危化品火灾中，火势会沿着可燃气体或液体的流动方向迅速蔓延，增加了扑救的难度。燃烧时会释放出有毒有害气体，范围广伤害大。危化品火灾在燃烧过程中会产生大量的有毒有害气体，对周围环境和人员健康造成严重威胁。火灾中造成化学品泄漏，次生灾害多污染大。危化品火灾可能导致化学品泄漏，引发次生灾害，如环境污染、水源污染等。此外，危化品火灾现场情况复杂，救援难度大。由于危化品火灾涉及多种灾情叠加，如高温、烈焰、爆炸、泄漏等，给救援工作带来极大的困难。危化品火灾还可能引发多米诺效应，导致事故扩大。因此，在危化品生产过程中，加强消防安全管理至关重要。企业应采取有效的安全措施，如建立严格的防火制度、配备专业的消防设备、加强员工消防安全培训等，以防范危化品火灾的发生。

2　危化品火灾灭火救援应遵循的原则

2.1　统一指挥，分级负责

在灭火救援过程中，需要建立统一的指挥体系，确保各级指挥机构能够高效协同工作。要明确各级指挥机构的职责和权限，确保灭火救援工作有序进行。

2.2　救人第一，科学施救

在危化品火灾中，要确保人员安全。救援人员要优先营救被困人员，并采取科学有效的措施，确保救援过程的安全性和有效性。

2.3 防止火势蔓延，控制危害范围

在灭火救援过程中，要采取一切必要措施，防止火势进一步蔓延，控制危害范围。这包括使用灭火剂、泡沫等灭火器材，以及采取隔离、封堵等措施。

2.4 保护环境，减少污染

危化品火灾可能产生大量的有毒有害气体和污染物，对环境造成严重影响。在灭火救援过程中，要采取措施减少环境污染，保护生态环境。

2.5 协同作战，保障供应

灭火救援工作需要多部门、多单位协同作战，包括消防、公安、环保、医疗等部门。要确保灭火救援所需的物资、装备等供应充足，保障灭火救援工作的顺利进行。危化品火灾灭火救援应遵循统一指挥、救人第一、防止火势蔓延、保护环境、协同作战等原则，确保灭火救援工作的有效性和安全性。

3 危化品火灾灭火救援措施

3.1 制定应急预案和演练方案

一个完善的应急预案和演练方案可以提高企业对突发火灾事件的处理效率和应变能力，保障员工生命财产安全，减少火灾事故带来的损失。在制定应急预案和演练方案时，需要考虑以下几个方面：明确预案的编写原则和范围。应急预案应基于法律法规和实际情况制定，内容要清晰明了、操作性强，包括火警报警程序、逃生疏散路线、灭火器材使用方法等。同时，应考虑到不同火灾情况的处理流程和紧急救援指南，以便在事故发生时能够快速、有序地展开应急处置。建立应急预案的责任部门和责任人。明确各级管理人员、安全专职人员、消防队员等的职责分工和联动机制，确保预案执行时各个环节都能有序协调，提高应急响应的效率。制定定期演练方案。定期组织火灾应急演练，根据实际情况模拟火灾场景，让参与演练的人员熟悉应急预案，并检验预案的可行性和有效性。演练过程中要注重组织、协调以及信息传递等方面的完善，使员工能够迅速适应火灾应急工作的要求。对应急预案进行定期评估和更新。随着企业及环境的变化，应急预案也需要不断进行修订和完善，以确保其适应新的情况和需求。定期对预案进行评估和测试，发现问题及时进行修正，增强预案的实用性和针对性。

3.2 配备适当的灭火器材和装备

不同类型的危化品可能引发不同性质的火灾，因此选择和配备适当的灭火器材对于有效扑灭火灾、保障人员安全至关重要。以下是在配备灭火器材和装备时需要考虑的几个关键方面：应根据企业的实际情况和危化品种类选择合适的灭火器材。不同类型的火灾需要不同种类的灭火器材，例如，针对液体可燃物质的火灾，应配备干粉灭火器或泡沫灭火器；对于气体火灾，应选择二氧化碳灭火器等。因此，在选择和配置灭火器材时，要考虑到可能遇到的各种火灾情况，确保能够迅速、有效地处置。保持灭火器材的完好状态并定期进行检查和维护。灭火器材作为火灾应急工具，必须保持良好的状态，确保能够在需要时立即使用。因此，企业应定期对灭火器材进行检查、充装和维护，及时更换过期或损坏的灭火器材，并确保灭火器材易于取用和操作。培训员工正确使用灭火器材。配备灭火器材只是第一步，确保员工掌握正确使用方法和技巧同样重要。企业应定期组织灭火器材使用培训，让员工了解各类灭火器材的使用原理和方法，掌握正确的使用技巧，提高应对火灾的实际操作能力。

3.3 建立专业的灭火救援队伍

这支队伍应该由经过专业培训并持有相应资质证书的人员组成，具备扑灭不同类型火灾的能力和经验。以下是建立专业的灭火救援队伍时需要注意的几个关键方面：确定队伍的组建方式和人员配备。在企业中或者相关机构内挑选具备一定消防知识和经验的员工加入灭火救援队伍，也可借助外部专业消防队伍的支持与合作。确保队伍中的成员熟悉各类火灾的特点及应对措施，具有较强的团队合作意识和应急处置能力。明确灭火救援队伍的任务和分工计划。建立灭火救援队伍后，需明确队伍在火灾事故中的具体任务和职责，包括灭火救援、人员疏散、现场指挥协调等方面。根据队员的专业特长和技能进行合理分工，确保在火灾发生时各个环节有序协调、迅速有效地处置。定期组织灭火演练和实战演练。通过定期组织灭火演练和实战演练，可以让灭火救援队员熟悉操作程序、提高应急处置能力，并检验队伍的快速反应和处置能力。演练过程中要注意模拟真实火灾场景，提高队员在应对火灾事件时的应变能力和执行效率。建立健全的奖惩机制和持续培训机制。建立灭火救援队伍后，应建立激励机制，鼓励队员参与培训和演练，提高应急处置水平，并设立积极奖励措施以激励队员的积极性。

4 结语

危化品火灾的特点让我们深刻认识到火灾预防和灭火救援的重要性。只有持续的宣传教育、专业培训和合理规范的管理措施，才能最大限度地降低危化品火灾事故的发生概率，并在灾害发生时迅速而有序地展开救援行动，以减少人员伤亡和财产损失。我们要时刻警惕，增强安全意识，并密切关注和采取适当措施应对危化品火灾所带来的风险。只有全社会共同努力，才能确保我们生活和工作环境的消防安全。

参 考 文 献

[1] 李林. 危化品企业灭火救援工作探讨[J]. 化纤与纺织技术，2023，52(07)：55-57.

[2] 赵理想. 危化品火灾特点及灭火救援措施[J]. 化工管理，2023，(18)：81-83.

[3] 张庆生. 危化品仓库火灾爆炸事故的消防救援[J]. 化学工程与装备，2023，(05)：232-233.

[4] 潘佳俊. 危化品事故灭火救援初战处置评估三点法研究[J]. 今日消防，2023，8(03)：37-39.

[5] 李雪峰. 危化品企业的应急救援处置对策[J]. 化工管理，2021，(35)：102-103.

【作者简介】侯心站，男，中国石化中原油田应急中心海南项目部主任，本科，主要从事石油化工企业消防安全防灭火工作。电话：13513922119。

石油化工企业消防安全管理存在的问题及对策探讨

刘宏斌　肖　波　苏新亮　刘劲勇

（中国石化河南油田分公司应急救援中心）

摘　要：石油化工行业是国民经济的支柱产业，在石油化工企业进行石油的开采与炼制过程中，必然要涉及一些易燃易爆的物质，因此也是发生火灾的重灾区。在我国石油化工企业当中存在的安全问题主要有消防产品设计不达标、验收环节不合格等等，这就使得石油化工企业消防安全管理不能有效发挥出来，导致公司员工严重缺乏对消防安全的认识。石油化工企业要想做好消防安全管理工作，就必须要依赖企业的制度建设，并且根据企业自身的实际情况来制定一套完善的消防管理体系，这就需要公司上下员工共同的努力。在分析石油化工企业消防安全管理工作中存在的问题基础上，从多个方面对加强石油化工企业消防安全管理的对策进行了阐述，对提高石油化工企业火灾防控能力具有积极的意义。

关键词：石油化工企业；法律法规；消防安全；存在问题；管理对策

在油田企业实行消防管理，就是要针对石油化工生产的特点，按照既定的方针和原则，运用行政、经济、宣传教育等方法和手段，通过计划、组织、指挥、监督、协调等职能，充分利用有限投入的人力、物力、财力等资源，每一名企业管理人员都应该思考如何提高石油化工企业全体员工的消防安全意识和消防安全操作技能，减少甚至杜绝火灾的发生，有效地预防控制和消除火灾爆炸事故的危害，确保企业的财产和员工生命的安全。

1　消防安全管理工作中存在的主要问题

从《中华人民共和国消防法》这部法典颁布起，我们国家的消防安全上升到了法律层面，在多年的实施过程中不断地对该法典进行完善，为企事业单位生产经营活动中的消防安全管理指明了方向，但是对于一些石油化工企业来说，在执行《中华人民共和国消防法》的同时，消防安全管理中还有一些问题存在。

1.1　对安全生产工作重视性认识不够，责任落实不到位

一些企业片面追求效益，忽视消防安全，存在麻痹、侥幸思想，管理不严，要求不高，作风不硬，对生产经营各环节的风险重视不足，基层基础工作不扎实，风险意识和危机意识淡薄，安全责任不明确，消防安全管理规章制度和防范措施不落实，甚至形同虚设，这就致使一些石油化工企业在消防安全管理工作中存在比较严重的工作漏洞，使火灾隐患难以根除，大大增加了企业火灾发生的概率。

1.2　对火灾事故的应急反应能力和处置能力不强

对火灾事故的应急反应能力和处置能力直接关系到能否将火灾损失降低到最低，比如

2010 年 10 月 24 日某油田在对大连保税油库浮船进行拆解施工的过程中，由于焊工违章操作导致大罐起火。由于在施工之前没有考虑到会发生火灾事故，也没有进行火灾事故安全演练，因此在火灾发生后第一时间内现场施工人员一片混乱，没有进行及时扑救和紧急求救，造成火灾事故扩大。

1.3　从业人员素质有待提升

大量的事实证明，要想有效杜绝人为事故的发生，就必须让操作人员执行标准的操作流程。而在一些石油化工企业的消防安全管理工作中为了取得资质，从 HSE 业绩、队伍素质、现场管理和人员培训上下功夫，但对操作人员的安全培训，尤其是消防培训简单化，严重忽视操作人员的岗位消防工作流程的规范性和准确性，只是流于表面形式，有的甚至是开开会，听听报告就可以拿到相应的操作技能证书，导致操作人员实际掌握的技能有限，与岗位要求差距很大。所以在实际的操作中往往会出现操作不规范和误操作的现象，引起火灾。

2　针对消防安全管理问题的剖析

2.1　依法合规意识不强

一是对消防安全管理的重要性认识不足。相关管理人员未能真正理解和领会“预防为主，防消结合”的消防工作方针，同时也没有将“三管三必须”的原则真正抓实落地，进而在落实消防安全责任制上走形式、打折扣。

二是对于消防安全隐患问题可能面临执法处罚的风险认识不足。近几年油田单位尚未被消防救援机构执法处罚过。

三是对公共建筑消防安全重视不够。单位在生产经营过程中，相对重视油气生产场所的安全管理，而对公共建筑和人员密集场所可能发生的消防安全事故认识不深刻，认为公共场所一般不会出大问题，所以经常会自然“略过”消防安全问题，致使一些公共建筑消防隐患长期存在。

2.2　消防专业知识学习培训不够

一是消防法规标准学习掌握不够。一些单位责任人和管理人员对相关消防法规学习掌握不全面，进而不能全面贯彻落实消防安全法律法规要求，不能全面辨识消防风险隐患。

二是消防操作岗位取证不够。随着改革和外创市场力度加大，一些具有消防专业资质及消防设施操作较为熟练人员被调整到其他岗位或流失，而后续专业人员未及时培训取证，不能满足岗位要求。

三是应急骨干作用发挥不够。参加过油田应急集中培训的骨干，未能真正发挥“传帮带”作用，多数义务应急队员实操培训较少，熟练程度不够，与应急工作快速反应快速处置的要求仍有较大差距。承包商未参加油田集中培训。

2.3　消防技术措施和维保资金投入不足

一是由于消防设施器材只是在应急状态下使用，启用频率较低，有的消防设施器材可能几年不会使用一次，一些管理人员认为消防维保、检测等资金投入不合算，不愿意投入。

二是随着国家相关消防技术标准不断更新，油田一些原有建筑和设施逐渐老旧，不能满足现行消防技术规范的要求，再加上大量出租房建筑原有功能改变，都需要进行消防设施改造配套，投入大量资金改造原有消防系统确有难度。

3 加强石油化工企业消防安全管理的对策

由于石油化工企业安全生产事故的危险程度高，极易造成重大人员伤亡和财产损失，同时救援处置难，后果严重，社会反响大，各级政府关注度高。特别是近年来，全国安全生产形势总体稳定向好，但全国范围内重特大事故时有发生。尤其随着新冠疫情防控平稳转段后企业全面复工复产，各种不稳定不确定因素明显增多，安全生产面临的风险挑战依然严峻复杂。身边发生的一个个火灾实例让我们清楚地认识到，祸患猛于虎，火灾不仅造成财产的损失，甚至危及人们的生命，因此对于石油化工企业来说，加强消防安全管理工作任重而道远。

3.1 厘清生产经营与消防安全之间的关系

生产经营与安全管理一直以来都是相互依存、共同发展的。在从事生产经营活动当中，必须要狠抓安全管理，保证安全生产，这样才能创造出更大的经济效益和社会效益。

对于石油化工企业来说消防安全管理也同样的重要，企业员工在生产活动中要不断地学习消防安全知识和法律法规，规范自己的操作技能，不能只追求生产进度，而忽视消防安全，如果这样必然会导致事故的发生。在发生消防安全事故的时候，一些人为推卸责任常常用“偶然或者突发”来说明事故，这是完全错误的。长期从事石油开采的人都知道，石油的开采过程工艺特殊复杂、生产区域变化频繁，是消防安全管理的难点，化工企业由于产品的特殊性也面临这种情况。

但是从对事故进行分析后不难发现，这些被冠以“偶然或者突发”的消防安全事故发生的直接原因就是检查不彻底、操作不规范或者误操作而造成。深层次的问题就是消防意识的淡薄导致在人员配备、制度落实、操作前检查、消防安全教育、突发事故的处理和日常的消防演练等问题，如果这些日常出现的问题没有引起企业管理者和操作人员的足够重视，那么发生火灾是必然的。因此在牢固树立“一切为安全工作让路，一切为安全工作服务”观念的同时，更要把控制火灾隐患作为一切工作的前提，从制度上、纪律上、时间上、方法上逐步建立一套考核机制，并深入持久地巩固和提高，才能杜绝安全事故的发生。

3.2 建立健全各项规章制度和风险控制体系

一是落实企业消防安全责任制，强化日常工作中的消防安全质量管理。石油化工企业应根据企业自身的特点，在遵守消防法律法规的基础上，建立起一整套完善的消防安全管理制度，贯彻“预防为主、防消结合”的日常管理工作方针，让企业员工都能够履行自身的消防责任，保障每项工作的消防安全。二是对于那些存在消防安全隐患的重点单位，应按照消防法律法规要求，结合本单位实际情况，建立健全消防安全制度和保障消防安全的操作规程，完善消防安全教育、培训，防火巡查、检查，安全疏散设施管理，消防(控制室)值班，消防设施、器材维护管理，火灾隐患整改，用火、用电安全管理，易燃易爆危险物品和场所防火防爆，专职和义务消防队的组织管理，灭火和应急疏散预案演练，燃气和电气设备的检查和管理(包括防雷、防静电)，消防安全工作考评和奖惩等消防安全制度。三是在建立完善的消防安全规章制度的同时，还应该配备一定的专职的消防安全管理人员，这些管理人员统一在消防安全责任人或者消防安全管理人的领导下开展各项消防安全管理工作。四是实行风险评估管理。风险评估是指“把存在的消防隐患提出，加以分析，找出消除、改善、减低至可接受的方法”。它是消防安全精细化管理的又一重要环节，是预防隐患、差错，降低事故的有效手段。

3.3 完善消防安全系统

一是加强消防应急管理体系建设，加大对生产作业现场隐患排查和危害识别力度，强化应急队伍建设和能力培训，要制定针对性和可操作性的应急处置预案，加强演练，做好应急物资保障，时时处于战备状态。二是进一步完善石油化工企业与消防机构联动机制。加强企业与消防机构的联系，让消防机构了解企业的生产环境、危险系数等，强化石油化工企业与消防机构定期开展火灾演练，制定应急救援预案，提升石油化工企业火灾的防控能力。三是定期组织开展消防安全大检查，针对存在消防安全问题要及时组织安全生产大检查活动，重点组织管理单位及作业现场安全管理，管理人员资质能力和消防作业人员的持证情况，作业方案风险识别和落实情况。四是加强消防事故事件管理，出现事故不可怕，可怕的是不能吸取教训，导致类似的情况再次发生。为此，我们要结合生产实际，采取各种形式对事故进行反思和研讨，对每个血淋淋的事故案例进行深入分析，制定切实可行的事故预防措施，避免同类的事故再次发生。

3.4 加强油田企业消防安全宣传教育

一是石油化工企业要根据员工不同的文化层次和岗位开展有针对性的消防安全培训和消防器材使用培训，这样才能从根本上实现企业“管理自主、隐患自除、责任自负”。二是加强企业消防监督力度。针对消防安全方面存在的问题，运用消防安全的法律法规，努力消除不安全因素，这样才能把事故的苗头消灭在萌芽之中。

4 结语

对于石油化工企业来说，在消防安全管理工作中要深入贯彻落实消防安全法律法规的规定，加大管理人员和操作人员的消防安全知识和技能的培训，不断完善企业消防安全管理规章制度，及时排查消防安全隐患，做到消防安全人人管，这样才能有效避免火灾事故的发生，才能保证企业经济效益和人们生命财产的安全。

参 考 文 献

[1] 涂华．新形势下化工企业安全管理路径探讨[J]．冶金丛刊，2016(6)．

[2] 全导，农彩秀．新形势下中小化工企业安全管理的路径探析[J]．化工管理，2015(18)：40-40.

[3] 俞红辉．浅谈新形势化工企业安全管理策略[J]．中国石油和化工标准与质量，2014，34(8)：209-209.

【作者简介】刘宏斌，男，中国石化河南油田分公司应急救援中心，大学本科，从事消防安全。电话：18739018766，邮箱：297012617@ qq. com。

油气田智能化应急联动平台的研究与设计

冯国星　崔成瑞　韩　栋　王　龙

（中国石油长庆油田公司消防支队）

摘　要：石油与天然气作为不可或缺的基础能源，在世界能源格局中占据着绝对的主导地位，油气生产行业已成为国民经济的支柱产业之一。由于石油天然气的生产集输过程中具有易燃易爆、引发灾害因素繁多、过程与后果不可控等特性，因此油气田应急工作往往具有突发性强、情况复杂多变、救援困难、后果严重等特点，如果在灾难发生时救援不及时、战术不正确，就会给员工生命和企业财产带来巨大的损失。目前各大油气田都相继对生产站点与现场进行了数字化改造，并开发了相应的安全管理平台，但尚未针对应急管理开发专门的管理系统。本文以长庆油气田为例，浅析目前油气田应急管理现状，研究互联网、物联网、大数据、云计算等现代信息技术手段在油气田应急管理中的应用，设计科学、规范、统一、高效的联动平台，全面提高防灾、救援、减灾的消防管控能力。

关键词：油气田；互联网；应急救援；联动平台；消防管控

课题“油气田智能化应急联动平台的研究与设计”的目的是建造一套高质量、高效率、一体化的消防联动指挥及辅助决策系统，提升油气田救援的出警和救援效率，系统设计尽量采用现有成熟技术，充分利用企业现有资源，尽量做到最小的投入、最好的效果。当油气田发生灾害事故时，第一时间智能、全面地推送关键预警信息到达指定节点（指挥员、管理层、战斗员等），实时计算和推送有关战力信息，根据事故等级智能设立事故现场对应的电子警戒围栏，确保现场各级人员持续处于有序、有效的沟通、管控和调度状态；推送辅助决策方案，便于现场疏散、处置，避免灾害事故扩大的同时引导现场第一时间制定有效、合理的应对措施，成功处置各类险情，减少甚至避免事故现场的财产损失和人员伤亡，防止二次事故的发生。

1　现状分析

（1）长庆油气田勘探区域主要集中在鄂尔多斯盆地，工作区域横跨陕、甘、宁、蒙、晋五省（区），勘探总面积达 $37\times10^4km^2$，是中国石油天然气集团公司近年来增长幅度最快的油气田，其地层和油气藏结构极为复杂，生产区域分布分散，地域广阔，生产装置一般依地形建设，由于交通不便，部分生产装置无法建设便利的消防通道。

（2）现代信息技术手段在油气田应急管理工作中应用不足，尚未建立起全方位大数据分析系统和科学、安全、高效的管理平台，传统监控处理手段仍占据主要位置。随着经济社会的不断发展，油气需求逐年攀升，生产任务日益繁重。以长庆油气田第一采气厂为例：该厂 1997 年建厂，目前承担着北京、上海、西安、银川等十余个大中城市的供气任务。随着生产年限逐年增长，全厂 80%的集气站运行时间超过 10 年，其中 40%超过 15 年。

(3) 现代信息技术手段在油气田应急管理工作中应用不足，尚未建立起全方位大数据分析系统和科学、安全、高效的管理平台，传统监控处理手段仍占据主要位置。

(4) 油气田新项目的开发和不断建设投产，使得生产设备与管线腐蚀老化问题日益突出，进而安全生产压力剧增，从而应急管理工作面临的压力日益沉重，传统的消防接处警及应急指挥模式已很难满足应急救援需求。

(5) 紧急事件突发形式日益多变，且突发规模大小不一，针对应急事件管理工作面临的压力日益沉重，传统的消防接处警及应急指挥模式难以满足新的应急救援需求，且传统模式下应急救援人员的专业能力与素质不足以应对现阶段突发事件的规模和紧急性。

(6) 近年来，随着国家危化品应急救援长庆基地建设的不断推进，长庆油田通过引进新设备、新技术，应急管理实力得到了增强，应急管理工作中的信息化、智能化手段也不断丰富，如何管好、用好这些新设备、新技术，也是今后一个时期内的重点研究内容。

2 现阶段问题难点分析

(1) 事故预防措施实施难。油气田灾害事故突发性强，尤其在天然气的生产过程中，由于装置多、管线长，高含硫天然气对集输装置与管线的腐蚀强度大，仅靠生产工艺监测很难实现刺漏等事故事件的有效预防，如果得不到及时控制，将产生极其严重的后果。

(2) 高新科技管理手段覆盖难。长庆油气田建立时间早、年限长，最基础的部分于上个世纪末建造，并且油气田生产区域地形复杂，部分生产井站建于山区、沙漠区域，地处偏远，远离城镇，缺少基本的通信与通信网络覆盖，一旦发生井口泄漏等突发事件在处置过程中无法保证与外界的有效沟通与联络，直接影响应急救援工作的效率。在此地区现代新兴科技尚未普及，高新管理设备的装置与其匹配程度低，对于实现互联网、物联网、大数据、云计算等现代信息技术手段在应急管理及救援中的应用具有较高难度。

(3) 区域性交通基础设施建设难。油气田生产地区大多位于边远地带，原材料输送量大、器械运送难导致交通基建周期长，且生产区域的地势地形条件复杂，进一步提高了交通基础设施建设难度，因此消防通道也尚未覆盖全区域，进而安全隐患多。

(4) 现代新兴设备更新换代难。大部分承担主要生产运输的设备和管道应用时间过长，设备更换期间会导致生产中断，影响能源提供的连续性，进而在一段时间内达不到重点城市的最低耗能供应。

(5) 应急救援体系完善难。应急救援管理分级程度低，应急通信网络不完备，以致应急救援资源利用不充分，应急指挥调度联动不足。长庆油田目前建有 8 个消防大队，48 个中队，由于生产区域分散，各大队之间增援距离较长，一旦发生大型事故，互相增援比较困难。同时，由于各大队所使用的通信设备及波段、频段不同，应急现场很难形成统一指挥。在事故发生时应急人员很难第一时间进入现场，且现场普遍存在噪声较大、浓烟雾气导致的通信不畅等问题，战斗口令发出后人员的跟踪、监控手段缺乏，造成隔离警戒圈设置不及时，容易形成现场管理的盲点，各种有毒有害物质对救援人员身体及生命造成巨大的威胁，无法有效预防二次事故的发生。

(6) 培养现代化应急救援队伍难。长期以来投入系统化安全培训的资金及时间较少，而具有较高操作水平、应急能力的人员成长周期长，部分安全人员对于高新救援器材操作不熟练，并且缺乏一定的安全责任意识和安全生产知识。

3　应急联动平台的功能模块设计

本系统完全围绕事故现场进行处置，从事故报警、信息联动、远程上报到救援方案的制定、车辆调动、现场监控、人员监控同时对环境信息、周边信息的掌控，从而快速、准确、有效开展应急事故的处置工作。见图 1。

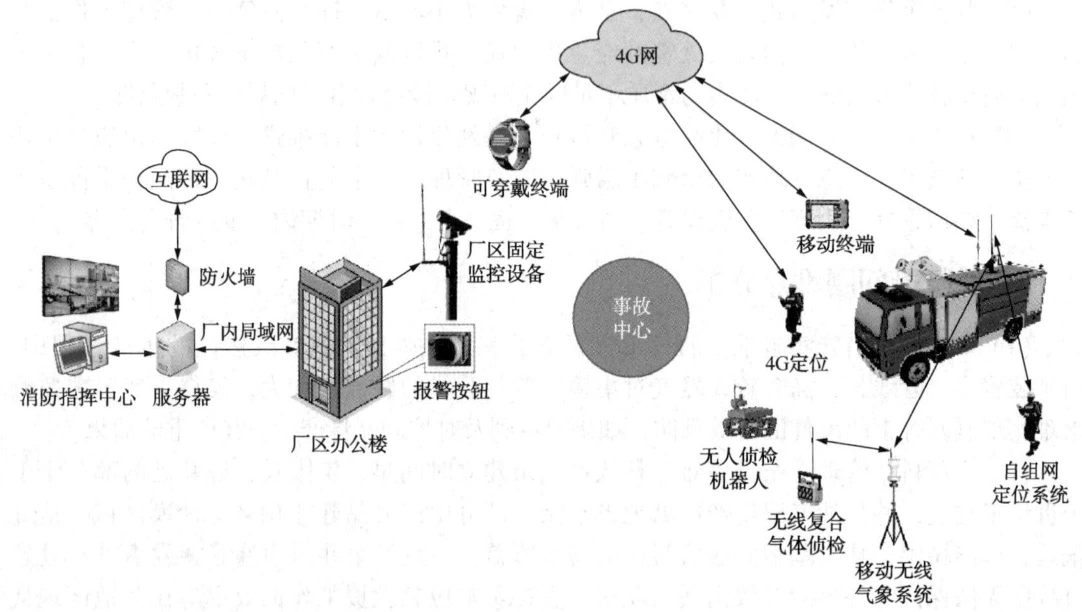

图 1　应急联动平台系统 TOP 图

3.1　各类传感器的预警模块

主要运行原理为通过各类传感器(如温度传感器、液位传感器、气体传感器)等探测生产现场的温度、液位、可燃或有毒有害气体，并通过采样电路在传感器表面产生化学反应或电化学反应，造成传感器的电物理特性的改变，可单独使用，可与控制器联网使用，也可连接排风扇、电磁阀、声光报警等安全附件。

根据油气田各类灾害事故事件的特性，在各重点生产装置安装相应的传感器，实现现场实时数据的采集与传输分析，现场发生任何异常均可在第一时间进行预警。目前，长庆油田在各储罐区、消防水罐区安装了液位传感器，集输管线安装测量传感器，天然气生产装置周围安装有气体传感器，可通过《长庆油气田公司应急预警系统》实现异常预警，但尚未连接其他安全附件。可根据实际情况，连接自动报警系统及联动控制设备(电磁控制阀等)，也可通过连接消防泵房控制系统及自动灭火设备(储罐区消防喷淋、生产区域固定灭火设施等)，全面实现自动预警、自动报警、自动生产流程控制、自动实施灭火，力争将灾害事故后果控制到最低。传感器预警模块流程见图 2。

3.2　互联网的一键报警模块

突破现有的电话报警模式，在各重点单部位安装一键报警装置，同时通过开发一键报警软件，重点研究生产区域内消防重点部位音视频信息传输与集成，实现通过一键报警开关，将报警信号第一时间传递到消防调度指挥中心，同时自动定位并调取报警点音视频画面，加快形势判断，制定初步消防方案。相关指标见表 1。

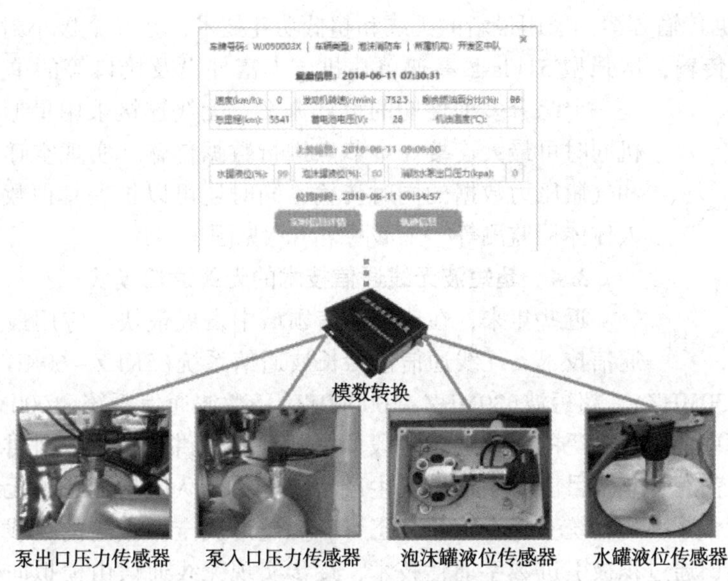

图2　传感器预警模块流程图

表1　报警联动按钮技术指标

序号	技 术 指 标	技 术 指 标
1	工作方式	IP 组网方式
2	通信距离	局域网覆盖
3	安装方式	固定使用
4	电源	内置备用电池，外部供电
5	工作温度	−30～50℃工作温度
6	系统容量	最多6万点同时协调工作

3.3　4G 无线网络的现场通信保障模块

国家危化品应急救援长庆基地建设过程中，为长庆油田所属的各消防应急队伍配备了智能手持终端，该设备可通过4G网络让指挥中心与现场实现视频交流，但由于油气田生产区域分布分散，地域广阔，生产装置一般依地形建设，很多生产装置远离城镇，处于无线通信网络覆盖的衰弱区域或盲区内，部分区域内因基站覆盖问题，不同运营商4G、5G信号波动较大，4G、5G网络带宽无法保证现场上网设备的正常传输。因此，无线通信网络保障的核心需求一是要解决信号覆盖问题，二是要解决4G网络带宽不足及不同运营商信号切换时的稳定性问题。

针对以上问题，该模块的设计主要由三大部分组成，分别为基于多链路聚合传输技术的4G、5G多卡聚合设备，通过聚合多个小容量通道形成一个大容量通道，解决因应急现场带宽不足造成的通信传输不畅，保证应急现场网络带宽及稳定性；基于MESH技术的无中心自组网设备，在部分无网络覆盖或网络衰减严重的应急现场，可通过多跳无线组网的方式，将周边区域的网络接入应急现场，解决网络覆盖盲区的网络通信；基于VPN虚拟专用网络技术的路由设备，在公网和企业内部网络之间架设专用网络，实现应急现场与调度指挥中心各项音视频传输及通信设备的无线互联，为远程通信、音视频传输等提供网络支撑。

4G、5G 数据传输方案，采用最新的无线和超低功耗技术，在一个极小封装中集成了包括 2.4GHz 无线传输，增强型 51Flask 高速单片机，丰富外设及接口等的单片 Flash 芯片，是一个综合多种性能的设计方案。无线连接采用星形网络结构，主机同时可最大连接 6 个节点进行数据传输。实现空呼话筒语音数据和气瓶压力数据的同时传输，同时还可以扩展其他数据应用，例如人体体征监测等。星形网络示意见图 3。

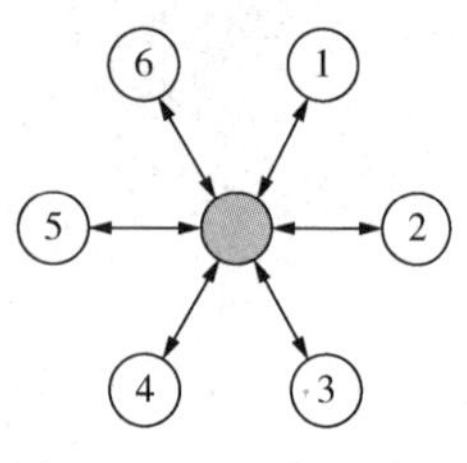

图 3　星形网络示意图

3.4　超短波无线通信技术的无线通信模块

近些年来，在信息通信领域中发展最快、应用最广的就是无线通信技术。无线通信包括长波通信系统(3KHZ~60KHZ)，短波通信系统(1.5MHZ~30MHZ)、超短波(30MHZ~1000MHZ)、微波通信系统(1000MHZ 以上)等，目前在消防指挥中使用最广泛的主要通信手段便是超短波对讲机等无线对讲设备，具有建立迅速、机动灵活等特点。目前长庆油田各生产单位、救援队伍均配备了无线对讲通信设备，但由于波段和频率均不统一，在应急状态下，无法形成全面覆盖的无线通信网络。近两年来，长庆油田通过积极引进数字通信技术，逐步实现无线通信由模拟向数字信号的转变，同时通过油田局域网实现了通信基站的集群网络互联，使所有数字无线通信设备在基站信号覆盖区域内的互联互通，但受油田局域网接入限制与基站信号覆盖问题，在应急现场无法实现与指挥中心和各中队的互相通信，而油气田区域内的应急现场往往都有严格的防爆要求，手机等常规通信设备在现场无法使用，无法满足火场通信迅速、准确不间断的基本要求。因此，应急现场无线通信保障需解决两个问题，一是网络接入限制问题，此问题前文中已提出了解决方案，二是要解决应急现场数字通信基站信号覆盖问题。

因此，为确保应急状态下的统一指挥，必须建立频道统一、全线互通的无线通信模块。此模块的设计主要由两大部分组成，一是通过在油田内各级指挥机构建立接入互联网的数字通信基站，保证各应急指挥机构和应急救援队伍之间的通信畅通，二是按照防控区域配备可移动的车载通信基站或方便携带、操作简单的无线通信基站，实现现场通信基站信号覆盖，并通过 VPN 虚拟专用网络与指挥中心主基站相连，构建消防应急专用通信信道，实现应急状态下的统一指挥调度。见图 4~图 6。

图 4　信息传递流程图

3.5　企业内网的集中接警模块

应急抢险，就是与灾害事故的竞速，几秒钟的时间，在应急过程中就有可能抢得先机，挽回更多的损失。传统的接警模式分为集中接警和分散接警，但无论哪一种接警模式，在信息传递的过程中都会消耗大量宝贵的时间，针对这一问题，长庆油田在部分消防大队进行试点，对原有的消防广播、电铃及车库大门控制等线路进行了全面改造，各级火警值班接警后均可一键发出出动信号，警铃与车库大门同时启动，任务的发布也由原来的电话通知改为网络广播，缩减了火警出动的程序，实现了应急出动的集中管理、一键联动和快速反应。数据传输示例见图 7。

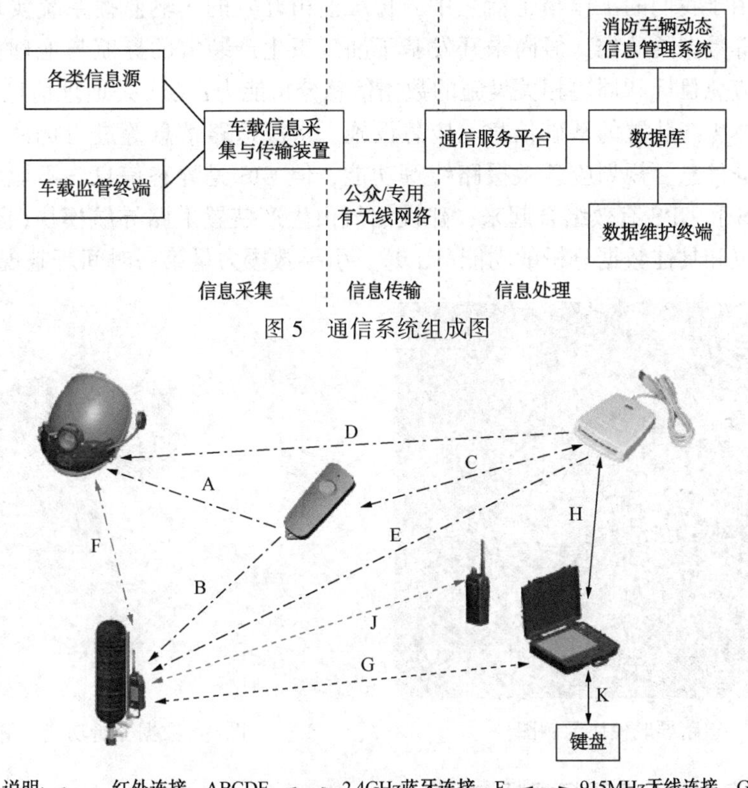

各类信息源
车载监管终端
车载信息采集与传输装置
公众/专用有无线网络
通信服务平台
消防车辆动态信息管理系统
数据库
数据维护终端
信息采集
信息传输
信息处理

图 5　通信系统组成图

D
A
C
H
F
E
B
J
G
K
键盘
说明: 红外连接，ABCDE 2.4GHz蓝牙连接，F 915MHz无线连接，G
USB连接，HK 350MHz对讲机信号，J

图 6　系统信息传递流程示意图

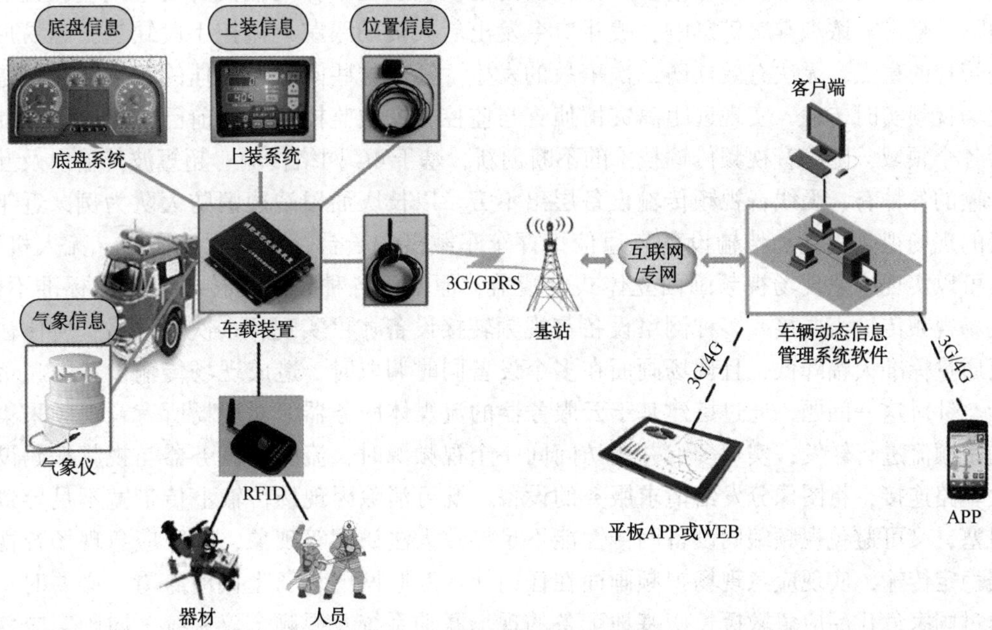

底盘信息
上装信息
位置信息
底盘系统
上装系统
客户端
3G/GPRS
互联网/专网
气象信息
车载装置
基站
车辆动态信息管理系统软件
3G/4G
3G/4G
气象仪
RFID
平板APP或WEB
APP
器材
人员

图 7　数据传输示例图

3.6 GIS/GPS 技术的油气田生产装置道路导航模块

GPS 全球定位系统能在第一时间实时追踪导航定位所要确定的目标位置信息，在三维空间中确定目标位置使其显示在电子信息地图中，具有速度快、精度高等特点，目前 GPS 技术已广泛应用于我们的工作与生活之中，长庆油田开发的车辆监控系统实现了车辆的位置及行驶速度等数据的监控，但尚未开发基于油气田生产装置的导航与地理信息数据分析功能，缺乏对应急目标和周边相关设施的数据信息分析能力；GIS 是地理信息系统，在该系统中，可对具体生产装置的基础信息、应急设施、水源道路信息等进行标注和标绘，具有查找、分析数据信息、规划应急救援路线等功能，但 GIS 是静态信息，不能实时更新。因此，需要将 GIS 和 GPS 有效结合起来，建设油气田生产装置道路导航模块(图 8)，同时具有室外快速定位和具体数据分析的功能(图 9)，引导救援力量第一时间赶赴现场。

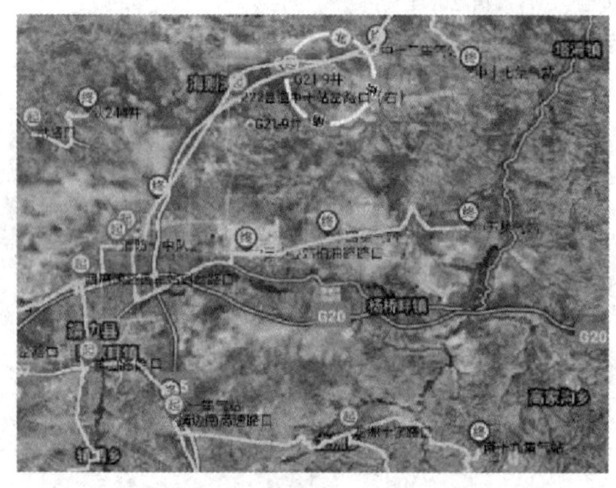

图 8　道路导航模块示例图

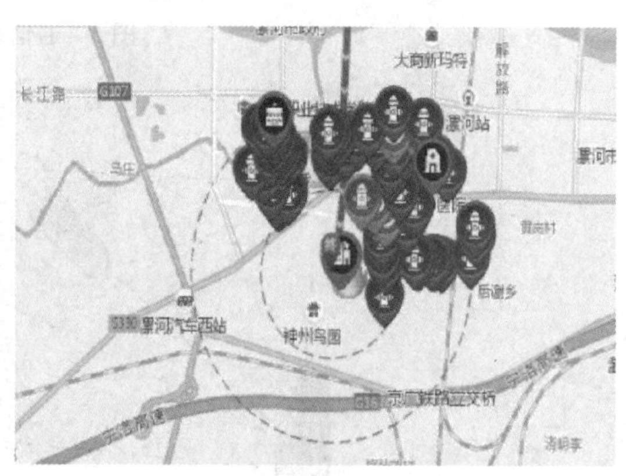

图 9　数据分析功能示例图

3.7 云服务器的应急现场视频传输模块

油气田区域内的应急现场，因其生产物料的特殊性，往往存在易燃易爆、引发灾害因素繁多、过程与后果不可控等诸多特性，在灾情侦查过程中存在较大的安全风险，且现场受地形、噪声、浓烟雾气等影响，战斗口令发出后人员的跟踪、监控手段缺乏，容易形成现场管理的盲点，无法有效预防二次事故的发生。针对这些问题，最佳的解决方案便是采用现场视频实时传输，实现远距离灾情侦查与监控。视频监控技术目前已广泛应用于社会生活各个领域，随着音视频传输技术的不断创新，基于 4G 网络传输、超短波传输以及互联网传输的各种有、无线音视频传输设备层出不穷。以长庆油田靖边消防大队为例，近年来配置的现场视频采集和传输设备有通信指挥车车载摄像云台、单兵无线图传、无人机等，基本可以实现应急现场视频画面立体式全覆盖，但由于各种设备的接口与传输标准不同，使现场视频传输需要接入多种网络设备与视频转接设备才可实现，多次转接后，所传输的画面质量标准大幅降低，且现场画面在多个设备同时调取时，造成现场传输设备的超负荷运行。针对这一问题，通过搭建基于云服务器的流媒体服务器，对现场所有音视频采集设备的视频流进行转发，实现多点并发访问同一个视频源时，流媒体服务器与视频编码设备建立单路连接，将图像分发给请求服务的设备，既可消除因现场传输上传带宽不足导致网络阻塞，又可避免视频编码设备网传性能不足导致无法访问等现象，保障应急现场音视频数据稳定传输，实现应急现场视频画面在任何接入互联网的设备上同时查看，必要时，还可通过国家危化品应急救援长庆基地配备的现场联动系统及视频会议系统，向国家应急救援指挥中心及其他专业应急救援队伍及专家发送现场视频链接，实现在线会商及灾情处置讨论。车载 4G 传输设备技术指标见表 2。

表 2　车载 4G 传输设备技术指标

视频	压缩格式	H. 265/HEVC
	视频输入	一路 AHD(SDI 信号属于选配型号)
		一路高清 HDMI
	分辨率	1080P：1920×1080
		720P：1280×720
		D1：704×576
	帧率	1080p/720p/D1 帧率 5~30 帧/s 可调，(实际帧率视 4G 网络状况而定)
	码率	码率可调，视 4G 网络带宽可以适当调节
		典型码率 300kbp/s~21M/s(典型 1 路 4G 带宽)
音频	压缩格式	AMR、HE-AAC，HE-AAC v2 的
	音频输入	双单声道/立体声、MIC/Line IN 方式可选
		采样率 8~48K
	音频输出	单路音频输出，3Vmax，16、双单声道/立体声
无线	网络类型	LTE-TDD/LTE-FDD/WCDMA/EVDO/TDS-CDMA 多种网络，即支持中国移动、中国联通、中国电信的 4G/3G
网络	有线网络接口	以太网 100/1000 Base-TX，RJ-45 连接口
	支持协议	TCP/IP、ARP、HTTP、RTP、DHCP、PPPOE 等
	安全	CHAP 协议认证，AES 加密，数据保护
物理特性	功率	<8(W)
	使用环境温度	-40~85℃
	使用环境湿度	5%~95%
	尺寸	225×145×55(1 卡，含固定装置)
存储	存储介质	SATA 接口，(可选配 SD 卡存储)
	存储容量	500G、1T(容量大小没有限制)

3.8　云计算的现场辅助决策模块

油气田应急现场情况复杂多变，任何一个微小的变化都有可能引起非常严重的后果。因此，需要在现场架设可能影响应急救援行动的各种探测传感器(气象仪、气体检测仪、温度探测仪等)，对现场各项数据进行实时无线传输与接收，并将实时监测数据上传至云计算服务器，通过严格依照生产现场各类物质的理化属性，建立相应的模型和算法，推算事故影响范围，为现场应急抢险指挥、居民疏散以及多部门联动提供科学依据。同时，可通过云计算平台所存储的动态信息数据，为事后的战评总结提供数据支撑，保证所有数据的客观准确。经过大范围的应用后，获得不同类型灾害的灭火救援战斗基础数据，同时通过不断的数据积累，可以进行深度的挖掘与分析，为不同类型火灾与灭火药剂需求的关系研究、各类灾害事故与装备器材使用的关系研究提供科学依据。现场辅助决策示例见图 10。

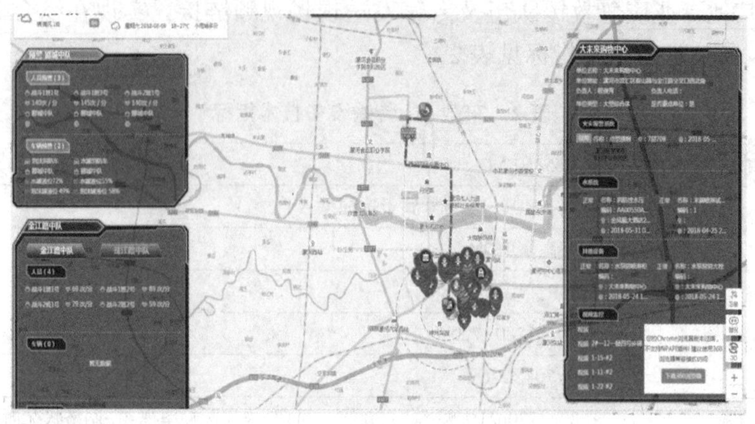

图 10　现场辅助决策示例图

4　结语

本文以长庆油田为例，通过分析油气田应急管理现状及应急救援行动中所存在的难点，紧扣油气田智能化应急联动平台建设这一目标，从预防预警和应急处置各阶段任务出发，研究了各项现代信息技术在油气田应急各阶段工作中的应用。针对目前油气田应急管理中所存在的几个难点提出了信息化、智能化的解决方式，体现了各项技术应用在油气田应急处置中的特点和优势，但在实际的应急处置过程中，还存在很多其他影响因素，受限于笔者本身的工作经验及信息技术应用水平，无法提出更加完备的解决方案，还需要进一步深入研究。

参　考　文　献

[1] 黄凯．智慧消防背景下应急处置模块的构建和应用[J]．消防技术与产品信息，2018，31(03)：30-34.

[2] 鲁佳琪，张兴龙，张志坚，唐林，刘晨，杨新．长输管道应急辅助决策系统建设研究[J]．石化技术，2017，24(04)：42-43.

[3] 陈琪锋．传感器在智慧消防物联网云平台中的应用与设计[J]．电子技术与软件工程，2019(02)：84.

[4] 朱海．物联网技术在“智慧消防”背景下的应用展望[J]．中国应急救援，2017(06)：31-34.

压裂施工安全监控与应急指挥体系的构建

赵曙光

（中国石油长城钻探压裂公司）

摘　要：低渗透油气藏具有渗透性低、孔隙度低、非均质性强的特点，必须实施压裂增产措施后才有产能。随着低渗透油气藏所占比例越来越大，压裂增产技术得以广泛应用。这对压裂施工突发事件的应急能力提出了更高要求。本文提出了当前压裂施工安全监控与应急指挥体系存在的问题，给出了压裂施工安全监控和应急指挥体系构建的策略，为压裂技术更好的服务油气田建设奠定了坚实基础。

关键词：压裂；安全监控；应急指挥；体系构建

在油气井压裂施工作业中，因为施工的场所极其有限，使得在固定的施工地点里有大批的施工机械设备和工作人员，并且由于这种施工机械设备比较大，且施工场所规模比较小，所以压裂设备的摆放方式也是相当密集的。在施工中所需要的施工人员数量也相当多，所以在这个状况下，很容易导致安全事故的发生。在此背景下，压裂施工安全监控和应急指挥能力极为重要。目前，应急指挥系统大都只出现在系统、方法方面，具体实施的运用较少，使得应急指挥系统的效能低下。整合压裂施工安全监控与应急指挥系统，通过安全监控、应急控制和风险管理，实现压裂施工安全状态的全方位监控与突发事件的指挥处理。

1　压裂施工安全监控与应急指挥体系目前存在的问题

1.1　组织机构不健全

在压裂行业得以迅猛发展的同时，各压裂队对安全监控和应急处置能力的重视程度均有所提高，但仍然存在着组织机构不健全的问题。个别压裂队，并未组建应急组织机构，或者组织机构人员不全导致某些重要岗位人员缺失。一旦真正出现意外情况，组织机构不完善、员工分配不清楚的问题也会显露出来，应急指导系统自然无法顺利运行。

1.2　人员素质参差不齐

压裂施工安全监控和应急指挥体制不仅是技术和物质层面的建立，更关键的是指挥与执行人层面的问题。由于压裂行业迅猛发展，尤其是民营资本介入后，压裂队成员大多从管理者家乡所在地招聘而来，裙带关系明显、招聘条件较为宽松，造成了人员素质的参差不齐。在压裂施工作业开始以前，施工单位必须召开全体员工施工交底会议，以提高工作人员的安全意识，对压裂施工过程中易忽视甚至极易出现故障的施工工序、设备进行了强化，以便让每一位工作人员都清楚地知道正确的施工程序，从而降低施工安全隐患。2015年，胜利石油工程公司井下作业公司压裂大队压裂3队在河口采油厂大北15-更9井压裂施工过程中，压裂液喷出导致现场5名员工受伤，其中1人抢救无效死亡。事故直接原因就是现场施工人员在压裂车组未全部停车怠速的情况下就关闭井口阀门，导致憋压现象出现，进而导致事故发生。部分压裂队职工为社招劳务用工，文化水平普遍较差，对压裂施工中的新工艺、新技能了解不够全面，使得安全监控和应急指挥系统能力未充分释放。

1.3 专项应急预案不完善

压裂施工的安全事件类型众多，既有交通事故、火灾、食物中毒等常规安全事故，也有管线爆裂、环境污染、山洪暴发、传染病等特殊安全事件。针对各种形式的常规安全事故，压裂队通过几年的摸索，专项应急措施相对比较健全，而且能经常开展专项措施的演练。但面对突发性的紧急安全事件，往往专项紧急预案缺失。紧急工作人员的分工和岗位职责不清楚，造成应急指挥的体制失灵，耽误了紧急处理的时间。不少压裂队的专项应急预案并没有针对性，只是修改了个别名字，因此专项应急预案中并无实质性的差异化内容，也无法称为专项应急预案。

2 压裂施工安全监控与应急指挥体系构建的策略

2.1 压裂施工安全监控与应急指挥制度规范体系的建设

压裂施工安全监控和应急指挥系统建设要从顶层的制度法规系统出发，进行上层设计。压裂施工的安全监控和应急指挥体系不但要根据现行的体系、标准加以制定，而且必须兼顾安全监控和应急指挥今后的工作目标，为下一个体系的建立和管理体系的实施打下基础。压裂施工安全监控与应急指挥的规范体系应根据压裂队各班组进行分等级制定相应的应急指挥体系，形成综合性的安全风险监控措施。如通过现场监控系统实时监控压裂施工过程中井口、高压管线、车组动态，根据具体情况，把安全事件分类，超过某一层级，启动具体的应急指挥系统。这里的制度规范不但必须涉及系统建设本身所必须满足的技术条件，更必须建立每级安全事件的指导组织，从体制层面把责任与落实贯彻到岗位。同时，在制度系统中要明确安全监控与应急指挥工作的考评和奖励制度机制。当然一切标准和制度都不是固定不变的，必须定时地对制度标准体系作出动态调适，保持制度标准体系的先进性。

2.2 推进压裂施工安全监控与应急指挥体系的设施建设

当前压裂施工安全监控和应急指挥系统的设施建设还不健全，而且新技术、新设施的应用较慢。安全监控和应急指挥系统的高效发展，离不开基础设施的建设。这些设备包含了视频监测系统、通信对讲系统，而且还涵盖了高压件使用时长统计系统、火灾报警等众多基础设施。视频监控系统的设施主要设置在压裂施工的井口、高压区、储液罐区等区域，主要根据不同施工区域和清晰度要求布置高清防爆摄像头，并且通过估算数据量，配置不同的硬盘录像机或者存储设备。应加快高压件使用时长统计系统的研发并投入使用。通过该系统，施工人员能够明确知道压裂施工现场所使用的各个高压件使用时长，以及是否需要进行探伤，使得现场施工人员能够做到有的放矢。在压裂施工安全监控与应急指挥体系的设施建设中不可或缺的一环是通信对讲系统，该系统使得压裂施工现场各个岗位能够实现即时通信。在出现紧急情况时，各岗位员工能够及时联动，互相配合，迅速处理出现的情况。压裂施工中，压力高、车辆过载大、持续时间长，现场设备必须安装有火灾自动报警装置，合理调控压裂装置的不安全工作状况，做好对压裂设备的维修保养，有效处理安全隐患问题，提升安全工作效能，使之符合压裂施工的技术条件。

2.3 促进与其他单位、组织的安全监控与应急指挥体系的共建

压裂施工的安全监控与应急指挥体系并非孤立的，需要与属地公安、消防、所在井试气(油)队、设备维护企业以及其他单位、组织建立长期的安全监控与应急指挥体系的建设工作。通过与所在井试气(油)队、甲方、监督组成的现场指挥部，实现信息共享，打通消息壁垒。当压裂施工中出现安全异常或者井筒异常时，施工人员第一时间将信息报送至现场指挥部，以及属地公安部门和消防部门，寻求其帮助。

在建设自身的应急指挥系统时，压裂队队干部及各班组长是压裂施工“人防”工作中的重要一环；压裂设施、设备的维护与保养则是压裂施工“技防”的保证。目前大部分压裂施工队伍一般将此项工作外包，应急工作中会涉及设备的维修部分。因此设备维保商需要加强对压裂设备运行状态的监测，这也是其维保工作的组成部分。所以与以上单位、组织开展安全监控与应急指挥体系的建设合作是十分有必要的。

2.4 建设压裂施工安全监控与应急指挥设施的预防性保障机制

压裂施工安全监控与应急指挥系统中的各种装置都必须经常进行预防性保养，以便其能够顺利工作。包括摄像机、感应器等安全监控的主要装置，应建立预防性保养与巡检制度。预防性保养项目除了根据仪器本身的运行状况之外，也应注意仪器日常的操作时间，并根据压裂施工的实际状况，进行定期更新。在预防性管理的过程中，应按照行业和产品管理层的新需求，清除出现严重问题的仪器，及时更新最新符合行业标准的设备。同时要将设施的预防性维护工作落实到压裂队各班组和人员，督促其更细致、认真地工作。在安全漏洞出现之前，及时规避掉相应风险，取得了真正预防性保护的效果。

2.5 加强人员培训及宣传教育工作

压裂施工安全监控和应急指挥系统的建立是根据压裂施工精细化控制的要求，通过对压裂施工原有模式的改进，形成一体化的压裂施工安全监控与应急指挥综合系统。但是现今的压裂施工相关工作人员普遍存在年龄偏大、员工素质参差不齐、知识更新速度慢等问题，而体系的构建需要实时的动态更新，这对新知识的宣贯和培训提出了更高的要求。压裂队可以采用多种多样的方式进行培训，既可以利用班前班后会开展专题讲座、组织实操和应急演练，又可以利用短视频、公众号以及中油 e 学、铁人先锋等 APP，引导广大职工充分利用碎时间进行学习。

针对某些重要职务的人员，要通过送训的方式开展外委技术培训，并获得专业资格证书。如压裂施工现场的非煤矿山管理人员、吊装作业司索指挥、登高作业都需要取得相应证书后方可持证上岗。同时要引导内部有经验的人员共享经历，有助于更多的人员掌握安全监控和应急指挥的有关常识，并熟练运用相应的信息系统。让广大职工能将发现的安全风险或突发事件快速上报，并加大对这类人员的奖励力度。

2.6 提高应急演练的频率和强度

压裂施工安全监控和应急指挥系统的建设必须提高应急演习的频率和强度。应急演习时间短，无法在演习中及时发现体系中出现的问题，针对性不强。在体系构建的大框架下，依照安全事件的等级分类，确定每个等级安全事件应急演练的频次，如一级安全事件每月进行一次应急演练，发现安全监控与应急指挥体系的漏洞；二级安全事件每季度进行一次

应急演练；三级安全事件每半年进行一次应急演练；四级安全事件每年进行一次应急演练。在每次应急演练完成后，需进行相应的记录和总结，动态更新应急演练手册，真正检验了安全监控和应急指挥系统的有效性。

3 结语

压裂施工安全监控与应急指挥体系的构建，尽管目前还面临一些问题，但相信通过制度规范系统的建立、推动基础设施的建设、加强人员培训及宣传教育等工作，定能逐步改变现状，逐步完成体系建设，保障油气井安全生产，达到预期的生产效率。使压裂施工的安全监控与应急指挥能力迈向一个新的台阶。

参 考 文 献

[1] 刘志前．新时期油井压裂风险分析与管理[J]．化学装备与工程，2021，(7)：91-92.

[2] 闫志勇．对油井压裂的风险及安全对策的探讨[J]．中国化工贸易，2019，011(017)：24.

[3] 梁旭升，贾国超，王海广，等．气井井下作业风险识别与应急管理//2012 中国石油石化健康、安全、环保技术交流大会[C]，2012.

[4] 苏晓春．试析博物馆公共安全应急管理体系的建设策略[J]．中外企业家，2018(35)：232-232.

【作者简介】赵曙光，男，压裂公司长庆综合项目部 YS49022 队党支部书记，主要从事压裂现场施工工作。电话：18342331989。

泸 203H91-1 井溢流事件案例分享

李 健

(中国石油长城钻探钻井一公司)

1 事件概况

泸 203H91-1 井为一口评价井，二级井控风险井。2021 年 2 月 20 日 12 时，该井钻至井深 3416.66m，出现钻进扭矩波动大、螺杆压差异常等情况，队干部请示甲方监督后决定起钻；在起钻至井深 981.67m 时发生溢流，成功关井后套压最高达 16.5MPa；经过节流压井循环排气，控压抢下钻具，正循环压井处理，于 2021 年 2 月 27 日解除险情，历时 8 天(150h)。

2 基本情况

2.1 地质情况

泸 203H91-1 井位于四川省泸州市泸县福集镇螺蛳村 8 组，构造位置在泸州区块阳高寺构造群福集向斜构造。该井设计井深 5877m(垂深 3909m)，目的层位于龙马溪组，龙一11~龙一13 层页岩总含气量为 4.0~8.8m^3/t，各小层含气性表现为龙一 11 层和龙一 13 层较好，五峰和龙一 14 层相对较差。

泸 203H91 平台地层压力系数主要依据邻井古 202-H1、泸 203、泸 206、梯 201-H1、古 10、古 13、古 17、梯 8、集 1 等井实钻显示资料设计，预测龙马溪组压力系数 1.85~2.10。

2.2 井深结构(图 1)

一开：采用 ϕ660.4mm 钻头钻进至 80m，下入 ϕ508mm 导管至 78m，封隔地表窜漏及垮塌层，安装简易井口装置，防钻遇浅层气。实际钻进至 80m，导管下深 80m。

二开：采用 ϕ444.5mm 钻头钻进至 952m，下入 ϕ339.7mm 表层套管至 950m，水泥返至地面，封隔上部可能存在的漏层、浅层气层和垮塌层。实际钻进至 1068m，套管下深 1066.39m。

三开：采用 ϕ311.2mm 钻头钻进至 2556m，下入 ϕ250.8+244.5mm 技术套管，封隔上部易漏层、垮塌层，为下步安全钻井创造条件。实际钻进至 2629m，下入 ϕ250.8+244.5mm 套管至 2627.11m。

四开：采用 ϕ215.9mm 钻头钻进至 5877m，下入 ϕ139.7mm 套管至 5875m，水泥返至地面。实际目前钻进至 3416m。

2.3 井控装备

本井采用 70MPa 防喷器组合，全套井控装备按照设计要求试压合格，生产厂家均在集团公司要求具有生产资质范围内。

2.4 钻井液情况

钻井设计该井段密度下限 2.17g/cm^3，上限 2.25g/cm^3。导眼钻进过程中，气测显示活

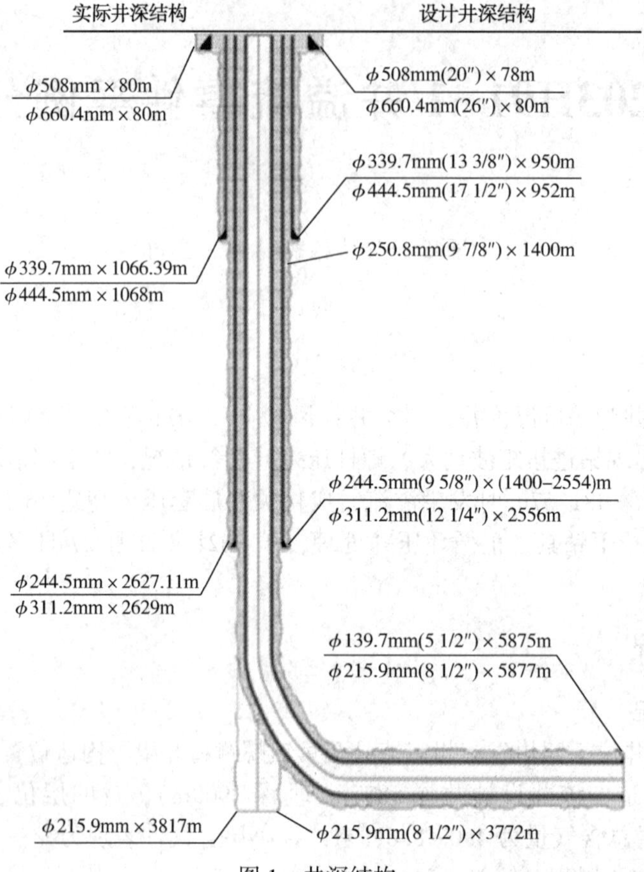

图 1　井深结构

跃，钻进至 3720m 后循环体密度至 2. 32g/cm^3，并逐渐提密度至 2. 35g/cm^3 导眼完钻，借鉴导眼钻井液密度情况，四开钻井液密度 2. 35g/cm^3。

2. 5　前期施工情况(井漏)

该井三开钻进至 2427m(龙潭组)井漏，漏速为 72m^3/h，累计漏失 528m^3 水基钻井液。钻井液密度 2. 05g/cm^3(设计上限)，注胶质水泥堵漏成功，损失时间 5. 42d。

该井在 2399m(龙潭组)做地层承压试验，垂深 2317. 4m，井内钻进液密度 2. 05g/cm^3，试验地面压力 2. 4MPa，钻井液当量密度 2. 15g/cm^3，压力未降，未发生漏失。

2. 6　加重材料储备情况

根据钻井设计，现场口井应配备密度为 2. 5g/cm^3 的重浆 250m^3，重晶石 250t。现场口井实际配备密度为 2. 5g/cm^3 的重浆 204m^3，重晶石 168t，较设计要求还有一定差距。

3　事件发生经过

3. 1　钻进扭矩异常，决定起钻

2021 年 2 月 20 日 12：00，钻进至 3416. 66m，垂深 3324. 49m(龙马溪)，扭矩波动增大至 22kN · m，螺杆压差异常，存在井下螺杆断裂、旋转导向落井风险，请示监督后决定起钻。钻井液密度：2. 35g/cm^3。

3. 2　起钻发生溢流

2021 年 2 月 20 日 22：00，循环至 14：00(循环 2h)起钻，起钻至井深 981. 67m，灌浆

困难，理论应灌浆 0.3m^3，实际灌浆 0m^3，校核灌浆数据，多返出 0.6m^3，判断溢流，坐岗人员汇报司钻。

3.3 关井、节流循环压井

2021 年 2 月 20 日 22：00~22：05，立即关井。关井立套压均为 0，开井观察，有小股线流溢出。

3.4 存在问题

(1) 起钻前未测后效起钻。

(2) 20：19 开始池体积开始上涨，未及时发现，仍坚持起钻。

(3) 19：30~21：30 起钻中有 31 柱钻具未灌浆，泥浆少灌入 1.6m^3。

4 处理过程

4.1 应急处置

(1) 启动应急预案

基层队启动井控应急预案，按照汇报制度逐级汇报，现场做压井准备。

(2) 原钻井液节流循环

2 月 20 日 23：10~0：08 节流循环排气，排量 0.6m^3/min，立压 7.3MPa，套压 0MPa，全烃值 0.11%。节流循环时泥浆池体积由 112m^3 ↑ 121m^3，立即关井，观察 15min 后，关井后套压由 0MPa ↑ 4MPa。

(3) 控压节流循环排气

2 月 21 日 0：25~4：00 控压节流循环排气，控制套压 4.5~9.5MPa，立压 21MPa，泥浆池体积由 121m^3 ↑ 129m^3。泥浆进出口密度均为 2.35g/cm^3。

(4) 使用 2.50g/cm^3 重浆上部节流循环

4：25 用 2.50g/cm^3 重浆节流循环，排量 11.3~20L/s，立压 18.64~24.25MPa，套压 8.5~4.01MPa；7：46 全开节流阀循环，循环至 8：38 突然发现泥浆池液面急速增长 2m^3，立即控制回压节流循环，控套压 13MPa，立压 22.3MPa，气测值 9.88%~23.58%，点火 7~8m；随后节流循环控立压 23~24MPa，套压 14~16.5MPa，火焰高度上涨至 15~20m；13：29 火焰高度减小，套压由 16.5 ↓ 11.4MPa，泥浆池液面无增长。继续控回压 4~11MPa 节流循环排气，排量 10~16L/s，立压 20~33MPa，确保泥浆池液面无增长。

22 日 8：00~19：15 节流控压循环排气，排量 80 冲 ↓ 40 冲 ↑ 80 冲 ↓ 50 冲，套压 13.6MPa ↓ 7.2MPa ↑ 7.5MPa ↓ 5MPa，泥浆池体积 20.8m^3 ↑ 22.2m^3 ↓ 20m^3 ↑ 20.4m^3，火焰高度 1~2.5m；19：16 停泵关井，立压 0，套压由 5MPa 逐渐下降至 4.3MPa，开回水断流。

(5) 倒换旋转防喷器，建立小循环，控压下钻

23 日 8：08 停泵，立压 0，套压由 6.2MPa 逐渐下降至 4.3MPa，开回水断流；倒反循环压井建立小循环，9：11 调节套压至 3.5MPa，停泵关节流阀及前面平板阀；9：16 倒旋转防喷器，开泵(排量 20 冲，控压 4~4.5MPa)小循环控压下钻(期间每柱接立柱向钻具水眼内灌浆，每 10 柱灌满，密度 2.50g/cm^3)。

(6) 关闭闸板防喷器，开立管闸门建立正循环

15：43 下钻至 2022m，出口返出量增加，倒正循环节流循环，排量 10L/s，控套压 8 ↓ 0MPa，立压 9.5 ↑ 23MPa；循环至 19：30 节流阀全开，无套压；停泵立压 0，套压 1.6MPa，观察半小时后套压无变化。

(7) 开闸门防喷器，建立小循环，控压下钻至套管鞋

倒旋转防喷器，开泵(排量 20 冲，控压 1.5～2MPa)小循环控压下钻(期间每柱接立柱向钻具水眼灌浆，每 10 柱灌满，密度 2.50g/cm^3)。

(8) 关闭闸板防喷器，开立管闸门建立正循环

24 日 0：20 下钻到 2583m，倒正循环节流循环，排量 8L/s，控套压 1.6～10MPa，立压 7～15MPa，入口密度 2.43g/cm^3，出口密度 2.41g/cm^3；循环至 5：10 时节流阀全开，无套压。

(9) 开闸门防喷器，建立小循环，控压下钻至 3163m

倒旋转防喷器，开泵(排量 20 冲，控压 1～1.5MPa)小循环控压下钻(期间每柱接立柱向钻具水眼内灌浆，每 10 柱灌满，密度 2.47g/cm^3)。

(10) 使用旋转防喷器，开立管闸门建立正循环

24 日 13：20 下钻到 3163m，倒正循环节流循环，排量 10L/s，控套压 1～1.5MPa，立压 14.5～15.5MPa，入口密度 2.43g/cm^3，出口密度 2.40g/cm^3。循环至 16：00 节流阀全开，无套压。

(11) 建立小循环，控压下钻至 3265m

倒旋转防喷器，开泵(排量 20 冲，控压 0～1MPa)小循环控压下钻(期间每柱接立柱向钻具水眼内灌浆，密度 2.43g/cm^3)。

(12) 循环排气

24 日 21：00 下钻到 3265m 遇阻，使用旋转防喷器，开立管闸门建立正循环，划眼下钻至 3361m，下划困难，上提至 3350m 循环排气。

(13) 更换通井钻具组合，复杂解除

循环排气至全烃下降 10%以下，火焰熄灭，短起下测后效，无异常起钻更换通井钻具组合。

4.2 应急响应

(1) 2 月 20 日 22：05，发现溢流，井队关井成功，并立即向项目部主任工程师及甲方监督汇报。

(2) 2 月 20 日 22：35，井队将关井情况再次汇报给项目部主任工程师，项目部主任工程师下达指令要求井队现场进行节流循环并观察泥浆量变化。项目部立即向公司及西南生产指挥中心汇报。

(3) 2 月 20 日 22：50，22：50 项目部工程组沈志伟到井。

(4) 2 月 21 日 0：30，甲方前指专家冯才立带前指人员到达现场，了解溢流详细经过。

(5) 2 月 21 日 1：00，钻井一公司副经理孟庆华、项目经理赵洪学及项目部书记邓海滨到达现场，了解情况，制定循环方案，调运压裂车和重浆等物资。

(6) 2 月 21 日 2：00，公司技术专家蒋茂盛、西南指挥中心党玉峰带队到井，了解情况并研究制定方案。

(7) 2 月 21 日 8：00，四川页岩气钻井公司副经理周峰带队到达现场。

(8) 2 月 21 日 14：00，西南油气田工程技术处汪瑶科长带队到达现场，了解压井情况。

(9) 2 月 22 日 15：00，公司工程技术处朱忠伟处长、西南指、钻井一公司等管理人员到达现场，听取现场工作汇报，指挥调动各专业公司力量，全力保障本井复杂处理，防止

复杂扩大化。

4.3 应急保障

溢流发生后，该钻井公司在上级的协调帮助下，立即组织抢险应急物资及装备。2 月 21 日，钻井液公司陆续组织 300t 重晶石到井，并从泸 203H52 平台、阳 101H65 平台、阳 101H75 平台倒运 200m^3 加重钻井液到井，同时派驻一台加重剂值班车现场值守。2 月 21 日 12：00 固井公司调运 2 台固井车到井并做好压井准备。

4.4 结果评价

(1) 成功之处

① 井队发现溢流后，立即关井，没有强行起下钻，避免了溢流加剧；

② 井队关井后，立即向项目部汇报，由项目部指定专人现场处置；

③ 建立了严格的起钻确认制度，确认风险可控、多方认定后方可起钻；

④ 生产指挥中心统筹协调，多方支持保障高效，区域井控联管联动得到有效落实。

(2) 不足之处

① 未严格落实《西南油气田钻井井控细则》以及公司井控管理制度，逾越起钻测后效关键程序，部分钻具未灌浆，严重违章作业导致井控险情发生；

② 值班干部责任未有效落实，20：19 池体积上涨，值班干部未核实灌入量签字确认，并继续起钻；

③ 三方坐岗制度未得到严格执行，井控险情敏感性不强，钻井坐岗人员未及时发现溢流，录井发现溢流未及时通知司钻，未发出溢流声光报警信号；

④ 现场未建立压井模板，关键井控工具(环空液面监测仪)缺失。

5 原因分析

5.1 直接原因

(1) 起钻前未进行短起下、测后效

钻进过程出现扭矩波动大，螺杆压差异常情况，井队与甲供定向服务商斯伦贝谢现场技术人员沟通存在井下螺杆断裂，旋转导向落井风险，向现场监督请示后双方决定直接起钻。

违反了《西南油气田分公司钻井井控实施细则》第五章第三十六条第 1 点：钻开油气层后每次起钻前，需进行短程起下钻。

(2) 起钻未按规定灌注泥浆

2 月 20 日 19：25~20：01 坐岗人员连续 9 柱钻具未灌浆；20：11~20：49 又连续 9 柱钻具未灌浆；21：01~21：30 又连续 9 柱钻具未灌浆，共起出 31 柱钻具，泥浆少灌入 1.6m^3，导致井底压力降低。

违反了《西南油气田分公司钻井井控实施细则》第五章第三十八条第 2 点：起钻中严格按规定每起出 3~5 柱钻杆灌满钻井液一次，每起出 1 柱钻铤灌满钻井液一次。

(3) 第一次节流循环未及时发现泥浆池增量

在关井无立、套压，开井后有小股返流的情况下，节流循环时，泥浆池体积上涨 5.83m^3，井队、录井坐岗人员均未及时发现并作出提示。

违反了《西南油气田分公司钻井井控实施细则》第五章第四十一条第 4 点：液面增减量超过 0.5m^3 要及时分析并注明原因，遇特殊情况应加密观察记录，发现异常情况及时报告司钻。

5.2　管理原因

（1）值班干部巡查盯防不到位，值班干部每小时签字核对泥浆量未仔细核实，盲目签字，责任心不强。违反《关于加强现场井控驻井盯井的通知》第一条“井队值班干部应在井场24小时带班盯井，值班干部带班盯井应及时提示可能存在的井控风险、检查指导班组井控工作”。

（2）钻井队班前班后会未对班组井控风险提示。

（3）井控专家盯井执行不到位，未对井队下步井控工作作出重点安排和提示，同时起下钻时未监测排替量情况。

（4）井队关键岗位井控意识差，存在侥幸心理。出于对上一趟起下钻前测后效最高全烃值仅0.99%，同时新地层钻进过程中最高全烃值仅1.31%的认知，主观认为不会出现溢流，从而造成了溢流险情。

6　改进措施

6.1　进一步增强井控意识

牢固树立“井喷失控就在身边”的紧迫思想，强化一把手主责意识、重点井风险意识、甲乙方属地意识，坚持重心前移，实施多元监管，以钉钉子精神和求真务实态度，强化全员、全过程、全天候、全方位管理。各单位要深刻汲取此次井控事件教训，组织开展“两会”前全覆盖井控检查。

6.2　强化井控风险评估

严格落实“六个评估”和“五新管控”要求，建立工程施工与地质风险会商研判机制，按照分级管理原则，由区域管理部门、施工单位组织评估；多专业联合作业的总包项目，由总包单位牵头组织风险评估。

6.3　强化关键工序管控

严格井控装备安装试压、起钻等重点工序、关键环节风险管控，各级专家和干部旁站监督；严密防范井漏、卡钻等工程事故复杂带来的次生井控风险，发生工程事故时应第一时间控制井口；把失返性井漏当作溢流前兆来对待，溢漏同层井段施工专家驻井指导，安装环空液面监测仪。

6.4　严格井控险情处置权限

严格落实公司井控突发事件管理要求，梳理各区块、各层段、各环节井控风险，制定针对性防控指导意见。按照“井控异常、立即汇报；井控事件，专家处置”原则，钻井队关井后，记录关井立套压，做压井准备；井控专家或项目部工程人员与甲方会商制定方案后，在其指导下才允许压井处理。

6.5　加强井控应急管理

各区域井控管理部门牵头编制区域压井方案模板，完善井漏处置、钻具防卡、井下液面监测、吊灌、防硫及交叉作业等技术措施，形成一系列简洁明了的流程图、示意图。加强区域井控应急联动，发生井控险情，钻具、钻井液、录井、固井、压裂等单位服从调派压井车辆。

6.6　严格执行“钻开油气层后每次起钻前，短程起下钻测油气上窜速度”

施工单位严格执行《西南油气田井控实施细则》短程起下钻相关要求，针对钻开油气层后，起钻前，任何时候在条件能满足的情况下都必须进行短起下测后效。同时钻具内按要求安装旁通阀。井队干部必须落实到位，传达至每一名员工。

6.7　严格执行“坐岗观察”制度，按要求灌浆

起下钻作业，停止灌浆、起钻和停止下放钻具时应注意观察出口钻井液是否断流，每起下3柱~5柱钻杆、1柱钻铤灌浆并记录灌入或返出钻井液体积，及时校核单次和累计灌入或返出量与起出或下入钻具体积是否一致，发现异常立即报告值班干部、井队干部和驻井专家，要求钻井、钻井液、录井“三方坐岗”、专人坐岗。

6.8　严格落实干部双盯制度

进一步压实各钻修井队值班干部责任，每一小时巡回检查签字，核实坐岗核实泥浆量，与录井坐岗工共同核实泥浆排替量数据，确保无误后才签字确认。值班干部在每班“班前班后会”上，必须对本班次井控工作作出重点提示。在现场井漏、卡钻、溢流处置等高风险作业时，项目部主管领导必须赶赴现场指挥、处置。

6.9　强化井控技能培训

落实专人坐岗，强化坐岗应知应会培训，确保坐岗人会坐岗、出现溢流时，能及时汇报司钻，为关井赢得时间。强化各操作岗位实操培训，确保发生溢流时，能够及时准确关井，为险情处置赢得时间。组织基层队长、带班干部学习井控规程和标准，确保能正确监督关键环节和工序的井控措施落实，消减现场装备和操作井控风险。

石油企业应急管理与实践分析

刘烈明

（中国石油长城钻探有限公司压裂公司）

摘　要：石油生产应急管理是石油企业发展的重要环节，需要充分整合各项生产要素，进行资源合理配置，使企业生产过程安全进行，并实现自己的生产目标。企业通过对生产运行管理进行强化，严密组织协调生产工作，促使生产有了可靠的保障。本文对企业生产应急管理实际情况和存在的问题进行了分析，并提出了生产应急管理的意见和建议，希望能够对我国的石油产业发展起到一定的参考作用。

关键词：石油企业；应急管理；问题；发展

目前，我国很多石油企业虽然已经进入了应急管理模式化阶段，但管理成本仍在不断提高，并且在应急运行管理方面承受着较大的压力。有些降本增效的目标落实起来比较困难，在应急运营管理方面依旧采用了粗放型模式，生产运行管理的水平亟待提升。本文通过精细生产应急管理，生产事故发生的概率可以显著的下降。因此管理方法是否先进是至关紧要的，可以充分挖掘和利用企业生产现有资源，精确、有效的监控企业的生产应急管理情况，实现企业自身的安全生产及健康可持续发展。

1　应急管理

应急管理是指人们在生产、生活活动中已经发生和即将发生以及可能发生的突发事件、突发事故而采取的相应预防和处置措施及管理方法。其中包括国家安全应急管理、公共事件应急管理、企业安全生产事故应急管理等。

1.1　企业应急管理与安全生产的关系

安全生产与应急管理是相辅相成的关系，即应急管理是安全、安全生产一个重要工作内容，安全、安全生产工作离不开应急管理。政府官员及安全生产管理者管安全必须管安全生产、管安全生产必须懂安全生产事故应急处置措施和管理方法。

2　目前安全生产事故应急管理存在的问题

（1）应急管理法制、标准工作滞后，不能满足应急救援实际工作的需要。现场安全生产应急管理工作法律依据不充分，规章标准不健全。

（2）地方应急管理机构建设进展缓慢。《国民经济和社会发展第十一个五年规划纲要》中明确提出“建设国家、省、市三级安全生产应急救援指挥中心”，目前还有24%的市（地）没有成立安全生产应急管理机构，安全生产应急管理工作层层衰减。已经成立的省、市应急指挥机构多数职能不健全、编制少、人员不能完全到位，远远不能满足当前应急管理工作的需要，履行职责困难重重。

（3）应急救援队伍体系还需要进一步充实完善。缺乏应对重大复杂事故的大型特种装备，难以满足跨地区跨企业处理特别重大复杂事故的要求；企业专兼职队伍投入不足、装备陈旧，队伍的分布及装备水平滞后于所在地区的经济发展，尚不能适应安全生产形势及救援工作的需要；缺乏对社会救援力量的组织、引导，难以发挥其积极性和社会效应。

（4）应急预案的可操作性有待进一步加强。应急预案管理仍然薄弱；应急预案操作性差，实用性不强；部分预案格式不规范、要素不全，预案衔接性差。

（5）应急救援技术支撑能力薄弱。应急平台体系尚不健全，研发和检测检验能力有待加强。现有应急平台尚未实现互联互通、数据交换。重大危险源、高风险生产过程的监测、监控、预警体系尚未建立。

（6）应急培训演练体系尚不健全，现有培训演练能力与实际需求还有较大差距。缺少专业的国家、省、市应急培训演练场所。培训演练的设施和模拟实战训练系统不完善，用于培训的教具和演练装置、设备性能落后。

（7）加强重大危险源监管刻不容缓。近年来，我国石油、化工等产业快速发展，重大危险源的数量大幅度上升，等级不断提高。全国范围内重大危险源的实际数量、分布和动态情况不清，重大危险源申报登记的信息完整性和准确性不够，重大危险源监控网络尚未建立，政府主管部门对各地区的重大危险的控制和管理情况也缺乏有效手段。

（8）应急管理经济政策缺失现象较严重。应急救援费用难以得到补偿。大部分救援队伍参加事故救援发生的材料损耗、交通费用等得不到补偿，救援积极性受到严重挫伤。应急救援队伍建设经费缺口大。救援人员待遇、奖励、抚恤以及救援车辆免交过路（桥）费用等经济政策缺失。

3 应急管理的几个阶段

制定的应急救援预案是要在发生事故时，能以最快的速度发挥最大的效能，有序地实施救援，达到尽快控制事态发展，降低事故造成法人危害，减少事故损失。

事故应急预案的制定主要包括以下几个阶段：

（1）成立应急救援预案编制组并进行分工，拟定编制方案，明确职责。

（2）根据需要收集有关资料本辖区的地理，气象，水文，环境，人口，重大危险源分布情况，社会公用设施和应急救援力量现状。

（3）进行危险辨识与风险评价。

（4）对应急资源进行评估（包括软件，硬件）。

（5）确定指挥机构和人员及其职责。

（6）编制应急救援计划。

（7）对预案进行评估。

（8）修订完善预案。

（9）形成应急救援预案的文件系统。

（10）将预案报告有关部门和相关单位。

（11）对应应急救援预案进行维护。

（12）明确每项计划更新，维护的负责人。

（13）描述每年更新和修订应急预案的方法。

（14）根据演练，检测结果完善应急计划。

4 在现场生产运行中加强应急救援管理工作的策略

4.1 完善安全生产应急管理法规、政策、标准体系

推动《安全生产应急管理条例》颁布实施，制定修订与其配套的安全生产应急预案管理、资源管理、信息管理、科技管理、队伍建设与管理以及培训教育、运行保障等规章和标准。建设安全生产应急管理统计指标体系。完善应急救援队伍经费保障、装备器材征用补偿、装备购置税费减免以及表彰奖励等政策措施。形成国家、地方、企业及社会多元化的应急体系建设保障制度。研究探索社会捐助、保险等支持安全生产应急救援的途径。

4.2 建立健全安全生产应急管理机构

建立完善省、市和重点县三级安全生产应急管理机构，加强人员、装备配置，强化技术培训，落实运行经费，制定工作制度和协调指挥程序，提高应急管理能力和救援决策水平。加强高危行业企业应急管理机构建设，落实应急管理与救援责任。

4.3 理顺和完善应急管理与指挥协调机制

完善国家、省级相关部门安全生产应急救援联动机制和联络员制度，健全各级应急管理机构之间、应急管理机构与救援队伍之间的工作机制和应急值守、信息报告制度，建立健全区域间协同应对重特大生产安全事故的应急联动机制，建立完善事故现场救援队伍协调指挥制度。

4.4 加强应急救援队伍体系建设

建设国家(区域)矿山、国家(区域)危险化学品应急救援队和部分中央企业应急救援队，以及矿山、危险化学品骨干应急救援队伍，建立健全高危行业企业应急救援队伍，完善队伍体系，形成区域救援能力。注重培养“一专多能”的各级救援队伍，实施社会化服务，发挥救援队伍在预防性检查、预案演练、应急培训等方面的作用。鼓励和引导各类社会力量参与应急救援。将应急救援队伍建设纳入各级经济和社会发展规划，加大资金、政策扶持力度。将矿山医疗救护体系纳入各地区医疗卫生应急救援体系和安全生产应急救援体系，同步规划、同步建设。开展化工园区、矿山企业聚集区应急救援队伍一体化示范建设。加强安全生产应急救援队伍资质管理，促进队伍素质提高。积极配合有关部门推进公路交通、铁路交通、水上搜救、船舶溢油、建筑施工、电力、旅游等行业国家级救援基地和队伍建设，配合各地公安消防部队加强综合应急救援队伍建设。

4.5 完善应急预案体系

建立完善政府部门、重点行业企业应急预案体系，实现政府部门与企业应急预案有效衔接。规范预案编制内容，提高预案编制质量，加强预案审查，建立健全预案数据库。编制应急演练评估标准，完善应急预案演练制度，规范应急预案演练，提高演练效果。

4.6 加快安全生产应急管理宣教和培训体系建设

将安全生产应急管理培训纳入安全生产教育培训总体规划，统一部署，充分利用各级政府和有关部门、大型企业现有的应急培训资源，完善培训设施，加强师资队伍建设，健全安全生产应急培训体系。制定培训规划和考核标准。加强各级安全生产应急管理人员和救援队伍指战员培训。充分利用各种新闻媒体和网络等，面向从业人员和社会公众开展安全生产应急管理宣传教育，普及防灾避险、自救互救知识，增强全民应对事故灾难的意识和能力。

4.7 推动应急救援科技进步

坚持以应急救援需求为导向，自主创新和引进消化吸收相结合，形成安全生产应急救援科技原始研发、创造创新、成果转化的能力和机制。鼓励应急装备和物资生产企业、教学科研机构搞好产学研结合，加强应急救援新技术、新装备的研发。扶持和培育应急救援技术装备研发机构和制造产业。积极推广应用先进适用的应急救援技术和装备，以煤矿、金属非金属矿山、危险化学品、烟花爆竹等高危行业(领域)为重点，优先推广应用紧急避险、应急救援、逃生、报警等先进适用技术和装备。强制淘汰不适应救援需要、不符合相关标准、性能不高的救援技术装备。

4.8 加强应急救援支撑保障能力建设

在矿山、危险化学品等重点行业(领域)选择优势科研机构，重点建设一批安全生产应急救援技术支持保障机构，加强应急救援技术装备科技研发、检测检验等能力建设。加快国家(区域)应急救援队伍大型救援装备储备，依托有关企业、单位储备必要的物资装备和生产能力，建立安全生产应急物资储备制度和调运机制，形成布局合理、多层次、多形式的应急救援物资储备体系。支持有关大专院校加强安全生产应急管理学科建设，培养专业人才。建立和完善各类应急专家库，为应急管理和应急救援工作提供智力支持。

4.9 深化应急平台体系建设和应用

加快省、市和重点县以及高危行业(领域)大中型企业应急平台建设，完善安全生产应急平台体系，强化各级平台间的互联互通，加强物联网等新技术的应用。深化应急平台在救援指挥、资源管理、重大危险源监管监控等方面的应用，注重通过应急平台体系，动态掌握各类应急资源的分布情况。

4.10 建立安全生产应急管理第一责任人

企业的一把手是安全生成应急管理的第一负责人。国家安监总局发布《企业安全生产应急管理九条规定》，明确必须落实企业主要负责人是安全生产应急管理第一责任人的工作责任制，层层建立安全生产应急管理责任体系。

5 结语

在当今时代，网络技术已经在不同行业中实现了普及，并推动各行各业得到了快速发展。在“互联网+”理念的影响下，油田企业也要采取“互联网+”的应急管理模式，努力把自身的应急信息化管理平台建立起来，实现整个一线生产应急的网络全覆盖，充分发挥信息网络平台在生产应急管理中的作用，进而实现生产应急管理的数字化，充分运用网络信息技术提高生产管理效率，保障企业安全生产的同时不断提升应急处置效果。把石油企业的安全生产效益和社会效益提高到崭新的水平。

参 考 文 献

[1] 涂智，龚秀兰，万玺．情景构建技术在应急管理中的应用研究综述[J]．价值工程，2018(12)：231-233.

[2] 夏一雪．应急预案建设关键因素及实现路径研究[J]．消防科学技术，2014(3)：340-342.

[3] 郭文辉．石油化工企业中的安全应急演练问题分析[J]．科技经济导刊，2018，26(33)：227.

[4] 姜威．浅论油田生产运行管理模式的创新[J]．化学工程与装备，2017(12)：132-133.

[5] 贺文，张洪峰．油田生产运行管理模式的研究与实践[J]．现代经济信息，2017(9)：17-1&.

[6] 许开立．安全管理学[M]．北京：煤炭工业出版社，2002.
[7] 张乃禄．安全评价技术[M]．西安：西安电子科技大学出版社，2007.5.
[8] 陈宝智，何学秋．安全工程学[M]．中国矿业出版社，2000.6.

【作者简介】刘烈明，男，中国石油长城钻探工程有限公司压裂公司，主要从事油气田压裂开发，石油压裂现场安全生产管理等工作。电话：17804276033，QQ：123105184。

石油石化行业消防安全与应急培训课程设计与实施

董　卓　张　航

（中国石油辽河油田消防支队）

摘　要： 本论文主要研究石油石化行业消防安全与应急培训的课程设计与实施，通过分析消防安全和应急培训的重要性和关系，确定了课程目标、设计了课程内容，并选择了合适的教学方法。在实施阶段，选择了适合的培训对象、合理安排培训时间和选择适当的培训地点。最后，利用评估指标和方法对培训效果进行评估，并对评估结果进行分析。论文得出的主要研究发现为消防安全与应急培训的课程设计和实施具有重要意义，但也存在一定的局限性。因此，进一步研究建议为对该课程设计与实施进行不断改进和完善。

关键词： 消防安全；应急培训；课程设计；实施；评估

1　引言

消防安全与应急培训一直是社会关注的重点领域。尤其在石油石化行业，消防安全工作仍然存在着一系列问题和挑战。

首先，由于消防安全意识的欠缺，很多人对火灾防范和应急处理缺乏必要的了解与认识。其次，当前的消防安全与应急培训课程设计和实施存在着不合理性和不完善性。同时，消防安全与应急培训的实施策略也需要更加科学合理。

当前，辽河油田各二级单位消防安全知识体系不完善、重复性隐患问题时有发生、消防应急处置能力欠缺。消防安全重点单位 186 家，专兼职消防安全管理人员 1000 余人，培训目标人群基数庞大。以往的研究往往只基于培训后的知识和技能的测试，缺乏对培训效果的综合评估与分析。

综上所述，消防安全与应急培训的课程设计与实施是当前亟需解决的问题。本研究旨在探讨解决消防安全与应急培训中存在的问题与挑战，以及提出相应的解决方案和策略。通过对消防安全与应急培训整体工作的综合研究和系统分析，旨在为提升消防安全与应急培训的效果和质量提供有力的支持和帮助。

2　消防安全与应急培训的课程设计

2.1　课程目标的确定

在消防安全与应急培训的课程设计中，确定课程目标是至关重要的一步。课程目标的明确性能够为培训者提供清晰的学习方向，同时也可以作为评估培训效果的依据。

树立标准。通过制作培训课程包，针对不同单位、管理层级，设置主修课与选定课，因地制宜、有的放矢地配置课程，解决消防安全管理中的理论需求。

消除隐患。通过学习各类火灾事故案例，对照相关标准，模拟查摆不同场所的火灾隐患，针对性地开展隐患排查实操训练，解决消防安全管理中的检查、巡查需求。

赋能站队。通过在辖区内消防站对火灾应急知识、消防器材使用、火灾事故联合演练等方式，对培训学员进行复训，验证应急预案的有效性，指导各单位完成志愿消防队建设，解决学员管理能力的跟踪提升需求。

通过综合考虑受众群体的需求、明确培训的主要目的和意义以及关注目标的可衡量性和可实现性等要点，可以确定出适合培训目标的具体内容，为培训的顺利开展奠定基础。

2.2 课程内容的设计

在设计课程内容时，需要考虑以下几个方面。首先，课程内容应该包括消防安全管理办法和相关制度。其次，课程内容应该涵盖应急培训的关键要素，包括如何处理紧急情况和应对火灾事故。此外，课程内容还应该包括实际操作和模拟演练。通过模拟火灾事故的应对过程，参与者可以在真实环境中学习和练习相关技能。这种实践培训有助于提高他们的应急反应能力和自我保护能力。另外，课程内容还应该考虑不同参与者的需求和特点，针对不同的人群，设计不同的课程内容。对于操作人员来说，课程内容可以更加注重基础知识的传授和操作技能的训练。而对于消防安全管理人员来说，课程内容可能更加注重应急组织和领导能力的培养。

最后，课程内容的设计还应该考虑教学资源的可行性和可用性。这包括教材、课件、实验设备等教学资源的准备工作，参与者需要用到各种教学资源来支持他们的学习和实践。

总的来说，课程内容的设计需要全面而系统地涵盖消防安全与应急培训的知识和技能。在设计过程中，需要考虑参与者的需求、教学资源的可行性和可用性，以及不同人群的特点。只有通过科学合理的课程内容设计，我们才能真正提高消防安全与应急培训的效果，减少火灾事故的发生。

2.3 核心课程内容

课程产出	课程内容	实践运用
标准课程包	辽河油田消防安全管理办法解读	选择课程包对本单位进行标准化培训
	辽河油田公司作业许可安全管理细则	
	灭火和应急疏散预案编制及实施	
侧重于事前预防的检查标准	常见隐患问题对标解读	按照检查标准对本单位进行自检自查
	消防安全事故案例分析	
	VR 安全警示教育体验	
基于实际的应急预案编制逻辑与方法	还原消防安全事故大型情景构建	串联消防技术理论，基于火灾事故设想编制应急预案
	灭火系统 3D 实景模拟与消防设施实操	
	志愿消防队建设	

3 消防安全与应急培训的实施策略

3.1 培训对象

在确定培训对象时，需要考虑不同群体的特点和需求，以便为其量身定制适合的培训方案。

消防安全与应急培训的对象可以包括各单位安全管理人员、一线操作人员、生产辅助人员等不同群体。这些群体在消防安全与应急情况下可能面临不同的风险和挑战，因此需要有针对性地进行培训。同时，需要考虑培训对象的基本素质和知识水平。不同群体的基础素质和知识水平存在差异，因此在课程设计中应针对不同群体的特点，确定相应的培训内容和难度。此外，还应考虑培训对象的年龄和性别差异。不同年龄和性别的人群在应对火灾安全和应急情况时可能存在不同的特点和需求。对于年轻人和老年人，应注重培养其火灾逃生的体能和心理素质；对于女性群体，可以特别关注其在火灾中的自我保护和逃生技能。

3.2　培训方式

培训方式设计采用创新彩虹模型。

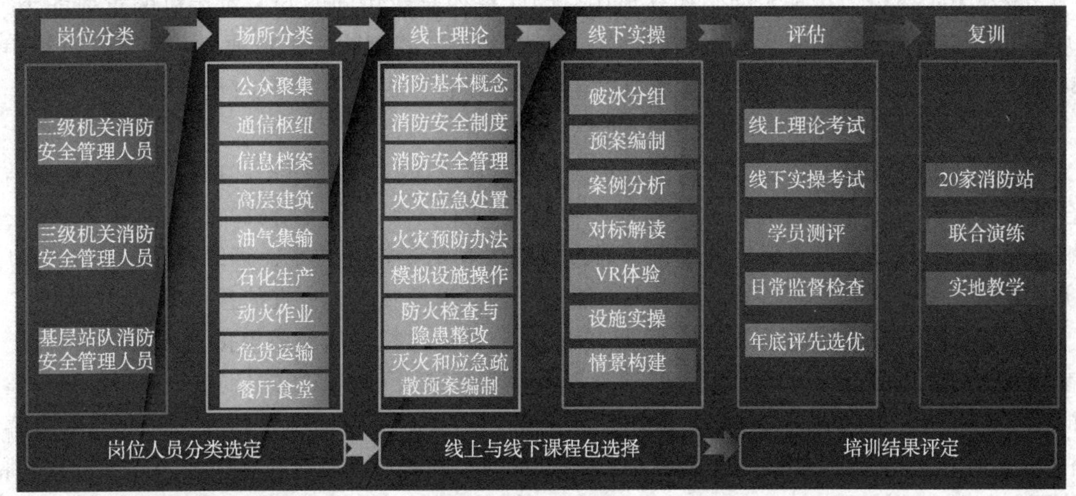

3.3　培训重点与难点

(1) 线上教学

重点：各阶层消防安全管理人员按照需求选择线上消防安全课程包进行学习，通过辽油培训平台进行直播与录播课程的学习。

难点：掌握学员线上自学进度、验证学习效果。

(2) 线下实操

重点：灭火系统 3D 实景模拟与消防设施实操，VR 安全警示教育体验，还原消防安全事故大型情景构建。

难点：消防设施实操与理论结合，多人 VR 体验效果，情景构建流程设计。

(3) 课后复训

重点：消防设施使用、消防器材维护保养、消防演练、消防战斗员体验。

难点：课后灭火和疏散应急预案编制，预案与演练结合效果。

3.4　培训模式创新

“剧本杀”模式的消防安全与应急培训是一种基于大型情景构建技术和虚拟现实技术的训练方法，旨在通过模拟真实的安全场景，提高参与者在紧急情况下的应变能力和安全意识。为了发挥最佳培训效果，需要注意以下关键要素。

合理设计情景。情景设计应该紧密贴合实际工作环境，具有一定的复杂性和挑战性。情景中应该包含各种可能出现的安全隐患和突发事件，参与者需要在这些情境中进行实际操作和决策，以增强他们的实战能力。

真实感的追求。为了使参与者能够真实地感受到情景的紧张氛围，“剧本杀”式安全培训需要借助虚拟现实技术来模拟真实场景。通过逼真的视觉效果、声音效果和交互体验，参与者可以更好地理解并应对各种安全威胁。

个性化的培训方式。每个参与者在安全培训中的需求和能力都是不同的，应该提供个性化的培训方式。可以根据参与者的职业特点和岗位需求，针对性地设置不同的情景和难度，以满足不同参与者的学习需求。

及时的反馈机制。“剧本杀”式安全培训应该提供及时的反馈机制，使参与者可以及时了解和纠正自己的错误。通过对参与者的行为和决策进行分析和评估，可以为他们提供个性化的改进建议，帮助他们不断提高在紧急情况下的反应能力和决策水平。

重视团队合作。在真实的工作环境中，团队合作是解决问题和应对危机的重要能力。因此，在“剧本杀”式安全培训中，应该注重培养参与者的团队合作精神。可以通过设置团队任务和角色分工，让参与者在情景中相互配合、协作，提高团队解决问题的能力。

3.5 创新实例应用——火灾逃生训练

为了使训练效果更加真实和切实，我们采用了大型情景构建技术和虚拟现实技术相结合的训练模式。首先，我们在训练场地中构建了一个真实的火灾情景，包括火灾起火点、烟雾弥漫的空气以及火势蔓延的效果。通过使用大型情景构建技术，训练场地的布置与真实火灾场景高度相似，使参与训练的人员能够身临其境地感受到火灾的紧迫感和危险性。

在训练过程中，我们还采用了虚拟现实技术，通过虚拟现实设备模拟了火灾逃生场景。参与训练的人员可以通过戴上虚拟现实头盔和手套，进入到虚拟场景中进行逃生训练。虚拟现实技术能够提供逼真的视听效果，使参与者能够身临其境地感受到火灾逃生的紧迫感和压力。同时，虚拟现实技术还能够根据参与者的操作和反应，实时调整火灾情景，使训练更加贴近真实情况。

在火灾逃生训练中，我们注重培养参与者的应急反应能力和逃生技巧。参与者需要迅速判断火灾的严重程度和蔓延方向，然后采取合适的逃生路线和方法。在训练中，我们设置了多个逃生通道和逃生工具供参与者选择，以增加训练的灵活性和真实性。同时，我们还设置了逃生训练的时间限制，以模拟真实火灾中时间紧迫的情况，提高参与者的应急反应能力。

通过以上的训练模式和训练内容，参与者能够在相对真实的情景中进行火灾逃生训练，提高他们的逃生能力和应急反应能力。同时，通过虚拟现实技术的应用，我们能够更好地模拟火灾情景，使训练效果更加真实和切实。这种基于大型情景构建技术和虚拟现实技术的火灾逃生训练模式在实践中取得了良好的效果，为提高人员的火灾逃生能力提供了一种创新的训练方法。

4 消防安全与应急培训的效果评估

4.1 培训效果的评估指标

在消防安全与应急培训中，评估培训效果是非常重要的一项任务。通过评估，可以了解培训对参与者的影响，确保培训的有效性，并为日后的改进提供依据。

(1) 知识掌握程度

培训后，参与者对于消防安全和应急知识的掌握程度是一个重要的评估指标。这可以通过考试、问卷调查或实际操作来评估。

(2) 技能水平提升

除了知识的掌握程度外，评估参与者在实际应用中的技能水平提升也是很重要的。可以通过模拟实际情境进行评估，观察参与者在实际应急情况下的反应和处理能力。

(3) 态度和观念的改变

消防安全与应急培训旨在引导参与者形成正确的态度和观念，培养他们对于消防安全和应急响应的重视程度。评估指标可以包括参与者在培训后的态度改变程度和对于安全问题的认知程度。这可以通过问卷调查、观察和访谈等方法进行评估。

(4) 自信心和应对能力

培训的目标之一是提高参与者在应急情况下的自信心和应对能力。评估指标可以包括参与者对于自身能力的评估和在模拟演练中的表现。

(5) 反馈和满意度调查

为了了解培训效果和改进培训内容和方法，收集参与者的反馈和满意度也是重要的评估指标。可以设计一份反馈调查问卷，询问参与者对于培训的满意度、培训内容的针对性和实用性等方面的意见。

4.2 评估方法的选择

为了评估消防安全与应急培训的效果，评估方法应充分考虑研究目的、研究对象和评估指标等因素。常用的评估方法主要有问卷调查法、观察法、实验法、Kirkpatrick 四层次评估法等。

除了上述方法，还可以借助统计分析的方法进行评估。通过收集和分析培训对象的数据定量评估，可以提供具体的数据支持，帮助研究者客观地评估培训效果。

在选择具体方法时，应根据研究目的和实际情况合理运用，以得出准确、可靠的评估结果。需要强调的是，评估方法的选择应综合考虑不同方法的优缺点，以及研究的资源和时间限制等因素，确保评估结果的科学性和可行性。

4.3 评估结果的分析

在消防安全与应急培训的课程设计与实施中，评估培训效果是非常重要的一项工作。本研究旨在通过评估结果的分析，对消防安全与应急培训的有效性进行客观评价。

首先，评估培训效果的指标应该是全面的、准确的。参与培训的人员对于消防安全与应急培训所学知识的掌握情况可以通过课堂测试、问卷调查等方式来获取。技能实践情况可以通过模拟演练、实地考察等方式来评估。应急反应能力可以通过实际应急演练中的观察和评估来获取。

其次，评估方法的选择要科学合理。对于知识掌握情况的评估，可以采用问卷调查、课堂测试等方式，通过统计分析的方法来获取结果。对于技能实践情况的评估，可以采用模拟演练、实地考察等方式，通过观察和评估来获取结果。对于应急反应能力的评估，可以采用实际应急演练的方式，通过观察和评估来获取结果。

最后，评估结果的分析要综合考虑各项指标的结果。根据评估结果，可以对培训效果进行综合评价，并提出相应的改进建议。如果评估结果显示培训效果良好，可以进一步优化培训内容和方法，提高培训效果。如果评估结果显示培训效果不理想，可以对培训方案进行调整，并进行再次评估，直到达到预期的培训效果。

总之，通过评估结果的分析，可以对消防安全与应急培训的效果进行客观评价，为进一步提升培训效果提供依据和指导。在未来的研究中，可以进一步探索更科学有效的评估方法，以提高评估效果的准确性和客观性。

5 结语

本研究通过对消防安全与应急培训的课程设计与实施进行了深入探讨和分析，以下是本研究的主要研究发现。

首先，我们发现消防安全与应急培训的课程设计是非常重要的。通过合理设定课程目标，可以明确培养学员的相关技能和知识，提高应对火灾和其他紧急情况的能力。在课程内容的设计中，我们需要充分考虑学员的特点和需求，采用系统性、科学性和实用性的教学内容，并结合相关案例进行教学，以提高学员的学习兴趣和学习效果。同时，选择适合的教学方法也是关键，可以采用理论教学、示范演示、实践训练等多种教学方法的结合，提高培训的针对性和有效性。

其次，我们发现消防安全与应急培训的实施策略需要合理安排。在培训对象的选择上，我们应根据不同人群的特点和需求进行分类培训。培训时间的安排也需要考虑到学员的工作和学习时间，尽量选择适合大多数学员的时间段进行培训。此外，培训地点的选择也需要方便学员到达和实施培训活动，可以选择消防训练场所、企事业单位内部场地等。

第三，我们认识到消防安全与应急培训的效果评估是必要的。在培训效果的评估指标上，我们应考虑到学员的知识掌握程度、实际操作能力、培训态度和心理变化等方面的评估指标。为了全面评估培训效果，我们可以采用多种评估方法的结合。通过评估结果的分析，可以及时发现培训中存在的问题，并对培训内容和方法进行调整和改进，提高培训效果。

总的来说，本研究从消防安全与应急培训的课程设计与实施出发，对于培养学员的相关技能和知识，提高应对火灾和其他紧急情况的能力具有重要的实际意义。我们的研究发现了课程设计的重要性、实施策略的合理安排以及效果评估的必要性，并提出了相应的建议和改进措施。然而，本研究存在一定的局限性，例如样本容量较小、研究时间有限等，因此在未来的研究中，可以继续扩大样本容量，并延长研究时间，以提高研究的可靠性和有效性。

参 考 文 献

[1] 薛妮，张博．海南建设自贸区(港)消防安全新风险及对策研究[J]．今日消防，2019.

[2] 马俊彦．浅谈如何做好企业职工培训工作[J]．新西部(理论版)，2013.

[3] 陈堂忠．现代企业职工教育培训的思考[J]．科学大众(科学教育)，2012.

[4] 吴建其．基于三维虚拟现实技术的重特大事故情景构建仿真[J]．电子技术与软件工程，2019.

[5] P Zhang. Emergency Response Training for Safety Accidents Based on Computer Simulation and Virtual Reality Technology[D]. Journal of Physics Conference，2020.

[6] 王永明．完善与发展重大突发事件情景构建技术方法的核心问题[J]．中国安全生产科学技术，2019.

[7] M Li，Z Sun，Z Jiang，et al. A Virtual Reality Platform for Safety Training in Coal Mines with AI and Cloud Computing[D]. Discrete Dynamics in Nature & Society，2020.

[8] M Zhang，L Shu，X Luo，et al. Virtual reality technology in construction safety training：Extended technology acceptance model[D]. Automation in Construction，2022.

[9] 张振海．铁路突发事件应急情景构建与动态推演技术研究[J]. 2014.

[10] 臧泉龙，王耀禄，李新松，等．基于情景构建技术的登陆管道事故应急预案编制[J]．中国石油和化

工标准与质量，2019.
[11] 王波，孙友文，贺龙，等．基于情景构建的应急预案体系实施模型研究与应用[J]．，2023.
[12] 方伟华王军殷杰曾鹏张海霞岳耀杰董燕生张继权．多灾种重大灾害情景构建与动态模拟有效支撑灾害风险评估与防范[J]．中国减灾，2022.
[13] 廖光煊，冯凯，陈钦佩，等．基于情景构建的多灾种应急救援模拟演练平台设计[J]．消防科学与技术，2022.
[14] 王永明．基于情景构建的应急预案体系优化策略及方法[J]．中国安全生产科学技术，2019.
[15] 王东明，陈敬一，高杰．基于地震巨灾情景构建的应急救援演练虚拟仿真系统架构与设计[J]．自然灾害学报，2021.

【作者简介】董卓，男，注册安全工程师负责辽河油田消防安全监督工作，辽河油田消防车监护审批，辽河油田出租房屋消防安全审批，研究石油系统安全管理、消防安全管理、消防与应急培训、灭火与防火相结合。电话：14704273113，邮箱：122213376@ qq. com。

基于ICS的海上油田智能应急指挥系统建设心得

张晶晶

（中国石油大港油田赵东采油管理区）

摘　要：随着海洋石油开发步伐的加快，海上生产安全事故也逐年增多，为确保突发事件发生时及发生后措施处理得当，必须构建智能高效的应急指挥系统。赵东采油管理区（以下统称赵东油田）的应急指挥系统基本沿用以前旧模式，不具备故障诊断功能和智能决策分析功能，应急预案全凭人工经验给出，具有一定的局限性。针对该问题，赵东油田提出建立基于ICS（Incident Command System事故指挥系统）的海上油田智能应急指挥系统，该系统将以赵东油田现有信息化现状和智能安防系统为依托，协助提供应急辅助决策，并集成Android移动端功能应用，实现应急指挥数字化、智能化、高效化。

关键词：ICS；应急管理；海上油田应急管理；应急指挥系统；海上平台

海上油田普遍离陆地较远，设备设施相对集中且危险源多，发生突发事件的概率较大，而应急管理是安全生产的最后一道防线，加强应急管理能力是企业安全管理的重中之重。随着智能化时代的发展，创新应急管理理念已成为主流趋势；目前，ICS是国际上多数发达国家应急管理的主要系统工具，随着充分的应用及检验，ICS已经被越来越多地应用于各行各业事故的管理中，而本文将针对赵东油田基于ICS系统建立的海上油田智能应急指挥系统进行介绍，同时探究其应用后的优缺点。

1　ICS概述

1.1　ICS介绍

ICS（Incident Command System事故指挥系统）是1970年美国加州大火后由南加州联合消防体系创建的一套系统化的应急指挥与管理方法，它可以在标准化的应急组织架构下，将人员、设备、通信等要素有机结合，以提高事故处理效率。

1.2　ICS特点

ICS是一个通用模板，它的组织架构（见图1）主要是由以下五部分构成的：指挥、作业、计划、后勤、财务，其中指挥时刻处于核心地位，其余四部分都是为指挥服务的。该组织架构具有很强的灵活性，任何类型的事故或任一级别的应急指挥的组织结构都以它为基础，而在面临较大规模的突发事件时，可扩编其组织架构以满足事件需要。同时，ICS也具备以下基本特点：

（1）通信的统一性，包括联络方式、频道、术语、作业程序等；

(2) 目标的统一性，即目标式管理贯穿于整个突发事件指挥组织内；

(3) 指挥的统一性，包括指挥框架的统一和指挥链的统一；

(4) 应急资源的统一性，即所有的应急资源的状态由负责应急资源的管理人员统筹管理。

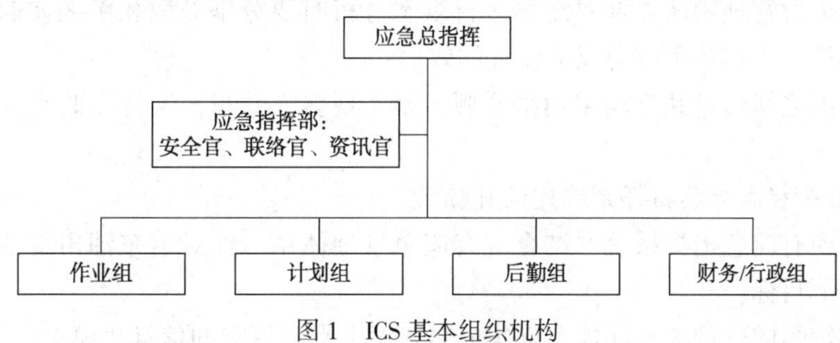

图 1　ICS 基本组织机构

1.3　ICS 应用

1985 年 ICS 已被美国石化行业用于应急管理，1989 年 ICS 的使用扩展到溢油应急，2010 年深水地平线事件中，ICS 被用于指挥大规模的应急，而随着 ICS 的应用普及，诸多国际应急公司开始了针对 ICS 功能演变的项目研发，旨在保留原有体系框架的基础上，针对行业事故特点及应急管理现状开发出最具针对性的衍生系统，达到事故最高效化应对，本文也将对基于 ICS 打造的智能应急指挥系统进行介绍。

2　基于 ICS 的赵东油田海上智能应急指挥系统设计

2.1　系统建设背景

大港赵东油田于 2003 年投产，位于河北省黄骅市赵家堡村以东的海滩极浅海区，是集钻、修、采、注为一体的综合海上平台群，现年产油在 40 万吨规模稳产。赵东油田共历经路安、阿帕契、洛克三任合作方，在外方作业者的影响下形成了扁平高效的运作体系，2023 年 4 月作业权回归中石油，在合作转自营的新形势下，赵东油田面临着诸多挑战，其中安全生产工作责任重大，因此如何创新安全管理模式、强化应急体系建设至关重要。

赵东油田的应急管理体系由应急管理组织、应急管理文件与内/外部应急响应资源组成。应急管理组织结构包括公司应急指挥小组和赵东油田现场应急响应小组，其中现场平台建有应急反应队伍四支，分别为消防 1 队、消防 2 队、担架队和溢油应急处置队；内部应急配备消防设施 36 套、高频无线电话 84 台、守护船 1 艘；同时配有视频监控技防系统与火控系统联动，共设 62 个前端监控点；外部可调动中国石油海上应急救援响应中心曹妃甸救援站和大港救援站的设备和物资。

2.2　赵东油田智能应急指挥系统建设需求分析

2.2.1　赵东油田现有应急指挥系统分析

(1) 赵东油田的应急指挥系统基本沿用以前旧模式，对事故风险的研判和应急处置策略主要依靠事故应急总指挥和应急指挥小组成员的知识和经验，具有很大的局限性，且应急过程中由于事故转化性较强，对应急策略制定的时效性和管理人员随机应变性要求较高；

(2) 因为目前赵东油田采取两地办公(大港油田办公室和塘沽办公室)，存在发生突发事件时事故管理团队的成员两地分散，不利于应急指挥和协调，且受海上倒班情况限制及陆地办公室的特殊情况，可能存在发生突发事件时建立的应急队伍中成员发生更换，而临时应急队伍因缺乏训练和经验而影响整个事故响应进度；

(3) 陆地事故管理团队在针对现场进行事态分析时要分别获取相关的实时数据，获取渠道多、时间长，影响整个应急反应流程的效率；

(4) 各小组之间信息共享均采用纸质版，难实现多人共享，文件多时存在杂乱难翻阅的情况。

2.2.2 赵东智能应急指挥系统建设目标

通过分析现有应急指挥系统并结合现有应急管理体系，针对赵东油田智能应急指挥系统建设提出以下目标：

(1) 具有较强的软件兼容功能，能集成赵东海上平台现有的信息化模块；

(2) 具有实用的应急反应流程，较强的信息提示功能，有效引导应急；

(3) 实现网络远程指挥与讨论功能，提供即时专业的应急反应参考功能；

(4) 建立友好的操作界面及实时信息共享功能，做到快速编辑图和表格。

2.3 赵东油田智能应急指挥系统建设概况

建成后的智能应急指挥系统主要包含以下功能模块：

2.3.1 应急响应模块

(1) 现场动态与处置信息显示小模块：结合陆地办公室应急指挥中心大屏幕显示事故相关工艺实时数据、气象信息、气体浓度监测信息、事发装置周边固定视频监控信息(监控信息可自动聚焦，即自动将事故地点周围的视频信息、有毒有害和可燃气体监控信息切换到大屏幕上)、安防系统中AIS(船舶自动识别系统)识别出来的平台周围船舶动态信息及事故处置进展信息。

(2) 现场音视频采集：实现对事故现场的音视频信息进行实时采集，并上传至陆地应急指挥中心，实现与油田公司应急办公室和总部应急指挥中心之间的数据共享。实现在陆地办公室对每个摄像头进行角度调整功能。

(3) 应急数据库小模块：实现应急指挥系统所需数据的管理与更新，至少应包括应急物资与装备、应急预案、应急资源(内部和外部资源)、应急专家和应急人员的通信录、后勤联动单位等数据库，提供分类查询。

(4) 远程诊断小模块：依托内部或公共网络、视频会议，实现事故现场、大港油田公司应急办公室、中石油总部应急指挥中心之间的视频会商与应急处置诊断功能。

(5) 应急信息共享模块：实现不同应急响应小组之间的信息通过抓取方式直接共享，包括不同小组填写的报表、制作的图例、文字信息。应急反应过程记录信息可回放；实时接收大港油田公司应急办公室和中石油应急指挥中心的指令，并反馈指令的执行情况。且该模块能够汇总其他各功能模块的提醒信息，主要包括未读信息、待办事件、事件提醒等消息提醒。系统提供包括短信、语音在内的多功能提醒方式，作为传达信息的辅助手段。

2.3.2 应急辅助决策模块

(1) 预测与监测模块：系统可集成平台上已有的气象传感器有关风向、风速，气温等气象数据；海洋局安装在平台上的水文传感器有关流向、流速信息；平台上已有的气体传感器有关气体浓度数据，这些信息和数据集成后自动传递给辅助决策模块。

(2) 辅助决策模块：该模块主要包括火灾热辐射模型、气体扩散模型、溢油漂移轨迹预测模型，为分析事故演变提供技术支撑。通过火灾热辐射和气体扩散模型相关软件的计算结果，实时掌握火灾的影响范围，绘制出温度与距离曲线，结合气象信息，给出消防队靠近火灾现场的最佳路径、灭火剂用量和无关人员撤离路径等建议。溢油漂移轨迹预测模型，实时了解溢油可能偏移的轨迹和计算溢油与岸滩和周围生态红线区的距离，最终为应急总指挥提供辅助决策信息。

(3) 移动应急指挥模块：以安卓智能移动终端为载体，实现数据和信息查询，这些可查询的数据和信息应至少包括事故现场位置及周围环境信息(结合平台每层甲板3D模型)、应急物资与装备、应急预案、应急资源、应急人员和应急专家通信录、后勤联动单位和应急处置方案等数据库。根据已收集的现场事故状态信息，应急辅助决策模块提供的数据和建议，应急总指挥或应急指挥小组人员通过智能手机下达具体的应急处置战术指令。

2.4 赵东油田智能应急指挥系统实践成果

2.4.1 创新点

(1) 该系统将ICS与赵东油田现行应急管理体系深度融合，在赵东现有应急预案、事故分级管理、权责设置上开发实用的应急反应流程，解决了传统应急预案背景单一、适应性差的问题，同时新系统提供信息提示功能，实现有效的引导应急指挥流程，实现科学化和标准化。

(2) 基于ICS应急流程建立的智能指挥系统与赵东油田现行智能化软件相兼容，通过对平台视频监视系统、现场传感器、现场3D模型、辅助决策模块进行整合，实现对应急信息分布、储存、调运的实时动态掌控。

(3) 应急指挥移动化，实现了网络远程指挥与讨论功能，有效缩短了应急响应时间；同时基于ICS辅助决策系统增加了结合现场传感器、专业计算机模型、内外部专家建议的即时应急反应参考功能，进一步提升了事故行动方案制定的效率和准确性。

(4) 实现了基于ICS标准化表格的实时事故现场动态连接和便利的信息共享功能，建立了友好的操作界面，方便演示和操作以及清晰的文档管理和快速报告功能。

2.4.2 实践中存在的问题

赵东油田应急管理人员首次利用智能指挥系统进行应急演练时，由于只接受过简单的流程化培训，对ICS及该系统的理解深度还不到位，在进行部分操作实践时可能因应急人员理解歧义而影响应急的有效性；其次该系统部分流程太过繁琐，例如P循环，每个阶段都须有文档记录，且不可省略越过，导致响应时长增加。由于智能应急系统上线时间短，可能存在部分问题，未来赵东油田也将持续完善优化该软件，同时对应急管理人员进行高质量的培训，最终将智能应急指挥系统打造成应急管理人员不可或缺的工具和强有力的技术支撑。

3 结语

ICS作为国际上主要应用的应急指挥系统之一，其在应急指挥体系建设方面有着指导性的意义，而本文介绍的基于ICS的系统在进行实践后也表明，在应急事故中采用智能化、结构化的应急指挥系统能够确保应急响应团队在第一时间发出正确指令，并通过信息整合对事故实施有效控制，因此建立基于ICS的智能应急指挥系统是一种较为可行有效的做法，它能够更好地帮助应急管理人员组织和协调应急响应活动，从而实现事故应急指挥的高效化、专业化和标准化。

【作者简介】张晶晶，女，现工作于大港油田赵东采油管理区赵东采油作业区，本科毕业，主要研究方向为海上平台采油工艺。电话：15771927346，邮箱：dw_zhangjjing@ petrochina. com. cn。

关于海上守护船应急救援问题的探讨

齐方利　暴　涛　杨海滨　韩海峰

（中石化胜利油田海洋石油船舶中心）

摘　要：随着海上油气田的不断开发，海上油田安全保障成为了海洋油气勘探开发重要的议题。海上油气田的不断开发，随之而来的是海上事故的频繁发生，其中火灾是最大的安全隐患之一。因此，海上消防救援成为了保障海洋油气勘探开发安全的重要环节。

加强海上消防救援队伍的培训与装备工作是提高救援效率、保障队员安全的重要途径。通过改进培训方式、更新升级装备、增加经费投入、政策支持、行业合作和技术革新等措施的实施，将有力地推动我国海上消防救援事业的发展。在此过程中，相关部门和人员需共同努力，确保这些措施得到有效执行，为我国的海上油田安全保驾护航。

海上油田守护船在保障油田安全方面发挥着重要作用，而应急救援能力是其关键的组成部分。本文将详细介绍海上油田守护船的应急救援体系、预案、设备与人员配置，以及在处理突发事件时的应对策略。通过提高应急救援能力，可以有效降低事故风险，减少人员和财产损失。

关键词：应急救援；守护船；消防救援

1　海上消防救援

1.1　背景

随着海上油气田的不断开发，海上油田安全保障成为了海洋油气勘探开发重要的议题。海上油气田的不断开发，随之而来的是海上事故的频繁发生，其中火灾是最大的安全隐患之一。因此，海上消防救援成为了保障海洋油气勘探开发安全的重要环节。以下介绍海上消防救援的概念、特点、现状和未来发展趋势。

1.2　海上消防救援的概念和特点

海上消防救援是指在海上发生的火灾等事故时，采取的紧急救援措施。与陆上消防救援相比，海上消防救援具有以下特点：

（1）救援环境复杂：海上救援需要考虑海况、气象、地理等因素，救援难度大。

（2）救援力量有限：海上消防救援力量相对较少，主要依靠专业的海上救援队伍和附近的船只。

（3）救援时间紧迫：海上火灾等事故发展迅速，需要尽快采取救援措施，否则会造成严重后果。

1.3　海上消防救援的现状

目前，全球范围内的海上消防救援力量主要包括专业的海上救援队伍、港口消防队伍和志愿者组织等。这些队伍在应对海上火灾等事故中发挥着重要作用。然而，目前的海上消防救援还存在一些问题：

（1）救援力量不足：全球范围内的海上消防救援力量相对较少，无法满足日益增长的海上运输需求。

（2）救援技术落后：目前的海上消防救援技术相对落后，缺乏现代化的设备和手段。

（3）协调机制不完善：在应对大型海上事故时，不同救援队伍之间缺乏有效的协调机制。

1.4 如何提高海上消防救援效率

提高海上消防救援效率需要从多个方面入手，以下是一些可行的措施：

（1）优化指挥系统：建立一个完善的指挥体系，明确各个部门的职责和协同工作流程。利用现代化的通信技术，建立起信息共享的平台，以便实时获取事故信息，快速做出决策。

（2）加强救援队伍的培训与装备：结合实际情况，制定科学合理的培训计划，提高救援队员的技能和应急处置能力。配备符合标准的救援装备，确保能及时有效地救援被困者。只有通过不断的培训和装备更新，才能提高救援队伍的专业水平，确保救援的安全性。

（3）创新队伍管控机制：针对特殊环境和任务需求，制定科学的管理制度，规范行为，确保队伍管理有序运行和各项工作任务的高效完成。

（4）完善协调机制：加强不同国家和地区的救援队伍之间的协调与合作，建立全球性的海上消防救援网络，以便在发生大型海上事故时能够快速响应。

（5）研发先进技术：投资研发先进的海上消防救援技术和设备，例如远程灭火设备、智能救援机器人等，提高救援的科技含量。

（6）加强国际合作与交流：与其他国家和地区的海上消防救援机构加强合作与交流，分享经验和技术，共同提高全球海上消防救援的水平。

（7）建立完善的应急预案：针对不同类型的海上事故制定详细的应急预案，并进行定期演练，确保在实际救援中能够迅速响应。

（8）提高公众安全意识：加强对公众的海洋安全教育，提高公众对海上消防救援的认识和重视程度，鼓励公众参与海上救援行动。

通过以上措施的实施，可以有效地提高海上消防救援的效率，降低海上火灾等事故造成的损失。

1.5 如何加强海上消防救援队伍的培训与装备

海上消防救援工作是保障海洋运输安全的重要环节，也是对专业技术与装备要求极高的领域。面对日益复杂的海上环境和多样化的救援需求，加强海上消防救援队伍的培训与装备工作显得尤为重要。本文将就如何加强海上消防救援队伍的培训与装备进行深入探讨，以期提升救援效率，减少海上事故损失。

1.5.1 培训的加强

（1）提高培训质量：通过引入先进的培训理念和教学方法，提高培训内容的实用性和针对性。例如，模拟实战训练、案例分析等，使培训更加贴近实际需求。

（2）增加培训频次：定期开展培训，确保队员技能得到及时更新和提高。同时，鼓励队员自我学习，提升自身素质。

（3）鼓励自我提升：设立奖励机制，对在培训中表现优秀的队员给予表彰和奖励，激发队员的学习热情。

（4）引入先进理念和技能：关注国际海上消防救援的最新动态，及时引入先进的理念和技术，提高培训内容的时效性和前瞻性。

1.5.2 装备的更新与升级

（1）升级替换旧设备：对于老旧、过时的设备进行升级或替换，确保救援装备的先进性和可靠性。

（2）合理使用装备资源：优化装备资源配置，根据实际需求合理分配装备，避免浪费。同时，注重装备的维护和保养，确保其正常运转。

（3）建立设备维护管理制度：制定严格的设备维护管理制度，定期进行检查和保养，延长设备使用寿命。

1.5.3 经费投入与政策支持

政府应加大对海上消防救援队伍的经费投入，为其提供充足的培训和装备经费。同时，在政策上给予支持，如税收优惠、专项资金等，鼓励企业和社会力量参与海上消防救援事业。

1.5.4 行业合作与技术革新

加强与其他行业的合作，如科研机构、高校等，共同研发新的救援技术和装备。同时，关注国际海上消防救援领域的最新技术动态，积极引进和应用新技术、新装备，提高救援效率。

1.5.5 成果预期

通过加强海上消防救援队伍的培训与装备工作，预期将带来以下成果：

（1）提高救援效率：队员的专业技能得到提升，能够更快、更有效地完成救援任务。

（2）提升安全系数：先进的装备能够降低救援过程中的风险，保障队员的安全。

（3）增强国际竞争力：通过技术革新和培训质量的提升，增强我国海上消防救援队伍的国际竞争力。

加强海上消防救援队伍的培训与装备工作是提高救援效率、保障队员安全的重要途径。通过改进培训方式、更新升级装备、增加经费投入、政策支持、行业合作和技术革新等措施的实施，将有力地推动我国海上消防救援事业的发展。在此过程中，相关部门和人员需共同努力，确保这些措施得到有效执行，为我国的海上油田安全保驾护航。

2 海上油田守护船应急救援

2.1 海上油田守护船

海上油田守护船主要用于海上油田的安全守护和应急救援。它们通常具备多种功能，包括但不限于：守护和巡逻海上油田设施，防止非法入侵和盗窃；为海上油田作业提供后勤支持和物资运输；在油田发生火灾、泄漏等紧急情况时，进行应急救援和处理；以及执行其他海上安全相关的任务。

相比一般的船只，海上油田守护船通常具备更强的动力和更大的载货能力，以便能够快速响应紧急情况和执行远程任务。同时，它们还配备先进的通信和导航设备，以确保与其他船只和陆地指挥中心之间的有效沟通。

在海上油田作业中，守护船扮演着重要的角色。它们可以确保油田设施的安全，减少事故发生的风险，并在紧急情况下提供及时的救援和处理。因此，对于海上油田的运营和维护来说，拥有一支可靠的海上油田守护船队是非常重要的。

2.2 海上油田守护船如何保障海上油田的安全

海上油田守护船在保障海上油田安全方面发挥着重要作用。以下是它们如何保障海上油田安全的几个关键方式：

（1）巡逻和监控：守护船定期对油田区域进行巡逻，通过实时监控和观察，及时发现和应对潜在的安全威胁。这种巡逻可以检测到任何异常活动，如非法捕捞、盗窃或其他侵犯油田设施的行为。

（2）通信联络：守护船配备先进的通信设备，可以与海上其他船只、陆地指挥中心和附近的海上安全机构保持紧密的联系。一旦发生紧急情况，守护船能够迅速通知相关方，请求必要的支援或协调应急响应。

（3）防卫和威慑：守护船通常配备一定程度的武器或防御装备，具备一定的防卫能力。这些装备能够对潜在的威胁进行威慑，阻止恶意行为或非法入侵，保护油田设施不受损害。

（4）快速响应：在紧急情况下，守护船可以迅速到达现场，采取适当的措施进行救援和处理。例如，处理泄漏事故、灭火、救助遇险人员等。守护船的专业人员经过培训，具备应对各种紧急情况的能力。

（5）协同作业：海上油田守护船通常与其他海上安全机构和救援力量保持紧密的合作关系。在处理复杂的紧急情况时，这种协同作业能力至关重要。守护船能够与其他船只、直升机等相互配合，共同应对危机。

（6）数据收集与分析：守护船还负责收集和分析海上油田作业的相关数据，提供有价值的信息帮助决策者做出正确判断。例如，收集气象、海况、船舶交通等数据，这些数据有助于预测和应对潜在的安全风险。

（7）培训与演习：守护船参与培训和演习活动，提高船员和应急人员的技能水平。通过模拟紧急情况，确保相关人员熟悉应对措施，并保持良好的应急准备状态。

综上所述，海上油田守护船通过多种方式为海上油田提供全面的安全保障。它们不仅起到巡逻和监控的作用，还具备防卫、快速响应和协同作业的能力。通过数据收集与分析、培训与演习等手段，海上油田守护船有效地减少了安全风险，提高了海上油田作业的安全性和稳定性。

2.3 海上油田守护船应急救援

海上油田守护船在保障油田安全方面发挥着重要作用，而应急救援能力是其关键的组成部分。本文将详细介绍海上油田守护船的应急救援体系、预案、设备与人员配置，以及在处理突发事件时的应对策略。通过提高应急救援能力，可以有效降低事故风险，减少人员和财产损失。

2.3.1 守护船应急救援体系与预案

（1）应急救援体系：建立完善的应急救援体系是提高应急响应能力的关键。该体系应包括应急指挥中心、应急救援队伍、通信联络机制等，确保在紧急情况下能够迅速、有效地进行救援。

（2）应急救援预案：制定详细的应急救援预案，明确应急响应流程、救援任务分工和资源调配方案。预案应根据油田实际情况和历史事故经验进行编制，并定期进行演练和修订。

2.3.2 应急救援设备与人员配置

（1）应急救援设备：配备先进的应急救援设备，如消防器材、救生器材、泄漏控制设备等，确保在紧急情况下能够迅速投入使用。同时，确保设备维护良好，随时处于可用状态。

(2) 应急救援人员：组建专业化的应急救援队伍，配备足够数量的救援人员。救援人员应经过专业培训，具备相应的技能和素质，能够在紧急情况下迅速采取正确的救援措施。

2.3.3 油田附近的突发事件处理

(1) 火源控制：在油田附近发现火源时，应立即采取措施控制火势，防止火势扩大引发更大的事故。同时，应启动应急预案，调动救援队伍和设备进行灭火救援。

(2) 油田泄漏处理：在发生油田泄漏事故时，应迅速采取措施切断泄漏源，防止油品进一步扩散。同时，启动泄漏控制设备，对泄漏油品进行回收和处理，防止对环境造成进一步损害。

(3) 人员救助：在事故中有人员受伤或遇险时，应立即展开搜救行动，利用救生器材进行救助。同时，启动医疗急救程序，确保受伤人员得到及时救治。

2.3.4 遭遇突发事件时的停靠和避难策略

(1) 停靠位置选择：在遭遇突发事件时，守护船应根据实际情况选择合适的停靠位置，确保救援人员和设备能够迅速到达事故现场。同时，应考虑风向、水流等因素，选择安全可靠的停靠点。

(2) 避难策略：在紧急情况下，如遭遇恶劣天气或海况，守护船应及时采取避难策略，确保船只和人员安全。可选择寻找避风港、转移至安全水域等措施。

2.3.5 对于已泄漏或遗失石油的清理和防止进一步扩散

(1) 清理措施：在发生石油泄漏后，应迅速组织人员和设备对泄漏油品进行清理。可以采用吸附剂、围堰等手段回收泄漏油品，避免对环境造成损害。

(2) 防止扩散：在清理过程中，应采取有效措施防止泄漏油品的进一步扩散。可以利用围堰、油囊等设备对泄漏油品进行控制，同时及时通知相关机构和部门，协调处理泄漏油品。

2.3.6 抢险救助过程中可能出现的安全风险分析

(1) 火灾风险：在抢险救助过程中，火灾风险是首要考虑的安全风险。应采取相应的防火措施，确保救援人员和设备的安全。同时，应配备必要的消防器材和防护装备。

(2) 泄漏风险：油田泄漏事故可能引发连锁反应，造成更大规模的泄漏事故。因此，在抢险救助过程中应采取有效措施控制泄漏源，并加强监测和预警。

(3) 操作风险：在紧急情况下进行操作时，可能会因操作失误或设备故障引发安全风险。因此，应对操作人员进行专业培训和授权管理，确保其具备相应的操作技能和安全意识。

(4) 人身安全风险：在抢险救助过程中，人员安全始终是最重要的考虑因素。应采取必要的防护措施，确保救援人员的人身安全。同时，应提供必要的医疗保障和紧急救治措施。

2.3.7 与岸上救援力量协调和合作

(1) 通信联络：建立有效的通信联络机制是协调和合作的基础。守护船应及时向岸上救援力量传递相关信息和请求支援的请求。同时，应保持与岸上指挥中心的紧密联系，确保通信畅通无阻。

(2) 资源共享：岸上救援力量与守护船之间应实现资源共享，包括救援队伍、设备、物资等。通过资源共享可以更加高效地进行抢险救助工作。

(3) 协作配合：岸上救援力量与守护船之间应密切协作配合，共同完成抢险救助任务。根据各自的优势和专业特点进行合理分工，提高整体救援效率。

3 结语

随着海上油气田的不断开发，海上油田安全保障成为了海洋油气勘探开发重要的议题。海上油气田的不断开发，随之而来的是海上事故的频繁发生，其中火灾是最大的安全隐患之一。因此，海上消防救援成为了保障海洋油气勘探开发安全的重要环节。以下介绍海上消防救援的概念、特点、现状和未来发展趋势。

加强海上消防救援队伍的培训与装备工作是提高救援效率、保障队员安全的重要途径。通过改进培训方式、更新升级装备、增加经费投入、政策支持、行业合作和技术革新等措施的实施，将有力地推动我国海上消防救援事业的发展。在此过程中，相关部门和人员需共同努力，确保这些措施得到有效执行，为我国的海上油田安全保驾护航。

海上油田守护船在保障油田安全方面发挥着重要作用，而应急救援能力是其关键的组成部分。本文将详细介绍海上油田守护船的应急救援体系、预案、设备与人员配置，以及在处理突发事件时的应对策略。通过提高应急救援能力，可以有效降低事故风险，减少人员和财产损失。

针对海洋油气勘探开发竞争日渐激烈这一形势，我们应该有针对性地更新守护船应急救援体系与预案，提高应急救援能力，可以有效降低事故风险，减少人员和财产损失。保障海上油田安全生产属于三用工作守护船的主要任务，船上所有的人员必须严阵以待，在应急救援前做好各项工作准备，过程中与平台人员密切配合，精心做好每一个步骤，保证平台应急救援工作顺利完成，从而不耽误平台的安全生产，海洋油田工作船及其相关人员应为我国开发海洋石油，及时把握市场机遇，响应时代要求做出更大的贡献。

参 考 文 献

[1] 郭伟．大连海上消防救援预案研究[D]．大连海事大学，2011.

[2] 杨庆．我国海上交通应急救援效能评估与提升策略研究[D]．大连海事大学，2023.

[3] 方晓靓．琼州海峡应急救援资源优化配置研究[D]．武汉理工大学，2022.

[4] 陈志刚．河北省海上搜救应急管理研究[D]．大连海事大学，2018.

[5] 范训迪．泉州市海上突发事件应急救援力量协作研究[D]．华侨大学，2018.

【作者简介】齐方利，男，大学本科，现任中石化胜利油田海洋石油船舶中心党委常委、副经理，高级工程师。电话：18865638257，邮箱：qifangli@ sinopec. com。

大型卫星通信指挥车综合接入系统及实际应用

王　敏

（中国石油兰州石化消防支队）

摘　要：本文主要介绍应急卫星通信系统与无人机的无缝融合，消除资源与信息孤岛，实现系统对接将多种通信系统语音、视频、数据业务的交互融合和综合调用，在保护原有投资的前提下，提高现有通信系统的整体性能；以及实现现场音、视频传输、制定抢险救援方案，统一指挥，实现资源最优化配置，解决重大应急事故处理、极大提高应急效率。

关键词：应急卫星通信；无人机；融合

兰州石化消防支队是国家应急管理部和甘肃省应急管理厅划分的危险化学品区域应急救援职能队伍，作为国家化学危险品应急救援中心(兰州基地)，承担着第四联防区长庆油田、庆阳石化、宁夏石化、西南油气田、青海油田、玉门油田、四川石化、广西石化、云南石化的跨地区应急救援、增援任务。在现场演练，抢险救援等任务时，需将现场的各类信息进行传递与采集。

大型卫星通信指挥车是演练及抢险救援现场前沿第一指挥部，也是现场应急救援第一会议地点，各部门、各层级指挥员在现场了解信息的重要场所。大型卫星通信指挥车所采集的数据也是制定抢险救援方案的重要依据。只依靠大型卫星指挥车自身所携带的单兵设备及车载摄像头进行信息采集还稍显不足，因此建立空地一体化的数据采集才能更好发挥现场指挥部的功能。

1　应急卫星通信系统现状存在的问题

应急通信系统多采用卫星通信系统，由中心地面站、应急通信车载站、应急通信便携站等构成。但是，目前的应急卫星通信系统现场的音、视频信号的采集主要以技术人员手持单兵操作为主，技术人员的劳动强度大、贴近救援现场。危险系数大。活动范围受到场地条件限制较大，楼宇、生产装置等特定设施都能够成为技术人员音、视频信号采集的障碍。人员长时间维持手持单兵摄像机姿势，图像抖动较大。另外单兵采集除了环境限制外，因单兵发射机到单兵接收机使用的是无线315MHz数据传输，因此在传输距离上也有限制，理论参数为一公里，在有遮蔽的情况下，这个传输距离还可能进一步下降，根据遮蔽物体的大小和材质，在炼化厂区有可能下降到200m。大幅度限制了现场数据采集的可靠性、科学性。

2　无人机系统实现功能简介

无人机具有高维度、多角度、遮蔽少等特点。通过自动导航或人工控制的方式对应急救援现场进行图像或视频信息的采集，指挥人员根据图像和视频可以多角度、立体式地直观监测应急现场情况，提高指挥人员对现场信息量的掌握，提供现场应急处置决策依据。

目前兰州石化消防支队使用多款无人机，六旋翼三台，四旋翼一台，以无人机为领航员 X1550 为例，如图 1 所示。此无人机是一款六旋翼无人机，由飞行器、机载设备、遥控器和地面站四大实体组成，机载设备主要由云台控制系统、伺服驱动摄像机组成。遥控器主要由遥控系统、触摸屏组成。地面站主要由计算机、图传系统和地面站系统软件三个部分组成。电量低于预算的安全返程值时，会自动触发低电量保护，包括报警、返航和降落。

图 1　领航员 X1550

电池支持剩余电量显示功能，电池自带电量指示灯。平衡充电保护功能。自动平衡电池内部电芯电压，保护电池。过充保护功能，电池充电的适宜温度为 0~50℃，超过该范围会停止充电，以防止电池损坏。遥控器和地面站均可实时获取剩余电量、电压信息。

飞机采集一体化设计，螺旋桨、机臂及云台摄像机采用快速拆装结构，目前现有功能有：抢险救援现场侦查、利用挂载喊话器进行火场大面积指挥调度、抢险救援现场情况实时回馈，配备工业级 30 倍光学变倍可见光摄像机，具备专业的高清拍摄效果、抢险救援物资挂载与投放，可挂载 10kg 内应急救援物资、红外热成像探测仪，可实时检测现场着火部位温度变化情况。

3　卫星通信中继方案可行性分析

在充分调研和全面评估的基础上，针对卫星通信应用于抢险救援等突发情况的特殊需求，考虑技术成熟度和实施可行性，选取了传统模式下组网型和基于直接转发点对点型的 2 种卫星通信中继方案进行比较分析，择优选定最佳事实技术方案。

3.1　组网型方案

组网型方案发展较为成熟，主要包含 1 套地面中心站(建立于国家应急管理部卫星中心站)、1 套静中通指挥车。通过指挥车进行信道资源分配和网络管理，可实现多架无人机、无人机地面便携站、静中通等方式组网互联。通过机载终端采集图像等信息，经车载卫星通信调制解调器、1.2m 天线发射给通信卫星，卫星将数据信息转发给卫星地面中心站，中心站将接收到数据信息分配处理后再次通过卫星将数据转发给前方的地面指挥车，并通过天线、微波前端、地面卫星通信调制解调器后传送给地面指挥车内显示器进行实时显示。组网型方案组成及通信流程如图 2 所示。

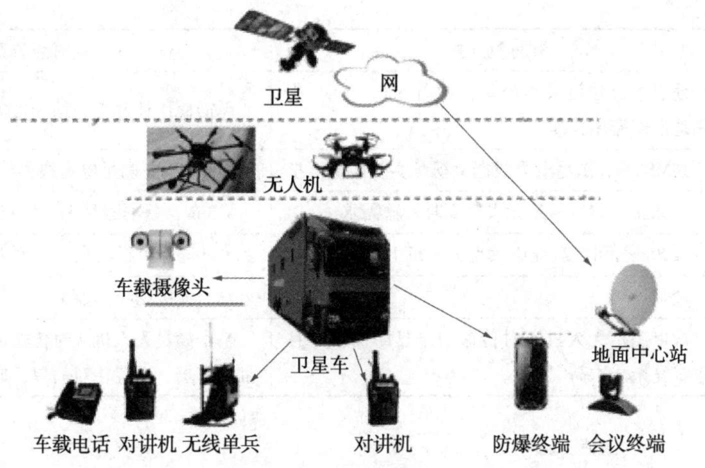

图 2　组网型方案

链路传输延时主要由路径延时和处理延时组成，是确保无人机通信实时性和操控安全的关键技术指标。由于组网型方案传输距离为 4 倍的卫星到地面距离，处理延时包括无人机到地面中心站的处理延时 300ms，以及地面中心站到地面指挥车的处理延时 300ms，即

$$路径延时=\frac{电磁波传输速度}{卫星到地面距离\times4}=\frac{3\times108}{3.8\times107\times4}\approx506\text{ms}$$

处理延时≈300+300≈600ms；

因此链路传输延时约为 1106ms。

3.2　点对点方案

与组网型不同，点对点方案仅有 1 台数据服务器和 1 套静中通地面指挥车。没有地面中心站或信关站的信道分配和网络管理中心，同样具备组网通信功能，采用卫星上直接转发方式。军用无人机一般不采用此单一的卫星通信方式。点对点方案系统组成及通信流程如图 2 所示，无人机通过机载任务终端采集图像信息，通过车载卫星通信调制解调器、天线发射给通信卫星，卫星将数据信息转发给前方的静中通车载站，并通过天线、地面车载通信卫星调制解调器后同时传送给支队指挥中心数据服务器处理和车内终端进行显示。点对点方案组成及通信流程如图 3 所示。

链路传输延时为：

$$路径延时=\frac{电磁波传输速度}{卫星到地面距离\times2}=\frac{3\times108}{3.8\times107\times2}\approx253\text{ms}$$

处理延时≈400ms；

因此链路传输延时约为 653ms。

3.3　方案比较分析

根据 2 种方案的技术原理，进一步对系统复杂度、建设成本、信道带宽、信号传输延时、机载设备重量等多个关键指标进行比较分析，如表 1 所示。

表 1　方案对比

方　案	组网型方案	点对点方案
系统复杂度	系统负载，地面指挥车天线口径≤1.2m，较小	系统简单，地面指挥车天线口径≤1.8m，较大

续表

方　案	组网型方案	点对点方案
建设成本	地面中心建设成本昂贵，约需 500 万元，租用地面站费用较高	无需使用地面中心站和信关站，总体费用较低
信道带宽	15Mbit/s，满足电力线巡检视频实时回传需求	15Mbit/s，满足电力线巡检视频实时回传需求
传输延时	1106ms，难以满足无人机实时传输需求	633ms，基本满足无人机实时测控需求
机载设备重量	≤20kg，可搭载在中大型无人机上	≤20kg，可搭载在中大型无人机上
组网能力	较强	具有无线网组网能力
分析评估	难以满足无人机实时传输信号延时需求，且系统复杂成本高	基本满足无人机实时传输信号延时和视频回传带宽需求，系统相对简单，成本较低

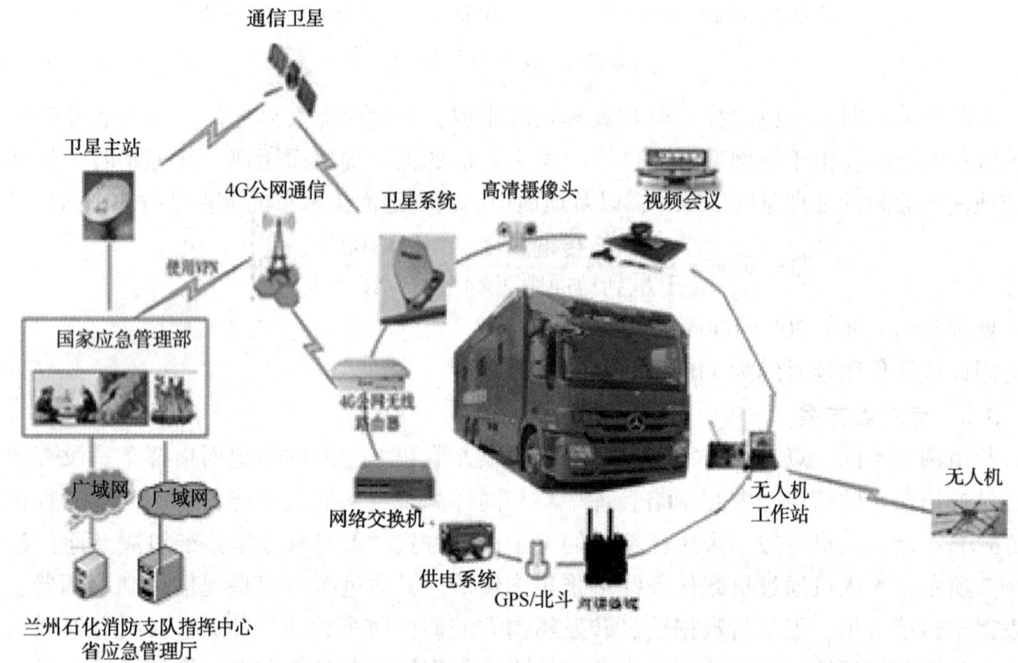

图 3　点对点方案

综上分析比较，组网型方案通过地面主站可实现组网功能，但目前无人机传输音视频多为单机作业，暂无类似军用多机联网需求，而组网方式信号传输延时成倍增加，增加了无人机的操控难度，降低了无人机飞行的安全性；点对点方案不需要通过地面主站或信关站转发，延时较少，经计算和实机验证，地面静中通指挥车配置直径 1.2m 天线即可满足设备信号传输的要求，系统简单，方便实用，成本较低。因此，点对点卫星中继通信方式是目前最适宜我支队的应急卫星通信系统与无人机系统融合的技术方案。

4　应急卫星通信系统与无人机系统融合

要建立空地一体化现场指挥部，实现图传数据采集，必须把无人机系统与大型卫星通信指挥车系统相融合，结合无人机视频的应急卫星通信车载系统即在原有应急卫星通信车载系统中，集成无人机视频子系统，形成由专用车辆子系统、卫星通信子系统、语音子系统、视频子系统、数据通信子系统、单兵子系统及保障子系统组成。

无人机采用无线传输技术进行传输，具有4根天线，建立与遥控器、图传设备的连接，收发无线电波信号，为达到能传输至支队指挥中心及大型卫星指挥车的目的。平时利用无线4G网络传输至大型卫星通信指挥车车载路由器如图4所示，并在大型卫星通信指挥车设置网络跳点如图5所示，保证大型应急通信指挥车其他网络通信正常。由大型卫星通信指挥车做中继，连通卫星链路，通过视频会议矩阵切换传输至国家安全生产应急指挥中心或中心站。利用大型卫星通信指挥车作为中继还可以通过车载无线路由传输至支队服务器，并由支队服务器转发至支队指挥中心如图6所示。从而实现网络转发，大型卫星通信指挥车中继的网络架构。

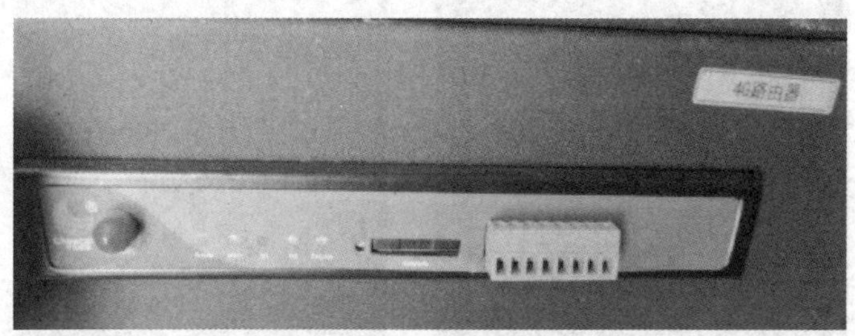

图4　车载路由器

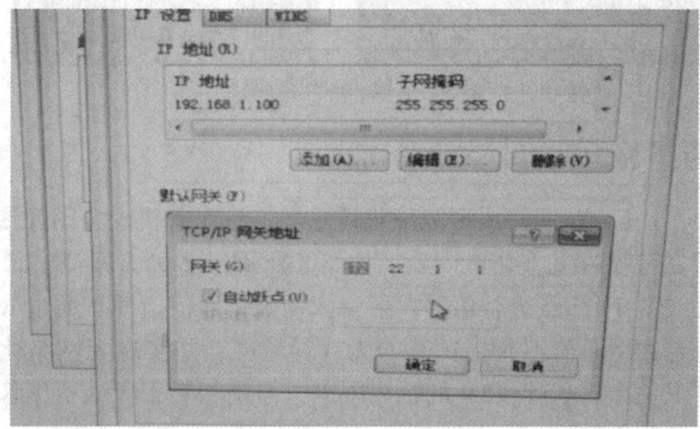

图5　设置网络跳点

图6　指挥中心展示画面

无人机视频在应急卫星通信系统的应用，改变目前的应急卫星通信系统现场的音、视频信号的采集主要以技术人员手持单兵操作为主的状况，有效解决了技术人员受到楼宇、生产装置等设施场地的条件限制活动范围的问题，结合无人机悬停、追踪、定点环绕等飞行功能，将明显拓展了应急现场视频信号的采集范围。配合大型卫星通信指挥车自配单兵设备，从而实现空地一体化数据传输如图 7 所示。

图 7　空地一体化效果图

5　应急处置措施

在实际应用中，一旦 4G 网络出现故障将严重影响到无人机现场图像传输的实效性。因此需要至少一种行之有效的应急处置措施。如图 8 所示经多种方案测试最终确定可以通过无人机遥控设置无线 WIFI 热点进行信号发射，大型卫星通信指挥车通过 WIFI 接收设备图 9 所示，建立无人机与大型通信卫星指挥车的无线局域网，并实现无网络化传输。缺陷是无人机遥控器到大型卫星指挥车有≤2m 的距离限制，但是相对于无人机图像传输来讲几乎可以忽略不计。

图 8　应急措施测试截图

6　结语

应急救援现场的视频数据收集，已经成为应急救援指挥必不可少的组成部分。无人机

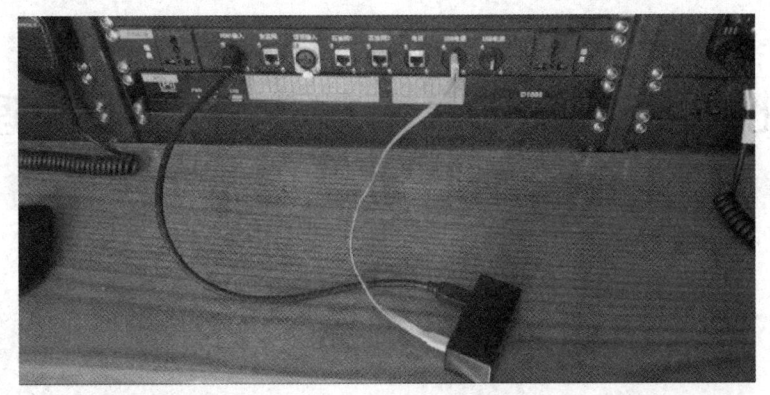

图 9　WIFI 接收转接设备

视频在应急卫星通信系统中的应用，将会解决人力所不可及的问题，极大地扩展灾害应急救援现场视频监视的范围，改变视频数据依靠技术人员只能在实现高度采集的状况，实现多角度、立体化的全景视角。

兰州石化消防支队目前所属无人机已按上述方案均实现空地一体化传输模式。从而提高应急指挥人员对现场信息量的掌握，提供现场应急处置决策依据，提高应急指挥时效性，提升应急指挥科技水平。

【作者简介】王敏，男，现任兰州石化消防支队战训科，通信参谋，从事多年应急网络通信、指挥调度平台、计算机网络、卫星通信领域工作，主管支队信息化建设。电话：18693158775，邮箱：wmxfzhd@ petrochina. com. cn。

化工企业危化品事故应急救援管理问题及对策分析

史文选　屈　坡　闫子健

（中国石油兰州石化消防支队）

摘　要：随着科学技术的飞速发展，化工行业生产的产品出现在生活的各个方面，成为国民经济中重要的组成部分。但是随着生产工艺、设备的要求趋于复杂化，其危险性也在不断增加，危险化学品极易发生火灾、泄漏及爆炸等安全事故，化工企业危化品事故应急救援显得尤为重要。研究和探讨石油化工突发事故的消防应急救援措施，具有非常重要的现实意义。基于此，本文从化工企业危险化学品事故应急救援的意义和必要性出发，结合事故应急救援管理中遇到的问题，对化工企业事故应急救援管理中提出改进措施。

关键词：化工企业；应急救援；预案；体系；对策

近年来，化工企业安全生产事故频频发生，给人民生命财产安全造成了严重威胁，企业危化品事故应急救援变得尤为重要。本文将分析危化品应急救援工作的必要性和重要意义，从危化品火灾爆炸的危害和应对措施的介绍，并针对化工企业危化品事故在应急救援中面临的问题和困难，提出构建完优秀的企业安全文化、建立健全应急救援管理体系、加强完善应急救援预案及日常培训和演练、增强信息化管理水平和配备先进救援装备等应对措施。本文旨在提高化工企业应急救援能力，减少危化品安全生产过程中火灾爆炸事故的发生，确保人民生命财产安全。

1　化工企业危化品事故应急救援的意义及必要性

随着我国科学技术的不断进步，化工生产逐步发展到机械化、自动化和规模化，在城市的发展建设中离不开化工产品支持，化工产业在现代社会中发挥着重要的作用，对经济发展和社会进步起到了积极的推动作用，但化工本身属于特殊行业，产品具有易燃易爆性、有毒有害性。化工行业涉及的产品和生产过程往往具有一定的危险性和风险性，一旦发生事故，很容易导致人员伤亡和财产损失。为进一步降低化工安全事故的发生，维护社会稳定，抢救人员生命和减少财产损失，消除安全隐患，有必要加强消防应急救援管理，减少化工企业危化品的危害，提高化工企业安全生产，保护生态环境有非常重要的意义。

2　化工企业事故应急救援管理中遇到的问题

2.1　设备和技术的不足

化工企业生产的原料、半成品和成品种类繁多，且绝大部分是易燃、易爆、有毒有害、有腐蚀性的化学危险品。这对生产中原材料、中间产品和成品的储存和工艺设备控制都提出了特殊的要求，而使应急救援所需的各种设备和技术也变得十分复杂，大大增加了事故应急救援的难度。由于一些化工企业在资金投资上缺乏足够的关注，导致这些企业在应急救援方面设备和技术的投入不足，有的甚至还存在缺乏设备和技术的严重的现象。在遇到紧急救援情况时不仅导致应急救援效率低下，不能有效的控制事故扩大进程，而且还会引发灾难性的后果，严重危及人民生命财产安全和社会稳定。

2.2 人员素质和能力的不足

在化工企业中，人员能力素质的高低直接影响着行动效能。但是，由于一些化工企业在应急救援方面的培训和教育不足，导致企业内部的救援人员素质和能力不足，缺乏实战经验和相关技能，突发事件发生后，无法有效应对，导致事态严重。

2.3 应急预案缺乏实战性

有些化工企业制定的应急预案，对安全事故风险辨识不准确，对危险源辨别能力不强，以致于对事故的应急处理方法和应急措施不得当。部分在预案准备和编写过程中，照本宣科地改编一些法律法规，没有充分的结合本单位实际情况设计预案，缺乏科学性和实用性。还有一些企业的应急预案缺乏前瞻性和全面性，对应急情况的预测和应对能力不足。在实际应急救援过程中，这些应急预案也无法很好地指导救援人员的行动，同时对人员分工不合理，人员的应变能力差，最终导致应急预案缺乏实战性。

2.4 消防演练活动不到位

部分企业在建立起化工企业应急援预案后，将其束之高阁，并没有开展相关的救援演练工作或者救援演练工作流于形式，日常演练不彻底。在这种情况下，一旦发生重大消防安全事故，很多人员由于缺乏日常消防演练活动，进而在实际救援过程中出现慌乱、措手不及、救援流程及动作不熟悉等问题，造成救援工作混乱，会错过应急救援的最佳时间。这就在一定程度上增加了救援现场的安全性，影响应急救援效果。

2.5 工艺复杂管理难度大

现代化工生产既包含了先进的生产工艺，又需要先进的设备，还离不开先进的控制与检测手段，开始面临新建化工装置大型化、复杂化的挑战。国内化工生产装置和储运装置呈大型化、工艺复杂化、产业集约化的特点。大型化工生产装置一旦发生事故，事故后果严重。对灭火技术要求高，燃烧与火灾同步，还容易形成一些具有爆炸性的混合物，从而导致连续爆炸，增加消防救援的难度，也极易引发重特大灾难事故，对社会影响范围极广。同时还会污染到周边的环境，给现场应急救援工作带来了严峻挑战。

3 化工企业应急救援管理建议对策

3.1 构建优秀的企业安全文化

安全文化是企业安全物质因素和安全精神因素的总和，优秀安全文化的建立是决定企业安全发展的前提保证，是安全管理的基础和基本保障，更是系统性安全的核心要素。企业安全文化强调企业的安全形象，安全价值观和安全生产及产品安全质量，是企业文明的产物，是企业凝聚力的体现，对员工有很强的吸引力和无形的约束作用，能激发员工产生强烈的责任感。在生产过程中建立安全价值核心文化，具有导向、凝聚等功能，使每个员工都认识到安全的重要性，减少安全事故，发生为企业在生产、生活中提供安全生产的基础保证。

3.2 建立健全应急救援管理体系

化工企业突发事故常常以火灾、化学性物质的泄漏或爆炸等多种形式出现，其对人民群众的生产生活以及城市生态环境都有极大的危害性，因此，建立科学完善的消防应急救援体系就显得至关重要。化工企业应对本企业中危险化学品、重大危险源进行定期检查，分析是否存在安全隐患，实时完善、调整应急救援管理制度，开展应急救援培训讲座，学习安全风险防范措施；企业各部门的应急救援职能划分明确，对应急救援工作进行规范要求，加强企业内部安全事故防范警惕性，提高应急救援反应能力。定期组织相关部门及人员对公司安全事故应急救援制度进行修订，制定企业重点岗位发生安全事故的处理方案，对以往发生的安全事故进行分析，及时做出预案调整，弥补方案中不足，减少安全事故再发生，同时增强员工处理安全事故的应变能力。通过对企业应急救援预案的完善，减少企业损失，便于科学合理地制定应急预案。当化工企业发生化学事故后，最重要的就是对现场应急救援管理工作的组织、布置，事故的发生往往都是不可预测，令人措手不及的，所以预警系统就会显得尤为重要。化工企业要根据化工厂的架构、所生产的化学产品特点等情况建立一套完整的预警、应急系统，将预警系统与应急救援系统结合在一起，保证即使发生了事故，也能第一时间判断事故的起因。事实上，大型的化工事故，单纯依靠一个企业，一个化工厂根本无法完成应急救援工作，所以化学企业必须要建立健全一套完整的应急救援管理系统体系，显得尤为重要，在事故发生后，所有人员都能有效的参与救援过程，从而降低事故损失。

3.3 加强对应急救援预案的培训和演练

为确保化工企业应急救援预案能够在关键时刻被高效执行，化工企业制定并完善应急救援预案以后，应当要注重加强对应急救援预案的专业培训，同时在培训过程中根据化工企业可能存在的问题进行预测，然后开展针对性演练。并通过适当的方式对其开展掌握情况测试，确保救援人员能够熟练掌握相关内容。加强日常应急救援演练，并注重演练形式、内容的深度和广度，确保关键时刻有效发挥作用。扎实开展实地演练，通过聘请专业教师开展现场培训，可以更深刻掌握化工企业的火灾危险性、工艺流程和重点部位等情况，不断提高扑救化工火灾的组织水平，也可邀请企业所在区域消防救援队参与演练活动，提高演练的时效性。同时要确保化工企业应急救援所需的相关装备、后勤能够得到持续补充，并且做到相关人员能够熟练掌握和操作。

3.4 增强信息化管理水平

现代化信息化管理为企业带来科学高效的管理模式，而化工企业将信息化管理运用到应急救援中，为应急救援管理提供了便利条件，建立信息化网络平台，创立诸多子系统，如现场人员监督管理、重大危险源监控管理、在线管理等，也包括安全生产预警系统，子系统有监测系统，预警信息系统，预警评价指标体系统等。构建互联网+，化学品风险管控体系，实现数据互通互用，通过应急救援平台管理、GPS、大数据建立化学品的数据库，能够实现对企业中安全隐患的实时监控，以便更早地发现问题、解决问题，制定更合理的预防措施、应急预案；利用信息化管理对企业进行全方位监控，通过监控室接收的数字化视频，有害气体监测数据分析，对异常数据进行预警，监控人员及时判断安全隐患，实时做出应急措施，防止安全事故发生。

3.5 配备先进救援装备

在应急救援工作中，先进的救援装备是必不可少的。企业应该注重采购先进的救援设备，如火灾扑救器材、化学防护服、气体检测仪等，并对设备进行定期检修和维护，确保设备始终处于良好的工作状态。同时企业要为劳动者提供符合国家标准或者行业标准的个体防护装备，应当监督、教育从业人员按照使用规范正确佩戴、使用。此外，企业还应该根据实际情况和需求进行救援装备的选配，确保装备种类齐全、数量充足、质量过硬，以提高应急救援的效率和成功率。同时，企业还应该加强对救援装备的管理和保管，建立健全的库存管理和使用制度，确保装备的安全和可靠性。

4 结语

化工企业本身具有高危性，且发生安全事故率高，所以化工企业应急救援管理具有长期性、复杂性、艰巨性的特点。做到及时有效的处置突发事故，降低事故发生率，减少企业人员伤害、财产损失，要构建优秀企业安全文化、建立健全应急救援管理体系、增强化工企业信息化管理水平、加强应急预案的培训及演练、配备先进救援装备，这些都是应急救援管理的实施方法。切实提高企业危险化学品事故应急处置能力，做好安全预防管理，提高应急救援实效性，减少事故发生率，从而提高化工企业生产水平，实现化工企业长期稳定发展。

参 考 文 献

[1] 刘大鸣．规范石油石化企业事故应急救援预案[J]．石油天然气学报，2016(5)：36.
[2] 马守频．石油化工突发事故的消防应急救援研究[J]．工业安全与环保，2019，38(8).
[3] 姚朝辉．城市石油化工突发事故消防应急救援方法研究[J]．低碳世界，2017，22：271-272.

【作者简介】史文选，男，兰州石化百万吨乙烯筹备组，本科，研究方向为安全管理。电话：0931-7936121。

炼化装置异常与应急处置技术

狄凯莹　胡四辈　乔彦珑

（中国石油兰州石化公司）

摘　要：炼化装置作为石油化工行业的重要设施，承担着炼油、化工产品生产等关键任务。然而，由于炼化装置操作复杂，其中包含各种高温、高压、易燃易爆的工艺过程，因此存在着火灾、爆炸、泄漏等异常事件的风险。这些异常情况一旦发生，可能对生产安全、环境保护和人员健康造成严重影响。炼化装置异常事件的监测与应急处置技术是当前石油化工行业亟需解决的重要问题。有效的监测预警技术和应急处置技术对于提高生产安全水平、减小事故损失、保障设备和人员安全具有重要意义。本文对炼化装置主要异常事件及异常事件对生产安全和环境的影响进行了概述，对现有的应急处置技术及应急处置装备进行了梳理。在当前科技不断进步的背景下，智能化、自动化、跨界融合技术等新技术的不断涌现，文中对未来炼化装置应急技术的发展趋势及应用进行了介绍，为炼化装置异常事件的监测与应急处置提供了更多的可能性。

关键词：异常事件；应急；处置；智能化；发展

在炼化装置运行过程中，由于原料、设备、人为等多种因素，都可能导致装置发生异常情况，例如压力异常、温度异常、流量异常等。一旦发生异常，如果不能及时准确地报警和采取应急处置措施，将会对炼化装置的安全运行和人员的生命财产安全造成严重威胁。

因此，炼化装置异常报警与应急处置技术的研究具有重要的现实意义和深远的理论意义。首先，通过对炼化装置异常报警技术的研究，可以提高对装置运行状态的监测能力，准确快速地发现异常情况，及时采取应急措施，最大限度地减小事故的损失。其次，研究炼化装置应急处置技术，可以提高装置应对突发事件的能力，保障人员的生命安全和装置的设备完整性。此外，炼化装置异常报警与应急处置技术的研究也有助于提高炼化装置的运行效率，降低生产成本，提高经济效益。因此，深入研究炼化装置应急技术，发展更加智能化、自动化的监测预警系统和应急处置措施，对于提升石油化工行业的安全生产水平具有重要的现实意义和深远的发展价值。

1　炼化装置异常事件概述

1.1　异常情况的类型和特点

炼化装置异常情况是指在炼化装置运行过程中出现的不符合正常操作状态的各类问题，大致包括：

（1）炼化装置中可能发生管道、阀门、储罐等设备的泄漏，导致有害物质外泄，可能对工作人员和环境造成威胁。

（2）由于炼化装置中存在易燃易爆的气体或液体，因操作失误、设备故障或其他原因可能引发火灾或爆炸，对设备和人员造成威胁。

(3) 炼化装置中各类设备如压力容器、泵、阀门等可能因为磨损、老化、操作失误等原因发生突发故障，影响生产运行。

(4) 炼化装置操作人员的操作失误可能导致设备异常运行，增加了事故风险。

这些异常情况通常具有以下特点：

(1) 炼化装置异常情况通常涉及高温、高压、易燃易爆等危险因素风险性高，一旦发生可能对人员和设备造成严重威胁。

(2) 炼化装置的工艺流程复杂多样，异常情况的识别和处置需要综合考虑多种因素。

(3) 部分异常情况，如火灾、泄漏等可能具有快速扩散的特点，对应急处置提出更高的要求。

1.2 异常事件对生产安全和环境的影响

炼化装置作为石油化工生产的核心设施，一旦发生异常事件将对生产安全和环境保护造成严重影响。异常事件对生产安全和环境的影响主要体现在以下几个方面：

对生产安全的影响是异常事件最直接也是最重要的影响之一。异常事件可能导致工作人员的生命安全受到威胁。火灾、爆炸和化学泄漏等事件可能导致严重的人身伤害甚至死亡。此外，异常事件还可能造成设备的损坏和生产中断，影响企业的正常经营和生产计划，直接对企业的经济效益产生负面影响。

异常事件对环境的影响也是异常事件所带来的重要问题。异常事件可能导致有害气体、化学物质或有害物质的泄漏，对周边环境产生污染。大气污染是其中较为常见的一种，有害气体的排放可能对周边空气质量产生不利影响。此外，泄漏事件还可能导致有害物质进入水体，造成水体污染，对水质和水生生物造成损害。土壤也可能因异常事件而受到污染，影响土壤的肥力和生态系统的平衡。

异常事件还会对社会产生广泛影响。社会公众对异常事件的不安全感会随之产生，对周边居民的生活和健康构成潜在威胁。企业由于异常事件可能导致的生产中断、维修成本等也会产生经济损失，对企业和当地经济产生负面影响。

2 炼化装置异常事件的应急处置技术

2.1 应急救援技术与应急装备

结合日常工作实际，当装置内有异常紧急情况发生，班组操作人员需要至现场确认事故情况或处置时，为确保人员安全，在操作室安技装备柜内为操作人员配备了紧急通信设备、多气体便携式检测仪、隔热防烫服、化学防护服、正压式空气呼吸器等个人防护装备。针对高处临边作业的情况，还配备了安全带、生命绳等防护设备，并对这些设施设备的使用进行相应的培训和不间断抽考。

此外，操作室还配置了急救箱、移动式洗眼设施，装置现场设置有固定式喷淋洗眼设备等，以便员工在紧急情况下进行简单的急救和自救。定期对装置内各疏散通道进行检查，清理堵塞障碍物，确认员工逃生通道畅通，确保紧急情况下员工能顺利疏散。

2.2 自动化处置措施的研究与应用

目前，装置内重大危险源监控系统由 DCS 控制室、现场网络数字化视频监控器和固定式有毒有害气体监测报警仪等组成了强大监控预警系统，实施 24 小时监控。并在装置火灾爆炸危险程度高、危险性大的系统部位配备了自动控制紧急切断自动阀门、火灾报警与消防水喷淋联动启动系统等。这些自动化处置措施的配备，能够根据监测到的异常情况，立即启动，迅速采取必要的控制和应急处置措施，最大限度减小事故扩散的可能性，减小人为因素对处置效率的影响，提高应急处置的准确性和及时性，最大限度地减少人员在应急处置过程中的风险，保障人员的安全。

2.3 应急预案的制定与演练

装置应急预案每年按照要求进行修订，首先明确各级响应人员及职责等，并根据装置的特点和可能面临的异常情况，组织生产工艺、设备运行、安全环保三个专业进行风险评估，确定应急预案的范围和重点。对装置内应急资源进行梳理，包括应急救援装备、医疗救护设备、通信设备等，并保证在紧急情况下可以及时投入使用。建立健全的指挥体系，包括指挥中心的设立、通信联系机制、信息汇报和决策流程等。

针对制定的应急预案、应急操作卡，每月定期组织应急演练，不断检验应急预案等的可行性和有效性。现在，由于对操作人员应急能力的要求不断提高，双盲演练、针对火灾、泄漏、爆炸等不同类型的异常情况组织的多样化演练，真实场景的实战演练等各种演练模式被提出。在演练结束后，要对每次演练进行总结，分析演练中存在的问题和不足，以及应急预案的执行情况，发现问题和改进点，以检验、提高人员的应急处置能力。

3 装置应急技术存在的问题及改进措施

3.1 装置应急技术存在的突出问题

3.1.1 相关人员对装置情况掌握不清

主要问题有：

(1) 操作员工对岗位应急处置流程、防护用具及应急资源使用不熟悉。

(2) 安全管理人员对应急物资的储备情况掌握不清，应急物资种类、数量、存放地点没有详细的台账对应，一旦发生异常紧急情况，无法做到对应急物资的及时增补。

(3) 大部分装置的应急物资主要为消防装备物资，如装置内涉及含油类、有机溶剂类介质，吸油棉、吸油毡等环境应急物资则比较缺乏。

3.1.2 风险防控及管理措施不到位

(1) 应急标识不齐全，缺少部分风险应急标识或标牌，如车间、主要罐区、雨污水排放口、物资场所或应急撤离路线等没有相关应急标识。

(2) 演练时未进一步深入演习次生灾害情况处理，如消防喷淋后，对废水的拦截、处置缺乏必要的演练。

(3) 技术改造能力差。导致应急处置能力先天不足企业大多重视提产、节能、降耗方面的技术改造，而对提高岗位处置突发事故能力方面的技术改造能力差，导致新技术应用、探索滞后，岗位应急处置能力先天不足。

3.1.3 应急演练流于形式

(1) 现场处置方案的演练不全面，为了完成应急演练任务而演练，专业技术人员因各种其他工作原因无法到位，导致演练演的成分大、练的成分小。

(2) 且应急演练前，通常提前通知班组人员演练时间、演练题目，导致演练时参演人员紧张程度不够。

(3) 现场处置演练结束后，参与演练的专业技术人员进行效果评估的效力不够，点评笼统，指不出演练的问题，仅由安全员简单编制总结报告。

(4) 未能组织人员针对方案本身以及演练过程中发现的问题，进行分析、总结，并组织技术力量进行修订、完善。

3.2 装置应急管理主要做法及改进措施

3.2.1 更有针对性的对员工进行培训

岗位员工是生产安全事故的早期发现者，也是现场处置方案的执行者，必须高度重视员工培训。主要培训内容应有针对性，可以包括但不仅限于：

(1) 针对系统(或岗位)可能发生的事故，在紧急情况下如何进行紧急停车、避险、报警的方法。

(2) 针对系统(或岗位)可能导致人员伤害类别，现场进行自救与互救的方法。

(3) 针对可能发生的事故应急救援中必须使用的个人防护器具，学会使用方法。

(4) 针对可能发生的事故，学习消防器材和各类救援器材的使用方法。

(5) 应急救援结束后续处置方面的注意事项，包括现场保护、洗消方法。努力提高应急人员素质，结合装置实际组建兼职应急救援、应急救护队伍。

3.2.2 加强应急演练组织及方案修订

应急演练是检验、评价现场处置方案合理性和可行性的重要途径，也是提高岗位职工应急处置能力的重要手段。

(1) 创新应急演练模式。要改变过去“预知化、程序化”的演练模式为“不打招呼、随机命题”的实战演练模式，提高参演人员适应紧张气氛及随机应变的能力，从而达到预期效果，实现计划目标。

(2) 为达到理想的评估效果，应指派有经验的专业技术人员跟踪演练全程，以获取全面、正确的演练评估结果。同时，也可邀请相关专业机构或有关专家、有实际应急救援工作经验的人员参加。

(3) 应急演练组织单位根据演练评估报告得出的结论，对现场处置方案进行修订，切实提高应急预案的实用性和可操作性。

3.2.3 强化装置应急技术管理

从管理入手，持续坚持每年对危险化学品、重大危险源、事故应急救援等安全管理制度进行补充和完善。及时对全厂重大危险源和危险化学品进行辨识、登记，并随时掌握其安全情况。

利用报警平台报警信息推送系统，每天给厂领导、中层管理人员、安监人员、班组长分层次发布安全报告、和谐报告、生产报告等信息，使干部员工及时掌握全厂各方面动态信息，特别是针对突发事件，利用报警信息推送系统在一分钟内即可将信息传递到相关人员，及时采取措施，保证企业安全管理运行始终处于受控状态。实施日常异常报警管理分析、报告，坚持安全生产分析、企业管理分析和生产运行分析，不断促进装置管理水平的提高，不断完善应急防范机制和应对体系。

3.3 装置应急技术未来发展趋势

随着科技的不断进步，智能化与自动化技术在应急处置领域的应用日益广泛。在炼化装置异常情况的应急处置中，智能化与自动化方案的引入可以提高处置效率、降低人为干预、减少事故损失。采用先进的传感器和监测设备，实现对炼化装置运行参数的实时监测和数据采集。通过数据分析和机器学习算法，建立参数的正常范围和波动规律的模型，实现对异常情况的智能识别和预警。

基于历史数据和模拟分析，制定智能化的应急处置预案。预先设定好各类异常情况的应对方案和流程，在异常情况发生时，系统可以自动选择最优的处置方案，减少人为决策的时间。灾害模拟与风险评估。通过对各种异常情况的灾害模拟和风险评估，研究成果帮助识别潜在风险，并提出相应的预防和控制措施。这些技术的应用可以帮助炼化装置管理者更好地了解潜在风险，有针对性地制定应急预案和安全管理措施。

4 结语

炼化装置异常报警与应急处置的现有技术成果为石油化工行业提供了重要的技术支持和安全保障。

现有自动化监测设备等应急监测技术的使用，可以实时监测炼化装置的运行状态，及时发现并报告异常情况。通过应用先进的控制系统，可以在异常事件发生后自动启动相应的应急措施，以最大程度地减小事故扩大的可能性。

完善的应急预案和定期的演练是应急技术研究的重要组成部分。只有通过实际应急演练，才能检验预案的可行性和人员的应变能力，提高应急处置的效率和准确性。

智能化技术在炼化装置的应急技术研究中扮演越来越重要的角色。通过智能监测、人工智能技术的应用，可以实现对异常事件的快速识别和实时监测，提高应急处置的效率和准确性。

总的来说，炼化装置应急技术的研究涉及到多个方面的技术和装备的综合应用。通过对炼化装置异常事件的全面分析和预测，以及对应急处置技术的不断研究与创新，有望提高炼化装置异常事件的应急处置能力，最大限度地减小事故的可能影响，保障生产安全和环境保护。因此，未来应继续深入炼化装置应急技术的研究，推动技术的创新与应用，以进一步提升炼化装置行业的安全生产水平。

参 考 文 献

[1] 王赈．化工企业突发环境事件的应急监测技术[J]．化工设计通信，2019，45(02)：169+185.

[2] 李文才，张展，笪可宁．化工企业应急管理体系建设研究[J]．化工管理，2021，(19)：124-126.

[3] 周红玉．化工企业应急管理技术探讨[J]．化工管理，2019，(32)：124.

[4] 程宇和．化工企业危险源风险管理信息系统的研究[D]．江苏大学，2007.

[5] 孙荣鲁．新时期化工安全及应急管理实践分析[J]．当代化工研究，2022，(09)：17-19.

【作者简介】狄凯莹，女，现就职于中国石油天然气股份有限公司兰州石化分公司，从事化学工程、安全工程工作。电话：13119404327，邮箱：897371372@ qq. com。

消防安全监督检查及应急救援提升措施

肖 勇

（中国石油长庆油田第五采油厂消防大队）

摘 要：石油化工企业易燃易爆危险化学品类众多，存在易燃易爆、有毒害、腐蚀能力强、高温高压、容易灼伤等特点，属于高危的生产行业，是消防救援机构和监管部门依法监督检查的重点工作。在日常工作中，石油化工企业的消防安全是事故多发地之一，如是不及时排查存在的安全隐患，会对企业造成巨大的财产损失，严重时甚至危及人员生命，甚至对周边的生态环境会造成一定的影响。所以，做好石油化工企业消防安全监督检查工作是工作的重中之重，充分利用现有的消防应急救援技术，全面实现消防安全监督检查与消防救援有机结合，保证石油化工企业消防安全工作进一步提升。

长庆油田是我国陆上油气产量当量第一大的油气田企业，也是我国最大的天然气生产基地和陆上天然气管网枢纽中心，主要在鄂尔多斯盆地开展油气勘探开发及新能源等业务，勘探开发涉及陕、甘、宁、蒙、晋五省，山大沟深、风沙大、常年干旱、道路崎岖，造成石油化工企业火灾发生的不确定性，从生产情况和火灾隐患角度上看，火险隐患存在的情况较大。加之前期建立的站库设备老化、油气混窜、隐患未整改、新（改、扩）建站库安全附件设备设施配套跟不上等现状，一旦发生火灾，消防队难以快速到达，而错过最佳火灾扑救期，使小火酿成大灾，这就使消防安全显得尤为重要。

关键词：消防安全；监督检查；应急救援

1 石油化工企业消防安全监督检查工作内容

1.1 了解石油化工企业存储与运输设备情况

消防安全监督规定，消防安全监督检查工作人员首先要熟悉消防安全重点单（部）位生产、经营、运输、储存、使用所存放、搬运的物资，并检查物料、器具有无产生泄漏风险。另外，因各种物资、物品的构成和理化性质不同。所以必须对物资、物品做好分级储存。工作中，还要求检查防火墙，废弃的危险品储存箱内，提供临时围护墙，避免货物及液体在储存箱中流失，并避免雨水进入。监督人员要定期检查消防设备，建设相应的危险化学品管控系统，同时工作人员还必须熟悉有关规章制度，确保消防监督效果。

1.2 认真检查消防设备情况

为确保消防设备的有效应用，消防安全管理人员应熟悉火灾控制方法，全面落实监管工作。在石油化工企业中的生产装置大多需要耐火、防静电、防爆材料，所以在例行检查时，工作人员要认真检查装置结构或材料是否达到使用标准。而由于火灾类型分为很多种，根据环境的不同，采用不同的耐火材质，避免造成重大火灾隐患。同时，还需定期检查固定消防系统、移动消防系统的设备设施，如果出现问题必须及时处理。

1.3 明确消防安全负责人，树立正确的消防安全观念

确定企业消防安全负责人，以确保消防安全任务及时完成。由于消防安全工作是系统性的，这需要企业对消防工作者或安全责任人增加自身消防专业知识，从而提高自身消防技术以及火灾事故分析能力，使消防安全监督工作能顺利地完成。

2 石油化工企业消防检查工作中存在的问题

2.1 石油化工企业消防设备监督检查力度不够

通过深入分析，石油化工企业消防检查工作实际反馈情况不难发现，随着经济的不断发展，新技术不断推广应用，技术含量越来越高，应用也越来越广。但消防技术在不断应用中，部分消防安全重点单位的管理跟不上。在开展消防设备管理工作中存在检查不细致、监督不到位等现象，灭火器放置不合理、部分灭火器过期、消防档案不齐全等问题也同时存在。在开展消防安全自检自查工作中，未建立健全消防安全台账，对用火、用电人员住宿有无违章情况，燃油、燃气等易燃易爆危险品的使用是否符合有关要求，消防设施是否完好，消防疏散通道是否畅通等情况并未做到了如指掌，相关设施设备持续“带病”运行等突出问题屡禁不止，这些是都是生产过程中存在的隐患。

2.2 石油化工企业员工缺乏消防安全管理意识

消防安全重点单位缺乏统一的消防安全宣传教育培训，部分责任人、管理人不懂消防、不重视消防、消防意识淡薄，导致单位整体法制观念、防火意识淡薄，急需提高。石油化工企业通常会在生产厂站内的醒目位置设置警示标识和警示说明。例如：吉安市某医药石油化工有限公司在2020年11月17日，发生较大爆炸事故，原因是企业负责人和员工安全生产责任意识淡薄，在生产过程中处置废液时措施不当，导致废液中的氯化苯受热形成爆炸性气体，转料过程中产生静电引起爆炸。

2.3 石油化工企业消防安全管理制度执行力不够

消防安全重点单位自身管理中，各单位领导消防法律意识淡薄，对消防安全工作不重视、认识不到位，存在着重效益、轻安全现象，对消防安全管理工作麻痹大意，管理主体不明确，职责不清，制度落实不到位，还要靠强制执行，自觉性不强，资料台账管理水平有待提高。为了营造良好的消防安全环境，更好地保障企业财产和员工人身安全，企业制定了消防安全制度和消防安全操作规程，但制度执行效果存在制度落实不到位的情况，无法保证消防安全。

2.4 火灾隐患防范措施不力

消防监督与防火管理的根本目的是要通过定期的巡查或加大频次的检查，以发现潜在的火灾隐患，从而实现对火灾的有效防范。消防工作应以防范为主。但在目前的情况下，消防预警与风险辨识在消防监督与日常安全管理中的作用并不明显。消防监督检查和消防设施保养不到位，定期检查虽有落实，但存在走过场、流于形式，不深不细，一些安全隐患没有及时发现，或发现后整改速度较缓慢。由于缺少有效的风险预防与控制意识，导致日常的消防监督与防火检查工作中出现了一些形式化的问题。由于消防监督工作的不到位，对现场进行了细致的检查，造成部分重点单(部)位、区域第一次没有发现火灾隐患，存在管理上的漏洞。消防设施配备数量、型号符合要求，但配置随意性较强，特别是手提式、推车式等便携式消防器材摆放位置不规范，缺乏一定的科学性。消防车通道、安全疏散通

道被占用，防火灭火和逃生自救常识缺乏，制约了在发生火灾时的初期应急处置能力。

2.5 消防监督人员的专业素质技能有待提升

随着“新工艺、新技术、新设备和新材料”的陆续出现，对消防监督管理工作提出了更高的要求。在工作的内容方面，除了根据上级的要求，对辖区消防安全重点单(部)位、场所、领域进行消防监督、防火检查。消防监督部门监督检查不深、不细，对有些防火重点单位情况不熟悉、不了解，出现了失控漏管现象。然而，根据调查发现，基层消防监督、防火检查工作人员在上岗一段时间后，由于缺乏足够的培训机会或进行系统的培训，加之培训内容过于单一，缺乏针对性和实用性，致使其知识和专业技能没有及时更新，难以适应消防监督工作的开展需要。

3 石油化工企业消防监督检查改进对策

3.1 制定完善的消防安全监督管理制度

针对石油化工企业目前的实际状况，企业必须将安全工作摆在首位，以保证危险化学品的安全存放。同时，石油化工企业还应仔细检查设备，获取安全生产资料数据，并检验装置安全是否达到了有关的规范标准，以健全消防设施，保证消防的正常进行工作。此外，石油化工企业还需要定期进行消防演练。在消防安全工作中，要不断加强科学管理，增强消防安全意识和责任感，并建立健全自动消防规章制度，确保安全程序的顺畅进行，从而减少安全事故发生的概率。消防监督人员要有强烈的社会责任感在日常监督管理工作中，应当以法规为基础，严格按照法律法规进行监督检查工作，以保证其工作的合理合法。

3.2 加强石油物品储运设备管理

(1) 确保储存装置周围设置防火隔离带、储罐区防火墙、防火堤，并完好无损。

(2) 认真检验油气储罐区消防装置的基本构造，以确定各种设备的合理性，并在罐区设置冷却水喷淋消防系统和泡沫灭火系统，以保证储罐区消防系统工作完好达到正常消防条件，如果出现重大火灾事故，能及时开启消防系统进行第一时间扑救。

(3) 保证油品储存设备设施的完整，全面检查油品储运设备的泄压设备、温度计、液位计、压力表等，保证所有设备完好。

(4) 石油化工行业必须定期检查储存设施，防止出现泄漏的情况。通过对这些重点部位的检查，可以有效降低石油化工行业自然火灾事故，推动石油化工行业安全管理。

3.3 强调企业消防安全监管落实

在受理行政许可申请工作时，实行谁申请谁承担的方式。在企业消防安全监督中，消防机构重点审核石油化工企业消防安全监督工作履行状况。对企业的消防实施抽查，检验其是否出现未批先建、乱搭滥盖、未满足消防规定的情况。一旦消防救援机构在消防监督检查时，出现未消防检查通过就施工，甚至未获消防许可使用，出现以上情况之一的，消防救援部门可向住建主管部门发函，住房建设管理部门依法管理。

3.4 加强企业工作人员的技术指导

石油化工企业的生产管理直接关系到许多石油化工生产装置的设施，而这些装置的布置和运营机制的建立，都离不开地方政府和生产企业各级管理人员的介入。石油化工企业的装置需要对安装过程进行高度控制，而且过程复杂，需要专业人员的统一指导。通过理论与实践相结合，为施工人员的建设提供现场指导，确保监督的严谨性和可行性。此外，还要制定石油化工企业的消防安全管理责任。发生安全事故的，必须要全面查明事故原因，并追究有关责任者。加强检查人员对各类防火规范的学习，进一步明确防火检查职责、检查范围，提高持表检查应用，提高查出问题的质量，做好问题整改与复查，做到问题整改销项闭环管理。按照辖区站库分布，每月定期完成消防安全重点站库防火检查全覆盖。根据季节、生产特点和阶段性重点防火风险防范，不定期对井下作业、工程建设、技术服务现场进行抽查，做到重点防火场所全覆盖、无死角。

3.5 促进消防安全责任的落实

在石油化工企业管理中，必须严格依据相关规章制度进行消防监管检查，保证各类消防安全检查工作有效履行，按照“管行业必须管安全、管业务必须管安全、管生产经营必须管安全”的规定，各级管理人员要严谨的工作态度进行履职尽责，保证消防监督工作顺利开展和高效进行，确保石油化工企业的各个环节始终居于安全控制范围。

4 提高消防应急救援技能的解决措施

4.1 提高石油化工企业消防工作人员的综合素质

在实际工作中，针对性地对消防指挥员开展教育和培训，对于理论欠缺的指挥员应重点针对消防法、灭火技能及技战术等方面展开专业理论培训；对于实战能力不强的指挥员，应针对桌面演练、预案演练等方面展开重点训练。在工作中，坚持两手抓两手都要硬，不断提升指挥员的综合素质。同时，还要引入竞争激励机制，让那些能干事、想干事、干成事的优秀指挥员脱颖而出，利用竞聘上岗的方式，将能力强的人员安排到重要的岗位上。

4.2 弘扬奉献精神，稳定消防队员的思想

对标“专职消防队建设管理”寻找自身差距，逐步形成一套“同工同酬、同岗同酬”的管理制度，对优秀的消防员进行工种转化或晋级制，进行强化激励和引导。对于素质高、年龄大、体能好、道德优的消防员，可以按照计划分期分批转到一线的生产岗位上，解决他们的后顾之忧。同时开展理想信念教育，教育全员树立正确的职业观，“三百六十行，行行出状元”、“职业无贵贱，才能有高低”，引导消防指战员充分发挥聪明才干，热爱消防事业，保护国家和人民利益。还要充分重视消防员的职业道德教育和强化消防员专业技能、战术训练的力度和强度，提高战训成果考核应用，教育消防指战员要忠于职守、作风过硬、遵章守纪、热爱集体、团结协作，形成一支高效的消防战斗团队。

4.3 加强企业员工消防安全意识培训

企业安全部门和消防管理部门要定期举办消防安全教育讲座，让更多的员工了解石油化工的工业流程、容易发生火灾的环节和地点、逃生通道的位置、怎样存储危险物品和简单安全的基础灭火方法。同时，依托企业内部宣传阵地，通过线上和现场集中宣讲、情景示范教学等方式宣传普及防火救火的知识和技能。利用电子屏幕、室外电视滚动播放各类防火救火的宣传片。举办消防知识竞赛、消防知识演讲、曝光台。组织全员开展事故案例学习和岗位火灾风险辨识，通过文字描述事故发生经过、处理过程，分析事故的主要原因及间接原因。利用微课堂，方便员工学习消防安全知识，同时不定期不定点地进行消防安全意识提醒。对消防安全重点单(部)位、联合站、接转站和轻烃站，火灾易发岗位的员工进行消防知识专业培训，提高消防技能，并定期组织消防演练，让员工掌握更多的逃生扑救技能，为石油化工企业专职消防员到达火场扑救火灾奠定良好的救援基础。

4.4 建立“五个一”消防工作机制

“五个一”消防工作机制，即每两小时(重大危险源一小时)一巡查一报告一处理一记录

一简报的工作制度：当班员工按照规定巡检；发现问题立即上报部门安全责任人做到一事一报；发现火灾隐患员工一分钟灭火，三分钟形成部门主要战斗力量，隐患第一时间处理，不拖不等不靠；详细记录每一次事件；每周汇报一次安全隐患巡查，消防器材的缺损，工作整改情况，晒亮点，指不足。促进安全工作整体推动，切实提升本质安全。

4.5 “消防工作清单化”，多途径多方式提升消防意识

“两个清单”即“责任清单”和“问题清单”。消防知识宣传由消防安全管理人员负责，现场消防器材检查、简单维护、问题记录由消防岗人员负责。

（1）编写关键岗位、设备设施应急处置卡：包含事故类型、应急救援电话、风险分析、处置措施、注意事项和设备设施周围的灭火器材及灭火器的介质等。

（2）对消防器材的介质的灭火范围及灭火等级进行培训，对消防器材进行编号，将消防器材位置及数量绘制成图。

4.6 全员参与，提升应急能力

各岗位员工利用巡检的时间，检查消防救援场地、消防通道、安全出口、消防扑救面情况，做到消防救援场地、消防通道畅通、无杂物，标识清晰；消防扑救面无杂物，防止有杂物造成高空抛物，影响火灾扑救与应急救援。

4.7 加强消防设施检查，提高消防设施完好性

对需要检查的项目及检查标准进行量化。每月检查两次消防器材的完好性，并做好登记，对发现的问题做到闭环管理。每个班次都要检查正压式空气呼吸器的完好性，并将检查情况在交接班会进行交接。发现消防器材有问题第一时间上报消防安全主管部门。编制整改报告并装订成册，认真填写原因分析、采取措施、整改完成情况、整理整改前后对比照片、进行举一反三。

5 结语

综上所述，石油化工企业必须把安全生产放在首位，把安全管理工作进行细分，使安全管理工作得到有效完成，监督检查管理工作得到最真实的消防安全情况，才能充分满足相关要求。此外，工作人员需要认真评估消防安全工作，并反馈结果，使消防安全工作的每一步都能落到实处，从而推动石油化工企业的健康安全发展。

参考文献

[1] 范皓．石油化工企业消防监督检查的重点及建议[J]．石油化工设计通信．2022(05)：36.

[2] 邹飞．石油化工企业消防安全问题及防火对策研究[J]．当代石油化工研究．2022.03：171-172.

[3] 赵炎杰．石油化工企业的消防监督与安全保障策略研究[J]．石油化工管理．2022(27)：110-112.

【作者简介】肖勇，男，2019 年 6 月毕业于中国石油大学(北京)，安全工程专业，长庆油田分公司第五采油厂消防大队，在聘消防战斗员技师，防火干事，主要从事消防安全监督检查、消防验收工作。邮箱：xy2014_cq@petrochina.com。

油气场站火灾消防及应急处置技术与装备

陈　虎　孙小军　李昱杉

（中国石油长庆油田第一采油厂消防大队）

摘　要：本文探讨了油气场站火灾的消防及应急处置技术与装备，从火灾风险因素分析、应急预案设计、消防技术与装备选择与应用、消防装备的维护等多个方面深入探讨了如何有效预防和应对油气场站火灾。自然因素、人为因素和设备因素的风险分析为应急预案的制定提供了基础，明确了火灾的可能影响。预案的设计应包括火警报警与通信系统、人员疏散与避难措施等重要要点，确保在火灾发生时能够及时、有序地应对。

消防技术与装备的选择与应用是关键环节，水雾灭火技术、干粉灭火技术和泡沫灭火技术等灭火剂的选用应根据火源类型进行明智选择。消防装备的种类与规格以及定期的检修和维护对于保障消防设备的可靠性至关重要。综合了这些要点，油气场站可以建立完善的火灾应急预案，以降低火灾风险，保护人员安全和场站资产。

关键词：油气场站；火灾；消防技术；消防装备

1　引言

1.1　研究背景

在全球范围内，油气资源的开采和利用一直是支撑经济发展的重要动力之一。油气场站作为油气资源的重要生产和储存基地，在能源供应中扮演着关键的角色。然而，由于油气场站的特殊性质，其火灾风险一直备受关注。油气场站火灾一旦发生，不仅会造成巨大的经济损失，还可能危及人员生命安全，对环境造成严重污染。因此，如何有效地进行火灾预防和应急处置成为了保障油气场站安全稳定运行的重要问题。

油气场站的火灾风险受到多种因素的影响，包括自然因素、人为因素和设备因素。自然因素如火山、雷电等可能引发火灾的自然现象，而人为因素包括操作不当、设备维护不善等人为失误，设备因素主要是指设备老化、故障等问题。综合考虑这些因素，制定科学的火灾应急预案以及采用适当的消防技术和装备显得至关重要。

1.2　研究目的与内容

本论文旨在深入研究油气场站火灾的消防及应急处置技术与装备，首先，详细分析自然因素、人为因素和设备因素对油气场站火灾风险的影响，为火灾的有效预防提供科学依据。其次，探讨应急预案的编制流程和要点，包括火灾风险分析、预案目标与内容、预案组织与管理等方面，以确保在火灾发生时能够快速、有序、安全地进行处置。最后，研究不同灭火剂的选择与应用，以及消防装备的选用和维护，提供实际操作指南，以增强油气场站的火灾防控能力。

通过本论文的研究，将为油气场站的安全管理和火灾风险降低提供重要的理论支持和实际指导，有助于减少火灾对生产、环境和社会的危害，维护油气资源的可持续开发和利用。

2　油气场站火灾风险因素分析

2.1　自然因素

油气场站所处的自然环境以及季节性的气象变化，都可能引发火灾。以下是自然因素的一些主要影响因素：

(1) 气象条件：恶劣的天气条件如高温、低湿度和强风等，可使火势蔓延速度加快，增加火灾扩散的难度。

(2) 地质条件：地震、地下气体泄漏和地质活动都可能导致火灾的发生，特别是在油气场站附近地下蕴藏天然气的地区。

(3) 自然灾害：自然灾害如火山爆发、雷电、洪水和飓风等，可能导致火灾的发生或加剧火势。

2.2　人为因素

人为因素在油气场站火灾的发生中起到至关重要的作用，包括以下因素：

(1) 操作不当：操作员的不当操作或操作失误，如不恰当的设备操作、泄漏物料的处理不当等，可能导致火灾的发生。

(2) 设备维护不善：设备的维护不当、老化或故障可能引发火灾。例如，设备泄漏、电气设备故障或设备的结构弱点都可能成为火灾的潜在源头。

(3) 人员培训不足：油气场站工作人员的消防培训水平直接关系到火灾爆发后的应急处理。不熟悉逃生路线、不了解火灾应急程序或不熟悉使用灭火器材的人员可能无法有效地应对火灾。

(4) 盗窃和纵火：恶意破坏行为，如盗窃和纵火，也是人为因素的一部分。这些行为可能导致火灾的发生，特别是在油气场站的安全管理不善的情况下。

2.3　设备因素

设备因素在油气场站火灾风险中也扮演着关键的角色。以下是一些主要的设备因素：

(1) 设备老化：油气场站中的设备随着时间的推移会老化，其中一些设备可能会出现磨损、腐蚀或结构弱点。老化设备的使用可能导致泄漏或设备故障，进而引发火灾。

(2) 设备维护不善：不定期的设备检修和维护可能导致设备运行不正常。如果未及时检测和维修，设备故障或泄漏可能会升级成火灾。

(3) 电气设备问题：油气场站依赖大量电气设备来控制和维护其操作。电气设备的故障、短路或过载可能引发火灾，特别是在易燃气体或液体的存在下。

3　油气场站火灾应急预案设计

3.1　预案编制流程

3.1.1　火灾风险分析

火灾风险分析是制定应急预案的第一步，也是最关键的一步。这一阶段需要对油气场站的整体情况进行详细评估，包括自然因素、人为因素和设备因素的分析。在这个过程中，可以利用历史数据、模拟火灾情境和专业知识来确定可能的火灾风险源和潜在的火灾发生概率。

在火灾风险分析中，还需要考虑火灾的可能影响，如人员伤亡、环境污染、财产损失等。这将有助于确立应急预案的目标和内容，以便在火灾发生时能够迅速、有效地应对各种可能的情况。

3.1.2 预案目标与内容

制定油气场站火灾应急预案的目标是确保在火灾发生时能够最大程度地减少人员伤亡、环境污染和财产损失，同时迅速控制和扑灭火源，保障油气场站的安全运行。为实现这一目标，应急预案需要包含以下内容：

应急响应程序：明确的应急响应程序应包括火警报警、紧急通知、疏散程序、火源隔离和应急联系人信息等，以确保及时有效的火灾响应。

火源控制措施：应急预案需要包括关于如何控制火源的具体步骤，包括使用哪种灭火剂、如何操作灭火设备以及如何隔离危险区域。

人员疏散计划：疏散计划应明确疏散路线、集结点、人员统计和紧急通信流程，以确保所有员工和访客都能够安全撤离。

设备应急操作程序：这包括了设备的应急关闭、切断电力或其他能源供应的程序，以减少火势蔓延。

通信和协调：应急预案需要明确通信系统，包括如何联系应急服务、其他场站和当地政府机构，以及如何协调救援和应急响应。

培训和演练：应急预案应包括培训计划和定期的模拟演练，以确保员工了解应急程序，并可以迅速有效地执行。

3.1.3 预案组织与管理

在油气场站的火灾应急预案中，预案的组织和管理是至关重要的，以确保在紧急情况下能够迅速响应和协调各项行动。以下是预案组织与管理的要点：

指挥结构：明确预案的指挥结构，包括指挥中心的设立、指挥官的职责和相关团队的职责分工。这有助于确保火灾应急行动的协调和管理。

培训与演练：定期进行培训和演练，以确保所有员工熟悉应急预案，并能够快速、有效地执行。这包括火灾模拟演练、紧急通信系统测试和火灾应急程序的培训。

预案更新和维护：应急预案应定期进行审查和更新，以反映场站的变化和最新的最佳实践。这确保了预案的有效性。

资源准备：确保足够的应急资源，包括灭火设备、应急通信设备、医疗设备和紧急供应品，以便在火灾应急情况下使用。

应急联系人和通信：明确应急联系人，包括内部和外部联系人，以确保有效的信息共享和协调。

3.2 预案编制的要点

3.2.1 火灾报警与通信系统

在应急预案中，火灾报警与通信系统的设计和运行至关重要，以确保火警可以及早发现并快速传达给相关人员。以下是一些关键要点：

火灾报警系统：明确火警检测设备的类型和位置，如烟雾探测器、火焰探测器和热释放检测器。这些设备需要定期检测和维护，以确保其可靠性。

通信系统：包括内部和外部通信系统。内部通信系统应能够在火警时快速联系到所有员工，包括声音报警系统和紧急广播。外部通信系统涉及联系当地应急服务、政府机构和其他相关方，以获取支援。

紧急通知程序：明确如何发出火警通知，包括何时启动警报、如何传达紧急信息和通知员工、访客和当地社区。

通信设备备份：应急预案中应包括通信设备备份计划，以应对主要通信设备故障的情况。

3.2.2 人员疏散与避难措施

火灾发生时，人员的疏散和避难是生命安全的首要任务。以下是关于人员疏散与避难措施的要点：

疏散计划：制定详细的疏散计划，包括标明疏散路线、安全出口、集结点和避难点。这些计划需要定期演练，以确保员工和访客能够快速有效地疏散。

特殊需求人员：考虑到可能有特殊需求的员工和访客，如残疾人士、儿童和老年人。制定专门的疏散计划和支援措施，以确保其安全疏散。

避难措施：明确避难措施，包括避难所的位置和使用方法。这尤其重要，因为火灾可能会引发气体泄漏或化学品泄漏，需要避免疏散到危险区域。

疏散辅助设备：提供必要的辅助设备，如应急照明、手持对讲机和避难所所需的物资，以帮助人员疏散和避难。

3.2.3 消防装备及设施应用

在油气场站的火灾应急预案中，消防装备及设施的合理选择和应用是确保火灾得以控制和扑灭的重要组成部分。以下是关于消防装备及设施应用的要点：

灭火器材种类与分布：明确不同类型的灭火器材的种类和分布，包括干粉灭火器、二氧化碳灭火器、泡沫灭火器等。这些设备需要根据场站的特点和潜在火灾风险的位置进行合理布局。

消防龙头与喷淋系统：消防龙头和喷淋系统用于提供大量的灭火剂，应放置在关键区域，以快速控制火源。特别是在有易燃液体或气体存在的地方，这些设施的应用至关重要。

防火墙和防火隔离设施：防火墙和防火隔离设施可以帮助将火势隔离和控制在一定范围内，减少火势扩散的可能性。这些设施需要得到定期检查和维护，以确保其有效性。

自动灭火系统：自动灭火系统，如自动喷水灭火系统、气体灭火系统等，可以在火灾初期自动释放灭火剂。这些系统通常用于高风险区域，可以快速扑灭火源，减少火灾的扩散。

应急通风系统：应急通风系统可以帮助排除烟雾和有毒气体，以提高疏散和扑灭火源的效率。这些系统需要在火灾发生时迅速启动。

人员培训：培训场站员工使用消防装备的正确方法，包括灭火器材、喷淋系统、通风设备等。员工需要知道如何在紧急情况下安全使用这些设备。

4 油气场站火灾消防技术与装备

4.1 灭火剂的选择与应用

4.1.1 水雾灭火技术

水雾灭火技术是一种常用于应对油气场站火灾的方法，其优势在于快速、高效地将火源冷却并控制火势。以下是水雾灭火技术的要点：

工作原理：水雾灭火技术通过将水喷雾成微小的水滴，使水表面积扩大，能够吸收大量热量，从而降低火源的温度。此外，水雾还可以减少火源周围的氧气供应，有助于扑灭火源。

适用场景：水雾灭火技术特别适用于液体火源、气体泄漏火源以及电器火源。由于水是广泛可用的消防剂，成本相对较低，使其成为常见的消防手段。

应用注意事项：在应用水雾灭火技术时，需要考虑水的喷洒量、喷洒方式以及操作员的安全。应避免在电气设备上直接使用水，以免引发电器火源。此外，冷却作用较强的水雾也可能引发热应力，因此在使用时需要小心操作。

4.1.2 干粉灭火技术

干粉灭火技术是另一种常用于灭火的方法，特别适用于液体火源和固体火源。以下是干粉灭火技术的要点：

工作原理：干粉是一种灭火剂，通常是细粉末，可以抑制火源的氧气供应，从而扑灭火源。它还可以形成干粉层覆盖火源，以阻止火源继续燃烧。

适用场景：干粉灭火技术适用于多种火源，包括可燃固体、液体和气体。这种技术常用于化学品储罐、设备和电气设备的灭火。

应用注意事项：干粉灭火技术需要特别注意干粉的种类和使用方法，以确保其适用于具体的火源类型。此外，使用干粉后需要对设备和区域进行清理，以防干粉的腐蚀和残留物质的影响。

4.1.3 泡沫灭火技术

泡沫灭火技术是一种常用于油气场站火灾的高效方法，尤其适用于液体火源和油类火源。以下是关于泡沫灭火技术的要点：

工作原理：泡沫灭火技术通过喷射泡沫液体，将液体变为泡沫，覆盖火源，阻止氧气的供应，降低火源温度并抑制火焰的扩散。泡沫的形成有助于灭火，并在火源表面形成保护膜，防止液体再次点燃。

适用场景：泡沫灭火技术特别适用于油气场站，因为场站通常存储大量易燃液体。它还适用于液体化学品火源和液体燃料火源。泡沫灭火技术在这些情况下可以有效扑灭火源。

应用注意事项：使用泡沫灭火技术时需要确保喷射系统的正常运行和足够的泡沫液体供应。泡沫液体的种类和浓度需要根据具体火源类型进行选择。

4.2 消防装备的选用与维护

4.2.1 消防器材的种类与规格

选择适当种类和规格的消防器材对于有效扑灭火源非常重要。以下是一些常见的消防器材种类和规格：

灭火器：不同种类的火源需要不同类型的灭火器，如干粉灭火器、二氧化碳灭火器、泡沫灭火器等。灭火器的规格和容量应根据场站的规模和潜在火灾风险进行选择。

消防软管和喷嘴：消防软管和喷嘴用于传送灭火剂，需要具备足够的长度和耐压性能，以适应场站的需要。

自动灭火系统：自动灭火系统如自动喷水系统、气体灭火系统，应根据场站的特点和风险进行选择。规格和性能需满足相关标准和法规的要求。

个人防护装备：消防员需要适当的个人防护装备，包括防护服、头盔、面罩、手套等，以确保他们在扑灭火源时的安全。

4.2.2 消防装备的定期检修

消防装备的定期检修和维护至关重要，以确保其在火灾发生时可靠运行。以下是一些维护和检修的要点：

定期检查：消防器材和设备需要按照制造商的建议和法规的要求进行定期检查。这些检查包括外观检查、性能测试和压力测试。

维护和清洁：确保消防装备保持清洁，无灰尘、腐蚀或损坏。灭火器的储存压力需要保持在规定范围内。

替换和更新：如有损坏或过期的消防装备需要及时替换，以保持其性能和可靠性。

通过合理选择消防器材种类和规格，并定期进行维护和检修，油气场站可以确保在火灾发生时具备可靠的消防装备，能够快速、有效地应对火源，减少潜在的损失。

5 结语

本文着重强调了油气场站火灾应急管理的重要性。通过深入分析火灾风险因素，建立有效的应急预案，并选择适当的消防技术与装备，油气场站可以更好地应对潜在的火灾威胁。综合而言，对于油气场站来说，火灾应急管理是一项至关重要的任务，需要全员参与和定期审查。通过合理的风险评估、应急预案制定、消防技术与装备选择和维护，以及不懈的培训和演练，油气场站可以最大程度地减少火灾风险，确保人员和设施的安全。

参考文献

[1] 戴勇．化工企业火灾消防救援应急处置措施[J]．设备管理与维修，2023(14)：173-174.

[2] 苏卿臣．化工园区消防火灾特点及处置能力提升策略[J]．化纤与纺织技术，2022，51(02)：94-96.

[3] 李宝军，张嵘，周海涛．油田初起火灾防范与管控措施[J]．消防界(电子版)，2021，7(15)：118+120.

[4] 黑龙江省人民政府办公厅关于印发黑龙江省重特大火灾事故应急预案的通知[J]．黑龙江省人民政府公报，2021(04)：11-20.

[5] 李桂杰．LNG 场站爆炸特征分析及后果缓解技术研究[D]．中国石油大学(华东)，2019.

[6] 孙承宇，刘清，魏佳琦．油气处理场站消防系统适应性分析[J]．油气田地面工程，2019，35(07)：45-47.

【作者简介】陈虎，男，现工作于长庆油田第一采油厂消防大队，副大队长、政工员、消防安全助理工程师、消防安全工程师。电话：13468961333。

基于AI深度学习的石化装置火灾预警应用

李立三　杜　飞　徐俊生　杨　洋　张　硕

（中国石油中国寰球工程有限公司北京分公司）

摘　要：石化行业传统的火灾检测和预警，由于探测方式和探测设备受环境影响较大，导致效果较差，其可靠性和准确率不能满足消防的需求。针对这一问题，本文基于AI深度学习技术，结合目标检测算法，对石化装置区可能发生的火焰、烟气等目标进行AI识别模型训练处理，并根据测试结果进行模型优化与完善算法，对火灾燃烧时出现的典型图像特征进行检测和报警，起到早期火灾预警的效果。该系统经过石化装置测试，检测和预警应用效果良好，能为同类型石化装置的火灾检测系统设计提供参考。

关键词：深度学习；目标检测；火灾预警

由于石油化工企业装置密集程度和自动化程度高，易燃易爆有毒危险物料较多，一旦发生火灾，火势蔓延速度快，火灾爆炸危险极大，可能造成严重的经济损失和较大的人员伤亡。近年来，石化行业快速发展，但消防技术和管理水平的发展明显滞后，对于石油化工行业主动消防技术的研究不足。石油化工装置传统的气体泄漏检测和火灾自动报警系统受限于环境条件、探测器数量等因素，经常出现误报、漏报的现象。当发现事故时，往往已经出现了较大的可燃气体蒸气云团或较大火势并蔓延，火灾已经出现失控状态。

2022年，应急管理部发布的《危险化学品企业安全风险智能化管控平台建设指南(试行)》，明确提出支持视频监控数据智能分析技术，实现火灾、烟雾、人员违章等进行全方位的识别和预警。因此，通过计算机人工智能技术、网络通信技术为基础，以人工智能(AI)图像识别技术，通过深度学习训练，开展早期火灾预警系统将逐渐成为火灾报警的发展方向。

1　火灾智能预测深度学习机理

为了弥补在火灾检测方面的缺陷，在石油化工主要装置区或罐区，目前的做法是设置视频监控进行补充，但传统的视频监控技术已不再适应石化装置智能化数字化发展的需求。通常来说，传统火灾检测是根据已有的经验或国家标准规范，设计特征提取算法，人工提取火焰动态或静态特征，基于计算机视觉进行火焰或烟气云团识别。该传统算法精度不高且耗时较长，不能满足消防响应的需求，在面对不同的复杂环境和多变的火焰类型时，其泛化能力往往不足。

近年来随着基于深度学习的计算机视觉快速发展，目标检测技术得到了飞速的发展革新，这种利用卷积神经网络进行自动学习和获取图像特征的人工智能，在多个行业得到了深度应用。针对石化装置复杂工况下的火灾视频检测问题，该项技术有天然的优势，可以用于开发早期火灾智能预测模型。

YOLO(you only look once)模型算法，是单阶段目标检测算法中的一种，相比于传统的两阶段目标检测算法，最新版 YOLOv5 算法，可直接预测物体的边界框和类别，具有更高的检测效率和精度。其模型原理如图 1 所示。

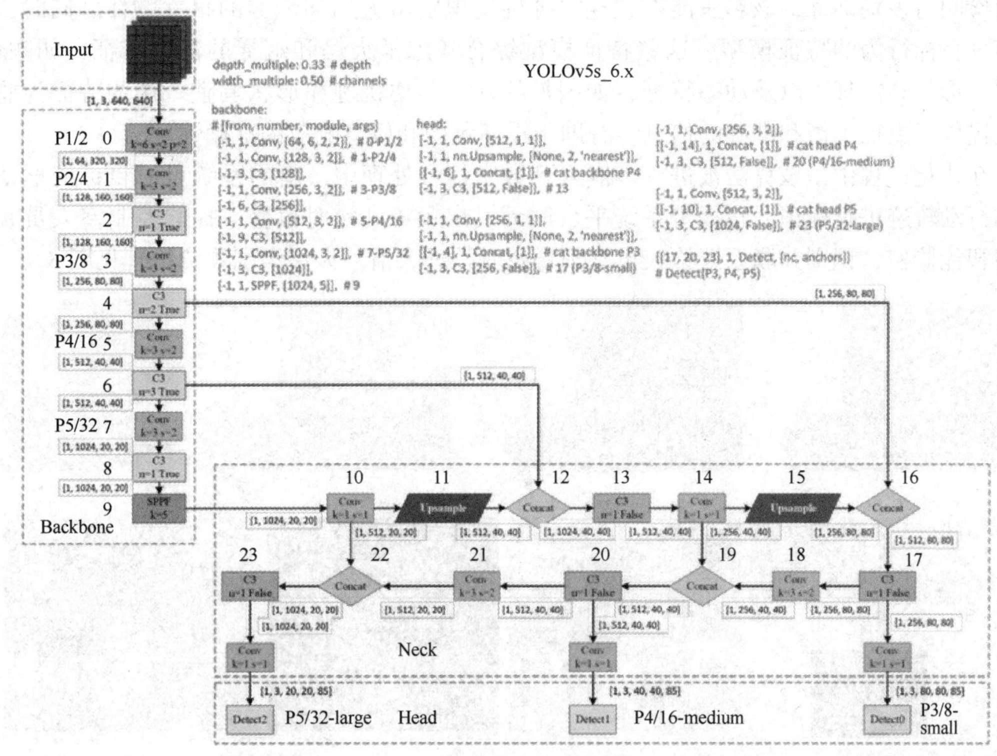

图 1　YOLOv5 模型原理图

在火灾预测模型训练阶段，将之前标定好的真实化工装置火灾视频数据，通过设计神经网络，反复训练得到每个神经节点的权重值。同时，将无人为标定的相同场景的视频画面通过该神经网络测试得到输出值，与人为标定的输出结果进行比对测试，得到和化工装置火灾实际工况接近的值，再根据测试结果进行模型优化与完善。见图 2。

图 2　火灾模型训练标签

在石化装置区的传统视频监控系统上，模型训练阶段实施了轻量级目标检测算法(YOLOv5)的深度网络模型开发与训练。

这种新模型的开发与训练阶段，采集了大量的化工装置火焰烟气的样本图像。通过精确的检测与识别训练，该算法能够快速、准确地识别出火焰和烟雾的目标物体。同时，构建多种目标行为的特征模型。这些特征模型综合考虑了火焰和烟雾的静态特征，如颜色、光谱、形状和纹理，以及动态特征，如闪烁特性、移动轨迹和形状调整。这些特征为监控系统提供了更加丰富和准确的信息，有助于提高预警和应急响应的准确性。

在优化过程中，该算法被进一步嵌入到数字信号处理中，新的系统可对目标的框架周长和行动轨迹进行标识，在火警系统平台联动发出预警和实时报警，提醒控制室人员查看实现智能监控，识别并联系巡检人员到现场及时处理火情。火灾识别预测机理见图3。

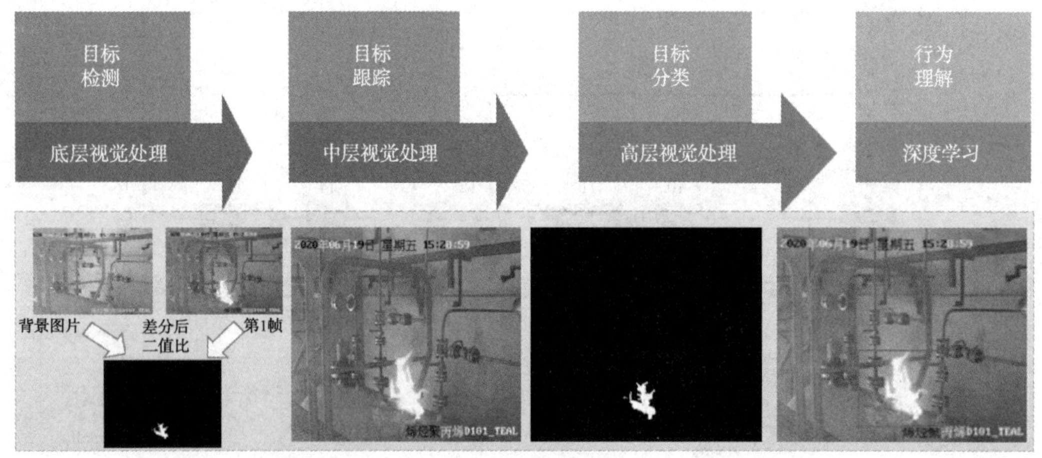

图3 火灾识别预测机理

2 早期火灾预测识别流程

早期火灾智能预测技术，主要是通过采集石化装置区现场摄像头实时视频数据，输入训练好的模型，进行识别和分析结果展示。而存储下来的海量图像数据，将通过建立大数据集群，通过离线的方式对模型进行持续的训练。

当模型训练优化完善后，对给各个单机识别服务器进行模型更新。并且，单机服务器的识别结果也将上传到大数据集群进行存储，有利于对后续海量数据的处理、分析、预测、挖掘，最终实现智能化的视频监控。火灾预测识别架构见图4，火灾预测识别流程见图5。

具体识别步骤如下：

(1) 通过对监控区返回的视频进行图像分析，找出疑似火焰或烟气云团区域。

(2) 通过预先训练好的目标检测算法(YOLOv5)模型，检测图像中是否含有火焰或烟气云团。

(3) 当检测到疑似火焰或烟气云团区域，送检规则模型二次分析。

(4) 满足规则模型后，对火焰烟气云团特征进行分析，提取火焰烟气的圆形度、色温、色相、色差、饱和度等特征。

(5) 当满足上述条件时，由算法模型做出最终判断。

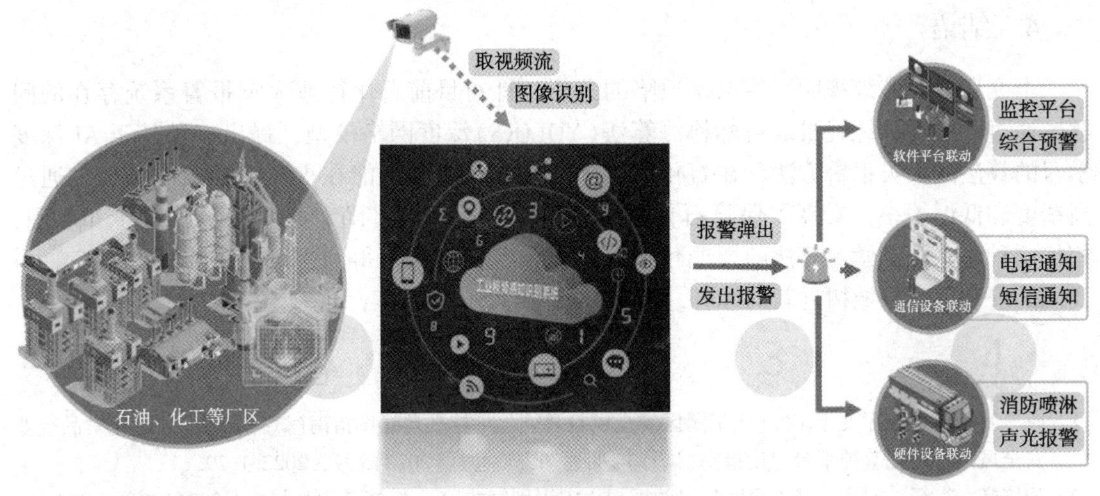

图 4　火灾预测识别架构

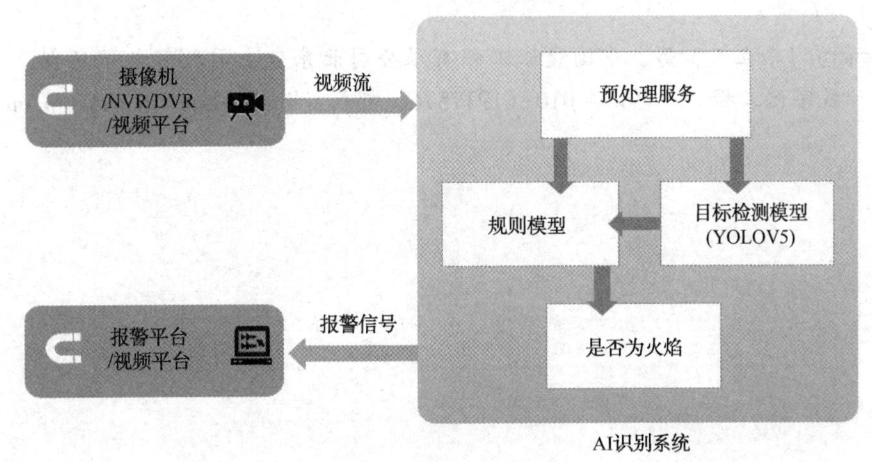

图 5　火灾预测识别流程

3　石油化工装置的应用与部署

通过对火灾预测系统的开发，初期火灾报警系统开发了包含功能有视频采集与图像预处理、火焰、烟气智能识别功能、系统后台管理功能(如图像预处理管理、硬件配置、预警管理、模型库、消息通知管理等)。

在某石化项目烯烃装置，依托装置已有的视频设备、数字监控视频和管理平台，选取装置高危险区：反应区、泵区、装卸区和站台及高温可燃物料管线等重点设备，24h 全天候进行智能火焰识别。硬件配置：每 100 路摄像机设置 1 台 AI 服务器。发生火情时，响应时间：1~3s，在通过预警管理平台上实现预警、报警、存储的一体化视频联动。

经试运行和测试，该系统在该石化装置生产过程及检维修等工况条件下，成功捕获多次现场险情，验证了初期火灾预警系统的可靠性，降低了临时停车的风险。与传统的监控系统相比，基于 AI 深度学习的火灾识别系统能够更快速地识别异常情况并及时发出警报，在实现智能识别预警火灾的同时，有针对性地进行巡检作业，提升巡检效果和效率、其快速识别能力也为现场操作人员提供了更多的反应时间，并减少了误报和漏报的可能性。

4 结语

本文通过对传统视频监控系统缺陷的分析，针对目前石化行业火灾报警系统存在的问题，通过开发和训练轻量级目标检测算法(YOLOv5)深度网络模型，提出一种基于 AI 深度学习的算法的火灾报警方法，在石化装置中应用并实践验证能在火灾初期及时预警，通过高精度和低误报率，实现了保障石化装置消防安全的目的，随着技术的不断进步和应用，相信这种基于深度学习算法的智能化消防火警系统将在未来得到更广泛的应用和推广，为我国的安全生产领域树立新的标杆。

参 考 文 献

[1] 应急管理部办公厅关于印发《化工园区安全风险智能化管控平台建设指南(试行)》和《危险化学品企业安全风险智能化管控平台建设指南(试行)》的通知，应急厅〔2022〕5 号，2022. 1. 29.

[2] 陈培豪，肖铎，刘泓．基于深度学习的视频火灾识别算法[J]. 燃烧科学与技术，2021(006)：027.

[3] 王军，张俊．炼化企业初期火灾预警系统的设计与实现[J]. 石油化工自动化，2021，57(6)：67-69.

【作者简介】李立三，男，中国寰球工程有限公司北京分公司数智与信息部，主要从事智慧消防、数字化工程等。电话：010-61917576，邮箱：lilisan-hqc@ cnpc. com. cn。

老旧高层办公建筑消防隐患及应对措施

张少波　李佰隆

（中石油吉林化工工程有限公司）

摘　要：老旧高层建筑因设备设施老化，设计年代久远、运营时间长等实际，存在消防系统、办公电气系统、火灾报警系统、装修改造、疏散过程、应急设施和人员素质和意识等消防安全隐患，针对这些隐患，提出相应的对策措施，尽可能地消除和降低这些隐患带来的影响，从而确保老旧高层建筑能够不发生火灾或把火灾造成的影响和损失降到最低。

关键词：老旧；高层办公建筑；消防隐患；应对措施

高层办公建筑属于人员密集场所，高层建筑的消防管理事关人员生命和财产的安全，老旧高层建筑一般都已经投入使用多年，存在设施老旧，设计年代久远，功能不完善，维护管理困难等实际问题，增加了消防安全管理难度，一旦发生火灾就可能会增大损失程度，因此，识别老旧高层建筑独特的火灾风险，提出具体可行的防范措施非常有必要。

1　老旧高层办公建筑的主要消防隐患

1.1　消防水系统隐患

老旧高层建筑的消防水管道多数为碳钢材质，在管道井的潮湿环境中经过自然腐蚀，有的管道因腐蚀掉皮变薄、有的焊缝腐蚀渗漏，一旦供水压力发生波动，对管道造成冲击，受力薄弱部分就容易造成破裂损坏，一旦发生火灾，启动消防泵加压时，消防水系统因管道泄漏不能达到设计供水压力，造成消防供水不足，耽搁灭火最佳时间，可能扩大火灾造成的损失和影响。有的消防管线阀门，未及时维修和更换，不能及时关闭和开启，也可能扩大火灾事故影响。

1.2　办公电气系统隐患

老旧高层建筑的电气按照当时电气使用的种类和容量设计，随着使用年代久远，存在电缆、电气开关、变压器、配电柜等老化现象，况且电缆电线等一般比较隐蔽，可能存在过热引起火灾的现象。另外，当前办公过程存在复印机、打印机、单体空调、电脑、电热水壶、充电宝等使用大量增加，一般都大大超出了原设计的电气使用容量，轻者造成电气系统跳闸，重者会因电气负荷过高造成电气设备设施过热而引起电气火灾。

1.3　火灾报警系统隐患

老旧高层建筑的火灾报警系统已经运行多年，系统老化严重，经常存在误报现象，如果值班人员存在麻痹思想，不及时处理报警并到现场检查，就可能贻误灭火最佳时机，扩大火灾影响范围。另外老旧的火灾报警系统的配件因年代久远难以匹配，一旦备件损坏维修困难，维修周期因缺货可能变长，也会对系统正常运行造成一定影响。

1.4 装修改造过程隐患

老旧高层建筑内部结构和设施陈旧，不能适应新形势下的办公需求，经常进行改造，改造过程涉及可燃烧的木质材料、塑料、包装材料等，如不按规范选取装修材料，可能为火灾埋下隐患。施工多为外来临时人员，对改造现场不熟悉，装修改造施工管理人员消防安全意识一般都不高，装修改造施工过程可能进行焊接、切割、打磨、钻孔等产生火花作业，如对这些作业过程和人员不加强监督管理，可能引起火灾事故。

1.5 疏散过程隐患

老旧高层办公建筑内的人员众多，有的房间数量多，一旦发生火灾，很难在第一时间组织所有人员立即疏散，而且疏散的方向和路线需要现场指挥临时判定，疏散过程人员可能存在拥挤踩踏的风险，耽误疏散进度，如疏散通道堆放杂物、疏散门上锁、门禁系统不能正常开启等都可能妨碍疏散的正常进行，楼内人员尽快疏散逃离危险区的难度加大，楼内人员可能因疏散不及时造成生命危险。

1.6 应急设施隐患

老旧高层建筑的应急柴油发电机一般比较老旧，受资金和效益影响，可能存在维护保养不及时造成无法正常运行或不能正常发挥效能，如在发生火灾断电情况下不能履行应急职能从而造成火灾损失加大。老旧办公楼的应急逃生窗可能被广告牌遮挡或长时间关闭无法正常开启，在紧急状态下无法正常发挥它的逃生急救功能，楼内的逃生缓降器由于维护不及时而不能正常使用都会造成不良后果。

1.7 人员素质和消防安全意识隐患

老旧高层建筑的消防安全管理一般委托物业公司负责，物业公司为了节约成本，廉价雇佣的专业消防值班人员可能不具备基本的消防安全管理素质，不能完全履行消防安全管理职责，也不能完全正确掌握消防设施操作和按规定开展消防巡查，不能及时发现和正确处置楼内的消防安全隐患，再加上消防安全意识淡薄，认识不到一旦发生火灾可能带来的严重后果，从而埋下隐患。

2 主要应对措施

2.1 消防水系统改造

委托设计院消防设计专业人员按照老旧高层建筑的消防水系统原设计，选取合适材质和压力等级的管线阀门，为了不造成施工带来的全面影响，采取分楼层分段进行施工改造，更换腐蚀严重的管线和阀门，安装就地压力指示表，投用前进行试压，确保满足消防水的设计流量和压力要求。

2.2 电气供应系统改造

委托设计院电气设计专业人员重新统计计算当前老旧高层建筑的电气总用电量，按照设计要求核实现有变压器、配电柜、电缆的容量能否满足最大工作状态的办公要求，编制设计方案，对设计方案进行讨论，组织施工单位按设计对平时过热和破损的电器设备设施进行分段更换，在尽量不影响正常办公的状态下完成电气系统的施工改造。

2.3 火灾报警系统维护保养

按照规定每年定期委托有合格资质的单位对老旧高层建筑的火灾报警系统进行检测，对经常破损的设备和部件及时进行更换，特别是报警按钮、火灾检测探头、扩音器等容易损坏的部件要定期测试，有条件的话可以对整套系统整体更新，更新后对消防操作人员进行培训，合格后方可上岗。

2.4　装修改造过程管理

在对老旧高层建筑改造前，首先要检查核对施工单位和人员的资质和资格，签署施工合同的同时签署 HSE 合同，明确施工方消防安全管理的负责人和现场管理负责人，组织施工全体人员进行消防安全知识培训和考试，识别出施工改造过程的风险，制定预防措施，施工过程中，施工方应指定专人负责现场监护和巡视，动火作业应采取防止火花飞溅措施，及时清理可燃物，每天收工前对施工环境全面检查，不留火灾隐患。

2.5　应急疏散培训和演练

组织编制老旧高层办公建筑火灾应急疏散预案，预案的内容要符合实际，具有可操作性，每年至少组织两次消防应急演练，演练要针对火灾实际，模拟发生火灾的场景，如何报警，如何使用灭火器扑灭初期火灾，如何组织人员撤离办公区，如何确定疏散方向和路线，疏散和灭火应注意哪些事项，演练结束后要进行总结，对预案不完善的地方进行修改和补充，下次演练进行验证，通过不断的循环模拟，提高建筑内全体人员的应急反应能力和处置事件的水平，做到真正发生火灾时能够积极地应对，降低火灾造成的损失。

2.6　应急设施检查维护

组织人员每月检查灭火器和消火栓等消防设施状态，按照规定每月检查和测试应急柴油发电机，对发电机容易漏油和电瓶跑电等问题重点关注，保证发电机油箱内的油量，同时加强对操作人员的培训，确保在紧急状态下能够迅速启动运行，保证消防设施的正常供电。加强对楼内的逃生窗和逃生缓降器进行检查和维护，确保在紧急状态下逃生窗能够正常开启，逃生缓降器能够发挥正常使用功能。

2.7　人员素质和消防安全意识隐患

与物业公司签署服务合同的同时应签署 HSE 合同，或在合同中明确消防安全管理责任和要求，业主要加强对物业公司的消防安全管理，定期监督检查和验证物业公司履行消防巡查和消防操作等职能的情况，对其人员进行培训和教育，提高他们的消防安全意识，每月与物业组织联合消防检查，提升物业人员的消防安全管理能力和水平。

总之，老旧高层建筑的消防安全管理需要各级主要领导的大力支持和全体人员共同参与，需要下定决心进行投入改造才能彻底消除消防安全隐患，一方面从源头上消灭火灾隐患，另一方面要加强全体人员的教育和培训，提升消防安全意识，才能保证正常的工作秩序，保护好人员和财产的安全。

参　考　文　献

[1] 陈家强．高层建筑火灾与应对措施[J]．消防科学技术 2017，(2)：109-113.

[2] 王昭．浅议高层建筑火灾扑救[J]．建筑知识．2017(15).

[3] 公安部消防局．消防灭火救援[M]．北京中国人民公安大学出版社．2003.

[4] 翟成虎．高层建筑火灾扑救现状及对策[J]．消防界(电子版)．2017(04).

【作者简介】张少波，男，寰球工程有限公司中石油吉林化工工程有限公司，大学本科，负责安全管理。电话：0432-65099191，13944602269，信箱：zhangshaobo-hqc@cnpc.com.cn。

消防救援无人机技术与装备应用

陶　野

（中国石油寰球公司中油吉林化建工程有限公司）

摘　要：消防救援无人机技术的应用正在成为现代消防救援的重要组成部分。这些技术可以在火灾和其他紧急情况下提供快速响应和高效的救援行动。无人机可以通过空中监测和侦察，提供实时的火情图像和数据，帮助指挥员做出准确的决策。同时，无人机还可以携带和投放消防水剂，实现远程灭火和救援。这些技术的应用可以大大提高消防救援的效率和安全性，减少人员伤亡和财产损失。随着技术的不断发展和创新，消防救援无人机将在未来发挥更加重要的作用。

关键词：消防救援；无人机；装备应用；应用场景；救援优势

消防救援无人机技术的应用是现代消防救援领域的重要创新。无人机可以在火灾现场快速响应，灵活机动地飞行和移动，实时监测火灾情况，并搭载灭火装置进行精准灭火。它们可以进入危险环境，执行救援任务，搜救被困人员。这些技术的应用提高了消防救援的效率和安全性，为救援人员提供了强大的支持和保障。消防救援无人机技术的发展将进一步推动消防救援工作的现代化和智能化，为保护人民生命财产安全做出重要贡献。

1　无人机在建筑消防灭火救援中的概述

1.1　无人机技术可以根据其用途和特点进行分类

（1）根据用途，可以将其分为消防无人机和救援无人机。消防无人机主要用于火灾现场的监测和灭火任务，具有快速响应和灵活机动的特点。它们可以搭载高压水枪、干粉灭火器等灭火装置，通过空中喷射水雾或干粉来扑灭火源。救援无人机则主要用于搜救被困人员和提供紧急救援物资等任务，具有高度机动性和携带能力。它们可以搭载热成像仪、摄像头等设备，通过空中搜索和监测来寻找被困人员，并可以投送救生器材和医疗物资。

（2）根据特点，可以将建筑消防灭火救援无人机分为多旋翼无人机和固定翼无人机。多旋翼无人机具有垂直起降和悬停能力，适用于在狭小空间中进行灭火和救援任务。固定翼无人机则具有长航时和远程飞行能力，适用于大范围搜索和物资投送等任务。

（3）建筑消防灭火救援中所应用的无人机可从飞行距离、飞行高度以及设备质量方面划分，从无人机飞行距离上划分，可以分类为15km以下、15～50km、50～200km、200～800km以及大于800km；从高度上则可以分为0～100m、100～1000m、1000～7000m、7000～18000m以及大于18000m；从设备质量上可以分为小于7kg的微型机、7～116kg的轻型机、5700kg以内的小型机，以及超过5700kg的大型机，需要在应用中进行合理选择，从而有效地提高工作开展的效果。

1.2 无人机技术具有以下几个特点

(1) 快速响应：无人机可以迅速起飞并到达火灾现场，无需等待人员到达现场，节省了宝贵的时间。这对于火灾扑灭和救援被困人员至关重要。

(2) 灵活机动：无人机具有灵活的机动性，可以在狭小的空间中飞行和悬停，进入人员无法到达的区域，实施灭火和救援行动。它们可以在建筑物内部、高楼外墙等复杂环境中自由飞行，提供更全面的监测和支援。

(3) 实时监测：无人机可以搭载各种传感器和摄像设备，如热成像仪、摄像头等，实时监测火灾现场的温度、烟雾等情况。这些数据可以通过实时传输到指挥中心，帮助指挥人员做出准确的决策和调度。

(4) 精准灭火：无人机可以搭载灭火装置，如高压水枪、干粉灭火器等，通过空中喷射水雾或干粉来扑灭火源。由于无人机可以精确操控喷射方向和强度，可以更有效地灭火，减少火势蔓延的风险。

(5) 搜救和救援：无人机可以通过搭载热成像仪等设备，进行空中搜索和监测，帮助寻找被困人员的位置。同时，无人机还可以投送救生器材和医疗物资，提供紧急救援支援。

2 无人机在建筑消防灭火救援中的应用场景

2.1 现场侦查

在火灾发生后，无人机可以迅速飞到火灾现场，通过搭载高清摄像头和热成像仪等设备，实时监测火情。无人机可以飞越火场上方，获取全景图像和视频，提供准确的火灾信息，包括火势大小、火源位置、烟雾弥漫情况等。这些信息可以帮助指挥中心了解火灾的严重程度和发展趋势，为灭火救援提供重要参考。此外，无人机还可以飞行到建筑物的高处，对火灾现场进行俯瞰，发现可能存在的隐患和困难，为救援人员制定合理的行动方案。

2.2 救援疏散

在火灾发生时，无人机可以通过搭载扬声器或显示屏等设备，向被困人员传达指令和安全信息。无人机可以飞到火灾现场附近，通过高音喇叭或语音播报，告知被困人员如何正确疏散和逃生。无人机还可以通过显示屏播放相关的图像和文字信息，提供逃生路线、安全出口等重要指引。此外，无人机还可以利用其悬停和携带物品的能力，将救生绳索、救生器具等物资送达被困人员所在的位置，帮助他们安全疏散。通过救援疏散，无人机可以迅速响应火灾现场的紧急情况，为被困人员提供及时的救援支持，最大程度地减少人员伤亡和财产损失。

2.3 监控追踪

(1) 在火灾发生时，无人机可以被用于实时监测火势的扩散情况，以及建筑物的结构稳定性。通过搭载高清摄像头和热成像仪等设备，无人机可以提供全方位的视角，快速获取火灾现场的实时图像和视频。这些数据可以被传输到指挥中心或消防人员的移动终端上，帮助他们更好地了解火灾的情况，做出准确的决策。

(2) 无人机还可以通过自主飞行或遥控操作，对火灾现场进行追踪。它可以飞行到高空，俯瞰整个火灾区域，实时监测火势的变化和烟雾的扩散情况。无人机还可以通过飞行器上的传感器，检测并报告有关火灾现场的温度、气体浓度等关键信息，为消防人员提供重要的参考数据。

(3) 通过监控追踪，无人机可以提供全面的火灾情报，帮助消防人员更好地了解火灾现场的状况，制定更有效的灭火和救援策略。

3 无人机在建筑消防灭火救援中的优势

3.1 成本较低

无人机的采购和维护成本相对较低，与传统的消防设备相比，无人机的价格相对较低，而且无人机的维护成本也较低，只需要定期检查和保养即可。其次，无人机的操作成本低。无人机可以由专门训练的操作员远程操控，无需大量人力投入，减少了人力成本。此外，无人机的燃料消耗也相对较低，不需要大量燃料补给，降低了运营成本。最后，无人机的使用可以提高灭火效率，减少灾害损失。

3.2 机动灵活

无人机不受交通拥堵等限制，可以通过空中直线飞行，迅速到达火灾现场，缩短了救援响应时间。其次，无人机可以在复杂环境中灵活操控，可以在狭小的空间中飞行，通过障碍物，进入无人机难以到达的区域，实现对火灾的全方位监测和灭火。此外，无人机还可以根据实时情况进行灵活调整，改变飞行路径和高度，以适应不同的救援需求。最后，无人机可以进行多点同时作业。通过同时派遣多架无人机，可以实现对多个火灾点的监测和灭火，提高救援效率。

3.3 操作简单

操作人员需要熟悉无人机的基本控制和飞行技巧，包括起飞、降落、悬停、前进、后退、左右移动等。其次，操作人员需要了解无人机的各种传感器和设备，如摄像头、热像仪等，以便实时监控火灾现场的情况。在实际操作中，操作人员可以通过遥控器或者地面站来控制无人机的飞行和执行任务。他们可以根据消防指挥中心的指示，将无人机送往火灾现场，获取火势和救援需求的信息，并将这些信息传输回消防指挥中心。此外，操作人员还需要注意飞行安全，遵守相关法规和规定，确保无人机的飞行过程安全可靠。

3.4 网络联通

无人机在建筑消防灭火救援中的网络联通是指通过无线通信技术将无人机与消防指挥中心、救援人员等相关方进行实时连接和数据传输。通过网络联通，无人机可以实时传输火灾现场的图像、视频和其他传感器数据，为指挥中心提供准确的火势信息和救援需求。同时，指挥中心可以通过网络将指令和任务下达给无人机，实现远程控制和指挥。网络联通还可以实现多个无人机之间的协同作业，提高救援效率。此外，网络联通还可以将无人机的数据与消防系统、建筑监控系统等其他系统进行集成，实现更全面的火灾监测和救援响应。

3.5 强化救援

无人机在建筑消防灭火救援中的强化救援是指利用无人机的先进技术和功能，提供更加高效和精确的救援支持。无人机可以搭载高清摄像头、红外热像仪等传感器，实时监测火灾现场的火势和热点，为救援人员提供准确的信息和指导。同时，无人机还可以携带灭火装置，如喷水器、泡沫喷射器等，通过空中喷射灭火剂，迅速扑灭火源。此外，无人机还可以进行空中搜索和救援，利用悬挂装置将救援绳索、医疗物资等送达火灾现场，实现人员的安全救援和紧急救治。在外部环境条件恶劣时，传统消防救援工作无法及时展开，这时可利用无人机开展救援工作，无人机还能在危险地点或发生其他不利天气情况下执行紧急任务，大大提高消防救援人员的安全系数。

4 无人机在建筑消防灭火救援中的技术要求

4.1 安全性

无人机需要具备防火设计，采用耐高温材料和防火涂层，以确保在火灾现场的安全操作。其次，无人机应具备防水设计，能够在灭火行动中抵御水的侵蚀，保持正常运行。此外，无人机还需要具备抗风能力，能够在强风环境下稳定飞行，确保灭火行动的准确性和安全性。同时，无人机应具备自主导航和避障能力，能够在复杂的建筑环境中自主飞行，并避免与障碍物碰撞。此外，无人机的通信和数据传输应采用加密技术，确保与地面指挥中心的安全通信，并防止数据泄漏和被篡改。最后，无人机的系统稳定性和可靠性也是关键，需要具备稳定的飞行控制系统和可靠的电力供应，以确保在灭火行动中不会出现系统故障或意外中断。

4.2 适应性

无人机可以快速到达火灾现场，无需等待人力资源的调度，节省了宝贵的时间。其次，无人机可以携带高清摄像头和红外热成像仪等设备，实时监测火灾情况，提供准确的信息给消防人员，帮助他们制定更有效的灭火方案。此外，无人机还可以通过空中喷洒灭火剂或者投放灭火弹等方式进行灭火，避免了人员进入危险区域的风险。另外，无人机还可以在火灾现场进行搜索和救援任务，通过搭载救生绳索或者救生器材，将被困人员安全救出。

4.3 可靠性

无人机采用先进的飞行控制系统和传感器技术，能够实现精准的飞行和稳定的悬停，有效应对复杂的环境和风力条件。其次，无人机配备多重备份的通信系统，确保与地面指挥中心的稳定连接，实现实时数据传输和指令控制。此外，无人机采用可靠的电池供电系统或燃料动力系统，能够提供持久的飞行时间和稳定的能源供应。同时，无人机还具备自主避障和自动返航功能，能够在遇到障碍物或电量不足时自动回到指定位置，确保飞行安全。

5 无人机在建筑消防灭火救援中的有效运用策略

5.1 强化实时侦查

无人机配备了高分辨率的摄像头和红外热像仪等先进传感器，能够实时获取建筑内部和周围环境的图像和数据。这些传感器能够穿透烟雾和黑暗，提供清晰的视野，帮助消防人员了解火灾的规模、位置和蔓延情况。无人机具备灵活的飞行能力，能够在狭小的空间中自由飞行，并通过实时视频传输将所获取的信息传送到地面指挥中心。消防人员可以通过地面控制站实时监控无人机的飞行路径和视角，从而获取全面的火灾情况。无人机还可以配备气体传感器，用于检测烟雾、有毒气体和温度等指标，提供更准确的火灾信息。这些数据可以帮助消防人员制定更有效的灭火策略和救援方案。

5.2 提高人员能力

无人机可以快速到达火灾现场，提供实时的图像和数据，帮助消防人员了解火势蔓延情况和建筑结构。这样，消防人员可以更准确地评估火灾风险，制定更有效的灭火策略。无人机可以在火灾现场进行空中监控，提供全方位的视角和实时视频传输。消防人员可以通过地面控制站观察火势发展，发现火源和烟雾蔓延情况，以及人员安全状况。这样，消防人员可以更好地指挥救援行动，确保人员安全。无人机还可以配备烟雾和温度传感器，检测火灾现场的烟雾浓度和温度变化。这些数据可以帮助消防人员更准确地判断火势发展趋势，及时采取相应的灭火措施。

5.3 优化装备配置

无人机应配备高清摄像头和红外热像仪，以提供清晰的图像和实时的热点检测，帮助消防人员准确评估火势和定位火源。无人机应具备携带灭火装置的能力，如喷水枪或灭火剂喷射器。这样，无人机可以直接对火源进行灭火，减少消防人员进入危险区域的风险。无人机还应配备烟雾和气体传感器，以便检测火灾现场的烟雾浓度和有害气体含量。这些传感器可以提供实时数据，帮助消防人员了解火灾扩散情况和判断救援策略。无人机应具备自主飞行和避障能力，能够在复杂的建筑环境中自主导航，避开障碍物，并及时回到指定位置进行充电或更换装备。

5.4 建立认证体系

认证机构应对无人机的设计和制造过程进行审核，确保其符合相关的安全标准和规范。这包括无人机的结构强度、电池安全性、飞行控制系统等方面的评估。对无人机操作人员进行认证，认证机构应对无人机操作人员的培训和技能进行评估，确保其具备飞行技术、救援操作和应急响应的能力。操作人员还应接受相关法律法规和安全操作规程的培训，考试合格后领取无人机驾驶员执照或合格证，在法规上解决合法操作的问题。根据民航局规定，凡是起飞重量大于7kg，飞行高度120m以上，飞行距离大于500m，三者满足其一，无人机操作员就必须持有无人机驾驶执照或合格证，否则视为非法操作无人机。对无人机的装备和设备进行认证，认证机构应对无人机所携带的灭火装置、摄像头、传感器等设备进行评估，确保其质量可靠、性能稳定，并符合相关的安全标准。对无人机的飞行和操作进行认证，认证机构应对无人机的飞行性能、遥控操作、自主导航和避障能力等进行评估，确保其能够在复杂的建筑环境中安全飞行和执行救援任务。

5.5 做好后勤保障

需要建立完善的无人机维护和保养体系，定期检查和维修无人机的各个部件，确保其正常运行和飞行安全。其次，需要建立高效的无人机充电和电池管理系统，确保无人机在救援行动中有足够的电力支持。此外，还需要建立无人机的储备和备件库存，以应对突发情况和设备损坏的情况。同时，还需要培训和配备专业的无人机操作人员和技术人员，确保他们具备应急维修和故障排除的能力。最后，还需要建立与其他救援力量的协调机制，确保无人机与其他救援人员和设备的配合和协同工作。

6 结语

无人机救援技术刚刚起步，还需继续努力创新，才能满足消防救援条件，消防救援无人机技术在灾害救援中的应用具有重要意义。通过不断研究和发展，可以进一步提高救援效率和减少人员伤亡。然而，还需要解决一些技术和法律问题，以推动其应用和装备的进一步完善。

参 考 文 献

[1] 唐磊. 无人机在建筑消防灭火救援中的有效运用分析[J]. 中国设备工程，2023(16)：28-30.

[2] 倪斌. 消防救援无人机的操作训练实践[J]. 电子技术，2023，52(08)：210-211.

[3] 张明. 无人机搭载消防救援装置应用研究[J]. 河南科技，2023，42(10)：40-43.

【作者简介】陶野，男，寰球公司中油吉林化建工程有限公司，本科，负责公司质量安全监督站监督员。电话：13596260536，信箱：taoye02-hqc@ cnpc. com. cn。

基于 PHAST 的呼图壁储气库注采集输管道泄漏爆炸事故模拟分析

陈　磊　张　哲　张新鹏　刘　茜

（中国石油新疆油田储气库有限公司）

摘　要：为提高地下储气库注采集输管道运行作业的安全性，针对管道泄漏爆炸伤亡危害事故的问题，基于储气库作业区现场生产特点，应用故障树法分析管道泄漏爆炸事故的主要影响因素；且采用 PHAST 软件模拟定量分析了注采气管道运行压力及管输介质对泄漏爆炸事故后果的影响，进行了事故的风险评估。结果表明：在选定的模拟参数下，管道事故的危害范围随管道运行压力升高而递增，气云扩散及爆炸冲击波形成的高危区域均较小；采用湿气输送模式的采气管线发生泄漏时，会造成喷射火及池火灾等多种火灾事故；风险评价曲线可直观地看出该储气库注采集输管道对井站周围企业人员、建筑以及储气库地面作业人员造成的危害。该研究结论可为储气库作业区进行应急预案体系建设及处置能力提升提供了参考依据。

关键词：应急安全；注采管道；FTA；PHAST；泄漏；模拟分析

随着对清洁能源天然气的需求量快速增长，地下储气库在储存天然气的环节中发挥着愈加突出的作用。储气库“强注强采”的生产使其注采集输管道长期处于短距高压的运行状态，并且常伴有凝析油以湿气输送的方式，存在一系列安全隐患。

目前，针对集输管道泄漏爆炸的研究主要是以站场内的管线为例来模拟分析事故后果。肖惠兰等应用喷射火模型对场站天然气管道发生泄漏火灾的热辐射危害程度及区域进行了定量模拟分析，确定了事故的安全防护距离；张太亮等应用 FLUENT 软件研究了站内管道小孔的泄漏模型，分析了风速、泄漏孔径大小、泄漏时间等因素对泄漏事故危险程度的影响；胡百中等构建了高后果区集气干线的三维场景模型，并运用 Flacs 软件定量分析管道泄漏扩散事故的危害影响范围；钱程等利用 FLUENT 软件确定了集输管道在不同影响因素下的泄漏流场分布规律；蒋立军等采用 PHAST 软件模拟计算某站天然气泄漏扩散和火灾爆炸的影响范围，得出个人风险图。

基于现有文献资料，发现前人对站场集输管道泄漏爆炸事故的研究结论并不完全适用于地下储气库的注采集输管道，缺乏针对储气库注采集输管道发生泄漏爆炸事故的风险进行系统识别，对构建多种事故后果的模型研究相对较少。为此，本文建立储气库注采集输管道泄漏事故树模型，对其进行事故风险识别；并基于已有的天然气管道泄漏源模型，利用 PHAST 软件定量评估储气库的注采集输管道发生泄漏事故时的危险区域，得出储气库年平均气候情况下的风险曲线图，以期为企业的应急防控及管道的安全运行提供参考。

1 储气库注采集输管道的风险识别

1.1 储气库敷设管道的基本情况

呼图壁储气库采用二级布站方式，共设置 3 座集配站和 1 座集注站。井口采出物通过单井注采管线送入集配站，之后通过注采干线送入集注站进行处理。单井注采管线共 41 条，总长约为 44.146km，注采干线共 7 条，总长 15.4km，外输管线共 2 条，总长 45.72km。管道全部埋地敷设，运行压力均高于 10.5MPa，有 7 条注采集输管道位于高后果识别区，两条外输管线均起自集注站。

1.2 风险因素识别及其评价

风险识别即采用事故树分析法整理和剖析造成储气库注采集输管道失效的风险因素。

(1) 储气库注采集输管道风险因素分类

鉴于国际管道技术委员会(PRCI)给输气管道风险因素分类的方法，将呼图壁储气库注采集输管道的事故根源分为 27 类，如表 1 所示。

表 1 储气库注采集输管道的风险因素分类表

类别	大类风险因素		小类风险因素
1	腐蚀	外腐蚀	腐蚀检测失效
2			管材抗腐蚀性能差
3			阴极保护失效
4		内腐蚀	输送湿气
5			含酸性介质
6			内防腐失效
7			腐蚀检测失效
8		细菌腐蚀	硫酸盐还原菌
9		应力腐蚀	应力集中 输送湿气
10	缺陷	制造缺陷	管体缺陷
11			管焊缝缺陷
12		施工缺陷	螺纹缺陷
13			管内壁褶皱变形
14	第三方破坏	违章施工	制度不健全
15			作业员安全意识低
16		蓄意破坏	管道安全保护意识低
17			宣传教育不足
18			安全巡线频率低
19		土层移动	土层移动
20	误操作	运营误操作	运行误操作
21			SCADA 系统故障
22			DCS 系统故障
23			ESD 系统故障
24		维护误操作	维护设备差
25			作业员责任心不强

续表

类别	大类风险因素	小类风险因素
26	自然灾害	洪涝灾害
27		地震灾害
28		极端温度(如暴雪)

(2) 建立事故树模型

基于上述对储气库注采集输管道风险因素的分类，并结合作业区现场生产特点，应用故障树法分析管道泄漏爆炸事故的主要影响因素，如图1所示。

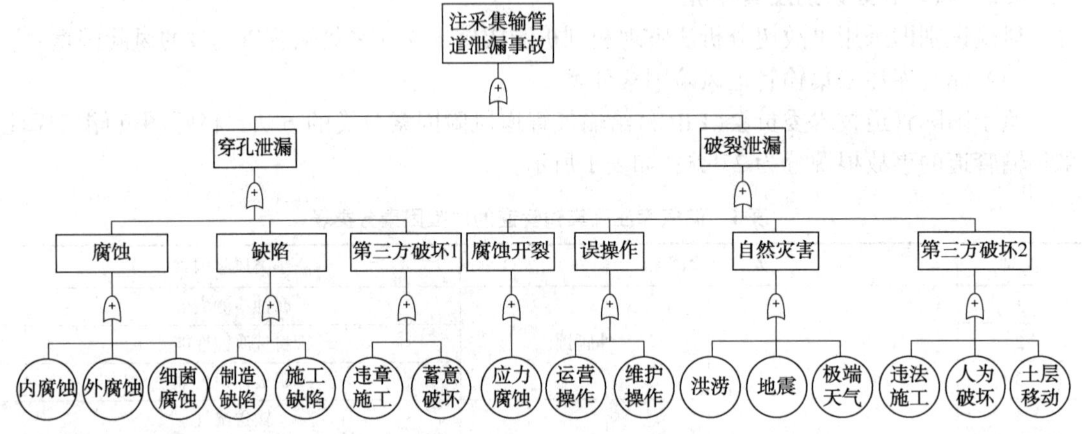

图1 储气库注采集输管道泄漏事故树图

(3) 主要风险

据分析，呼图壁储气库管道泄漏事故的风险因素主要包括腐蚀、疲劳、材料及设备缺陷、第三方破坏、自然灾害及误操作。

呼图壁储气库天然气气质 H_2S 含量低于 20mg/m^3，注采管线的腐蚀主要是以 CO_2 腐蚀和应力腐蚀为主。若防腐设计不当，可能导致采用湿气输送模式的采气管线发生局部腐蚀穿孔事故。天然气注采集输管线为高压管线，进出井站的管段长期处于应力集中或震动的状态，当管路焊接有缺陷或运行控制不当，可导致管线超压爆炸。

2 数学模型

天然气集输管道事故的后果类型及危害如图2所示。

2.1 泄漏扩散模型

天然气注采管道泄漏扩散如图3所示。

(1) 瞬时泄漏扩散模型

天然气混入大气的质量浓度 C 由式(1)得到。

$$C(x, y, z) = C_0(x)\exp\left\{-\left|\frac{z}{\sqrt{2}\sigma z}\right|^{n(x)}\right\}\exp\left\{-\left|\frac{y}{\sqrt{2}\sigma y}\right|^{m(x)}\right\} \tag{1}$$

式中 C_0——中心线质量浓度，kg/m^3；

x——下风向；

y——侧风向；

z——竖直风向，m；

$n(x)$、$m(x)$——质量浓度标准偏差的水平扩散参数 σy 和垂直扩散参数 σz 的分布函数指数。

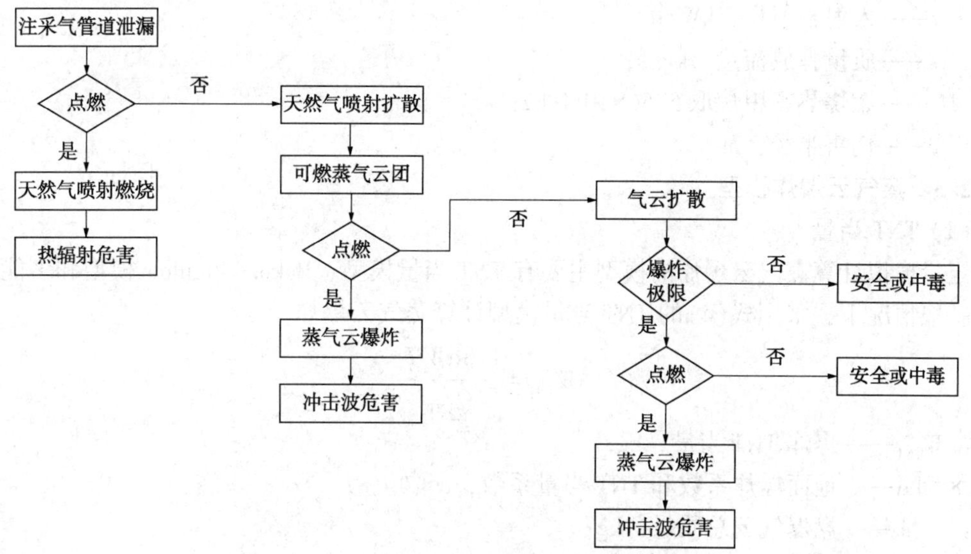

图 2　注采气管道泄漏事故后果图

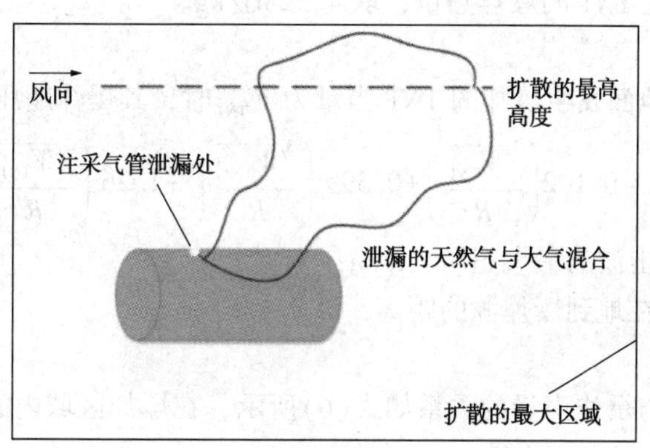

图 3　注采气管道泄漏扩散示意图

(2) 持续泄漏扩散模型

天然气混入大气的质量浓度 C 由式(2)得到。

$$C(x,\ y,\ z)=C_0(t)\exp\left\{-\left|\frac{\xi}{\sqrt{2}\sigma z}\right|^{n(x)}\right\}\exp\left\{\left[\left(\frac{x-xcld(t)}{Rx(t)}\right)^2+\left(\frac{y}{Ry(t)}\right)^2\right]^{\frac{m}{2}}\right\} \tag{2}$$

式中　ζ——距烟羽中心线的距离，m；

$xcld(t)$——t 时刻气云中心传播的下风向距离，m；

$R(t)$——t 时刻气云在各风向下的扩散系数。

2.2　热辐射危害模型

管道孔隙泄漏处形成高压天然气喷射流，被静电能量引燃形成火灾事故，产生热辐射危害，由式(3) Tornton 模型计算得到热辐射通量。

$$I=\frac{\eta jQH_c T_{jet}}{4\pi r^2} \tag{3}$$

式中　η——效率因子，通常取0.15~0.35，甲烷取0.2；

T_{jet}——辐射率系数，取1；

I——入射辐射量，kW/m^2；

Q——质量释放流量，kg/s；

H_c——燃烧热，甲烷取5.56×10^7J/kg；

r——伤害半径，m。

2.3　蒸气云爆炸模型

（1）TNT当量

定量模拟计算蒸气云爆炸的模型主要有TNT当量模型、Baker-Strehlow模型和多能模型等。一般情况下，采用式(4)的TNT当量模型计算蒸气云爆炸。

$$W_{TNT}=\frac{1.8\alpha WH_c}{Q_{TNT}} \tag{4}$$

式中　W_{TNT}——爆炸TNT当量，kg；

1.8和α——地面爆炸系数和TNT当量系数，α取4%；

W——燃爆气云总质量，kg；

H_c——爆炸源的燃烧热，甲烷取50.02MJ/kg；

Q_{TNT}——每千克TNT的爆炸热量，取4.52MJ/kg。

（2）爆炸超压

当标准爆炸源在地面发生爆炸的TNT当量为W_{TNT}时，其爆炸超压可由式(5)计算所得。

$$\Delta P=0.102\left(\frac{\sqrt[3]{W_{TNT}}}{R}\right)+0.399\left(\frac{\sqrt[3]{W_{TNT}}}{R}\right)^2+1.26\left(\frac{\sqrt[3]{W_{TNT}}}{R}\right)^3 \tag{5}$$

式中　ΔP——爆炸冲击波的最大超压，MPa；

R——某物所在地到爆炸源的距离，m。

（3）爆炸半径

蒸气云爆炸外径与爆炸当量的关系如式(6)所示，在爆炸区域内的人员会受到严重伤害甚至死亡。

$$R=13.6\left(\frac{W_{TNT}}{1000}\right)^{0.37} \tag{6}$$

3　事故后果模拟分析

3.1　模拟参数选取

此事故后果模拟主要考虑储气库注采气集输管道由于腐蚀穿孔及超压破裂而导致其发生泄漏爆炸。运用PHAST软件模拟分析管道注采气期的运行压力和管输介质对井站集输管道泄漏爆炸事故危害程度的影响。

（1）模拟管段的选取

根据储气库现场考察情况及管道风险识别的结果，此次将重点模拟分析储气库HUHWK3井注采气管线的泄漏爆炸事故后果，管道设计压力为32MPa，管径为168mm，采气期输送湿气，管道运行温度为40~45.5℃，流量为$31.5\times10^4m^3/d$~$82.1\times10^4m^3/d$；注气期输送干气，管道运行温度为45~60℃，流量为$45.6\times10^4m^3/d$~$62\times10^4m^3/d$；管段地处2

级地区，管道两侧的50m内有省道，750m处有燃气公司的天然气门站，位于高后果区内。

（2）参数的设定

呼图壁储气库位于准噶尔盆地南缘，建设区域内自然植被稀疏，项目库区内基本无地表水体，可设定土地表面粗糙度长度为“30毫米”。根据当地气象站的统计资料，该储气库所处地年均风速为1.9m/s，年主导风向为西北偏西风，年平均气温为8.1℃，大气环境较稳定；本次评估的泄漏情景选取断裂模式。

3.2 事故后果的模拟分析

3.2.1 气云扩散影响区域

注采气管道泄漏形成的蒸气云团在大气中不同的扩散程度造成的事故后果差异性如表2所示。

表2 气云扩散浓度影响区域划分

序　　号	气云浓度的影响范围	事 故 后 果
1	不足50%爆炸下限(<22000ppm)	安全区域
2	在爆炸上限与爆炸下限之间(44000~165000ppm)	易燃易爆区域
3	达到甚至超过爆炸上限(≥165000ppm)	高度危险区域

（1）不同管道压力下的扩散影响

利用PHAST软件模拟分析注采管道运行压力分别为12MPa、20MPa、28MPa、32MPa时对蒸气云扩散的影响，气云扩散俯视图结果见图4。分析可知，随注采气管道运行压力增大，气云扩散范围变大，其中安全区域的范围变化最明显，而高危区域则变化最小，当运行压力从12MPa增至32MPa，不受蒸气云团扩散影响的距离从268m增至427m。这表明在固有的空间内，随着管道运行压力的增大，泄漏事故的安全区域明显缩小。储气库应重点关注采气期的管道运行压力，划定管道泄漏事故的三级区域，及时排查易燃易爆区域内的点火源；严禁人员随意进入高危险区，避免造成人员中毒。

（2）不同管输介质下的扩散影响

考虑管输介质分别为干气(注气期)及湿气(采气期)，天然气泄漏后扩散的模拟结果见图5。分析可知，采气期的湿天然气泄漏后，在距泄漏点49.3m处气云扩散浓度达到44000ppm，在46.8m范围内会发生液池的蒸发扩散，当泄漏源被引燃后会导致池火灾事故，造成多种事故后果。注气期的干天然气发生泄漏，不会造成池液蒸发和池火事故，地表处距管道45~212m范围内属于易燃易爆区域。为此，需要严格规范采气期的管道运行，避免湿天然气泄漏事故的发生。

3.2.2 热辐射危害区域

稳定火灾下不同临界值热辐射通量的伤害效应如表3所示。

表3 不同临界值热辐射通量的伤害效应

热辐射通量/(kW/m^2)	对设备的危害	对人的危害
37.5	破坏所有操作设备	10s，1%死亡； 1min，100%死亡
25	无火焰、长时间辐射时，木材燃烧的最小能量	10s，重大损伤； 1min，100%死亡

续表

热辐射通量/(kW/m^2)	对设备的危害	对人的危害
12.5	有火焰时，木材燃烧，塑料熔化的最小能量	10s，1度烧伤； 1min，1%烧伤
4	无明显危害	20s以上感觉痛，未必起泡
1.6	无明显危害	长期辐射无不舒服

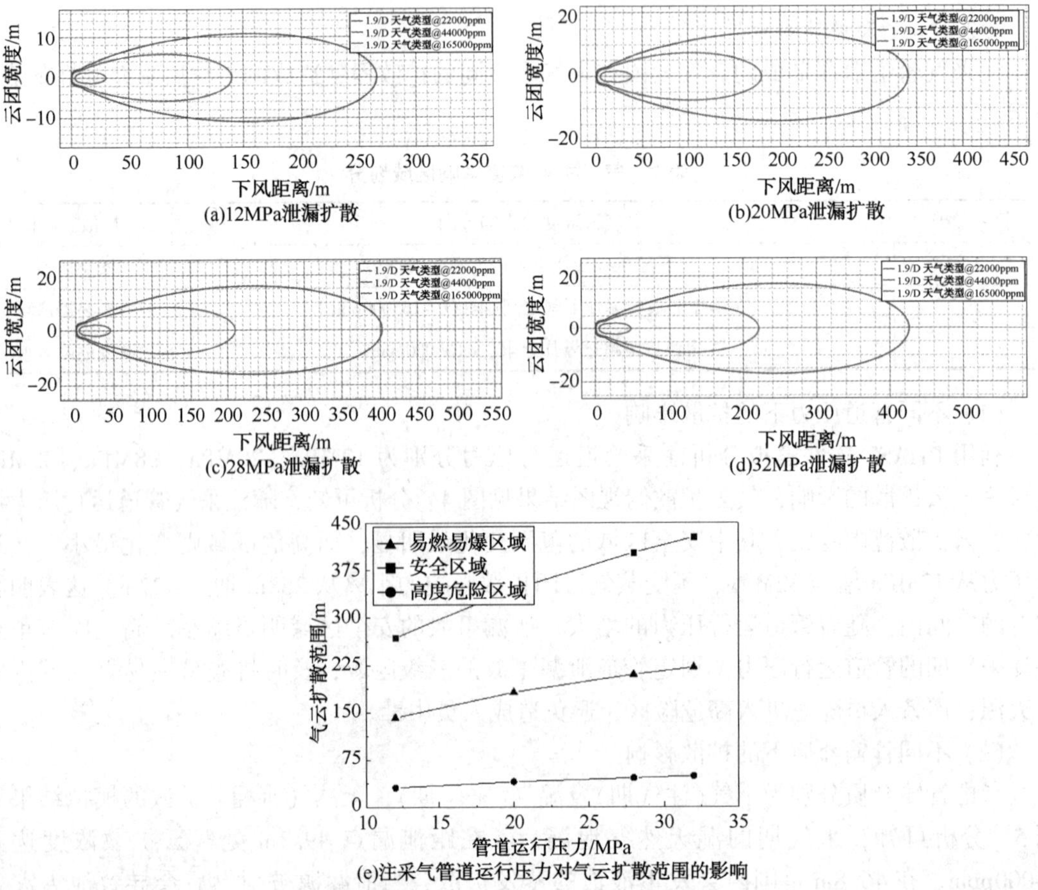

(a)12MPa泄漏扩散

(b)20MPa泄漏扩散

(c)28MPa泄漏扩散

(d)32MPa泄漏扩散

(e)注采气管道运行压力对气云扩散范围的影响

图4　不同管道运行压力的气云扩散影响范围

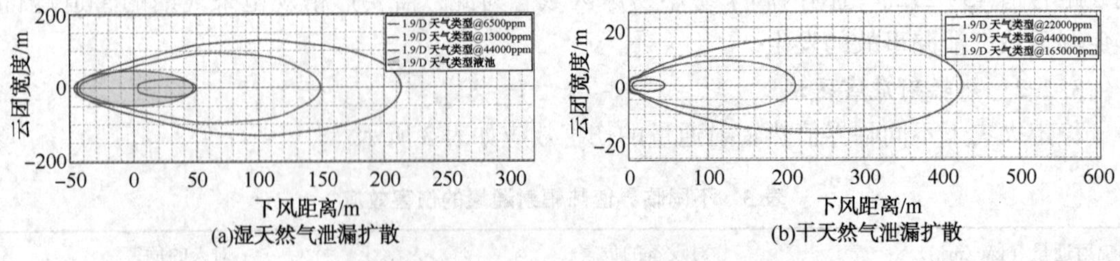

(a)湿天然气泄漏扩散

(b)干天然气泄漏扩散

图5　不同管输介质的气云扩散影响范围

(1) 不同管道压力下的热辐射影响

储气库注采气管道在不同运行压力下发生喷射火事故产生的热辐射危害随下风距离变化的PHAST模拟见图6。管道的喷射火热辐射强度半径明显随着运行压力的增大而增大。

在距泄漏点 133m ~ 173m（采气期），150m ~ 195m（注气期）范围内，热辐射强度超过 12.5kW/m²，对人体造成严重的危害，现场人员需穿着专业防护服进行作业。

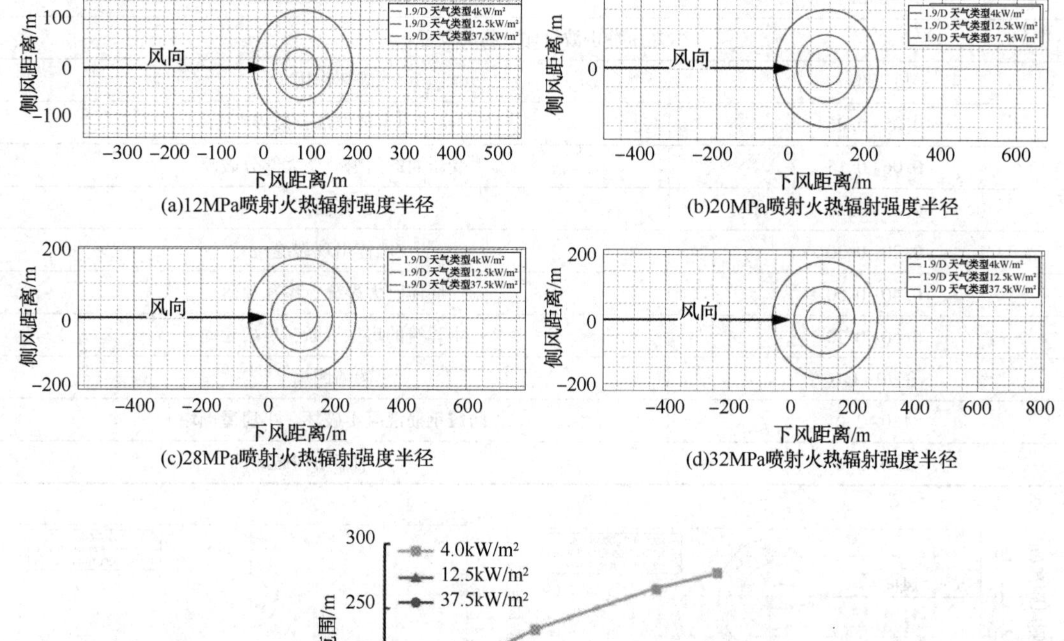

(a)12MPa喷射火热辐射强度半径　(b)20MPa喷射火热辐射强度半径

(c)28MPa喷射火热辐射强度半径　(d)32MPa喷射火热辐射强度半径

(e)注采气管道运行压力对热辐射强度半径的影响

图 6　不同运行压力的热辐射强度半径变化范围

（2）不同管输介质下的热辐射影响

考虑管输介质分别为注气期的干气及采气期的湿气，火灾的热辐射危害模拟结果见图 7。在相同的模拟参数下，湿天然气喷射火事故的热辐射强度半径比干天然气的危害半径小，而湿天然气泄漏除了有喷射火事故外还会造成池火灾事故，池火灾的危害范围从早期的 25.3m 增至晚期的 85.3m。

3.2.3　*冲击波危害区域*

天然气管道的泄漏爆炸事故主要向外释放超压冲击波。表 4 列出了爆炸超压对人体和建筑物的危害。

表 4　超压冲击波对人体和建筑物的危害

超压冲击波对人体的伤害	
超压/bar	伤 害 程 度
<0.02	安全
0.02 ~ 0.14	轻微损伤
0.14 ~ 0.20	内脏严重损伤或死亡

续表

超压冲击波对人体的伤害	
>0.21	大部分人员死亡
超压冲击波对建筑物的危害	
超压/bar	破坏作用
0.05~0.06	门窗玻璃部分破碎
0.06~0.15	受压面的门窗玻璃大部分破碎
0.15~0.20	窗框损坏
0.20~0.30	墙体出现裂缝
0.40~0.50	墙体有大裂缝，屋瓦掉落
0.60~0.70	木建筑的房柱折断，房架松动
0.70~1.0	砖墙倒塌
1.0~2.0	防震钢筋混凝土破坏，小房屋倒塌
2.0~3.0	大型钢架结构破坏

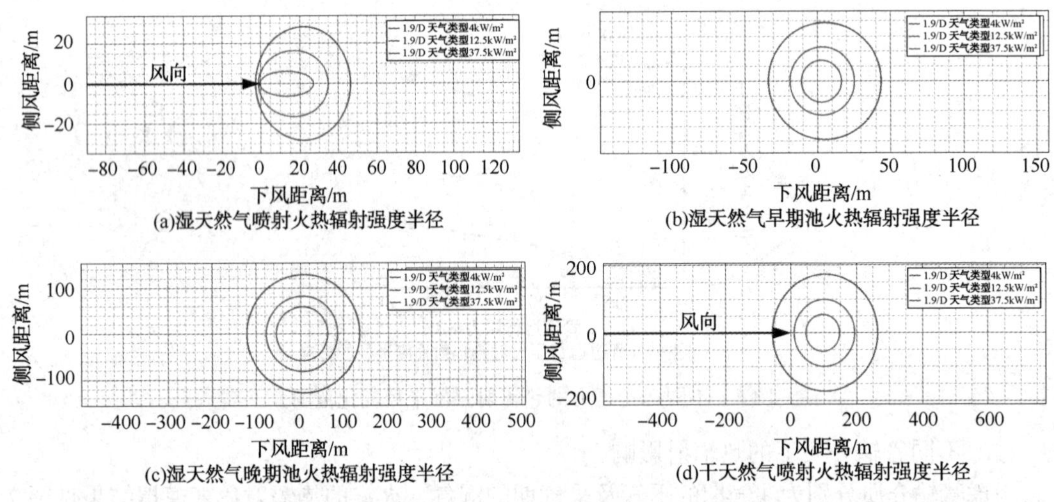

图 7　不同管输介质的热辐射强度半径变化范围

（1）不同管道压力下的冲击波影响

不同注采管道运行压力下天然气爆炸冲击波的影响范围 PHAST 模拟见图 8。分析发现，在管道泄漏发生爆炸事故后，随运行压力增大，爆炸影响区域明显扩大，造成人员重伤的区域小，轻伤的范围大。在设定的模拟条件下，最远的安全距离为 838.2m，最远的人员死亡距离为 519.5m，爆炸的危害范围非常广。为保证储气库及周边企业的安全生产，应及时划分地区安全等级，将储气库站场的电气仪表和设备置于爆炸危害范围外，并明确周边企业必须建于安全范围内。

（2）不同管输介质下的冲击波影响

考虑管输介质为干气、湿气，天然气泄漏爆炸的破坏区域模拟结果见图 9。由图可知湿天然气泄漏爆炸事故造成的冲击波危害范围比干天然气小，湿天然气蒸气云爆炸的安全距离为 640m，干天然气蒸气云爆炸的安全距离为 819m，两种介质的爆炸冲击波造成人员重伤的后果区域均较小。

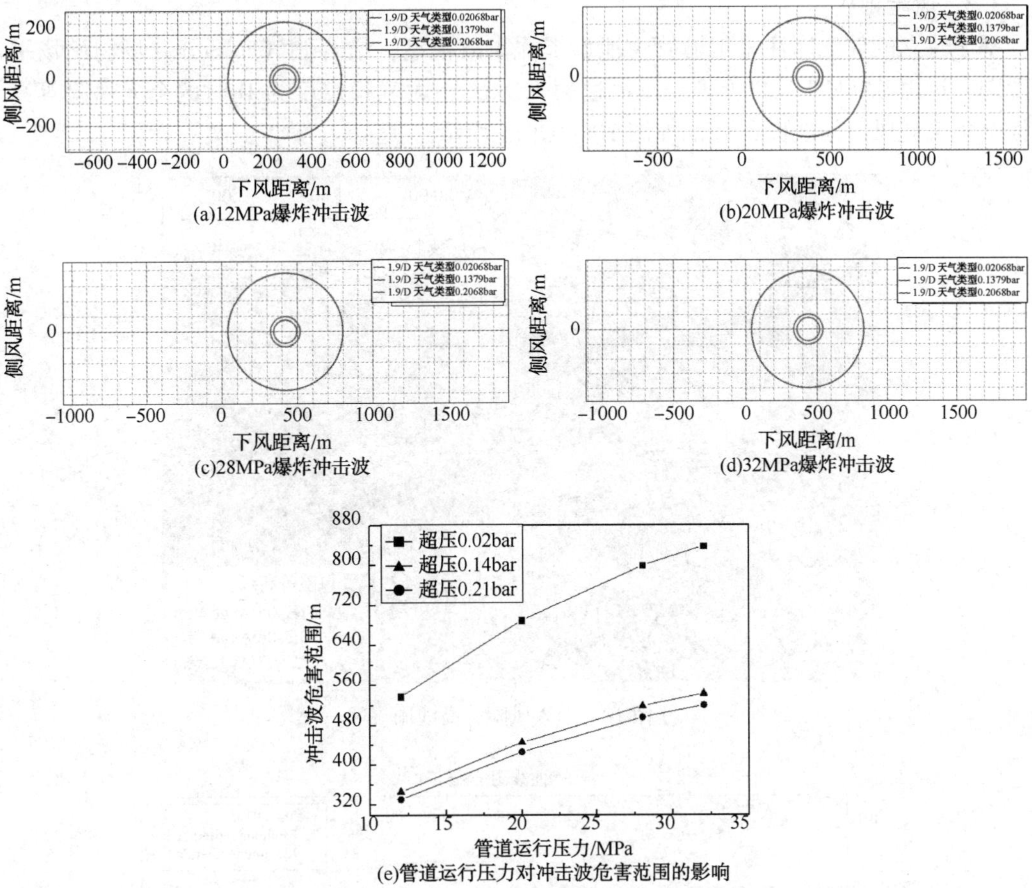

(a)12MPa爆炸冲击波

(b)20MPa爆炸冲击波

(c)28MPa爆炸冲击波

(d)32MPa爆炸冲击波

(e)管道运行压力对冲击波危害范围的影响

图 8　管道不同运行压力的爆炸冲击波影响范围

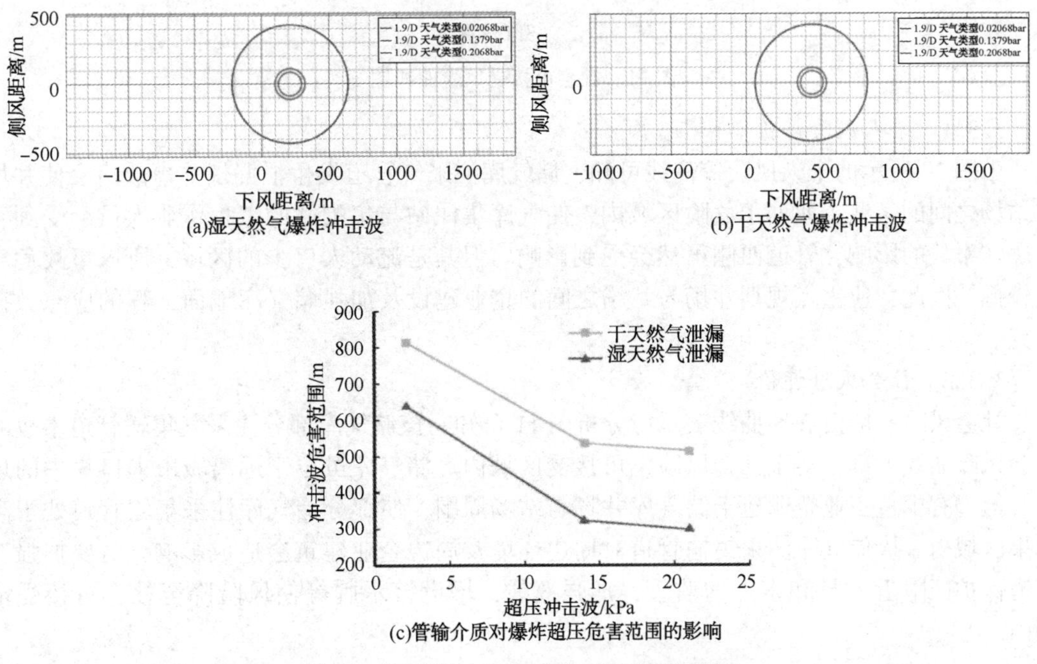

(a)湿天然气爆炸冲击波

(b)干天然气爆炸冲击波

(c)管输介质对爆炸超压危害范围的影响

图 9　不同管输介质的爆炸冲击波影响范围

3.3 风险评价

基于建立的储气库注采集输管道泄漏爆炸事故模型，结合储气库部分井场与站场平面布置图，运用 SAFETI 软件模拟得出风速为 1.9m/s，大气稳定度为 D 时的个人风险等高线和社会可接受风险曲线图，分别如图 10 和图 11 所示。

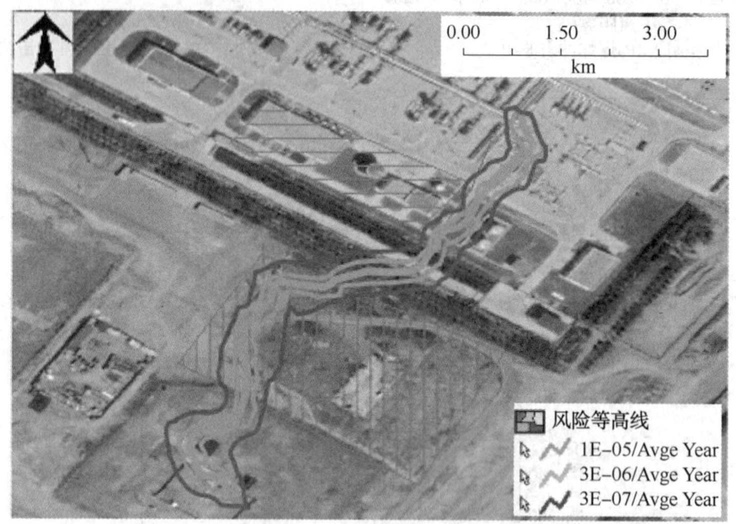

图 10　个人风险等高线图

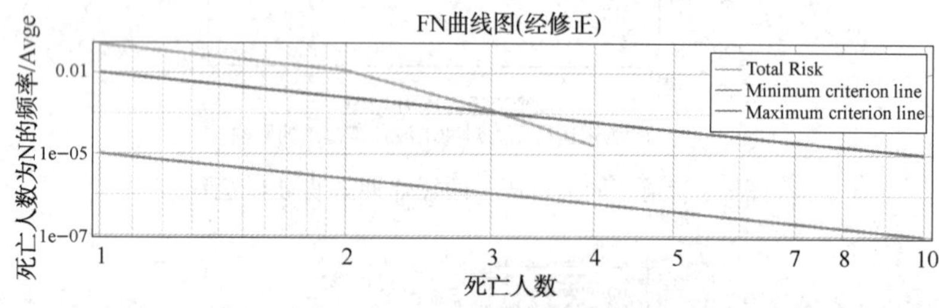

图 11　社会可接受风险曲线图

3.3.1　个人风险评价

由图 10 所示的个人风险等高线可知，储气库注采气管道发生泄漏爆炸事故后会使井场与站场之间的某些企业处于危险区域内，储气库集注站与集配站的工程作业人员会受到管道爆炸事故的影响，管道西侧虽然会受到影响，但其是流动人口少的区域，所以事故危害性较低。因此，应重点规划井场与站场之间的企业建设及加强储气库地面工程的应急救援研究。

3.3.2　社会风险评价

社会风险一般由 f-N 曲线表示。分析图 11 可知，该储气库部分注采气集输管道事故的社会风险曲线大部分落于社会风险不可接受区域内。储气库虽位于远离城市人口集中的地区，但仍有少量工业企业建于储气库井场与站场周围，使部分储气库注采集输管道处于高后果区域内。该储气库注采集输管道对周边环境及周边企业建筑会造成影响，需要加强对管道保护区附近人员和事件的监管，加强巡线，增设警示牌等使风险降至社会可接受范围内。

4 结语

（1）通过建立储气库注采集输管道泄漏事故树分析模型，得出管道泄漏事故的风险因素主要包括腐蚀、疲劳、材料及设备缺陷、误操作、第三方破坏及自然灾害。并且注采管线的腐蚀主要是以 CO_2 腐蚀和应力腐蚀为主。

（2）利用 PHAST 软件对储气库注采集输管道泄漏爆炸事故后果进行模拟分析，气云扩散、火灾热辐射及超压冲击波的危害范围均随管道运行压力的增加呈增大趋势；且气云扩散及爆炸冲击波形成的高度危险区域均较小。因此应重点关注采气期的管道运行压力，及时划定管道泄漏事故的三级区域并进行安全防控。

（3）储气库采用湿气输送模式的采气管线在发生管道泄漏时，除有可燃蒸气云团扩散还会伴随发生液池的蒸发扩散，导致喷射火事故和池火事故同时发生，造成多种类型的事故后果；而湿天然气泄漏爆炸事故造成的冲击波危害范围比干天然气小。

（4）在选定的储气库注采集输管道发生泄漏事故时，会对井场及站场周围企业人员、建筑以及储气库现场作业人员造成严重的危害。应及时划定安全逃生路线，将储气库作业区及其他企业人员迅速撤离至安全范围，且后建企业的选址和总图布置应满足相关安全间距要求，降低发生连锁事故的概率。

参 考 文 献

[1] 肖惠兰．某脱硫厂天然气管道泄漏火灾事故后果模拟[J]．广东化工，2020，47(04)：54+34.

[2] 张太亮，李朝晖，耿亚君，张旭，袁磊．天然气集气站场内输气管道小孔泄漏数值模拟[J]．云南化工，2020，47(12)：73-76.

[3] 胡百中，陈序，何泊龙，陈平，黄程，陈文龙．含硫天然气集输管道气体泄漏扩散三维数值模拟[J]．重庆科技学院学报(自然科学版)，2019，21(02)：21-25+90.

[4] 钱程，孙秉才，曹航博，高磊．油田集输管道泄漏流场分布规律模拟分析[J]．油气田环境保护，2018，28(06)：19-22+56.

[5] 蒋立军，刘峰，高震，高子惠．PHAST 软件在输气站场泄漏事故后果评估中的应用[J]．当代化工，2015，44(02)：292-294+297.

[6] 谢丽华，张宏，李鹤林．枯竭油气藏型地下储气库事故分析及风险识别[J]．天然气工业，2009，29(11)：116-119+150.

[7] 年致彤．输气管道的完整性管理[J]．城市燃气，2008(11)：22-26.

[8] 罗振敏，郝苗，王磊，程方明，王涛．天然气场站泄漏事故后果模拟与风险评估[J]．消防科学与技术，2021，40(03)：340-344.

[9] 刘少杰，刘鹏翔，雷婷，等．天然气管道泄漏喷射火燃烧特性研究[J]．安全与环境学报，2017，17(6)：2184-2190.

[10] VANDENBOSCH C J H，WETERINGS RAP M，DUIJM N J，et al. Methods for the calculation of physical effects-due to releases of hazardous materials (liquids and gases) [M] Holland：Publicatiereeks Gevaarlijke Stoffen，2005：621-674.

[11] 张网，吕东，王婕．蒸气云爆炸后果预测模型的比较研究[J]．工业安全与环保，2010，36(04)：48-49+52.

[12] 宋元宁，于立友，李彩霞．TNT 当量法预测某石化设备爆炸后果评价[J]．中国安全生产科学技术，2005(03)：66-68.

[13] 赵博鑫，朱明，彭莹，王明家．基于 PHAST 软件模拟氢气、天然气管道泄漏[J]．石化技术，2017，

24(05)：48-50.

[14] 黄坤，廖柠，孔令圳，吴锦，米瑞雪．基于 PHAST 软件的站场冷放空燃爆事故模拟分析[J]．安全与环境学报，2018，18(02)：555-559.

[15] 张桂瑞，王慧，纪蕻，黄志凌，段方玮．事故后果分析软件(PHAST)在天然气管道泄漏评价中的应用[J]．油气田环境保护，2016，26(05)：51-54+62.

[16] CUNHA D，SERGIO B. A review of quantitative risk assessment of onshore pipelines[J]. Journal of Loss Prevention in the Process Industries，2016，282-298.

人工智能技术促进“智慧消防”发展的实践与思考

李　翅

（中国石油西部井控应急救援响应中心）

摘　要： 在人工智能、大数据、5G、物联网等信息技术快速发展的大背景下，智慧消防建设作为防范化解重大安全风险的有力抓手，被赋予了全新的时代内涵。本文重点分析人工智能促进“智慧消防”建设的可行路径与发展思考。首先，分析了智慧消防的发展现状及人工智能与消防产业结合的可行性；其次，详细阐述了人工智能技术在消防工作中的四个具体应用场景，进一步明确了人工智能技术对智慧消防建设的促进作用；最后，提出提升人工智能技术应用效果的措施，并分享了江苏与贵州的“智慧消防”案例。

关键词： 人工智能；智慧消防；应用实践

1　智慧消防发展现状

当前，国家及各省市出台了一系列政策措施积极支持智慧消防的建设和发展，智慧消防发展取得显著成效，智慧消防产业规模不断扩大，渗透率不断提升，但同时，也存在一些问题。

1.1　智慧消防的政策导向

近年来，国家对消防工作日益重视，出台了一系列相关政策，推动信息技术与消防产业的深度融合，助力传统消防向“智慧消防”转变。如 2017 年原公安部消防局发布《关于全面推进“智慧消防”建设的指导意见》，指出要建设城市物联网消防远程监控系统，建设基于“大数据”“一张图”的实战指挥平台，……建设“智慧”社会消防安全管理系统。2022 年，国务院安全生产委员会发布《“十四五”国家消防工作规划》，指出要深化“智慧消防”建设，补齐基础设施、网络、数据、安全、标准等短板，加快消防信息化向数字化、智能化方向融合发展。同时，各地级市也关于“智慧消防”建设出台了相关发展规划。如天津市 2021 年 8 月发布了《天津市社会消防事业发展“十四五”规划》，规划指出将“智慧消防”融入“智慧城市”建设，建立城市消防大数据库，共享汇聚融合数据资源，推广应用物联感知技术，加快消防物联网建设。上海市 2021 年 12 月发布了《上海市建筑消防设施管理规定》，指出要依托城市运行“一网统管”平台，加强对消防设施物联网系统监控信息的分析和应用，为火灾防控、区域火灾风险评估、火灾扑救和应急救援提供数据支持。云南省 2022 年 8 月发布的《关于加强城市消防安全工作的实施意见》中提出要推广城市消防远程监控、物联网监测等系统，到 2025 年基本完成全省消防物联网统一组网。由此可见，国家及各省市对“智慧消防”建设都给予了高度关注，随着信息化建设的不断推进，信息技术与消防产业的深度融合将不断推进，未来“智慧消防”将为我们的安全保驾护航。

1.2 智慧消防产业发展情况

我国智慧消防行业产业链上游市场参与者包括数据算法提供商、芯片制造商、电子元器件制造商及金属机柜加工商等；产业链中游环节主体为智慧消防产品及平台系统集成商；产业链下游为有消防需求的各行业。根据《中国智慧消防行业市场运行态势及发展战略研究报告》数据显示，2022 年中国智慧消防行业市场规模约为 188.4 亿元，同比增长 15.02%，智慧消防渗透率约为 15.0%，与 2014 年相比有了很大程度的提升。其中细分市场结构基本保持稳定，智慧消防服务市场规模有所增长，2022 年中国智慧消防行业软件及工程市场、系统及平台市场、消防服务市场规模占比分别为 69.0%、27.8%、3.2%。总体来看，我国智慧消防发展态势良好，智慧消防的市场规模、行业渗透率及细分市场的发展态势均保持快速增长，已逐渐渗入日常生活，成为应急管理、消防救援的时代要求与发展趋势。

但是，智慧消防建设中也存在以下问题。第一，缺乏全面统筹。智慧消防建设的本质是信息化，不是简单地加大执勤车辆、应急装备上的经费投入，而是落实灾情防控、应急救援、公众服务、队伍管理等各方面的全过程管理，这一过程中全局统筹能力尤为重要。第二，系统中各个模块之间缺乏信息联通。由于跨部门调阅数据，如个人通信、住建等信息，需层层审批，不仅难度系数大，且容易延误最佳时机，造成不必要的损失。就系统之间的连通性来看，当前个别地区的消防救援部门未与公安、交通、供水、广电等部门建成联动机制，进而使得在灭火救援方面的分析与决策陷入困境。第三，数据收集、处理系统分散独立，易造成信息孤岛。智慧消防收集到的数据，存放在不同的处理系统中，各系统相对独立、关联性较差。此外，智慧消防对现有数据资源缺乏系统化利用，缺少高层住宅建筑各类监控系统和视频资源，未能形成外部数据“为我所用”、输送数据“共治共享”和打造灭火救援指挥、调度、分析、决策“一张图”，建立智能消防预警系统存在困难。

2 人工智能技术的特点及与消防产业的结合

人工智能技术具有协同性、替代性、创新性等特点，人工智能与消防产业的结合可为消防安全管理领域的全面改革提供技术支持。

2.1 人工智能技术的特点

人工智能技术是计算机与大数据、互联网等现代信息技术结合的新兴科学技术，相较于人工具有明显的数据分析优势。在大数据分析的基础上，人工智能技术显著提高了组织决策效率和劳动效率，使人类可以聚焦于更高级的工作。人工智能技术属于计算机科学范畴，但在实际的应用中特点鲜明、使用普遍，已与众多行业结合，产生了良好的经济效应和社会效应。

人工智能技术具有以下特点：首先，协同性。能够与不同行业进行结合，通过利用人工智能技术进行有效的辅助管理，不仅能够拓宽应用范围，同时有利于提高工作质量和效率。其次，替代性。在使用人工智能技术时，能够通过对控制程序的调整和修改，有效替代相关劳动要素，顺利实现替代效应，提高整体的工作效率，同时降低人工成本的投入。最后，创新性。人工智能技术是一种创新能力较强的技术，其能够通过学习来代替一定程度的脑力工作，在实施过程中不断优化整体工作质量，同时在工作中进一步对相关领域进行深度开发与拓展，促进行业进一步发展。

2.2　人工智能技术与消防产业的结合

人工智能技术通过终端设施收集的所有真实数据和实时监测结果，通过与该建筑消防审批相匹配的建筑防火设计规范进行对照，发现建筑的火灾隐患，并提出相应的整改方案。与之前的消防安全管理模式相比，更具有针对性，提高了火灾预警的精准性，由之前的“人防”转换为“技防”，提高了整体工作效率，人工智能技术与物联网系统相结合为消防安全管理领域的全面改革提供技术支持。

如何将消防与人工智能技术相结合？首先，对传统消防设备，如消防栓、消防水箱、喷淋设备、监控摄像头等进行改造，使其不仅具备已有的消防功能，还能成为获取重点消防监控场景数据的传感器，为消防云平台提供实时或非实时的数据，通过对数据的标记、挖掘和分析，对火灾识别算法模型进行不断的训练，使算法不仅能够快速发现火情并报警，还能通过甄别不同的烟雾、火焰颜色来判断是否有助燃剂、什么气体或燃料引起的火焰，最关键的是在火灾刚刚发生时，就能报警并实施扑救。同时，基于物联网大数据的消防云平台在火灾防控工作中也发挥着重要作用，它可以与摄像头、机器人等终端设备配套，通过与物联网技术、人工智能技术相结合，协助物业管理人员进行日常的消防巡检工作，将警报信息群发报告给相关人员，例如物业、业主、或远在数公里外的消防人员。通过消防云平台预先获悉火灾相关信息，对于消防人员更科学地实施灭火预案会非常有效。

智慧消防云服务系统如图1所示。

图1　智慧消防云服务系统

资料来源：王立群，葛涵涛，张义．智能物联网助力构建智慧消防[J]．信息通信技术与政策，2019(06)：71-76.

3　人工智能技术在消防工作中的应用场景

人工智能技术在消防工作中应用广泛，如灾害预防中实施监测与预警、自主定位火灾火源点、动态调整火灾扑救策略和灾后重建中有效评估损失，下面进行具体分析。

3.1 灾害预防中实时监测与预警

人工智能方法能实现灾害预警的三维分析表达，为灾害预警提供了新的技术方法。将人工智能系统通过搭载各种传感器实时监测建筑物内的火灾隐患，相较当前的机械化检测报警模式的准确性大大提升。同时，人工智能技术在图像识别领域的进步为灾害预警提供了新的可能。通过城市实时监测摄像头捕捉的图像，人工智能系统可以自动检测火源、烟雾等火灾征兆，及时发出预警信号。此外，热成像技术可以帮助确定火源位置，辅助消防员进行扑救。如2017年九寨沟7.0级地震后，地震信息播报机器人就自动编发紧急稿件向全国及时发布，短短25秒后，机器人就完成了数据抓取、挖掘、分析、自动撰写与发布的整个过程，为灾中应急赢得了宝贵的救援时间。在2019年1月珙县5.3级地震中，四川省地震局自主研发的智能地震编目处理系统第一次应用于灾中应急，在余震资料处理过程中实现了无人工干预、实时自动分析与自动编目，为地震应急提供了巨量信息。

3.2 自主定位火灾火源点

对于消防人员来说，光从火场的外观上是难以辨别火源的位置及火源起因的。而确定火源点能够有效帮助消防人员了解火灾的核心区，并能够对一些可以预见的危险进行防范，进而提高安全性和工作效率。因此，火源点的定位、识别对于消防工作来说起到了至关重要的作用。传统消防工作往往采用感温、感光的检测技术，由于环境和技术的局限性，难以在复杂情况下对火灾火源的具体位置进行精准定位。人工智能的图像处理技术能够对火源点进行自主识别，其原理是通过对动态火焰变化的特征进行检测和分析，从而得出火源点的具体位置。同时，还能够通过对火焰的亮度、高度重心、初始面积的变化等要素的分析，有效区分火源的热度及各区域的火灾大小，为救援提供第一手的资料。该技术当前广泛应用于自动灭火系统中，能够有效地区分正常燃烧和火灾事故，通过天花板自动喷洒的方式来进行灭火工作。未来，人工智能技术还可以用于对传统消防设备，例如消防炮、消防机器人等的自动定位作用，进一步提高消防精度。

3.3 动态调整火灾扑救策略

通过收集火场数据，如火势变化、烟雾扩散、建筑物结构等信息，人工智能决策支持系统可以精准分析当前的火灾状况，为救援指挥部提供合理的扑救策略。同时，根据人工智能技术分析视频监控画面中的烟雾传播情况，预测火灾蔓延的路径和速度，根据预测结果及时采取疏散措施，减少人员伤亡和财产损失。此外，通过对燃烧过程的分析，包括燃烧温度、燃烧速度、燃烧物质等参数的识别和监测，可以判断火灾类型和起火原因，为火灾调查提供有力的证据。综上所述，人工智能辅助决策支持系统可以根据观测到的实时数据对扑救策略进行动态调整，协助现场指挥对消防队伍、消防装备等资源进行有效调度，以便更加精确地应对火场变化。系统还可以实时监控各个扑救小组的动态，为现场指挥提供持续的决策支持，确保各个环节紧密协同、高效作战。

3.4 灾后重建中有效评估损失

评估自然灾害风险是国内和国际学界热烈争论的问题，灾后损失评估更具争议性，尤其主观层面损失往往无法估量，如何建立科学的灾后损失评估机制成为困扰学界的难题。人工智能大大提高了灾后损失评估的准确性，也能针对性提供灾后重建策略和提高灾后重建效率。火灾事后处理的第一步是对火灾损失进行评估。人工智能可以辅助快速、准确地评估火灾损失。通过分析无人机拍摄的高清图像，人工智能系统可以自动识别受损建筑物、设施和物品，并结合其他数据资源(如建筑平面图、设备清单等)，为损失评估提供定量依据。这不仅提高了损失评估的速度和准确性，而且减轻了评估人员的工作负担。人工智能技术还可应用于火灾原因调查，例如使用机器学习算法分析火灾现场的图像数据、热成像和视频监控等信息进行综合分析，快速确定火灾起源地点和火灾发展过程，为防火工作提供有针对性的建议。以上技术在国内国外灾后重建中广泛应用。如美国安大略省电力公司在 IBM 的帮助下开发人工智能风灾治理工具，2018 年 4 月，安大略省风灾四天内，电力公司根据人工智能评估采取有效措施迅速恢复了供电。

4　提升人工智能技术应用效果的措施

4.1　注重数据的深度挖掘，全方位提升应急处置能力

当前，智慧消防对大数据的利用还不充分，尚未将人工智能与消防产业完全融合，对消防数据的挖掘和利用程度有待进一步加深。因此，未来，要加快智慧消防建设，应充分利用 5G、大数据、人工智能、物联网技术，对各类消防数据进行深度挖掘和快速采集，全方位整合、处理、加工，为火灾预防、研判分析、执法管理、决策支持等提供数据支撑，全方位提升应急处置能力，促进智慧消防朝着更加智能化、信息化、多元化的方向发展，这也是智慧消防未来的一大发展趋势。经过近几年的发展，智能烟感、综合消防系统、自动报警装置等消防智能终端的出现，为消防行业基础数据深度挖掘提供了便利，促进智慧消防不断完善。

4.2　增强智慧消防平台管理，保证消防监控网络安全

随着智慧消防系统的不断完善，消防系统网络不断出现被非法入侵，消防私密文件泄漏以及消防网络系统崩溃等技术问题。因消防人员缺乏专业的计算机知识，网络安全意识和保密意识薄弱，一些系统问题难以得到有效解决，不仅影响了智慧消防系统的运行，也会造成部分消防数据泄漏，影响了消防网络的安全。政府应对智慧消防网络制定严格规章制度，规范智慧消防的执法流程，

引进专业的计算机高技术人才，加大网络防御设备，加强消防人员网络安全意识，确保城市消防系统安全。

5　我国“智慧消防”建设案例分析

5.1　基于大数据挖掘的江苏“智慧消防”模式

江苏消防支队在利用移动互联网技术和信息资源的基础上，建立了一个大数据共享平台。通过对火灾信息的有效收集，促进了火灾信息管理平台建设和使用。在此过程中，共建成 13 个主题数据库，涉及 20 多个消防系统，4 个与之相连的公安信息系统。同时，还构建了一个包括跨省公安厅、各级政府部门、消防队伍的数据管理网络，实现了单位之间的信息互通和网络连通。在“智慧消防”的基础上，江苏省运用人工智能和云计算技术建立了一个能够实时预报和监测灾害的大型平台。建立了火眼模型，利用数据挖掘的方法，将建筑的火险程度和危险程度进行分类，以便对火灾进行有效的预测。在江苏实施“智慧消防”火眼系统后，苏州市实现了 10 万多个相关单位的数据登记，2021 年，苏州市火灾发生率比 2020 年减少了 35.0%，在现有消防力量保持不变的前提下，控制工作取得了明显成效。

5.2　基于云上大数据分析的贵州“智慧消防”模式

贵州基于人工智能和云计算技术，建立了“自动巡检”模式。该系统可自动识别区域内存在的火灾隐患，并将其反馈到后台，进行风险评价和管理，并对火灾事故做出及时预报。

利用云上贵州消防系统，对基于物联网的基础传感器采集的数据进行有效识别和挖掘，对贵州的火灾情况进行有效分析，并在平台上发布各种命令，保证了各部门在火灾处理中的有效分配。火灾早期，通过前端感应器进行识别，再传回到指挥平台，进行火灾灾情程度的初步判别，并利用红外感应器进行早期火灾的判断。在确定了火情警报后，根据事先制定的计划，派出消防员进行处理。同时，通过"云上贵州"的平台，对周边居民开展有效的预警和安全疏散。在这一过程中，利用"云上贵州"平台，贵州逐步完成"智慧消防"体系框架的搭建与管理工作，使得消防信息化进入了一个新的发展阶段。

参 考 文 献

[1] 黄玉垚，高宏．智慧消防体系发展现状及趋势研究[J]．中国应急管理，2023(01)：48-51.

[2] 智研咨询．2023 年中国智慧消防行业现状及趋势分析：行业趋向无线化、平台化和融合化[EB/OL].[2023-08-16]. https：//www. chyxx. com/industry/1153304. html.

[3] 浦天龙，鲁广斌．现代城市智慧消防建设探讨[J]．人民论坛·学术前沿，2019(05)：50-55.

[4] 王立群，葛涵涛，张义．智能物联网助力构建智慧消防[J]．信息通信技术与政策，2019(06)：71-76.

[5] 谢克强．人工智能辅助技术在消防工作中的应用前景展望[C]//中国消防协会．2023 中国消防协会科学技术年会论文集——三等奖．[出版者不详]，2023：4.

[6] 周利敏．面向人工智能时代的灾害治理——基于多案例的研究[J]．中国行政管理，2019(08)：66-74.

[7] 周迎，陆强明．人工智能技术在消防装备中的应用[J]．集成电路应用，2023，40(08)：110-111.

[8] 贺雨昕，朱舒然．智慧消防在现代化城市建设中的现状与发展对策研究[J]．老区建设，2019(10)：40-43.

[9] 姚子龙．城市"智慧消防"系统的建设与应用[J]．中国应急救援，2022(06)：25-29.

企业基层应急预案编制与实践

张　鹏

（中国石油宁夏石化公司消防支队）

摘　要：为健全完善“横向到底、横向到边、外延到点”的应急预案管理体系，本文着眼于企业基层单位视角，从预案编制与实践中分析探讨，着力加强企业风险管控能力，提升应急预案的科学性、针对性、操作性、规范性。

关键词：基层单位；应急预案；预案编制；应急演练

应急预案系指各级人民政府及其部门、基层组织、企事业单位和社会组织等为依法、迅速、科学、有序应对突发事件，最大程度减少突发事件及其造成的损害而预先制定的方案。编制应急预案、开展应急演练，既是企业落实安全主体责任的应有之义，也是规范应急管理、提高应对风险、控制事故损失的有效措施。石油化工生产环境较为复杂，蕴含高温高压、危险化学品、易燃易爆品、有毒有害品等多种危险因素，相较于其他行业易发生重大安全生产事故。因此，做好突发事件应急预案具有现实必要性和研究意义。本文就企业各基层单位在应急预案编制与实践中存在的问题进行整理，结合实际工作分析提炼，提出对策思路。

1　预案编制的重要意义

1.1　有利于掌握科学施救的主动权

突发事件具有时间的不确定性、环境的复杂性和危害的紧迫性。编制应急预案有助于单位员工熟悉本单位内部情况，有助于把握本单位可能发生事故事件的特点、规律。在发生突发事件后，能够避免出现应急工作人员出现头脑无措的尴尬情况，减轻指挥机构决策压力和员工的心理紧张感，赢取时间，掌握科学施救的主动权。

1.2　有利于促进单位内部相互熟悉

编制应急预案势必影响编制人员需要经常下现场了解各方面情况，为制定应急措施提供依据。此举不仅帮助单位掌握第一手资料，利于全体员工培训学习。同时能促进单位内部进一步熟悉应对突发事件可用的应急救援队伍、物资装备、场所和通过改造可以利用的应急资源状况，合作区域内可以请求援助的应急资源状况，重要基础设施容灾保障及备用状况，以及可以通过潜力转换提供应急资源的状况。

1.3　有利于避免事件的扩大、升级

化工企业编制应急预案、定期开展预案演练，能够保证在突发事件发生的第一时间作出有效应对，能够明确个人在应急工作中的职责分工，从而迅速、高效、有序的开展应急救援，将突发事件对企业生产的影响、环境的破坏、人员的安全等损害程度降到最低，控制风险，减少经济损失。避免突发事件的进一步扩大、升级。

2 预案编制存在的显著问题

2.1 预案编制合规性不足

企业各基层单位在编制应急预案时基本能够以《生产经营单位生产安全事故应急预案编制导则》(GB/T 29639—2020)为依据和指南，但不同人员对推荐标准的理解不同，且信息获取面较为单一，不重视制度学习。近期国务院办公厅印发《突发事件应急预案管理办法》，应急管理部办公厅印发《乡镇(街道)突发事件应急预案编制参考》《村(社区)突发事件应急预案编制参考》，相关法律、法规、规章和标准应当同地方有关规定和企业实际同时进行参考，深化加强预案编制工作的认识，在规划、编制、审批、发布、备案、培训、宣传、演练等各环节更加合法合规，取得更大实效、提高预案质量。

2.2 编制人员专业性不高

应急预案的编制与修订是一项繁杂的工作，不仅要投入很多的人员精力，还要求相关人员兼职负责应急管理工作。预案编制人员素质不够、合力不够，可向下细分两方面。一是主编多为部门安全员，未经过专业、系统的预案编制培训，常常以往年预案为蓝本不做大的变更，遇到新情况新问题后才由部门组织重新修订，而非提前预判风险隐患点进行动态更新，预案编制成为人人可做、人人能做的工作；二是预案编制小组包含编制、评审两项职能，成员包含部门主要负责人和部分管理人员、操作人员，优点是了解本单位本部门重大风险隐患且具备一定的现场处置经验，缺点是缺乏相关领域专家指导，仅仅依靠单位内部人员进行风险识别、措施制定是不深入不充分的。

2.3 预案演练协同性不强

应急不是企业单独的应急，同理也不是一个基层单位单独的应急。各基层单位部门人员、业务相对独立，应急演练过程中彼此抽调人员、装备、物资，出动增援力量较为困难，在应用周边应急资源过程中经常处于“单兵作战”状态。除企业级预案中有专业部门统筹协调外，安全部门工作本就负担重、压力大，无暇顾及其他单位；外加企业专职消防队非生产盈利单位，话语权弱。导致基层日常演练自主负责、各凭本事，难以保证演练过程组织严密、认真负责，难以形成应急处置的联防、联控、联动。

3 预案编制的实践要点

3.1 在应急预案内涵上注重科学性

应急预案是应对处置突发事件的行动指南，其内涵应当具有相当的科学性，完整包括突发事件事前、事发、事中、事后各个环节，明确各个进程中所做的工作，谁来做，怎样做，何时做，让人一看就懂。应对处置突发事件是一项复杂而系统的工程，不同类型的突发事件涉及不同门类的专业知识，同一类型突发事件由于时空等具体条件的不同，处置措施也不尽相同。企业的安全风险评估和应急资源调查是做好应急预案编制工作的基础，应当进行分析论证、组织反复推演，为增强应急预案的科学性、实用性、有效性提供切实保障。

3.2 在应急预案对象上注重针对性

各级各类应急预案的作用和功能是不尽相同的，应对事故事件类型、所需应急资源也有很大差异，不能以属地为由，不加以区分将专项应急预案、现场处置方案全部交由基层单位负责。专项应急预案应当体现在“专业应对”上，由企业突发事件应对部门牵头组织编制、落实执行；部门应急预案应体现在“部门职能”上，基层单位应急预案应当体现在“具体处置”上，自觉、主动、定期开展联合会演，验证应急预案中的职责分工、组织流程、关键措施等内容的可操作性，及时完善、补充；重大活动应急预案应当体现在“预防措施”上，遵循以人为本，突出自救互救及前期处置的特点。

3.3 在应急预案应用上注重操作性

突发事件的应急处置，直接影响到企业主要责任人或基层单位第一责任人是否会被追究管理责任。因此应急预案不是用来应付上级检查的，而是关键时候用来解决问题的。应急预案必须能用、管用、质量高，具有很强的现实可操作性。其中文本表述必须准确无误、文字简练、篇幅简短。凡是与应急预案主题无关的内容不写，尽可能简明化、图表化、流程化；实践中坚持实事求是，注重现有能力和资源为基础能做到的，针对单位的应急工作任务、应急工作机制、应急资源情况，对应急救援的方式方法进行科学的研究和设计。

3.4 在应急预案制定上注重规范性

预案编制前应当收集适用的法律法规、技术标准、行业和属地政府的规章文件，以坚持依法办事为原则，使应急预案背后法律依据。在编制程序、内容结构、体例格式上力求规范、标准。结合企业基本情况，由专业部门或专人制定《应急预案编制管理办法》，加强基层单位监督管理，从制定、立项、起草、审批、印发、备案等程序对编制应急预案作出规定，对应急预案的更新、修订进行要求，对应急预案的宣传、培训和演练等动态管理内容提出指导性意见。

4 结语

许多基层单位能够意识到突发事件应急预案对于企业应急工作十分重要，但因费时费力、专业性不强等多种客观因素存在，不能将突发事件应急预案提到应有的高度抓管理。希望本文的论点和办法，能为企业构建应急预案体系，提升解决突发事件能力提供一定的帮助。

参 考 文 献

[1] 刘玲玲．化工企业环境应急预案的编制及意义[J]．化工管理，2021(27)：36-37.

[2] 刘家伟，刘佳云，寇泽旭．生产经营单位应急预案编制常见问题及对策[J]．中国安全生产，2023，18(07)：28-29.

新时期石油化工专职消防队伍建设问题探索与对策研究

王　尧　冯小龙

[中国石油宁夏石化公司消防支队(保卫部)]

摘　要：近年来，随着统筹发展和安全，完善公共安全体系，提高防灾减灾救灾和急难险重突发公共事件处置保障能力，全国石油化工企业不断加快石油化工构建新发展格局。在各企业转型发展的同时，也面临更为严峻的消防安全形势，企业专职消防队伍建设要着眼“全灾种、大应急”的任务需要，认真研判分析石化企业消防安全形势，在加强顶层设计、优化人员配置、提升薪资待遇、深化技战术研究、强化专业培训上持续发力，最终打造一支“作战链条完整、战斗能力匹配、建制模块调度、主战增援兼顾”的专业化企业应急救援队伍，切实筑牢石油化工企业消防安全“铜墙铁壁”。

关键词：专职消防队；技战术研究；队伍建设；专业培训

国有大型危化企业专职消防队伍作为我国消防力量体系的重要组成部分，在防范化解企业安全风险、应对处置特殊灾害事故方面发挥着重要作用。1 月 31 日，国务院安委会办公室、应急管理部、国务院国资委联合印发《关于进一步加强国有大型危化企业专职消防队伍建设的意见》(以下简称《意见》)是在 2016 年 10 月十三部委联合印发《关于规范和加强企业专职消防队伍建设的指导意见》的基础上，细化国有大型危化企业专职消防队伍建设的具体任务和工作要求，针对性、指导性、操作性更强，为国有大型危化企业专职消防队伍建设发展和战斗力提升提供了有力政策支撑。

1　石油化工企业专职消防队建设存在的问题

1.1　消防队伍组织建设得不到保障

调查研究发现，当前我国各石油化工企业专职消防队的建设参差不齐，并且差距较大，企业虽然按照相关法律法规要求建立了专职消防队，但是无论从人员的招募、专业化培训以及车辆器材的配备都无法有效满足处理应急处置要求；一些企业根据国家政策的调整以及公司实际发展需要，将原有的专职消防队机构职能合并、改变，很多“在册”专职消防员承担着职责外的工作，造成在册人员数量符合要求，能参与实际灭火救援任务中的人员少之又少；部分企业对消防专职队员补充新员工不及时，平均年龄普遍偏大，因病退出、转岗机制不够完善，造成体能训练、专业技能培训无法高质量开展，从而影响队伍的综合作战能力。

1.2　企业对专职消防队建设保障不完善，队员待遇普遍较低

据调查，近年来随着全国各石油化工企业对安全生产的高度重视，不断加强在生产工

艺、施工管理、风险控制等重要领域的工作，有效减少了事故事件发生的频率，但仍有不少大型企业发生火灾爆炸事故，严重影响人民生命财产安全，因此，建立一支高素质的专职消防队伍对处理初期事故显得尤为重要，但不少企业认为专职消防队不会产生直接经济效益，不愿将人力、财力等花在专职消防队建设上，企业消防队员工资待遇垫底，也没有享受到高危、特殊工种岗位津贴等待遇，职业地位不受尊重，最终被边缘化，造成队伍士气不足，队伍正规化建设难以推进，以至于不少专职消防队出现“生存危机”。

1.3 企业专职消防队员缺乏系统培训与实战经验

据调查走访了解，石油化工企业专职消防队用工方式分为合同制与社会化用工，聘用的消防队员以退伍军人为主，学历普遍较低，学习能力存在明显不足，加上不少企业没有合理的消防队员退出转岗制度，导致因年龄、疾病等不适应岗位工作的队员不断增加，严重影响应急救援队伍的综合能力；企业专职消防队管理人员缺乏完善的消防人才培养体系与专业化系统培训，在开展消防训练时没有融合消防实战训练与先进科学技术；结合石油化工装置运行特点，消防队伍在各企业开展实战化模拟训练很有局限性，导致队伍严重缺乏实战经验，如遇火灾、爆炸、有毒有害气体泄漏等突发情况，消防队员就无法在复杂多变的火灾现场采取适当的灭火救援方法，同时也对灭火救援工作的顺利实施以及消防救援人员的安全造成了威胁。

1.4 缺乏“全灾种，大应急”综合应急处置及企地联动协同作战能力

近年来，全国各地区地质自然灾害频发，极端气象状况时有发生，国内石油化工生产企业各装置具有人员密集、生产装置较集中、复杂危险性较大等一系列特点，这就要求专职消防队伍具备“全灾种，大应急”职能需要，去面对石油化工火灾、抢险救援、防洪排涝、冰雪灾害等各类型事故的挑战。

“企地”联合指挥作战是解决”全灾种，大应急”的重要举措，政府消防队在民房火灾、道路救援、地质灾害等方面具有充足的实战经验，但是在处理石油化工以及危险化学品火灾中缺乏经验，而石油化工企业专职消防队具有较强的专业优势，两者能成为有效互补。根据近年来国内外发生的特大火灾爆炸事故可以看出，在危险化学品生产及储存场所发生火灾时，初期的正确处置非常重要，往往决定着整个灭火救援结果，在处理大型石化企业火灾时，往往需要疏散周边居民、调配社会面洒水车及供水车、医疗救助、交通管制、运输救援物资等多方面工作，这就需要与社会多部门共同配合，进而有效保证灭火救援过程顺利展开。

2 加强企业专职消防队伍建设的对策研究

2.1 领导要高度重视企业专职消防队建设

企业专职消防队为保障企业安全高质量发展起到重要作用，大庆油田消防支队支队长郑志汉曾说：“企业专职消防队不是可有可无，更不是没事等着灭火。我们也是养兵千日，用兵千日，平时在企业内部开展安全检查、教育培训、作业监护、熟悉演练，对企业的每个车间、每个岗位、每个装置都了然于心，发生物料泄漏、火灾爆炸时，如何有效进行现场处置，我们最清楚，这是地方综合应急救援队不能替代的”。因此各地方、企业应当重视专职消防队伍的建设，要切实转变“消防队伍不产生经济效益”这一错误认识。企业专职消防队伍是否达标，将直接影响到企业的消防安全，甚至直接关系到一些生产能力落后企业的存亡以及所在地区的稳定。因此，企业在进行消防队伍的建设过程中，领导的重视程度

尤为重要，提升主要领导对于消防队伍的关注度，这是专职消防队伍能否得到足够建设的根本条件。企业在进行消防队伍正规化建设中，需要考虑到救援人员的年龄构成，管理人员专业管理能力，以及人员数量是否可以保障正常执勤备战等，同时要充分考虑专职消防队员的福利待遇。各企业要根据实际需求进行人员调整，构建消防队员转岗退出机制，对年纪较大、身患疾病等其他不适宜工作的队员进行及时的调整，保证队伍时时保持旺盛的战斗力。

2.2　严格执行企业专职消防队达标建设管理规范

为贯彻落实党中央关于统筹发展和安全的战略部署，推动国有大型危化企业提升本质安全水平和自防自救能力，根据相关法律政策，国务院安委办、应急管理部、国务院国资委联合印发了《关于进一步加强国有大型危化企业专职消防队伍建设的意见》，对企业专职消防队的建设提出了明确要求。根据各企业生产规模及装置特点，需要在培养高技能消防专业人才、现代化救援装备配备和使用、提升综合保障能力等方面持续发力，加强完善企业应急预案，构建“企地”联动机制，以高质量人才队伍推动消防队伍高质量发展，加强对超高层建筑、地下建筑、危险化学品厂房、大型炼化装置等火灾扑救和应急救援难题技术攻关。

2.3　构建“大应急”体系建设，加强“全灾种”应对能力

在2023年两会的“部长通道”中，应急管理部部长王祥喜谈到：“国家应急管理部的组建实现了全灾种的统筹应对，现在构建大安全、大应急的框架体系，改变了过去长期以来九龙治水，各灾各管的模式，形成了统筹管理、统分结合的新机制”。因此，要构建以国家综合性消防救援队伍为主力军的国家队与各专业救援队伍相互协同配合，健全企地间、区域间、系统间联防联动机制，各企业应建立重大灾害事故应急指挥方案、专家及技术人员一线指挥等机制，健全完善联防、联训、联指、联战、联保机制，构建智能指挥系统、智能接处警系统，建成覆盖全系统、贯通各级、响应迅速的石油化工灭火指挥系统，通过实战演训不断强化现场专业、科学指挥能力。

利用专职消防队伍达标考核及消防隐患排查整治等专项活动，针对重大风险、关键节点、重大活动开展综合风险研判，全面开展企业及附属单位的综合风险普查。企业各级领导、部门要建立全天候、常态化专人值班值守制度，确保值守队伍时刻都有人“守夜放哨”，进一步强化各企业应急工作的综合管理、全过程管理和力量资源的优化管理，切实增强应急管理工作的系统性、整体性、协同性，逐步形成统一指挥、专常兼备、反应灵敏、上下联动的消防应急管理体制。

2.4　抓好“三个结合“，加快队伍正规化建设

坚持统放相结合。消防专职队伍训练工作涉及人员年龄差别大、岗位多、内容多，同时还具有“远、散、小”的特点，除开展共同及根本的训练课目外，不同的人员要求掌握的内容也不尽相同，因此，在训练上就必须因人、因要求而定。一是做到“统”，统一规定，统一集训，统一考核是做到“放”，每个专职队员在通过自身必备训练考核并达标后，还可根据自身岗位特点有选择性地进行其他岗位的训练，在训练过程中，可自主选择配合默契的合练队友，便于更好地完成训练方案，并充分发挥各自的优势，训练科目成熟后，可以逐级申请考核，并对考核成绩优秀者给予一定的奖励，这样不仅能调动训练的积极性，还可以更好地提升员工的整体业务水平。

坚持知己和知彼相结合。消防专职业务训练既要保证质量，又要提高效率。不少企业专职消防队，既担负本厂的消防灭火救援工作，还担负着联防协作区以及厂区周边消防灭火救援工作，所以在具体训练工作中，不但要熟悉本辖区的情况，还要对联防协作区特别是对重点关键部位做到底数清、情况明，同时还要做好“六熟悉”工作，做到知己知彼。

坚持防与灭相结合。专职队伍也应严格贯彻“预防为主，防消结合”的方针，可以通过一系列的宣传、教育、共建等活动来提高人们防火和灭火的相关知识和平安意识，从而达到减少火灾隐患的目的。

3 结语

综上所述，在全国石油化工企业不断加快构建新发展格局建设中，企业专职消防队伍在各类灾害事故处理与社会救援等多个方面均发挥着十分重要的作用，但受多种因素的影响，企业专职消防队伍建设水平并不高。为此，企业专职消防队伍建设要着眼“全灾种、大应急”的任务需要，通过在加强调研摸底、优化人员配置、提升薪资待遇、深化技战术研究、强化专业培训上持续发力，最终打造一支“作战链条完整、战斗能力匹配、建制模块调度、主战增援兼顾”的专业化企业应急救援队伍。

参考文献

[1] 白延波，企业专职消防队建设存在的问题及对策分析，中国应急管理科学，2022.

【作者简介】王尧，男，现任中国石油宁夏石化公司消防支队(保卫部)消防组战训管理，大学本科学历，主要承担企业专职消防队正规化建设以及战训管理工作。电话：18795370362，邮箱：wyaonx@ petrochina. com. cn。

石油化工企业专职应急救援队伍建设探析

李新宇　李　雪

（中国石油哈尔滨石化公司）

摘　要：石油化工产业是我国社会主义经济体系的重要组成部分，其重要经济价值受到整个社会层面的关注和重视。但是石油化工行业属于高危行业，在生产过程中经常会遇到高温、高压或者易燃、易爆等问题。这些危险因素时刻威胁着石油化工企业的安全生产。因此石油化工企业要做好消防救援工作，并通过组建专职应急救援队伍保障石油化工生产活动的有序运行。本文针对石油化工企业专职应急救援队伍建设展开深入研究，希望可以为石油化工行业的安全生产提供参考价值。

关键词：石油化工企业；救援；队伍；建设；应急

由于产业特殊性，石油化工企业在生产过程中经常要面临复杂的生产问题和无处不在的安全隐患问题。因此，企业领导和全体员工都应该高度重视安全生产问题，并根据企业的实际需求组建专职应急救援队伍，进而帮助企业提高生产活动的安全性和稳定性。但是在石油化工企业的实践管理过程中，其专职应急救援队伍组建工作存在很多问题，所以企业要采取有效的改进措施，保障石油化工企业应急救援队伍组建工作的顺利进行。

1　石油化工企业专职应急救援队伍建设的意义

1.1　帮助企业化解安全隐患

石油化工企业组建专职应急救援队伍具有非常重要的现实意义。首先，石油化工企业建立救援团队可以帮助企业自身解决安全隐患问题，保障生产过程的秩序性和稳定性。石油化工企业在开展生产活动的时候，肯定会遇到一些高危因素，比如各种化工材料和易燃易爆原料等。企业员工在从事生产活动的时候，其人身安全面临巨大的威胁。为了进一步保障企业员工的人身安全和财产安全，组建专职应急救援队伍势在必行。另外，石油化工企业作为社会主义经济体系中的核心组成部分，其快速有序的发展是实现现代化经济强国战略目标的重要前提。通过建设专职应急救援队伍，企业可以从安全生产的角度出发，加强日常安全隐患问题的排查工作，确保石油化工行业的健康发展。

1.2　帮助企业创造安全的生产环境

由于石油化工企业需要面对的安全隐患因素很多，其在开展石油化工生产活动的过程中，会不可避免地发生一些安全事故；发生安全事故之后的应对措施和救援方案直接关系到企业的人员伤亡和财产损失程度。如果企业不能针对安全事故制定及时且完善的救援方案，那么企业将会面临不可预知的灾难。建立专职应急救援队伍之后，队伍就会在发生事故的第一时间对灾情进行全面了解，并快速投入到救援行动中，将企业的人员伤亡情况和财产损失情况降至最低。同时，专职应急救援队伍还可以根据企业的实际经营状况建立完善的安全事故应急管理体系，在管理体系的规范作用下更加快速地组织人员撤离事故现场，为企业创造安全的生产环境，保障石油化工企业的经济效益和社会效益。

2 目前企业在建设救援队伍过程中存在的问题

2.1 对于救援队伍的建设工作不够重视

虽然建立专职应急救援队伍对于石油化工企业来说具有重要意义，但是部分石油化工企业显然还没有意识到救援队伍建设工作的迫切性。现阶段部分石油化工企业对于生产过程中存在的安全隐患问题并不能及时发现并进行有效处理，最终导致严重安全事故的发生，给企业自身带来了重要损失，同时还造成了比较恶劣的社会影响。另外，尽管部分企业已经意识到安全生产的重要性，同时也建立了一定规模的专职应急救援队伍，但是由于部分队伍成员的专业素质不达标，所以在实际救援行动中不能发挥理想的作用，进而为企业的救援工作造成了一定程度的阻碍。因此，所有石油化工企业都应该明确地意识到组建专职应急救援队伍的急迫性，并且要在日常管理过程中重视安全生产，落实安全生产，最重要的是通过科学合理的途径组建高素质的应急救援队伍。

2.2 相关预案和保障措施不够完善

石油化工企业在组建专职应急救援队伍的过程中，需要投入大量的人力、物力以及财力资源的支持，同时还要结合企业的实际发展状况，制定完善的风险事件预案，以确保发生安全事故之后在第一时间进行风险问题的排除工作。目前部分石油化工企业缺少对该方面的重视和投入，其应急救援预案建立得不够完善，相关资源投入也不足以支持安全生产工作的正常运行。比如部分企业在分析安全隐患因素的时候，不能全面且深入地看待问题，对事故的危害程度认识也不到位；发生安全事故之后采取的应对措施不够及时，在日常生产过程中制定的预防措施没有针对性，甚至部分企业根本没有建立专业的应急预案，为后续安全生产的保障工作增加了难度。

2.3 针对救援队伍的培训工作不够专业

阻碍石油化工企业逐渐专职应急救援队伍的主要因素还包括培训工作的不专业。部分石油化工企业在建立专职应急救援队伍之后，并没有安排对其足够专业的培训活动，其应急演练也太过形式化，因此部分专职应急救援队伍的专业素质不足以应对企业生产过程中遇到的各种突发事故。部分专职应急救援队伍培训演练工作的形式化体现在其组建工作的方方面面，比如部分企业在组织应急演练活动的时候，经常会因为设备场地条件的限制，将成本投入和资源支持进行大幅度的缩减，导致其演练活动彻底成为一次“演出”，不能切实起到培训效果，而且这些企业在应急救援机制建设方面的工作也不到位，因此不能让专职应急救援队伍具备足够的救援能力。专职应急救援队伍必须在日常工作中加强培训，并通过专业的应急演练活动才能在真正的救援行动中发挥作用。

3 全面促进企业应急救援队伍建设的有效措施

3.1 建设完善的制度体系

为了全面提高石油化工企业专职应急救援队伍的专业素质，企业管理人员应该根据企业的实际发展需求制定完善的应急救援能力提升方案，并通过有效措施快速提高应急救援队伍的综合救援能力和专业救援技能。完善的应急救援制度体系是提高企业专职救援队伍综合素质的重要基础。石油化工企业应该在日常管理运营工作中充分认识到安全生产的重要价值以及企业本身面临的危险因素，并针对生产过程中存在的各种安全隐患问题展开客观分析，然后借助对安全隐患因素的了解，根据企业内部的生产工艺、设备运行状况以及工作环境建立应急救援预案，组建专职应急救援队伍。在组建专职应急救援队伍和建立应急救援预案的过程中，企业要尽可能地保障预案内容的可行性；并且还要通过完善和优化相关制度体系，帮助员工提高应急救援意识，促使专职应急救援队伍的建设工作更加科学合理。

3.2 提高监督管理力度

在石油化工企业组建专职应急救援队伍的过程中，相关部门要针对性加强对石油化工企业的监督和检查工作，并通过定期检查督促企业尽快建立完善的应急救援机制，另外还要针对其救援队伍的人员配备情况给予指导性建议。总之，相关部门要根据消防标准的要求，对石油化工企业的专职应急救援队伍建设情况进行必要的监督。同时，石油化工企业内部也要进行相应的自检自查工作，并且要通过自查工作对专职应急救援队伍的组建情况进行完善，以提升企业的自觉性，充分落实相关安全生产工作。总之，相关部门要针对石油化工企业应急救援队伍组建情况进行有效监督，切实帮助企业提高队伍组建工作的效率，保障企业生产活动的稳定性。

3.3 加强资源投入

上文已经提到，石油化工企业在建设应急救援队伍的过程中，需要不断投入人力、物力以及财力资源。因此，企业想要保障救援队伍组建工作的顺利，必须在资源和成本方面加强投入，并通过相关资源的充足支持确保救援基础设施的完整性。在组建专职应急救援队伍的时候，企业管理人员要结合实际生产过程中可能遭遇的安全事故类型展开相关的投入保障工作，并通过完善日常工作中的防护设备和用品，提高专职应急救援队伍的专业性。同时，企业在成本投入方面要予以应急救援工作高度的重视，并且还要通过加大资源支持的方式为救援队伍配备相关的救援设备和器材，以确保救援物资的健全。另外，保障人才的投入也是提高企业专职应急救援队伍综合能力的重要途径。企业应该邀请一些具备专业救援能力的人才加入专职应急救援队伍中，以确保在安全事故爆发的时候减少事故对企业造成的损失。

3.4 激发救援队伍的工作积极性

从工作性质方面分析，石油化工企业专职应急救援队伍组建完成之后需要面临极具危险性的任务。众所周知，石油化工行业安全事故的破坏性极大，一旦发生严重事故，救援队伍中的成员必须担负起高强度的救援任务。因此石油化工企业必须通过科学合理的方式激发救援队伍的工作积极性，以实现应急救援队伍的职业化。队员正式入职之后要接受严格的体能训练和专业救援技能训练，并且还要在短时间之内掌握各类消防救援器具的使用方式和保养规则。石油化工企业要全程保障队员培训活动的专业性，所有救援队成员都要履行岗位职责，熟练掌握各种集体救援方式和战术。但是在实际管理过程中，部分石油化工企业经常将救援队成员列为后勤服务岗，各种工资待遇和福利待遇都无法与生产一线岗位的员工相比，这种客观现实导致部分救援队成员出现了消极工作的倾向，不利于专职应急救援队伍工作能力和工作状态的稳定提升。

为了进一步提高专职应急救援队伍的工作积极性，稳定队员的工作状态，石油化工企业一定要从薪资福利方面入手，落实专职救援队伍的岗位待遇和各种保障机制。同时，企业还要定期组织救援队伍中的成员进行职业健康检查，并根据检查结果建立职业健康档案。

制定完善的奖励机制可以从根本上激发救援队成员的工作积极性，企业要根据奖励机制对救援行动中做出突出贡献的队员进行必要的物质奖励和精神奖励，以全面提升专职应急救援队伍成员的工作热情。

3.5 通过科学方式提升队伍的救援能力

(1) 与企业其他岗位的员工展开交流

为了让应急救援队伍中的成员更快熟悉石油化工企业生产过程中需要面对的各种危险因素，企业要合理组织内部岗位交流实践活动。在交流实践活动中，队员要和生产技术岗位上的员工进行有效交流，以快速掌握石油化工产业中的安全生产内容。石油化工企业内部设置有多种专业技术岗位，这些岗位上的员工可以利用其工作经验和工作优势，以兼职的形式到救援队伍中展开安全业务培训，以提升队员的消防安全知识水平；生产技术人员在培训活动结束之后要及时返回原生产岗位。

(2) 与专业消防队员进行联合训练

石油化工企业可以通过联合训练的方式邀请专业消防队员与救援队伍展开交流培训活动。联合训练的方式可以根据企业的客观条件和实际情况决定，企业也可以安排救援队员到国家应急救援队伍中进行培训学习，以提高企业专职应急救援队伍的综合实力。另外，企业还可以定期组织专职救援队伍参加国家专业救援联合实战演练和各种竞赛活动，企业专职救援队员能够通过参加国家级培训活动快速提升其救援行动能力。总之，与专业救援队员展开联合训练能够全面推进企业专职救援队伍的正规化建设。

(3) 强化执勤战备

在石油化工生产活动中，各种危险化工产品都会对人体造成不同程度的伤害，所以企业要针对不同种类的化工产品，制定相应的处置方案。首先，专职救援队伍中的成员要在企业内部进行安全巡查，并围绕各种危险化工产品的运输、储存和管理等重要环节建立相应的消防业务资料档案。企业要和生产一线的技术专家一起针对各种化工产品的管理方式制定完善的应急管理机制。其次，企业要在专职应急救援队伍中全面推行军事化管理模式，确保安全事故发生后的第一时间就可以立即开展救援行动。最后，定期组织救援队员进行考核评估。考核评估内容主要包括体能、主要救援器材应用能力以及个人防护装备管理能力等。专职应急救援队伍中的每一位成员都必须接受正规且严格的专业技能训练和考核评估，考核评估通过之后才能继续投入到正式工作中。

3.6 科学应用救援装备

先进的应急救援装备是队员完成救援任务的重要保障。石油化工企业生产过程中需要用到的化工装备从原料到产品大多都是易燃易爆物质，为了优化生产工艺和生产流程，石油化工企业多采用紧密布置方式。但是这种布置方式非常容易引发安全事故的连锁反应，进而造成二次安全事故的发生。因为为了最大限度保障石油化工企业生产活动的安全性，专职应急救援队伍必须配置性能先进且足够数量的应急救援装备。企业在引进专业救援装备的时候，要关注其生产厂家的正规性，还要通过前期考察工作确定救援装备功能的先进程度。在日常管理和维护装备的工作中，企业要安排专职人员对装备进行专业的保养和检修，以确保其在救援行动中可以正常使用。

另外，过硬的专业技术也是确保救援行动及时性和高效性的重要前提。石油化工企业组建专职应急救援队伍时，一定要挑选技术能力过硬或者具备救援经验的人才担任队伍中的核心管理职位。队伍中的其他成员要在管理者的领导下，通过各种培训活动提高自身的专业救援能力，同时还要在日常工作中积累救援经验，重视演练培训活动中的战术配合，这样才能在安全事故发生后迅速投入到救援行动中。

4 结语

综上所述，石油化工企业开展专职应急救援队伍的建设工作刻不容缓。专职应急救援队伍的组建不但可以为石油化工企业提供极大程度的安全保障价值，而且其对于我国的整体经济结构发展具有非常珍贵的实用意义。现阶段我国大部分石油化工企业的应急救援管理体系建设相对滞后，制度的漏洞和救援队伍的组建问题一直阻碍着石油化工产业的进一步发展。为了全面提高专职应急救援队伍的重要作用，石油化工企业应该全方位完善队伍建设，建立健全的管理体系，加大资金和资源方面的投入力度；定期组织救援队员开展专业技能培训和项目演练活动，借助各种训练活动提升专职应急救援队伍的综合救援能力和专业素质，以最大限度保障石油化工生产活动的安全性和有序性。

参考文献

[1] 郭振平，武茜，王超宾，等. 石油化工企业应急救援队伍建设实践分析[J]. 2020(12).

[2] 王勇军韩博杨冠崙. 石化企业专职消防队伍安全管理的现状与建设措施[J]. 今日消防，2022(8).

[3] 陈硕. 石化企业专职消防队应急救援能力提升研究[J]. 中国石油大学(华东)，2024(24).

[4] 周勇. 石油企业消防应急救援队伍管理工作存在问题及对策[J]. 2021(7).

[5] 任群. 石化企业专职消防队伍发展中的几个难点问题[J]. 石油化工安全环保技术，2022(4).

【作者简介】李新宇，男，中国石油哈尔滨石化公司炼油一部，本科，负责安全管理相关工作。电话：13946141711，0451-55606724，邮箱：lxyhpc@ petrochina. com. cn。

推进平安企业建设
不断提升专职消防队伍救援能力

孟　山

[中国石油哈尔滨石化公司消防支队(保卫部)]

摘　要： 专职消防队伍是我国应急管理体系建设的重要组成部分，是防范和应对突发事件的最重要力量。中国石油集团公司提出建设“两个本质、四个一流”炼化企业的宏伟蓝图，消防工作事关员工生命财产安全，事关企业发展大局，做好消防救援工作意义重大。加强应急救援队伍的整体战斗力，预防和处置各类突发事件中具有极为重要的关键作用，本文以东北某炼化企业专职消防支队为例，从加强应急救援队伍的训练、培训、执勤、消防装备、消防防火监督等方面出发，结合工作实际，对如何提升应急救援队伍战斗力作几点粗浅的探讨，并提出相应的措施及建议。

关键词： 政治站位；战备执勤；强化训练；消防监督；关爱员工

1　应急救援能力提升的重要性

1.1　加强理论学习，提高政治站位

党员骨干带头，通过“三会一课”、观看灭火救援视频、主题党日、重温入党誓词等活动，牢固树立“四个意识”、坚定“四个自信”、做到“两个维护”，在思想上和行动上与集团公司党委保持高度一致。通过深入学习，增强抓好专职消防队伍建设的责任感和使命感，找准工作定位，积极担当作为，努力以高水平消防安全服务企业高质量发展。

1.2　履职尽责，强化战备执勤管理

在节假日及两会等重要敏感时段，党员干部带头，全员在岗、采取双值班模式。强化装备管理，每周开展车辆及器材测试工作，及时处理故障，确保车辆装备完好备用。同时明确各岗位战备职责，做好战备执勤等工作。进一步明确接处警程序及现场监护要求，保证及时安全到达现场完成各项任务，在生产装置大检修及现场施工保运监护中，做好消防安全监护工作。同时积极响应“五小”发明活动，发动员工，开展多功能扳手、塔器降温水雾器、易拆式消防井保温等装备创意研发，提升应急处置能力。

1.3　强化训练，不断提升打赢能力

消防日常执勤人员以现场演练、战术研讨和消防六熟悉等形式，加强对预案的掌握能力。开展多种形式的双盲演练，有效提升队伍应急处置能力。其次采用师带徒、互帮互学等有组织自学方式，提高一岗多能系统操作能力，加强消防车后备司机的培养锻炼。在嘉奖、评优、提拔上倾斜，调动员工学习积极性。正规化建设管理方面，在内务卫生、着装管理、仪容举止等抓好员工日常养成，加强“消防四个规范”规章的制度学习，通过晨会点

名、出操喊号、队列训练为抓手，强化队员条令意识，增强队伍执行力和战斗力。

1.4 认真负责，强化消防监督管理

严格开展防火检查、巡查及志愿消防员培训等工作。特殊动火严格审批流程，生产装置开停工做好界面交接工作，挖掘、占道作业防火检查要到现场确认，加强关键环节管控。在生产装置检修、停工工作中防火专业管理人员要深入检修现场，到各生产装置及施工单位宣讲消防知识、培训消防器材使用、协助解决消防隐患，并且邀请生产装置有技术全面的技术、安全管理人员讲好检修“小课堂。”通过以往事故案例、安全经验分享做好检修消防培训工作。

1.5 重视培养，强化后备人才建设

“管理人员、技术员、基层中队指挥员”三个层面都要有后备人才的工作思路，把消防支队后备人才培养作为加强队伍建设、凝心聚力促发展的有效途径；二是在后备人才人员确定上，坚持五湖四海、老中青结合、优中选优、动态管理；三是坚持生活上关心、工作上支持，有意识地压担子，通过轮岗锻炼、外出培训、作为讲师授课等方式，在实践中不断提高能力素质，争取到兄弟企业消防队及应急救援基地学习，做好后备队长、技术员、基层指挥员及技师人选的培养，适应现阶段企业发展需要。

1.6 关爱员工，牢固树立宗旨意识

持续做好“我为群众办实事”，为员工解决对讲机通信、热水器使用、办公座椅、训练器材等身边小事，不断改善员工工作生活环境，提升队员幸福感和获得感，进一步增强团队凝聚力、向心力；二是树牢“自己是健康第一责任人的意识”，把员工身心健康放在首位，加强相关政策及健康知识学习，慎终如始抓好常态化防疫措施，保护员工身心健康；三是配备自动体外除颤仪（AED），队员进行了使用培训，提升了应对突发医疗事件时的处置能力。

2 应急救援能力建设中存在的不足

2.1 员工在思想观念上存在差距

（1）部分队员缺乏危机意识、忧患意识。认为企业效益不错，存在满足于现状的思想；部分队员存在担当精神不够，日常训练中有怕吃苦、混日子思想，个别人想调往生产一线增加收入。

（2）部分队员工作标准不高。存在工作漂浮、学习困难、不细不实的问题，老毛病、坏习惯反复出现；部分党员先锋模范作用不突出。

（3）部分管理技术人员还存在形式主义作风。存在与队员沟通少、服务意识不强、日常要求不严等问题；对后备人才培养和典型选树重视不够，存在重消防、轻党建的现象。

2.2 员工技能培训存在差距

（1）基层指挥员灭火救援实战经验欠缺。基层指挥员与其他专职队伍交流研讨比较少，知识视野不够宽，基层指挥员指挥能力还有待进一步提高。

（2）部分队员年龄偏大。按照集团公司规定，消防战斗员不应超过35岁。调研东北某炼化消防支队，人员年龄现状结构：30~35岁16人、36~40岁13人、41~45岁11人、46~50岁5人、51岁以上10人，目前平均41.6岁，年龄偏大。新员工入职率降低，部分员工申请调转到了生产车间；新上岗员工实战经验缺乏、与队员配合需要提高。

（3）队员技体能有待提高。随着队员年龄增长，体力存在下降趋势；部分队员存在腰

伤、腿伤、脚伤等伤病情况，一定程度上影响了正常训练，为保证队员良好技能、体能，能够完成消防救援任务，日常考核严格执行训练标准，部分队员不达标受到奖金考核，认为日常训练强度大，应该适当调整训练科目、降低考核标准；部分队员业务学习不够，无法做到一岗多能、系统操作。

2.3 消防装备及设施对标存在差距

(1) 车辆新度系数低，存在安全隐患问题。执勤战备车辆都已经服役10年以上，根据《危化品消防站建设标准》规定，近3年陆续有8台车到达报废年限，同时车辆故障频率增高，执勤战备隐患率增大，维修费用居高不下；消防车辆比较老旧，车载泡沫数量不足，无法满足较大火情需求，需要配置大容量泡沫消防车。

(2) 消防设备设施及防护装备存在差距。根据《危化品消防站建设标准》对标，目前消防支队存在业务用房及建筑、设施和场地不达标、抢险救援器材及消防员个人配备数量不达标、通信指挥系统不达标等问题。存在应急器材短缺、部分现有装备不能满足特殊情况下的灭火需求问题，如现有移动炮还存在数量少、流量低、年代久、架设不方便；没有配备无人机及灭火机器人，消防员侦查搜救效率低，灭火救援风险大；在用的通信方式比较落后，消防员使用的手持式对讲机，出警过程操作不方便，而且在火场受环境影响通信效果不佳，联系不便；日常训练器材老旧，不能及时更新；训练场地地面坑凹不平，影响战士日常训练安全；冬季训练馆温度偏低，影响消防员训练，同时容易造成感冒，不利于健康企业创建工作。

2.4 队员薪酬待遇偏低影响队伍稳定

(1) 按照中国石油天然气集团有限公司消防安全管理办法第47条规定，专职消防应急救援队伍人员应当参照企业高危或特殊工种岗位，合理确定其工资、津贴及奖金待遇，享受所在企业生产一线员工相应的薪酬、福利待遇。与生产车间人员相比，年收入与一线员工差距较大。

(2) 部分队员是家庭生活主要经济来源，老人生病、孩子上学及还房贷等生活负担比较重，很多年轻员工想到一线车间为公司做贡献，同时还能增加收入、缓解生活压力，还有个别老员工由于身体原因申请到保卫后勤工作，降低了消防战斗执勤实力。

3 解决措施

3.1 加强员工思想教育，积极转变员工观念

(1) 加强形势任务教育。学习贯彻国家关于安全生产的重要指示精神，统筹发展与安全，进一步提高队员责任感、危机感和使命感，在全队形成对自己负责、对全队负责、对企业负责的良好风气；通过充分发挥支部战斗堡垒和党员先锋模范作用，带头从自身做起、从点滴做起，牢固树立“高效灭火就是最大的提质增效”的意识，在思想、行动上与公司保持高度一致，引导员工认真履职尽责；召开典型学习交流会，讲好消防故事，突出正能量，进一步提振队员士气，增强工作的主动性和自觉性，把队员对美好生活的向往转化为提升训练热情的动力，人人争做“最美逆行者”，认真做好本职工作，关键时刻看得出、冲得上、打得赢。

(2) 注重日常养成教育。加强公司规章制度学习，明白红线底线，同时通过日常晨会点名、出操喊号、队列训练为抓手，积极参与公司演练、检查、应急竞赛、升国旗等活动，以规范营房卫生及物品摆设为切入点，坚持高标准、严要求、硬考核，不断强化队员条令

意识，不忘军人本色，养成良好工作生活习惯，进一步增强队伍执行力和战斗力。

(3) 做好员工思想稳定工作。支部高度重视队伍稳定工作，结合大部分员工是油二代特点，回顾企业发展壮大历程中所做的贡献，回顾不畏艰险抢险救援、顶风冒雪坚守现场的难忘日子，激发大家爱企爱岗之心，做到感情留人、事业留人，发动技术员、党小组长、党员骨干，一起做队员思想稳定工作。

3.2 强化体能技能培训，不断提升员工素质

(1) 加强后备人才培养。做好后备人才的培养工作，做好后备基层指挥员、技术员、管理人员人选的培养，坚持生活上关心、工作上支持，有意识地压担子，不断提高能力素质。为做好安全高效灭火工作，开展“战训大讲堂”活动，按照“干什么学什么、缺什么补什么、持续培训”的原则，开展有组织自学活动，通过采取走出去、集中办班、专题讲座、岗位培训等多种形式，抽调骨干到大庆石化、大庆油田应急救援基地学习，由党员干部带头、业务骨干参与消防知识授课，培训内容紧密结合日常消防救援工作，通过理论联系实际案例，研讨日常训练、装备使用、灭火指挥的得失，不断提升基层指挥员能力水平。

(2) 开展多种形式的有组织自学活动。贯彻“训战一致”的指导思想，按照“仗怎么打，兵就怎么练”的要求，考虑队员年龄及身体状况，增加休息时间，适当调整培训计划，提高训练的科学性、规范性；发挥党员骨干作用，通过开展“技能、体能”大比武等系列活动，采用师带徒、互帮互学、自学等多种方式，强化队员技能、体能考核，熟知车辆、装备使用性能，提高一岗多能系统操作能力，通过在评优评先、入党提拔上对训练尖子给予倾斜，调动队员学习训练的积极性；同时加强与生产装置开展双盲演练，不断提升队员技战术水平。

(3) 调整奖金分配实现正向激励。向技体能训练、比武竞赛、应急救援及现场监护倾斜，合理拉开收入差距，实现多练多得、多干多得、干好多得，做到奖勤罚懒，引导队员刻苦训练不断提升打赢本领。

3.3 配齐配强消防装备，助力完成灭火救援任务

(1) 逐步更新消防车辆。做好现有消防车辆日常保养维修，确保及时维修，满足战备需要；同时积极向集团争取新型多功能消防车辆，不断淘汰老旧到期装备，集团公司配备的三项射流消防车、60m 大跨度举高喷射消防车可以大幅提升高空立体火灾扑救能力，下一步力争多功能消防车，进一步提升应急救援能力。

(2) 完善消防设备设施。根据《危化品消防站建设标准》规定，相关设备设施问题做好对标工作，对存在问题完善列入企业年投资计划，力争年底完成。按照配置多空间移动炮、无人机、灭火机器人、水雾喷射管等新型灭火装备，提高搜救效率和灭火效能，降低消防员安全风险；配备智能头盔，不但提高通信质量，而且可以解脱战斗员双手，方便现场联系和开展应急救援行动；及时维修更换老旧消防器材，维修训练场地，满足日常训练要求。

3.4 积极反映相关收入问题，做好员工队伍稳定工作

考虑到消防特殊工作性质及日常表现，积极向上级领导及相关部门反映情况，争取参照企业一线员工工资标准上限制定消防员工资待遇标准，推动队员享受交通、就医、入学等优待政策，调高消防支队岗位档次和奖金系数，增加队员收入，做到待遇留人，使队员安心消防工作、乐于献身消防事业。

4 结语

专职消防队正规化建设对企业安全发展具有非常重要的作用和意义，我们应该重视全

要素工作的重要性。对于其推进过程中存在的问题和不足，并且采取有效的措施，积极改进措施和方法，进一步建立健全相关法规、政策以及不断探索新的管理模式，解决其中存在的问题，加强专职消防队灭火救援、训练、培训等工作良好推进的有效性实践。

【作者简介】孟山，男，现就职于中国石油哈尔滨石化公司消防支队中级工程师，本科学历，岗位为防火安全工程师。电话：0451-55606929。

人工智能大语言模型在应急抢险救援中的应用

刘 强 毛勇忠 刘 勇 黄 玮

（中国石油新疆油田公司应急抢险救援中心）

摘　要：随着人工智能技术的不断发展，人工智能大语言模型作为其中的重要应用之一，在各个领域展现出巨大的潜力。本文重点探讨了人工智能大语言模型在应急抢险救援中的智能化应用。文章从人工智能大语言模型的基本原理和特点出发，详细讨论了其在应急抢险救援中的具体应用场景，分析了其优势和挑战，并展望了人工智能大语言模型在未来的发展方向和应用前景。人工智能大语言模型在应急抢险救援领域具有广泛的应用场景，如智能指挥、决策支持、智能预警、风险评估、智能救援、资源调度、智能辅助与协同合作等。然而，人工智能大语言模型在应用过程中仍面临数据隐私和安全、算法可解释性、系统集成和实时性等挑战。本文对于提高应急抢险救援的效率和准确性具有重要意义。

关键词：人工智能；大语言模型；应急抢险救援；辅助决策；预测模拟；数据分析；自主学习

1　引言

随着自然灾害和人为事故的频繁发生，应急抢险救援工作变得越来越重要。传统的抢险救援方法在面对复杂多变的情况时存在一定的局限性。而大语言模型的出现为应急抢险救援带来了新的机遇和挑战。本文将探讨大语言模型在应急抢险救援中的智能化应用。

2　大语言模型的基本原理和特点

大语言模型是一种基于深度学习技术的人工智能模型，旨在模拟人类语言的生成和理解能力。它是通过大规模的训练数据和神经网络模型来实现的自然语言处理模型。其主要目标是生成具有语法正确性和语义连贯性的文本。它通过学习大规模的文本数据集，从中提取语言规律和模式，并利用这些规律和模式生成新的文本。

2.1　大语言模型的核心原理

大语言模型的核心原理是基于循环神经网络（Recurrent Neural Network，RNN）或者是其变种，如长短期记忆网络（Long Short－Term Memory，LSTM）或门控循环单元（Gated Recurrent Unit，GRU）。这些网络模型具有记忆和学习能力，可以处理序列数据，如文本。

在训练阶段，大语言模型使用大量的文本数据进行学习，通过预测下一个词或字符来训练模型。通过不断迭代和调整模型参数，使其能够更准确地预测下一个词的概率分布。这样，模型就能够学习到语言的规律、语法结构和语义信息。

在生成阶段，大语言模型可以根据给定的上下文，预测下一个可能的词或字符。它可以生成连贯的句子、回答问题、完成文本生成任务等。

大语言模型的训练需要大量的计算资源和海量的文本数据，通常使用分布式计算和并行处理来加速训练过程。同时，为了提高模型的性能和泛化能力，还可以采用一些技术手段，如注意力机制、残差连接等。

2.2 大语言模型的特点

上下文理解能力：大语言模型能够理解上下文的语义和语法结构，从而生成与上下文相关的合理文本。这使得模型能够根据输入的抢险救援场景信息生成相关的应急指导和建议。

多样性和创造性：大语言模型不仅可以生成符合语法规则的文本，还能够展现一定的创造性，生成多样化的文本内容。这使得模型能够提供多种应急抢险救援方案，满足不同场景和需求。

快速响应能力：大语言模型具有高效的计算和推理能力，可以在短时间内生成大量的文本。这使得模型能够在紧急情况下快速响应，提供实时的应急辅助和决策支持。

持续学习和优化：大语言模型可以通过不断地学习和优化提高自身的性能和效果。它可以从用户的反馈中获取信息，并根据反馈进行模型参数的更新和调整，以提供更准确、实用的应急抢险救援建议。

总之，大语言模型以其强大的上下文理解能力、多样性和创造性、快速响应能力以及持续学习和优化的特点，结合 AI 人工智能平台，形成一套整体的智能辅助决策平台（见图 1），为应急抢险救援提供了新的可能性和潜力。在接下来的部分中，我们将详细探讨大语言模型在应急抢险救援中的具体应用场景和效果。

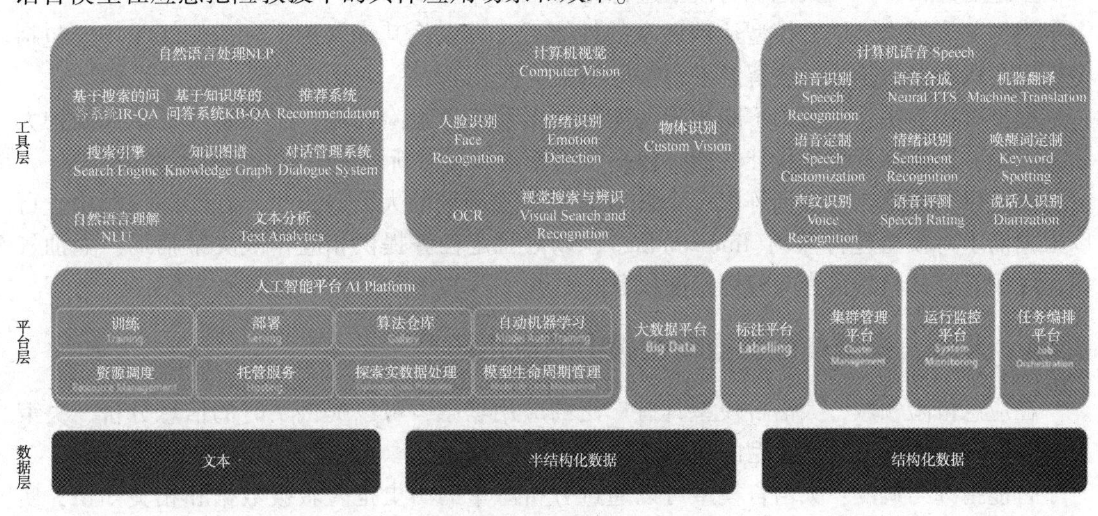

图 1　大语言模型+AI 智能平台

3 应急抢险领域的大语言模型训练

分割数据集：将历年应急抢险数据、预案和灾害数据经过预处理，将数据分割成训练集、验证集和测试集。通常，可以按照 70%（训练集）、15%（验证集）和 15%（测试集）的比例进行划分。训练集用于模型训练，验证集用于调整超参数以优化模型性能，测试集用于评估模型在未见过的数据上的表现。

词汇表构建：基于训练集数据，构建词汇表。词汇表包含了所有在训练数据中出现的单词或字符。可以选择字级别或词级别的词汇表，也可以使用词片（subword）方法，如 Byte

Pair Encoding(BPE)或 WordPiece 等。

词嵌入：将文本数据中的每个单词或词片转换为高维向量表示。这些向量可以通过预训练的词嵌入模型(如 Word2Vec、GloVe 等)获得，也可以在训练过程中与模型一起学习。

确定超参数：为模型训练过程设置超参数。超参数包括学习率、批次大小(batch size)、训练轮数(epochs)、优化器(如 Adam、SGD 等)等。合适的超参数设置对模型性能至关重要。

模型训练：使用训练集数据进行模型训练。在每个训练轮次(epoch)中，将数据分成若干批次(batch)，并依次输入模型进行训练。每次训练后，计算损失函数(如交叉熵损失)并更新模型参数。为防止过拟合，可以使用正则化技术(如 L1、L2 正则化)和 dropout 等。

模型验证与调优：在每个训练轮次结束后，使用验证集评估模型性能。根据验证集上的表现，调整超参数以优化模型。可以使用网格搜索(Grid Search)、随机搜索(Random Search)或贝叶斯优化(Bayesian Optimization)等方法进行超参数调优。

早停策略：为避免过拟合，可以设置早停策略。当模型在连续若干轮次(如 10 轮)验证集上的性能没有提升时，停止训练并保留最佳性能的模型。

模型测试：在完成模型训练和调优后，使用测试集评估模型在未见过的数据上的泛化能力。

模型评估：在训练和微调过程结束后，需要对模型进行评估，以确保其在实际任务中的性能达到预期。可以使用标准的自然语言处理评估指标(如准确率、召回率、F1 分数等)对模型进行评估，并与其他现有模型进行比较。

模型部署：当大语言模型达到满意的性能后，可以将其部署到实际应用场景中。包括将模型集成到应急抢险救援智慧平台等应用系统上。

模型维护与更新：根据不断积累的实战数据和应急抢险经验，需要定期更新和维护大语言模型，以确保其保持最佳性能。包括使用新的数据重新训练模型、调整模型参数等。

通过以上步骤，可以训练出一个针对应急抢险领域的大语言模型。在实际应用中，可以根据需求对模型进行微调(fine-tuning)，以对特定任务提供相应作战决策辅助，如油气田、民用设施、自然灾害等应急抢险任务。

4 大语言模型在应急抢险救援中的应用场景

在应急抢险领域，大语言模型具有广泛的应用场景，可以提供实时的信息分析、决策支持和指导。以下是几个典型的应用场景：

智能指挥与调度：大语言模型可以通过分析海量的历史抢险救援数据和相关知识，实现智能指挥和调度。它能够根据不同的灾害类型和紧急程度，自动推荐最佳的抢险救援方案，并提供决策支持。

信息搜集与分析：在抢险救援过程中，及时准确的信息是至关重要的。大语言模型可以通过分析社交媒体、新闻报道和其他公开信息源，实时搜集和分析灾害发生地区的相关信息。它能够自动提取关键信息，进行情感分析和事件关联分析，为抢险救援人员提供全面的信息支持。

智能问答与咨询：大语言模型可以作为一个智能问答系统，回答抢险救援人员和受灾群众的问题。它能够理解自然语言问题，并基于其学习到的知识和经验，给出准确的答案和建议。这种智能问答系统可以大大提高抢险救援工作的效率和准确性。

资源调配与优化：在抢险救援过程中，资源的合理调配和优化是关键问题。大语言模型可以通过分析历史数据和实时信息，预测灾害发展趋势和需求变化，从而优化资源的分配和利用。它可以提供实时的资源调度建议，帮助抢险救援人员更好地应对突发情况。

智能风险评估：大语言模型可以通过分析历史灾害数据和相关知识，进行风险评估和预测(图 2)。它能够识别潜在的灾害风险因素，并提供相应的预警和建议。这种智能风险评估系统可以帮助抢险救援人员提前做好准备，减少损失和伤亡。

图 2　大语言模型辅助决策对灾害进行评估、模拟和预测

综上所述，大语言模型在应急抢险救援中具有广泛的应用场景。它可以提供实时的信息分析、智能指挥与调度、智能问答与咨询、资源调配与优化以及智能风险评估等功能，为抢险救援工作提供强有力的支持和指导。然而，大语言模型的应用还面临一些挑战，如数据隐私和安全性等问题，需要进一步研究和解决。

5　大语言模型在应急抢险救援中的优势和挑战

大语言模型在应急抢险救援领域具有许多潜在的优势，可以为救援行动提供有力支持。然而，同时也面临一些挑战和限制。以下是对其优势和挑战的详细描述：

5.1　优势

快速响应和决策：大语言模型具备高速处理和分析大量信息的能力，可以迅速响应并提供救援行动所需的决策支持。它可以快速分析救援现场的各种数据，如地理信息、人员分布、资源需求等，帮助指挥部门做出及时而准确的决策。

智能预测和模拟：通过学习和分析历史数据和模型，大语言模型可以进行智能预测和模拟，帮助救援人员更好地了解可能发生的紧急情况和灾害影响。这有助于提前做好准备，并制定相应的救援策略和应对措施。

多模态数据处理：大语言模型不仅可以处理文本数据，还可以处理图像、声音和视频等多模态数据。这使得它能够从多个角度全面分析救援现场的情况，提供更全面准确的信息和指导。

5.2　挑战

数据隐私和安全：在应急抢险救援中涉及大量敏感数据，如个人信息、地理位置等。

大语言模型的使用需要保证数据的隐私和安全，防止数据泄漏和滥用。

算法可解释性：大语言模型往往是基于深度学习算法构建的，这些算法通常具有较高的复杂性和黑盒特性，难以解释其决策过程。在救援行动中，对算法的可解释性要求较高，以便救援人员能够理解和信任模型的决策。

系统集成和实时性：在应急抢险救援中，需要将大语言模型与其他救援系统和设备进行集成，以实现实时监测和响应。这需要解决系统集成的技术问题，并确保模型的实时性和可靠性。

总的来说，大语言模型在应急抢险救援中具有巨大的潜力，可以为救援行动提供重要的支持。然而，我们也需要认识到其中的挑战和限制，并持续研究和改进，以更好地利用这一技术来保护人民的生命和财产安全。

6 大语言模型在应急抢险救援中的发展方向

大语言模型在应急抢险救援领域的应用前景广阔，未来的发展方向呈现出以下几个重要趋势：

深度融合与整合：未来的发展方向之一是将大语言模型与其他技术和系统进行深度融合与整合。例如，将大语言模型与图像识别、传感器网络等技术相结合，实现多模态的信息处理和综合分析，提升抢险救援的效率和准确性。

实时决策与响应：随着大语言模型计算能力的提升，未来的发展方向之一是实现实时决策与响应能力。通过结合大语言模型的自动推理和决策能力，可以在紧急情况下快速生成最佳的救援方案，并实时调整和优化。

自主学习与适应能力：大语言模型的发展方向之一是实现自主学习和适应能力。通过不断与实际抢险救援场景的交互，模型可以从实践中不断学习和优化，逐渐形成更加精准和可靠的应急响应能力。

隐私保护与安全性：在应急抢险救援中，涉及大量的敏感信息和个人隐私。未来的发展方向之一是加强大语言模型的隐私保护和安全性，确保救援行动过程中的数据安全和信息保密。

大语言模型在应急抢险救援中的发展方向包括深度融合与整合、实时决策与响应、自主学习与适应能力以及隐私保护与安全性。这些方向的发展将进一步提升抢险救援的效率、准确性和可靠性。

7 大语言模型在应急抢险救援中的应用前景

智能指挥与决策支持：大语言模型可以通过深度学习和自然语言处理技术，对大量的抢险救援数据进行分析和理解。它可以帮助指挥部门快速获取关键信息、预测灾害发展趋势，并提供智能化的决策支持。这将大大提高抢险救援行动的效率和准确性。

智能预警与风险评估：大语言模型可以结合多源数据，包括气象数据、地质数据、社交媒体数据等，进行智能化的预警和风险评估。它可以识别潜在的灾害风险，提前预测灾害的发生概率和影响范围，帮助相关部门做出及时的应对措施。

智能救援与资源调度：大语言模型可以通过学习和分析历史抢险救援数据，提供智能化的救援方案和资源调度策略。它可以根据不同的灾害类型和地区特点，推荐最佳的救援行动方案，并优化资源的分配和调度，以提高救援效率和救援成功率。

智能辅助与协同合作：大语言模型可以与其他智能化系统和设备进行无缝集成，实现智能辅助和协同合作。例如，与机器人、无人机、传感器等设备结合，可以实现远程监控、物资运送、灾情勘察等任务，提高救援人员的安全性和工作效率。

总之，大语言模型在应急抢险救援中的应用前景非常广阔。随着技术的不断发展和创新，我们可以期待它在救援行动中发挥更大的作用。

8 结语

本文综合分析了大语言模型在应急抢险救援中的应用，并对其优势、挑战、发展方向和应用前景进行了探讨。大语言模型的出现为应急抢险救援工作带来了新的机遇和挑战，同时也需要我们认真面对其中的问题和难题。未来，随着技术的不断发展和应用场景的拓宽，大语言模型在应急抢险救援中的作用将会越来越重要。

参 考 文 献

[1] 徐月梅，胡玲，赵佳艺，等. 大语言模型的技术应用前景与风险挑战[J/OL]. 计算机应用：1-10[2023-10-08].

[2] 华程. 基于云计算的人工智能训练平台应用策略研究[J]. 电信快报，2021(01)：17-19+42.

[3] 范仲毅. 人工智能训练师[J]. 成才与就业，2019(03)：72.

【作者简介】刘强，男，2020 年毕业于华中农业大学，计算机科学与技术专业学士学位，新疆油田公司应急抢险救援中心信息档案管理站科员，主要从事信息化在应急抢险救援中应用的研究。电话：18509905800，邮箱：xfliuq@ petrochina. com. cn。

储罐消防冷却水喷淋盘管末端加装排渣引下管

马　轩　刘　辉　郭　翔　李　鹏

（中国石油新疆油田公司王家沟油气储运中心）

摘　要：储罐喷淋系统中的喷淋盘管，在其末端为堵头封堵或法兰封堵，由于盘管内腐蚀所产生的锈蚀残渣等沉积物，以及可能的微生物生长等因素，在使用喷淋时由冷却水推挤在盘管末端，形成3～5m 堵塞，导致部分喷头不出水，出现储罐消防冷却喷淋保护盲区。对其进行工艺改造，在盘管末端加装排渣引下管。增加排渣引下管后，可通过利用消防冷却水对喷淋盘管的定期冲洗，彻底清除末端的堵塞物质消除隐患，提升了系统的稳定性，增强了安全性，有效降低火灾发生的可能性，从而减轻火灾对储罐和生产安全的威胁。

关键词：储罐消防；喷淋系统；喷淋盘管；盘管堵塞；排渣管

1　引言

1.1　选题背景

在石油工业领域，原油及成品油储罐存在火灾爆炸的风险，意外发生事故会对人员、财产和环境造成严重损失。当储罐发生火灾时，第一时间灭火、冷却在整个灭火救援过程中是重中之重。消防系统由固定消防系统与半固定消防系统构成，其中固定消防设施中的泡沫灭火系统、冷却水喷淋系统是关键，储罐的消防冷却水系统是确保油品存储安全的不可或缺的关键组成部分。这一系统的有效性直接关系到储罐在火灾事件中的应对能力和整体的安全性。

1.2　意义

通过工艺改造，提高储罐安全设计，保证喷淋系统的可靠性，可以解决储罐消防冷却水喷淋盘管末端堵塞，部分喷头不出水的问题隐患。降低油库储罐消防安全风险和整改问题检修时的安全风险，提高了储罐消防冷却水喷淋系统的可靠性。

2　基本情况和现状

2.1　基本情况

中心所辖油库是一座集仓储和管道、铁路、公路中转一体化的特大型综合性油库，是所在地区原油、成品油仓储中转的核心枢纽。油库建成时间长，各类储罐以及相关设备新旧程度不一，同时各类管线复杂，涉及多种油品运行。

因油品不同，油库所建储罐分为浮顶罐与内浮顶罐，相对应的固定消防设施也有所区别，储罐消防冷却水喷淋系统，喷淋盘管设在罐壁上，盘管末端为堵头封堵或法兰封堵。

2.2　存在问题

根据《中华人民共和国消防法》相关要求，对于消防安全重点单位，必须“对建筑消防设施每年至少进行一次全面检测，确保完好有效，检测记录应当完整准确，存档备查”。在历年消防设施年度检测及油库的生产运行过程中发现，油库储罐消防冷却水喷淋系统因盘管设计原因，存在喷淋盘管末端堵塞，部分喷头不出水的现象。

3 储罐喷淋系统

为了更深入地理解这一问题，需要了解储罐消防冷却水系统的工作原理以及为何喷淋盘管的畅通性对于整个系统的正常运行至关重要。

3.1 储罐喷淋系统的作用

储罐喷淋系统主要由水罐、泵房、管道和喷头组成。经过泵房将管道内液体加压后，当管道内液体流动到喷头时喷出，形成雾状喷射，使雾状物质在储罐内形成一层保护层，能有效地降低储罐内可能发生火灾和爆炸的风险。该系统的主要作用如下：

（1）防止火灾和爆炸的发生。储罐中往往存放有易燃、易爆物质，当温度过高或压力过大时容易发生火灾和爆炸，储罐喷淋系统能及时进行雾状喷射，形成保护层，有效地降低发生火灾和爆炸的风险。

（2）保护罐体和介质。储罐的材质不同，耐高温、耐腐蚀能力也不同，喷淋系统可对储罐进行冷却，减少对罐体的损害；同时，雾状喷射还能保护储罐内介质，减少因高温和压力损坏介质的风险。

（3）增加灭火效果。喷淋系统可用于灭火，雾状喷射可抑制火势、扑灭火焰，提高灭火效果。

3.2 储罐喷淋系统的优势

（1）响应速度快。喷淋系统的响应时间一般在几秒钟内，远远快于其他灭火手段。

（2）工作效率高。喷头数量多，喷射范围广，能够在短时间内形成一层雾状保护层，有效地降低储罐内火灾和爆炸的风险。

（3）操作简便。储罐喷淋系统可以系统化管理，避免人员操作失误的可能性，也不会对储罐内物质产生损害。

4 喷淋系统盘管问题及解决方案

4.1 问题描述

中心储罐消防冷却水喷淋系统，喷淋盘管设在罐壁上，盘管末端为堵头封堵或法兰封堵。在多年的使用中，盘管内腐蚀所产生的锈蚀残渣、杂质等沉积物，以及可能的微生物生长等因素，在使用喷淋时由冷却水推挤在盘管末端，形成3~5m堵塞，以及喷头堵塞，导致部分喷头不出水，出现储罐消防冷却喷淋保护盲区。见图1。

4.2 隐患分析

储罐消防冷却水喷淋系统的正常运行对于防范火灾、保护储罐和维护生产安全至关重要。盘管末端堵塞这一问题若不及时处理，将直接影响到消防冷却水的喷洒效果，提高储罐发生火灾的风险，为储罐的安全平稳运行带来很大的消防安全隐患。这种情况不仅构成了潜在的火灾安全隐患，还直接影响了储罐的安全平稳运行。

在疏通堵塞段时，由于储罐喷淋盘管紧挨罐壁且高度较高，大多都在10m以上的位置，喷淋盘管末端疏通存在困难，且有高空作业的安全风险。

图 1　改造前喷淋盘管末端、喷头堵塞情况

4.3　解决方案

通过对问题的分析以及综合各方面因素考虑，所选定的解决方案为进行工艺改造，即在储罐大修时对盘管末端加装排渣引下管(图 2)。此解决方案的创新点在于增加排渣引下管后，可通过利用消防冷却水对喷淋盘管的定期冲洗，彻底清除末端的堵塞物质，从根本上解决了储罐消防冷却水喷淋盘管末端堵塞导致喷头不出水的消防隐患，从而保障系统畅通。如此工艺改造不仅提升了系统的稳定性，还增强了安全性，有效降低火灾发生的可能性，从而减轻火灾对储罐和生产安全的威胁。

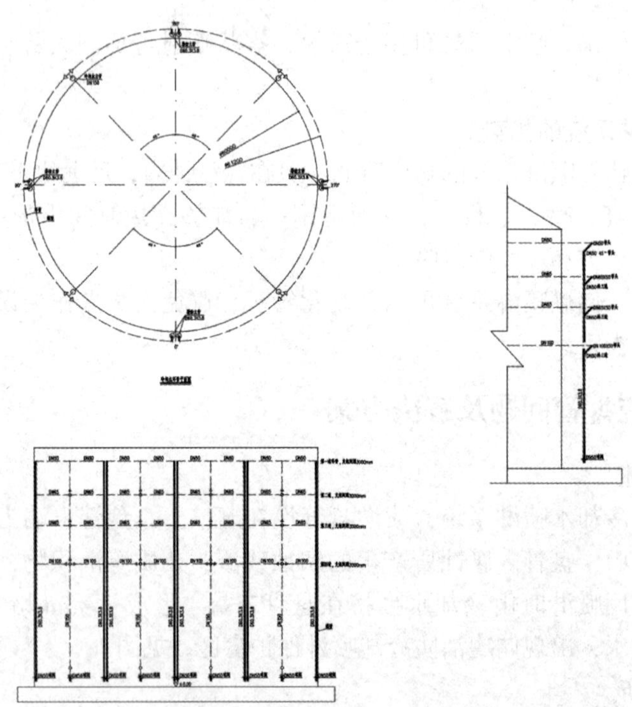

图 2　储罐喷淋盘管末端加装排渣引下管安装图

首先，排渣引下管的引入对系统稳定性有着显著的影响。消防冷却水喷淋盘管末端的堵塞是导致系统失效的常见问题之一。堵塞可能由沉积物、锈蚀、微生物生长等多种原因引起，而这些问题在储罐环境中尤为突出。通过引入排渣引下管并实施定期冲洗，系统能够更容易地保持畅通状态。这种改造方案有效降低了堵塞的风险，提高了整个系统的可靠性和稳定性，确保在火灾发生时喷淋系统能够迅速且有效地响应。

其次，储罐大修是系统维护和改造的有利时机，通常涉及对储罐内外的全面检查和修复，可以在系统维护的同时，使用高压水射流或其他清洗手段对喷淋盘管进行全面冲洗，清除可能存在的堵塞物质，确保喷头畅通。通过在此时段操作，可以最大限度地减少对正常生产的干扰。

改造方案在储罐大修时进行，避免了高空作业的安全风险，确保了施工操作的安全性。储罐消防冷却水喷淋盘管通常位于储罐的高处，进行清理和维护工作需要进行高空作业，存在一定的危险性。通过在储罐大修时进行改造，引入排渣引下管并定期冲洗，可以将清理和维护工作移到地面上进行，有效减少了工作人员的高空作业风险，提高了整个操作的安全性。

5 方案实施步骤

在实施储罐消防冷却水喷淋系统工艺改造方案时，制定详细的实施步骤和计划是确保项目顺利进行的关键。以下是一系列的实施步骤和计划，以确保排渣引下管的引入和定期冲洗能够有效地实施。

5.1 前期准备与规划

在进行储罐大修之前，进行充分的前期准备和规划是至关重要的。这包括对储罐消防冷却水喷淋系统的现状进行全面评估，确定是否存在末端堵塞问题，以及评估排渣引下管的加装可行性。制定详细的工程计划，包括工程时间表、人力资源需求、材料采购和安装方案等。

5.2 专业技术团队的安排与培训

安排专业技术团队负责排渣引下管的安装工作。团队成员需要具备相关领域的经验和专业知识，确保工程能够按照高标准进行。在实施之前，进行必要的培训，确保团队熟悉工程的技术细节和安全标准。

5.3 排渣引下管的安装

在储罐大修期间，实施排渣引下管的安装工作。这涉及到在喷淋盘管末端适当位置进行管道连接和固定。所有的安装工作都应符合相关的安全规范和工程标准。加装排渣引下管前后对比情况见图3。

图3　加装排渣引下管前后对比图

图 4　加装排渣引下管后喷淋效果

5.4　定期冲洗计划的制定

安装完成后，制定定期冲洗计划是确保排渣引下管能够发挥作用的重要环节。计划应包括冲洗的频率、冲洗方法(如高压水射流、气体冲洗等)、冲洗时段的选择等。此计划的合理制定可以最大程度地保持喷淋盘管的通畅状态，减少堵塞的可能性。加装排渣引下管后喷淋效果见图 4。

5.5　定期检查与维护

定期进行系统的检查和维护是保证长期运行效能的关键。检查应涵盖排渣引下管、喷淋盘管和相关设备。定期维护包括更换老化的部件、清理堵塞物质、修复损坏的管道等。这些措施有助于确保系统的长期可靠性。

5.6　培训与安全意识提升

定期培训工作人员，提高其对系统运行和安全的认识。建立安全文化，确保工作人员了解在排渣引下管进行冲洗时需要采取的安全措施，减少事故发生的可能性。

5.7　数据记录与分析

建立系统的数据记录和分析机制，追踪冲洗效果、系统运行状态和任何异常情况。通过数据分析，及时调整冲洗计划和维护策略，提高系统的运行效能。

6　安全经济效益

此项改造降低油库储罐消防安全风险和整改问题检修时的安全风险，提高了储罐消防冷却水喷淋系统的可靠性。通过对储罐进行此项改造，从根本上解决了储罐消防冷却水喷淋盘管末端堵塞导致喷头不出水的消防隐患。为中心油库储罐的安全平稳运行提供了可靠的消防安全保障，取得了较好的安全效益。

油库此前已对当年检测出的喷淋盘管末端堵塞及喷头不出水的问题的 26 座储罐进行了维修与疏通。通过此次工艺改造，从根本上解决了储罐消防冷却水喷淋盘管末端堵塞导致喷头不出水的消防隐患，预计每年可节约维修费用 40 余万元。

7　结语及展望

引入排渣引下管并进行定期冲洗不仅解决了消防冷却水喷淋盘管末端堵塞的问题，还提高了整个储罐消防冷却水系统的可靠性和稳定性。这一创新性的解决方案不仅有助于提升系统性能，而且为石油工业中其他储罐消防系统的改进提供了新的思路和方法，以及有益的经验和指导。通过在维护过程中引入创新技术，我们可以更好地应对储罐消防安全的挑战，确保石油工业生产的平稳进行。

未来，随着系统的实际运行效果逐渐显现，可以进一步对系统进行优化，以不断提升整个系统的性能。尤其是与火灾安全相关的，可能也可以考虑类似的改进方案，以提高其可靠性和安全性。

参　考　文　献

[1] 张巍敏. 浅谈石油化工油罐消防系统设计策略[J],《当代化工研究》, 2023, (14), 191-193.

[2] 李振新，王娟，赵金水，付丽，邹环宇. 大型储罐固定式消防系统改进技术探讨[J]，《石油和化工设备》，2023，26(03)，131-133.
[3] 张蒲根. 大型储罐消防管道的腐蚀危害分析及方法讨论[J]，《全面腐蚀控制》，2023，37(03)，131-133.

【作者简介】马轩，男，新疆油田公司王家沟油气储运中心，本科学历，2011 年毕业于中国石油大学(华东)石油工程专业，主要从事生产运行管理工作。电话：13109994536，邮箱：115152658@ qq. com。

原油储罐火灾特点及扑救战术探讨

王　超　曹玉龙　郭　锐

（中国石油新疆油田公司王家沟油气储运中心）

摘　要： 原油储罐的自身特点和其存储的物料决定了其具有较大的危险性，一旦有事故发生，如不及时有效控制，常会造成重大的人员伤亡和巨大的财产损失。当前，储罐类型主要有拱顶罐、内浮顶罐、外浮顶罐等。针对不同类型储罐的介质、容量、燃烧部位、火灾大小，各级指挥员如何灵活运用各种战术、战法；如何坚持工艺优先、正确统筹各方面应急力量、资源，使之形成统一合力，把预案指挥和临场指挥有机结合是最终成功扑救火灾的关键。

关键词： 原油储罐；储罐火灾特点；灭火战术；战斗编程；扑救处置对策

1　引言

进入 21 世纪，随着我国石化行业的迅猛发展及国家战略需求，各类石油石化企业、仓储、国储油库的油品需求和储量也日益增加，其火灾危险性也随之增加，一旦发生爆炸起火，若现场一线人员处置不当，消防救援力量扑救不及时及未采取正确的工艺措施，往往会造成灾难性事故，扑救难度十分困难。如何及时有效地控制和扑救这类火灾对我们是一项重大考验，在灭火过程中，如何充分利用和发挥固定消防设施及工艺措施，如何充分运用好所配备的移动灭火设备，如何将灭火剂有效地投放到着火的储罐内，如何保证火灾现场救援人员安全都是我们探讨的课题。

2　原油储罐基本类型

储罐主要用于长期储存液态石油产品。根据容量大小的不同，储罐可以分为小型储罐和大型储罐。小型储罐通常容量在 1000m^3 以下，用于加油站或工业企业的短期储存需求；大型储罐容量可达数万立方米甚至更大，主要用于石化企业或大型炼油厂等长期储存需求。

2.1　根据储罐结构分类

2.1.1　固定顶储罐

固定顶储罐是最常见的油罐类型之一，其顶部固定不动。固定顶油罐主要由壁板、底板、顶板、支撑架等部分组成。根据壁板连接方式的不同，固定顶储罐可以分为焊接式和铆接式两种。焊接式固定顶储罐由焊接而成，具有较高的密封性和强度，铆接式固定顶储罐由铆接而成，适用于较小容量的储存需求。

2.1.2　浮顶储罐

浮顶储罐是另一种常见的油罐类型，其顶部可以浮动，主要分为内浮顶储罐和外浮顶储罐。浮顶储罐主要由壁板、底板、浮盘、支撑架等部分组成。浮顶储罐的浮盘可以随着罐内液位的变化而上下移动，从而有效减少罐内油蒸汽与外界空气的接触，减少了油品蒸发和氧化的可能性，提高了储存效果。

2.2 根据储罐的布设方式分类

以原油储罐埋设深度为根据，可以将其分为地下储罐、半地下储罐和地上储罐三种。

2.3 根据储罐的材质分类

以储罐的材质为根据，可以分为非金属储罐和金属储罐。耐油橡胶储罐、玻璃钢储罐、钢筋混凝土储罐、石砌储罐、砖砌储罐等是最为主要的非金属储罐。

3 原油理化性质及火灾特点

3.1 原油理化性质

包含物理性质和化学性质两方面，原油的颜色丰富，有红、金黄、墨绿、黑、褐红甚至透明，颜色越浅其油质越好，原油相对密度一般在0.75~1.0，小于0.9的称为轻质原油，在0.9~1.0的称为重质原油。原油的温度增高其黏度降低，压力增高其黏度增大，原油的凝固点大约在-50~35℃。原油具有热波特性，沸点范围在300~350℃，闪点为28℃。原油爆炸浓度极限下限为1.4%、上限为8.0%。原油储罐着火后会产生沸溢和喷溅，容易造成扑救人员伤亡，延烧邻近油罐，扩大火情。

3.2 沸溢燃烧

含水重质油品(如重油、原油)发生火灾，由于液面从火焰接受热量产生热液，热波向液体深层移动速度大于线性燃烧速度，而热波的温度远高于水的沸点。因此，热波在向液层深部移动过程中，使油层温度上升，油品黏度变小，油品中的乳化水滴在向下沉积的同时受向上运动的热油作用而蒸发成气泡，这种表面含有油品的气泡，比原来的水体积扩大千倍以上，气泡被薄膜包围形成大量油泡群，液面上下像开锅一样沸腾，到储罐容纳不下时，油品就会像“跑锅”一样溢出罐外，这种现象称为沸溢。

3.3 喷溅燃烧

重质油品储罐的下部有水垫层时，发生火灾后，由于热波往下传递，若将储罐底部的沉积水的温度加热到汽化温度，则沉积水将变成水蒸气，体积扩大，当形成的蒸汽压力大到足以把其上面的油层抬起，最后冲破油层将燃烧着的油滴和包油的油气抛向上空，向四周喷溅燃烧。

4 不同类型原油储罐火灾特点

4.1 外浮顶储罐

外浮顶油罐火灾一般发生在储罐与浮盘密封处。火灾初期，罐体内侧圆形密封圈会出现局部点式或圆形带式燃烧；随着罐体温度升高，油品蒸发加快，便形成整个密封围圆形带式燃烧：在火灾发展过程中，若处置不当会出现浮盘卡盘、倾盘、沉盘、油品沸溢、喷溅等险情。

4.1.1 卡盘

当储罐油品持续燃烧时，高温的辐射热会引起罐体与浮盘之间升降导轨变形，随时间推移，罐体变形升降导轨损坏，导致浮盘倾斜卡盘。此外，大型外浮顶油罐多储存的是原油，在灭火过程中，因持续向罐内注入大量泡沫，罐底排水又不及时，罐内原油水分或罐底水垫层受高温油热层作用迅速气化上升，罐内压力升高，也会造成罐体环形局部卡盘。卡盘发生后，浮盘上面密封圈处及其下面的油液面同时出现燃烧的状态。

4.1.2　倾盘与沉盘

因对外浮顶储罐结构不了解，大量的灭火剂直接喷射在浮盘泡沫挡板以外(浮顶中央范围)，导致浮盘因承载重量增加而下沉，当承载重量持续增加而超过浮盘浮力时，浮盘便可能掉到油液面下发生沉盘。如果罐体与浮盘之间升降导轨卡槽受损，在导轨损坏一侧浮盘卡住不能上下移动时，浮盘脱出升降导轨倾斜在油面上，而出现倾盘。

4.2　内浮顶油罐

通常会在储罐爆炸后整个罐顶塌陷处、表面，形成的裂缝处发生内浮顶罐的塌陷式、敞开、半散开燃烧火灾。

爆炸之后的内浮顶罐的罐壁和罐顶会发生破裂的情况，如果由于爆炸而部分掀开罐顶，就会形成半敞开式喷射燃烧。如果罐顶被炸成飞出不同距离的几块或者整体掀开，就会出现整个液面的敞开式燃烧。如果破裂之后的罐顶在罐内出现整体或部分塌入，就会出现塌陷式燃烧的情况。部分掀开罐顶，就会形成半散开式喷射燃烧。如果罐顶被炸成飞出不同距离的几块或者整体掀开，就会出现整个液面的敞开式燃烧。如果破裂之后的罐顶在罐内出现整体或部分塌入，就会出现塌陷式燃烧的情况。

由于不同的开口方向和裂缝大小，半敞干式燃烧火焰通常会呈现出喷射式燃烧的情况，而且很容易发生灭火死角并引起复燃。

4.3　拱顶油罐

此类常压储存罐发生着火或闪爆后，罐顶一般会出现撕开或掀飞，呈开口处喷射火焰或全液面火炬状燃烧。若燃烧持续时间长，罐体会因热性蠕变而塌陷。若罐顶撕开口小时，还存在二次闪爆危险。

5　罐顶密封圈火灾成因及特点

5.1　罐顶密封圈火灾的原因

浮顶罐由于浮顶的外边缘与罐壁板之间约有250mm的环形间隙，此间隙是油罐浮顶上下运行的需要，同时也是油罐浮顶散发油气的主要渠道，为阻止油气蒸发，必须依靠密封圈装置来减少油品的蒸发损失，目前，国内外广泛使用机械式密封装置内由于存在油气空间，且一次密封内油气空间直接接收油面的挥发气体，再加上机械式密封结构存在放电间隙，当油罐遭受雷击罐壁与浮盘形成高低电位差时，即可在其缝隙间形成放电火花，造成火灾。

5.2　罐顶密封圈火灾的特点

密封圈火灾，火点为密封圈点式局部或圈形带式燃烧，火情稳定，浮船和罐体结构未遭到破坏。通常在密封圈点式局部火灾初期，燃烧部位都限于浮顶与罐壁间的密封装置处，一般燃烧面积小、温度不高，不会扩散发展，是最佳的扑救阶段，但若处置不当时，蔓延速度会急剧加快，密封装置的受损范围与程度也会越来越大，若出现整个密封圈带式燃烧，造成罐内油温升高、压力增大、罐体变形，则极大可能会造成卡船，导致浮顶池火，引发重大事故，因此，快速处置密封圈火灾是避免火灾扩大的关键。

6　罐内全液面火灾成因及特点

6.1　罐内全液面火灾的成因

着火罐冷却保护不到位，火势增大，受着火罐或地面流淌火的烘烤，罐内蒸气空间发生物理性爆炸，罐体变形，浮船支撑断裂，燃烧液面下降时，易导致浮盘单边倾斜卡盘，被损坏的浮盘遮挡一部分的油面形成有遮蔽的全面积浮顶池火灾；油品持续沸溢，罐内压力聚升，破坏浮船升降固定滑道，导向柱严重扭曲变形，船体失去支撑平衡下沉，浮盘单边掉入油液面，液面燃烧部分逐渐扩大，最终造成浮盘受热变形融化后完全落入罐底，形成敞开式罐内全液面火灾。

6.2 罐内全液面火灾的特点

外浮顶罐由于浮船被破坏或者浮盘倾斜会发生油罐的有遮蔽的全面积池火。塌入罐内的浮盘，部分在液面下面，部分在液面上面，液面敞露部分燃烧猛烈，火焰能将液面上的浮盘烧得很热，对泡沫有破坏作用；浮盘遮住的部分，火焰微弱，通过塌裂的缝隙形成喷射性的火焰，泡沫不易覆盖浮盘遮挡的那一部分火焰，影响灭火效果。此类火灾的扑救相对比较困难，而且有再次发生物理性爆炸的可能。

油品持续燃烧，浮盘完全落入罐底，形成敞开式罐内全液面火灾后，辐射热强度加大，人员不易靠近，零散释放到罐内的泡沫药剂起不到覆盖灭火的效果，反而会加速沸溢喷溅的发生，给火灾扑救带来很大的难度，总的药剂需求量，单位时间内泡沫的释放量和水的需求量都是扑救全面积火灾的重中之重。

含有一定水分或水垫层的重质油品罐在燃烧一定时间后，因罐壁的热传导和油品的热播作用，油包气或水垫层被加热汽化，出现沸溢和喷溅的现象。在重质油发生沸溢后，溢流或喷发出来的带火油品形成大面积燃烧，将周围所有的可燃烧物引燃，它不仅直接威胁消防人员、车辆及其他设施的安全，而且会导致火势进一步蔓延扩大。

7 原油储罐火灾扑救处置对策

7.1 作战原则

按照“先控制、后消灭，集中兵力、准确迅速，攻防并举、固移结合”的作战原则，果断灵活地运用“冷却控制、工艺处理、堵截、突破、夹攻、合击、分割、围歼、排烟、破拆、封堵、监护、紧急避险”等战术方法，科学有序地开展火灾扑救行动。

7.1.1 先控制、后消灭

到达现场后，经火情侦查、询问现场技术人员情况后，指挥员应根据队伍自身及现场情况进行决策部署，如果灭火力量不够，原则上以冷却为主、控制蔓延、防止次生灾害为主，迅速请求增援，待增援力量到达，满足灭火条件时，对着火罐发起总攻灭火。因此，做好前期的控制的工作，可以有效的防止沸溢喷溅的发生，保障原油储罐的安全。

7.1.2 集中兵力、准确迅速

坚持集中优势兵力打歼灭战的指导思想，即集中调集兵力、集中使用兵力和适时调整兵力，使整个火场主攻方向始终保持有优势兵力进行控制与灭火。牢牢掌握火场主动权，为最终扑灭火灾，最大限度降低火灾损失奠定基础。

作为一名指挥员，到达现场后，要第一时间掌握着火罐冷却设施、泡沫固定、半固定设施完好情况，控制着火罐全液面所需的泡沫混合液供给量至少保持多少，临近储罐冷却保护需要冷却水供给量至少保持多少，冷却水、泡沫管网供液的最大量是多少，能否满足供给要求，泡沫罐的供给时间及能否快速进行补给等。

油罐发生火灾后，争取时间是尽快控制和扑灭火灾的关键，特别是灭火剂的供给尤为重要。前沿阵地灭火剂供给量不足或中断，出现打打停停的现象，严重影响灭火效果，这

是导致油罐复燃、火情不受控制甚至扩大的重要因素。同时，火场情况瞬息万变，尤其在火灾初期阶段，指挥员一定要集中优势兵力，力图快速一举歼灭火灾，防止出现分散兵力和抓不住重点要害的情况发生。因为原油具有热播特性，随着燃烧时间的增加，当热播触及乳化水层或水垫层时，会发生沸溢喷溅现象。

7.1.3 攻防并举、固移结合

石油石化站库内储罐配备的固定、半固定消防设施具有启动快、操作便捷、灭火效能高的特点。特别是扑救拱顶罐、内浮顶油罐火灾中，拱顶往往炸开一道口子或罐盖部分掀起，浮盘倾斜、全液面燃烧。移动设施往往打不进有效的着火液面，给火灾扑救造成一定的难度。回顾国内外多起油罐火灾案例，消防队到场后，着火罐部分罐顶被掀开，但着火罐部分半固定泡沫产生器、固定喷淋完好，迅速通过消防车不断向泡沫产生器内供泡沫、同时启动喷淋冷却罐壁，为在短时间内成功控制并扑灭火灾奠定重要基础。

扑救油罐爆炸着火的战术有：固定消防设施灭火；移动设施灭火；登罐灭火；工艺处理；夹攻堵截、分割围歼；先控制、后消灭；持续冷却、预防复燃等方法。

（1）固定消防设施灭火。当油罐发生着火爆炸后，在固定或半固定消防设施没有损坏的情况下，消防中控室的人员要迅速启动固定消防设施进行灭火，消防人员到场后，要立即对着火罐区的固定、半固定消防设施进行侦查，若有损坏，及时将损坏的固定消防设施关闭，以防灭火剂损失或管网压力不足，延误灭火时机。同时检查泡沫管网内的灭火剂是泡沫混合液还是消防水，若是消防水要立即关闭通向着火罐的阀门，防止油罐内水垫层增加，加速原油储罐沸溢喷溅的时间。

（2）移动设施灭火。当油罐发生爆炸，罐顶被掀开，固定消防设施全部损坏，罐内呈稳定燃烧时，消防人员可采用移动炮、高喷消防车向着火罐进行冷却，待油面温度降至147℃时，使用泡沫发起总攻灭火。着火罐区固定消防设施损毁严重无法使用，可以将其关闭，利用临近罐区的消防管网为消防车和移动设备供水、供液。

（3）登罐灭火。在灭火过程中，着火罐内可能会遇到死角，同时固定消防设施损坏，车载炮、移动炮难以将死角部位将其覆盖，在这种情况下，消防人员可利用消防梯，在水枪掩护下，使用泡沫枪、泡沫挂钩等器材登罐灭火，将明火扑灭。

（4）工艺处理。当着火罐处于低液位燃烧时，或油罐塌陷出现死角火，扑救困难时可向罐内注油（或注水），使油面位置高出塌陷部位，同时将罐内的可燃混合气体排出罐内，然后用泡沫灭火。同时还要密切观察着火罐内水垫层的积水，及时排水，目的是防止发生沸溢、喷溅。

（5）夹攻堵截、分割围歼。油罐发生爆炸、沸溢、喷溅、倒塌等情况造成大面积流淌火时，消防人员应充分利用现场一切可作为保护的掩体，使用泡沫枪、移动炮等灭火器材，对流淌火进行堵截，防止扩散。并将控制住的大面积流淌火进行分割，逐块围歼，逐片消灭。

（6）先控制、后消灭。当消防队到场侦查后，确定第一灭火力量无法扑灭火灾时，消防人员应首先组织力量，冷却着火的油罐和受火势威胁较大的油罐，并将临近未着火的油罐内喷射泡沫液，保持一定厚度的泡沫覆盖层，间隔开启临近罐的固定消防设施进行冷却管壁，防止二次灾害的发生。然后集中兵力，逐片扑灭地面流淌火，待增援力量全部到场后，再发起总攻灭火。

（7）持续冷却、预防复燃。火灾扑灭后，消防人员还应继续对油罐冷却降温，预防复燃，并留守1~2辆消防车监护。

7.2 战术意图

先扑灭地面流淌火，加强冷却着火罐防止罐体变形坍塌，利用固定消防设施冷却着火罐及邻近罐防止灾害扩大，同时利用高喷车、未损坏的泡沫产生器向着火罐内投放泡沫灭火。

7.3 侦查掌握内容

（1）准确掌握着火罐和相邻罐储存的介质、种类、数量、液位和水垫层等情况；

（2）准确掌握着火罐区周围有无其他危险品、易燃易爆物品等情况；

（3）准确掌握火焰、烟雾变化情况，判断燃烧范围及蔓延的主要方向；

（4）准确掌握固定消防设施的完好及投用情况；

（5）准确掌握已采取的工艺措施情况；

（6）准确掌握有无人员被困或受伤情况。

参 考 文 献

[1] 乔都助，顾东虎. 浅析外浮顶原油储罐火灾扑救方法[J]. 消防界(电子版)，2016，(12)：84-85.

[2] 张宏宇. 油库火灾特点及扑救战术分析[J]. 中国安全生产科学技术，2013，9(01)：179-183.

[3] 朱刚，张勇. 浅析原油储罐火灾特点及灭火战术措施[J]. 企业技术开发，2011，30(24)：154-155.

【作者简介】王超，男，新疆油田公司王家沟油气储运中心，注册安全工程师，本科学历，主要从事消防应急救援及安全管理工作。电话：15026126677，邮箱：53704104@qq.com。

无人机视频分析中对象识别技术的研究

刘　强　张继新　黄　玮　朱　姝

（中国石油新疆油田公司应急抢险救援中心）

摘　要：本文围绕无人机视频分析中的对象识别与追踪技术进行研究与探讨。详细介绍了基于深度学习的对象识别方法及其针对无人机视频的优化策略，以解决由于视角变化、动态背景和目标尺度变化所带来的挑战。本文还分析了当前技术面临的挑战，如精度、实时处理和干扰抵抗，最后探讨了未来研究的潜在方向，包括硬件提升、算法优化和操作策略改进。研究成果将为无人机视频实时分析提供重要的理论支持和应用价值。

关键词：无人机视频分析；对象识别；对象追踪；深度学习；算法优化；实时监控

1　引言

近年来，随着计算能力的提升和无人机技术的快速发展，无人机视频分析中的对象识别与追踪技术已经获得了广泛关注。许多研究人员和团队已经为此提出各种算法和方法。

在对象识别方面，一些早期的技术主要依赖于传统的机器视觉技术，如SIFT和ORB描述子，以提取图像特征，然后基于这些特征来识别对象。然而，因为这些技术对于复杂场景和多样化对象的处理能力有限，所以并不能满足无人机视频分析的需求。鉴于此，近年来深度学习技术被应用于对象识别，如卷积神经网络（CNN）等。它们可以在大规模数据集上学习丰富多样的特征，然后利用这些特征进行准确的对象识别。

在对象追踪方面，时空关联滤波器（STAPLE）、多域卷积神经网络（MDNet）、SiamFC等算法为目标追踪方向提供了新的思路。这些方法能够更准确地在视频序列中追踪目标，尽管在实时性和鲁棒性等方面可能存在问题，但是相比之前的技术，无疑已经取得了较大的进步。

总的来说，当前的研究主要是基于深度学习的，不过存在许多问题还有待解决，比如对无人机视角、光照、动态背景等复杂环境的适应性不足，以及模型过于复杂导致实时性不强等问题。因此，基于无人机的视频对象识别和追踪问题，仍然需要进行深入研究。

2　无人机视频分析的基础知识

2.1　无人机的基本操作和视频检测功能

无人机，也被称为无人驾驶飞行器或者是多旋翼精密滑翔机，因其具备高度自主、操作简便、成本低廉等特点，在许多领域得到了广泛的应用，如运输、空拍摄像、科学研究、农业喷药等。其中，无人机的操作和其视频检测功能已逐渐形成了一个重要的研究方向。

首先来看无人机的基本操作。一般来说，无人机的操作包括起飞、平稳飞行、转向、内环控制(值得一提的是这包括姿态控制和高度控制)和外环控制(包括位置控制)。飞机运行的状态是通过遥控器或自主设置的飞行路径来控制的。这些操作对于无人机视频的稳定性至关重要，从而对视频分析产生影响。

另一方面，无人机的视频检测功能则受到了广大研究者的关注。基于无人机的视频监控可以获取高质量、多角度和实时的图像和视频数据，这在很大程度上解决了固定视频监控设备无法解决的问题。无人机视频可以从空中获取大范围的信息，然后通过云服务器实时发送到控制中心进行分析，或者通过本地处理设备进行快速处理。这使得无人机成为一个非常有效的“移动监控站”。

为了实现无人机的视频检测，必须进行关键技术的研发，其中包括：图像处理、目标检测、目标识别和目标追踪。图像处理包括图像去扭曲、图像增强等，目的是从图像数据中获取有用信息。目标检测是从图像或者是视频流中发现感兴趣的目标。目标识别是对检测到的目标进行分类或者是识别。目标追踪是对运动目标的运动状态进行跟踪。

虽然无人机的操作和其视频检测功能已经取得了一些进展，但鉴于其广泛的应用，仍存在许多待解决的问题和挑战。需要不断的实验和研究，以确保无人机在复杂的环境下能够识别和追踪感兴趣的目标，这样才能最大程度地发挥它的作用。

2.2 视频分析的主要挑战

现代无人机所产生的视频通常具有高分辨率和丰富的动态信息。然而，这些视频流的高质量特性并没有使视频分析变得简单。反而，由于无人机和对象之间的距离变化、不同的视点和光线以及大底景中小目标等问题，无人机视频分析的挑战比以前更大了。

首先，由于无人机的飞行高度、速度和方向的不断变化，从无人机获取的视角和视距经常变化。这为视频分析带来了困难，比如说当无人机向目标接近或是远离时，目标的像素大小在图像中的变化，或者说当无人机绕目标旋转时视角的改变，都会对目标识别和追踪造成影响。

其次，在大底景中小目标的检测也是一大挑战。这是由于目标尺寸小、信噪比低、目标模糊、目标形态多变等因素造成的。这几乎是所有对象检测系统都面临的共同问题，因此，需要开发更先进的算法和机制来解决这些问题。

再者，由于无人机的高空性，视频往往会受到各种环境因素的影响，特别是光照和天气情况。强光或弱光都可能导致图像信息丢失或噪声增加，降低识别和追踪的准确性。同样，天气状况如雾、雨、雪或热气流也会对无人机的拍摄造成困扰。

此外，由于无人机视频数据量较大，对计算资源的需求较高，因此，如何在有限的计算能力下实现实时的、高准确性的视频分析也是一项主要挑战。这不仅需要高效的算法，也需要优化的硬件设备和存储解决方案。

不可忽视的是，随着技术的发展和应用的延伸，无人机视频分析还将面临其他更复杂的挑战，包括但不限于隐私问题、法规制约、伦理问题等。

总之，无人机视频分析的主要挑战在于如何在复杂、实时、大规模的无人机视频数据中准确、快速地识别并追踪目标。这需要多方面的研究和解决，包括但不限于图像处理技术、算法优化、硬件设备、规模化处理策略以及相应的政策和法规的配合。

2.3 对象识别与追踪技术的基本概念和原理

对象识别与追踪是计算机视觉领域的两大重要研究方向，有着广泛的实际应用场景，如无人驾驶、视频监控、智能交通等。

对象识别，简单来说，就是让计算机“看到”图像或视频中的具体对象，并能正确识别出它们。例如，在无人机视觉中，可能需要识别出人、车、建筑物等不同类型的对象。对象识别的过程一般包括两个步骤：首先，通过图像分割和特征提取技术，从图像或视频中提取出潜在的目标对象。然后，通过分类器对这些对象进行分类识别。常用的分类器有支持向量机(SVM)、随机森林(RF)等，而最近，深度学习的方法如卷积神经网络(CNN)也得到了广泛的应用。见图 1。

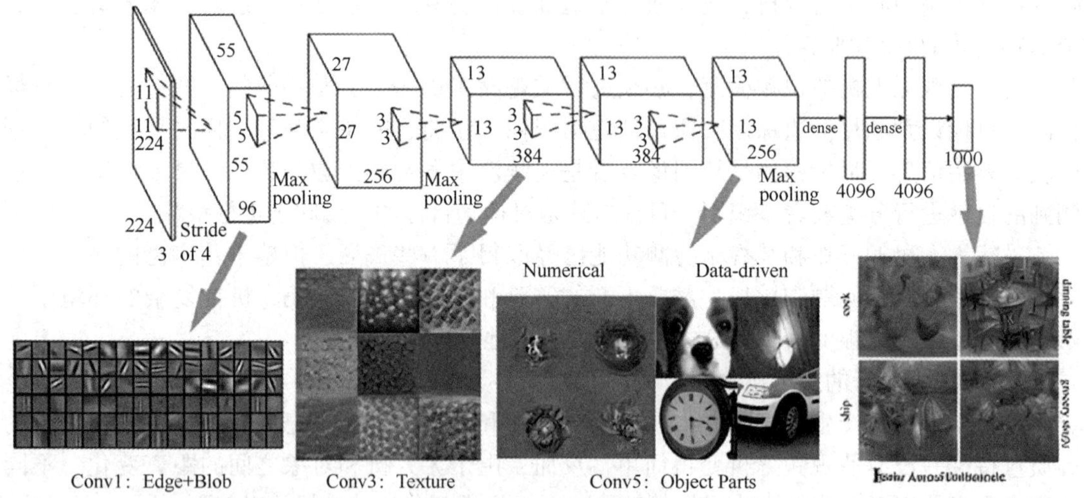

图 1　卷神经网络(CNN)的深度学习方法

对象追踪则是在视频序列中跟踪目标对象的运动，即在连续的帧中确定目标的位置。对象追踪的关键在于如何处理目标的外观变化、目标和背景的相互遮挡、场景的照明变化等因素带来的影响。早期的方法主要是基于目标和背景的颜色直方图进行追踪，但在处理复杂背景和光照变化时存在困难。近年来，一种基于稀疏表示的追踪方法受到了大家的关注。这种方法假设目标在连续帧中的外观可以稀疏地表示在一个预先学习的字典上，通过解决一个稀疏优化问题能够有效地进行追踪。

无论是对象识别还是追踪，都需要考虑到实时性与准确性的平衡问题，特别是在无人机应用场景中，因为无人机往往需要在飞行中进行实时识别与追踪。因此，如何在保证准确性的同时提高算法的运行速度，是一个非常重要的研究问题。

3　无人机视频中的对象识别技术

3.1　基于深度学习的对象识别方法

深度学习在图像识别领域的应用近年来发展迅速，为无人机视频分析提供了有效的识别工具。深度学习模型由大量的层次构成，这使得模型能够从原始图像中提取高级别的特征，并将这些特征用于对象识别。深度学习模型由不同类型的层组成，包括卷积层、池化层、全连接层等。其中，卷积层能有效地提取图像中局部的特征，池化层则可以维护图像的空间结构，全连接层则将所有特征连接起来，完成分类任务。

使用无人机的视角，我们可以从不同的角度和距离观察对象。由于视角和视距的变化，对象的表现形式和尺度会发生变化。这一挑战需要我们设计有效的多尺度处理策略。例如，一种可能的策略是通过使用图像金字塔实现多尺度输入。

深度学习模型首先会对输入图像进行预处理，包括颜色归一化和尺度归一化，然后通过多层的卷积和池化操作提取特征。在提取特征的过程中，将数据通过多层神经网络，每一层都对输入数据进行一次变换，然后将变换的结果传递到下一层。通过这种方式，可以提取出足够复杂的特征来识别图像中的对象。

3.2 对象识别算法的优化

无人机视频中的对象识别面临着一系列挑战，包括背景复杂度高、目标尺度可变以及目标遮挡等问题。为了应对这些挑战，需要进行一些针对性的优化。

首先，需要设计一种能够处理动态背景的方法。在无人机视频中，背景通常比较复杂，包含各种各样的物体和场景。为了从这样的背景中识别出目标，需要设计一种有效的背景建模和目标检测算法。

其次，需要处理目标尺度的改变。在无人机视频中，由于无人机可能改变飞行的高度和角度，因此拍摄到的目标的尺度可能会发生改变。为了处理这个问题，需要把模型设计成尺度不变的，或者设计一种有效的多尺度处理策略。

最后，还需要处理目标遮挡的问题。在无人机视频中，目标可能会被其他物体遮挡。为了在这种情况下正确识别目标，还需要设计一种有效的遮挡处理策略。

3.3 无人机中对象识别应用分析

在油气场站的日常运维当中，可以应用深度学习技术，并借助无人机进行装备设施的巡检。装备设施包括但不限于抽油机、储油罐、阀门、法兰等。无人机对象针对这些设施进行精确识别，并判断其工作状态。通过无人机巡检，无人机的摄像头可以捕捉到设施的清晰图像，并由模型实时地进行识别、分析，以便检测潜在的设备故障或损坏，提高故障的及时发现率。这种方式与传统的人工巡检相比，既提高了工作效率，又降低了操作员的安全风险。

在油气管道的维护工作中，定期巡检是保障安全稳定运行的关键。传统的人工或陆地车辆巡检方式效率低且费时。通过无人机进行巡检，使用深度学习模型对无人机捕获的视频进行实时识别与分析，精确识别潜在的泄漏点、破损或腐蚀等问题。模型能够细化到每一段管道，每一焊接点的识别，准确判断其是否有潜在的安全风险。这大大提高了巡检的效率和准确性，降低了因未能及时发现潜在问题导致的安全风险。

4 视频分析在无人机中的应用

4.1 视频流处理技术介绍

视频流处理技术对于无人机中的视频流进行实时或近实时的处理至关重要。无人机在飞行的过程中生成的视频数据量巨大，需要有效的数据处理方法来保证系统的实时性和准确性。视频流处理涉及到一系列的技术，包括视频编解码技术、视频分割技术、视频压缩技术及并行和分布式处理等。其中，视频编解码技术是处理视频流的第一步，它将原始的视频数据转化为可以用于分析的数据格式；视频分割技术能够从连续的视频流中提取出单独的视频片段进行分析；视频压缩技术能减少传输和存储的开销；并行和分布式处理技术则可以显著提升视频分析的速度。

4.2 视频分析方法与无人机视频的特性结合

虽然有许多成熟的视频分析方法，但是由于无人机视频具有一些特点，例如视点的多样性、运动的不确定性以及图像质量可能受到影响等，使得需要我们针对无人机视频的特点进行视频分析方法的优化和改造。与一般的电子监控视频分析不同，无人机视频分析需要处理大范围、高空视角下的对象识别和追踪任务。对于超长距离、大范围的视频拍摄，传统的视频分析方法往往效果不佳。因此，需要研发更适合无人机特性的视频分析方法，将图像处理、模式识别、机器学习等方面进行深度结合，提升无人机视频的处理能力和效果。边缘计算与深度学习的视频分析算法见图 2。

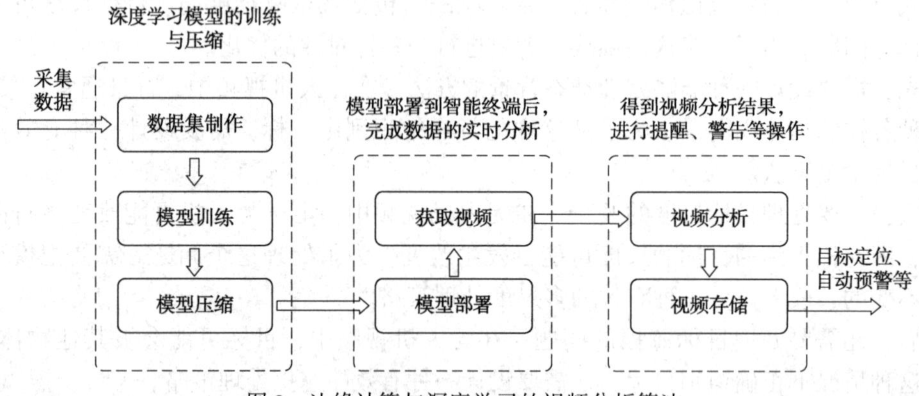

图 2　边缘计算与深度学习的视频分析算法

5　挑战与未来方向

5.1　当前研究中的挑战

尽管无人机视频分析中的对象识别与追踪技术已经取得了显著的进步，但在实际应用上仍然面临一些挑战。

首先，识别和追踪的准确性。在复杂的环境中，如何准确识别和追踪目标仍然是一个挑战。这可能需要从深度学习模型的 Optimization、改进的特征提取等方面寻求解决方案。

其次，实时处理和分析能力的提升。由于无人机在飞行过程中采集的大规模数据和限制的硬件资源，如何在有限的时间内完成数据处理与分析，保证系统的实时性，是当前需要解决的重要问题。

最后，抗干扰性。无人机视频在拍摄过程中可能受到各种因素，如飞机震动、光照变化、天气等严重干扰，如何抵抗这些干扰对视频分析的影响是一个难题。

5.2　可能的解决方案与展望

面对以上挑战，未来的研究可能会从以下几个方向进行：

从硬件角度，推进无人机搭载的处理器性能和无人机的电力系统，以支持更大规模的视频处理任务，或者通过更先进的视频传输方式，将视频传回地面在更强大的计算设备上进行处理。

从算法角度，一是利用更深的学习模型，通过更丰富的训练数据，优化训练过程，提升模型的识别和追踪能力；二是发展更精确的目标检测和追踪算法，以提高在复杂环境下识别和追踪的准确性。

从应用角度，优化无人机的飞行策略，减少对视频质量的干扰，提高无人机的作业效率。

综上所述，未来的研究方向将涉及无人机视频分析中的对象识别与追踪技术的许多方面。可以预见的是，随着无人机技术和深度学习技术的进一步发展，无人机视频分析在未来将会在公共安全、农业、环保以及其他许多领域发挥出越来越重要的作用。

参 考 文 献

[1] 王楷，曹澍．图像识别算法在电网系统中的应用——评《深度学习与图像识别：原理与实践》[J]．中国科技论文，2023，18(03)：355.

[2] 张峻，万民天，邹天嘉．无人机智能图像识别技术初探[J]．自动化应用，2021(08)：141-144.

[3] 李征．基于深度学习的端侧人工智能无人机多物体检测算法[J]．电子世界，2020(23)：108-109.

[4] 王勇，王永旺，郭建勋．基于 AI 大数据技术的无人机巡线研究[J]．电力大数据，2020，23(11)：17-23.

【作者简介】刘强，男，2020 年毕业于华中农业大学，计算机科学与技术专业学士学位，新疆油田公司应急抢险救援中心指挥调度中心科员，主要从事信息化在应急抢险救援中应用的研究。电话：18509905800，邮箱：xfliuq@ petrochina. com. cn。

应急虚拟仿真在消防培训的应用研究

赵　星　黄　玮　李灵圣

（中国石油新疆油田公司应急抢险救援中心）

摘　要： 近年来，消防队伍的岗位职能逐渐扩大，消防培训教育的主要话题逐渐从如何做好实战训练过渡到如何在有限的时间、空间和装备条件基础上来提高应急反应效率，消防队伍战斗力如何提高并加以体现。同时，消防队伍面临的消防行动、救援行动难度升级，行动越来越困难，这也从现实层面上对消防队伍的训练和人员的自身知识素养提出了更高的要求。应用虚拟仿真技术能创造逼真的实训环境，对灾害场景进行直观形象的展示，便于在可视状态下对火灾发生发展的过程进行推演训练，学员在虚拟化的场景中参训，实现身临其境的感觉且避免人、物、财产等损失。通过该技术手段来提高消防队伍的实战训练水平，改进训练工作，切实增强消防队伍的应急救援能力。

关键词： 虚拟仿真技术；消防培训教育；灾害场景；推演训练；可视化

虚拟仿真是一种利用计算机创建和模拟现实活动的新兴技术，而虚拟仿真教学是利用计算机软硬件共同搭建的一个软件平台，来创建各种虚拟现实模拟下的真实环境，并根据真实环境中的理论和实际操作情况在虚拟环境中进行设计、运行、操作、验证等教学方式。具有沉浸性、交互性、虚化性、逼真性几个特征，通过虚拟仿真环境教学不仅是一种新的教学方法和教学手段，更是教育现代化、智能化的基石，可以通过虚拟现实和仿真技术，提高学习效率和学习者的主观能动性，把虚拟仿真教学运用到实操教学中具有传统教学无法比拟的巨大优势。

1　现状分析

消防救援演练是消防救援部队提高消防救援能力和水平的重要手段。传统消防救援演练方式成本高、模式固化，演练效果有限，很难实现无预设条件的盲演。目前，消防培训主要开展灭火救援、应急危险化学品事故处置、消防装备维护操作以及应急通信等实战应用训练。随着消防部队的建设发展，个人防护、消防车辆等各类消防装备训练已在消防教育培训中全面开展，部队战斗力得到了大大提升。特别是近两年，消防培训更加规范，专业技能得到有力加强。但还存在一些问题，主要体现在以下几方面。

1.1　消防装备更新快、油料及设备价格昂贵、训练考核损耗大

消防培训中所需的实训油料及设备昂贵，资金投入较大；随着技术进步，装备、设备更新换代加速，成本高；一些高精端设备、仪器精密，操作不当易损坏，维修价格高；部分实操教学存在安全隐患。

如表 1 所示，6 支队伍，保守计算，取 2022 年 1～8 月平均油价为 8.05 元/L，每周演练拉动一次，一次需要投入 1356.55 元，按一个月四周计算，每月演练拉动需投入 5426.2

元，一年就需要投入 65114.4 元，期间如果设备损坏，水带爆裂投入会更多。

表 1　拉动投入情况

<table>
<tr><td rowspan="8">2022 年 1 月至 8 月新疆 0 号柴油平均价格 8.05 元/L</td><td>队伍名称</td><td>值勤车数</td><td>单次拉动每车油耗</td><td>总油耗</td><td>价格</td></tr>
<tr><td>消防一大队</td><td>16 辆</td><td>5L</td><td>80L</td><td>644 元</td></tr>
<tr><td>消防二大队</td><td>9 辆</td><td>3L</td><td>27L</td><td>217.35 元</td></tr>
<tr><td>消防三大队</td><td>4 辆</td><td>4L</td><td>16L</td><td>128.8 元</td></tr>
<tr><td>消防四大队</td><td>8 辆</td><td>3L</td><td>24L</td><td>193.2 元</td></tr>
<tr><td>消防五大队</td><td>3 辆</td><td>4L</td><td>12L</td><td>86.6 元</td></tr>
<tr><td>风城中队</td><td>4 辆</td><td>3L</td><td>12L</td><td>86.6 元</td></tr>
<tr><td colspan="5">每周拉动投入需 1356.55 元，每月 5426.2 元，一年 65114.4 元</td></tr>
</table>

1.2　灭火救援实训环境创建难

为了体现面向实战、面向火场的教学理念，在实际教学中需要给学员提供真实的，全面反映事故现场的实训环境，如烟热环境、建筑倒塌现场、危险化学品泄漏事故现场等。受场地和建设技术的限制，实际搭建的现场环境往往和真实的火场环境差别较大，真实性、交互性差，并且后期环境维护费高。

如油气厂站发生火灾事故，危险性极大，容易造成人员财产的双重损失，故一般对油气场站特殊环境下的应急救援演练和教学培训是较难实现的，且花费成本非常之高。

1.3　消防指战员流动性频繁，大型实战经验不足

因职业领域的特殊性，各级指战员流动性频繁，基层管理压力较大，导致基层的指挥员扎实开展灭火救援基础工作的时间和动力不足；基层普遍缺乏议战研战的氛围，缺乏对灭火救援理论的研究学习，基层指挥员与下属同训练同吃苦的经历过少，对消防救援装备器材的实战测试、性能掌握走走过场，对灭火救援对象的战术研究也缺乏实用性，基础工作弱化，日常开展的实战化训练多为处置程序训练，加上社会上现在火灾安全知识宣传力度大，实战火灾机会少，各级指战员实火扑救经验少，基层指战员实战能力难以得到锻炼提升，势必导致初战决胜的信心不足。

1.4　新疆应急抢险点多面广跨度大联动差

新疆地广，每个消防站之间距离较远(最远有 350 公里)，管辖区域大，站点之间联合演练机会和联动机会较少，受天气环境的影响下，指战员只能在室内进行简单枯燥的体能训练，很难在户外进行实际有效的各种训练。

2　虚拟仿真技术优势

随着信息技术与虚拟现实、增强现实以及混合现实等技术的广泛应用，数字化消防救援模拟训练在消防救援人员培训、应急安全管控等方面得到大量应用。通过对各类灾害事故与人员行为的仿真模拟，构建灾害事故应急处置的虚拟环境为各级决策与指挥人员、事故处置人员开展模拟训练、预案推演提供支撑，对消防救援队伍、应急安全人员针对不同场景开展消防救援技战术应用、协同配合以及消防救援装备操作培训，熟悉预案流程和应急处置程序发挥了重要作用。

2.1　提升训练效果

虚拟仿真训练尽管不能完全代替真实环境中的实际技能训练，但可以缩短实际动手训

练的时间，提升训练效果及效率。仿真培训通过对虚拟环境的优化，可以帮助学员尽快熟悉操作流程、操作方法以及各类故障处理。

2.2 摆脱客观因素制约

在实训课程中，现有设备的数量，场地，指导老师的实操水平，班组人员的数量，天气等都会成为制约实训课程开展的因素。而虚拟仿真软件则可以通过重复再现各种操作练习，不受时间、空间和人员的限制。

2.3 降低实训危险性

部分课程的实训存在着一定的危险性，如当面对危险化学品爆炸事故时，在复杂环境下的人员搜救等行为，可以通过虚拟仿真环境进行反复的训练可大大减少实训人员的危险性。

2.4 降本增效

在实训环节中，一项技能操作需要通过反复练习才能被学员掌握，通过虚拟仿真技术可以有效弥补设备等外部条件的不足，减少设备损耗和耗材支出，实现降本增效。

2.5 激发学习兴趣

虚拟仿真技术可提供多功能、可交互、系列化的集成训练方案，进而在教学培训环节进行应用。由于学历、年龄、心理特点等原因，学员大多数排斥概念、原理方面的陈述性知识，而对实际动手的专业实践兴趣浓厚。运用虚拟仿真技术可以提高培训的直观性和趣味性，其交互性和逼真性也易于激发学员的学习兴趣。

3 主要功能设计

虚拟仿真技术的应用可针对消防队伍训练，主要包括各级消防救援指挥员、消防救援班组及消防救援单兵。

3.1 虚拟场景浏览

系统可实现灵活的漫游视角控制，使视角自动飞行定位到指定的坐标位置(图1)。学员可以快速熟悉重点单位现场环境，如装置、建筑、设备、设施等的位置及分布情况，装置及建筑物的内外部结构，同时系统可实现多种人称视角，可切换如第一人称、第三人称、飞行视角等摄像机视角。并实现虚拟场景中导航及自动寻路、小地图、指北针等基础功能。

图1

3.2 灾害事故动态设置

系统可实现典型灾害场景(高层建筑、大型化工企业等)及典型灾害模型(如火灾、爆炸、泄漏、障碍、人物等),在加载的虚拟场景中,根据重点部位的危害特点快速构建科学、合理、不同等级的灾害事故,实现动态展现灾情随时间、气象环境的实时变化。

3.3 虚拟信息查询

系统可实现对重点区域的基本信息查询及定位,查询内容包括单位的基本信息、装置设备信息、消防设施信息、消防应急救援力量、MSDS危险化学品库信息、预案等(图2)。

图2

3.4 事故灾害评估分析计算

系统提供事故辅助分析计算(包括热辐射分析、超压分析、爆炸影响范围分析、罐区灭火剂量计算、原油储罐沸溢时间估算等)、消防灭火计量计算等分析计算模型,辅助指挥人员进行灾害评估分析研判。

3.5 虚拟数字化预案制作生成

系统支持在虚拟仿真演练过程中进行任意范围的截图、录屏、预案保存等功能,制作生成的各阶段的作战部署图、录屏视频、脚本文件存储在预案数据库中,指挥人员可在演练过程中随时调取、查看并修改应用。

3.6 演练流程控制

系统支持推演流程控制,主要包括保存进度、推演回溯、暂停推演、结束推演功能(图3)。

3.7 过程干预控制

根据推演需要对灾情变化(如人员伤亡、车辆损坏、道路塌方等事件)、环境信息(如天气、风向、风力、时间、温度等参数)、资源使用(如车辆、人员、装备等)以及角色等进行过程干预,以此增加演练的难度。

3.8 环境设置

系统支持环境设置,在虚拟模型场景中,通过引擎粒子特效,可设置多样化的天气特效。主要包括天气特效设置、风向特效设置、风力级别设置以及时间、温度的设置(图4)。

图 3

图 4

3.9　虚拟可视化作战部署

系统支持现场固定及半固定消防设施、消防车辆、消防人员、移动消防装备的可视化部署，指挥人员可通过拖拉拽的方式将应急资源摆放到虚拟场景中，并且可以根据现场救援需求调整车辆车头方向及灭火剂、冷却用水喷射方向、方式。指挥人员可对救援车辆、人物的入场顺序、停靠位置、作战任务逐一进行部署。

3.10　应急指挥调度

系统提供指挥部、警戒线、警戒人员、疏散区域、进攻路线、疏散路线、障碍破拆、支持设置车辆集结点、设置规划行车路线等功能及模型，可在虚拟场景中进行设置及拖拽摆设。

3.11　空间测量工具

在指挥作战中，系统支持在虚拟空间中进行测量，包括距离、面积、长度、高度、仰角等操作，辅助人员了解现场受灾大小情况(图 5)。

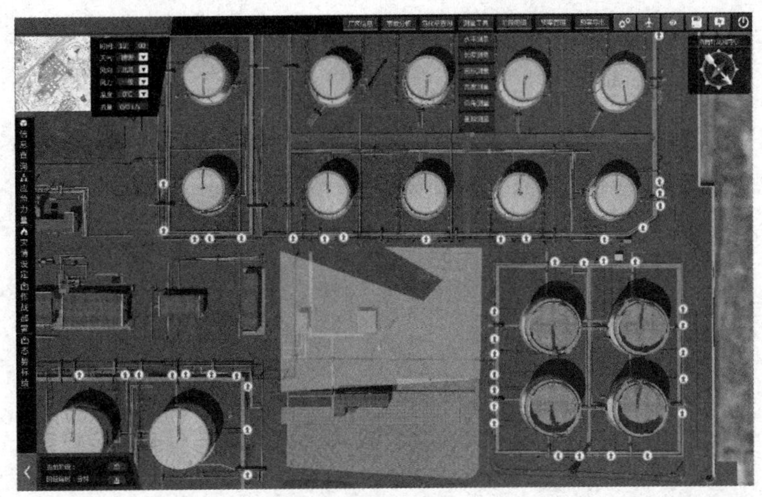

图 5

3.12 参训人员角色扮演

系统支持以第三人称跟随视角或第一人称视角控制本身所属的资源，控制相应的动态模型进行走、跑、行进、救火等多种不同的动作表现，通过生动形象的人物动作，以游戏的方式对整个救援过程进行虚拟仿真表现(图 6)。

图 6

3.13 定位及导航

系统实现人员、车辆行进路线规划，导航功能根据规划路线显示行进距离；系统根据后台设置的车辆行驶速度、人员行走/奔跑速度计算到场。系统支持自动寻路功能。

3.14 车辆操作

在推演过程中，可以模拟人员以第一人称对车辆的操作，控制车辆移动、喷水、喷泡沫、供水等动作，并根据车辆的具体功能，形象生动的在虚拟场景中的完美体现(图 7)。

3.15 现场数据反馈

针对指挥下发的指令可以通过反馈功能，与指挥建立联系，并能够通过截屏、文件传输等附带资料。

图 7

3.16 演练评估总结

在系统后台建立标准评估指标库，推演结束后，通过导入自定义评估标准模板，实现对力量调集、火情侦查、灭火战术、战斗编成、力量布置、战术运用、灭火剂选用、战术调整等内容进行考核与评估。通过对事件发生顺序进行全流程自动记录，自动生成推演各阶段、角色、日志的信息，与标准答案进行差异化对比，实现对推演全操作过程的自动量化评估。对于不可量化评估标准的评估项，系统支持评估专家手动添加，实现自动评估数据和专家团队研讨、论证相结合的评估机制；支持生成评估报告并能够打印及导出；支持演练评估总结与演练过程回放。

3.17 演练全流程观摩

用户可以实现对参演角色的跟踪可以对整个流程或具体任务执行进行观摩。该功能端适用于任何人员登录使用。

4 应用途径

4.1 指挥员电子沙盘战术研讨

利用指挥员电子沙盘战术研讨系统，依照消防救援实战流程，替代传统的现场演练、单调的桌面式讨论训练，系统可增强教师与学员之间的互通性，使训练内容更逼真、更具体。系统支持可控性地推进演练进程，自定义设置编辑演练阶段，包含前情设定、基础信息查询、力量调集、灾情侦察、作战部署、战斗结束等阶段。经制作研讨成功的应急救援方案可作为虚拟数字化预案保存至系统预案库中进行统一管理。在制作战例研讨过程中，支持灾情根据需要人为地干预变化，且可实现多人或单人的协同研讨操作。

指挥员电子沙盘战术研讨系统有利于培养学员观察、分析和综合思维能力，提高学员的语言表达能力、提高学员在特定场景环境下应急组织能力、操作能力、团队协作能力和应变能力。

4.2 多人协同模拟演练

利用多人协同模拟演练系统可最大程度地还原消防实战演练场景，实现多指挥层级、多部门、多角色、跨区域、全链条情景化的协同演练训练。演练实施过程中不同的部门/指挥层级/角色采用的不同来对推演端进行区分，包括导演端、指挥端、执行端、评估端、观摩端五大端口。通过对各类灾害数值模拟和人员行为数值模拟仿真，在虚拟仿真空间中，模拟典型灾害的发生、发展过程以及人们在灾害环境中可能做出的各种反应，有效地对救援人员的应急能力做出评估，科学合理地分配各相关机构，组织人员的权责，改善各部门之间的配合。在应急能力和技能培养的基础上，将应急预案、应急响应、应急协调、应急处置等相关核心训练内容结合起来，训练各级决策与指挥人员、事故处置人员面对救援工作内容，着重培养人员应急防范、应急处置、指挥协同调度、辅助决策、职业判断等方面能力，发现应急处置过程中存在的问题，检验和评估应急预案的可操作性和实用性，提高应急救援反应能力。

4.3 单人/多人沉浸式训练

基于虚拟虚拟现实技术，通过 VR 头戴眼镜设备、VR 空间定位设备、VR 手持交互设备和 VR 跑步机设备等软硬件设备相结合实现多种培训目的。以典型事故应急作战预案为蓝本，构建灾害典型虚拟仿真场景，实现单人、多人联网的心理素质训练，对灾害环境的体验感知；对应急救援基本流程动作的掌握；对应急救援的新型装备、技术的培训，为学员构建全新的"智能交互+实景虚拟态势融合"的仿真培训数字化、智能化模式。

该培训方式可实现虚拟虚拟场景漫游、碰撞检测、对 VR 手柄、动作捕捉设备、模拟器的配合实现模拟交互、AI 交互、对应急救援中各种标准化操作、典型故障处置及应急事故处置进行操作考核评估、引导教学模式将按照指导信息逐步完成引导式操作培训，引导信息包括语音讲解、多媒体视频动画、文字及所需操控的控制单元高亮闪烁等相结合的多种展现形式，帮助学员了解培训课程所学内容(图 8)。这种逼真的体验效果，极大地提高了培训的效率，解决学员不在一线无法感受灾害现场的痛点，更能让学员深刻地认识到相关灾害的严重后果。打破传统的被动式培训，让学员能够感受可能发生的各类危险场景，从而亲身感受灾害，能够很好地突破时间和空间上的限制。

图 8

4.4 消防车辆、装备桌面交互式培训

通过虚拟虚拟现实技术来实现在桌面式的电脑端交互培训，实现对各类消防车辆与消防装备的操作(常规、应急等)，系统支持消防车辆和消防装备模型动作自动分解，支持学员以第一或第三人称视角间自由切换，通过鼠标操作消防车辆模拟操纵台与消防装备操作

控制台，来进行触控式人机交互仿真培训，当学员触发操纵台或操作面板按钮、开关等控制单元时，系统内的消防车辆或消防装备模型自动分解出与之相应动作，实现交互式虚拟现实仿真培训(图 9)。

图 9

5　列举针对油气场站、油罐火灾的虚拟模拟演练及仿真培训

当油气场站、油罐发生灾害事故时，往往其态势以及灾害的后果是难以控制的，灾害的扩张程度是取决于现场的指挥人员及救援作战人员能够及时且正确地进行救援，在过往以前的油气场站、油罐火灾事故时，由于现场救援人员对导致事故的物质理化特性不够了解，采用的灭火救援物质不正确，对现场的及周边的应急物资、应急资源不了解，不能快速的以最短路径到达现场，且指挥人员和执行人员之间的配合程度，以及对火场环境的不够了解，不能快速准确地做出判断和决策部署，导致灾害事故的扩大，那么利用虚拟虚拟仿真技术可以实现通过虚拟仿真建模，对某一油气场站进行 1∶1 仿真场景还原，通过匹配不同的角色开展应用训练。

可实现训练整场演练的总负责人如何更好地控制本次演练的进度，在演练进程中可以进行过程的干预操作，包括油气场站的事故灾情变化、所处环境信息(包括对天气、风向、风力、时间、温度等条件进行改变)、应急资源(包括对车辆、人员、装备应急资源数量的增加和删减)的使用，以及演练中对各角色进行过程干预，以此增加本次演练的难度。

可实现针对指挥人员在指挥决策战斗部署方面中的训练。当在油气场站中发生火灾事故时，指挥人员可对相关信息进行查看，包括油气场站所处的位置情况、环境、应急物资、应急专家、应急力量等情况。也可以对灾害引发的化学爆炸反应情况进行预判，查询其物质的化学和物理特性信息，方便指挥人员快速做出救援判断。通过在系统中调取查看与本次事故相关的应急预案进行辅助作战参考。在了解完事故的基本情况后，可以进行战斗力量的部署，包含救援人员、应急装备和物资。也可以实现利用系统中的小工具对现场的情况进行 1：1 测量，如测量油气场站的事故灾害实际距离、面积、高程以及高度。通过灾害事故分析计算，实现生动形象地展现灾害发生发展过程、热辐射分析、超压分析、爆炸影响范围分析、原油储罐沸溢时间的估算以及消防灭火剂量计算及力量需求的分析。通过科学的算法分析，引导指挥人员准确地调集救援力量。在系统中进行应急通信会商或视频通话，实现文字指令、语音指令两种方式的任务发布。

可实现一线的救援人员对灾害事故的侦检、灭火、破拆等处置中的训练，以及对车辆、设备的操作运用情况展开训练。实现记录本次演练的全过程操作，自动解析并生成阶段记录、角色记录、日志记录。对本次演练情况进行评估、总结，打分，实现评估人员和专家人员对场景中以第一人称视角、第三人称视角进行自由浏览，并可实现角色视角绑定，能够跟踪并观察任意参演角色救援处置过程。

通过虚拟仿真技术也可以实现在虚拟油气场站虚拟环境中，人员对装备操作和车辆的使用开展教学培训。通过控制系统中的操作面板，实现对车辆和装备的训练，通过反复训练，以此达到节约成本，保护人身、环境等不受到伤害。

6 结语

采用虚拟仿真技术来构建在虚拟环境下单人或多人协同的沉浸式模拟演练场景，为演练人员提供与现实环境中的视觉、操控相一致的模拟环境。

加强消防单兵理论知识、专业技能、装备操控的快速学习与掌握运用，以及提高心理应对能力。

加强战斗班组在救援作战过程中的配合能力、提升应急预案的快速反应执行能力，实现评估应急准备状态，发现并及时修改应急预案、执行程序等相关工作缺陷和不足。

提高各级指挥员在灭火救援中的临场指挥决策及技战术应用能力。

加强消防救援队伍在灭火救援过程中的执行能力、快速反应能力、各队伍与各部门之间的配合协同能力，检验消防救援队伍在应急预案执行过程中的配合能力。

参考文献

[1] 胡晓辉，万嵩. 计算机虚拟仿真技术在高教中的应用研究[J]. 高教学刊，2015(24)：81-82.

[2] 张媛媛. 虚拟仿真技术在消防专业教学与技能鉴定中的应用[J]. 消防技术与产品信息，2016(8)：109-110.

【作者简介】赵星，男，中国石油大学(北京)，主要从事虚拟模拟、模型制作、软件应用在应急抢险救援中的研究。电话：18709901990，邮箱：344088408@ qq. com。

化工行业酸性水罐火灾预防与防腐蚀处理研究

李笑笑　夏明霞　马建辉

（中国石油庆阳石化分公司）

摘　要：本文深入地研究了在化工行业中，酸性水罐如何进行腐蚀防护以及火灾的预防方法。为了解决腐蚀问题，我们特别关注了钛纳米涂层的使用，这种涂层因其出色的抵抗化学和物理腐蚀的能力而受到了广泛的关注。在防止火灾的措施中，详细描述了包括先进的火灾侦测技术和自动喷水灭火系统在内的多种工程方法，并在管理和操作方面提出了策略，例如制定严格的操作程序和持续的员工培训。这一系列的安全措施共同形成了一个高效的防护体系，它不仅显著降低了腐蚀和火灾的风险，同时也为化工行业的稳定和安全运营提供了坚实的保障。总的来说，这篇文章为化学工业中的酸性水罐提供了一个全方位的腐蚀防护和火灾预防策略。

关键词：酸性水罐；腐蚀防护；火灾预防；钛纳米涂层

1　引言

在化学工业中，特别是在炼油领域，硫黄回收设备的作用显得尤为关键，尤其是酸性水罐的表现，它直接决定了整个系统的工作效率和安全性。其中一个主要的挑战是腐蚀问题，这不仅减少了设备的使用寿命，还增加了泄漏和火灾的风险。因此，对酸性水罐的腐蚀原理有深入的了解，并寻找有效的防护方法，对于确保炼油厂的稳定运行和安全生产是非常重要的。本项研究主要集中在硫黄回收过程中酸性水罐的腐蚀问题上，通过深入分析涂层表面的破坏和金属的腐蚀过程，我们旨在提出一系列有效的防腐策略和材料选择方案，特别是在钛纳米材料的应用方面。同时，鉴于火灾预防的紧迫性，我们将深入研究早期火灾的检测方法以及在工程和管理方面的预防策略，旨在全方位提高炼油厂的安全操作标准。这项全面的研究目的在于为化学工业的安全管理和环境保护提供有力的科学支持和方针，从而推动该行业的持久发展和技术革新。

2　硫黄回收装置中的腐蚀过程及机制

在炼油厂进行硫黄回收的过程中，酸性水罐的腐蚀问题变得尤为明显，这已经成为影响装置运行效率和安全性的一个关键因素。为了有效地控制和预防这类腐蚀现象，首先需要深入探究其腐蚀发生的机制。我们选择了炼油厂经常使用的碳钢 Q235B 作为酸性水罐的核心材料，并对其抗腐蚀能力进行了深入的实验检测。测试手段涉及将碳钢样本在酸性条件下浸泡整整一天一夜，之后对其腐蚀状况进行详细分析。研究结果揭示，Q235B 在没有经过任何防腐处理的前提下，对于酸性环境的抵抗能力极为有限，因此极易遭受腐蚀。此项研究揭示了一个核心观点：仅凭碳钢的固有特性是不足以满足酸性水罐对于材料的特定需求的。因此，为确保硫黄回收设备的稳定运作和安全性，我们必须实施更多的防腐手段。

这涉及到选用更能抵抗腐蚀的材质、使用防腐涂层或采纳其他高效的防腐方法，目的是延缓或避免腐蚀的发展，确保酸性水罐能够长时间稳定工作。

2.1 涂层表面的破损现象及其成因

酸性水罐表面的涂层在抵抗酸性废水腐蚀方面发挥着不可或缺的角色。但是，在很多场合下，涂层的完整性和功能可能会受到损害，这大大降低了其抗腐蚀的效果。尤其是在65至70摄氏度的高温条件下，涂层的物理和化学稳定性面对着严重的挑战。这样的温度区间往往会引起涂层材料的热老化现象，进而影响其防腐效果。举例来说，一项科学研究表明，在经历了长时间的高温暴露之后，某些类型的涂层，例如环氧涂层和聚氨酯涂层，其防腐效能可能会降低大约20%到30%，这显著地提高了基础材料遭受腐蚀的可能性。

除了高温外，小分子化合物的渗透也是损害涂层完整性的一个关键因素。这些微小的分子，例如水蒸气和一些具有腐蚀性的化学物质，有能力穿透涂层，抵达金属基底，从而触发腐蚀反应。一个普遍出现的情况是，水分子通过细微的缝隙或空隙渗透到涂层中，最后导致涂层与金属基底发生分离。据统计数据显示，在特定条件下，涂层的渗透能力可能会提高超过50%，这大大降低了它的保护作用。

因此，为了确保酸性水罐能够长时间抵抗腐蚀，选择和维护合适的涂层变得尤为关键。在选择涂层材料时，我们不仅需要选择能有效抵抗高温和化学侵蚀的高性能材料，还需要定期进行涂层的检查和维护，以避免任何可能引发腐蚀的微小损害。采纳这些建议的方法，有助于显著延长酸性水罐的使用期限，并减少其腐蚀的可能性。

2.2 涂层下金属腐蚀原因的探究

在酸性的环境条件下，尤其是当酸性污水中存在硫化氢时，金属的腐蚀问题变得尤为突出。当硫化氢溶解在水中时，它会与铁发生反应，生成硫化铁(FeS)和氢气。这一过程不只是导致了金属铁的流失，同时产生的硫化铁也会与氨气发生化学反应，生成 NH_4HS。NH_4HS 在金属的表层沉淀，这进一步加重了硫化物因应力腐蚀而产生的裂纹。这类腐蚀具有极高的风险性，因为它有可能在不造成明显外部损害的前提下，引发金属结构的突发性失效。

另外，在酸性条件下，氨气与水发生反应生成的水合物能够电离生成离子，这为电化学腐蚀过程提供了必要的环境条件。在这样的场景中，金属的表面充当阴极，而水中的氧气则作为阳极，这种组合产生了电池效应，从而加快了金属腐蚀的速度。研究发现，在这样一个酸性且富含硫化氢的环境中，未经保护的碳钢的腐蚀速度可以达到每年5~10mm，这对金属结构的完整性构成了严重的威胁。

在应对这种类型的腐蚀问题时，关键不仅是提升涂层的防腐性能，还涉及到对金属表面进行特别的处理措施，例如使用抗腐蚀材料和阴极保护技术等。比如说，阴极保护技术能够通过增加外部电流来显著降低金属表面的电势，进而有效地延缓腐蚀的进程。在某项科学研究中，采用阴极保护技术的碳钢在相似环境条件下的腐蚀速度下降了大约50%~60%，这显著增强了金属的抗腐蚀特性。

因此，在设计和保养酸性水罐的过程中，我们应该全面考虑涂层的选择以及金属表面的防腐措施。采纳这些方法可以有效地减缓腐蚀的速度，从而延长设备的使用期限，并确保化工生产过程的安全性和高效性。此外，定期进行的检测和保养是确保防腐效果的核心，这有助于防止因涂层损伤或其他突发事件导致的腐蚀速度加快。借助这套全方位的保护措施，酸性水罐能够在恶劣的化学条件下维持出色的工作性能，进而确保炼油和其他化工过程的稳定运行。

3　酸性水罐腐蚀控制与防护策略

当面临酸性水罐的腐蚀挑战时，实施有力的保护措施变得尤为关键。在选择材料时，具有出色抗腐蚀特性的材料显得尤其重要。在最近的几年中，我国在这个领域已经取得了很大的突破，尤其是在钛纳米聚合物涂料的使用方面。这款涂料因其出色的化学稳定性和防腐性能，在酸性环境中展示了卓越的性能。实验结果表明，在使用钛纳米聚合物涂料之后，酸性水罐的腐蚀速度能够降低超过60%，从而明显地延长了该设备的使用寿命。此外，这款涂料不仅具备出色的附着性和抗磨损特性，还能有效地抵抗长时间的机械和化学损耗，从而进一步提升了防腐蚀层的持久性。除了考虑涂料自身的特性外，定期的保养和检验也是确保酸性水罐能够长期保持防腐效果的重要因素。结合使用高效的材料和严格的维护方法，我们能够有效地防止酸性水罐受到腐蚀，确保化工生产过程的安全性和高效性。

3.1　研究防腐材料的选择标准

为了高效地应对酸性水罐的腐蚀挑战，我们进行了一系列涂料的实验性对比，这些涂料包括呋喃改性树脂、烯烃涂料、钛纳米涂料、WHJ 涂料以及聚脲涂层。这批涂料在经过刮片测试和长时间的酸性环境暴露后，其防腐能力和持久性表现出明显的不同。在实验过程中，呋喃改性树脂涂料的表面出现了微小的气泡，这似乎表明它在酸性条件下的稳定性并不理想。尽管烯烃涂料的性能略显优越，但它仍然产生了气泡，这意味着其防护效果并不尽如人意。WHJ 涂料呈现出更为严重的破损状况，包括气泡生成和断裂现象的出现。在物理实验中，聚脲涂层的耐用性非常低，一旦被铁丝轻轻一戳，就会立即破裂。

相对而言，钛纳米涂料在整个测试阶段表现出了卓越的性能，其表面没有发生任何变化，这表明它在酸性环境中具有极高的稳定性和耐久性。更深入的划痕试验也验证了这个观点，即涂层即便在遭受物理划痕之后也未出现明显损伤，表现出了卓越的抵抗机械损伤的能力。钛纳米涂料所展现出的特性，主要是由于其特殊的化学构造和纳米级的增强作用，这使得它能够高效地隔离腐蚀性物质，并确保金属基底不会受到侵蚀。防腐材料选择标准见表1。

表1　防腐材料的选择标准

号码	表面材料	放入形式	放入日期	第一次检查日期	第二次检查日期	浸泡总天数	表面变化情况
1	呋喃改性涂料	水中上部	2022-03-11	2022-05-07	2022-06-18	127	初期出现细小气泡，随后气泡增多且有液体渗出，涂层变软且强度降低
2	烯烃涂料	水中上部	2022-03-11	2022-05-07	2022-06-18	127	涂层出现泡沫，随时间增加数量，涂层溶胀并失去防腐效果
3	钛纳米涂料	水中上部	2022-03-17	2022-05-07	2022-06-18	123	表面保持稳定无变化，涂层光泽良好，保持原有强度和附着力
4	钛纳米涂料	水中上部	2022-04-05	2022-06-07	2022-07-18	105	表面保持原始状态，涂层光泽良好，强度测试表现优异
5	WHJ 涂料	水中上部	2022-04-20	2022-06-07	2022-07-18	90	涂层表面大面积溶胀，局部断裂，失去防腐功能
6	WHI 涂料	水中上部	2022-05-16	2022-06-07	2022-07-18	—	涂层出现大面积溶胀和局部断裂

在挑选涂料的过程中，我们还需权衡其施工的便捷性与成本效益。尽管钛纳米涂料在性能方面表现出色，但其在成本和施工技术方面的要求也相对更高。因此，在决定采用这种涂料之前，需要全面考虑项目的特定需求、财务预算以及长期的维护费用。从宏观角度看，钛纳米涂料因其卓越的防腐性能和持久的稳定性，在选择酸性水罐防腐材料时占据了核心位置。通过精心选择合适的涂层并进行定期的维护工作，酸性水罐的使用寿命可以得到显著的延长，从而确保化工生产过程的安全性和效率。

3.2 具体实施方案

在使用钛纳米涂料对酸性水罐进行防腐处理的过程中，在对酸性水罐进行钛纳米涂料的防腐处理过程中，关键步骤包括彻底的表面准备、涂料的正确混合和分层涂装。首先，确保罐体表面的清洁，去除任何油渍、锈迹或旧涂层，以便涂层能更好地附着。接着，根据制造商的指南精确混合涂料的各个成分，包括基材、固化剂和稀释剂，混合后应静置一段时间以释放气泡。在涂装阶段，重点是均匀地施加底涂，确保足够的厚度和平滑性。之后让底涂充分干燥，再施加中涂层，增强涂层的防护能力。最后，施加面涂层以提供额外的化学和机械保护。整个过程中，对涂层的干燥和固化给予充分的时间，确保涂层达到最佳性能。完成施工后，进行细致的检查，确保涂层的完整性和质量。具体如表 2 所示。

表 2 具体施工方案

步骤编号	步骤描述	详细说明及注意事项
1	表面处理	清除油渍(ISO 8501-1 Sa 2.5 标准)、锈迹、旧涂层和杂质。使用至少 P80 粒度的砂纸或 2.5~3.0mils 锚纹深度的喷砂设备进行打磨。表面洁净度等级达到 Sa 2.5，表面粗糙度范围在 40~75μm
2	涂层混合	按制造商指导混合钛纳米涂料成分：基材 60%、固化剂 30%、稀释剂 10%。混合后静置 15min。混合涂料的使用时间不超过 2 小时，确保在有效期内使用
3	底涂施工	使用刷子、滚筒或喷枪均匀施加底涂，厚度控制在 4~5mils(100~125 微米)。底涂的覆盖率达到 $9\sim11m^2/L$，确保无漏涂、流淌或滴落
4	时间间隔	确保底涂在 25℃环境中干燥不少于 6h。低温环境下干燥时间增加，每降低 10℃，干燥时间延长一倍
5	中涂施工	均匀涂抹中涂层至 8~10mils(200~250μm)厚度，再等待至少 6h 干燥。中涂层的覆盖率为 $7\sim9m^2/L$，确保均匀涂敷无遗漏
6	面涂施工	施加面涂层以达到总厚度 15~20mils(375~500μm)。面涂层覆盖率为 $5\sim7m^3/L$，涂层应均匀光滑，无气泡和刷痕
7	固化过程	在所有涂层施工完成后进行至少 7 天固化，以确保完全交联和硬化。固化期间环境温度维持在 15~35℃，相对湿度控制在 50%~70%
8	涂层完整性检查	固化后检查涂层是否有气泡、裂缝或漏涂。使用电子涂层厚度计测量涂层厚度，确保一致性。检查时应覆盖所有表面区域，对发现的缺陷进行标记和记录
9	清洁和保护	清理工作区溢出涂料，并设置标识和隔离区避免干扰固化。施工区域应保持干净，避免尘埃和杂物的污染。在固化期间，限制非施工人员进入作业区
10	记录和报告	记录涂料批号、施工日期、周围环境的温度(维持在 15~35℃的范围内)以及相对湿度(不得超过 85%)。记录应详细，包括施工时间、涂层厚度和任何异常情况

遵循这些建议的专业步骤和准确的标准，我们可以确保钛纳米涂料达到最优的防腐效果并保持其持久性。涂料的均质性、其厚度以及固化的程度对于防腐层的持久性能起到了

决定性的作用。为了确保酸性水罐在恶劣的化工环境中能够稳定运行，恰当的环境管理和高精度的施工方法是至关重要的。

3.3 研究钛纳米材料的主要性质

钛纳米材料在抵御酸性水罐金属腐蚀的能力上表现得非常出色。这一种材料的涂层不仅在化学属性方面表现出稳定性，同时在物理强度方面也有出色的表现，因此被认为是防腐处理领域的最佳选项。钛纳米涂层具有几个突出的特性：

在酸性的水罐环境中，呋喃和酚醛这类小分子化合物展现出了卓越的渗透抗性，它们能够轻松地透过常规的涂层，从而对金属基材产生腐蚀作用。尽管如此，钛纳米材料与树脂之间形成了稳定的化学结合和高效的吸附作用，从而成功地阻止了这些化合物的渗透。实验结果显示，钛纳米涂层的渗透能力下降了大约70%，这显著地减少了其腐蚀的可能性。

钛纳米涂层因其化学结构的稳定性，展现出了卓越的抗腐蚀特性。根据实验结果，这种涂层在强酸性和强碱性环境中的腐蚀速度下降了不少于80%。另外，由于涂层具有出色的物理强度和抗磨损特性，它可以有效地抵抗物理损伤，即便在持续的机械摩擦作用下，涂层的完整性依然得以维持。

出色的耐高温特性：在高温条件下，常规的涂层性能可能会降低，但经过高达150℃的温度测试后，钛纳米涂层的性能几乎没有明显的退化。在这样的高温环境中，常规涂层的抗腐蚀能力可能会减少超过40%，但钛纳米涂层的效能下降幅度不会超过10%，这进一步证实了其出色的耐高温和热稳定特性。

在挑选涂料的过程中，我们还需权衡其施工的便捷性与成本效益。从化学性质的角度看，钛纳米涂层采用纳米尺度的填充和强化技术，增强了其对化学腐蚀的抵抗力，确保涂层在各种恶劣的化学条件下都能保持稳定。从物理属性上看，钛纳米材料的加入增强了涂层的冲击抵抗和耐磨特性，使其在长时间的应用中变得更加持久。

4 酸性水罐的火灾预防措施与技术

4.1 初期火灾检测技术

对于酸性水罐的火灾预防，这是一个非常关键的安全问题，特别是在处理高度可燃和化学反应性物质的化工产业中。在这样的背景下，早期火灾侦测技术的运用显得尤其重要。首先，为了预防火灾，最根本且高效的方法是安装高度灵敏的烟雾检测器和温度感应器。这批设备具备在火灾初始阶段就能侦测到异常情况的能力，例如烟雾或温度急剧上升，从而能够迅速激活警报系统。

除了这些，部署可燃气体检测器也是避免酸性水罐发生火灾的核心手段。这批探测器具备检测环境中如硫化氢这样的可燃气体浓度的能力，并能在这些气体浓度达到危险程度前发出预警。为了提高检测的精确度，这类探测器经常被放置在罐体的各个部位，这样可以更迅速地检测到任何的泄漏或潜在的危险累积。

除此之外，红外热像技术也在早期火灾的检测中得到了广泛应用。通过对设备和罐体的热图像进行分析，我们能够及时识别出过热点，这些过热点很可能是由于内部化学反应的失控或者是受到外部因素的影响而产生的。红外热像仪具备在完全无物理接触的前提下，远程追踪温度波动的能力，为操作者提供了一种既安全又高效的温度监控工具。

最终，进行定期的安全检查和保养也是防止火灾发生的核心措施。这涉及到对所有火灾预防工具的功能进行检查，确保它们始终保持在最佳的工作状况，并满足最新的安全准

则。通过高度的结合

通过使用科技监测工具和实施严格的安全管理策略，酸性水罐火灾的风险可以得到显著的减少。周期性地对员工进行火灾预防最佳实践和应急响应流程的培训，也构成了确保工作安全的一个关键环节。这一综合性的火灾预防方案，融合了尖端的检测技术和严格的安全管理措施，为化工行业创造了一个更为安全的工作环境，不仅保障了员工的生命安全，还避免了重大的财产损失。

4.2 火灾预防的工程措施

在化学工业中，采取火灾预防措施是确保其安全运作的核心要素。这些建议的措施通常涵盖了安全的设计方案、自动化的火灾侦测以及响应系统的部署，还有严格执行的安全操作流程。在德国的某家大规模化工工厂中，他们采取了一套创新的工程方案以预防火灾的发生。这家工厂投入了超过 300 万欧元的资金，安装了先进的红外线和紫外线火焰探测器，这些探测器能够在火灾初期迅速识别火源，其检测范围覆盖了整个工厂区域，灵敏度高达 98%。除此之外，该工厂还配备了自动喷水灭火系统，这些系统在检测到火焰或温度异常的情况下能够迅速启动，其覆盖的面积已经达到了工厂总面积的 70%。除了这些，该工厂还对其化学品的存储和处理流程进行了优化，使用了隔热和防火材料，并确保所有的管道和容器都达到了严格的防火要求。

这家工厂除了采取技术手段外，还会定时为员工提供火灾安全的培训，确保他们明白在紧急状况下的正确操作方法。这些全面的工程方案，结合先进的科技监控系统和严格的安全操作流程，不仅显著提高了工厂的总体安全标准，还在很大程度上降低了火灾发生的可能性和可能带来的经济损失。经过一系列的实际操作，这家化工厂成功地将火灾事故的发生率降低了超过 50%，这突显了工程手段在预防火灾方面的关键角色。

4.3 管理和操作层面的预防策略

在化学工业中，火灾预防策略在管理和操作层面是确保工厂安全运营的重要组成部分。这些建议的策略不只是建立严格的安全标准，还包括为员工提供持续的安全教育和提高他们的安全意识。首先，为了有效地预防火灾，制订详细的操作流程是非常关键的。这套程序应当覆盖所有可能的火灾危险区域，包括处理易燃物质、发放热工作许可证、进行电气安全检查以及实施应急响应措施。其次，对全体员工进行定期的火灾安全培训是非常关键的，这不仅涵盖了紧急撤离和灭火器的操作，还应该教导他们如何识别和报告可能存在的火灾风险。例如，在面对可能引发火灾的设备故障或操作错误时，员工应当有能力迅速识别并实施适当的应对措施。

另外，进行定期的安全审查和风险评定也是一个不能被忽略的关键步骤。经过这些评价，管理团队能够识别潜在的安全风险，并据此制定有针对性的改进方案。同时，我们也鼓励员工积极地参与安全管理工作，例如，通过使用安全建议箱等工具，员工能够直接向管理团队提出潜在的安全问题或改进方案。强化事故的报告与分析流程是非常关键的，通过对过去的事故以及近似事故的深度探讨，我们能够吸取教训，防止相似事件的再次发生。

5 结语

基于上述的讨论，我们为酸性水罐的腐蚀和火灾提供了多维度的防护方法。在防止腐蚀的领域中，钛纳米涂层的使用展现出了卓越的对抗化学和物理腐蚀的能力，从而显著地延长了设备的使用期限和其稳定性。通过实施工程措施，例如采用先进的火灾检测技术、安装自动喷水灭火系统，以及实施安全的化学品储存和处理流程，火灾预防效果得到了显著的提升。在管理和操作方面，我们通过制定严格的操作流程、持续的员工安全培训、定期的安全审计以及积极鼓励员工参与安全管理，共同构建了一个全面的安全防护网络。这一系列的综合措施不仅显著降低了酸性水罐的腐蚀和火灾风险，还为化工行业创造了一个更为安全和高效的工作环境，从而确保了该行业的可持续发展和员工的安全无虞。

参 考 文 献

[1] 邢萌萌. 炼油厂酸性水罐的腐蚀原因分析及防腐蚀措施[J]. 设备管理与维修，2020，(10)：66-68.

[2] 邢萌萌. 炼油厂酸性水罐的腐蚀原因分析及防腐蚀措施[J]. 设备管理与维修，2020，(10)：66-68.

[3] 张德全，王延平，姜春明，等. 炼厂含油水罐事故分析与防范措施研究[J]. 安全、健康和环境，2020，20(04)：4-8.

[4] 嵇阳，陆培新，高占利. 酸性水罐腐蚀安全问题及防范措施[J]. 油气田环境保护，2018，28(05)：29-30+39+61.

[5] 宋波. 大型石油化工储罐火灾扑救技战术. 天津市，应急管理部天津消防研究所，2019-12-06.

[6] 周锋，阮桢. 石油化工储罐火灾事故统计与分析[C]//中国消防协会. 2016 中国消防协会科学技术年会论文集. 公安部上海消防研究所，2016：3.

【作者简介】李笑笑，女，2020 年 6 月毕业于兰州城市学院，获得学士学位，现工作于中国石油庆阳石化公司，为炼油三部助理级工程师，目前致力于硫黄回收装置长周期平稳运行及本装置腐蚀问题研究。电话：18193426813，邮箱：3758492562@qq.com。

发油台液化石油气装卸安全受控管理

曹建平　申　伟　李福诚　王浩英　高　升

(中国石油庆阳石化公司)

摘　要：近年来液化石油气充装过程中，泄漏爆炸事故虽然发生频次不多，但若一旦发生，造成的损失非常巨大，2017年金誉石化发生的事故，是近年来伤害最大的液态烃装卸爆炸着火事件，该起事故造成10人死亡，9人受伤，爆炸中心350m内的建筑物被破坏，事故造成的社会负面影响极大。为保证企业正常发展，充装过程时人员与设备安全，必须了解及掌握波化石油气充装的安全防护措施。本文通过对液化石油气泄漏危害进行分析，并结合充装流程，从规范操作管理、联锁自控保护、设备设施保护等全方面进行泄漏预防和控制措施介绍。

关键词：液化石油气；充装；泄漏；规范操作

1　液化石油气的特性

液化石油气主要组成成分为丙烷、丙烯、正丁烷、异丁烷、丁烯中的一种或者几种组成，还含有微量的乙烷、大于碳5的戊烷、戊烯和微量的硫化物的气态混合物，为了便于储存，采用加压，变成液态后，存放在压力球罐中，其密度是空气的1.5~2.0倍，易积聚在地势低洼处引发火灾和爆炸事故。液态液化石油气比水轻，其密度约为水的0.5~0.6倍，膨胀系数比汽油、煤油和水大，因此，液化石油气是一种无色挥发性液体。它极易自燃，特别危险。

1.1　液化气泄漏对人体的健康危害

液化气石油气对人体健康有危害，吸入高浓度的液态烃会引起中毒，出现头晕、乏力、恶心、呕吐等症状，严重者可出现麻醉及意识丧失。若在相对密闭的空间内，液态液化石油气大量气化，导致空气中氧含量的减少，可使人员窒息死亡。长期吸入可引起头痛，皮肤过敏，如果大量液化气喷出，由液态急剧减压变为气态，大量吸热，结霜冻冰，可达-42℃，若接触到皮肤，会造成冻伤。

1.2　对安全的危害

液化石油气属于易燃易爆危险化学品，具有很强的挥发性，闪点低于-60℃，在一定温度、压力条件下可保持蒸气压平衡，发生泄漏时，1m^{3}液态液化石油气可转变成250至300m^{3}的气态，极易因急剧的相变而引起爆炸。介质在瞬间膨胀，并高速释放出内能，引发物理性蒸气爆炸。喷出的液化石油气迅速气化被火源点燃，出现火球，产生强烈的热辐射。若没有立即点燃，喷出的液化石油气与空气混合形成可燃性气体，液化石油气的爆炸极限按1.5%~9.5%的近似值计算，则1m^{3}的液态液化石油气泄漏在大气中，将会变成3000~15000m^3，的爆炸性气体。一旦遇到电气火花、摩擦产生的静电或其他火源，则发生二次化学性爆炸，其爆炸威力是TNT炸药当量的4~10倍，爆速可达2000~3000m/s，液化石油气的化学性爆炸威力和破坏程度远大于物理性爆炸。液化石油气最小点火能量为0.2~0.3mJ，爆炸性混合气体极易发生燃烧爆炸事故，由于液化石油气热值大，同体积发热量是煤气的6倍，火焰温度高达1800℃。液化石油气爆炸起火后，会迅速引燃爆炸区域的一切可燃物，形成大面积燃烧，造成重大破坏和人员伤亡。

1.3 对环境危害

液化气石油气泄漏在空气中，可导致空气污染，引发温室效应。

2 装卸栈台(发油台)的安全管控措施

2.1 依法合规的制度管理

2.1.1 编写《液化气充装质量保证手册》

液化气充装必须满足国家有关法律、法规、标准，根据《特种设备安全监察条例》《移动式压力容器安全技术监察规程》《移动式压力容器充装许可规则》的要求，建立安全质量管理体系，编写《液化气充装质量保证手册》，该手册包括：安全管理制度、安全责任制度，充装过程中的装卸过程关键点控制制度、槽车检查登记制度，岗位责任制度、培训考核制度、操作卡及应急管理工作制度等，这些管理制度，使液化气充装管理有章可循、有规可依，为装置的安全生产下夯实基础。

2.1.2 设备管控依法合规

液化气充装设备，通过省质量市场监督局认证，取得移动式压力容器充装许可证，且每4年进行一次复审。充装单元所有设备全部按特种设备进行管理，液化气球罐、安全阀、压力表等安全附件、温度计、变送器及计量仪器定期进行检验，装卸用管每半年进行一次耐压试验，试验压力为1.5倍的公称压力。建立完整的特种设备安全技术档案以及仪器仪表、消防等台账，同时加强设备日常维护和定期检查，发现问题及时整改闭环，保证充装单元的设备、仪器仪表处于良好工作状态。

2.1.3 严格法规升级，更新管理

随着安全及环保要求日趋严格，法律规范不断更新，液化气充装设备及工艺必须适应更严格的制度，而作出改进，适应新的法律条文，比如：《特种设备生产和充装单位许可规则》TSG 07—2019新版第C3.6.2条要求：“装卸系统的压缩机、泵等相关设备应当装设出口压力上限联锁停机(泵)装置，当压缩机或者泵出口压力达到设定的压力上限数值时，能够联锁自动停机(泵)”，我车间按此条要求，对丙烯卸车压缩机立即进行整改。

2.2 设备技术更新，为安全保驾护航

2.2.1 涡轮流量计量升级为质量流量计，彻底解决了二次补装和超装卸车的风险

据2016年统计，由于涡轮流量计量误差大，造成超装后卸载的车辆次数共计121次。每超(少)装一次，卸(补)载时必须拆装鹤管两次，卸载数量累计约39190kg，按目前市场价格4000元/吨计算，约15.7万元通过放火炬线进入气柜，这无疑给公司带来了极大的损失。改造后，彻底解决了二次补装和超装卸车的风险。

2.2.2 液态烃装车接头余气回收改造，彻底解决了就地排放的风险

在液化气充装过程中，鹤管的装车控制阀与槽车进罐控制阀之间有约0.45米的管道，装车结束后，两阀之间的管道内充满液态石油气，我们称为液化气余气(计算约0.9升)，这部分余气无法装入槽车中，操作人员会打开泄压阀，将这部分余气排到装车现场，进入空气中，当压力降至0时，拆除鹤管与槽车的连接快速接头，完成装车。这样，不但造成了液

化石油气的损失，还增加了油气装车现场的安全风险。经改进后，余气进入金属软管，最后进入火炬系统，进行回收，不但消除了安全隐患，回收的余气回收的收益达2.2万元/年。

2.2.3 过滤器大盖密封升级，从根本上消除了液化气的渗漏

过滤器大盖原密封采用卡箍对夹式，当过滤器大盖锥面和卡箍锥面不光滑时，摩擦阻力很大，对夹斜面在相对移动过程中，螺栓的紧固力将会被抵消，密封垫的压力变小，不足以形成可靠的密封面，出现过滤器渗漏。现改进为法兰 RF，金属缠绕垫密封，从根本上消除了液化气的渗漏。

2.2.4 增加钥匙管理器，与定量装车系统联锁

原始设计，槽车装车前，将钥匙挂在指定的挂钩上，曾出现过装车流程未完成，司机取走车钥匙，发动槽车驶离鹤位而拉断鹤管的事故，现安装钥匙管理器，将车钥匙放入其中，如果装车流程未完成，钥匙箱的电磁锁将处于锁死状态，钥匙不能取出，避免槽车拉断鹤管的隐患。

2.2.5 增加了紧急停车功能

现场出现突发事件，按压“急停按钮”，即可停止装卸作业。

2.2.6 人体静电释放仪与定量装车系统联锁功能

当人体静电未释放或检测车辆静电超标时，联锁启动，装车作业停止。

2.2.7 快接头定制卡箍，防止快接头脱落

鹤管液相快接头，气相快接头定制卡箍，锁死快速接头，装车过程中防止快速接头脱落。

2.2.8 焊死扳把调节定位螺母

扳把是锁死快接头与槽车接头的部件，并附带1个锁定销子，锁定销子由螺母调节，把螺母调至恰当位置后，螺杆与螺母焊死，防止定位销失效。

2.2.9 鹤管安装快速拉断阀

紧急拉断阀安装在鹤管前端，用于在紧急情况下使槽车与鹤管自动、快速脱离的机构，鹤管配装紧急拉断阀可以保护外力拉断鹤管时液化气泄漏，适应于油品、液化石油气、天然气、液氯等各种化工介质的装卸，切断阀由两个开启的单向阀组合而成，当鹤管受力超过结合力时，拉断阀从中间自动分开，两个单向阀在弹簧力的作用下关闭，切断了双向物料的通道，实现鹤管与槽车无泄漏分离。

2.2.10 液态烃鹤管入口安装总控制阀，保证鹤管安全装卸车

在装卸车过程中，如果出现故障，可以安全地隔离出来，而不影响其他鹤位的正常装卸。

2.3 操作过程规范管理

2.3.1 门岗规范检查

车辆进入大门前的详细检查项目：

(1) 槽车的接地线必须前后2根，内部嵌有铜丝，拖地长度符合要求。

(2) 司驾人员必须全劳保着装，工作服及鞋袜必须导静电(有劳保标识)。

(3) 排气管必须安装防火罩，防火罩符合要求。

(4) 严禁装手机、香烟、打火机带入充装区(放入门岗房内的定制盒子)

(5) 随车灭火器完好，且在使用周期内。

2.3.2 装卸前的严格检查

2.3.2.1 车辆的严格检查

车辆停在指定装车位置，岗位人员严格检查用户车辆、驾驶员、押运员的资质合规查

验，同时对车辆连接部位、安全附件、运载介质等进行安全性检查。充装人员对车辆的检查按照《槽车充装检查记录表》对槽车的外观、安全附件的完整性进行再次确认。

2.3.2.2 装卸前检查

充装前充装检查人员应对充装系统设备进行检查，对参数进行记录如储罐温度、压力液位等，同时应对联锁及部分设备进行测试，包括对紧急停车按钮和对应联锁阀、静电保护联锁和槽车紧急切断联锁阀、对充装单元消防器材、可燃气体探测器、等安防设施设备进行完好性检测，对流程阀门进行开关状态确认。

2.3.3 装卸过程控制

充装人员确认槽车停放到指定位置并熄火，正确放置防滑枕木，槽车钥匙放至指定位置，确认司机站在车辆紧急切断阀旁，押运员站在紧急停车按钮旁。充装人员连接槽车的防静电接地线。所有人员进入充装区域必须消除人体静电、操作过程必须使用防爆工具，充装人员严格执行《液化石油气充装操作卡》，并落实“一人操作、一人监护”的双人“唱票制”，充装过程中充装人员、司机、押运员不能离开岗位，同时除司机外的现场工作人员禁止“越界”操作车辆所属设备设施，避免紧急情况下因人员误操作造成事故扩大。

液态烃装卸期间，严格控制充装流速<3m/s，避免因流速过快可能产生静电从而引发的着火、爆炸事件。当槽车充装至预定重量时，定量装车自动停装，岗位确认所有阀门关闭，卸下装车鹤管后车辆静置5min，卸下槽车防静电接地线，引导槽车驶出充装区。

充装完成后，检查人员应对充装系统设备进行再次检查，对参数进行记录如储罐温度、压力、液位等，以确保剩余量符合要求，同时应对确认流程阀门开关状态是否正确，确认密封面、接管等是否泄漏，安全附件、装卸附件是否完好。充装人员对槽车质量复核后，应按照规定进行记录。

3 其他建议措施

（1）增设充装安全喷淋系统(消防水、蒸汽、泡沫三选一即可)，万一出现事故，可加快了处置时间。

（2）加入火焰检测仪信号，当火焰检测仪检测到火焰时，立即打开喷淋系统，对起火点进行降温稀释，防止事故发生。

4 结语

液态烃充装区域，是易燃易爆场所，属于重大危险源，本着安全第一，预防为主的原则，加强装车现场易燃易爆气体管理，提高作业过程中的安全性，对确保储油储气库及油气装卸过程安全平稳运行，有重要的作用，员工必须严格按照操作规程进行充装作业，同时不断升级更换设备设施，从储罐液位、压力联锁保护、定量装车仪表、紧急切断、阻火器等全方面统筹兼顾，因此，对设计不合理，老旧设备存在的安全漏洞，结合设备工艺特点，运行程序，深度分析，然而进行合规合理的改进或更新，消除一切安全隐患。

总之，在液态烃充装管理及执行过程中，要付出一万的努力，防止万一的发生。

【作者简介】曹建平，男，1995年毕业于兰州工业高等专科学校，现任储运运行部设备工程师。

消防安全产业发展现状及趋势分析

魏建涛　孙　坚　刘继宏

（中国石油庆阳石化公司）

摘　要：消防安全是作为国家公共安全的重要组成部分，其发展水平已经成为国民经济和社会发达程度的重要标志，而且随着城市化的不断发展，消防安全问题日益凸显，人们的关注焦点也转移到消防安全上，国家层面的重视程度促进了相关法律法规的不断完善和强化了消防行业的市场需求。消防行业的行业属性、公共属性和社会属性的特点不断凸显。本文将从需求来源、行业发展现状及发展趋势、竞争格局和市场前景等方面对消防行业的市场需求进行分析。

关键词：消防安全；产业发展现状；发展趋势

1　消防安全产业发展现状

1.1　我国消防安全现状

目前我国火灾数量整体呈下降趋势，但总量仍较大，对人民的生命和财产造成巨大威胁。根据消防救援局数据显示，2023年上半年全国共接报火灾55万起，死亡959人，受伤1311人，直接财产损失39.4亿元，与去年同期相比，起数、伤人分别上升19.9%、9.3%，亡人、损失分别下降14.4%、5.7%，从火灾情况看，上半年，随着新冠病毒实行乙类乙管，经济社会秩序逐渐恢复常态，诱发火灾的各类风险增多，火灾总量整体上升19.9%，特别是因人员户外活动大幅增多，户外及垃圾废弃物火灾达到29.5万起，同比上升34.8%，占火灾总数的53.8%。节假日火灾增势较为强劲，春节、五一、端午等节假日期间火灾总量明显高于往年。接报农村地区火灾24.5万起，比去年同期上升29.1%。接报商业场所火灾9186起，同比上升7.2%，其中发生在小商业场所的火灾占88.4%。接报居住场所火灾16.7万起、亡682人，起数占总数的30.3%，死亡人数占总数的69%。自建住宅火灾共10.1万起、亡360人，分别占居住场所火灾的60.5%和52.8%。从火灾成因分析，42.9%的自建住宅火灾系电气原因引起，超负荷用电、私拉乱接电线、违规充电等用电安全仍是自建住宅面临的最大消防安全风险，总体来看，我国火灾数量仍不容乐观，消防安全仍至关重要，传统的消防模式存在滞后性、模式单一等问题，无法满足我国消防行业的市场需求。

1.2　消防安全问题形成的原因

（1）城市化进程加速，消防安全问题愈加突出

消防安全与人们日常生活息息相关，特别是随着我国城市化进程的加速推进，聚集在城市人数越来越多，城市规模不断扩大，城市内建筑物数量迅速增长，因此规模更大、更密集，消防安全问题就愈加突出。而且许多老旧建筑在设计和建设时因为时代的局限性，没有充分考虑消防问题，同时老旧小区没有成熟的物业管理，导致火灾隐患无法及时消除，

消防设施无人维护，消防救援场地和消防通道被长久占用或无法满足消防车通行和开展救援作业等形成了较为严重的消防隐患，同时部分公共建筑、大型商场、酒店等场所的消防设施、疏散通道建设往往没有得到充分关注，甚至存在消防通道被占用、灭火器未检查维护等严重问题。

(2) 消防安全意识不强，消防安全工作困难

人们安全意识不足也是导致消防安全问题发展现状的重要原因之一。部分企事业单位中，不少人对消防安全存在认识不到位、轻视消防安全的现象，甚至觉得消防就是资源的浪费，对消防安全缺乏敬畏之心，肆意占用消防资源(如：占用消防救援场地、消防车道、疏散通道随意堆放杂物等)、破坏消气防设施、对消防设施维护保养不及时，消防设施形同虚设，这给消防安全工作带来了极大的困难，使得防范工作难以起效，增加了消防事故的风险。

目前消防行业中存在的主要问题是产品价格混乱、市场监管和行业标准不完善以及产品附加值低，产品同质化严重等，由于消防行业集中度较低，创新能力与意愿较弱，造成产品附加值较低、产品同质化严重等问题。同时，市面上的消防产品质量参差不齐，价格较为混乱，市场监管亟待完善。

1.3　消防市场的需求来源

我国是社会主义市场经济，所以具有市场经济的特点，而且市场在经济发展中的决定作用注定了市场需求对行业的决定作用。国家层面对于消防安全的不断重视是消防行业发展的助推器或者说是动力来源。随着相关法律法规(特别是《安全生产法》和《消防法》)的完善和新型城镇化进程的推进，消防安全已成为各级政府工作的重要内容，不断加大投入和优化消防设施，是维护社会稳定和推进城市化建设的必然要求。

企业安全生产需求是消防行业的主要市场。各行各业都有可能出现火灾等事故，给企业带来严重的经济损失和不可逆转的社会影响。企业为了保证安全生产需要配备符合国家法律法规规定的消防设备设施来有效保障企业安全生产。

同时随着消费宣传力度的不断增大，整个社会层面的消费安全意识不断增强，也有力促进了消防产品的需求量增加，比如：消费者对住宅、购物商场、学校、医院等场所的消防安全要求越来越高，国家监管部门对消防审核基本是一票否决，也促使建筑从设计、建设和使用全过程对消防安全的重视度提高。

2　我国消防行业的现状

中国消防行业经过近百年的发展，特别是近二十年的发展，现已形成一个门类齐全、初具规模的行业格局。中国消防行业已经形成了以消防器材、消防车辆、消防系统、消防服务等方面为主的完整产业链。

2.1　市场规模庞大，持续快速增长

据统计，2019 年全国消防设施的投资额 2794 亿元，2022 年中国消防行业市场规模已达到了 4509 亿元，增长达 61.4%；随着我国消防安全标准不断提高、人民群众对消防安全意识的不断增强，消防行业市场规模也将不断扩大。

2.2　政府对消防行业的投入不断增加

在中国，消防工程行业是一个重点领域，政府对消防的投入也在不断增加。政府出台的法规规定和行业标准越来越注重消防安全，而政府对消防工程行业的投入也在不断增加。

2.3 消费者关注度提高，市场竞争激烈

随着消费者对于建筑安全和消防安全的关注度不断提高，越来越多的消费者开始注重消防设施的质量和服务。消费者日益增长的购买力和消费理念，给消防工程行业带来了新的机遇。然而，随着市场的发展，行业内竞争也在不断加剧，市场竞争日益激烈，企业需要提高自身品牌形象和核心竞争力，以获得市场份额。

2.4 消防技术不断创新，市场需求不断升级

在科技进步的大背景下，消防技术也在不断创新。基于人工智能、物联网等技术的消防安全预警系统和消防作战指挥管理系统，大大提高了消防救援效率和准确率，进一步加强了消防工程的科技含量。同时，市场需求也在不断升级，更多的消费者希望获得更加智能化、高效、安全的消防设施和服务。

3 我国消防行业的发展趋势

近年来，人们对消防安全保障的要求不断提高，消防产品的市场需求正从被动式需求逐渐向主动式需求转变。终端用户愈发关注消防产品质量和产品性能要求，具有品牌优势和市场口碑的消防产品竞争优势日益明显。2018 年 3 月，国家应急管理部成立，公安消防部队、武警森林部队转制后，与安全生产等应急救援队伍一并作为综合性常备应急骨干力量，由应急管理部管理。2019 年 3 月，住建部和应急管理部联合发文，明确消防救援机构向住建部移交建设工程消防设计审查验收职责工作。

2020 年，我国 GDP 突破百万亿元，在疫情之下成为全球唯一实现经济正增长的主要经济体，表现了较强的韧性。同时，城市化拉动了城市的聚集性发展，拉动了经济发展。多重因素为消防行业的高速增长提供了客观需求。特别是随着 2016 年国务院发布了《关于进一步加强火灾防控工作的意见》，加大了对消防行业的支持，消防行业也被定义为“国民经济中重要的保障性产业”，同时人工智能、物联网、大数据等新兴信息技术的不断提高，传统消防产业朝着科技化、信息化、智能化方向迈进已成为发展之必然。自 2017 年智慧消防全面推进以来，多项加快智慧消防建设的相关政策出台，推动我国智慧消防市场规模的不断扩大，形成了可观的市场前景。国家“一带一路”合作倡议为全球治理提供了新的路径与方向，也对消防行业产生了巨大的影响。利用“一带一路”发展输出优势，发挥生产技术能力优势，提高我国和国际上其他国家的消防安全水平，成为消防企业面临的新机遇。同时，新阶段国内国际双循环国策、区域全面经济伙伴关系协定(RCEP)的签署等带领国内消防企业走出海外，实现民族品牌的国际化。

同时，安防企业也纷纷进军消防市场，同时消防行业的全面改革使得安防和消防的边界逐渐模糊，消防与安防的融合成为发展的必然趋势。安消一体化格局的形成逐步打消了两者的信息壁垒，实现互通融合，提升了消防维保运营效率，拓宽了安防数据应用价值。国家发展和市场需求要求我国消防由“传统型”向“现代型”和“智慧型”发展。也充分说明传统消防已经无法满足经济社会的发展，而智慧消防主要提供智能消防产品如：自动灭火系统，火灾报警设备，应急疏散系统等。就是要充分利用物联网大数据完成远程监控，隐患排查，应急疏散等工作。逐步形成新型产业链，有效解决传统消防产业之间的衔接问题，实现无死角区域的全面覆盖，深刻感知各个消防系统之间相关联的直接同步配合关系，实现消防安全跨越地理边界，让中高端消防企业得到充分发展，从而实现战略转型，带动消防产业升级。

智慧消防系统利用物联网大数据管理平台实现数据共享，自动识别消防隐患，同时利用远程监控管理系统进行实时分析和灾害预警，同时消防行业有必将融合人工智能实现无人化消防，减少消防人员的伤亡。

综上所述，消防行业的发展前景非常广阔，随着市场规模不断扩大，政府对消防安全的投入不断加大，消费者对消防产品日益增长的需求，都为消防产业的发展注入了强大动力，也为消防企业的发展提供了巨大的机遇。但行业内竞争也将越来越激烈，只有将“一体化”和“智能化”充分融入消防行业之中，不断提高企业核心竞争力，才能满足产业发展需求。

参 考 文 献

[1] 国家消防救援局. https://www.119.gov.cn/

[2] 国家统计局. https://www.stats.gov.cn/

油气储罐火灾消防灭火技术与装备探讨

刘劲勇　肖　波　苏新亮　时学庆

（中国石化河南油田分公司应急救援中心）

摘　要：大型石油化工企业以及大型、成片区域密布的储油库，一旦发生火灾，就有可能形成过火面积大、燃烧温度高，并伴随有爆炸可能。要在短时间内扑救这种类型的恶性火灾，光靠企业自身用于自救的消防设施或常规消防部队的现有装备都不能有效、快速扑灭火灾。另外，我国经历了多次特大的石化油罐火灾处置后，普遍都认为用水冷却防止燃烧的油罐爆炸，并让罐内燃油烧完是唯一的扑救大型油罐火灾的处理方法。而根据国外成功扑灭此类火灾（避免大型油罐烧尽，快速控制损失）的经验，就必须采用可远程持续供水和持续供泡沫灭火剂的大流量消防炮实施灭火。因此，研究科学高效的消防灭火技术，研发能有效压制油罐火势的蔓延，并实现快速扑灭火灾的装备，是当今石化消防的重点研究课题之一。

关键词：油气储罐；火灾；防范措施；灭火技术；消防装备

随着全球能源需求不断增长，由于资源禀赋和经济结构原因，油气储罐在我国能源工业中的地位愈发重要。目前全国 $10\times10^4m^3$ 及以上大型浮顶储罐数量超过 6000 座，最大储罐 $15\times10^4m^3$（直径 100m）。区域性储罐集中布置最大储量已超过 $1000\times10^4m^3$，世界最大。因油气储罐存储的物质具有易燃易爆的特性一旦发生全面积火灾，火势蔓延，极易形成群罐火灾，严重威胁人民生命财产安全、经济社会安全、国家能源安全，破坏大国形象。因此，针对油气储罐火灾的消防灭火技术与装备进行深入探讨，对于保障能源安全和社会的可持续发展具有重要意义。

1　油气储罐火灾来源及火灾危险性

目前国内油气储罐有地上、地下水封洞库两种类型。地上油气储罐采用的储罐主要为单罐容量为 $10\times10^4m^3$（直径 80m，罐高 21. 8m）和 $15\times10^4m^3$（直径 100m，罐高 21. 8m）钢制浮项油罐，且以 $10\times10^4m^3$储罐居多。多个储罐布置在同一个防火堤内形成油罐组，罐组连片布置。地下水封洞库是在地下岩体中开挖出多个洞室存储原油，安全性较高。

对国内油罐火灾调查显示：全部油罐火灾中原油储罐火灾占 40%，汽油储罐火灾占 32%，柴油储罐火灾占 8%，重油储罐火灾占 20%。

地上油气储罐火灾具有燃烧速度快、爆炸风险高、有毒气体释放、高温辐射热强、救援难度大等特点。这些特点使得灭火救援工作面临极大的挑战。了解和掌握油气储罐火灾主要来源和火灾危险的特性是采取有效灭火技术和装备的关键。

1.1　油气储罐火灾危险性来源

（1）物质危险性：油气储罐中储存的物质，如石油、天然气等，具有较低的点火能量，极易燃烧。这些物质在高温、高压条件下容易发生化学反应，产生更易燃的气体，增加了火灾发生的可能性。

(2) 设备缺陷：油气储罐在使用过程中，可能因为制造、安装或维护不当，导致设备出现裂缝、腐蚀等问题。这些问题可能导致油品泄漏，一旦遇到火源，极易引发火灾。

(3) 操作失误：在油气储罐的装卸和操作过程中，如果工作人员操作不当，如违反操作规程、误操作等，也可能导致火灾事故的发生。

(4) 雷电与静电：油气储罐在雷雨天气或干燥的环境下，可能遭受雷电或产生静电。这些自然或人为因素可能导致电火花，从而引燃可燃气体，引发火灾。雷击也是目前油气罐火灾发生的主要原因。典型案例：2022 年 8 月 5 日，位于马坦萨斯省马坦萨斯港工业区的储油基地内有 8 个储油罐，5 日晚遭雷击后起火。刚开始时火势得到一定控制，但强风导致大火蔓延至另一储油罐，该储油罐 6 日凌晨至上午发生多次爆炸，造成人员伤亡。

(5) 人为因素：人为因素如恶意破坏、恐怖袭击等也可能引发火灾。同时，社会治安状况、人员流动等因素也可能对油气储罐的火灾危险性产生影响。

1.2 油气储罐火灾的危险特性

(1) 油气储罐集中，密集排列布置，一旦发生火灾，易引发相邻储罐火灾事故，呈大面积、立体燃烧，救援装备难以发挥最佳灭火状态。

(2) 燃烧速度快：由于油气储罐中储存的物质具有较低的点火能量，一旦发生火灾，燃烧速度非常快，火势极易迅速蔓延。

(3) 爆炸风险高：油气储罐在高温、高压条件下容易发生化学反应，产生大量易燃气体。如果气体泄漏并遇到火源，可能引发爆炸，造成严重的破坏和人员伤亡。

(4) 有毒气体释放：在燃烧过程中，油气储罐可能会释放出有毒气体，如硫化氢、氮氧化物等。这些气体不仅对人员健康构成威胁，还可能对环境造成严重污染。

(5) 高温辐射热强：油气储罐火灾产生的高温辐射热强，可能对周围设施和建筑物造成严重损坏。同时，高温还可能引发其他危险化学品爆炸或燃烧，导致事故扩大。

(6) 救援难度大：由于油气储罐火灾的危险性较高，灭火救援难度较大。救援人员需要采取特殊的防护措施，并使用专业的灭火器材。同时，还需要注意防止爆炸、中毒等危险情况的发生。

2 防范油气储罐火灾的措施

为了降低油气储罐火灾危险性，需要采取以下防范措施：

(1) 提高设备质量与维护：选用高质量的建造材料和运行设备，加强储罐主体和附件设备的定期检查和维护，及时发现并修复潜在的设备缺陷。对于老旧设备要及进行更新改造，从源头上降低火灾风险。同时，应加强对设备的日常巡检和保养维护工作，确保设备处于良好的运行状态。

(2) 规范操作流程：制定详细的操作规程和安全管理制度，加强新员工的安全培训和教育。确保工作人员熟练掌握操作技能和安全知识，遵守操作规程和安全管理制度。同时，应加强对操作人员的考核和评估工作，对于不规范操作及时纠正和处罚。

(3) 设置安全设施：在油气储罐周围设置防火墙、防爆门、防雷设施以及静电消除设备等。同时，应定期对安全设施进行检查和维护工作，确保其正常运行和使用效果。此外，还应设置紧急切断系统、自动灭火系统等应急设施，以便在火灾初期及时控制火势。

(4) 建立应急预案：制定针对油气储罐火灾的应急预案和演练计划。应急预案应包括火情报告、紧急处置、疏散撤离等方面的内容。通过定期演练和模拟演练等方式提高应急处置能力和协调作战能力确保在火灾发生时能够迅速、有效地进行处置和控制火势蔓延减少人员伤亡和财产损失。

(5) 加强监控与报警系统：利用现代技术手段建立视频监控系统和气体检测报警系统对油气储罐进行实时监控和检测及时发现泄漏和异常情况并采取相应措施防止火灾事故的发生同时应加强对监控和报警系统的维护和保养工作确保其正常运行和使用效果提高预警能力减少火灾风险。

(6) 强化安全管理措施：加强对油气储罐的安全管理措施建立健全的安全管理体系制定完善的安全管理制度和责任制落实各级管理人员和操作人员的安全。

3 油气储罐灭火技术运用

针对油气储罐火灾的特性，科学选用正确的油气储罐救援方法，应急救援装备是灭火成功的关键保障。结合目前油气储罐火灾的形成原因，需要采取以下几种灭火技术：

3.1 油气储罐罐顶雷击着火的应急救援处置

(1) 火情侦察，发现火灾后，现场人员应首先对火情进行侦察，了解火灾的具体情况，包括火源位置、火势情况、是否有爆炸危险、是否有化学品的泄漏；

(2) 利用专用通信系统向生产调度、消防控制室、消防救援队报警并向单位负责人报告，现场有人员受伤需同时拨打 120 救援。

(3) 义务消防队设立警戒区域，防止无关人员进入火场，同时确保救援通道畅通无阻。警戒区域的范围应根据火场的具体情况来确定。立即疏散火场周围的人员。

(4) 在确认火情后，消防中控室应立即启动消防系统，利用储罐自带的消防设施进行初期灭火。同时，根据火场情况，合理使用灭火器和消防水枪等设备进行灭火。

(5) 消防力量到场后迅速组织灭火，消防车(水罐消防车、泡沫消防车、高喷车、干粉泡沫三联用车)要选择上风或侧风方向的有利地形实施灭火作战：如分散灭火、集中灭火等，根据火势的情况选择合适的战术。

(6) 同时消防应对加强对油气储罐进行冷却保护，防止罐体温度过高引起爆炸。

3.2 油气储罐物料进出阀初期火灾的应急救援处置

3.2.1 油气储罐罐底法兰处泄漏初期火灾处置

(1) 迅速关阀断料，关闭物料输送阀门并停止现场转输作业。

(2) 利用现场移动灭火器材对燃烧部位进行灭火。

(3) 利用专用通信系统向生产调度、消防控制室、消防救援队报警并向单位负责人报告，现场有人员受伤需同时拨打 120 救援。

(4) 组织义务消防员按照事故现场处置方案开展救援，待消防队到场报告现场情况并移救援工作。

3.2.2 油气储罐罐顶浮盘密封圈泄漏初期局部火灾处置

(1) 当班工作人员利用手提式灭火器迅速到灌顶进行灭火；

(2) 利用专用通信系统向生产调度、消防控制室、消防救援队报警并向单位负责人报告，现场有人员受伤需同时拨打 120 救援。

(3) 消控室操作人员接到报警后确认火警并及时打开固定泡沫灭火系统，向罐内注入泡沫，并开启喷淋系统进行冷却；

（4）消防力量到现场后应连接半固定泡沫管线向罐内注泡沫；灭火战斗开展。

3.2.3　油气储罐罐顶浮盘密封圈燃烧火灾处置

（1）当班工作人员发现火灾立即使用专用通信系统向生产调度、消防控制室、消防救援队报警并向单位负责人报告，现场有人员受伤需同时拨打120救援。

（2）消控室操作人员迅速确认火灾并及时打开固定泡沫灭火系统，向罐内注入泡沫，并开启喷淋系统进行冷却；

（3）消防力量到场后利用大功率泡沫消防车、举高喷射消防车对罐顶密封圈灭火，同时加强相邻罐的冷却、保护。

3.3　油气储罐全液面燃烧、防火堤池火灾的应急救援处置

全液面火灾通常在浮盘倾斜、变形、断裂、沉没等情况下，整个油罐表面发生燃烧，火猛烟浓，容易发生沸溢喷溅，剧烈喷出的着火原油最远可达800m，形成大面积火海。防火堤池火灾通常在储罐基础不均匀下沉导致罐体撕裂、原油充装冒顶以及罐内全液面火灾引起罐体变形、沸溢喷溅等情形下，大量原油泄漏进入防火堤内发生燃烧形成。防火堤破损、溃堤形成流淌火，火灾将进一步迅速蔓延扩大，导致罐组、库区整体烧毁，引发一系列次生、衍生灾害。

（1）消防控制室值班员迅速启动罐区自动灭火系统、喷淋系统，根据火灾自动报警控制装置显示及时通报火灾发展方向和受灾情况。迅速向救援消防队通报火灾现场情况包括但不限于燃烧物料的理化性质、存量、工艺流程、处置措施、人员疏散等情况。

（2）根据火灾发展情况和企业应急力量调配，组织制定火灾救援方案并及时向上级部门反馈救援力量部署情况。

（3）打开着火罐和邻近罐固定喷淋系统对事故罐及相邻罐组、罐体进行不间断冷却降温，按现有消防力量采用车载炮、移动炮对着火罐和邻近罐及设备进行冷却保护。

（4）组织应急救援组测算着火罐的液面积和泡沫需求总量，泡沫量按一次性灭火30min总量的两倍计算、需要多少台消防车载炮和移动泡沫炮。

（5）消防车（水罐消防车、泡沫消防车、高喷车、干粉泡沫三联用车）要选择上风或侧风方向的有利地形实施灭火作战。

（6）实施灭火展开利用消防车载炮喷射泡沫时要集中对一点或两点喷射，尽量是选择在上风向对着火罐进风口处的罐壁喷射；着火罐扑灭后要确认泡沫全部覆盖完好。

（7）现场火灾扑救成功后，间隔15～30min要对着火罐进行泡沫加注5min，防止因泡沫抗烧功能减退，防止复燃。

4　应急救援装备

当前油气储罐火灾处置最为突出的问题是应急装备：需要更为先进装备和灭火持续时间。

2015年“4·6”漳州古雷腾龙芳烃（漳州）有限公司二甲苯装置爆炸着火事故处置56h参战人数1417人，出动车辆322台，远程供水系统3套使用灭火药剂1473t。2016年“4·22”江苏省靖江市德桥化工仓储有限公司火灾事故，处置时间18h，参战人数1463人，出动的车辆273台，远程供水系统8套。使用灭火药剂860t。所以针对油气储罐火灾的特殊性，选择适应的灭火消防车辆和消防装备：

（1）重型消防车：重型消防车配备了大功率消防泵、大量消防水源和各种消防器材，

能够满足油气储罐火灾扑救的需要。流量 6000L/min、10000Lmin，射程 80~120m。此外，重型消防车还具备较好的越野性能和运输能力，能够快速到达火灾现场。

（2）举高喷射消防车：高喷车应选择流量 800oL/min、10000L/min，举高 50m 以上。

（3）干粉泡沫联用消防车：干粉泡沫联用车应选择 36m 高的三项射流(干粉、泡沫和水)，流量 6000L/min、8000L/min。

（4）远距离供水系统：远程供水系统是在灭火救援战斗中完成远距离不间断供水的一套设备。远程供水系统共由数辆消防车构成，例如：包含大流量泵浦消防车(配置吸水泵模块、增压泵模块、自动取水系统)，水带敷设消防车(配置 *DN*400 水带、自动收带机、自动理带机、水带清洗机等)，二次增压车(配置增压泵模块系统一套)和器材运输车(运输各类供水系统辅助器材)组成。

（5）遥控移动炮：与接收器配套使用可远距离无线、手动操纵完成水平回转、俯仰转动、流量可调节，直流、喷雾喷射。具有流量大，水流集中，射程远有点，流量可以达到 3600L/min、4800L/min、6000L/min，射程 60m、80m、100m。

（6）智慧车联网系统：通过各种传感器和设备，实现对车辆位置、状态、环境等信息的实时感知，利用物联网、移动互联网等技术，实现车辆与车辆、车辆与中心平台的通信，建立数据中心，对采集的数据进行处理、存储和分析，为上层应用提供支持。根据消防救援的实际需求，开发相应的应用模块，如实时监控、智能调度、辅助决策等。一旦发现异常情况，及时发出预警信息，为消防救援争取宝贵时间。利用智能分析和决策功能，能够根据采集的数据和历史数据，对救援方案进行智能优化，为指挥员提供科学的决策依据。

（7）新型灭火装备：随着消防科技的发展，新一代灭火装备层出不穷，例如：智能型灭火装备能够自动识别火源、自动定位火源、自动选择合适的灭火方式进行智能化的快速灭火。新型大功率氮气泡沫消防车，超细干粉灭火装置等，另外，一些新的纳米材料也被用于灭火装备中，这些新材料可以大大提高灭火效果和效率。

5 结语

随着社会的发展和科技的进步，大型储油罐灭火的技术与战术探讨显得尤为重要。在此背景下，我们更应强调灭火技术的重要性，只有具备先进的技术，才能有效地应对各种火灾事故。同时，战术配合的必要性也不容忽视。在总结灭火经验的基础上，我们应该展望未来发展。随着科技的不断进步，灭火技术将不断创新和完善。我们应该紧跟时代步伐，加强新技术、新战术的研究与探索，为灭火工作注入新的动力。

【作者简介】刘劲勇，男，中国石化河南油田分公司应急救援中心，政工师，大学本科，研究方向：消防救援。电话：18738772369，信箱：297012617@ qq. com。

有机类危化品泄漏单向高效吸附技术研究

刘晅亚[1]　任晓燕[2]　孔得朋[3]

(1. 应急管理部天津消防研究所;
2. 中国科学院长春应用化学研究所电分析化学国家重点实验室;
3. 中国石油大学(华东)机电工程学院)

摘　要:针对当前广泛使用的石油烃类及碳氢化合物吸附材料存在吸附效率低、吸附油品易渗出、易挥发,吸附处置后处理困难等问题,以商业化亲水性三聚氰胺海绵为前驱体,采用化学气相修饰方法对其进行疏水改性,制备出高效吸油性三聚氰胺海绵,并基于此材料研制出有机类危化品高效、单向吸附材料。通过与常规吸附材料的性能对比,所研发的化学改性吸附材料可实现对油类、碳氢化合物等有机类危化品的高效吸附,吸附效率高达 187 倍左右,并且可有效抑制危化品的挥发,从而提高有机类危化品泄漏的应急处置能力和水平。

关键词:吸附;多孔材料;有机类危化品;单向吸附;三聚氰胺海绵

1　引言

石油烃类、碳氢化合物等有机类危化品的生产、仓储及运输等过程常常发生泄漏事故,极易对周边生态环境及人类生命健康安全产生严重影响,处理不当可能引发火灾、爆炸、中毒、窒息及生态环境污染等次生事故。泄漏事故发生后,采用吸附材料对泄漏危化品进行吸附处置被认为是最有效、最经济的方法之一,且容易操作。当前人们广泛使用活性炭、吸油树脂、膨润土、动植物纤维、聚丙烯纤维、吸油棉、吸油毡等吸附材料处置泄漏的危化品,其吸附效率有限,仅为其质量的数倍或数十倍左右。上述的吸附材料主要通过材料的孔隙容积内渗透聚集的物理吸附作用来实现吸附处置,在吸附过程中,其吸附速度和解吸速度都比较快,而且吸附的危化品极易发生渗出或挥发,所挥发出的可燃蒸气在一定条件下极易发生燃烧,甚至形成可燃蒸气聚集并发生爆炸,从而导致更大范围的火灾爆炸等次生灾害事故。相较而言,化学吸附是由于在吸附剂与吸附质间存在着强的化学作用力,吸附后就不容易解吸和渗出,从而能够有效抑制可燃蒸气的挥发扩散,降低发生次生灾害的危险。

近年来,针对大规模危化品泄漏或溢油处置,人们相继开发出了一系列具有高吸附性能的新型吸附材料,如石墨烯气凝胶、多孔材料、碳纤维气凝胶等等。这些材料普遍具有超轻的密度、较高的孔隙率、优秀的机械性能和良好的温度耐受等性能,但由于其较高的合成成本和比较复杂的合成过程,上述吸附材料的大规模合成尚存在困难,因此其商业化应用受到了很大的限制。三聚氰胺海绵是一种商业化绿色环保安全的低密度海绵,其孔隙率可达 99%,且具有价格低廉、生产规模大、机械性能良好、亲水性和易加工等特点。基于此,本研究以三聚氰胺海绵材料为前驱体,采用化学气相修饰法将其由亲水性改性转变为疏水亲油性,实现对油类、碳氢化合物等有机类危化品的高效吸附,并在此基础上研制出针对有机类危化品泄漏的高效、单向吸附材料。通过与市场常规的吸油材料进行吸附性能的对比分析，所研制的新型吸附材料在高效吸附的同时能够有效地抑制所吸附危化品的挥发，从而提供一种针对有机类危化品泄漏的应急处置方案。

2 高效单向吸附材料研发与制备

2.1 理论与技术路径分析

针对有机类危化品泄漏的单向吸附材料的制备主要分为两步，如图 1(a)所示。首先，利用化学方法将亲水性三聚氰胺海绵进行疏水化功能修饰，将前驱体的亲水性基团，如羟基、羧基等，与带长链烷基的硅烷改性剂进行化学反应，在纤维支链上接枝一定数目的疏水基团，从而制备成疏水亲油性的吸附材料。其中，疏水改性试剂选用最广泛的硅烷试剂-聚二甲基硅氧烷，将材料表面接枝硅烷基团，实现与有机类物质形成较强的化学相互作用。其次，在吸附材料外表面固化一层致密的陶瓷纤维，这是一类纤维状轻质耐火材料，其材料致密的特征能够有效阻止所吸附的有机类物质蒸气通过海绵孔隙向空气中挥发扩散。单向吸附材料与泄漏危化品接触的下表面作为吸附层，能够有效吸附陆地、水面等不同界面上泄漏的有机类危化品，而材料上表面的抑制挥发层则能够有效阻止可燃蒸气的挥发，从而降低吸附危化品渗出、挥发所带来的次生灾害风险。

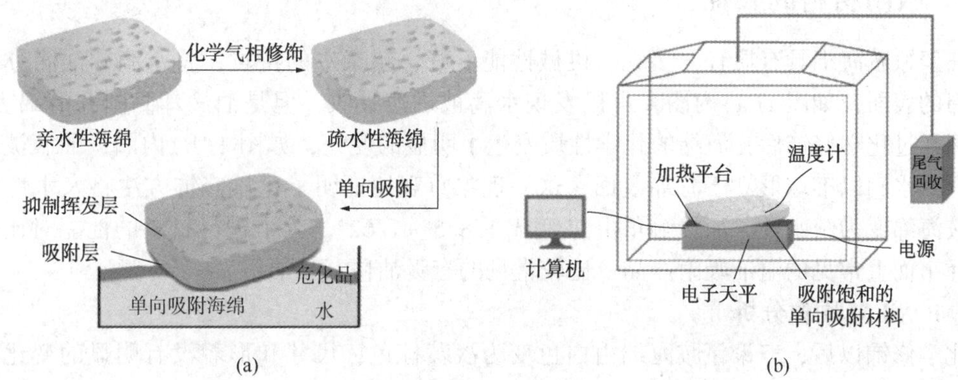

图 1 高效单向吸附材料研发及分析平台示意图

2.2 实验研究

2.2.1 吸附材料制备

实验试剂与材料分别为：三聚氰胺海绵(密度约为 6~8mg · cm^{-3}，孔隙率约为 99.5%)，陶瓷纤维材料($Al_2O_3 \cdot SiO_2$，直径 2.6~2.8μm)，聚二甲基硅氧烷[黏度为(750±50)mPa · s]。

将 100mL 聚二甲基硅氧烷液体加入玻璃制反应容器(尺寸 40cm×50cm×12cm)中，在容器上放置 5 片三聚氰胺海绵(尺寸 40cm×50cm×2cm)。在 250℃烘箱内加热 4h，然后冷却至室温即得到疏水吸油性三聚氰胺海绵。疏水改性后的三聚氰胺海绵密度由 7.8mg/cm^3增加到 8.8mg/cm^3，说明材料表面修饰的硅烷分子造成密度增大，但仍属于轻质材料。

将原吸水性三聚氰胺海绵化学修饰改性后，利用环氧树脂固化反应喷涂黏连一层稳定的陶瓷纤维布，实现对液体有机危化品单向吸附，阻隔吸附危化品挥发。改性后的三聚氰胺海绵材料的密度由 8.8mg/cm^3增加到 18mg/cm^3，尽管密度增大，但依旧能漂浮在水面上。

2.2.2 化学表征

采用扫描电子显微镜(scanning electron microscope，SEM)测试、EDS 能谱分析(energydispersive X-ray spectroscopy)、元素成像分布(EDS mapping images)、X-射线光电子能谱(X-ray photoelectron spectroscopy，XPS)对改性前后的三聚氢胺海绵分子结构进行分析。

采用下列公式计算吸附材料的吸附容量(Q)：

$$Q=\frac{m_a-m_0}{m_0}$$

式中 m_a——材料吸附溶剂后的质量，g；

m_0——吸附材料的初始质量，g。

在室温条件下，将一块吸附材料(初始质量为 m_0)浸泡于待考察的吸附质中进行吸附，5min 后将吸附材料取出，将其在空中滞留 20s，使多余吸附质因自身重力原因而滴落，然后称重，质量记作 m_a。每一种吸附质测量三次取平均值作为最终实验结果。

为了验证材料的单向吸附性能，搭建分析平台来考察吸附材料的保留性能[如图 1(b)]。保留效率计算公式如下：$R=\frac{m_b}{m_a}\times100\%$。将吸附饱和的材料(质量为 m_a)在室温条件或 60℃条件下静置 12h 后，称量其剩余质量(记为 m_b)，其减少的质量为扩散的蒸汽。每一种吸附质测量三次取其平均值作为最终实验结果。

3 吸附材料的表征

三聚氰胺海绵具有质轻、多孔、机械性能良好、超亲水的特点，将水滴和油滴分别置于海绵的表面，如图 1(a)内图，可以发现水滴被迅速吸收，但是油滴却黏附在海绵表面。当海绵经过化学修饰后，海绵的化学性质发生了明显的变化，如图 1(b)内图，油滴被迅速吸收，而水滴以准球形立于海绵表面。这一现象直观地证明了化学修饰方法将亲水性的三聚氰胺海绵变为疏水性，而接触角由 0°变成 158.5°±1.62°。为了进行材料的性能对比，我们选择市面上常见的溢油吸附产品，比较常见的有吸油毡、吸油棉。

3.1 SEM 图像分析

化学修饰以后，三聚氰胺海绵由白色变为淡黄棕色，尺寸和形貌没有明显的变化。利用 SEM 电镜技术对修饰前后海绵的微观结构进一步地表征，如图 2 所示。温和的实验方法对海绵固有的三维多孔结构没有产生任何损伤，且没有观察到孔堵塞现象。海绵是由直径为 5~20μm 的纤维交织而构成的三维丝网结构，这种连通的三维多孔结构有利于气体和液体在海绵内部的传输，从而保证海绵在吸附有机溶剂和油类物质时有着快速的吸附动力学和高的吸附容量。对比 SEM 图，吸油毡和吸油棉也是由纤维交织而成的三维结构，吸油毡的纤维尺寸不均匀，而且纠缠在一起，纤维的间隔不均匀，很难保证有效的物质传输。吸油棉也存在纤维尺寸不均匀、大面积的孔堵塞的问题，这些会显著降低材料的吸附容量。

3.2 元素含量分析

为了深入研究化学修饰前后材料表面化学元素的变化，我们进行了 EDS 能谱分析。如图 3 所示，结果对比发现，三聚氰胺海绵主要是由碳、氮、氧三种元素。经硅烷化改性处理后的材料，碳元素和氧元素的含量明显升高，这说明二甲基硅烷分子成功键联到三聚氰胺分子的骨架上，硅元素的含量也由 0 提高到 1.28%，进一步证明含硅元素的疏水基团被有效地接枝到分子骨架。氮元素含量高达 43.96%~47.16%，如此高的含氮量是决定海绵阻燃性能的重要因素，有望在清理石油污染时降低发生燃烧和爆炸的风险。

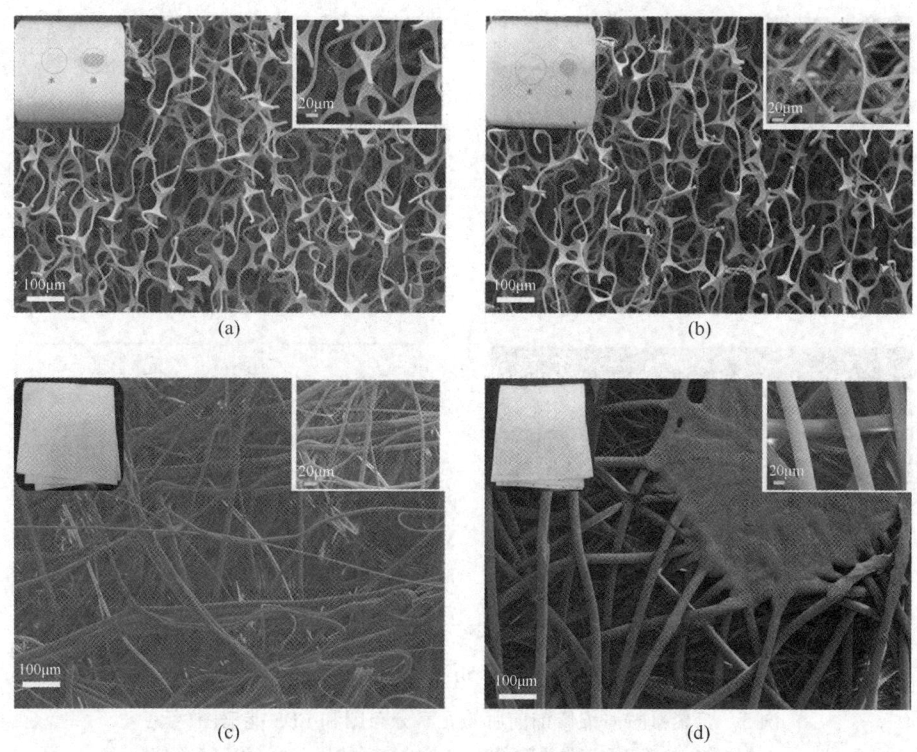

图 2　材料的扫描电子显微图像

(a)修饰前的亲水性三聚氰胺海绵；(b)修饰后的超亲油三聚氰胺海绵；(c)商品化吸油毡；(d)商品化吸油棉。左上角的插图为相应的海绵光学照片。右上角的插图为相应的海绵 SEM 放大图。

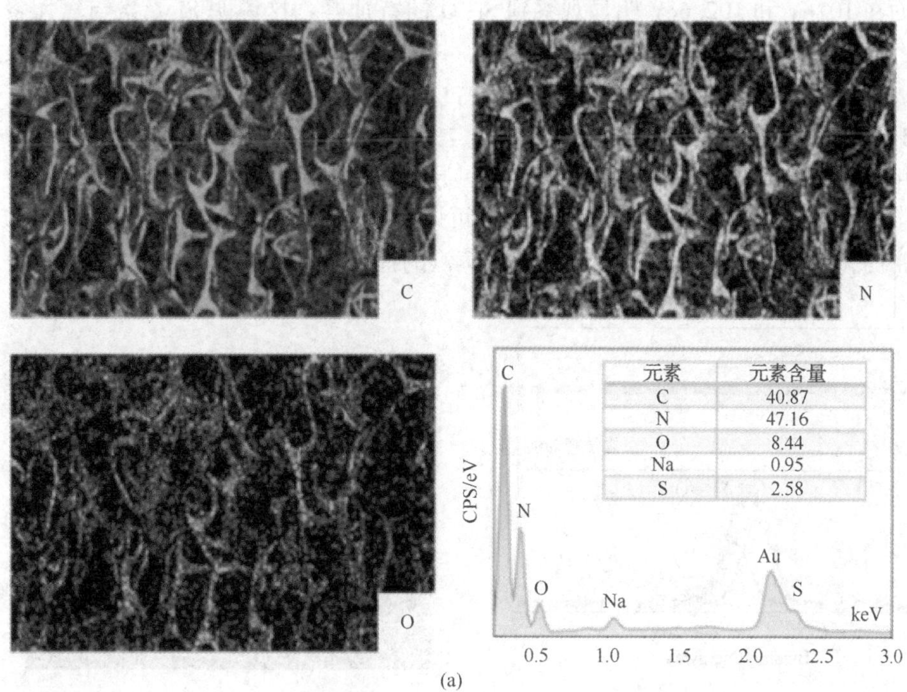

图 3　三聚氰胺海绵修饰前后的元素分布图和 EDS 能谱图

(a)修饰前的超亲水三聚氰胺海绵；(b)修饰后的超亲油三聚氰胺海绵

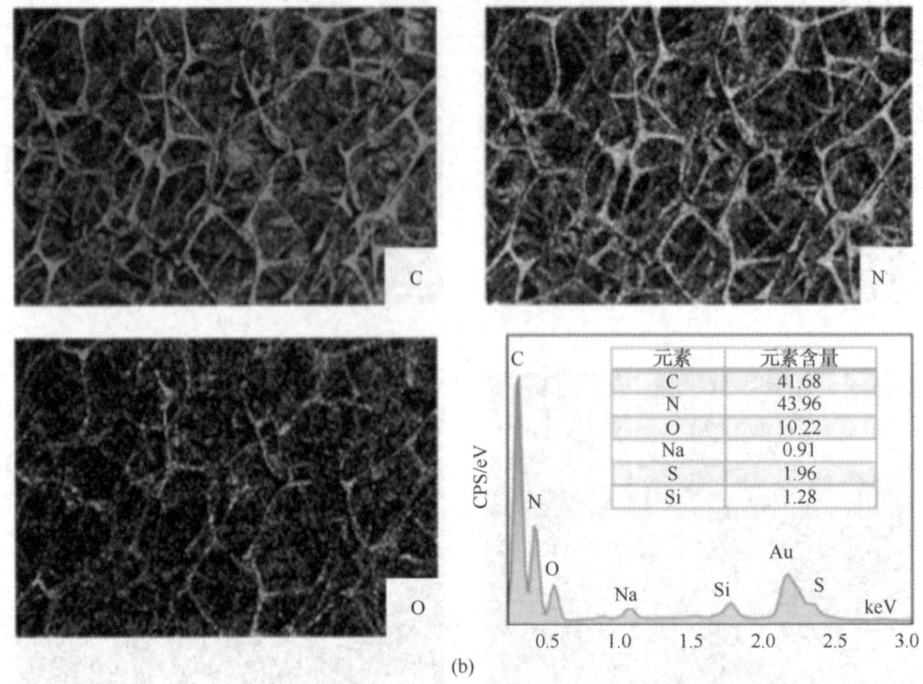

图 3　三聚氰胺海绵修饰前后的元素分布图和 EDS 能谱图(续)

(a)修饰前的超亲水三聚氰胺海绵；(b)修饰后的超亲油三聚氰胺海绵

3.3　XPS 分析

对比化学修饰前后的三聚氰胺海绵的 Si 元素的高分辨 XPS 图谱，如图 4 所示，亲油性海绵表面在 102eV 和 102.6eV 明显观察到 Si-O 的特征峰，这说明 Si 元素与氧元素发生化学键联，且均匀地分布在三聚氰胺纤维表面，进一步表明疏水性硅烷分子基团有效地修饰在材料表面。

3.4　单向吸附材料的 SEM 图像分析

利用环氧树脂固化反应在海绵表面黏连一层稳定的陶瓷纤维布，作为一种有效的抑制挥发层，厚度约为 120μm。SEM 图像(图 5)可以发现，二者的结合非常牢固。且抑制吸附层是致密的，没有孔隙，能够有效阻止有机蒸汽的挥发与扩散。

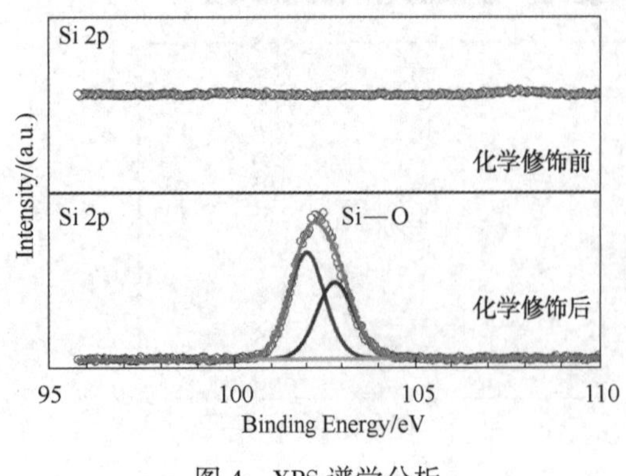

图 4　XPS 谱学分析

吸附层

抑制挥发层

200μm

图 5　单向吸附材料的扫描电子显微图像

4 吸附材料的吸附性能

4.1 吸附容量测试

为了更好地对比不同材料的吸附性能，选择相同质量为30g的三种吸附材料，商业化吸油毡、商业化吸油棉、自制的三聚氰胺吸附材料，体积分别为40cm×50cm×2mm、40cm×50cm×2mm、40cm×50cm×2cm，三聚氰胺海绵的密度远小于商业化的吸油毡和吸油棉。接下来考察了不同材料对各种吸附质的吸附容量，吸附质主要选择烷烃油类，如花生油、豆油、机油、汽油等；有机溶剂类如甲苯、二甲苯、环已烷、三氯甲烷等，结果如表1所示。结果对比发现，吸油毡和吸油棉分别能吸附自身质量4~10、5~12倍的吸附质，而制备的三聚氰胺材料能够吸附自身质量67~187倍的吸附质，进一步的计算表明材料有73%~90%的孔体积被吸附质占据。如此高的吸附量主要因为超亲油三聚氰胺海绵具有高的孔体积和超疏水性等优点。

表1 吸附材料对不同吸附质的吸附性能

吸附材料吸附质	吸油毡	吸油棉	疏水修饰后的三聚氰胺吸附材料	
	吸附性能/(g/g)	吸附性能/(g/g)	吸附性能/(g/g)	占用的孔体积/%
花生油	9.7	12.1	93.2	75.2
豆油	9.1	11.2	96.4	76.1
机油	9.3	10.8	103.7	73.2
汽油	10.2	11.7	106.2	74.5
甲苯	8.6	10.3	114.7	88.3
二甲苯	9.7	11.6	132.1	81.5
环已烷	4.3	5.2	67.3	82.4
三氯甲烷	10.6	12.5	187.2	90.2

4.2 单向吸附的模型

为减少被吸附的吸附质往空气中的逃逸，吸附材料的上表面和侧面通过环氧树脂固化反应黏合一层抑制挥发层。为了验证材料的抑制挥发效果，搭建了分析平台来考察吸附饱和材料在室温条件下静置12h后的质量变化。减少的质量即为扩散的蒸汽质量，由此可计算出吸附材料对不同吸附质的保留效率。实验结果(表2)表明，针对低沸点、易挥发的有机溶剂，如环已烷、三氯甲烷，吸附材料对它们的吸附容量很高，但是很难保留住，它们极易挥发到空气中。使用单向吸附材料，能够有效减少蒸汽向空气中的扩散，显著提升了保留效率。针对高沸点的油类危化品，单向吸附材料比单纯的三聚氰胺海绵具有稍高的保留效率。三聚氰胺吸附材料的性能都明显高于商业化的吸油毡和吸油棉。

表2 室温条件下，吸附材料对不同吸附质的保留效率 (%)

吸附材料吸附质	吸油毡	吸油棉	三聚氰胺吸附材料	单向吸附材料
花生油	92.1	93.7	96.2	99.5
豆油	91.2	93.1	94.2	99.4
机油	90.8	90.3	90.6	99.5
汽油	90.7	90.2	91.7	97.5

续表

吸附材料吸附质	吸油毡	吸油棉	三聚氰胺吸附材料	单向吸附材料
甲苯	35.3	32.5	58.7	90.3
二甲苯	36.1	39.3	62.1	89.5
环己烷	8.6	10.1	15.1	82.4
三氯甲烷	3.3	4.5	12.5	75.2

针对低沸点的油类物质，如花生油、豆油、汽油、机油等，为了模拟真实的环境，我们在60℃条件下测量材料的保留效率。结果发现在加热条件下单向吸附材料具有优异的保油性能，能够显著阻止油类物质向空气中的扩散，这可有效避免海绵吸附原油后因受热而造成的二次溢油，有助于降低次生灾害发生的可能性。见表3。

表3 60℃条件下，吸附材料对不同吸附质的保留效率 （%）

吸附材料吸附质	吸油毡	吸油棉	化学修饰三聚氰胺吸附材料	单向吸附材料
花生油	62.1	63.7	76.2	93.5
豆油	61.2	63.1	74.2	94.1
机油	60.8	60.3	70.6	92.5
汽油	60.7	60.3	71.7	91.3

5 结语

（1）制备的高效吸附材料，具有超轻多孔、良好的疏水性和亲油性、高吸附容量、材料成本低等特性，材料比重小，密度为8.8mg/cm^3。具有三维网状结构，每克材料可吸附油类物质90~180g，其吸附效率是商业化吸油毡和吸油棉等吸附材料的5~10倍。其吸附动力学符合准二级动力学方程，吸附过程同时包含物理吸附与化学吸附。

（2）经陶瓷纤维固化后的单向吸附材料，能有效降低油类蒸汽的扩散，对吸附质的保留效率能达到90%，可有效抑制所吸附危化品的渗出与挥发。

（3）经化学修饰的高效单向吸附材料的合成方法简单，原材料廉价易得，易规模化生产，可广泛应用于水面及陆地不同表面的有机类危化品泄漏处置，较商业化的吸油毡和吸油棉具有更强的市场竞争力，推广应用前景广阔。

参 考 文 献

[1] 陈顺杭. 水上危险化学品泄漏应急处置决策技术研究[D]. 大连：大连理工大学，2007.

[2] 张磊，阮桢. 100起危险化学品泄漏事故统计分析及消防对策[J]. 消防科学与技术，2014，33(3)：337-339.

[3] 曾笑. 吸附材料在液体危化品泄漏事故应急处置中的应用[J]. 广州化工，2014，42(18)：260-261.

[4] 杨飞，王邦文，李传宪，等. 海上溢油处理用超疏水-超亲油三维弹性多孔材料研究进展[J]. 油气储运，2021，40(11)：1210-1219.

[5] 闫茜，谢谚，李龙，等. 新型吸附材料在水上溢油应急处理中的应用[J]. 应用化工，2020，49(05)：1240-1244.

[6] 余淼霏，杜胜男，张学佳，等. 挥发性有机物吸附材料研究进展[J]. 现代化工，2022，42(11)：54-58+64.

[7] 和玉光，郝思嘉，杨程. 石墨烯及其复合材料吸油性能研究进展[J]. 化学研究，2022，33(01)：9-25.
[8] HU H，ZHAO Z B，WAN W B，et al. Ultralight and highly compressible graphene aerogels[J]. Adv. Mater.，2013，25(15)：2219-2223.
[9] RUAN，C P，AI，K L，LI，X B，et al. A superhydrophobic sponge with excellent absorbency and flame retardancy[J]. Angew. Chem. Int. Ed.，2014，53，5556-5560.
[10] SUN H Y，XU Z，GAO C. Multifunctional，ultra-flyweight，synergistically assembled carbon aerogels[J]. Adv. Mater.，2013，25(18)：2554-2560.
[11] WU Z Y，LI C，LIANG H W，et al. Ultralight，flexible，and fire-resistant carbon nanofiber aerogels from bacterial cellulose. Angew. Chem. Int. Ed.，2013，2925-2929.
[12] ADEBAJO M O，FROST R L，KLOPROGGE J T，et al. Porous materials for oil spill cleanup：A review of synthesis and absorbing properties. J. Porous Mater.，2003，10：159-170.
[13] RUAN C P，SHEN M X，REN X Y，et al. A versatile and scalable approach toward robust superhydrophobic porous materials with excellent absorbency and flame retardancy[J]. Scientific Reports，2016，6：31233.
[14] Angelova D，Uzunov I，Uzunova S，et al. Kinetics of oil and oil products adsorption by carbonized rice husks[J]. Chem. Eng. J.，2011，172：306-311.
[15] Piperopoulos E，Calabrese L，Mastronardo E，et al. Assessment of sorption kinetics of carbon nanotube-based composite foams for oil recovery application[J]. J. Appl. Polym. Sci.，2019，136：47374.
[16] Mahmoud M A. Oil spill cleanup by raw flax fiber：Modification effect，sorption isotherm，kinetics and thermodynamics[J]. Arabian Journal of Chemistry，2020，13(6)：5553-5563.

【作者简介】刘晅亚，男，应急管理部天津消防研究所，研究员，主要研究方向：储罐泄漏火灾动力学及应急防控策略研究。电话：15002219908，邮箱：liuxuanya@tfri.com.cn。

环境风作用下液体燃料储罐泄漏火灾特点及应急策略研究

王继赟　罗　昊　李耀强　刘晅亚

（应急管理部天津消防研究所）

摘　要：为有效提高液体燃料储罐泄漏火灾事故应急防控能力，以正庚烷为例开展了环境风作用下储罐泄漏火灾实验。结果表明，环境风导致火焰偏移，从而削弱了储罐内部液体温升和压升速率，但偏移的火焰加热储罐仍然会导致内部液体达到沸点，从而导致泄漏液体沸腾燃烧，造成储罐内部压力和外部热辐射强度共同骤增，即火灾危害突变至最大值。基于实验研究结果和本质安全与快速、柔性、智能、高效防护处置理念，构建了液体燃料储罐泄漏火灾事故综合防控与应急处置技术装备体系，并提出液体燃料储罐泄漏火灾事故风险防控与应急处置技术装备发展策略和方向。

关键词：环境风；液体燃料储罐；泄漏火灾；火灾危害突变；应急策略；装备开发

1　引言

液体燃料是我国经济发展的重要动力和能源保障，而储罐用于储存液体燃料，包括汽油、柴油、正庚烷等。然而，由于设备失效、人员误操作、薄弱的安全管理，运输、储存及加工过程中的储罐会泄漏液体燃料，并遇点火源形成池火，对周围造成热辐射危害；同时，储罐泄漏液体形成的池火会持续加热储罐，长此以往会导致储罐失效爆炸，酿成严重事故后果。例如2014年3月，山西省晋济高速公路隧道内，两辆铰接列车碰撞，造成前车甲醇泄漏并燃烧，随后引燃隧道内其他车辆，最终造成40人死亡，直接经济损失8197万元，事故后果极其惨重。

当储罐持续泄漏液体并燃烧时，其火灾危害体现在两个方面：泄漏液体形成浮力主控的池火，对周围环境造成热辐射危害；池火持续加热罐体，导致储罐超压失效爆炸。笔者前期已对正庚烷和汽油储罐泄漏火灾进行研究，发现泄漏液体沸腾燃烧时，火灾进入沸腾燃烧阶段，火焰尺寸、热辐射强度和储罐内部压力骤增，从而火灾危害突变。在实际储罐火灾事故中，火灾危害的突变会使得人员措手不及，从而扩大事故后果，因此研究储罐泄漏火灾的突变特征极其重要，包括突变时刻预测、突变后热辐射强度增幅、压力骤增幅度等。但前期研究缺乏考虑环境风对火灾的影响，考虑到实际火灾场景中存在环境风的概率较大。前人研究表明环境风作用下的池火则同时受到竖向的浮力和横向的风力驱动，火焰的倾斜使得池火的热反馈机制变化，从而导致池火的燃烧速率变化，并且对于不同的燃料、不同的油池尺寸，环境风作用下的燃烧速率主导热反馈因素也会不同。Blinov 和 Khudyakov

发现油池火燃烧速率与环境风速成正比。Woods 和 Kostiuk 研究了甲醇池火燃烧速率随风速的演化规律，发现甲醇池火燃烧速率随油池尺寸的不同而呈现不同的演化规律。

因此，环境风将会改变泄漏液体形成池火的燃烧特性，同时也会导致储罐表面的火焰偏移，这将对储罐内部的热响应和外部火焰行为产生显著的影响。那么在环境风作用下，是否仍然存在火灾危害突变现象？若存在，火灾危害突变特征如何？如何开发装备应对此类火灾？本文将解决这些问题，从而深化理解液体燃料罐泄漏火灾特点，为事故防控提供数据和技术支撑，以此降低类似事故的后果。

2 储罐泄漏火灾特点

2.1 实验设计

储罐泄漏火灾实验平台如图 1 所示，50L 的储罐底部被打了一个较大的洞。

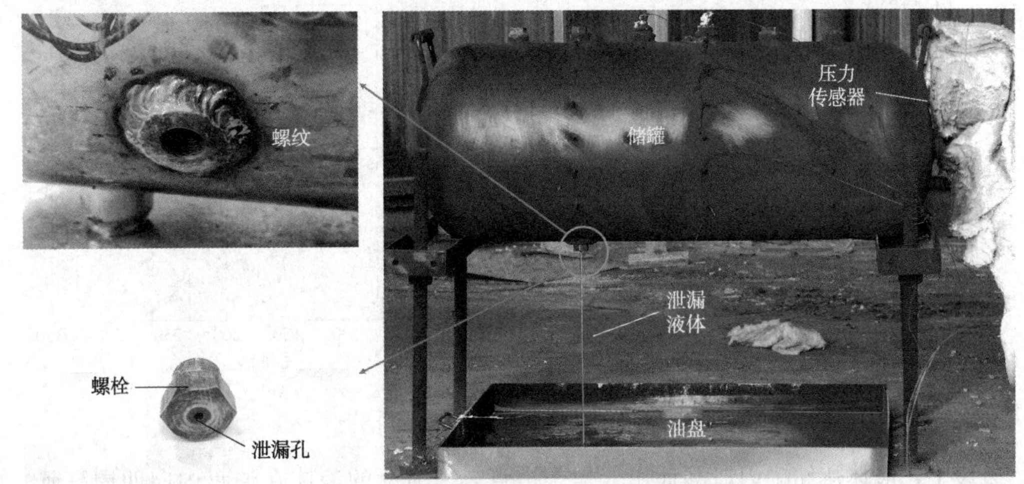

图 1 储罐泄漏火灾实验装置

这个洞被螺纹化处理，并使用中心穿孔的螺栓填充这个洞，螺栓中心的小孔用以形成泄漏孔，直径为 2.5mm。罐体由不锈钢制成，设计压力为 3.0MPa，在储罐下方 32cm 处，放置一个方形托盘收集泄漏的液体并限制液体的流淌，从而形成池火。储罐内初始为一个大气压，从顶部注油口注入正庚烷 5.5L(11%填充率)后并用螺栓将注油口封堵，然后拔掉封堵底部泄漏孔的细螺钉，使得液体从储罐底部竖直向下泄漏一段时间后，在泄漏液体与油盘的交界处被点燃，以形成储罐泄漏火灾。

如图 2 所示，2 个辐射热流计(代号：R1 和 R2)距离地面 1.5m，并位于以储罐中心为圆心、半径为 1.5m 的圆周上，R1 位于储罐左侧，R2 位于储罐右侧。在罐体右侧位置安装 0~1MPa 的压力传感器(代号：P)，监测罐内表压(相对压力)。两台摄像机用以监测火焰图像，摄像机 1 监测储罐底部火焰图像，摄像机 2 监测整体火焰图像。环境风从左侧吹向实验台。

2.2 火灾现象分析

如图 3 所示，环境风作用时，储罐内部压力仍然先缓慢增加，然后骤增至最大值，随后压力衰减至 0；热辐射强度则是从小增加至最大然后逐渐变小直至完全消失。基于压力响应、泄漏形态、火焰形态、热辐射强度特征，将储罐泄漏火灾划分五个阶段，包括液体扩散阶段(Ⅰ)、火蔓延阶段(Ⅱ)、稳态燃烧阶段(Ⅲ)、沸腾燃烧阶段(Ⅳ)和衰退阶段(Ⅴ)。

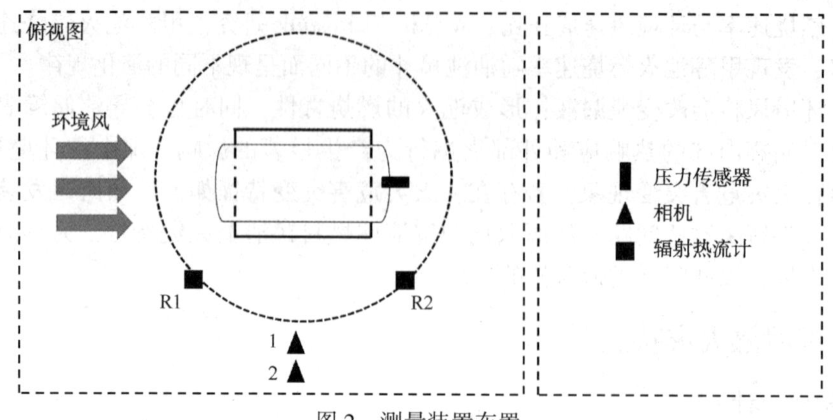

图 2　测量装置布置

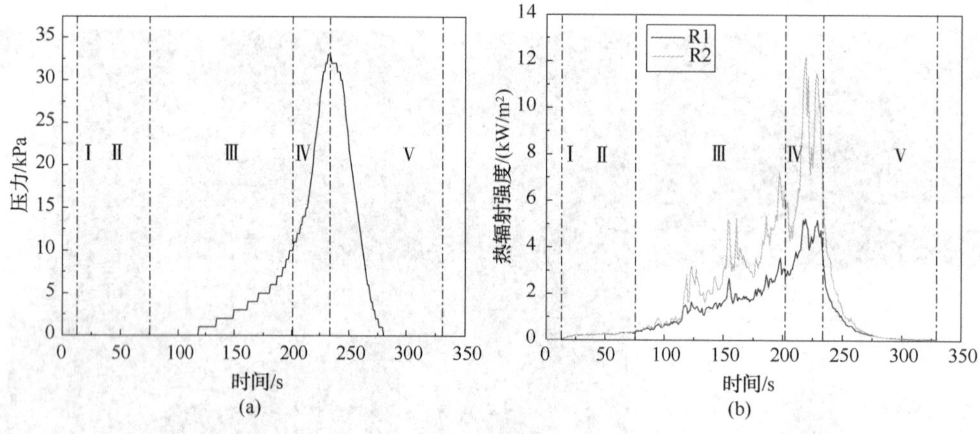

图 3　压力(a)与热辐射强度(b)

阶段Ⅰ：液体从储罐内泄漏而出，但未被点燃，泄漏的液体在油盘内向四周蔓延，如图 4 所示。考虑实际储罐泄漏事故发生后，液体可能会泄漏流淌一段时间，才会遇点火源形成火灾，那么在此阶段，若监测预警系统能够及时识别泄漏，则可以及时采取措施封堵泄漏口(见 3.2 节)并清除周围点火源，从而避免后续火灾的发生。否则，将导致后续火灾阶段依次出现。

阶段Ⅱ：液体被点燃后，仍然在一边流淌一边燃烧，此阶段特征为火蔓延。通过图 5 可以看出，阶段Ⅱ的火焰尺寸较小，从而使得目标接收的辐射热通量较小，如图 3(a)所示，但阶段Ⅱ的热辐射强度处于持续增加的状态，归因于泄漏液体的不断蔓延燃烧使得火焰尺寸持续增加。

阶段Ⅲ：液体已扩散至整个油盘，并稳态燃烧，对应实际事故场景则是人员采取围堵手段将液体燃料限制在某一个区域内燃烧，避免其引燃周围的可燃物。通过图 3 可知，阶段Ⅲ的储罐压力和对外热辐射强度在快速增加，一方面，随着时间推移，泄漏液体温度和泄漏流量的升高，导致其燃烧速率的增加，从而火焰尺寸增加，导致热辐射强度增加，另一方面火焰尺寸的增加，导致加热储罐程度增加，从而压力也快速增加。

阶段Ⅳ：泄漏液体温度达到沸点，一旦其从储罐泄漏至外部，则会沸腾形成大量燃料蒸气并燃烧，发出噼里啪啦的声音。如图 4 所示，储罐底部火焰十分紊乱，表明沸腾的液体在猛烈燃烧，并充分加热储罐，导致该阶段的压力骤增。此外，阶段Ⅳ的火焰尺寸达到最大，从而对外热辐射强度也达到最大，如图 3(b)所示。

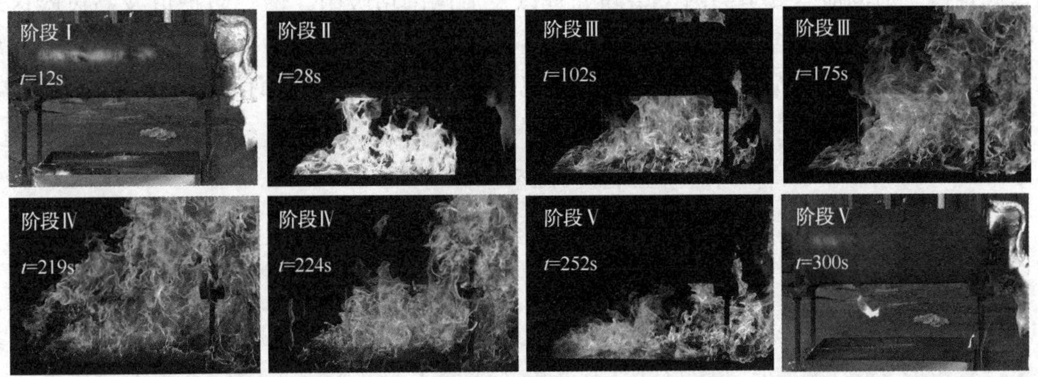

图4 储罐底部火焰形态

阶段Ⅴ：内部液体泄漏完毕，压力开始持续降低。从而高温可燃气在内部高压的驱动下，从储罐底部喷射而出并被点燃，形成竖直向下的射流火。随着压力的降低，射流动量持续下降，可燃气浓度也会下降，最终导致火焰消失。通过图5可以看出，阶段Ⅴ的整体火焰尺寸十分小，主要集中在储罐底部，因而测得热辐射强度几乎为0。

如图5所示，环境风作用下，火焰朝向下风侧偏移，导致储罐上风侧(左侧)未能被火焰加热，储罐整体受热不均匀，从而在一定程度上削弱了储罐压升和温升速率；此外下风侧(R2)的热辐射强度始终大于上风侧(R1)。相比其他阶段，阶段Ⅳ的火焰接触储罐程度最大，则该阶段罐壁弱化程度最大，且该阶段的压力骤增导致压力远大于其他阶段，那么当压力超过罐壁的承受极限时，储罐便会失效破裂甚至爆炸。因此，从储罐超压失效和火焰热辐射强度两个角度综合分析，环境风作用下的储罐泄漏火灾危害仍然在泄漏液体沸腾燃烧时达到最大。若实际火灾过程中出现火焰尺寸突变现象和噼里啪啦的燃烧声音，则人员需要警惕接下来的火灾危害突变，并增加与储罐的安全距离。

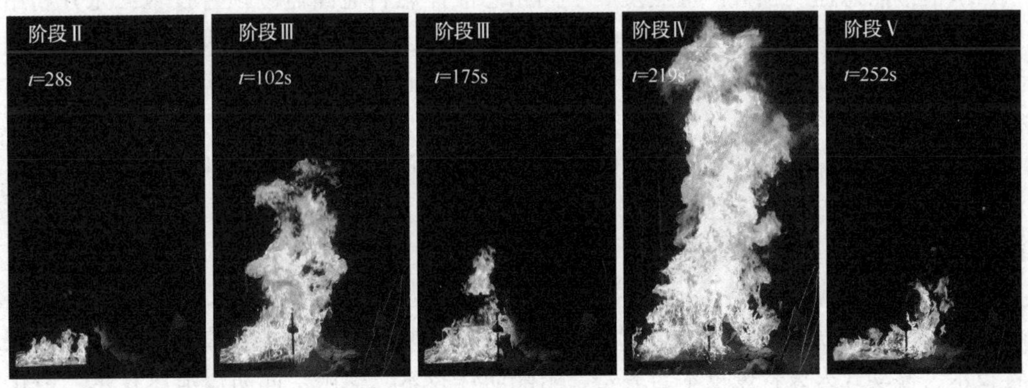

图5 整体火焰形态

3 应急防控策略

3.1 综合防控与应急处置体系

通过对液体燃料储罐泄漏火灾特点、影响因素分析，导致其发生的关键在于液体燃料的持续泄漏以及初始事故的失控并引发了连锁事故。针对不同类型液体泄漏、扩散燃烧规律以及事故演化特点，储罐泄漏火灾事故综合防控应重点围绕储罐本质安全设计，液体泄漏监测预警、泄漏应急安全关断、堵漏处置以及泄漏围堵吸附、惰化防护以及高风险区域高效、可靠消防灭火抑爆系统的设置与应用等方面开展。储罐泄漏火灾事故综合防控与应急处置技术体系如图6所示，主要技术方向包括：储罐本质安全设计、泄漏隐患监测预警、初早期泄漏封堵、灭火抑爆应急处置。

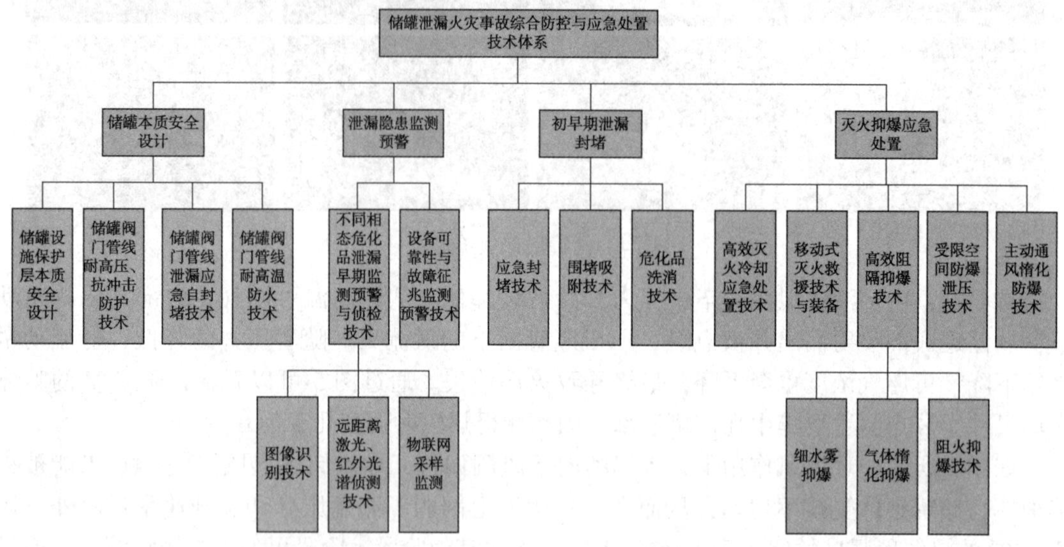

图6　储罐泄漏火灾事故综合防控与应急处置技术体系

（1）储罐本质安全设计：在液体燃料储罐安全技术装备领域本质安全防范方向将重点发展基于保护层分析储罐本质安全设计与本安型应急安全装置研究，重点开发储罐耐高压、抗冲击防护以及智能化应急堵漏技术，以及耐高温、防火防爆技术，研发推广适用于不同类型储罐的阀门、管线附件泄漏应急自封堵技术，从而避免液体燃料的意外泄漏。

（2）泄漏隐患监测预警：重点发展不同相态液体燃料泄漏监测预警技术；充分利用激光、红外光谱、视频图像识别等技术，开发高灵敏性、高精度危化品泄漏远程侦检监测技术和储运设施与装置可靠性物联网监测预警技术，从而及时发现液体泄漏，并进行事故早期处置。

（3）初早期泄漏封堵：在泄漏液体遇点火源形成火灾之前（阶段Ⅰ期间），重点发展液体泄漏快速应急处置技术，包括快应急封堵技术、围堵吸附技术、危化品洗消技术，实现泄漏孔的迅速封堵，避免火灾的发生。

（4）灭火抑爆应急处置：一旦泄漏液体被点燃，火灾则依次进入火蔓延阶段（Ⅱ）、稳态燃烧阶段（Ⅲ）、沸腾燃烧阶段（Ⅳ），火灾危害逐渐增大，则重点发展高效灭火冷却应急处置技术、移动式灭火救援技术与装备、阻隔防爆技术、受限空间防爆泄压技术、惰化防爆技术。

3.2　泄漏初期封堵装备

储罐泄漏或缺乏内置自封堵应急安全装置设施，则很可能发生液体燃料意外泄漏。但若在事故初早期（阶段Ⅰ期间），采用高效、灵活、快捷和系统化的应急封堵装具以封堵泄漏孔，从而抑制泄漏事故发展，这对防范次生事故发生具有十分重要的作用。当储罐易损附件及阀门失效导致液体泄漏时，通常由应急人员采用堵漏器材在外部实施封堵，主要方法包括塞楔法、气楔法、磁压法、顶压法、顶压黏结法、钢带捆扎法、卡箍法、T形螺栓法、气垫捆扎法、气垫内堵法、气垫外堵法、填塞黏结法、引流黏结法和注胶堵漏法等。由于液体燃料泄漏事故危险性较大，现有的外部封堵技术和装具难以适用各种场景，实际处置过程中存在很大不足，无法实现快速、高效和有针对性的封堵。

针对目前常规泄漏规封堵技术装备对漏点判断不准确、封堵不严、泄漏流淌危化品处置困难等问题，设计研发了以电磁定位、柔性胶囊封堵以及疏水性高效分子吸附为关键技术的系列智能化应急封堵装具和高效吸附处置装具，有效提高了危化品泄漏的应急处置能力，如图 7 所示。其中，智能控制磁场吸合平衡堵漏装具利用电永磁场快速充磁对铁质容器、管道等泄漏部位进行磁场压合，利用结合面胶囊柔性材料进行漏点封堵；对阀门、法兰、仪表等具有障碍物的设施、部件泄漏，采用胶囊注胶包容式堵漏，外部利用电永磁场定位吸合，实现快速包容堵漏。智能控制磁场定位注胶平衡压力式堵漏装具，针对无障碍的具备曲面特征的软磁体材质的管道、罐体、反应釜等石油化工设施孔隙式泄漏场景，通过注胶平衡方式实现快速应急封堵；针对容器管道的缝隙堵漏，开发了高效的注胶堵漏枪，利用触发高压胶瓶的胶将胶囊瞬间膨胀终止缝隙泄漏。针对泄漏液体的流淌，利用高效吸附材料结合柔性封堵装置进行模块化围堵与高效覆盖吸附处置，开发了柔性围堵栏与高效分子吸附材料。

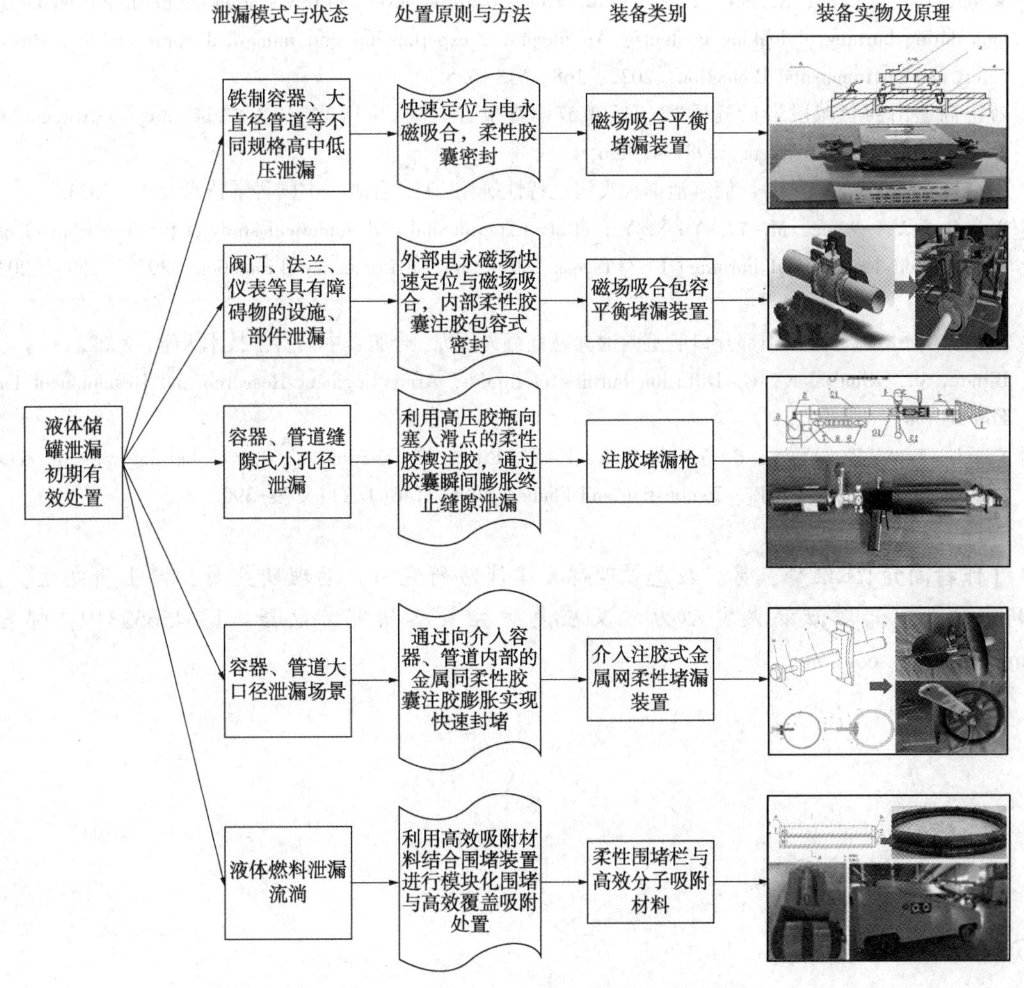

图 7　液体储罐泄漏初期有效处置策略

4 结语

本文开展了环境风作用下液体储罐泄漏火灾实验，以正庚烷为例，研究其泄漏燃烧时的火灾特点。研究结果表明，一方面，环境风会导致火焰偏移储罐，从而弱化了火焰对储罐的加热效应，进而削弱了储罐内部液体温升和压升速率；另一方面，偏移的火焰持续对储罐加热，仍会导致内部液体温度持续升高并达到沸点，从而液体一旦泄漏至外部环境，便会沸腾燃烧，进而导致储罐内部压力、外部火焰尺寸、热辐射强度突变增加，因此环境风作用下泄漏液体沸腾燃烧时的火灾危害仍然最大，人员须在此阶段强化安全防护。基于实验获取储罐泄漏火灾特点，本文构建了液体储罐泄漏火灾事故综合防控与应急处置技术装备体系，并提出储罐泄漏火灾事故综合防控与应急处置技术装备发展策略和方向、关键技术。注重加强泄漏隐患识别与管控，科学高效处置初期泄漏事故，并基于泄漏模式与状态，给出了处置原则与方法，研发了一系列泄漏早期处置装备，强化储罐泄漏事故早期处置能力，从而有效提高液体燃料储罐泄漏火灾事故应急防控能力。

参 考 文 献

[1] Wang, J. Y., Chen, X., Li, Y. Z., et al. Effects of filling level and tray size on the burning behavior of a tank during burning of leaking contents: An integrated experimental and numerical approach[J]. Process Safety and Environmental Protection, 2022, 168: 513-525.

[2] 晋济高速山西晋城段岩后隧道“3·1”事故调查报告[N]. 中国政府网, 2014. http://www.gov.cn/xinwen/2014-06/10/content_2698194. htm.

[3] 王继贇. 典型易燃液体常压储罐泄漏火灾演化特性研究[D]. 合肥：中国科学技术大学，2023.

[4] Wang, J. Y., Wang, M. Y., Yu X. Y., et al. Experimental and numerical study of the fire behavior of a tank with oil leaking and burning[J]. Process Safety and Environmental Protection, 2022, 159: 1203-1214.

[5] 丁智伟. 环境风作用下顶部开口舱室内池火燃烧行为研究. 合肥：中国科学技术大学，2022.

[6] Blinov, V., Khudyakov, G. Diffusion burning of liquids. Army Engineer Research and Development Labs Fort Belvoir VA, 1961.

[7] Woods, J. A. R., Fleck, B. A., Kostiuk, L. W. Effects of transverse air flow on burning rates of rectangular methanol pool fires[J]. Combustion and Flame, 2006, 146(1/2): 379-390.

【作者简介】王继贇，男，应急管理部天津消防研究所，助理研究员，博士研究生，主要研究方向：储罐泄漏火灾动力学及应急防控策略研究。电话：13645652319，邮箱：wangjiyun@ tfri. com. cn。

LNG 低温双金属全容罐
固定消防冷却水设计与应用

郑祥云　刘　杨　刘潇博

（中石化中原石油工程设计有限公司）

摘　要：随着我国对清洁能源需求的不断增长，全国陆续开发建设了许多LNG 储备站、接收站。LNG 储罐作为大型 LNG 工程的重要组成部分，其消防安全是项目建设的基础和保障。目前，低温双金属全容罐的应用非常广泛，但国内缺少双金属全容罐类型储罐消防设计的相关标准、规范。因此，通过分析现行规范关于低温双金属全容罐的相关条款，调研国内已建储罐的案例，以 10000m^3 LNG 储罐为实例，对消防冷却水技术思路及设计方法进行探讨，可为类似大型 LNG 低温储罐消防安全设计提供借鉴。

关键词：双金属全容罐；LNG 储罐；液化烃；固定消防水量

1　技术研究

1.1　固定消防水量

目前，对 LNG 工程中 LNG 双金属全容罐进行消防水量计算时，一般依据《石油天然气工程设计防火规范》(GB 50183—2004)、《石油化工企业设计防火标准(2018 年版)》(GB 50160—2008)、《天然气液化工厂设计标准》(GB 51261—2019)、《液化天然气接收站工程设计规范》(GB 51156—2015)、《消防给水及消火栓系统技术规范》(GB 50974—2014)、《水喷雾灭火系统技术规范》(GB 50219—2014)等。

按照《石油天然气工程设计防火规范》(GB 50183—2004)中第 10.4.5 条，采用混凝土外罐的双层壳罐，当管道进出口在罐顶时，应在罐顶泵平台处设置固定水喷雾系统，供水强度不小于 20.4L/min · m^2。该规范针对混凝土外罐的双层壳罐有要求，未涉及双金属全容罐储罐类型。

按照《天然气液化工厂设计标准》(GB 51261—2019)中第 12.2.5 条，液化天然气储罐，当储罐外壁为钢质时，罐壁冷却水供给强度不小于 2.5L/min · m^2，罐顶冷却水强度不小于 4L/min · m^2。对于双金属全容罐罐顶平台供水强度未做要求。

按照《石油化工企业设计防火标准(2018 年版)》(GB 50160—2008)中第 8.10.6 条，当单防罐外壁为钢制时，其消防用水量按着火罐和距着火罐 1.5 倍直径范围内邻近罐的固定消防冷却用水量及移动消防用水量之和计算。罐壁冷却水供给强度不小于 2.5L/min · m^2，邻近罐冷却面积按半个罐壁考虑，罐顶冷却水强度不小于 4L/min · m^2；当双防罐、全防罐外壁为钢筋混凝土结构时，管道进出口等局部危险处应设置水喷雾系统，冷却水供给强度为 20L/min · m^2，罐顶和罐壁可不考虑冷却；该规范针对外壁为钢制单防罐及外壁为混凝土结构的双防罐、全防罐有要求，未涉及双金属全容罐储罐类型。

按照《液化天然气接收站工程设计规范》(GB 51156—2015)中第11.2.9条，单容罐、双容罐和外罐为钢质的全容罐，罐壁冷却水供给强度不应小于2.5L/(min·m^2)，罐顶冷却水强度不应小于4L/(min·m^2)；第11.3.3条，单容罐、双容罐和外罐为钢质的全容罐罐顶和罐壁应设置固定消防冷却水系统，罐顶平台重要阀门和设备法兰接口应设水喷雾喷头保护，罐顶和罐壁的固定消防冷却水系统应分开设置。该规范明确了罐壁、罐顶的供水强度，明确了罐顶平台重要位置要设置水雾喷头，但对罐顶平台的供水强度未做要求。

按照《消防给水及消火栓系统技术规范》(GB 50974—2014)中第3.4.5条，全冷冻式液化烃储罐，外壁为钢制的单防罐罐壁冷却水供给强度不小于2.5L/min·m^2，罐顶冷却水强度不小于4L/min·m^2。外壁为钢筋混凝土结构的双防罐、全防罐罐顶平台局部危险部位供水强度不小于20.0L/min·m^2。该规范针对外壁为钢制单防罐及外壁为混凝土结构的双防罐、全防罐有要求，未涉及双金属全容罐储罐类型。

按照《水喷雾灭火系统技术规范》(GB 50219—2014)中第3.1.2条，全冷冻式液化烃或类似液体储罐，单、双容罐罐壁冷却水供给强度不小于2.5L/min·m^2，罐顶冷却水强度不小于4L/min·m^2。全容罐在罐顶泵平台、管道进出口等局部危险部位供水强度不小于20L/min·m^2。该规范中的全容罐为钢筋混凝土结构的储罐，规范未涉及双金属全容罐储罐类型。

通过对现行标准、规范的分析，针对低温双金属全容罐储罐罐壁冷却水供给强度2.5L/min·m^2，罐顶冷却水强度4.0L/min·m^2，火灾延续供水时间不应小于6.0h；针对罐顶平台仅《液化天然气接收站工程设计规范》明确了罐顶平台重要位置要设置水雾喷头，但未明确供水强度。因此考虑在罐顶泵平台及管道进、出口等局部位置设置水雾喷头，供水强度参照钢筋混凝土结构的储罐20.4L/min·m^2。

1.2 技术思路

双金属全容罐保护范围为罐顶、罐壁以及罐顶平台等三个部分。结合不同部位的特性，设计思路有所不同。技术思路见图1。

(1) 基础数据及设计参数

基础数据包括储罐外罐直径、外罐筒体高度、总高度、罐顶弧顶半径等；设计参数包括罐顶、罐壁、平台供水强度取值，喷头类型、雾化角度、额定工作压力、布置方式、与罐壁距离等。

(2) 罐顶

罐顶部分环管数量和环管位置的确定遵循水雾喷头直接喷向保护对象全覆盖、整体按照布水自然流淌全覆盖的原则进行设置。同时需要考虑储罐大小，罐顶中央平台，泵、阀门、仪表平台，有认证的喷头等情况。结合水雾喷头和水幕喷头的布水特性，最后一圈喷头采用水幕喷头，其余采用水雾喷头，喷头布水做到经向相接。

然后根据环管布置数量及位置确定各环保护面积、理论流量，按照各环纬线圈长度和最小布置间距确定喷头设置数量；最后确定喷头参数、根据额定工作压力校核各环实际流量。

(3) 罐壁

罐壁部分环管数量和环管位置的确定遵循布水自然流淌全覆盖的原则进行设置。同时需要考虑储罐大小及有认证的喷头等情况。喷头采用水幕喷头，罐壁整体考虑。

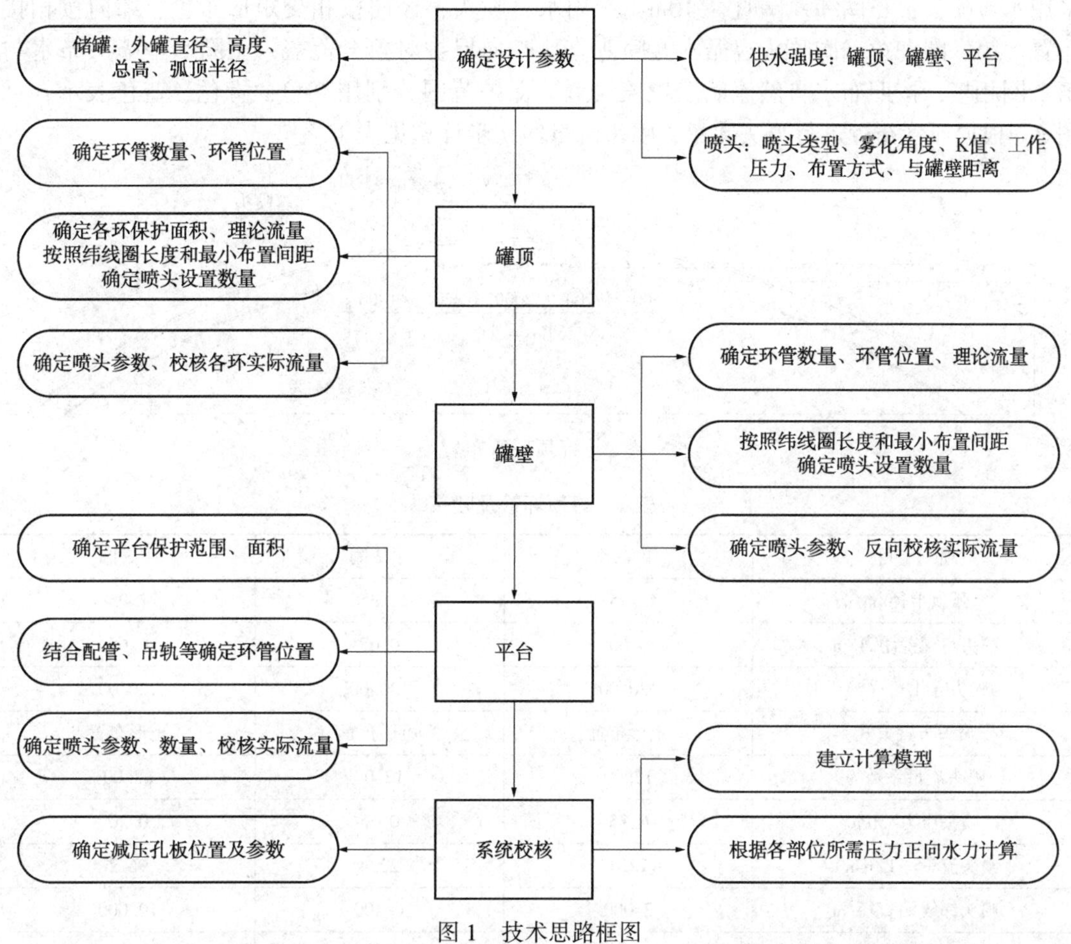

图 1　技术思路框图

按照纬线圈长度和最小布置间距，确定各环喷头设置数量；确定喷头参数、根据额定工作压力校核实际流量。

（4）罐顶平台

罐顶平台部分环管数量和环管位置的确定遵循水雾喷头直接喷向保护对象全覆盖的原则进行设置，采用水雾喷头，矩形布置。

确定平台保护范围、面积，同时结合配管、吊轨等确定环管位置确定喷头参数、数量。根据额定工作压力校核实际流量。

2　设计及计算实例

2.1　基础数据及设计参数

基础数据：10000m^3 LNG 储罐，立式拱顶罐，直径 27m，罐壁高 25m，罐总高 29.4m，弧顶半径 22.95m，全冷冻式全防罐，外壁为钢制。

设计参数：罐壁冷却水供给强度 2.5L/min · m^2，罐顶冷却水强度 4.0L/min · m^2，罐顶泵平台局部位置冷却水强度 20.4L/min · m^2；喷头喷射角度 120°，水雾喷头额定工作压力 0.35MPa，水幕喷头额定工作压力 0.20MPa，喷头与罐壁距离 0.65m，矩形布置。

2.2　罐顶部分

罐顶部分布置三圈喷头，一圈纬线圈直径 2m，采用水雾喷头；二圈纬线圈直径 6.4m，采用水雾喷头；三圈纬线圈直径 10m，采用水幕喷头，经向按相交矩形布置，纬向按相接布置。第一圈和第二圈喷头遵循水雾喷头直接喷向保护对象全覆盖，三圈水幕喷头布水与第二圈相接，按照布水自然流淌全覆盖设置。保护范围分别用红色，青色，蓝色表示，见图 2。根据环管布置进行喷头数量，喷头流量的初步计算见表 1。

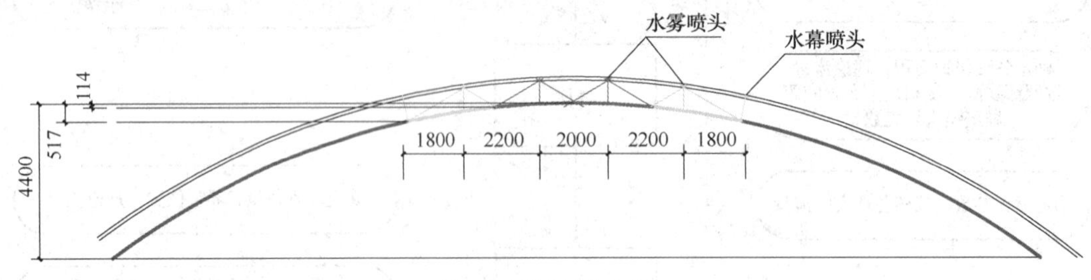

图 2　罐顶环管布置

表 1　罐顶环管及喷头

项　　目	第 1 圈	第 2 圈	第 3 圈
弧顶半径/m	22.958	22.958	22.958
喷头与罐壁距离/m	0.65	0.65	0.65
喷头雾化角/(°)	120.00	120.00	120.00
喷头布置方式	矩形布置	矩形布置	矩形布置
喷头流量系数 K	12.00	12.00	68.00
喷头压力/MPa	0.35	0.35	0.20
喷头流量/(L/min)	22.4	22.4	96.2
喷头纬线圈直径/m	2.000	6.400	10.000
喷头实际个数/个	4	16	24
保护球缺弧高/m	0.114	0.517	4.4
喷水强度/[L/(min·m^2)]	4	4	4
喷头纬线圈周长/m	6.28	20.11	31.42
喷头最小间距/m	1.5762	1.5762	1.5762
喷头计算个数/个	3.99	12.76	19.93
喷头实际间距/m	1.57	1.26	1.31
保护面积/m^2	16.44	58.13	560.12
理论流量/(L/min)	65.78	232.53	2240.48
计算流量/(L/min)	89.80	359.20	2308.00
计算流量/(L/s)	1.50	5.99	38.47

2.3　罐壁部分

罐壁部分如布置一圈，单个喷头流量很大，市场通过消防认证的喷头难以选择，因此考虑布置二圈喷头，圈纬线圈直径 28.3m，采用水幕喷头，两圈环管间距 1m，布置在距离罐壁顶部 1m 位置，按照布水自然流淌全覆盖，水量按罐壁整体考虑。根据环管布置进行喷头数量，喷头流量的初步计算见表 2。

表 2　罐壁环管及喷头

项　　目	第 1 圈	第 2 圈
储罐外壁直径/m	27.0000	27.0000
储罐外壁高度/m	25.00	25.00
储罐环管数量/圈	2	2
喷头与罐壁距离/m	0.65	0.65
喷头雾化角/(°)	120.00	120.00
喷头压力/MPa	0.20	0.20
喷头布置方式	矩形布置	矩形布置
喷头实际个数/个	56	56
喷水强度/[L/(min·m^2)]	2.5	2.5
喷头流量系数 K	36.00	36.00
喷头流量/(L/min)	50.9	50.9
喷头纬线圈直径/m	28.3000	28.3000
喷头纬线圈周长/m	84.82	84.82
喷头最小间距/m	1.5762	1.5762
喷头计算个数/个	53.82	53.82
喷头实际间距/m	1.51	1.51
保护高度/m	12.5	12.5
保护面积/m^2	1060.29	1060.29
理论流量/(L/min)	2650.72	2650.72
计算流量/(L/min)	2851.054542	2851.054542
计算流量/(L/s)	47.52	47.52

2.4　平台部分

罐顶平台保护考虑泵井平台及管道进出口等危险部位，保护面积，同时结合配管、吊轨等确定环管位置确定喷头参数、数量。根据额定工作压力反向校核实际流量。根据环管布置进行喷头数量、喷头流量的初步计算，见表 3。

表 3　平台环管及喷头

泵平台面积/m^2	97	喷头计算个数/个	19.79
喷水强度/[L/(min·m^2)]	20.4	喷头实际个数/个	20
计算流量/(L/min)	1978.80	计算流量/(L/min)	2000.00
喷头流量/(L/min)	100.00	计算流量/(L/s)	33.33

3　结语

低温双金属全容罐为近几年在国内研发、建设的储罐类型，但目前国家现行的设计规范对 LNG 双金属全容罐的固定消防系统要求不完善。考虑消防设计的合规性、系统的可靠性及建设的经济性。结论如下：

(1) LNG 双金属全容罐冷却水保护范围包括罐壁、罐顶及罐顶平台重要阀门和设备法兰接口处。

（2）罐壁、罐顶、平台供水强度分别为2.5、4.0、20.4L/min·m^2。

（3）喷头选择采用水雾喷头和水幕喷头相结合的方式，罐顶外圈及罐壁采用水幕喷头，其余位置采用水雾喷头，遵循水雾喷头直接喷向保护对象全覆盖，整体按照布水自然流淌全覆盖的原则进行设置。

（4）喷头布置遵循矩形布置，径向相接原则。

参 考 文 献

[1] 周春，汪玲玲，张德久. LNG金属外壁全容罐固定消防用水量设计[J]. 煤气与热力，2023，43(2)：B23-B25.

[2] 吴志荣，苗云波. LNG储罐区的消防冷却设计[J]. 煤气与热力，2014，34(12)：59-60，68.

[3] GB 50183—2004，石油天然气工程设计防火规范[S].

[4] GB 50974—2014，消防给水及消火栓系统技术规范[S].

[5] GB 50219—2014，水喷雾灭火系统技术规范[S].

[6] GB 51261—2019，天然气液化工厂设计标准[S].

[7] GB 51156—2015，液化天然气接收站工程设计规范[S].

[8] 陈英. LNG储罐消防设计探讨[J]. 广州化工，2013，41(14)：164-166.

[9] 苏幼明，郭国盛，张金石，等. LNG大型低温储罐消防安全保护方案设计与应用[J]. 石油和化工设备，2014(7)：71-75.

[10] 张伟方. LNG全冷冻式储罐区的消防设计方案探讨[J]. 工业用水与废水，2016，47(3)：70-73.

【作者简介】郑祥云，男，中石化中原石油工程设计有限公司，给排水消防设计。电话：18003832317，邮箱：877524001@qq.com。

GIS 在石油化工消防应急辅助决策中的运用

董晓亮

(中国石油长城钻探工程有限公司钻具公司)

摘　要：随着时间长河奔涌向前，更多先进的技术、新的材料出现了人们面前，并被加入到多个领域中去，助力各个领域获得长足发展，其中就包括 GIS 技术。石油化工企业生产期间，对消防工作十分重视，为了避免石油化工企业发生火灾，相关工作人员开发出了基于 GIS 技术的石油化工消防应急系统，目的是帮助石油化工企业生产更安全。因此，本篇文章主要对 GIS 技术在石化工消防应急辅助决策中应用进行分析，以作参考。

关键词：GIS 技术；石油化工；消防应急辅助决策；应用；分析

众所周知，国家对各行业的发展十分关注，尤其是石油石化企业，因为此企业发展风险高，若部分企业将自己关注的重点全部放在如何获得更多经济效益方面，而对消防工作产生忽视态度，便会增加危险事故发生的可能性，导致企业本身蒙受严重的经济损失，危及工作人员的生命安全，更是对社会稳定的发展带来负面影响，由此可见，确保生产安全已经是石油石化企业发展中的重要内容。为此本文下面主要对 GIS 技术在石油化工消防应急辅助决策中的应用展开探讨。

1　引言

伴随城市化进程不断加深、加快，更多的人们选择留在城市中工作与生活，城市人口数量越来越多。与此同时，相关企业数量也在不断增加，规模增大，石油化工企业也不例外。企业内部原材料有易燃、易爆特点，再加上数量多、存量大，发生危险的可能性就会增加，一旦出现事故，破坏力极强。因此，为了保证石油化工园区更安全，专业工作人员做好了消防工作。

2　石油化工企业发生火灾的危险性

2.1　易爆炸

石油化工企业生产期间，所使用的原料、各种产品等都具有同一个特点，即：易燃、易爆，如果遭遇明火就会引发发生爆炸，快速燃烧。

2.2　易蔓延

石油化工企业如果原料泄漏，物料会以最快的速度蔓延开来，若未得到及时控制，就会导致大面积火灾出现。同时，石油化工企业火灾呈现爆发态势，产生的热辐射极强烈，工作人员没有办法及时靠近火源，进行灭火救援，火势的蔓延、增大，必然会引发非常严重后果。

2.3　存在次生危害

石油化工企业一旦发生火灾，很有可能会威胁到工作人员的生命财产安全，导致企业蒙受较为严重的经济损失。不仅如此，火灾的出现，还会导致企业周围环境受到严重污染，即使火势得到有效控制，但是在火灾救援阶段所产生的消防废水是没有办法被完全收集的，事故后期处理需要投入更多成本，无法实现彻底消除和控制。

3 我国石油化工企业做好消防安全工作的重要性分析

3.1 减少损失

因为石油化工企业一旦出现火灾，后果不敢想象，所以为了降低火灾发生的可能性，企业严格遵循消防安全准则，将消防安全工作落实到实处，保护每位工作人员的生命财产安全。即使受到某些因素带来的影响发生了火灾，依托消防安全工作也可以将损失降至最低。

3.2 避免自然环境被破坏

火灾的出现会对企业周遭环境带来污染，生态失去平衡，而切实做好消防安全工作，消防安全水平提升，必定能够确保企业附近环境不受火灾影响。

4 GIS 技术介绍

它是一项新兴技术，这是毋庸置疑的，全名为地理信息系统，主要利用现代计算机图形和数据库技术，处理地理空间与相关数据，是一门综合性强的技术，融合几何学、地理学、测量学等。目前在多个领域 GIS 技术得到广泛应用。

5 GIS 系统在石油化工企业消防工作中的应用作用

5.1 在石油化工企业火灾地理信息查询中的运用

依托 GIS 技术，便可在最短时间内获得各种火灾地理信息，建立对应的矢量化电子地图数据库，此项技术目前被称为消防通信决策人员得力“助手”，确保消防通信决策更科学。

5.2 在石油化工企业消防预案制定中的运用

应用 GIS 技术，在最短时间内构建出消防通信系统，收集大量信息，即：地理信息、地图信息等，这样决策者在消防决策制定时，才不会使用更多时间，并保证消防策略更科学。正是因为有了 GIS 技术的帮助，消防通信扩展系统出现在各种人员面前，各种数据信息被转变成为三维图形，相关工作人员就可全面了解各种信息数据，再结合这些信息数据，知道火灾发生的具体情况，为制定出可行性较强的灭火救援策略打下基础。

5.3 在石油化工企业火灾数据分析中的运用

应用 GIS 技术，将各种信息全部显示在地图上，例如：企业发生火灾的具体区域、火灾分布等等，这样火灾救援人就可在最短时间内到达火灾现场，及时参与至石油化工企业火灾救援过程中去，减少企业的经济损失，并且保护工作人员的生命安全。

5.4 在石油化工企业消防信息化中的运用

目前各行业都在向着信息化发展方向大力前进，消防通信领域也是如此。为有了 GIS 技术的帮助，许多消防指挥中心借助出现技术建立消防通信信息系统、火灾预警信息系统等，在经常发生火灾的区域建立 GIS 数据信息系统以及报警系统，从而降低石油化工企业火灾事故发生概率，增强火灾救援工作效率。

6 我国石油化工企业提升防火能力的管理策略分析

6.1 增强消防安全意识

首先，企业中的干部员工需以积极的态度参与到企业所组织的消防安全培训活动中去，在培训活动中，学习更多专业知识，提高自己的消防安全意识。同时，企业可利用目前最先进的互联网技术，在微信群和企业微信公众号上将有关于安全生产、火灾预防的知识定期发送，这样消防安全意识的提高就不会轻易被时间与空间所束缚。

其次，还可以采用最传统的方法，即：张贴安全生产标语、消防安全准则，以多种科学的方法增强企业干部员工的消防安全意识。借助案例，深化干部员工的消防安全意识。

最后，企业在组织的培训活动，必须起到提高干部员工的火灾应急能力的作用，只有提高他们的火灾应急能力，在发生紧急情况后，他们才能够冷静处理、对待，不慌乱，不“隔岸观火”，并采用科学的方法去解决问题，降低火灾事故的严重性。

6.2 增强消防设施管理水平

“工欲善其事，必先利其器”。石油化工企业内部的消防器材与设施，可保证在火灾事故发生时，及时控制火情，避免火势蔓延开来，而引发更严重的事故(例如：爆炸事故)，并保护每位工作人员的生命财产安全。但是如果消防设施长时间未检查使用，火灾发生时已经出现故障，便无法在事故中发挥出作用，严重影响救援工作质量，造成企业蒙受较为严重的经济损失。因此，需安排专业工作人员以定期的方式认真检查消防设施，如果在检查中发现存在问题，及时进入到整改工作中去。保证每个消防设施始终处在良好工作状态中。将消防安全隐患检查监督工作真正地落实到实处。

6.3 提高防火装置技术标准

我国消防部门已经制定出有关于防火装置的法律法规及技术标准，特别是消防防火涂料，需要石油化工企业选择厚型无机、完全能够适应火灾的防火涂料类型。因此，发展过程当中的石油企业，需严格按照《中国石油化工企业防火设计技术法规》中的要求，以积极的态度确保企业当中的每项防火装置技术指标完全符合标准。以多种科学的方法确保石油化工企业生产更安全，防火装置的作用才可以发挥得淋漓尽致。

7 结语

总之，石油化工企业生产期间如发生火灾事故，很有可能引发更严重的后果，例如：威胁到工作人员的生命财产安全，导致企业蒙受严重的经济损失。因此，在新时代背景下，将更多先进的技术加入到消防领域中，例如：GIS 技术等，可起到至关重要作用，即：加快火灾现场救援的速度、了解单位内部相关信息等，为进一步提高消防救援工作效率打下基础。

参 考 文 献

[1] 杨光. 浅析 GIS 技术在消防通信指挥系统的应用[J]. 中国设备工程，2023，(22)：216-218.

[2] 韩晓明. 消防通信决策中 GIS 技术的应用研究[J]. 中国设备工程，2023，(18)：225-227.

[3] 赵梓凯. 基于 GIS 的城市应急救援指挥系统在消防灭火中的应用策略分析[J]. 中国设备工程，2023，(15)：131-133.

[4] 郭笑. GIS 技术在消防通信指挥系统中的应用[J]. 中国消防，2023，(07)：60-63.

[5] 周巍. GIS 技术在消防通信指挥系统中的应用[J]. 今日消防，2023，8(03)：43-45.

[6] 宋巍. GIS 技术在消防通信指挥系统中的应用[J]. 消防界(电子版)，2022，8(02)：65-66.

【作者简介】董晓亮，男，长城钻探工程有限公司钻具公司消防管理，大学本科。电话：13998737931。

PTF 项目火灾危险性分析与防范对策

张　晓　焦　石　马朝钦　关　磊

（中国石油长城钻探工程有限公司测试分公司）

摘　要：某 PTF 项目为油气计量、运输、存储、天然气燃烧处理、原油装卸一体化的小型油气站场项目，现场存在较高的火灾爆炸危险。项目工程技术人员对 PTF 站场火灾危险性进行分析，并根据相关防火设计规范对站场防火防爆安全设施进行设计、配置，并对相关重点设施的参数进行论证并投入使用，运行期间对项目防火防爆措施实施经验进行总结，作为将来项目扩建增产后的防火防爆设计依据。

关键词：火灾危险性；主动防火对策；被动防火对策；石油天然气站场；防火设计

某 PTF(Production Testing Facility)项目产出的天然气直接燃烧，原油经分离计量后，在现场临时存储待油罐车装卸拉走，相当一个小型油气储运站场，存在较高的火灾和爆炸危险性。传统地面测试的井场布置、消防设施、报警设施并不适用于 PTF 项目，因此需对 PTF 作业现场进行火灾危险性进行分析，并根据相关石油化工防火设计规范，对井场的平面布置、设备功能、安全设施进行设计并投入使用。

1　PTF 项目简介

某公司 PTF 项目为油气分离、计量、燃烧处理以及存储装卸的地面石油天然气站场一体化项目，五口生产井的井内流体自采油树，由地面管线输送至 PTF 进站阀组和计量撬，通过选井阀组进行单井计量，计量后单井采出液与未计量的采出液汇合后进入测试分离器，经分离器脱气后的原油进入缓冲罐进一步脱气，天然气通过防喷管线在燃烧池中直接燃烧，原油在卧式原油压力储罐进行加热水洗脱盐后，沉降分离后储存，待油罐车装车拉走（图 1）。PTF 站场总占地面积 18000m^2，油罐区占地面积 40m^2，原油储罐总容积为 1300m^3，采用自重或泵送的卸油方式。

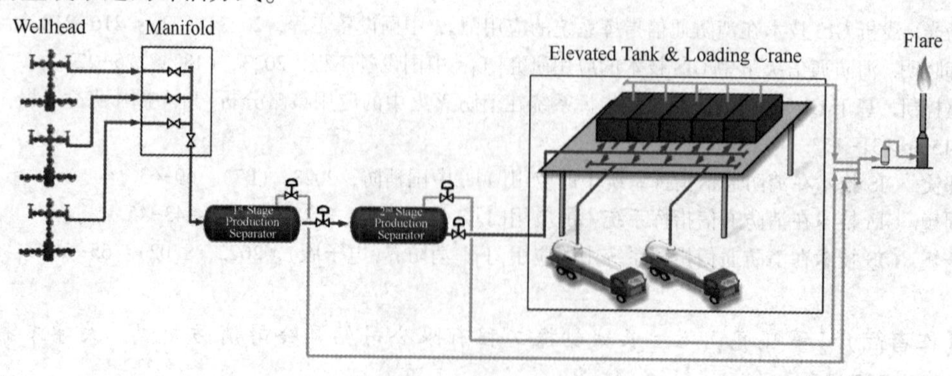

图 1　PTF 平面布置图

2 PTF 项目火灾危险性分析

PTF 项目生产危险物质为原油(以烃类为主)、天然气(易燃易爆气体)、天然气凝液(从天然气中回收的且未经稳定处理的液体烃类混合物)，根据石油天然气工程火灾危险性分级标准(表 1)，将 PTF 站场确定为四级石油天然气工程，再根据火灾危险性级别进行相应防火对策分析。

表 1 石油天然气工程分级

等级	油品储存总容量 V_p/m^3	液化石油气、天然气凝液储存总容量 V_1/m^3
一级	$V_p \geqslant 100000$	$V_1 > 5000$
二级	$30000 \leqslant V_p < 100000$	$2500 < V_1 \leqslant 5000$
三级	$4000 < V_p < 30000$	$1000 < V_1 \leqslant 2500$
四级	$500 < V_p \leqslant 4000$	$200 < V_1 \leqslant 1000$
五级	$V_p \leqslant 500$	$V_1 \leqslant 200$

站场在天然气计量、原油存储过程中，存在爆炸性气体环境，根据相关标准，将井口、天然气放空燃烧火炬处、阀组管汇处作为爆炸性气体环境 0 区对待，其余区域作为 1 区对待。

PTF 站场火灾危险性较高的部位或作业包括：

(1) 地面流程在计量、输送过程中刺漏，原油溢出产生的火灾爆炸危险。

(2) 储罐在存储原油过程中，因超压或安全设施失效，储罐泄漏、爆炸产生的火灾爆炸危险。

(3) 站场取样、维修时产生明火，在作业环境达到可燃气体爆炸下限时产生的爆炸危险。

(4) 放空火炬点火、燃烧时产生的火灾爆炸危险。

(5) 在储油罐拉油过程中因静电、人员违章操作、明火产生的火灾爆炸危险。

(6) 雷击时的火花、静电导致的火灾爆炸危险。

3 PTF 项目火灾防范对策

项目工程技术人员在论证 PTF 项目的防火对策时，参考了《石油天然气工程设计防火规范》(GB 50183—2014)等相关国家强制标准、企业标准来进行 PTF 站场防火防爆设计。

防火对策分为主动防火对策和被动防火对策，主动防火对策包括采取安全防火间距、防爆电气设备、可燃气体及火灾监视检测设施等预防性防火防爆措施，被动防火对策以选择火灾发生时科迅速、有效扑灭火灾、减轻损失的消防设施配备、灭火程序为主。

3.1 主动防火对策

在站场总平面布置中，将油罐装卸区布置于站场边缘地区，发电房、值班室、数据采集房布置站场另一边缘(图 2)。

按照相关标准选择选择通信设施、监视测量设施、照明设施、和其他电气设备的防爆等级，鉴于实际作业情况，井场内为通风良好的空旷场地，井场内连续释放爆炸性气体的场所较少，如全部采用本质安全型(ia)防爆型电气设备，成本较高，且站场内大部分位置的爆炸性气体作业环境为 1 区、2 区，因此选取隔爆型(d)电气设备，如站场统一采用

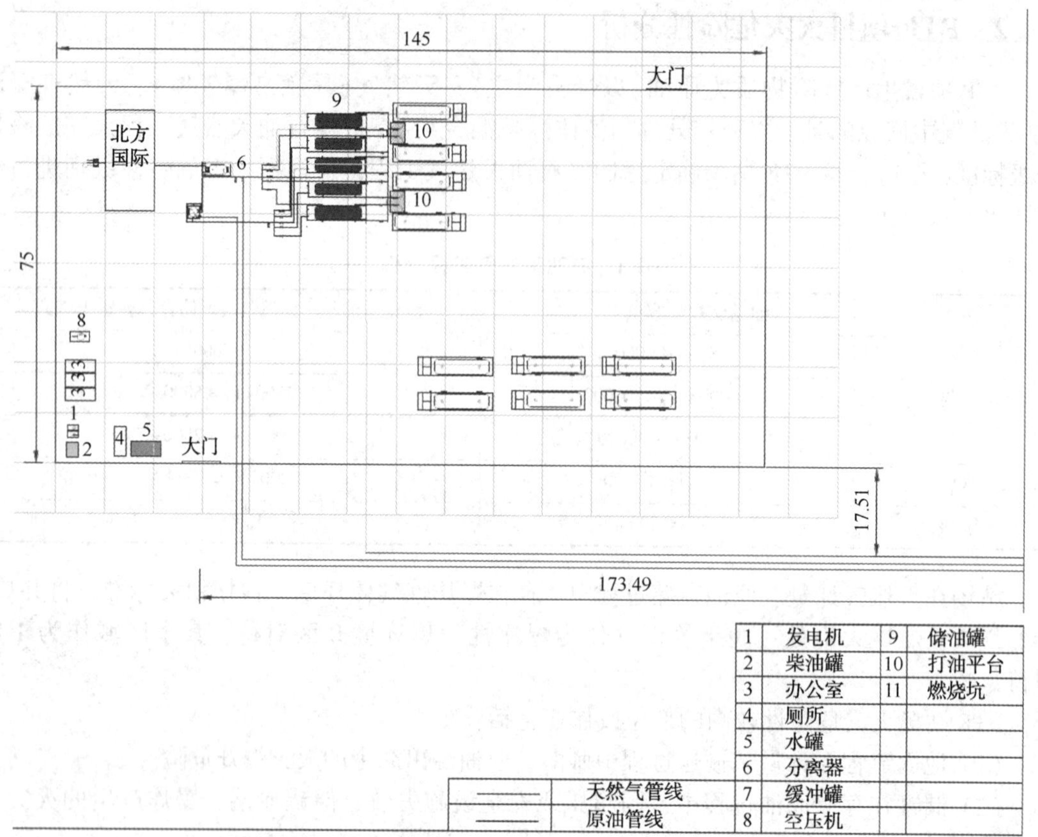

图 2　井场布置平面图

"Ex d IIB T4 Gb"型的防爆照明灯具。对于取样、打开管线有可能短时间达到爆炸性气体作业环境 0 区的情况，采用加强通风、设置安全距离以及用操作规程管理人员行为的措施来降低爆炸危险性。

储罐为钢制密闭低压储罐(承压 50psi)，同时罐体设置弹簧式安全阀与阻火阀，各储罐之间按照卧式油罐之间的最小防火间距设置间距为 0.8m(表 2)。

表 2　储罐防火间距设置

油品类别		固定顶油罐	浮顶油罐	卧式油罐
甲、乙类		1000m³ 以上的罐：0.6*D*	0.4*D*	0.8m
		1000m³ 及以下的罐，当采用固定式消防冷却时：0.6*D*，采用移动式消防冷却时：0.75*D*		
丙类	A	0.4*D*	—	0.8m
	B	>1000m³ 的罐：5m ≤1000m³ 的罐：2m	—	

火炬和放空管的设置，根据国家强制标准，宜位于石油天然气站场生产区最小频率风向的上风侧，且宜布置在站场外地势较高处。因 PTF 井场建成在先，且盛行风向的区域布置原则是根据中国本土气象实际情况提出的，对于处于伊拉克的 PTF 站场，在当地气象资料欠缺的情况下，将天然气燃烧管线配置在地势相对低洼处，火炬距离最近井口直线距离

为 200m，距离最近储油罐距离为 100m。火炬为立式火炬，高出地面高度为 2m。

国家强制标准中要求四级以上石油天然气站场四周宜设不低于 2. 2m 的非燃烧材料围墙或围栏，PTF 项目井场外围采用高度为 0. 5m 的泥，砂，石头的地基，加上高度 3m 的水泥防弹墙，同时满足防火与当地防恐安全需要。

储罐区防雷接地引下线设置 2 根，且应沿罐周均匀或对称布置，其间距在 30m 以上，防雷接地装置冲击接地电阻在 10Ω 以下。

原油装卸场地按规范设置为 $60m^2$ 的现浇混凝土地面，主要道路宽度设置为 6m，内缘转弯半径为 12m，净空高度 5m，确保装卸人员和装卸车辆有足够的活动范围和必要的安全距离，并有良好排水设施，供 5 辆油罐车同时停放拉油。装卸场地设置静电接地装置，经检测实际电阻值在 100Ω 以下。

装卸过程中保持装车初流速在 1m/s，控制最大装车速度不超过 7m/s，保持静置时间 2min 以上。因卸油装车方式为压力方式，因此将油罐与装卸场地(装车鹤管)之间的距离设置为 15m，装卸管线出口处设置紧急切断阀。

3. 2　被动防火措施

井场内设有回车场的尽头式消防车道，回车场的面积为 15m×15m，罐组消防车道与防火堤的外坡脚线之间的距离 3m。油罐组的防火堤使用混凝土建造，堤顶宽度 0. 5m，堤高 0. 4m，防火堤有效容积为 $16m^3$。

经专家论证，单井拉油的井场卧式油罐区中，单罐容量不超过 $100m^3$ 站场的卧式油罐区多为临时性的，且火灾案例极少，且设灭火系统和消防冷却水系统往往难以操作，因此不用设置灭火系统和消防冷却水系统，而采用移动式 ABC 干粉灭火器作为有效灭火措施，灭火器的配置位置和保护半径根据相关国家标准，用式(1)计算：

$$Q=K\times S/U \tag{1}$$

式中　Q——计算单元的最小需配灭火级别(A 或 B)；

S——计算单元的保护面积(m^2)；

U——A 类或 B 类火灾场所单位灭火级别最大保护面积(m^2/A 或 m^2/B)；

K——修正系数。

根据标准中附录查表计算，K 取 0. 3，按照种危险型 B 类火灾选择灭火器，按公式(1)算出全站场作业面积 $3000m^3$ 区间内，需配置 24 个 35kg 干粉灭火器，按照最大保护半径为 24m 的间距进行布置。

4　结语

该 PTF 项目在投产 2 个月内顺利运行，为该公司首次涉足油田生产技术服务领域，为地面计量测试与生产一体化小型油气处理站场的防火防爆工程设计提供了经验与依据。根据 PTF 项目实施运行反馈，在站场防火防爆工程设计中还存在如下需完善改进方面：

(1) 油气处理储运站场要按照“三同时”对设备安全等级、安全设施、站场总平面布置进行危险性分析和设计，本 PTF 项目中标后，因为设施未能与站场同时建设，部分安全设施受限于站场已有布局和流程。

(2) 随着油气存储规模的扩大，站场火灾危险性增加，现有的移动式 ABC 干粉灭火器配置将不能满足站场消防灭火的需要，应设计安装消火栓及消防水冷等自动灭火系统。

(3) 站场已布置了可燃气体检测报警系统，但是没有对明火、阴燃产生烟雾即时检测的系统，站场规模较小时，依靠人工巡检可以及时发现火灾隐患并整改，但是对于初期明火需立刻进行反应的油气处理站场，还应根据论证设计安装火灾自动报警系统，必要时可与消防设施进行联动设计。

（4）在天然气产量较高的站场，爆炸气体环境等级整体提高，对设备的防爆要求更高。数据采集房、发电房等电气设备应选取正压防爆功能，相关重点部位的电气设施防爆等级应由增安型提高到本质安全型。

（5）防火堤对流淌液体火灾的控制程度有限，而且是被动防火措施。站场还应配备液位自动监测报警系统，防止超压，并且应设置事故油储罐，存储防火堤容积以外部分的溢出原油。

参考文献

[1] 中华人民共和国住房和城乡建设部. GB 50183—2004. 石油天然气工程设计防火规范[S]. 中国计划出版社，2004.

[2] 中国石油化工总公司. GB 50160—2008. 石油化工企业设计防火规范[S]. 中国计划出版社，2008.

[3] 国家质量技术监督局. GB 3836. 14—2000. 爆炸性气体环境用电气设备第 14 部分：危险场所分类[S]. 中国标准出版社，2001.

[4] 中华人民共和国公安部. GB 50140—2005. 建筑灭火器配置设计规范[S]. 中国计划出版社，2005.

[5] 中国石油天然气股份有限公司. Q/SY TZ0216—2008. 油罐车装、卸原油安全管理规范[S]，2005.

【作者简介】张晓，男，硕士研究生学历，高级工程师，2007 年毕业于中国地质大学（北京），现于中国石油集团长城钻探工程有限公司测试分公司从事安全管理工作。电话：010-59286050，邮箱：zhangxiao. gwdc@ cnpc. com. cn。

运用 HAZOP 分析方法评估测试专业消防安全和防范对策

刘双全

(中国石油长城钻探工程有限公司测试公司)

摘　要： 油气井测试现场不仅要做到防火防爆还要点火放喷，施工过程需要根据井底压力和流体特性随时变化工艺过程相对复杂，存在火灾爆炸危险。本文运用 HAZOP 分析方法系统地分析现场施工过程中产生火灾爆炸的因素，以及生产过程中相应的控制措施和可操作性分析，通过对几个主要火灾爆炸风险的探讨，形成了一套相对有效的测试作业防火防爆管理方法并应用于现场实践。

关键词： 油气井测试；HAZOP 分析；主动防火；被动防火

危险与可操作性分析(Hazard and Operability Study)又称为 HAZOP。是英国帝国化学工业公司(ICI)蒙德分部于 20 世纪 60 年代发展起来的以引导词(Guide Words)为核心的系统危险分析方法，已经有 40 年应用历史。该方法全面、系统地研究系统中每一个元件，其中重要的参数偏离了指定的设计条件所导致的危险和可操作性问题。其主要通过研究工艺管线和仪表图、带控制点的工艺流程图(P&ID)或工厂的仿真模型来确定，应重点分析由管路和每一个设备操作所引发潜在事故的影响，应选择相关的参数，例如：流量、温度、压力和时间，然后检查每一个参数偏离设计条件的影响。在油气井测试作业现场中，充满爆炸性气体的管线、压力容器、阀门、盛放挥发性可燃液体的敞口罐等，都可视为潜在的危险源，因承载压力不同(敞口、承压)会产生不同的爆炸性气体的释放速率；同一设备，如管汇的正常使用、取样、检维修等不同状态都会引起释放等级的变化。因此，对测试作业现场的各释放源进行独立分析，对产生火灾爆炸危害因素进一步细分，合理地对电气设备防爆等级、供电系统敷设、设施接地检测、静电释放、灭火器配置选型、应急演练开展等进行系统分析和管理，在安全性和经济性之间达到最佳平衡，并依据分析结果对现场进行管理。

1　油气井测试现场消防安全概述

油气井测试作业期间同时压裂、测井、连续油管等多支工程技术队伍共同施工，从井口到燃烧池仅几十米距离，场地面积约 300m^2，地面设备摆放、流程连接受到了限制。设备的摆放安装要求尽量地减少间距，但是同时确保设备之间有充足的操作空间及逃生路径，并且要考虑到测试期间其他施工的情况。

1.1　施工现场总体要求

(1) 测试设备的摆放应尽量减少间距，但同时确保设备之间有充足逃生通道。

(2) 不允许使用超期设备，带病设备或缺陷设备。

(3) 需要提供带有阀门信息的流程和仪器图(P&ID)。

（4）传感器、信号线等监控系统线路架设应满足防爆要求。

（5）轴流风机选型、电源线路铺设应满足防爆要求。

（6）保证全体员工生命财产安全，将火灾爆炸风险降低到最低程度。

1.2 测试期间防爆区域划分

根据 API 标准 RP 505 分区的定义，测试期间由于部分测试设备释放天然气，改变了原有区域分区。另外部分设备或仪表虽然未释放天然气，但本身防爆等级的必须要放置相应的区域。测试期间区域划分如下：

（1）测试过程中井下测试工具和钢丝工具处于 0 区。

（2）测试期间，Ⅰ区有：控制头在进行钢丝作业期间(包括拆装所必须的卸压操作)，气体释放点周围 3m 范围；油嘴管汇取常压样和更换油嘴期间，气体释放点周围 3m 范围；分离器取常压样、更换孔板、取油气 PVT 样和测收缩率期间，气体释放点周围 3m 范围。

（3）测试期间，Ⅱ区有：控制头在非钢丝作业期间，周围 10m 范围；油嘴管汇非取常压样和更换油嘴期间，周围 10m 范围；分离器除去①取常压样；或②更换孔板；或③取油气 PVT 样；或④测收缩率期间，周围 10m 范围。

典型测试设备摆放见图 1。

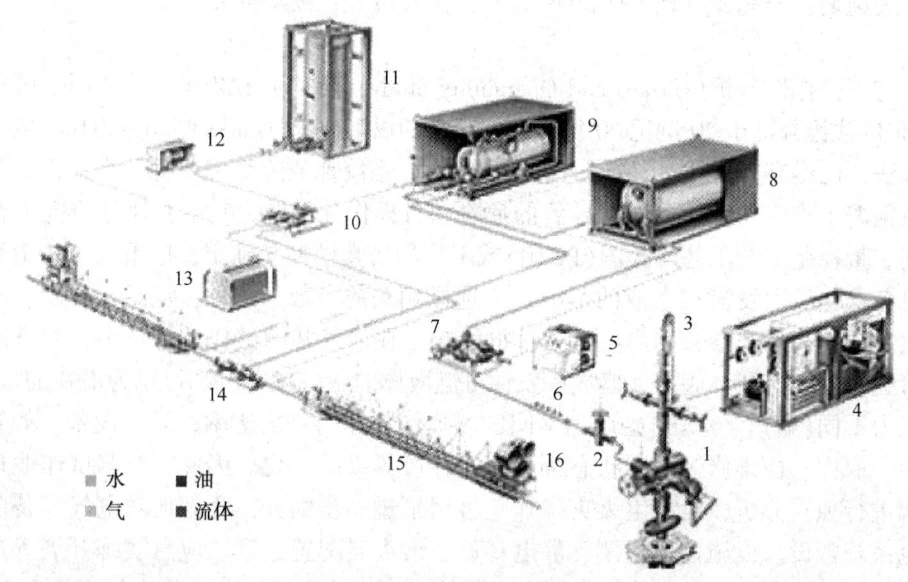

图 1　典型测试设备摆放示意图

1—控制头；2—地面安全阀；3—钢丝/试井井口装置和油藏信息采集；4—钢丝/试井橇；5—ESD 系统；6—数据头；7—油嘴管汇；8—蒸汽换热器；9—三相分离器；10—分油管汇；11—缓冲罐；12—原油传输泵；13—空压机(为燃烧器提供空气)；14—分气管汇；15—燃烧臂；16—燃烧器

2　运用 HAZOP 分析测试专业消防安全

2.1 HAZOP 法的分析步骤

HAZOP 是全面考察对象分析，对每一个细节提出问题，如在工艺过程的生产运行中，要了解工艺参数(温度、压力、流量、浓度等)与设计要求不一致的地方(即发生偏差)，继而进一步分析偏差出现的原因及其产生的结果，并提出相应的对策。

（1）提出问题。

(2) 划分单元。

(3) 分析原因及后果。

(4) 制定对策。

(5) 填写汇总表。

2.2　HAZOP 法的基本思路(图 2)

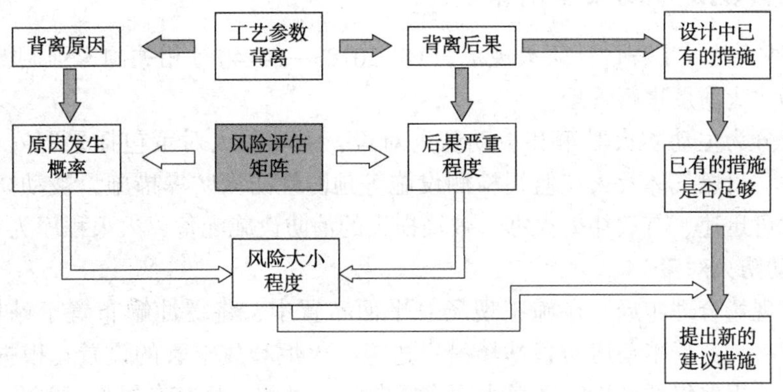

图 2

2.3　使用 HAZOP 分析法对温度、压力分析的实例(表 1)

表 1

工艺参数	偏差	可能的原因	可能导致的后果	安全预防措施	推荐应急做法
温度	油嘴管汇下游温度降低至零度以下	颈内流体流经油嘴后节流，压力降低，流速增加，温度降低	油嘴管汇下游管线或者设备(分离器)发生冰堵下游低压设备承受高压，发生流程刺漏或者分离器安全阀打开	地面测试流程要有加热或者保温措施；流程中要安装水套炉或者蒸汽交换器，油嘴管汇至分离器之间的管线要有加热保温措施，流程中要安装地面安全阀	紧急情况下，通过地面安全阀快速关井，然后对冰堵部位采取加热措施，去除冰堵
压力	套压增高或降低	管柱刺漏	测试失败	选择气密封油管作为测试管柱，入井工具每道丝扣要进行完好性检查，保持清洁，上扣前均匀涂抹密封油脂，上紧扭矩达到 3000kN	环空打压，打开 RD 安全循环阀，反循环压井起钻
	套压增高或降低	封隔器失封	测试失败	预先进行产层打开后封隔器上下压差计算，选择适当比重测试泥浆，保持封隔器上下压差小于 45MPa	反循环压井起钻

2.4　分析辨识可能存在的风险

通过 HAZOP 分析，我们完成了地面测试 5 个工艺环节的分析，系统地识别了各个环节火灾危险性较高的部位或作业包括：

(1) 地面流程在计量、输送过程中刺漏，油气溢出产生的火灾爆炸危险。

(2) 储罐在存储原油过程中，因超压或安全设施失效，储罐泄漏、爆炸产生的火灾爆炸危险。

（3）取样、维修时产生明火，在作业环境达到可燃气体爆炸下限时产生的爆炸危险。

（4）放空火炬点火、燃烧时产生的火灾爆炸危险。

（5）在储油罐拉油过程中因静电、人员违章操作、明火产生的火灾爆炸危险。

（6）雷击时的火花、静电导致的火灾爆炸危险。

3 油气井测试消防安全对策

按照《石油天然气工程设计防火规范》（GB 50183—2014）等相关国家强制标准、企业标准对施工现场防火防爆进行管理。

防火对策分为主动防火对策和被动防火对策，主动防火对策包括采取安全防火间距、防爆电气设备、可燃气体及火灾监视检测设施等预防性防火防爆措施，被动防火对策以选择火灾发生时可迅速、有效扑灭火灾、减轻损失的消防设施配备、灭火程序为主。

3.1 主动防火对策

（1）施工现场合理布局。在施工现场总平面布置中，将缓冲罐布置于站场边缘地区，发电房、值班室、数据采集房布置站场另一边缘。火炬和放空管的设置，根据国家强制标准，宜位于石油天然气站场生产区最小频率风向的上风侧，且宜布置在站场外地势较高处。火炬距离最近井口直线距离为200m，距离最近储油罐距离为100m。火炬为立式火炬，高出地面高度为2m。

（2）增设防火防爆墙。当施工现场设备设施摆放不能满足要求国家强制标准中要求时，按照相关标准设置了四级以上石油天然气站场四周宜设不低于2.2m的非燃烧材料围墙或围栏。

（3）严格执行防爆设计。按照相关标准选择通信设施、监视测量设施、照明设施、和其他电气设备的防爆等级，鉴于实际作业情况，井场内为通风良好的空旷场地，井场内连续释放爆炸性气体的场所较少，如全部采用本质安全型（ia）防爆型电气设备，成本较高，且站场内大部分位置的爆炸性气体作业环境为1区、2区，因此选取隔爆型（d）电气设备，如统一采用“Ex d IIB T4 Gb”型的防爆照明灯具。对于取样、打开管线有可能短时间达到爆炸性气体作业环境0区的情况，采用加强通风、设置安全距离以及用操作规程管理人员行为的措施来降低爆炸危险性。

（4）严格执行防雷接地。储罐区防雷接地引下线设置2根，且应沿罐周均匀或对称布置，其间距在30m以上，防雷接地装置冲击接地电阻在10Ω以下。

（5）认真落实静电释放和设备接地。进入施工现场的人员都必须进行做静电释放，设备接地线和接地桩应符合国家相关标准，每周检查静电释放装置和接地电阻的工作状态，遇见不满足接地电阻数值时采取浇水等方式，经检测实际电阻值在10Ω以下。

（6）严格执行操作规程进行操作。装卸过程中保持装车初流速在1m/s，控制最大装车速度不超过7m/s，保持静置时间2min以上。因卸油装车方式为压力方式，因此将油罐与装卸场地（装车鹤管）之间的距离设置为15m，装卸管线出口处设置紧急切断阀。

3.2 被动防火措施

（1）气体检测系统的有效运行。油气井测试现场伴随大量的油气输出，伴随油气泄漏的风险，需要全方位无死角地对施工区域和井场周边进行气体检测，数采岗和井口共定期开展巡检工作，发现气体泄漏应立即汇报处置。

（2）合理的灭火器配置。根据相关标准配置合格的灭火器材，有条件的施工现场或高压油气井可设置灭火系统和消防冷却水系统。采用移动式 ABC 干粉灭火器作为有效灭火措施，灭火器的配置位置和保护半径根据相关国家标准，用计算：

$$Q=K\times S/U$$

式中 Q——计算单元的最小需配灭火级别（A 或 B）；

S——计算单元的保护面积（m^2）；

U——A 类或 B 类火灾场所单位灭火级别最大保护面积（m^2/A 或 m^2/B）；

K——修正系数。

（3）建立严格的防火防爆规章制度。在编制防火防爆规章制度，明确岗位职责，分析施工现场风险点和危险源动态，对施工项目作出客观评估，对项目的难易度、结构复杂程度、危害因素、环境因素、安全设备、安全技术措施等进行专项分析。

（4）严格规范各岗位的操作规程和技术标准。对设备设施的使用情况作好记录，发现问题解决问题，及时做好隐患整改工作。使每项工作有标准、有程序，切实做到早发现、早报告、早处置，高效有序应对。例如放喷过程中，防范火灾事故的发生要从以下几方面入手：分离器孔板的更换标准化操作、油嘴管汇的油嘴更换、员工 HSE 证件是否齐全，员工是否遵守放喷操作规程等。都要从客观的、理性的角度去认真做好预防。

（5）根据施工作业风险制定应急预案。建立红、橙、黄、蓝应急预案体系分级负责，落实应急预案组织机构和职责划分，实行领导负责制，建立应急组织机构，明确公司各级岗位、各应急小组的应急职责，做到一岗一责、一职一责。切实把“管生产必须管安全”“谁主管谁负责”的原则落到实处。采取强而有效的联合机制，积极与上级公司、当地政府，消防部门、公安部门等组成联合应急救援小组和互相配合的全方位应急救援预案的编写和实施。

（6）加大防火防爆应急演练。认真做好演练计划，定期组织开展队伍级、项目部级、公司级的防火防爆应急演练，让每名员工通过演练掌握应急处置能力和第一时间处理能力。

（7）实施严格的过程监管。实施作业许可证制度，对动火、用电、高处作业进行审批，加大力度执行监督检查制度，施工现场专人监管，对每项工作、每道工序进行监督检查，掌握各项措施执行情况。在危险场所严格控制火源，配备相应的消防器材、设立防火安全装置、自动报警系统及通风设备、应急救援装备物资、医疗器具药品，严防生产设备油品跑冒滴漏等。

4 结语

随着页岩油、页岩气、煤层气等非常规油气井测试业务的不断增加，地层压力、流体的不确定性，周围环境的复杂性等因素增加了防火防爆风险，测试公司在学中干，不断总结积累，形成了符合市场发展的防火防爆工作经验，通过项目实施运行反馈，在现场防火防爆中还存在如下需完善改进方面：

（1）新建项目要按照“三同时”对设备安全等级、安全设施、站场总平面布置进行危险性分析和设计。

（2）根据规模选择灭火系统，随着油气存储规模的扩大，施工现场的火灾危险性增加，现有的移动式 ABC 干粉灭火器配置将不能满足站场消防灭火的需要，应设计安装消火栓及消防水冷等自动灭火系统。依靠人工巡检可以及时发现火灾隐患并整改，但是对于初期明火需立刻进行反应的油气处理站场，还应根据论证设计安装火灾自动报警系统，必要时可与消防设施进行联动设计。

（3）在天然气产量较高的现场，爆炸气体环境等级整体提高，对设备的防爆要求更高。数据采集房、发电房等电气设备应选取正压防爆功能，相关重点部位的电气设施防爆等级应由增安型提高到本质安全型。

（4）防火堤对流淌液体火灾的控制程度有限，而且是被动防火措施。站场还应配备液位自动监测报警系统，防止超压，并且应设置事故油储罐，存储防火堤容积以外部分的溢出原油。

（5）强化承包商员工的防火意识，有效贯彻防火思想，项目部要从根本上入手，制度的落实，体系的完善、岗位操作规程的明确、危害识别与客观评估等严格把关，重视防火应急预案的制定和实施，让企业更好更安全地发展。

参 考 文 献

[1] 中华人民共和国住房和城乡建设部. GB 50183—2014. 石油天然气工程设计防火规范[S]. 中国计划出版社，2014.

[2] 中国石油化工总公司. GB 50160—2008. 石油化工企业设计防火规范[S]. 中国计划出版社，2008.

自动消防系统在油库中的应用及展望

徐学敏

（中国石油甘肃销售分公司）

摘　要：本文对油库消防系统自动化技术应用情况进行了简要总结，重点介绍了“视频监控及视频智能分析”“消防工艺一键启动及报警联动”“消防喷淋及消防炮远程控制”“消防水池及水罐自动补水”“人员定位和智能巡检”等内容在油库消防中的积极作用，并从四个方面对自动消防系统未来发展趋势进行了展望。

关键词：油库；消防；自动化；应用；展望

近年来，随着国家对消防、安全和应急管理的不断重视，企业在消防设备设施完善、技术创新和智能化升级方面的投入也在逐步增加，各行各业自动化消防系统应用得到快速发展，尤其是危险化学品生产、经营等重点监管领域，有效地提升了企业安全风险防控和事故应急处置能力。油库作为危险化学品生产、经营行业的中转、仓储设施，有较大的火灾和安全风险，事故处理和控制难度也较大，管理要求较为严格，对自动化消防系统的需求较为迫切。本文将对当前行业内油库消防系统自动化技术应用情况进行简要总结，并对其未来发展趋势进行展望。

1　油库自动消防系统的一般组成

目前，油库自动消防系统多指自动化固定消防系统，系统根据喷射介质主要分为水炮系统和泡沫炮系统。从系统的设备设施及功能组成来看，包含的主要组成部分有监视及报警系统、操作及控制系统、供电及备用电源、水源及蓄水设施、泵组、管道、阀门、消防喷淋、消防炮、稳压装置、泡沫液存储及混合装置等。

从近几年的发展情况来看，消防系统的自动化提升是最为显著的热点，得益于技术进步和创新，使得消防系统能够更智能、更高效地应对火灾风险，进一步减少事故下的人员伤亡和财产损失。

2　视频监控及视频智能分析

视频监控及视频智能分析在油库消防中扮演着重要角色，随着技术的不断进步，这些系统已经变得越来越智能化和高效。

首先，视频监控系统可以实时监控油库的关键区域，如储罐、泵站、装卸区等。通过高清摄像头，中控室操作员可以清晰地看到这些区域的情况，及时发现任何异常或潜在的风险。这种实时监控能力有助于预防火灾的发生，并及时响应任何潜在的安全问题。

其次，视频监控系统还可以同油库现场手动报警器、可燃气体报警器进行联动，当报警信号产生后自动将中控室监控大屏切换至报警位置及周边监控画面，提升应急处置的便利性。

此外，视频智能分析技术可以进一步提升视频监控系统的效能。这种技术可以自动识别和分析视频中的异常行为或事件，如烟雾、火焰、泄漏等。一旦检测到这些异常，系统可以立即发出警报，显示异常位置画面，并可提示或经确认自动启动相应的消防设备或应急预案。这种自动化响应不仅提高了处理速度，还减少了人为操作的失误和延迟。

3 消防工艺一键启动及报警联动

消防工艺一键启动功能是指当火灾发生时，通过触发一键启动按钮自动启动油库内的消防工艺系统，包括清水灭火系统、泡沫灭火系统、自动喷淋系统等。一键启动功能可以通过远程控制按照流程迅速启动消防泵组、消防管线工艺阀门、储罐及相邻罐消防喷淋、消防炮、泡沫液储罐等设备，以最快的速度对火灾部位开展灭火战斗，对火势进行快速控制和扑灭，减少人员投入，提高处置效率。

报警联动则是指消防工艺一键启动与火灾报警系统之间的联动。当火灾探测器、视频智能分析、库区关键部位手动报警器等设备触发火灾报警信号后，报警系统会立即发出声光报警，并将报警信号传输到中控室，经控制室人员确认或由控制系统自动开展火灾扑救。这种联动机制可以确保火灾发生时，报警和灭火两个过程能够迅速、准确地协同工作，最大程度地减少人员依赖。

4 消防喷淋及消防炮远程控制

油库消防喷淋和消防炮远程控制是油库自动化消防系统中的重要组成部分，远程控制是指通过消防控制室或中控室，对消防泵组、阀门、喷淋和消防炮进行远程启动和控制。这种控制方式可以实现对灭火设备的远程监控和操作，无需人员直接到达火灾现场，降低了人员风险和灭火难度。

为了实现远程控制，油库需要安装相应的控制设备、监控设备和通信系统。控制设备通常包括远程控制器、控制柜、云台等，用于接收来自消防控制室或中控室的指令，并控制消防喷淋和消防炮系统的启动、运行和停止。监控系统则用于将现场的火灾情况和设备状态实时传输到消防控制室或中控室。

5 消防水池及水罐自动补水

消防水池和消防水罐为消防系统提供所需的充足水源，是消防系统的重要保障，通过自动化控制消防水池、消防水罐的补水工作，并在消防水池、水罐水位和补水异常时发出报警，可降低人员操作强度，避免消防水池和消防水罐补水不及时的情况。

6 消防水罐、工艺及关键设备自动保暖

北方地区冬季可能需要对消防水罐、工艺及部分关键设备进行保暖，可在自控系统实现暖气管线等保暖措施的自动控制，降低人员劳动强度。

7 人员定位和智能巡检

通过佩带人员定位卡、终端设备，实现油库作业人员实时定位和智能巡检，对油库消防、安全和应急管理也有很大帮助。人员定位卡、终端设备的一键报警功能可以在发现险情的第一时间实现报警，并上报人员及异常情况的位置，强化系统联动。在灭火战斗和应

急救援中也能方便指挥人员及时掌握现场人员位置、动态，和现场人员随时保持通信联络，提高火灾及隐患的调度处置和救援效率。

8　与消防相关的其他自动化应用

可燃气体报警系统。可燃气体报警系统在油库消防中的应用也至关重要，主要起到可燃气体泄漏监测作用，可预防火灾和爆炸事故发生。油库可燃气体报警系统可以同视频监控、视频智能分析及智能巡检系统进行联动，报警信号产生后联动视频监控、视频智能分析进一步强化报警部位监控，并在智能巡检系统自动生成特定的临时巡检任务，安排人员现场巡检。

自动化防雷防静电接地检测及报警装置。在油库储罐、收发站台、泵棚等重点部位设备设施、工艺管线接地安装自动化防雷防静电接地检测及报警装置，定时、计划性开展防雷防静电接地检测，对阻值超标的部位及时报警，可防范和化解潜在的雷电和静电危害，从而有效预防火灾事故的发生。

应急物资系统化管理。建立信息系统，对油库的应急物资实施系统化管理。根据应急物资的分类、型号、数量、生产日期、检定日期、使用及检验有效期、维护保养方法及周期等信息，自动生成应急物资维护计划，提高应急物资的有效性和适用性。

微型气象站。微型气象站可以实时监测油库周边的气象环境参数，如温度、湿度、风速、风向、电场强度等，接入国家气象平台后，也可对雷电等极端天气进行感知、预报。这些参数对于油库的安全运营和应急救援至关重要，可在油库中控室安防系统进行集成展示，方便操作人员和应急指挥人员及时获取相关信息。

智能配电系统和应急电源。规范设计和配备的智能配电系统及应急电源是油库自动化系统运行的重要保障，其可靠性关乎突发状况下自动化系统的有效运行。

9　油库消防系统未来智能化发展展望

前面，我们重点讨论了油库自动化消防系统的建设情况。未来，油库消防智慧化发展主要着眼于利用先进的信息技术和智能化设备，对油库消防系统进行全面的升级和改造，以提高消防系统的智能化水平，强化和增加应急救援力量，提高响应和处置效率，减少人员介入，最大程度减少伤亡和财产损失。以下是油库消防智慧化发展的几个主要方向：

一是自动化平台的标准化和集成化。推动油库自控系统的标准化和集成化，制定统一的自控系统建设标准和规范，推动不同系统之间的兼容性和互操作性。同时，在自控系统标准化和集成化建设基础上，将智慧消防系统与其他安全管理系统进行集成，如安全监控、环境监测、联锁保护、紧急切断等，实现信息的共享和协同工作，提高油库整体安全管理水平。

二是智能化监控和预警能力不断提升。通过安装智能传感器、高清摄像头等设备，实时监测油库设备的温度、压力、关键区域油气浓度等参数。利用大数据分析和人工智能技术，对监测数据进行实时处理和分析，构建火灾风险预警模型，实现对火灾风险的精准预警和智能评估。同时，将预警信息与消防系统联动，自动触发相应的消防措施，提高火灾应对的及时性和有效性。

三是无人化巡检和灭火救援机器人应用。利用无人机、机器人等智能设备，实现油库的无人化巡检和灭火救援。无人机可以搭载高清摄像头、红外热像仪等设备，对油库进行全方位、无死角的巡检，及时发现并报告异常情况。机器人可以配备灭火器材、消防水枪等设备，对火灾进行快速、准确的灭火。无人化巡检和灭火不仅可以提高工作效率和安全性，还可以减少人力成本和人员伤亡。

四是构建智慧化应急管理和救援系统。通过系统实现油库内消防资源、救援力量的整合融合，实现资源共享和协同作战。同时，利用物联网技术实现消防设备、救援车辆等物资的智能化管理和调度。此外，通过大数据分析和模拟仿真等技术，可对火灾发展趋势进行预测和模拟，为救援决策和救援力量配备提供科学依据。

以上就是对目前油库自动消防系统应用状况的一些总结和发展展望，这些技术的应用和发展将为油库消防安全提供强有力的支持和保障。

油库储罐紧急切断阀安装对应急管理影响分析

赵军军　殷　超　朵银川　孙　军

（中国石油甘肃销售分公司）

摘　要： 油库应急管理工作是危险化学品企业应急管理的重要组成部分，是推进全面深化油气储存企业防范化解重大风险的重要内容。面对新形势新任务，如何利用新设备、新技术提高油库应急管理工作的科学化水平，是当前亟待解决的问题。本文以 L 油库为研究对象，针对储罐紧急切断阀安装对油库应急管理影响展开相应的探讨，总结分析油库安装紧急切断阀后发现的问题，提出风险管控措施，以期对油库应急管理体系建设提供依据，提升油库应急处置能力。

关键词： 紧急切断阀；应急管理；油库；风险防控

2022 年，国务院安全生产委员会办公室发布了《落实大型油气储存基地安全风险管控措施工作方案》，应急管理部危化监管二司印发了《油气储存企业紧急切断系统基本要求（试行）》，明确了大型油气储存企业安装紧急切断阀的期限和系统基本要求。2023 年，应急管理部办公厅下发了《关于印发 2023 年危险化学品安全监管工作要点和危险化学品企业装置设备带"病"运行安全专项整治等 9 个工作方案的通知》，明确了中小型油气储存企业安装紧急切断阀的期限，重大危险源等级不再作为安装紧急切断阀的充分条件。储罐安装紧急切断阀后能够在事故状态下迅速阻止火灾向其他油罐蔓延，但如何对联锁进行优化及对应急管理产生的影响需要被重视。

1　紧急切断阀介绍

1.1　紧急切断阀安装情况

L 油库现有 10 座立式储罐，主要储存品种有汽油、柴油，油品通过管输和铁路进库，通过公路出库。油库将 10 座油罐罐根阀与油气回收富油管线上两个阀门更换为紧急切断阀，电液联动阀采用一体式执行机构，增加弹簧支撑，同时更换油罐音叉开关，并在中控室增加一套 SIS 系统，电液联动紧急切断阀控制方式为失信号关（失去控制系统 24VDC 控制电源），现场阀门关闭 380V 电源后阀门保持当前状态；阀门未复位以前，处于 ESD 状态，不能进行任何操作。在特殊条件下如设备检修环境或高/低液位开关设备存在故障时频繁产生报警信号，导致阀门关闭，可以将高/低液位开关投旁路（未连锁状态），未连锁状态时即使高/低液位开关有报警信号触发也不会连锁关闭切断阀。SIS 系统综合安全等级为 SIL1，采用双重冗余结构，按照故障安全型设计。

安装紧急切断阀后，油罐安全联锁发生了变化，音叉开关信号与紧急切断阀连锁（硬连锁)，自控系统中设置的高高液位只是液位仪采集的数据，与原来的高、低液位设置一样，成为软连锁。

1.2 紧急切断工艺原理

(1) 中控室和现场均设置了储罐紧急切断按钮，发生油品泄漏、火灾等紧急情况时，按下急停按钮，可实现关闭所有储罐根部进出口管线的紧急切断阀。

(2) 公路付油区每个付油岛均设置了付油区紧急停车按钮，发生紧急情况时，按下急停按钮，实现付油鹤位停止作业，自动关闭油泵和电液阀。

(3) 在紧急切断阀系统界面中点击相应按钮、现场操作面板按压相应按钮可以在非紧急情况下打开或者关闭紧急切断阀。

2 存在问题及解决建议

2.1 管输作业憋压

管输作业过程中，当高液位报警时人员未处置或者液位仪出现误差，油罐会继续进油到达高高液位，由于改造后L油库自控系统中设置的高高、低低液位值与音叉开关高度一致，此时进油罐紧急切断阀会在几秒内立即关闭，而进油罐二道阀门关闭和备用罐二道阀门开启都会超过10s，备用罐阀门开启速度与进油罐阀门关闭速度不一致，会导致憋压、油品泄漏及火灾等事故事件发生。

解决建议：一是降低自控系统中高高液位设置高度。由于音叉开关高度不施工已无法降低，可降低自控系统中高高液位设置高度，避免紧急切断阀和工艺阀门同时动作，即在到达降低后的高高液位时，先启用备用罐连锁功能，打开备用罐的工艺阀门，关闭进油罐的工艺阀门，紧急切断阀不参与备用罐联锁启闭。该方法优点是能够较大概率解决上述问题，缺点是当液位仪数据误差较大时，仍然存在以上问题，且此方法相当于设置了5~6个液位管控值，增加了风险管控的复杂程度。

二是将备用罐连锁启闭的阀门与紧急切断阀关联。管输作业前同时打开进油罐和备用罐的二道阀门，将备用罐联锁启闭的阀门换为紧急切断阀，取消自控系统中设置的高高液位高度或者该高度与音叉开关设为一致，即在到达高高液位时，直接打开备用罐的紧急切断阀门，关闭进油罐的紧急切断阀门，工艺阀门不参与备用罐联锁启闭。该方法优点是能够解决上述问题，缺点是紧急切断阀能否用于工艺控制需要进行合规验证，至少要保证安全仪表系统应具有优先权。

2.2 管输作业紧急切断阀异常关闭

一是当阀门在同时失去380V动力电和控制系统24V电源(UPS)情况下，紧急切断阀会自动关闭，在输油作业时会造成憋压、油品泄漏及火灾等事故事件发生。二是无法保证断电是导致紧急切断阀异常关闭的唯一客观因素，设备的可靠性、人员的误操作都会导致事故事件发生。

解决建议：一是使用“旁路”功能或者断电泄压，管输作业时将SIS控制柜连锁功能切到“旁路”，关闭联锁功能，避免在输油时由于突然停电、误触等原因导致突然关阀；还可进一步采取断电泄压方法，即阀门可视为原来手动阀门，避免出现UPS不供电导致的突然关阀问题。该方法虽然能够解决上述问题，保证了输油不发生憋压现象发生，但失去了紧急切断阀设计安装的初衷，也构成了重大隐患。

二是采用本质安全设计，与厂家沟通对设备进行本质安全设计完善，安全仪表系统的详细工程设计应符合安全技术要求，设计文件宜包括安全仪表系统设计说明、安全仪表系统规格书、功能逻辑图或因果表等，宜设计成故障安全型，当安全仪表系统内部产生故障时，安全仪表系统应能按设计预定方式，将过程转入安全状态。

2.3 UPS 电池容量不足

L 油库紧急切断阀 UPS 设计时长为 30min，如果在 380V 市电断电后，UPS 使用超过设计供电时间而发电机未启动，会造成阀门自动关闭产生憋压问题；如果油库储罐数量较多，带来紧急切断阀的数量更多，一旦发生紧急情况，想要同时关闭所有储罐的紧急切断阀，瞬时的功率和消耗的电能应急电源可能无法满足，导致紧急切断功能名存实亡，关键时刻没有起到作用。

解决建议：UPS 设计容量应综合分析考虑各种不利情况，安装后应定期检查 UPS 完好有效性，同时对发电机定期进行运行试验。

3 安装紧急切断阀后应急处置

石油化工企业的原料和产品大多数都是易燃易爆，生产工艺比较复杂，上下游之间的联系比较紧密。一旦发生火灾、泄漏等事故，应立即启动紧急切断阀切断泄漏源，将火灾危险源与设备隔离开，大连国际储运有限公司“7·16”输油管道爆炸火灾事故也证明了设置紧急切断阀的必要性。油库作为油气仓储行业，工艺较为简单，储存介质相对单一，安装紧急切断阀能够对油库应急处置带来积极影响，但需要关注以下几个事项。

一是重新进行 SIL 评估与验证。安全完整性等级分级可根据过程危险分析和保护层功能分配的结果确定。安全完整性等级验证可通过计算安全仪表功能的要求时危险失效平均概率及其他相关参数，证明安全仪表功能满足安全技术要求及目标安全完整性等级的要求。

二是需要加强设备使用培训。紧急切断阀安装后能否“会用”对事故事件及时处置至关重要，安装后要及时修订操作规程，委托设备厂家对新设备使用进行全员培训，包括设备的用途、结构、操作步骤、维保以及安全注意事项等。

三是完善应急预案，强化应急预案演练。根据紧急切断阀的功能，油库应对罐区火灾、泄漏应急预案进行有针对性修订，火灾、冒顶等事故要明确紧急切断阀启闭时间、流程和职责。修订后的应急预案应组织员工进行培训，常态化开展应急演练，确保紧急状况下应能够有效应用新设备，而非成为阻碍。

四是做好设备维护保养。油库应制定运行维护程序、人员职责、定期检验测试计划及报告、维护旁路开关及操作旁路开关的使用等，所有的运行维护和变更应记录归档，并定期进行功能安全分析评估。

4 结语

石化罐区安全设计中，紧急切断阀是直面火灾爆炸风险的急先锋，必须在选型、防火技术和后期维护使用等的各个阶段遵守各类严苛而详尽的安全规范。通过安装紧急切断阀后对油库应急管理的研究分析，得出总的结论是：油库需重点关注联锁逻辑变更后造成潜在的事故事件发生可能性及需采取的可行措施，将紧急切断阀深度融合到油库应急管理工作中，切实保证油库安全平稳运行。

参 考 文 献

[1] 张一波. 成品油罐区紧急切断阀改造后的液位联锁优化分析[J]. 石油库与加油站，2023. 32(05)：1-2.

[2] 赵瑛. 基于消防联动控制的石油化工企业紧急切断阀供电技术探讨[C]. 第六届全国石油和化工电气技术大会论文集，中国江苏南京：中国机电一体化技术应用协会，2021，177-180.

[3] 武荆苗. 罐区紧急切断阀的安全设计[J]. 石油化工自动化，2023，59(01)：47-51.

【作者简介】赵军军，男，现任中国石油甘肃销售分公司柳园油库值班主任，注册安全工程师，大学本科学历，主要研究方向为油库安全生产管理。电话：18894153387，邮箱：1394947690@ qq. com。

海上油气平台典型事故事件情景规划研究

曹　杨　刘　涛　周　伟　陈　星　张　悦　杨雅琪　李　虎

（中海油研究总院有限责任公司工程研究设计院）

摘　要： 开展海上平台典型事故事件情景规划与构建，对事故演练、应急与救援，控制事故进一步扩大有重要的作用。本文以海上油气平台为研究对象，选取船舶碰撞、溢油和台风撤离等三类典型海上油气田开发典型事故事件，采用油气田海域的海洋环境背景场构建方法与融合技术，形成了海上油气平台典型事故事件场景基础。以船舶碰撞、溢油和台风撤离三类典型事故事件工况，组合成不同的情景要素组合，以此为基础规划海上油气田船舶碰撞、溢油和台风撤离三类典型事故事件场景，并开展事故事件过程的虚拟仿真。通过上述情景构建与虚拟仿真研究，形成海上油气田事故事件情景库。以上研究工作，可为其他类型的海上油气平台事故事件的情景构建与规划提供参考，同时也为海上油气田典型事故事件的演练、应急救援评估等提供参考。

关键词： 海上平台；典型事故；情景规划；虚拟仿真

海上油气平台是海洋油气开发的基础装备，面临着高投入、高技术和高风险的挑战。针对海上油气平台生产过程中的典型事件，构建不同情景下的过程推演与虚拟仿真，对控制事件进一步扩大并演化成灾难性事故有重要的意义。

情景构建是一种常见的技术手段，在事故推演、应急演练以及安全培训等方面有重要的应用。目前，情景规划研究在很多领域都有应用。王永明等针对重大突发事件，开展了情景规划与构建、理论框架与技术路线等方面的研究。罗通元针对重特大生产安全事故，研究其情景构建方法与应用等。袁宇翔、陈卓琳等针对海上溢油事故开展了情景构建与推演等方面的分析与研究，王虎、饶文利等针对台风风暴潮自然灾害展开了情景构建、时空推演以及模拟分析等方面的研究，为预防台风风暴潮提供了参考。王海东、张天玥等针对船舶碰撞引发的事故事件，开展了泄漏、碰撞方面的危害分析与风险评估研究，为水上船舶碰撞事故情景构建研究提供了理论基础。王起全等针对道路运输情景下的危化品事故开展了交通情景构建、应急疏散等方面情景构建与仿真方面的研究工作。

袁宇翔采用重大事故情景构建方法，建立了海上平台人员集体食物中毒事故情景。廖光煊提出了基于情景构建的多灾种应急救援模拟演练思路、模式及平台架构，探讨了多灾种应急救援模拟演练平台的功能。熊康昊运输航空公司重大突发事件情景规划及构建研究，采用动态链接与推演，提出 3 种航空公司重大突发事件情景，并增添相关细节，形成情景概要。刘斌楠运用情景构建技术手段，建立液化石油气槽车泄漏事故情景模型，对泄漏事故进行情景推演，并对应急救援过程中所必须的人员、物资、技术等需求进行差距分析。沙勇忠面向突发重大传染病事件的情景构建研究，选取关键变量构建突发重大传染病防治情景，利用事故树分析方法梳理关键情景要素之间的逻辑，最终构建出突发重大传染病防治情景。俞高伦对某石油化工企业的高架火炬发生火雨事故时进行情景构建，对周围环境的影响、可能发生的事故演化分析和模拟，并根据不同演化阶段分析应急能力差距。盖文妹通过建立火灾疏散周期风险评估模型，耦合基于组织传播的应急通信系统模型，对北京某高层大学宿舍楼的多情景火灾疏散的应急通知方案优化和周期风险评估进行了案例研究。

通过文献调研发现，情景构建在事故推演与救援方面有很大的优势，且在很多行业都有应用。海上油气平台事故应急与救援方面的应用却鲜少，有较大的研究空间。本文针对典型海上油气平台，利用 PDMS 开发海上油气平台物理模型，并实现海上油气平台典型事故场景模型在海洋环境背景场中的有效融合。在此基础上，开展海上油气平台周围船舶失控、台风撤离全、溢油漂移等多工况条件下过程仿真模拟，实现对典型海上油气平台事故事件的真实再现，为海上平台事故演练、推演以及控制等提供参考。

1 事故事件情景规划框架

为了更好地对海上平台场景进行反演，基于专业的软件对海上油气平台进行三维建模，对平台所在海域海洋环境背景场进行三维构建，将海上平台三维模型嵌入所在海域的海洋环境背景场，融合后形成确定场景。基于此，选择典型的海上油气平台典型事故事件，对某一工况条件下事故事件发生发展过程的虚拟仿真，形成特定条件下的事故情景。以此类推，规划出多组工况条件下的事故事件情景，形成事故事件情景库，如图 1 所示。

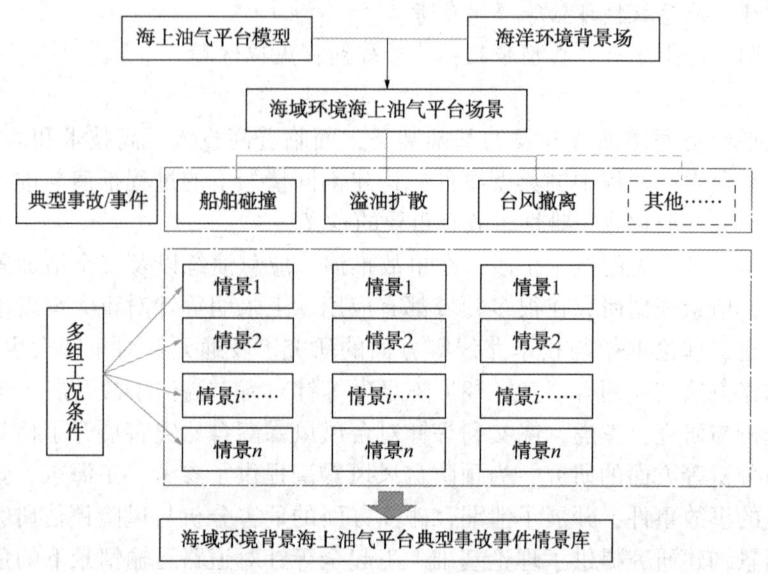

图 1　海上油气平台典型事件情景规划

2 几何模型构建

目前，海上油气平台三维几何模型采用 AVEVA 软件公司的 PDMS/E3D 进行建模，模型中包括海上平台导管架、平台组块、设备、生活楼、钻修机等。海上油气平台根据功能主要可分为中心处理平台、半潜式平台、井口平台等类型，PDMS/E3D 三维设计软件可导出的格式有 rvm、ifc、stp、dgn、dxf、sdnf 等，可实现与海洋环境背景相关文件的融合。根据平台规模大小、建模精细化程度等不同，导出文件大小大约为 10MB 到 1GB 不等。常见的海上油气平台几何模型如图 2 所示。

图 2　常见海上油气平台几何模型

3　海上油气平台典型事故事件

目前，海上油气平台生产过程中面临众多事故事件。本文以某海域海上油气平台为对象，通过调研分析，主要选取了船舶碰撞、溢油、台风撤离等几类事故事件作为典型进行情景构建说明，结合不同类型的工况条件，对具体情景进行规划，形成典型的事故事件情景库。

3.1　船舶碰撞事故

根据海上油气平台面临的船舶碰撞应对现状、周边航路信息、来往船舶密度、船舶信息、历史事故等，开展海上油气平台船舶碰撞情景规划与展示。依据船舶操控、环境条件模拟海上油气平台船舶碰撞情景与船舶应对方案。基于船舶异常行为的模拟试验，采用大型船舶操纵模拟器，通过设定各种典型外界环境条件，对异常船舶进行模拟操纵试验，以展示不同场景船舶对海上平台的碰撞历程。关键情景要素包括：船舶类型、目标物类型、环境工况、操船状态等。最终形成船舶碰撞情景库 1 份，包括典型情景约 50 个。船舶碰撞的情景规划与效果展示情况，如图 3 所示。

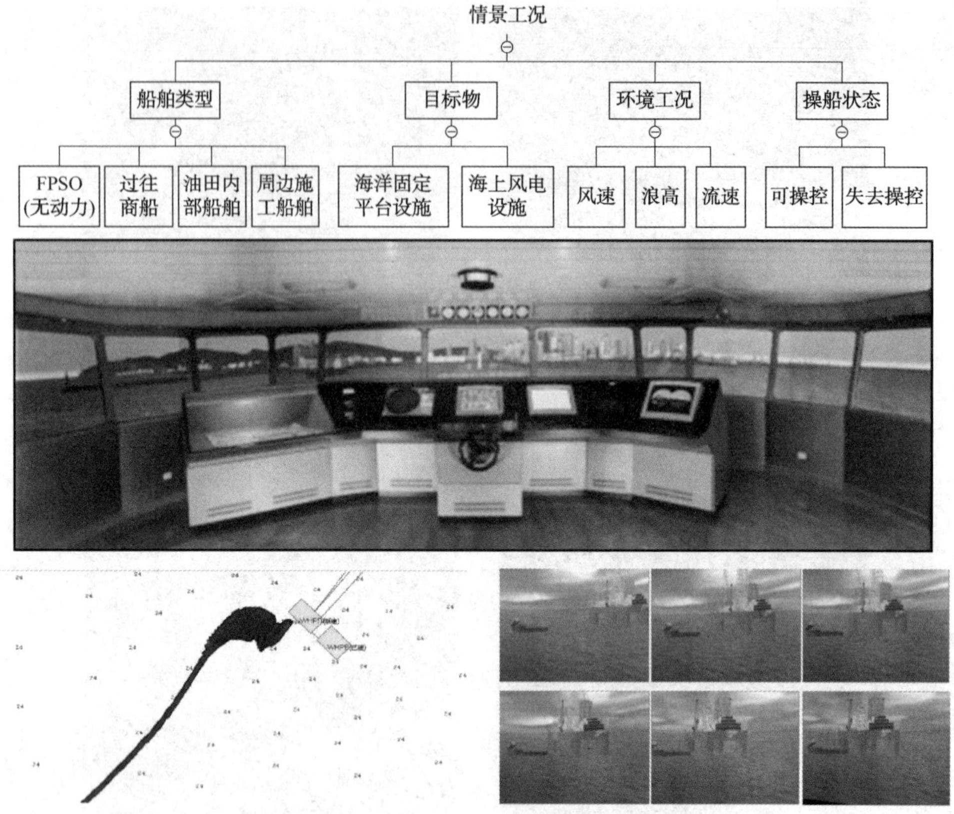

图 3　海上油气平台船舶碰撞情景规划与效果展示

3.2　海上溢油事故

根据某海上油气平台溢油应对现状，基于溢油漂移时空规律、扩散路径、范围预测、风险评估等研究结果，开展海上油气平台溢油后果情景模拟与应对分析。通过开展基于溢油风险区划的海面随机溢油模拟预测，将海上溢油所在区域划分为高精度网格，对每个溢油事故多发点进行的随机情景组合的漂移扩散轨迹模拟，根据评估结果生成溢油风险防控方案。海上油气平台溢油情景要素包括：溢油量、溢油方式、溢油原因、油膜面积和油膜厚度、环境条件等，形成海上油气资源开发区溢油情景库 1 份，情景数量约为 100 个。见图 4。

3.3　台风撤离事件

根据海上油气平台作业人员信息、应急撤离资源、周边船舶信息等，开展台风期间海上平台人员撤离时间窗口期研判、海区风险评估、撤台过程推演等，为台风期间撤台方案制定、评估提供支撑。依据海上风险评估结果、台风轨迹、撤复台平台、直升机资源、船舶资源等，自动生成撤台复台推荐方案，可对方案进行动态仿真推演，以动画形式直观展示直升机、船舶的撤复台过程，并实时更新实况数据，包括直升机和船舶实时坐标、航速、平台位置的风浪流信息、平台已撤复台人数/剩余人数/总人数、撤复台当前耗时/预估总耗时。同时，可从经济性、耗时性、安全性等多维度对方案进行评估、推演。台风撤离的情景要素包括运载方式、气象条件、台风影响区域、风险对象、台风强度等，形成海上油气平台台风撤离情景库 1 份，典型的情景数量约为 50 个。海上油气平台台风撤离情景规划与效果展示，如图 5 所示。

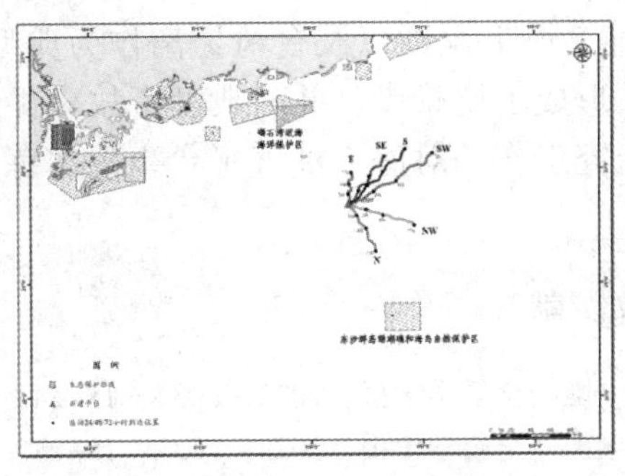

(a)溢油平均风速情况下油膜轨迹

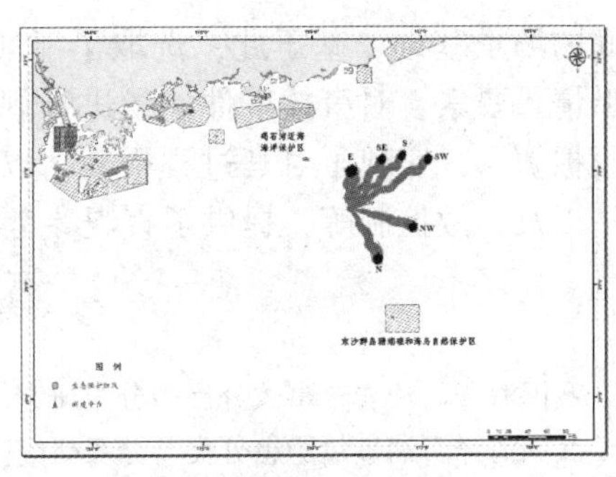

(b)溢油极值风速情况下油膜扫海

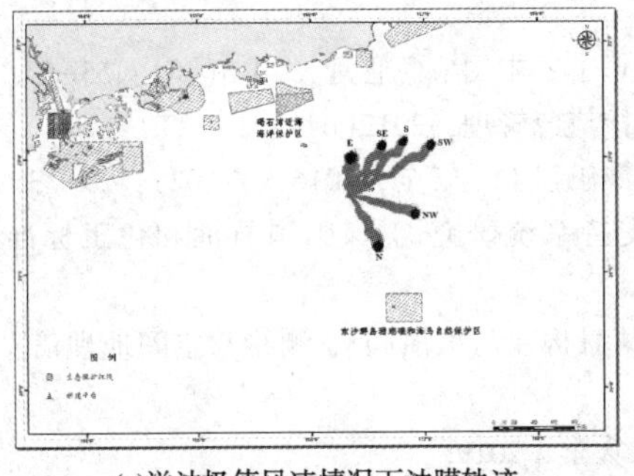

(c)溢油极值风速情况下油膜轨迹

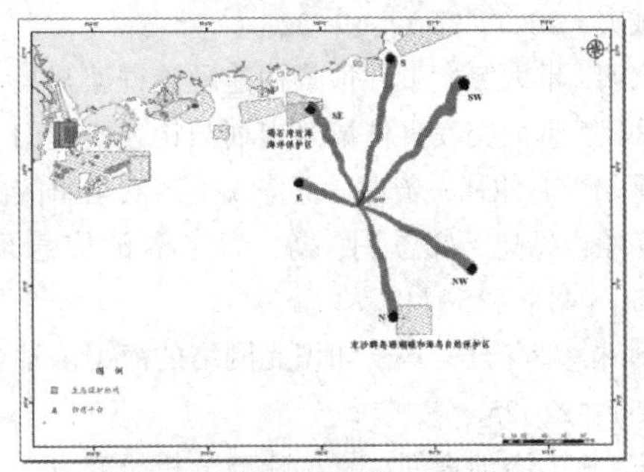

(d)溢油极值风速情况下油膜扫海

图 4　海上油气平台溢油的情景规划与效果展示情况

图 5　海上油气平台台风撤离情景规划与效果展示

4　结语与展望

针对海上油气平台典型事故事件情景规划，本论文利用 PDMS 专业软件开发了常见的海上油气平台几何模型，通过与区域海洋环境背景场进行融合，形成了海上油气平台典型事故时间的场景基础。基于此，选取了船舶碰撞、海上溢油以及台风撤离作为典型事故，提取典型情景要素，对事故事件情景进行规划，形成了情景库，并对典型事故事件情景过程进行虚拟仿真，实现了对其过程再现。以上研究工作，对海上油气平台事故演练、应急救援评估以及事故控制等，提供了直观参考。

参 考 文 献

[1] 曹杨. 我国海洋石油安全事故分类与分级研究[J]. 中国安全科学学报，2022，(03)：18-24.

[2] 曹杨. 我国海洋石油事故隐患分类与分级研究[J]. 中国安全科学学报，2023，(03)：18-24.

[3] 方伟华，王军，殷杰，等. 多灾种重大灾害情景构建与动态模拟有效支撑灾害风险评估与防范[J]. 中国减灾，2022，(7)：19-22.

[4] 王永明. 重大突发事件情景构建理论框架与技术路线[J]. 中国应急管理，2015(08)：53-57.

[5] 刘铁民. 重大突发事件情景规划与构建研究[J]. 中国应急管理，2012(04)：18-23.

[6] 罗通元，毛仲强，曾路. 重特大生产安全事故的情景构建[J]. 安全，2016，37(02)：29-33.

[7] 袁宇翔，吴亮，郭恩玥，等. 海上溢油应急预案支持系统研究[J]. 中国石油和化工标准与质量，2023，(4)：115-117.

[8] 陈卓琳，罗年学. 基于知识元网络的海上溢油事故情景构建与推演[J]. 测绘与空间地理信息，2022，9(45)：22-25.

[9] 刘秀. 海上溢油事件情景构建与分析研究[D]. 武汉大学，2019.

[10] 王虎. 不同空间尺度台风风暴潮灾害情景模拟与风险评估[D]. 华东师范大学，2013.

[11] 饶文利，罗年学. 台风风暴潮情景构建与时空推演[J]. 地球信息科学学报，2020，22(2)：187-197.

[12] 王海东，陈凯，安广海，等. LNG 船舶港口泄漏事故情景构建及危害程度分析[J]. 中国安全生产科学技术，2019，15(5)：6.

[13] 张天玥. 辅助船与 FPSO 碰撞风险评估[D]. 哈尔滨工程大学，2017.

[14] 王起全，王鸿鹏. 基于情景构建的危化品事故应急疏散模拟研究[J]. 中国安全科学学报，2017，27(12)：6.

[15] 向怀坤，沈文超. 基于 Paramics 的危化品运输事故下道路交通情景建模与仿真分析[J]. 中国公共安全：学术版，2019，54(1)：52-55.

[16] 曹鹏波. 危险化学品公路运输事故情景构建与应急管理研究[D]. 西安建筑科技大学，2018.

[17] 胡人元，夏登友，张健. 基于信息驱动理论的危险化学品火灾动态情景构建[J]. 消防科学与技术，2021，40(4)：586-589.

[18] 刘斌楠. 液化石油气槽车泄漏事故情景构建技术研究[J]. 劳动保护，2022，(07)：108-110.

[19] 俞高伦. 某石油化工企业火炬火雨事故情景构建分析[J]. 中国石油和化工标准与质量，2023，(07)：70-72.

[20] 袁宇翔，吴亮，杨棕景，等. 海上平台人员食物中毒事故情景构建研究[J]. 石油化工安全环保技术，2023，(2)：7-10+5.

[21] 熊康昊. 运输航空公司重大突发事件情景规划及构建研究[J]. 民航学报，2023，(3)：83-88.

[22] 沙勇忠，付磊. 面向突发重大传染病事件的情景构建研究[J]. 文献与数据学报，2022，(3)：23-38.

[23] 盖文妹，张恒，崔桐，等. 基于应急通知方案优化的火灾疏散风险评估：以高层大学宿舍楼为例[J]. 安全与环境学报，2023，(5)：1431-1441.

[24] 廖光煊，冯凯，陈钦佩，等. 基于情景构建的多灾种应急救援模拟演练平台设计[J]. 消防科学与技术，2022，(4)：538-541.

【作者简介】曹杨，男，高级工程师，主要从事海上油气田开发安全风险与评价方面的研究工作。

远程控制消防及抢险机器人在石油工业应急抢险中的展望

郭进凯　刘宝忠　宋自伟　郭维谦　朱磊磊

（中国石油冀东油田分公司）

摘　要：随着石油工业的快速发展，石油设施的数量和规模也不断增加。然而，由于石油设施的特殊性和复杂性，事故和火灾的发生频率也在逐年上升。石油工业中的事故和火灾往往造成严重的人员伤亡和财产损失。为了提高应急抢险效率和安全性，摆脱传统人工抢险方式效率低下风险极高的弊端，远程控制消防及抢险机器人已经成为一个具有重要意义的研究课题。下面我将探讨远程控制机器人在石油工业应急抢险中的应用并进行阐述。

关键词：应急处置；AI 智能识别；安全检测；远程控制；传感与感知；动力学控制

1　引言

随着石油化工行业的快速发展，火灾和意外事故成为该行业面临的重大安全挑战。这些事故不仅造成人员伤亡和财产损失，还对环境带来严重污染和生态破坏。为了提高事故应对能力和减少人员风险，研究和开发石油化工消防及抢险机器人具有重要的背景和意义。首先，石油化工消防及抢险机器人可以在危险环境中代替人员执行任务，减少人员接触有害物质和高温高压等危险因素，保障人员的安全。机器人具备耐高温、抗化学腐蚀等特性，可以进入火灾现场、有毒气体泄漏场所等危险区域，进行救援和处置工作。其次，石油化工消防及抢险机器人具有更高的应对速度和效率。机器人可以根据预设程序自主行动，实现快速响应和迅速处置事故。与人工操作相比，机器人能够更快地定位火源、控制火势、排除隐患，有效减少事故蔓延和扩大的概率。

此外，石油化工消防及抢险机器人还能够提供更全面的信息采集和监测能力。机器人配备了各种传感器和监测设备，可以实时获取火灾现场的温度、气体浓度、压力等关键数据，帮助指挥员做出更准确的决策和应对方案。最后，石油化工消防及抢险机器人的研究和应用将推动石油化工行业的技术创新和升级。通过引入先进的机器人技术，提升行业的安全标准和管理水平。同时，相关研究还将推动人工智能和物联网等领域在石油企业的交叉发展，促进科技创新和产业升级。

2　远程控制消防及抢险机器人的关键技术

2.1　信息和远程控制技术

远程控制消防应急机器人需要建立可靠的数据传输通道，常用的通信技术包括无线网络、蓝牙、红外线等。选择适合的通信技术可以保证数据传输的稳定性和实时性。远程控制系统是指能够实现对消防机器人进行远程操控的软件和硬件设备。这些系统通常包括操作界面、控制算法、传感器数据处理、运动控制等模块。通过远程控制系统，操作人员可以实时监控机器人的状态，并对其进行指令控制，完成人机互动协同。

2.2 环境感知与识别技术

环境感知是指抢险机器人通过传感器获取周围环境信息的能力。消防机器人需要能够感知火源位置、泄漏点位置、烟雾浓度、温度，等危险环境信息，并进行准确的识别和判断。常用的环境感知与识别技术包括红外成像、热成像、气体传感器、激光雷达等。通过这些技术，机器人可以及时探测到火灾或泄漏情况，并提供准确的全面数据支持。在石油化工等环境中，有毒有害气体常常是导致安全事故和人员伤亡的重要原因之一。因此，抢险机器人需要能够准确检测环境中的气体浓度并及时作出信息数据的实时上传，为应急指挥人员作出准确判断提供数据依据。

2.3 复杂环境适应能力

火灾及泄漏现场环境通常比较复杂，消防机器人需要具备适应不同地形和条件的能力。这包括越障能力、爬坡能力、防水防尘防火防爆能力等。为了确保机器人能够在各种困难环境下正常工作，需要进行合理的设计和装备选择。

3 远程控制消防及抢险机器人的优点

3.1 提高抢险效率

远程控制消防及抢险机器人可以快速、精准地执行各种任务，包括火源定位、危险泄漏点检测、救援人员搜寻等。在处理突发险情中减少了抢险人员对各种设备仪器的前期检测的时效(如各类有害气体检测仪自检、正压式呼吸器气瓶压力安全配件、应急照明装备等)，此类设备可以集成安装，采用统一供电模式，设备开机即可全系统统一协调运转。此外抢险机器人受自身体积小的优势，它可以自由地穿越狭窄通道、爬过障碍物，并且在需要时更快速地从一个位置转移到另一个位置。这使得抢险机器人能够更高效地执行任务，提高抢险行动的成功率。

3.2 易于携带

小型抢险机器人可以很方便地携带和部署。在抢险行动中，时间非常宝贵，将抢险机器人快速部署到目标地点快速进行救援操作至关重要。它可以在短时间内到达灾害现场，并展开救援行动。相较于人工救援，抢险机器人能够更快速地完成任务，提高救援效率。

3.3 具有安全性

由于救援行动中存在一定的不可预知性风险，抢险人员的自身安全常常成为一个重要问题。远程控制消防及抢险机器人使得操作人员可以在安全区域进行操作，避免了他们直接接触高温、高压和有毒气体等危险环境，减少人员进入风险区域后造成的二次伤害事故。其次，抢险机器人具备灵活机动性，先进的传感技术和自主导航系统使得抢险机器人能够精确感知和避免潜在的危险，能够进入抢险人员无法进入的狭窄空间，减少了他们受困的可能性。此外，抢险机器人还能够通过携带和操作各类工具，减轻抢险人员的体力负担，降低了意外伤害的发生率。

4 抢险机器人在国内外抢险中的应用案例

4.1 切尔诺贝利核电站的核子反应堆事故

切尔诺贝利核电站事故或简称“切尔诺贝利事件”，是一件发生在苏联统治下乌克兰境内切尔诺贝利核电站的核子反应堆事故。该事故被认为是历史上最严重的核电事故，也是首例被国际核事件分级表评为第七级事件的特大事故。

1986 年 4 月 26 日凌晨 1 点 23 分，乌克兰普里皮亚季邻近的切尔诺贝利核电厂的第四号反应堆发生了爆炸。这次灾难所释放出的辐射线剂量是二战时期爆炸于广岛的原子弹的 400 倍以上。这场灾难总共损失大概 2000 亿美元，是近代历史中损失惨重的灾难事件之一。

事故之后数个月，苏联政府派出了无数人力物力，终于将反应堆的大火扑灭，同时也控制住了辐射。灾难中，负责复原及整理的工作人员，我们将他们称为“清理人”。“清理人”在清理的过程中接受到非常高剂量的辐射。根据俄罗斯的估计，大约有 300000 ~ 600000 位“清理人”在灾变后的两年内相继死亡。该事故使用的抢险机器人受当时遥控机技术的限制，加上严重辐射线造成遥控机器人电子回路失效，在清理高辐射物质时不能持续稳定运行，但其超前的设计设想为后期应急抢险机器人的发展打开了发展方向。

4.2 国内外应急抢险机器人成功案例

国内外应急抢险机器人成功案例可以说是近年来关于机器人技术在紧急救援领域重要突破和进展的展示。机器人在应急救援领域应用分为地面机器人、空中机器人和水下机器人三种类型。机器人的应用范围覆盖灭火、地震、海啸等各种自然灾害和人为灾害中。例如 2017 年墨西哥的地震发生后，通过使用机器人，穿越狭窄的断层裂缝，通过高精度传感器探测到被埋压的人员并提供准确的位置信息，从而加速了救援行动的效率，使得寻找废墟下的人员效率成倍提升，而空中机器人在灭火方面的应用也得到了广泛认可。例如，无人机在火灾现场感知方面可以通过图像和数据呈现在消防员面前。水下机器人在救援遇难船只和潜艇事故方面发挥着重要作用。例如当一艘船只遭遇事故，水下机器人可以被投入水中以定位和打捞沉没的船只，而在潜艇事故中，水下机器人可以协助海军寻找被困的船员并加速救援。

4.3 石油行业应急机器人的使用案例

在石油、石化火灾现场，可燃气体的泄漏和浓烟对人类的生命安全构成了严重威胁。而该机器人利用先进的气体传感器和烟雾探测器，能够快速检测到气体泄漏和烟雾浓度，并且具备灭火器操纵装置，可以在危险环境中执行灭火任务，有效地保护了人们的生命财产安全。国外也有许多应急抢险机器人的成功案例。例如，某海上油井泄漏事故中，一台名为“海洋蛙人”的机器人成功扮演了重要角色。由于深海环境的高压和低温，人类无法直接进入油井进行修复工作，而该机器人能够携带各种工具和设备，通过远程操作完成修复任务，避免了人员伤亡和环境污染。

5 远程控制消防及抢险机器人在石油工业中的优势与挑战

5.1 重点突破，冷却控制

冷却控制是消除着火设备以及受火势威胁设备发生爆炸危险的最有效对策。在内部火势难以预测、贸然进入厂区内又极其危险的情况下，千度耐高温消防机器人能代替消防员进入现场对重点受威胁的设备进行冷却，排除主要危险，为消防人员开辟关阀断料的安全通道。

5.2 围堵防流，阻止蔓延

火场上燃料外泄，造成大面积流淌火，使火势蔓延扩大，对临近设备和厂房等形成很大威胁；同时也给救援展开带来很大困难，妨碍向着火部位进攻。千度耐高温消防机器人可以无惧流淌火，直接进入火场核心区域作战，从而与火场外围的消防车等设备形成配合，构建多方位的灭火作战网络，阻止火势蔓延，提高灭火效率。

5.3 快攻近战，以快制快

石油化工装置火灾发生后，火势能迅速扩大蔓延，若不及时控制，可能造成设备爆炸、厂房倒塌等严重后果。为了尽快控制和扑灭火灾，最好采取近距离作战、加强对着火源的控制，消除一切足以导致起火爆炸的着火源。而救援人员和传统设备由于受火场高温的限制，难以深入作战，千度耐高温消防机器人凭借卓越的耐高温性能，可以快速出动，快速进入火场，快速展开战斗，实现近距离精准打击火源。

5.4 立体围攻，全面控制

灭火救援中需要能展开立体火灾扑救的器材装备，耐高温消防机器人这种可以在高温火场持续作战的高尖端装备的应用，一方面能使灭火救援装备之间的配套性更完整，另一方面也能与相邻消防队伍的装备形成互补。在石油化工火灾这种具有一定危险性的灭火救援战斗，千度耐高温消防机器人的应用能在一定程度上避免消防员伤亡情况的出现。

5.5 面临的挑战

消防及抢险机器人在石油工业中的应用仍然面临一些挑战。其中之一是机器人的自主性和智能性问题。目前的消防及抢险机器人在处理复杂环境时，往往需要人工干预或者依赖事先编程的算法。未来的研究方向是开发具备自主决策和学习能力的机器人，使其能够适应不同环境下的紧急情况，并做出相应的应对措施。

抢险机器人通常由多个部件组成，包括感知、运动和控制系统等。操作人员需要理解和熟练掌握各个部件的功能和操作方式。这种技术复杂性给操作人员培训带来了挑战，操作人员需要具备高度的应变能力，能够迅速适应各种情况并做出正确的判断和决策，这对培训机构和教育者提出了更高的要求。虚拟仿真技术可以模拟抢险机器人在不同环境中的操作情况。通过使用虚拟仿真平台，操作人员可以接受更贴近实际的训练，提升他们在实际任务中的应对能力。实践训练和演练是培养操作人员应变能力和判断力的重要手段。加强实践训练和演练环节，让操作人员在真实场景中进行操作，提高他们的操作技能和灾害响应能力。

6 远程控制消防及应急机器人发展的前景和建议

（1）机器人的多功能性使得它们能够执行各种任务，从工业生产到医疗护理，从军事应用到家庭服务。为了实现这种多功能性，一个机器人通常由不同的功能模块和工具组成，如感知模块、执行模块、控制模块、导航模块等。这些模块和工具需要能够快速而准确地切换，以适应不同的任务需求。功能模块的切换机制功能模块是机器人的核心组成部分，它们负责不同的任务和功能。在进行任务切换时，机器人需要能够快速切换不同的功能模块。一种常见的切换机制是通过软件控制实现。机器人可以使用一个控制系统来管理和调度各个功能模块之间的切换，根据任务需求和优先级别来决定切换的顺序和时间。另一种切换机制是使用硬件开关。机器人可以通过物理连接或电子接口来切换功能模块。这种方法可以在切换过程中减少延迟并且更加稳定可靠。

（2）工具的切换技术除了功能模块的切换外，机器人还需要能够切换不同的工具来完成不同的任务。例如，一个机器人可能需要使用不同的工具来进行灭火、搬运、焊接、检测等操作。为了实现工具的切换，机器人可以使用多种技术。

一种常见的技术是使用可交换末端执行工具（End-Effector）。机器人可以配备多个不同的末端执行工具，并通过切换这些工具来完成不同的任务。这种方法不仅能够提高机器人的灵活性，还可以节省时间和成本。

另一种技术是使用自适应工具。这些工具可以根据任务需求自动调整形状、尺寸和功能。机器人可以通过感知技术来检测任务需求，并根据需要调整工具的形态和功能。

切换技术的性能和效率影响：切换技术对机器人的性能和效率有着重要的影响。一个良好的切换机制可以使机器人能够在不同任务之间快速切换，并提高任务执行的效率。然而，不合理或低效的切换机制可能会导致切换延迟、错误和资源浪费。

为了提高切换的性能和效率，我们可以采取一些优化措施。例如，可以使用并行处理技术来实现多个模块或工具的同时切换，从而减少切换延迟。此外，通过优化切换顺序和时间，可以避免不必要的切换，并提高机器人的执行效率。

最新的切换技术和趋势：随着机器人技术的不断发展，新的切换技术和趋势不断涌现。例如，虚拟现实和增强现实技术可以帮助操作人员更直观地控制和切换机器人的功能模块和工具。另外，机器学习和人工智能技术可以使机器人能够自动学习和调整切换策略，提高切换的智能性和适应性。

此外，还有一些新兴的切换技术，如形状记忆材料和智能材料。这些材料可以根据环境和任务需求自动调整形状和功能，从而使机器人能够更加灵活地切换功能模块和工具。

7 结语

远程控制消防机器人在石油工业应急抢险中具有重要的研究背景和意义。通过远程控制技术消防机器人可以快速、精准地执行各种抢险任务，并且保障操作人员的安全。这将大大提高抢险效率和资源利用效率，降低人员伤亡和财产损失。随着远程控制抢险机器人技术的进一步发展和应用，相信机器人将在石油工业应急抢险中发挥越来越重要的作用。

参 考 文 献

[1] 甘子琼. 消防技术与装备. 中国石油石化安全生产与应急管理行业发展蓝皮书，2022-2023，7（2）：207-212.

[2] 曹胜男. 工业机器人设计与实例详解. 化学工业出版社，2019，5（1）：90-99.

【作者简介】郭进凯，男，现工作于中国石油天然气股份有限公司冀东油田陆上油田作业区安全生产部，现从事生产安全管理工作。

应急救援通信保障技术与装备的应用

黄　义[1]　赫荣杰[2]

(1. 中原油田应急救援中心；2. 中国石化海南炼油化工有限公司 HSE 部)

摘　要：本文旨在探讨应急救援通信保障技术与装备的应用，分析其在应急救援过程中的重要作用，以及当前国内外在应急救援通信保障领域的研究现状和趋势。文章首先介绍了应急救援通信保障的基本概念和原则，然后重点分析了应急救援通信保障的关键技术与装备，最后对我国应急救援通信保障的发展提出了建议。

关键词：应急救援；通信保障；技术与装备；应用

在救援工作中，一支救援队伍进行救援时通信一般可以得到很好的保障，当多支队伍参与大型灾害救援时，通信常常会受到干扰，上面的指令无法准确顺利传达下去，下面的情况也无法全面真实地汇报到指挥部，很难保证通信的畅通无阻。高效的应急通信是实现高效救援的重要环节。

1　通信指挥系统应当具备的要求

通信指挥系统以可视化指挥调度、应急指挥为核心，同时实现指挥调度功能、视频会议功能、集群对讲功能、视频监控功能、移动指挥功能、执法记录功能、应急预案功能、报警联动功能、数据实时回传录播等功能。随着科技的不断进步，通信指挥类装备也在不断更新换代，为应急通信提供更加高效、准确的通信指挥服务。

1.1　通信指挥类装备的特点

通信指挥类装备是集通信、信息处理、指挥控制于一体的综合性装备。其主要特点包括：

(1) 高效性：通信指挥类装备采用了先进的通信技术，能够实现高速、大容量的信息传输，保障了通信的实时性和高效性。

(2) 稳定性：通信指挥类装备具有较高的稳定性和可靠性，能够在复杂的环境下正常工作，保证了通信指挥的连续性和稳定性。

(3) 安全性：通信指挥类装备采用了多种加密和防护技术，能够有效地保护信息安全，防止信息泄漏和被干扰。

(4) 智能化：通信指挥类装备具备智能化的处理能力，能够对海量数据进行快速处理和分析，为指挥员提供更加精准的决策支持。

1.2　通信指挥系统的组成

(1) 通信知识系统主要有分布式音视频调度系统中基本指挥中心和现场(应急车)分别配备独立的调度系统，互相可作为主从关系，也可以独立工作。现场应急车中的设备可以实时将现场数据上传至指挥中心总服务器，在卫星链路有压力或失效的情况下，现场应急车调度系统自成体系，完全可以独立对现场进行指挥调度。这种二级分布式的调度结构，解决了多个公共事业部门之间协同作战的问题。各个部门之间既可以协同工作，又可以互为备份，可分担压力，具有更低的成本，这是分布式系统的优势所在。录音(像)系统全程记录整个应急作业过程中的任务下达、信息收集以及处理过程中的一言一行，既是宝贵的经验资料又为日后的排查提供证据。

(2) 指挥中心、救援现场以及其他任何装备多媒体交互终端的地方可进行集视频、语音、数据为一体的多媒体交互会议。实现高效实时的“扁平化”指挥。

(3) 远程数据网络中现场用户可通过车载网络电台连接计算机终端，远程查询指挥中心各类数据库服务器和其他各种业务服务器，以获取更多的有效信息用于现场的救援工作。指挥中心通信设备通过卫星链路可以和现场通信设备建立双向语音通话；通过安全网关设备与公网连接，可以将通用分组无线服务或3G/4G智能手机接入网络。可以建立自由的虚拟专用拨号网逻辑网络供不同的业务部门使用，必要时又可以互联互通。

1.3 通信指挥类装备的应用

通信指挥类装备在现代化应急通信领域中发挥着重要的作用，其应用范围广泛，主要包括以下几个方面：现场指挥控制：通信指挥类装备能够实现现场信息的快速传输和处理，为指挥员提供实时、准确的救援现场态势，支持指挥员做出科学、合理的决策。协同作业：通信指挥类装备能够实现各作业单元之间的信息共享和协同作业，提高整体作业效能。远程支援：通信指挥类装备能够实现远程技术支持和作业支援，为作业行动提供及时、有效的保障。情报侦察：通信指挥类装备能够快速搜集和处理情报信息，为作业行动提供准确的情报支持。

1.4 通信指挥类装备的发展趋势

随着科技的不断进步，通信指挥类装备也在不断发展完善，未来其发展趋势主要包括以下几个方面：5G技术的应用：5G技术具有高速率、大容量、低时延等特点，能够更好地满足通信指挥类装备对于信息传输和处理的需求。未来，5G技术将在通信指挥类装备中得到广泛应用。MESH宽带自组网的应用：宽带MESH基站无线自组网通信设备可在现场临时搭建使用，支持自动无线组网功能，组建一张宽带通信网络，支持视频通信功能、数据定位功能、多媒体短消息功能、宽带语音集群功能。便携指挥调度的应用：便携指挥箱通信技术具有强大的融合通信、指挥和调度能力，能够为通信指挥类装备提供更加智能化的决策支持。网络融合的趋势：未来通信指挥类装备将朝着网络融合的方向发展，实现多种信息传输网络的融合，提高信息传输的效率和稳定性。同时，网络融合还能够降低装备的成本和维护成本。安全性的提高：随着信息安全威胁的不断增加，未来通信指挥类装备将更加注重安全性的提高，采用更加先进的信息加密和防护技术，保障信息的安全传输和存储。

总之，通信指挥类装备(图1)是现代化救援中不可或缺的重要装备之一。随着科技的不断进步和应用需求的不断提高，通信指挥类装备将会不断发展完善，更好地服务于救援准备和未来救援工作的需要。

2 组建应救援指挥系统的能力

2.1 应急通信主要设备

应急通信主要有哪些呢？针对应急突发事件现场处置中出现的临时状况，为了满足现

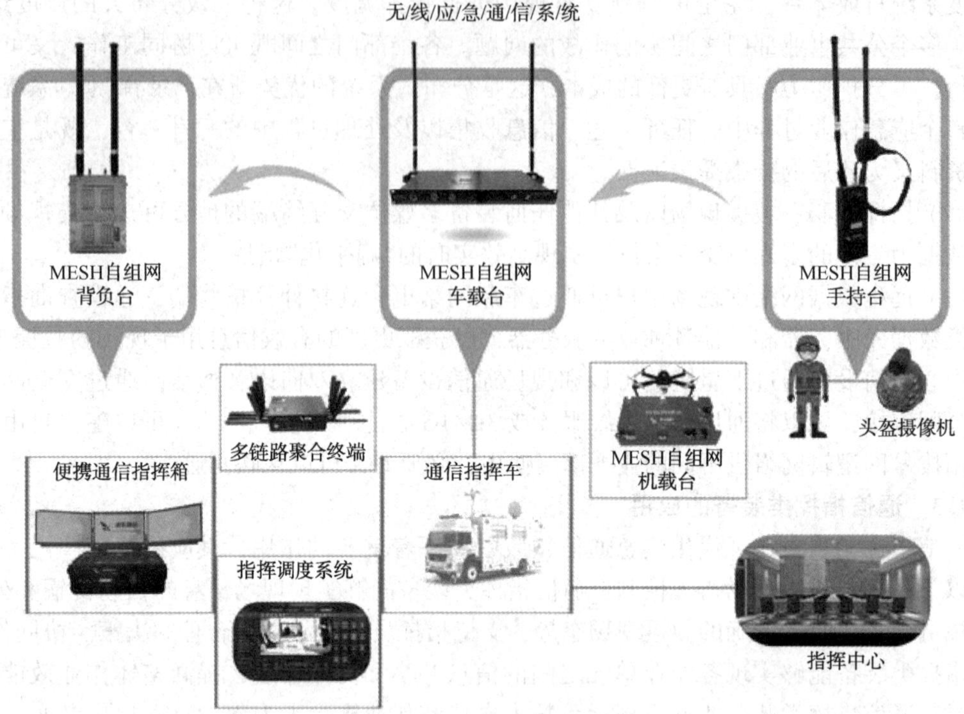

图1 应急通信指挥类装备

场态势、趋势分析和科学处置等需求，应用便携式指挥调度台、无线 MESH 自组网、4G/5G 公专网通信、音视频采集、融合通信等技术，实时监测汇集救援现场感知数据，实现现场看得见、看得准、听得见、听得清，为灾害事故应急处置现场指挥调度、分析研判、辅助决策提供数据支撑。在应急通信终端指挥现场，利用无线自组网传输功能，远端自组网设备各节点现在在指挥台屏幕上实时捕获视频，同时能够将视频转换成标准高清 HDMI 视频转换成其他车载显示终端，或者使用公网、卫星通信将视频进一步传输到后方指挥中心。

2.2 应急通信系统组成

应急救援现场移动指挥系统主要通过车载多网融合通信系统、单兵作战系统、应急布控球系统、空中无人机图传系统等临时架设的移动类视频监控用于现场图像远程回传，实现事故现场视频直通指挥中心。见图2。

(1) 车载多网融合应急通信平台

车载多网融合应急通信枢纽平台以车载机动应急指挥最新标准进行设计，集成视音频矩阵、视频监控、音频处理器、坐席管理、多网融合通信、硬盘录像、中控网关等业务单元，实现各类音视频信号和坐席资源的一键式、可视化指挥调度、多场景互联互通，有效提高机动应急指挥的调度能力，减轻指挥繁杂和负载。车载通信平台六大功能合一：包含音视频传输、多网通信系统、指挥调度平台、视频会议终端、KVM 可视化坐席。以智能便捷操作为基础，用户体验为核心，提供 B/S、C/S 多种可视化综合管理平台。采用 ALL-IN-ONE 的设计理念，运用热插拔模块化设计，具有安装简便，操作简、维护容易等优点，面对多系统应用场景，通过可视化综合管理平台实现互联互通，集中管控，为用户提供一体化解决方案。

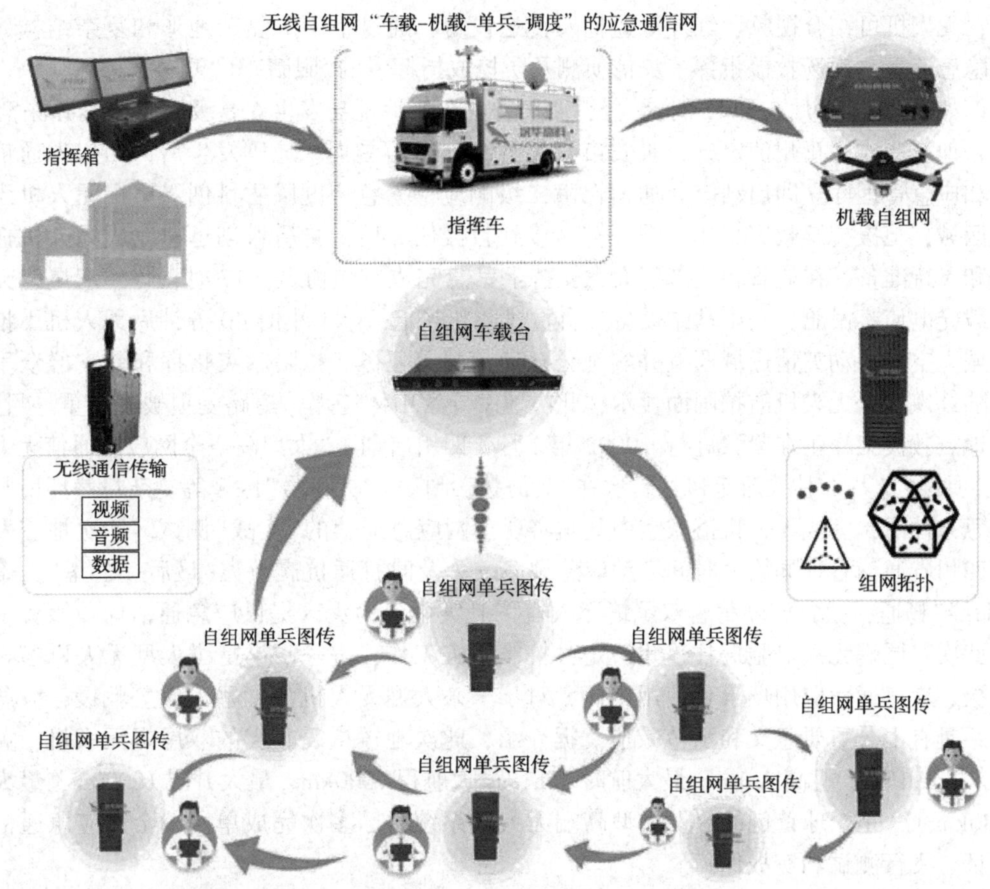

图 2　应急通信设备-MESH 自组网-通信指挥箱

(2) 多网融合通信车载终端

多网融合通信车载终端支持的多条网络(MESH/4G5G/卫星/LTE 专网)通信业务种类丰富、传输速率高；支持北斗 B1/GPS 定位功能；配备天线，接口丰富；采用三防设计，可在恶劣环境下的使用。

(3) 便携移动应急通信调度平台-通信指挥箱

便携式应急通信综合调度平台-通信指挥箱配置指挥调度模块、高清混合矩阵模块、高清会议终端模块、视频会议 MCU 模块、录播直播模块、画面分割显示模块、分布式输入输出节点(选配)、卫星编解码模块(选配)、监控接入模块(选配)、MESH 自组网通信模块(选配)、4G/5G 传输模块(选配)、网络交换模块、触摸显示操作模块、音频处理模块、集中控制模块及电源模块。

(4) 5G 多卡聚合通信网关

5G 多卡聚合通信网关支持的 3~8 卡等数量的多卡通信能力，有效增加带宽传输通信能力，传输业务种类丰富、传输速率高；并且支持北斗导航功能；接口丰富；整机设计轻巧便携、采用三防设计，可在恶劣环境下使用。

(5) 空中无人机图传系统

利用无人机技术，通过无线电遥控控制装置操纵，并整合了 MESH 自组网无线图像传输系统，具备远距离无线图像传输能力。针对森林、草原、山丘、城市楼宇等一些特殊的场景，无人机可结合视频、红外等监控及传送设备，通过空中对复杂地形和复杂结构建筑进行隐患巡查、现场救援指挥、灾情侦测及防控成指挥者的“眼睛”和“耳朵”。

例如2022年9月5日12时52分，四川省甘孜州泸定县发生6.8级地震，震源深度16公里，地震造成甘孜州泸定县、雅安市石棉县部分通信受损。地震发生后，四川省通信管理局和应急管理厅立即启动应急通信保障二级响应，紧急调度腾盾科创双尾蝎无人机飞赴受灾区域，驰援抗震救灾工作。据了解，接到救援任务后，腾盾科创迅速完成无人机任务调配和飞行准备，在航管相关部门大力支持下紧急完成空域协调。17时，腾盾双尾蝎无人机挂载光电侦察吊舱、空中基站设备从自贡凤鸣机场起飞。1小时40分钟后无人机飞抵震中区域上空，启动灾情广域巡查并实施公众通信覆盖任务，抢险救灾指挥和受灾群众手机通信陆续恢复。无人机航拍画面显示，此次地震导致山体垮塌、道路受损被埋严重。目前，现场地震救援工作正在紧张进行。2022年2月，四川启动了“大型高空全网应急通信无人机平台”项目，7月在甘孜康定机场首次在“高海拔”地区、“无信号”区域等复杂自然环境与真实应急条件下，完成无人机搭载空中基站实现全网应急通信的“实战”测试。此次地震发生后，四川省通信管理局第一时间启动应急预案，为及时打通抗震救灾“最后一公里”，确保“生命线”畅通，紧急调度腾盾双尾蝎无人机飞赴灾区，为灾区提供应急通信保障服务。据悉，此次双尾蝎无人机驰援甘孜州泸定县抗震救灾工作，进一步丰富了大型无人机参与应急救援、应急通信应用场景和使用内涵，对于未来大型无人机深度融入应急救援、应急通信体系具有十分重要意义和示范效应。据介绍，此次驰援抗震救灾的双尾蝎无人机，翼展20m、机长10m、机高3.1m，最大航时35h、最大航程7000km、最大升限10000m，最大速度280km/h，是全球首创的双发大型高端无人机系统，已多次完成单网、全网应急通信技术验证、飞行测试和实战保障。

（6）单兵作战子系统

单兵作战子系统可提升单人、单个士兵的作战能力，为跟踪、侦查、取证工作提供有利的通信保障。此系统主要通过单兵图传终端采集视音频(通过肩戴式/头戴式摄像机进行实时视频采集，并实时回传现场监控画面。后台通过预览功能以第一视角了解事故现场情况，如亲临现场)，数据及定位信息通过MESH自组网进行多小组互联互通、再通过4G/5G网络回传指挥中心并通过多网融合可视化应急救援音视频传输系统进行综合调度管理。卫星通信距离远，且不受地面条件的限制。其具有灵活机动的独特优势，能够以优异的性能及迅捷的速度实现在地面传输手段无法满足的地点之间进行通信，非常适合应急通信的需求。特别在面积大、地面通信线路不发达的地区，卫星通信手段更能提供性价比最优的解决方案。

2008年四川汶川地震时全国调用了大批卫星手机和海事卫星电话，对救灾起到了重要作用。但由于天气原因和用户数量增加过多，卫星资源紧张，电话很不容易打通。另外卫星的通话费用很高，在基层单位推广使用有一定难度，当然在战争条件下还要考虑敌方破坏通信卫星的问题。

短波电台通过电离层传播，通信的自主性比卫星更强，而且通信无费用，有利于大量推广。其不尽如人意之处是天线体积较大，有时噪声较大等。短波频率自适应技术的发展和应用，极大提高了短波通信的可靠性和有效性。自适应应急电台设备体积小、运输安装方便、操作简单，比较适合应急通信使用。

四川汶川地震的应急通信有两个方面给业界留下深刻启示：一是地震损坏了几乎所有

日常通信系统，包括有线电话和互联网、移动电话、超短波集群等；二是救灾初期的通信联络主要依靠两种工具，即短波电台和卫星移动电话。日常通信系统之所以在重大灾害中瘫痪，原因在于灾害常常大面积摧毁其赖以运行的基本条件：光缆和微波线路、电力系统、通信枢纽建筑、天线塔等。这说明这些日常通信系统的抗毁能力是很差的，面对灾害常常无能为力。

短波电台之所以能够在突发灾难时担当骨干应急通信工具，本质在于其无可替代的独立通信能力和抗毁能力。它们不依赖地面通信网络和电力系统而独立工作(车载电台靠汽车电瓶就可以工作一天至几天)。在灾害和战争中，短波电台全部被摧毁的概率是极低的。这些设备只要幸存少数，就能够及时报出灾情，初期的救灾通信也就不会成为难题。

2.3 应急布控系统

应急布控系统主要针对应急事件，在原区域监控设备受灾害影响断电或断网情况下，可紧急部署临时布控设备(音视频布控球)对该区域进行视频监控，让指挥中心、后台专家实时对前方情况进行了解，协助落实应对办法，指挥和部署救援队员的救援工作。

HANHGK 应急通信系统(图 3)，能够第一时间解决总部与下级单位之间、前方战斗与后方指挥之间的实时视频、音频、定位、多媒体信息和其他数据等业务通信需求。确保跨区域、跨部门的信息共享和协调指挥，保证各级指挥中心实时了解现场情况，为应急救援提供有效通信支撑。

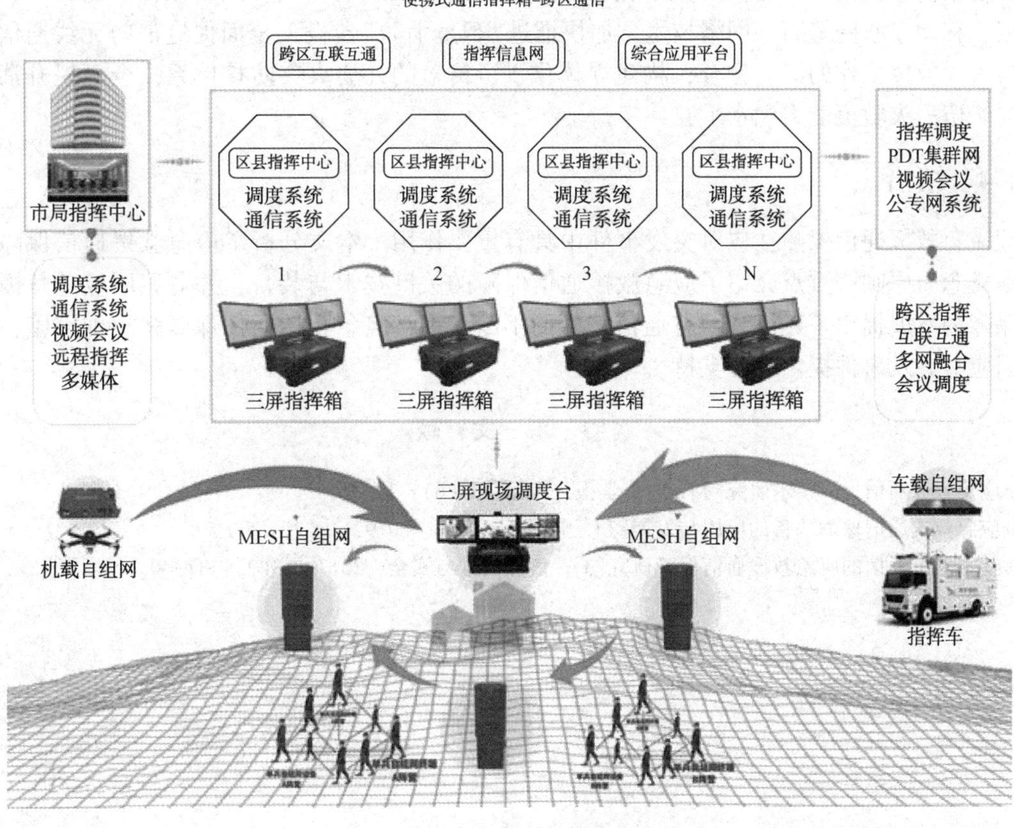

图 3　应急通信系统

3 消防无线通信网发展趋势

灭火救援现场通信不畅，信息掌握不准确的现象，给指挥员决策指挥带来了一定困难，但随着无线通信技术日新月异地发展，消防无线通信技术在消防各项业务工作中的应用将更加广泛，随着现代通信新手段、新技术的推广应用，通信专业人才的培养也必须予以重视，要从全面贴近实战需求出发，全面提高应急通信保障能力，各级消防救援队伍要严格组织，定期开展多种形式的通信培训、演练，提高通信队伍的专业水平，努力打造业务精湛、装备精良的通信人才队伍，让救援无线通信在抢险救援、处置突发事件中发挥更加重要的作用。

应急救援队伍面对的事故种类多、环境差、事件杂，当遇到地震、泥石流等破坏性强的灾害事故，会造成常规通信基础设施损坏或无网络信号覆盖等问题，通过建设专用的消防无线通信系统，通过资源整合，使全社会通信资源形成有机联系，实现“天地一体、固移结合、无缝衔接”的无线通信网络。一是加强数字集群通信系统的发展，解决目前存在的频率利用率低、保密性差、抗干扰能力弱等问题，同常规模拟通信系统相比，可以提供更多的信道，支持更多的通话组，满足消防通信三级组网的需求。二是全面利用好卫星通信系统，加大消防救援队伍“动中通”和“静中通”移动指挥车的配备，保证常规通信手段失效的情况下的应急通信保障能力。三是与运营商加强协作，特别是对电信、移动、联通等公网通信运营商，可通过签订合作协议的方式，组织日常联合演练，在灾害发生时形成快速有效的通信保障机制，四是发展数字化、智能化的消防无线通信网，用物联网、云计算、大数据、移动互联网等新兴网络技术，加快推进“智慧消防”建设，全面促进消防无线通信网络与灭火救援工作的深度融合，构建立体化、全覆盖的社会火灾防控体系，全面提升消防救援队伍灭火救援能力和水平，

4 结语

应急救援通信保障在应对突发事件中具有重要作用。本文分析了应急救援通信保障的基本概念与原则，重点介绍了应急救援通信保障的关键技术与装备，并对我国应急救援通信保障的发展提出了建议。随着通信技术的不断发展，应急救援通信保障将更加完善，为我国应对突发事件提供有力支持。

参 考 文 献

[1] 应急救援通信保障技术研究[J]. 通信学报，2018，39(6)：12-15.

[2] 应急救援通信保障装备的应用与发展[J]. 电子技术应用，2019，45(2)：56-59.

[3] 基于卫星通信的应急救援通信保障研究[J]. 信息技术与安全，2017，13(2)：37-40.

石化行业面向应急决策的事故感知理论、应用与方法

黎　恺

[中国石化中韩(武汉)石油化工有限公司]

摘　要：在社会经济高速发展的大背景下，应急救援新型技术和新型材料获得广泛应用，特别是在石油化工产业获得快速发展的背景下，其生产规模逐渐扩大，同时各种各样大型炼化一体化生产企业和油库存储油基地不断出现，这种情况下也就意味着安全隐患以及导致重大突发事件发生的因素大量增多。当前应急决策者依靠现场人员侦检，利用对讲机通信，对照图纸指挥部署已经逐渐无法应对瞬息万变的事故现场，同时面临黄金救援期的压力，传统人海战术的方式也给救援人员带来极大的安全风险。因此对应急决策中的全过程事故感知提出了更高要求，本文简述面向应急决策的事故感知理论，举例介绍当前智能应急救援设施应用，分析存在的问题，结合态势感知论，探讨新时代下，如何发挥好智能装备在应急决策中的作用。

关键词：石油化工；事故感知；应急决策；智能化

1　引言

当今世界正经历百年未有之大变局，我国正处于中华民族伟大复兴的关键时期，发展环境面临着深刻复杂的变化，各种传统安全和非传统安全问题不断带来新的考验。石油化工行业是以石油和天然气为起始原料的有机合成工业，在国民经济中占有重要的地位，为多个行业提供能源和基础原材料。依据《中国工业统计年鉴》，截止到2022年底，石油和化工行业规模以上企业28760家，工业销售产值占全国规模以上工业企业销售产值总额的13.4%。同时，石油化工行业也是事故风险相对较高的行业，主要事故后果包括人员伤亡、环境污染、经济损失等。例如，2005年11月13日，吉林石化分公司双苯厂发生爆炸，造成8人死亡，60人受伤，直接经济损失近7000万元，并引发松花江水污染事件；2013年11月12日，青岛东黄输油管道泄漏发生爆燃，造成62人死亡、136人受伤，直接经济损失7.5亿元，并导致入海口处海面污染；2015年8月12日，天津滨海新区危险品仓库爆炸事故，造成165人死亡、8人失踪、798人受伤，直接经济损失约68.66亿元；2023年1月15日辽宁盘锦浩业化工有限公司烷基化装置爆炸着火事故，造成13人死亡，35人受伤，直接经济损失约8799万元。

近年来，石化行业纷纷向高质量发展转型升级，但发生的生产安全重大突发事件，给人民群众的生命、财产安全造成了极大危害。因此，对于重大突发事件的研究已经成为总体国家安全观的重要组成部分，党的十九届五中全会把统筹发展和安全纳入“十四五”时期

我国经济社会发展指导思想和必须遵循的原则，提出“把安全发展贯穿国家发展各领域和全过程，防范和化解影响我国现代化进程的各种风险”；党的二十大报告强调，“国家安全是民族复兴的根基，社会稳定是国家强盛的前提”，并作出“以新安全格局保障新发展格局”的战略部署，为做好新时代安全工作指明了前进方向、提供了根本遵循。在此背景下，对于重大突发事件应急救援的研究成为学术界关注的焦点。

随着国家应急管理部的组建，应急救援智能化和信息化发展也进入快车道，尤其在《应急管理部关于推进应急管理信息化建设的意见》(应急〔2021〕31 号)中提到，要坚持以信息化推进应急管理现代化，强化实战导向和“智慧应急”牵引，规划引领、集约发展、统筹建设、扁平应用，夯实信息化发展基础，其中建立信息服务体系、加强数据分析应用、推进安全生产风险监测预警系统和自然灾害综合风险监测预警系统建设等要求，明确指出了国家应急救援发展的方向和目标。

2 相关概念与理论基础

2.1 重大突发事件

突发事件是指可能对人、物或社会系统带来灾害性破坏的事件，通常表现为灾害三要素的灾害性作用，灾害要素本质上是一种客观存在，其超过临界量或遇到一定的触发条件就可能导致突发事件。本文所研究的重大突发事件，是指石化企业生产过程中，突然发生、危害程度高、影响范围大、可能会危及人民生命安全和社会稳定的重大级别事件。同时重大突发事件应急处置存在诸多难点，首先，重大突发事件的信息不完全状态对应急处置带来严重影响，事件的理解和分析需要丰富的经验和知识；其次，应急响应决策是非程序化的、信息不完全的、后果高度不确定的决策，更加强调动态性，现有研究多缺乏有规律的实践经验，如何基于知识驱动的思想挖掘事件间复杂的关系，将重大突发事件的历史经验和已有知识应用到事件管控中也是重中之重；最后，在实际的重大突发事件应对中，还存在网络舆情的管控、应急管理主体协同、衍生风险量化等难点。

2.2 信息不完全状态

重大突发事件的应急处置具有很强的时效性，决策者需要在有限时间内利用部分信息快速采取响应措施，信息不完全状态下的应急决策是实际管理工作的重点和难点。

2.3 灾害态势感知理论

广义的灾害态势感知是指在特定时空下，对灾害系统动态环境中各种元素或对象的认知、理解以及对未来状态的预测。态势感知可分为两个层次：首先洞悉“态”即精准理解灾害的状态；其次预测“势”则是预估灾害状态的发展趋势。态势感知相关研究多存在理论层面，由于态势感知、理解和预测的相关内容量化较为困难，在重大突发事件的实际应对中缺少切入点。重大突发事件的演变态势多基于独立事故进行分析，对重大突发事件的态势感知缺乏系统思考，未能实现多维度衍生风险的全面考量。

事故感知是具体到个体或组织对潜在危险或紧急状况的感知和认知过程。涉及到对环境中潜在风险的识别、对信息的处理以及对可能发生事故的认知。主要分为五个阶段：

(1) 风险识别：事故感知的第一步是识别潜在的风险或危险。这可能涉及到对环境中的不寻常或异常情况的察觉，以及对可能导致事故的因素的认知。

(2) 信息处理：一旦潜在风险被察觉，个体或组织需要处理相关信息。这包括收集和分析与潜在事故有关的数据和信息。

(3) 认知评估：个体或组织根据处理的信息来评估潜在的事故风险。这可能包括对危险性和紧急性的评估，以及对可能影响的估计。

(4) 决策制定：在对事故的风险有了更清晰的认识之后，个体或组织需要做出相应的决策。这可能涉及采取预防措施、制定紧急计划、或其他应对措施。

(5) 执行行动：最后，基于对事故的感知和决策，个体或组织需要执行相应的行动，这可能包括实施应急响应、或其他干预措施。

事故感知是一个动态的过程，个体或组织在不同时刻可能会根据环境的变化重新感知事故的风险。这一过程的效果也受到个体和组织的经验、知识水平、文化因素等多方面的影响。因此亟需在传统监测系统基础上，以大数据智能化为技术驱动，发展实时、精准的态势感知方法，实现从“监测”到“感知”的升级。

3　面向应急决策的事故现场感知应用

在智慧应急建设方面，国外开始研究的时间要早于国内，比如早在 2012 年，美国标准技术研究院开始了一项名为“智慧消防”的新项目的研究，这项研究包含了三个任务：智慧建筑技术与机器人、智能消防装备与机器人、智能灭火器与设备。该研究目前已取得良好的进展，项目的成果已经应用于应急决策救援系统的开发。

近年来，国内智能消防救援也开展了大量研究，例如应急管理部四川消防研究所、天津消防研究所等。在这些部门的不断努力下，国家也在不断发展符合本国实际的石油化工行业智能应急装备，并陆续为国家级危化品应急救援基地率先装备，以国家危险化学品应急救援武汉基地为例，在硬件方面，该基地配置了侦检无人机、有毒有害气体分析仪、手持式气体光学成像仪、便携式粉尘检测仪、互联网气体检测仪、单兵实时音视频、四足机器人等事故现场感知设备。

3.1　设备设施应用及功能

(1) 智能侦检设备

侦检无人机(图 1)搭载广角相机、变焦相机、热成像相机、激光测距等机载部件，实现多种形式成像和测距、气体泄漏持续检测，结合建模软件，生成现场的倾斜摄影三维模型。

有毒挥发气体分析仪(图 2)是一款使用火焰离子化(FID)和光离子化(PID)双检测器技术的本安便携式现场分析仪。分析仪可检测几乎所有有机和无机气体化合物。使用蓝牙通信功能允许将浓度数据传输至含适配软件的手持式设备，可以通过手持设备的远程通信功能，将数据实时传输到后台。

图 1　侦检无人机

图 2　有毒挥发气体分析仪

手持式气体光学成像仪(图3)可以快速识别400多种碳氢化合物和挥发性有机化合物气体，包括甲烷，专为挥发性有机物(Volatile Organic Compounds)的泄漏设计。在全球范围内用于LDAR(leakage detection and repair)泄漏检测与修复的合规检测。通过UL class I Div II危险环境防爆认证，在恶劣苛刻的条件下有出色的表现。可进行实时视频流传送或通过WiFi和蓝牙与第三方软件和设备集成进行下载，随时随地实现与指挥中心互联，该设备对于处理气体泄漏事故起到关键作用。

图3　手持式气体光学成像仪

粉尘监测仪(图4)可以检测职业环境空气中的可吸入性粉尘浓度，采用技术成熟、性能稳定的震荡天平技术，对环境空气可吸入粉尘浓度进行定量分析。样品气经粉尘切割器、预热管进入分析仪，分析仪内置采样泵让样品以恒定流速导入震荡天平上，根据震荡天平震荡频率变化的幅度来精确定量可吸入粉尘浓度。通过WIFI、蓝牙或以太网与指挥中心互联。

(2) 单兵实时传输设备

单兵实时视频(图5)装备有智能消防头盔和防爆手持设备。智能头盔通过高清摄像头、红外像机等通过4G/5G、蓝牙、WIFI等网络传回指挥中心；防爆手持终端通过自组网中继电台、4G/5G信号将音视频信号通过自组网单兵中继电台传回指挥中心。

图4　粉尘监测仪

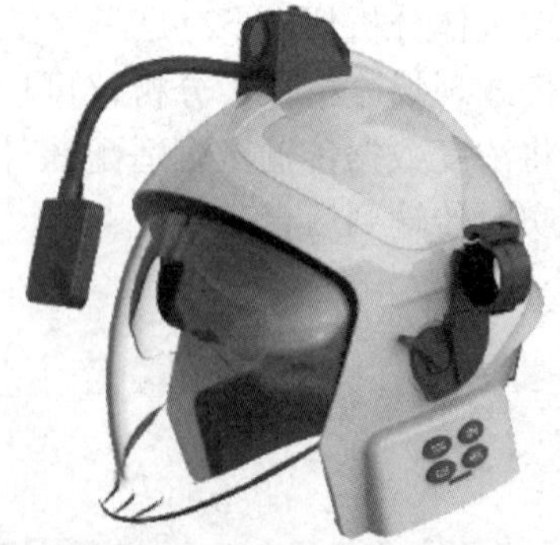

图5　单兵实时音视频

(3) 消防机器人

履带式侦检及灭火机器人(图6)配置高清可见光镜头、热成像镜头和气体检测仪。高清可见光镜头监控四周环境，热成像镜头进行成像并实时显示中心点温度，气体检测仪实时检测机器人周边空气中的有毒有害气体浓度值。机器人的视频信号、气体检测数据画面通过后场指挥台的 HDMI 输出口输出，同时也可以通过后场指挥台内配置的 4G 路由器输出至指定的服务器端口，接入指挥平台进行数据查看。

消防侦察四足机器人(图 7)在危险预防以及抢险救援过程中，可以替代消防员进行现场火情侦察、环境勘察、提取危化品数据、实时高清图像回传。相比履带式机器人，四足机器人拥有更好的灵活性和适应性，更适合于侦检，履带机器人更适合于灭火。

图 6　履带式侦检及灭火机器人

图 7　四足消防机器人

3.2　实战应用中存在的问题

(1) 信息孤岛化

除上述新型设备外，目前仍有部分消防装备不具备后场数据传输能力，甚至不具备通信传输接口，因此现场数据不能及时传回指挥部，形成信息孤岛。例如多数气体检测报警仪不具备数据传输功能，指挥部无法第一时间了解现场气体泄漏情况；多数热成像仪和挥发气体分析仪也只能现场测量和分析，再通过电台汇报指挥部，不能为指挥员提供及时的信息和预警。例如应急指挥中心需要将气体检测数据与人员定位数据、危化品属性叠加，进而分析人员所在位置的中毒风险，并通过移动终端进行声光提醒，保障现场人员安全，但目前无法实现。

(2) 数据零散化

由于各类侦检与侦察装备信息不能形成有效的互相支撑，信息仍然孤立零散化存在，无法实现数据的叠加分析，造成各自为战，难以形成联合战力的情况。例如即使目前很多智能设备提供公开的指令集、API 或通用传输协议供第三方使用，通过二次开发可以把不同厂商的智能设备数据接入统一数据平台，实现数据统一化集成化，但这项工作是非常繁琐和复杂的，因为每个厂商的数据格式和传输协议不同，因此需要每个产品都进行接入开发和适配，随着操作系统和智能设备的升级，还会出现适配的设备不适配的情况。

(3) 事件信息缺失

因实际监测中存在信息不完全现象，使重大突发事件观测值和真实值多存在偏差，易导致事件逻辑等关键信息缺失，在实际的应急处置中如果未采取相应的应急措施，极易造成更严重的未知风险。决策者需要通过事件外在表现研判事件的真实状态，根据现有的观测值，预估未来事件演变趋势，并通过现场各类监测数据，预测事件未来态势辅助决策实施，因此只有清晰事件的真正状态后，才能采取针对性措施，但突发事件演化过程中信息高度缺失，所观察到的往往是事件部分现象。

（4）应急决策失效

一是由于决策者缺乏专业知识与管理经验，认知不足对危机判断失误，低估突发事件风险级别，致使危机预警未能触发决策议程，表明决策者在信息不完备、模糊的复杂情境下存在感知匮乏和反应不够敏锐的问题。例如，青岛“11·22”输油管道爆炸事故案例中，无论企业还是政府应急部门均对事故风险缺乏正确研判，未及时通知疏散群众、封路警戒，对风险认知不足、低估误判导致决策过失，造成后果扩大。

二是信息整合不全面，情报共享不及时，跨专业协同辅助决策不足，风险沟通能力不足，即使有较强的决断能力也容易造成决策失效，其原因是涉及应急响应的职能部门，如应急消防、公安交通、环境气象和医疗卫生等，各数据多源，缺乏统一的情报整合汇总，导致数据接口难统一、难共享。此外，政务数据、企业数据、社会数据融合度不高，没有将组织中不同职能部门所拥有的专业信息有效整合，难以制定基于关键信息的正确决策。例如，天津港“8·12”特别重大火灾爆炸事故案例中，缺乏统一的危险化学品信息管理平台，部门之间没有做到互联互通，信息不能共享，不能实时掌握危险化学品的种类及储量等具体情况，导致决策过失，造成重大人员伤亡。

三是应急决策迟滞，在应急决策过程中，政府拥有最高决策权，但因政府部门仍存在条块上权责不匹配的问题，层级体制影响了政府和企业的响应行动，地方部门虽承担基层应急响应职责，但对于高度不确定性的风险决策普遍依赖上级政府命令，企业由于政府人员的干预，也会主动移交决策指挥权，导致将积极响应转化为“上级批示”的被动等待，即使应急情报全面，决策主体感知到危机和风险，但面临决策制定后可能造成应对不力、响应失效等不良后果的责任追究，就会采取上报请示上级批示等方式规避责任。

4 面向应急决策的事故现场感知方法

国家危险化学品应急救援武汉基地针对上述设备及实际应用中存在的问题，为解决应急指挥中心难以实时全面获取现场态势、前后方指挥联络不畅、救援抢险人员监控能力较弱、应急指挥、决策与调度能力不足等问题，计划开发装备数据融合与分析决策系统，本文以此项工作开展思路为例，简述面向应急决策的事故现场感知方法。

4.1 数据融合与分析系统构建总体思路

首先，确保对重大突发事件的发展态势要素进行感知。重大突发事件中蕴藏着海量的数据，对这些数据进行采集与融合是挖掘重大突发事件信息潜在价值的基础，包括重大突发事件线下数据的采集（如生产运行参数、环境温度、空气湿度及地质数据等），利用数据融合分析技术提取重大突发事件信息特征，对各渠道获取的数据进行有序组织和存储，从中获取重大突发事件态势感知要素。

其次，在重大突发事件的态势理解过程中，根据态势感知要素对信息资源进行深度加工；利用信息分析与处理技术，挖掘重大突发事件演变的关键驱动路径，理解当前事件在逻辑中所处的状态，对事件的发展态势进行实时研判，从宏观的全局角度识别事件风险，判断当前事件的态势走向，初步评估事件的态势级别。

最后，在重大突发事件的态势预测过程中，基于历史案例及事故发展逻辑知识，进行信息深度推理，结合重大突发事件主体建模及专家经验等对重大突发事件未来演变进行组合推演，预测事件的演变趋势及隐含风险，形成一个包含当前及未来可能演化的事件预测结果，实现灾害事态实时感知，为重大突发事件的应急指挥决策提供参考。

4.2 融合与分析决策系统

利用装备数据融合存储技术，解决事故现场装备数据结构复杂、分散存储及检索访问等问题。基于数据源插件技术、分布式采集处理技术、海量数据文件索引技术，通过卫星、4G、5G、固定网络等多种数据传输方式，实现事故现场的音视频数据、气体浓度数据、人员定位数据、车辆定位数据、气象数据和热成像等多源异构数据的采集整理、校核验证、入库和多维信息查询，以及图像、视频、文档类数据文件的检入、检出等功能，结合服务注册、API接口服务、决策模型和调度模型，实现数据的分析与决策服务，生成现场处置动态、危害态势分析、决策方案和调度指令。

上述是构建智能消防装备数据融合与分析决策平台的思路和相应设备，目的是在应急事故状态下实现现场事故态势全面感知与融合、危害态势分析、发展趋势动态研判、信息上传下达、多方协同会商、可视化指挥调度、科学决策等功能，实现面向应急决策的事故感知。

5 发展方向

因实际应急救援场景与正常生产场景有着本质的区别，后者可以根据设计规范进行前、中、后期等长时间部署，通过安装固定式检测设备和装置安全联锁控制仪表系统实现对生产区域各种数据的监测和管理，而应急救援需要在事故灾害状态下短时间内完成部署，并迅速实现现场数据监控和采集，这些都是今后面向应急决策的事故感知系统发展方向。

5.1 实现数据实时传输

智能化的第一步是信息化，因此首先配备具备后场数据传输功能的检测及灭火设备，实现现场各类数据以各种形式传回指挥部，实现指挥员的眼睛和耳朵贴近第一现场，实时掌握现场数据，分析并及时调整灭火救援方案，是目前务实和可实现的目标，即使各种数据仍然以离散的形式孤立存在，但是数据已经到达指挥中心，通过配置性能强大的电脑及多窗口管理软件可以同时观测多个现场智能设备的实时数据及发展曲线，同样也可以为指挥员决策提供依据。

5.2 保障数据统一化、集成化

第二步是将现场各类侦检设备所收集的信息，传输至统一的数据平台，打通各类智能设备之间的信息通道，实现数据统一呈现和处理，保障各级指挥部同步了解现场情况。实现这一步需要统一部署，规范通信标准，集中各方资源共同开发，接入各类型应急智能装备调试，同时要考虑到随着越来越多的智能设备的出现，集成系统需要持续的开发与更新，保证新设备新技术得到更好的应用。

5.3 建立异常事故数据库

结合当前互联网大数据分析应用成果可知，大数据能有效感知承灾体人及相关损失情况，是对传统事故监测体系的有益补充。尽管国内外科研工作者在大数据态势感知上做了有效的探索和实践，但离实际应用还有一定距离。为切实加快安全事故态势感知的研究与应用，切实推动新一代生产安全事故治理体系与结构的形成，提高事故应急救援的精准性、高效性和预见性，需要国家相关部门和相关领域龙头企业的大力支持和参与。深度学习是大数据感知事故态势的重要方法和手段；其中，事故库、数据库则是支持深度学习的重要核心和基础。而事故库、数据库的标记与建设又是项长期、基础的工作，短期难以见效益；因此建议国家相关主管部门成立研究中心或组织主持开展事故事件标准数据库的建设，推动国家石化行业生产安全事故大数据态势感知的研究与应用。

5.4 构建突发事件态势发展感知模型

将重大突发事件的态势感知视为一种可以洞悉生产安全风险的能力，通过事故逻辑挖掘实现事件演变态势的精准研判，是从数据采集到信息分析，从而辅助决策的升华过程，先利用历史事故数据信息、应急决策信息和专业领域知识等内容，推理事故逻辑关系，可以实现事故发展态势的初步研判。当某一重大突发事件爆发后，在事故数据库和现场监测数据的基础上推演事件的演变脉络，实时获取事件发展关键的信息，基于事故演变的逻辑进行动态建模，继而分析重大突发事件的演变路径、衍生风险及关键管控节点等内容，最终实现重大突发事件的态势感知。

6 局限与结论

本文尚存在一定的局限性，首先由于仅选取一处国家危险化学品应急救援基地，存在一定的主观选择偏差，还需进一步提升样本选取的科学性；其次，装备数据融合与分析决策系统构建思路仅为收集分析现场数据，实现事故感知，要消除救援中导致决策失效的诸如决策迟滞等问题仍需从更多维度进行研究。

综上所述，时代的进步不断推动技术革新和产业升级。在智能化高速发展的新时代，利用智能监测设备、数据收集系统，以大数据分析为基础，结合现场实际监测数据，让“智能应急”更智慧，让石油化工企业更安全，为国家经济建设发展保驾护航。

【作者简介】黎恺，男，中韩(武汉)石油化工有限公司安全环保部应急管理主管，注册安全工程师，一级注册消防工程师。电话：13098899108，邮箱：likai9. zhsh@ sinopec. com。

机载激光甲烷探测技术的研究进展

李　情　陈嘉湧　刘继银　李星辉　王　洁

（国家石油天然气管网集团有限公司西气东输公司厦门输气分公司）

摘　要：近年来，因天然气管道泄漏引起的事故时有发生，造成重大的人员财产损失。传统的气体泄漏检测方法只能实现单点、定点的检测，检测效率低，很难满足长距离输运管线的日常安全维护，而基于地面平台的激光遥感探测也很难实现对数万公里管线的检测。因无人机载激光甲烷探测技术的发展备受业内关注，它能大大地提高探测效率。本文重点介绍了机载激光甲烷探测的关键技术和实际应用等方面的最新进展和发展方向。

关键词：天然气管道泄漏；气体泄漏检测；无人机；激光甲烷探测技术

1　引言

甲烷是一种强效温室气体，就对大气层的危害性而言，它仅次于二氧化碳。甲烷的来源很多，包括垃圾堆填，热活性提取废物倾倒设施，煤矿和煤层气开采设施和天然气管网。其中，天然气管网易遭到破坏，使得这种气体泄漏到大气中，导致人和环境都受到不同程度的威胁，同时天然气管网公司面临巨大财务损失。

近年来，由于业务管理和工艺技术的改善，以及天然气管网所用管线、设备的革新，化工燃料行业每单位生产所产生天然气排放量也明显减少，从20世纪80年代中期的约8%下降到2010年代初的约2%。尽管如此，天然气管线的泄漏检测仍然很重要。

通常，造成天然气管线损坏的主要原因有钢管的腐蚀、建筑施工造成的机械破坏、连接处未密封和应力引起的焊接接头裂纹。另外，材料缺陷和抗腐蚀涂层缺陷、由于滑坡或采矿影响而引起的地面位移也可能是天然气管道损坏的原因。在矿区，由于管线段的位移，以及由于路基变形引起管壁变形，也会损坏钢制管道伸缩接头。鉴于此，定期对其技术条件进行检查非常重要。

地下管线监测的技术方法很多，例如用于定位，技术状态控制和泄漏检测的物探法。其中，气体泄漏检测依据声发射感应原理，用地震检波器探测损坏管道中的气体流。除其他外部、内部方法或视觉/生物方法外，声学方法还用于检测和定位天然气管道的泄漏点。

如今，激光甲烷检测技术亦被广泛用于天然气管网的泄漏检测，并且激光甲烷探测器可以放置在遥控飞行平台（UAV）上进行检测（如图1所示），有效提高了检测效率，方便了困难管段的检测。本文将从甲烷泄漏检测、无人机技术以及实验新方法等方面对机载激光甲烷探测技术的进展进行阐述。

图1　带激光甲烷探测器的六旋翼无人机

2　甲烷检测技术

目前，有多种方法可以用于检测甲烷，大体上可以分为传统检测方法以及光谱吸收检测方法。相较于传统检测方法，光谱吸收法采用气体特定吸收的原理，具有高精度、高稳定性、多选择性等显著优点，有利于实现甲烷的实时监测。

近年来涌现出的光谱吸收气体检测技术主要包括差分吸收光谱 DOAS 技术、傅立叶变换红外吸收光谱 FTIR 技术、可调谐二极管激光吸收光谱 TDLAS 技术。

2.1　差分吸收光谱技术(DOAS)

差分吸收光谱技术(DOAS)是运用待测气体的窄带吸收特质来辨别气体中各物质成分的[4]。将气体吸收后的光谱与未吸收前的光谱进行对比，反演出气体浓度，该方法能够在光谱分析仪的辅助下实现对多组分气体的计算分析。应用这种办法的时候，需要指定波动长度的发射器并要使他们准确协调。检测过程中，气溶胶和空气中的水汽对其影响较大，测试结果的可靠性会因此而下降。

2.2　傅立叶变换红外吸收光谱技术(FTIR)

傅立叶变换红外吸收光谱技术(FTIR)利用待测气体对激光吸收后产生干涉图样，通过傅里叶变化把干涉图转换到频谱上，实现对气体浓度的检测，该方法可用于测量多组分气体的浓度。FTIR 技术用于长光程条件下的检测时，灵敏度可以达到 ppb 的数量等级。然而，FTIR 检测经常会遭受水汽、CO_2 的影响，且检测慢，体积大。

2.3　可调谐二极管激光吸收光谱技术(TDLAS)

可调谐二极管激光吸收光谱技术(TDLAS)利用气体对激光的选择性吸收，生成特定的吸收光谱，该吸收光谱可以反映出气体的组成和含量大小。具体来说，是通过调节激光器的工作温度和注入电流，改变光源发出激光的波长，在特定波段内对待测气体进行扫描，通过锁相放大原理提取带有气体浓度信息的二次谐波，以达到精准识别气体的浓度的效果。该项技术可以直接运用到对实地气体实时检测。采用波长扫描的特性、自动调整线谱选宽技术、选择频率特性，有效的克服了空气中的水蒸气、灰尘和各种气体的干扰，并且可以自动地对检测结果进行修正调节。对比其他各类气体检测技术，TDLAS 具有抗干扰性强、高效、实时、精确程度高等优点，且无需太多的检测前准备工作。这种技术广泛地应用在环境监测、灾难预警、气体类管道泄漏等方面，均具有很好的性能表现。表 1 对 DOAS 技术、FTIR 技术和 TDLAS 技术的性能指标做了综合对比。

表 1　DOAS、FTIR 和 TDLAS 性能对比

名称	精度	稳定性	选择性	实时性	响应时间	干扰项
DOAS	高	好	无	是	<1 sec	水汽
FTIR	高	好	有	否	<1 sec	气体、水汽
TDLAS	高	好	无	是	<1 sec	无

3　无人机技术(UAV)

无人机是一种可远程控制、有动力、能够携带多种设备、有效执行不同任务，并且可以多次反复利用的小型的无人驾驶航空器。鉴于其自身的诸多优势，在侦察、监视、通信中继、电子对抗等诸多军事领域取得了成功的运用。当前，无人机技术除了在军事领域的广泛应用以外，在民用领域也取得了很大的进步，比如在民用领域中的植保无人机、物流无人机、遥测无人机、航拍无人机、救灾无人机等都是对无人机的多元化利用，利用无人机可以执行高危任务或对人体伤害较大的任务，减少人员伤亡，提升效率。它还有着操作简便、起降灵活、环境影响等优点，受到多种行业领域的青睐，成为他们重点研发的对象。

长输天然气管道具有距离长、范围广、途经地貌复杂的特点，许多管段受环境恶劣、交通不便、人文复杂等不利因素制约，一定程度阻碍了人工巡线的进行，给管道定期巡检带来困难，导致许多隐患不能及时被发现和治理，进而引发事故。无人机技术可以自动、快速获取管道及周边的数据信息。目前，无人技术在山区管道巡检、灾后次生灾害评价、泄漏点现场定位等方面已应用广泛。

4　机载激光甲烷探测技术的发展

近年来，无人飞行器(UAV)已越来越多地用于遥感和设施监控。天然气泄漏的检测和确认也可以依靠位于飞行平台上的检测器进行。基于无人机的飞行平台可以嵌入或悬挂激光甲烷探测器。通过激光检测器的气体传感技术，我们可实现空气中甲烷浓度的远程测量，如图 2 所示。该测量是基于红外吸收光谱原理，使用半导体激光器向目标点传输激光束，并测量从该点反射光束的吸收率，甲烷分子吸收电磁波谱特定波长的能量。通常，激光探测器可在 0.5~100m 的距离内测量甲烷浓度，从而可以用于在安全距离内探测天然气管道和其他管网设备附近的甲烷浓度。测量结果以 ppm×m(列)矩阵形式表示，这是指 UAV 和目标点之间的聚集甲烷的浓度(ppm)。利用 GPS 坐标，在未发现地面障碍物时，我们可以用无人机空运探测仪直接在天然气管线上方侦察。

为了检测逃逸性气体泄漏，有很多研究将无人机系统应用于巡逻油气管道和其他工业设施。本文参考文献中文章[10，11]介绍了一种用于天然气泄漏检测的远程甲烷泄漏检测仪-无人飞行器(RMLD-UAV)系统。该系统由基于嵌入式自主无人机中的反向散射可调二极管激光吸收光谱法(TDLAS)的小型 RMLD 以及简化的定量和定位算法组成。该系统在美国进行了测试，用于在受控气源下对天然气泄漏进行检测和定量，并在盲测过程中用于实际的天然气生产设施，飞行高度大多在 5~10m 左右。TDLAS 甲烷传感器和安装在无人机上的光学气体成像(OGI)摄像头用于美国俄亥俄州天然气收集管道中的甲烷排放检测[18]。研究小组与无人机一起探测了 56km 的管道，其中大多数管段以前无法进入，并且检测到甲烷浓度较高的区域，但是其他飞行管段并不能确定泄漏。

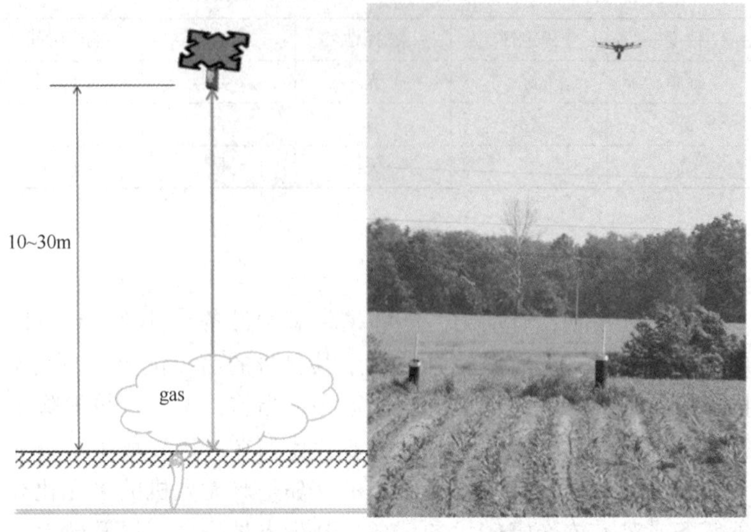

图 2　机载激光甲烷探测技术的原理

几个研究小组已经使用便携式气体传感器，即悬挂在无人机上的微型激光甲烷，对天然气和甲烷泄漏到大气中进行了检测测试。相关文献提供了这些测试中使用的特定解决方案的示例以及在测量过程中获得的结果。本文参考文献[14]显示了一个解决方案，其中两个 LMmG 检测器同时以扫帚扫描模式(双折线)工作，如图 3 所示。本文参考文献[15]中提出了使用固定翼无人机在天然气管道中建立泄漏检测系统的方法，该方法是通过在编程的气路上对模拟甲烷泄漏进行测试。在文献[2]中介绍了一种带有 LMmG 的无人机系统，用于监测垃圾填埋场的甲烷排放，并绘制甲烷浓度图，如图 4 所示。英属哥伦比亚大学团队在 30m 和 25m 不同高度的垃圾填埋场上进行了现场测试。他们展示了一张地图，显示堆填区上方甲烷浓度高的区域，还计划使用此设备，以评估对天然气管道的检查。英属哥伦比亚大学团队在 2017 年和 2018 年使用配备有激光甲烷微型探测器的无人飞行器进行了野外实验，并使用了甲烷释放速率可控或不可控制的储罐。该小组还进行了地下甲烷注入实验，以模拟来自地下管道的天然气泄漏。飞行器在地表上方 10m 处飞行，而他们沿着释放点附近的飞行路线获得的甲烷浓度高达 100ppm，但没有绘制出明显的甲烷浓度图。在德国，有团队使用装有 LMm 探测器的侦察平台 UAV-REGAS 进行了野外实验，其中探测器悬挂于八旋翼飞行器的空中万向架上，采用一个装满 2.5%甲烷的小玻璃立方体和一个气瓶束作为人工天然气来源，用该平台进行气体羽流重建的实验，并在不同的高度进行比较实验。最终，该团队使用大小为 0.5m 的单元格重建了气体羽流的二维分布图。

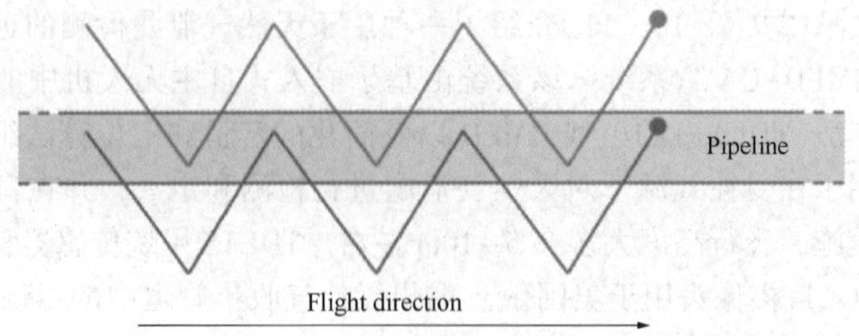

图 3　无人机上两个激光传感器的扫帚扫描模式

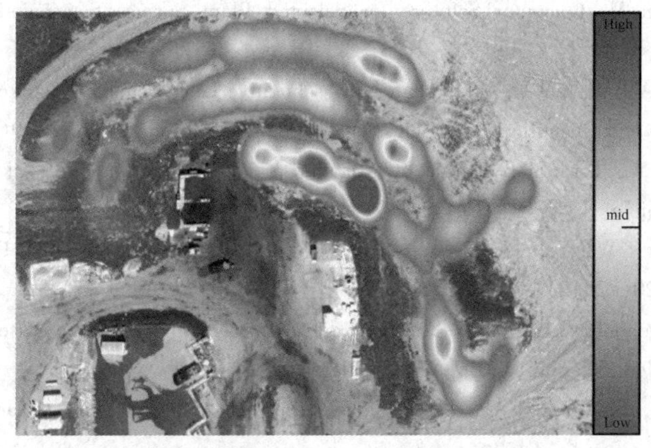

图 4　基于 LMmG 无人机系统绘制的甲烷浓度图

众多实验结果表明，目前无人机监测可用于天然气管道潜在泄漏段的初步选择，至于泄漏确认需配合更精确的测量。国内机载激光甲烷检测技术仍未普遍应用，测量精度、准确性和稳定性是亟须克服的技术难关。

5　结语

天然气管网的安全运行关系到千家万户的用气安全和幸福生活。而随着城市的发展，天然气管网越来越多，管网服役年限越来越长，传统的人工巡检方式速度慢、效率低而且周期长，对于管网的安全运行存在一定的隐患。机载激光甲烷检测技术的应用仍有较大限制，诸如检测精度、准确性以及稳定性等问题仍待我们去突破。由此，提高巡检效率和检测精度是选择检漏设备的首要条件；将快速巡检与各种精确定位的仪器有机地结合，先进仪器与先进的管理相结合，才能为天然气管网安全运营提供更多的保障。

参 考 文 献

［1］Schwietzke S，Sherwood O A，Bruhwiler L，et al. Corrigendum：Upward revision of global fossil fuel methane emissions based on isotope database［J］. Nature，2017，543(7645)：452-452.

［2］Emran B J，Tannant D D，Najjaran H. Low-Altitude Aerial Methane Concentration Mapping［J］. Remote Sensing，2017，9(8).

［3］Gogola K，Rogala T，Magdziarczyk M，et al. The Mechanisms of Endogenous Fires Occurring in Extractive Waste Dumping Facilities［J］. Sustainability，2020，12.

［4］Cheko J，Urych T，Magdziarczyk M，et al. Resource Assessment and Numerical Modeling of CBM Extraction in the Upper Silesian Coal Basin，Poland［J］. Energies，2020，13(9)：2153.

［5］Kalisz P. Impact of Mining Subsidence on Natural Gas Pipeline Failures［J］. IOP Conference Series：Materials Science and Engineering，2019，471：042024.

［6］Adegboye M A，Fung W K，Karnik A . Recent Advances in Pipeline Monitoring and Oil Leakage Detection Technologies：Principles and Approaches［J］. Sensors(Basel，Switzerland)，2019，19(11).

［7］C Gómez，Green D R. Small unmanned airborne systems to support oil and gas pipeline monitoring and mapping［J］. Arabian Journal of Geosciences，2017，10(9)：202.

［8］Lu B，He Y. Species classification using Unmanned Aerial Vehicle(UAV)-acquired high spatial resolution imagery in a heterogeneous grassland［J］. Isprs Journal of Photogrammetry & Remote Sensing，2017，128(JUN.)：73-85.

[9] Iwaszenko S, Kelm M. Computer Software for Selected Plant Species Segmentation on Airborne Images [J]. 2018.
[10] Levi G, Nicholas A, Michael F, et al. Natural Gas Fugitive Leak Detection Using an Unmanned Aerial Vehicle: Localization and Quantification of Emission Rate[J]. Atmosphere, 2018, 9(9): 333-.
[11] Yang S, Talbot R W, Frish M B, et al. Investigation of Natural Gas Fugitive Leak Detection Using an Unmanned Aerial Vehicle.
[12] Martinez B, Miller T W, Yalin A P. Cavity Ring-Down Methane Sensor for Small Unmanned Aerial Systems [J]. Sensors, 2020, 20(2): 454.
[13] Barchyn T E, Hugenholtz C H, Fox T A. Plume detection modeling of a drone-based natural gas leak detection system[J]. Elem Sci Anth, 2019, 7(1): 41.
[14] Bretschneider T R, Shetti K. UAV-based gas pipeline leak detection[C]. Asian Conference on Remote Sensing. 2014.
[15] Kamrat, W. Ostrowski, T. Zastosowanie dronów w diagnostyce infrastruktury energetycznej. Przeglad Gazowniczy. 2017, 4, 15-16.
[16] Tannant D, Smith K, Cahill A, et al. Evaluation of a Drone and Laser-Based Methane Sensor for Detection of Fugitive Methane Emissions DRAFT submitted to BC Oil and Gas Research and Innovation Society. 2018.
[17] Wang M L, Lynch J P, Sohn H. Sensor Technologies for Civil Infrastructures: Sensing Hardware and Data Collection Methods for Performance Assessment Volume 1[J].
[18] Li H Z, Mundia-Howe M, MD Reeder, et al. Gathering Pipeline Methane Emissions in Utica Shale Using an Unmanned Aerial Vehicle and Ground-Based Mobile Sampling[J]. Atmosphere, 2020, 11(716).
[19] Tannant D, Smith K, Cahill A, et al. Evaluation of a Drone and Laser-Based Methane Sensor for Detection of Fugitive Methane Emissions DRAFT submitted to BC Oil and Gas Research and Innovation Society. 2018.
[20] Neumann P P, Kohlhoff H, Hullmann D, et al. Bringing Mobile Robot Olfaction to the next dimension—UAV-based remote sensing of gas clouds and source localization[C]. 2017 IEEE International Conference on Robotics and Automation(ICRA). IEEE, 2017.
[21] Neumann P P, Kohlhoff H, D Hüllmann, et al. Aerial-based gas tomography - from single beams to complex gas distributions[J]. European Journal of Remote Sensing, 2019(3): 1-15.

【作者简介】李情，男，于2020年毕业于厦门大学，获工学硕士学位，就职国家管网集团西气东输厦门输气分公司，主要从事陆上油气长输管道生产运行工作。电话：18965126920，邮箱：919427693@qq.com。

大型危化企业专职应急救援队伍能力建设探讨

刘　铮　郭　擎

（中国石油消防应急救援吉林石化支队）

摘　要：依据相关政策法规的要求，大型危化企业应建有企业专职应急救援队伍，以确保企业在发生事故时能够及时有效处置，以尽可能降低事故影响。因各企业专职应急救援队伍建设受到企业经营状况等方面的制约，其能力水平差距较大。从队伍资金投入、人员数量、专业技能、培训和训练状况、装备设施配置等方面入手，对企业应急救援队伍应急救援能力现状进行分析。针对大型危化企业专职应急救援队伍能力建设方面存在的漏洞和不足，从政府层面和企业层面提出相应的能力提升措施和建议，为政府决策提供支撑，有助于保障群众生命财产安全。

关键词：危化企业；应急管理；应急能力；专职应急救援队伍

近年来国内发生多起重大危化企业安全事故，如 2017 年连云港“12・9”重大爆炸事故、2019 年江苏响水天嘉宜“3・21”特别重大爆炸事故等，为各大危化企业一遍遍敲响了警钟，也给企业应急救援能力建设提出了新的挑战。作为企业围墙以内的“驻防部队”，企业内部的专职应急救援队伍成为应急救援不可或缺的重要力量。企业应急救援队伍不能仅仅定位为一个救火队，还可以通过现场消防巡查、特殊作业监护、预警平台监控等手段，做好事故防范，消灭事故苗头，并在事故发生后能快速响应，及时、高效、有序处置事故。大型危化企业专职应急救援队伍应急救援能力主要体现在队伍人员组成、装备物资配备、专业救援能力和自我保障能力等多个方面。政府和企业可以从优化应急救援队伍人员构成、多形式提升人员业务水平和专业救援技能、构建危化品救援队伍专业应急救援培训平台和培训机制、加强高精尖应急救援装置配备、加强应急救援队伍经费保障等方面予以入手，全方位提高大型危化企业应急救援队伍能力水平。

1　大型危化企业应急救援队伍现状分析

（1）大型危化企业定义本文中危险化学品企业是指所有危险化学品生产企业、使用危险化学品从事生产的化工企业、危险化学品经营企业（含加油站，无储存设施的企业除外），简称危化企业。大型企业是指超过《中小企业划型标准规定》（工信部联企业〔2011〕300 号）中型企业上限的企业。对于危险化学品生产和使用化工企业来说，从业人员不少于 1000 人，且营业收入不少于 40000 万元即为大型；对于危险化学品仓储企业来说，从业人员不少于 200 人，且营业收入不少于 30000 万元即为大型。

（2）大型危化企业应急救援队伍建设要求和标准根据十三部委联合发文的《关于规范和加强企业专职消防队伍建设的指导意见》（公通字〔2016〕25 号），生产、储存易燃易爆化学危险品的大型企业应建立专职消防队；距离综合消防队或政府专职消防队较远（综合消防队、政府专职消防队接到出动指令后到达该企业的时间超过 5min），且火灾危险性较大的其他大型企业，应当建立专职消防队。根据《城市消防站建设标准》(建标 152-2017)的要求，其他消防站(包括企业消防站)的建设可参照该建设标准来执行，具体企业要建成何种规模的消防站未作详细说明，但一些地标对此予以了补充。以江苏省为例，江苏省出台了地方标准(DB 32/T 3293—2017)《企业专职消防队建设和管理规范》，该规范明确说明：主要港口内的石油化学危险品码头、大型石油化工企业要建立特勤消防队，中型石油化工企业应建立一级普通消防队。

(3) 大型危化企业应急救援队伍能力提升面临关键问题分析：

① 应急救援队伍数量建设不足根据上述政策规范的要求，生产、储存易燃易爆化学危险品或距离城市消防站较远的大型危化企业存在专职应急救援队伍应建未建的现象。以南京为例，根据 2019 年统计情况，南化、扬子石化及一些油库建有专职应急救援队伍，一些大型化工厂、炼油厂仅上报了兼职应急救援队伍建设情况。

② 应急救援队伍功能定位单一企业的应急救援队伍多定位于灭火，仅仅作为一个“救火队”在运作，有毒有害气体泄漏、易燃易爆液体泄漏、剧毒品泄漏等方面的应急救援能力相对薄弱。出现此类事故时，企业多依赖懂生产工艺、设备设施和危化品特性的工程技术人员进行处置，这方面的应急救援超出了很多企业内部专职应急救援队伍的既有功能。

③ 应急救援队伍专业能力欠缺企业专职应急救援人员多为非应急救援相关专业出身，接收系统化的正规培训不够，特别是在先进的应急装备使用和维护、企业所涉及危险化学品专业应急处理知识、灾情发展趋势的研判等方面。当地危险化学品应急救援领域专业培训机构和培训基地的缺乏也对企业应急救援队伍的培训工作造成一定的影响。队伍中危化品行业专家或技术人才比例偏少，队伍整体专业素质有待提高。

④ 应急救援队伍资金投入不足应急人员数量及装备力量配备不足的一个重要原因就是经费保障不到位，资金的投入受企业经营状况影响比较大。经费投入不足会导致应急救援人员待遇比较低，无额外经费保障和救援补贴，人员流动性大，救援队伍不稳定，招录相对困难，进而影响了队伍的战斗力。

⑤ 应急救援队伍用工方式待规范根据《劳动法》及《关于规范和加强企业专职消防队伍建设的指导意见》(公通字〔2016〕25 号)中的相关要求，企业专职消防队应依法规范用工，不应采取劳务派遣用工方式。但根据小范围抽样调查发现，部分企业建立救援队伍存在劳务派遣用工的现象。

⑥ 应急救援装备配备不到位，更新不及时大型危化企业所配应急救援装备和物资，其数量和质量都有待提升。例如处置石油化工生产装置及储罐燃爆事故等大型特殊灾害事故的高精尖装备配备不足、智能化和自动化程度较低、质效较差，影响救援的及时性和有效性。另外，很多救援队伍建成后缺乏正常的装备投入、维保和更新机制，装备陈旧老化，影响抢险救援时的应急使用。

⑦ 应急救援预案有待完善部分危化企业应急预案存在缺乏实战性、可操作性和针对性等问题。例如，既有应急预案存在危险源辨别不细致、事故的应急处理方法不恰当、人员分工不合理、对于周边风险防范性不强、未与周边企业做好连接、信息共享滞后等问题。应急预案是应急救援队伍开展实战演练的指导性文件，一定要确保其合理性和科学性。

2 政府对大型危化企业应急救援队伍管理问题分析

(1) 相关政策标准不完善鉴于消防救援归入应急管理部门不久，应急管理部门对企业的应急救援队伍的管理方式尚未理顺。按照以往的管理模式，以江苏省为例，根据苏政办发〔2011〕170号《省政府办公厅关于进一步加强多种形式消防队伍建设的意见》，凡法律、法规明确要求建立专职消防队的单位，必须依法建立专职消防队，并报当地公安机关消防机构验收。但是专职消防队验收或考核的标准缺乏，仅参照《城市消防站建设标准》(JB 152—2017)和《危险化学品单位应急救援物资配备要求》(GB 30077—2013)来予以判别，依据并不充分。

(2) 培训服务不到位危险化学品的性质决定了其应急救援队伍多方位、高质量、专业化的培训需求。但是目前多地的危险化学品应急救援队伍存在培训方式单一、无正规训练场地、无系统培训大纲、缺乏联合演练等问题，队伍的组织指挥能力、队员的专业应急救援业务水平和综合实战救援技能均有待提高，而这与当地政府的培训服务是否到位有着很大的关系。

(3) 政府对应急救援队伍支持力度不够救援队伍日常支出及救援经费缺乏相应的经济政策支持。某些政府为当地大型化工企业的应急救援队伍建立省市级应急救援基地，此类应急救援队伍得到政府经济上的帮扶。除了这类队伍，其他企业应急救援队伍的建设和运营管理，政府缺乏经济方面的支持。而这些队伍的运营维护受到企业当年的营运状况影响较大，在企业有经济困难时，从安全的角度，也急需要政府的帮扶。新的《生产安全事故应急条例》规定："应急救援队伍根据救援命令参加生产安全事故应急救援所耗费用，由事故责任单位承担；事故责任单位无力承担的，由有关人民政府协调解决。"该条例体现了救济原则，也突出生产经营单位安全生产主体责任，有效解决了应急救援费用承担难题，但是仍没有消除参与救援的其他企业应急救援队伍的顾虑，他们的利益如何得到充分的保障需要政府进一步明确。

3 加强大型危化企业专职应急救援队伍应对措施探讨

3.1 企业层面

(1) 完善企业应急救援管理疏理企业内部可能发生的燃爆事故、有毒有害物质泄漏事故、机械伤害等各种事故类型，从人员、装备、物资等方面予以考虑，制订科学、合理、有效的应急预案。对于周边外来风险，也应调查和评估，共同做好风险防范工作。通过安全检查、企业事故预警监控系统等手段，尽早发现事故苗头，及时做出应急处置。应急救援不仅仅依赖于救援队伍，需要对所有员工加强应急培训，提高员工的应急意识和安全知识，在紧急关头，方能配合救援队伍开展救援工作。

(2) 完善基础设施及装备物资危化企业要为企业应急救援队伍提供值班、训练等用房和场地。根据各单位自身的危化品种类和数量、生产和储存状况，在必要的场所设置相应的应急救援物资，配备必要的报警、灭火、通风设施，以及危险化学品泄漏抢险等应急救援器材和物资，以便应急救援时取用。同时可适当配备一些高科技器材设备，例如灭火机器人、无人机、多功能消防车辆等，这些设备能有效地提高队伍应急救援能力，减少人员伤亡。

(3) 优化应急救援队伍大型危化企业应对专职应急救援队伍中人员结构进行优化调整，

从人员年龄分布、服务时间、专业类别、技术水平等方面完善队伍组成确保队伍人员职责清晰，岗位分工明确，技术人员配比合理，新老配比合理。适当提高企业救援人员待遇，不应低于企业员工平均薪资水平，并给予在战训工作和灭火应急救援中表现出色的应急救援人员一定的奖励。留得住人才，方能守得住安全。

（4）加强业务培训和演练过硬的身体素质是专职救援人员作为“逆行者”的基本要求，是完成各项应急救援任务的保证。企业应制定体能训练计划，定时、定量为救援人员打造体能训练任务。鉴于危化品的特殊性，应急救援人员应当具备必要的专业知识、技能。通过专项及联合演练，有计划、有组织、有重点地组织应急专业救援队伍进行业务学习和实战演练，并对培训内容进行考核，分析培训效果，积累应急救援经验，提升应急救援水平。另外，救援人员的思想政治教育和心理素质教育也不应忽视。救援队伍指挥人员要依据《危险化学品应急救援管理人员培训及考核要求》(AQ/T 3043—2013)等规范标准，多渠道提高自己的业务能力水平，不断提升应急救援科学决策能力。

（5）拓宽企业应急救援队伍职能范围对于某一特定企业来说，全年当中应急救援次数有限。除了培训和救援工作，还应积极作为，充分融入到企业生产经营活动中来，可以从以下几个方面予以职能拓宽：一是参与企业高风险作业监护，二是牵头负责应急设施和应急防护用品定期维保，三是负责企业内部消火栓系统、报警系统、自动喷水系统等消防设施的定期维保，四是对企业内部员工及承包商等开展日常应急培训，五是牵头开展各项隐患排查和落实整改工作。另外，充分利用大型危化企业应急救援队伍的专业性，例如对周边中小危化企业开展培训、联训和救援工作，扩充经费保障的同时，也能提升队员的业务能力水平。

（6）完善救援人员激励机制在实际的战训中，要根据救援人员战训成绩和灭火次数、业务水平、抢险救援能力，给予奖励立功、发放奖章和奖金，同时相应晋升职位，以此调动全体救援人员更加积极地投身于工作，同时能够激发其不断主动学习，不断自我完善的内在需求，从而提高救援人员业务水平和实战应急能力，提升应急救援人员职业认同感。

（7）确保应急救援人员自身的安全由于危险化学品爆炸、失火以及中毒等事故的破坏严重性，应急救援属于重中之重。作为在这些事故之中扮演重要救援力量的应急救援人员，其自身安全性应该被重视。救援人员一定要加强自身的防护，穿戴适合有效的个体防护装备才能上事故现场。另外，危险化学品事故所存在着有毒有害、腐蚀性、爆炸、起火及扩散程度等特定环境属性，救援人员应有比较客观明确的处境意识，对正在聚集的潜在危险始终保持警惕性。

3.2 政府层面

（1）完善相关政策法规及标准《国家危险化学品应急救援队伍建设规范》尚处于征求意见稿阶段，但是部分省市，如山东省和广州市，已制定地方规范。建议尽快推进该规范的出台，地方政府也可制定相关考核办法，从队伍设立与职责、综合管理、基础设施、教育培训、物资装备、人员数量、体能技能、防火监督、经费保障等方面设置考核项目，既可作为队伍成立时的验收标准，也可作为日常监督时的考核标准。

（2）督促企业加强应急救援队伍建设各地政府部门应在精准调研的基础上，摸清当地大型危化企业专职应急救援队伍的建设情况，依法推进企业依规定和要求配齐配足企业专职消防队伍，确保队伍人员数量、物资装备、队员资质等满足指导意见及其他相关政策标准的要求。规范企业应急救援人员用工方式，不得劳动外包和派遣用工，以提高队伍稳定性。

（3）完善危险化学品应急救援队伍协调联运机制地方政府应根据当地地理位置、危化企业分布等情况，鼓励和协调企业间签署救援协议，以便某企业事故发生后，可迅速得到其他危化企业救援队伍的支援。按照危险化学品行业救援特点，针对液氯、液氨等事故多发情况，鼓励开展行业之间的技术协作、经验交流、取长补短、共同提高，实现信息共享、资源共享和应急联动。充分发挥企业在危险化学品应急救援方面的专业技术优势，通过开展联合培训和演练、技术对比等灵活多样的活动，增加政府的调度能力、协调能力和指挥能力，同时也提高企业的及时响应能力、抢险救援能力和协同合作能力。

（4）做好培训服务工作化学事故应急，是一个专业性较强的领域，针对不同性质的化学品有不同的应对手段和方法，这些必要的应急方法和方案，应由专业的培训机构和培训师讲解。政府应充分利用设备企业、消防部门、专业化工应急救援队伍、各级危险化学品应急救援基地等资源，鼓励和扶持其成立专业培训机构或开展培训合作，提供学习示例和沟通交流平台。鼓励培训机构提供实训演练、比试竞赛，引进灾情仿真模拟等智能软件，以便为企业提供更有针对性的服务。政府还应完善救援队伍培训考核规范，明确培训对象、培训要求、培训内容、考核要点及要求等要点，提高培训效果。

（5）加大政府扶持力度政府宜加大资金投入，通过考核等办法，以补贴、奖励等形式对企业专职应急救援队伍建设予以鼓励和支持。依托当地大型危化企业应急救援队伍现有资源，政府给予资金补助，在此基础上做大做强，为当地企业提供隐患排查和应急救援服务，提供教育培训、情景演练、技术对比等场所，发挥为当地社会安全保驾护航的重要作用。

（6）落实应急救援费用保障措施被政府调动参与抢险救援的应急救援队伍的利益理应得到保障。建议各地政府因地制宜，制订与本地相适应的解决方案，以消除企业应急救援队伍被政府调用参与救援的顾虑。例如可成立应急救援抢险基金，专用于支持专业救援队伍在装备补充和抢险救援方面的开支，特别是责任单位无法承担费用的情况下，要予以补偿，确保参与应急救援的队伍能及时补充相关装备物资，满足救援需要。人员因参与救援而受伤甚至死亡，应与当地综合消防救援队伍之消防员享受同等优抚待遇。

（7）推进应急救援人员职业化发展危险化学品应急救援人员被列入国家最新版《国家职业技能标准——应急救援员》，该技能标准明确了相应职业技能等级的应急救援员需要具备的职业道德、专业技能和相关知识要求。各地政府应积极推进建设职业技能鉴定机构，为职业技能鉴定工作提供基础保障，引导应急救援人员参加此类职业技能鉴定，鼓励用人单位将职业技能等级作为应急救援人员定级、晋级、任职、续聘以及实施岗位等级工资制的主要依据，打通应急救援的职业化通道。

4 结论与建议

对企业自身而言，应全面落实安全生产主体责任，持续加强队伍建设和装备投入，多方位提升应急救援能力。一支装备精良、技能过硬的高素质专业危化品应急救援队伍，在火灾爆炸事故、易燃易爆及有毒有害物质泄漏等突发事件发生时，能在最为关键的黄金15min 内开展自救互救，尽可能将事故危害降至最低。对政府而言，应完善相关法律法规及政策要求，从制度上约束、资金上支持、业务上指导等多形式支持和鼓励企业应急救援队伍的建设，并通过信息化等手段，完善调度和应急指挥救援机制，促进当地大型危化企业应急救援队伍服务自身的同时，也为其他危化品企业提供专业应急救援等服务。

参 考 文 献

[1] 陈硕．加强危化品企业专职应急救援队伍建设探讨[J]．现代职业安全，2019(10)：76-77.

[2] 高维英，郭其云．企事业专职消防队现状及政府专职消防队构建[J]．消防科学与技术，2012，31(11)：1243-1246.

[3] 孔祥斌．化工企业应急救援管理[J]．科技创新导报，2019(8)：184-185.

[4] 林棋衔．危险化学品应急预案管理现状及建议[J]．化工管理，2019(2)：64-65.

[5] 杨浩．浅议加强企业专职消防队伍战训工作改革与创新策略．化工管理，2019(9)：87-88.

[6] 李春华，刘颖杰，邵高耸．危险化学品事故应急救援力量安全保障体系研究[J]消防科学与技术，2016，35(2)：279-282.

[7] 王慧飞．重视自身化工事故应急救援能力是企业的当务之急[J]．安全，2016，37(4)：36-37，39.

[8] 王春雷．新形势下企业专职消防队伍正规化建设探讨

【作者简介】刘铮，男，中国石油消防应急救援吉林石化支队四大队，消防战斗员。电话：13294491234。

陆上井控应急抢险
安全作业面创建新技术与装备

杨博仲[1, 2, 3]　辜良玉[1, 2, 3]　刘　伟[1, 2, 3]　杨　宁[1, 2, 3]

(1. 中国石油井控应急救援响应中心；2. 国家油气田井控应急救援川庆队；
3. 国家能源高含硫气藏开采研发中心)

摘　要：井控安全事故的高效应急救援具有至关重要的意义。其中安全作业面的创建是救援工作的基础，直接关系到救援效率及参与救援人员的生命安全。本文深入总结了近年来抢险案例中安全作业面创建中的技术难点，明确了失控井周边温度场分布规律，自主研发了冷却掩护机器人，模块化供水系统，远程非接触式激光点火装置等抢险专用装备，形成新一代安全作业面创建技术与装备系列，为显著提高救援效率、保障救援人员人身安全提供了有力技术支持。

关键词：井控；应急救援；安全作业面；冷却掩护；机器人；人员安全

随着国内勘探开发向深地、非常规方向不断发展，井控安全问题逐渐凸显，尤其在应对井喷失控或井口泄漏等井控险情时，应急救援工作显得尤为重要。而在其中，应急抢险安全作业面的创建无疑占据着举足轻重的地位。它贯穿于应急抢险全过程，不仅关乎到救援效率的高低，更直接关系到参与救援人员的生命安全，是高温、高噪、高危恶劣环境下抢险救援成功的关键。

1　安全作业面的重要性

安全作业面的创建在井控应急救援中具有不可估量的价值，其重要性主要体现在以下几个方面：

(1) 救援效率的提升：安全作业面能够为救援人员提供一个稳定、安全的作业环境，从而减少因环境恶劣、设施不完善等因素导致的延误，提高救援效率。在紧急状况下，时间就是生命，稳定和安全的工作环境对于提高救援效率具有决定性的影响。

(2) 人员安全的保障：安全作业面的创建旨在降低人员受伤的风险，为救援人员提供必要的保护，确保他们能够更好地投入到救援工作中。人员的生命安全是首要任务，一个安全的作业环境是必不可少的，是确保救援人员能够放心工作的基础。

(3) 事故损失的控制：通过合理设置安全作业面，有助于控制事故的扩大，减少对周边环境的破坏和财产损失，降低事故的总体损失。有效地控制事故的扩大是减少损失的关键环节之一，而一个合理的安全作业面设置可以为控制事故的发展起到关键作用。

(4) 救援信心的增强：安全作业面的创建能给救援人员带来安全感，增强他们在应对紧急情况时的信心，使他们更加专注于救援任务。一个安全的作业环境可以让救援人员更加放心地投入到工作中，从而提高工作效率和完成度。信心是成功的关键，一个安全的作业面可以为救援人员提供强大的心理支持。

2　安全作业面的创建技术难点

研究团队分析了近年来国内发生的几起井喷失控险情，总结了如下技术难点：

（1）井喷失控着火后作业面创建保障困难，冷却掩护作业缺乏理论支撑。井喷失控着火释放大量热量和有害物质，在开展冷却掩护作业后，外部喷淋水在热环境中蒸发，井口周围环境发生剧烈的相变和热质传递，造成温度场分布规律异常复杂，难以对冷却掩护设备、人员防护及创建安全工作面提供理论支持。

（2）着火后现有冷却掩护设备性能难以满足“三高一超”失控井救援作业需要，抢险工作面创建困难，严重迟滞抢险进度。攻关前固定式冷却掩护装备机动性差，导致单次调整安装周期长达 2~4 天，大型抢险作业时供水系统水功率不足，最大排量仅为 $600m^3/h$、水炮最大射程仅为 50~60m，某油田井喷失控抢险过程中多台抢险设备由于冷却掩护不到位被烧毁。

（3）井喷失控后作业环境重建缺乏安全技术手段。主要体现在含硫油气田发生井喷失控后，H_2S 等有毒气体大量弥漫井场，现有点火装置点火距离短（不足 50m）且易失效，易造成人员中毒及污染大气环境。

3　安全作业面创建新技术与装备

3.1　失控井井周温度场预测分析技术

井喷失控着火后，井口喷射火焰受到井口破坏形式、产气量、喷流速度、周围环境条件等多因素影响，难以开展火焰形态的仿真及相关辐射的模拟；同时从燃烧学角度分析，喷射火焰的喷射燃烧过程涉及到流场、辐射场、温度场、化学组分场等的耦合，多场耦合仿真往往通过计算流体力学数值模拟方法求解，但存在建模复杂、计算时间长等缺点，在实际救援抢险过程中难以满足计算速度的要求。笔者所在技术团队通过技术攻关，提出了一种非接触式测量与数据深度挖掘结合的失控井井周物理场分析预测方法，采用自行研制的热通量测量仪，配套红外热成像仪和风速仪，高精度完成失控井井周关键物理场数据的测量和采集，根据基于火焰解析理论建立的热辐射场预测模型，采用深度学习方法完成训练，最终得到具有泛化精度的预测模型，保证了预测的准确性和可靠性。

将预测数据与实际监测的数据在虚实映射的三维高精度井喷失控场景中进行位置坐标融合，并根据风速、风量、喷量、井口尺寸、变形度等实际变量进行实时更新，形成了远程决策系统端软件系统，其界面见图 1。

图 1　失控井井周温度场预测分析软件系统示意图

根据井周燃烧火焰温度场预测分析结果，结合热辐射对金属设备设施的破坏准则及人员承受热辐射强度准则，提出了三级热辐射区域设置标准，为划定机具和抢险人员安全作业区域提供科学依据。

3.2 高功率强机动性冷却掩护系统

为满足不同救援场景供水量实时分配与调控需求，设计“5×引水+5×增压”模块化供水方案，实现普通、增压串联及直连等三类120种的流量供给组合。其中引水端设计了专用液压装置直驱动移动式浮艇泵引水至增压端，大幅提升了自吸汲水能力，最大排量达到200L/s，增压端由高功率柴油机提供动力，入水方向设计了1个8”串联接口，可实现多台增压装置串联远程接力传输供水；出水方向设计了1个8”出水口+6个4”快插接头出水口，可实现直连前段分水供应端和喷淋端。见图2。

图2 研制的模块化高功率供水系统

在信息化升级方面，搭载CPE室外数据远传模块，将发动机转速、燃油箱液位，设备故障信息以及供水压力、流量等数据通过现场自组网无线传输方式远程传输至后方决策指挥端和操作控制端，保证了供水控制的实时性。

为提升前端冷却掩护机动性和掩护半径，研制了适用于井喷失控着火高温场景的全地形冷却掩护机器人。在自体热防护方面：以细水雾隔热、直喷机具表面冷却规律为基础，设计了机器人“固定角度+雾化旋转”的双层水幕喷洒包裹+环境温度感知为主体的外部热防护结构，本体温度超过200℃自动开启喷淋防护；为提升救援现场存在烟雾、未知障碍物等恶劣路况下机器人行走效率，开发烟雾去噪+立体视觉+雷达扫描的融合算法，形成了多维信息融合的障碍物识别和路径规划方法，障碍物有效识别距离≥5m。

为满足风向风力变化导致温度场突变后，水炮快速到达新掩护位置并开展冷却掩护作业的需求，研制一套冷却掩护机器人履带行走机构，性能测试表明：机器人行走机构跨越单个2m×1.2m×0.4m沟壑和连续跨越3个0.3m×0.3m×0.3m沟壑均成功，拖拽力>10.5kN，完全满足抢险现场需求。见图3。

3.3 远程非接触式激光点火装置

在应急抢险环境重建技术方面，基于激光与金属热交换效应，通过激光能量远程聚焦器的非球面镜片实现远程聚焦，辐照于井口附近的金属表面，金属吸收激光瞬间高能量后，温度急剧升高，达到可燃喷出物燃点，实现无接触远程点火的技术原理，研制了激光点火装置(图4)。该装置过搭载红外夜视+红外补光模块，实现全黑环境下目标物快速标定、瞄准；集成微型信号放大装置，遥控距离由4m提升至12m；轻量化优化后，整机重量同比减轻了26.5%，装置分别在白天、夜晚两种环境中进行了点火测试，成功率100%，点火距离>200m。

图3 研制的冷却掩护机器人

图4 远程非接触式激光点火装置

4 结论与建议

(1) 形成了一种非接触式测量与数据深度挖掘结合的失控井井周物理场分析预测方法，可较为精准地反映井喷失控着火现场温度场分布，为救援人员安全作业和机具有效热防护提供了有力的科学依据。随着人工智能技术的不断发展，井周温度场预测分析模型可根据通过不断的自主学习和完善，进一步提升预测精度。

(2) 高功率强机动性冷却掩护系统的远程控制可借鉴汽车行业的智能驾驶控制技术进行升级迭代，编译适合于井控应急救援冷却掩护作业的自学习算法，最终实现作业智能化自主控制。

(3) 远程激光点火装置可进一步拓展技术领域，可应用于钻井作业排气泄压、油气测试期间的安全快速放喷点火，显著降低作业成本和环境污染风险。

参 考 文 献

[1] 卿玉，杨令瑞，罗园，等."三高"油气井井喷失控全过程带火抢险救援技术[J].中国安全生产，2019，14(09).

[2] 胡旭光，李黔，罗园，徐勇军，庞平，刘贵义，罗卫华.油气井井喷失控着火应急救援技术及发展方向[J].天然气技术与经济，2023.

[3] 伍贤柱，胡旭光，韩烈祥，罗园，许期聪，庞平，李黔.井控技术研究进展与展望[J].天然气工业，2022(02).

[4] 苗典远，霍宏博，罗黎敏，孟瑄，林家昱，王赞.海洋井喷失控应急抢险技术[J].石油工程建设，2021.

【作者简介】杨博仲，男，中国石油井控应急救援响应中心高级工程师，硕士研究生，主要从事井控应急救援、井控应急处置技术研究。邮箱：yangbz_ccde@cnpc.com.cn。

威远页岩气采输场站消防安全防护系统的实践应用

彭吉庆　张璇缘　苏　浩

（中国石油川庆钻探页岩气勘探开发项目经理部）

摘　要：油气场站的着火爆炸风险是页岩气开发生产的重大风险之一。本文针对威远页岩气采输场站消防管理现状问题进行分析，以实践应用为主，对如何强化现场消防安全管理，削减和控制风险提出针对性对策措施，从而进一步提高风险防控能力，有效助力页岩气安全发展。

关键词：页岩气；消防安全；实践应用

页岩气资源已然成为四川的一张“王牌”，在建国 70 周年庆典上，“页岩气井采气工业”元素成为四川巡游彩车主要亮点。四川页岩气资源量占全国约 21%，可开采资源量占全国约 18%，其资源量和可采资源量均居全国第一。页岩气是一种特殊的非常规天然气，2019 年正式成为中国第 172 种矿产，国土资源部也将独立矿种制定投资政策，进行页岩气资源管理。油气场站的着火爆炸风险是页岩气开发生产的重大风险，场站常规配备消防设施主要有固定式消防炮、灭火器、消火栓以及灭火毯、沙池等设施，均无法有效处置天然气泄漏事故。因而提出主动防护+被动灭火的解决方案，应用场站安全防护系统，全面提升风险防控能力。

1　页岩气采输场站火灾隐患辨识

1.1　平台井站

采气井口气体泄漏风险大，而点式气体泄漏探测器不能有效的探测天然气的早期泄漏。

1.2　集气场站

工艺区、阀门井等气体泄漏点较多，而建设的气体泄漏探测器多为点式，不能有效的探测天然气早期泄漏。压缩机撬增设降声罩后形成封闭空间，存在高压天然气泄漏导致的火灾爆炸风险。且未配备自动灭火系统。箱式变电站的电气火灾，且未配备自动灭火系统。

2　页岩气（四级）场站消防安全防护系统

2.1　系统组成

定压二氧化碳灭火系统+智能雨雾炮（消防炮）防护系统+火灾自动报警系统。

定压二氧化碳灭火系统：针对变配电房、压缩机房（DTY500 以上）、变压器房等密闭场所实施灭火保护。

智能雨雾炮（消防炮）防护系统：可针对工艺管道、工艺阀门等区域泄漏的气体进行稀释和早期火灾保护。

火灾自动报警系统：集成气体探测及视频监控为一体的新一代设备，可在场区内对甲烷气体的全覆盖捕捉。

2.2 定压二氧化碳灭火装置

灭火原理：是通过把液态二氧化碳喷放至防护区内，通过窒息和降温来达到灭火的目的。

系统组成：由灭火剂储存装置、释放机构(总控阀、选择阀、分流管、反馈装置)、管网、喷嘴以及各类标识牌、警示牌等组成，可与火灾自动报警系统联动，启动完成灭火功能。

系统特点：长距离输送，可达500m；充装率高，可实现更多区域的保护；PLC程序控制，多次喷放；适用于DTY500以上压缩机降声罩安全防护。

2.3 智能雨雾炮(消防炮)防护系统

系统组成：由远程可视化雨雾炮或消防炮、现场控制器、泵房、中心控制台等组成。

系统特点：远程可视化雨雾炮可配合激光扫描式可燃气体探测系统对泄漏点进行定点喷洒，快速形成细小雾滴，降低泄漏点可燃气体浓度，缩小其爆炸极限范围，防止火灾事故和爆炸事故的发生。炮身上设置摄像头，与消防炮同步运行，可人工辅助定位。

智能消防炮可配合图像火灾视频探测系统联动，对初期火灾自动定位实施定点灭火；炮身上设置摄像头，与消防炮同步运行，可人工辅助定位；可自动定时喷射，也可人工手动启动喷射。见表1。

表1

名　称	参　数	名　称	参　数
射程/m	≥48	水平旋转角度	≥180°
流量/(L/s)	20	仰俯旋转角度	-15°~+60°
喷射压力/MPa	≤1.0	工作模式	全自动、手动

2.4 火灾自动报警系统

工作原理：利用甲烷气体对特定波长的激光具有吸收效应，且吸收强度与甲烷气体浓度相关(Lambert-Beer，朗伯-比尔定律)的原理而设计。

系统特点：激光甲烷探测仪是集成气体探测及视频监控为一体的新一代设备，可在场区内甲烷气体的全覆盖捕捉，灵敏度达到ppm级，响应时间≤0.1s；配合云台能够水平360°连续转动、垂直-90°~90°转动；远距离探测、只对特定气体报警，抗干扰能力强，能在露天环境中全天候正常运行；在出现气体泄漏的情况下及时声光报警、视频以及数据的记录，为应急、维修提供可靠信息。

3 页岩气(五级)场站消防安全防护系统

3.1 小型压缩机组二氧化碳防护系统

系统组成：由扫描式激光甲烷探测仪、定温储存式二氧化碳保护装置、喷头、消防安全监控平台以及配套的管网组成。

解决问题：针对DTY500、DTY315压缩机组降声罩实施气体泄漏的稀释保护和灭火保护。

主要功能如下：

（1）主动探测。利用点型可燃气体探测器和激光甲烷探测器，监测压缩机组隔声罩内可燃气体浓度，并将探测信息传输到中控室，远程监控压缩机组隔声罩内部泄漏情况。

（2）强制通风。当系统判定为一级预警时，发出指令，开启压缩机组隔声罩风机，抽出可燃气体降低其浓度，同时提醒值班人员关注系统检测情况。

（3）主动惰化。当系统判定为二级预警时，发出指令，关闭压缩机组隔声罩风机，启动二氧化碳防护系统，降低可燃气体浓度，并联锁压缩机组控制程序，切断气源和释放可燃气体，保证压缩机组隔声罩内安全。

（4）快速灭火。当接收到压缩机组隔声罩内部的火灾报警信号时，快速启动二氧化碳防护系统，扑灭初期火灾。

3.2 定温储存式二氧化碳防护装置

集成设计：保温机柜用于安装灭火剂瓶组、总控阀、控制器等设备。

防护防爆：采用室外保温机构，密闭、防雨、隔热，外壳及内部主要设备的防护等级不低于 IP55。内部的电气及控制组件按防爆型设计，防爆等级 Exd ⅡB T4。

定温储存：机柜自带空调保温系统，将集装房内部温度控制在 0~30℃，便于二氧化碳的保存。

隔热保温：机柜内、外墙板和顶板采用 1.5mm 厚碳钢喷塑处理，内外墙之间充填阻燃绝热材料，厚度不小于 50mm；底座和框架采用型钢焊接。

安装方便：机柜顶部设置吊环，便于吊装运输。机柜预留 2 个接地点，安装好后与场站接地系统连接接地。

控制逻辑：可燃气体浓度≤0.5LEL·m 或<爆炸下限 25%，系统判定为安全，持续进行检测；可燃气体浓度>0.5LEL·m 且≤1LEL·m 或>爆炸下限 25%且<爆炸下限 50%，系统判定为一级预警，发出黄色报警信号，发出指令，开启压缩机隔声罩风机，抽出可燃气体降低浓度，同时提醒值班人员关注系统检测情况；可燃气体浓度>1LEL·m 或>爆炸下限 50%，系统判定为二级预警；发出橙色报警信号，发出指令，关闭压缩机隔声罩风机以及压缩机，开启二氧化碳瓶组，气体喷放指示灯常亮，启动二氧化碳惰化功能；无论可燃气体浓度在哪个范围，一旦检测到压缩机内发生火灾，系统自动发出红色报警信号，发出指令关闭压缩机隔声罩风机以及压缩机，开启所有的二氧化碳瓶组，气体喷放指示灯常亮，启动二氧化碳灭火功能。

4 结语

采输场站消防安全防护系统目前已在川庆钻探公司威远页岩气 6 个采输场站完成投用，“主动防护+被动灭火”功能起到较好预先性火灾防控作用，能够快速报警、主动抑制和高效灭火，已逐步形成现代化采输场站消防安全防护的必要配套设备，成为有效防控着火爆炸事故的重要手段。

【作者简介】彭吉庆，男，2012 年毕业于重庆科技学院，本科，现就职于中石油川庆钻探工程有限公司页岩气勘探开发项目经理部，任质量安全环保部监督站站长，主要从事安全环保专业。电话：18428356388，邮箱：pengjq_sc@cnpc.com.cn。

页岩气压裂现场设备火险防控措施分析

梁　鹏　魏传阳　陈克良　杨炯燕

（中国石油川庆钻探井下作业公司）

摘　要：在页岩气压裂施工过程中，压裂设备涉及高温高压、易燃物质、复杂的机械操作等因素，火灾风险相对较大。压裂现场火灾的发生与其电气系统、油路系统、排气系统有着直接关系。在压裂车辆设计和现场施工管理中，针对这些问题进行改进和控制，可以有效减少火灾风险。川庆井下在多年的压裂现场设备火险防控中摸索出一套现场火险防控的管理措施，应用效果非常良好，现已推广在川渝地区的页岩气平台压裂施工的设备管理中推广应用。

关键词：页岩气；压裂设备；消防防控；安全环保

油气田开发，尤其是我国资源丰富的深层页岩气田开发，涉及到的压裂施工规模大，设备设施多，单个压裂平台涉及的主压裂设备多达25~30台套，总资产近(3~5)亿元。然而，在页岩气压裂发展过程中，容易引发的压裂车火灾成为了一大突出的风险，此类风险在压裂过程的高功率、高压操作和易燃物质存在的情况下尤为明显。近年来，我国多次出现火灾事故，给设备和财产带来严重威胁，据不完全统计，近五年内在川渝地区就发生了5起以上压裂车火灾事故。为了有效应对火灾问题，学者和研究人员从不同角度寻求解决方案，包括设计和开发智能消防预警系统、研究自保系统以及采用仿真模拟研究火灾热释放速率和压裂车火灾蔓延分析等。同时，这种发展趋势和未来工作的方向也体现在针对具有较大火灾风险的页岩气施工现场，

因此，压裂火灾隐患已成为制约我国页岩气田大规模勘探开发的重要因素，急需解决。其关键在于强化智能预警与远控消防策略，改进自救消防系统设计和应用，以期提升现场自救能力，降低火灾风险，从而保障页岩气田开发行业的健康、稳定发展。本文从现场的设备防控措施着手来浅谈一下压裂现场的设备火险防控。

1　压裂设备着火的几种形式

压裂设备作业具有复杂的机械、电气和油路系统。油气介质多、设备工作区域高压高能聚集、现场临时用电交叉且设备长时间高温高压作业的特点，因此作业现场就会存在多种火灾自燃的形式：

1.1　电气线路故障着火

压裂设备电控线路较复杂，存在单车控制电器线路，发电设备，GPS和行车记录仪、倒车影像等外接电路。电气线路如果连接过多负载，超过其设计负荷，可能会导致线路发热，引发着火。电线或电缆绝缘层的老化、磨损或损坏，可能导致导体暴露，增加了线路着火的风险。电线连接不牢固、接触不良，会产生高电阻，导致局部发热，有可能引发着火。

1.2　防冻液着火

压裂设备降温主要依靠防冻液的循环，压裂设备含有 1000L 的美孚-45#防冻液。该防冻液的主要成分为乙二醇。防冻液在液态下一般不具有可燃性，但是当其挥发喷出呈雾状或气态时，常温常压下乙二醇的燃点是 111℃，沸点是 197℃。也就是说，乙二醇在一定的温度范围内能够燃烧，并释放出大量的热能。由于压裂设备的设计原因，存放防冻液的水箱离柴油机的增压涡轮的位置较近，压裂设备施工时，增压涡轮位置的温度高达 600～700℃，极容易发生泄漏挥发至排气歧管或增压涡轮的高温位置引燃导致火灾事故发生。

1.3　润滑油着火

压裂设备含有较多的润滑油路系统，包含液压油管路、发动机机油管路、变速箱机油管路、压裂泵润滑管路、燃油管路等。润滑油的主要功能是减少机械部件之间的摩擦和磨损，以及散热和保护机械设备。一般情况下，润滑油并不会燃爆。它们通常被设计成具有高的闪点和自燃点，以确保在正常使用条件下不会发生燃烧。以 2500 型压裂车发动机机油 MOBIL DELVAC 1 SHC 5W-40 为例，在压裂设备持续工作条件下，润滑油会部分蒸发成为气体，形成可燃气体混合物，在高温或火焰的作用下，润滑油中的轻质分子开始蒸发，变成可燃的气体，加热到蒸汽与火焰接触发生瞬间闪火时的最低温度 225℃。在某页岩气压裂施工平台发生过机械设备断裂火花引燃高温雾化润滑油蒸气导致的压裂设备着火事故。

2　页岩气压裂平台火险防控的措施

2.1　配备全自动消防撬

井场应急消防装置由火灾探测报警及灭火控制系统、泡沫消防站、远程遥控消防炮三大系统组成。火焰探测系统包含 3 只火焰探测器、1 台视觉火灾探测器、消防综合控制系统、消防站控制系统、便携式远程监视控制系统和声光报警器。泡沫消防站包含托撬底架、水罐、泡沫罐、柴油机消防泵组、泡沫系统和水泵管路系统。远程遥控消防炮由液压站、起升油缸、臂架、消防炮组成(图 1)。

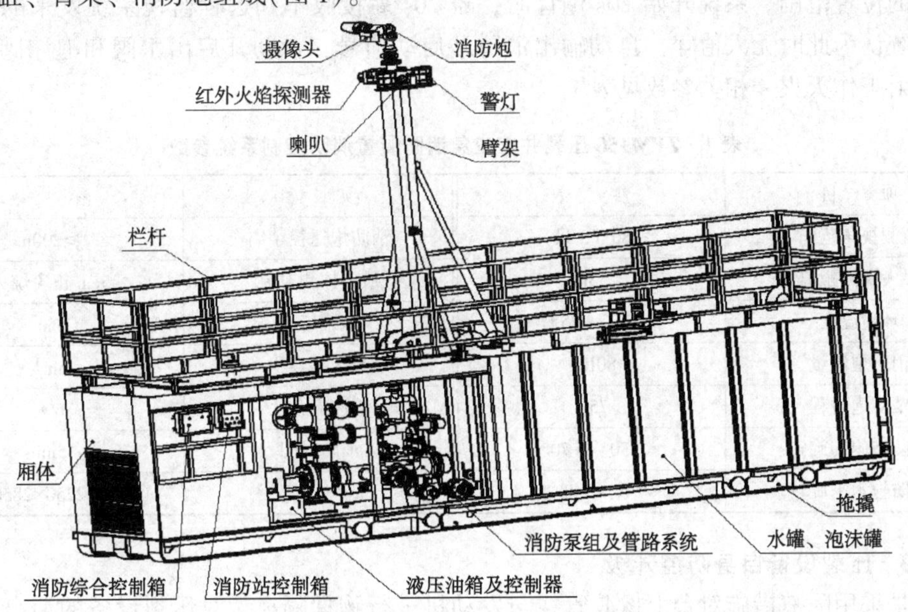

图 1　压裂井场应急消防装置结构图

根据页岩气压裂作业现场设备布局，放置在距离水源近且能覆盖所有压裂设备区域的位置，升起臂架，使火灾探测器、消防炮出液口朝向压裂设备施工监控区域。依据现场全井场设备摆放情况，按应急消防装置场地要求指定设备摆放位置，提供4in供水管线(长度按现场摆放情况具体确定)，80m^{3}消防用水及指定在仪表车内摆放2个远程控制箱。

以川庆井下作业公司的L203H-X平台为例，采用的ZPM150型井场应急装置(图2)。

图2　ZPM150压裂井场应急消防装置现场应用图

消防炮臂上安装的三支红外火焰探测器可实时采集到压裂区域内任意位置发来的火警信号，驱动声光报警器报警，同时控制柴油机、离合器启动。并通过内部高速微处理器对信号运算处理，确定火焰探测器在消防炮臂的角位，将这个角位数据发送到消防炮控制主板，启动消防炮使其旋转到该着火点位置；同时视觉火灾探测器通过系统自带的空间位置模型计算出压裂区域内发生火灾的具体坐标位置，自动调整消防炮喷射方向及角度，对准着火点的位置范围。系统开始20s倒计时，若20s后接收不到远程监视系统发来的复位信号，系统认为此时无人值守，自动输出消防站启动信号，自动开启出水阀和泡沫阀，进行远程喷射工作灭火。相关参数见表1。

表1　ZPM150压裂井场应急消防装置消防控制系统参数

项　目	参　数	项　目	参　数
监测视角范围	180°(3只)	消防炮遥控距离	≥200m
最大探测距离	55m	最小探测对象	5cm正庚烷火
环境温度	-30～+75℃	水罐容积	10m^3
消防炮流量	80L/s	泡沫罐容积	5m^3
消防炮射程	75m	泡沫混合比	6%
消防炮俯仰旋转	-30°～+70°	消防时间	15min
消防炮水平旋转	0°～340°	长×宽×高	(9560×2250×2850)mm

2.2　压裂设备自身防控升级

一是采用隔离措施对台上橡胶管线与发动机进行物理隔离，对压裂设备的消声器排气管等面积大的部位用纤维隔热棉进行包裹。在压裂车的水箱附近安装防冻液隔离挡板，在防冻液循环管路在压裂作业过程中，针对可能会发生防冻液等液体泄漏、喷溅或喷射，接触到热源或明火，可能引发火灾的隐患，防冻液隔离挡板和隔热棉分别提供了一个屏障，防冻液隔离挡板可以隔离泄漏液体，隔热棉隔离潜在的高温部件，防止火灾的发生。同时减少了操作人员接触潜在危险区域的可能性，提高了操作人员的安全。

二是安装压裂车"双防区"自动灭火控制系统。其主要功能是在无人值守的工况下，通过自动预警、自动/人工启动、定向控制模式，能够有效控制和消除初期火灾，最大限度降低施工现场工程施工设备自身因素引发火灾事故的风险。该系统集火灾探测、火灾报警、气体灭火于一体，当发生火情时，火焰探测器将探测到的信号提供给控制单元，控制单元自动发出声光报警提示、实现灭火剂喷发。系统自带备用电源，在外界停止供电的情况下，可维持系统运行约 8h。灭火剂为泡沫式，由氟碳表面活性剂、无氟表面活性剂和改进泡沫性能的添加剂(泡沫稳定剂、抗冻剂、助溶剂以及增稠剂等)及水组成，其雾滴的重量比细水雾略大，因此能更直接地到达燃烧物体表面，并且有着更好的冷却效果。同时雾滴有足够细到排开氧气，窒息灭火，是理想的灭火剂。图 3 为压裂车"双防区"自动灭火系统。

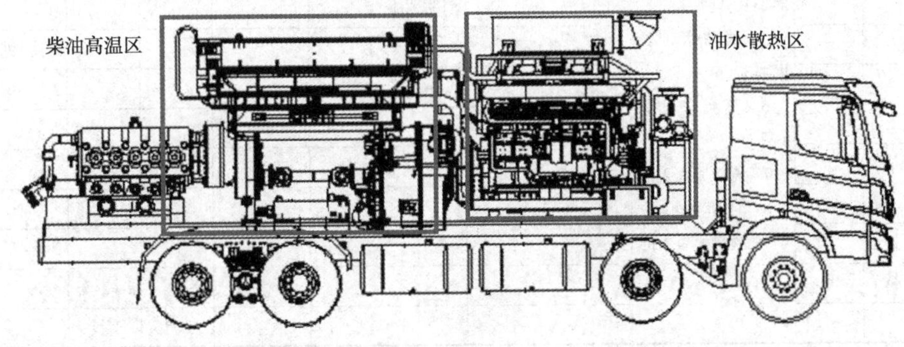

图 3　压裂车"双防区"自动灭火系统

三是有效控制作业现场风险，降低火险隐患，更好地满足设备设施完整性和可靠性要求及生产需要，结合美孚专业厂家建议，对不同作业区域油田专用设备的防冻液配比进行稀释。以美孚-45#防冻液为例，按照防冻液与蒸馏水 1∶1 的比例进行稀释，将其闪点与燃点有效增高，同时其防冻液冰点上升到-13℃，按川渝地区气候特点，完全不影响其在冬天寒冷天气下防冻液的运转使用。

四是加强作业现场监控。优化单车视频监控系统，设置瞭望台，增加人防措施。开展压裂设备状态监测及自动灭火系统的现场应用，应用声光电预警、报警系统，对压裂设备关键重点部件的油温、油压、台上发动机温度等进行远程监测，推进压裂设备状态监测和火险预警系统。

2.3　压裂设备分组消防

受施工作业井场大小限制，压裂车停放间距普遍较小，平均车距不足 1m，几十台(套)设备同时工作时，热量散发不充分，易引起车辆自燃。根据压裂设备优化分组，同向每 3~5 辆压裂车为一组，组与组之间间距不小于 3.0m，同组相邻压裂车之间间距不小于 0.8m。压裂车车头前有不小于 13m 的应急通道，满足紧急撤离需要。井口高压区域配置 2 具 35kg 泡沫灭火器。每台压裂设备配备 2 具 8kg 干粉灭火器，每组压裂设备配备 1 具 35kg 泡沫灭火器，灭火器均放置在车头地面位置，压裂施工作业区域地面铺设难燃防渗膜。现场应配备一辆单独的消防车与单独的消防供水系统，满足消防用水的需求。压裂设备区域配备 6

根消防水龙带，与现场的供液设备相连接，做到随时可以为现场提供足够的消防支持，做到井场全覆盖。见表2。

表2　压裂现场消防设施与灭火器材配备标准

数量 规格 地点	消防车（台）	消防房（座）	消防箱（个）	消防水带	消防水罐（个）	灭火器（具）			
	泡沫	1. 25kg 水基灭火器≥8具 2. 8kg干粉灭火器≥10具 3. 4kg干粉灭火器≥10具 4. 2kg干粉灭火器≥10具 5. 消防水带长度≥320m 6. 直流水枪≥8只 7. 消防斧≥2把 8. 消防勾≥2个 9. 消防铲≥2把	1. 25kg 水基灭火器4具/箱； 2. 8kg干粉灭火器4具/箱； 3. 直流水枪≥4只	抗压：13kg；水带直径：65mm或80mm；水枪直径：19mm	$30m^3$以上	25kg水基	8kg干粉	4kg干粉	2kg干粉
1. 全井场	1		2（前后场各摆放1个）	与供液车（撬）配套，每3台主压裂车配备1套消防水龙带	1				
2. 指挥中心								2具/栋	2具/栋
3材料房								2具/栋	
4. 瞭望房									1具/栋
5. 压裂车（撬）							2具/车		
6. 混砂车							2具/车		
7. 仪表车（撬）								2具/车	
8. 供液车（撬）							2具/车		
9. 加油撬						1具	1具		

3　结语

针对现场的压裂设备的火险防控，制定的以上措施可以在火灾初始阶段提供预警，并能进行远程控制灭火。这是一个非常有效的解决方案，它可以让现场人员在火灾扑灭的最佳时期采取行动。目前在川庆井下施工和管理的页岩气压裂平台通过以上措施，已经较好地实现了压裂设备的火险防控，有效杜绝设备着火带来的各项设备和财产损失。

参 考 文 献

[1] 崔建林. 油气田压裂作业环节消防自保系统的设计[J]. 石油规划设计，2019，30(4)：11-14.
[2] 魏学成. 页岩气压裂井场火灾智能预警及远控消防系统[J]. 今日消防，2019，4(5)：53-55.
[3] 唐伟，王文麟，王文和，等. 页岩气压裂施工现场压裂车火灾演化行为数值模拟[J]. 消防科学与技术，2022，41(1)：72-75.

【作者简介】梁鹏，男，2012年毕业于重庆大学，本科，现就职于中石油川庆钻探工程有限公司井下作业公司，任重庆分公司压裂4队副队长，主要从事装备管理专业。电话：18328437767，邮箱：liangpeng_jx@ cnpc. com. cn。

油气井井喷失控喷量预测技术研究与应用

唐　源　王留洋　辜良玉

（中国石油井控应急救援响应中心）

摘　要： 油气井发生井喷失控后，及时准确地得到失控井喷量将为后续抢险救援提供科学的数据支撑，保障抢险救援的顺利推进。针对油气井井喷失控后缺乏高效准确的喷量预测手段的问题，本文开展了三种喷量预测方法的研究与带火测试实验。实验结果表明三种预测方法均具有各自的优缺点，其中气核流速直接测量预测方法精度最高，但测量设备受环境因素影响较大，难以适应复杂的井喷现场；仿真反演喷量预测方法使用最为便捷，可适用于几乎任何复杂环境下的失控井喷量预测，但预测精度和稳定性还需要进一步提高；图像智能识别流速预测方法精度较低，但在更高精尖的设备和更完备智能的算法条件下可发挥出更好的效果。本文研究内容将为井喷失控抢险救援过程中喷量预测提供技术指导，对进一步推进抢险救援的科学化具有重要意义。

关键词： 井喷失控；喷量预测；气核；仿真反演；图像识别

1　引言

井喷失控是油气行业影响巨大的灾难性事故，特别是高压气井井喷，由于喷出气体的易燃易爆特性，一旦发生泄漏，轻则导致井喷起火，造成大量油气资源浪费和严重的环境污染，重则造成大量井口人员伤亡。井喷失控着火不同于一般的石油化工火灾，由于地层压力过大，致使失控井油气喷流能达到地面高度几十米的位置，一旦起火，油气喷流迅速燃烧形成巨大燃烧火柱，一般能高达 50m 甚至上百米。高压高产井起火后，往往会出现井架倒塌、钻机底座变形、转盘倾斜。近井口附近温度极高，热辐射强烈，燃烧高温会导致井口变形、装置失效。复杂的井场环境易改变失控油气喷射方向，造成多方位起火，形成不规则的燃烧。在井控应急救援过程中，油气产量大的井，往往需要使用更多的水进行喷淋降温，保护作业人员及抢险设备。此外，高喷量油气井还将带来的巨大的冲击破坏力，需要更高强度的设备，用以确保套装引火筒、新井口重置等作业的稳定性。井喷量作为制定井控应急抢险方案的重要判断依据，可以为救援工作的开展提供理论数据支撑。因此，及时掌握井喷事故中失控井喷量对指导井喷事故的救援工作具有重大意义。

近年来，部分国内外学者开展了关于喷量预测技术的系列研究。2009 年，王其华等人利用 CFX 流体动力学软件建立三维井喷模型，对不同井喷产量下井喷失控喷射火焰进行仿真模拟，研究了不同风速情况下喷射火的温度场、辐射场以及火焰高度分布。2013 年，胡坤以井下流体速度小于 150m/s 的井筒为对象，假定井筒内气体为不可压缩气体，近似认定井筒内气体运动满足伯努利方程，并依此得出井口流量的计算公式。2016 年，张高峰设计了一套井喷模拟教学系统，运用液体井喷喷高和质量流量计算控制方程，得到环空出口射流速度和气体密度变化公式。2017 年，田家林等人利用气体伯努利方程分析气井产气量与喷流火焰高度之间的关系，对轴对称层流状态下的失控井喷量进行数值计算，完成了失控井喷量测定计算软件的编制。综上，上述学者在开展关于喷量预测相关技术研究并建立喷量预测公式时，较少地对实际工况下的环境因素如风速、井口变形程度等进行考虑，对实际抢险现场的适应性较低。

为给予井控应急抢险救援过程科学的喷量数据指导，本文提出了三种喷量预测方法并分别开展了模拟测试实验。

2 基于仿真反演的喷量预测方法

该方法基本原理是通过模拟不同参数变量的喷射形态，得出喷量与喷射状态之间映射关系，从而根据实际的喷射状态预测喷射产量。以井口为中心，建立三维圆柱计算域。计算域底面半径为 100m，高度为 400m，井口直径 D 为 0. 18m。

Palacios 等以 800K 作为喷射火的高度阈值，本文参考这一判据进行燃烧火焰高度计算。通过建立油气井井喷喷射湍流仿真模型，在喷量、井口尺寸、井口变形度、风速、含油量对井喷形态的单因素影响规律分析的基础上，通过回归分析形成了喷量预测模型和计算软件。不同因素对喷射火焰高度影响如图 1 所示。通过对仿真数据进行分析，采用最小二乘法拟合得到气井与油井喷量预测模型，并建立了快速预测程序。

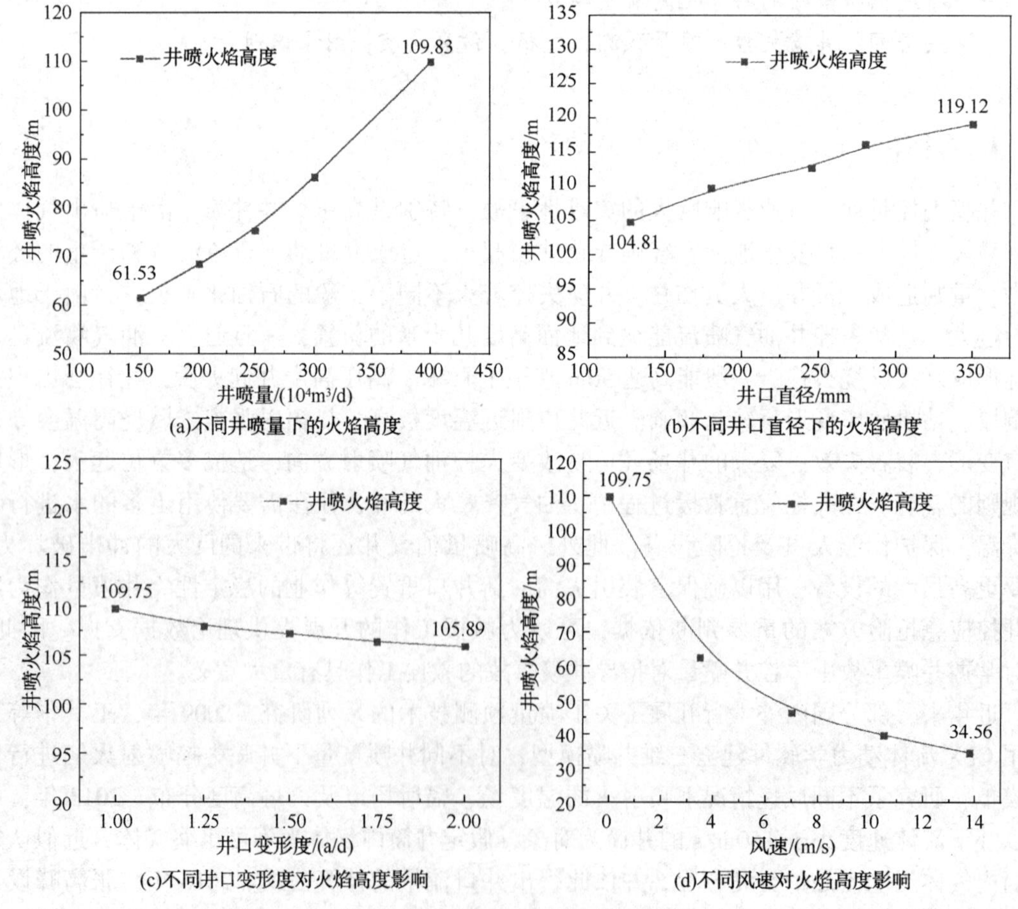

图 1 不同因素对喷射火焰高度影响

3 基于图像智能识别流速的喷量预测方法

3.1 预测原理

利用远距离高速摄像机实时采集井喷流体图像，通过对比短暂时间间隔前后两帧图像，采用图像特征点模式识别与聚类的方法计算出图像特征点在前后两帧图像中的位移，进而计算出井喷口出的气体流速。通过井喷气流流速与流动截面的关系得到喷量值。

3.2 模型选择与喷量预测系统建立

基于图像智能识别流速的喷量预测方法一共使用到 5 种算法。GrabCut 算法用于将火焰图像从复杂的背景中提取出来，定向 FAST 和旋转 BRIEF(Oriented FAST and Rotated BRIEF)，简称 ORB 算法，主要用于对火焰图像的特征点进行提取。BF-KNN 算法用于将图像前后两帧的特征点进行匹配。最后再采用 RANSAC 算法对图像特征匹配后的误匹配点进行剔除和修正。为进一步加强特征点提取效果，还采用了基于 RGB 和 HSI 颜色判据的火焰区域提取模型，该模型可以进一步提升火焰像素点识别的准确率。最后再使用相机和针孔成像原理计算井喷流速。

基于以上算法模型，设计了一套高速图像采集设备和井喷气体流速在线测量软件。远焦镜头和高速相机搭配主要用于对火焰图像进行远距离采集，工控机主要用于安装软件分析系统并对采集的图像进行分析计算。图 2 所示为井喷气体流速在线测量软件界面。

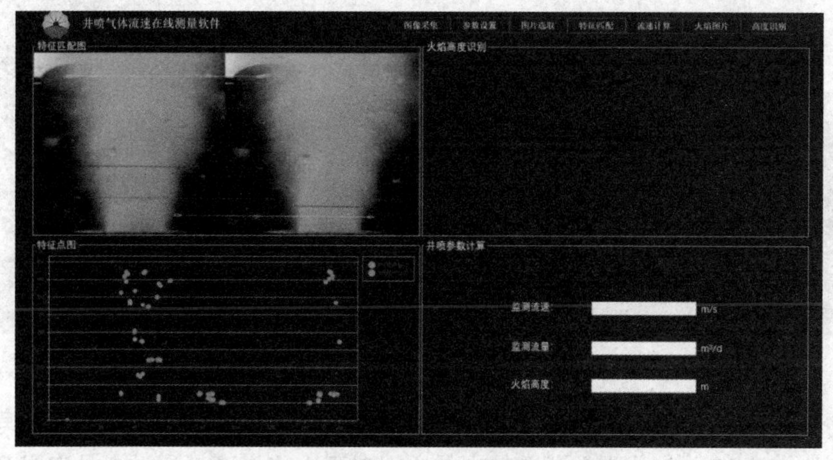

图 2　井喷气体流速在线测量软件界面

4 基于气核流速直接测量的喷量预测方法

该方法基本原理是航空航天领域使用的总压速度测量原理。根据射流动力学原理，失控后井喷产生的射流将会是一束垂直向上的轴对称圆形射流，且是一个由紊动涡体和周围介质交错的不规则面，在一般分析过程中以统计平均意义把喷流边界当作线性分界面，自由紊动射流主要存在三个基本形态：核心段、过渡段和充分发展段。射流核心区域速度即可视为井口流体速度，乘以井口直径可得到喷量值。

总压速度测量装置在航空领域被广泛应用，航空领域的空速管安装于飞机前部、机翼下表面或机身侧部，用于测量飞行器飞行速度，空速管的测量方法简单，测量稳定性高，适合气流稳态流速测量。气核流速直接测量的喷量预测方法是通过将测压管伸入井喷流体的核心区域进行测速，通过工控机将测得的速度与井口直径相乘得到喷量值。图 3 所示为井口测压管直接测量原理图。

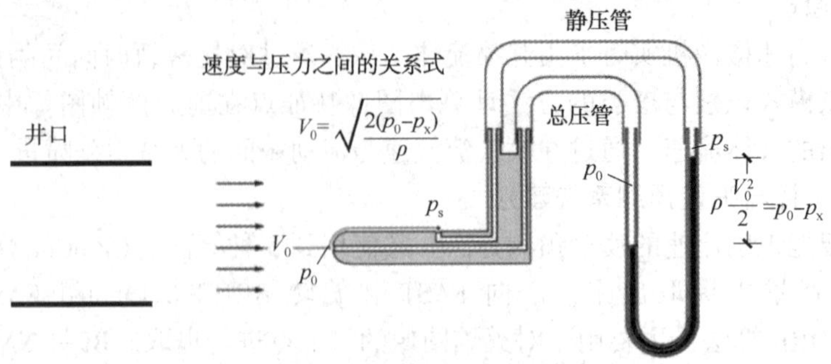

图 3　井口测压管直接测量原理图

5　模拟实验

为验证三种喷量预测方法的准确性，开展了模拟点火实验，喷射气体产量最高达到 $15\times10^4 m^3/d$，如图 4 所示。

图 4　模拟测试实验

采用仿真反演喷量预测方法开展模拟实验 4 组，结果如表 1 所示。预测误差最低仅 2.7%，最高约 33.5%。造成误差相差较大的原因在于火焰高度是通过人员肉眼观察，当外界环境光线太强时会影响对火焰高度的判断。

表 1　仿真反演喷量预测方法模拟实验结果

序号	火焰高度/m	实际喷量/($10^4 m^3/d$)	预测喷量/($10^4 m^3/d$)	误差/%
1	11.4	3	3.39	13.0
2	13.675	5	5.136	2.7
3	13.9	8	5.32	33.5
4	18.52	12	9.51	20.8

基于图像智能识别流速的喷量预测方法共开展了 6 组模拟实验，结果如表 2 所示。对实验数据进行分析发现，整体测量误差值在 6.51%~35.7%。

表 2　基于图像智能识别流速喷量预测方法实验测量数据

序号	火焰高度/m	实际喷量/($10^4 m^3/d$)	预测喷量/($10^4 m^3/d$)	误差/%
1	10.38	3	3.195326	6.51
2	11.47	5	4.597264	8.0
3	14.67	12	14.6383	22.0
4	7.48	5	4.326613	13.5
5	11.73	10	6.427347	35.7
6	13.84	15	17.670901	17.8

基于气核流速直接测量的喷量预测方法共开展 5 组次实验，实验数据如表 3 所示。其中第一组实验误差达到约 50%，主要是实验初期喷口流量控制不稳定，测量数据误差偏大。通过剩余四组实验数据进行分析发现，实验过程误差维持在 4.2%~18.8%。

表 3　气核流速直接测量装置模拟实验数据

序号	实际喷量/($10^4 m^3/d$)	预测喷量/($10^4 m^3/d$)	误差/%
1	3	1.5	50
2	5	4.5	10
3	8	6.5	18.8
4	12	11.5	4.2
5	15	16.5	10

6　结语

随着勘探开发向深部复杂地层迈进，井控应急救援技术将面临更高压力级别、更高产量、更多样的井喷失控形式等一系列挑战。失控井喷量预测作为井控应急抢险救援过程中极为重要的一环，多样化的预测手段将为抢险救援提供更灵活、准确的数据指导，保障抢险救援的顺利推进。

本文提出的以上三种喷量预测方法从模拟实验中的表现情况来看，气核流速直接测量装置测量精度最高，最高精度达约 95%。在现场条件允许，设备可以靠近失控井口时，此种方法测量最为准确。但井喷失控后，由于井口火焰温度极高，且井口存在残余障碍物，人员及常规设备无法靠近井口，此时使用仿真反演喷量预测方法较为方便，但其预测精度与稳定性还有待进一步提高。图像智能识别流速方法预测精度在三种方法中相对较低，但此种方法预测速度最快，受环境影响最小，结合未来更高精度的测量设备和更精确智能的算法能达到更好的预测结果。

参 考 文 献

[1] 胡旭光，罗园，郑冲涛. “三高井”井喷失控着火井口重置关键技术与装备[J]. 钻采工艺，2021，44(05)：7-10.

[2] 王其华，杨芳，艾志久等. 井喷事故 H_2S 扩散环境三维建模与仿真[J]. 安全与环境工程，2009，16(04)：72-74+77.

[3] 胡坤. 基于 CFD 的高含硫天然气井井喷失控射流数值模拟研究[J]. 科学技术与工程，2013，13(09)：2448-2452.
[4] 张高峰. 井喷模拟教学系统研究[D]. 西南石油大学，2016.
[5] 田家林，杨应林，杨令瑞等. 井喷失控井天然气喷量测定计算与实验研究[J]. 天然气工业，2017，37(03)：77-82.

【作者简介】唐源，男，硕士研究生，主要从事油气井井喷失控应急救援方面研究。电话：19522105127，邮箱：tangyuan_cffc@ cnpc. com. cn。

海上油田开发消防应急智慧化系统技术研究

吴奇兵　韩鑫宇　李　跃　李东杰

（中海油安全技术服务有限公司）

摘　要：目前海上油田开发设施的平台消防关键数据信息与中央控制室内的F&GS系统和ESD系统对接，实现海上油田开发设施生产关停及火灾防控的功能，根据研究报告提出的技术路线，海上油田开发设施消防管理可依托海上消防能力评估预警系统与消防应急处置管理平台实现消防能力分析、日常消防管理监督、火灾预警等功能，提升海上油田开发设施现阶段消防应急处置能力，从而实现海上油田开发消防管理由“传统消防”向“智慧消防”的转变。

关键词：海上油田开发设施；消防；智慧化；系统性

“十四五”期间，我国改革正进入攻坚期和深水区，消防工作面临的新情况、新问题日益增多，消防安全形势日趋复杂，火灾防控和灾害救援难度不断增大，海上油田开发设施主要依靠自救，集团公司面临的消防安全任务更加艰巨，迫切需要信息化提供更加有力的支撑和服务。

根据《集团公司安全生产专项整治三年行动计划》的相关要求，通过三年时间，整治应急及消防安全领域突出风险和隐患，完善应急和消防管理责任机制和管理体系，持续提升应急、消防管理水平和救援能力，进一步增强科技应急保障能力，明显改善公司应急消防内部协同和区域协同应对能力，涉外应急能力有效加强，推动消防安全形势持续向好发展，应急管理水平再上新台阶。依托大数据、云计算、人工智能、无人化等现代科技手段，不断提升应急消防装备质量，推进应对应急响应与救援、消防灭火、反恐防范等方面的应急能力现代化建设，推动应急消防科技创新。

2017年公安部消防局发布《关于全面推进“智慧消防”建设的指导意见》，2019年印发国家《关于深化消防执法改革的意见》提出“互联网+监管”，运用物联网和大数据技术，实时化、智能化评估消防安全风险，实现精准监管。目前，整个行业正在从传统消防向智慧消防转型，海洋石油领域在消防物联网、智能消防产品、消防大数据及云计算技术方面的应用较少，亟需通过智慧消防技术和智慧消防产品研究形成科研成果，从根本上提高消防系统的完整性、可靠性、智能化、数字化，进而实现海洋油气平台消防本质安全。

1　研究目标

通过开展关键信息数据收集处理、火灾物联与风险预警及消防能力动态监测等技术手段的研究工作，结合国内外智慧消防先进技术及海上油田开发设施开发的实际情况，编制一套海上油田开发设施智慧消防建设标准，开发适用于海上环境的智能消防系统监测技术及产品，最终建立海上消防能力评估预警系统与消防应急处置管理平台，全面提升海上设施火灾防控能力、海油油气田开发自身灭火应急救援能力和陆地应急指挥中心的应急处置与防范能力。

2 国内外目前水平和发展情况

2.1 国外发展现状

美国消防研究基金会开展对美国智慧消防研究路线图的研究。该研究的目标是制定美国智慧消防研究的路线图，确立在美国实现智慧消防所需的科技基础。美国标准技术研究院(NIST)发起“智慧消防”项目，融合建筑、设备、个人保护装备、信息系统等多领域技术，以提升态势感知、消防效能和个人安全为目的。目前，已经在基础设施智慧网、消防员智能防护服、智能应急响应系统取得了应用成果。

国外消防行业巨头，包括霍尼韦尔、江森自控，联合技术公司都先后提出了“connecting building”等智慧化消防解决方案。消防智慧化、数字化成为消防行业发展的必然趋势。

2.2 国内发展现状

2017年10月公安部消防局发布《关于全面推进“智慧消防”建设的指导意见》，意见中提出建设“智慧消防”的工作目标及重点任务并且明确工作目标。部分省市从建设“智慧城市”角度出发，实现了消防信息共享和灾害预警信息化，但是由于历史(如现行指挥调度平台的不兼容性)以及专业性强等因素，系统技术水平相对不高。

现阶段，我国智慧消防市场仍处于初级阶段，行业中尚未出现市场占有率较高、能够引领行业发展的大型企业，企业规模普遍较小，市场格局较为分散，具有研发创新能力的企业未来发展空间巨大。与此同时海上油田开发设施消防设备设施维护管理手段仍以常规做法为主，新技术新方法应用较少。

3 智慧消防系统管理关键技术

3.1 智慧化管理建立步骤

消防智能化管理技术研究内容主要包含：智慧消防建设体系研究、智能消防系统监测技术及产品研究、智慧化海上油田开发设施消防能力评估软件开发；智能消防信息化处理技术与产品开发、海上消防能力评估预警系统与消防应急处置管理平台开发。

消防智能化管理内容分为三个层次，第一种层次属于理论研究，海上油气生产设施智慧消防建设体系研究通过研究国内外智慧消防建设的案例，结合石化企业和海洋石油开采的特点，建立海上油田开发设施智能消防建设的顶层设计，编制消防管理智能化标准或导则。

第二种层次智能平台总体搭建研究，海上消防能力评估预警系统与消防应急处置管理平台开发通过数据模型和软件算法，集中处理消防系统的各项数据和信号，将原有的独立运转的消防能力评估、探测报警系统、灭火系统、应急救援等部分整合成统一的管理平台，提高管理的效率和决策的科学性。

第三种层次为专项技术研究，智能终端产品类的研究通过检测技术和信号传输技术，实现消防系统关键阶段的实时监测，节省人力成本，提高灭火系统的可靠性，将传统的依据专家经验的海上消防安全能力评估转化为智慧化的评估软件，提高消防安全评估的科学性和有效性。同时，在将评估过程得到的数据收集整理，为智慧消防平台的决策提供数据支撑。搭建现有消防系统和智慧消防平台之间的信息通道，将现有的消防系统的信号收集、处理，转换成智慧消防平台需要的信息进行分析处理。

各研究内容和逻辑，如图1所示。

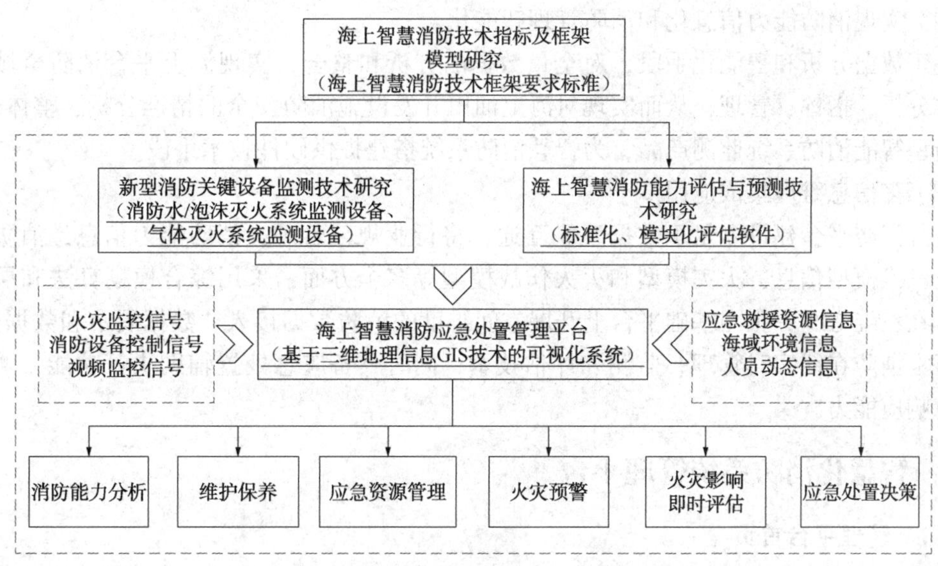

图1　海上智慧消防技术

3.2　智慧化消防的关键技术

（1）智慧化的海上消防安全能力评估软件

基于国家法律法规和消防安全评估经验，将传统的基于专家经验的消防安全评估转化为智慧化的消防能力评估软件，提高消防安全评估的科学性。将传统的纸质版内容，例如消防应急预案、灭火系统的能力、灭火器的位置、重大危险源的位置、重大危险源的危害等内容，转化为可供分析和调用的数据，在灾害预警和应急救援时，提供决策数据支撑。

（2）消防系统三维建模

通过成熟的技术手段对得到目标设施的数据影像。基于图形运算单元 GPU 的后处理三维建模技术，实现快速、简单、全自动的目标设施三维建模。结合消防评估得到的消防能力数据，例如灭火器的种类、数量和位置，重大危险源的位置和危害等，将数据信息导入到目标设施的三维建模中，得到消防系统的三维模型。

（3）智慧消防救援决策系统核心算法与智能处置技术

以消防能力信息化、消防系统信息集成和消防系统三维模型为基础，开发智慧消防平台核心算法，实现消防能力信息便捷调用和显示，智能消防管理和状态监测，内嵌火灾模型和灭火作战模型，实现了灭火救援能力快速智能查询，准确给出灭火救援方案，科学划定危险区域范围，最终实现科学决策。

3.3　智慧化消防管理的功能

（1）消防三维 GIS 信息技术及其应用

传统的三维模型建立技术，如 CAD 技术和航空摄影测量技术，均是依靠 3D 软件进行人工纹理粘贴，最终生成较为真实的三维模型。因此，传统的三维建模技术工作量较大，且成本高。消防救援决策系统仍基于常规的二维地图，功能拓展性不强。研发消防三维 GIS 信息平台，建立海上油田开发设施平台的三维模型，并且实现了三维模型的快速加载，精确测量和作战力量物联网接入。对于消防重点平台、消防重点监控区域等的消防管理、信息录入、灭火预案、现场指挥等均有重要的实用价值。

(2) 实现消防能力信息化和消防管理智能化

基于数据分析和智能化手段，对全量数据的分析和整合，实现海上平台消防全域即时感知、分析、指挥、管理，从而实现对海上油田开发设施消防安全的精准分析、整体研判。研发新型智能消防系统监测产品，为智慧消防系统搭建提供硬件技术手段。

(3) 多信息维度集成应用

智慧消防平台建设立足于数据互联互通，将行业规范管理，消防能力信息，消防系统信息，三维模型信息，火灾模型和灭火作战模型等多个方面，采用综合模糊算法和层次分析法，在三维 GIS 一张图基础平台上开展空间维度的消防数据接入、数据展示和数据分析，形成海上消防在线实时管理、监测和评估技术，同时具备应急处置辅助决策功能，增强消防应急响应能力。

4 智慧化消防系统管理平台

4.1 管理平台首页

根据登录用户的不同权限显示相对应的菜单，登录系统后首先呈现给用户的是系统首页，系统首页包括菜单，子系统切换，快捷方式，锁定桌面等功能。

角色：系统运行管理员、作业区级管理员、平台管理员、巡查人员、工程/维保人员、中控室值班员。

登录界面可显示系统接入信息，人员履责，物联网感知，风险预警，预警处理，巡查处理等，评估巡查开展情况，隐患处理情况，分析预警问题和设施运行情况。

首页可显示联网平台实时报警数量、实时故障数量和当前隐患数量；同时也可以查看展示联网平台近 30 日隐患趋势。可以展示联网平台全貌图、联网平台基本信息，包括名称、坐标、生产情况等信息；在平台履责情况模块中，并能按日、周、月显示联网平台防火巡查、防火检查和消控室巡查等安全巡查状态，并且能够点击查看详细信息；在预警处理模块中，可以展示预警内容、预警点位、处理状态、预警时间等信息；在物联网设施接入模块中，可以展示火灾自动报警系统、消防水系统、视频监控、电气火灾监测系统等设备的接入信息。

4.2 模块功能

图形化展示功能，该功能可以呈现基于 GIS 的消防设施点位状态可视化展示；通过图形化展示功能，可查看各消防设施点位名称、状态、安装位置、品牌型号和异常记录等信息；同时图形化展示中具备测距功能。

(1) 消控物联网运行监测展示

消防物联网运行监测模块主要包括火灾自动报警系统、电气火灾监测、消防供水监测、独立式监测设备系统等，具体分项介绍如下。

(2) 火灾自动报警系统

火灾自动报警系统，实现对各消控主机的信息进行集中管理功能。可 24h 实时监测火灾自动报警系统接入探测设备的状态，实时接收故障、火警、联动动作(防排烟风机、消防水泵等)、屏蔽、监管等各种信息。将消防终端探测设备的运行状态记录在案，可实时提供某个区域故障、火警趋势图表，并对历史故障、火警、联动动作(防排烟风机、消防水泵等)、屏蔽、监管等各种信息进行分析。

（3）用电安全管理系统

电气火灾监测设备用于实时监测线缆温度、剩余电流态，及时发现电气系统短路、漏电、线路温度过高等异常状态，避免电气火灾发生。平台可以监测到包括线缆温度、剩余电流等数据。可 24h 实时监测电气火灾监控系统接入探测设备的状态，实时监测漏电电流、线缆温度、故障电弧等情况，接收预警信息。将消防终端探测设备的运行状态记录在案，可实时提供某个区域预警趋势图表。

（4）巡查计划管理

提供基于图形化的巡查检查计划制定功能展示，消防管理人员可通过在图形上简单地勾选，快速、智能地完成巡查检查计划的制定。消防安全工作人员可通过 APP 软件对消防设施进行专业巡检，后端管理人员可以实时掌控巡检情况。

（5）火警预警

系统中实时展现火警信息，在处理信息列表中，可以选择用户或设备来查看相关信息，还可以对信息进行分类查看，并可根据火警情况自动推送异常信息到值班人员和负责人员手机端，确保火灾隐患及时发现，快速处理。

（6）统计分析

可对所有历史报警记录等信息进行查询统计，查询的方式包括但不限于：按名称、按时间段、按处理结果。可以通过设备名称、处理结果、处理时间等多种方式进行搜索查询。

（7）隐患整改管理

隐患管理实现对单位物联网监测推送隐患、巡检巡查、复核、人工填报等多种渠道上报的所有隐患信息的统一跟踪管理。针对现场可处置的隐患，可进行整改处置并上传整改完成的情况描述和现场照片。如现场无法解决问题，也支持一键预约维保上门服务，包括隐患描述、现场情况、维保服务上门日期时间、联系人及联系电话。

（8）消防大数据评估应用系统

对海上油田开发设施进行火灾风险评估，利用风险评估模型算法给出不同平台火灾风险指数和相应整改建议，实现风险识别—实时评估—整改改进—再次评估—再次改进的螺旋上升式风险控制，实现建筑物安全风险可识别、可管控。

5 结语

及时准确地掌握海上油田开发设施消防系统基本信息，科学有效地预测火灾发展趋势，提出有针对性的、科学的防火管理和灭火作战方法是降低海上油田开发设施火灾突发事故人员伤亡及经济损失的关键。海上油田开发设施消防管理智能化以消防能力评估和预警联动系统为抓手，以消防设施可在线监控、智能分析处理技术为核心，实现消防管理从机械化到数字化转变，采用综合模糊算法和层次分析法，建立消防评估模型、形成海上油田开发设施消防在线实时管理、监测和评估管理体系，同时具备应急处置辅助决策功能，增强消防应急响应能力。

海上油田开发设施消防智能化管理技术研究成果将有效提升海上油田开发设施消防管理业务能力，迎合国家和集团公司智慧化发展理念。同时，通过该技术的推广使用，将智慧消防理念带入海上油气开发领域，形成具有中海油特色的智慧海上消防，进一步有效降低风险、预防事故发生，提升中海油的社会声誉。

参 考 文 献

[1] Ahmad M. Idris, Risza Rusli, Nor A. Burok, Nur H. Mohd Nabil, Nurul S. Ab Hadi, Abdul H. M. Abdul Karim, Ahmad F. Ramli, Idris Mydin. Human factors influencing the reliability of fire and gas detection system[J]. Process Safety Progress, 2020, 39.

[2] Hillman, Scott. Fire & Gas in Safety Systems[J]. Chemical Engineering, 2019, 116(5).

[3] 邵二国. 基于事故树分析法的智慧消防风险评估[J]. 武警学院学报, 2020, 28(10): 41-43.

[4] 史子平. 火灾自动报警与消防系统常见故障的解决方法分析[J]. 科技创新导报, 2017(16): 70-70.

[5] 杨锦峰. 浅谈火消防系统常见故障的处理及预防[J]. 华东科技(综合), 2019.

[6] 杜玉龙, 马军海, 王桂立. 建筑消防设施可靠性管理研究现状与思考[J]. 安全与环境学报, 2020, (19): 126-133.

[7] 李莹, 董雪玮, 刘申友. 基于贝叶斯信念网络的建筑消防设施可靠性分析[J]. 消防科学与技术, 2010, (29): 630-632.

[8] 中华人民共和国住房和城乡建设部. 火灾自动报警系统施工及验收规范[S]. 应急管理部沈阳消防研究所, 2016.

基于主动预警技术在行车监控中的研究与应用

张辉强　李华波　吴德银　梁　爽　郑　婧

（中国石油集团测井有限公司制造公司）

摘　要：随着交通流量的增加，交通安全问题越来越受到关注。为了提高驾驶员的驾驶技能和安全意识，引入主动预警技术。本文将深入探讨主动预警技术在行车监控中的研究与应用，利用相关传感器采集车辆行驶速度，以摄像机的实时数据为基础，通过对驾驶行为和道路环境的监测，结合先进的预警技术，建立对风险进行识别与警示、驾驶行为分析与警示相关算法模型，提高驾驶员对潜在危险的感知能力。同时搭建行车分析平台，为企业提供数据分析报表，同时规范驾驶人员行为，提高其交通安全意识，为防御性驾驶提供数据支撑，为企业带来更多的经济效益。

关键词：主动预警技术；算法模型；驾驶行为分析；行车分析平台

1　引言

随着社会的发展和科技的进步，道路交通日益繁忙，交通安全问题也愈发突出。据统计，每年因驾驶员的失误导致的事故占事故总数的很大比例。因此，如何提高驾驶员的安全意识和驾驶技能，减少交通事故的发生，是当前亟待解决的问题。

传统意义上，人们普遍认为交通事故是由驾驶员的疏忽或违规行为所引发。然而，近年来研究表明，仅依靠驾驶员的规范行为和交通安全意识的提高，并不能完全消除交通事故的风险。因此，我们需要转变观念，寻求新的方法来提高道路安全性。其中，主动预警技术作为一种新兴的技术，受到了广泛的关注和研究。主动预警技术作为一种重要手段，可以在驾驶员出现疲劳、注意力不集中或者道路条件复杂时及时发出警示，可以帮助驾驶员更好地应对各种复杂的道路状况和潜在的安全风险，提醒驾驶员注意行车安全，同时建立行车分析平台，有效的对报警数据进行统计分析，帮助人们针对性地开展防御性驾驶培训，更好地提升驾驶人员的驾驶技能，有效的降低运行风险。

2　系统总体设计

主动预警技术主要通过传感器、摄像头等设备，实时监测车辆周围环境，并将相关信息传达给驾驶员或平台。

主要由前端子系统、数据处理子系统和行车分析平台等三部分组成。

（1）前端子系统：为视频前端算法部署及实时图像采集，由各类高清行车摄像机组成，是前端系统的核心关键。摄像机具备可见光、红外、透雾等功能。

(2) 数据处理子系统：如汽车记录仪，提供相关预警算法，同时具备数据传输网络通道。

(3) 行车分析平台：负责对回传数据进行 24h 不间断的分析、提示、预警、决策等。

3 系统核心算法

系统核心算法根据其功能和应用范围，可分为道路预警和驾驶员监测预警。

3.1 道路预警

道路预警具备 3 个算法的部署，分别为：前向碰撞预警、车距过近及车道偏离等。采用图像识别算法，通过传感器及摄像机采集车辆行驶过程中的车速、与前车距离、车道线及其他车辆运行状态信息，针对潜在的车道偏离、车距过近等危险状态，快速识别并判断碰撞时间，及时通过声音的方式警告驾驶员，从而减少道路交通事故，改善驾驶习惯。

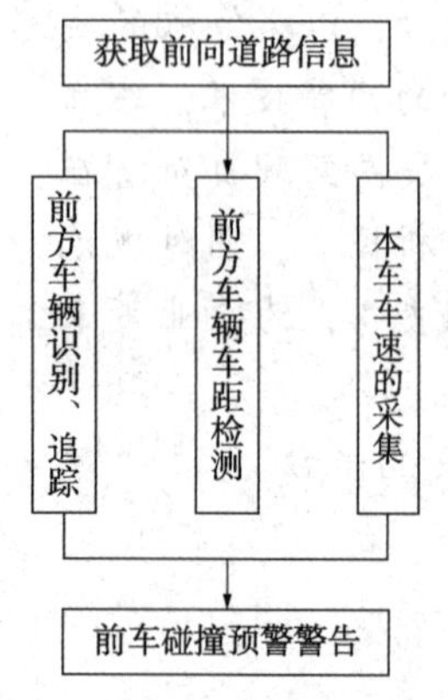

图 1　前向碰撞预警判别

主要算法如下：

(1) 前向碰撞预警

该算法通过获取前向道路信息情况，对前方车辆进行识别和追踪，对前方行车距离进行测量，同时利用传感器采集自身速度，根据相关标准设定判定规则，前向碰撞报警，见图 1。前车距离小于 0.8s 乘以当前速度，设置预警阈值，如触发速度 $<50km/h$ 判定为一级报警，触发速度 $\geqslant 50km/h$ 判定为二级报警，建立当前安全车距模型，预判追尾的可能性，一旦存在追尾的危险，便及时给予驾驶员主动预警功能，同时上传行车分析平台。

该算法业务逻辑(图 2)如下：

① 算法保持运行，进行前向道路识别、本车速度的获取；

② 判断前方道路车辆情况；

③ 根据判定规则，相关算法模型的建立，判断一级、二级报警，并输出报警。

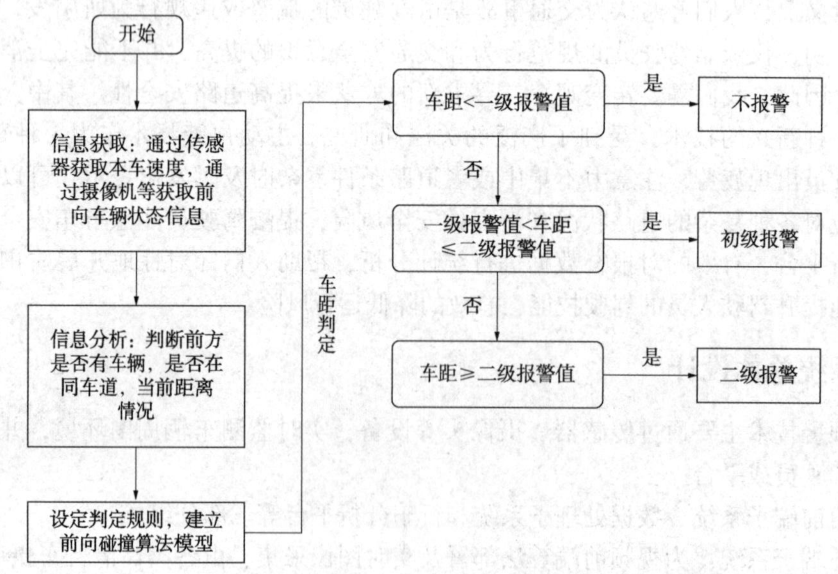

图 2　前向碰撞预警算法业务逻辑

(2) 车距过近预警

该算法与前向碰撞原理相同，根据相关标准设定判定规则，车距过近报警：前车距离小于 1.2s 乘以当前速度，设置预警阈值，如触发速度<50km/h 判定为一级报警，触发速度≥50km/h 判定为二级报警，建立当前安全车距模型，及时给予驾驶员主动预警功能，同时上传行车分析平台。

该算法业务逻辑如下：

① 算法保持运行，进行前向道路识别、本车速度的获取；

② 判断前方道路车辆情况；

③ 根据判定规则，相关算法模型的建立，判断一级、二级报警，并输出报警。

(3) 车道偏离预警

该算法通过获取前向道路信息情况，通过传感器感知左右转向灯电信号，当汽车在未打转向灯的情况下偏离车道 1/3 以上车身压线时，系统会及时向驾驶员发出声音预警，并上传至平台。

该算法业务逻辑(图 3)如下：

① 算法保持运行，进行前向道路识别；

② 判断前方道路车身是否偏移 1/3 以上车身，否则不报警；

③ 发生偏移，获取转向灯信息，打转向灯则不报警，未打转向灯则输出报警。

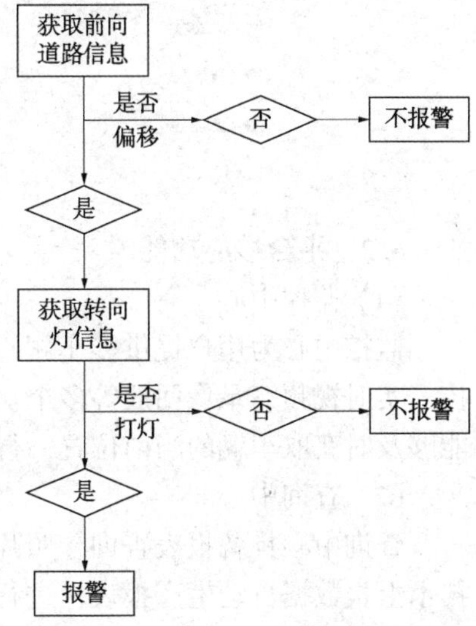

图 3　车道偏离预警算法业务逻辑

3.2　驾驶员监测预警

驾驶员监测预警具备 4 个算法的部署，通过驾驶员监测摄像机实时监测驾驶员的头部、面部表情、动作等，针对疲劳驾驶、打电话、抽烟、驾驶员异常等系统会及时向驾驶员发出声音预警，并上传至平台。

主要预警算法判定规则如下：

(1) 疲劳驾驶预警

当驾驶员在驾驶过程中处于闭眼状态并持续闭眼、打哈欠 3s 时，系统发出预警提示，120s 内不重复播报。

(2) 打电话/抽烟预警

当驾驶员在驾驶过程中出现打电话、抽烟等行为时，平均响应时间 5~7s，系统发出预警提示，30s 内不重复播报。

(3) 驾驶员异常预警

检查不到驾驶员、遮挡摄像头持续 6s 以上，系统发出预警提示，3600s 内不重复播报。

4　行车分析平台

4.1　平台整体架构

行车分析平台包括五大功能模块，分别是监控中心、查询中心、管理中心、系统中心、轮训中心。见图 4。为用户提供实时数据在线观看，提供监控报表，便于对驾驶人员开展防御性驾驶工作，提高监控效率，提升管理质量。

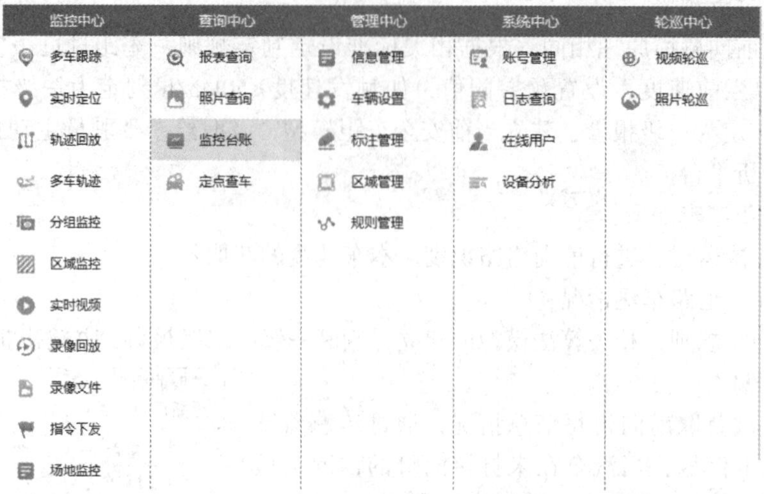

监控中心	查询中心	管理中心	系统中心	轮巡中心
多车跟踪	报表查询	信息管理	账号管理	视频轮巡
实时定位	照片查询	车辆设置	日志查询	照片轮巡
轨迹回放	监控台账	标注管理	在线用户	
多车轨迹	定点查车	区域管理	设备分析	
分组监控		规则管理		
区域监控				
实时视频				
录像回放				
录像文件				
指令下发				
场地监控				

图 4　平台整体功能模块

4.2　平台核心功能

(1) 监控中心

监控中心为用户提供多车跟踪、实时定位、轨迹回放、多车轨迹、分组监控、区域监控、实时视频、录像回放等多个功能模块。通过这些模块完成对用户具体车辆的实时监控，能够及时获取车辆的当前位置、行驶状态等信息。

(2) 查询中心

查询中心具备报表查询、照片查询、监控台账、定点查车等功能，可对日常主动预警技术上报数据自动生产报表，进行分析，便于监管驾驶人员驾驶行为习惯，针对性地开展防御性驾驶工作。

(3) 管理中心

管理中心具备信息管理、车辆设置、标注管理、区域管理、规则管理等功能模块，可进行车辆的添加，在地图上添加自定义的标注并对标注进行修改、删除和查看等操作。

(4) 系统中心

系统中心包含账号管理、日志查询、在线用户、设备分析等功能模块，主要为企业提供分级管理措施。

(5) 轮训中心

轮训中心主要包括视频轮训、照片轮训，可对重点车辆进行监控，对主动预警报警照片进行轮训播报，便于企业管理。

5　实际应用效果

车辆行车过程中，融合了道路预警和驾驶员监测预警等功能，通过车载机向平台实时传输数据(图像、视频、车辆、告警信息数据等)，自动保存危险驾驶行为图像，并收集车辆行驶过程中的前向碰撞预警、车距过近、车道偏离预警、疲劳驾驶、打电话、抽烟、驾驶员异常等数据进行分析，实时监控驾驶员驾驶行为。可以用于纠正驾驶员的驾驶习惯，提升驾驶安全，同时方便对车辆和驾驶员进行管理，通过行车分析平台对车辆告警数据进行集中分析、处理，为提升整体安全驾驶水平提供可靠参考和量化依据。见图 5。

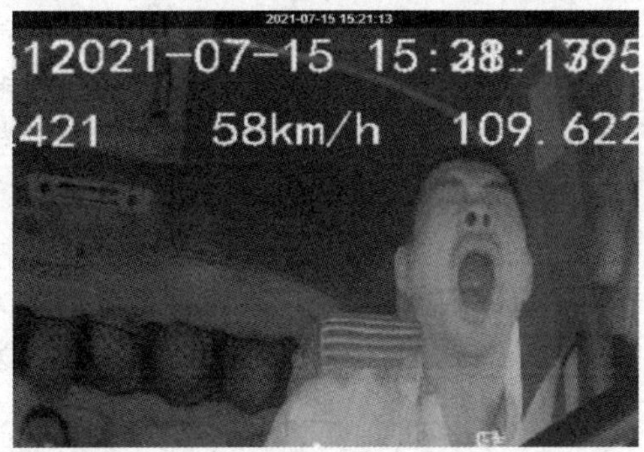

图5　实际应用

6　结论及建议

主动预警技术在行车监控中的研究与应用，利用摄像头、传感技术来扩展驾驶人员的感知能力，将感知技术获取的外界信息传递给驾驶员，在路况与车况的综合信息中辨识是否构成安全隐患，在事故发生前及时预测潜在不安全因素，对驾驶员的驾驶行为进行预警，保证车辆行驶的安全，同时，也加强了驾驶员安全教育和培训，提高人员的驾驶能力。但由于各道路情况的复杂多样性，主动预警技术还需不断的完善和优化，才能为道路交通安全作出更大的贡献。

参　考　文　献

[1] 朱杰. 现代汽车安全技术的发展趋势[J]. 公路与汽运. 2003(4)：1~3.

[2] 宋晓琳. 汽车主动避撞系统的发展现状及趋势[J]. 汽车工程，2008，30(4).

[3] 彭金栓. 汽车主动安全技术现状及发展趋势[J]. 公路与汽运，2014(1)：1-4.

【作者简介】张辉强，男，本科，研究方向为石油信息化产品。电话：17583105125，邮箱：zhanghuiqiang2022@ cnpc. com. cn。

油田行业消防安全管理现状与改进策略研究

孙大鹏　曹冠平　熊　胜　刘　晓　王俊奇

（中国石油测井有限公司质量安全监督中心）

摘　要：随着经济快速发展和城市化进程加快，消防安全面临前所未有的挑战。尽管2020~2022年间，我国政府通过开展消防安全专项整治行动，显著提升了消防安全管理体系和能力，但火灾事故的频发仍暴露出许多薄弱环节。本文阐述了油田消防安全检查的重要性，包括检查场所和检查要点两个方面。在油田等高风险环境下，消防安全检查是确保生产连续性和员工安全的重要环节。消防安全检查不仅是识别每个场所特有风险的过程，还综合考虑环境条件、作业活动等多种因素，进行全面风险评估。通过对大数据技术的应用，油田监督机构能够有效解决消防监督检查工作中的信息协同复杂等问题，全面提升对消防信息和数据的管控能力。分析显示，消防设施缺陷、检查与考核缺陷、违反制度规程操作是消防安全检查中占比前三的问题隐患，指出了当前消防安全管理中存在的主要问题。文章还提出了几点需要关注的消防安全管理问题，包括消防制度的健全、消防设备设施供应方和使用方的衔接问题、老旧建筑的消防问题以及大型活动的消防安全保障。对于这些问题，建议采取一系列措施，如加强对检查与考核流程的监督、确保所有消防设施都符合安全标准、提高员工对消防安全重要性的认识等，以显著减少消防安全隐患，提高整体的安全管理水平。通过这些措施的实施，可以有效提升油田消防安全管理水平，保障人员安全和生产效率的同时，最大限度地降低火灾风险。

关键词：消防安全；电气安全；问题隐患；消防设施；老旧建筑

1　引言

随着经济的快速发展和城市化进程的不断加快，我国的消防安全面临着前所未有的挑战。2020~2022年，我国政府高度重视消防安全，开展了为期三年的消防安全专项整治行动，这是对国家消防安全管理体系和能力现代化的一次全面提升。通过这项行动，不仅加强了消防制度的建设，提高了消防设备设施的质量和效能，还促进了消防队伍的专业化建设，并显著提升了社会公众的安全意识和自我防范能力。这些努力在很大程度上改善了我国的消防安全环境，为人民生命财产安全提供了更加坚实的保障。

尽管如此，近年来各类火灾事故的时有发生仍然暴露出消防安全工作中存在的诸多薄弱环节，这些火灾事故对人民的生命财产安全构成了严重威胁，反映出当前消防安全形势仍然十分严峻。这一现状要求我们不仅要总结和巩固已有的消防安全成果，更要深入分析和识别消防安全管理中的潜在隐患和弱点，以便采取更加有力的措施来进一步提升消防安全管理水平。

2　消防安全检查场景及要点

在石油行业的每一个角落，无论是嘈杂的一线施工现场，还是静谧的办公室，每一处固定场所的消防安全都是维护整个油田安全运营的关键。由于油田特有的环境和作业条件，其中的火灾风险具有潜在的复杂性和破坏力。在这样一个背景下，消防安全的检查和监督成为确保生产连续性和员工安全的重要环节。因此，消防安全检查分为两个核心组成部分：检查场所和检查要点。

2.1　消防安全检查场所

油田单位的消防安全工作围绕多种场所展开。在施工现场，检查重点落在了高危作业的安全管理上，如电气安全、火源控制和易燃易爆物品的妥善存储。基层班组的工作区需要重视工具和材料的安全使用和存储，以及快速有效的疏散能力。办公室、食堂和公寓等人员密集场所，则需确保消防设施如灭火器和室内消火栓的完备和可用，以及员工对消防安全的认识和准备。而对于库房、档案馆等储存场所，防火措施和电气安全管理尤为关键。活动室、仪器修理车间等特殊场所则需要针对性地检查，包括火源管理和高温作业的安全措施。这些检查确保了油田的每个角落都不会成为火灾隐患的温床。

2.2　消防安全检查要点

在检查的过程中，消防隐患的排查是首要任务。应急照明和安全出口的功能性检查保证了在紧急情况下的快速疏散。消防通道必须保持畅通，以便于消防车辆和人员的迅速进入。灭火器材和室内消火栓的配置情况则直接关系到初期火灾的扑救能力。消防安全标志清晰可见，确保在紧急情况下人员能够迅速识别疏散路线和消防设施位置。消防控制室和消防系统的运行状态检查则反映了整个油田消防监控的能力。火灾应急预案和演练的有效性检查不仅确保了预案的可行性，还提高了员工的应急反应能力。在油田的特殊环境下，用火用电的安全管理和监控至关重要，任何违规操作都可能引发灾难。而对于重点岗位人员的消防知识掌握情况以及重点部位人员的管理情况，则直接影响到油田的安全管理水平。在油田这样一个高风险环境中，消防安全检查不仅要针对不同场所特有的风险特点进行，还需确保检查要点无一遗漏。这种既具体又系统的检查方法能够在全面性和细致性之间取得平衡，不断优化油田的消防确保安全与高效并行。从前线工人的个人防护装备，到复杂设备的操作规程，再到紧急情况下的协调指挥，每一个环节都需精确执行，确保每次的检查都能达到预定的安全标准。

在油田的每个角落，消防安全检查都不是一次简单的勾选任务，而是一个全面的风险评估过程。这个过程要求不仅要有针对性地识别出每个场所的特有风险，还要综合考虑各种因素，如环境条件、作业活动、人员流动性和物资存储等，细致地分析可能引发火灾的各种潜在因素。

在施工现场，密切监控作业中的明火、易燃物品的临时存放和其他单位交叉作业产生的消防隐患。在食堂或公寓，检查烹饪区域的燃气管道和逃生通道。在办公区域，电气设备的使用和维护，定期的消防演习，以及员工对消防设备使用的熟悉程度都是保障安全的关键。对于库房和档案馆，确保重要文献和资料的安全，同时防止因环境控制不当引起的火灾。

消防控制室作为油田高层建筑和特殊场所的消防安全大脑，其状态和响应能力必须时刻保持在最优状态。消防系统的每个组成部分，如自动喷水灭火系统、烟雾报警器和手动报警装置，都必须定期进行功能性测试，以确保在真正的紧急情况下能够立即启动。同时，火灾应急预案的设计要充分考虑油田的特殊性，演练的频率和实施要能够确保员工在紧急情况下能够迅速而有序地行动。

对于用火用电的规范性检查是防范电气火灾的重要一环。不仅是对使用规程的遵守情况进行检查，还包括对线路、设备的维护和保养。

通过这些全方位的检查和严格的监督，油田单位能够在保障生产效率的同时，最大限度地降低火灾风险。每一次的消防安全检查都不只是对当前状况的快照，而是对未来安全可持续性的投资。它不仅提升了员工的安全意识，也强化了企业文化中对安全的尊重。这种文化最终将深入人心，形成自上而下对安全重视的共识，确保油田能够在任何的条件下，运行在最佳的安全状态。

2.3 消防安全问题隐患分析

油田监督机构通过对作业现场和各类固定场所的检查积累了大量的问题隐患数据。通过对大数据技术的全面应用，能够有效解决原有消防监督检查工作体系当中的手段较为单一、信息协同复杂等问题，全面提升管理部门对消防信息和数据的管控能力。

在消防安全检查中，占比前三的问题隐患分别是消防设施缺陷、检查与考核缺陷、违反制度规程操作。见图1。

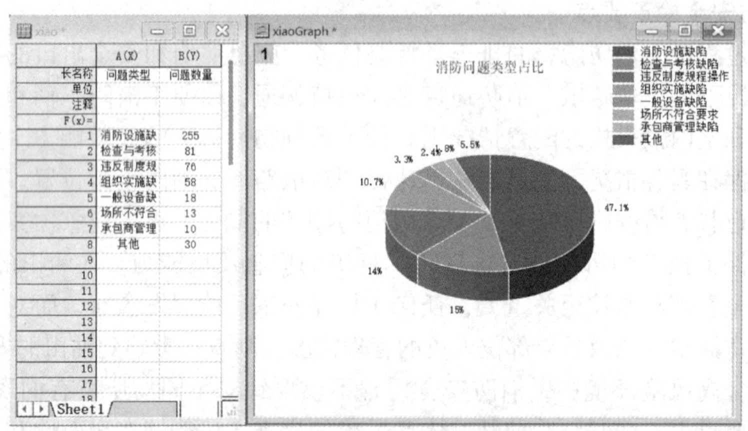

图1 2023年消防问题类型占比

消防设施缺陷：这个类别的问题数量最多，表明在消防设施方面存在显著问题。原因可能是因为设施老化、维护不足或者设施本身的设计存在缺陷。例如，灭火器保险销缺失。另一个例子是使用不合格消防产品，导致消防栓出水口腐蚀，这可能导致在紧急情况下无法使用消防设施。见图2。

图2 消防设施缺陷

该类问题较多也暴露了我们当前的监督队伍在消防安全检查中发现问题方向比较单一，无论是业务能力还是专业素养还需要进一步提高，因此，组建一支思想觉悟高、业务以及专业素质良好的执法队伍，是一个急需解决的问题。

检查与考核缺陷：这表明可能存在监管不足或检查流程的不严格。比如，一个单位可能制定了全面的消防安全检查计划，但在执行过程中，检查人员可能未能严格遵循标准操作程序，导致某些消防安全隐患未被及时发现和记录。另一个例子是消防控制室的面板上显示的故障码长时间未得到处理，导致故障码持续存在，它通常意味着火灾报警系统或其相关设备存在某种故障或问题。这些故障可能涉及探测器的故障、通信线路的故障、电源故障等。如果这些故障长时间未得到处理，那么火灾报警系统可能无法正常工作，无法在火灾发生时及时发出报警信号，从而无法有效地保护建筑物内的人员和财产安全。见图 3。

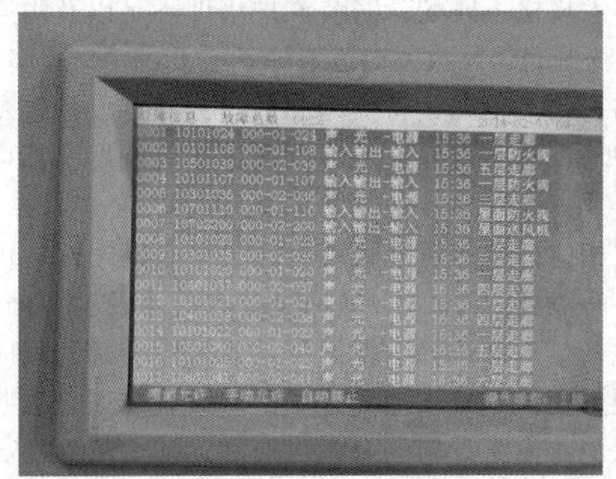

图 3　消防控制室故障码

违反制度规程操作：这类问题的数量也相对较多，反映了员工没有遵循既定的安全规程进行操作，对消防安全规定的认识不足，或者是在工作中为了方便忽视了安全规定。例如，员工在施工现场未按要求正确摆放消防设备或未按规定携带消防应急设备，这些都是违反制度规程的行为。此外，如果员工没有接受足够的培训，或者培训内容没有与实际工作紧密结合，也可能导致违规操作的发生。

针对这些问题，管理层需要采取措施，对消防设施进行全面的检查和升级，确保所有设备都符合安全标准；加强对检查与考核流程的监督，确保所有程序都得到妥善执行；发现存在的消防隐患，严格落实相应的惩处措施，强化消防监督管理的效果。加大培训力度，提高员工对消防安全重要性的认识，并确保每个员工都能理解并遵守安全规程。通过这些措施，可以显著减少消防安全隐患，提高整体的安全管理水平。

3　需要关注的几点消防安全管理问题

3.1　消防制度的健全

消防制度包括基础、管理和应用三个标准，以构建全面的消防安全管理体系。但应用标准若缺乏对特定场所和特殊操作的消防安全要求，将带来一系列挑战：

首先，不少油田单位的公寓、危险品库、档案馆等特殊场所缺乏内部消防制度。各场所因使用性质、人流量和设备配置不同，火灾风险各异。没有针对性的标准，难以充分识别和管理风险。

其次，特殊操作流程存在安全隐患。涉及易燃易爆或高温工艺的操作，若无明确标准，员工可能采取危险方法，增加事故风险。

此外，救援和疏散计划缺乏明确指导，可能导致紧急情况下混乱和伤亡。员工培训和演练也可能因缺乏具体要求而不足，使他们在火灾面前不知所措。

为解决这些问题，建议制定和完善应用标准，针对各场所和操作特点明确消防安全要求；定期评估特定场所和特殊操作的火灾风险，识别潜在风险点；加强员工消防安全培训，特别是针对特定场所和操作的安全要求；组织定期消防演练，确保员工在紧急情况下能迅速应对；建立监督体系，确保标准得到有效执行，并定期检查评估。这些措施能确保消防安全管理体系的有效性，保护人员安全，减少财产损失。

3.2 消防设备设施供应方和使用方衔接问题

主要涉及供应不足、需求评估不准确、技术规格不匹配、安装维护培训不足以及沟通不畅等方面。供应不足可能由于供应链中断或物流问题导致关键区域缺乏必要的消防设备。需求评估不准确则可能因使用方未能准确评估所需的消防设备类型和数量，导致设备过剩或不足。此外，技术规格的不匹配、安装维护培训的不足以及双方沟通不畅等问题，都可能影响消防设备的有效运作。

为解决这些问题，供应方和使用方应采取相应措施。建立长期合作关系有助于双方更好地理解彼此需求和能力。使用方应定期评估消防设备需求，确保设备和技术及时更新。此外，使用方还应对供应商进行适当管理，包括供应商选择、性能评估和风险管理。供应方则应提供必要的技术支持和培训，确保使用方能够正确安装和维护消防设备。通过这些措施，供应方和使用方可以更好地衔接，确保消防设备设施的有效供应和运作，从而提高消防安全水平。

3.3 老旧建筑的消防问题

一些老旧建筑原始设计未考虑到后期消防要求，或者老旧建筑在装修改造中的用料是否满足消防安全标准和消防设施升级问题，老旧建筑消防设备、设施配置不全等问题。见图 4。

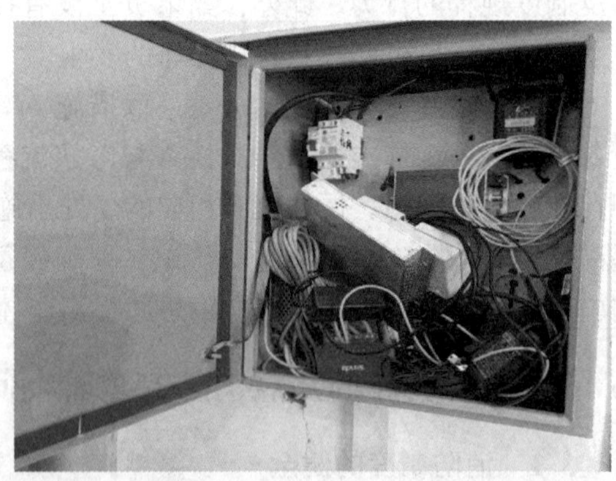

图 4　老旧建筑中的消防隐患

老旧建筑由于其设计和建造时可能过去的消防安全要求，因此在满足现代消防安全标准方面面临多重挑战。以下是一些常见问题及可能的解决策略：

原始设计与现代消防要求不符：许多老建筑的原始设计没有遵循今天的消防安全规范，比如疏散路线设计不合理、防火材料使用不当等。解决这个问题可能需要专业的评估，以确定哪些方面不符合现代标准，并进行必要的结构改造。某些老旧建筑普遍存在电气线路技术组件的私拉乱接问题，或者是违规用电作业、用火作业行为，继而引致火灾事件的发生可能性显著提升。

装修改造中的材料选择：在老建筑的装修或改造过程中，使用的新材料必须符合现行的消防安全标准。这要求建筑业主和承包商严格遵守规范，并使用经认证的防火材料。

消防设施升级：老旧建筑的消防设施，如火警系统、自动喷水灭火系统等，可能已过时或功能不全。这些设施需要升级到符合当前技术标准的系统，以确保它们在紧急情况下能有效工作。

消防设备配置不全：老旧建筑可能缺乏足够的消防设备，如灭火器、消火栓等。建筑管理方应对现有的消防设备进行全面审查，并补充必要的设备以满足现有的安全要求。

对于这些问题，以下是一些可能的解决方案：

进行消防安全评估：聘请消防安全专家进行全面评估，确定建筑的消防安全状况，并提出改进建议。

制定改造计划：根据评估结果，制定详细的改造计划，优先处理那些影响最大的安全问题。

追踪最新消防法规：确保了解并遵循最新的消防安全法规和标准。

增强安全意识：对建筑内的所有使用者进行消防安全培训，提高他们对火灾风险的认识。

定期检查和维护：建立定期的消防设施检查和维护计划，确保所有设备都处于良好的工作状态。

投资于技术升级：在预算允许的情况下，对老旧的消防系统进行技术升级，以提高其效率和响应能力。

这些措施需要充分的规划和资源投入，但考虑到老旧建筑在火灾中的潜在风险，这是必要的投资，不仅能够保护人员安全，还能减少潜在的经济损失。

3.4　大型活动的消防安全保障

加强活动前消防监督排查火灾隐患，确保大型会议、活动和节日庆典等人员密集场合的消防安全，是保障公共安全的关键一环。在人员密集的场合，一旦发生火灾，后果往往不堪设想，因此，活动前的消防监督排查显得尤为重要。

首先，在活动筹备阶段，必须提前进行消防安全隐患的全面排查。这包括对活动场所的电气线路、消防设施、疏散通道等进行详细检查，确保所有设施都符合消防安全要求。对于发现的问题和隐患，要立即进行整改，确保在活动开始前消除所有潜在的安全风险。

其次，在前期规划和风险评估阶段，除了考虑人流量、场所布局等因素外，还应将消防监督排查纳入其中。制定详细的消防安全方案，明确各项安全措施和责任分工，确保在活动期间各项消防安全工作得到有效落实。

此外，加强消防安全培训和演习也是必不可少的。活动组织者和工作人员需要接受专业的消防安全培训，熟悉消防设施的使用方法和紧急疏散程序。同时，应定期组织紧急疏散演习，提高人员在真实火灾中的应对能力。

在活动现场，应设置临时消防设施，并配备专业的消防人员进行现场监控。一旦发生火灾，可以立即启动紧急响应机制，与当地消防部门联系，迅速进行灭火和救援。

最后，活动开始前配合现场主持人通过宣传材料和现场指示，提高参与活动人员的消防安全意识，减少火灾风险。在活动开始前，可以向参与者发放消防安全宣传资料，提醒他们注意消防安全事项，共同维护活动现场的消防安全。

4 结语

经过对油田消防安全的深入监督检查和分析，指出了油田行业中存在的消防安全隐患及其根源，并据此提出了一系列切实可行的解决方案。通过强化消防安全检查、改善消防设施缺陷、加强员工培训以及优化消防管理制度等“组合拳”可以有效提升油田的消防安全管理水平。同时，本次研究也关注到消防安全制度的不完善、消防设备设施供需方的问题、油田老旧建筑消防设施的滞后以及大型活动安全保障的短板等方面，针对性地提出了改进措施。这些措施的实施，将有力推动油田消防安全管理的全面升级，为防范和减少火灾事故提供坚实保障。我们相信，通过综合措施的落实和执行，将有效促进油田消防安全管理的持续优化和提升。

参 考 文 献

[1] 鲁力. 境外铁路 EPC 项目施工生产调度管理探析[J]. 交通世界(中旬刊)，2019(4)：163-164.

[2] 黄文佳，周军，金敬，等. 北京市门头沟区用药安全宣传效果评估初探[J]. 首都医药，2013(12)：8-11.

[3] 刘希. 消防队伍灭火救援作战能力提升策略[J]. 今日消防，2023，8(5)：139-141.

[4] 谷雨. 大数据背景下消防监督检查工作研究[J]. 今日消防，2023，8(4)：66-68.

[5] 徐佳伟. 消防监督执法规范化建设的认识与思考[J]. 今日消防，2023，8(1)：136-138.

[6] 郑辉，余志华. 消防监督管理中存在的问题及应对措施研究[J]. 今日消防，2023，8(6)：60-62.

[7] 谈子奇. 物联网环境下高层建筑消防监督管理模式的创新思考[J]. 消防界(电子版)，2022，8(13)：72-73.

【作者简介】孙大鹏，男，主要从事质量安全监督和监督数据分析方面的研究。电话：13998778721，邮箱：sun9396@ 163. com。

浅析海洋石油开发平台火灾监测及应对策略

吴梦龙　李　强　赵柏年

（中石化胜利油田海洋石油船舶中心）

摘　要：当今世界油气资源迅速递减，陆地石油资源紧缺问题日渐突出，石油天然气的开采工作逐渐由陆地向海洋转移。由于海洋石油开发平台远离陆地，发生灾难时难以获得及时的救援，本论文旨在对海洋石油开发平台火灾监测及应对策略进行深入研究和分析，通过对当前火灾监测技术和应对策略的现状进行梳理和总结，以完善海洋石油开发平台火灾监测及应对体系，减少火灾事故的发生，保障人员安全和设施稳定运行。

关键词：海洋石油开发平台；火灾；监测技术；消防系统

1　引言

海洋石油开发平台作为重要的能源生产设施，承担着海上油气资源的开采和加工任务，然而其特殊的工作环境和复杂的设备结构使得火灾风险成为其面临的主要挑战之一。海洋石油开发平台火灾一旦发生，可能导致严重的人员伤亡、环境污染以及经济损失，因此对火灾的监测和应对具有重要意义。

2　海洋石油开发平台火灾发生原因及监测技术分析

2.1　火灾发生原因分析

2.1.1　人为因素

一般来说，人为因素可能占据火灾发生原因的80%或更高比例，这包括操作失误、疏忽、不当使用火源、吸烟、玩火等导致的火灾。人为因素的占比之所以如此之高，部分原因是许多火灾是可以通过预防措施避免的，只要人们更加警觉和谨慎。因此，加强火灾安全意识、培训员工、遵守安全规定和正确操作设备等措施对于减少人为因素引发的火灾至关重要。

2.1.2　其他因素

（1）海水腐蚀

长期暴露在海水环境中的金属设备，如管道、阀门、钢结构等，如图1所示，海水中的盐分和氧气容易导致金属设备和结构的腐蚀，导致设备表面产生疏松、腐蚀性损坏甚至穿孔，长期累积可能导致设备或结构的腐蚀性损坏和金属疲劳，从而造成安全隐患，导致可燃物质的泄漏，极其容易引起火灾的发生。

（2）高压液体喷射

海洋石油开发平台上通常需要处理高压气体和大量化学品，高压液体一旦泄漏或失控，由于压力较大，液体会以较高速度喷射出来，导致迅速的扩散。如果喷射液体是可燃物质，

图1 海水腐蚀海洋开发平台柱体

那么它的快速扩散将加剧火灾的蔓延速度。一旦高压液体引发了火灾，由于其喷射速度快、液体易于扩散，会增加灭火的难度。同时，海洋环境中的风力、浪涌等因素也会对灭火工作造成一定的干扰和限制。

(3) 设备故障

海洋石油开发平台上的设备需要长时间运转，容易出现机械故障或电气故障，而且机器设备发生短路或者摩擦部位温度高，容易成为点火源，可能导致事故发生。

2.2 火灾监测技术分析

火灾监测技术是指利用各种传感器和监测设备，对火灾发生前的环境参数和火灾发生后的变化进行实时监测和分析，以便及时发现火灾隐患、提前预警并采取有效的措施进行干预和扑救。

2.2.1 传统火灾检测技术

(1) 烟雾探测器

烟雾报警器可以检测火灾主要是因为火灾产生的烟雾中含有微小的烟雾颗粒，这些颗粒会散布在空气中形成烟雾。烟雾报警器中的感应装置(如光电感应器或离子感应器)能够检测到这些烟雾颗粒的存在，当烟雾颗粒进入烟雾报警器内部时，它们会影响感应装置中的电流或光线，从而发出警报。

(2) 火焰探测器

火焰在燃烧时会产生可见光和紫外光等辐射。火焰报警器中的光传感器(如光敏电阻或光电二极管)能够感应到这些光辐射并将其转化为电信号。火焰探测器可以检测火焰辐射的特定波长，用于发现火灾的起火源。

(3) 热感应探测器

热感应探测器通过内部的温度传感器监测周围环境的温度变化。当环境温度超过预设的阈值时，热感应探测器会触发警报，发出警报信号。热感应探测器不受灰尘、蒸汽等因素的影响，具有很好的稳定性和可靠性。

(4) 气体探测器

气体探测器是一种用于检测和监测空气中各种气体浓度的设备。它可以通过感应周围环境气体的物理或化学特性来检测空气中有害气体，如燃气、有毒气体等，以及判断空气是否符合安全标准。虽然气体探测器本身不能直接检测火灾，但在火灾中起到了预警和监测的作用，帮助人们在火灾发生时及早发现危险并采取适当的措施。

常见火灾探测器见图 2。

图 2　火灾探测器(烟雾探测器、火焰探测器、热感应探测器、气体探测器)

通过对传统监测技术进行分析，就有效性、失误率以及成本展开对比如图 3 所示。

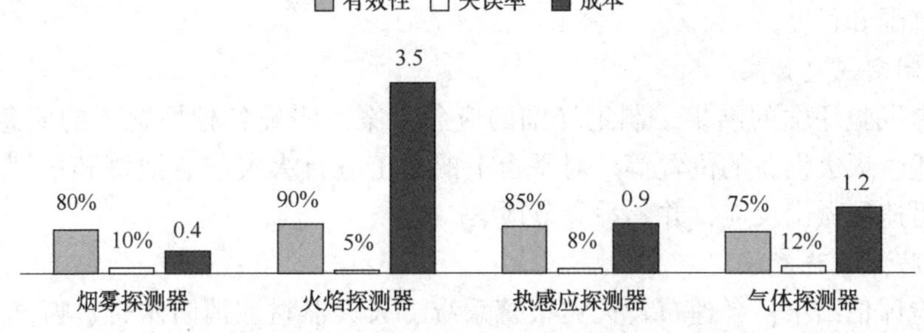

图 3　传统监测技术对比图

2.2.2　新型火灾检测技术

随着计算机、传感器、通信和控制技术的不断发展，新型火灾监测技术得到了更好的实现和应用，如人工智能、大数据、物联网等技术的应用，使火灾监测系统具备更加智能化、精准和高效的特点。这些技术可以及早发现火灾风险，提高火灾安全性和应急响应能力，随着相关技术不断更新和完善，新型火灾检测技术将在更广泛的范围内发挥作用，为火灾安全提供更加可靠的保障。

(1) 视频火灾检测技术

利用摄像头和图像处理技术，通过监控场景中的图像来检测火灾。该技术可以实时监测火灾的发生，并具有较高的准确性和及时性。

(2) 红外热成像火灾检测技术

通过红外热成像仪器对目标进行扫描，检测目标表面的温度变化，从而判断是否存在火灾。这种技术可以在火灾初期进行快速、无接触式的检测。

(3) 声学火灾检测技术

利用声音传感器检测火灾产生的特定声音信号，如燃烧声、爆炸声等，从而实现火灾的早期检测。

(4) 气体火灾检测技术

除了常规的气体探测器外，还有一些新型的气体检测技术，如基于人工智能算法的气体检测系统，能够更准确地检测空气中的有害气体，提高火灾检测的精度。

(5) 智能传感网联合火灾检测技术

利用多个传感器相互协作，通过智能算法对数据进行分析和处理，实现对火灾的全方位监测和预警。

3 海洋石油开发平台火灾应对策略

3.1 火灾风险评估与管理

海洋石油开发平台是高风险的工作环境，因此对火灾风险进行评估和管理非常重要。以下是海洋石油开发平台进行火灾风险评估与管理的一般步骤：

3.1.1 识别潜在火灾风险

对海洋石油开发平台的各项活动进行全面调研，主要内容包括：电气设备故障、化学品泄漏、高温表面和热源、机械设备故障、焊接和切割操作、热点区域、不合理的布局和堆放等。

3.1.2 火灾风险评估

利用专业工程师或顾问团队进行火灾风险评估，分析可能导致火灾的因素以及火灾发生后的影响范围和程度。

3.1.3 制定应急预案

根据火灾风险评估的结果，制定详细的应急预案，明确各种情况下的应急处理措施、人员疏散路线、灭火设备的位置等。对平台上的员工进行火灾应急演练和培训，确保他们能够正确、迅速地做出反应，并熟悉应急预案。

3.1.4 防火设施建设

根据风险评估结果，合理布置火灾报警系统、灭火器材、消防水带、喷淋系统等防火设施，确保设备完好并易于使用。

3.1.5 定期检查和维护

定期对防火设施进行检查和维护，确保其处于良好状态，并及时修复或更换损坏的设备。

在海洋石油开发平台上，火灾风险评估与管理是一项复杂而严肃的工作，需要多方面的专业知识和严格的执行。通过科学合理的评估和有效的管理措施，可以最大限度地降低火灾风险，消除人的不安全行为和物的不安全状态，保障平台上人员的安全和设备的正常运转。

3.2 新时代科技下的灭火系统

3.2.1 混合气体灭火系统

气体混合灭火系统是一种利用多种灭火气体进行混合的系统，旨在提高灭火效果并减少使用的灭火剂量。气体混合灭火系统通过将两种或更多种的灭火气体进行混合使用，形成一种具有更好灭火效果的混合气体。这些混合气体通常拥有不同的物理和化学特性，可以相互协同作用，增强灭火效果。常用的混合气体包括七氟丙烷(HFC-227ea)、氮气(N_2)、二氧化碳(CO_2)等。选择混合气体时，需要考虑火灾类型、环境条件、设备安全性以及人员安全等因素。

混合气体释放到火源周围后，不同气体成分发挥各自的作用。七氟丙烷等化学灭火剂可以抑制火焰的燃烧过程，而氮气等惰性气体则可以降低火焰温度并减少氧气供应，从而达到灭火的效果。

3.2.2 气溶胶灭火系统

气溶胶灭火系统利用特殊设计的放置装置释放微细颗粒的灭火剂，这些微细颗粒形成的灭火剂雾可以在空气中悬浮，并迅速扩散到整个火灾区域。这些微细颗粒具有吸收火焰热量和抑制火焰燃烧的作用，从而达到灭火的效果。气溶胶灭火系统中使用的灭火剂通常是无毒、无污染的化合物，如氯化碳化合物、硫酸盐类或碱金属化合物等。这些灭火剂在释放后会迅速分散成微细颗粒，并形成灭火雾气。

气溶胶灭火系统具有灵敏度高、灭火速度快、灭火效果好以及对设备和人员相对友好的特点。由于灭火剂以微细颗粒形式释放，并且无需大量液体介质，设备的损坏较小，并且易于清理和维护。

3.2.3 水膜灭火系统

水膜灭火系统通过喷洒微细的水颗粒形成水膜，水膜可以迅速覆盖火源和周围区域。水膜的形成可以将火源表面冷却降温，抑制燃烧过程中产生的烟雾和有害气体的扩散，并阻止火焰与可燃物接触，从而达到灭火的效果。水膜灭火系统中的喷头通常采用特殊设计，能够产生微细的水颗粒，使其均匀地喷洒在火源区域。

3.2.4 超声波灭火系统

超声波灭火系统利用高频超声波振动的原理来影响火焰的燃烧过程。当超声波作用于火焰时，可以扰乱火焰周围的气流和火焰本身的燃烧结构，从而抑制火焰的燃烧过程并最终将其扑灭。

超声波灭火系统中的超声波发生器负责产生高频的超声波信号。这些超声波信号通常在20kHz以上，并通过传感器监测火焰情况，自动调节发生器输出的超声波信号，以实现最佳的灭火效果。

超声波灭火系统具有灵敏度高、灭火速度快、无需使用灭火剂和水等传统灭火介质、对环境和设备无损伤等优点。此外，超声波灭火系统还可以在无氧环境下工作，适用范围更广。

3.2.5 激光灭火系统

激光灭火系统利用高能激光束直接照射到火焰表面，通过能量的聚集和传递来影响火焰的燃烧过程。激光束的能量可以打断燃烧反应链、削弱火焰的热释放、分解燃料和氧气分子等，最终导致火焰的熄灭。

激光灭火系统具有灭火速度快、精准定位、不受环境限制、无需使用灭火剂和水等传统灭火介质、对环境和设备无损伤等优点。激光灭火系统还可以在无氧环境下工作，适用范围更广。

4 火灾事故应对流程分析

海洋石油开发平台是一个特殊的工作环境，一旦发生火灾事故，应对流程则需要更加专业和周密。以下是针对海洋石油开发平台火灾事故的应对流程分析。

（1）发现火灾：一旦有人员或监控系统发现火情，立即启动火警报警系统，并通知平台指挥中心和相关人员。

（2）确认火点位置：通过监控系统或现场人员确认火灾点位置，确保及时准确的信息传达给应急救援人员。

（3）疏散人员：启动疏散预案，按照预先制定的疏散路线和程序，组织人员有序疏散到安全区域，避免拥堵和混乱。

（4）报警救援：同时通知海上救援单位和陆地支援部门，提供详细的火灾情况、位置坐标和海洋气象信息，以便他们快速响应和展开救援行动。

(5) 控制火势蔓延：平台上设有灭火器材和自动灭火系统，应立即启动并尽快控制火势蔓延，防止火灾扩大影响。

(6) 搜救被困人员：根据火灾现场情况，进行被困人员的搜救工作，采取适当的救援手段，确保他们的安全撤离。

(7) 协调指挥：平台指挥中心应负责整个救援行动的协调和指挥，确保各方资源有效调度和配合，提高救援效率。

(8) 事后处理：在火灾得到控制后，要对受影响设施和设备进行检查和评估，查明火灾原因，制定事故报告，并进行事故调查和分析，为今后的预防工作提供经验教训。

(9) 在海洋石油开发平台火灾事故的应对过程中，关键是快速反应、有效协调和专业救援，确保人员安全和最小化损失。因此，平台上的所有人员都应接受相应的培训和演练，熟悉应急预案和应对流程，以提高火灾事故的处理能力和应对效率。

5 总结与展望

本文通过对当前海洋石油平台火灾监测技术和应对策略的研究现状进行梳理和分析。针对海洋石油平台的特殊环境和安全隐患，探讨了不同的火灾监测技术和应对策略，并对其优缺点进行了评述，以提高海洋石油平台火灾监测的效果和应对能力。

随着未来科技的发展，发展智能化监测技术，结合人工智能、大数据和物联网技术，发展智能化火灾监测系统，实现对海洋石油平台火灾的实时监测和预警，不断完善灭火技术和装备，研究新型灭火技术，改进现有灭火装备，提高火灾扑救效率和安全性，加强人员培训和演练，加强对海洋石油平台人员的火灾防护培训和演练，提高应急处置能力和自救自护意识，降低火灾事故的发生率和损失，确保海洋石油平台的安全生产和环境保护。

参 考 文 献

[1] 程汉东. 对海上平台消防安全管理的探讨[J]. 化工管理，2019，(07)：148-149.

[2] 蒋永建，吴朝晖，刘鸿雁. 高压细水雾灭火系统在海洋石油平台上的应用探讨[C]//中国海洋工程学会. 第十五届中国海洋(岸)工程学术讨论会论文集(下). 海洋工程股份有限公司设计公司，2011：5.

[3] 蒲鹏，陈仁权，谭朋江等. 气溶胶消防系统在海洋石油平台的应用[J]. 中国集体经济，2011，(25)：183-184.

[4] Wang T，Wang Y，Khan F，etal. Safety analysis of fire evacuation from Drilling and Production Platforms (DPP)[J]. Process Safety and Environmental Protection，2024，183782-800.

[5] 王均，王锐，陈涛. 海洋石油海上设施消防能力研究[J]. 中国石油和化工标准与质量，2013，34(04)：216-217.

【作者简介】吴梦龙，男，大学本科，电话：19861106395，邮箱：wumenglong. slyt@ sinopec. com。

探究海上监督检查与消防安全管理模式创新

王国祥　李　强　赵　颖

（中石化胜利海上石油工程技术检验有限公司）

摘　要：海上石油生产设施是海上油气资源勘探和开发的重要组成部分，由于管线设备高度集中，自身空间狭小，其火灾危害性要高于一般化工生产企业或者陆地设施，一旦出现火灾，后果不堪设想，会造成人员伤亡和财产损失。为此，做好海上平台消防安全管理工作尤为重要。通过分析海上平台火灾原因，要做好消防安全管理工作，必须不断强化消防安全管理，创新消防安全管理模式，从设计、选型、安装、使用维护、维修保养、日常管理等方面全方位开展消防监督检查，不断提升海上平台消防设施的实战适用性、管理规范性、性能完整性，才能有效的预防火灾事故的发生及发生火险时及时地控制火情。

关键词：海上平台；消防安全；监督检查

火灾是海洋石油作业过程中严重事故之一。随着海洋石油工业的快速发展，海洋石油的勘探、开发工作由浅海不断向深水发展，使海上平台结构越来越复杂，易燃易爆物品储量越来越多，人员流动增多，导致火灾危险性增大，给平台消防安全管理工作带来了新的挑战。为此，针对海上平台消防安全管理的特点，我们必须不断改变消防安全管理思路，从实际和效果出发，探索出一套适合海上平台消防安全管理的新模式，以适应海洋石油快速发展的需要。

1　海上平台消防系统的构成

海上平台消防系统一般由消防灭火系统、火灾探测报警系统、火灾报警联锁自动灭火系统等构成。

1.1　海上平台消防灭火系统

海上平台同样是作为石化企业的一个重要组成部分，但是由于其所处环境位置的特殊性，发生火情时海上采油平台应当采取自救为主的主要方针，其消防系统的设计也应当保持独立状态。海上采油平台的消防用水主要是海水，由于消防对象不同，可以分为固定式、移动式、半固定式的消防设施，并且灭火系统也可以分为水消防系统、CO_2灭火系统、泡沫灭火系统等。

1.1.1　水消防系统

一般而言，海上采油平台的水消防系统一般包括喷淋阀、压力监测系统、稳压系统、补水泵、喷淋系统、环网管线、备用消防泵和主消防泵等。海上采油平台对于水消防系统的要求是任意消防栓的喷头水压不得低于35m水柱，同时要求每一层平台至少应被2支消防水枪交叉覆盖。

1.1.2 CO_2灭火系统

在海上采油平台，一般而言CO_2灭火系统主要是由喷头、喷淋管线、控制阀和CO_2储存罐构成，原理是通过隔绝氧气与可燃物之间的关系来进行灭火。一般海上采油平台的CO_2灭火系统为组合分配方式，对一些高密度空间、高价值仪器的放置室进行灭火，比如变电站、发电机房、配电间等等。每个场所应当至少分配2套互相独立的火灾探测器，一旦火灾探测器感知报警，CO_2灭火系统就会自动关闭通风装置，并进行灭火作业。另外，还配备一些干粉、1211手提灭火器。

1.1.3 泡沫灭火系统

由于海上采油平台的许多设施不宜采用水消防系统进行隔绝，同时CO_2灭火系统的成本过于高昂，因此泡沫灭火系统在直升机平台、生产平台、海上平台储罐所用的较多。一般泡沫灭火系统由压力比例混合器(设置在生活平台一层上)、连接管线、泡沫罐和泡沫喷头等组成。压力比例混合器的作用为按比例将带压的泡沫和消防水进行混合，并将混合液体输出到喷淋管线中；泡沫罐主要用来储存泡沫；泡沫喷头由泡沫炮和泡沫栓等组成，其功能为供给泡沫液。

直升机平台的泡沫混合液供给强度为应不低于6L($m^2 \cdot min$)，泡沫液的一次喷射时间应不低于5~6min；平台甲板、接近储罐等高风险位置的泡沫混合液供给强度为应不低于6.63L($m^2 \cdot min$)，泡沫液的一次喷射时间应不低于10~15min；动力及注水平台的泡沫混合液供给强度为应不低于4L($m^2 \cdot min$)，泡沫液的一次喷射时间应不低于10~15min；直接接触到储油罐的泡沫混合液供给强度为应不低于6.5L($m^2 \cdot min$)，泡沫液的一次喷射时间应不低于一个小时。

1.2 火灾探测报警系统

海上采油平台的火灾探测报警系统一般由感烟、感温、紫外、红外等探测器构成，另外海上采油平台在各个生产区域和生活区域还配备了火灾手报报警器。

1.3 火灾报警联锁自动灭火系统

火灾报警联锁自动灭火系统由火灾报警主机、火灾特征或火灾早期特征传感器、人工火灾报警输出控制设备、联锁控制器组成。发生火灾报警后经预先编程设置好的控制逻辑(“或”“与”“总报”等逻辑)处理后。向相应控制点发出联动控制信号并发出提示声光信号经过执行器去控制相应的外控消防设备，如排烟阀、排烟风机等防烟排烟设备、防火阀、防火卷帘门等防火设备；警铃、警笛和声光报警器等警报设备；启动消防泵、喷淋泵等消防灭火设备。

2 以往海上平台消防设施安全管理情况

2.1 消防基础资料管理

目前个海上采油平台的消防基础资料比较健全，管理规范，均建立了消防设备设施台账，台账中详细记录了消防设备设施投用时间、检验检测情况、维修保养情况等。消防设计较为文件齐全。

2.2 消防设备设施监督检查情况

(1) 各海上平台根据火灾风险辨识情况均建立了风险清单和隐患排查清单，并根据风险级别将隐患排查任务分解到了班组、基层单位、直属单位的相关责任人。按照要求开展周检、月检、季检的定期隐患排查。

（2）消防隐患排查内容主要针对设备的状态、数量、检验情况进行了要求。但对消防设备设施在设计、安装等方面的检查与验证没有做详细的要求。

3 开展消防专项综合检查情况

2023年选取了5座典型海上采油平台，开展了消防专项检查，共检查消防设备设施770余台套。通过检查发现问题共计128项，涉及消防设备设施95台套，存在问题的消防设施占比12.3%。

检查问题按照消防设施种类划分分布见表1。

表1 按消防设施种类划分问题分布统计表

消防设施种类	问题数量	问题占比/%	消防设施种类	问题数量	问题占比/%
水消防系统	36	28	火灾探测及报警	17	13.3
二氧化碳系统	16	12.4	制度、标识、持证	14	11
泡沫灭火系统	17	13.3	消防装备	23	18
灭火器	5	4	合计	128	100

检查问题按照全周期管理划分分布见表2。

表2 按全周期管理划分问题分布统计表

问题类别	问题数量	问题占比/%	问题类别	问题数量	问题占比/%
设计	48	37.5	检验检测	5	4
安装	9	7	逻辑控制	4	3
维护保养	15	11.7	管理	39	30.5
标识	8	6.3	合计	128	100

按照发现问题的种类划分分布见表3。

表3 各类问题数量统计表

问题种类	问题数量	问题占比/%	问题种类	问题数量	问题占比/%
制度标识管理	24	18.7	老化锈蚀问题	8	6.3
配置不符合要求	72	56.3	检验检测	5	4
设备故障	7	5.4	合计	128	100
安装不规范	12	9.3			

通过表3各类问题数量统计情况可以看出，消防系统主要问题为制度标识管理缺失问题、配置不符合要求问题、设备故障问题、安装不规范问题、老化锈蚀问题、检验检测问题等6类，分别占比为18.7%、56.3%、5.4%、9.3%、6.3%、4%。下面主要对以上6类问题进行重点分析。

3.1 制度标识管理缺失问题统计分析

检查共发现制度标识管理问题24项，占问题总数的18.7%，主要存在管理制度及操作规程缺失、标识缺失、设备状态不正确、操作规程与实际操作不符等问题。各类问题数量见表4；各类问题可能产生原因分析见表5。

表4 各类问题数量统计表

问题种类	问题数量	问题占比/%	问题种类	问题数量	问题占比/%
管理制度及操作规程缺失	8	33.3	操作规程与实际操作不符	3	12.5
标识缺失	9	37.5	合计	24	100
设备状态不正确	4	16.7			

表5 产生制度标识管理问题原因

问题种类	设计	安装	维护保养	检验检测	管理
管理制度及操作规程缺失	否	否	否	否	是
标识缺失	否	否	否	否	是
设备状态不正确	否	否	否	否	是
操作规程与实际操作不符	否	否	否	否	是

典型问题如下：

① 管理制度及操作规程缺失（图1、图2）。

图1 缺少消防泵操作规程

图2 缺少消防控制室管理制度

② 标识缺失（图3、图4）。

图3 消防重点部位标识

图4 设施标识

③ 设备状态不正确(图 5)。

图 5　紧急切断阀处于本地控制状态

④ 操作规程与实际操作不符(图 6)。

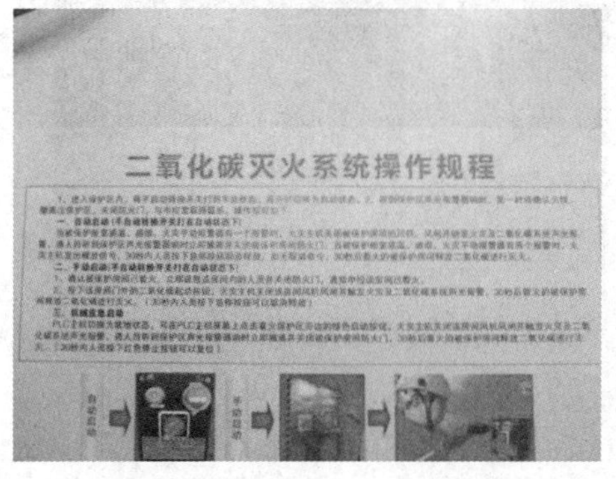

图 6　操作规程

3.2　配置不符合要求问题统计分析

检查共发现配置不符合要求问题 72 项，占问题总数的 56.3%，主要存在材料不符合要求、消防器材配置不足、防护措施不到位、功能配置不全、不符合标准要求等问题。各类问题数量见表 6；各类问题可能产生原因分析见表 7。

表 6　各类问题数量统计表

问题种类	问题数量	问题占比/%	问题种类	问题数量	问题占比/%
材料不符合要求	7	9.7	功能配置不全	38	52.7
消防器材配置不足	18	25	不符合标准要求	7	9.7
防护措施不到位	2	2.9	合计	72	100

表 7　配置不符合要求问题可能原因

问题种类	设计	安装	维护保养	检验检测	管理
材料不符合要求	是	否	否	否	否
消防器材配置不足	是	否	否	否	是
防护措施不到位	是	否	否	否	否
功能配置不全	是	否	否	否	否
不符合标准要求	否	否	否	否	是

典型问题如下：

① 材料不符合要求(图 7)。

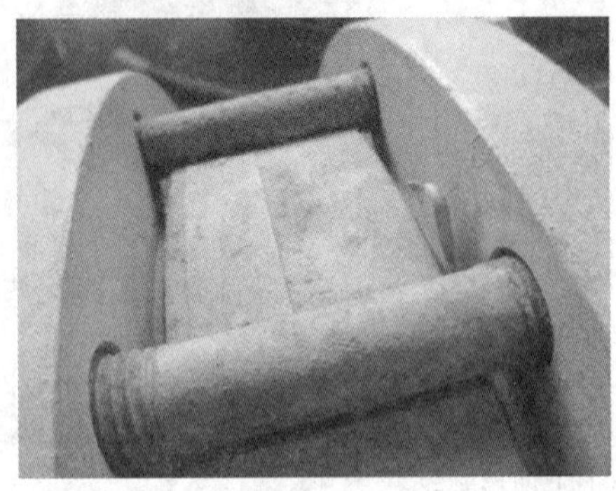

图 7　材质不符合要求

② 消防器材配置不足(图 8)。

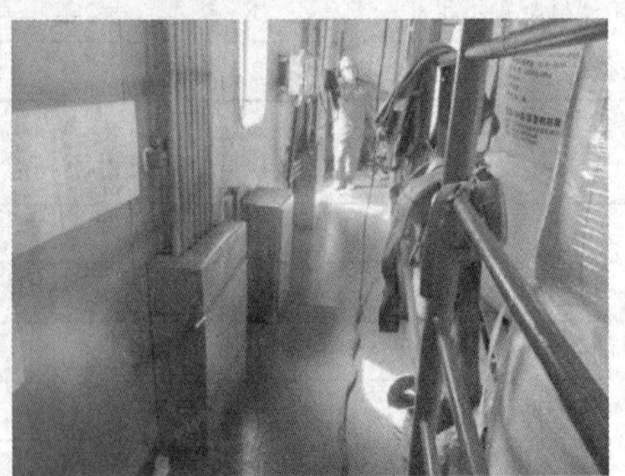

图 8　消防器材配置不足

③ 防护措施不到位(图 9)。

图 9　油罐消防水罐保温不符合要求

④ 功能配置不全(图 10)。

(a)缺少低泄高封阀

(b)缺少声光报警器

(c)未设置手动释放开关

(d)未见设置火灾探测器

图 10　功能配置存在的问题

⑤ 不符合标准要求(图 11、图 12)。

3.3　设备故障问题统计分析

本次检查共发现设备故障问题 7 项，占问题总数的 5.4%，主要存在设备损坏、功能故障等问题。各类问题数量见表 8；各类问题可能产生原因分析见表 9。

图 11　疏散标识未蓄能型

图 12　泡沫液罐大于 $5m^3$

表 8　各类问题数量统计表

问题种类	问题数量	问题占比/%	问题种类	问题数量	问题占比/%
设备损坏	2	28.6	合计	7	100
功能故障	5	71.4			

表 9　设备故障问题可能原因

问题种类	设计	安装	维护保养	检验检测	管理
设备损坏	否	否	否	否	是
功能故障	否	否	否	否	是

典型问题如下：

① 设备损坏(图 13、图 14)。

图 13　疏散指示灯不亮

图 14　泡沫罐胶囊破损

② 功能故障(图 15、图 16)。

3.4　安装不规范问题统计分析

检查共发现安装不规范问题 12 项，占问题总数的 9.3%，主要存在火灾报警探头安装不符合要求、二氧化碳泄放哨笛安装不正确、影响设备使用的安装缺陷。各类问题数量见表 10；各类问题可能产生原因分析见表 11。

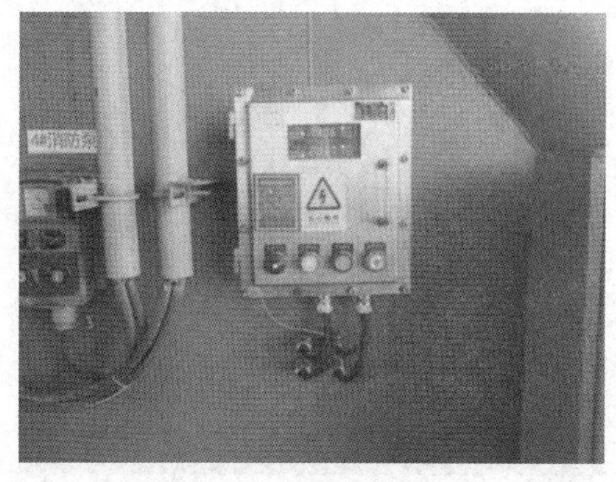

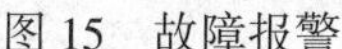

图 15　故障报警

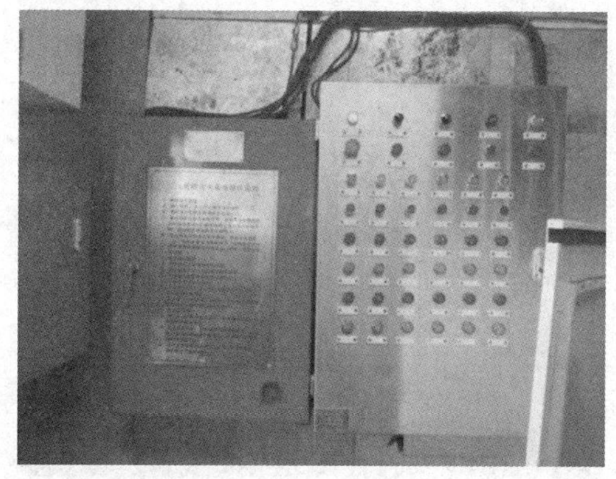

图 16　PLC 功能故障

表 10　各类问题数量统计表

问题种类	问题数量	问题占比/%
火灾报警探头安装不符合要求	5	41.7
二氧化碳泄放哨笛安装不正确	4	33.3
影响设备使用的安装缺陷	3	25
合计	12	100

表 11　安装不规范问题可能原因

问题种类	设计	安装	维护保养	检验检测	管理
火灾报警探头安装不符合要求	否	是	否	否	否
二氧化碳泄放哨笛安装不正确	否	是	否	否	否
影响设备使用的安装缺陷	否	是	否	否	否

典型问题如下：

① 火灾报警探头安装不符合要求(图 17)。

图 17　火灾报警探头周围有障碍物

② 二氧化碳泄放哨笛安装不正确(图 18、图 19)。

③ 影响设备使用(图 20、图 21)。

3.5　老化腐蚀问题统计分析

检查共发现老化腐蚀问题 8 项，占问题总数的 6.3%，主要存在消防枪头接口锈蚀变形、水幕喷淋头锈蚀等问题。各类问题数量见表 12；各类问题可能产生原因分析见表 13。

图 18　哨笛安装在主通道上

图 19　哨笛安装在室内

图 20　阀门手柄开关受阻

图 21　排渣口安装方式不正确

表 12　各类问题数量统计表

问题种类	问题数量	问题占比/%
枪头接口锈蚀变形	6	75
水幕喷淋头锈蚀	2	25
合计	8	100

表 13　老化腐蚀问题可能原因

问题种类	设计	安装	维护保养	检验检测	管理
枪头接口锈蚀变形	否	否	否	是	是
水幕喷淋头锈蚀	否	否	否	否	是

典型问题如下：

① 消防枪头接口锈蚀变形(图 22)。

② 水幕喷淋头锈蚀(图 23)。

3.6　检验检测问题统计分析

检查共发现检验检测问题 11 项，占问题总数的 4%。主要存在消防水龙带未经专业机构认证、泡沫液未定期检测等问题。各类问题数量见表 14；各类问题可能产生原因分析见表 15。

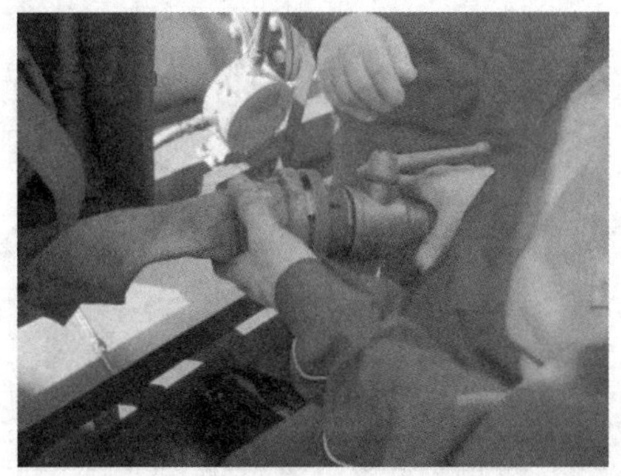
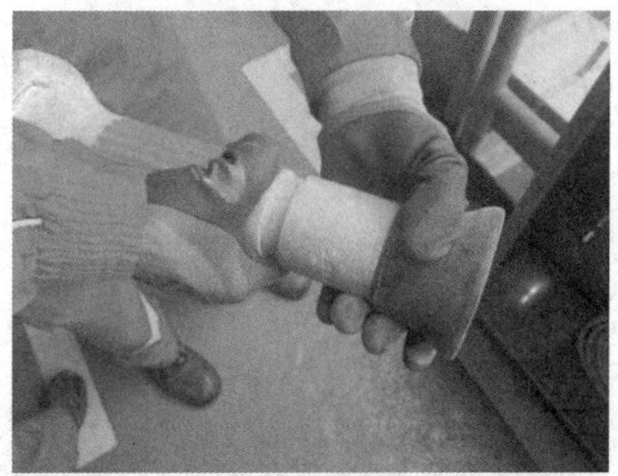

图 22　锈蚀变形问题

图 23　喷淋头锈堵

表 14　各类问题数量统计表

问题种类	问题数量	问题占比/%	问题种类	问题数量	问题占比/%
消防水龙带未经专业机构认证	3	60	合计	5	100
泡沫液未定期检测	2	40			

表 15　检验检测问题可能原因

问题种类	设计	安装	维护保养	检验检测	管理
消防水龙带未经专业机构认证	否	否	否	是	否
泡沫液未定期检测	否	否	否	是	否

典型问题如下：

① 消防水龙带未经专业机构认证(图 24)。

② 泡沫液未定期检测(图 25)。

4　海上平台消防安全监督检查

通过对 5 座海上采油平台消防安全检查的问题看，海上平台消防系统存在的问题是多方面的，有建设时设计依据标准不能满足现行标准的问题；有安装过程中未按设计要求进行施工的问题；有消防设施维护保养制度执行不到位，导致部分消防设施存在锈蚀老化的问题；有消防器材未经专业机构进行认证就使用及超期未检的问题；有制度建设、操作规

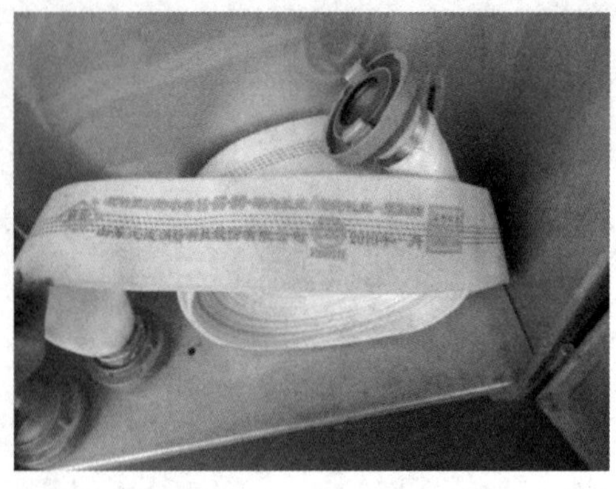

图 24　消防水带未经认证

图 25　泡沫液管

程制定、现场标识等方面还存在管理盲区的问题，有消防值班人员持证管理不到位，存在消防值班人员持证不满足法规要求的问题。

上述的很多问题靠单一的依据隐患清单开展监督检查很难被发现或发现不及时。必须采取多种监督检查方式，以确保海上消防安全。为此我们开展了“四位一体”海上平台消防安全监督检查。具体措施如下：

4.1　开展消防设施日常监督检查

建立日常消防检查清单，明确检查要点及标准，定期开展监督检查，通过严格的日常监督检查来确保消防设施的完好性、完整性。

4.2　开展消防设施视频监控监督检查

在重要的消防设备、设施旁设置监控摄像头(如：消防泵、柴油发电机、二氧化碳间、配电室、储油罐等)时时监控设备设施状态，以确保发现火情及设备异常的及时性。

4.3　开展消防设施专项监督检查

定期开展消防专项监督检查，检查人员主要有消防设计、消防安装、消防管理、电气自动化等方面的专家构成，查找海上平台消防设施在设计、安装、运行管理、联锁保护、规章制度方面存在的不足，以确保海上平台消防设施的适用性及消防安全管理的有效性。

4.4　开展“一体化”监督检查

与设备专业检验检测部门、设备设施发证检验部门联合开展监督检查，实现资源共享、问题共享，进而多角度地发现消防设施安全管理方面的问题，特别是在定期检验和定期报废方面的问题。

5 结语

随着社会的进步和发展，我国的工业化生产已经进入到一个新的篇章，其中离不开消防安全作为企业发展的强大后盾，海上采油平台的消防尤为重要。本文对海上采油平台的消防系统的构成进行了介绍，对海上采油平台消防设施及消防管理方面存在的问题进行了详细的分析，并给出了确保海上采油平台消防安全管理的监督检查办法，旨在进一步提高海上采油平台消防安全管理水平，确保在发生火情时能够快速反应，措施有效，把火情消灭在萌芽状态。

参 考 文 献

[1] 蔡晶菁. 海上油气平台火灾后果严重度的模糊评价[J]. 消防科学与技术，2011(5)：440-443.

[2] 张峰，冯传令. 火气系统在海洋石油工业中的应用研究[J]. 石油化工自动化，2009(3)：20-22.

[3] 陆莺. FM200灭火系统在消防工程中的应用[J]. 石油化工设计，2008(3)：44-46.

【作者简介】王国祥，男，现在中石化胜利海上石油工程技术检验有限公司工作，大学本科，主要从事涉海油气生产单位安全监督检查、安全专项检查、安全咨询服务等工作。电话：18678682636，邮箱：wangx197708@163.com。

油品储罐清洗检修与应急管理的实践探讨

杨　勇

（中国石油乌鲁木齐石化公司炼油厂安环科）

摘　要： 本文阐述了油品储罐清洗检修工作流程及作业风险，以及储罐清洗检修和应急管理工作对于保障储罐安全运行、防止环境污染的意义。

关键词： 储罐清洗检修；安全生产；应急预案；应急演练

乌鲁木齐石化公司炼油厂通过多年建设，目前共有油品储罐百余座，储存原料、半成品、成品等多种油品。所有储罐按照国家安全环保等规范要求，结合自身运行特点，每年有计划地分批进行清罐保养、检修维护、检验检测等作业。在实践中应急管理涉及到全过程，对保障作业安全至关重要。本文对储罐作业过程及应急管理工作进行一些简单的复盘与探讨，以期完善工作流程，促进今后工作安全性及效率的提升。

1　储罐清洗检修的目的

储罐清洗是指对油品储罐内部进行彻底清洁的过程，目的是去除附着在储罐内壁、底部及其他结构部位上的残留物。储罐检修是指对油品储罐进行定期或必要时进行的检查、维护和修理活动。储罐清洗检修一是去除沉淀物和污垢。储罐在长期使用后，内部可能会积累腐蚀产物、沉积物或其他杂质。这些物质可能会影响储罐的油品流速、储存能力，甚至堵塞管道和阀门，定期清洗检修可以及时发现并消除这些潜在的安全隐患。二是保证油品质量。储罐内壁的污垢和腐蚀可能会影响储存油品的品质，导致产品纯度降低、性能变差，甚至造成交叉污染。通过清洗检修，可以确保储罐内部干净清洁，维持产品质量稳定。三是延长设备寿命。储罐经过一段时间运行后，其内部结构可能会受到不同程度的磨损、腐蚀等损害，定期进行清洗检修能有效减缓设备老化速度，延长储罐使用寿命，避免因设备故障影响生产。四是符合法规要求。石油化工行业对于储罐的使用和维护有着严格的法规标准，定期进行储罐清洗检修是满足相关法规、标准要求的重要手段。

2　油罐清洗主要工作程序

（1）制定储罐清洗检修计划；

（2）制定储罐工艺处理及能量隔离方案；

（3）进行作业前危险源评估辨识；

（4）对施工方进行技术交底，参照《储罐机械清洗作业规范》（SY/T 6696—2014）等标准制定机械清洗施工方案；

（5）成立应急组织机构，编制应急预案；

（6）开工前对施工方进行安全技术培训；

（7）办理储罐高低液位报警和紧急切断阀联锁停用手续；

(8) 清洗罐进行转油操作；

(9) 对储罐进出口管线进行盲板安装；

(10) 履行管线设备打开许可，打开储罐人孔；

(11) 清洗作业前安全条件确认合格，履行作业许可程序；

(12) 开始清洗作业；

(13) 清洗液，油污收集回收；

(14) 机械清洗效果检查，确认合格；

(15) 确认转人工进入受限空间作业安全条件合格；

(16) 进入受限空间作业；

(17) 储罐清洗完毕后拆除清洗装置；

(18) 交付验收。进入后续检修或投用流程。

3 储罐清洗作业风险

储罐清洗是储罐检修前必备的程序，是储罐生产运行全过程的关键环节。储罐清洗面对的是储罐从生产运行阶段切换到隔离检修前的状态，储罐内油品排净后还未处理，储罐内环境相对比较复杂，相比之后的检修流程，储罐清洗要面临更大的风险。风险主要包括以下几个方面：

(1) 火灾和爆炸风险

清洗过程中，如果油品残余物或其他可燃性物质没有得到彻底清除，与空气混合达到一定浓度时，遇到明火、静电火花或高温热源，极易引发火灾或爆炸。

(2) 中毒和窒息危险

储罐内部可能残留有害气体，如硫化氢(H_2S)、油气蒸气以及其他有毒化学物质。在未进行有效通风和气体检测的情况下进入储罐，可能导致作业人员中毒或因缺氧而窒息。

(3) 物理伤害风险

清洗设备的操作不当或设备故障可能会对作业人员造成机械伤害；同时，高处作业、受限空间作业等也可能导致跌落、碰撞等事故。

(4) 环境风险

清洗过程产生的废水、废渣若处理不当，可能造成土壤和地下水污染，造成环境污染。

(5) 电气风险

在有水汽或易燃气体的环境中使用电气设备，容易引发触电事故或点燃可燃气体。

(6) 粉尘闪爆风险

储罐内的可燃粉尘(如锈蚀产物、残留的干燥石油产品粉末等)，如果没有得到妥善清理和控制，可能会在空气中积累并达到爆炸浓度。

(7) 静电风险

如果产生的静电不能及时通过接地或其他防静电措施进行释放，随着静电荷的不断累积，当达到一定程度时就可能发生静电放电现象。

综上，在执行储罐清洗作业时，必须严格遵守相关安全规程，做好前期准备、气体检测、通风置换、个体防护以及应急预案等工作，并采用合适的清洗技术和设备以降低以上各类风险。

4 储罐清洗作业过程必须落实的安全措施

（1）储罐降液位、排余油、机械清洗、排放清洗液等密闭作业过程阶段，油位与内浮顶之间会形成气相空间，必须在气相空间注入氮气，保证气相空间的安全性。

（2）储罐降液位、排余油操作过程中，应定期巡检，确保无泄漏处，有效监控储罐液位下降。

（3）清洗作业临时设备设施、工器具等进入现场前，甲方应履行完好状态确认。清洗作业过程中，现场作业区域内应按规定使用防爆工具。储罐的防雷、防静电装置处于完好状态，临时设置管线连接处，应有效接地。执行能量隔离和上锁挂签制度。

（4）遵循受限空间内作业的原则“先通风、后检测、再作业”。进入受限空间作业时，应将相关的作业许可证、安全工作方案、应急预案、连续检测记录等文件存放在现场。

（5）在受限空间作业外部必须设专人监护，必须配备足够的应急救援正压式空气呼吸器、长管呼吸器、安全带、安全绳等救护器材，防止盲目施救造成次生事故。

（6）动火、进入受限空间等特殊作业，执行《危险化学品企业特殊作业安全规范》（GB 30871—2022）、《石油储罐的安全进入和清洗》（SY/T 6820—2011）等标准规范。

（7）清洗作业过程中主要的记录有：相关作业许可、《能量隔离清单》《储罐轴流风机运行记录》《储罐液位检尺记录》《清洗设备运行记录》《接地电阻检测记录》等，根据不同情况进行调整。

5 储罐清洗检修作业的应急管理

5.1 成立应急组织机构

（1）在储罐清洗检修前是非常重要的，它有助于确保全过程作业的安全、环保和高效，成立专门的应急小组，明确应急组织和责任分工，并明确各成员的职责和任务。

（2）应急小组应由具备相关知识和经验的人员组成，甲方人员担任组长，乙方现场负责人为成员，以便于能够快速、准确地应对储罐检修作业中可能出现的紧急情况。

5.2 编制清洗作业应急预案

结合《清洗检修计划》《油罐工艺处理及能量隔离方案》《工作前安全分析》《储油罐清洗现场调查表》等编制《火灾爆炸》《中毒、窒息》等专项预案及相对应的现场应急处置卡片；

5.3 培训和演练

对应急人员进行培训和演练，提高其应对紧急情况的能力。培训和演练内容应包括应急预案的实施、应急设备的操作、紧急救援技能等。

（1）组织甲方、乙方参与清洗作业的人员进行预案培训、桌面演练；

（2）组织《火灾爆炸》《中毒、窒息》专项预案的现场演练，使参与清洗作业人员掌握基本的处置程序、处置措施、注意事项的技能；确保在紧急情况下人员不慌乱，有章可循。

（3）组织学习清罐作业、进入受限空间有关的事故案例。

5.4 建立事故预警响应机制

检修单位和属地单位要梳理事故预警响应流程，一旦发现可能引发事故的隐患、危险因素或其他异常情况，要立即启动应急响应，确保信息传递及时准确。

5.5 配备应急设备和应急物资

为应对储罐清洗检修作业中可能出现的紧急情况，要配备相应的应急设备和应急物资，如消防器材、正压空气呼吸器、长管空气呼吸器等防护用品、应急照明等。这些设备和物资在每天作业前要进行检查和维护，确保其有效性。

5.6 评估和改进

根据现场储罐清洗和检修进度情况，及时对应急预案和应急物资进行改进和完善，提高应急管理的效果。

通过以上步骤，可以有效促进储罐清洗检修作业全过程的应急管理，保障作业安全顺利进行。

6 问题与改进

针对储罐清洗检修应急管理的运行情况，存在以下一些问题，需要我们及时进行调整纠偏。

(1) 应急预案制定不完善或执行不到位。

应急预案中可能对某些突发状况考虑不足，如罐内构筑物倒塌、极端天气影响等。需要相关单位定期进行风险评估并更新应急预案，加强预案培训和应急演练，提高现场人员应对突发事件的能力。

(2) 信息沟通及上报流程或机制不健全。

现场出现紧急情况时，可能由于通信不畅、信息错误、上报滞后等原因延误最佳应急救援时机。需要相关单位建立有效的应急通信手段。明确事故报告流程，一旦发生事故立即启动报告程序。

(3) 应急物资储备不足或未及时更新。

应急物资如消防器材、防护器材、急救药品等可能存在储备量不足或过期失效的问题。需要责任单位定期清点和检查应急物资，确保其数量充足且性能良好，及时补充和更新。

7 结语

储罐清洗检修是一项系统性工程，各项工序及环节都面对着风险与危害，需要我们在实践中不断积累经验，引入更先进的管理理念和技术手段，以适应日益严格的安全管理和环保标准要求。只有不断提升和完善储罐清洗检修过程中的应急管理能力，才能确保在突发情况发生时迅速、准确地做出响应，最大限度地减少损失，保障人员生命安全及设备设施的正常运行。

【作者简介】杨勇，男，2007 年毕业于济南大学机械工程与自动化专业，目前从事安全环保管理工作。电话：13899873094，邮箱：119304529@ qq. com。

科研分析实验室危险化学品管理的难点与对策

朱瑞兰

（中国石油乌鲁木齐石化公司研究院）

摘　要：实验室是研究工作的特殊领域，进行各种化学试验、物理试验、生物实验等，长期接触易燃、易爆、易中毒、易腐蚀的化学试剂。近年，国内高校及科研院所实验室安全事故频发，根据实验室事故统计分析，危化品事故是其中的主要原因，因此危化品管理是实验室安全的关键。本文分析了中国石油乌鲁木齐石化公司研究院实验室危险化学品管理工作中存在的难点，并通过实践提出应对措施。

关键词：实验室；安全意识；危险化学品；HSE 管理；应急演练

科研实验室是开展科研和实验分析的固定场所，危险源包括危险化学品、辐射、机械、电气、特种设备、易制毒易制爆危险化学品、剧毒化学品等，危险源多，人员相对集中。2018 年北京交通大学实验室发生爆炸燃烧，造成现场 3 名学生死亡。该事故直接原因是学生使用搅拌机对镁粉和磷酸搅拌反应过程中，料斗产生的氢气被搅拌机转轴金属摩碰撞产生的火花点燃，引发镁粉粉尘云爆炸，爆炸引起周边镁粉和其他可燃物燃烧，间接原因是违规开展实验、冒险作业，违规购买、违法储存危险化学品，对实验室和科研项目安全管理不到位。2021 年 10 月 24 日，南京航空航天大学材料科学与技术学院材料化学实验室发生爆燃，共造成 2 死 9 伤，事故原因为镁铝粉发生爆燃。统计数据表明，在 2001~2022 年 4 月期间国内化学实验室公开的 93 起事故中，爆炸事故发生了 49 起，占比最高，达到 53%；火灾事故发生 33 起，占比 35%；中毒事故发生 9 起，占比 10%，其中有毒物质泄漏引起的中毒事故 2 起，占比 2%。经分析统计，实验过程 80%的安全事故由化学品引起，其他安全事故多与实验仪器设备相关。而化学品的使用与储存环节造成事故最多、伤亡也最严重，其中仅使用过程造成的伤亡人数占事故总伤亡人数的 83%。因此危化品管理是实验室安全的关键，科研实验室安全管理难点重点在危险化学品的安全管控。

1　科研分析实验室危险化学品管理的现状及难点

当前，还有部分实验室危化品领用、存放和使用记录不全；不能完全掌握各实验室的危化品数据；部分实验室缺乏安全管理制度，或者约束力弱；部分实验室业务部门安全管理职责不清，缺少专职实验室安全管理人员。更为突出的是，实验室安全教育培训制度的缺失，员工在进入实验室前需进行的安全培训与考核内容单一、针对性不强，往往流于形式，效果不佳。实验室的现实隐患随处可见：禁忌试剂混杂堆放、氧气瓶与氢气瓶混存、实验区与办公区重叠；部分人员在实验室内进食、休息，做实验不佩戴防护用具；实验方案与操作规程随意变更，安全通道堵塞。经总结分析，科研分析实验室危险化学品管理的难点包括以下几点：

1.1 实验群体的安全意识整体不高

相比较高校、研究所，化工企业整体上安全管理层次较深，但由于与工艺装置、化学品储罐区等相比，风险较低，自然而然对实验室的安全重视程度相对不高。部分员工对实验室安全意识不强，怀有“自负”心理，认为不是生产装置，不会有危险，或者错误地认为实验室的危化品用量及反应规模等远不及工厂，即便实验出现一些纰漏也无大碍，部分管理人员存在重科研轻安全的思想。

1.2 实验室管理的标准规范欠缺

科研分析实验目前执行化工企业的各项管理标准，我国化学实验室管理的法规和标准仍然欠缺，缺少化学实验室分级要求、本质安全设计、实验室安全管理、风险评估方法等相关标准；实验室没有建立系统化、科学化的管理体系、管理制度、管理标准。目前的标准和规范大部分是通用性的。

1.3 危险化学品品种繁多，管理难度大

危险化学品是指具有毒害、腐蚀、爆炸、燃烧、助燃等性质，《危险化学品目录(2015版)》中包含的危险化学品有 2828 种，其中剧毒危险化学品有 148 种。实验室使用的危险化学品基本涉及到以上各类，其特点是种类多而杂，本科研实验室目前在用危化品品种超过了 150 种，并且涉及多种易制爆、易制毒化学品和剧毒化学品，多数为具有易燃、易爆，或具有腐蚀性、氧化性、毒性等危险特性。这些危险化学品危险性千差万别，很多实验人员对危化品的危险性质不能全面掌握。除此之外，实验过程中会产生较大量的危险废液，这些危险废液的特点是易燃、易爆混合物，因其成分复杂且不确定，所以危害产生的后果会更严重，更需要加强管理。危险化学品使用管理不当，可能造成严重的后果，如化学爆炸、中毒等。

1.4 实验方案变更，新风险未及时辨识或辨识不全面

科研实验室涉及到中试规模试验，实验方案与操作规程随意变更，对编制好的实验方案的实验内容或条件方法随意变更，变更后产生新的风险未及时辨识或辨识不全面。

1.5 应急储备能力不足

科研分析实验室危化品安全使用、管理培训、应急预案及演练等前期预防性工作开展不足；实验室现场检测装备、急救装备和个人防护物资等更新速度慢、配备不足；相关管理者缺失专业技能，对种类繁多的危化品的性质不能全面掌握，未能真正熟悉防范措施，造成了应急处置不当等问题；未形成部门间协同合作机制，突发事故应急处置效率低。

2 对策

2.1 强化人员培训，提升安全意识和技能

(1) 实验室应结合法规和本单位具体情况，制定安全生产教育和培训计划，实验室人员上岗前应接受专业的危险化学品、气瓶等特种设备安全使用和危险化学品、气瓶等特种设备事故紧急处置能力的培训，经培训，实验室人员应掌握危险化学品理化特性、正确使用和储存危险化学试剂且具备危险化学品事故应急处置能力，并能正确使用压力容器和高温设备，提高业务技能。实验室人员熟悉实验室危险化学品安全管理制度和应急预案、掌握危险化学品的特性和安全操作规程，考核合格后方可上岗；外来实习和短期工作人员事先应接受危险化学品相关的安全知识培训，清楚安全有关风险及应对措施。

(2) 危险化学品安全管理人员应具备必要的化学专业知识，定期接受相关法律法规、化学品安全知识、安全卫生防护和应急救援知识培训，具备相应的技能；压力锅等特种设备操作人员必须按照国家有关规定经专门的安全作业培训，取得相应资格，方可上岗作业。

(3) 制定安全经验分享安排计划，收集、整理国内外各高校、研究院所相关事故案例，完成分享材料编制，定期在各项会议上进行分享。通过工作性质相近的事故案例学习，提升科研实验室人员安全意识，激发全员积极参与 HSE 管理，促进提升全员 HSE 意识和能力，强化员工正确的 HSE 做法，形成良好的 HSE 文化氛围，防范发生各类生产安全事故，推进安全文化建设。

2.2 建立实验室 HSE 管理体系

相比工厂生产安全，实验室的安全可以看作是作业安全和工艺安全高度糅合在一起的系统。因此我们要以体系的系统思维方式进行实验室安全管理，建立细化涉及实验室危化品及安全管理的法规标准、体系标准，实验室体系化管理从风险管理、制度文件、能力培训与意识、应急管理、设备设施管理、危化品管理等重点要素建立各项安全管理制度。实验室应用的制度包括实验室安全管理制度，职业健康安全环保教育管理制度，危险化学品管理制度，易制爆危险化学品治安管理制度，剧毒化学品管理制度，特种设备与特种作业人员安全管理办法，应急培训与演练管理制度，环境保护管理制度，工业固体废物管理制度，环保装置与设施管理制度，劳动防护用品管理制度，职业卫生档案管理制度，消防设施与消防器材管理制度等。

实验室应制定全体员工的安全生产责任制，做到横向到边、纵向到底，全员安全生产责任制应当明确各岗位的责任人员、责任范围和考核标准等内容，责任制的内容要包括安全生产法和地方性法规规定的各自的责任。同时建立对全员安全生产责任制落实情况的监督考核机制，保证全员安全生产责任制的落实。

实验室应开展合规评价，至少每年评估一次安全生产法律法规、标准规范、规章制度、操作规程的适用性、有效性和执行情况，必要时进行修订。除此还要加强实验室科研实验及日常分析化验工作的检查和监督，尤其是实验方案、操作过程的检查，危险化学品定期组织专项检查，定期开展隐患排查工作，发现问题及时进行整改、举一反三自查，以防止安全事故发生!

2.3 加强危险化学品全过程管理

要做好危险化学品管理，结合危险化学品的全生命周期，可以将危险化学品管理，分为几个步骤，从采购、储存、使用、废弃四个阶段对危化品进行管理。

2.3.1 采购环节

实验室所涉化学品应选择有资质的单位进行采购，要向取得《危险化学品安全生产许可证》或《危险化学品经营许可证》的生产经营单位购买危险化学品，并保存相关资质的复印件，购买的危险化学品应在供应商的生产、经营范围内。履行采购审批及采购许可程序，采购危险化学品时，应按照 GB/T 16483《化学品安全技术说明书内容和项目顺序》要求索取并及时更新中文版安全技术说明书和安全标签，并放在方便获取处，做好危险化学品验收工作。剧毒品和易制爆危化品要经过公安部门治安机关审批，并持审批单采购、按规定线路运输，车辆、司机和押运员均具有相应资质；剧毒品要严格按照“五双”即“双人保管、双人领取、双人使用、双把锁、双本账”实施管理。

2.3.2 储存过程

危险化学品的存储原则是按照存储禁忌和灭火方法不同分别采用隔离、隔开或分离存放，并分别设置相应的消防设施。实验室应具备满足国家标准规范要求的危险化学品专用库房，设专人管理，严禁将会发生反应的化学品混放储存，试剂库的风机、照明、开关符合防火防爆等级要求，储存环境如温度、湿度、通风等达标，储存方式符合标准要求，并严格控制危化品数量。库房现场明示《危险化学品清单》，明确危险化学品名称、危险特性、存放地点、最大存放量等。易制毒易制爆及剧毒化学品执行“双人保管、双人领取、双人使用、双把锁、双本帐”的“五双”管理要求，库房监控及防盗措施完备，应急物资、个人防护用品配备完善，开展日常安全巡查和季度危化品专项检查等。危化品存放区域应有显著安全警示标识，储存的危化品的种类、数量和位置严禁擅自更改。

2.3.3 使用环节

使用现场建立危险化学品的品种目录，及时填写领用量、使用量、暂存量台账、国家重点监管危险化学品台账、易制毒化学品台账、易制爆危险化学品台账、剧毒化学品(配置的未使用完的溶液)台账做好出入库台账登记，应用信息化系统，对危化品数量进行管控，做到账物相符。除储存间外，其他实验房间尽量不放置试剂柜或安全柜，实验台试剂架上、通风橱内可暂时存放当天实验/化验所需数量的危险化学品，剩余危险化学品应放回储存柜或储存间。实验台暂存的危险化学品当天存放总量液体不得超过0.5L/m^2、固体不得超过0.5kg/m^2。MSDS放置在使用者便于查看的地方，现场安全标志和职业危害告知卡要齐全、按标准张贴。此外，在化学品使用过程中，要求使用人员严格执行作业指导书，在通风良好条件下进行相关作业，并要佩戴好个人防护用品，详细记录使用数量、实验过程等相关情况。

2.3.4 废弃环节

实验室应建立独立的危险废物仓库，同时危废库需符合危险化学品库的安全要求，地面做好防渗处理，要设置有收集地坑、排水沟，门槛设置150mm慢坡，设置高密度和低密度可燃气体探测器并与排风装置联锁，排风装置平时可以单独运行，排出的气体要经VOC治理合格后排至空气中，并按照企业的年度监测计划定期进行检测并公示。

严禁将废弃的化学品直接倒入下水道，按照GB 18597《危险废物贮存污染控制标准》、GB/T 31190《实验室废弃化学品收集技术规范》要求，实验室废弃物根据废液的性质实行分类收集后储存在危险废物仓库，再集中处理，并做好处置记录，设置危险废物警示标识，实验室废物委托需具有资质的单位进行处置。

2.4 做好变更管理

严格按照实验流程和方法进行操作，避免在实验过程中擅自改变实验条件和参数，以免发生不可预测的风险，遵循实验室的安全规章制度，对于容易引起火灾和爆炸的实验要特别谨慎，严格遵守防火防爆措施。实验中遵循“小样品实验”的原则，以减少意外发生时的损失和危害。严格变更管理，如果经过辨识、评估需要进行变更时，在变更前应对变更过程及变更后可能产生的安全风险进行分析，制定控制措施，履行审批及验收程序，并告知和培训相关从业人员，对新产生的风险进行管控。

针对中试装置的高风险性，制定《中试装置管理制度》，从中试装置的安装调试、日常使用、维修保养、装置改造、报废更新等各方面进行管理。重点管控高风险环节-开停工过程。中试装置开工应进行相关专业部门及逐级领导审批，《开工方案》包括开停工步骤、风险识别和应急措施的HSE管理内容。开工前按照开工确认表进行逐项检查确认，具备条件才能开工。在中试过程中，严格HSE管理及物耗、能耗把控，在《交接班日志》对装置运行情况及异常情况进行记录和跟踪处理。装置停工后，除试验总结外，对本次中试过程中涉及的HSE管理相关情况进行分析和总结。

2.5 应急管理

2.5.1 建立齐全的HSE设备设施

实验室内应设置通风橱、应急喷淋、应急洗眼器，可能产生有毒有害气体、蒸气、粉尘等污染物的实验室，应设置通风柜或其他局部排风设备。使用易燃易爆危化品的区域，设置可燃气体探测器，排风系统应设置导除静电的接地装置，排风管应采用金属管道，并应直接通向室外安全地点，不应暗设；使用氮气等可造成窒息的惰性气体时，应安装氧气报警器，其安装高度为距地坪或楼地板1.5~2.0m。实验室及中试厂房，满足防火、防爆设计要求，实验室布置合理，各实验楼、工艺厂房配备灭火器、消防栓、硫化氢报警仪、可燃气体检测仪、烟感探头、应急照明等消防应急设备设施，并配备空气呼吸器。有专人负责管理各种安全设施以及检测与监测设备，定期检查维护并做好记录，不应随意拆除或弃置不用；确因检维修拆除的，应采取临时安全措施，检维修完毕后立即复原。

2.5.2 完善应急制度，加强人员培训，强化应急演练效果

实验室通过识别和分析实验室的危险来源以及后果，开展安全风险评估和应急资源调查，在此基础上建立生产安全事故应急预案体系，制定符合标准规定的生产安全事故综合应急预案、专项应急预案、现场处置方案，建立应急管理组织机构或指定专人负责应急管理工作，设置应急设施，配备应急装备，储备应急物资，建立管理台账。应急资源包括应急响应和恢复所需的人员和应急设备，应急设备包括通信设备和个人防护设备。

加强培训和演练，开展系列培训课程，使得所有员工了解危险与防护措施。通过应急演练使员工熟悉应急响应方案，当出现紧急情况时，能够按照应急方案行动。应急响应时现场急救人员通过与网络、消防、医疗等部门共同配合，能够提供对各种紧急情况的有效响应，演练后根据评估结论和演练发现的问题，修订、完善应急预案，改进应急准备工作。

3 结语

科研分析实验室使用种类繁多的化学药品、易燃易爆物品和剧毒物品，有的实验要在高温度、高压力或者低温、微波辐射、高电压和高转速等特殊环境和条件下进行，有的实验还排放有毒物质，安全状况较复杂，随着科学的不断发展，实验室内使用的危化品种类也将不断增加，我们应当及时更新我们的管理理念，通过人、设施、制度、信息化等各方面的有机结合来统筹实验室安全管理。加强安全管理，做好危化品的全生命周期安全管理，才能有效地遏制实验室危险化学品事故发生，降低危化品给科研实验带来的风险。

参 考 文 献

[1] 张晓华. 化学实验室安全事故统计分析[J]. 安全、健康和环境，2022，(08)：7-11.

[2] 巫明娟. 石化企业实验装置风险及安全管理措施分析[J]. 安全、健康和环境，2017，(11)：42-45.

[3] 潘涛，霍如杰，潘康，张佳梦，董伟. 高校环境工程科研实验室危化品管理实践[J]. 化工管理，2023，(34)：106-110.

[4] 何燕，曾星星. 高校危化品管理及突发事故应急处置规范探索[J]. 广东化工，2020，(12)：257-258.

[5] 武晓娜，谢祥，肖尤丹. 美国劳伦斯伯克利国家实验室安全管理模式及启示[J]. 实验技术与管理，2022，(08)：239-244.

【作者简介】朱瑞兰，女，2003年7月毕业于新疆大学，学士学位，现工作于中国石油乌鲁木齐石化公司研究院，从事安全管理工作。电话：0991-6911076，邮箱：Zhurlws1ws@petrochina.com.cn。

关于油专消防队伍在边远地区的现状与对策探析

伍 军 梁晓辉 冯 刚 陈 俊

（中国石油塔里木油田塔西南公司）

摘 要：石油行业属于高危行业，一般都地处在偏远的戈壁荒漠地带，一旦发生事故将会造成不可估量的后果。偏远地区石油企业专职消防队伍建设速度亟待加强，因为我国经济建设高速发展，社会取得了全面进步，边远地区石油企业的专职消防队伍也必须加快发展步伐。本文从边远石油企业专职消防队伍建设的重要性、面临的现状展开分析论述，最后提出石油企业做好消防队伍建设的有效方法和举措。

关键词：偏远石油企业；消防队伍建设；措施

企业专职消防队伍既是一支同火灾作斗争的专业化队伍，也是企事业单位贯彻落实消防工作职责、维护消防安全的重要组织力量。但随着企业专职消防救援队伍的发展壮大，如不及时采取有效措施，也会产生一些问题，对石油行业今后的发展势必会产生不利的影响。

1 边远油企消防队伍力量建设的作用

1.1 推动经济发展的现实需要

自20世纪70年代末以来，中国经济取得了令人瞩目的成就，石油企业也随之兴旺发展。作为国家重要支柱性企业，石油企业也应革故鼎新，建立一支专业化升级版的消防队伍。

1.2 为边远石油企业发展保驾

近年来，集团公司加大对新疆石油领域的投资力度，在石油勘探、运输、储油等环节存在安全隐患的情况下，推动地方油企向更大发展。可能发生较为严重的火情，也可能发生大型的火灾事故。这也给当地消防部门的工作增加了不小的压力。因此，组建一支专业化、规范化管理、执行力强的专业消防队伍，对石油企业的发展增加额外的保障，对现有消防救援队伍的负担将大大减轻。

2 边远石油企业消防队伍建设面临的难题

2.1 人员流动性较大

专职消防队员在社会上“招聘不上、留下更难”的现象更明显。消防工作的特殊性不言而喻，要求队员们必须要年轻化，还必须要有过硬的军人素质。调查发现：目前18~28岁的男青年基本不会将专职消防员作为一种职业选择，原因是企业专职消防员的工资待遇普遍偏低，工作福利待遇不优厚、工作压力大，晋升和发展通道太小。大部分人只是把它当成过渡性或者阶段性的工作，所以有些员工没有完全尽职的态度，造成这些员工流动率上升。

2.2 职业化程度较低

目前，类似的军事化管理模式在企业专职消防救援队伍中推广。从队员的能力素质上看，专职消防救援队员学历以高中毕业为主，3~6 个月的上岗前培训只能使其熟悉扑火的基本工作要求，而不能使其具备胜任实战救援工作所需的素质。边远油企因其特殊的地理位置，对安全问题格外重视。因此，大多数国有石油企业都在企业内部组建了应急管理部门和消防救援队伍，但个别的一些企业受到过去体制机制的影响，只想到如何在激烈的市场竞争中获得更大的经济利益，更有甚者，由于消防队伍的建设需要耗费大量的人力、物力，而不愿投入过多的精力，致使消防队伍的组建工作没有得到很好的贯彻和落实，致使消防队伍的组建工作在企业内部组建工作落实不到位。

2.3 保障机制不够完善

企业专职消防队普遍面临车辆装备陈旧，单兵防护装备不足，特种灭火装备缺乏等问题，对日趋复杂的灭火作战要求，不能有效应对。有的企业专职消防队只把主要精力放在落实队员基本工资待遇上，而对工资水平与经济社会发展同步增长的“动态化”机制，缺乏统筹规划的量化标准。企业专职消防队因缺乏完善的表彰奖励和离岗安置机制、队员对企业缺乏归属感等原因，导致“消防岗位难招”问题加剧，专职消防队的岗位没有太多的吸引力。普通岗位损失严重，灭火抢险实战能力不足，致使工作陷入被动境地。

3 加强边远石油专职消防队伍建设的主要举措

3.1 健全并完善专职队伍待遇保障体系

3.1.1 政策法规方面

从集团公司层面进一步明确消防救援队伍性质作用与使命、队员的来源渠道、队伍管理的具体规定、队员的薪酬结构、队伍建设的具体标准等企业专职消防队的要求，确保其建设和后勤保障工作顺利进行。同时，提高消防员职业危险性和工作强度较高消防作为特殊行业，其福利待遇将得到进一步提高。专职消防队员的收入要与特种行业相匹配，要比当地平均收入水平有明显提高，保证队员的薪水符合特殊职业的特点。

3.1.2 在培养人才方面

石油石化行业消防工作的艰巨性、复杂性、繁重性，要创新人才培养机制，加大人才培养力度和资金投入，结合“学习型组织”创建活动，不断地选择优化培训形式和环境。

3.1.3 在奖励方面

奖励在灭火救援工作中做出突出贡献的团队和人员，包括为提高职业消防队员的凝聚力和荣誉感，提供精神和实质上的奖励。鼓励有志青年投身消防事业，深入火场，促进火灾防控工作深入开展。采取灵活聘用制，实行人事调动机制，切实抓好班子成员的职业发展。如因队员年龄或健康等原因不适宜从事扑火工作的，将被安排转到其他适宜岗位进行扑火工作。

3.1.4 荣誉方面

对在灭火救援工作中有重大立功表现的集体和消防员，要使专职消防员能够获得归属感、生存感和荣誉感，从而对有志青年投身消防事业、扎根消防事业、建设消防事业，给予精神和物质表彰等奖励措施。要采取灵活的方式，实行 45 岁以上的消防员多种方式退出机制，关心班子员工的职业发展。如因年龄、身体等原因，消防岗位出现水土不服时，就调整队员到其他合适岗位上去进行扑救。

3.1.5 转岗保障措施

组织从业人员参加各类职业资格认证工作，如消防专用车驾驶培训、消防设施操作手培训等，变年轻为技术储备，提高退休金水平。推行高危行业安全保险制度，对员工购买多种安全保险，要求保险公司实行因安全事故造成的伤亡赔偿、损失赔偿、抢救和医疗费用、事故调查、涉法涉诉等，为石油边远企业减压、为员工解忧。

3.2 健全并完善专职队伍技能提升保障体系

3.2.1 交流生产技术职务

分期有序地抽调易燃易爆、高温高压、易中毒等专业技术人员充实到践行“岗位大交流”计划的专职扑火队伍中。通过“兼职培训师”的方式，利用技师来自各个工艺岗位的工作经验优势，通过内部装备流程、安全业务培训等方式提升整体等级，对专职消防队员进行危化品安全知识培训。作为企业义务消防队的核心力量，生产岗位的技术人员被调换回来后，义务消防员的扑救能力也能在初期得到加强。

3.2.2 与国家集训队合练

加强国家综合消防救援队的沟通协调，落实好国家队与专职队之间的交流融合，定期分批安排专职队员随队到国家应急救援队进行封闭式培训学习，提升企业专职消防员的业务理论水平、技战术水平，为增强企业专职队与国家综合救援队之间的协同作战能力，进一步加强国家综合救援队的协同作战能力，加强对国家应急救援队专职队员的培训学习，提高消防基础理论水平和企业专职消防员最新技战术水平，推动企业专职消防员队伍正规化建设向纵深发展。针对国家应急救援队联合实战演练、技能大比武等活动，定期组织企业专职抢险救援队伍参加。

3.2.3 多元创新消防培训

强调授课与实践相结合的培训方式，针对企业管理、技术等方面的问题，邀请高校专家进行专业指导。以组建一支战斗力强的消防救援队伍为最终目标，集技能培训、考核、演练、竞赛为一体，每年定期组织有关人员到各大石油院校招聘石油专业毕业生加入企业专职消防队担任技术岗位。利用现有的模拟设备和室内外真实火情场景模拟，利用国家级实训基地作为支撑和交流平台，实地开展危化品生产装置的火灾处置演练。

3.2.4 实施适应队伍结构复杂、救援水平参差不齐的持证上岗培训

具体地说，比如针对专职安全员，可以在开展搜索技术、救援装备使用、灭火等专业处置能力培训的同时，把火灾现场的应急知识、火灾应急救援常见医学技能等理论课程加入其中。同时，选派优秀员工积极报名参加国家职业资格认证培训的相关资质。

3.2.5 坚守“三联”机制的团队

要积极探索联合训练、联合训练机制，整合应急救援力量、专业救援队伍、综合应急救援队伍、国家队、政府应急处置部门、企业专职队共同参与，优化训练体系，聚焦应急演练中普遍存在的突出问题。要与消防单位共同做好突发事件处置预案，提高处置能力。特别是要建立常态化、制度化、常态化的沟通机制，针对不同行业领域的综合应急队伍和抢险救援队伍、生产安全应急队伍，开展多种预案联合演练活动。联合医疗单位组建“联合反应、联合训练、协同救援”的应急医疗救援卫生应急队伍和工作机制。推动跨部门协同训

练、协同作战，在“全灾种大应急”中构建起全域应急救援联动机制、凝聚起强大合力。特别是要建立常态化、制度化、常态化的沟通机制，针对不同行业领域的综合应急队伍与抢险队伍之间、生产安全应急队伍之间，开展联合多种预案的演训活动。

3.3　健全并完善专职队伍救援装备的保障体系

(1) 安全问题绝对不能忽视，这样才能长期发展，才能保证企业的可持续性，所以企业一定要深刻认识到安全的重要性。其次，需要建立年度预算保障机制，重点是为满足消防队伍训练、比赛和执行任务需要。

(2) 对于新旧车辆和装备器材的搭配使用，更要讲究科学性，不能出现有新不用旧或新不舍得用的症结，不仅要在消防安全防范区域内对车辆和装备器材进行合理搭配，更要在实战中对新旧车辆和装备器材的“岗位”进行科学调配，使“新”的突出作用和“旧”的保障效能在灭火、抢险救援中都能发挥应有的作用，确保“新”的消防安全新旧循环置换机制的形成。

(3) 应急救援装备的科学使用。完成救援任务时，消防队员的得力助手和安全防护，就是先进的应急救援装备。从石油装置使用的大部分原料到所生产的产品都属于易燃、易爆物品，都属于不燃、不燃的易爆物品。化工装置通常会为了优化工艺流程操作，把设备安排得环环相扣，环环相扣。由于连锁因素的影响容易引发一些事故，从而引发更大范围、更严重的灾害事故。灾后直接灭火通常比较困难，由于对火种、内情判断不准，错失制订正确处置预案的时机。没有合适的装备，切忌贸然赶赴现场，不然很可能会严重威胁到个人的安全。

(4) 消防特种装备管理水平提升。把技术培训与实际岗位学习融为一体，加大对参训人员的考核力度，为提高培训学习条件、树立“培训观”和“育人观”，为职工在岗位上成才、成才提供良好的工作学习环境。对消防员进行业务技能培训，也需要充分利用当地的资源，采取“走出去+请进来”的方式，邀请生产装备的厂商进行实际操作培训。同时，在本省职业技术院校选调业务骨干参加学习。通过各种途径，提高消防队员操作特种灭火器材的技术水平，减少器材损耗，缩短抢修时间，从而提高后勤保障各种灭火器材的效能。

3.4　健全并完善专职队伍的考核保障体系

3.4.1　党建引领战斗堡垒

要强化基层党组织的模范带头作用，推动基层应急队伍建设，必须充分发挥党组织在队伍建设和发展中的作用。要充分发挥基层党组织在队伍中的核心领导作用，与业务、行政工作整合共同打造应对突发事件的社会应急联合体。另一方面，要紧紧抓住消防队伍中的党员干部这个关键骨干群体，积极担负起消防主力军的职责使命和时代使命。突出党员主体在消防队伍中冲锋在前的示范作用，提升队伍整体能力建设水平向心力和凝聚力。

3.4.2　实行军事化管理模式的企业专职队

全年实行战备值班制度，不定时、不间断，做到接警第一时间出动、迅速到位、安全到位，把扑火、处突、救灾任务落到实处。严格组织包括体能训练、灭火技能等内容的消防队员日常业务训练和考核评比，使队员在队内形成比、学、赶、帮、超的良好风气，及时了解掌握消防知识，提高队员火灾现场处置能力和自救互救能力。

3.4.3　加强基层队伍正规化管理

建章立制、考核制度有待完善；建立科学合理的工资结构和激励保障措施的同时，也在积极探索之中。要组织签定年度工作任务责任书，建立从上到下、覆盖全面的工作管理体系。要建立明确的考评标准，定期考评并公开结果，促使消防救援队伍各司其职，各项管理中出现的问题能及时解决。

4 结语

总的来看，在边远石油企业日常防灾工作中，消防工作占据着最重要的位置，保障属地员工群众的生命财产安全至关重要。各企业要结合自身实际，抓紧抓好消防器材的有效使用。只有加强边远企业消防救援队伍力量的保障，才能为消防队伍的生命安全提供更多保障的同时，更好地保障企业高质量的发展。

【作者简介】伍军，男，大学本科学历，高级政工师，塔里木油田塔西南公司消防大队党支部书记、副大队长。电话：13657535629。

围油栏吸油索围控及日常管理

何传杰

（国家管网集团东部原油储运公司南京输油处石埠桥输油站）

摘　要：南方水系发达，外管道途经很多河流和河道存在无闸直通重要水体的情况，如果发生油品泄漏进入水体后可能造成重大环境污染事故及重大舆情事件。南京作业区所管辖的原油及成品油管道在穿越三江河、七乡河，跨越便民河三处水体均为无闸直通长江。管道如果在以上水体附近发生泄漏且油品蔓延到水体中如不及时控制，进入长江后将会造成重大环境污染事故及重大舆情事件发生。本文将以南京作业区围油栏吸油索在实际围控作业中遇到问题为研究对象，分析围油栏及吸油索围控及日常管理要点，为各基层站队围油栏及吸油索围控及日常管理工作起到借鉴作用。

关键词：溢油；围控；无人机；管理

1　长输管线泄漏原因

长输管道泄漏原因有很多。例如螺旋焊缝未达标；防腐层涂刷质量差等本体缺陷；运输途中、施工过程中碰撞造成防腐层破损；焊接过程中焊渣打磨不干净和气泡；途经地域存在杂散电流；阴极保护不到位；正常输送过程误操作产生积水等。引发管道泄漏的主要原因是人的问题，例如对第三方施工监管不到位以及地质自然灾害未及时发现等。

2　围油栏吸油索五种牵引方式的优缺点及问题分析

在油品泄漏实战应急演练过程中发现，不管是围油栏还是吸油索布放，各类教材中提出的布放方式是基于有拖轮或其他各类协助船舶的情况下编辑的。此情况对不通航河流布放围油栏还是吸油索均不适用。针对以上情况南京作业区自行总结分析出河流布放牵引五种方法，并通过近几年不同河流油品泄漏实战演练进行了检验，下文就对五种牵引方式的优缺点进行客观分析，并对可能出现的问题进行描述。

第一种无需牵引在河流中采用直接布放。此种布防方式需要河面有桥通过，才能具有直接布放的条件，因此应急调查过程中要将管道穿越处下游桥、闸的相关信息调查清楚并标明到达路线并对员工进行培训。在布放过程中还需注意沿桥、闸面下方伸出的通信光缆或其他设备的过河支架，避免在布放围油栏或吸油索过程中产生砸、刮、擦、勾四种情况的发生。如果产生“勾”的情况，采用铁锹或竹竿等物品挑开即可但是要注意保护支架上光缆等物品不受到损坏。重点需注意刮、擦两种情况对围油栏、吸油索造成的破损，如果发生刮、擦情况可能达不到围困泄漏油品的目的，因此在布放过程中利用铁锹或者竹竿协助产生一定角度绕过架空支架布放即可。在使用铁锹协助布放过程中还要注意不要正面朝上使用，要反面朝上使用同样是避免刮、擦情况的发生。

第二种是采用撇揽头带牵引绳的方式。经过实战测试，一般男性员工采用投掷方式距离基本在 30~40m 之间，再加上边坡的距离，落地点基本都在河中央。此种方法需要操作人员具有撇缆技能，河流特别窄情况下可以使用，因此不建议列为常用使用方式。

第三种采用专用抛投器投放。此种方法简单有效，但还是存在无法多次重复使用的情况，不便于日常应急教学及演练，目前基层站队普遍情况是只有个别员工实际操作过抛投器。如个别员工因休假或因工作调离等情况的发生将会造成有抛投装备但无人会使用的情况。针对此情况，目前二级单位正在对单次抛投器进行更新，采用正压式空气呼吸器气瓶驱动可重复使用的抛投器投放基层站队，解决抛投器无法多次重复使用和不便于日常应急教学及演练的难题。

第四种采用无人机牵引导绳再连接固定绳过河。此种方式已被公司多家单位成功使用，但均是采用大疆精灵 4 等带起落架无人机。针对目前南京作业区配备大疆御 2 型小型无人机在无投放器、无支架的情况，使用时还要注意以下几点：第一不能将牵引绳固定在摄像头处，此方式易造成摄像头损坏，其次不能拴在一角桨叶下方，易在起飞过程中造成飞机桨叶缠绕引导绳引起无人机坠毁，另外在飞行过程中随着牵引绳长度和重量增加会造成无人机无法平行飞行因此引导绳只能拴在无人机机身中间部位。

在对牵引绳选择中经过实战发现，大疆御 2 型小型无人机选择直径 3~5mm 牵引绳为宜，6mm 牵引绳在飞行过程中距离超过 30m 随着绳体重量的增加会使大疆御 2 型无人机飞行高度缓慢下降。3~5mm 牵引绳如果是新打开成捆绳在使用过程中很容易打结情况。目前采取的解决此问题的方法是采购一个 45cm 的卷线盘将牵引绳先盘在卷线盘中备用，同应急物资一并管理，并将其列为围油布控装车清单中必带物资。

在无人机准备起飞过程中一定要保持一段 30cm 长绷直用手按住的牵引线，否则无人机起飞过程中桨叶旋转的气流吹动牵引绳极大可能会引发缠绕桨叶造成坠机的发生。

在飞行过程中需一人先放引导绳，一人操作无人机缓慢飞行。双人密切配合布放牵引绳。当牵引绳到达指定位置后可采用无人机悬停对方人员切断牵引绳的方式。

牵引绳到达对岸后回拖固定绳时要注意两根绳需打死结进行固定，避免两绳脱离情况的发生。

第五种方法是在未携带任何工具的情况下可求助附近钓鱼人员，采用抛竿的形式，将固定绳进行回拖，此种方式不确定的情况太多，因此也不建议采用。

3 围油栏吸油锁水中布放问题分析

围油栏和吸油索在不通航且流速小于 3 节的河流中可采用垂直或带角度两种布放方式。在通航河流或水流流速大于 3 节的河流，可使用阶梯式，多组短围油栏分段来进行引导溢油。在水流冲击下，布设围油栏虽然锚固点是垂直河流的但是围油栏在水流的冲击下会形成弧度，经过实际检测在准备围油栏或吸油锁单道可按照河道当时宽度的 1.5 倍进行准备确保一次围堵到位。

在准备过程中，需要注意以下几点：第一工具齐全，扳手、老虎钳、扎带、铁丝、手套等工具和防护用品要统一放在一个工具箱中列出明细同围油栏、吸油锁一同列为应急物资月度进行检查，在日常检查的同时还要对工具进行定期保养确保各工具灵活好用。其次在流速大于 3 节的河道中或通航的河道中人工布放围油栏还需要注意围油栏或吸油锁的入水点需在上游。在上游入水向下游布放围油栏，借助水流可以较大减轻员工劳动体力。以上准备完毕围油栏组装时要分清公母扣的位置同时组织完毕后要蛇形折叠摆放便于后续布放操作。

围油栏、吸油锁布放后重点要注意同大堤或岸滩接口处有无缝隙，尤其是水泥岸坡和石头堆砌岸坡，必须由人工对存在的缝隙进行封堵。封堵材料可用吸油毡或泥土将缝隙封闭。因水波上下作用，临时封闭点随时会开裂产生缝隙，因此每一个缝隙处要安排专人进行观察随时对缝隙进行堵漏，确保油品围控有效。正确布放围油栏对有效控制油品泄漏和泄漏抢险救援成功起到至关重要的作用。

4 应急物资数量配备计算

经过实际检测围油栏或吸油锁单道可按照河道当时宽度的 1.5 倍进行准备，南京作业区外管道途经三江河、七乡河、便民河、九乡河经查询近 5 年水文信息，在丰水期这几条河最宽河面宽度为 2020 年三江河 41m，因此按照此计算 41m×1.5 倍×3 根＝184.5m/15m·包＝12.3 包，目前南京作业区应急库共计库存 15 包吸油锁可以满足初步应急需要。

5 应急物资日常管理

应急物资在管理中首先要分类摆放，其次账、物、卡在数量、型号要一一对应。在未发生应急救援时，严禁任何人随意调用应急物资进行日常施工或其他使用，只有在应急救援情况下方可使用。应急物资要调用必须按照物资管理要求履行进出库手续。例如应急演练需使用相关应急物资时，应提前上报作业区分管领导进行审批，报安全科同意后，应急物资管理员办理出库登记。在应急物资重新入库后应对应急物资及时进行检查，确认出库对应物资的完好。对油料等消耗性物品应在消耗后及时进行补充，确保入库应急物资完好备用。对围油栏配备的工具箱、橡皮堵塞口等应急物资附件按照应急物资一并进行检查并定期检查维护保养确保灵活好用。对带内胆编织袋、吸油毡、吸油锁等易老化物资在管理中要进行遮阳管理，其次对带内胆编织袋极易老化物资定期更换，确保完好备用。对麻绳、雨鞋、雨衣因南方梅雨季节时易出现发霉腐蚀情况，要做好梅雨季节应急库房温度、湿度的控制。

6 结语

在应急响应中每一个细小的问题就可能被无限放大，因此在经常性地开展应急演练，发现“短板”完善不足不断提高是非常有必要的。本文作者多次参加油品泄漏实战应急演练，通过演练提升个人应急技能的同时还发现演练过程中很多不足进行总结，为提升应急管理工作积攒了宝贵的经验。也通过此种方式向各位员工分享这几次油品泄漏实战应急演练中发现的不足，共同提高应急管理水平。

参考文献

[1] 李景昌. 浅谈河流围油栏布放技术. 管道保护.

【作者简介】何传杰，男，国家管网集团东部原油储运公司南京输油处，三级工程师，本科，从事应急管理类的研究。电话：18013308376。

城市燃气管道泄漏风险定量评估研究

马 明 宋国强

（中海油能源发展股份有限公司渤海地区管理服务中心）

摘 要： 城市燃气管道是城市生活中不可或缺的基础设施之一，由于我国城市燃气管道大部分已经服役多年，近年来城市燃气管道泄漏事件的发生日渐频繁。本文以城市燃气管道泄漏作为研究对象，结合城市燃气管道的实际状况，确定影响城市燃气管道泄漏的风险因素以及初始的规律参数。通过构建 Bow-Tie 模型，再将其转化为贝叶斯网络模型，得到基本事件重要性排序。通过对城市燃气管道泄漏风险进行分析，量化城市燃气管道的泄漏风险，分析泄漏风险的变化规律，据此为城市燃气管道本质安全设计与安全管理提出建议。

关键词： 城市燃气管道；泄漏事故；事故后果分析；蝴蝶结模型；贝叶斯网络

近年来，随着我国经济建设的快速发展，油气并进战略计划的深入实施以及环境保护力度的提高，又因为天然气具有清洁、便利等优点，城镇居民对燃气的使用率得到了大幅提升，城市燃气等行业的发展尤为显著。由于燃气易燃易爆的危险特性，且在人员密集区域大量分布，一旦发生泄漏，会产生严重后果。燃气管道泄漏事故的后果包括泄漏扩散、喷射火、闪火、蒸气云爆炸以及中毒等多种类型，会对公众的生命财产安全产生威胁同时影响社会的平稳运行。因而，开展城市燃气管道泄漏风险的定量评估研究具有重要意义。

黄小美等采用事故树分析法，对城镇天然气管道的风险进行定量分析。郝永梅等采用映射法则，通过建立长输天然气管道的贝叶斯网络模型，计算得出了管道发生泄漏失效的概率。王春雪等采用 BT 模型识别风险因素，利用模糊理论评估燃气管道泄漏风险概率值，并基于 BN 理论预测泄漏致灾风险概率值并对各根节点进行敏感性分析。Metropolo 采用事故情景和后果分析的方法，对某天然气管道事故及其后果进行了分析。Shan 等提出基于 BT 和 BN 的天然气管道泄漏风险评估方法。基于以上研究，本文结合 BT 与 BN 模型得到城市燃气管道泄漏发生的概率，采用 ALOHA 软件对城市燃气管道泄漏，建立了喷射火模型、闪火模型以及蒸气云爆炸模型。对火灾、冲击波的危害后果进行了风险分析，以帮助管理人员提前做好应急预案，避免相关事故的发生。

1 城市燃气管道风险因素识别与概率分析

1.1 构建城市燃气管道失效 BT 模型

BT 模型是一种风险分析和管理的方法，可以帮助安全管理者系统、全面地对风险进行分析，从而实现对风险进行管理、预防的目的。BT 模型的左侧为故障树、右侧为事件树通过顶事件将其连接在一起。根据对国内外城市燃气管道泄漏事故进行的研究，结合现阶段能查阅的文献资料数据，确定管道泄漏主要原因有土体移动、第三方破坏、腐蚀、误操作等，据此采用 FTA 分析法得到以城市燃气管道泄漏为顶事件的事故树模型。根据 EGIG 所发布的相关报告，本文将城市燃气管道泄漏分为穿孔、破裂以及相关附件泄漏三大类，并据此展开讨论，如图 1 所示。

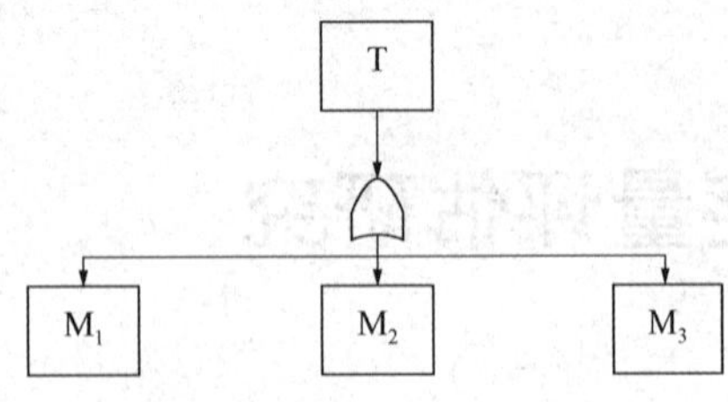

图 1　城市燃气管道泄漏事故树

本文将主要从施工缺陷、材料失效、第三方破坏、管道腐蚀以及人员操作失误这四个方面进行展开研究，最后是针对管道上相关附件泄漏此泄漏方式展开研究，结合考量城市配气门站的布局及配件，就补偿器失效、阀门泄漏以及调压器泄漏三方面因素进行深入的探讨。最终得到的城市燃气管道泄漏的蝴蝶结模型如图 2 所示，上述事故树模型中的各基本事件与中间事件的符号描述见表 1。

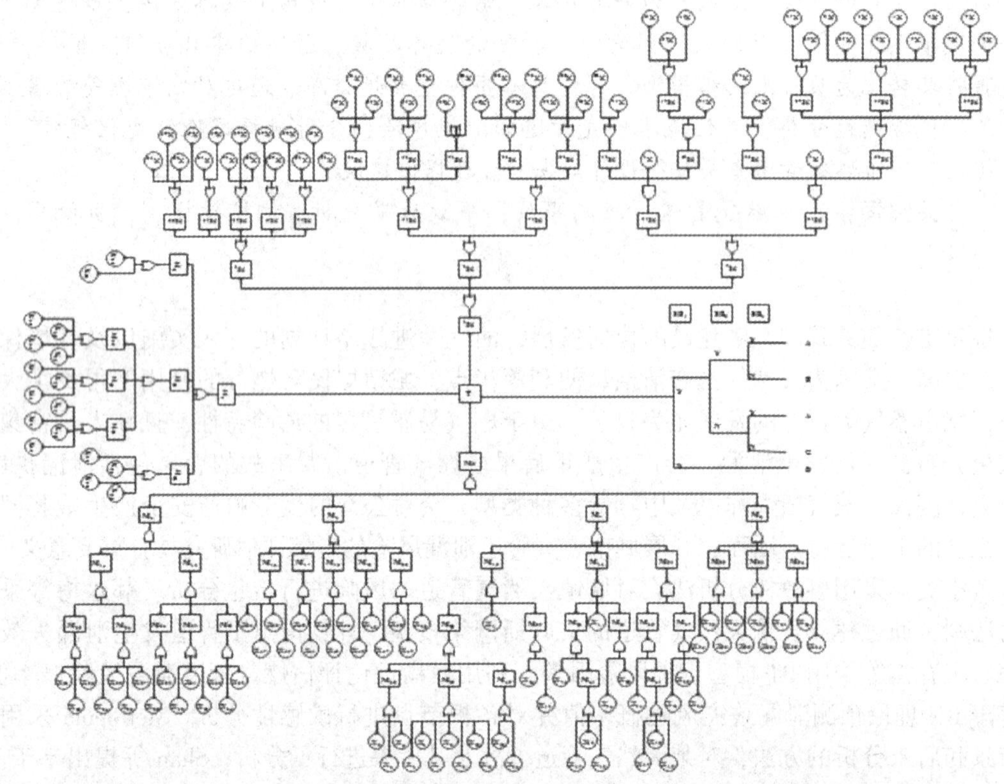

图 2　城市燃气管道泄漏事故 BT 模型

表 1　符号描述表

代号	事件	代号	事件	代号	事件	代号	事件
T	燃气管道泄漏	M_7	管道腐蚀	M_{14}	管材缺陷	M_{21}	应力腐蚀
M_1	管道穿孔	M_8	操作失误	M_{15}	施工缺陷	M_{22}	运行偏差
M_2	管道破裂	M_9	补偿器失效	M_{16}	施工破坏	M_{23}	设计偏差
M_3	附件泄漏	M_{10}	阀门泄漏	M_{17}	违章占压	M_{24}	维护偏差
M_4	管壁腐蚀	M_{11}	调压器泄漏	M_{18}	通行车辆影响	M_{25}	填料泄漏
M_5	施工缺陷	M_{12}	外腐蚀	M_{19}	其他	M_{26}	阀体泄漏
M_6	第三方破坏	M_{13}	内腐蚀	M_{20}	自然灾害	M_{27}	法兰泄漏

续表

代号	事件	代号	事件	代号	事件	代号	事件
M_{28}	外腐蚀环境	X_{11}	硫化物含量高	X_{35}	回填土粗大	X_{59}	材料选择不当
M_{29}	外防腐失效	X_{12}	含 SRB	X_{36}	管道巡线不到位	X_{60}	技术不全面
M_{30}	内腐蚀环境	X_{13}	存在深根茎植物	X_{37}	违章施工	X_{61}	设备维护不当
M_{31}	内防腐失效	X_{14}	阴极保护失效	X_{38}	管道路线不明确	X_{62}	仪器维护不足
M_{32}	材质缺陷	X_{15}	外防腐层失效	X_{39}	管理体系不健全	X_{63}	维护规程不足
M_{33}	卷制工艺差	X_{16}	燃气含水量高	X_{40}	未及时发现	X_{64}	人员能力不足
M_{34}	焊接缺陷	X_{17}	含 CO_2	X_{41}	未及时处理	X_{65}	补偿器断裂
M_{35}	管道安装缺陷	X_{18}	含 SO_2	X_{42}	沟底不平整	X_{66}	补偿器泄漏
M_{36}	管沟施工缺陷	X_{19}	含氧气	X_{43}	未采取保护措施	X_{67}	阀杆变形
M_{37}	应力破坏	X_{20}	管内防护层失效	X_{44}	设计存在缺陷	X_{68}	阀杆受腐蚀
M_{38}	化学腐蚀	X_{21}	燃气含杂质高	X_{45}	人员无意破坏	X_{69}	阀杆磨损
M_{39}	电化学腐蚀	X_{22}	选材不当	X_{46}	蓄意破坏	X_{70}	填料装填失败
M_{40}	微生物腐蚀	X_{23}	晶粒大小不匀	X_{47}	泥石流	X_{71}	阀体选用不当
M_{41}	气体含酸性介质	X_{24}	变形不均匀	X_{48}	塌方	X_{72}	阀体腐蚀
X_1	管材抗腐蚀性弱	X_{25}	壁厚不均匀	X_{49}	滑坡	X_{73}	阀体本身缺陷
X_2	土壤 pH 值低	X_{26}	椭圆度不合要求	X_{50}	其他自然灾害	X_{74}	螺帽松脱
X_3	土壤温度高	X_{27}	热处理不当	X_{51}	应力集中	X_{75}	垫片安装出错
X_4	土壤含污水	X_{28}	焊接工艺缺陷	X_{52}	残余应力	X_{76}	垫片老化
X_5	土壤电阻率低	X_{29}	焊接材料缺陷	X_{53}	内应力较大	X_{77}	垫片未压紧
X_6	杂散电流干扰	X_{30}	强制性安装	X_{54}	人员培训不足	X_{78}	内部超压
X_7	高含盐土壤	X_{31}	管道间错口大	X_{55}	通信系统不足	X_{79}	导压管破坏
X_8	高含水率土壤	X_{32}	埋深浅	X_{56}	安全措施不足	X_{80}	薄膜老化
X_9	管道附近有金属	X_{33}	附件连接错误	X_{57}	规程未执行	X_{81}	密封垫片损坏
X_{10}	氧化还原电位高	X_{34}	边坡稳定性差	X_{58}	强度设计不足		

1.2 泄漏概率计算

贝叶斯网络是一种基于概率图模型的统计学习方法，用于表示变量之间的依赖关系，贝叶斯网络可以用于分类、回归、聚类、决策等多种任务。贝叶斯网络由两部分组成：一部分是有向无环图(Directed Acyclic Graph，DAG)，另一部分是每个节点的条件概率分布。根据查阅类似的采用贝叶斯网络进行定量分析的文献，可以得到目前基本事件的先验概率的确定通常来源于参考事故统计数据库、查阅文献以及专家打分三种方式。当遇到查阅文献无法得到所需数据的情形时，则采用专家打分法，专家在估算事件概率时，通常会使用自然语言描述，如极低、低、中等、高、极高等词汇，自然语言带有模糊性，故而可以通过将专家意见转化为梯形模糊数来实现。然后通过计算专家意见平均相似度、相对相似度、模糊矩阵、专家权重和一致性系数等参数，最终得出具体的基本事件发生概率。模糊语言转换标准如表 2 所示，使用加权平均法对多位专家的判断进行汇总，如式(1)~式(2)所示。

$$P_i = \frac{\sum_{j=1}^{m} w_j p_i, j}{\sum_{j=1}^{m} w_j} \tag{1}$$

$$FFR = 1/10^K \tag{2}$$

根据查阅相关文献、城市燃气管道泄漏事故数据库以及专家打分法，得到基本风险因素的先验概率如表3所示，安全屏障先验概率如表4所示。

表2 模糊语言转换标准

语言描述	梯形模糊数	定性描述	概率表征
极低	(0, 0, 0.1, 0.2)	基本不可能发生	$(0, 10^{-6})$
低	(0.1, 0.25, 0.25, 0.4)	应该不发生	$(10^{-6}, 10^{-3})$
中等	(0.3, 0.5, 0.5, 0.7)	会发生	$(10^{-3}, 10^{-2})$
高	(0.6, 0.75, 0.75, 0.9)	应该会发生	$(10^{-2}, 10^{-1})$
极高	(0.8, 0.9, 1, 1)	极大可能发生	$(10^{-1}, 1)$

表3 基本事件概率表

代号	先验概率	后验概率	代号	先验概率	后验概率
X1	0.00666	0.00668	X23	0.000725	0.010993
X2	0.00214	0.00214	X24	0.000865	0.013116
X3	0.000988	0.000988	X25	0.000519	0.00787
X4	0.000248	0.000248	X26	0.000635	0.009628
X5	0.00127	0.00127	X27	0.000865	0.013116
X6	0.00247	0.00247	X28	0.000384	0.005822
X7	0.00204	0.00204	X29	0.000678	0.01028
X8	0.00426	0.00426	X30	0.00146	0.022137
X9	0.000554	0.000555	X31	0.00219	0.0332
X10	0.00142	0.00142	X32	0.00109	0.01653
X11	0.00227	0.00227	X33	0.000734	0.011129
X12	0.00171	0.00171	X34	0.000941	0.014268
X13	0.000156	0.000156	X35	0.00187	0.028354
X14	0.00301	0.00302	X36	0.00037	0.00561
X15	0.00861	0.00863	X37	0.00245	0.03715
X16	0.000411	0.000411	X38	0.000518	0.007854
X17	0.00135	0.00135	X39	0.000918	0.013919
X18	0.000624	0.000624	X40	0.00176	0.02669
X19	0.00216	0.00216	X41	0.00235	0.03563
X20	0.00509	0.00509	X42	0.000982	0.01489
X21	0.000554	0.0084	X43	0.00178	0.02699
X22	0.000519	0.007869	X44	0.000514	0.007794

续表

代号	先验概率	后验概率	代号	先验概率	后验概率
X45	0.00305	0.04625	X64	0.00126	0.0191
X46	0.00273	0.04139	X65	0.000873	0.013237
X47	0.00000428	0.00000649	X66	0.00202	0.03063
X48	0.00000428	0.00000649	X67	0.00178	0.02699
X49	0.00000428	0.00000649	X68	0.00308	0.0467
X50	0.00000428	0.00000649	X69	0.00145	0.02199
X51	0.00191	0.00191	X70	0.00126	0.0191
X52	0.00339	0.00339	X71	0.00000428	0.00000649
X53	0.00259	0.00259	X72	0.000172	0.002608
X54	0.00604	0.09158	X73	0.000132	0.002001
X55	0.00505	0.07657	X74	0.000189	0.002866
X56	0.00126	0.0191	X75	0.00000428	0.00000649
X57	0.00239	0.03624	X76	0.00126	0.0191
X58	0.000962	0.014586	X77	0.00000428	0.00000649
X59	0.00191	0.02896	X78	0.000169	0.002562
X60	0.000662	0.010038	X79	0.000169	0.002562
X61	0.0022	0.03334	X80	0.000568	0.008612
X62	0.000483	0.007324	X81	0.000568	0.008612
X63	0.000758	0.011493			

表4　安全屏障概率表

事　件	先验概率
不点火	0.80554
延迟点火	0.00057
立刻点火	0.19389
受限空间	0.5351

由于Bow-tie模型存在静态结构和无法实现概率、风险更新等缺陷。为了克服这些缺陷，可以利用映射算法，将Bow-tie模型转化为贝叶斯网络模型。将BT模型中的基本事件转化为贝叶斯网络模型中的根节点，中间事件转化为中间节点，顶事件则转化为叶节点，最终得到的城市燃气管道泄漏事故贝叶斯网络模型如图3所示。将基本事件的先验概率录入贝叶斯网络，得到中间节点以及叶节点的概率与不同类型事故后果发生的概率，最终计算出发生城市燃气管道泄漏的概率为0.0873%，发生泄漏扩散的概率为0.0611%，发生喷射火的概率为0.000787%，发生闪火的概率为0.0000231%，发生蒸气云爆炸的概率为0.00908%。更新基本事件的后验概率后，基本事件的后验概率如表3所示。

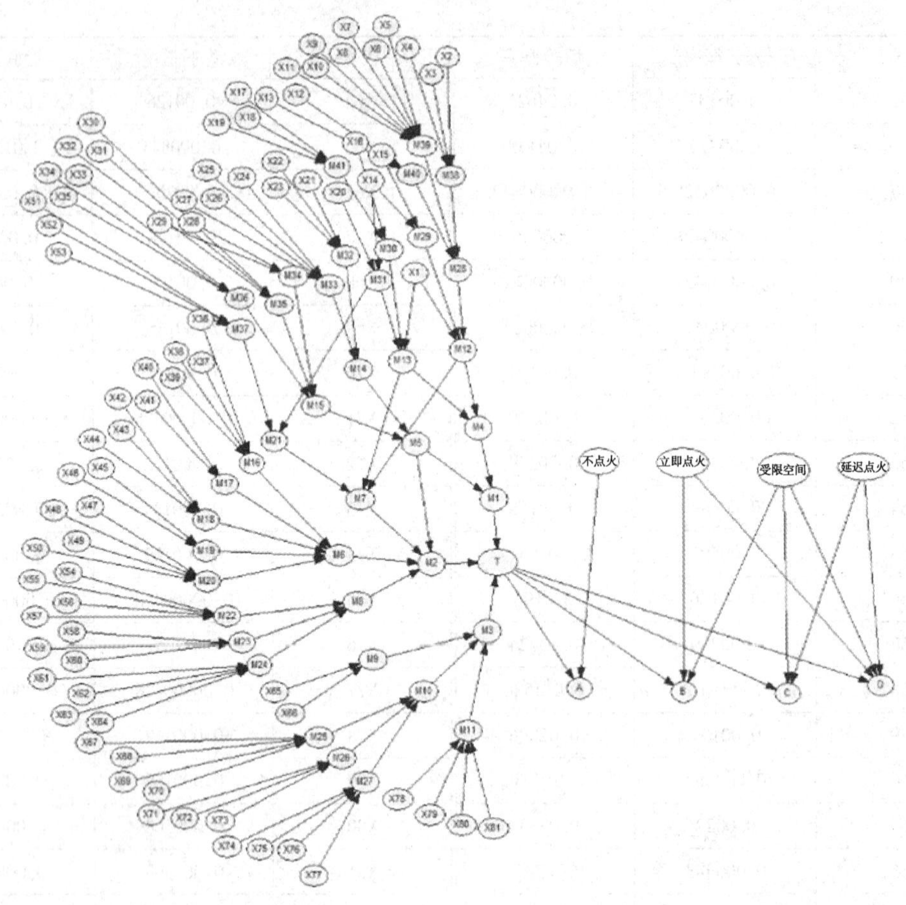

图 3　城市燃气管道泄漏事故贝叶斯网络模型

2　泄漏概率与后果分析

2.1　概率分析

通过对表 3 各基本事件、中间事件的后验概率进行分析，对中间事件的后验概率绘制柱状图，如图 4 所示。我们可以发现，在所有的中间事件中，施工缺陷/材料失效、第三方破坏、管道腐蚀以及操作失误是城市燃气管道系统中最容易发生的事件，其中第三方破坏以及操作失误占有较高的比例。这些事件的发生将给城市燃气管道系统的安全造成巨大的威胁，因此必须采取有效的措施来预防和控制这些事件的发生。就第三方破坏这一类别而言，对其基本事件的后验概率绘制柱状图，如图 5 所示。可以发现来自人员无意破坏、蓄意破坏、违章施工以及未及时处理占有较高的比例。所以，应该加强对管道的保护措施，以减少来自人员无意破坏此类事件发生的概率。就操作失误这一类别而言，对其基本事件的后验概率绘制柱状图，如图 6 所示。

由此可见，人员培训未落实以及通信设备的不完善这两项基本事件所产生的影响较大。因此，必须加强对工作人员的培训，增强他们的安全意识和技能水平，确保他们能够正确地操作并按时维护管道系统。除此之外，还应该加强对管道系统的日常维护工作。对于施工缺陷/材料失效、补偿器失效以及阀门泄漏等问题，应该及时发现并立即处理，确保管道系统正常运行。

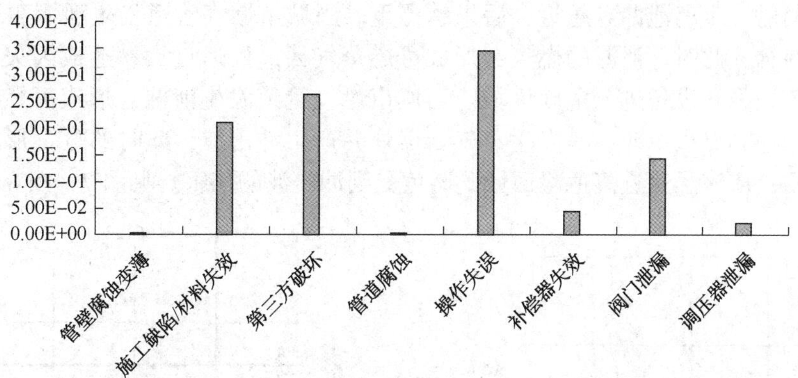

图 4　中间事件后验概率

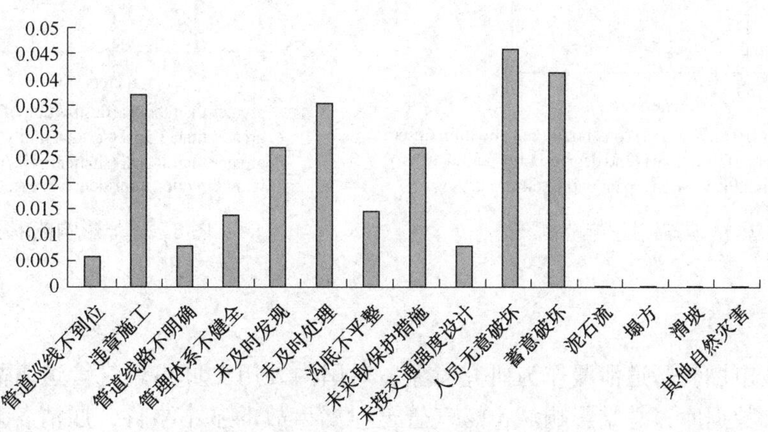

图 5　第三方破坏基本事件后验概率

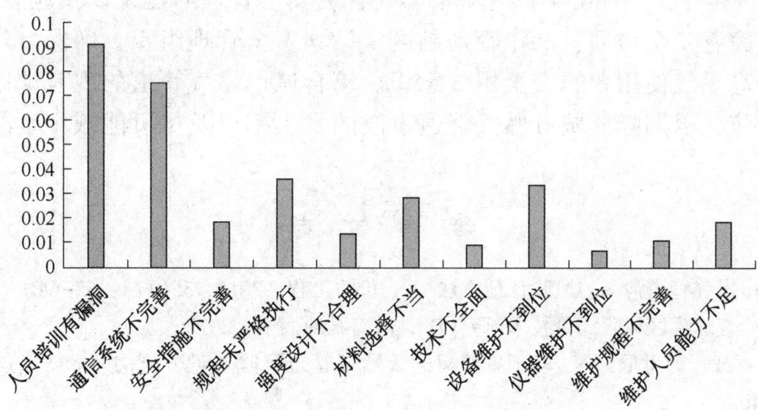

图 6　操作失误基本事件后验概率

2.2　后果分析

本文将采用 ALOHA 软件进行研究，ALOHA 软件是一种用于评估化学品泄漏后果的工具，可以用于城市燃气管道泄漏的后果分析。通过收集城市燃气管道基础数据以及当地的风速、温度等条件，得到喷射火模型、闪火模型以及蒸气云模型的原始数据。喷射火的热辐射影响范围图以及蒸气云模型的爆炸影响范围图如下所示。通过对模型的影响范围图展开分析讨论，得到结论如下：城市燃气管道泄漏后，接触火源会形成喷射火，对人体的危害形式为热辐射，距离泄漏点越近，后果越严重。当城市燃气管道发生泄漏事件后与周围区域的空气混合，此时，泄漏的燃气会形成可燃蒸气云，延迟点火易造成闪火，应该设立禁火区，避免人员和设备进入危险区域。当城市燃气管道发生泄漏，形成可燃蒸气云，又在有限空间中遇到点火源时，易发生蒸气云爆炸并产生冲击波，此时的危害形式主要表现为冲击波超压，应该尽快逃离危险区域，避免受到冲击波的伤害。见图 7、图 8。

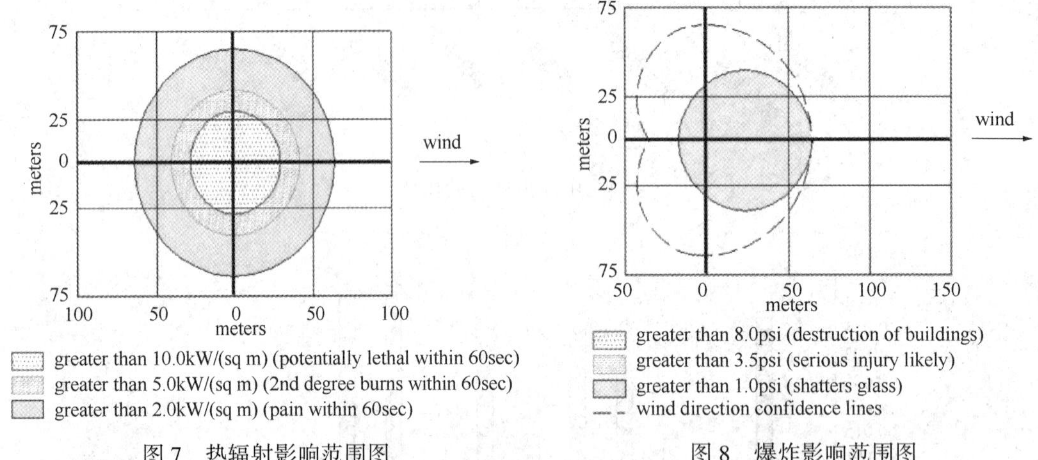

图 7　热辐射影响范围图　　　　图 8　爆炸影响范围图

3　结语

本文以城市燃气管道泄漏作为研究对象，对国内外历史城市燃气管道事故进行统计分析，查阅各大数据库，总结影响城市燃气管道泄漏事故的基本事件，厘清各基本事件、中间事件以及顶事件之间的因果链，构建 Bow-Tie 模型，而后映射为贝叶斯网络模型，得到基本事件重要性排序，并提出了针对城市燃气管道安全管理的建议以及应急预案的建议。燃气公司需要完善安全培训、操作管理制度，设立安全管理组织，确保燃气管道的安全运行，同时提高燃气使用者的安全用气意识。综合城市燃气管道的现有缺陷，提出改进措施及相关建议，以期降低城市燃气管道事故的发生率以及尽可能减小事故发生带来的损失。

参　考　文　献

[1] 成金剑. 城市燃气管道泄漏的风险评估方法[J]. 价值工程，2016，35(17)：62-64.

[2] 汤东亚. 天然气球罐区风险评价技术研究[D]. 西南石油大学，2012.

[3] 黄小美，李百战，彭世尼，等. 基于事件树的天然气管道风险定量分析[J]. 煤气与热力，2009，29(04)：42-46.

[4] 郝永梅，邢志祥，沈明，等. 基于贝叶斯网络的城市燃气管道安全失效概率[J]. 油气储运，2012，31(04)：270-273+327.

[5] 王春雪，吕淑然. 城市燃气管道泄漏致灾混合概率风险评估研究[J]. 中国安全科学学报，2016，26(12)：146-151.

[6] Metropolo P L，Brown A E P. Natural Gas Pipeline Accident Consequence Analysis[J]. Process Safety Progress，2004，Vol. 23(No. 4)：307-310.

[7] Shan X，Liu K，Sun P. Risk Analysis on Leakage Failure of Natural Gas Pipelines by Fuzzy Bayesian Network with a Bow-Tie Model[J]. Scientific Programming，2017，Vol. 2017(No. 1)：1-11.

[8] 施昊彤. 基于蝴蝶结-贝叶斯网络的站场储罐动态风险评价[J]. 石油化工自动化，2024，60(01)：56-61.

[9] Zarei E，Azadeh A，Khakzad N，et al. Dynamic safetyassessment of natural gas stations using Bayesian network[J]. Journal of Hazardous Materials，2017，Vol. 321(No. 16)：830-840.

[10] Khakzad N，Khan F，Amyotte P. Dynamic risk analysis using bow-tie approach[J]. Reliability Engineering & System Safety，2012，104：36-44.

[11] 徐强，李曼，鹿文豪. 基于贝叶斯网络的成品油存储设施改造动态风险分析[J]. 项目管理技术，2020，第18卷(第12期)：17-22.

[12] 王好一. 石化企业动态定量风险评价研究[D]. 中国石油大学(华东)，2017.

做实基层站队应急能力对安全管理的作用

石海龙　张益臣　崔文军

（浙江油田公司）

摘　要：随着国家、地方政府对应急管理、安全生产工作的高度重视，明确指出企事业单位应急管理工作不到位，不能有效防控风险，就不能抗住重大风险，就会给人民生命财产造成重大损害。当下正值油田公司扩产、建产的关键阶段，为此基层单位做好应急管理工作就是实现稳基层、强基础、保安全。

关键词：应急管理；防控风险

紫金坝作业区是西南采气厂的主要产区，也是油田公司的核心生产单位之一，更是岩气示范区——昭通国家级页岩气示范区腹地，其主要承担以紫金坝集气增压脱水站为中心的周边页岩气生产平台及生产集输管线管理。由于该区块点多线长，地域交通环境恶劣，地面采气管线受腐蚀、气井出砂、气田水转输管线受地势高低压差、地质条件等因素影响易造成场站设备设施、天然气、气田水集输管线泄漏。

1　紫金坝作业区应急管理现状及风险防范侧重点

1.1　应急管理现状概述

应急队伍及物资储备，作业区配备外部抢险队伍 1 支，担负设备设施、工艺管线、防洪防汛等应急抢险，配备多名人员及部分应急抢险物资。作业区配备应急库房 1 座，储存设备设施、管道抢修、防震、防洪防汛等 16 类 130 项应急物资。紫金坝集气增压脱水站配备了 1 套消防系统，主要承担集气站及住宿点灭火救援。

1.2　面临的风险

1.2.1　老区风险

随着西线生产平台及管线投产运行时间的增长，场站内的工艺管线、集输管线、设备设施受腐蚀、气井出砂的影响，易造成天然气、气田水泄漏，引发环境污染、设备设施损坏。

1.2.2　新区产建风险

建产区道路主要为村道，集中表现为弯多、坡陡、路窄，给拉水、巡检车辆的安全行驶造成极大挑战；新建管道距离紫金坝集气增压脱水站距离长，过程必然存在管网压力高，易造成东线已投运管线运行出现泄漏；新投场站井口压力偏高，极易出现冻堵、出砂等不稳定因素带来的潜在危害。

2　查找应急管理提升的制约因素

（1）作业区针对重大危险源、重要生产装置在工程建设阶段、要害部位、关键生产环节、危险生产等环节虽开展危害辨识和风险评估，制定了防控措施，但措施的针对性和可操作性不佳。对分析事件事故可能产生的直接后果以及次生、衍生后果考虑不全面，针对评估出的各种后果、危害程度和影响范围提出防范和控制事故风险措施未有效的落实。

（2）作业区在编写现场处置方案时应急资源调查不全面，未对作业区辖区范围开展全面调查，对作业区第一时间可以调用的应急资源状况和区域内可以请求援助的应急资源状况不掌握，未结合事件事故风险评估结论制定相应的应急措施过程。

（3）作业区编制现场应急处置方案时，未让关键岗位人员及现场处置经验的岗位人员参加，只是由作业区应急管理岗编制，不能有效的结合现场工艺流程、管道走向、工艺参数编制现场处置方案，导致处置方案可操作性不强。

（4）作业区建立的年度应急培训计划针对性不强、物资使用训练缺少专业人员指导。造成重点岗位应急意识、管理知识及操作能力欠缺，培训缺少情景训练。

3 针对存在的解决办法

（1）作业区针对重大危险源、重要生产装置在工程建设项目阶段、要害部位、关键生产环节、危险生产与作业场所等环节组织全员开展一次岗位风险识别，划分管控级别。对不可控风险作业区组织编写应急处置方案。

（2）作业区每年在修订现场应急处置方案前开展一次应急资源调查，对作业区辖区范围可联动的黄金坝作业区、西南油气分公司宁 209 站及乡镇开展调查，确定作业区在第一时间可以调用的应急资源状况和区域内可以请求援助的地方消防、地方政府、乡镇医院的联络方式。

（3）作业区编制现场应急处置方案时，由作业区安全副经理、生产副经理牵头由作业区应急管理岗组织生产、技术、保障以及有现场处置经验丰富的岗位人员参加，结合采气厂新修订的应急处置预案、应急资源调查、设备设施及管线识别的风险修订、完善应急处置卡及应急处置方案。

（4）作业区结合历年应急演练存在的问题、人员在应急抢险中表现出的不足建立年度针对性应急培训计划，邀请应急抢险的专业人员进行集中的物资使用训练，班组采用“小课堂”的方式进行培训，并做好日常培训效果验证。

（5）培养全员“演练就是实战”氛围，结合历年应急演练存在的问题、设备设施及管线识别的风险制定作业区年度应急演练计划。做到每月作业区级应急演练 1 次，班组处置卡验证频次每月不少于 1 次，定期开展与地方的联合演练及各类盲演，形成在日常演练前首先由安全、设备、班组长等关键岗位人员前往假定现场进行勘察，评估演练的实效性；其次由安全员编制演练脚本、组织上会讨论形成演练方案；再次组织参演人员进行学习、桌面推演；最后组织实战或模拟演练，并针对演练存在问题完善演练方案并宣贯学习。

4 实施效果评价

通过全员系统性的应急能力提升，可以快速有效处置场站设备设施、天然气、气田水管线泄漏事故事件，避免造成人员受伤、财产损失及环保事件，达到了全员识别风险、管控风险的目的，确保作业区安全平稳生产，真正实现了将应急救援的底线、红线挺在事故前面。

甬台温成品油山区管道应急抢修模式探索

尹逊金　徐　驰　陈　强　沈红华

（国家管网集团东部原油储运有限公司宁波输油处）

摘　要：山区输油管道应急抢修面临着进出道路不畅、设备运送受阻、静压泄放困难、溢油回收不便、抢修空间受限等诸多问题和挑战，一旦发生泄漏，应急抢修存在较大难度。本文以甬台温成品油山区管道为例，对山区管道应急抢修模式开展探索，从应急预案准备、泄压截断与溢油回收、抢修装备运输、应急资源管理、应急物资储备、现场作业管控、设备集装化组建等方面开展讨论，总结出一套山区管道泄漏后的应急抢修技术措施，旨在提高山区管道泄漏应急管控水平，为山区管道的应急抢修管理提供借鉴与参考。

关键词：山区管道；应急抢修；成品油管道；应急管理；溢油抢险

1　引言

近年来，随着管网运营机构的不断调整，国家管网集团东部原油储运有限公司所辖山区管道不断增多。山区段外管道受地质条件影响，途经高山深谷多，穿跨越河流多，连续落差大，由于山区地势陡峭，水力参数变化很大，地质灾害风险较高，且容易受到地质变化、自然灾害、第三方破坏的影响，管道泄漏后隐蔽性强，不容易及时发现，一旦抢修超时，就会造成严重的油品泄漏和环境污染事件。此外，山区管道面临着进出道路不畅、设备运输受阻、静压泄放困难、溢油回收不便、抢修空间受限等诸多问题和挑战，应急抢修存在较大难度。所以，亟需对山区管道泄漏应急抢修技术开展研究，制定出一套针对山区管道应急抢修的措施，以应对山区段外管道突发事件的发生。本文以甬台温成品油山区管道为例，对山区管道的应急抢修模式开展探索，为山区管道的应急抢修管理提供借鉴与参考。

2　甬台温成品油管道基本情况

甬台温成品油管道所属于国家管网集团东部原油储运有限公司宁波输油处管理，全长409km，管径 $\phi457$-$\phi406$-$\phi323$mm，管材 L415M，采用 3PE 防腐层，设计压力 9.5MPa，设计年输量 460×10^4t/a。管道途经浙江省宁波市北仑区、鄞州区、奉化市、宁海县，台州市三门县、临海市、黄岩区、温岭市，温州市乐清市、龙湾区、温州经济开发区、瓯江口新区、瑞安市十三个县(市、区)，沿线共设算山首站、宁海泵站、临海分输站、灵昆清管站、瑞安末站 5 座站场，16 座截断阀室。甬台温成品油管道山区段长度 183km，占比 44.7%；海域段 29.74km，占比 7.3%；水网滩涂段约 86km，占比 21%。定向钻 140 条，全长100.1km（涉及 3 条长距离定向钻，瓯江北支 2.7km，瓯江南支 3.2km，飞云江 3.36km）；顶管 92 条，全长 6.2km；隧道 8 条，全长 8.03km。

3 甬台温成品油山区管道应急抢修技术措施

3.1 开展专项实地排查，建立高风险区“一点一案”

针对甬台温成品油山区管道的应急实战能力，宁波抢维修队通过全覆盖现场实际查勘，综合考虑设备运输、工机具的准备、小型模块化集成、溢油围控方式方法等，不断完善辖区抢险可及性调查，建立健全“一点一案”，完善抢险应急资源库和社会资源利用长效机制。主要是针对外管道各个地形地段，应急抢险车辆的进出场路线、设备设施、应急资源调运，作业坑开挖、油品回收等进行专项梳理。最终针对每一个高风险区都形成一套完备的应急处置方案。

3.2 针对高静压区管段，制定泄压截断和溢油回收措施

发生油品泄漏事故后，即使进行紧急停输，也会因为静压较大，在抢修队伍到达现场前及到达现场后在完成泄流或封堵过程中，有大量的油品泄漏损失，同时对环境造成相当严重的污染。为应对管道泄漏突发事件，宁波输油处针对甬台温山区管道进行了管段划分并制定了泄压截断处置方案，以甬台温管道沿线5座站场、16座截断阀室为基础，共划分为17条管段，一旦发生油品泄漏，按照预案及时进行泄压截断。

针对地形复杂，管道泄漏风险较高，管道一旦出现泄漏，油罐车难以直接进入的区域，采取在山脚下或管道低点位置预先布置移动式储油罐的方式，一旦出现管道泄漏事故，可及时进行开孔排油至移动式储油罐内，为管道抢修争取宝贵的时间。将移动式储油罐预先采用工程机械吊运至指定区域，定期安排维保，确保随时可用。对于管道泄漏风险较高的一些特殊地段，也可以预先在地势较低的位置开挖集油坑，采取混凝土浇筑等必要的防渗措施，可作为应急抢险过程中的应急集油措施。此外，还要开展水系专项排查，防止溢油污染水域。深入排查管道周边的明沟、暗河及水系走向，在管道周边有水系的区域制定出专项水体溢油围控方案，避免管道发生泄漏后溢油流入水系，造成水体污染。

3.3 制定设备运送措施，解决抢修装备进场难题

山区段外管道地形复杂，进出道路不便，抢修过程中设备物资运输吊装困难，抢修设备可能无法在规定时间内就位，影响抢修机具设备的进场效率。目前，针对山区管道泄漏应急抢修，常用的设备运输方式有修筑进场道路车辆投送、挖掘机投送、爬犁运输、吊车、挖掘机配合阶梯式投送、单轨道运输、索道运输、临时龙门架、小型山地履带运输车、直升机立体投送等。

针对甬台温管道抢修，可根据现场实际情况，紧急征用抢险所需土地，利用原有山间小路，直接进行扫线至抢险处，在狭窄地段采用堆码砂袋、填土堆砂袋堡坎、砌石等措施加宽通道或劈(削)山地段，将原有道路加宽。在挖掘机可以直接爬行的陡坡，可采用履带式设备自背管材和抢修机具运达事件地点。在山区陡坡不满足行车要求的情况下，针对特殊陡坡地段，挖掘机械无法上山，则需依靠牵引装置，架设上山牵引装置，需配备卷扬机和爬犁等牵引设备。宁波抢修队已配置慢速卷扬机1台，可用于特殊陡坡地段抢修设备拖运上山。针对甬台温山区管道，东部储运公司还配置一台全地形抢险车，可用于山地管道应急抢修设备运输，计划将该抢险车就近配备给宁波抢修队，以便更好应对山区管道应急抢修。

在管道沿山体铺设、容易受到山体滑坡影响的管段上方，预先设置固定桩，以备管道受山地滑坡影响造成的管道悬空应急响应的稳管措施。此外，还要与管道沿线地方林业单

位、环保部门密切沟通，制定出山区管道应急抢修临时征地、道路修筑等具体方案，一旦发生险情，可快速协调征地事宜，开辟进场道路，提高应急处置时间。

3.4　规范外部资源管理，提高综合应急反应能力

山区管道泄漏油品的回收及受污染泥土的回收难度较大，需要与委托单位签订土建保价及危化品处置协议，确保发生事故事件以后，第三方单位能够及时到达现场，确保抢修作业快速完成。管道管理和应急抢修部门应做好管道应急抢险的日常准备，确保人力、吊装和挖掘机械等外部依托资源能够第一时间调往现场，特别是配合队伍、挖机、油罐车等外部资源，出现泄漏后第一时间就近调动资源赶赴现场，尽可能缩短抢修时间。与本单位有工程服务关系的外部单位建立更为紧密的保障依托关系。详细调研可用施工机具、人员等信息，建立依托资源台账。针对保障人员、设备进行溢油回收、设备运输、水体油品拦截、油污清理基本技能培训。定期与依托单位进行沟通，了解保障人员、设备变更情况。除此之外，要针对山区管道应急抢修特点开展应急演练，以提高抢修人员应对突发事件的综合处置能力。

3.5　应急物资靠前存放，关键地段设置物资储备点

目前，溢油抢险应急物资主要集中存放在宁波抢维修队应急库房内，一旦出现险情，从抢维修队到达管道泄漏处置点需要4~8h，虽然各站场也配备了部分必要的应急物资，但是每个站场负责的管道少则数十公里，多则上百公里，从站场到管道泄漏处置点仍然需要一定的响应时间。因此，需要在阀室或管道沿线附近合适的地方设置应急物资靠前存放点，发生溢油事件时，可安排人员提前倒运溢油抢险物资并进行物资准备，在最短的时间内完成溢油围控，缩小溢油影响范围。采取“大型抢修设备相对集中、小型抢修设备靠前站场、关键地段设置物资储备点”的做法。

3.6　严把现场作业安全关，确保应急抢修安全可控

管道泄漏后若采取焊接补板、B 型套筒、封堵等需要在管道上动火焊接的作业时，必须在满足管道焊接工艺条件下才能开展焊接作业。在运行的成品油管道上焊接时，当油品占满管道，焊接处管内压力宜小于此处管道允许工作压力的0.4倍；当油品不占满管道时，焊接前必须进行氮气或水置换，以消除任何蒸气空间，或者是在焊接前清理管道内部，确定不存在可燃气体或介质时才能进行焊接作业。为应对管道应急抢修焊接，需储备足够氮气或与相关企业签订保障协议，一旦需要焊接作业，必须确保有足够的氮气进行置换后才能开展焊接作业。

3.7　开展设备集装化组建，提高应急反应时效

根据管道应急抢修要求，管道泄漏应急处置装备趋向模块化和集成化。用于管道泄漏维抢修装备及其附属工具往往多达数十套，加之雨雪、泥泞等环境，促使管道泄漏抢修装备趋向模块化和集成化，形成多台套设备组合的集装车。为了便于设备的运输与吊装，将设备根据发电、焊接、开孔封堵、排水、打压、照明、消防、配电等不同模块功能进行集装，集装箱内配备成套的专用工具、耗材等。结合使用功能的不同进行模块成套集装管理。同时结合应急预案，可根据管道事故的类型如焊缝开裂、管道穿孔、滑坡悬管等典型事故制作装车图，提前明确每个集装设备的装车车辆、摆放位置，并指定设备、工器具清单及负责人，以达到迅速地成套装车抢险的目的。据调研，管道抢修设备集装化已经在很多维抢修队伍使用，取得了较好的应用效果。抢修器具的集装箱化管理，可大大提升设备的使用效率。

目前国家管网东部储运公司宁波抢维修队已完成对常用的工具根据功能不同进行了集装化改造，已完成应急设备设施、工器具快速集成化组建，按照突发事件的性质，组建了焊接设备设施、溢油回收设施、照明设施、安全设施、开孔断管设施、抽水设施等集装化装备。下一步，将继续推进检维修器具小型集装化改造，提高备品备件信息化管控水平，保证山区管道等特殊地段的有效实施。

4 结语

本文以甬台温成品油山区管道为例，对山区管道应急抢修模式开展探索，从应急预案准备、泄压截断与溢油回收、抢修装备运输、应急资源管理、应急物资储备、现场作业管控、设备集装化组建等方面开展讨论，总结出一套山区管道泄漏后的应急处置措施，旨在提高山区管道泄漏应急管控水平，为山区管道的应急抢修管理提供借鉴与参考。由于山区管道的特殊性与复杂性，本文中探索的山区管道应急抢修模式还有待于在实践中检验，进一步完善与发展。

参考文献

[1] 邵奇. 我国山区油气管道安全风险现状浅析[J]. 中国储运，2023，(02)：101-102.

[2] 赵磊. 输油管线泄漏事故初期应急处置研究[J]. 中国石油石化，2017，(06)：152-153.

[3] 赖少川，谢成，姜红涛等. 山区成品油管道泄漏扩散分析[J]. 北京石油化工学院学报，2021，29(02)：40-45.

[4] 朱志博. 石油输送管道泄漏应急处置分析[J]. 石化技术，2021，28(03)：167-168.

[5] 张强，闵希华，李鹏等. 中国西部管道应急抢修工艺技术[J]. 石油规划设计，2008，(01)：34-36+51.

[6] 石蕾，郝建斌，孙盛等. 山区管道抢修设备缆索运输技术[J]. 油气储运，2010，29(10)：759-763+717.

[7] 刘鹏. 油气管道维抢修队伍应急抢修区域化管理[J]. 化工管理，2021，(02)：189-190.

【作者简介】尹逊金，男，国家管网集团东部原油储运有限公司宁波输油处抢维修队副队长，工程师，硕士研究生，现从事输油管道应急抢修技术质量管理工作。电话：18552922720，邮箱：yinxunjin@ dingtalk. com。

海上作业充电式自动气胀围油栏研究

邱志敏

[中海石油(中国)有限公司深圳分公司]

摘　要：溢油事故发生后，为减少环境污染，要求应急围控用围油栏的布设下水要尽可能快速、便捷、高效。目前国内应用的围油栏，自动化程度较低，需要的现场操作人员较多，不能满足现代条件下快速高效围控水域溢油的需要。因为海上作业具有特殊性，受风浪流等海况影响，现场操作难度大，劳动强度高，人员相对有限，工作效率难以提高。充电式自动气胀围油栏，采用储能电池供电，全电力驱动，总管供气形式充气，充气过程无需操作人员干预，且充气过程连续，布放速度快，系统体积小，附件数量少，是海上溢油围控作业革命性创新，具有重大意义，社会效益显著，也具有极大的环保意义。

关键词：海上作业；充电式；自动；气胀

1　引言

围油栏是用于处理溢油事故的主要装备之一，主要作用是对溢油进行，在溢油发生后，布放围油栏进行溢油拦截、围控是实现溢油和防止溢油进一步漂移和扩散的主要措施。围油栏用于处理紧急事故时，要求其具有较高的可靠性，结构简单，体积重量小，便于运输和操作。

目前国内应用的围油栏，有多种形式，充气式围油栏、固体浮子式围油栏、防火围油栏，但是无论哪种围油栏，都是采用人工布放的方式，自动化程度较低，需要独立的动力站提供驱动力，以及一定数量的操作人员现场操作，作业过程中还有大量的附属配件，同时需要做很多准备工作，不能满足现代条件下快速响应、高效围控、处理水域溢油的需要，特别是紧急情况下的作业。因海上作业具有特殊性，受风浪流等海况影响，现场操作难度大，劳动强度高，人员相对有限，工作效率难以提高。

由于电力系统相对液压系统具有易于实现自动控制，传动效率高，可靠性高的优点，因此围油栏动力系统采用电池组供电，驱动电动卷栏机和电动充气机的技术方案可提高围油栏布放机构的集成度和可靠性，取消柴油机动力站则减少了维护保养需求，降低系统总体积。未来将考虑电池组用可替换充电电池替换，提高储能性。

目前充气式围油栏多采用逐气室充气，作业时需要两人负责充气操作，在布放过程中交替对展开的围油栏气室进行充气。交替充气的操作方式使围油栏布放不能连续进行，减慢了围油栏布放速度，同时也增加了对操作人员数量的需求。维克玛(Vikoma)公司和劳模(Lamor)公司生产的单点充气围油栏通过使用连续气室的方案解决连续布放的问题，但只适合在码头和内河应用，且仍需要安排专门的人员进行充气操作。而从围油栏末端供气，使用供气总管将空气分配至各个气室的方案则可以解决上述问题，实现围油栏自动布放。

2 电力驱动系统结构及原理介绍

电力驱动系统结构组成如图 1 和图 2 所示，主要包括充气机 1、固定导气管 2、旋转密封机构 3、旋转导气管 4、连接导气管 5、充气总管 6、充气支管 7、气室 8、缆绳 9、卷栏筒 10、底座 11、太阳能电池 12、储能电池 13、控制器 14、卷绕滚驱动装置 15、配重链 16 和遥控器 17。

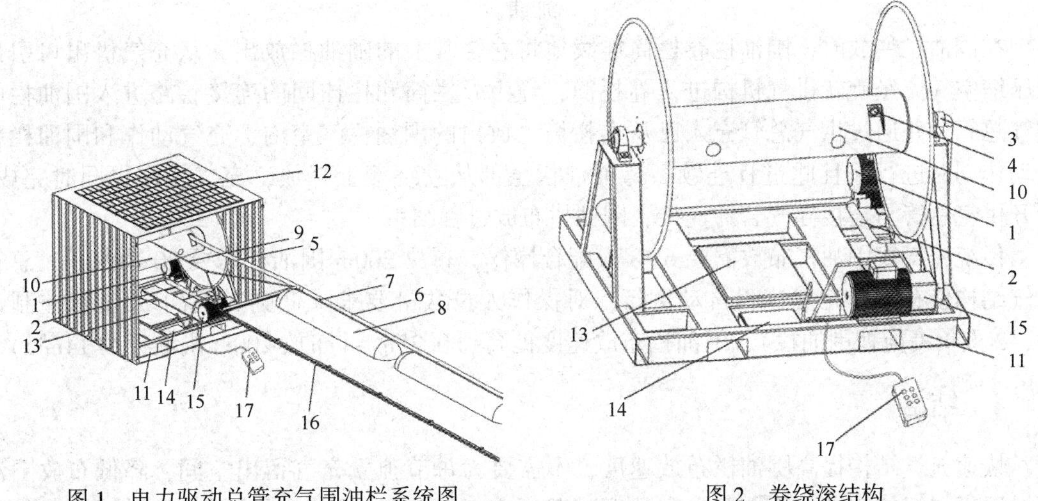

图 1　电力驱动总管充气围油栏系统图　　图 2　卷绕滚结构

驱动装置以电池作为储能装置，利用控制器控制逆变器驱动卷栏筒电机和充气机电机，根据对控制器的设置，可对卷栏筒卷绕方向和速度进行无级调节，通过调节充气机驱动电机转速，对充气机输出压力进行无级调节。控制器的参数通过遥控器进行设置，操作人员可以根据作业现场情况自行选择操作位置。

围油栏布放过程卷绕滚电机负荷极低，在围油栏入水长度达到一定值时将处于倒拉制动状态，此时主要电力负荷来自充气机，总能耗处于较低范围。围油栏回收过程中，需要利用卷绕滚将围油栏拖拽回作业区域，并缠绕在卷绕滚上，此工况下围油栏卷绕电机负荷较大，此时主要电力负荷来自围油栏卷绕电机。因为围油栏的主要工作状态是在水中拦截溢油，每次溢油应急行动中围油栏释放与回收的次数仅为 1~3 次，围油栏卷绕机构和充气机也仅在这 1~3 个作业过程中间歇或连续工作，因此设备工作的电力需求较小，对电池容量要求不高。

设备完成作业电量消耗后，可通过外接电源进行充电。存放期间由于电池存在自然放电现象，在电量下降时需要进行充电，需要消耗电能，同时设备内监测设备在存放期间也要消耗电能，但这部分电力消耗的功率不大，因此当设备在露天存放时，这部分电能可通过设备上方的太阳能电池提供，当设备在库房存放时，这部分电能可通过连接库房电源提供。

3 气胀系统结构及原理介绍

气胀系统主要有旋转供气机构和总管式围油栏栏体组成。

旋转供气机构将充气机引出的压缩空气引入围油栏卷栏筒，这使得自动充气围油栏充气的气管可以随围油栏卷栏筒一同旋转，并为缠绕在卷栏筒上的气胀式围油栏充气。

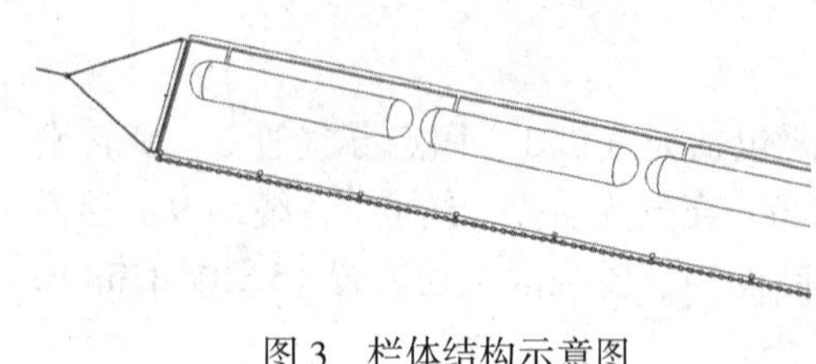
图 3　栏体结构示意图

自动气胀充气式围油栏栏体如图 3 所示，从上至下分别为充气总管，充气支管和气室，各结构都依附在栏体上，其中栏体两端固定有与拖头连接的装置，沿围油栏方向分布若干独立气室。充气总管与充气支管之间配有单向阀，使气体只能从充气总管沿充气支管流向气室，反之则不能流通。

在围油栏释放时，围油栏卷栏筒连续地将卷绕其上的围油栏放出，从充气机出口引出的压缩空气流经旋转供气机构进入卷栏筒，经由卷栏筒和栏体间的连接管路进入围油栏的供气总管，并通过供气总管充入已从卷栏筒上放出的围油栏气室内，充气动作和围油栏释放动作同时进行，且此过程连续。待围油栏全部从卷绕滚上释放，充气工作也同时完成，断开供气总管与连接导气管的连接，围油栏布放过程结束。

传统充气式围油栏布放需要 6~8 人配合操作，布放 200m 围油栏需要 20~40min，总管充气结构使布放和充气过程自动进行，对操作人员数量要求降低到 3 人(1 人负责控制设备，2 人负责拖拽围油栏)，围油栏布放速度提高到 0. 25m/s(布放 200m 围油栏约 14min)。

4　结语

快速充气结构提高围油栏布放速度，不需要为每节独立充气留出空间，降低布放围油栏对甲板空间的需求，不需要专门的船舶载运充气机从入水端对围油栏充气，减少对船舶数量的需求，自动化程度提高，降低对人员数量要求。

使用电池作为储能装置，省去了围油栏动力站，电源等模块，减少围油栏收纳，整套设备可以集成在一个撬块上，降低布放系统的总体积和总重量，同时避免了柴油机在冬季启动困难以及需要维护保养的问题。使用太阳能电池或固定电源在设备存放期间提供电能，可以随时监测设备状态，保证电池工作状态，保证设备处于随时可用状态，并能延长电池的使用寿命。通过对控制器设置可以对卷栏筒无级调速，对充气机进行无极调压，简化设备操作，降低对操作人员的要求。

参　考　文　献

[1] 戎昌第. 防治溢油污染环境技术概论[M]. 北京：石油工业出版社，1993.
[2] 刘宗江，王世刚. 围油栏布放回收自动控制装备的开发与应用. 资源节约与环保，2014，(5).
[3] 罗建平，李志建，宋志国. 全电动式围油栏布放装置研究. 环境工程，2014，第 32 卷增刊.
[4] 王立峰. 新型围油栏. 交通环保，1991，(6).

【作者简介】邱志敏，男，中海石油(中国)有限公司深圳分公司协调部，本科，主要研究方向为海洋石油企业应急管理，电话：0755-826022571，邮箱：qiuzhm@ cnooc. com. cn。

水上井口井控应急处置技术研究

苗典远[2]　江民盛[1,2]　张　帅[1,2]　鲍　宪[1,2]

（1. 中海油能源发展股份有限公司工程技术分公司；
2. 中海油能源发展股份有限公司井控应急技术重点实验室）

摘　要：井喷失控往往会带来颠覆性风险，与陆地相比，海上井控应急处置面对的环境条件更加复杂，对井控应急技术和装备的要求更加苛刻。本文调研分析国内外陆地与浅水井控应急抢险技术案例，总结水上井口井控应急处置面临的难点与挑战，基于技术装备现状和现场应急工况，提出了适用于国内水上井口的井控应急处置作业流程，涵盖井场勘察、消防灭火、清障、井口重建、压井和救援井等技术。以某海域X平台井喷事故为例，现场应用上述井控应急处置技术成功控制了失控的井口，重建新井口后平台恢复生产。该井控应急处置作业流程可以为水上井口井控应急处置提供技术参考，具有较强的现场指导意义。

关键词：水上井口；井喷失控；井控安全；应急抢险；救援井

井喷失控特别是井喷失控爆炸起火事件，往往会造成井架烧毁、平台损毁甚至倾覆沉没。根据美国国家海洋和大气管理局的统计数据，在1959~2015年间，海上油气开采井喷事故共57起，发生在海上浅水钻井平台和生产平台的井喷事故共45起，约占80%。国内水上井口井控应急事件也时有发生，如2011年蓬莱19-3油田井控溢油事件、2013年平湖油田井控应急事件等。随着中海油七年行动计划和增储上产的进行，浅水水域钻井作业量持续增加，给井控安全和井控应急能力带来了很大压力和挑战。目前国外水上井口应急抢险技术已相对成熟，国内海上井控应急抢险技术尚处于起步发展阶段，提升海上钻井井喷失控后应急救援能力，在发生复杂井控事件时尽可能短时间里控制事故发展，减小对人员、环境影响，将损失降至最低就尤为重要。本文提出一套适用于国内水上井口井控应急抢险的作业流程，以应对日趋复杂的海上井控应急环境，为海洋石油安全生产提供技术支撑和安全保障。

1　水上井口井控应急处置难点

对于水上井口井喷应急抢险，由于海上平台与陆地井场客观条件的不同，如场地面积、作业环境、交通距离等因素，海上应急抢险面临诸多难题。陆地应急作业时，井口操作空间大，可以通过推土机、挖掘机、吊车等大型装备进行井口清障作业，同时陆地井口不集中，操作空间大，作业间的影响小。而海上水上井口生产平台多是以丛式槽口井为主，井口密集，平台空间有限，常规抢险工具很难发挥作用。

海上井控事件面临的应急抢险工况复杂多样，应急抢险作业能力要求高。一是海上生产作业平台离陆地支持基地远，应急过程中设备和人员动员耗时长，应急物资调运困难；二是不同于陆地井控应急，海上井控应急多依赖专业的应急救援工程船、自升式钻井船等大型船舶，常规陆地应急设备不适用于海上应急要求，而目前的工程船和钻井平台多以钻井作业的要求设计，需要对现有支持船和应急设备进行技术改造，目前改造技术面临较大的瓶颈，同时与陆地相比海上应急成本费用更高；三是海上作业通常在公共水域，发生海上井喷事故时面临的舆论压力更大，如何最大限度减少人员财产损失，尽量降低公共舆论压力对应急抢险的影响具有较大的挑战。

2 水上井口井控应急处置流程

浅水井控应急处置流程见图1，处置流程一般是开展井场勘察、消防冷却、清障、新井口重建和压井等作业，在事故发生后，第一时间启动救援井准备，随时进行救援井介入工作。

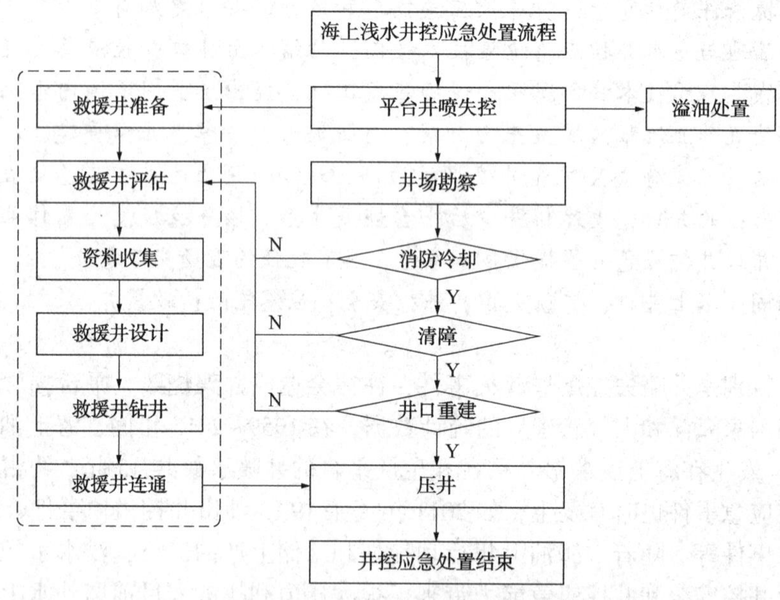

图1 海上浅水井控应急处置流程图

（1）井场勘察

井场勘察使用直升机、勘察仪器等勘察设备对事故井所在海域进行外围勘察和平台勘察，并对事故平台周围海底情况资料进行收集。井场勘察一般遵循安全第一、由远及近、平台结构完整性优先、向事故井逐步推进的原则。井场勘察的内容一般包括平台火灾情况、受损情况、周边环境、井喷或泄漏情况等。井场勘察应使用快速图像收集设备，包括但不限于直升机、无人机、快速机动船舶、小型工程船、ROV、相关探测设备等，实现事故现场的信息的快速收集，以备救援指挥部快速制定抢险方案。

（2）消防冷却

根据历年来的事故统计，海洋平台上发生爆炸事故主要是可燃气体爆炸和爆燃。超压冲击波和高温是可燃气体爆炸的两种主要破坏形式。消防冷却在水上井口井喷抢险作业中起着至关重要的作用，消防冷却工作是井喷抢险工作的重要保障和前提，其主要作用包括以下几点：灭火，持续喷淋降温保护救援船舶、设备和人员，减少热辐射对抢险设备和人员的伤害；保护井喷现场设施，防止设施进一步损坏，影响后续救援工作；在未起火或已灭火的井喷现场，防止次生起火爆炸事故；降低或稀释抢险区域可燃气体或有毒有害气体的浓度。如果现场有硫化氢等有毒有害气体，经过排风扇吹散、喷淋稀释、人员防护等人为措施减少对救援人员或者附近平台工作人员的生命威胁，也可以考虑点火以减少有毒有害气体的扩散。消防冷却一般预防为主、人员安全为本，最大限度减少事故灾难造成的人员伤亡和危害。

井控应急消防模块主要是以消防设备为主体，结合海上平台油气井着火后的特点，集合相应的消防泵机组、消防炮、喷淋系统等，以海水为介质，配套大流量、高扬程的柴油机驱动消防泵，远距离无线遥控式消防炮，抗高温自冷却防护掩体，抗拉和抗磨的消防水龙带及输水软管等，实现海上油气井着火后的消防、灭火、火势控制、应急抢险设备的冷却防护以及作业人员防护等作用。

(3) 清障

水上井口井喷抢险作业时，首先就要进行清障作业，充分暴露井口，保证后续井口介入作业。清障有以下四个目的：清除抢险通道上的障碍物；清除井口周围的障碍物；切割并移除损坏的井口设备；充分暴露井口，为重建井口做准备。

无论井口区域着火与否，为充分暴露和保护井口，在切割作业开始之前，都要清除井口周围和抢险通道上的障碍物，包括易燃、易爆物品等危险源，损毁的井架、井架底座及悬臂梁等障碍物。清障一般遵循先易后难、先外后内、先上后下，将障碍物逐段切割并移出井场。在进行切割作业之前，需先将切割通道附近的障碍物清出，后将井口正上方障碍物清出，为切割作业做准备。切割时，需消防水炮等消防设备配合对井口周围高温区域进行喷淋降温，为切割作业的操作人员提供尽可能安全的作业条件。常见的清障方式包含近距离水力喷砂切割、高温熔透切割、套管外切割设备和远距离超高压清障切割和液压大剪刀切割等方式。清障的对象一般包括原有设施上的钻井设施、设备、管具、管线等，在高温、爆炸、冲击等外界因素的作业下严重变形。清障时在消防水炮的掩护下，使用特种切割设备，在吊车的配合将障碍物逐段切割并移出井场。

(4) 井口重建

井口重建一般是采用磨装法、直接扣装法和钢丝绳加压抢装法对事故井口扣装新的井口设备(套管头、四通、防喷器组)，从而恢复对井筒的压力控制，为压井作业创造条件。根据国内外的井口重建经验，如果井口着火，可以采用带火作业方式，就是通过引火筒把大火引开，抢险人员在井口抢险作业的模式；如果井口未着火，则直接进行井口重建。通常新的井口装置应满足压井施工要求和后续施工作业要求，如果现有的井口法兰可以利用，可直接吊装井口装置。如果现有法兰损坏不可用，则可以准备分瓣式套管头。目前用于水上井口的井口重建的工具主要是沿用陆地井口重建工具。

(5) 压井

利用高压泵把压井液顶替到井内，并在井内重新建立一个压井液液柱压力来平衡地层压力的工艺。经过勘察、消防、清障切割、井口重建等救援作业，需要对事故平台进行压井能力评估，根据评估结果确定压井方案。压井作业包括对井口恢复控制以后的事故井非常规压井和通过钻救援井连通以后的动态压井。对于浅水井喷事故的压井，常规压井方法往往不再适用，需要选用特殊压井方法。制定压井方案时，可以使用压井模拟软件(如OLGA、Drillbench 等)对压井参数进行模拟，选取最优压井参数，以实现高效压井施工效果。对于三级井控井筒喷空的情况下，如产层孔隙度好，流阻小，井口承压能力较大，且上部裸露地层压井时不破裂的情况下，一般采用硬顶法，否则采用置换法压井。浅水井喷应急处置压井作业一般选择钻井平台(中间搭建临时栈桥)实施压井作业，也可以选择“工程船+压井模块”实施压井作业。

(6) 救援井

救援井在一定安全距离位置钻一口或几口与事故井筒连通的救援井，向事故井通过救援井泵入高密度压井液或水泥浆，从而达到控制事故井井喷的目的。对于浅水井喷事故，应在事故发生第一时间内开始救援井准备工作，如前续消防、清障、井口重建和压井中的任何一项作业失败，则应立即转入救援井作业，救援井作业也可以同步进行。救援井设计考虑的因素：救援井目标点、井口位置选择、连通方法、测距工具类型与适用性、定向方案、动态压井分析、现场条件和钻机能力、目标井压力情况等。其中救援井与事故井精确连通是救援井关键技术，分为主动测距技术和被动测距技术，目前投入市场应用的主动测距工具主要是美国 VM 公司的 Wellspot 系列工具，被动测距工具主要是美国 SDI 公司 MagTrac MWD Ranging System 和 VM 公司的 PMR 系统。2010 年墨西哥湾深水地平线事故处置使用 Wellspot 系列工具成功完成了救援井和事故井的连通。救援井技术成功率高，是井喷事故处置的终极手段。

3 水上井口井控应急处置案例分析

某海域 X 钻井平台在天然气生产平台作业过程中发生井喷失控，引发平台爆炸，随后引发大火，火势蔓延至天然气生产平台，大火持续一个星期后才被控制，钻井平台最终烧毁沉没。事故调查显示，该井下 244.5mm 套管至 2754m 后吊灌法固井，候凝 14h 后安装套管头时，水泥浆未能平衡地层压力，244.5mm 与 339.7mm 套管环空发生气窜，随即关井，关井套压 1480psi，关井后，防喷器组下部套管头与立管连接位置发生刺漏，现场采取各种补救措施无效后井喷失控。事故发生后，通过打救援井释放井筒压力，控制井口火势，对平台喷淋冷却降温，清理切割受损井口，安装新井口等措施，井喷得到有效控制。

后续通过移除废弃旧平台，安装新的临时平台，在事故发生后不到一年内，该天然气平台得以恢复正常生产。通过对现场工况进行评估制定应对方案，应急处置流程如下：

井场勘察。使用无人机、多功能作业支持船(DSV)进行抵近观察，观察到生产平台井口着火，钻井平台悬臂梁烧毁后井架塌落在平台上，生产平台顶部甲板发生坍塌。同时观察到由于大火高温和不利天气因素导致的钻井平台桩腿失效，钻井平台下沉，生产平台水线以下导管架由于钻机下沉碰撞导致的结构损坏。

消防冷却。现场消防泵机组配备的消防炮分别部署于浮吊和支持船甲板、事故平台，对平台着火区域，以及后期的清障切割人员和设备实施定点灭火、降温和防护。在事故发生十几天后，手持测温仪器发现平台温度依然很高，使用消防船对平台继续冷却，夜间则使用增设消防模块的潜水作业支持船为平台提供消防冷却。

平台清障。对现场进行评估，评估内容包括气体泄漏情况、是否会发生二次爆炸、平台稳定性、人员登平台方式及安全保障等，制定详细的清障切割方案，首先检测井筒管柱内的密封压力和气体，选择最佳冷切割方式，避免压力的突然释放和闪爆，优选切割相对平直管柱段，切割过程消防设备持续喷淋，保证作业人员安全。主要清障装备为起重驳船，驳船配备不少于两台吊车，一台用于吊篮和切割设备，其他吊车用于移除烧毁的平台结构物。使用液压剪等清除坍塌的井架、平台大型结构物，吊车移除坍塌的井架、导管和甲板上碎块，充分暴露甲板和井口。在甲板支架上搭建临时作业面，导管架采用氧气乙炔割炬设备切割，套管柱则采用水力喷砂切割方式。现场清障进程很缓慢，风险很大，在更换安装新井口前井口有气体不断泄漏，为保障现场安全，将轻微泄漏的气体点燃，同时对泄漏点做出标识。

井口重建。使用坡口切割机环剥 508mm 套管，剥离 339.7mm 套管和 244.5mm 套管，打磨修整套管切割面，安装带压力表的临时井口。在平台切割清障、井口重建期间，消防泵机组配备的消防炮不断提供作业守护，防止平台复燃。

救援井。事故发生后，根据井场勘察情况和实际工况计划打 3 口救援井，两艘自升式钻井平台在距离事故平台约 500m 处就位并开始救援井作业，使用连通探测定位工具实现救援井和事故井的连通。通过救援井压井，1 号和 3 号槽口的井喷得以控制，平台大火火势开始减弱。几天后，9 号槽口也连通并压井成功，平台大火熄灭。后续使用消防设备对平台进行冷却，现场人员对现场平台损坏情况进行评估，制定清障切割计划，准备好所需的清障切割设备，对受损平台和井口进行下一步处理。

恢复生产。现场共安装了 9 个临时井口，并开始拆除剩余平台。新井口安装完毕后移除剩下的受损平台结构。在残留桩腿上安装小型液压起重机用于小型件的吊运，同时利用浮吊和多功能作业支持船(DSV)安装井口部件和阀门，在剩余平台拆除过程中，井口安装了一个特殊的保护罩用于保护井口。同时当地造船厂建造临时顶部甲板，在移除生产模块和上甲板后，该临时甲板可以协助回接油管柱和恢复油井生产，为平台的复产做准备。

4 结论及建议

(1) 目前国内水上井口应急抢险技术尚不成熟，海上应急抢险面临诸多难题，加强井口应急技术研究和应急装备专业体系化建设依然是当前最主要的任务。

(2) 针对水上井口井控应急特点，提出了勘察、消防、清障、井口重建、压井、救援井等适用于海上水上井口的一套井控应急抢险作业流程，为海上水上井口应急处置提供了技术指导。

(3) 未来需要投入更多的人力物力开展救援井连通技术、救援井设计、精准连续切割技术和复杂井压井技术等关键技术研究。

(4) 建造适用于水上井口井控应急抢险的多功能船舶，研发模块化、智能化抢险设备，补齐现有技术和装备短板，提升井控应急抢险能力。

参 考 文 献

[1] 孙振纯，夏月泉，徐明辉. 井控技术[M]. 北京：石油工业出版社，1997：1-15.

[2] Derr D，Cramm C J，Garner J B. Source Control is a Viable Solution for Shallow Water Blowouts：Case Histories and Discussion//Offshore Technology Conference[C]. Houston：OTC，2016.

[3] 钱国栋，赵宇鹏，于顺. 蓬莱 19-3 原油水下溢油的模拟实验[J]. 海洋环境科学，2016，35(06)：901-907.

[4] 王刚. 海上井喷实时监控系统研究[D]. 西安石油大学，2017.

[5] 苗典远，霍宏博，罗黎敏，等. 海洋井喷失控应急抢险技术[J]. 石油工程建设，2021，47(2).

[6] 张帅，苗典远，孙长利，等. 浅海井喷抢险作业难点及后续研究方向探讨[J]. 海洋石油，2021，41(1)：61-64.

[7] 马宗金. 我国陆上油气井灭火抢险技术及装备现状[J]. 天然气工业，1997，17(6)：74-75.

[8] 张帅，苗典远，江民盛，等. 液氮冷冻暂堵技术在海上井控处置的可行性分析[J]. 钻采工艺，2022，

45(2)：28-32.
[9] 伍贤柱，胡旭光，韩烈祥，等. 井控技术研究进展与展望[J]. 天然气工业，2022，42(2)：133-142.
[10] 肖润德，杨令瑞，李艳丰. 水力喷砂带火切割装置研制及应用[J]. 钻采工艺，2000，23(3)：55-57.
[11] 郭宇礼，王佐强，张亮，等. 导管架平台不同拆除装备适用性分析[J]. 石油工程建设，2021，47(3)：6-12.
[12] 张帅，苗典远，蒋凯，等. 海上井喷抢险"三分支"引火筒结构设计[J]. 石油钻采工艺，2021，43(5)：619-624.
[13] 张帅. 引火筒与防喷器组连接结构设计及仿真分析[J]. 北京石油化工学院学报，2021，29(2)：1-5，9.
[14] 张旭，刘英伟，王哲，等. 一种分瓣式套管头卡瓦锁紧装置：CN210087258U[P]. 2020-02-18.
[15] 包木太，皮永蕊，孙培艳等. 墨西哥湾"深水地平线"溢油事故处理研究进展[J]. 中国海洋大学学报，2015，45(1)：55-62.

【作者简介】苗典远，男，学士，高级工程师，从事钻完井、海上井控应急救援领域相关研究工作。电话：13820774190，邮箱：miaody@ cnooc. com. cn。

海外油气田电站扩建项目安全风险管理

朱小会[1]　王　梦[2]　张映斌[1]

（1. 中国石油技术开发有限公司；2. 中国石油工程建设有限公司）

摘　要：海外油气田电站扩建项目是一个复杂而具有挑战性的项目，面临着多种风险因素。本文旨在探讨海外油气田电站扩建项目的风险来源，并提出相应的防范措施，通过对政治风险、经济风险、技术风险和环境风险的分析，可以帮助项目管理者更好地应对风险，确保项目的顺利进行。

关键词：海外油气田电站扩建项目；风险；防范措施；政治风险；经济风险；技术风险；环境风险

1　引言

1.1　研究背景

海外油气田电站扩建项目是非常重要的能源项目，旨在满足不断增长的能源需求和促进当地经济发展。然而，由于涉及到多个国家和地区的政治、经济、技术和环境因素，海外油气田电站扩建项目面临着许多风险和挑战。因此，对其风险来源进行深入研究，并提出相应的防范措施，对于项目管理者和相关利益相关者来说具有重要意义。

1.2　研究意义

本文将重点分析政治风险、经济风险、技术风险和环境风险，并提出相应的防范措施。通过对这些风险因素的深入分析，可以为项目管理者提供有价值的参考，帮助他们制定有效的风险管理策略，降低项目风险，提高项目成功的可能性。

本研究的意义在于：增加对海外油气田电站扩建项目风险的认识和理解；提供针对不同风险因素的防范措施，帮助项目管理者更好地应对风险；为相关利益相关者提供参考，促进项目的顺利进行；为未来类似项目的风险管理提供经验和借鉴。

2　海外油气田电站扩建项目的相关研究

海外电站扩建项目是一个复杂而具有挑战性的领域，但是依然有些行业中的佼佼者在此做出不错的榜样。

中国石油在乍得的电站扩建项目：该项目由中国石油技术开发有限公司承建，旨在将Ronier电站的装机容量从22MW扩大到38.5MW。该项目涉及到天然气处理、柴油处理、土建、电气和机械等多个领域，具有非常高的技术难度和风险。项目的成功实施将为乍得提供更多的清洁能源，并促进当地经济的发展。

日本东京电力公司在越南的电站扩建项目：该项目由日本东京电力公司承建，旨在将越南的一座火电厂的装机容量从600MW扩大到1200MW。该项目涉及到火电、燃煤、环保等多个领域，面临着技术、环境和政治等多方面的风险。项目的成功实施将为越南提供更多的电力供应，并推动两国的经济合作。

挪威在肯尼亚的风电场扩建项目：该项目由挪威企业承建，旨在将肯尼亚的一座风电场的装机容量从100MW扩大到200MW。该项目涉及到风能、电气、土建等多个领域，面临着技术、经济和环境等多方面的挑战。项目的成功实施将为肯尼亚提供更多的清洁能源，并推动可再生能源的发展。

这些实例展示了海外电站扩建项目的多样性和复杂性，需要项目管理者和相关利益相关者充分考虑各种风险，并采取相应的管理措施。同时，这些实例也为其他类似项目的实施提供了有价值的经验和教训。

3　海外油气田电站扩建项目的风险因素

3.1　政治风险

海外油气田电站扩建项目可能受到政治不稳定、政策变化、政府干预等因素的影响。政治风险可能导致项目延迟、成本增加或项目终止。例如非洲部分国家政治局势不稳定，政权更迭频繁，这给电站扩建项目带来了极大的不确定性。政府可能会调整能源政策、环境法规或经济政策，从而对项目的可行性和盈利能力产生影响。政治环境的不稳定性可能对项目产生负面影响。政权更迭、政治冲突、社会动荡等因素可能导致项目的延迟、中止或取消。地方政府的政策、行政效率、对外资的态度等因素都可能对项目的推进和运营产生影响。扩建项目所在国与其他国家的关系也可能对项目产生影响。例如，两国之间的贸易争端、外交紧张局势等因素可能导致项目的延迟或中止。在海外扩建项目中，涉及到的法律和合规要求可能与本国存在差异，这可能增加了项目的风险。例如，土地使用权、环境保护、劳工法规等方面的合规要求可能需要额外的时间和资源来满足。项目还可能面临来自当地社区、环保组织或民众的反对。这些反对意见可能基于环境保护、土地权益、文化保护等方面的考虑，也可能导致项目的延迟、中止或取消。

3.2　经济风险

海外油气田电站扩建项目的经济风险主要包括法律和合规风险、财务风险、投资回报风险、财务风险、运营风险、汇率风险等。

（1）法律和合规风险。需要遵守当地的法律和合规要求。不熟悉当地法律和合规要求可能导致项目面临法律诉讼、罚款或项目终止的风险。

（2）财务风险。海外油气田电站扩建项目需要大量的资金投入。汇率波动、融资困难、资金流动性问题等可能导致项目面临财务风险。

（3）市场风险。扩建项目的市场风险包括市场需求波动、电力价格波动和竞争压力等。如果市场需求不稳定、电力价格波动大或竞争激烈，项目的盈利能力可能受到影响。因海外油气田的电站主要是为油气田服务，所以这方面的风险很小。

（4）运营风险。扩建项目的运营风险包括设备故障、供应链中断、人力资源管理等。这些风险可能导致项目的运营成本增加、生产能力下降或运营效率低下。

（5）汇率风险。如果项目所在国与投资方国家的货币存在汇率波动，可能导致项目的成本和收益之间的不匹配。汇率波动可能对项目的盈利能力和现金流产生影响。

3.3　技术风险

海外油气田电站扩建项目面临的技术风险主要包括设备供应风险、技术可行性风险、工程施工风险、运维风险、项目环境风险等。

（1）设备供应风险。扩建项目需要大量的设备和技术支持，如果设备供应商无法按时交付设备或设备质量不达标，可能会延误项目进度或导致项目质量问题。例如疫情期间，海上运输供应链冻结，大量设备及建设材料无法按时运达现场，导致多个项目进度严重滞后，无法按期交付。

(2) 技术可行性风险。扩建项目的技术可行性需要进行充分的研究和评估。如果项目所采用的技术方案存在技术难题或不成熟，可能会导致项目无法顺利实施或实施过程中出现问题。尤其是扩建项目的复杂性，有些业主会要求承包商在不停产的情况下进行扩建项目和原有项目的连接，导致技术难度剧增。电力行业的技术发展迅速，新技术和设备不断涌现。如果扩建项目选择的技术方案过时或无法适应未来的技术发展趋势，可能会导致项目的技术竞争力下降。

(3) 工程施工风险。扩建项目的工程施工过程中可能会面临各种技术挑战和困难，如地质条件复杂、环境限制、施工安全等。这些因素可能导致工程进度延误、成本增加或质量问题。例如非洲有些地区雨季时间过长，给工程施工带来极大不便，严重影响项目的工程进度，成本急剧增加。

(4) 运维风险。扩建项目完成后，需要进行长期的运维和维护。如果运维团队技术水平不足或设备运行频繁出现故障，可能会影响电站的正常运行和发电能力。

(5) 环境风险。扩建项目可能面临环境保护和可持续发展的要求。如果项目的环境影响评估不充分或环境管理措施不到位，可能会面临环境污染、资源浪费等问题，从而影响项目的可持续性和社会形象。例如有些国家或地区对环保要求极为苛刻，小的环保事件可能会形成大的社会热点，给国家和企业带来不可估量的损失。

技术风险需要在项目策划和实施过程中进行充分的评估和管理，采取相应的措施来降低风险，确保项目的顺利实施和运营。

3.4 环境风险

海外油气田电站扩建项目面临的环境风险包括土地使用和生态破坏、大气污染、噪音和振动、废弃物处理、社会影响等方面。

(1) 土地使用和生态破坏。电站扩建需要占用大片土地，可能导致原有的生态系统被破坏，包括森林砍伐、湿地消失、物种灭绝等。这取决于项目选址和业主的征地要求。

(2) 大气污染。电站扩建可能会增加大气污染物的排放，包括二氧化碳、氮氧化物、硫氧化物等，对空气质量和气候变化产生负面影响。

(3) 噪声和振动。电站扩建可能会产生噪声和振动，对周边居民和野生动物造成干扰和不适。

(4) 废弃物处理。电站扩建可能会产生大量的废弃物，包括固体废弃物、废水和废气等，如不妥善处理可能会对环境造成污染。

(5) 社会影响。电站扩建可能会引起社会不稳定和冲突，包括土地征用、居民迁移、文化遗产破坏等问题。

环境风险需要在项目规划和实施过程中进行全面评估和管理，以减少对环境的不良影响，并采取相应的环境保护措施和监测措施。

4 风险防范措施

4.1 风险评估与管理

风险评估与管理是指对潜在风险进行识别、分析和评估，并采取相应措施来降低或控制风险的过程。以下是风险评估与管理的一般步骤：

(1) 风险识别。识别可能对项目、组织或业务产生负面影响的潜在风险。这可以通过专家意见、历史数据、文献研究、市场调研等方法来进行。

(2) 风险评估。根据风险的概率和影响程度，对风险进行评估，确定其优先级。可以使用定性和定量方法来评估风险的严重性和优先级，可以采用安全检查表法(SCA)，危险指数方法(RR)，预先危险分析方法(PHA)，故障假设分析方法(WI)，危险和可操作性研究方法(HAZOP)，故障类型的影响分析方法(FMEA)，故障树分析方法(FTA)等等。

(3) 风险应对策略。根据风险评估的结果，制定相应的风险应对策略。这可能包括避免风险、减轻风险、转移风险或接受风险。

(4) 风险监控与控制。实施风险应对策略，并监控风险的变化和效果。需要建立有效的监控机制，及时采取措施来控制风险。

(5) 风险沟通与报告。及时向相关利益相关方沟通风险信息，并定期报告风险管理的进展和效果。这有助于增强风险意识和共识。

风险评估与管理是一个持续的过程，需要不断更新和改进。通过有效的风险评估与管理，可以帮助组织更好地应对潜在风险，保护利益并提高绩效。

4.2 合同管理

在风险防范措施中，合同管理是非常重要的一环。以下是一些合同管理的措施，可以帮助项目团队降低合同风险。

(1) 合同审查。在签订合同之前，仔细审查合同条款和条件，确保合同内容清晰明确，并与项目目标和需求相符。特别要注意风险相关的条款，如责任分担、违约责任、保险要求等。

(2) 合同谈判。在与供应商或合作伙伴进行合同谈判时，要确保合同条款和条件能够满足项目的需求，并能够最大程度地降低风险。在谈判过程中，要与对方充分沟通，确保双方的权益得到保护。

(3) 合同管理计划。制定合同管理计划，明确合同的管理责任和流程。包括合同的签署、履行、变更、终止等各个环节的管理措施和流程，以确保合同的有效执行和风险的控制。

(4) 合同履行监控。定期监控合同的履行情况，确保供应商或合作伙伴按照合同约定提供服务或交付产品。如果发现合同履行存在问题，及时采取措施进行纠正，并与对方进行沟通和协商解决。

(5) 合同变更管理。对于合同的变更请求，要进行仔细评估和管理。确保变更请求符合合同的规定，并对变更的影响进行评估和控制。在变更管理过程中，要与供应商或合作伙伴进行充分的沟通和协商，以达成共识。

(6) 合同风险管理。在合同管理过程中，要密切关注风险的变化和演变。及时识别和评估合同风险，并采取相应的措施进行风险控制和应对。可以制定风险应对计划，明确风险的责任分担和控制措施。

(7) 合同终止管理。对于需要终止合同的情况，要按照合同的规定进行处理。确保终止合同的程序合法合规，并与对方进行协商和解决纠纷。在合同终止后，要进行合同结算和评估，确保双方的权益得到保护。

合同管理措施可以帮助项目团队降低合同风险。具体的实施方法可以根据项目的特点和需求进行调整和补充。

4.3 项目管理

(1) 风险识别和评估。在项目启动阶段，要进行全面的风险识别和评估。通过分析项目的内外部环境，确定可能存在的风险，并对其进行评估，确定其潜在影响和可能性。

(2) 风险规划。在项目计划阶段，要制定详细的风险规划。包括确定风险的优先级和重要性，制定相应的应对策略和措施，并分配相应的资源和责任。

(3) 风险监控。在项目执行阶段，要进行持续的风险监控。通过定期的风险评估和跟踪，及时发现和识别新的风险，并对已有的风险进行监控和控制。

(4) 风险应对。在项目执行过程中，要根据风险的优先级和重要性，采取相应的应对措施。可以采取风险避免、减轻、转移或接受等策略，以降低风险的影响。

(5) 沟通和协调。在项目管理过程中，要加强沟通和协调。与项目团队、利益相关者和合作伙伴保持密切的沟通，及时共享风险信息和应对措施，以确保各方的理解和支持。

(6) 监督和控制。在项目执行过程中，要进行持续的监督和控制。通过制定和执行相应的监控措施，及时发现和纠正项目中的问题和风险，确保项目按计划进行。

(7) 经验总结和学习。在项目结束后，要进行经验总结和学习。通过对项目的回顾和评估，总结项目中的成功经验和教训，以提高项目管理的能力和水平。

4.4 风险转移

风险转移是一种常见的风险防范措施，它通过将风险责任和损失转移给其他方来降低项目团队的风险承担。以下是一些常见的风险转移方式：

(1) 保险。购买适当的保险是一种常见的风险转移方式。项目团队可以购买适当的保险政策，以转移潜在的损失责任。例如，项目团队可以购买财产保险、责任保险、人身伤害保险等，以应对可能发生的损失。

(2) 合同约定。通过合同约定，将风险责任转移给其他合同方也是一种常见的风险转移方式。在与供应商、承包商或合作伙伴签订合同时，可以明确约定各方的责任和风险承担。例如，可以在合同中约定供应商对产品质量和交付时间承担责任，以减轻项目团队的风险。

(3) 外包。将某些风险较高或专业性较强的工作外包给专业机构或供应商，也是一种常见的风险转移方式。通过外包，项目团队可以将特定的风险转移给专业机构，减少自身的风险承担。例如，项目团队可以将 IT 系统的开发和维护外包给专业的 IT 服务提供商，以减少自身在技术方面的风险。

(4) 分包。将项目的一部分工作分包给其他承包商或供应商，也是一种常见的风险转移方式。通过分包，项目团队可以将一部分风险和责任转移给其他承包商或供应商。例如，项目团队可以将建筑工程的土建工作分包给专业的建筑公司，以减少自身在施工方面的风险。

需要注意的是，风险转移并不意味着完全摆脱风险，而是将风险责任和损失转移给其他方。项目团队仍然需要对风险进行监控和控制，以确保风险得到适当的管理和应对。此外，选择适当的风险转移方式需要综合考虑项目的特点、风险的性质和合同法律的规定等因素。

4.5 具体风险防范措施

(1) 政治风险防范措施。包括：与当地政府建立良好的沟通机制，及时了解政治动态；在项目协议中加入相关政治风险的免责条款；投保政治风险保险。

（2）经济风险防范措施。包括：对当地经济进行深入调研，合理评估投资价值；采用稳定的国际通用货币进行结算；与当地金融机构合作，获取低成本融资支持。

（3）技术风险防范措施。包括：进行充分的技术评估和规划，确保项目的技术可行性。选择可靠的供应商和合作伙伴，确保技术设备的质量和供应的稳定性。进行技术验证和原型开发，及时发现和解决技术问题。

（4）环境风险防范措施。包括：进行环境评估和规划，确保项目符合当地环境法规和标准。采取环境保护措施，减少对环境的影响。制定应急预案，应对可能发生的自然灾害。

5 结语

海外油气田电站扩建项目虽然具有广阔的市场前景和发展机遇，但也面临着诸多风险。投资者和项目管理者应充分认识到这些风险，并采取有效的防范措施。通过深入研究当地政治、经济、技术和社会环境，制定合理的投资策略和风险防范措施，将有助于降低项目风险，实现可持续发展目标。

参 考 文 献

[1] 郑毓．EPC 总承包项目的进度管理．山东工业技术，2016 年 04 期．

[2] 庄宇．海外电站运行维护备品备件管理．经营与管理，2020 年 02 期．

[3] 李莉芳．EPC 项目中的给排水设计分析．低碳世界，2022 年 09 期．

[4] 海外 EPC 电站项目风险管理研究．哈尔滨工业大学，2021 年．

[5] 贺其．海外电站 EPC 项目的风险分析和防范．中国高新技术企业，2016 年 14 期．

[6] 彭雪海．海外 EPC 电站项目设备采购工作方案实施研究．中小企业管理与科技(中旬刊)，2018 年 01 期．

【作者简介】未小会，男，就职于中国石油技术开发有限公司，主要从事生产安全与环境保护管理工作。电话：010-63591635，邮箱：weixiaohui@ cnpc. com. cn。

油气储存基地配套消防站浅析

李　波　陈文贤　李　斌　冯　彦

(国家管网集团联合管道有限责任公司西部塔里木输油气分公司)

摘　要：受国家战略政策影响，近年来国内油气储存产业蓬勃发展，各类油气储存基地纷纷建设落地，有关油气储存基地设计理念及思路愈发成熟，但各项目建设过程中关于配套消防站的信息偏少，同时也无相应设计指导思路；通过梳理有关油气储存企业配套消防站案例、解读国内法规标准中建设消防站的有关条款要求，对油气储存企业应配套建设消防站的响应时间、设置级别、装备配置、人员设置等内容进行初步探讨，提出配套消防站设置建议方案，为后续油气储存企业工程消防设计及项目建设开发提供参考。

关键词：油气储存企业；消防站；设置规模；项目配套；消防设施

油气储存基地储存介质多为原油、成品油，其主要成分为烷烃、环烷烃、芳香烃和烯烃等多种液态烃的混合物，泄漏后易发生火灾爆炸的危害，按我国消防法要求，生产、储存易燃易爆危险品的大型危化企业应建立单位专职消防队。此外在如《石油天然气工程设计防火规范》(GB 50183—2004)等标准中也有对油气储存企业设置消防站的一些要求，但并未明确指出油气储存企业配备消防站级别、规模大小、人员定员等情况。通过调研国内部分油气储存基地配备消防站情况、查阅有关文献资料并参考相关技术规范，对油气储存基地的消防站设置提出探讨性方案，为油气储存企业工程消防设计提供参考。

1　国内油气储存基地配备消防站设置

消防站是消防队员执勤备战和生活的场所，是保护消防安全的重要消防设施，包括具有常规灭火作战能力的普通消防站(一/二/三级站)、针对特殊灭火作业需求的特勤消防站，以及满足本地区灭火救援战略保障任务的战勤保障消防站。

笔者研究国内建设的油气储存企业配套消防站有关资料，可大致了解国内与油气储存企业配套自建的消防站规模。由于油气储存基地地处偏僻，考虑消防救援时间与距离要求，配套消防站设计方案中有自建消防站的，也有依托周边已有消防站，但配套的消防站基本都配备了3台以上消防救援车辆。国内有关油气储存基地配套消防站设置情况具体内容见表1。

表1　国内有关油气储存基地配套消防站设置情况

资料来源	性质/级别	装备配备情况	备　注
新疆国家管网某大型油库	自建/一级	3辆消防车和1辆救护车	1辆重型泡沫消防车(泡沫：6000kg)、1辆干粉-泡联用车(泡沫：2000kg/干粉：2000kg)、1辆重型防水车(水：16000kg)、1辆通信指挥车

续表

资料来源	性质/级别	装备配备情况	备　注
新疆中石油某成品油储备库	自建/一级	3 辆消防车和 1 辆救护车	1 辆水 - 高倍泡沫联用消防车（水：8000kg/泡沫：4000kg）、1 辆干粉 - 泡沫联用消防车（水：5000kg，泡沫：3000kg，干粉：2000kg）
广东某成品油储备库	自建/二级	3 辆消防车和 1 辆通信指挥车	2 辆高倍泡沫干粉联用消防车、1 辆高喷车、1 辆通信指挥车
浙江某原油储备库	自建/二级	3 辆消防车和 1 辆急救车	1 辆水 - 高倍泡沫联用消防车（水：8000kg/泡沫：4000kg）、1 辆干粉 - 泡沫联用消防车（水：5000kg，泡沫：3000kg，干粉：2000kg）、1 辆高喷消防车（水：8000kg）
浙江某成品油储备库	—/—	3 辆消防车、1 辆通信指挥车和 1 辆救护车	1 辆高喷车、1 辆干粉 - 泡沫联用消防车、1 辆重型泡沫消防车、1 辆中型泡沫消防车、1 辆通信指挥车、1 辆救护车
江苏某大型原油库	自建/一级	6 辆消防车	通信指挥车 1 辆、重型水罐消防车 1 辆、重型泡沫消防车 1 辆、干粉消防车 1 辆、抢险救援消防车 1 辆、登高平台消防车 1 辆
河北某中型成品油储备库	自建/二级	3 辆消防车	1 辆水 - 高倍数泡沫消防车、1 辆干粉 - 泡沫联用车、1 辆高喷消防车

2　有关消防站设置的规范条款

2.1　消防站距离、响应时间

在国家制定的相关各类法规标准规定中有对于消防站设计的各种要求，其中包括部分与油气储存企业设置消防站有关的技术描述，其中消防站设置的路程距离、时间响应要求摘录见表 2。

表 2　消防站路程距离、时间相应要求

法规标准	条款	内　容
《石油天然气工程设计防火规范》(GB 50183—2004)	8.2.2	消防站的选址应位于重点保护对象全年最小频率风向的下风侧，交通方便、靠近公路。与油气站场甲、乙类储罐区的距离不应小于 200m。与甲、乙类生产厂房、库房的距离不应小于 100m
《城市消防站设计规范》(GB 51054—2014)	3.0.3	辖区内有生产、储存危险化学品单位的，消防站应设置在常年主导风向的上风或侧风处，其边界距生产、储存危险化学品的危险部位不宜小于 200m
《城市消防站建设标准》(建标 152—2017)	第 14 条	设在城市的消防站的辖区面积，一级站不宜大于 $7(km)^2$，二级站不宜大于 $4(km)^2$，小型站不宜大于 $2(km)^2$，设在近郊区的普通站不应大于 $15(km)^2$
《城市消防站建设标准》(建标 152—2017)	第 15 条	消防站的布局一般应以接到出动指令后 5min 内消防队可以到达辖区边缘为原则确定 辖区内有生产、储存危险化学品单位的，消防站应设置在常年主导风向的上风或侧风处，其边界距上述危险部位不宜小于 300m

续表

法规标准	条款	内　容
《危化企业消防站建设标准》(安委办(2023)3号)	第3条	石油化工企业、煤化工企业、石油库和石油储备库、大型LNG接收站、LPG储存企业应以接到火灾报警后5min内到达责任区边缘或最大行车距离不超过2.5km为原则确定
《危化企业消防站建设标准》(安委办(2023)3号)	第5条	新建、改建、扩建消防站与爆炸危险源及高毒泄漏源等危险部位的距离不宜小于300m。已建消防站与上述部位的距离不能满足要求的，应在适当位置设置防爆墙等防护措施

从表2可知，各类条款对消防站设置距离、到达时间上要求上略有差异，笔者建议设置或依托的消防站距离油气储存企业不宜小于300m且不宜大于2.5km，并在消防站接到出动指令后在5min内能到达油气储存企业。

2.2　消防站级别

油气储存企业关于消防站布置的条文说明指出其条款是参照《石油天然气工程设计防火规范》(GB 50183—2004)有关消防站的规定而制定，GB 50183有关消防站规模级别是依据站场等级确定，GB 50183的8.2.1规定一、二、三级油气站场应设置等级不低于二级的消防站。按GB 50183的3.2.2规定油品储存总容量小于500m^{3}为五级站场、小于4000m^{3}为四级站场、小于30000m^{3}为三级站场、小于100000m^{3}为二级站场、大于100000m^{3}为一级站场，通读全文后并未发现可以直接适用于油气储存企业储量的站场级别规定，因此，此处规范的实用性较差，无法应用于确定油气储存企业站场级别及其应配套消防站的级别。

新出台的《危化企业消防站建设标准》(安委办〔2023〕3号)，直接依据石油库、石油储备库库容规模规定了需配备消防站的级别，即储罐计算总容量大于120×10^{4}m^{3}的原油库或总库容大于30×10^{4}m^{3}的成品油库应配备二级消防站，当储罐总容量大于240×10^{4}m^{3}的原油库或原油成品油混存库应配套设置一级消防站，储罐总容量小于120×10^{4}m^{3}的原油库或原油成品油混存库应配套设置三级消防站，总库容小于30×10^{4}m^{3}的成品油库视企业情况、能力鼓励设置三级消防站。如涉及总库容小于30×10^{4}m^{3}的成品油库建设项目，笔者建议建设方应及时与当地消防安全主管部门沟通并结合实际确定是否配套消防站建设。消防站级别要求见表3。

表3　消防站级别要求

企业类型	一级消防站	二级消防站	三级消防站
石油库、石油储备库(不含地下洞库)	储罐计算总容量≥240×10^{4}m^{3}的原油库或原油成品油混存库	单罐罐容≥10×10^{4}m^{3}或120×10^{4}m^3≤储罐计算总容量<240×10^{4}m^{3}的原油库或原油成品油混存库	10×10^{4}m^3≤储罐计算总容量<120×10^{4}m^{3}的原油库或原油成品油混存库
		石油储备库(储罐计算总容量≥120×10^{4}m^{3}的原油库)	
		单罐罐容≥3×10^{4}m^{3}或总库容≥30×10^{4}m^{3}的成品油库	总库容<30×10^{4}m^{3}的成品油库视企业情况、能力鼓励设置

2.3　消防车配置

项目配套的建设开发应考虑功能完备合理和成本节约，消防车的配置在满足规范要求后，应符合最小成本投资且最大灭火效益收益的原则。对相关规范标准中关于消防车转配数量的要求整理见表 4。

表 4　消防车装配要求

法规标准	条款	内　容
《石油天然气工程设计防火规范》(GB 50183—2004)	8.2.4	消防车辆的配备应根据被保护对象的实际需要计算确定，其中二级消防站车辆配备 4~6 台，选配通信指挥车、中型泡沫车、重型水罐消防车、重型泡沫消防车、干粉消防车；一级消防站车辆配备 6~8 台，选配车辆在二级站的基础上增加高喷消防车、抢险救援工具车、照明车
《城市消防站建设标准》(建标 152—2017)	第 23 条	一级消防站车辆配备 5~7 台，要求水罐或泡沫消防车、登高平台消防车或云梯消防车、抢险救援消防车为必配，其他车辆结合实际选配。二级消防站车辆配备 2~4 台，要求水罐或泡沫消防车为必配，其他车辆结合实际选配
《危化企业消防站建设标准》(安委办〔2023〕3 号)	第 9 条	一级站配置不少于 6 台消防车，二级站配置不少于 4 台消防车；一级站和二级站应配备高倍泡沫消防车、水罐消防车、干粉消防车、举高喷射消防车

原油和成品油火灾危险性为甲类，泄漏后极易发生火灾爆炸事故，油气储存基地的消防安全较一般场所要求较高，因而综合上述规范内容，建议二级消防站装配消防车 4 台发置干粉消防车、高倍数泡沫干粉联用消防车、举高喷射消防车、重型水罐消防车；建议一级消防站装配消防车 6 台，设置干粉消防车、高倍数泡沫干粉联用消防车、举高喷射消防车、重型水罐消防车、重型泡沫消防车、通信指挥车。

2.4　人员配置

《城市消防站建设标准》(建标 152—2017) 第 12 条规定了消防站执勤人数，即"消防站的建筑用房面积、装配配备数量及投资估算应与其配备的消防员数量相匹配。其中一个班次同时执勤人数，一级站可按 30~45 人估算，二级站可按 15~25 人估算。

现有项目资料了解到浙江某原油储备库设置的二级消防站配备的一个班次值勤人员为 22 人、而广东某成品油储备库配套二级消防站定员为 15 人，为保证接收站具备足够的消防救援力量，建议油气储存企业配套消防站一个班次值人员参照《城市消防站建设标准》(建标 152—2017) 要求执行，即一级消防站可按 30~45 人考虑，二级消防站可按 15~25 人考虑。

2.5　建筑设计及其他器材配置

消防站的灭火器材、抢险救援器材、人员防护器材的配备参照《城市消防站建设标准》(建标 152—2017)《危化企业消防站建设标准》(安委办〔2023〕3 号) 等规范确定。消防站的建筑、设施、场地等设计参照《城市消防站设计规范》(GB 51054—2014)、《城市消防站建设标准》(建标 152—2017)《危化企业消防站建设标准》(安委办〔2023〕3 号) 等进行。

3　油气储存基地配套消防站方案探讨

住建部在 2017 年发布了《企业消防站技术规范(征求意见稿)》(建标工征〔2017〕139 号) 及安委办在 2023 发布的《危化企业消防站建设标准》(安委办〔2023〕3 号)，两份文件明确提出油气储存企业需建设企业消防站的要求，且表明位于工业园区内的企业，当有工业园区消防站可以依托，且消防站的等级和保护距离满足要求时，可不再单独设置专职消防站。参考表 1 调研内容并综合上述规范条款，针对油气储存基地配套消防站提出以下建议方案：

（1）设置或依托的消防站距离接收站不宜小于 300m 且不宜大于 2.5km，并在消防站接到出动指令后在 5min 内能到达接收站。

（2）储罐计算总容量大于 $120\times10^4m^3$ 的原油库或总库容大于 $30\times10^4m^3$ 的成品油库应配备二级消防站，当储罐总容量大于 $240\times10^4m^3$ 的原油库或原油成品油混存库应配套设置一级消防站，储罐总容量小于 $120\times10^4m^3$ 的原油库或原油成品油混存库应配套设置二级消防站，总库容小于 $30\times10^4m^3$ 的成品油库视企业情况、能力鼓励设置三级消防站。

（3）二级消防站装配消防车 4 台，设置干粉消防车、高倍数泡沫干粉联用消防车、举喷射消防车、重型水罐消防车；一级消防站配消防车 6 台，设置干粉消防车、高倍数泡干粉联用消防车、举高喷射消防车、重型水消防车、重型泡沫消防车、通信指挥车。

（4）油气储存企业配套一级消防站可按 30～45 人考虑，二级消防站可按 15～25 人考虑。

（5）配套消防站建筑设计、器材配置参照有关规范进行。

4 结语

根据查阅有关油气储存企业配套消防站相关资料、梳理各消防站规范条款内容，通过项目资研究、规范标准对比分析，提出了油气储存企业配套消防站建站级别、距离、时间、消防车数量、人员定员的建议方案，为后油气储存企业消防设计及项目建设开发提供参考。

参 考 文 献

[1] 中华人民共和国建设部. 石油天然气工程设计防火规范：GB 50183—2004[S]. 北京：中国计划出版社，2005：3-1.

[2] 中华人民共和国住房和城乡建设部. 城市消防站设计规范：GB 51054—2014[S]. 北京：中国计划出版社，2015：8-1.

[3] 中华人民共和国住房和城乡建设部. 城市消防站建设标准：建标 152-2017[S]. 北京：中国计划出版社，2017：9-1.

[4] 国务院安全生产委员会办公室等.《国务院安全生产委员会办公室应急管理部国务院国有资产监督管理委员会关于进一步加强国有大型危化企业专职消防队伍建设的意见》附件：危化企业消防站建设标准：安委办(2023)3 号. 2023：1-13.

[5] 中华人民共和国住房和城乡建设部. 企业消防站技术规范(征求意见稿)：建标工征〔2017〕139 号 2017：10-13.

[6] 许敏，傅维禄，连承勇. 石油化工企业消防站设置的有关问题探讨[J]，石油化工设计，2010，27(1)：54-57，6-7.

【作者简介】李波，男，2012 年 7 月毕业于长江大学材料成型及控制工程专业，工学学士，现在国家管网西部管道塔里木输油气分公司工作，从事安全管理工作。电话：18799806742，邮箱：290451496@qq.com。

油气管道企业基层应急预案编制与实践

洪 娜[1] 杨 伟[1] 龚晓凤[2]

(1. 国家管网集团西部管道公司乌鲁木齐输油气分公司；2. 国家管网集团西部管道公司)

摘 要：油气管道是重要的能源保供设施，一旦发生事故，会造成重大人员伤亡、财产损失、影响人民生活与生产保障，威胁社会稳定，油气管道事故的现场处置能力对减少和控制事故后果具有重要意义。本文通过对管道企业现行的处置方案存在的问题进行探讨，辨识国家相关法规标准的要求，提出一区一案、一河一案与现场处置方案融合的建议，并以某油气管道基层单位为具体对象进行融合实践，研究表明一区一案、一河一案与现场处置方案进行融合可满足法规标准要求并简化现场应急预案文本，提升基层单位应急管理效率。

关键词：油气管道企业；基层；一区一案；一河一案；现场处置方案；融合

近年来，随着石油、天然气生产和消费速度的增长，我国油气管道建设实现了飞速的发展，为国家经济建设和人民生活保障提供了有力的支持。但是，由于管道建设仍不完善，很多管道的建设及使用年限过长，以及管道运输的石油天然气介质特点，一旦因腐蚀、管材和施工质量、第三方破坏、操作不当、自然灾害等原因导致天然气泄漏、着火爆炸、气线管道及设备冰堵、电气火灾、特种设备事件、人身伤害、突发性自然灾害等事故，对管道设备及沿线周边的生命和财产以及应急人员造成严重威胁。

本文针对油气管道企业现场应急预案存在的问题进行探讨，分析一区一案、一河一案与现场处置方案的融合的可行性，提出融合的建议与模板，为管道企业基层应急预案编制提供参考。

1 油气管道企业基层单位现场应急预案编制现状

油气管道企业基层单位在生产运行过程中存在自然灾害、事故灾难、公共卫生、社会安全事件的四种事故类型。按照油气管道主管部门的要求，需要编制四种类型的突发事件应急预案，行业主管部门及国家和行业相关法规标准对油气管道企业的事故灾难类应急预案编制提出要求如下：

(1)《生产经营单位生产安全事故应急预案编制导则》(GB/T 29639—2020)要求生产经营单位应根据不同生产安全事故类型，针对具体场所、装置或者设施制定具体处置措施。现场处置方案重点规范事故风险描述、应急工作职责、应急处置措施和注意事项，体现自救互救、信息报告和先期处置的特点。

(2)《企业事业单位突发环境事件应急预案备案管理办法(试行)》(环发〔2015〕4 号)要求企业应根据应对突发环境事件的需要，开展环境应急预案制定工作，环境应急预案体现自救互救、信息报送和先期处置的特点，侧重明确现场组织指挥机制、应急队伍分工、信息报告、监测预警、不同情景下的应对流程和措施、应急资源保障等内容。

（3）《国家安全监管总局等八部门关于加强油气输送管道途经人员密集场所高后果区安全管理工作的通知》（安监总管三〔2017〕138号）要求油气输送管道企业要结合人员密集型高后果区的实际，基于安全风险评价结果，及时完善人员密集型高后果区油气泄漏事故应急预案，制定泄漏警戒和人员疏散方案，切实增强预案的科学性、实用性和可操作性。

（4）《油气管道完整性管理规范》（GB 32167—2015）要求将风险评价和完整性评价结论所提出的高风险段、高风险因素和缺陷情况作为应急预案编制过程中重点预控对象，按照识别高后果区的分析结果，确定应急预案需要重点关注的管段和内容，重点防范管道泄漏后火灾、爆炸事故以及输油管道泄漏后潜在的环境影响。

（5）《输气管道高后果区完整性管理规范》（SY/T 7380—2017）要求应根据高后果区管段的主要风险因素制定针对性的应急预案。对Ⅲ级高后果区应制定现场处置预案，对其他高后果区可根据情况确定是否需要制定现场处置预案。现场处置预案中重点内容应包括泄漏报警、人员疏散、危险区域通行控制、管道泄漏对潜在影响半径范围内的人口和建筑影响等。

目前国内的油气管道企业按照生产经营单位生产安全事故应急预案编制导则的要求编制了现场处置方案，现场处置方案编制时需开展HSE风险识别，并形成了现场处置方案的名称目录。此外，基层单位针对高后果区编制了风险管控方案，在风险管控方案中明确了应急组织机构和应急处置措施，该一区一案单独成册；多数基层单位针对输油管道穿越河流每一个穿越点编制了一河一案，对管道穿越点上、下游的环境风险继续分析，明确河流穿越点泄漏应急处置组织机构与应急处置措施，该一河一案单独成册。基层单位在日常应急管理和事故响应时，可能需要执行以上三类方案/预案，造成管理和运行混乱。

油气管道基层单位为按照政府部门、国家标准、行业标准的不同要求编制了各类现场处置方案或措施，普遍存在以下问题：①现场处置方案中，缺少针对不同种类的高后果区编制现场处置方案；②“一区一案”中的应急处置措施与现场处置方案有部分重复；③“一河一案”中的应急组织机构与处置措施与现场处置方案重复；④基层单位高后果区处置方案命名与数量不统一；⑤部分基层单位的编制的现场处置方案数量多，演练频率难以保证等问题。

2 “一区一案”中现场处置措施与现场处置方案融合研究

通过调研油气管道事故案例，2008年9月14日，美国墨西哥湾至纽约市天然气管道泄漏、着火爆炸，造成5人受伤，爆炸地点留下50英尺弹坑；2006年1月20日，四川仁寿县天然气管道泄漏、爆炸，造成10人死亡，50人受伤。2017年7月2日贵州晴隆天然气管道泄漏、爆炸，导致8人死亡，35人受伤。2018年6月10日，贵州晴隆天然气管道泄漏燃爆，导致1人死亡，23人受伤。国内、外已发生多宗油气管道在人员密集型高后果区泄漏、着火爆炸的事故，造成群死群伤的后果。孙清风等统计2009年以来油气储运行业重要HSE事故事件共计21起。因此，有必要针对输油气管道高后果区编制现场处置方案，强化重大事故防控与处置能力，满足国家法规要求。

输油管道高后果区的类型分为人员密集类，环境敏感类，交通设施类，易燃易爆类场所。输气管道高后果区类型分为人员密集类，易燃易爆场所，交通设施类。

融合建议：一区一案中不再编制应急处置措施内容，在现有的现场处置方案中增加高后果区现场处置方案。

3 “一河一案”与现场处置方案融合研究

按照传统经验，各基层单位针对输油管道穿越河流编制了河流油品泄漏现场处置方案（简称一河一案），内容包括：编制目的、适用范围、管道与水体环境情况说明、环境风险分析、现场处置、应急监测措施、污染物回收处置措施、HSE 注意事项、附件等章节。一河一案与现场处置方案中的突发环境影响事故应急预案出现重复现象，经查询国家法律法规及标准，未有明确要求企业必须编制一河一案。

融合建议：不再单独编制一河一案，将一河一案融入现场处置方案中，编制河流穿越现场处置方案。将“一河一案”的水文信息、通信方式、拦截点位置、应急物资存放位置、社会依托资源及联系方式、溢油处置指南等前期处置必要的信息，附在现场处置方案后面，强化了“第一时间、第一现场”的处置能力，提高现场处置方案的有效性。

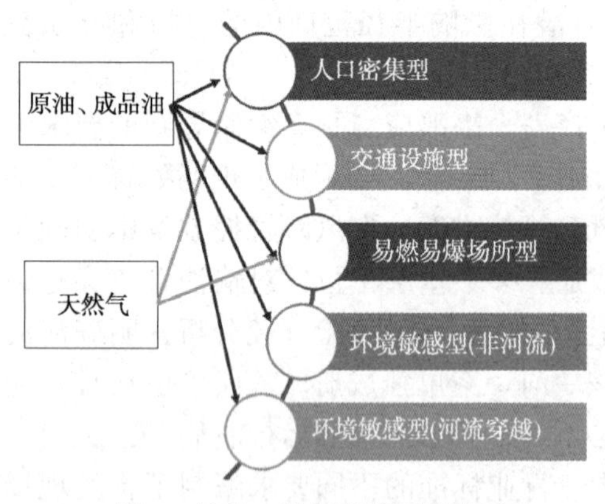

图 1 输油、输气管道可能途经的不同类型管段

4 案例分析

西部管道公司组织项目组对某涉及输油、输气管道基层单位的现场处置方案、一区一案、一河一案进行分析和讨论，对三者的内容进行比对分析，提出了输油、输气管道在途经不同类型高后果区管段需要编制现场处置方案的模型。见图 1。

以某涉及输油、输气管道基层单位为例，编制了《一区一案、一河一案融入现场处置方案标准化模板》，融合后的高后果区现场处置方案目录见表 1。

表 1

序号	目录名称
1	人口密集型高后果区输气管道泄漏、火灾爆炸事件现场处置方案
2	易燃易爆场所型高后果区输气管道泄漏、着火爆炸事件现场处置方案
3	人口密集型高后果区输油管道泄漏、火灾爆炸事件
4	交通设施型高后果区输油管道泄漏、火灾爆炸事件
5	易燃易爆场所型高后果区输油管道泄漏、火灾爆炸事件
6	环境敏感型（非河流）高后果区输油管道泄漏事件
7	环境敏感型（河流）高后果区输油管道泄漏事件
8	输油管道穿越河流应急信息
	附件 1：河流沿线收油物资布置及存放情况统计表 附件 2：管道穿越水系管理部门联系电话 附件 3：×××输油管道途经水域相关信息统计表 附件 4：围油栏拦截点卫星图 附件 5：社会资源依托统计表 附件 6：×××河废弃污染物回收处置单位一览表 附件 7：×××河流油品进入现场处置程序 附件 8：河流溢油处置技术指南

一区一案、一河一案与现场处置方案进行融合的要点：①减少现场处置方案的数量，降低作业区、站场现场处置方案演练频次的压力。(一区一案中不再编制现场处置措施，取消一河一案)。②统一高后果区类型名称，将“穿越铁路、公路”改为“交通设施型现场处置方案”。③对现有的“一河一案”进行简化，将“一河一案”更改为环境敏感型高后果区，保留各输油管道穿越河流的地理、水文、紧急联系电话、拦截点、沿河应急物资等相关信息作为附件。

5 结语

针对油气管道基层单位应急预案编制存在的困惑，通过梳理法规、标准、企业良好实践对高后果区现场处置方案编制要求，调研相关油气输送管道企业高后果区现场处置方案的编制现状，结合高后果区风险和应急处置特点，提出高后果区现场处置方案编制的建议，将“一区一案”“一河一案”中应急处置措施部分内容融合到现场处置方案中，构建基层单位应急处置方案模板，为进一步提升油气管道基层单位应急预案的可操作性提供良好参考。

参 考 文 献

[1] 郑登峰，徐丽，陈永，姜淑坤，龚晓凤，张明星. 基于 HSE 风险分析的油气管道应急预案体系与实践. 油气田环境保护，1005-3158(2018)03-0044-05.

[2] 孙青峰，常维纯，刘亮，姜盛玉. “全国一张网”油气储运设施应急预案体系建设. 油气储运，ISSN 1000-8241，CN 13-1093/TE.

【作者简介】洪娜，女，2008 年 7 月毕业于中国石油大学(华东)材料物理专业，现在国家管网西部管道乌鲁木齐输油气分公司工作，高级工程师，从事学科研究方向：安全管理。电话：18703032751，邮箱：hongna@ pipechina. com. cn。

企业联合共建消防救援队伍模式分析及实践

崔智锋　邱宝年　吴开锦　马　冬

[中海石油(中国)有限公司湛江分公司]

摘　要： 随着社会经济的发展和人民生活水平的提高，人民对美好生活的追求日益增长，对生活环境的安全环保问题也愈加重视，企业的安全生产越来越受到社会的关注。为提高企业的自救能力和应对突发事件能力，企业根据《中华人民共和国消防法》《关于进一步加强国有大型危化企业专职消防队伍建设的意见》等相关规定的要求组建企业消防救援队伍。针对企业消防救援队伍的建设及生产运营管理和成本控制，本文将探讨企业独立组建消防救援队伍及企业共建消防救援队伍的实践及优劣势，主要分析其成本、效率、资源共享、团队协作及管理等方面的优劣势，阐述共建消防救援队伍的挑战及应对策略，通过实践案例表明企业共建消防救援队伍的可实施性。

关键词： 共建消防救援队；资源共享与团队协作；管理；成本；效率

在企业的合规运营中，按照法规及标准要求组建消防救援队伍是至关重要的一环。为满足合规运营及提高自身自救能力和应对突发事件能力，企业务必考虑：单独建设消防救援队伍或者与其他企业联合共建。两种模式各有优劣，适用于不同的情况和需求，企业须根据自身所处环境及特点作出选择。本文将从成本、效率、资源共享、团队协作及管理等角度对这两种模式进行深入分析探讨，并给出相适应的推荐场景。

1　企业独立建设消防救援队伍模式分析

1.1　成本分析

企业独立建设消防救援队伍需要企业独自考虑场地规划及建设、队伍搭建、装备购置、培训及后期运营维护涉及到的人员费用、维护费用、检查费用等方面。这种自建模式不仅初期投入成本较大，后期运营费用居高不下。若企业规模不大、盈利能力不足，或受周期性经济发展的影响，可能由于资金压力而无法投入足额的安全生产费用维持消防救援队伍的持续正常运营，甚至会被企业视为负担。此外，在涉及职能监管部门调度对外执行应急救援任务时，需要单独承担相应的费用。因此，对企业而言会产生过重成本负担，降低生产效益。

1.2　效率评估

独立建设的消防救援队伍可根据企业自身的特点，及根据本企业《生产安全事故应急预案》的专项预案要求进行消防相关训练，能够更好地适应企业的生产安全实际需求，响应速度迅速，能够在较短距离，第一时间进行高效灭火和救援工作。这种模式对于保障企业自身的消防安全，具有较高的效率，并使企业能在火灾事故中最大限度将人员伤亡及财产损失降至最低。但也存在局限性，消防救援队伍长时间服务一个企业，应急救援训练及实操演练场景单一，并不利于及时、高效响应周边复杂场景的救援任务。

1.3 资源共享与团队协作

独立建设的消防救援队伍从建设初期的建设标准，是从本企业自身特点出发，并在日常培训与演练中与本企业的其他兼职应急队伍能建立起较为完善的协作机制，但其规模能力及训练科目难以实现与其他企业的资源共享和消防应急流程的无缝衔接，因为各企业的实际消防需求和标准存在差异，而且消防救援队伍无法快速熟悉其他企业的场地及消防应急救援预案，难以形成统一、高效的救援力量。事故的发生是有一定的客观规律，如果风险控制得当，隐患及时排查治理，可将事故的发生概率降低到一定的可接受程度，那么消防救援队作为一个投资巨大的应急资源，如果只服务于一个企业，这无疑造成资源的浪费。

1.4 日常管理

独立建设的消防救援队伍需要企业配备专业管理团队，负责队伍日常管理、培训、演练、检查、考核等工作，需要企业自身具备较高的管理水平和大量的资金投入。长期由单一企业单一管理，容易产生一定的局限性。此外，在持续的、定期的检查过程中，由于缺少第三方的介入及监督，可能会引起消防救援队伍日常训练及自查工作不到位、消防救援工作执行不力等形式主义的问题凸显。并且，对于消防救援队的日常训练科目策划，由于只服务单一企业，消防训练科目形式相对单一，训练强度不足，不利于消防救援队锻造出多功能、多场景的救援能力。

2 共建消防救援队伍模式分析

2.1 成本分析

两个或两个以上的企业联合共建消防救援队伍可以实现成本上的分摊，降低单个企业的经济负担。并能有效节约土地资源，这对于寸土寸金的工业规划园区来说无疑是一种利好。同时，通过资源共享和协作，提高救援效率，降低运营成本。由于运营费用的分摊，降低了消防救援队执行周边消防应急灾害救援的经济压力，能够更好地促进企业履行社会责任，有助于提高企业的社会形象和公信力。

2.2 效率评估

联合共建的消防救援队伍由于资金投入有了更好的保障，对日常训练、装备更新、人员配备、训练难度等提供了有力的保障，形成更强的战斗力，能够更迅速有效实施救援任务。大大提高了对周边发生安全生产事故企业的响应速度，尤其在应对大型火灾或复杂救援任务时，能够发挥更大的作用，提高救援效率。

2.3 资源共享与团队协作

联合共建模式，从日常训练科目及训练场景来分析，对消防救援队伍提出了更高的要求，可以面对多家企业风险及灾害特点展开针对性训练，并与其他企业的其他兼职应急队伍能建立较为默契的协作机制，可充分掌握不同类型企业之间的火灾或其他灾害救援技能，有效提升消防救援队伍的综合应急消防救援水平，形成能满足同时响应几个企业及周边的应急救援力量，更大程度发挥共建消防救援队伍的作用。共建模式，其一，可以破解存在因各企业的消防实际需求和标准存在的差异；其二，可消除因不熟悉周边企业场地及应急预案，导致难以形成统一救援力量等的问题。如果企业平时的风险措施控制到位，隐患排查治理及时，事故的发生概率可以降低到一定的程度。如此一来，作为一个投资巨大的应急资源如果只专注于服务一个企业，会造成资源的资源浪费。另一方面，联合共建消防站为两个企业或两个以上的企业提供了一个充分交流和合作的平台，可以促进双方在安全生产、应急管理、风险控制、消防培训多方面的合作与交流，形成资源共享，互利共赢的局面。

2.4 日常管理

联合共建的消防救援队伍的综合管理难度相对较大，需要考虑建设投入及日常运营费用的分摊、训练科目的制定、周边多家企业日常训练的协调、应急任务执行的调度等事宜。但联合共建模式能促进消防救援队伍的管理提升，首先从考核方面会多角度、多维度来制定考核标准，在日常检查方面由于多方企业参与，能形成良好的鞭策及监督作用。在其他管理方面，利益相关方都会积极主动地提出在管理上的改进意见，促进消防救援队伍的管理持续提升。

3 应对策略

签订共建协议(或合同)，明确参与共建企业的权利与义务，确保消防救援队伍建设投入及后期运营阶段持续的资金投入。

共建消防救援队需要建立完善的管理制度和组织架构，确保救援队伍的正常运转和对突发事件的有效应对。

建立定期会商机制，参与共建单位应共同探讨提升共建消防救援队伍管理的措施，分析并制定存在问题的整改方案，并讨论更多方面合作的可能性。

建立交叉检查及考核机制，分阶段对共建消防救援队伍进行检查及考核。

共建消防救援队必须要考虑两个或两个以上企业之间的应急响应距离，将站点布设在消防车能在规定应急响应时间内到达事故发生的地点。

4 案例分析

以某经济开发区园区为例，一家国有大型火电企业于 2016 年率先落户园区，由于园区当时并未建设有公用的消防站，该火电企业为了提高自救能力和应对突发事件的能力，独立组建了消防救援队。该企业投入了大量资金购置先进的消防设备和救援器材，同时持续加强对救援队伍的培训和考核力度。通过实践证明，该企业的消防救援队在应对突发事件时表现出了较高的专业素养和应对能力，有效减少了人员伤亡和财产损失。

但在运营阶段由于受煤价提价影响，导致该企业有几年连续亏损，消防救援队每年需要投入百万元以上的运营费，对该企业造成了巨大的经济负担。2023 年有一家大型石油化工企业入驻园区。根据规范要求，该石油化工企业也须建设危化二级消防站，两个企业厂区相距 200m 左右，该石油化工企业向火电企业提出共建申请，并承诺出资办理因升级共建消防站所需费用。经过多轮次谈判协商，两家企业达成共识，敲定合作协议，通过增加人员配置及消防车数量，进行装备升级，建造消防车库等方式，升级该站为危化二级站。

通过消防救援队伍的共建，原火电企业可以节省约 50%的运营费用。并且通过升级，消防救援队有了更强的应急救援能力。并且对于化工企业而言，节省了大量的征地、购置配套消防车及消防装备费用，只需要投资其中因升级消防站而产生的费用，并与火电企业均摊今后的运营费用，实现了双赢。

5 结语

企业共建消防救援队伍是一种有效的提高企业自救能力和应对突发事件能力的应对方式。通过分析同时也发现存在一定的挑战和问题，需要企业加大资金投入和管理力度来克服。通过案例分析可以看出这种模式的可行性和优势。可以节省建设投入费用及运营费用，提升应急救援队的战斗力。通过共建消防救援队，能够更好地促进企业履行社会责任，有助于提高企业的社会形象及公信力。

强化应急管理工作 促进油田安全生产

钟泽仁 沙洪军 彭尉洲

(中国石油塔里木油田公司应急中心)

摘 要：多数油田所在地区“三高井”较为普遍，地层构造复杂多变和苛刻的开采环境、条件使得油气开采难度增大，油田生产面临着诸多安全风险，事故发生概率偏高。为减少事故发生概率，强化油田应急管理体系建设，已成为油田的重要任务。本文对油田生产应急管理存在的问题进行分析，就强化应急管理工作促进安全生产提出有针对性的建议。

关键词：应急；油田；安全生产

1 应急管理工作的作用

1.1 事故的预防与控制

油田企业是一个高风险行业，其主要生产以勘探开发为主，由于油田生产需要及开采资源的特殊性，会投入大量人力、设备与资金，以提高油田开采率和油气产量。油田在生产过程中会面临各种因素的制约，致使在生产中存在诸多不可控的安全风险，主要风险体现在油田生产中所涉及的原料和产品的易燃易爆及有毒有害特性，控制不力就会导致严重的安全事故发生。应急管理工作就是在一定程度上对可能出现的安全事故进行提前预防和控制，所以应急管理工作在促进油田安全生产具有重要意义。

1.2 降低事故损失及影响

应急管理工作既要在一定程度上对可能出现的安全事故进行预防和控制，也要立足于事故发生后的处理工作。油田生产中一些事故的发生存在突发性，突发性的事故很难提前预防与控制，只有在事故发生后及时进行处理，以此将事故损失和事故影响降至最低，因此强化应急管理工作能够在事故发生后做到及时止损，保证油田生产的有序性。

2 应急管理工作存在的问题

2.1 重视程度不够

多数油田将工作重点主要放在抓产量和质量上，认为增产提质是油田的重点，从而忽略了应急管理体系的建设，从而形成重生产轻应急的局面，导致应急管理体系形同虚设。

2.2 应急管理队伍的建设还需要加强

随着油田增产提质，油田的工作区域和服务区域不断扩大，现有应急队伍的规划和布局已不能满足油田生产和形势的发展需要，主要表现在一是应急队伍数量相对不足。二是与油田生产单位相比，应急队伍的待遇偏低，致使应急队伍留不住人，招不来人，应急队伍缺编现象及应急人员老龄化现象严重。三是很多油田用工形式采用承包商队伍，承包商员工多为社会化用工，存在人员流失率高，人员不固定，人员应急实战能力不足等现象。

四是应急设备老旧，缺少先进应急设备、必要的大型设备和特种装备等。

2.3 应急预案操作性差，应急工作难有序进行

油田生产过程中，各个单位都根据自身工作的实际建立了相应的应急预案。预案制定的宗旨是要有针对性，要符合实际工作情况，要具有可操作性。虽然很多单位制定了相应的应急预案，但应急预案经不起推敲，有些单位更没有结合预案编制内容组织预案相关单位开展联合演练，通过演练开展实用性验证，只是演练涉及到本单位的内容，导致预案无法在事故处理中发挥作用，应急预案操作性差，应急工作难有序进行。

2.4 应急物资配备标准和管理制度不健全

很多油田没有建立相应的应急物资配备标准和管理制度，在应急物资配备、储备、管理方面也存在标准不统一、管理不统一、物资不明确、物资规格型号杂乱、储备数量不足等现象。应急物资没有实行动态管理，使物资信息共享，物资共用难以实现。导致事故发生后物资调配出现多头调配，所需应急物资不能第一时间到场，应急物资不能第一时间发挥作用，降低了事故处置中应急管理工作的时效，也可能造成应急物资浪费现象。

2.5 应急宣传不到位，应急培训未普及

应急管理工作中，做好应急宣传及培训工作，提高员工应急知识和应急意识，对于应急管理工作有着事半功倍的作用。现在很多油田都逐步认识到了应急管理工作的重要性，但在应急宣传方面还是存在宣传不到位现象，导致应急宣传没有达到宣传效果。员工应急培训覆盖率低，导致多数员工对油田应急工作的认识不足，应急技能只是基本知晓不能达到独立应用，造成员工应急意识薄弱，全员参与应急工作的积极性不高。

3 强化应急管理工作的对策

3.1 重视应急管理工作

应急管理是国家治理体系和治理能力的重要组成部分，承担防范化解重大安全风险、及时应对处置各类灾害事故的重要职责，油田要充分认识应急管理工作对油田生产的作用，把应急管理工作摆到重要位置，不能只重生产不顾应急，更不能将应急管理工作忽视，要针对安全生产事故主要特点和突出问题，强化应急管理体系建设，做到油田生产、应急管理共发展，共进步。把油田应急管理工作抓实，充分发挥应急管理工作的作用，预防、控制事故的发生。突发事故发生后，降低事故的损失。

3.2 加强应急管理队伍的建设

油田应根据自身产能情况参照相关标准建立健全应急队伍，加大对应急队伍建设的投入，加大应急队伍人员的补充，强化应急人员的培训，提高应急人员的应急业务能力，为油田应急管理工作提供人才基础，使应急管理队伍形成良性循环，避免应急人员老龄化现象出现。积极探索筹建综合性应急培训基地，搭建应急演练和实训平台，定期开展实战化培训及演练，使每一位应急人员都能得到科学性、系统性的锻炼，从而提高应急队伍响应速度和应急能力。

3.3 完善应急预案管理

油田应强化应急预案管理，应急预案制定要贴合工作实际，要具有操作性，应急预案要有评审、有审批、有备案。定期组织应急预案中的相关单位、部门开展联合应急演练，通过演练开展应急预案实用性验证，对应急预案中不实用的内容要及时进行修订，提升应急预案的可操作性，使应急预案在事故处理中能充分发挥其作用。

3.4 健全应急物资配备标准和管理制度

有效的应急物资保障是处置突发事故事件的基础，借鉴国内外应急机构应急物资储备先进经验，结合自身实际建立应急物资配备标准和管理制度，在应急物资配备、储备、管理方面执行统一标准，进行统一管理，应急物资管理要账物相符、应急物资规格型号避免杂乱、应急物资储备数量要充足。应急物资实行动态管理，实现物资信息共享，物资共用。应急物资由应急管理部门统一调配，事故发生后保证应急物资第一时间到场，第一时间发挥其应急作用，提高事故处置中应急管理工作的时效。

3.5 加强应急宣传及应急培训

加大应急宣传力度，利用电视、广播、报纸、楼宇广告等多种形式对应急管理工作进行宣传，提高油田员工应急知识。应急能力培训列入单位年度培训计划，抓实应急能力培训，强化员工应急能力、应急技能、应急意识的提升，增强员工对油田应急管理工作的认知，提高全员参与应急工作的积极性。

4 结语

应急管理工作是防范化解重大安全风险，应对各种灾害、事故的重要手段，涉及到油田发展及安全生产的方方面面。强化做好应急管理工作，发挥应急管理工作在油田安全生产事故防范和事故处置中的作用，才能最大限度减少事故造成的损失和影响，促进油田安全生产平稳运行。

参 考 文 献

[1] 杜镇平，裴玉华，宾荣昌，闫凯. 应急管理在油气生产中的应用[J]. 中国石油和化工标准与质量，2018，38(04)：50-51.

[2] 缪龙，许燕，曹璇. 应急管理在企业安全生产过程中的作用探析[J]. 当代化工研究，2017(06)：177-178.

[3] 周爱军. 加强应急管理工作在油田生产中的作用[J]. 管理与服务，2018(06)：155-156.

大型储罐重大火灾处置技术研究

张建军[1]　郎需庆[2]　牟小冬[2]　程怡玮[2]

(1. 青岛消防救援支队；2. 中石化安全工程研究院有限公司)

摘　要： 本文简要介绍了大型储罐全面积火灾的基本特点及扑救难点，指出当前大型原油库的消防系统远远不能满足扑救大型浮顶储罐全面积火灾的要求；目前国内外建立可应对大型储罐全面积火灾的消防系统均缺少足量的成功扑救大型储罐全面积火灾的事故数据和大型储罐全尺度灭火试验数据的支持。分别依据《泡沫灭火系统技术标准》和国外相关研究结果设计计算了应对大型浮顶储罐全面积火灾的泡沫系统，指出 API 提供的设计数据目前具有较高可信度，提出大功率泡沫炮是应对全面积火灾的主要灭火设备；依据《石油化工企业设计防火标准》设计计算了油库消防水供给系统，指出至少需要将现有的消防能力提高 6~10 倍才能满足扑灭大型浮顶储罐全面积火灾的要求；最后提出了大型原油库应对大型浮顶储罐全面积火灾的固定式消防系统及移动式消防装备配置方案。

关键词： 大型储罐；全面积火灾；消防系统；消防配置

1　引言

随着我国经济持续、高速发展和人们生活对石油需求的持续增大，近几年我国原油储备量明显增大，大型浮顶储罐已成为我国储备原油的主要设施之一。目前，我国最大的浮顶储罐已达 $15\times10^4m^3$，$10\times10^4m^3$ 的浮顶储罐成为储备原油的主流罐型，大型原油库的最大库容已高达几百万立方米，原油是易燃易爆的危险品，因此，大型原油库是高风险区域，浮顶储罐的火灾爆炸是造成大型原油库高风险的关键原因之一。

在原油储罐的火灾事故中，大型浮顶储罐全面积火灾是最严重的事故之一。从国内石化企业储罐火灾事故统计看，原油储罐火灾事故在所有储罐事故中占 40%，美国石油协会(API)统计的 1951~1995 年间发生的 81 起大型浮顶储罐(直径介于 30. 5~100m)单罐火灾中浮顶储罐全表面积火灾有 22 起，占浮顶储罐单罐火灾的 27%。可见，大型浮顶储罐发生全表面积火灾的高风险切不可忽视，研究如何扑救大型浮顶储罐全表面积火灾是大型原油库消防研究工作中的重要部分。

本文从扑救大型浮顶储罐全面积火灾消防系统配置、移动式消防装备配置两个方面进行论述，针对大型原油库建立可应对大型浮顶储罐全面积火灾的油库消防系统。

2　大型储罐重大火灾处置难点

2.1　罐内半封闭空间存在灭火盲区

拱顶罐和内浮顶罐因罐顶部分塌陷、浮盘碎片在油面堆积等造成罐内液面被分隔为多块区域，有些燃烧区域甚至位于塌陷罐顶底部的封闭空间内，罐外射入的泡沫难以覆盖所有燃烧液面，形成灭火盲区。

当前储罐灭火往往采用高喷车或车载炮喷射泡沫，泡沫射流落入罐内后在罐内油面落点处集聚，液面上堆积的泡沫层主要靠重力作用向周围扩散，随着泡沫层扩散范围的增大，泡沫层扩散的动能逐渐减小，直到完全丧失动能，而且泡沫层在着火液面流动过程中，泡沫层受周围火焰的热辐射和热传导作用在快速消失，因此，泡沫层在燃烧液面蔓延的距离有限，据 NFPA 11 数据，泡沫层在液面上的最大流动距离不超过 30m。当液面上存在浮盘碎片等障碍物时，泡沫层将无法继续流动，泡沫层难以越过障碍物进行全面覆盖，这是罐内存在灭火死区的主要原因，也是内浮顶储罐和拱顶罐灭火困难的主要原因。

在外浮顶储罐浮盘落地后罐内发生全液面火灾，受浮盘的阻挡，罐上部无法喷射泡沫灭火，且罐内液面距离下部人孔较小，液面注入泡沫后极易造成罐内残油溢出罐外，形成地面流淌火，对邻近储罐的影响较大。

2.2 罐内复燃

向着火储罐喷射泡沫后，罐内火焰逐渐变小，直到消失，不再有烟尘冒出，消防指挥人员往往认为储罐灭火完成。在有些情况下，罐内还存在零散的微小火焰，持续燃烧，燃烧面积很小，热量有限，在罐外往往难以发现，尤其是内浮顶储罐罐内的灭火盲区，这些残火的隐蔽性很强。

2.3 泡沫炮远距离喷射泡沫损耗大

国内外储罐灭火绝大多数采用泡沫炮远程喷射泡沫灭火。对于外浮顶储罐的全面积火灾处置，国内外均采用大流量远射程泡沫炮喷射灭火，因浮顶储罐直径较大，$10\times10^4m^3$ 浮顶储罐直径达 80m，储罐燃烧面积超过 $5000m^2$，泡沫混合液供给强度一般在 $10L/min\cdot m^2$ 以上，泡沫炮的总流量在 400L/s，射程超过 100m，据日本泡沫炮喷射测试结果，大流量泡沫炮远射程喷射时泡沫损耗在罐外的量约占 60%，实际能进入罐内灭火的泡沫仅占 30%左右。这造成大型储罐灭火现场供水和供泡沫的负担很重，除了储罐灭火外，周围大量储罐和生产设施均需要冷却，因此往往采用多套远程供水系统供水、泡沫原液运输车输送泡沫液。为了解决泡沫原液快速转移的问题，某公司开发了泡沫原液大流量远程输送装备，最大输送流量达 30L/s，输送距离超过 100m，该装置为事故现场泡沫液供给提供了作业条件。从国内大流量泡沫炮的应用情况看，主要问题是远程供水系统与泡沫炮的匹配性存在问题，远程供水的末端输出压力低于泡沫炮的入口压力，导致射程降低，泡沫损耗量大，灭火效率低。

对于固定顶储罐和内浮顶储罐灭火，国内多数采用车载炮和高喷车，当罐顶部分掀开时，罐顶与罐壁之间的裂口较小，罐内火焰在罐顶裂口处形成向外的强大热气流，裂口处也是罐内空气的吸入口，在裂口处燃烧充分，火焰热辐射很强，泡沫射流因挥发和热气流冲击损耗量很高，进入罐内灭火的泡沫量不足，灭火能力不足。另外，由于部分塌陷的罐顶和罐内液面上浮盘碎片的阻挡，泡沫液很难覆盖所有燃烧油面，在灭火时罐内往往存在灭火盲区。仅仅依靠泡沫炮喷射难以完成储罐灭火任务，这是储罐复燃的主要原因。

3 消防系统设计计算

以扑救原油库单个 $10\times10^4m^3$ 浮顶储罐全面积火灾为例，分别采用固定式消防系统、移动式消防力量灭火两个方案进行探讨。

当前大型浮顶储罐均设置了固定式泡沫灭火系统，其设计基础是扑救浮顶储罐密封圈火灾。以 $10\times10^4m^3$ 浮顶储罐为例，全面积火灾的着火面积是密封圈火灾最大着火面积的 75 倍，显然，当前的消防系统远远不能满足扑救全面积火灾的要求。

3.1 固定式泡沫灭火系统的设计

浮顶储罐全面积火灾由于着火面积大，火焰中心距离火焰外围达数十米，而泡沫液在着火油面的最大流动距离仅为 30m，通过设置在罐壁的泡沫喷射口沿罐壁向着火油面施加的泡沫难以流至火焰中心，另外，火焰周围气流复杂、剧烈，这大大影响了泡沫液的运动轨迹，导致部分泡沫液飘散至罐外，而且由于受到火焰的高温作用，大量泡沫液在到达着火油面之间就已汽化蒸发，这也造成了泡沫液的损失，从日本大型油罐灭火试验看，到达油面的泡沫仅占 30%，而损耗的泡沫液(未到达油面的)占 61%，蒸发的泡沫液量占 9%。

3.1.1 设计依据讨论

(1) 参照国内现行设计规范设计

浮顶储罐全面积火灾的保护面积是整个油罐的横截面积，按《泡沫灭火系统技术标准》(2021 年版)对固定顶储罐泡沫混合液供给强度和连续供给时间的计算要求，固定式泡沫灭火系统的供给强度是 5.0L/min · m^2，连续供给时间是 45min。$10\times10^4m^3$ 浮顶储罐的直径为 80m，储罐横截面积为 $5024m^2$，因此，$10\times10^4m^3$ 浮顶储罐的泡沫混合液用量是：

$$5.0\times45\times5024=1130.4m^3$$

泡沫混合液供给流量是：

$$5.0\times5024=25120L/min$$

除了固定式泡沫灭火系统向储罐供给泡沫外，《泡沫灭火系统技术标准》(2021 年版)还要求配置 3 只泡沫枪，每只泡沫枪的泡沫混合液流量不小于 240L/min，连续供给时间是 30min，则泡沫枪的泡沫供给量是：

$$3\times240\times30=21.6m^3$$

移动式与固定式泡沫混和液的总供给流量是：

$$25120L/min+240L/min\times3=25840L/min$$

实际上，对于扑救大型储罐全面积火灾，泡沫枪无法向着火储罐内喷射泡沫。因此，向储罐内喷射的泡沫混和液量为：

$$21.6+1130.4=1152m^3$$

(2) 参照国外研究结果设计

国外应对大型储罐全面积火灾的主要消防设施是大流量泡沫炮，一般大流量泡沫炮的流量在 40000L/min 以上。

日本分别于 2004 年和 2005 年进行了多次大型储罐全面积火灾泡沫喷射试验(储罐直径分别为 82m 和 83.3m)，为制定大型储罐全面积火灾的应对措施积累了数据。日本要求对油罐的着火油面能够有效喷射泡沫，直径超过 34m 的储罐必须配置大功率泡沫炮，单台泡沫炮的喷射能力不低于 10000L/min，持续喷射时间不低于 2h。

对于 $10\times10^4m^3$ 浮顶储罐，假设一次灭火时间为 4h，则泡沫混合液的消耗量是：

$$45216L/min\times240min=10852m^3$$

针对大型储罐全面积火灾，API 提出了大型储罐直径与泡沫液供给强度的对应关系，如图 1 所示，以直径为 80m 的储罐为例，若泡沫供给强度取 11.7L/min · m^2，则泡沫炮的泡沫混合液供给流量为 63700L/min；美国威廉姆斯消防公司在 2001 年成功扑灭的直径 82.4m 油罐火灾的泡沫供给速率为 54600L/min，其泡沫供给强度为 9.8L/min. m^2，可见，该供给速率与实际灭火的供给速率持平，这也证明 API 提供的数据对大功率泡沫炮灭火具有指导意义。

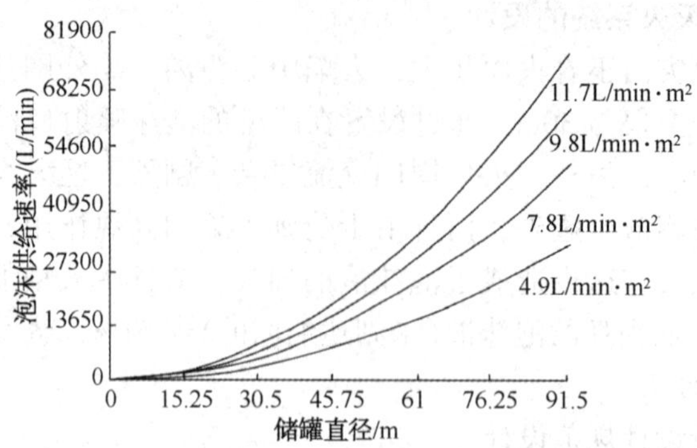

图 1　储罐直径与泡沫供给强度的关系

依据 API 提供的设计数据，对于 $10\times10^4m^3$ 浮顶储罐，取泡沫混合液供给流量 63700L/min，泡沫混合液的消耗量是：

$$63700L/min\times240min=15288m^3$$

设泡沫液的混合比例为 3%，则泡沫原液的消耗量是 458.6m^3。

从以上计算结果看，依据 API 提供的数据得出的泡沫系统计算结果更具有实际参考意义。而依据《泡沫灭火系统技术标准》(2021 年版)提供的设计数据，无论是泡沫混合液供给强度还是泡沫液总供给量都远远偏小，主要原因是该规范所提出的泡沫供给强度的基础是中小型储罐的火灾事故和灭火试验数据，储罐着火面积的显著增大使得火焰对泡沫流的损耗也将大大增加。

由于扑救大型浮顶储罐全面积火灾往往需要较长时间，短者数小时，长者达几天时间，油面以上的罐壁将长时间处于火焰的包围之中，罐壁顶部的泡沫管线往往会因高温作用而变形、破裂，因此，固定式泡沫灭火系统往往难以发挥作用，大功率泡沫炮是扑救全面积火灾的主要灭火设备。

3.1.2　消防水系统

消防水系统主要为混合泡沫原液、罐壁喷淋冷却和灭火设备提供消防水供应。按照《石油化工企业设计防火标准》(GB 50160—2018)的规定，发生储罐全面积火灾时，与着火储罐距离不超过 1.5D 的储罐均应进行罐壁冷却(D 为着火储罐的直径)。目前，新建 $10\times10^4m^3$ 储罐的罐间距为 0.4D(即 32m)，每个罐组一般设置 4 个储罐。着火罐周围相邻的最多有 8 个储罐需要罐壁冷却。

$10\times10^4m^3$ 浮顶储罐的直径为 80m，罐壁高度约为 21.8m，单罐罐壁表面积：

$$\pi Dh=3.14\times80\times21.8=5476.2m^2$$

喷淋冷却供水流量：

$$2.0L/min\cdot m^2\times5476.2m^2=182.5L/s$$

着火储罐和 8 个邻近储罐的喷淋水的总供水流量是：

$$182.5L/s\times9=1642.5L/s$$

一次灭火所需总冷却水量：

$$182.5L/s\times4h\times9=23652m^3$$

扑救 $10\times10^4m^3$ 浮顶储罐，按照 API 提供的数据，取泡沫混合液的总供给速率 63700L/min，泡沫液的混合比例为3%，则用于混合泡沫的消防水供给强度为61789L/min，扑救单罐火灾所需消防水的总供给流量是：

$$1642.5L/s+61789L/min=160339L/min$$

假如连续灭火时间设为4h，则一次灭火总消耗水量是：

$$160339L/min\times240min=38481.36m^3$$

3.2 移动式消防装备编组灭火配置

以扑救$10\times10^4m^3$浮顶储罐全面积火灾为例，对比分析吸气式泡沫、液氮泡沫所需配置情况。对于吸气式泡沫装备，基于国外灭火案例以及日本、API、LASTFIRE等国际标准与研究组织的推荐值，对于$10\times10^4m^3$浮顶储罐全面积火灾的扑救，泡沫混合液的供给强度至少需9.0L/min·m^2，泡沫混合液流量至少45216L/min，持续供给时间为60min。

对于液氮泡沫灭火系统，实验数据表明压缩气体泡沫灭火系统所需泡沫供给强度为吸气式泡沫灭火系统的1/4，因$10\times10^4m^3$浮顶储罐全面积火灾的燃烧面积大，根据大尺度油盘灭火实验数据，其泡沫混合液供给强度宜取5.4L/(min·m^2)，则泡沫混合液流量是27130L/min。发泡倍数取7，供气量应是$190m^3$/min，考虑损失量，供气量不低于$200m^3$/min，在60min持续供给时间内泡沫混合液消耗量是$1627m^3$，用水量较吸气式泡沫系统减少了近$1000m^3$。所需供气量为$12000m^3$，所需液氮量是$17m^3$。此时只需派遣一辆液氮槽车进行配合灭火即可，一台液氮罐车槽的容积一般是$25m^3$，该液氮槽车满载液氮后，持续供给时间可达80min。

在化工园区及企业专职消防队配置大流量液氮泡沫消防车，该消防车上配置液氮罐、液氮与泡沫混合液的混合发泡装置及控制系统。该消防车与现有的泡沫消防车联合作业向外输出液氮泡沫。该液氮泡沫消防车可将250L/s的泡沫混合液变为液氮泡沫，因此，其可与2~3辆普通的泡沫消防车并联工作，通过移动式泡沫炮、高喷车、消防机器人、泡沫枪等进行喷射，由多个消防设备组成一个灭火单元。液氮泡沫可输送1000m以上的距离，在罐区灭火时，液氮泡沫消防车可作为一个移动式泡沫站部署在距离着火罐较远的安全位置，形成“一托多”的消防装备配置模式，通过消防带向灭火前线的多台喷射装备输送泡沫，既可以保障消防装备的安全，减少罐区灭火前线消防车辆的数量，避免“车海战术”，方便灭火一线消防车的进出，又可以提高灭火一线消防装备配置的灵活性，提升灭火效率。在化工园区大型罐区的移动式液氮泡沫灭火系统配置组成如图2所示。

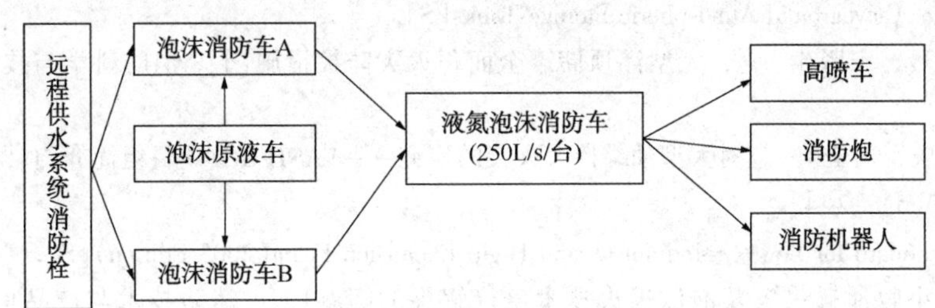

图2 化工园区液氮泡沫消防车扑救储罐火灾的灭火编组示意图

4 小结与建议

目前，人们对大型浮顶储罐等大型储罐的全面积火灾的火灾特性、火灾发展机理、控制措施等认识还不够全面、深刻，大型浮顶储罐全面积火灾给居民、环境、经济等造成的风险尚未精确量化，大型储罐全面积火灾的扑救缺乏有效指导，针对大型储罐消防系统设计标准的修订缺乏足够的依据，鉴于此，深入开展如下工作十分必要。

（1）开发高效环保型泡沫灭火剂

一是，替换灭火剂的氟化合物，提高环保性能。针对氟碳表面活性剂优异性能以及PFOS应用带来的潜在危害，为了应对国际国内环保法规的要求，研发非PFOS环保型氟碳表面活性剂成为全球消防领域研究者研究的热点问题。加大氟碳表面活性剂研究，尤其是环保型氟碳表面活性剂，在消防领域有着非常重要的现实意义。鉴于以PFOS为代表的长链氟碳表面活性剂的生态破坏力和环境污染问题，开发性能优异且环境友好型的环保氟碳表面活性剂成为当下迫在眉睫的研究课题。

二是，开发复合型泡沫灭火剂，提升灭火机理。当前泡沫灭火的主要机理是覆盖液面冷却、隔离空气、抑制油气挥发，灭火机理相对单一。油料表面分子与泡沫灭火剂之间无作用。当泡沫层受到火焰破坏后，基本失去灭火作用，泡沫灭火能力有限。泡沫灭火机理过于单一，不满足油料灭火的需求，油料灭火机理需要提升，增加灭火组分，增强灭火剂的覆盖能力，提升灭火剂在燃烧液面的流动性和抗烧性。通过改变泡沫灭火机理，提升泡沫灭火性能，降低混合比，降低灭火现场泡沫灭火剂的消耗量。

（2）泡沫灭火能力需进一步提升

近些年，欧洲在研究将压缩气体泡沫消防炮用于储罐灭火，国外压缩气体泡沫装置开发商开发了多款压缩气体泡沫灭火装置，其最大流量也仅仅在60~80L/s，与罐区灭火所需泡沫混合液流量差距还很大，这些消防装备采用空压机供气，消防车的流量已达到极限，采用液氮气化等方式代替空压机供气，提供大流量压缩气体泡沫。

（3）液下灭火

在内浮顶储罐数量增多的今天，因浮盘破碎、罐顶塌陷等造成的液上灭火盲区，导致很多储罐火灾难以彻底灭火，不得已采取燃尽结束的被动灭火方式。在液上灭火无法解决的情况下，需要开发新型液下泡沫灭火技术。

参 考 文 献

[1] 马平，娄仁杰. 简析油罐火灾原因及防护措施[J]. 石油化工安全技术，2005，21(5)：16-20.

[2] API PUBLICATION 2021A(FIRST EDITION, JULY 1998). Interim Study-Prevention and Suppression of Fires in Large Aboveground Atmospheric Storage Tanks[S].

[3] 郎需庆，曲玲，宋贤生，等. 大型浮顶储罐全面积火灾防控措施[J]. 消防科学与技术，2008，27：94-96.

[4] 赵炯，郎需庆，刘全桢. 应对大型油罐特大火灾的研究——LASTFIRE项目组简介[J]. 安全健康和环境，2009，9(5)：2-4.

[5] NFPA 11. Standard for Low-, Medium-, and High-Expansion Foam(2005 Edition)[S].

[6] 郭瑞璜. 苫小牧油罐火灾及泡沫灭火技术急待解决的问题[J]. 消防技术与产品信息，2008，9：75-77.

[7] 陶李华，俞仲灵，林秀岗. Coflexip浮顶储罐泡沫灭火系统的应用前景探析[J]. 消防科学与技术，2000，(1)：47-48.

[8] GB 50151—92. 低倍数泡沫灭火系统设计规范[S].

[9] 郭瑞璜. 用大容量泡沫炮扑灭油罐火灾的研究[J]. 消防技术与产品信息，2008，3：58-63.

[10] Kendall C. Tank Fire Suppression Tank Overfill Protection[R]. Crawford Consulting Associates, 4-5-2006,

USA: Crawford, PE, CSP, 2006.

[11] 赵琨，孙焰. 油罐灭火[J]. 消防技术与产品信息，2007，12：79-81.

[12] Istvan Szocs. New Concept in Tank Fire-fighting the Dynamic Tactical Rules[R]. Technology & Services, 2007.

[13] GB 50160—2008. 石油化工企业设计防火规范[S].

[14] 张宪忠，包志明，靖立帅，等. 抗溶型压缩空气泡沫灭火剂灭火试验研究[J]. 消防科学与技术，2020，39(9)：1271-1274.

[15] 王勇凯，高红，宋波，等. 压缩空气A类泡沫水平管路压降实验及数值模拟[J]. 化工学报，2018，69(10)：4184-4188.

[16] 林全生，张猛，宋波，等. 压缩空气A类泡沫在水平管道内流动研究[J]. 消防科学与技术，2017，36(9)：1265-1269.

[17] 何坤，徐林志，陆兆勇，等. 压缩空气泡沫扑救大型油类火灾全尺寸实验研究[J]. 中国安全生产科学技术，2022，18(09)：154-159.

[18] 郎需庆，姜春明，牟小冬，等. 固定式CAFS装置灭火试验及其工程应用研究[J]. 工业安全与环保，2017，43(09)：60-62+51.

[19] 牟小冬，郎需庆，尚祖政，等. 液氮泡沫灭火系统研发[J]. 安全、健康和环境，2019，19(7)：52-54.